U0359199

钻井手册

DRILLING HANDBOOK

（第二版）

《钻井手册》编写组 编

下

石油工业出版社

内 容 提 要

本手册是在1990年出版的《钻井手册（甲方）》基础上编修而成，总结补充了石油钻井相关专业20多年来取得的成果、经验与认识。本手册以实际应用技术为主，同时既有理论知识，又有实践经验。手册分上、下两册。上册主要内容有：钻井设计、地层压力与井身结构、套管设计与下套管作业、固井与完井、钻井液、钻头与钻井参数设计、井控技术、钻柱与下部钻具组合设计；下册主要内容有：特殊工艺井钻井、欠平衡钻井、海洋钻井、深井与超深井钻井、钻井装备与工具、地质综合评价、钻井HSE管理、井下复杂与事故、钻井新技术、附录。

本手册可供从事油气钻井工程的技术人员、管理人员使用，也可供相关专业技术人员、管理人员和相关院校师生参考。

图书在版编目（CIP）数据

钻井手册 . 下／《钻井手册》编写组编 . —2 版 .
北京：石油工业出版社，2013.8
ISBN 978−7−5021−9391−1

Ⅰ . 钻…

Ⅱ . 钻…

Ⅲ . 油气钻井 − 技术手册

Ⅳ . TE2−62

中国版本图书馆 CIP 数据核字（2012）第 294590 号

出版发行：石油工业出版社
　　　　　（北京安定门外安华里 2 区 1 号　　100011）
　　　　　网　址：www.petropub.com.cn
　　　　　编辑部：(010) 64523583　发行部：(010) 64523620
经　　销：全国新华书店
印　　刷：北京中石油彩色印刷有限责任公司

2013 年 9 月第 2 版　2013 年 9 月第 3 次印刷
787×1092 毫米　开本：1/16　印张：110.75
字数：2620 千字

定价（上、下册）：420.00 元

《钻井手册（第二版）》编审人员名单

章	编 写 人	审 稿 人
第一章 钻井设计	查永进 毕文欣 陈志学 程荣超	孙 宁 汪海阁 朱明亮 董 杰 周煜辉
第二章 地层压力及井身结构设计	陈 勉 金 衍 管志川 樊洪海	刘希圣 查永进
第三章 套管设计与下套管作业	林 凯 王建军 申昭熙 刘文红 王建东 上官丰收	冯耀荣
第四章 固井与完井	郭小阳 刘硕琼 吕光明 马 勇 谭文礼 王兆会 刘 洋 齐奉中 肖嵋中	许树谦 查永进 张兴国
第五章 钻井液	鄢捷年 蒋官澄 孙金声 邱正松 蒲晓林 李志勇 叶 艳 刘晓平	罗平亚 樊世忠 张克勤 刘雨晴
第六章 钻头与钻井参数设计	李根生 闫 铁 邹和钧 杨迎新 王镇全 史怀忠	沈忠厚
第七章 井控技术	高碧桦 晏国秀	伍贤柱 陈忠实 晏 凌
第八章 钻柱与下部钻具组合设计	高德利 王新虎	冯耀荣
第九章 特殊工艺井钻井技术	余 雷 喻 晨 陈文森 王廷瑞 白冬青 靳树忠 尹肇学 尚宪飞 刘青云 张 薇 张宏波 丁文正 朱太辉 王 龙 任海洋 张乃彤 王小月	刘乃震 高远文 董 杰
第十章 欠平衡钻井技术	孟英峰 肖新宇 杨 玻 邓 虎 王建毅 伊 明 李永杰 李 皋	孙 宁 查永进
第十一章 海洋石油钻井技术	张贺恩 周树合 邹树江 郑 贤 蔡德军 魏士鹏 张志鹏 孙培东	路继臣 徐珍鑫 黄名召
第十二章 深井、超深井钻井技术	陈 平 蒲晓林 杨远光	施太和

章	编 写 人	审稿人
第十三章　钻井装备与工具	张健庚　蒲玲霞　苏学斌　崔远众 黎　勤　黄悦华　龚惠娟　范亚民 秦万信　罗西超　张国田	王益山　黄悦华　龚惠娟 邹连阳
第十四章　科学钻井地质综合评价及完井技术	张乃彤　聂上振　董德仁　杨继军 姬月凤　王小月　贾金辉　任永宏 李长喜　杨延征　窦同伟　周宝义 蒋友强　陈紫薇　张海军　陈　虹 袁照永　曲庆利　韩　斌　陈　立 刑　立　程相志　齐月魁　张东亭 李　民　董建华	郑新权　刘延平　单桂栋 尹肇学　韩烈祥　周灿灿 周宝义　朱礼斌　李国欣
第十五章　钻井HSE管理	郑　毅　王计平　许　星　陈学林 刘雪梅　金雪梅　刘勇萍	秦文贵　张彦平　李新民
第十六章　井下复杂与事故	宋朝晖　王　新　刘　灵　林　晶 王占珂　燕　青	潘仁杰　许树谦　陈若铭 查永进
第十七章　钻井新技术	余金海　汪海阁　王　辉　贺会群 周英操　查永进　王　凯　徐丙贵 冯　来　熊　革　王　力	孙　宁　苏义脑　董　杰 马家骥
附录	李　琪	田和金
总编审	孙　宁　查永进　方代煊	

序

钻井是石油天然气勘探与开发的重要手段。在应用地球物理勘探的基础上，要更为直接地了解地下地质情况，证实已经探明的地质构造是否含有油气，进一步搞清含油气的面积和储量，进而把地下的石油、天然气开采出来，都需要借助钻井工程来加以实现。

多年来，随着石油天然气勘探开发工作的深入，钻井技术在持续进步，钻井所面对的环境也在不断发生变化。一方面从地表环境来看，钻井作业正在朝着条件艰苦的偏远地区、沙漠、高山、深海等领域延伸；另一方面从地下地质结构来说，钻井作业正在向着深层、低渗透、难动用、非常规等储层推进。

石油钻井是一个技术密集、资金密集、高投入、高风险的行业。一般而言，钻井费用要占整个石油勘探和开发总投资的 50% 以上，钻井是影响石油天然气勘探开发整体经济效益最关键的因素之一。与此同时，安全、环保等诸多方面对钻井作业的要求也越来越苛刻。

这些因素对钻井提出了更高的要求，钻井作业必须更加安全、更加经济和更加环保。钻井工程的任务已不仅仅是打开油气层和建立油气生产通道，而是要通过新技术的研发和应用，成为提高探井油气发现率和成功率、提高油气井采收率、增储上产的新途径。因此，钻井技术的进步对石油工业的发展有着举足轻重的作用。钻井方式是否合理、工艺是否先进、钻井速度的高低、井身质量的好坏、油气层保护的效果等，直接关系到油气井产量、油气采收率和勘探开发整体效益。

1990 年出版的《钻井手册（甲方）》第一版是一部技术性很强的工具书，由钻井界众多老领导、老专家参与编写，并得到中国石油天然气总公司领导的关怀和支持。20 多年来，《钻井手册（甲方）》在石油钻井生产、科研中发挥了重要作用，受到广大钻井技术人员、管理人员的欢迎。

随着钻井技术不断进步，许多新的技术取得突破，如水平井、丛式井、大位移井钻井技术，欠平衡钻井技术，地质导向钻井技术等已成为成熟技术，并得到大规模应用。原手册无法很好地适应广大技术人员与管理人员的需要。

在此期间，很多领导、专家都建议对原手册加以修订，李天相老部长在世时还曾多次亲自关心此事。今天，令人非常高兴地看到，在集团公司科技管理部、钻井工程技术研究院、石油工业出版社有关同志的认真组织下，通过相关研究院所、工程技术单位、石油高校数十位专家、教授、学者历时 5 年多艰苦劳动和辛勤耕耘，《钻井手册》新版正式出版了，这是一件可喜可贺的事情!

这部手册在原书的结构基础上，删除了过时的内容，对一些内容做了调整，增补了新技术新方法，充分体现了手册的实用性与先进性，可为钻井及相关专业的技术人员、管理人员提供全面的指导。它的出版适应了钻井生产管理与技术工作的需要，具有一定的条例性、法规性以及应用的广泛性，是钻井及相关专业技术人员、生产管理人员必备的工具书。希望各级技术人员和管理人员学好手册，用好手册，让新技术、新方法在钻井生产实践中发挥更大的作用。

中国石油天然气集团公司总经理

2013 年 6 月 18 日

前　言

　　《钻井手册（甲方）》第一版于1990年出版，是第一部全面反映国内外先进技术成果的手册，具有较强的理论性与实用性，凝聚了老一辈技术专家的辛勤汗水。20多年来，这部手册对钻井生产与科研都发挥了非常重要的作用，成为广大石油钻井技术人员与管理人员重要的参考书和工具书。随着近20多年来钻井技术的进步，特别是一些新技术取得突破，并得到大规模应用，原手册已无法适应钻井技术人员与管理人员的需要，迫切需要加以修订。在这样一个大背景下，中国石油天然气集团公司科技管理部于2008年正式立项，启动《钻井手册》编修工作。

　　在2008年广泛征求意见和多次召开专题会议进行研讨的基础上，2009年1月组织召开了《钻井手册》编修筹备会议。这次会议对编修任务进行了明确，提出了编委会组成方案与手册编修方案；与此同时，会议讨论提出，手册原名包含"甲方"一词是基于当时管理体制的考虑，而手册面向的使用者不限于甲方人员，因此，本次修订后手册名称定为《钻井手册》，不再出现"甲方"字样。

　　经请示时任中国石油天然气集团公司副总经理　　　　同意，《钻井手册》编修筹备委员会于2009年4月29日在北京组织召开了《钻井手册》编修启动会。会议确定了编修工作所遵循的原则，确定了编委会和编审组成员名单。会议对编修方案进行了认真细致的讨论，在此基础上，确定了编修方案和编修大纲，明确了各章节内容、各章编修责任单位与责任人，手册编修工作正式启动。

　　手册编修工作展开后，得到了各参与编修单位和执笔人的大力支持。2010年6月，编委会在北京组织召开手册编修进展情况汇报会，会上各参加编修单位汇报了手册编修进展情况和具体编修成果，提交了编修初稿，与会专家进行了认真审查和充分研讨，形成了各章节具体编修意见，并以编委会会议纪要的形式发给有关编写单位和人员，规范了各章节的编修要求。各编写单位根据会议纪要进行了认真的修改与完善，于2010年底前陆续送交了各章节的修改审定稿。查永进根据手册编修大纲要求对手册进行了统稿和技术初审，孙宁对各章节进行了认真的统稿审查，方代煊对全手册进行了编辑统稿。

　　本次编修继承了原手册的基本结构与编写特点，针对钻井技术进步，增加了近20年来形成的部分新技术，在原手册章节基础上，进行了适当的删减、合并、调整、完善和更新，内容由原手册的 14 章扩展为 17 章（另加附录），新增内容有：第十章 欠平衡钻井技术；第十一章 海洋石油钻井技术；第十二章 深井、超深井钻井技术；第十三章 钻井装备与工具；第十六章 井下复杂与事故；第十七章 钻井新技术；附录。原手册中"第四章水泥及注水泥"增加"完井"的内容，章名改为"固井与完井"；原手册"第六章钻井液固相控制"合并到"第五章 钻井液"；原手册"第十章 定向井技术"中增加了"水平井与分支井"内容，章名改为"特殊工艺井钻井技术"，将原手册"第十二章 钻井工程的腐蚀与防腐、第十三章 环境保护"合并为"第十五章 钻井 HSE 管理"。其他各章在原手册内容基础上适当进行编修，并对章节名称加以修改完善。

在继承原手册成果的基础上，本次编修总结了国内外近 20 多年来的钻井技术进展，既有理论也有实践经验，突出为技术应用服务的理念，包括：钻井设计、地层压力与井身结构、套管设计与使用、固井与完井、钻井液、钻头与钻井参数、井控、钻柱与下部钻具组合、定向井与特殊工艺井、欠平衡钻井、海洋钻井、深井与超深井、钻井装备与工具、地质综合评价、钻井 HSE、复杂与事故的预防与处理、钻井新技术等内容。本手册可供油气钻井工程技术人员、管理人员使用，也可供相关专业技术人员、管理人员和相关院校师生参考。

在本次手册编修过程中，得到了石油钻井界各位老前辈、领导、专家、学者的大力支持，他们对本手册编修提出了许多宝贵意见，也得到了各参与编修单位与编写人员的积极响应，他们全力参与，为手册具体编写工作打下了重要基础。中国石油天然气集团公司科技管理部、工程技术分公司、勘探与生产分公司等管理部门为手册的编修与出版做了大量的协调与领导工作，中国石油集团钻井工程技术研究院、石油工业出版社作为手册编修工作牵头单位，有关人员为手册编修完成付出了大量的劳动。手册编修单位除中国石油天然气集团公司所属相关单位外，还有中国石油大学（北京）、西南石油大学、西安石油大学等院校。手册修订编写骨干人员详见"《钻井手册（第二版）》编审人员名单"，此外，还有许多石油钻井技术人员与管理人员为本手册修订编写付出了大量的劳动，由于受篇幅所限，无法将所有人员一一列出，谨此手册出版之际，编委会向所有单位与人员表示衷心的感谢！

《钻井手册》编委会
2013 年 6 月

序

（第一版）

　　这部钻井手册（甲方）是根据中国石油天然气总公司领导要求编写的，目的是适应改革的需要，实行勘探开发为甲方，钻井等为乙方。钻井要满足勘探开发的要求，做到取全取准资料，有利于发现油气，保护油气层，做到优质高速钻井，交出合格井。因此，凡是勘探开发设计上提出的要求，钻井等乙方要坚决做好。

　　过去我国钻井手册很多，内容多为套管、钻具、工具、规格、尺寸和操作要求等。这本手册内容不同，它主要是技术、规程、质量标准和施工要求等。它体现甲方利益和甲方要求。手册介绍和规定了在什么作业中，什么情况下应采用什么技术，而不应采用什么技术，应该达到什么标准和要求等。这本手册总结了我国近40年钻井工程、钻井地质、测试和测井等的实践经验和最新技术，也包括国外新技术。该手册既有理论，也有实践经验，且以实际应用技术为主。它包括钻井设计、地层压力预测、套管设计、固井、钻井液、固控、钻井参数设计、井控、钻柱设计、定向井、储集层评价、保护油气层、防腐、环保和安全等。本手册适用于从事勘探、开发和钻井等各级领导干部及广大技术人员、勘探开发项目管理的甲方和乙方参考；亦可作为各石油院校教材的参考资料及各油田在职干部的培训教材。

　　在手册编写过程中，邀请了我国石油钻井界老前辈和老专家座谈，他们提了许多宝贵意见。在手册编写前聘请有经验的专家、教授反复讨论了编写提纲。再由现场有经验的总工程师、高级工程师、工程师和有关院校研究所的教授、副教授和高级工程师进行编写。编写该手册共邀请了40名同志，43人参加了全面审查，100多人参加了部分章节审查，并先后在北京、大庆石油管理局、胜利石油管理局等地召开了4次大型审查会和42次小型专题审查会。

　　本书在编写过程中得到我国石油钻井老前辈、老专家及石油各级干部和工程技术人员的热情关心，并得到南海东部石油公司、大庆石油管理局、胜利石油管理局、北京石油勘探开发科学研究院及万庄分院、石油大学、四川石油管理局、华北石油管理局、中原石油勘探局、辽河石油管理局、长庆石油勘探局、大港石油管理局、新疆石油管理局、江苏石油勘探局以及中国石油天然气总公司勘探、开发、科技发展、财务等部的热情支持，在石油工业出版社的大力协助下得以早日出版，我代表编委会向以上单位表示衷心的感谢！

本手册第一章由倪荣富编写，刘希圣、李允子审定；第二章由陈永生、陈庭根、左新华、高章伟和黄荣樽编写，高华、沙润荣、陈庭根、陆大卫和陆邦干审定；第三章由龚伟安、徐惠峰编写，沈忠厚、吴克信和郭再耕审定；第四章由徐惠峰编写，刘崇健、郭再耕、沈忠厚和吴克信审定；第五章由陈乐亮编写，张克勤、孙万能和樊世忠审定；第六章由褚长青编写，郑甘桐、龚伟安审定；第七章由解浚昌编写，李克向、胡湘炯审定；第八章由高碧华编写，曾时田、李克向、蒋希文和杜晓瑞审定；第九章由杨勋尧编写，施太和、解浚昌和吕英民审定；第十章由颉金铃、许钰编写，韩志勇、蒲健康审定；第十一章由周通宝、李开荣、梁宝昌、王凤鸣、夔复兴、叶荣、邓世文、程金良、樊世忠、应凤祥、谢荣院、周福元、韩孔英、廖周急、田学孟、于绍成、蒋阗和丁谨编写，康竹林、林浩然、王凤鸣、梁宝昌、高华、谭庭栋、陆大卫、高锡五、陈乐亮、李丕训、郝俊芳、万仁溥、朱兆明和孟慕尧、马兴中审定；第十二章由黄纹琴、高文光和路金宽编写，吴永泽、原青民审定；第十三章由洪雨田编写，刘植椿、倪荣富审定；第十四章由党文利、李克向编写，蒋希文、赵凯民审定。

由于第一次编写这样的手册，涉及的内容多、技术领域广，加上我们水平有限、缺乏经验，难免有错误之处，恳请各级领导和广大同志给予批评指正。

李克向

1990 年 2 月于北京

目　录

第九章　特殊工艺井钻井技术

第一节　概　述

定向井、水平井和分支井是采用定向工艺钻成的特殊工艺井。定向井可以钻达直井不能钻达的目标；水平井沿产层钻进可以扩大泄油面积提高油井产量；分支井可以钻达多个目标，一口井代替多口井。

定向井是为解决油藏所处的地面不具备钻井条件而产生的技术，定向井采用定向仪器与工具，沿设计的井眼轨迹钻达目标靶区。1932 年美国人为了降低钻井成本，最早在陆地钻成开采滩海油田的定向井。经近百年对定向钻井技术的探索，定向钻井已日臻完善，成为实施各种特殊工艺井的基础技术。

水平井钻井技术是指在接近水平的目的层延伸钻进一定井段的技术，水平井可以大幅度提高单井产量与开发效益。水平井不只使油井增产，也增加了油田可采储量，可以改变多种油气田开采状况，适用于多种油气藏，尤其在裂缝性及岩溶性等洞隙发育的油气藏，增产效果更为显著。

分支井通常包括一个主井眼与一个或多个分支井眼，是水平井技术的延伸。分支井的技术关键是井的分支处分支机构的液压密封性、结构完整性和分支井眼的重入性。1997 年英国壳牌公司在苏格兰阿伯丁举办了"分支井技术进步（TAML——Technology Advancement Multi Laterals）"论坛，建立了分支井技术分级体系，将分支井技术定为 1 ~ 6（6S）级。目前普遍用于生产的是 4 级以下的分支井钻井技术（实现主井眼和分支井眼生产的合采与计量），国内 5 级和 6 级分支井钻井技术（主井眼和分支井眼可以分别开采，分别计量）仍处于进一步完善和开发之中。

俄罗斯（前苏联）和美国是应用特殊工艺井最早最多的国家。对老井进行侧钻实施重入钻井，不仅可以大幅度降低钻井成本，还可以大幅度提高油井产量。俄罗斯在一些枯竭的油藏中钻分支水平井，成本仅比普通直井高 30% ~ 80%，却能以超过邻井 10 倍甚至 20 倍的产量投产。注水开发的老油田，大多存有 50% 以上的残余油，采用直井加密井网收效甚微，采用分支水平井加密，产量是邻井的 8 ~ 9 倍，可以大幅度提高枯竭油藏采收率。加拿大阿尔伯达省冷湖是最早应用钻井方式开采稠油和沥青砂的油田，埃索公司采用直井注蒸汽，被加热的原油靠重力流入下部的水平井，稠油由水平井采出，这种蒸汽辅助重力开采方式（SAGD），可使一口井平均年产稠油 4000t。美国 Bechtel 等多家公司认为，水平井可以减少或防止蒸汽超覆和汽窜，组合井型是开采特超稠油的最有效方式。

我国自"七五"（1985 年）开始攻关特殊工艺井钻井技术，先后将定向井、丛式井、侧钻井、水平井、侧钻水平井、大位移井及分支井列为重点课题。由于广泛使用定向井和丛式井钻井技术，辽河油田 1980 年前，平均口井占地 7 亩（4667m²），1995 年后口井占地不足半亩。1992 年辽河油田用开窗侧钻技术复产成功枯竭井，1994 年钻成第一口侧钻水平井，2000年侧钻成第一口分支井，已实现分支处密封、耐高压，达到分支超4级水平。1987年8月，胜利油田在现河庄地区长384m、宽110m的50号断块平台上钻丛式井42口，建成36×10⁴t/a的原油生产能力，成为我国井数最多，井深最深的陆地丛式井平台。目前丛式井钻井技术已广泛应用于华北二连、江苏卡阳、长庆苏里格等许多油田。我国在南海已成功应用位移钻井技术，1997年投产的西江24-3-A14井，测深9238m，水平位移8062m，垂深2763m，是当时世界上测深最深，位移最大的井。目前西江24-1油田已有5口井测深超过8600m、水平位移与垂深比大于2.65，使这一边际油田得到高效开发。我国水平井技术攻关起于1990年"八五"国家项目，此后水平井技术不断地完善配套并规模化推广，2006—2008年完成水平井2333口，平均单井产量是直井的3.5倍。

当今钻井技术的发展方向是"少井高效，少井高产"。特殊工艺井已成为钻井设计和施工的首选。井的高产高效，需要各种先进钻井技术的有序整合和综合运用。特殊工艺井钻井技术汇聚了当代先进钻井技术，代表了当代钻井技术的发展，熟练掌握各种不同井型的钻井技术和施工要领，对于实现高产高效的钻井目标十分重要。

随着钻井技术的发展，井的概念在更新，井的功能在扩展，把钻井作为油田增储增产的手段是前所未有的。用钻井方式发掘油藏潜力，实现油田开发的高产高效，是一项全新的技术领域。在这一新的技术领域里，仍有许多未知的问题需要面对，特殊工艺井钻井技术目前仍在向更深更高层次探索着。

第二节 定 向 井

一口定向井的实施，通常包括设计和施工两部分：定向井设计除包括常规设计内容外，还包括定向井井身剖面设计、定向钻具组合及钻进参数设计等；施工主要包括上部直井段钻进、造斜和斜井段轨迹控制等。

定向井的应用范围包括：

(1) 地面限制，地面不利于或不允许设置井场；

(2) 地质条件要求，定向井能更有利于发现油藏，提高产量；

(3) 钻井技术需求，需要用定向井来处理井下复杂情况或易斜地层；

(4) 其他如过江管道的铺设，煤层气和地热的开发等都需要定向钻井技术。

定向钻井引入石油界约在19世纪后期，当时的定向井是在落鱼周围侧钻。世界上第一口真正有记录的定向井是1932年美国在加利福尼亚亨延滩油田完成。当时对海滩油田的开发是先搭栈桥再竖井架钻井。美国一位有创新精神的钻井承包商改变了这种做法，他在陆地上竖井架，使井眼延伸到海滩下，由此降低了钻井成本，开创了定向钻井的新纪元。1934年，德国的克萨斯康罗油田一口井严重井喷。一位有丰富想象力的工程师提出用定向钻井技术来解决。在距失控井不远处钻一口定向井，井底与失控井相交，然后向井内泵入重浆压住失控井，这是世界上第一口定向救援井。第二次世界大战后随着生产的发展、海洋石油的开发、井下动力钻具的研制以及计算机技术的进步，促使定向钻井技术得到更广泛的应用。

我国的第一口定向井是1955年在玉门油田钻成的C2-15井。1987年钻成四川油田，一口过长江定向井草16井。进入20世纪80年代后，我国定向钻井工具、设备及工艺技术有了高速发展，定向钻井技术已达到世界先进水平。

一、定向井设计

1. 定向井专业术语

1）定向井

设计目标与井口垂线偏离一定的距离，并采用定向工艺钻成的井，称为定向井。

2）井深

井眼轴线上任一点，到井口的井眼长度，称为该点的井深，也称为该点的测量井深，或斜深，单位为米（m）。

3）垂深

井眼轴线上任一点，到井口所在水平面的距离，称为该点的垂深。单位为米（m）。

4）水平位移

井眼轨迹上任一点，与井口铅垂线的距离，称之该点的水平位移，也称为该点的闭合距，单位为米（m）。

5）视平移

水平位移在设计方位线上的投影长度，称为视平移。如图 9-2-1 所示，$\overrightarrow{OO}$ 为设计方位线，OT 弧线为实钻井眼轴线在水平面上的投影，其上任一点 P 的水平位移为 $\overrightarrow{OP}$，以 A_p 表示。P 点的视平移为 OK，其长度以 V_p 表示。当 $\overrightarrow{OK}$ 与 $\overrightarrow{OQ}$ 同向时 V_p 为正值，反向时为负值。视平移是定向施工的重要参数，单位为米（m）。

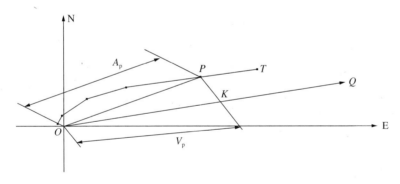

图 9-2-1 视平移

6）井斜角

井眼轴线上任一点的井眼方向线，与通过该点的垂线之间的夹角，称为该点处的"井斜角"，单位为度（°）。

7）最大井斜角

"最大井斜角"有两种不同的意义：对已钻成的实钻井眼来说，全井所有的各个测点中，井斜角的最大值为"最大井斜角"；在定向井的设计剖面中，其增斜井段的终止点处，井斜角值应该最大。这就是通常所说的"最大井斜角"，单位为度（°）。

综上，无论设计剖面，还是实钻剖面，全井井斜角的最大值，称为该井的最大井斜角。

8）方位角

在以井眼轨迹上任一点为原点的平面坐标系中，以通过该点的正北方向线为始边，按顺时针方向旋转至该点处井眼方向线在水平面上的投影线为终边，其所转过的角度称为该点的方位角，单位为度（°）。如图 9-2-2（a）所示。

方位角还有另外一种表示方法。即：在井眼轨迹上任一点建立一个以该点为原点的水平面直角坐标系。该点处井眼方向线与正北方位线或正南方位线的夹角、称为该点的"方位角"，也称"井斜方位角"。这种表示方法，井斜方位角均不大于 90°，如图 9-2-2（b）所示。

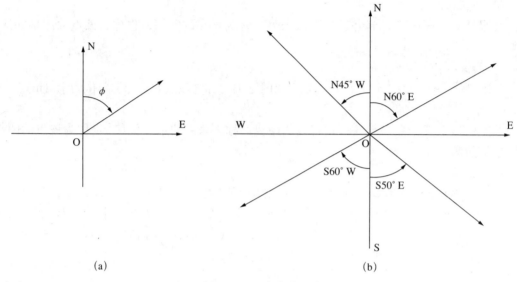

(a)   (b)

图 9-2-2 方位表示法

9）磁偏角

在某一地区内，其磁北极方向线与地理北极方位线之间的夹角，称为该地区的"磁偏角"。磁偏角的计量方法是以地理北极方向线为始边，以磁北极方向线为终边，顺时针为正值，逆时针为负值，转过的角度即为磁偏角的数值。磁偏角的正值为东磁偏角，负值为西磁偏角。

10）子午线修正角

由于大地测量系统是按 6° 为一个单元进行测量的，在每个单元中如果测量不是位于单元的中心，则存在瓜皮效应，需进行修正。

11）磁方位校正

用磁性测斜仪测得的方位角称为磁方位角。它是以磁北方位线为准的。由于大地磁场随着地理位置和时间在不断变化，所以需要以地理真北方位线为基准进行校正。这种校正称为磁方位校正。校正后的磁偏角计算方法是：磁方位角值 + 该地区的磁偏角 + 子午线修正角。

12）造斜点

在定向井中，开始利用定向工具与仪器进行定向造斜的位置叫"造斜点"。通常以开始定向造斜的井深来表示。

13）井斜变化率

单位井段内井斜角的改变速度称为"井斜变化率"。通常以两测点间井斜角的变化量与两测点间井段的长度的比值表示。常用单位是：（°）/10m，（°）/25m，（°）/30m，（°）/

100m。

井斜变化率的公式如下：

$$K_\alpha = \frac{\Delta\alpha}{\Delta L} \times 100 \qquad (9-2-1)$$

式中　K_α——每 100m 井斜角变化率，（°）/100m；

　　　$\Delta\alpha$——下测点井斜角，减去上测点井斜角的差值，（°）；

　　　ΔL——两测点间井段的长度，m。

14）方位变化率

单位井段内方位角的变化值，称为方位变化率。通常以两测点间方位角的变化量与两测点间井段长度的比值表示。常用单位有：（°）/10m，（°）/25m，（°）/30m，（°）/100m。

其计算公式如下：

$$K_\phi = \frac{\Delta\phi}{\Delta L} \times 100 \qquad (9-2-2)$$

式中　K_ϕ——每 100m 方位变化率，（°）/100m；

　　　$\Delta\phi$——两测点间方位角变化值，即下测点减去上测点方位角差值，（°）。

15）造斜率

造斜率表示造斜工具的造斜能力。其值等于用该造斜工具所钻出井段的井眼曲率。不等于井斜变化率。

16）增（降）斜率

指的是增（降）斜率井段的井斜变化率。其井斜变化为正值时为增斜率，负值为降斜率。

17）全角变化率

"全角变化率"，"狗腿严重度"，"井眼曲率"，都是相同的意义。指的是在单位井段内井眼前进的方向在三维空间内的角度变化。它即包含了井斜角的变化又包含着方位角的变化，单位为（°）/25m。

其计算方法为：

$$K = 25 \times \sqrt{\left(\frac{\Delta\alpha}{\Delta L}\right)^2 + \left(\frac{\Delta\phi}{\Delta L}\right)^2 \sin^2\left(\frac{\alpha_1 + \alpha_2}{2}\right)} \qquad (9-2-3)$$

式中　α_1——井段上端点处井斜角，（°）；

　　　α_2——井段下端点处井斜角，（°）；

　　　$\Delta\alpha$——该井段内井斜角的变化值，$\Delta\alpha = \alpha_2 - \alpha_1$；

　　　$\Delta\phi$——该井段内方位角的变化值，（°）；

　　　ΔL——该井段内的长度，m；

　　　K——全角变化率，（°）/25m。

18）增斜段

井斜角随井深增加的井段，称增斜段。如图 9-2-3 所示。

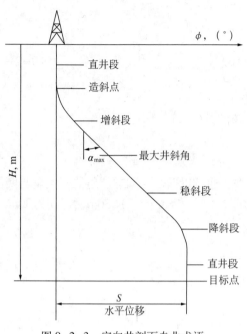

图 9-2-3　定向井剖面专业术语

19）稳斜段

井斜角基本保持不变的井段，称为稳斜段。

20）降斜段

井斜角随着井深的增加而减小的井段称为降斜段。

21）目标点

设计规定的必须钻达的地层位置，称为目标点。通常是以地面井口为坐标原点的空间坐标系的坐标值来表示。

22）靶区半径

允许实钻井眼轨迹偏离设计目标点的水平距离，称为靶区半径。

所谓靶区，就是在目标点所在的平面上，以目标点为圆心，以靶区半径为半径的一个圆面积。靶区半径的大小，根据勘探开发的需要或钻井的目的而定。

23）靶心距

在靶区平面上，实钻井眼轴线与目标点之间的距离，称为靶心距。

24）工具面

在造斜钻具组合中，由弯曲工具的两个轴线所决定的那个平面，称为工具面。

25）反扭角

使用井下动力钻具带弯接头进行定向造斜或扭方位时，动力钻具钻进时，由于动力钻具产生扭矩而使钻头产生偏转，动力钻具启动前的工具面与启动后且加压钻进时的工具面之间的夹角，称为反扭角。反扭角总是使工具面逆时针转动。

26）高边

定向井的井底是个呈倾斜状态的圆平面，称为井底圆。井底圆上的最高点称为高边。从井底圆心至高边之间的连线所指的方向，称为井底的"高边方向"。高边方向上的水平投影称为高边方位，即井底的方位。

27）工具面角

工具面角是表示造斜工具下到井底后，工具面所在位置的参数。工具面角有两种表示方法：一种是以高边为基准；另一种是以磁北为基准。

高边基准工具面角，简称高边工具角，是指高边方向线为始边，顺时针转到工具面与井底圆平面的交线上所转过的角度。

一般在井斜小于5°时采用磁方位工具面定向，而在井斜大于5°时可以采用高边工具面定向。

28）定向角

定向角是定向工具面角的简称。在定向造斜或扭方位钻进时，当启动井下动力钻具之后，工具所处的位置，用工具面角表示，即为定向工具面角。

定向角可用高边工具面角表示，也可用磁北工具面角表示。

定向角与我国现场常用的"装置角"一词，意义和计算方法均相同。

在定向造斜或扭方位之前，根据定向造斜或扭方位的要求，计算出所需要的定向角，这是预计的定向角。在实钻过程中，由于各种因素的影响，实钻的定向角与预计的定向角不一定完全相符。在使用随钻测斜仪器的情况下，可以调整工具面，使实钻定向角与预计定向角基本相符。

29）安置角

安置角是安置工具面角的简称。在定向造斜或扭方位钻进时，当启动井下动力钻具之前，将工具面安置的位置，以工具面角表示，即为安置工具面角。安置角在数值上等于定向角加反扭角。

安置角、定向角、反扭角以及井底方位角之间的关系如图9-2-4所示。

2. 设计依据

1）钻定向井的目的

定向井设计首先要保证实现钻井目的。这是定向井设计的主要依据和基本原则。设计人员应根据不同的钻探目的对设计井的井身、剖面类型、井身结构、钻井液类型及完井方法等进行合理设计，以利于安全、优质和快速钻井。定向井的应用范围如图9-2-5所示。

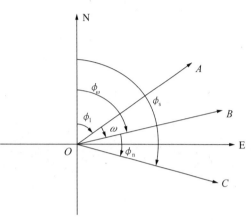

图9-2-4 井底方位角、定向角、安置角及反扭角示意图

$\overrightarrow{ON}$—正北方向线；$\overrightarrow{OE}$—正东方向线；$\overrightarrow{OA}$—井底井斜方位线，即高边方位线；$\overrightarrow{OB}$—造斜工具定向方位线；$\overrightarrow{OC}$—造斜工具的安置方位线；ϕ_1—井底井斜方位角；ω—高边基准的定向角（俗称装置角）；ϕ_{ω}—磁北基准的定向角；ϕ_n—反扭角；ϕ_s—安置角

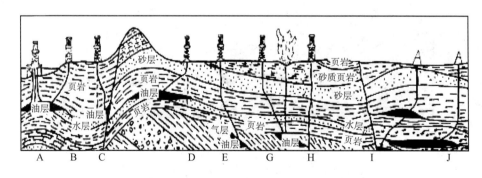

图9-2-5 定向井应用范围

A—在人工岛上钻丛式井；B—从岸上向水域钻定向井；C—控制断层；D—地面条件限制（高山、建筑物等）不能靠近的钻探；E—地层圈闭；G—定向救援井；H—纠斜或侧钻；I—多目标井；J—水平井

例如，海上平台常用定向井钻井（图9-2-6）。从一个平台打多口定向井，比对每一口直井都建一个平台经济得多。在海上一些平台可以钻多达60口定向井。

又如，钻井目的是开发裂缝性油层或低渗透油气层，为了增加油气层的裸露面积，达到增加产量及提高采收率的目的，可设计成水平井、多底井或大斜度井（图9-2-7）。

再如，钻救援井，该井的目的是为了制服井喷和灭火，保护油气资源。

对于在构造完整，圈闭好的油藏，钻定向井和丛式井应按照开发井网的布置要求。

2）设计基本数据

地面井位坐标、地下目标点坐标和目的层垂直深度是进行定向井设计的基本数据。根据这些基本数据，通过坐标换算，可计算和设计出方位角、井斜角和水平位移。此外，造斜点位置、最大井斜角（常规定向井取 $15°\sim45°$）和最大井眼曲率也是剖面设计的主要数据。这些数据需要根据现场井眼和统计资料确定。

3）地质条件

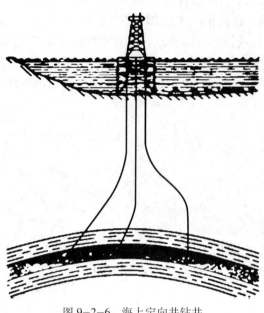

图9-2-6　海上定向井钻井

做定向井设计时，应详细了解该地区的各种地质情况。如：地质分层、岩性、地层压力、地层倾角、倾向和断层及所钻区块的复杂情况等。还要了解地层的造斜特性及井斜方位飘移等情况。对本地区内已钻井的资料进行分析，是获取此类资料的主要手段。

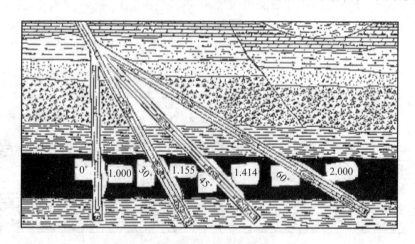

图9-2-7　定向井可以增大油层的裸露面积

对于有多套含油气层系，且富集性好，产能高的断块油田，采用多目标井。要掌握断层位置和沿断层油气层分布范围，使设计的筒式靶区控制在多油层系范围之内。

4）工具性能

定向井钻进需要借助定向机具，在定向井设计时，设计的井眼曲率要符合施工工具及钻具组合的造斜能力，使设计的井身剖面具有可实施性。一般情况下工具与钻具组合的实际造斜能力受区块地层影响，地层岩性和状态不同，定向造斜效果也不同，解决这方面问题应重视区块的工具使用经验和对已钻井资料的分析。

3. 定向井井身剖面设计

1）剖面类型

定向井的井身剖面多种多样，如图9-2-8所示。各种定向井剖面的用途见表9-2-1。常用的剖面有三段制（"J"）剖面和五段制（"S"）剖面。定向井工程设计人员可根据钻井目的和地质要求等具体情况，选用合适的剖面类型，进行定向井设计。

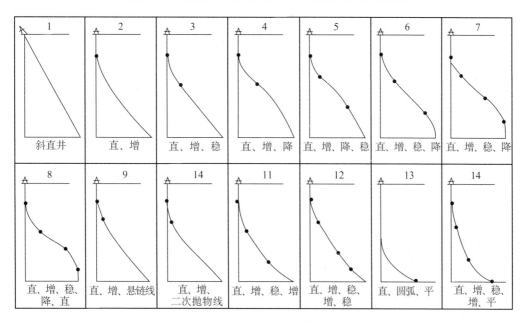

图9-2-8　定向井井身剖面类型

表9-2-1　各种井身剖面用途

序号	剖面类型	井眼轨迹	用途特点
1	斜直井	稳	开发浅层油气藏
2	二段制	直—增	开发浅层油气藏
3	三段制	直—增—稳	常规定向井剖面、应用较普遍
4		直—增—降	多目标井、不常用
5	四段制	直—增—稳—降	多目标井、不常用
6		直—增—稳—增	用于深井、小位移常规定向井
7	五段制	直—增—稳—增—稳	用于深井、小位移常规定向井

定向井设计井身剖面按在空间坐标系中的几何形状，又可分为两维定向井剖面和三维定向井剖面两大类。

二维定向井剖面是指设计井眼轴线仅在设计方位线所在的铅垂平面上变化的井。

三维定向井剖面是指在设计的井身剖面上，既有井斜角的变化又有方位角的变化。三维定向井常用于在地面井口位置与设计目标点之间的铅垂平面内，存在着井眼难于直接通过的障碍物（如：已钻的井眼，盐丘，气顶等），设计井需要绕过障碍钻达目标点。因此，又称为三维绕障井（图9-2-9）。

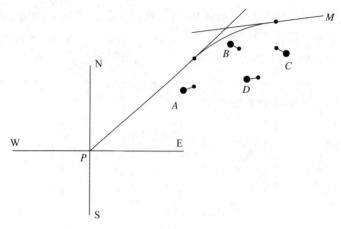

图9-2-9　三维绕障示意图

P—地面井位；M—井下目标点；A，B，C，D—完成井

2）定向井剖面设计原则

（1）根据油田勘探开发布置要求，保证实现钻井目的。

（2）根据油田的构造特征及油气产状，有利于提高油气产量和采收率，改善投资效益。

（3）在满足钻井目的的前提下，应尽可能选择比较简单的剖面类型，尽量使井眼轨迹短，以减小井眼轨迹控制的难度和钻井工作量，有利于安全快速钻井，降低钻井成本。

（4）在选择造斜点、井眼曲率及最大井斜角等参数时，应有利于钻井、完井及采油和修井作业。

3）设计中有关因素的选择

（1）造斜点选择。造斜点应选在比较稳定的地层，避免在岩石破碎带、漏失地层、流砂层或容易坍塌等复杂地层定向造斜，以免出现井下复杂情况，影响定向施工；应选在可钻性较均匀的地层，避免在硬夹层定向造斜；造斜点的深度应根据设计井的垂直井深、水平位移和选用的剖面类型决定，并要考虑满足采油工艺的需要。如：设计垂深大及位移小的定向井时，应采用深层定向造斜，以简化井身结构和强化直井段钻井措施，提高钻井速度；在设计垂深小及位移大的定向井时，则应提高造斜点的位置，在浅层定向造斜时，既可减少定向施工的工作量，又可满足大水平位移的要求；在井眼方位漂移严重的地层钻定向井，选择造斜点位置时应尽可能使斜井段避开方位自然漂移大的地层或利用井眼方位漂移的规律钻达目标点。

（2）最大井斜角。大量定向井钻井实践证明，井斜角小于15°，方位不稳定，容易漂移。井斜角大于45°，测井和完井作业施工难度较大，扭方位困难，转盘扭矩大，并易发生井壁坍塌等现象。所以，一般认为常规定向井的最大井斜角尽可能控制为15°～45°。

（3）井眼曲率。井眼曲率不宜过小，以免造斜井段过长，增加轨迹控制工作量。井眼曲率也不宜过大，以免造成钻具偏磨，摩阻过大和键槽，以及其他井下作业（如测井、固井、射孔、采油等）的困难。常规定向井中应控制其值为（5°~12°）/100m，最大值不超过16°/100m。

不同钻井方式，对井眼曲率的选择范围不同：

①井下动力钻进：动力钻具（如直螺杆+弯接头）造斜井段的造斜率一般取5°/100m~16°/100m；

②转盘钻进：不同增斜钻具组合增斜率不同，通常较大增斜率钻具方位漂移较大，因此钻增斜井段的增斜率通常取4°/100m~8°/100m，钻降斜段利用钟摆钻具或光钻铤的降斜率取2°/100m~6°/100m；

③导向钻进：导向钻进的钻具组合主要由井下动力钻具（如单弯螺杆）和扶正器构成，钻井方式分为滑动钻进和复合钻进。滑动钻进时，造斜井段造斜率一般取5°/100m~16°/100m，但尽量选取较低的造斜率；复合钻进时，一般曲率变化率控制在2°/100m~5°/100m。

为了保证造斜钻具和套管安全顺利下井，必须对设计剖面的井眼曲率进行校核。应该使井身剖面的最大井眼曲率小于井下动力钻具组合和下井套管抗弯曲强度允许的最大曲率值。

井下动力钻具定向造斜及扭方位井段的井眼曲率 K_m 应满足下式：

$$K_m < \frac{0.728(D_b - D_T) - f}{L_T^2} \times 45.84 \tag{9-2-4}$$

式中 K_m——井眼曲率，（°）/100m；

D_b——钻头直径，mm；

D_T——井下动力钻具外径，mm；

f——间隙值（软地层取 $f=0$，硬地层取 $f=3~6mm$），mm；

L_T——井下动力钻具长度，m。

下井套管允许的最大井眼曲率 K_m' 应满足下式：

$$K_m' < \frac{5.56 \times 10^{-6} \times \delta_c}{C_1 \times C_2 \times D_c} \tag{9-2-5}$$

式中 δ_c——套管屈服极限，Pa；

C_1——安全系数，一般取1.2~1.25；

C_2——螺纹应力集中系数，取值1.7~2.5；

D_c——套管外径，cm。

4）井身剖面的设计方法

以往常用的井身剖面设计方法可归纳为图版法、作图法和解析法三种，目前多用计算机定向钻井软件进行设计，其方法采用的是解析法。

解析法是根据给出的条件，应用解析公式计算出剖面上各井段的所有井身参数的井身设计方法。解析法进行井身剖面设计所用公式如下：

（1）求最大井斜角 α_{max}：

$$H_o = H - H_z - \Delta H_{xz} + R_2 \sin \alpha''$$

$$S_o = S - \Delta S_{xz} + R_2 \left(1 - \cos \alpha''\right)$$

$$R_1 = \frac{180}{\pi} \times \frac{100}{K_1}$$

$$R_2 = \frac{180}{\pi} \times \frac{100}{K_2}$$

$$R_o = R_1 + R_2$$

$$\Delta S_{xz} = \Delta H_{xz} \times \tan \alpha''$$

$$\alpha_{\max} = 2 \arctan \frac{H_o - \sqrt{H_o^2 + S_o^2 - 2R_o S_o}}{2R_o - S_o} \tag{9-2-6}$$

（2）各井段的井身计算：

①增斜段。

$$\begin{cases} \Delta H_1 = R_1 \times \sin \alpha_{\max} \\[2mm] \Delta S_1 = R_1 \times \left(1 - \cos \alpha_{\max}\right) \\[2mm] \Delta L_1 = R_1 \times \dfrac{\alpha_{\max}}{\pi} \times 180 \end{cases} \tag{9-2-7}$$

②稳斜段。

$$\begin{cases} \Delta L_2 = \sqrt{H_o^2 + S_o^2 - 2R_o S_o} \\[2mm] \Delta H_2 = \Delta L_2 \times \cos \alpha_{\max} \\[2mm] \Delta S_2 = \Delta L_2 \times \sin \alpha_{\max} \end{cases} \tag{9-2-8}$$

③降斜段。

$$\begin{cases} \Delta H_3 = R_2 \left(\sin \alpha_{\max} - \sin \alpha''\right) \\[2mm] \Delta S_3 = R_2 \left(\cos \alpha'' - \cos \alpha_{\max}\right) \\[2mm] \Delta L_3 = R_2 \cdot \dfrac{\pi}{180} \cdot \left(\alpha_{\max} - \alpha''\right) \end{cases} \tag{9-2-9}$$

④稳斜段。

$$\begin{cases} \Delta S_{xz} = \Delta H_{xz} \times \tan \alpha'' \\[2mm] \Delta L_{xz} = \sqrt{\Delta S_{xz}^2 + \Delta H_{xz}^2} \end{cases} \tag{9-2-10}$$

⑤总井深。

$$L = H_z + \Delta L_1 + \Delta L_2 + \Delta L_3 + \Delta L_{xz} \qquad (9-2-11)$$

式中　α''——降斜终点的井斜角，（°）；

　　　H_o——过度参数，m；

　　　H——全井的总垂深，m；

　　　ΔH_{xz}——自降斜点（终点）到目标点处的垂增，m；

　　　H_z——造斜点的深度，m；

　　　α——降斜终点的井斜角，（°）；

　　　S_o——过度参数，m；

　　　S——井口到目标终点处的平增，m；

　　　ΔS_{xz}——降斜终点到目标点的平增，m；

　　　K_1，K_2——分别为选定的增斜率和降斜率，（°）/100m；

　　　R_1，R_2——分别为增斜段和降斜段的曲率半径，m；

　　　ΔH_1，ΔS_1，ΔL_1——分别为增斜段的垂增、平增和段长，m；

　　　ΔH_2，ΔS_2，ΔL_2——分别为稳斜段的垂增、平增和段长，m；

　　　ΔH_3，ΔS_3，ΔL_3——分别为降斜段的垂增、平增和段长，m；

　　　ΔL_{xz}——降斜终点到目标点的段长，m；

　　　L——全井的总井深，m。

（3）设计计算中特殊情况的处理：

①当 $H_o^2 + S_o^2 - 2R_o S_o = 0$ 时，表示该井段没有稳斜段，此时可由下面 4 个公式中任一个公式来求最大井斜角 α_{max}。

$$\alpha_{max} = 2\arctan\frac{S_o}{H} \qquad (9-2-12)$$

$$\alpha_{max} = 2\arctan\frac{H_o}{R_o - S_o} \qquad (9-2-13)$$

$$\alpha_{max} = \arcsin\frac{H_o}{R} \qquad (9-2-14)$$

$$\alpha_{max} = \arccos\frac{R_o - S_o}{R_o} \qquad (9-2-15)$$

②当 $2R_o - S_o = 0$ 时，可用下式求最大井斜角 α_{max}：

$$\alpha_{max} = 2\arctan\frac{S_o}{2H_o} \qquad (9-2-16)$$

③当 $H_o^2 + S_o^2 - 2R_o S_o < 0$ 时，说明此种剖面不存在，此时应该改变设计条件，改变造斜点深度、增斜率和降斜率或改变目标点坐标。

井身剖面设计计算结果应整理列表，并校核井身长度和各井段井身参数，是否符合设计要求，还应校核井眼曲率，井身剖面最大曲率应小于动力钻具和下井套管抗弯曲强度允许的最大曲率。

5）计算机定向钻井软件设计

由于计算机在石油现场的广泛应用，上述井身剖面设计方法已很少采用，现在主要依靠计算机定向井专用软件来进行剖面设计。国内各油田都有自己编制的定向井软件，比较通用的是 Landmark 钻井软件。应用定向井软件进行井身剖面设计快速便捷，且直观可视，设计结果表和垂直投影图和水平投影图自动完成。这里需要说明的是，定向井钻井软件只是定向井基础公式的智能化，是钻井基础理论的计算机应用，是一种设计方式，设计时需要不断试算和优化。

Landmark 软件 Compass 定向井程序设计：

（1）输入设计井的基础数据：包括公司、油田、区块和井号；设计井的井口横纵坐标，磁偏角，靶点横纵坐标，靶点垂深及靶半径；如有需要防碰的井，输入井号及老井数据。

（2）选择造斜点深度，输入造斜点基本轨迹数据。

（3）选择设计的剖面类型。

（4）根据不同剖面类型，确定设计目标，优选井眼曲率和装置角进行设计。

（5）对比自动生成的剖面设计数据和垂直/水平剖面图、三维可视图及防碰扫描图等，再结合钻完井工艺技术、地质设计及后期采油作业的要求，进行反复设计，优化剖面。

设计者进行优化设计时，所输入的设计数据，如造斜点、造斜率和装置角等要参考所钻区块的钻井经验，结合采油和测试等作业要求进行。

例 1：某定向井设计全井垂深 H=2500m，总水平位移 S=1380m，要求垂深在 1500m 处，水平位移 860～890m，α''=15°。井口坐标，X：4286107，Y：20548829.9；井底坐标，X：4286220，Y：20549630。用解析法设计五段制"S"形井身剖面。

解：

（1）选定造斜点：H_z=450m，增斜率 K_1=7°/100m，降斜率 K_2=4°/100m，ΔH_{xz}=300m。

（2）求设计方位角。

$$\theta = \arctan\frac{20549630-20548829.9}{4286220-4286107}=81°.$$

（3）求最大井斜角 α_{max}。

$$R_1 = \frac{180}{\pi}\times\frac{100}{K_1}=818.51m$$

$$R_2 = \frac{180}{\pi}\times\frac{100}{K_2}=1432.39m$$

$$H_o = 2500-450-300+1432.39\times\sin15°=2120.731m$$

$$S_o = 1380-300\times\tan5°+1432.39\times(1-\cos15°)=1348.423$$

$$R_o = R_1 + R_2 = 2250.90m$$

$$\alpha_{max} = 2\arctan\frac{2120.731-\sqrt{2120.731^2+1348.423^2-2\times2250.90\times1348.423}}{2\times2250.90-1348.423}=54°32'$$

计算当 α_{max}=54°32′ 时，垂深 1500m 处的位移 S：

$$S = R_1(1 - \cos\alpha_{max}) + (H_{L1} - H_z - R_1\sin\alpha_{max})\tan\alpha_{max}$$

$$= 818.51 \times (1 - \cos 54.53°) + (1500 - 450 - 818.51 \times \sin 54.53°) \times \tan 54.53° = 881.753_1$$

符合设计垂深1500m处位移860～890m的条件，故 α_{max}=54°32′是可取的。

（4）各井段计算。

①增斜段：

$$\Delta H_1 = 818.51 \times \sin 54.53° = 666.66\text{m}$$

$$\Delta S_1 = 818.51(1 - \cos 54.53°) = 343.62\text{m}$$

$$\Delta L_1 = R_1 \cdot \alpha_{max} \cdot \frac{\pi}{180} = 818.51 \times 54.53 \times \frac{\pi}{180} = 779.085\text{m}$$

②稳斜段：

$$\Delta L_2 = \sqrt{2120.731^2 + 1348.423^2 - 2 \times 2250.90 \times 1348.423} = 495.377\text{m}$$

$$\Delta H_2 = \Delta L_2 \times \cos\alpha_{max} = 495.377 \times \cos 54.53° = 287.414\text{m}$$

$$\Delta S_2 = 495.377 \times \sin 54.53° = 403.475\text{m}$$

③降斜段：

$$\Delta H_3 = 1432.39 \times (\sin 54.53° - \sin 15°) = 795.93\text{m}$$

$$\Delta S_3 = 1432.39 \times (\cos 15° - \cos 54.53°) = 552.523\text{m}$$

$$\Delta L_3 = 1432.39 \times (54.53° - 15°) \cdot \frac{\pi}{180} = 998.4\text{m}$$

④总斜长：

$$L = 450 + 779.085 + 495.377 + 300/\cos 15° = 3023.44\text{m}$$

⑤稳斜段：

$$\Delta H_{xz} = 300\text{m}$$

$$\Delta S_{xz} = \Delta H_{xz} \times \tan 15° = 300 \times \tan 15° = 80.385\text{m}$$

$$\Delta L_{xz} = 310.583\text{m}$$

整理计算结果见表9-2-2。

表9-2-2　五段制剖面设计数据表

井段	段长 ΔL, m	井深 L, m	井斜角 α, (°)	垂增 ΔH, m	垂深 H, m	平增 ΔS, m	位移 S, m
直井段	450	450	0	450	450	0	0
增斜段	779.085	1229.085	54.53	666.66	1116.66	343.62	343.62
稳斜段	495.377	1724.46	54.53	287.414	1404.074	403.475	747.092
降斜段	988.4	2712.861	15	795.93	2200	552.523	1299.615

井段	段长 ΔL, m	井深 L, m	井斜角 α, (°)	垂增 ΔH, m	垂深 H, m	平增 ΔS, m	位移 S, m
稳斜段	310.583	3023.44	15	300	2500	80.385	1380
目标点 1	470.69	1699.775	54.53	383.339	1500	538.136	881.753
目标点 2	310.583	3023.44	15	—	2500	—	1380

4. 定向井套管程序设计原则

（1）根据地质情况并结合井身剖面类型确定套管程序。合理的套管程序，应考虑所钻井的地层压力体系、岩层性质及产层保护。

（2）有利于井眼轨迹控制。每一层套管的套管鞋位置应避开井眼曲率大的井段。常规定向井直井段的最后一层套管鞋距造斜点的井身长度应不小于 50m。进入斜井段的中间套管（技术套管）的套管鞋位置处在斜直井段为宜。

5. 常用钻具组合及钻井参数设计

定向井常用的钻具组合按其用途可一般分为稳斜钻具、降斜钻具、微增斜钻具、造斜钻具、增斜钻具及导向钻具。根据设计井每个井段剖面形状，选用合理的下部钻具组合和相应的钻进参数，使钻出的井眼沿设计井眼轨迹前进，这是定向井井眼轨迹控制的主要依据。设计定向井钻具组合时，应保持刚度相溶性原则，即全井钻具组合刚性可以逐渐降低，不能增加，以避免因为刚度不相溶而导致钻具无法下入。

1）定向井井眼轨迹控制原理

定向井钻进时由于转盘钻一般机械钻速高于井下动力钻具定向钻进，因此，掌握转盘钻井井眼轨迹控制原理具有重要意义。

（1）影响定向井井眼轨迹的因素。影响定向井井眼轨迹的主要因素有：地质因素、岩石可钻性、不均匀性及其各向异性、地应力以及地层倾角和倾向等；下部钻柱组合及钻井参数；钻头类型及地层的相互作用。

井眼轨迹变化是上述诸因素互相作用和平衡的结果。井眼轨迹模拟程序国内外仍在不断完善，目前还没有统一的数学模型反映井眼轨迹与上述因素之间的关系。随着定向井钻井设备、工具和工艺技术的进步，目前施工中可以做到即时监测与预测井眼轨迹，可以根据实钻结果，及时调整下部钻具组合和钻井参数。

（2）下部钻柱组合力学特征量。下部钻柱组合和钻井参数是井眼轨迹控制的基本可控因素。任何下部钻柱组合的力学性能都要集中反映在钻头上，表示下部钻柱组合力学性能的基本特征量是钻头侧向力和钻头转角，钻头侧向力可分解为井斜力 F_y 和方位力 F_x。钻头转角可分解为倾角 θ 和扭转角 γ。图 9-2-10 为上述各特征定义的示意图。

A 向 1 和 A 向 2 分别表示从上向下看井底时的钻头侧向力和钻头轴线投影；井斜力 F_y 沿井眼高边方向线，即井底处井眼轴线所在垂直平面与井底平面的交线，F_y 为正，表示指向井眼上侧，反之表示指向井眼下侧，F_y 反应增斜或降斜趋势；方位力 F_x 在井底平面内与 F_y 垂直。该力在高边方位右侧时表示增方位趋势，左侧为减方位趋势；钻头倾角 θ 为井底井眼轴线的切线与钻头偏转轴线之间的夹角；正的为钻头向上翘。钻头扭转角 γ 为钻头偏转轴线与前述高边方位线之间的夹角。

不同类型的钻具组合的上述特征量对其性能的影响差别很大。由于钻柱转动，上述特征量是脉动的，即受钻柱运动状态的影响。

对多稳定器的稳斜钻具组合，侧向力是主要的，钻头转角很小。因此，可以只按侧向力来调整钻具组合。对增斜钻具，钻头侧向力很大，因此，侧向力起控制作用，转角影响次之；对降斜钻具，钻头侧向力和转角同等重要，对常规定向井钻具，钻头侧向力指向井眼下侧。而钻头向上翘，即向上偏转。因此，降斜钻具的性能决定于井斜角、钻压和钟摆长度之间的平衡关系。降斜钻具可降斜、增斜或稳斜。

（3）地质因素及钻头结构对井眼轨迹的影响。

① 地质因素：地层倾角、层状地

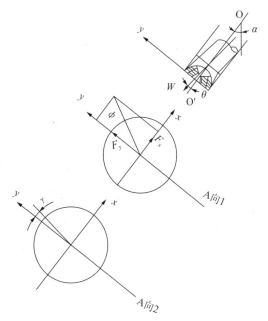

图 9-2-10　钻头侧向力及空间转角示意图

层、各向异性以及岩性软—硬交错等在井眼的自然弯曲中具有一定的规律性。对井眼轨迹影响起主要的作用是地层倾角，其他诸因素对井斜的作用都与地层倾角紧密相关。当地层倾角小于 45° 时，井眼一般沿上倾方向偏斜；当地层倾角大于 60° 时，井眼将顺着地层面下滑发生偏斜；地层倾角在 45° ~ 60° 时井眼不稳定。

当钻头从软地层进入硬地层时，如图 9-2-11（a）所示。钻头在 A 侧接触到硬岩石，而在 B 侧还是软岩石。这样在钻压作用下，由于 A 侧岩石的硬度大，可钻性小，钻头刀刃吃入地层少，钻速慢；而在 B 侧岩石的硬度小，可钻性大，钻头刀刃吃入地层多，钻速快，这样钻出井眼自然会偏斜。另外，由于钻头两侧受力不均，在 A 侧的井底反力的合力比 B 侧大，将产生一个弯矩 M，扭转钻头，使其沿着地层上倾方向发生倾斜。

当钻头由硬地层进入软地层时，如图 9-2-11（b）所示，开始时由于钻头切削刃在软地层一侧吃入多，钻速快，而在硬地层一侧吃入少，钻速慢，井眼有向地层下倾方向倾斜的趋势。但当钻头快钻出硬地层时，此处岩石不能再支承钻头的重负荷，岩石将沿着垂直于层面方向发生破碎，在硬地层一侧留下一个台肩，迫使钻头回到地层上倾方向。所以钻头由硬地层进入软地层也有可能仍然向地层上倾方向发生倾斜。

② 钻头结构：在实际钻井中所使用的钻头均有不同程度的侧切能力，并且它对钻进轨迹有一定的影响。在较硬的地层采用牙轮钻头时，由于硬地层牙轮背锥侧切作用弱，牙轮无移轴，因此方位会比较稳定，但当换用靠切削作用破碎岩石的 PDC 钻头时，会出现减方位趋势；在构造扭曲带钻定向井，地应力方向和两向水平主应力差会造成井底各向应力状态差异，井眼有沿易于破碎的方向钻进的趋势；在地层倾角小的软地层采用有移轴的牙轮钻头钻进，由于牙轮背锥具有一定侧切能力，方位趋向右漂移。

图 9-2-11　岩性变化对井斜影响

（4）影响下部钻柱组合性能的基本参数。影响下部钻柱性能的参数很多，按显著性排列的顺序是：稳定器位置和个数——决定钻柱组合类型的基本参数、稳定器直径或稳定器与井眼的间隙、原井眼曲率、井斜角、钻压、钻铤刚度、转速、稳定器类型等。

①增斜钻具组合。

a. 基本的增斜钻具组合形式如图 9-2-12 所示。图中 L_3 和 L_4 均为一单根钻铤长度，L_1 和 L_2 对不同尺寸钻铤有不同的长度值，这将在下面阐述。图中已注明各种组合的增斜能力和稳方位能力。

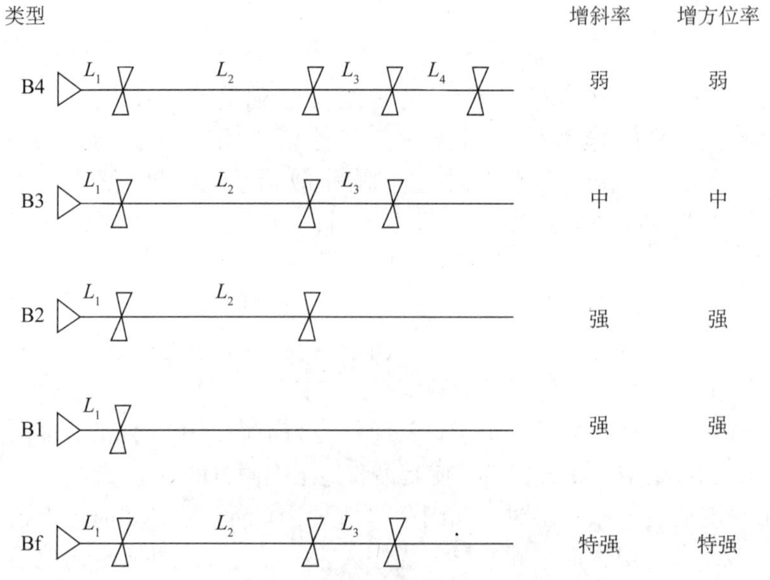

类型		增斜率	增方位率
B4	L_1　L_2　L_3　L_4	弱	弱
B3	L_1　L_2　L_3	中	中
B2	L_1　L_2	强	强
B1	L_1	强	强
Bf	L_1　L_2　L_3	特强	特强

图 9-2-12　基本增斜钻具组合

$8\frac{1}{2}$in 钻头 $+6\frac{1}{4}$in 钻铤：L_1=0.8 ～ 1.5m；$12\frac{1}{2}$in 钻头 +8in 钻铤：L_1=1.0 ～ 1.6m。

b. 稳定器间距控制增斜率。如图 9-2-12 所示中，各种组合的 L_1、L_2、L_3 和 L_4 均可调整，以便得到合适的增斜率。不推荐调节 L_1（钻头与近钻头稳定器间距），因造斜强度对 L_1 长度过于敏感。L_1 过大会使造斜力 F_x 低，增斜率小或不增斜。L_1 太小（例如稳定器扶正棱下侧与钻头面间距小于 0.7m），增斜率低或不增斜。虽然理论上计算钻头侧向力大，但该力是虚假的。因为近钻头稳定器与钻头相连，使其类似于刚体，其间几乎无弹性变形。

在一次下钻后的钻进中，井斜角逐步增加，开始时的 L_2 是合适的，到起钻时 L_2 可能过长。这时宜按预计起钻时的 L_2 调整钻具组合。在上述有效 L_2 长度范围内调整，可得到不同的增斜率，增斜率随 L_2 长度增加而增加，如图9—2—13和图9—2—14所示。

　　c. 稳定器与井眼间隙的影响。稳定器与井眼间隙总是存在的，间隙来源于以下几个方面：下入的稳定器小于钻头直径；钻头钻出的井眼直径比钻头直径大，由于牙轮钻头结构的原因，软地层牙轮钻头钻出的井眼直径比硬地层钻出的井眼直径大；在软地层中，射流和上返液流对井壁冲蚀也会引起井径扩大。

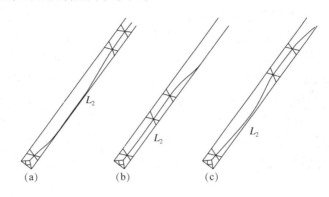

图9—2—13　有效 L_2 长度概念

(a) L_2 太长，接触井壁，性能不稳定；(b) L_2 太短，增斜力不足；(c) 有效 L_2 长度，近乎与井壁接触

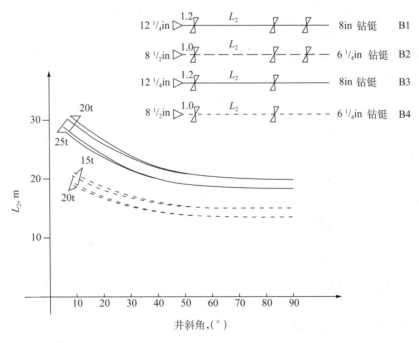

图9—2—14　增斜钻具对 L_2 有效长度的影响

　　近钻头稳定器对井眼间隙影响很大。其规律是：随间隙增加，井斜力 F_y 降低，增方位力 F_x 增加。由于软地层中，间隙一般较大，因此软地层方位向右漂移一般均较显著，增斜率相应低；第二个和第二个以上各稳定器间隙不减小钻头增斜力，但增加方位力。当扭矩大或起下钻阻卡严重时，或在大斜度定向井中，应减小第二个以后的稳定器直径，以减缓

下钻阻卡。对常用钻具组合，推荐稳定器直径如下：$12\frac{1}{4}$in 钻头，第二个以后的稳定器直径 $11\frac{3}{4}$in；$8\frac{1}{2}$in 钻头，第二个以后的稳定器直径 $8\frac{1}{8}$in。

从以上分析看出，在软地层中定向井钻井采用优质钻井液和合适水力参数设计以保持井眼不至过分扩大具有重要意义。上述井眼扩大对井眼轨迹控制影响的机理，在施工中可适当加以利用。如果增斜率不够，打完一个单根后，不能划眼到底；反之，如果增斜率过大，可划眼到底。避免钻头放在井底循环钻井液。

d. 原井眼曲率对增斜钻具性能的影响。井眼曲率包括井斜变化率和方位变化率。在变化下部钻具组合时，原井眼曲率的影响较大。总的规律是钻头具有保持原井眼变化趋势的"惯性"。在降斜井段下增斜钻具时，会有一段继续微降斜或稳斜的井段才过渡到增斜，在增斜段下降斜钻具时仍有一过渡段。原井眼井斜变化对新井眼井斜变化率影响很大，而对方位变化率影响小，同样，原井眼方位变化也主要只影响新井眼方位，对井斜影响小。上述特性在施工中应特别重视。有时预计的井斜或方位不能实现，这不一定是钻具组合设计不合适。若待钻井眼留有足够长度，那么降低钻压钻出一稳斜或稳方位井段，则上述"惯性"趋势就可避免。

e. 井斜角对增斜钻具性能的影响。井斜角对增斜钻具性能的影响表现在下述三方面：其一是随井斜角增加，井斜力增大，方位力减小，这是井斜角大后方位不易改变的主要原因之一，在中硬或硬地层中这一特性较显著。由于稳定器侧向力也随井斜角增加而增加，随之而来的是在软地层中，稳定器切削下井壁，使钻头实际增斜能力降低，甚至不增斜。其二为井斜角影响整个下部钻柱运动状态，随井斜角增加，下部钻柱各截面横向振动位移减小，下部钻柱趋近于在垂直平面内弯曲和横向振动；最后随着井斜角增加，钻头井斜力和方位力变化幅值均降低，而变化频率基本不变。基于上述后两种原因，在井斜角较大时，采用加重钻杆加钻压不会引起加重钻杆疲劳破坏。

f. 钻铤刚度对增斜钻具性能的影响。减小钻铤刚度或钻铤外径，虽然井斜力减小，但钻头转角相应增加。因此对增斜能力不显著。但减小钻铤刚度后，方位力和扭转角增加较大，因此减小钻铤刚度主要是影响方位角变化，在 $12\frac{1}{4}$in 井眼中，有时由于缺少 8in 无磁钻铤而采用 $7\frac{3}{4}$in 无磁钻铤，这可能会导致方位严重漂移。在 $12\frac{1}{4}$in 井眼中宜采用 8in 钻铤，在 $8\frac{1}{2}$in 井眼中采用 $6\frac{1}{4}$in 钻铤。同理，图 9-2-12 中 B4 型组合的方位不易控制。

g. 稳定器类型对增斜钻具性能的影响。在定向井中，常用的稳定器类型及适用地层是：滚轮稳定器适用于硬或研磨性地层，螺旋稳定器适用于中硬或软地层；不同类型稳定器与井壁间摩擦，对井壁滚压和切削等特性不同，由此，影响下部钻具组合运动状态。因此，稳定器类型对方位角的影响大于对井斜角的影响；在硬地层中，由于地质和岩性因素，一般方位漂移较软地层小。因此，即使采用滚轮稳定器，对方位角影响并不显著。但在软或中硬地层中，滚轮稳定器造成的方位漂移比螺旋稳定器大。

h. 钻压对增斜钻具性能的影响。对图 9-2-12 所示各种增斜钻具，井斜力和方位力均随转速增加而增加，改变钻压可在小范围改变增斜钻具的增斜率。按图 9-2-14 设计的增斜钻具中，L_2 长度确定后，钻压不应超过图中所示值。

i. 转速对增斜钻具性能的影响。图 9-2-12 中各种增斜钻具的井斜力均随转速的增加而减小。转速对增斜性能影响的机理是转动改变下部钻柱的运动状态。在低转速下，钻柱各截面绕钻柱自身轴线附近作横向振动。随着转速增加，横向振幅增加，甚至下部钻柱失去运动稳定性，钻头也不再具有稳定的指向，因此井斜力均值降低。但是，用改变转速来控制井眼轨迹的措施并不可取，因为转速使下部钻具横向振动显著加剧，这会导致下部钻具过早疲劳失效。在引起钻铤疲劳失效的各种振动中，横向振动影响最大。在钻压、转速、井斜角及下部钻具组合等相互作用下，会形成下部钻柱复杂的运动状态，这种运动状态对轨迹的影响只能通过随钻监测进行调整。

②稳斜钻具组合。图 9-2-15 为基本稳斜钻具组合。调整 L_2 长度可改变井斜力大小和指向，但井斜力和方位力均很小。三维动态有限元力学计算表明，稳斜钻具井斜力随井斜角增加而降低。因此，稳斜钻具在井斜角小时微增斜，井斜角大时微降斜，如大于 30°，需采用微增斜钻具才能稳斜；稳斜钻具组合方式有多种形式，在施工中根据地层及增降斜趋势等调整。如前所述，在井斜角大于 30° 后，可能需要微增斜钻具稳斜，当井眼和地层夹角大于 65° 时，造斜率高，可能需要微降斜钻具稳斜。

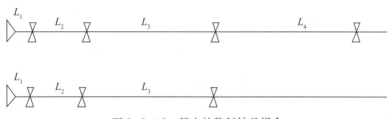

图 9-2-15　基本的稳斜钻具组合

③降斜钻具组合。图 9-2-16 为基本的降斜钻具组合，L_1 称为钟摆长度。与增斜钻具类似，L_1 也存在一有效长度 L_2，即钟摆长度与井壁近乎接触时的 L_1 长度。随井斜角增加，有效长度 L_2 减小。如前所述，钻压、钟摆长度 L_1 和井斜角对降斜钻具井斜力和钻头倾角均有影响。掌握其平衡关系十分重要。图 9-2-16 提供了 $12\frac{1}{4}$in 和 $8\frac{1}{2}$in 两种井眼的有效长度 L_2 与井斜角和钻压关系。应注意的是，即使采用如图 9-2-16 的钟摆长度 L_1，如果钻压过大也不会降斜，因为钻头倾角随钻压增加而增加。倾角增加将使降斜钻具有增斜趋势。

旋转导向钻具组合及工具造斜能力预测请参见本章第四节水平井。

2）定向井常用钻具组合设计

（1）造斜钻具。最常用的定向井造斜钻具组合是采用弯接头和井下动力钻具组合进行定向造斜或扭方位施工。这种造斜钻具组合是利用弯接头使下部钻具产生一个弹性力矩，迫使井下动力钻具驱动钻头侧向切削，使钻出的新井眼偏离原井眼轴线，达到定向造斜或扭方位的目的。

造斜钻具的造斜能力与弯接头的弯曲角和弯接头上面的钻铤刚性大小有关，弯接头弯曲角越大，钻铤刚性越强则钻具的造斜能力越强，造斜率也越高。但过大的弯角导致钻头以上外趴产生弯曲，而使钻头指向下井壁，从而失去造斜能力。

弯接头的弯曲角应根据井眼大小，井下动力钻具的规格和要求的造斜率大小选择。现场常用的弯接头的角度为 1°～2.5°，一般不大于 3°，弯接头在不同条件下的造斜率见表 9-2-3。

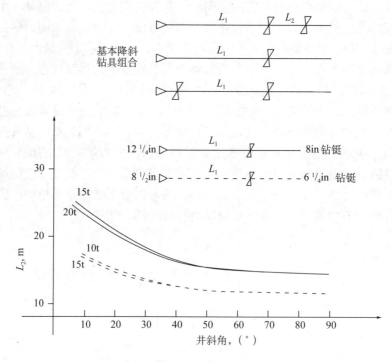

图 9-2-16 降斜钻具的有效钟摆长度

表 9-2-3 弯接头在不同条件下的造斜率

工具尺寸，in	3³/₄		4³/₄		6¹/₄		6³/₄		8		9¹/₂	
弯接头 in	井眼尺寸 in	造斜率 (°)/30m	井眼尺寸 in	造斜率 (°)/30m	井眼尺寸 in	造斜率 (°)/30m	井眼尺寸 in	造斜率 (°)/30m	井眼尺寸 in	造斜率 (°)/30m	井眼尺寸 in	造斜率 (°)/30m
1		3.75		3.5		2.5		2.25		2.25		2.5
1.5	4¹/₄	4.25	6	4.75	7⁷/₈	3.5	8³/₈	3	9¹/₂	3.5	12¹/₄	2.5
2		5.25		5.5		4.5		4.25		4.75		5
1		2.75		3		1.75		1.5		1.75		1.75
1.5	4³/₄	3.25	6³/₄	4.25	8³/₈	3	9⁷/₈	2.75	10⁵/₈	3.75	15	2.5
2		3.75		5		3.75		3.75		4		3.75
2.5		4.75		5.75		4.25				5.25		5
1		1.75		2.5		1.2		1.25		1.5		1.25
1.5	5⁷/₈	2.5	7	2.5	8¹/₂	2	10⁵/₈	2.15	12¹/₄	2.25	17¹/₂	2.25
2		3.25		4.5		3		2.75		3.25		3
2.5		3.75		5.5		4		3.75		4.75		4.5

（2）增斜钻具。增斜钻具组合一般采用双稳定器钻具组合。增斜钻具是利用杠杆原理设计的。它有一个近钻头足尺寸稳定器作为支点，第二个稳定器与近钻头稳定器之间的距离应根据两稳定器之间钻铤的刚性（尺寸）大小和要求的增斜率大小确定，一般 20 ～ 30m。两稳定器之间的钻铤在钻压作用下，产生向下的弯曲变形，使钻头产生斜向力，井斜角随着井眼的加深而增大。

增斜钻具组合应用的钻井参数应根据下部钻具的规格、两稳定器之间的距离和要求的增斜率进行设计。

（3）微增斜钻具。微增斜钻具组合在井下的受力情况和增斜钻具相同。主要是通过减小近钻头稳定器与 2 号稳定器的距离或减小近钻头稳定器的外径尺寸（磨损的稳定器），减小钻具的造斜能力。微增斜钻具用于钻进悬链线剖面和二次抛物线剖面等要求低增斜率的井段。也可用于因地面因素使稳斜钻具达不到稳斜效果，故呈降斜趋势的井段。采用合适的微增斜钻具也可收到理想稳斜效果。

（4）稳斜钻具。稳斜钻具组合是采用刚性满眼钻具结构，通过增大下部钻具组合的刚性，控制下部钻具在钻压作用下的弯曲变形，达到稳定井斜和方位的效果。

因地层因素影响方位漂移严重的地层，可以在钻头上串联两个稳定器，对于稳定方位和井斜都可收到较好效果。

（5）降斜钻具。降斜钻具一般采用钟摆钻具组合，利用钻具自身重力产生的钟摆力实现降斜目的。根据设计剖面要求的降斜率和井斜角的大小，设计钻头与稳定器之间的距离，便可改变下部钻具钟摆力的大小。

降斜井段的钻井参数设计，应根据井眼尺寸限定钻压，以保证降斜效果，使降斜率符合剖面要求。

3）钻进参数设计

钻进参数是指影响钻井的机械钻速与井眼质量的可控参数，主要包括钻头类型、钻压、转速、水力参数、钻井液体系和性能。定向井钻进参数的设计，除遵循常规井钻井参数优选原则外，更要注意井眼轨迹的控制及安全施工，由于钻头类型、钻压和转速都是对井斜及方位影响较大的参数。

6. 其他类型定向井的设计

1）多目标井设计

多目标井，即在断块油田上钻一口井可以穿过非垂直剖面上的多套含油气层（多个目标区）的井，起到一口井顶替多口直井的作用，具有很好的经济效益（图 9—2—17）。

多目标井与常规定向井的区别在于多目标井目标区是一个筒式靶，井眼轨迹线上的每一点系严格限制在规定的井斜和方位靶区内。

多目标井设计的原则：

（1）满足开发多目标油气层对井身的特殊限定条件，包括靶区范围、井斜和方位等；

（2）井口垂线与靶顶位置的距离，应能保证造斜段在限定的增斜率范围内，实现造斜钻进；

（3）井口位置应尽量设计在靶区中心线方位上，减少扭方位的工作量；

（4）在满足目标要求情况下，其他造斜段的造斜率尽可能采用不高于第一段的造斜率；

(5) 在不同靶点进行设计时，要注意扭方位的设计，大井斜下不可强扭方位。

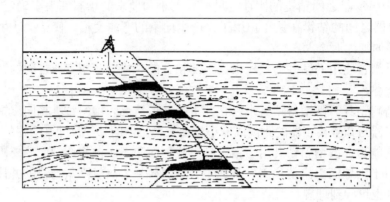

图 9-2-17　多目标井示意图

2) 救援井设计

在作救援井设计时，先要正确的选择"目标区"。然后再准确地确定"目标点"。这是两个不同的概念，应分别加以考虑。

(1) 目标区的选择。这里所说的目标区，指的是救援井的井底最终要钻到喷井井眼的哪个部位，通常可以供人们选择的有两种目标区：其一是使救援井直接钻到喷井的喷层位置，使两个井眼在喷层内互相靠近，并且连通，一般情况下，喷层都是处于喷井井底的时候居多；其二是选择喷井井身中部的一个适当位置作为救援井的目标，也就是采用中途拦截的办法。在设计救援井之前，必须对这两种目标区加以周密地分析，作出正确的选择。

一般来说，把救援井的目标区确定在喷层位置比较容易实现压井，是彻底封堵喷井，杜绝后患的最好方法。因为，既然是喷层，除去它有相当大的产能外，还必定是一个渗透性或连通性较好的层位。在喷层内，喷井井眼的周围形成一个泄压区。喷层内的气、油或水在这个区域内形成以喷井为中心的向心流动，因此，只要救援井的井眼钻到这个泄压区内，由救援井泵入的液体必然会向着喷井方向流动，并进入喷井。当然，这两个井眼相距越近，则连通越容易。

(2) 目标点的确定。所谓"目标点"，指的是喷井在喷层中的井底位置。这个位置确定得准确与否，对于救援井能否与喷井顺利连通关系很大。这是作救援井设计时必须慎重考虑的问题。

一般的做法是利用喷井井眼轨迹的水平投影图和喷井井底的垂直井深来确定目标点的位置。由此看来，喷井有没有准确的测斜数据和有关的录井资料，对于能否准确地确定目标点是至关重要的。

正在钻进还没有完钻的井发生了井喷失控，若想精确地确定救援井的目标点就比较困难。因为，在多数情况下，这种井在发生井喷之前，靠近井底相当长的井段内没有测井资料，也就无法计算该喷井准确的喷层位置。在这种情况下，为了作好救援井的剖面设计，人们只好先粗略地估算出一个假定的"目标点"。采用的方法是，首先分析与喷井相近的每个已完成井的井斜数据，再结合喷井井位在油田地质构造上所处的位置，并参考各井所用的井底钻具组合，找出该井底部的井眼轨迹变化规律，然后，推算出发生井喷时的井底位置，以这个位置作为救援井的目标点。

（3）救援井井位的选择。钻救援井之前，如何选择好它的井口地理位置，是很重要的。除去需要考虑地形、地貌和交通条件之外，还要考虑下列三个问题，即"地层的自然造斜规律"、"季节性的气候和风向"以及"救援井与喷井两个井口之间的安全距离"。这几个问题直接关系着救援井能否顺利地进行工作和救援任务的成功与失败。当这几个问题互相矛盾的时候，就要全面分析找出其中哪个问题是最主要而不能违犯，哪个问题又是次要的。

确定救援井地面井位时，当时当地季节性气候和风向是必须考虑的一个重要问题。一般来说，救援井的地面井位必须处于喷井上风方向。这样，才不至于让喷井的喷出物严重的污染救援井的井场。以保持救援井得以正常地进行工作。尤其是当喷井处于着火状态的时候，这个问题显得更为重要。

（4）救援井位置的确定。救援井与喷井两个井口之间的距离，主要从两个方面来考虑：一是最大井斜角控制在 $15°\sim 45°$ ；二是造斜点深度以及造斜率。二者结合即可确定出救援井与喷井的最佳距离。

避开地下气窜危险区：钻救援井之前，应事先了解掌握喷井所在地的全套地层柱状剖面及其每个地层的岩性是非常重要的。有时候，在喷井地区距离地表较浅的井段内存在着砾石层或疏松砂层。这时在喷井井口喷出大量喷出物的同时，很可能有一部分天然气憋进这些砾石层或砂石层中，以喷井为中心继续向四周憋窜，尤其是当喷井上部井段套管发生断裂以后，出现这种气窜的可能性就更大。但是，由于喷井井口的泄压作用，使地下气窜的范围或距离又不会太远太大。

如果忽略了这一问题，误将救援井的井位定在气窜范围圈之内，当救援井钻进到这些砾石层或砂层的时候，从喷井窜过来的天然气会突然从井口喷出，将井口喷塌以致无法下入表层套管，导致救援井的工作被迫中断而失败。

（5）救援井井身剖面和井身结构设计。井身剖面类型：救援井的井身剖面类型，最好是采用"三段制"，即垂直段、造斜段和稳斜段。因为，这种剖面的曲线形状简单，容易施工，方位也好控制。如果施工技术良好的话，可以最大限度地缩短井眼的实际长度。从而加快钻速，缩短钻井周期。当喷井为直井的时候，可以在救援井靠近井底处钻一段短的降斜井段，使救援井与喷井两个井眼在底部井段保持相当近的距离平行钻进。这样可以增加两个井眼相碰的机会。

救援井套管程序设计的原则：救援井套管程序设计的原则与一般的生产井和探井没有很大差别。这里只讨论一下技术套管和油层套管如何适应救援井更好地压井。

技术套管的作用和一般定向井一样，用于封固上部已钻成的绝大部分井段，为以后的顺利钻开目的层奠定基础。但是应注意技术套管鞋的位置不要离目标点太近，该距离最低限度不要少于 300m。因为，当救援井钻完设计井深后，一旦发现它没有与喷井连通的可能性时，还可以在技术套管以下适当位置注水泥塞后侧钻，重新寻找新的目标。如果技术套管以下的裸眼井段太短，则当救援井与喷井不能连通时，将会给侧钻工作增加很大困难。

有时救援井需要压裂才能与井喷井连通，这需要下入油层套管。因此，在作救援井设计的时候，总是把油层套管作为备用套管来对待。也就是说，当救援井钻达目标点以后，如果没有十分把握确保两井连通的话，就不要轻易下入这一层套管。

（6）救援井的施工。救援井的施工技术或方法与钻一般的定向井基本相同。不过，由于救援井有它本身的特殊任务和目的，所以，在施工中有一些问题比一般定向井要求严格。

由于救援井的主要任务是压住喷井，因此，必须要求完钻时的井底位置距离目标点越近越好，这样就需要规定一个相当小的靶区范围。通常是以目标点为圆心，以10m为半径的一个圆面积作为救援井的靶区。

通常将救援井的目标靶区规定为以喷井井底为圆心的一个10m半径的圆面积。同时，在施工中，我们又以设计的井眼轨迹为轴线，以10m半径围绕这个轴线形成一个假想的"圆柱"，作为指导施工的"轨迹圆柱"。

二、定向井施工

1. 定向井井眼轨迹控制

井眼轨迹控制技术是定向井施工中的技术关键。它是一项使实钻井眼沿着预先设计的轨迹钻达目标靶区的综合性技术。

井眼轨迹控制贯穿钻井的全过程，其内容包括：优化钻具组合，优选钻井参数，采用先进的工具仪器，以及应用计算机进行井眼轨迹进行计算与预测等。施工过程中，既要保证中靶精度，又要加快钻速。尽可能地利用转盘钻进来控制轨迹，尽可能利用地层影响轨迹的自然规律。

井眼轨迹控制技术对于指导定向钻井施工，减少井下复杂情况，安全优质钻达目标，以及实现钻井目的有着重要的意义。优良的定向钻井工艺技术装备，特别是目前的先进导向钻井系统和计算机技术，已将井眼轨迹的控制技术提高到了新的水平。

井眼轨迹控制技术按照井眼形状和施工过程，可分为直井段、造斜段、增斜段、稳斜段、降斜段和扭方位井段等控制技术。定向井钻具组合示意如图9-2-18所示。

1）直井段轨迹控制

根据造斜点的深度和井眼尺寸合理选择钻具组合和钻井参数，严格控制井斜角，以减少定向造斜施工的工作量。垂直井段的施工质量是以后轨迹控制的基础。一般均采用钟摆钻具或塔式钻具轻压吊打。对于容易钻直的离造斜点100m以上的上部地层，可用常规方法快速钻进。

测斜要求是：两测点间的测距不大于50m；直井段钻完后，采用多点测斜仪系统测量一次，在有磁干扰的井段应进行多点陀螺测斜；根据测斜数据进行井眼轨迹计算并绘制水平投影图和垂直剖面投影图。

2）定向造斜井段轨迹控制

定向造斜是形成定向井初始井斜的措施，定向造斜井斜角在东部地区一般达到8°以上，方位合适，起钻更换转盘增斜钻具钻进。

（1）定向方法。

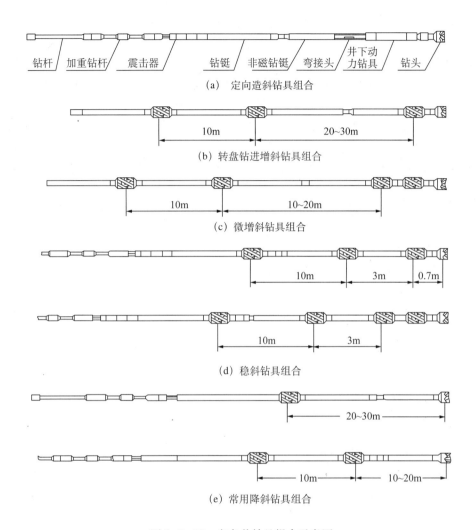

（a）定向造斜钻具组合

钻杆　加重钻杆　震击器　　钻铤　非磁钻铤　弯接头　井下动力钻具　钻头

10m　　　　20~30m

（b）转盘钻进增斜钻具组合

10m　　　　10~20m

（c）微增斜钻具组合

10m　　3m　0.7m

10m　　3m

（d）稳斜钻具组合

20~30m

10m　　10~20m

（e）常用降斜钻具组合

图9-2-18　定向井钻具组合示意图

①单点照相测斜仪定向：下入定向造斜钻具至造斜点位置；单点测斜，测量造斜位置的井斜角、方位角（即井斜、方位）和弯接头工具面角；在转盘面的外缘上标出起始位置作为基准点；调整安置角（调整后的安置角为设计方位角＋反扭角）后锁住转盘，开泵钻进；每钻进 1 ~ 2 个单根进行一次单点测斜，根据测量的井斜角和方位角及时修正反扭角的误差，并调整造斜工具的安置角，由于单点定向反扭角难以掌握，加之多次测斜影响施工进度，在随钻测斜仪已普及情况下，一般较少用单点定向。

②随钻测斜仪定向：定向造斜时，把测斜仪的井下仪器总成下入钻杆内，使定向鞋的缺口坐在定向键上，钻进时可从地面仪表直接读出实钻井眼的井斜、方位和工具面角，并控制井眼按照设计轨迹延伸。

③陀螺定向：在有磁干扰环境条件下的定向造斜，需采用陀螺定向，具体工艺同时单点定向与随钻测斜定向。

（2）定向井测斜要求：井眼轨迹计算和作图应以多点测量仪测取的数据为准，并按当地的地理位置校正磁方位角；在有磁干扰的环境下，应以陀螺测斜数据作为井眼轨迹计算和作图的依据；斜井段测量井斜和方位，两测点间的测距不大于 30m，重点井段应适当加密测点。

（3）施工要求：动力钻具下井前应在井口进行试运转，工作正常方可下井；造斜钻具下井前应按规定扭矩紧扣，遇阻应起钻通井，不得硬压或划眼；定向造斜钻进，要按规定加压，均匀送钻，以保持恒定的钻具反扭角；造斜钻进起钻应用旋扣器或旋绳卸扣，不得用转盘卸扣；定向时要注意无线随钻测量仪器设置的磁性 / 重力两种工具面转化角度。

3）转盘钻增斜井段轨迹控制

按照设计钻井参数钻进，均匀送钻，使井眼曲率变化平缓，轨迹圆滑；及时测量，随钻作图，掌握井斜和方位的变化趋势。

控制增斜率的变化：通过调整钻井参数改变增斜率。增加钻压可使造斜率增大；减小钻压，则造斜率降低。更换钻具，改变近钻头稳定器与上面相邻稳定器之间的距离，距离调整范围为 10 ~ 30m，距离越短，刚性越强，增斜率越低；距离越大，增斜率越高。改变近钻头稳定器与上面相邻稳定器之间的钻铤刚性，刚性越强，增斜率越低；刚性越弱，增斜率越高。

控制方位角的变化：扭方位时，如果因地层等因素造成方位严重漂移，影响中靶或侵入邻井安全限制区域时，应运用井下马达带弯接头等方法及时调整井眼方位。斜井段进行设备检修，保修时不要长时间将钻具停在一处循环或空转划眼，以免井眼出现台阶。

4）稳斜井段轨迹控制

在方位漂移严重的地层钻进，为了稳定井斜方位，可在钻头上连续接上 2 ~ 3 个足尺寸的稳定器，加强下部钻具组合的刚性。因地层因素影响，采用稳斜钻具出现降斜趋势时，可用微增斜钻具组合稳斜：

将近钻头稳定器与其相邻的上稳定器之间的距离增加到 5 ~ 10m，如图 9-2-18（d）所示；减少钻头上面第二个稳定器的外径（欠尺寸稳定器）。

5）降斜井段轨迹控制

降斜段一般接近完井井段，井下扭矩及摩阻较大。为了安全钻进，一般都在满足井眼中靶条件下，简化下部钻具组合，减少钻铤和稳定器的数量，甚至可用加重钻杆代替钻铤。钻头与稳定器之间的距离应根据井斜角的大小和要求的降斜率来确定。

6）扭方位井段轨迹控制

由于影响井眼轨迹方位漂移的因素比较复杂，一般应在井斜角较小时调整方位，在中靶前提下，尽量减少扭方位。当实钻井眼轨迹严重偏离设计井眼方位，应下入造斜钻具组合扭方位，扭方位钻具组合及采用的钻进参数和定向造斜施工相同。由于影响钻具反扭矩的因素比较复杂，计算数值误差较大，因此，深井一般采用随钻测斜仪扭方位。

2. 定向井井眼轨迹计算与作图

1）井眼轨迹的计算

测斜数据的计算有多种方法，各种计算方法的计算公式都是在一定的假设条件基础上推导出来的。下面把目前国内常用的平均角法和曲率半径法（圆柱螺线法）介绍如下。

（1）平均角法计算公式：

$$\begin{cases} \alpha_c = \dfrac{\alpha_1 + \alpha_2}{2} \\[2mm] \phi_c = \dfrac{\phi_1 + \phi_2}{2} \\[2mm] \Delta H = \Delta L \cos \alpha_c \\[2mm] \Delta S = \Delta L \sin \alpha_c \\[2mm] \Delta N = \Delta L \sin \alpha_c \cos \phi_c \\[2mm] \Delta E = \Delta L \sin \alpha_c \sin \phi_c \end{cases} \tag{9-2-17}$$

（2）曲率半径法计算公式：

$$\begin{cases} \Delta H = \Delta L \left(2 \sin \dfrac{\Delta \alpha}{2} \cdot \cos \alpha_c \right) \Big/ \Delta \alpha \\[3mm] \Delta S = \Delta L \left(2 \sin \dfrac{\Delta \alpha}{2} \cdot \sin \alpha_c \right) \Big/ \Delta \alpha \\[3mm] \Delta N = \Delta L \left(4 \sin \dfrac{\Delta \alpha}{2} \cdot \sin \dfrac{\Delta \phi}{2} \cdot \sin \alpha_c \cdot \cos \phi_c \right) \div \left(\Delta \alpha \cdot \Delta \phi \right) \\[3mm] \Delta E = \Delta L \left(4 \sin \dfrac{\Delta \alpha}{2} \cdot \sin \dfrac{\Delta \phi}{2} \cdot \sin \alpha_c \cdot \sin \phi_c \right) \div \left(\Delta \alpha \cdot \Delta \phi \right) \end{cases} \tag{9-2-18}$$

式中 ΔL——上下两测点间的井眼长度，m；

ΔS——ΔL 的水平投影长度，m；

ΔH——ΔL 的垂直投影长度，m；

ΔN——ΔL 在南北坐标上的投影长度，m；

ΔE——ΔL 在东西坐标上的投影长度，m；

α_1——上测点井斜角，（°）；

α_2——下测点井斜角，（°）；

α_c——上下两测点平均井斜角，（°）；

ϕ_1——上测点方位角，（°）；

ϕ_2——下测点方位角，（°）；

ϕ_c——上下测点平均方位角，（°）；

$\Delta \alpha$——上下两测点井斜角增值，（°）；

$\Delta \phi$——上下测点方位角增值，（°）。

2）井眼轨迹作图

在定向钻井中，为了掌握实钻井眼的井底位置和井眼轨迹的发展趋势，应按设计要求进行测斜，计算和绘制井眼轨迹的形状图。轨迹图在一口定向井的施工中非常重要，根据绘制的实钻轨迹图可以掌握当前的井底位置和井眼前进的方向，并可随时与设计进行对比，以便发现其中的偏差和及时采取调整措施。工程上常用的定向井实钻轨迹图分为水平投影图和垂直投影图。定向井常用的作图方法有两种，即矢量法和坐标法，现场多用定向井计算软件进行坐标法自动作图。

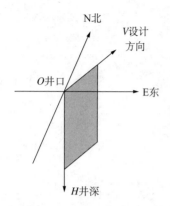

图 9-2-19　井眼轨迹三维坐标

使用前述的任一种方法，可计算出井眼轴线上各测点的三维坐标（图 9-2-19）。接下来就可以根据这些坐标值绘制定向井的实钻井眼轨迹图。水平投影图即为实钻井眼轨迹在 OEN 水平面上（图 9-2-19）的投影，垂直投影图即为实钻井眼轨迹在设计方位线 OV 所在的垂直平面 OVH（图 9-2-19）上的投影。

水平投影图作图法：先进行测点的坐标计算，水平投影图需每个测点的东（E）和北（N）坐标。然后在井口所在的水平面上描点连线即可。图 9-2-20 是 8 个测点的水平投影图例。

垂直投影图作图法：要得到井眼轨迹的垂直投影图，必须选择一个特定的垂直平面，以使所有的测点都向该平面投影。通常所选择的平面是包含目标点和坐标原点的铅垂面（OVH 平面，图 9-2-19）。通过测点计算已经得到了各测点的 N、E、H 坐标，为了在 OVH 铅垂平面上作图，还需各测点在设计方向上的 V 坐标。为了得到测点的 V 坐标，只需在水平投影图上计算测点在设计方向线 OV 上的投影长度。如图 9-2-21 所示，测点 A 在设计方向线 OV 上的投影长度为：

$$V_{\mathrm{A}}=\sqrt{E_{\mathrm{A}}{}^2+N_{\mathrm{A}}{}^2}\cdot\cos\left(\theta-\arctan\frac{E_{\mathrm{A}}}{N_{\mathrm{A}}}\right) \qquad (9-2-19)$$

式中　V_{A}——测点 A 在 OV 上的投影长度（A 点的 V 坐标）；

E_{A}——测点 A 的东坐标；

N_{A}——测点 A 的北坐标；

θ——设计方位角。

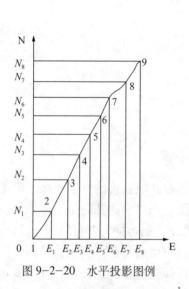

图 9-2-20　水平投影图例

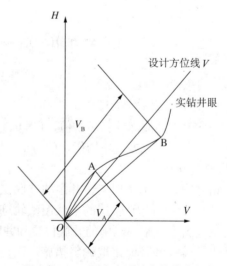

图 9-2-21　测点在设计方位线上投影

知道了每一测点的垂深坐标 H 和在设计方向上的坐标 V，即可在 OVH 铅垂面上描点连线绘制井眼轨迹的垂直投影图。利用计算机进行数据处理和作图，精确度高及误差小，计算结果和绘制的图形更加直观准确。

3）井眼轨迹计算及作图举例

目前定向井的测量数据处理和待钻井眼轨迹预测，主要依靠定向井计算软件，将实钻数据输入定向软件，进行已测到的数据和井底预测数据处理，在处理后数据的基础上，进行入靶待钻设计，使井眼走向沿着靶点前行，尽可能地接近井眼设计轨迹。如某定向井轨迹计算及实钻投影情况见表 9-2-4 和如图 9-2-22 所示。

表 9-2-4　井眼轨迹计算数据表

井深 m	井斜 (°)	方位 (°)	垂深 m	东西坐标 m	南北坐标 m	闭合距 m	闭合方位 (°)	狗腿度 (°)/30m
63.13	0.23	106.21	63.13	−0.05	−0.14	0.15	200.28	0.588
120.5	0.72	279.64	120.5	−0.19	−0.03	0.2	260.05	0.707
178.19	0.18	188.37	178.19	−0.48	−0.1	0.49	258.43	0.205
219.03	0.38	90.61	219.03	−0.37	−0.2	0.42	241.5	0.408
276.7	0.44	264.28	276.7	−0.3	−0.03	0.3	264.56	0.756
334.3	0.25	135.76	334.29	−0.58	−0.15	0.6	255.24	0.63
363.12	0.38	209.77	363.11	−0.59	−0.28	0.65	244.38	0.409
420.84	0.39	299.7	420.83	−0.99	−0.25	1.02	255.9	0.211
449.73	0.3	216.42	449.72	−1.12	−0.26	1.15	256.89	0.481
507.46	0.25	248.04	507.45	−1.22	−0.26	1.25	257.79	0.358
565.26	0.41	196.54	565.25	−1.49	−0.39	1.54	255.39	0.473
622.98	0.77	229.33	622.97	−1.65	−0.9	1.88	241.59	0.628
680.75	1.12	203.93	680.73	−2.07	−1.64	2.64	231.62	0.364
738.56	1.36	207.29	738.53	−2.54	−2.76	3.76	222.61	0.245
796.32	1.48	218.28	796.27	−3.37	−3.93	5.18	220.59	0.066
853.95	1.35	228.73	853.88	−4.29	−4.99	6.58	220.73	0.241
890.97	1.36	196.95	890.9	−4.69	−5.67	7.36	219.58	0.49
939.05	1.71	216.75	938.96	−5.27	−6.83	8.62	217.68	0.422
996.67	5.49	228.25	996.45	−7.76	−9.56	12.31	219.08	1.926
1054.34	8.31	273.15	1053.7	−14.15	−11.47	18.22	230.97	3.325
1111.96	11.29	308.85	1110.51	−22.53	−7.14	23.63	252.42	2.355
1169.65	15.21	313.45	1166.63	−32.81	1.34	32.84	272.33	2.349
1227.16	16.52	315.45	1221.85	−44.19	12.67	45.97	285.99	0.079
1284.98	15.86	322.05	1277.41	−54.81	24.65	60.1	294.21	1.114

续表

井深 m	井斜 (°)	方位 (°)	垂深 m	东西坐标 m	南北坐标 m	闭合距 m	闭合方位 (°)	狗腿度 (°)/30m
1371.49	16.44	318.35	1360.52	−70.2	43.05	82.35	301.52	0.885
1429.09	16.66	317.65	1415.77	−80.89	55.34	98.01	304.38	0.787
1486.8	16.92	318.85	1471.04	−92	67.68	114.21	306.34	0.427
1544.38	15.29	313.75	1526.44	−103.09	78.75	129.73	307.38	0.243
1602.02	14.72	316.35	1582.09	−113.74	89.35	144.64	308.15	0.685
1659.66	12.52	309.55	1638.04	−123.92	98.72	158.44	308.54	1.845
1717.32	9.27	307.65	1694.62	−132.36	105.88	169.5	308.66	2.2
1775.05	6.77	307.95	1751.79	−138.7	110.72	177.48	308.6	1.149
1803.94	5.41	303.25	1780.52	−141.17	112.43	180.47	308.53	1.024
1919.54	2.37	288.15	1895.82	−147.97	116.66	188.42	308.25	0.359
1977.29	0.97	210.25	1953.55	−149.29	116.31	189.25	307.92	0.827
2006.07	0.97	185.65	1982.32	−149.39	115.83	189.04	307.79	0.133
2041.52	0.83	201.35	2017.77	−149.49	115.32	188.8	307.65	0.265

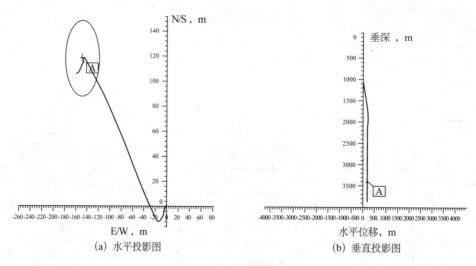

(a) 水平投影图   (b) 垂直投影图

图 9-2-22　实钻投影图

三、定向井施工要求

1. 井身质量标准

1) 靶区半径

常规定向井按设计目标点的不同垂直深度，要符合下列标准（见表 9-2-5）。根据不同用途的定向井对靶区半径的特殊要求，应在设计中有明确要求。

表 9-2-5　定向井靶区半径

测量井深 MD m	靶区半径，m	
	探井	开发井
$0 < MD \leqslant 1000$	30	20
$1000 < MD \leqslant 1500$	40	30
$1500 < MD \leqslant 2000$	50	40
$2000 < MD \leqslant 2500$	65	50
$2500 < MD \leqslant 3000$	80	65
$3000 < MD \leqslant 4000$	120	90
$4000 < MD \leqslant 5000$	165	130
$5000 < MD \leqslant 6000$	215	180

2）最大井斜变化率

常规定向井的最大井眼曲率应不超过5°/30m。如连续三个测点的井眼曲率超过5°/30m 为不合格；斜井段的井眼曲率应满足下井管柱的强度要求。

2. 资料要求

（1）图表：包括连续齐全的测斜数据及测斜数据计算表，井身垂直投影图和水平投影图。

（2）技术总结：包括设计简况（设计依据、目的、经济技术分析等）、分井段钻具组合及使用效果分析、全井施工概况和钻取效果等。

第三节　丛　式　井

丛式井钻井是在一个有限的钻井平台上钻多口井，各井的井口相距不到数米，井底位于油气藏的不同点。

丛式井钻井是我国"七五"的重点攻关项目。先后在辽河、大港、胜利和四川等油田完成了丛式井的钻井试验，其中胜利油田在河庄地区 50 号断块上完成了 42 口丛式井的钻井试验，成功地进行了防碰、绕障以及穿几个油层的立体钻井，是我国目前陆地平台井数最多，平均井深最深的大型丛式钻井。

采用丛式钻井方式多因地面因素（土地资源紧缺、地面条件恶劣）、地区因素（严寒冰冻地区、潮汐滩涂地区）和效益因素（具有比单口钻井高的技术经济效益）。丛式钻井可以减少设备搬迁、修路、铺设管道及通信等作业费用，简化了油气开采过程，利于环境保护。

丛式井的这些特点，使得丛式井钻井广泛应用于海上钻井平台、浅海人工岛、滩海海滩及稠油高凝油等特殊油品气藏开发。

一、丛式井设计

丛式井设计和施工的特有内容是平台位置的选择，平台个数的优选，平台钻井口数及钻井实施顺序的确定。另外，在三维绕障、防碰和井眼可视化方面也是丛式井钻井的另一突出问题。

1. 设计依据

采用丛式井技术整体开发一个区块油气田需要建造多个平台，平台位置的选择，平台数量的确定，每一个平台上钻多少口井是进行丛式井总体设计的第一步。一个油气藏的平台数量及每个平台的丛式井数可以从安全和经济等角度进行优化。丛式井总体设计方案的总的原则应该是：满足油田整体开发部署要求，有利于加速钻井、试油、采油和集输等工程的建设速度，降低建井和油田基本建设的总费用，提高油田的投资效益。

2. 设计的重点内容

1）优选平台（或井场）个数

优化丛式井总体设计是一项复杂的工作，首先应根据油田的含油面积，构造特征，开发井网的布局和井数，目的层垂直深度，地面条件，油田开采对钻井工作的工艺技术要求和建井过程中每个阶段各项工程费用成本构成进行综合性经济技术论证。在此基础上，测算出每一个平台能够控制的含油面积和每一个丛式井平台的井数。然后对所有目标点优化组合，经反复修改和计算，达到理想的分组效果。优化组合的井组数就是需要建造的平台数。

2）优选平台位置

优选平台位置可按照平台中心位置的优选原则（如：平台内总进尺最少、水平位移最小等）进行优选。根据井网布置、地面条件、拟定的平台个数、地层特点、定向井施工技术措施、工期以及成本等反复进行计算，直到选出最佳平台位置。

3）优选地面井口的排列方式

根据每一个丛式井平台上井数的多少选择平台内地面井口的排列方式。丛式井地面井口排列方式应有利于简化搬迁工序使总体钻完井组的时间最短。丛式井平台内井口的常用排列方式如下：

（1）"一"字形单排排列。适合于丛式井平台内井数少的陆地丛式井。有利于钻机及钻井设备移动。井距一般为 3 ~ 5m。

（2）双排或多排排列。适合于一个丛式井平台上打多口井（十口至几十口）。为了加快建井速度和缩短投产时间，可同时动用多台钻机钻井。同一排里的井距一般为 3 ~ 5m，两排井之间的距离一般为 30 ~ 50m。

（3）环状排列，方形排列。这两种井口排列方式适用于在陆地或浅海人工岛上钻丛式井。

（4）网状密集排列。适用于海上丛式井平台。由于海上平台造价高，使用面积小，密集排列可以充分利用丛式井平台的有效面积，井距一般为 2 ~ 3m。

4）丛式井的井身剖面和钻井顺序

根据上述丛式井平台个数和位置的优选结果及确定的平台井口的布局，优化每口井的剖面设计和确定钻井顺序，也是丛式井设计的重要内容。

丛式井井身剖面优化设计的原则是，尽量采用简单井身剖面，直—增—稳三段剖面，减少施工难度，均衡防碰空间，相邻丛式井造斜点垂深要相互错开（不小于50m），水平投影轨迹尽量不相交。

钻井顺序应先钻水平位移大和造斜点位置浅的井，后钻水平位移小造斜点深的井。这样做的目的是为了防止在定向造斜时，磁性测斜仪器因邻井套管影响发生磁干扰。有利于定向造斜施工和井眼轨迹控制。

二、丛式井施工

由于丛式钻井井口间距较小，在造斜之前的直井段（一般 500 ~ 1200m ）对钻井质量要求极高，要保证直井段的质量，一个关键技术环节是防碰。

1. 防碰应注意的问题

（1）平台上每口完钻井，都必须有自井口至井底完整的井眼轨迹测量数据、井身剖面计算数据和井身剖面图，尽量用同一套仪器测量数据进行核算，以消除仪器的系统误差；

（2）为防磁干扰，上部井段采用陀螺测量仪，测量间距不大于 30m，在防碰关键井段加密测量。下部井段可采用随钻测量（测井）仪，随时监测轨迹变化。

（3）施工时，必须对施工井进行防碰扫描计算，作出防碰图，标明防碰井段，随时检查测量结果是否准确，若有疑问，应停止钻进，查找原因，并采取相应措施。

（4）自第二口井施工开始，密切注意扭矩变化和钻时变化，如遇钻速突然加快、放空或有蹩跳现象，应立即停止钻进，查找原因，不得盲目钻进。

2. 运用可视化技术跟踪监测井眼轨迹

可视化是利用计算机屏幕直观地观察井眼轨迹在不同三维视角下的空间形态，这一技术已广泛应用于石油勘探开发中。在邻井防碰，救援井和定向井的中靶、井眼轨迹的监测与控制，以及实钻轨迹的质量评价方面具有很高的使用价值。目前常用的有水平距离扫描、最近距离扫描和法面距离扫描三种方法。

（1）水平距离扫描常用于计算靶心距离，将正钻井与参考井某一垂深处的相对距离计算出来，作为扫描半径的依据。该方法简单易行，可以为现场施工提供一定的参考，其缺点是不能充分反映井眼轨迹的变化趋势对防碰需求的影响。

（2）最近距离扫描主要应用于邻井防碰和救援井的中靶。对于两口井，选其一为参考井，另一口为比较井，取其参考井的一点，则在比较井上必有与之相邻最近的一点，两点间的距离为扫描半径。此方法反映了施工中两井最可能发生相碰事故的距离，所以对事故分析及提前预防有着显著的作用。其基本原理如图 9-3-1 所示，即以参考点为球心，作半径不同的无数同心球，其中与对比井刚好接触的球的半径即为两井最近距离，也称为扫描半径（如图中 MP）。其水平投影方向与参考井的高边方向的夹角为扫描角，如图 9-3-1 所示。

（3）法面距离扫描主要用于比较实钻轨迹与设计轨迹之间的偏离程度，即实时监测实钻井眼轨迹的行进规律及其趋势。如果设计轨迹是垂直井段，则水平扫描就退化为垂直距离，当实钻轨迹与设计轨迹基本正交时，最近距离将接近于法面距离。

3. 井眼碰撞几率

由于测量仪器测量井斜与方位误差影响，计算出的井眼轨迹与实际井眼轨迹可能存在

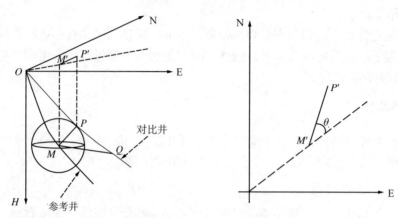

图 9-3-1　邻井最近距离扫描空间示意图

偏差，而通常仪器的方位误差大于井斜误差，考虑这种偏差的概率因素，井眼可能的轨迹就是在一个误差椭圆控制的体积内。如果邻井落在误差椭圆内就存在相交的可能，距离越近相交可能性越大。

在井眼轨迹设计时，可以通过计算井眼距离的分离系数，来判断井眼间距是否处于危险情况，并做出相应的决策。

$$分离系数 = 中心距 / (R_1 + R_2)$$

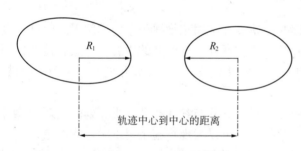

轨迹中心到中心的距离

图 9-3-2　分离系数计算示意图

R_1，R_2—误差圆半径

根据分离系数的大小，对井间间距可做出简单的判断：分离系数大于 1 时，两井眼轨迹误差椭圆未相交，安全；分离系数等于 1 时，两井眼轨迹误差椭圆表面相接，较危险；分离系数小于 1 时，两井眼轨迹误差椭圆相交，危险（图 9-3-2）。

实钻井眼轨迹时，必须及时进行调整。当井眼井斜偏大或偏小，可通过调整钻井参数进行微调。否则，通过改换钻具工具结构作调整。当井眼方位偏差较大时，下螺杆钻具扭方位。同时，尽可能利用地层自然方位漂移规律来调节。

4. 井眼轨迹跟踪监测实施举例

杜 84- 兴 H73 井周围有多口已完钻井，故将该井轨迹剖面设计为"直井—增斜—稳斜—增斜—稳斜"五段式，靶前位移 348.50m，A 与 B 靶点垂深均为 822.00m，水平段长度 316.01m。在钻井过程中需要穿越 4 口邻井才能到达目的地。

（1）杜 84- 兴 H73 井井身结构设计的主要原则是：表层套管设计以有利于大斜度段安全钻进为目的；技术套管设计应有利于水平段钻进和保护油气层；水平段完井套管设计应有利于减小原油流动阻力具有防砂能力。

（2）井身剖面设计主要以利于现场施工和油层开发，减少防碰绕障为原则，井眼轨迹设计数据见表9-3-1。

表9-3-1　设计井眼轨迹分段数据

井段	斜深，m	井段长，m	垂深，m	水平投影长，m	造斜率（°）/30m	井眼曲率（°）/30m	终点井斜角（°）	方位角（°）
直井段	500.00	500.00	500.00	0.00	0.00	0	0.00	0.00
增斜段	727.97	227.97	696.61	98.44	7.00	7	53.19	329.90
稳斜段	854.44	126.47	772.37	199.69	0.00	0	53.19	329.90
增斜段	1014.22	159.78	822.00	348.70	6.92	7	90.00	323.49
稳斜段	1330.23	316.01	822.00	664.71	0.00	0	90.00	323.49

本井的钻进施工中，4口障碍井的防碰距都非常小，防碰情况分析见表9-3-2。

表9-3-2　设计井与防碰井分析

邻井名称	设计井或正钻井				扫描井深 m	扫描距离 m	扫描方位（°）	相碰判别
	井深，m	垂深，m	北坐标，m	东坐标，m				
杜84-45-95	807.97	744.53	140.58	-81.50	748.82	7.53	259.00	不安全
	809.61	745.51	141.71	-82.16	749.84	6.33	242.58	不安全
	817.97	750.53	147.50	-85.51	755.08	7.97	185.78	不安全
杜84-43-95	710.00	685.32	73.07	-42.36	689.09	9.74	358.01	不安全
	720.00	691.73	79.71	-46.21	695.52	4.79	48.71	不安全
	723.49	693.89	82.08	-47.58	697.68	5.07	80.76	不安全
曙1-35-新0334	727.97	696.61	85.16	-49.37	700.40	7.13	107.93	不安全
	630.00	624.01	29.08	-16.86	623.46	14.68	62.72	不安全
	640.00	632.54	33.60	-19.48	636.00	14.72	67.10	不安全
曙1-37-036	1149.99	822.00	405.85	-263.49	827.46	14.08	48.60	不安全
	1151.03	822.00	406.68	-264.10	827.39	14.03	52.92	不安全
	1151.64	822.00	407.18	-264.47	827.35	14.04	55.48	不安全

（3）轨迹控制及防碰绕障施工。

①直井段。在垂直井段，为了防斜打直，避免在直井段结束时与曙1-35-新0334井有相碰的危险，在钻井中应控制钻速，保证井眼的光滑与畅通。

②斜井段。造斜时主要采用滑动定向钻进，同时利用MWD进行井眼轨迹监控，钻至652m时成功绕过曙1-35-新0334井，防碰距为13.5m。此时井眼轨迹的井斜角达到45°，方位角为332°。

绕过第一障碍后发现因钻速过快，井斜控制不理想，改用定向钻具组合，控制钻速及井斜、方位，为钻进至 720m 时能安全绕过安全井距只有 4.79 m 的杜 84—43—95 井做好充分准备。在钻至 735 m 成功绕过杜 84—43—95 井，防碰井距 4.5m，也是施工中的一个最关键的绕障。

通过采用 MWD 进行井眼轨迹监控发现，虽然绕障成功但井眼轨迹偏离了设计方位，此时方位为 240°。因此继续用定向钻具组合滑动定向钻进和复合钻进方式，一直钻至 860 m，井眼方位调整至 331°，井斜 56°。成功绕过杜 84—45—95 井，防碰井距 5.8m。之后继续钻进至 1.016m 进入水平井段。

③水平井段。由于在进入水平段前方位井斜都已调整到较理想的状态，因此采用了滑动定向钻进控制钻速，轨迹也在设计的范围内向前延伸。此时造斜率 6.5°/30 m，钻至井深 1160 m 时，井斜 90.5°，方位 325°，成功绕过曙 1—37—036 井，防碰井距为 12.6 m。此后顺利钻至井深 1335.46 m，井斜 90.8°，方位 324.5°，垂深为 822.86 m，位移为 666.38 m。在整个钻井施工中成功绕过 4 口防碰井，钻达目的层。设计与实际施工防碰情况见表 9—3—3。

表 9—3—3　设计防碰距与实际防碰距数据

邻井	防碰井段，m	设计最近距离，m	实际最近距离，m
杜 84—45—95	807.97 ~ 817.97	6.33	5.8
杜 84—43—95	710.00 ~ 727.97	4.79	4.5
曙 1—35—新 0334	630.00 ~ 640.00	14.68	13.5
曙 1—37—036	1149.99 ~ 1151.64	14.03	12.6

三、影响丛式井钻井投资的主要因素

我国丛式井钻井技术起步较晚，对以丛式井为主开发一个油田或区块的规划问题研究较少。国内陆地油田多以油田建设总投资最小为目标进行油田建设的规划问题。

油田建设总投资大致可以分成两部分：一部分是与平台的规划无关或影响不太大的，如钻机设备、采油装置和联合站等，这部分费用不进入规划优化计算；另一部分是与平台设置直接相关的，如平台建设、钻井、公路、输电、钻机搬安、油气集输、注水（注汽）、油井投产及管理等多项主要影响因素。

（1）平台建设费用。陆地平台的建设费用，主要与所征用土地的优劣以及土方费用的差别而有所不同。

（2）钻井费用。钻井工程费用是总费用中所占比重最大的一项，它主要与地层、垂深、水平位移及施工难度等因素有关。设计计算时，以设计井的垂直井深和水平位移作为主要统计量，采用多元逐步回归的方法来确定因素的效应值，在回归过程中，并利用对偏回归平方和的显著性来检验，去掉模式中对钻井费用影响不大的因素，以求得较好的回归模式。

由于回归模式是由特定地区资料所求得的，针对性较强。即使在同一地区，钻井初期和后期的费用也会因对该地区情况的熟悉程度不同而有所不同，因此经过一段时间后，可应用新的钻井资料重新统计。

(3) 公路和输电费用。公路一般分为主干路、支干路和井场路三个等级，其原则为每个平台都必须有公路相通。在设计过程中，除了要考虑已有的公路、村庄和河流等条件外，还须符合国家有关公路铺设的规范。

(4) 钻机搬安费。钻机搬安费由三部分构成，分别是大搬费用，即将钻机搬到一个新的平台上；中搬费用，即在一个平台上井组和井组之间的搬安；小搬费用，即同一井组内各井之间的整拖费用。

(5) 油气集输费用。油气集输费用主要包括井口到计量站以及计量站到接转站的管线费用和计量站建站费用。

(6) 注水管线费用。在注水工程中，只考虑注水站到注水井之间的注水管线费，注水站设置在平台上，该项费用的具体表达方式，由实际工程投资而定。

(7) 注热管线费用。该项费用的考虑，基本同注水一样，只是在建锅炉站时需考虑有关安全防火方面的规范。

(8) 完井费用。该项费用主要考虑采用丛式井开发以后，由于井深较直井增加所引起的套管和油管增加的费用。

(9) 管理费用。由于采用丛式井开发油田，使油井的井口位置集中在平台上，使管理费用（如管理人员的减少等）和一些作业费用都可明显减少，但由于这部分费用牵涉的面较宽，一般很难十分准确地计算出来。所以采用工程概算中常用的方法，即将总投资乘上一个百分数来估算这部分费用。

通过丛式井的钻井实践，证实利用丛式井开发油田，可减少临时占地和永久占地，控制更多的可采储量；可减少油、水、钻井液等废弃物对环境的污染；便于集中管理，减少了油建工程和生产管理费用，具有良好的综合经济效益。

第四节　水　平　井

水平井是指井眼沿与储层相近的倾角进入储层，并在目的层中延伸一定长度，以充分钻揭储层，提高单井产量的井。

水平井按从垂直井段向水平井段转弯时的转弯半径（曲率半径）的大小可分为长半径、中半径、中短半径、短半径、超短半径几种类型，见表9-4-1。

表9-4-1　水平井的分类

类别	造斜率 (°)/30m	井眼曲率半径 m	水平段长度 m
长半径	2 ~ 6	860 ~ 285	> 300
中半径	6 ~ 20	285 ~ 85	200 ~ 1000
中短半径	20 ~ 60	85 ~ 30	< 300
短半径	60 ~ 300	30 ~ 6	100 ~ 300
超短半径 (径向水平井)	特殊转向器	1 ~ 6	> 2
	用特殊工具在井眼内完成从垂直转向水平，然后水平延伸一定距离的井		

　　水平段储层钻遇率是衡量钻井效果的主要参数。水平井入靶（着陆）点纵距和横距是衡量入靶（着陆）控制水平的主要指标，靶上和靶下的最大波动高度反映了水平控制的稳平能力，稳平能力与平均偏离高度是开发薄储层能力的衡量指标。

　　国外水平井技术始于 20 世纪 20 年代，在 50 年代得到了发展和应用。但是由于油藏研究和开发技术落后，造成水平井成本高，效益低，而使水平井应用受挫。到 70 年代末期，由于水平井在解决气顶和水锥等问题方面体现出极大的优越性，这项技术才得以重新发展。随着井下马达和测量仪器的进步以及对水平井油藏与完井等技术的深入研究，到 20 世纪 80 年代末期，水平井技术得以迅速发展。而且获得了提高油井产量 2 ~ 10 倍的经济效益，使稠油油藏、低渗透油藏、裂缝性油气藏、底水锥进严重的油气藏和薄油层也实现了经济性与科学性的开发。目前，水平井钻井技术已是一项成熟而普遍采用的技术，是勘探开发中一项提高单井产量，提高综合效益的重要手段，并广泛应用于各种油气藏。

　　国内水平井与国外相比起步较晚，1965 年完成国内第一口水平井。"八五"期间，以国家科技攻关项目形式组织"水平井成套技术"攻关，为后期的规模化应用奠定了人才和技术基础。自 2000 年以来中国石油对水平井技术进行完善配套和规模化推广应用，2006—2008 年间，完钻水平井 2333 口，平均单井产量是直井的 3.5 倍以上，水平井占石油开发井总数的 7.1%，整体技术水平处于世界先进行列。储层钻遇率平均达 88.4%，能够满足薄层薄互层、复杂断块油藏、潜山油藏、稠油油藏、低渗油藏、边底水油藏及特殊岩性等油藏开发的需要。

　　2004 年世界水平井主要技术指标为：

　　（1）水平井最大水平段长 6118m；

　　（2）水平井最大垂深 6062m；

　　（3）水平井最大单井进尺 10172m；

　　（4）浅层水平井最浅垂深 126m（中国新疆）；

　　（5）双侧向水平井总水平段长度达到 4550.1m（该井垂深 1389.9m）；

　　（6）多侧向水平井总水平段长度达到 8318.9m（该井垂深 1410m）。

一、水平井设计

1. 技术术语解释

　　（1）靶区（target area）：包括靶点在内划定的井眼轨迹在目标层中的范围。靶区的前端面称靶窗，靶区的后端面称靶底。

　　（2）设计入靶（着陆）点（design landing point）：水平段设计线与靶窗的交点称为设计入靶（着陆）点，通常用 A 表示。

　　（3）设计终靶（终止）点（design ending point）：水平井段设计线与靶底的交点称为设计终靶（终止）点，通常用 B 表示。

　　（4）设计靶心线（design target center line）：靶窗内通过设计入靶点的两条正交的基准线称为设计靶心线，因此，设计入靶（着陆）点又习惯上称为靶心。

　　（5）实际入靶（着陆）点（actual landing point）：水平井的实钻轨道与靶窗平面的交点称为实际入靶（着陆）点。

（6）实际终靶（终止）点（actual ending point）：水平井的实钻轨道与靶底平面的交点称为实际终靶（终止）点。

（7）横距和纵距（offset from target center）：实际入靶点与靶窗内两条设计靶心线（横、纵两轴）的距离分别称为入靶（着陆）点的横距和纵距。实际终靶点到靶底内两条设计靶心线（横、纵两轴）的距离分别称为终靶点的横距和纵距。入靶点的横距和纵距是衡量入靶控制水平的主要指标。

（8）靶心设计平面（design target plane）：通过靶窗和靶底内水平靶心连线的平面称为靶心设计平面。

（9）靶上最大波动高度（max offset from target plane）：实钻水平段在靶心平面以上部分到靶心设计平面的最大距离，称作靶上最大波动高度。它直接反映了水平控制的稳平能力。

（10）靶下最大波动高度（max offset from target plane）：实钻水平段在靶心平面以下部分到靶心设计平面的最大距离，称作靶下最大波动高度。它直接反映了水平控制的稳平能力。

（11）平均偏离高度（average offset height）：实钻水平段上所有点到靶心设计平面的距离（均取正值）的平均值，称为平均偏离高度。它描述了实钻水平段对靶心设计平面的总体贴近程度。

（12）靶前位移（horizontal displacement of target）：直井段的中心垂线与靶窗平面间的距离。

（13）水平井储层钻遇率（drilling ratio of oil zones）：是水平段钻遇储层长度与整个水平段长度的比，通常用百分数表示。

（14）广义调整井段（generalized adjusting section）：用于调整井眼轨迹的井段。可以是稳斜井段，也可以是曲率较小的增斜井段。

（15）倒装钻具组合（invert BHA）：在钻大斜度井段和水平段时，为了给钻头加压，将部分重量较轻的钻具放在钻具组合下部，把钻铤和加重钻杆等较重的钻具放在直井段或较小井斜段的钻具组合。

2. 水平井设计依据

1）钻井目的及采用的钻进方式

水平井适用油藏类型十分广泛，具有"少井高产"的特点，主要部署在地下油藏明朗的区块，水平井能够增加低渗透油藏的生产能力，降低边顶底水的锥进速度，改善油井出水时间和含水量，可以尽可能多地钻穿不均质裂缝油藏中的垂直裂缝带，可以钻穿多层系油气藏的数组油气层，提高采收率等。水平井的设计和实施必须满足勘探开发和采油等要求，达到提高勘探开发综合效益的目的。目前的钻进方式按导向工具分主要有滑动导向钻井和旋转导向钻井两种方式，按导向方式分类可分为几何导向钻井和地质导向钻井两种类型。

2）产层层系特点与油气集聚状况

产层层系特点系指储层的垂深、倾角、走向和有效厚度、岩性、原油物性及边顶底气水情况等，储层产状有水平或近似水平，水平段轨迹可设计为水平状或倾斜状。需要钻穿具有薄夹层的数层储层时，水平段也可设计为倾斜状或曲线状，若水平段需要绕障时，水平段需设计为三维绕障曲线。

3）机具性能及工艺技术水平

现有导向工具的井斜方位调整能力不仅与导向工具的结构性能有关，还与地层特性、钻进参数、剖面类型、井眼曲率及施工情况等因素有关，由于多因素的影响，使预测的导向能力具有一定的不确定性，设计时应予以考虑。水平段的长度还受到钻井工艺技术水平的限制，如岗位操作、钻机性能及钻进方式等。

4）设计井基本数据

地面井位坐标、地下靶点坐标和垂直深度是进行水平井设计的基本数据，根据这些基本数据，通过坐标换算，可以计算出设计井斜角和方位角以及靶前位移。此外，上部地层特点及可用井眼曲率也是剖面设计的主要依据。

3. 水平井井身剖面设计的关键因素

1）井眼许用曲率与曲率半径

水平段位置和形体确定后，根据油气藏开发要求、现有工具以及工艺的特点，优选水平井的斜井段轨迹，再综合考虑应用地面现有的井场、公路和管线设施，以减少钻前及投产费用。水平井的分类依据就是增斜段的增斜率的大小。

2）油气层产状及厚度

国内外研究表明，不同油藏或同一油藏的不同部位的水平井开发效果差异很大，水平段位置受构造、储层厚度、含油饱和度、原油物性、储层渗透率及水平段偏心距等多种因素的影响。

3）水平段段长及产层钻遇率

水平井产量主要受水平井段长度、储层厚度、物性和压力，流体性质和边底水锥进，以及钻井时伤害等多因素控制。水平段长度与水平段内流动压力损失有关，水平段短，压力损失小，对产量影响小；水平段长，压力损失大，对产量影响也大，采用较大尺寸的油管可以大幅度减少这种影响，目前世界发展趋势是采用欠平衡等措施减少水平段施工过程中对地层的伤害污染，尽可能延长水平段长度，以最大幅度提高单井产量。

4. 水平井井身剖面类型及井身剖面设计

1）剖面类型及特点

水平井的剖面类型按空间位置可分为二维剖面和三维剖面，按施工增斜特点可分为单弧剖面、双增剖面及三弧剖面等。在地面和地质条件允许的条件下尽可能设计为二维剖面，但随着地下易采油藏的减少及地面条件的限制，三维剖面应用得越来越多，已成为剖面设计的主流。水平井井身剖面主要类型如图 9-4-1 所示。K_1，K_2 为造斜率，单位为（°）/30m。

（1）长曲率半径水平井特点。长曲率半径水平井可以使用常规定向钻井的设备、工具和方法，其固井和完井也与常规定向井相同，只是施工难度较大。若使用导向钻井系统，不仅可以较好地控制井眼轨迹，也可以提高钻井速度。长半径水平井的主要缺点是钻进井段长，摩阻力大，起下管柱难度大。长半径水平井斜井段长的优势是一次平抑钻具组合可以钻较长的水平井段，因此适合于长水平段水平井与大位移井，随着长水平段水平井增多，此类水平井数有上升趋势。

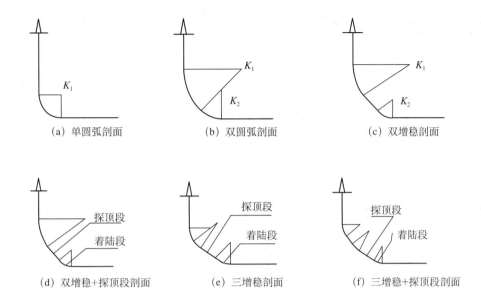

图 9-4-1　水平井井身剖面主要类型图

（2）中曲率半径水平井特点。中曲率半径水平井的特点是增斜段均要用弯外壳井下动力钻具或导向系统进行增斜，使用随钻测量仪器进行井眼轨迹控制，使用加重钻杆等特殊井下钻具，固井方式灵活，与长半径水平井相比靶前无用进尺少。井下扭矩和摩阻较小，中靶精度高于长半径水平井，是目前实施较多的水平井类型。

（3）短半径和中短半径水平井特点。短半径和中短半径水平井多用于老井侧钻，少数也用于新井。此类水平井需要特殊的造斜工具。完井多用裸眼或下割缝筛管完井。由于中靶精度高，施工快速，特别是用连续管施工时，速度更快，其投入产出比显著。

（4）超短半径水平井特点。超短半径水平井也称为径向水平井，仅用于老井复活。通过转动转向器，可以在同一深处水平辐射地钻出多个（一般 4 ～ 12 个）水平井眼。这种井增产效果很显著，而且地面设备简单，钻速也快，很有发展前途。但需要特殊的井下工具和钻井与完井工艺。

2）剖面设计计算

计算方法参见本章第二节定向井，所不同的是水平井一般要求计算精度较高，通常采用最小曲率法计算。另外水平井轨迹设计时还有入靶倾角与靶前位移等约束因素，设计时还要为造斜工具造斜段偏差留出足够的余地。

5. 三维水平井剖面设计计算举例

已知：某井目标点垂深 1778m，开发储层为中厚油层，单层厚度以 10 ～ 20m 为主，其次为 5 ～ 10m。靶窗和靶底横向误差 2m，纵向误差 1m。靶点及设计基础数据见表 9-4-2。

计算：试算起始点应高于入靶点垂深与曲率半径的差值。通过分析计算，优选出摩阻扭矩低，满足地质采油要求，能有效传递钻压，能顺利下入生产管柱的井眼轨迹，设计数据见表 9-4-3。

以井口为坐标原点，计算 A 与 B 靶点的相对坐标。

表 9-4-2　靶点设计基础数据表

完钻垂深：1778m		磁偏角：−7.87°	
水平段长度：203.7m			
井口 N 坐标：4　562　613.5		井口 E 坐标：21　431　627.10	
A 点	靶点 N 坐标：4562732.00	靶心垂深：1778m	水平段横向偏差为 ±1m 水平段纵向偏差为 ±2m
	靶点 E 坐标：21431440.00		
B 点	靶点 N 坐标：4562910.00	靶心垂深：1778m	
	靶点 E 坐标：21431341.00		

表 9-4-3　坐标转换后靶点设计基础数据表

A 点	靶点 N 坐标：118.5	靶心垂深：1778m	水平段横向偏差为 ±2m 水平段纵向偏差为 ±1m
	靶点 E 坐标：−187.1		
B 点	靶点 N 坐标：296.5	靶心垂深：1778m	
	靶点 E 坐标：−286.09		

　　A 点与 B 点垂点相同，说明水平段为 90° 的稳斜段，计算 AB 段方位：

$$\phi_A = \arcsin\left(\frac{E_B - E_A}{\sqrt{\left(E_B - E_A\right)^2 + \left(N_B - N_A\right)^2}} \right) \qquad (9\text{-}4\text{-}1)$$

$$\phi_A = \arccos\left(\frac{N_B - N_A}{\sqrt{\left(E_B - E_A\right)^2 + \left(N_B - N_A\right)^2}} \right) \qquad (9\text{-}4\text{-}2)$$

　　ϕ_A 取值 [0°，360°)，经计算 $\phi_A = 330.92°$。

　　发现井口不在 AB 延长线上，确定该井剖面为三维剖面。结合现有工具和地层特点，造斜段井眼采用 7°/30m 的曲率进行剖面设计。造斜点在 $H_1 = 1778 - \dfrac{5400}{7 \cdot \pi} = 1533$ m 之上。靶前位移 118.5m。通过剖面设计软件试算，造斜点适宜位置在 1280m 处，地质上 1040 ～ 1430m 段为灰白色砂砾岩与灰绿色泥岩互层，适宜造斜。应用剖面设计软件优化设计得出各段数据如表 9-4-4 所示。

表 9-4-4　某井设计井身剖面数据表

井段	测深 m	井斜角 (°)	方位角 (°)	垂深 m	北/南 m	东/西 m	视平移 m	狗腿度 (°)/30m	工具面 (°)
直井段	1280	0	0	1280	0	0	0	0	0
增斜段	1365.33	19.91	190.92	1363.62	−14.41	−2.78	−14.41	7	0

续表

井段	测深 m	井斜角 (°)	方位角 (°)	垂深 m	北/南 m	东/西 m	视平移 m	狗腿度 (°)/30m	工具面 (°)
稳斜段	1485.34	19.91	190.92	1476.46	−54.54	−10.52	−54.54	0	0
增斜段	1935.86	90	330.92	1778	118.5	−187.1	118.5	7	138.25
水平段	2139.53	90	330.92	1778	296.5	−286.1	296.5	0	0

其中 0~1280m 为直井段；1280~1365.33m 为增斜段，井眼曲率为 7°/30m；1365.33~1485.34m 为稳斜段；1485.34~1935.86m 为增斜扭方位井段，井眼曲率为 7°/30m，工具初始装置角为 138.25°。

6. 水平井钻具组合及钻井参数设计

合理选择钻具组合是水平井井身轨迹控制的重要基础，正确选择和合理利用钻具组合，既可以提高水平井井身轨迹控制精度及钻进速度，又有利于获得曲率均匀和狗腿度小的光滑井眼。

直井段及造斜段钻具组合请参见本章定向井一节。大斜度段及水平段宜采有倒装钻具组合，将施加钻压的钻铤和加重钻杆放在小井斜井段或直井段，以便施加钻压同时可避免钻进中普通钻杆出现屈曲问题。斜坡钻杆的长度等于或大于进入 45° 井斜以下井段和准备钻进井段之总和。为增加处理大斜度段和水平段井下复杂情况和事故的能力，可在井下适宜位置配置随钻震击器。

1）钻头类型的选择

必须根据地层类型来选择钻头，所选用的钻头应有良好的保径作用。

若选用牙轮钻头，应具有高转速特点和性能，以便与井下动力钻具相适应；在牙轮钻头上焊硬质合金块时，除了防止钻头外径磨损外，还应考虑到它会降低钻头的各向异性。

缩短 PDC 钻头的保径长度有利于定向，反之加长 PDC 钻头的长度则有利于稳斜。

在稳斜井段或水平井段使用转盘钻进时，钻头的选择范围较宽，但要考虑到它的定向控制能力。

2）水平井钻压选择

水平井钻压选择时必须在钻具屈曲限制以内，水平段为减少摩阻，一般采用钻杆，而钻杆承受钻压大于屈曲钻压，则会发生弯曲，不能传递钻压，此外还应满足井眼轨迹控制要求，必须小于临界机械钻速允许的钻压；必须保证动力钻具能正常工作。

（1）井眼净化条件下的钻压计算。

①临界钻速计算：临界钻速是井眼净化良好条件下的最大钻速。

假设条件为：井眼为圆形；井径一致；岩屑在环空中均匀分布；井眼净化良好。

单位时间内流体和岩屑总体积为：

$$Q_{\mathrm{T}} = 3.6Q + \frac{\pi D_{\mathrm{b}}^2}{4} R_{\mathrm{p}} \tag{9-4-3}$$

总重量为：

$$W_T = 3.6Q\rho_m + \frac{\pi D_b^2}{4} R_p\rho_c \tag{9-4-4}$$

当钻屑总重量超过 5% 时，则井下净化效果不好，岩屑浓度为：

$$K = \frac{\dfrac{\pi D_b^2}{4} R_p\rho_c}{W_T} \tag{9-4-5}$$

考虑到扩径或井壁掉块和坍塌等因素，附加一系数，则上式为：

$$R_{pmax} = \frac{4.584 K Q\rho_m}{D_b^2 \cdot (1-K)\eta\rho_c} \tag{9-4-6}$$

当 $K=0.05$ 时，得到的 R_p 值即为临界机械钻速。

②临界钻压计算：根据临界机械钻速 R_{pmax} 和宾汉（M.G.Bingham）钻进方程，并令钻进方程中 $K=1$，$\eta=1$，则可得到临界钻压 W_{Bmax} 计算方程。

$$W_{Bmax} = 14.903 \sqrt{\frac{0.0547 R_{pmax} D^d}{N}} \tag{9-4-7}$$

式中　Q——钻井液排量，L/s；

　　　Q_T——单位时间内流体及钻屑总体积，m³/h；

　　　W_T——单位时间内流体及钻屑总重量，t/h；

　　　D_b——井眼尺寸，m；

　　　ρ_c，ρ_m——分别为钻井液和岩屑密度，g/cm³；

　　　K——岩屑浓度；

　　　η——修正系数，$\eta=1.0 \sim 1.2$；

　　　R_p——机械钻速，m/h；

　　　D——钻头直径，mm；

　　　W_{Bmax}——临界钻压，kN；

　　　R_{pmax}——临界钻速，m/h；

　　　N——转速，r/min；

　　　d——钻压指数，无量纲。

注：模式中没有考虑循环时间、钻井液性能和操作因素（例如，接单根时间、短起下钻和停钻循环时间等），计算仅作为钻进参数的约束条件，供参考。

改善井眼净化的措施是增强钻井液的流变性，尽可能形成紊流，此外旋转钻具和增大排量都可以改善井眼清洗效果。

（2）滑动钻进工况下的钻压。滑动钻进时，由于钻柱不旋转，地面指重表读数（视钻压）不能反映井底真实钻压，视钻压包括了井底真实钻压和钻柱轴向摩阻两项。滑动钻进中井底真实钻压的计算需借助水平井钻柱摩阻分析软件，软件中充分考虑了井眼曲率，钻柱临界压曲等因素对摩阻的影响。钻进时需多次提放钻具，判断摩阻，结合计算结果，检验视钻压，实钻中还需要分析钻时变化情况，及时调整钻压试钻。

（3）转盘导向钻进工况下的钻压。在转盘导向钻进工况下，由于钻柱一直处于旋转状态，故轴向摩阻很小，因而钻柱轴向基本不受摩阻力影响。转盘旋转钻进方式下视钻压接近井底真实钻压。

3）转速的确定

在水平井中，由于 60% 以上井段采用动力钻具钻进，钻头转速相对较高，而且选择余地较小。转盘钻进时，钻头在井下做复合旋转，现场转盘转速应符合井下动力使用要求，避免钻具损坏，建议钻建为 40 ~ 80r/min。

4）水平井水力参数设计

水平井水力参数应有利于最大限度地清除岩屑床，并具有良好的润滑性，满足井下动力钻具正常工作。各种动力钻具有自身的工作排量和压力降，若工作排量和压降超过推荐值时，则螺杆钻具易发生先期损坏。钻头水眼选择应使合适工作排量钻进时钻头压降既不超过动力钻具允许的压降，又不小于某些井下随钻测量仪器要求的最小流量，还应满足井底清洗要求。螺杆钻具在进行水力参数设计与优选时，必须满足以下条件。即：

$$S < 1\% \tag{9-4-8}$$

$$Q_a < Q_{PDM} \tag{9-4-9}$$

$$\Delta p_p = \Delta p_d - \Delta p_c \leqslant \Delta p_{PDM} \tag{9-4-10}$$

$$\Delta p_b = p_{\Delta PDM} \tag{9-4-11}$$

式中　S——含砂量，%；

Q_{PDM}——螺杆钻具最大推荐排量，L/s；

Q_a——螺杆钻具使用排量，L/s；

Δp_{PDM}——螺杆钻具推荐最大工作压降，MPa；

Δp_p——螺杆钻具工作压降，MPa；

Δp_d，Δp_c——分别为钻进泵压和循环泵压，MPa；

Δp_b，$p_{\Delta PDM}$——分别为钻头压降和钻头允许压降，MPa。

7. 水平井对钻井液体系及性能要求

1）水平井钻井液体系筛选

水平井在产层保护、稳定井壁、井眼净化及润滑等方面对钻井液的要求较直井或定向井高，由于水平段和大斜度段携岩主要依靠钻井液的速度冲刷岩屑床，使岩屑产生跳跃与翻转，因此流速与流态非常关键，而井眼扩大将使流速急剧降低，从而导致携岩效果急剧变差，使岩屑床增厚而发生阻卡。国内水平井多选用水基钻井液体系，常用的水基钻井液体系有低固相生物聚合物钻井液，硅氟聚合物钻井液，聚合醇钻井液，无固相聚合物钻井液，无固相复合盐水聚合物钻井液，以及正电胶钻井液。因油基钻井液及合成基钻井液不含自由水，具有高的润滑性和抑制性，目前在水平井中得到广泛使用。

2）稳定井壁设计

由泥页岩井段地应力变化引起的水平井井壁失稳最为常见，井壁失稳导致的复杂情况现场经常误判为水平井井眼净化问题。钻遇胶结疏松砂岩，应始终保持适度过平衡，控制滤失量，加强钻井液的桥堵能力。同时应调节流变性，控制排量，减小对井壁的水力冲刷作用。钻遇盐膏层，应选用合适的盐水钻井液体系，减少盐膏层的溶蚀，保持钻井液具有合理的密度和盐水矿化度。在蒙皂石、伊利石、绿泥石或伊蒙混层大段存在的情况下，应考虑提高钻井液抑制性；降低钻井液活度使其等于或小于地层水的活度；降低钻井液失水量，减少滤液进入地层。

3）携岩能力设计

水平井井斜角为 30°~60°，携岩最为困难，形成的岩屑床极易下滑，引起环空憋堵、卡钻及固井问题。环空返速是影响井眼净化的一个关键因素。此外，钻井液黏度、钻柱是否旋转以及钻柱偏心程度对井眼净化也有影响。为增强钻井液在大斜度段的井眼净化效果，应提高低剪切速率黏度，增加悬浮能力。现场可以用 3r/min 和 6r/min 下旋转黏度计读数作为低剪切速率屈服值的参考值。

4）降低摩阻设计

水平井对钻井液的润滑性要求高，在钻井和完井过程中，要加入足量液体润滑剂或固体石墨，使摩擦系数小于 0.1。下套管（筛管）前，可在大斜度段（水平段）用 1.5%~2.5% 的塑料小球打一封闭。

二、水平井施工

1. 不同钻井方式的水平井井眼轨迹控制

井眼轨迹控制技术的主要内容包括钻具组合优化，钻进参数优化，井眼轨迹的测量与预测、待钻设计等。水平井井眼轨迹控制是水平井施工的核心，轨迹控制水平直接反映了水平井的施工水平。

1）井眼轨迹控制要求

（1）直井段控制符合井身质量要求，斜井段满足开发工具下入与工作的要求；

（2）实际井眼轨迹到达靶窗时，在规定的靶窗内，其井斜与方位值还要满足在现有轨迹控制能力范围内确保轨迹在靶体中延伸的要求；

（3）水平段轨迹应在设计要求的靶区范围之内。

2）滑动导向钻井方式下的井眼轨迹控制

随着水平井钻井技术在生产中的广泛应用，各种相应的井下导向工具相应出现，形成了以导向工具为核心的导向钻井技术。实际施工过程中，滑动导向钻井通常包括动力钻具定向钻进和转盘与动力钻具一起钻进两种方式，这两种方式在施工中交替实施。当定向钻进时，可钻出曲率井段，当开动转盘导向钻进时，又可钻出稳斜井段和微增（降）斜井段。

（1）待钻设计。待钻设计是在水平井钻井过程中对钻前井身剖面的一种修正设计，它遵循钻前井身剖面设计的原则，以及定向井和其自身的约束条件和设计原则。

①待钻井眼设计轨迹必须满足拟定目标点参数的原则；

②设计剖面与待钻剖面的空间几何关系确定的原则；

③待钻井眼设计剖面应是最优剖面的原则。

待钻井眼设计中，根据实钻井眼的测量参数，如测深、井斜和方位，应用轨迹软件计算出实钻井眼的坐标参数。结合已钻地层和待钻地层特性，分析和评价已钻和待钻地层的造斜特性及现有造斜工具的造斜能力。并根据实测参数，结合最后一测点到钻头处的地层特性、钻进参数和工具的造斜能力，预测出井底井身轨迹参数。根据钻头处的井身参数和实钻轨迹参数建立实钻轨迹与设计剖面之间的几何关系，以给定点（一般是入靶点）为目标点，根据施工要求选择待钻井眼设计模式后进行待钻井眼设计。

（2）滑动导向钻进轨迹控制特点。

①增斜段的轨迹控制措施。增斜段轨迹控制的技术要点可以概括为留有机动、及时调整、早扭方位、稳斜探顶和矢量进靶。

a. 留有机动。在设计时为了防止因各种因素造成工具实钻造斜率与理论预测值差距较大，在设计阶段要留有一定的调节井段，防止无法进靶，如果对一个地区没有施工经验，应多留调整井段，如果一个地区造斜与增斜工具的经验已相当成熟可以减少轨迹调整段。

b. 及时调整。及时根据随钻测量的井斜方位数据，计算出已钻井眼轨迹，并进行待钻井段的优化设计，当发现与设计存在偏差时及时进行调整，确保中靶。实钻中加强对钻头处状态参数（α, ϕ）的预测；对待钻井眼所需造斜率的计算；对当前在用工具和技术方案的评价和决策。例如，是否需要调整操作参数［钻压、工具面角、钻进状态（定向/导向）转化等］，起钻时机的选择（是否必须立即起钻或继续向下钻进多少米再起钻）等。

c. 早扭方位。在增斜段控制中，方位控制也很重要，否则很难使钻头进入靶窗。由于水平井井斜角增加较快，晚扭方位将会增加扭方位的难度，所以一般放在增斜的初始阶段扭方位，同时在后续钻井过程中，通过调整动力钻具的工具面角加强对方位的动态监控，这样不仅工作量较小，而且对下部轨迹控制也有利。

d. 稳斜探顶。"稳斜探顶"是入靶控制的核心内容。在中、长半径水平井中，采用"稳斜探顶"的方案是克服地质不确定性的有效方法，既保证可以准确地探知油顶位置，还确保进靶钻进是按预定的技术方案进行，提高了控制的成功率。

在稳斜探顶井段，基本上维持稳斜钻进，此时控制的目标是找到油顶，而且不浪费进尺，以免增加进靶钻进的造斜率。在稳斜探顶段，要采用带有自然伽马传感器的 MWD 来辨别油顶。此时的钻进要"寸高必争"，放慢机械钻速，同时也要监测钻井液中返出的砂样，判断是否达到储层。当发现油顶后就要停钻（若钻头尚未到达预定位置也可缓慢钻进使其就位），准备起钻，更换进靶钻进所用的钻具组合（若稳斜探顶所用的钻具组合在定向钻进方式下的造斜率可保证击中靶窗，则不必起钻只是改变钻进状态）。

e. 矢量进靶。所谓"矢量进靶"，是指在进靶钻进中不仅要控制钻头与靶窗平面的交点（着陆点）位置，而且还要控制钻头进靶时的方向。"矢量进靶"直观地给出了对着陆点位置、井斜角及方位角等状态参数的控制要求，形象地表现为靶窗的一个位置矢量。进靶不仅是增斜段控制的结束，同时也是水平段控制的开始。为了在水平段内能高效钻出优质的井身轨道，就要按"矢量进靶"的要求控制好着陆位置和进靶方向（井斜和方位），以免在钻入水平段不久就被迫过早地调整井斜和方位，影响井身质量和钻进效率。

②水平段轨迹控制措施。水平段轨迹控制的技术要点可概括为钻具稳平、上下调整、多开转盘、注意短起、动态监控、留有余地和少扭方位。

a. 钻具稳平。钻具稳平的含意是从钻具组合设计和选型方面来提高和加强稳平能力，这是水平段控制的基础。具有较高稳平能力的钻具组合可以在很大程度上减小轨道调整的工作量。

b. 上下调整。上下调整体现了水平段控制的主要技术特征。在水平段中，方位调整相对很少，控制主要表现为对钻头的铅垂位置和井斜角（增斜）的上下调整。尽管在选择或设计钻具组合时已注意提高其稳平能力，但绝对的稳平是不可能的，上下调整仍然是必不可少的。在水平控制中，要求钻具组合有一定的纠斜能力，最常用的钻具组合是带小弯角（一般 $\gamma \leqslant 1°$）的单弯动力导向钻具组合。采用这种组合，可在定向状态进行有效的增斜、降斜和扭方位操作，可在导向状态（开动转盘）基本上钻出稳斜段（也可能是微降斜或微增斜）。当需要调整钻头的铅垂位置和井斜时，则设置工具面按定向状态进行钻进。

c. 多开转盘。开转盘的导向状态与不开转盘的定向状态相比有如下显著优点：减少摩阻，易加钻压；破坏岩屑床，清洁井眼，提高机械钻速；提高井眼质量；可增加水平段的钻进长度。因此，在水平段钻进中应尽量多采用导向钻进状态方式，即应多开转盘，在水平段开转盘的进尺建议不小于水平段总进尺的 75%。但转盘转速应不大于 60r/min 为宜。

d. 注意短起。为保证井壁质量，减少摩阻和避免发生井下复杂情况，在水平段中每钻进一段距离（如 50m 左右，尤其是定向纠斜井段），应进行一次短程起下钻。

e. 动态监控。水平控制的动态监控具体来说，就是要对已钻井段进行计算，并和设计轨道进行对比和偏差认定；对钻具组合和稳平能力（导向状态）和纠斜能力（定向状态）进行过后分析和评价；随时分析钻头位置距上、下、左、右 4 个边界的距离，并对长距离待钻井眼（如靶底或水平段中某一位置）做出是否需要调整井斜（上下）和调整方位（左右），何时进行调整（时机选择）的判断和决策等。除了用计算机进行水平段的跟踪监控外，轨道控制人员应随时关注钻进过程，进行抽检，把握发展动态，及时作出判断和决策。

f. 留有余地。水平段控制的实钻井眼轨道在竖直平面中是一条上下起伏的波浪线，钻头位置距靶体上下边界的距离是控制的关键。需要特别注意的是，当判定钻头到达边界较近的某一位置时，需根据轨迹调整的要求给出调整指令，但发出指令后钻头轨迹趋势不会立即发生改变，直至达到一个转折点，然后才会按预想的要求发生变化。这种情况无论对增斜还是降斜都存在。如果不考虑这种滞后现象，很有可能造成在进行调整的井段出靶。因此对水平段的控制强调"留有余地"，就是分析计算这种滞后现象带来的增量，保证在转折点（极限位置）也不出靶，以留出足够的进尺来确定调整时机，实施调控。在动态调整中，要对调整段进尺做出精确计算；变换导向方向后，要估算至下次调整开始可连续钻进多少进尺，应尽量减少调整次数，以提高机械钻速，降低钻井成本。

g. 少扭方位。由于水平段一般较长，进靶后轨道的少量方位偏差都会造成井眼轨道从靶体的左右边界出靶（俗称"穿帮"）。控制好着陆进靶的轨道方位（矢量控制）是水平段少扭方位的关键，但在水平段中也往往在适当位置对方位加以调控。控制的方法是采用一定工具面角定向钻进扭方位。应尽量减少扭方位的次数，而且宜尽早把方位调整好，这样即可利用靶底宽度造成的方位允差直接钻完水平段。否则，后期的方位调整会显著加大扭方位的度数。

3）旋转导向钻井轨迹控制技术

旋转导向钻井技术常用的钻具组合为：PDC 钻头 + 井下动力钻具 + 变径稳定器 +LWD/MWD。国内在定向钻井中一般多采用单稳单弯的钻具组合：钻头 + 导向动力钻具 + 无磁钻具（无磁钻铤或无磁承压钻杆）+ 随钻测量（井）+ 加重钻杆（视情况可以倒装）+ 斜坡钻

杆 + 钻杆。

这种导向钻具组合的特点是采用小角度的单弯螺杆钻具，配合无线（或有线）随钻，一套钻具结构既能完成直井段、造斜段、稳斜段和降斜段钻进，又能随时调整井斜和方位，可实现井眼轨迹的连续控制。转盘（或顶驱）钻进与螺杆钻进相结合，旋转钻进与滑动钻进交替使用，既能保证井眼轨迹的控制精度，又能达到提高钻井速度，降低钻井成本，以及保护油气藏的钻井目的，如图 9-4-2 所示。

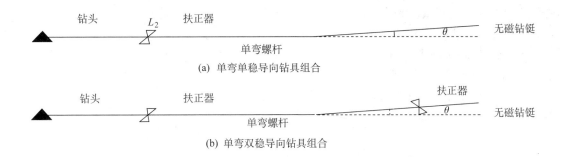

(a) 单弯单稳导向钻具组合

(b) 单弯双稳导向钻具组合

图 9-4-2　水平井常用旋转导向钻具组合

单弯导向动力钻具的结构弯角对钻头侧向力和造斜率影响显著，随着弯角的增加，钻头侧向力几乎呈线性增加。单弯动力钻具的弯角位置，对钻头侧向力和造斜率的影响也很明显，弯角位置上移，钻头侧钻力近乎线性下降。近钻头稳定器直径和位置也显著影响钻头的侧钻力和造斜率，直径由大变小，会导致钻头侧向力近乎呈线性下降，当小到一定范围则丧失造斜能力。近钻头稳定器位置上移，则钻头侧钻力下降，造斜能力降低。通常钻压和上稳定器对动力钻具性能影响不显著。

导向钻进施工中应注意如下几点：复合钻进的单弯螺杆的弯角一般最大不超过 1.25°；采用复合钻进时，一般采用低转速小钻压方式钻进；选用优质螺杆和合理钻进参数，避免螺杆及钻具井下事故；复合钻进时，要监测好井斜和方位变化趋势；优化井眼轨迹控制，尽可能采用多旋转钻进和少滑动钻井的方式。

2. 井眼轨迹跟踪监测

水平井井眼轨迹跟踪监测是在定向井基础上发展起来，目前用于井身轨迹描述的方法有多种，但是各种模式的假设条件各不相同，其计算精度也不尽相同。定向井中介绍了平均角法和曲率半径法，下面再介绍最小曲率法的计算公式：

如果 $\varepsilon_i < 0.25°$，$RF = 1.0$；如果 $\varepsilon_i \geqslant 0.25°$，$RF = \dfrac{2}{\varepsilon_i} \cdot \tan\left(\dfrac{\varepsilon_i}{2.0}\right)$

$$\Delta N_i = \frac{\Delta L_i}{2} \cdot \left(\sin\alpha_i \cdot \cos\phi_i + \sin\alpha_{i-1} \cdot \cos\phi_{i-1}\right) \cdot RF \tag{9-4-12}$$

$$\Delta E_i = \frac{\Delta L_i}{2} \cdot \left(\sin\alpha_i \cdot \sin\phi_i + \sin\alpha_{i-1} \cdot \sin\phi_{i-1}\right) \cdot RF \tag{9-4-13}$$

$$\Delta H_i = \frac{\Delta L_i}{2}\left(\cos\alpha_i + \cos\alpha_{i-1}\right)RF \qquad (9-4-14)$$

测点数据的计算：

$$H_i = H_{i-1} + \Delta H_i \qquad (9-4-15)$$

$$S_i = S_{i-1} + \Delta S_i \qquad (9-4-16)$$

式中　L_{i-1}——上测点，m；

　　　L_i——下测点，m；

　　　α_{i-1}——上测点井斜角，(°)；

　　　α_i——下测点井斜角，(°)；

　　　ϕ_{i-1}——上测点方位角，(°)；

　　　ϕ_i——下测点方位角，(°)。

$$\varepsilon_i = \arccos\left\{\cos\left(\alpha_i - \alpha_{i-1}\right) - \sin\alpha_{i-1}\cdot\sin\alpha_i\cdot\left[1.0 - \cos\left(\phi_i - \phi_{i-1}\right)\right]\right\}$$

$$K_\varepsilon = \frac{\varepsilon_i}{L_i - L_{i-1}} = \frac{\varepsilon_i}{\Delta L_i} \qquad (9-4-17)$$

式中　ε_i——各测点的狗腿度，(°)；

　　　ΔN_i——i 井段的 N 坐标增量，m；

　　　ΔE_i——i 井段的 E 坐标增量，m；

　　　ΔH_i——i 井段的 H 坐标增量，m；

　　　ΔL_i——i 井段的 L 坐标增量，m；

　　　ΔS_i——i 井段的 S 坐标增量，m。

水平井下部钻具组合中，钻头与测量仪器之间一般有 15～18m 的距离，测点到井底这段距离的井眼参数如何变化决定着井底的实际位置。但是，对于给定的钻具组合和钻进参数，在一小范围井段内地层岩石性质一般变化不大，井眼轨迹往往呈现出特定的变化规律。目前根据已知测点参数采用平均外推方法建立的模型有定曲率模型、曲率补偿模型、加权平均模型、插值模型、曲线拟合模型和三维钻速模型等。

3. 工程地质密切协作

1）地质录井和测井对目的层的校核与纠正

钻井前，收集全部水平井邻井的地质录井和测井资料；进行地层小层对比，全面细致地认识目的层地质特征和电性特征；确定地层对比标志层，制定目的层地质录井标准和测井解释标准。利用地质资料研究水平井部署井区目的层特征，建立水平段油藏地质模型，校核原地质设计，制定水平井地质导向方案。

对于钻导眼井的水平井和导眼井，要取全取准钻时和气测全烃等录井参数；要对钻取的岩屑（岩心）全面细致地进行岩性和含油性描述；结合导眼完钻测井解释成果和资料，建立综合柱状剖面；将导眼井与邻井和钻前地质模型对比，卡准目的层；确定目的层钻时、全烃、岩性、含油性及电性标准；结合工程参数，校核目的层地质设计参数的准确性及误差，并根据实际情况进行纠正。

水平段钻井过程中，将正钻地层的钻时、全烃、岩性、含油性及电性特征与已建立的邻井或导眼井的地质录井标准和测井解释标准相对照，结合水平段油藏地质模型，对目的层进行校核与纠正。

2）目的层地质跟踪录井及导向

目的层地质导向就是在水平井钻井过程中，根据实际地质情况变化，对目的层地质变化情况做出正确判断，对钻井轨迹进行调整，使之处于目的层中的合理位置。

准确地质导向的前提是正确判断轨迹是否处于目的层中。判断依据是，正钻地层的钻时与全烃等录井参数是否与根据邻井或导眼井建立的地质录井标准相符合；录取的岩性和含油性是否与邻井或导眼井目的层岩性和含油性相一致；如果使用的是随钻测井仪器，可实时对比正钻地层电性特征是否与邻井或导眼井目的层电性特征一致。轨迹在目的层中，就应执行原地质设计施工；轨迹不在目的层中，就要根据实际情况进行轨迹调整。

3）工程与地质密切协作提高储层钻遇率

地质设计要与工程结合，保证地质设计的轨迹在工程上能够实现。工程上也要进行轨迹优化，实现地质目的。这样才能施工顺利，降低地质风险，提高储层钻遇率。造斜段钻进过程中，地质人员要根据钻遇地层实际情况，准确录取并卡准标志层，与邻井或导眼井精确地层对比，结合地质模型，预测轨迹着陆点。如与原地质设计有变化，就要与工程人员紧密配合，及时调整地质和工程参数，优化轨迹，保证轨迹以最佳井斜、方位和深度着陆和入靶。

4. 工程地质一体化导向

地质导向离不开测量仪器与工具，以随时获取地层信息，保证井眼轨迹处于油层最佳位置，但过于依赖于随钻测井信息将导致水平井施工成本增加太多，冲减了水平井产生的效益。而钻井过程中有许多录井和钻井信息完全可以利用，从而以较低的成本实现地质导向。

根据综合录井钻时、岩屑、荧光及气测录井情况，结合特征曲线综合分析可以判断井下钻头是否钻入油层。在水平井钻井中，使用 PDC 钻头，钻井液中加入原油、润滑剂和磺化沥青等有机物质，以及水平井岩屑运移方式的改变给岩屑、荧光及气测录井带来了一定困难，这时要研究特殊环境下的导向方式。如何使用更先进的录井技术，真实地反映地层情况是指导水平井钻进的关键。

1）荧光录井

钻井液中加入原油、润滑剂和磺化沥青等有机物，对岩屑特别对 PDC 钻头细岩屑污染严重，常规荧光仪无法识别油显示。定量荧光检测仪通过分析钻井液添加剂、钻井液和岩屑的荧光特性，选择具代表性污染程度的岩屑作背景，再采用定量荧光分析仪自动扣除背景，显示岩屑中的分析结果，判断地层的含油情况。定量荧光检测解决了钻井液添加剂和混油造成的荧光干扰问题，消除了 PDC 钻头对岩屑荧光录井的影响。

2）气测录井

钻井液中加入原油、润滑剂和磺化沥青等有机物对气测录井的影响无需质疑。但通过分析真假气测显示的不同特征可准确评价油层。有时水平井钻井中加入大量原油使得气测全量曲线基线升高，掩盖地层中的油显示，全量曲线也将失去连续测量地层油气显示的优势。同时重组分呈现高值掩盖油显示重组分。但钻井液中无论加入何种有机物，在充分循环均匀后，组分中的甲烷和乙烷等轻组分将降低直至消失。在水平钻进中，一旦甲烷和乙烷等轻组分出现或升高，则可判断进入油层中钻进。钻达 A 点前加入原油，全量曲线基线升高，重组分值升高，钻达 A 点后全量曲线几乎无变化，iC_4 和 nC_4 值亦无明显变化，而 C_1、C_2 和 C_3 值升高明显，判断已钻入油层。使用 30s 快速色谱仪测量甲烷值可以看作一条准连续曲线替代全量曲线的作用，用于卡准油层。

3）岩屑录井

水平井由于自身的特点，岩屑的搬运形式与直井迥然不同，在水平段和斜井段，岩屑可以悬浮、滚动以及跳跃搬运，岩屑返出往往滞后于实际井深数米，PDC 钻头的使用使岩屑更细，岩屑更混杂。这就要求采取"精细岩屑录井"：结合钻时和气测值综合考虑，寻找区域上地层及岩性较稳定，可对比性强的地层及岩性，目的层以上的每一个薄层，岩性、颜色在钻井中的出现，都是确定目的层垂深的一个标志，也是判断钻井轨迹脱轨方向的"眼睛"。如某区第二薄砂层顶部 0.15 ~ 0.20m 的绿灰色粉砂质泥岩、0.60m 左右的灰褐色泥岩、0.80m 左右的灰色泥质粉砂岩，底部 0.17m 左右的绿灰色泥质粉砂岩、1.50m 左右的褐色泥岩；第三砂层顶部 0.2m 左右的绿灰色粉砂质泥岩、1.20m 左右的褐色泥岩，底部 0.12m 左右的绿灰色粉砂质泥岩、0.22m 左右的褐色泥岩等，都是我们确定油层垂深和油层脱轨方向的判断参照。如 XX1 井在第二水平段 2381.00 ~ 2398.50m，垂深 2011.68 ~ 2011.78m，岩屑中有 10% 褐色粉砂质泥岩，相应的自然伽马值升高，按常规判断是钻井轨迹出油层了，但仔细查找岩屑中无顶、底界的岩屑标志，油层顶界垂深 2010.58m，油层厚 1.70m，油层底界垂深应在 2012.80m，结合 XX2 井取心，在距油层顶 1.10m 处，有不规则的褐色泥岩团块富集成宽 0.05 ~ 0.08m 的条带，据此判断自然伽马值升高是受油层内部泥岩条带影响，对轨迹仅作了轻微的向上调整，很快 GR 曲线恢复了砂岩特征。又如 XX3 井在钻第二水平段 2383.00m 时见 5% 的褐灰色粉砂质泥岩，判断钻井轨迹触及油层顶界，向下微调轨迹，保证了钻井轨迹未出油层。这样以油层顶底界岩性、颜色和垂直深度的变化来控制钻井轨迹在油层中运行，保证了 XX4 井第三号薄砂层及 XX5 井第二号和第三号薄砂层都取得了油层有效长 100%，XX6 井钻井用 MWD，全凭岩屑和垂深判断轨迹，获得油层有效长 98.58%。由此可见，精细岩屑录井在薄油层水平钻井起到了关键作用。

4）钻时录井曲线

一般在砂泥岩储层其钻时明显快于泥岩或非储层，储层越好，其孔隙度与渗透率也越高，在这种情况下机械钻速就越高。依据这一特征，通过监测钻时变化就能判断是否在储层钻进，通过钻时变化可以及时调整井眼轨迹走向，甚至这种方法比近钻头地质导向能更早发现井眼轨迹偏离储层。在碳酸盐岩或火山喷发岩中，由于裂缝是主要的油气通道与储集空间，在有大量裂缝存在时，其钻时同样也快于裂缝不发育地层的钻时，因此在这种情况下钻时也能间接判断是否在好储层中钻进。

5）油层界线的确定

综合录井在水平井钻进中的导向作用就是确定油层界线预测油层变化趋势，指导水平钻进。地质师可以根据现场地质资料及电测资料结合其他邻井实钻资料、构造图、地震剖面以及 MWD 与 LWD 数据来综合判断确定油层界线。可以采取以下步骤：

（1）直眼井综合录井、电测数据和井斜数据用来确定油气层顶底线最初位置。

（2）在钻进中，根据钻时、岩性、荧光录井及气测录井判断岩性和油气层。

（3）邻井实钻情况：根据多口邻井实钻资料对比，可作出油层厚度变化趋势。

（4）构造图和地震剖面也能反映油层厚度、形态及走势。

用钻时气测确定岩性界线斜深，根据 MWD 和 LWD 井斜数据计算出垂深；还可以根据 LWD 测伽马曲线变化的半幅点确定油层界面。如果钻井轨迹频繁进出油层顶底线，根据这种方法比较容易地确定油层界线。钻时、气测组分 C_1 与 C_2 以及伽马曲线与岩性油层有较好的对应关系，用录井资料可综合判断油层界线。

根据以上方法钻前对一号油层顶底界线进行了预测，在钻进中又综合现场录井情况特别是标志层定位修正了油层顶底界线，为水平井钻进起到了导向作用。

新疆油田在这一理论基础上针对不同的油藏地质条件，采用了 4 种导向方式：

（1）MWD+ 岩屑录井，应用在控制程度较高的稠油水平井。

（2）MWD+ 综合录井，应用在控制程度较高的稀油水平井（使用综合录井能更好地进行油气水层识别）。

（3）LWD（PeriScope15）+ 地质录井，应用在控制程度较低、薄层和底水等复杂油藏水平井。

（4）电磁波无线随钻地质导向技术 + 综合录井，可用于欠平衡钻井、空气钻井和泡沫钻井。

强化现场地质导向具体做法："勤对比、找标志、卡油层、早调整"，准确捕捉标志层，卡准油层深度。严把 4 个关键点：标志层或构造变化；进入油层和"A"点前 40m；水平段岩性和含油性变化；钻至"B"点前 20m。对于稠油水平井，水平井轨迹尽量控制在油层下部 2/3 处；稀油水平井水平段轨迹控制在油层上部 1/3 处；带底水油藏水平段轨迹尽可能靠近油层顶部。

5. 浅层、深层及用氮气钻水平井施工

1）浅层水平井施工

国内曾在新疆垂深 180 ~ 280m 的稠油油藏用斜井钻机钻水平井。其上部井段是 30° 左右井斜角的斜直井眼。但由于斜井钻机作业费用昂贵，大尺寸钻头和扶正器连接困难，大尺寸套管井口螺纹连接困难，以及后期配置斜采油树、斜抽油机、斜修井机及井口抽油杆摩阻大等诸多问题，使得浅层斜直水平井技术未能在国内得到推广。目前已形成了直井钻机钻超浅层水平井技术：

（1）选择"直—增—稳"三段制中曲率半径水平井井身剖面，利于降低造斜点，增加直井段的长度，同时可以避免斜井口带来的诸多不便。

（2）采用 ϕ 244.5mm 套管封隔目的层至井口之间的裸眼井段，为高压蒸汽热采提供井眼条件，水平段使用 ϕ 168.3mm 防砂筛管完井，有利于热采后期防砂和采油作业的空间要求。

（3）浅层水平井施工井段短，造斜点略低于套管鞋，测量仪器受套管磁性干扰，为避免仪器测量偏差，可在井口定向，待测量仪器离开表层套管后再改用仪器测量，这样可保证开始定向的准确性。

(4) 施工中以一定的井斜角稳斜探油顶，然后再以设计好的造斜率增斜着陆入靶，在进入储层前，使实钻轨迹靠近设计轨迹线，避免在入靶前强行增斜或降斜。选择约以稳斜角 86° 探油顶，这样可以保证着陆时不脱靶且满足设计对入靶位移的要求。

(5) 对于稠油浅层热采水平井，要选用抗温性能好的套管，套管下入前需做变形分析和套管下入最大井眼曲率和摩阻分析。技术套管下入过程中，可采用井口加压装置，管串中优化扶正器类型和数量，并考虑在井斜角超过 60° 的井段安放刚性滚轮扶正器，降低套管与井壁间的摩阻，增加套管下入驱动力。

(6) 使用低固相、低摩阻、低成本及携岩能力强的钻井液，控制水泥浆失水量，进行地层压力预测与监测，实现对油气层的保护。及时进行短程起下，破坏岩屑床。

(7) 施工过程中，合理控制井眼轨迹，避免出现大幅度变化。完井下套管过程中，可进行分段循环，以降低循环阻力，清除下套管过程中除下的滤饼，提高固井顶替效率。

2) 深层水平井施工

我国陆上已完成的深层水平井主要集中在塔里木、准噶尔及玉门等西部油田。深层水平井斜深和造斜点相对较深，造斜井段大多都在深部可钻性差的地层，造斜困难，井眼轨迹控制难度大。起下钻频繁且时间长，随水平段延伸，钻压传递困难。高温、高压和高的钻井液固相含量对井下随钻测量仪器和井下动力钻具提出了更高要求。

(1) 深层水平井技术关键：

① 深层水平井井身结构设计需要考虑以下问题：井眼浸泡时间长；起下钻开停泵压力激动大；钻柱对井壁的作用力大，特别是稳定器和弯外壳钻具对井壁的碰撞与挤压大；井眼受地应力和岩石力学影响大，防止塌和漏的钻井液密度安全窗口变窄。

根据深层水平井的地层特征及水平井完井要求，对于目的层上部存在复杂地层的井，一般可将技术套管下到水平段的入靶点处，封隔油气层以上的复杂地层，为水平段安全钻进及油气层保护创造条件。

② 井身剖面。由于存在实钻与设计地层偏差导致靶区不确定性等因素，为减少钻井的风险性，常采用五段制剖面类型，即"直—增—增（稳）—增—水平"的剖面。

a. 井身剖面：直—增—稳—增—水平剖面。

第一增斜段：从定向造斜点开始，用井下动力钻具全力增斜至 35° ~ 45°，以获得稳定的方位角和一个增斜井段，为下段用转盘钻增斜提供稳定的方位和井眼趋势。

中间稳斜段：可应用小角度的弯螺杆钻具复合钻进稳斜段。也可用稳斜或微增斜钻柱组合转盘钻井，稳斜或微增斜。若方位有漂移，在允许范围内，下弯螺杆钻具纠方位钻进。稳斜段长度取决于靶点垂深和造斜工具。

第二增斜段：下单螺杆增斜至靶点。

上述井身剖面用弯外壳螺杆较少，转盘钻进尺较多，在旋转状态下有利于井眼净化。风险较小，综合经济效益高。

b. 第二种类型井身剖面：直—增—增—增—水平剖面。

与前述第一种剖面实际上是同一种设计剖面。其中第二增斜井段常常是由增斜率不同的若干微增斜井段组成。这种在定向造斜点和靶点间连续增斜和微增斜的井身剖面具有很多优点：

井眼光滑，与稳斜相比，不会出现控制不好的降斜井段，仅仅是增斜率不同而已，这对防止阻卡钻具有利；

控制技术较易掌握，在转盘微增斜井段可通过改变稳定器间距或直径与钻压实现微增斜，也可应用导向钻井技术实现微增斜钻进；

适应入靶点垂深的调整；

深层水平井剖面将向进一步提高造斜段造斜率及缩短造斜段进尺方向发展，这样做有利于降低挂泵深度，提高采油效率。

③优选钻具组合，降低摩阻与扭矩。

深层水平井钻柱组合设计的核心是降低摩阻和扭矩，为了降低深井水平井中的摩阻和扭矩，有效地传递钻压，需要采用倒装钻具组合。

在深层水平井段中，中下部钻具采用加重钻杆代替钻铤对下部钻具组合进行加压，在大斜度井段使用钻杆传递钻压，可以有效地减少摩阻。为了防止岩屑床的形成，对大部分的井段都要求尽量采用转盘旋转钻进。

④选用长寿命抗高温井下动力钻具，提高螺杆运转效率。

深层水平井中，深部地层可钻性差，温度压力高，应选用抗高温、大扭矩和长寿命井下动力钻具。

⑤优选钻头，提高深层水平井钻井效率。

在初始造斜段针对井下动力钻具特点优选能适应高转速和硬地层的金属密封轴承钻头。在下部造斜井段及水平段钻进中可根据地层特性，优选与井下动力钻具造斜匹配的 PDC 钻头。深层水平井水平段优选 PDC 钻头可以实现水平段导向钻进的连续控制，减少起下钻次数，在 PDC 钻头设计上须考虑：短保径设计，以便降低保径支撑阻力，提高转向和受到动力钻具侧向推动时的敏感反映；提高钻头变向时的切削能力，满足定向井轨迹控制进行造斜、增斜、降斜和扭方位的工艺要求，在保径段设计主动切削齿，提高钻头侧向切削的能力。

⑥钻井液。深层水平井施工需根据地层特点选择合理的钻井液体系。钻井液体系需具备高温稳定性，良好的润滑性能，较好的悬浮携砂能力，较好的防塌性能，同时做好固控工作，满足井眼清洁净化、降低摩阻扭矩和油气层保护等要求。深层水平井的阻卡问题，很大程度上是因井眼净化不好引起的，搞好井眼净化是水平井成败的关键。

（2）深层水平井钻进技术措施：

①加强井眼轨迹的监测与控制，避免井眼井斜和方位的突变，确保井眼曲率均匀稳定变化，使井眼轨迹圆滑，无折点变化。

②依据井下钻进的井段长度、摩阻变化、返出岩屑量及钻时的变化等，合理选择短提、通井、划眼和洗井作业。包括确定划眼的方式和洗井的方式与时间。

③随时记录转盘扭矩仪和泵压的变化值，及时发现和处理井下异常情况，避免钻具与井下事故的发生与恶化。同时依据录井提供的钻井参数与曲线，合理控制钻头的使用时间。

④造斜井段及水平段采用优质的钻井液体系和性能，合理利用固控设备及时消除钻井液中有害固相，并加强钻井液的管理和维护，以保持钻井液具有良好的润滑和携岩性。

⑤斜井段钻具组合带随钻震击器，以便及时处理阻卡等复杂问题。

⑥确立一套严格的钻具管理制度。起下钻中，严格检查；选用经过严格探伤检查的高钢级钻杆；钻具定期倒换和对所有入井的钻具定期探伤检查；对井下动力钻具和随钻震击

器等进行严格的地面检查和使用时间控制。

⑦在测量和机修等停钻情况下,严控钻具在井内静止时间,保持钻柱连续上下大范围活动或转动,以防止卡钻。水平段停钻时,钻具上下活动与旋转有机结合起来,保持钻柱慢速转动(20 ~ 30r/min),以保证钻压的传递并防止粘卡的发生。

3)用氮气钻水平井施工

(1)氮气水平井井身结构设计原则。施工中由于受气体造斜钻进技术限制,一般采用过平衡钻井液造斜钻进至目标储层中上部(A点),下入技术套管,再用氮气钻水平段,以裸眼或衬管完井。

如果采用套管阀加割缝筛管完井,为了避免套管阀的控制管线与地层接触,表层套管的深度应要超过套管阀的下深,以便避免套管阀的控制管线失效。

(2)氮气钻水平井的井眼轨迹优化。为使气体钻水平井井眼段轨迹控制切实可行,设计的轨迹应尽可能简单。

①曲率半径选择。

氮气水平井首选类型:中曲率半径 [(6° ~ 20°)/30m]。

特点:总进尺及定向控制段比长半径少,摩阻比长半径小,中靶精度比长半径高。

②剖面类型选择。

直井段+造斜段+调整段(稳斜)+水平段(三段制)。

在入A点前10 ~ 20m,增加一个稳斜段,是三段制的一种变形,主要解决储层埋深预测误差和工具造斜率预测误差,既可以确保精确中A靶,同时解决下套管后实际井斜偏差的问题。

(3)稳斜角设计。考虑到水平段轨迹测量与控制的难度比较大,为了能够保证储层钻遇率,根据储层的具体厚度及水平段的长度,应设计合适的稳斜角。当探知储层顶时,钻头进入储层的距离L,约为12m。储层厚度与稳斜角的推荐值如图9-4-3所示。

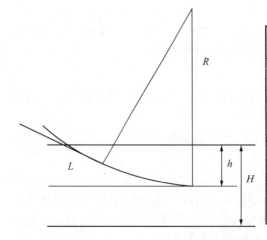

曲率半径 R,m	井斜角 α,(°)	垂深 h,m	油层厚度 H,m
215	80	5.35	10~12
	83	3.06	7~10
	85	1.86	4~7
	87	0.91	3~5
143	80	4.26	8~10
	83	3.33	6~8
	85	1.59	4~6
	87	0.83	2~4

图 9-4-3 储层厚度与稳斜角的推荐表图

综上所述,氮气钻水平井轨迹设计采用如下做法:选择合适的造斜点,采用中曲率进行轨迹设计，根据储层的厚度选择合适的稳斜角。为了便于水平段轨迹控制，在 A 点前设计一小段稳斜段。这样既可以使斜井段的长度相对小，又能在进入储层前调整井斜和方位，减少了轨迹控制的难度。

（4）氮气水平井钻具组合造斜规律。气体钻井在大多数储层将导致井眼扩大，扩大率一般在 30% 以上，使得常规钻井钻具效能发生较大偏差。井筒由平衡与过平衡状态变化到欠平衡状态，控制钻具造斜能力的因素会发生以下三个方面的变化：

①因作用于底部钻头处的钻压变化而导致的钻头转角与侧向力发生变化；

②底部钻具所受的横向载荷的变化而造成的钻头侧向力与转角的变化；

③因作用在井底岩石上的压力变化而导致的待钻地层可钻性异性指数的变化。

（5）氮气水平井钻井的井眼轨迹控制方式：气相欠平衡水平井因循环介质是气体，无线随钻测量仪无法传输脉冲信号，因此，无法进行无线随钻测量。有线随钻测量的井口高压循环头只对具有较高黏度和稠度的钻井液进行密封，对气体密封困难，因此不能用于气相钻井。气体钻水平井常采用的井眼轨迹控制方式如下：

①在实施欠平衡作业前，采用常规单弯动力钻具组合将井斜和方位调控到要求值附近。

②气体欠平衡水平井段钻进的钻具组合可以采用常规转盘微增、微降及稳斜钻具组合，也可以采用空气螺杆转盘钻进的微增、微降及稳斜钻具组合，运用钻具力学分析并结合实钻效果合理调控钻具稳定器的安放位置和钻进参数。

③采用电子多点测量井眼轨迹。由于钻具内是空的，没有泥浆等减阻介质，如果直接将电子多点投入井内，则将损坏仪器。所以是将仪器设置好后通过下钻送入进行测量。

另外一种测量方式就是利用有线随钻或电子单多点进行吊测。每钻进 50～100m 采用可回收式电子多点测量仪进行多点测量井斜和方位。水平段钻进 50m 进行第一次测量，测量方法：

a. 仪器下入和丢手：

不压井起钻至钻头在井斜小于 45° 的井段；

设置电子多点测量仪的延迟工作时间，使其在起出丢手工具后开始工作；

利用电缆缓慢下放仪器，最大下放速度不大于 1m/s，注意电缆的松紧及拉力显示；

当下井仪器接近托盘接头时，减慢下入速度，观察电缆拉力变化，确保仪器进入无磁钻铤内；

电子多点测量仪丢手，记录电缆深度，起电缆；

电缆起完后，下钻至井底，起钻至井斜不大于 45° 井段，顺序记录起卸立柱的起停时间。

b. 仪器回收：

下入电子多点测量仪打捞头；

电缆下入记录仪器丢手深度，减慢下入速度，确保电子多点仪器和打捞头对准，打捞仪器成功后，起电缆，读取多点测量数据。

（6）氮气水平井钻井的注气参数。气体钻井在国内外应用已相当广泛，主要用于加快钻速，发现和保护气层，在低压破碎地层用气体钻井解决长段井漏的钻井问题，充足的气量是气体钻井成败的关键。气体循环的主要任务就是将井底产生的岩屑及时地携带出井，如果气体气量不足，井底的岩屑不能及时返出井口，它们会逐渐聚集在井底形成阻塞。因此，气体钻井的关键技术就是合理地确定保持井底清洁的空气流量。对空气流量的计算，现在大部分资料沿用的是最小动能法。

最小动能标准计算方法：把气体和固体混合物看成一个具有同一密度和流速的均相流。认为井眼中有效携带固体颗粒所需的大气条件下气体的最小环空流速 v 为 15.24m/s。实践证明，在空气钻井中，这一速度可用来携带粉尘状岩屑。

水平段氮气钻井的最优注气排量与井身结构、钻具结构、井内温度、岩屑尺寸、井底流压、井口套压、岩屑密度和机械钻速等有关。另外气体类型和压缩性等自身性质也对最优排量有一定的影响。理论研究及实践应用表明，为了保证气体水平井的携岩效果，其钻进的注气量要比相同井眼尺寸的直井增加 70% ~ 100%，才能保证水平段的携岩效果。

(7) 氮气水平井钻具组合优化。在设计钻具组合时，为防止压缩气体从钻具内倒流，应在尽量接近钻头的位置安装 2 只浮阀。泄压时，为防止钻具内的高压气体被泄掉，再次充满增加接单根的时间，下钻完后应安装 1 只下旋塞和 1 只浮阀，氮气欠平衡钻井钻具组合中要求使用强制式回压阀，除要求在钻头上部使用回压阀外，钻柱上部每隔一段距离加用一只可泄压的回压阀，这样可减少接单根时排气卸压时间和提高操作安全性。

介绍两套氮气水平井钻具组合的方案：

方案一：水平段钻进采用空气螺杆复合钻进钻具组合：ϕ152.4mmPDC 钻头 + ϕ120mm 空气螺杆 + ϕ120mm 浮阀 ×2 只 + ϕ140mm 稳定器 + ϕ120mm 无磁钻铤 ×1 根 + ϕ140mm 稳定器 + ϕ89mm 加重钻杆 ×3 根 + ϕ89mm 斜坡钻杆 ×300m+ ϕ89mm 加重钻杆 ×30 根 + ϕ89mm 斜坡钻杆 + ϕ120mm 旋塞阀 + ϕ120mm 箭形单流阀 + ϕ89mm 斜坡钻杆 ×1 根 + ϕ120mm 方钻杆下旋塞 + ϕ108mm 六方方钻杆。

采用这种轨迹控制方法须满足以下几个条件：比较适合中浅层水平井；了解所钻地层的造斜能力及井眼扩大率。

方案二：采用常规水平井钻井稳斜效果较好的双稳定器钻具组合：ϕ152.4mm 钻头 + ϕ121mm 浮阀 ×1 只 + ϕ148mm 稳定器 + ϕ121mm 单流阀 ×1 只 + ϕ120mm 无磁钻铤 ×1 根 + ϕ120mm 仪器坐放短节 + ϕ142mm 稳定器 + ϕ89mm 加重钻杆 ×3 根 + ϕ89mm 斜坡钻杆 ×400m+ ϕ89mm 加重钻杆 ×27 根 + ϕ89mm 斜坡钻杆 (至井口) + ϕ120mm 旋塞阀 + ϕ120mm 箭形单流阀 + ϕ89mm 斜坡钻杆 + ϕ120mm 方钻杆下旋塞 + ϕ108mm 六方方钻杆。

采用这种轨迹控制方法须满足以下条件：对下入稳斜钻具组合的稳斜效果要明确；产层段有一定厚度 (至少 5 ~ 10m)，便于井眼轨迹调整。

(8) 保证水平段携岩的综合措施。

①足够的气量。对泥页岩和泥质胶结低强度砂岩，气量扩大 30% ~ 50%；若对碳酸盐岩、变质岩和火成岩等硬脆地层，气量扩大 70% ~ 100%。

②采用减磨接头、变径短节和扶正器等使钻柱抬升，脱离下井壁，消除下井壁处偏心环空造成的低速区。

③减磨接头、变径短节和扶正器等直径变化区域，要注意良好的排屑流场。尤其是由大到小直径的过渡，防止出现低速区和回流区，应采用螺旋大流道提供良好排屑通道。

④保持水平段钻柱旋转，以改善直径变化区域的岩屑滞留与堆积现象。

⑤经常上提下放钻具，使钻头提离井底后再回到井底，将钻头附近大颗粒岩屑推回井底重复破碎。

⑥限制钻速，采用低钻压高转速，使钻头第一次破碎产生的岩屑不至于过大。

⑦减磨接头和扶正器等处，外侧面镶硬质合金，使其旋转时产生研磨与破碎作用，使大颗粒岩屑再次破碎变小。

（9）氮气水平井钻井参数的优化。氮气水平段钻进钻压等参数优选的核心是如何确保钻具稳斜。

①氮气水平段钻进对钻压的影响。施工中发现，使用 $\phi 216$mm 钻头氮气钻井，在钻压 150kN 时降斜力已经转换为增斜力；钻井液钻井在 170kN 时才转换为增斜力。说明氮气钻井条件下，钻具组合对钻压较敏感，钻压不宜过高。

②岩屑堆积对常规钻具组合力学特性的影响。氮气钻井时地层出水造成岩屑结团、下沉与堆积，从而对常规稳斜钻具组合的动力学特性造成很大影响。设残留物堆积高度分别为钻柱间隙的 15% 和 25%，则计算结果表明，原来的降斜变为增斜。特别注意的是，当钻压较大时，致使钻柱可能贴死在残留堆积物上只作自转，这种特殊情况类似于单弯螺杆造斜状况。当钻压较小时，钻柱涡动，能滚过残留堆积物表面，但也起增斜作用。增斜力随残留物堆积增高而变大，而随着井斜的增高，这种堆积将会逐渐增加。

第五节　大位移井

大位移井一般是指井的水平位移与垂深之比等于或大于 2 的定向井，也有指测深与垂深之比的。

大位移井有很长的水平位移和很长的大井斜稳斜井段，这一特征突出的重力效应，形成了大位移钻井的两个显著难点：

（1）增加了井眼轨迹测量与控制的难度与工作量；

（2）增加了井内管柱与井壁的摩阻和扭矩。

20 世纪 90 年代以来，国外大位移钻井技术高速发展，将水平位移从 4000m 延伸到了 10000m 以上，持续不断地创出新的世界纪录。1999 年钻成目前世界上位移最大的大位移井——M16 井，该井水平位移为 10728m，测量深度 11287m。

我国南海油田 1997 年投产第一口井——西江 24-3-A14 井，该井测深 9238m，水平位移 8062m，垂深 2763m，是当时世界上垂深最深和位移最大的大位移井。截至 2009 年底已有 5 口井测深超过 8600m，水平位移与垂深比大于 2.65，水平位移在 7500m 以上。并实现了钻一口投产一口，每口井都以日产 6000 多桶（约 1000m³）的产量稳定生产，使西江 24-1 这个边际油田得以高效开发。

大港油田 2007 年完成的庄海 8Ng-H1 井，测量井深 4102m，水平位移 3481.72m，垂深 1272m，水平段长 743.59m，水垂比 2.74，标志我国大位移钻井技术进入一个新的阶段。2008 年 6 月完成的庄海 8Nm-H3 井，测深 4729m，垂深 1071.06m，水平位移 4196.35m，水垂比 3.92，又进一步刷新了大位移井的纪录。

一、大位移井设计

1. 井眼轨道设计

合理的井眼轨道设计是大位移井取得成功的关键之一。关系到钻井设备的能力、井眼的控制、井眼的清洁、安全钻井和下套管及井下作业等。

大位移井一般采用三段制或四段制井眼轨道。为减小摩阻，大位移井一定要严格控制方位稳定。

优选大位移井井眼轨道，主要是选择造斜井段类型、造斜点、造斜率和稳斜角等剖面参数。

1）井眼轨道类型的选择

井眼轨道设计有多种方法，如圆弧法、摆线法、悬链线法、准悬链线法及其他修正的悬链线设计方法。

圆弧法具有设计简单，井身较短，井眼轨迹容易控制等特点，但造斜井段钻具与井壁之间接触力较大。鉴于造斜段往往是在大位移井上部，且下套管后其摩阻系数要下降，为减小井眼轨迹控制难度和工作量，采用圆弧井段造斜是大位移井比较适宜的设计方法。

一些成功的大位移井采用了准悬链线型造斜井段。准悬链线是等增造斜率曲线，即造斜率的增值为一常数，具体做法是在浅层段以低造斜率（1.0°～1.5°）/30m 造斜，随钻深增加，逐步增加到（2.5°～2.75°）/30m，增幅为 0.5°/30m，使最后的井斜角达到80°以上，造斜率如超过 2.5°/30m，可能出现高的接触力。实践证明，准悬链线井眼轨道可减少钻井扭矩，增加钻具的滑动能力，增加套管下入重量 20%～50%。准悬链线轨道的缺点是井身长，井眼轨迹控制难度大；另外，准悬链线造斜段占用垂深较多，在目标点垂深较浅的大位移井中必然导致稳斜段井斜角较大，当稳斜角超过一定值以后，施工中的摩阻扭矩及作业难度都大大增加。

在大位移井的设计过程中可视具体情况，进行多种井眼轨道设计，并针对井眼轨道参数和摩阻扭矩等，综合评价，优选出最佳井眼轨道。

2）造斜点选择

造斜点应选在成岩性好，岩层较稳定的地层。在大位移钻井中，从造斜点开始需要将井斜角从 0°增加到 70°以上，造斜段比普通定向井长得多，如果造斜段地层稳定性较差或者太软不能承压，有可能造成钻井进尺快速增加，井斜角达不到或根本就不造斜，而在下部的造斜过程中不得不增大造斜率，造成井眼局部狗腿度较大。另外大位移井的造斜井段通常是大尺寸井眼，在不稳定地层造斜后，失去支撑的上井壁很容易坍塌，造成埋钻具事故。

条件允许的情况下，适当加深造斜点，可在一定程度上缩短斜井段长度，减小钻井扭矩，而且垂直井段增加，可给套管的下入提供较大轴向推力。

3）造斜率和稳斜角选择

采用较低的造斜率和较大的稳斜角是大位移井的趋势。大位移井在斜井段钻井进尺多，为降低摩阻，造斜率应控制在 3°/30m 以下，以减少对套管的磨损，同时防止钻具在旋转时产生疲劳破坏。

大位移井稳斜角选择考虑因素有：

（1）避开携岩最不利的 $48°\sim 68°$ 井斜，为减少岩屑下滑分量，井斜应尽可能大。

（2）钻具产生屈曲前可施加的钻压要大，长井段稳斜的稳斜角应达到 $80°$ 以上。

（3）稳斜段钻具重量仍能提供一定钻压。

（4）有利于在垂深增加较少情况下增大位移延伸。

一般达到水垂比大于2的井，其稳斜角都应在 $70°$ 以上。而高水垂比的大位移井和超深大位移井稳斜角的最佳稳斜角通常设计成 $80°\sim 85°$。

4）降斜段的降斜率选择

在多油层的大位移井中，最后一段井眼轨道为降斜段，由于这时井已经很深，井眼轨迹的测量及控制已接近或达到现有仪器和工具的极限能力，井眼轨迹控制难度很大，故降斜率一般设计为自然降斜，即用稳定器降斜钻具组合旋转钻井，对降斜率不作严格规定。

5）井眼轨道设计举例

某大位移水平井，靶点 A 水平位移2741.9m，井斜方位 $90.81°$；靶点 B 水平位移3441.57m，井斜方位 $91.86°$，两靶点垂深均为1275.7m。造斜井段按圆弧形和两种变曲率轨道设计，主要数据见表9-5-1，图9-5-1为三种井眼轨道垂直投影图。

表9-5-1　三种不同井眼轨道设计主要数据表

造斜段类型		造斜段				调整井斜方位段			井底点			
		始点 m	终点 m	最大井斜 (°)	全角变化率 (°)/30m	始点 m	终点 m	全角变化率 (°)/30m	井斜角 (°)	测深 m	垂深 m	视平移 m
圆弧形		147.3	1129.13	78.55	2.4	3213.58	3339.57	3.0	90	4086.00	1275.70	3485.95
变曲率	轨道1	147.3	1081.64	79.10	1.0～3.0	3262.95	3383.87	3.0	90	4131.00	1275.70	3486.64
	轨道2	147.3	1068.06	78.74	1.5～3.0	3243.46	3367.67	3.0	90	4115.00	1275.70	3486.85

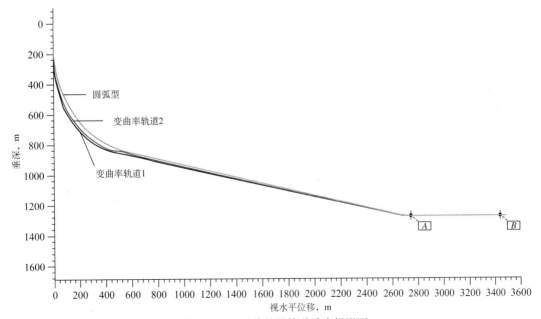

图9-5-1　三种井眼轨道垂直投影图

2. 钻井设备的选择

1）驱动系统

钻大位移井，对驱动系统要较高。从钻井效率及井下安全因素考虑，要求使用顶部驱动钻井系统（简称顶驱），顶驱的扭矩要与使用的最小尺寸钻杆螺纹的抗扭强度相匹配，一般能提供 61 ~ 81kN·m 的扭矩。而实施超大位移井，由于长斜井段的扭矩问题，顶部所能提供的扭矩更为关键。Oseberg 钻机顶驱在 165 r/min 时最大输出扭矩达 88kN·m。

2）循环系统

从水力要求及井眼的净化来考虑，要求钻机配备的循环系统能满足钻井要求。如钻井泵增至 3 台或更多，额定功率从 1600kW 提高至 2000kW 或 2200kW，钻井泵以及地面钻井液系统的额定压力从 35MPa 提高至 42MPa 或 52MPa。配备直径为 ϕ168.4mm、ϕ139.7mm 及 ϕ127.0mm 的钻杆，使其能满足不同钻井对钻具的强度要求。

3）钻具选择

由于钻大位移井存在一定的特殊性，因而要求钻柱设计必须重点考虑钻柱的高扭矩，只有钻柱强度足够时，顶驱才能充分发挥作用。通过不同的方法可以设计出抗高扭矩的钻柱。

（1）选用高强度的钻杆，如钢级超过 S135 的钻杆。如果使用薄壁 S135 钻杆，可通过降低自身重量来降低钻柱的扭矩和摩阻。

（2）采用的钻具接头可通过应力平衡来提高钻柱的抗扭能力。高强度钻杆的扭转量经常受到钻具接头的限制，目前国外采用应力平衡的方法来提高钻杆接头的抗扭能力。应力平衡是指操作拉力低于公称上扣扭矩时的最大拉力时，通过减少最大拉力以增加上扣扭矩及最大钻井扭矩。

（3）采用高扭矩的螺纹脂。相同的钻杆接头材料，其接头的轴向应力由扭矩台肩的摩擦因数控制，而摩擦因数的基本决定因素是所用螺纹脂类型，高摩擦螺纹脂可使上扣扭矩增加。

（4）采用高扭矩接头。增加抗扭能力的直接方法是提供多扭矩台肩，采用双肩或多肩及楔形螺纹钻杆接头能显著提高扭矩。例如，双肩钻杆接头的最大扭矩量比传统钻杆接头高 40% ~ 60%。

4）提升系统

由于大位移井提升负荷大，大位移井要求配备大功率的提升系统，大功率的提升系统不仅能保证钻具的顺利提出，也有利于提高起下钻效率，提高井下复杂处理能力。目前已有功率为 4000 ~ 5000 hp（2942 ~ 3678kW）的齿轮驱动绞车。

5）钻杆和钻铤的存放能力

国外采取了增加钻杆单根的长度至 13m（加长 4m），存放能力增加了 1200 ~ 1500m；另外通过调整钻杆处理设备，由 4 个单根配成立柱，这样又增加了 2500 ~ 2700m 的存放能力。

3. 钻具摩阻、扭矩及钻柱强度分析与计算

大位移井摩阻是设计的首要考虑因素，摩阻预测是否精确决定着大位移井的成败，应基于相同钻井液体系及相近造斜率已完钻井进行统计分析，确定摩阻系数，计算分析全井

的摩阻与扭矩情况。

钻具强度设计与计算必须基于摩阻分析计算的结果，设计的钻具必须满足旋转扭矩与起下钻的轴向力要求。

如果摩阻不满足要求，应采取特殊的防摩减阻措施，如增加减摩减扭接头或提高钻井液的润滑性。

4. 不同井段的钻井方式设计

滑动钻井技术的特点是在钻井过程中钻柱不旋转，而是沿井壁轴向滑动，通过导向工具改变井斜和方位，实现对井眼轨迹的控制。由于滑动钻井钻柱不旋转，大部分钻柱贴靠在下井壁，造成较大的摩阻，而且岩屑易堆积在井眼低边，导致井眼净化不良。由于摩阻大，钻压很难加在钻头上，从而减小了有效钻压及有效功率，当井深超过临界时，很难做到均匀连续滑动。旋转导向钻井是在转盘旋转钻柱钻进时，随钻实时完成导向功能，钻进时的摩阻与扭矩小，钻速高，钻头进尺多，井身轨迹平滑易调控。在大位移井等复杂钻井中，用旋转导向钻井方式取代滑动钻井是其发展方向。

大位移井由于井眼轨迹控制精度将直接影响到摩阻控制，也影响到钻压施加，一般位移较大的大位移井自造斜点以下全程需要采用旋转导向系统。旋转导向系统虽然会增加部分钻井费用，有以下作用：

（1）可以精确控制井眼轨迹，特别是避免出现方位的偏差，从而把摩阻严格控制在设计范围，确保钻井成功。

（2）采用钻柱旋转钻进，避免了滑动方式钻井难以加压的情况。

（3）钻柱旋转有利于加剧环空钻井液扰动，从而有利于形成紊流，防止岩屑床形成。

5. 大位移井对钻井液的特殊要求

提高钻井液的抑制性和稳定井壁的能力，确保井径不扩大，在此基础上提高钻井液的润滑性，减少大位移井的摩阻。基于大位移井对润滑性与防塌性特殊要求，国内外较多采用低毒的油基钻井液，如 Vertoil 体系、OilFaze 体系和合成基钻井液体系（合成基钻井液可达到实际无毒标准，较易生物降解）等，以上钻井液体系适合于水垂比大于 4 的大位移井钻井，但是此两种体系成本较高。

尽管使用水基钻井液进行大位移井钻井的业绩不高，水平位移最大仅为 4472m，但随着环保要求的不断提高，在水平位移适当情况下，可以考虑使用成本低、对环境无污染的水基钻井液（适合于水垂比 2～4 的大位移井）。大位移井钻井常用的水基钻井液体系主要有：聚合物钻井液，正电胶钻井液，PEM 钻井液等。它们抑制黏土膨胀的机理不同，表现出来的钻井液性能特点也不相同。

二、大位移钻井的关键技术

1. 降低摩阻和扭矩

大井斜裸眼稳斜段长，摩阻扭矩大，制约着钻井施工的各个阶段，解决的根本办法是采取综合措施降低摩阻和扭矩。

1）井眼轨迹控制技术

在井眼轨迹控制方面，必须做好以下工作：

（1）大位移井要尽可能采用旋转模式钻进，滑动钻进的层段和次数要降到最少。

（2）使用可变径稳定器（HVGS）有助于旋转钻进。

（3）旋转导向钻井技术成为钻大位移井的必备手段。

2）钻井液减阻技术

钻大位移井要求钻井液摩擦系数小于 0.15，滤饼摩擦系数小于 0.1。油水比对钻井液润滑性有较大的影响，如油水比 90/10 的油基钻井液与油水比 68/32 的油基钻井液相比，其摩擦系数要低 40% 以上。对于水基钻井液，可通过加入极压润滑剂与聚合醇等处理剂的方法，提高钻井液润滑性能，降低钻井摩阻。使用固体润滑剂如石墨或塑料小球可明显降低钻井摩阻。在钻井液中配以一定量的清洁剂，可减小钻头泥包的机会。

3）降扭矩

在大位移井中采用非旋转钻杆护箍或短节可有效降低扭矩。

2. 大位移井钻具组合设计

大位移井必须保证精确地控制井眼轨迹，任何偏离设计的井眼轨迹，都将造成摩阻与扭矩的增大，并导致大位移井失败，因此大位移井的底部钻具组合一般都需要采用旋转导向技术。这一方面是为保证井眼轨迹控制精度，另一方面避免滑动钻井，利用钻柱旋转钻进的方式，保证钻头能向前钻进。

大位移井钻柱结构与水平井的水平段钻柱结构有本质区别，需采用倒装钻具，在大斜度段及稳斜段采用普通钻杆，小井斜段采用加重钻杆，必要时在直井段及造斜段上部可以使用钻铤加压。此外大位移井钻柱中应增加防摩减阻装置，以进一步减少摩阻。

3. 井壁稳定

在地层破裂压力与地层坍塌压力之间，钻井液循环当量密度调节余地的大小是制约大位移井水平段延伸长度的主要因素，钻大位移井必须正确考虑井筒压力的变化。井筒压力设计应考虑的重要因素有地层孔隙压力、地层破裂压力、地层坍塌压力和钻井液密度，以及开泵、停泵和起下钻柱引起的当量循环密度较大的变化等。另外，钻井液和地层之间的化学作用也是影响井壁稳定的重要因素。与直井不同，少量的井径扩大会导致井眼扩大处无法达到紊流，从而导致该处岩屑床聚集，这会导致严重的阻卡发生，从而导致大位移井失败。水基钻井液和泥岩经常产生强的化学作用造成井壁失稳，控制井壁稳定的化学方法就是根据地层特点选用合适的防塌钻井液，大位移井常用的钻井液有油基钻井液、合成基钻井液、氯化钾聚合物钻井液、海水聚合物体系和 Ultradril 体系等。

4. 井眼清洁

保持井眼清洁的重要环节是破坏岩屑床。在大斜度段，由于层流状态下钻井液在井眼的水平运动速度差异并不能悬浮岩屑，岩屑总会在低边沉淀并堆积起来，形成岩屑床。岩屑床一旦形成，轻者摩阻增大，重者造成卡钻。只有紊流状态才能使岩屑床中岩屑发生跳跃与翻转，从而破坏岩屑床。破坏岩屑床主要有以下几种方法：

（1）增大钻井液排量。在大斜度井段，应合理调整钻井液流变性能，保持较低的塑性黏度，动塑比为 0.5 ~ 0.8，较低的黏度可以在较低的返速情况下达到紊流，同时减少大位移井环空的钻井液当量循环密度（ECD）增加。同时应合理控制泵排量，保持紊流流态，避免岩屑床的形成。从环空中钻井液的不同流态来看，紊流好于层流。井斜角在 0° ~ 45° 井段，层流净化速度高；井斜角在 55° ~ 90° 井段，紊流净化效果比层流好；井斜角在 45° ~ 55° 井段，两种流态的携岩效果基本相同。用高流速、低黏度和高密度钻井液冲洗，容易携带岩屑，且不易形成岩屑床。

（2）控制提高钻井液的动切力和初切值于适中的范围，以提高钻井液的携砂能力。

（3）固相控制。要保持钻井液的良好状态，用好固控设备是降低钻井液固相含量的有效方法。

（4）转动钻柱。常规方法不能保证大位移井大尺寸井眼的清洁效果，需采用钻具转动方法净化井眼，例如转盘高转速旋转或倒划眼。

5. 大位移井储层保护

由于大位移井井段长，但垂深小，井底的 ECD 变化远大于垂直井，储层保护十分重要。优选钻井液体系，并加强固控设备使用，清除钻井液中劣质固相；根据储层特性和孔隙压力优选钻井方式和钻井液密度，尽可能采用欠平衡或近平衡压力钻井，减少固相对储层的伤害；为减少油气层的伤害可采用屏蔽暂堵技术。必要时，应采用业务细控压钻井技术，以减少井底的 ECD 波动范围，从而有利于保护储层，提高单井产量。

6. 套管的防磨和下入问题

（1）避免套管磨损。套管磨损是大位移钻井施工中应该高度重视的问题，实验证明，对钻具接头进行表面处理可在一定程度上保护套管和钻杆。

（2）下套管方案的选择。大位移井最佳下套管方案应考虑三个主要条件，即设备能下入套管的最大重量、下入套管重量的摩阻损失和下入重量的机械损失。采用部分套管漂浮的新技术，可以减少很多套管重量，也可以减少摩阻。

相关专用工具见本章第八节。

第六节 分 支 井

分支井是指在一个主井筒向储层钻出两个或两个以上井眼，并分别进行完井的井。分支井钻井技术被认为是提高剩余油藏采收率，进一步提高单井产量，提高开发经济效益的钻井技术。

分支井技术是在定向井和水平井技术的基础上发展来的，其施工难度和风险都远远高于定向井和水平井。分支井与定向井和水平井的主要差异在于井身结构复杂，分支井存在多个分支井眼的连接处。

一、分支井的应用范围

分支井的应用范围很广，既适用于老井侧钻挖潜，也适用于新井开发，并可应用于多种油藏。主要有以下几类：

（1）适用于复杂小断块油藏。对于断块储量少的油区，对油藏认识落实的区域，作业者可由一主井眼侧钻开采一个或多个断块。

（2）适用于气顶和底水油藏。气顶和底水油藏可利用钻分支井最大限度钻揭目的层，减少生产压差，减缓气顶和底水锥进速度。

（3）适用于多砂体透镜状油藏。油藏为条带状分布或纵向叠加的透镜体油藏，可利用分支井钻穿多个油藏。

（4）适用于多层状砂岩油藏。储层为砂泥岩互层，油层单层厚度较薄，此种情况可平行对各个产油层进行分支井侧钻，实现分层开采。

（5）适用于致密天然裂缝油藏。致密油气藏的主要特点是储层连通性差，渗透率低。若油藏比较均质，没有特别发育的天然裂缝存在时，则产量取决于基岩自身的能量，在这种情况下，分支井可以提供较大的泄油面积。在有裂缝的天然油气藏中，分支井技术通过与主裂缝相垂直方向的钻进，来增加油藏的连通性和产能。

（6）适用于开采中后期衰竭油藏。分支井钻井分老井侧钻和新井侧钻，老井侧钻以挖潜增油为主，通过在老井中侧钻分支井眼，使分支井眼至剩余油区，以此使老油田增储增产，提高油藏最终采收率。

此外，分支井钻井还适合开采地热、煤层气以及地下水资源等，也适合 MRC（Maximum Reservoir Contact 油藏最大接触位移）和 ERC（Extreme Reservoir Contact 极大触及储层）技术的应用。分支井的技术关键是完井技术，要求分支结合处具有机械稳定性、液压密封性及有选择的重入性。或者说具有力学完整性、水力完整性及重复进入性。

二、分支井技术等级及主要井身剖面

1. 分支井技术等级

1997 年春，由英国 Shell 勘探与开发公司主持，在苏格兰的阿伯丁举办了"分支井技术进步（TAML—Technology Advancement Multi Laterals）论坛"，建立了 TAML 分级体系，即 1 ~ 6 级和 6s 级，用来评价分支井的连接性、连通性和隔离性。

1）TAML1 级：主井眼和分支井都是裸眼

TAML1 级分支井是分支系统中最简单的应用，从主裸眼钻多个泄油分支井眼。这种完井方式能提高油藏泄油能力，适用胶结好的地层，完井成本低。缺点是再次进入分支井段受到限制，生产控制受到限制（图 9-6-1）。

2）TAML2 级：主井筒注水泥，分支井为裸眼

TAML2 级主井眼下套管固井，分支井眼保持裸眼或下简单的割缝衬管或预制滤砂管，主井眼套管注水泥封隔后，下定向封隔器，侧钻开窗钻分支井眼，至一定深度完井（图 9-6-2）。

3）TAML3 级：主井筒注水泥，分支井下套管

TAML3 级主井眼下套管注水泥，分支井眼下套管（或衬管）不注水泥，衬管悬挂或锁定在主井眼内，分支井段及接合点均有机械支撑，这种完井方式对较低的分支井段不能再次进入，接合点处地层压力无封隔，只能混合采油（图 9-6-3）。

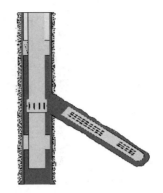

图 9-6-1　分支井 TAML1 级　　　　　图 9-6-2　分支井 TAML2 级

4）TAML4 级：主井筒和分支井都注水泥

TAML4 级主井眼及分支井眼都下套管并注水泥，分支井段和接合点均有机械支撑。接合点和窗口处封隔不好，适于合采，主井筒和分支井可以再次进入（图 9-6-4）。

5）TAML5 级：水泥封固主井筒和分支井，各层压力分隔

TAML5 级具有 TAML3 级和 TAML4 级分支井连接技术的特点，增加了分支井衬管和主套管连接处的封隔，接合点处的封隔能耐高压，分支井眼可选择性重入，可合采或单采（图 9-6-5）。

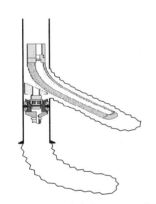

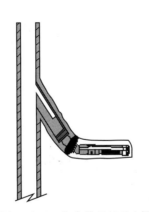

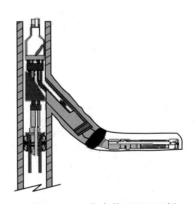

图 9-6-3　分支井 TAML3 级　　　　图 9-6-4　分支井 TAML4 级　　　　图 9-6-5　分支井 TAML5 级

6）TAML6（6s）级：井下分叉装置

TAML6 级完井系统在分支井眼和主井筒套管的连接处有一个整体式压力密封装置，该装置为金属整体成型或可成型设计。

TAML6s 级（次六级完井）使用地下井口装置，形成有一个主井筒的两口从采油到修井完全可独立进行的分支井，基本上是一个地下双套管头井口，将一大直径主井眼分成两个等径的分支井眼（图 9-6-6）。

2. 分支井主要井身剖面类型

分支井井身剖面类型如图 9-6-7 所示和特点及应用范围见表 9-6-1。

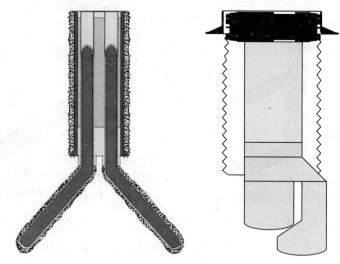

图 9-6-6 分支井 TAML6 ~ 6s 级

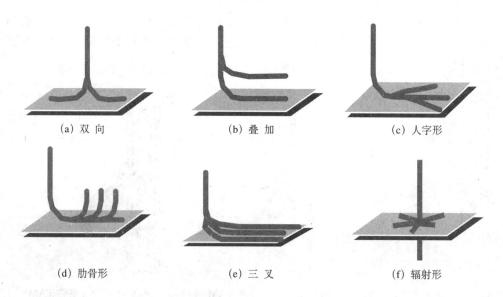

| (a) 双 向 | (b) 叠 加 | (c) 人字形 |
| (d) 肋骨形 | (e) 三 叉 | (f) 辐射形 |

图 9-6-7 分支井井身剖面类型

三、分支井设计

分支井由于剖面类型和完井方式等可选择余地大，不同的设计效果差异大，为更好地提高分支井的开发效果，应进行充分的设计方案论证，包括：

（1）进行区块地质分析，详细了解产层状况，形成概念设计；

（2）进行方案筛选，择优确定施工方案。

分支井的关键技术是完井，其他方面内容如井眼轨迹设计计算和井眼轨迹的控制施工及老井侧钻施工等与定向井、水平井和侧钻井是相同的，可参见定向井、水平井和侧钻井的相关内容。

表 9-6-1　分支井剖面类型特点及应用范围

序号	剖面名称	特点	适用范围
1	双向	从主井眼向两个不同的方向侧钻出两个分支井眼	适于开发相邻的不同断块油藏；平面面积大分布稳定的单层油藏
2	叠加	从主井眼的不同层位向同一方向侧钻出两个或两个以上的水平分支井眼	适于同时开发上下多层系油藏；热采特稠及超稠油油藏
3	人字形	从一个主井眼在同一平面内向不同的方向侧钻出三个水平井眼	适于井网受限和渗透率较低的致密油藏，井眼的目的是改造油藏与人工造缝
4	肋骨形	先钻一个水平井眼，然后在水平井眼的不同位置侧钻出不同方向的水平井眼，因其形状像鱼刺，所以又称鱼刺形多分支水平井	适于稀油与稠油油藏，平面分布稳定，井控程度高，具有一定的单控储量，目的层上下有良好标志层的油藏
5	三叉	从主井眼在同一平面内侧钻出三个水平分支井眼	适于一侧封闭的构造油藏
6	辐射形	从一个主井眼向不同方向或不同的层位侧钻出多个水平或定向井眼	适于挖潜剩余油，开采难产难动用油藏

1. 分支井剖面设计

根据分支井开发油气藏的目的，选择分支井的井眼轨迹形状，目前国际上分支井发展趋势是利用多分支井，在储层钻多个分支，从而获得更多的储层钻揭进尺，以最大限度地提高单井产量。

(1) 油藏最大接触位移技术（MRC）：一般认为利用分支井技术，在储层进尺大于 5000m 的井为 MRC 井。

(2) 极大储层接触技术(ERC)：以钻井技术与钻机的极限，最大限度地在储层钻进的技术。

长庆油田的长北地区是典型的低效气田，2006 年以来，Shell 公司在该地区钻了一批分支井，每个井组为 3 口井，每个井眼含 2 个分支，每个分支在储层钻进进尺 2000m（如果发现钻出储层就向上侧钻寻找储层，直到钻达 2000m），使该气藏实现了高效开发，单井日产量总体上达到 $100 \times 10^4 m^3$。

2. 分支井完井设计要点

分支井完井设计要点：

(1) 按储层物性决定完井方式，如是否需要下入管子，是否需要进行固井，是否需要进行后期改造。

(2) 按储层物性与油气藏的物性确定是否需要实现分支点处的压力密封，以及压力密封的级别要求。

(3) 根据开发各阶段对增产、改造和修井等需求，优选完井方式。

(4) 进行不同完井级别的经济技术可行性评价，优选最佳的完井方式。

具体要考虑以下几点：

(1) 分支井的分支连接处，是一个复杂的受力系统，应力求保持各部位受力均匀，无残余应力，具有力学完整性，以保证油井有合理的使用寿命。

（2）分支井作为一个多压力系统的统一体，其完井应努力保持每个分支的液压密封性，各分支之间的分隔性，成为独立完整结构，以保证各分支增产增注及测试工作的顺利实施。

（3）分支井是一个完整的油气流通系统，其完井应保持主井眼与各分支井眼的畅通，以保证各分支井眼的油气顺利流入主井眼，充分发挥各分支井眼的生产能力。

（4）分支井眼的各分支井眼要具有准确可靠的可重入性。以使各种下井管柱、工具和仪器等能顺利地进出任意指定的分支井眼。

（5）尤其是老井侧钻的分支井，应尽量使各分支井具有较大的井眼尺寸，以为后续油井生产和作业施工创造宽松的施工条件。

（6）对开发同一层位的分支井，应尽可能降低各分支井的窗口位置，使其保持在最低动液面以下，以保证各分支井能均衡生产。

（7）对开发具有不同压力系统和不同层位的分支井，还应具有分层开发和分层作业的可能性。

（8）对新钻的分支井，还应考虑对各分支井眼同时采用机械采油的可能性，即主井眼应具有合理尺寸的套管柱，以保证多套机械采油工具可以安全下井和正常生产。

3. 分支井完井方式

与定向井和水平井相比，分支井完井较为复杂，不同完井级别的分支井的完井方式不同，目前用于生产的分支井完井方式主要有以下几种。

1）裸眼完井

裸眼完井是指完井时井底的储层是裸露的，只在储层以上用套管封固的完井方法。裸眼完井只适用于孔隙型、裂缝型、裂缝—孔隙型或孔隙—裂缝型稳固均质的储层。这种完井方法比较适合于只有单一的储层，不需分层开采，无含水含气夹层的井。

裸眼完井工序：钻头钻至油层顶界附近后，下技术套管注水泥固井。水泥浆上返至预定的设计高度后，再从技术套管中下入直径较小的钻头，钻穿水泥塞，从最底部逐一钻至各分支井的设计井深。

2）筛管完井

筛管完井是在裸眼完井的基础上，在裸眼井内下入筛管。这种完井方式既可以避免注水泥伤害油层，又具有大的泄油面积，可避免井眼坍塌，是目前分支井使用比较多的一种完井方式。

3）射孔完井

射孔完井是指下入油层管柱封固产层后，再射孔形成油气通道的完井方法。这种完井方式适用于油水层系复杂及井壁不稳定的地层，多在 TAML4 级或以上技术级别使用。

4）上固下挂完井

该完井方式是在油层上部采用水泥固井，油层下部采用悬挂器悬挂筛管完井。该完井方式能有效解决油层顶部有水有气或者井壁不稳定的问题，也是目前分支井采用比较多的一种完井方式。

5）选择性完井

对于生产层段多，又具有各自独立油气顶和油水界面的复杂油气藏，分支井可采用选择性完井方式。选择性完井是针对不同储层从油顶到油底采用封隔器封隔储层，以达到对不同储层的选择性增产作业、开采和封堵的一种新型完井方式，其既有裸眼完井的特点，又有尾管射孔完井的优点。施工时，根据生产井产层的实际分布情况，确定封隔器的下井数量、下深和间距等参数，配接相应的选择性完井管柱进行完井作业。后期通过对滑套的可选择性开关，实现多产层分层选择性开采、作业及实施增产措施。该完井方式的难点在于管外裸眼封隔技术及受多层管柱尺寸限制的分段开采控制装置及其开关方法。

4. 分支井主要分支方式

1）主井眼套铣分支方式

该方式是在分支井眼下套管固井后，将分支井和主井眼重叠的套管铣掉并取出下部的斜向器，使主井眼保持原有尺寸，分支井眼靠定位斜向器进入。工艺过程见示意图9-6-8。

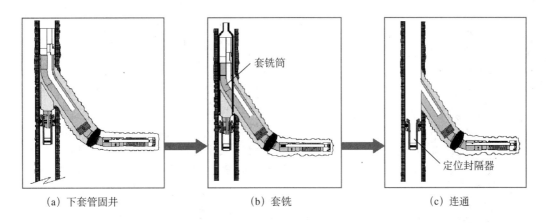

(a) 下套管固井　　　　　　　(b) 套铣　　　　　　　(c) 连通

图9-6-8　主井眼套铣分支井完井施工简易流程

2）套管预开孔分支方式

该分支方式是在分支井眼完井下套管时，在主井眼与分支井交叉部位，下入预先已开好孔的壁钩式尾管悬挂器，使主井眼上下保持连通，分支井眼靠分支导向工具进入（图9-6-9）。

3）分支套管重开孔分支方式

该分支方式是在分支井眼完井下套管固井后，下入尾管开窗工具，通过磨铣，将主井眼与尾管连通，分支井眼重入通过桥塞控制斜向器方位，实现重入（图9-6-10）。

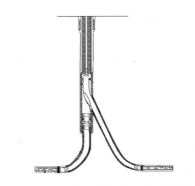

图9-6-9　套管预开孔分支井完井示意图

4）DF-1分支方式

该分支方式采用了相贯定向套装置，该装置位于分支井的主井眼与支井眼交汇处，当分支井主井眼与分井眼交汇处固井后，此处则形成了一个机械强度高与密封性能好的，主井眼与分支井眼相贯相通，便于各种管柱进出分支的窗口（图9-6-11）。

应用程序是：完成分支井眼开窗并钻完预定井深后，起出钻井斜向器，下入相贯定向装置，相贯套下部在斜坡力作用下转动滑向下定向套键槽，同时保证其开口与侧钻井眼（分支井开窗口）相对应吻合。相贯套内空心导斜器引导完井管柱进入到新钻分支井眼

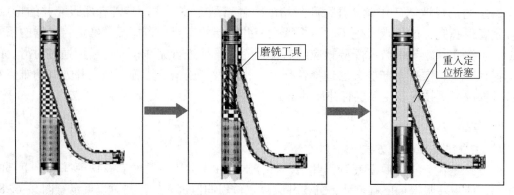

图 9-6-10　分支套管重开孔分支井完井施工简易流程

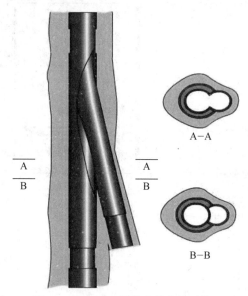

图 9-6-11　DF-1 分支井完井系统

内，并利用上部的定向接头引导最后一段开孔套管准确坐放在相贯定向套上，准确悬挂并使预开孔套管与相贯定向套侧孔连接良好。该技术是由中国石油集团长城钻探工程有限公司工程技术研究院研制并推广使用的。

"DF-1"分支方式的特点：

（1）采用相贯技术，在主井眼与支井眼连接处具有完整的力学性能及机械稳定性；

（2）采用注水泥固井技术（局部封固或全封固），保证主井眼与支井眼连接处有可靠的液压密封性；

（3）采用预置式定位装置，保证各分支井眼的再进入性；

（4）采用定向装置，使各分支井眼定向准确、连续和简捷；

（5）该完井系统已有多种完井管柱组合，可以适应不同完井方式；

（6）该系统有功能齐全的完井管柱丢手装置，能保证定向悬挂、丢手和固井等工序的安全施工；

（7）该完井系统可实现各分支井眼合采合计或单采单计。

（8）该系统主井眼与支井眼通径大，操作方便，施工安全，适用于各种不同类型的油气井。

四、边台 H3Z 分支井设计施工

1. H3Z 井概况

边台 H3Z 井是在边台潜山区块部署的一口复合分支井，钻井目的是利用分支井技术提高单井产量，降低开发投资成本。

边台 H3Z 分支井设计两个主水平分支，11 个鱼骨型分支。第一个水平分支所钻油藏垂深 2142 ~ 2333m，设计井深为 3263.53m。在水平段分布 6 个鱼骨分支，每分支长度为 180m，油层主水平段段长 935m；第二个水平分支所钻油藏垂深 1932 ~ 2007m，设计井深为 3173m，在水平段分布 5 个鱼骨分支，每分支长度为 180m，油层水平段段长 735m。两个分支油层都采用筛管悬挂完井方式。在分支井完井工艺上，采用 DF-1 分支方式完井。

2. H3Z 井地层特征

边台潜山钻井揭露的地层自下而上有太古界，古近系沙河街组沙四段、沙三段、沙一段、东营组，新近系和第四系地层，其中太古界是本区主要目的层段。

3. H3Z 井井身结构设计

Z1 和 Z2 分支井身结构设计见表 9-6-2 和表 9-6-3。

表 9-6-2　Z1 分支井身结构设计

开钻次数		钻头尺寸 mm	井深 m	套管尺寸 mm	套管下深 m	完井方式	备注
一开		444.5	202	339.7	200	套管	固井
二开		311.1	2297	244.5	2292.09	套管	固井
三开	Z1 主井眼	215.9	3263.53	139.7	3263.53	筛管	不固井
	Z1-1	200	2578.23	—	—	裸眼	2392.09m 侧钻
	Z1-2	200	2723.53	—	—	裸眼	2532.09m 侧钻
	Z1-3	200	2868.96	—	—	裸眼	2672.09m 侧钻
	Z1-4	200	3017.45	—	—	裸眼	2812.09m 侧钻
	Z1-5	200	3166.09	—	—	裸眼	2952.09m 侧钻
	Z1-6	200	3307.11	—	—	裸眼	3092.09m 侧钻

表 9-6-3　Z2 分支井身结构设计

开钻次数	钻头尺寸 mm	井深 m	套管尺寸 mm	套管下深 m	完井方式	备注
Z2 主井眼	215.9	3172.47	139.7	3172.47	筛管	不固井
Z2-1	200	2650.83	—	—	裸眼	2468.33m 侧钻
Z2-2	200	2794.85	—	—	裸眼	2608.33m 侧钻
Z2-3	200	2934.91	—	—	裸眼	2748.33m 侧钻
Z2-4	200	3075.18	—	—	裸眼	2888.33m 侧钻
Z2-5	200	3216.01	—	—	裸眼	3028.33m 侧钻

4. H3Z 井完井井身结构

边台 H3Z 完井示意图如图 9-6-12 所示。

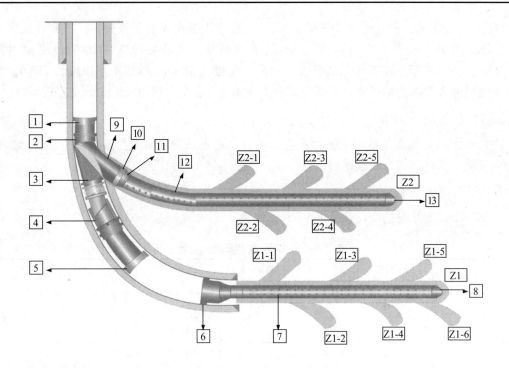

序号	名称	下入深度，m
1	上喇叭口	1794.11
2	螺旋定位定向悬挂器	1797.16
3	空心导斜器组合	1807.14
4	造斜器底座	1809.07
5	下喇叭口	1822.61
6	悬挂封隔器	2213.51
7	打孔筛管	2281 ~ 3247.27
8	引鞋	3247.43
9	预开孔套管	1802.07
10	丢手工具	1802.68
11	旋转接头	1825.25
12	打孔筛管	1847.51 ~ 3091.88
13	引鞋	3092.53

图 9-6-12　边台 H3Z 完井示意图

施工结论：边台 H3Z 井把 4 级分支井完井技术与鱼骨型分支井钻井技术相结合，单井总进尺 6655m，油层进尺 4369.92m，实现了块状裂缝性油藏的立体开发。该井日产液 72.4t，日产油 31.9t，产量是同区块邻井的 6 ~ 10 倍，证明了分支井钻井技术的巨大增产潜力。

第七节　侧　钻　井

1895 年在里海油田一口快枯竭的老井里进行修井作业，形成一个离开原井筒 10 多米的新井眼，这一新的井眼使这口井的产量提高数倍，这是有记载的使枯竭井获得新生的最早事例。这样的一些意外收获，逐步把老井侧钻技术推到了能使低产井增产和老井再生的重要位置。20 世纪初，苏联是世界采用老井侧钻技术使油井增产最早的国家，也是采用老井侧钻技术最多的国家。60 年代，我国受苏联钻井技术的影响，在玉门、四川和新疆等油田也进行过老井开窗侧钻工作。

油田开发进入中后期，低产井、枯竭井和废弃井越来越多，老井侧钻是一项投入低，见效快，使低产井增产，停产井复产，废弃井再生的技术。

一、概况

侧钻原是钻井技术中的一项辅助工艺环节，在钻井中由来已久。当运用侧钻技术，把老井变成新井，进而变成可以优化井网，增储增产的侧钻水平井和分支井等各式复杂工艺井型时，是在油田开发进入中后期，由大量待修待改的老井引起的。

1. 专有名词术语

（1）侧钻（sidetrack drilling）：偏离原井眼轨迹，向另一个方向钻进的工艺过程。

（2）侧钻井技术（sidetracking well technique）：通过对老井侧钻，形成新井的技术。此井不改变原井网，只起换井底的作用。

（3）套管开窗（casing sidetracking）：在侧钻起始位置的老井套管上，打开一个与管外地层连同窗口的工艺过程。

（4）导斜器开窗（deflector sidetracking）：在老井预开窗位置与方位固定一导斜器，迫使钻头向套管一侧钻铣，在套管壁上形成一个可以向管外侧钻窗口的工艺过程。

（5）锻铣开窗（break mill sidetracking）：铣去老井预开窗位置一段套管，形成可以向管外侧钻窗口的工艺过程。

2. 侧钻井技术特征

（1）侧钻井都是定向井；

（2）侧钻井受老井轨迹约束，加之在原井网里穿行，多是三维轨迹井；

（3）侧钻井受老井套管管径限制，多是小井眼井；

（4）侧钻水平井尽可能利用老井眼，加之长期注采影响，侧钻点通常距目的层近，大多是短曲率半径水平井。

3. 侧钻技术的应用范围

（1）生产套管严重腐蚀、变形和错断，濒临报废的井；

（2）井眼被落物卡死，不能打捞、磨铣和修复的井；

（3）固井失败失效，油水严重窜通的井；

（4）低产或停产，需要增产或复产的井；

（5）井网失效，需要调整改造的井；

（6）需要加深勘探开发新层和深层的井。

侧钻井利用老井可用进尺，是在老井井场进行侧钻，减少了地面建设费用，缩短了建井周期，加快了油井投产。

侧钻井直达油层，可以有针对性地选择钻完井液，充分利用老井信息，有效改善井网，挖掘老油田潜力。

侧钻是各式分支井和分支水平井等特殊工艺井的技术基础，从各式主井眼通过侧钻形成的特殊井型，都离不开侧钻技术，在探索与开发各种地下资源中具有广阔应用前景。

二、侧钻井设计

1. 侧钻井井身剖面设计

考虑套管开窗侧钻和小井眼钻井的特点，进侧钻井井身剖面设计时应考虑如下几个方面：

（1）侧钻点和剖面曲率的选择要充分考虑现有工具的特性，尽量为后续施工创造有利条件，还要考虑不同压力系统影响，在不能再下入套管情况下施工安全；

（2）开窗、定向和造斜要充分考虑套管磁性对测量仪器的干扰；

（3）侧钻井剖面应尽量简单。

实践证明：在 $\phi 177.8mm$ 套管内侧钻，钻头直径应为 $\phi 152.4mm$，井眼曲率半径大于 85m 为好；在 $\phi 139.7mm$ 套管内侧钻，钻头直径应为 $\phi 118mm$，井眼曲率半径大于 45m 为好。

2. 侧钻位置的选择

侧钻位置的选择，是确定从老井什么位置开窗、侧钻和造斜的工作。开窗位置与原井套管状况、地层岩性、工具造斜能力及开窗方式有关。开窗位置的选择关系侧钻的成败。侧钻位置的选择应遵循以下原则：

（1）侧钻位置要避开套管接箍处；

（2）要确保侧钻位置以上套管完好，无变形、破裂和漏失；

（3）侧钻位置要尽可能深，接近目的层，以减少钻井施工工作量，为采油作业创造深下泵的条件；

（4）侧钻位置避开地层压力和应力复杂层系，避开油气水交错地层及老井水淹区域；

（5）侧钻位置尽量选在砂岩或非膨胀性泥岩地层，避开膨胀页岩和岩盐及易垮塌易漏失等复杂井段；

（6）若采用锻铣方式开窗，应确保侧钻位置及以下至少20m之内地层稳定、可钻性好，以便后续侧钻施工。

3. 侧钻井井眼轨迹施工设计

侧钻井井眼轨迹与定向井和水平井一样，都可看作空间一条曲率均匀连续的曲线，井眼轨迹的设计与定向井和水平井相同，此部分内容可参见定向井和水平井的相关内容。侧钻井与定向井和水平井不同之处，是井眼小，环空间隙小，循环压耗高，具有套管开窗与锻铣等特殊工艺环节。因此，侧钻井井眼轨迹设计重点内容应是：

（1）钻进参数中的排量设计。侧钻井与其他特殊工艺井的不同之处是对排量的选择十分苛刻，排量不能大，排量大环空压耗大，加之老井多是亏空产层，钻井液漏失、伤害产层及井漏是侧钻井多发事故。排量也不能小，否则会引起井眼不净或沉砂卡钻。

（2）钻井液体系与流变参数的设计。侧钻井钻井液，除应具有其他特殊工艺井不同井段对钻井液的要求之外，还应具有如下性能：

①体系适应性强，性能易调，满足注水泥和钻水泥塞等不同施工环节的要求。

②侧钻井眼直达产层，钻井液体系和产层具有良好的配伍性，满足保护油气层要求。

③套管开窗或锻铣段要解决的主要问题是铁屑的悬浮与携带问题，钻井液要有足够的胶凝强度，以保证悬浮铁屑，并能有效地将铁屑带到地面，防止铁屑沉降堆积，造成憋泵和卡钻等现象。

4. 侧钻井井身结构设计

目前与老井套管配合的侧钻井钻头及完井管柱主要有以下三种：

（1）老井套管外径为 244.47mm，侧钻钻头直径为 215.9mm，侧钻后完井套管外径为 177.8mm；

（2）老井套管外径为 177.8mm，侧钻钻头直径为 152.4mm，侧钻后完井套管外径为 127mm 或 ϕ139.7mm 无接箍套管；

（3）老井套管外径为 139.7mm，侧钻钻头直径为 118mm，侧钻后完井套管外径为 101.4mm 或者采用 ϕ110mm 无接箍套管。

上述三种井身结构都是采用尾管悬挂器悬挂生产管柱完井，尾管悬挂器的性能与质量的好坏直接影响完井施工和技术效果。悬挂器悬挂完井方法可以节约大量套管和水泥，降低固井成本，同时减少固井作业风险。悬挂器下井必须满足"挂得住、憋得通、倒得开、提得出"的要求。

常用的尾管悬挂器有以下几种：

（1）IB-TC 型液压式悬挂器。IB-TC 型液压式悬挂器本体由加厚整形无缝钢管加工而成，六十卡瓦分双排布置，具有较高承载能力（图 9-7-1），主要性能参数见表 9-7-1。液缸由外筒和内移筒组成。液缸上部有两个铜剪切销钉和两个铁导向销钉，当筒内压力达到 8.4MPa 时，内筒上移，剪断铜销钉实现悬挂作业。若悬挂不成功，则卸去内压，在复位弹簧作用下，卡瓦复位。此悬挂器多发事故是铜销钉与铁销钉容易装错；或液缸外筒变形，卡瓦硬度不够。

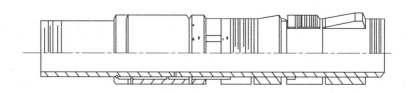

图 9-7-1 IB-TC 型液压式悬挂器结构示意图

表 9-7-1　IB-TC 型液压式悬挂器性能参数

规　　格		ϕ 177.8mm $\times$ ϕ 127mm	ϕ 244.5mm $\times$ ϕ 177.8mm	ϕ 339.7mm $\times$ ϕ 244.5mm
适合上层套管壁厚，mm		9.19 ～ 11.51	11.51 ～ 13.84	10.92 ～ 12.19
上层套管钢级 × 壁厚，mm		P110×9.19	P110×11.51	P110×11.99
可悬挂重量，t		131.53	202.23	391.53
液缸工作压力，MPa		8.40	8.40	8.40
球座憋通压力，MPa		17.5	17.5	17.5
过流面积 cm²	挂前	30.90	48.20	137.74
	挂后	24.25	35.03	104.52
最大外径，mm		149.23	209.55	301.63
悬挂器长度，mm		2190	2460	2332

　　该悬挂器的送入工具可以重复使用（图 9-7-2）。送入工具的反扣螺纹为梯形，其上部有承载弹子盘，无需提至中和点便可顺利倒扣。固井完后，可提出再用，简化了后期施工。此工具不足之处是井场组装送入工具与悬挂器回接筒费力费时；工具需定期保养维修，反扣弹簧盒内容易进入砂子和水泥，每次用完需马上清洗，否则反扣螺纹卡死，造成不能倒扣事故；封堵补心上的内外 V 形密封环要定时更换，否则无法确保密封性能；送入工具总体较长，回接筒喇叭口斜角小，不便于插入筒插入；回接注水泥时，整个井筒处在较高的施工压力状态下，对下部进行射孔试油的井段不利。

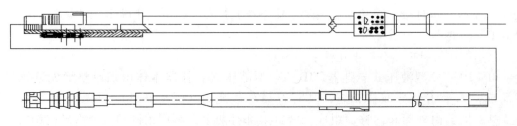

图 9-7-2　IB-TC 型悬挂器送入工具结构示意图

　　（2）IA 型液压式悬挂器。IA 型液压式悬挂器如图 9-7-3 所示，主要性能参数见表9-7-2。

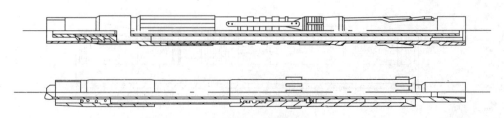

图 9-7-3　IA 型液压式悬挂器结构示意图

表 9-7-2　IA 型液压式悬挂器性能参教

规　格	$\phi\,177.8mm \times$ $\phi\,127mm$	$\phi\,244.5mm \times$ $\phi\,177.8mm$
适合上层套管壁厚，mm	9.19 ~ 11.51	11.05 ~ 11.84
上层套管钢级 × 壁厚，mm	P110×10.36	P110×11.99
可悬挂重量，t	30	120
液缸工作压力，MPa	7 ~ 8	7 ~ 8
球座憋通压力，MPa	17 ~ 18	17 ~ 18
最大外径，mm	151.5	214.0
总体组装长度，mm	4866	5476

IA 型液压式悬挂器是以整体形式进入现场，减少了现场组装的麻烦。送入工具结构简单紧凑，有承载弹子盘，反扣螺纹为锯齿螺纹，承载能力高更容易倒扣。回接筒喇叭口倒角大，上部有扶正块，保证了回接筒在井内的居中度，便于插入筒顺利插入。施工时先把插入筒与回接筒插好，投球后加压。在内压力作用下，打开插入筒上部循环孔，便可进行循环与注水泥作业。当内压力放松时，循环孔自动关闭，回接装置在完全插入状态下工作，提高了插入和密封的可靠性，并与下部井段完全分隔，回接固井压力传不到井筒下部，对下部射孔试油井段比较有利。

此悬挂器不足之处在于其上部 $\phi\,127mm$ 钻杆余留较短，无法扣吊卡，悬挂器上无挂重型吊卡的地方，给超深井使用带来不便，套管胶塞单独安装在一个短节中，增加了悬挂器的接箍数量。另外，套管胶塞上的喇叭口斜度小，不利于钻杆胶塞顺利进入，所用皮碗式胶塞承压能力有限。

(3) CSX 型液压式悬挂器。CSX 型液压式悬挂器如图 9-7-4 所示，主要性能参数见表 9-7-3。

该悬挂器采用与送入工具组装在一起的整体结构，总体长度较短。悬挂器卡瓦为单排布置，反扣内螺纹加工在悬挂器上部，送入工具简单。此悬挂器在四川油田等广泛应用，最大悬挂尾管段长 3000m，下入最大井深 6100m。

5. 侧钻井完井设计

侧钻井常用完井方法有尾管完井、筛管完井、滤砂管完井及裸眼完井。

1) 尾管完井

尾管固井完井是侧钻井最常见的完井方式。尾管最大外径小于原套管内径 6 ~ 8mm，尾管悬挂器位置应超覆窗口 30m 以上。

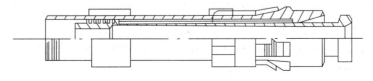

图 9-7-4　CSX 型悬挂器结构示意图

表 9-7-3 CSX 型悬挂器主要性能参教

规 格	ϕ 177.8mm × ϕ 127mm	ϕ 244.5mm × ϕ 177.8mm
适合上层套管壁厚, mm	9.19 ~ 12.65	10.03 ~ 13.84
上层套管钢级 × 壁厚, mm	P110 × 10.36	P110 × 11.99
可悬挂重量, t	63	130
液缸工作压力, MPa	10	10
球座憋通压力, MPa	18	18
最大外径, mm	148	211.8
总体组装长度, mm	4050	4853

2) 筛管完井

侧钻钻达目的层后, 把筛管下入油层部位, 然后封隔产层顶界以上的环形空间, 筛管完井是目前侧钻井采用最为普遍的一种完井方式。

3) 裸眼完井

裸眼完井适用于不出砂、不出水、产层单一及地层稳定不坍塌的井, 或应用于超短曲率半径的径向水平井。裸眼完井工艺要求原井套管封固良好, 无窜漏, 使用平衡或欠平衡工艺技术进行完井作业。

4) 滤砂管完井

滤砂管完井是将高强度高渗透性的滤砂管下入产层的完井方法。滤砂管完井适用于裸眼井段短, 原油黏度低, 产层单一, 出砂严重的井。滤砂管完井要求使用无固相或固相含量低的完井液。滤砂管上部的封隔器要坐封在原井套管, 并要求封隔器具有良好的密封性。

6. 常规 ϕ 127.0mm 悬挂器 (最大外径 150mm) 固井施工工艺

(1) 管串组合:浮鞋 + 套管 + 浮箍 + 1 根套管 + 球座 + 套管组合 + 空心胶塞 + 悬挂器 + 送入钻具 + 水泥头;

(2) 下尾管, 悬挂尾管, 倒开送入工具;

(3) 固井, 起出送入钻具。

7. 侧钻井施工设计举例

以欢 616 侧钻井为例。

(1) 该处套管外径:177.80mm;钢级 N-80;壁厚 8.05mm。

(2) 侧钻方式:套管开窗。

(3) 侧钻井眼尺寸:ϕ 152.4mm 井眼 × (679 ~ 1057.75m), 侧钻进尺 378.75m。

(4) 完井方法:尾管悬挂。

(5) 管串结构:光管 ϕ 127mm × 276.14m (629 ~ 905.14m)。筛管 ϕ 127mm × 152.61m (905.14 ~ 1057.75m)。

(6) 要求封堵井段:注水泥封堵窗口以下原井眼。

侧钻井井身结构设计见表9-7-4、表9-7-5、表9-7-6和如图9-7-5所示；设计井眼轨迹见表9-7-7。

表 9-7-4　欢 616 侧钻井井身结构表

井眼尺寸，mm	井　段 m	管串结构 mm	下入井段 m	水泥返深 m
152.4	679 ~ 905.14.00	ϕ 127mm 光管	629.00 ~ 905.14.00	固井
152.4	905.14 ~ 1057.75	ϕ 127mm 筛管	905.14.00 ~ 1057.75	

表 9-7-5　欢 616 侧钻井井身结构数据

序号	内　容	序号	内　容
①	ϕ 177.8mm × 1191.98m	⑤	ϕ 152.4mm × （679 ~ 1057.75m）
②	悬挂封隔器（通径112mm）× 629.00m	⑥	ϕ 127mm × 276.14m（629.00 ~ 905.14m）
③	679.00m	⑦	ϕ 139.7mm × 679.00m
④	ϕ 127mm × 152.61m（905.14 ~ 1057.75m）		

表 9-7-6　欢 616 侧钻井井身剖面设计数据

开窗点	679m	完钻垂深	862m	磁偏角	−7.975°
轨迹类型：增—稳—增—稳					
第2段井眼曲率：22.00° /30m			第4段井眼曲率：22.00° /30m		
井口 N 坐标：4 546 210.80			井口 E 坐标：21 386 678.60		
1 靶 （A 点）	靶点 N 坐标：4 546 147.50		靶心垂深：858m	水平段纵向偏差为 ±1m ； 水平段横向偏差为 ±2m	
	靶点 E 坐标：21 386 665.00				
2 靶 （B 点）	靶点 N 坐标：4 546 026.50		靶心垂深：862m		
	靶点 E 坐标：21 386 572.00				

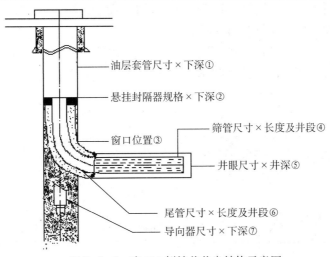

图 9-7-5　欢 616 侧钻井井身结构示意图

表9-7-7　欢616侧钻井设计井眼轨迹分段数据

井段	斜深 m	段长 m	垂深 m	水平投影长 m	造斜率 (°) /100m	井眼曲率 (°) /100m	终点井斜角 (°)	方位角 (°)
增斜段	710.38	30.38	709.54	22.39	21.9	22	20.17	49.81
稳斜段	757.6	47.22	753.87	38.67	0	0	20.17	49.81
增斜段	905.14	147.54	858.0	121.01	21.93	22	88.51	217.55
稳斜段	1057.75	152.61	862.0	273.57	0	0	88.51	217.55

三、侧钻井施工

1. 套管开窗

老井侧钻施工首先是进行套管开窗，套管开窗分两种方式：一是导斜器开窗，这种开窗方式是在原井套管预开窗位置和方位固定一导斜器，迫使钻头向套管一侧钻铣，在套管壁上形成一个可以向套管外侧钻的窗口。这种开窗方式，保持了套管原来的连接，套管并不断开；二是锻铣开窗，是在原井预开窗位置，铣掉一段套管，露出该段地层，由此建立从原井眼向外侧钻的窗口，这种开窗方式原井套管是断开的。

1）套管开窗前的准备工作

（1）若是生产井，则起出井内生产管柱。

（2）通井，了解套管完好情况，为顺利下入开窗工具创造条件。通井时，使用符合规范的通井规。若用导斜器开窗，通井规直径要比导斜器直径大2～4mm，通井规长度不得小于导斜器长度。

（3）注水泥封堵老井射孔层。目的是防止原井眼影响侧钻施工和以后侧钻井正常生产，并可为导斜器制造一个坚实的井底，以控制侧钻开窗位置。

（4）上部套管试压。目的是了解套管密封情况，为确定开窗高度和悬挂尾管的高度提供资料，为固井施工与完井试压打好基础。

2）套管导斜器开窗

（1）导斜器的选择。导斜器有四种类型，即插入式导斜器、内眼贯通插入式导斜器、卡瓦锚定式导斜器和一体式套管开窗导斜器。

插入式导斜器：工具结构如图9-7-6所示。送入器和导斜器均是由实心金属加工而成，两件之间用销钉连接，尾部接一根油管，油管本体焊有加强筋。

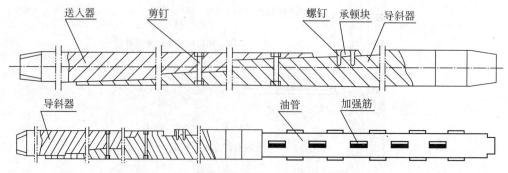

图9-7-6　插入式导斜器

内眼贯通插入式导斜器：工具结构如图9-7-7所示。送入器和导斜器内有孔，形成了流体的密封通道，两件之间用销钉连接，尾部接一根油管，油管本体上焊有加强筋。

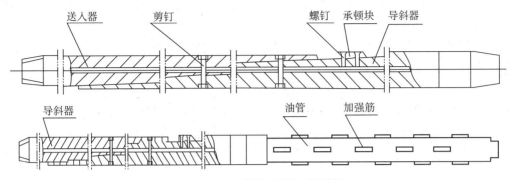

图9-7-7　内眼贯通插入式导斜器

卡瓦锚定式导斜器：工具结构如图9-7-8所示。此工具的送入管和导斜器内有孔相通，形成了流体的密封通道，利用钻具将导斜器下放到预定位置，先循环冲洗，待钻具水眼和井眼干净后投球，然后开泵憋压，推出锚定机构卡瓦，将导斜器卡在套管上，再旋转钻具，退出送入管，导斜器坐在井里后起钻，将送入器取出井外。工具结构紧凑，施工时操作方便。

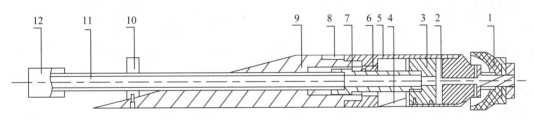

图9-7-8　卡瓦锚定式导斜器

1—防漏装置；2—钢球；3—活塞；4—主卡瓦；5—液缸；6—锁紧套；7—中心管；8—上卡瓦；
9—斜轨；10—扶正块；11—送入管；12—送入接头

一体式套管开窗导斜器：一体式套管开窗工具主要由复式铣锥、多折面导斜器（也称斜向器）、连接投球管、径向卡瓦、轴向卡瓦和封隔器组成。

一体式套管开窗工具结构如图9-7-9所示，其操作过程是工具下到设计井深后，第一次投球实现斜向器与封隔器的定位坐封。第二次投球剪断投球管和斜向器之间的连接销钉，使投球管落入斜向器内。然后下压剪断复式铣锥与斜向器之间的连接销钉，实现复式铣锥与斜向器之间的脱离，全部工作完成后便可进行正常磨铣开窗施工。

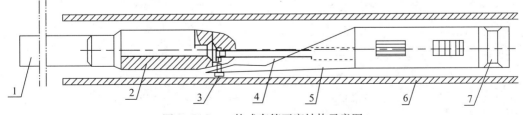

图9-7-9　一体式套管开窗结构示意图

1—钻具；2—铣锥；3—销钉；4—连接投球管；5—多折面导斜器；6—锚定卡瓦；7—封隔器

（2）导斜器的安置。导斜器在套管内定向需用陀螺仪，根据陀螺仪测出的工具面数据，调整井下导斜器的方位，在导斜器定向过程中要注意以下几点：

①若原井是直井，用陀螺仪监视，将导斜器斜面方位调至设计方位，以便直接开窗侧钻。

②若原井井斜超过10°，则将导斜器斜面方位调至老井方位，以便起下钻具顺利通过。

③若原井井斜较小，可使导斜器斜面方位适当向设计方位偏移，以减少施工工作量，调整方位量要根据原井井斜大小而定，以起下钻具能顺利通过为准。

④调整导斜器斜面方位采用转盘或用井口大钳拉动的方法，由于侧钻井钻具较细，柔性大，若井较浅且直，一般采用提拉钻具后大钳拉动的办法。采用转盘调整方位，一般不易掌握准确。

⑤导斜器定向后，需要复测工具斜面方位，如没有达到预定目标，则需多次调整，直至达到要求为止。

⑥导斜器方位确定后，锁死转盘，进行下一步导斜器固定工作。

（3）导斜器的固定。导斜器的固定方法有两种：注水泥固定法和卡瓦锚定法。

①注水泥固定法：对于插入式导斜器，需要先在预开窗位置注入水泥浆形成人工井底，水泥凝固后再注缓凝水泥浆，然后下导斜器，将导斜器下至人工井底后，直接加压剪断销钉，起出送入工具。对于内眼贯通插入式导斜器，可将注缓凝水泥浆与加压剪断销钉一起完成。剪断销钉后提出送入工具，这样就省去了一趟起下钻过程。由于上述工作必须全在水泥凝固之前完成，工艺复杂，导斜器容易松动，定向不准，现在已很少使用。

②卡瓦锚定法：卡瓦锚定式导斜器下至开窗位置后，先开泵循环，然后投球加压坐封导向器，导斜器固定牢靠后，如果使用剪切式斜向器，则剪断送入器与导斜器之间的销钉，使之分离；若用倒扣式斜向器时，则旋转钻具14～16圈，将连接螺纹倒开。然后再上提钻具3m左右，下放钻具验证导斜器位置，并准确记录下探方入，为下入开窗钻具提供依据。

（4）套管开窗施工。

①开窗工具的选择。套管开窗的工具主要有单式铣锥、复式铣锥和钻铰式铣锥三种，如图9-7-10所示。

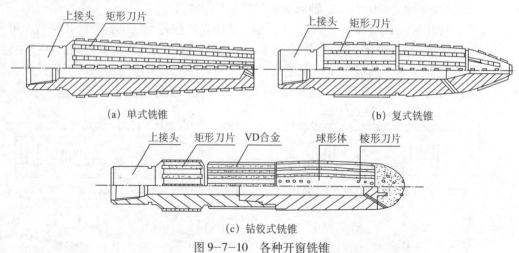

(a) 单式铣锥　　　　　　　　　　(b) 复式铣锥

(c) 钻铰式铣锥

图9-7-10　各种开窗铣锥

开窗方式有两种：一是单式铣锥和复式铣锥配合使用，即先使用单式铣锥铣开窗口，再下入复式铣锥修窗口；二是使用钻铰式铣锥使开窗及修窗一次完成。

套管开窗与窗口修整好坏，对以后的裸眼钻进、起下钻具、测井及完井等作业都有很大的影响。用这两种开窗方式，均能达到施工效果，但使用单式铣锥和复式铣锥配合开窗施工，施工中多起下一次钻具，所以目前多采用钻铰式铣锥开窗，该工具开窗时间短，窗口平整圆滑，不易形成死台肩。

②开窗钻具组合。

ϕ139.7mm 套管开窗钻具组合：ϕ118mm 铣锥 + ϕ88.9mm 钻铤 ×6 根 + ϕ73mm 钻杆。

ϕ177.8mm 套管开窗钻具组合：ϕ154mm 铣锥 + ϕ120mm 钻铤 ×3 根 + ϕ88.9mm 加重钻杆 ×4 柱 + ϕ88.9mm 钻杆。

③开窗施工参数。

a. 初始阶段。

磨铣参数：钻压 0 ~ 10kN；转速 30 ~ 60r/min；排量 10 ~ 14L/s。

磨铣要求：从铣锥接触导斜器至铣锥底部与套管壁接触，磨铣出均匀接触面，采用轻压慢转，钻压 0 ~ 5kN，转速 30 ~ 40r/min。磨铣出均匀接触面后，改用中压中速磨铣，钻压 8 ~ 10kN，转速 30 ~ 60r/min。

b. 稳定阶段。

磨铣参数：钻压 15 ~ 30kN；转速 60 ~ 70r/min；排量 13 ~ 15L/s。

磨铣要求：轻压快转，均匀磨铣。

c. 出窗阶段。

磨铣参数：钻压 15 ~ 30kN；转速 60 ~ 70r/min；排量 13 ~ 15L/s。

磨铣要求：磨铣中注意井内返出物，若出现水泥块或地层砂，再钻铣 1m 左右，提出钻具到窗口以上，反复划眼磨铣，修整窗口，直至上提和下放无阻无卡为止。

2. 套管锻铣开窗

锻铣开窗是在原井预开窗位置，铣掉一段套管，露出该段地层，由此建立从原井眼向外侧钻窗口的工艺过程。

1）锻铣开窗准备工作

（1）检查锻铣工具质量、规范及刀片张开和回位情况；

（2）在现场做刀片张开与泵压和排量关系的试验，并记录数据，以指导锻铣施工；

（3）用铁丝捆好刀臂，以防止入井时刀臂挂碰套管，或因刀片自动张开中途损坏。

2）锻铣操作要领

（1）锻铣开始割断套管时，刹住刹把，开泵旋转 25 ~ 30min，确保套管割断和刀片全部张开，防止只锻铣套管里层，形成"薄皮套管"现象；

（2）操作平稳，不蹩不跳，防止扭坏刀片或崩断刀刃；

（3）调整钻井液性能，提高环空返速，确保铁屑净化良好；

（4）钻井液密度合理，确保开窗段井壁稳定，不塌不漏。

（5）套管锻铣完成后，要在锻铣处打水泥塞，在后续施工起下钻等经过窗口时，操作要缓慢平稳，防止破坏窗口附近的水泥塞。

3）锻铣铣屑的净化

锻铣成败与速度快慢和能否将锻铣出的铣屑及时有效完全携带出井眼密切相关。应充分考虑影响铣屑净化的因素：

（1）井斜角对铣屑净化的影响；

（2）排量（环空返速）对铣屑净化的影响；

（3）钻井液密度对铣屑净化的影响；

（4）钻井液动塑比对铣屑净化的影响；

（5）铣屑形状对铣屑净化的影响；

（6）转速对铣屑净化的影响。

3. 侧钻井井眼轨迹控制

在定向造斜井段需采用随钻测量进行跟踪。在转盘钻进过程中，一般采用多点进行轨迹测量。如果定向段井斜在3°以上，可直接用随钻测量仪，采用"工具高边"方式定向钻进，若定向段井斜小于3°，则无法直接用随钻测量仪，此时可钻进20～30m脱离磁干扰后，再用有线随钻仪。

1）轨迹控制注意事项

侧钻井钻具细长，可用井段受老井限制，轨迹控制难度大。侧钻井除遵循其他特殊工艺井轨迹控制要求外，还需注意以下几点：

（1）进行逐点计算与预测，准确掌握剖面的发展与变化趋势；

（2）造斜钻进时，应避免单纯的扭向或单纯的增斜，把扭向合理地分布在增斜过程中，以保持井眼的平滑连续，避免井眼轨迹的突变；

（3）以达到设计目的为依据，不片面追求实际剖面与理论剖面的吻合程度；

（4）根据测量数据的变化及时修正反扭角的误差，调整动力钻具的工具面，使井眼沿着设计剖面钻进；

（5）实际井眼轨迹沿设计线或沿设计线上方控制为宜；

（6）严格控制垂深及实钻曲线超前或滞后的程度，及时调整，不得盲目钻进。

2）侧钻钻具组合的选择和使用

侧钻井要优先选用经实践证明效果好的钻具组合，不仅要满足井眼轨迹控制要求，还得满足强度和在窗口顺利通过的直径要求。

（1）初始阶段钻具结构：套管开窗完后进行裸眼钻进，当钻头到窗口处时要慢放慢提平稳操作，下到预定深度后慢慢开动转盘，要求转速20～30r/min，当无整跳现象后再进行正常钻进，初始阶段侧钻进尺一般为20m左右。

①对于ϕ118mm井眼：ϕ118mm钻头+ϕ88.9mm钻铤×3根+ϕ73mm钻杆。

②对于ϕ152.4mm井眼：ϕ152.4mm钻头+ϕ120mm钻铤×3根+ϕ88.9mm加重钻杆×4柱+ϕ88.9mm钻杆。

初始阶段钻具组合如图9-7-11所示。

（2）造斜段及水平段的钻具组合：侧钻井都是特殊工艺井，一般要进行造斜钻进，在造斜井段和水平井段钻进的钻具组合如图9-7-12所示。

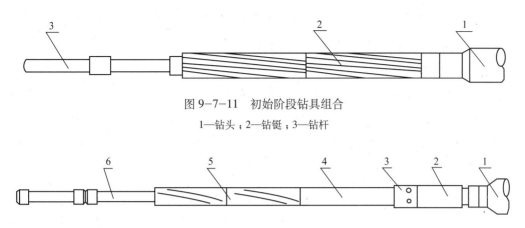

图 9-7-11 初始阶段钻具组合

1—钻头；2—钻铤；3—钻杆

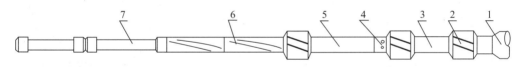

图 9-7-12 造斜钻进钻具组合

1—钻头；2—螺杆；3—定位接头；4—无磁钻铤；5—钻铤；6—钻杆

①对于 118mm 井眼：ϕ118mm 钻头 + ϕ95mm 单弯螺杆 + 定位接头 + ϕ82mm 无磁钻杆 ×1 根 + ϕ88.9mm 钻铤 ×2 根 + ϕ73mm 钻杆。

②对于 152.4mm 井眼：ϕ152.4mm 钻头 + ϕ120mm 单弯螺杆 + 定位接头 + ϕ82mm 无磁钻杆 ×1 根 + ϕ88.9mm 斜坡钻杆 + ϕ88.9mm 加重钻杆 + ϕ120mm 钻铤 ×3 根 + ϕ88.9mm 普通钻杆。

稳斜钻进钻具组合，如图 9-7-13 所示。

图 9-7-13 稳斜钻具组合

1—钻头；2—扶正器；3—短钻铤；4—托盘接头；5—无磁钻铤；6—钻铤；7—钻杆

（3）稳斜段钻具组合：钻头 + 稳定器 + 短钻铤 + 稳定器 + 托盘接头 + 无磁钻铤 ×1 根 + 稳定器 + 钻铤 ×6 根 + 钻杆。

3）侧钻钻压的选择

侧钻井需要动力钻具与测量仪器配合使用，为保证侧钻井井眼轨迹均匀光滑，合理选择钻压非常重要，选择侧钻钻压应遵循以下原则：

（1）井斜和方位变化率一般随钻压增加而增加，钻压应有利于井斜和方位的控制；

（2）机械钻速与钻压成正比，机械钻速应有所控制，以有利于井眼净化；

（3）有利于螺杆钻具正常使用；

（4）所加钻压要与钻头类型相适应。若采用 PDC 钻头，对于 118 ~ 152.4mm 井眼，钻压一般为 10 ~ 20kN；若采用牙轮钻头，钻头在高转速下工作，为使牙齿与轴承磨损相匹配，钻压以 40 ~ 70kN 为宜。

四、提高侧钻井生产寿命的措施

侧钻井虽然成本低，见效快，但生产寿命短。尤其热采侧钻井，有些井生产寿命不足新钻井的一半或更低。提高侧钻井生产寿命是应用侧钻井技术的重要内容。

1. 影响侧钻井生产寿命的主要原因

1）环空间隙小

在 7in（ϕ177.8mm）套管里侧钻，井眼直径为 152.4mm，所下 ϕ127mm 尾管接箍外径为 142mm，尾管和井眼之间的间隙仅有 5～12mm；在 5½in（ϕ139.7mm）套管里侧钻，井眼直径为 118mm，所下 ϕ101.6mm 尾管接箍外径为 110mm，尾管和井眼之间的间隙仅有 4～8mm。而普通生产井环空间隙为 23～50mm。

尾管偏心后宽窄过渡区顶替盲区形成的空洞

图 9-7-14　环空空洞

2）尾管不居中

侧钻井均有一定斜度，尾管在斜井中很难居中。特别是 5½in 套管侧钻井，由于尾管和井眼之间的环空间隙过小，无法下入合适的扶正装置，造成尾管始终偏向一边，固井过程中宽窄过渡区出现顶替盲区，形成自上而下的两个空洞，一旦有层间水，该空洞就会形成水道，造成侧钻井水淹，如图 9-7-14 所示。

3）固井质量差

实践证明，当套管偏心度大于 60% 时，很易发生固井窜槽。对于 7in 套管侧钻井开窗下 5in（127mm）尾管，当尾管偏心大于 3mm，偏心度即可达到 60%。由于侧钻井均具有一定斜度，尾管偏心 3mm 极易发生。固井窜槽造成环空没有封隔层，生产管柱失去水泥环的保护，造成生产管柱很快变形错断，地层水流入井筒，使井水淹。

4）侧钻井合理的环空间隙

侧钻井要求环空水泥石有较高的抗压强度、较高的抗剪切胶结强度和较低的界面渗透率。侧钻井要求固井施工时环空有两相液流的良好顶替效率和好的流动状态。试验和实践证明，侧钻小井眼井，井径与套管的最佳环空间隙和水泥环的最佳厚度应在 25.4mm 左右。

2. 延长侧钻井生产寿命的扩孔技术

1）常用扩孔工具

（1）双心扩孔钻头。双心钻头（图 9-7-15）由两个 PDC 钻头上下一体连接而成。由于上下两个 PDC 钻头的轴线不重合，当钻头旋转时产生较大的离心力从而对井壁产生刮扩作用，这是早期开发出来的随钻扩孔钻头。应用表明：此类钻头的井径扩大率小且不稳定；扭矩大，易导致井下钻具事故；领眼钻头为 PDC 钻头易泥包；在结构上与领眼钻头成为一体，不能更换。由于上述不足，限制了该类扩孔器的使用。

（2）偏心扩孔工具。偏心扩孔工具（图 9-7-16）由于本身没有活动部件，避免了扩孔刀翼落井的危险。

偏心扩孔工具采用硬质合金作为支撑，金刚石复合片作为切削齿，并在几何形状方面进行了合理的布置，以此加强金刚石切削齿的切削能力，延缓切削齿发生破裂和磨损的时间。

偏心扩孔工具的几何尺寸涉及三个相互关联的直径：通过直径、扩孔井径和领眼钻头直径。偏心扩孔工具是国外应用较多的随钻扩孔工具，由于领眼钻头可以任意调换为牙轮钻头或 PDC 钻头，使其结构较双心扩孔钻头合理。主要应用范围限于易膨胀和疏松地层，其缺点是所扩井径值不恒定，受地层岩性影响较大。

图 9-7-15 双心扩孔钻头

图 9-7-16 偏心扩孔工具

（3）液压牙轮式扩孔工具。液压牙轮式扩孔工具（图 9-7-17）是通过液体压力将扩孔钻头牙轮推至预定位置，然后限位，借助于牙轮切削井壁进行扩孔，由于采用了滚动切削方式，在脆性地层如油层中钻进较为容易。其特点是扩孔井径值可调且稳定。主要用于大井眼扩孔，存在的主要问题是牙轮轴承细，承压能力小，工作寿命较短，常出现掉牙轮等工程事故。

（4）液压张开机械定位 PDC 式扩孔工具。该类工具通过开泵产生的动压力推动活塞，活塞下移将刀片打开，并对扩孔刀片实施机械定位，定位后进行扩孔，停泵后弹簧使刀片复位。该工具（图 9-7-18）主要用于小井眼扩孔，其优点是承压能力大，扩孔井径值稳定，工作寿命较长，可用于随钻扩孔和钻完领眼后扩孔，但受多方面因素影响，目前多用于钻完领眼后扩孔。

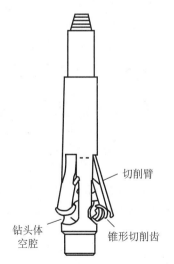

切削臂

钻头体
空腔

锥形切削齿

图 9-7-17 液压牙轮式扩孔工具

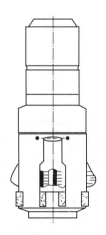

图 9-7-18 液压张开机械定位扩孔工具

国内辽河油田和塔河油田为了提高小井眼固井质量大量使用了液压张开机械定位 PDC 式扩孔工具，取得了比较满意的效果。

（5）GWYK-1 型扩孔工具（图 9-7-19）。GWYK-1 液压式侧钻小井眼井扩孔工具主要由保护接头、上活塞、下活塞、弹簧、凸块、本体和刀片总成等部件组成。用于

ϕ 177.8mm 套管侧钻的扩孔工具本体最大外径 146mm，刀片完全张开后的直径为 170 ~ 210mm；用于 ϕ 139.7mm 套管侧钻的扩孔工具最大外径 114mm，刀片完全张开后的直径为 140 ~ 165mm。

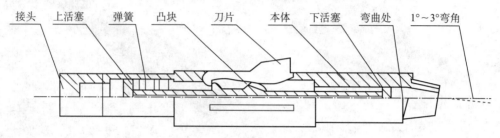

图 9-7-19　GWYK-1 扩孔工具示意图

（刀片正面镶保径齿，侧面硬质合金附焊弹性超硬材料）

其工作原理为：液压推动活塞，活塞下行带动刀片伸出工具本体，钻具旋转实施造台阶作业，待造台阶完成后，刀片完全张开，泵压下降 5 ~ 8MPa，刀片完全张开后，即可进入正常扩孔钻进。

2）侧钻小井眼井扩孔施工

（1）扩孔施工注意事项。

①扩孔井段一般定在油层顶部以上 30 ~ 35m。对于油气水关系比较复杂的地层，全部实施扩孔（从窗口以下 20m 扩至井底）。

②工具下井前先试压，检查扩孔刀具是否收张自如。

③接单根前先停泵，待泵压复零后再缓慢上提钻具；接单根后，下放钻具至上次扩孔井段以上 1 ~ 2m，启动转盘并开泵，然后再下放钻具继续扩孔。

④扩孔完成后或刀片磨损严重时，停止钻进，大排量循环钻井液一周以上再起钻。工具起至上部窗口前，缓慢上提钻具，工具出窗口后，方可按正常速度起钻。

（2）扩孔施工。

①下扩孔钻头至预定井深，启动转盘低速试转动正常后方可进入下一步操作。

②单阀开泵定点旋转 10 ~ 15min，待循环泵压和返出正常后，向下扩进 2m。

③下放检查扩孔情况，如果加压遇阻表明造扩孔台阶成功，恢复正常排量继续扩孔；如果找不到台阶，则上提至初始井深继续造台阶直至成功。

④ 118mm 井眼扩孔钻压 10 ~ 20kN，转速 50 ~ 60r/min，排量 11 ~ 12 L/s；152.4mm 井眼扩孔钻压 20 ~ 30kN，转速 50 ~ 60r/min，排量 18 ~ 20L/s。

⑤当速度较快时，扩孔速度应控制在 0.5m/min。

⑥扩孔开始先启动转盘后开泵，扩完一单根后，停泵停转盘，上提钻具，划眼一次。

⑦扩至设计井深后充分循环洗井，待井下干净后起钻。

（3）不同扩孔方式的钻具组合。

①领眼扩孔钻具组合。

ϕ 177.8mm 套管侧钻井：ϕ 152.4mm 钻头 + ϕ 141mm ~ ϕ 180mm 扩孔器 + ϕ 120.6mm 钻铤 ×1 根 + ϕ 150mm 防卡稳定器 + ϕ 120.6mm 钻铤 ×1 根 + ϕ 88.9mm 加重钻杆 ×10 根 +

ϕ88.9mm 钻杆。

ϕ139.7mm 套管侧钻井：ϕ118mm 钻头 +ϕ114mm ～ ϕ150mm 扩孔器 +ϕ105mm 钻铤 ×1 根 +ϕ116mm 防卡稳定器 +ϕ105mm 钻铤 ×1 根 +ϕ73mm 加重钻杆 ×10 根 +ϕ73mm 钻杆。

②定向井段随钻扩孔的钻具组合。

ϕ177.8mm 套管侧钻随钻扩孔：ϕ152.4mm 领眼钻头 +ϕ148mm ～ ϕ180mm 随钻扩孔器 +ϕ120mm 井下动力钻具 +ϕ120.6mm 钻铤 ×2 根 +ϕ88.9mm 加重钻杆 ×10 根 +ϕ88.9mm 钻杆。

ϕ139.7mm 套管侧钻随钻扩孔：ϕ118mm 领眼钻头 +ϕ114mm ～ ϕ150mm 随钻扩孔器 +ϕ89mm 井下动力钻具 +ϕ88.9mm 钻铤 ×2 根 +ϕ73mm 加重钻杆 ×10 根 +ϕ73mm 钻杆。

③非定向井段随钻扩孔的钻具组合。

ϕ177.8mm 套管侧钻随钻扩孔：ϕ152.4mm 领眼钻头 +ϕ152mm 稳定器 + 短钻铤 +ϕ152mm 稳定器 +ϕ120.65mm 钻铤 ×1 根 +ϕ152mm 稳定器 +ϕ148mm ～ ϕ180mm 随钻扩孔工具 +ϕ88.9mm 加重钻杆 ×10 根 +ϕ88.9mm 钻杆。

ϕ139.7mm 套管侧钻随钻扩孔：ϕ118mm 领眼钻头 +ϕ118mm 稳定器 +ϕ105mm 短钻铤 +ϕ118mm 稳定器 +ϕ105mm 钻铤 ×1 根 +ϕ118mm 稳定器 +ϕ114mm ～ ϕ150mm 随钻扩孔工具 +ϕ73mm 加重钻杆 ×10 根 +ϕ73mm 钻杆。

3. 提高侧钻小井眼井固井质量措施

1）扩孔段长的确定

全井段扩孔有利于提高固井质量，但对于较长裸眼段，从钻井成本方面考虑，在保证水泥浆顶替效果和封固质量的前提下，可以适当缩短扩孔段长。设计原则如下：

由于侧钻井眼小于上部套管，又存在扩孔段与未扩孔段，使尾管固井形成在多种环空组合状态下施工。水泥浆在这些不同的环空组合中流动，产生的液体回流及两相液体互相干扰，降低了水泥浆的顶替效果，扩孔段长设计必须排除相关影响。

根据扩孔井段与未扩孔井段液体压降、剪应力及动能耗散相等的原则，确定出变环空流场干扰最小的扩孔长度 L 与上下未扩孔段长度 L_1 和 L_2 的相互关系。对于套管直径 139.7mm 侧钻井，井径扩至 140 ～ 150mm；对于套管直径 177.8mm 侧钻井，井径扩至 170 ～ 180mm，干扰最小的扩孔长度 L 与上下未扩孔段长度 L_1 和 L_2 之比应为 2：1：0。

当（油层厚度 + 复杂地层厚度）÷ 侧钻长度大于 2/3，扩孔长度还必须考虑局部阻力对油气层及复杂地层封固段密封质量的影响。理论分析和试验表明，流体从井底尾管小环空进入扩孔后的大环空，再进入上部未扩的小环空，对于井径 15.4cm 扩眼至 18.0cm 时，扩孔长度向上附加 35m 左右；对于井径 11.8cm，扩眼至 15.0cm 时，扩孔长度向上附加 30m 左右。

2）环形空间固井液柱的合理组成

侧钻井环空容积小，替注压力高，地层压力低，小井眼固井采用的入井流体密度顺序应为：钻井液密度 < 暂堵剂密度 < 隔离液密度 < 水泥浆密度，这样的密度顺序，既利于有效替出环空钻井液，提高固井质量，又利于降低流动阻力防止井漏。

环空水泥浆在注替过程中，从上到下环空浆柱组成为：被顶替的钻井液，顶替液包括紊流冲洗液、塞流隔离液、先导稀水泥浆和尾随主体水泥浆。整个浆体除了应能较好地清除套管和井壁上的泥浆糊和滤饼，为水泥浆创造良好的胶结条件外，还应满足如下要求：

（1）保持与地层的压力平衡，尤其是水泥浆柱压力降至水柱压力的时间，最容易引起气侵和气窜，通常称此时间为候凝危险期，控制此时间的压力平衡极为重要。

（2）对冲洗液的要求。冲洗液是一种含有表面活性剂和钻井液稀释剂的低黏度水基液体，有时用清水 +0.3% 的缓凝剂配成。冲洗液应具有较低的基浆密度，其流变性接近牛顿液体，一般稠度系数小于 0.015Pa·s，并有侵蚀泥饼的作用；在环空中的雷诺数大于 3000，成紊流状态；提高顶替效率需要冲洗液具有一定的过流时间，要求流过井壁和套管的时间在 3～7min。具体讲，当雷诺数 Re 为 2100～3500 时，过流时间为 7min；当 Re 为 4000～8000 时，过流时间为 5min；当 Re 不小于 8000 时，过流时间为 3min。套管居中时，过流时间为 3min；套管偏心度为 15% 时，过流时间为 5min；套管偏心度大于 15% 时，过流时间为 7min。

（3）对隔离液的要求。隔离液应具有柱塞流动的特点，塞流隔离液对刮切井壁及套管壁的钻井液和泥浆糊十分有效。一般用黏土、水泥浆降失水剂和缓凝剂配成。

（4）对先导稀水泥浆与尾随主体水泥浆的要求。为了保证水泥浆的顶替效率，先导稀水泥浆用量一般为环空段长 150～200m，与主体水泥浆的密度差 $\Delta\rho$ 不小于 0.3g/cm³，先导稀水泥浆应尽可能达到紊流顶替。

另外，为了保持水泥浆凝固过程的压力平衡关系，可以通过水泥浆阻力系数 A 进行控制。A 值的表达式为：

$$A = 0.182\left[(t_{100Bc})^{\frac{1}{2}} - (t_{30Bc})^{\frac{1}{2}}\right]$$

式中　t_{30Bc}——水泥浆稠化到 30Bc 的时间，min；

　　　t_{100Bc}——水泥浆稠化到 100Bc 的时间，min。

A 值反映了水泥浆从液态到固态阻力的变化过程，A 值越小阻力变化越大，反之变化越小。当 A 小于 0.110 时，气窜可能性极小；当 A 为 0.110～0.125 时，防气窜效果较好；当 A 为 0.125～0.150 时，防气窜能力中等。

此外，应保证水泥浆 API 失水量小于 100mL/30min，析水为零或微析水（0.5%）的性能要求。

在一般井眼中，同时采用紊流冲洗液和塞流隔离液，对驱替滞留钻井液具有明显的效果，而在小井眼注水泥中，由于环空容量小，冲洗液和隔离液用量少，难以共同满足紊流冲洗和塞流隔离的要求，因此宜单独使用为好。

实践证明，环空浆柱的合理组成，是保证小井眼平衡压力固井，提高水泥浆顶替效率的重要措施，如图 9-7-20 所示。运用水泥浆阻力系数设计水泥浆性能，能较好地解决因水泥浆失重引起的井内压力不平衡。

4. 侧钻小井眼井扩孔施工实例

曙 1-23-364C 井侧钻井段为 870～1102m，侧钻段长 232m。扩孔井段为 966～1098m，该井地层坚硬，扩孔难度较大。

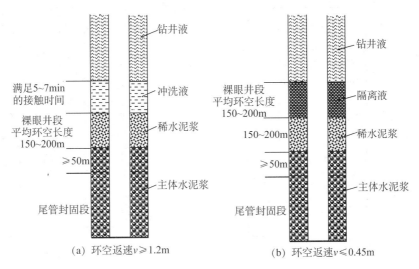

(a) 环空返速 v ≥ 1.2m　　　　(b) 环空返速 v ≤ 0.45m

图 9-7-20　环空液柱组成

　　该井于 2002 年 7 月 11 日开始侧钻，7 月 19 日侧钻至完钻井深 1102m。7 月 19 日 22:00 下扩孔钻头，于井深 966m 开始扩孔，由于该井侧钻井眼质量不好，至 7 月 21 日 6:00，32h 仅扩进 18m，7:00 下放钻具遇卡，决定起钻，下常规钻具通井。7 月 21 日 21:00 通井钻具下钻至 985m 遇阻，然后划眼到底。从划眼过程看，988 ~ 1005m 井段缩径，1005 ~ 1102m 井段坍塌。本井事例表明，扩孔之前必须做好井眼准备工作，使待扩井眼通畅干净，否则，将对扩孔施工带来很大影响。

　　将井下复杂情况处理完后继续扩孔，自 966m 开始到 1098m 结束，整个扩孔段长 132m，历时 49h，平均机械钻速 2.7m/h，曙 1-23-364C 井侧钻钻时与扩孔钻时曲线如图 9-7-21 所示，扩孔井径曲线和固井声幅曲线如图 9-7-22 和图 9-7-23 所示。

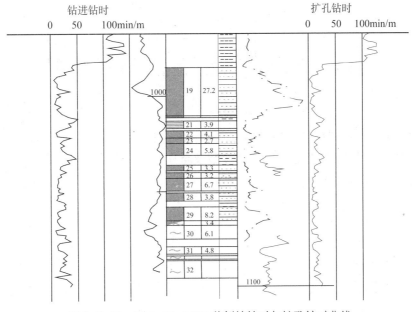

图 9-7-21　曙 1-23-364C 井侧钻钻时与扩孔钻时曲线

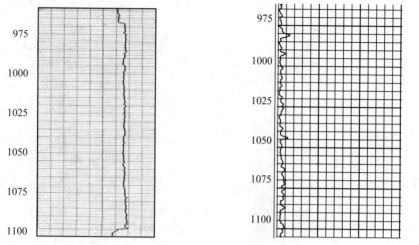

图 9-7-22 曙 1-23-364C 侧钻井井径曲线   图 9-7-23 曙 1-23-364C 侧钻井声幅曲线

第八节 专用工具与测斜仪器

一、专用工具

1. 定向接头

定向接头是定向钻井中定向造斜和扭方位的一种井下专用工具。常用的定向接头有两种：定向直接头和定向弯接头（图 9-8-1）。

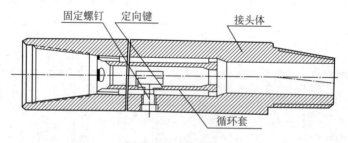

图 9-8-1 弯接头

定向直接头用于弯壳体螺杆钻具的定向钻进，定向弯接头用于直壳体螺杆钻具定向钻进。使用时要注意弯接头的标志、高边、度数及与马达和无磁钻铤相连接时的扣型等。

弯接头弯曲度数的计算公式：

$$\alpha = 57.3\,(a-b)\,/d \qquad\qquad (9-8-1)$$

式中 α ——弯曲角度，(°)；

　　a——长边长度，mm；

　　b——短边长度，mm；

　　d——外径，mm。

弯接头的弯曲角一般为 $1°$、$1°30'$、$2°$、$2°30'$ 和 $3°$，弯曲角超过 $4°$ 时，钻出的井眼曲率太大，也不易下井，常规定向井中一般不用。

2. 无磁钻铤

无磁钻铤可为磁性测斜仪器提供不受磁场影响的测量环境，安放位置应接近钻头或接近井底动力钻具。无磁钻铤长度及测量仪器方位传感器在无磁钻铤中的安放位置应按以下步骤确定：

（1）根据地球水平磁场强度分区图确定井位所在的磁场区域，如图 9-8-2 所示。

（2）根据图 9-8-2 确定的磁场区域，在图 9-8-3 中选择相应的曲线图。

（3）在确定的曲线图中根据井斜角和井斜方位角的正交点所在的点位，确定无磁钻铤长度及测量仪器的方位传感器在无磁钻铤中的安放位置。如正交点位置位于曲线附近，则以增加一根无磁钻铤为宜。

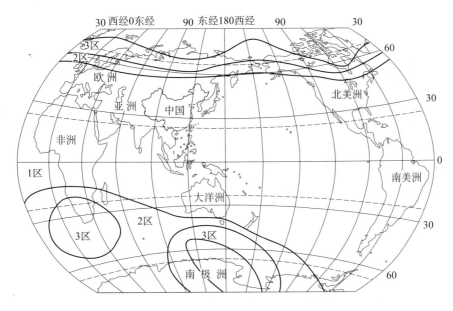

图 9-8-2　地球水平磁场强度分区示意图

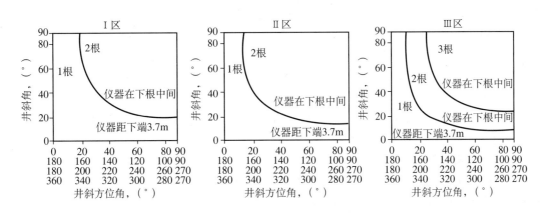

图 9-8-3　无磁钻铤长度及测量仪器位置选择

3. 变径稳定器

变径稳定器是通过一定的控制方式（遥控或井下自控），调整稳定器的外径，从而调整井底钻具组合（BHA）的力学特性，达到不起下钻即可调整井斜角的目的。

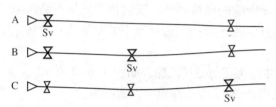

图 9-8-4 给出了 A、B 和 C 三种结构的井底钻具组合，Sv 为变径稳定器。

BHA-A 是一个双稳定器的钻具组合，变径稳定器 Sv 装在近钻头位置，上稳定器离 Sv 有足够长的距离，从而在 Sv 外径较大时，该 BHA 为增斜钻具组合。当稳定器 Sv 的外径小于某值时，相当于该稳定器不存在，此时 BHA-A 演变为降斜组合。

图 9-8-4 变径稳定器对 BHA 力学特性的调整

BHA-B 是一个三稳定器的钻具组合。变径稳定器为中间稳定器，Sv 为大直径状态时，BHA-B 为稳斜钻具组合。当调整 Sv 的不同直径时，BHA-B 的造斜特性有一定幅度的变化。

BHA-C 是一个三稳定器的弯壳体井下动力钻具组合，Sv 装在弯壳体马达的上部。当 Sv 呈小直径时 BHA-C 为增斜组合，当 Sv 呈大直径时 BHA-C 为降斜组合。这样在实钻过程中可根据需要进行控制和调整。

变径稳定器按控制方式可分为两大类，即遥控型变径稳定器和自控型变径稳定器。

遥控型变径稳定器目前有多种不同的控制方式，常见的有排量控制（正排量，负排量）、投球控制、钻压控制及时间—排量联合控制等；自控型变径稳定器具有一个井下检测与控制的闭环回路，可将实钻轨道的井斜角值实时检测并反馈至井下控制器。由于多种干扰量的作用，实钻轨迹的井斜值与给定的井斜值往往会有偏差。

4. 旋转导向钻井工具

1）AUTO TRAK RCLS 旋转闭环系统

RCLS 井下旋转闭环钻井系统由不旋转外套和旋转心轴两大部分通过上下轴承连接，形成一个可相对转动的结构。旋转心轴上接钻柱，下接钻头，起传递钻压、扭矩和输送钻井液的作用。不旋转外套上设置有井下 CPU、控制部分和支撑翼肋。当周向均布的 3 个支撑翼肋在井下 CPU 的指挥下，将使不旋转外套不随钻柱旋转。井壁的反作用力将对井下偏置导向工具产生一个偏置合力，通过控制 3 个支撑翼肋的支出液压力的大小，可控制偏置力的大小和方向，以控制导向钻井。RCLS 井下偏置导向工具的导向原理如图 9-8-5 所示。

2）POWER DEIVE SRD 旋转导向系统

POWER DEIVE SRD 系统的井下旋转自动导向钻井系统由稳定平台和翼肋支出及控制机构组成（图 9-8-6）。控制部分稳定平台内部包括测量传感器、井下 CPU 和控制电路，通过上下轴承悬挂在外筒内，靠控制两端的涡轮提供平衡扭矩，使该部分形成一个不随钻柱旋转的、相对稳定的控制平台。POWER DEIVE SRD 系统支撑翼肋的支出动力来源是钻井过程中自然存在的钻柱内外的钻井液压差。由稳定平台控制一套盘阀结构，将钻柱内的高压钻井液引入相应的翼肋支撑液压腔，在钻柱内外钻井液压差的作用下，将翼肋支出。这样，随着钻柱的旋转，每个支撑翼肋都将在预计位置支出，从而为钻头提供一个侧向力，产生导向作用。

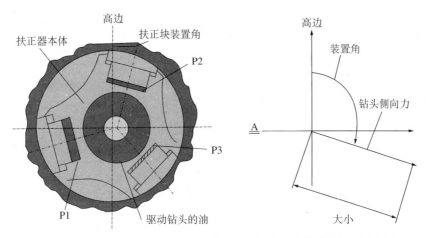

图 9-8-5 AUTO TRAK RCLS 井下偏置导向工具的导向原理示意图

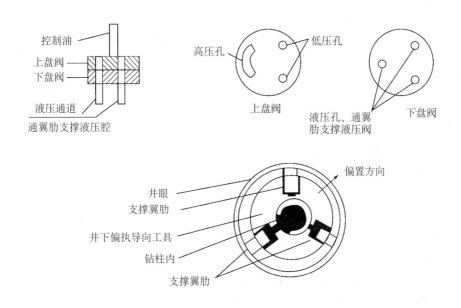

图 9-8-6 POWER DEIVE SRD 盘阀控制机构示意图

3) Geo-Pilot 旋转导向钻井系统

Geo-Pilot 旋转导向钻井系统也是一种不旋转外筒式自动导向工具, 与上述两种系统不同的是, Geo-Pilot 系统不是靠偏置钻头进行导向, 而是靠不旋转外筒与旋转心轴之间的一套偏置机构使旋转心轴偏置, 从而为钻头提供一个与井眼轴线不一致的倾角, 产生导向作用。Geo-Pilot 井下偏置导向工具的结构如图 9-8-7 所示。

5. 串联井下动力钻具和加长井下动力钻具

此类钻具可以获得大功率、高转矩以及高的机械钻速, 可在井下工作较长时间, 减少起下钻操作, 降低钻井成本。

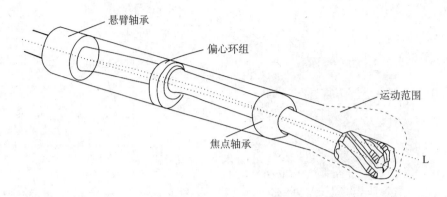

图 9-8-7　Geo-Pilot 井下偏置导向工具的结构示意图

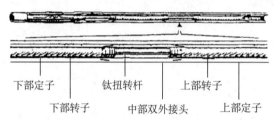

图 9-8-8　用高强度扭转杆连接的串联井下动力钻具

1）串联井下动力钻具

在已有动力钻具上方再增加一个动力钻具，如图 9-8-8 所示，其间由一个可承受更大扭矩的高强度传动结构连接。串联动力钻具比原单节动力钻具输出的扭矩和功率大，其增加值与附加动力钻具的级数约成正比。

串联井下动力钻具的工作特性为：

（1）高扭矩输出可以驱动 PDC 钻头穿过坚硬的地层；

（2）高扭矩输出有助于减少制动，维持钻头在井底工作，增加机械钻速；

（3）减少制动有助于提高井下动力钻具的使用寿命；

（4）串联井下动力钻具易于保持较高的转速。

2）加长井下动力钻具

增加井下动力钻具的级数可以成倍增加钻具的输出力矩。例如，把一个 4 级井下动力钻具做成一个 7 级井下动力钻具，就可提高 75% 的工作力矩。串联和加长井下动力钻具二者的工作特性从本质上是一样的。表 9-8-1 是北京石油机械厂生产的 C5LZ172×7.0 加长动力钻具与常规动力钻具 5LZ172×7.0 的工作性能对比。

表 9-8-1　加长马达和常规井下动力钻具的性能对比

马达	井下动力钻具流量 L/s	钻头转速 r/min	井下动力钻具压降 MPa	工作扭矩 N·m	推荐钻压 kN	钻具功率 kN	钻具长度 m
5LZ172	18.93～37.85	100～200	3.2	3660	100	38.3～76.6	6.71
C5LZ172	18.93～37.85	100～200	6.0	6870	170	71.9～144	9.18

6. 减磨减扭工具

1）钻柱降扭短节

钻柱降扭短节中间段有一刚性旋转滑套，靠上下挡圈固定，旋转滑套内表面以及短节本体上相应位置有滚珠／滚柱座圈，为防止钻井液和钻屑等进入轴承内，旋转滑套上下端装有密封件。接上这种短节后，钻杆接头将离开套管，可避免套管磨损，降低扭矩。具体使用时，这种短节接在穿过造斜段的钻柱上，建议每隔 18m 接一个钻柱降扭短节。

　　2）非转动钻杆护箍

　　非转动钻杆护箍通过防止钻杆接头与套管的接触来防止套管的磨损。非转动钻杆护箍套筒外径较钻杆接头外径大。例如，接头外径为 168mm 的 ϕ127mm 钻杆要用外径为 184mm 的非转动钻杆护箍。非转动钻杆护箍通常安装在距钻杆外螺纹 0.61m 处，可逐个安装或多个安装。使用非转动钻杆护箍的限制是温度不超过 350°F（176.7℃），标准侧向载荷不得大于 8.9kN。作用于非转动钻杆护箍的温度过高和侧向载荷过大会削弱其优越性并降低寿命。

7. 钻压推加器

　　钻压推加器，又称"水力加压钻铤"，是一个利用钻井液压力来驱动的专用工具，装在钻头上部。当大位移井或水平井因摩阻太大而不能有效地给钻头施加足够钻压和扭矩时，安装钻压推加器可以保证给钻头施加一定的钻压，从而使钻井过程能继续进行，获得进尺。另外，安装钻压推加器，可明显减少钻头的冲击和钻柱的振动，提高机械钻速。

8. 套管漂浮装置

　　1）浮式套管

　　浮式套管多用于大位移井和长水平段水平井，其类型有两种：一是将气体、水或钻井液充入套管各段中，用密封装置将各段分隔开，填充的轻质液体产生的浮力沿套管均匀分布保证套管在井眼内均匀分布，如图 9-8-9 所示。二是利用在套管内放置轻质衬套来降低密度，衬套材料可用聚苯乙烯泡沫、聚氨酯泡沫、木材或软木，如图 9-8-10 所示。也可在套管壁上增加一些浮力材料或是一段密封圆柱体，使套管在钻井液中产生浮力，如图 9-8-11 所示。

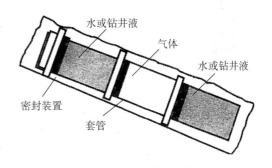

图 9-8-9　浮式套管

　　2）套管漂浮接箍

　　该工具由内外筒两部分组成（图 9-8-12），这套装置接在套管柱上，作为套管柱的一个临时堵塞物，它的整个内筒可在钻水泥塞和浮箍浮鞋时一起被钻掉。

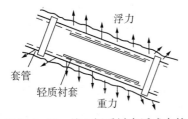

图 9-8-10　放入轻质衬套浮式套管

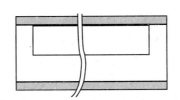

图 9-8-11　带有密封体的浮式套管

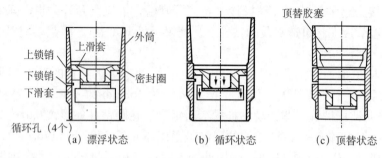

上锁销　上滑套　　外筒
下锁销
下滑套　　　　　密封圈

循环孔（4个）　（a）漂浮状态　　　（b）循环状态　　　（c）顶替状态

顶替胶塞

图9-8-12　套管漂浮接箍工作原理示意图

钻杆
伸缩节
液力释放工具送入帽
回接套筒
安全接头
膨胀式封隔器
摩阻环
ϕ178mm尾管
套管联顶接箍
浮鞋、浮箍

图9-8-13　HRT尾管示意图

9. 尾管下入工具

水力尾管释放工具（图9-8-13）能将尾管旋转并送到设计井深，而且能处理因旋转尾管导致的高扭矩（136.5kN·m）。它可以在尾管的注水泥作业中边旋转边上下活动。在注完水泥后，再经钻杆投入胶塞，可使尾管在水力作用下与钻杆脱开。该工具已应用于 Unocal 公司的大位移完井中。

二、测斜仪器

1. 磁性单点照相测斜仪

1）常温单点测斜仪

总体结构由外筒总成、测角机构、打捞机构和辅助设施工具组成。可以测量井斜角（0°～120°），方位角（0°～360°），工具面角（0°～360°）。工作温度不超过100℃。进行投测时，测角机构的罗盘向上，不得倒置。定向用仪器外筒总成不得投测。定向杆的定向鞋缺口必须与仪器悬挂装置上的刻线在同一条直线上，下井前须检查与校准。

2）高温单点测斜仪

高温单点测斜仪与常温单点测斜仪的工作原理和基本结构相同。其耐高温性能好，是因为将仪器的测量系统装在一个特制的隔热套筒内，可用于260℃高温的深井测斜。

2. 磁性多点照相测斜仪

1）常温磁性多点照相测斜仪

总体结构由外筒总成、测角机构总成、打捞机构和辅助设施工具组成。用于没有磁干扰的大段井眼进行多点测量。测取井眼轨迹计算所需的基础参数。拍照时间间隔的长短，应根据实际需要在下井前设定。

2）高温磁性多点照相测斜仪

高温磁性多点测斜照相仪与常温磁性多点测斜照相仪的工作原理和结构基本相同。使用多点测斜仪应注意相机的胶卷长度要根据测量点数决定，并留有余量。井下计时器应和地面秒表同步启动，并作好记录。仪器下井前应进行地面试验，外筒连接螺纹用管钳紧扣，防止松扣或损坏仪器。

3. 电子测斜仪

电子测斜仪可以进行井眼参数测量和井眼轨迹计算。ESS 采用三轴磁力仪和三轴或双轴重力加速计测量井眼方位角和井斜角。每一个测点可以分别记录三个重力矢量（G_X、G_Y、G_Z）、三个磁通门参数（B_X、B_Y、B_Z）、探管温度、电池电压和井眼参数，并储存在探管的存储器内，提出仪器后再经计算机 / 终端和打印机把探管存储器里的数据进行回放和打印出来。

（1）ESS 的技术指标。

①工作温度：不超过 125℃；

②温度测量精度：±1℃；

③井斜角测量范围：0°～180°；

④井斜角测量精度：±0.1℃；

⑤方位角测量范围：0°～360°；

⑥方位角测量精度：±1℃（井斜角 >10°，磁倾角 <70°）；

⑦磁性工具面测量精度：±1℃（井斜角 <20°，磁倾角 <80°）；

⑧高边工具面测量精度：±1℃（井斜角 >10°）；

⑨磁场强度测量精度：±0.2μT（MIC–ROTESLAS）；

⑩重力测量精度：±0.003g。

（2）电子测斜仪主要由井下仪器和地面数据回放与打印系统两部分组成。

（3）电子测斜仪的工作方式。

①单点工作方式：可测量井斜、方位、磁场强度及重力高边工具面等参数。可以测 24 个点。

②多点工作方式：可用于定向取心，ESS 和专用的取心工具配合使用，可对地层的倾角及倾向等地层产状进行分析。多点方式可连续测量 1000 个测点。

4. 陀螺测斜仪

陀螺测斜仪是一种不受大地磁场和其他磁性物质影响的测斜仪器。适用于有磁干扰或磁屏蔽环境条件下的井眼测量。陀螺测斜仪器按其测量方式和性能可以分为单点陀螺测斜仪、多点陀螺测斜仪、电子陀螺测斜仪（BOSS）和地面记录陀螺测斜仪（SRO）4 种。

1）单点陀螺测斜仪

单点陀螺测斜仪是一种由水平转子陀螺、测角机构、相机和控制短节组成的机械式照相测斜仪。它主要由井下测量仪器系统和地面测试、瞄准器和辅助装备系统组成。井下仪器外筒总成如图 9-8-14 所示。测量参数为井斜角 0°～70°，方位角 0°～360°，工具面角 0°～360°。工作温度为 120℃。陀螺漂移率小于 6°/h。可在有磁干扰情况下定向造斜与扭方位，在套管内定向开窗侧钻。

2）多点陀螺测斜仪

多点陀螺测斜仪由外筒总成（图 9-8-15）、陀螺仪测量、照相机构、地面检测仪表和辅助设备组成。

　　多点陀螺测斜仪可在套管和钻杆内或有磁干扰的井段进行多点测斜。使用多点陀螺测斜仪除做好充分的井口监测外，在测量过程中，还需每隔 10 ～ 15min 作一次陀螺漂移检查。仪器提出井口时，还需再做地面漂移检查及最后的校对数据，并及时填写测斜数据表。

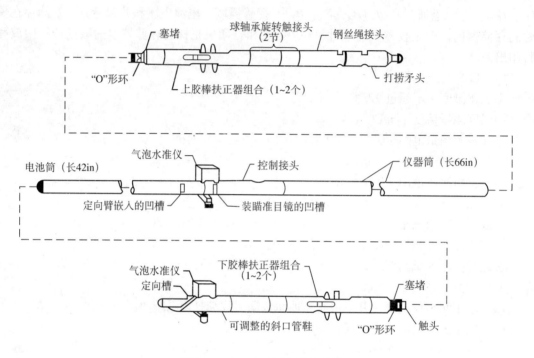

图 9-8-14　2in 单点陀螺测斜仪

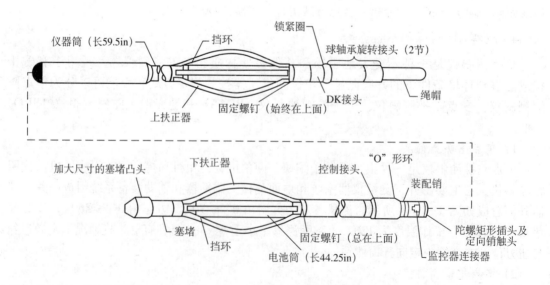

图 9-8-15　3in 多点陀螺装配图

3）地面记录陀螺仪（SRO）

地面记录陀螺由井下仪器总成（SRO探管、水平转子陀螺、仪器外筒）和地面仪表及设施（地面计算机、打印机、陀螺预热箱、万用表、定向三脚架总成、瞄准器组合、司钻读出器、电缆绞车、滑轮及手工具）组成。用于有磁干扰的井眼中定向造斜与扭方位作业，还可用于在套管内定向开窗侧钻。地面记录陀螺仪可以从地面读数器监视井下造斜工具的工具面角。操作地面记录陀螺的人员必须熟练掌握有线随钻测斜仪（SST）和水平转子陀螺测斜仪的操作程序。地面记录陀螺校正漂移和中心校正均由计算机完成，由打印机打印出测量结果。比单点陀螺操作简便效率高。

4）电子陀螺测斜仪（BOSS）

电子陀螺测斜仪由井下测量仪器、测量参数信号传输系统和地面数据处理与打印系统三部分组成。可在套管和钻杆内或有磁性干扰的井段内进行多点测斜及数据处理，并具有TIE-IN测量功能。计算机可显示测量深度、井斜角、方位角、井下温度及测量时间。最多能测290个测点。用电子陀螺测斜时，两次漂移检查时间间隔不大于10min。两次漂移检查之间各测点间狗腿度累计不得超过8°。如果待测井段的上部井眼已进行过测斜，且数据准确可靠，可以在已测量过的井段中选择4～5个测点作为TIE-IN点，把电子陀螺测斜仪下至选择好的TIE-IN点，从地面计算机输入该点的井眼参数，并对已知的测点重复测量，如测量的参数与原测量数据一致，说明电子陀螺测斜仪工作正常，可从TIE-IN点（连接点）开始按照要求进行下面井眼的测量。TIE-IN测量的条件是：TIE-IN点的测斜数据必须准确可靠；井斜角应大于20°；选择的TIE-IN点不应靠近套管鞋，因方位在套管鞋附近有小的变化；TIE-IN点的方位应一致。

三、随钻测量系统

随钻测量系统（Messurement While Drilling，MWD）分有线随钻测量系统和无线随钻测量系统两种，目前最常用的是无线随钻测量系统，它通过泥浆脉冲形式由井底向上传递测量数据，比有线随钻测量系统的技术优势在于可在旋转钻进方式下实现数据的测量与传输。

1. 随钻测量系统的使用要求

施工前必须预先确定以下内容：

（1）需要的基本参数是什么；

（2）目前现有的哪种系统可以满足这些要求；

（3）所考虑系统的局限性和技术规范在这项使用中是否可以接受（如精度、数据传送速度、温度等）。

在有几种仪器都能满足所有作业要求的地方，应采用谨慎策略评价其可靠性和成本与效益情况。被选来提供服务的公司要从作业者处得到如下信息：

（1）作业者将如何使用MWD仪器（要有足够的时间进行试验、设备和人员运送及井场上的安装）。

（2）预期的流速、泵压、钻头水眼直径、钻井液密度和其他BHA组件（这将影响装在仪器内MWD部件的选择）。

最好提供备用仪器，以便在一套损坏时，另一套仪器可在井场上备用。

2. 组装及地面检验

对地面系统，要求将压力传感器安装在立管管汇上的方便位置。然后将电缆连到位于钻工房和钻台上的 MWD 设备上。其中钻台显示器是为了让施工司钻监视所测井眼的变化。

如果 MWD 仪器是同井下动力马达和弯接头一起使用的，就要测量工具面偏差角，这是实际工具面（由弯接头的刻线确定的）和 MWD 仪器的工具面（由 B 轴位置确定的）之间的差角。这可以在钻台上用量尺或特制的量规测得。工具面偏差角要存储在地面计算机中，以便自动地将 MWD 的工具面转化成实际的工具面。同样，磁偏角也要存储在计算机中以便将磁方位角转化为真正的方位角。

当仪器悬挂在井口时，应该进行功能测试，以确保所有元件工作正常。有关仪器可靠性的试验是每次下钻时在一个特定的深度进行，这就是所谓的基准点测量，并且所有的结果应十分相符。基准点测量通常在套管鞋下部一点，以便在仪器给出的不是期望的结果时，起出仪器不会浪费太多的钻机时间。

3. 正常测量程序

（1）旋转钻进。在每次接单根后，将钻头提离井底约 1.5m 进行静态测量（方位角和井斜角），如果需要测点可以间隔更密些。

（2）定向作业。作业中使用弯接头和井下马达，在这种情况下当钻头钻进时监视工具面角更为重要。通常工具面角是参照井眼高边（即重力工具面角）的，而对小井斜角（小于 8°）的井，工具面角是参照磁北极（即磁工具面角）。由于套管附近存在磁干扰，在小井斜角井眼内测磁工具面角时，测量仪器不能置于套管附近。

四、地质导向测量仪器

所谓地质导向就是指对随钻测量得到的数据进行实时分析，并以人机对话的方式来控制井眼轨迹的技术。它是以井下实际地质特征来确定和控制井眼轨迹的钻井，而不是按预先设计的井眼轨迹进行钻井。使用这一技术，可以精确地控制井下钻具命中最佳地质目标，使井眼避开地层界面和地层流体界面并始终位于产层内。地质导向技术对在薄产层和高倾斜产层中钻水平井最为适用，对于这样的产层，使用常规方法控制井眼轨迹是很难命中最佳地质目标的。使用随钻定向测量和随钻地层评价测井数据进行地质导向钻井，可以随时知道钻头周围流体界面的相对位置，因此可以控制钻具始终在产层中间行进。

1. IDEAL 地质导向测量仪器

该地质导向系统包括：测传动力钻具（含近钻头测量短节）＋无线短传＋MWD 或 LWD ＋井场信息接收和处理系统。测传动力钻具是一种完全仪器化的导向动力钻具（其壳内装有传感器组件），它直接与钻头相连，可以测量出近钻头处地层电阻率、方位电阻率、自然伽马以及井斜和钻头转速等参数，这些参数通过电磁波传送到动力钻具以上的 MWD 或 LWD，再由泥浆脉冲传送到地面。司钻和地质家可实时了解到钻头处的岩性变化，以及检测钻头处的油气显示情况，并通过对钻头进行导向，保证井眼在储层内延伸。达到增大储层泄油面积、提高单位进尺的产量和降低完井成本的目的，如图 9-8-16 所示。

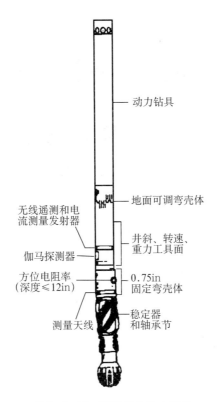

图 9-8-16 测传导向动力钻具

2. Navigator 地质导向系统

它由 PDC 钻头、下稳定器、地面可调弯壳体短节、下发射线圈、接收线圈、上发射线圈、上稳定器、柔性接头、螺杆马达和上接头组成（图 9-8-17）。目前该系统的尺寸系列为 171mm、203mm 和 241mm，分别适用于 216 ~ 251mm、241 ~ 311mm 和 311mm 井眼。

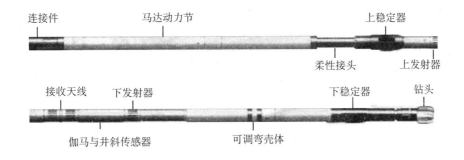

图 9-8-17 Navigator 地质导向系统示意图

3. GST 地质导向测量仪器

GST 地质导向工具有近钻头井斜角传感器，可实时测量钻头处的井斜角，提高了工具的导向能力，可准确及时地得到井眼的曲率和工具的造斜率（图 9-8-18）。

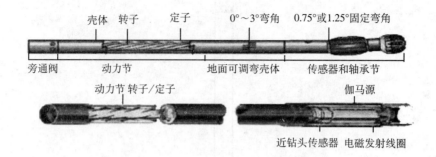

图 9-8-18 GST 地质导向工具结构示意图

　　中国从 1994 年开始调研并跟踪这一高新技术的发展，做了相关的技术准备。1999 年开始对这一技术进行攻关，现已研制成功了完全拥有自主知识产权的 CGDS-I 近钻头地质导向钻井系统，该系统把钻井、测井和油藏工程技术融为一体，在随钻过程中既可以利用近钻头地质参数测量短节测量工程和地质参数，又具有导向功能。

第十章 欠平衡钻井技术

第一节 概 述

一、欠平衡钻井技术的起源与发展

在 20 世纪 50 年代的美国，人们出于提高钻速及克服井漏等方面的考虑，发明了空气钻井、泡沫钻井和充气钻井等利用空气降低钻井液密度的技术，被称之为气体钻井、含气流体钻井或气基流体钻井。由此钻井液体系也形成了水基、油基和气基三大类。由于所用气体为空气，存在钻遇含油气地层时井下燃爆的危险，故当时的气体钻井在应用对象上限于不含油气的地层，在应用目的上限于非储层的工程目的。尽管当时仍有人称气体钻井为"欠平衡钻井"或"负压钻井"，但实际上这并非真正意义上的欠平衡钻井，因为非储层地层没有可动流体，尽管液柱压力低于地层孔隙压力，但并未构成欠平衡的流动状态。随着复杂油气资源勘探开发难度的增加，逐渐产生了以提高勘探中的发现率，提高开发中的单井产量为目的，在储层钻井中降低钻井液密度的技术需求。真正工业意义用于储层的欠平衡钻井技术（Under-Balanced Drilling，UBD）起源于 20 世纪 90 年代初。

国际钻井承包商组织 IADC 于 1997 年正式成立了欠平衡钻井委员会（IADC Under-balanced Operation Committee），并首次公布了欠平衡钻井技术的定义：欠平衡钻井是指在钻进过程中使钻井液作用在井底的压力低于储层压力（如果钻井液密度不够低，则向钻井液中混气以降低密度），使储层流体在钻进过程中有控制地流出井口。这个定义实际上只是"储层欠平衡钻井（Reservoir Under-balanced Drilling，RUBD）"的定义。自此欠平衡钻井开始成为在全世界流行的新技术而迅速推广，如图 10-1-1 所示。之后，欠平衡钻井继续发

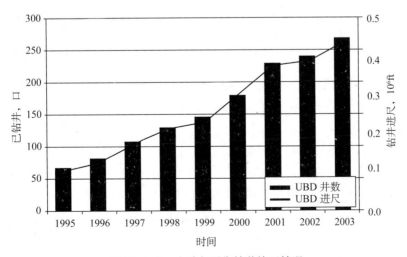

图 10-1-1 全球欠平衡钻井施工情况

展，随着装备、工具和技术的完善，欠平衡钻井的技术效益明显增加，如图 10-1-2 所示。

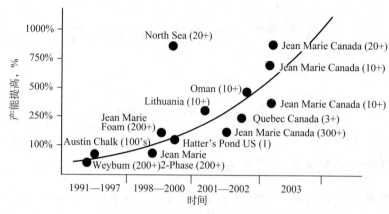

图 10-1-2　欠平衡钻井技术效益的改善

美国于 2004 年由储层欠平衡钻井派生出了以钻进安全为目的的控压钻井技术（Managed Pressure Drilling，MPD）。至 2006 年，欠平衡钻井发展成为了一个系列技术，既包括了以勘探开发为目的针对储层的储层欠平衡钻井，以及以提速增效为目的针对非储层的提速增效钻井（Performance Drilling，PD），也包括了以钻进安全为目的的控压钻井（MPD）。美国 Weatherford 公司将这个系统技术总结为"三分天下"的轮子，如图 10-1-3 所示。三项技术之间既有区别，又有联系，其共同的交集是共同的装备、工具、理论和概念。

欠平衡钻井技术是在钻井液类型和钻井液压力控制方式上的发展，是为了实现最大化的油气供应能力而在保护泄流通道的泄流能力的革命。因此，欠平衡钻井与水平井技术相结合，将会产生更加突出的技术经济效果，是一项正在发展成熟，正在继续展现其辉煌前景的新兴技术。

二、欠平衡钻井技术的应用与效益

欠平衡钻井在工程上的收益来自于治漏、克服压差卡钻、提高钻速和延长钻头寿命，但最大的收益产生于勘探开发：早期投产、提高产能、提高采收率、减少中途测试及发现储层。最显著的收益来自于"勘探发现"，即勘探发现中的"不丢失储层"和"准确评价储层"。

1. 储层欠平衡钻井——高效、及时与准确的勘探手段

储层伤害对勘探钻井有着决定生死的重大影响：

（1）低估储层物性和产能，高估开发成本；

（2）不能及时发现储层，甚至丢失潜在储层；

（3）导致勘探评价的高投入和长周期；

（4）整体错误决策，甚至放弃有希望的油气田。

欠平衡钻井的良好保护储层的功能，可以使勘探钻井得到真实客观的储层评价。同时，欠平衡钻井的"边喷边钻"具有使被钻开储层的油气立刻流入井内、使油气返至地面可以被直接监测与计量的功能，欠平衡钻井的这一功能使其具备了成为最有效的勘探技术的基

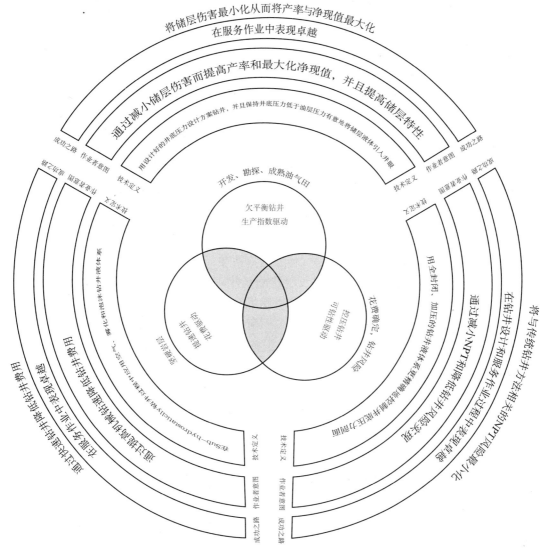

图 10-1-3 欠平衡钻井系列技术的三个组成部分

本条件。在欠平衡钻井基础上发展随钻储层评价技术，将使每一个钻遇的储层都能被及时发现，能被客观真实的评价。

2. 储层欠平衡钻井——增产与提高采收率的开发手段

在开发钻井中，钻完井过程中的严重储层伤害使近井带的油气流动通道堵塞、流动阻力增大，从而造成低产，减产，甚至完全丧失油气供应能力。储层伤害对开发钻井的重大影响主要表现为：

（1）导致低产，甚至无产；

（2）导致额外的增产改造费用和人工举升费用；

（3）导致高的油气井废弃压力，油气井早期枯竭，最终采收率降低；

（4）导致投资回报的延迟和总回报减少；

（5）整体导致大批低效和难动用油气资源无法利用。

难动用油气资源高效开发井的三个关键：第一是钻遇率（优质储层或油气通道的钻遇率），最有效的技术是地质导向的特殊轨迹井技术。第二是储层保护，最有效的技术是储层欠平衡钻井技术。第三是完井投产，被称之为是"决定全井命运的临门一脚"。因此，特殊轨迹井、欠平衡钻井及现代化完井这三者的结合是提高单井产能的最佳技术组合。

3. 非储层欠平衡钻井——钻井提速的手段

钻井液液柱压力是导致低钻速的最重要原因，因此，各种降低钻井液液柱压力的欠平衡钻井可以明显地提高钻速，延长钻头寿命，降低钻井成本，缩短建井周期。尤其是气体钻井，可以使钻速提高 4 ～ 14 倍，钻头寿命延长 2 ～ 6 倍，而且越是深井和硬地层，提速效果越显著。如果气体钻井再配合顶驱钻机、井下空气锤和锤击钻头的冲击式钻进，则钻速提高更为明显。

4. 非储层欠平衡钻井——克服某些特殊钻井难题的手段

首先是井漏。欠平衡钻井，尤其是气体和泡沫钻井，对于恶性井漏是最佳选择。对于用钻井液钻井时有进无出的失返性漏失，反复堵漏无效，用气体和泡沫钻井很容易就解决了。甚至对于空气泡沫钻井时也失返的漏层，也可以用空气泡沫的边漏边钻（盲钻，使破碎岩屑与流体一起漏入地层）来强行钻穿。因此，欠平衡钻井是制服井漏的普遍性有效措施。

"卡钻"最多的是压差黏附卡钻，随着水平井、大斜度井和分支井等的发展，压差黏附卡钻越来越严重。压差黏附卡钻产生的原因是过平衡压差和该压差下所形成的井壁厚滤饼。欠平衡钻井由于消除了正压差，不在井壁上形成滤饼，因此可以有效地消除压差黏附卡钻。

还有某些特殊的钻井难题可以用欠平衡钻井系列技术予以克服，例如，美国 Arco 盆地曾用气体钻井克服极强水敏性坍塌页岩的井壁失稳，在地热开发钻井中用气体和雾化钻井钻穿热蒸汽储层，在极地区钻井中用气体钻井钻穿永冻层。

5. 控压钻井——提高钻井安全性的手段

基于欠平衡钻井的概念、装备和方法，以保证钻井的安全为目的，精确控制全井压力剖面在微欠、平衡或微过的状态，提高钻井的安全性和可靠性，降低作业风险，尤其是对于深井、高压、高产、高含硫以及漏喷同层窄窗口的油气井。

三、欠平衡钻井技术的工程分类及风险评价

1. 欠平衡钻井技术的工程分类

欠平衡钻井技术主要在两个方面不同于常规过平衡钻井的技术体系，即压力平衡关系与钻井液类型。

欠平衡钻井技术的压力平衡关系一般希望是有控制的欠平衡状态，即：井内液柱有效压力小于储层压力，故储层内的可动流体（油、气或水）都会有控制地流入井内和返至井口；压力平衡关系也可以是无控制的欠平衡状态，如用纯气钻井钻开高压油气层；压力平衡关系也可以是在平衡点附近（近平衡、平衡或微过平衡），如控压钻井的情况。

欠平衡钻井技术的钻井液可以同常规钻井一样是水基液体或油基液体，也可以是含气流体（充气或泡沫的气液混合流体），还可以是纯粹气体（空气、氮气、天然气或燃烧尾气），也有用固相减轻剂降低钻井液密度的思路。不同类型的钻井液适应不同的地层压力梯

度，如图 10-1-4 所示的密度半圆。从流体类型上讲可以沿用 IADC 对钻井液分类的叫法：气基、油基和水基。实际上气基又分为纯气、气体连续相（雾化钻井）和液体连续相（充气液钻井），以及气液均混相（泡沫钻井）。气液两相的气基流体中，含气量最大的是雾化液（雾化液的注入气液比大约 1000:1 至 2000:1），其次是泡沫流体（泡沫流体的注入气液比大约 100:1 至 200:1），再次是充气液（充气液的注入气液比大约 10:1 至 20:1）。至于气液两相的气基流体所能达到的最低全井平均当量密度，还与井深密切相关，井越深越不容易将密度降下去（如水基充气液钻井，在 2000m 井深可以将全井当量密度降至 0.7 以下，而在 4000m 井深则难以降到 1.0）。

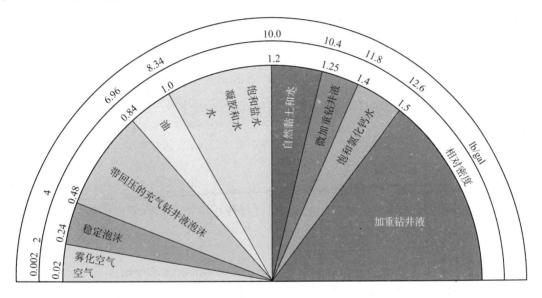

图 10-1-4　欠平衡钻井系列技术的工作液密度半圆

由压力平衡关系和工作液类型可以将欠平衡钻井技术进行分类，如图 10-1-5 所示。

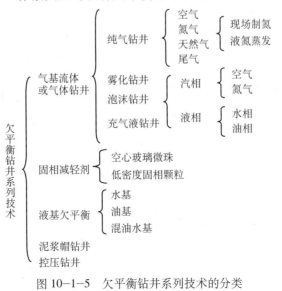

图 10-1-5　欠平衡钻井系列技术的分类

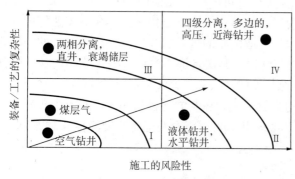

图 10-1-6　欠平衡钻井系列技术分类评价

2. 欠平衡钻井技术的分类风险评价

IADC 与有关欠平衡钻井的技术服务公司很早就开始研究对欠平衡钻井技术进行分类的风险评价。IADC 在 1998 年从施工目的、设备与工艺的复杂性以及施工风险的角度对欠平衡钻井系列技术进行分类评价（图 10-1-6）。

在 MPD 技术广泛应用之后，IADC 在 2005 年做出了新的分类风险评价方法，目前该方法是全世界通用的欠平衡钻井技术的风险等级分类评价方法。

IADC 欠平衡作业（UBO）与控压钻井（MPD）分类体系主要是为了描述钻井风险、应用类型和钻井液类型。分类依据：

(1) 风险等级（0 ~ 5 级）；

(2) 应用类别（A、B 或 C 类）；

(3) 钻井液类型（1 ~ 5 类）。

该标准主要是为确定必须的设备需求、特殊操作程序以及安全管理措施。其他信息参考 IADC 欠平衡作业 HSE 指南及其他相关文件。

1）风险等级

一般来讲，作业风险会随着作业的复杂性和油井产能的提高而增加。

0 级——仅提速增效，非烃和非潜在产层，如利用空气钻井提高机械钻速。

1 级——靠自身压力油气无法流到地面，油井稳定且井控风险较低，如低压油井。

2 级——依靠自身压力油气可以流到地面，但是可以通过常规的压井方法进行控制。设备失效不会引起严重后果。例如，异常压力的水层，低产油井或气井，产能衰竭的气井。

3 级——地热井和非烃产层。最大预计关井压力（$MASP$，Maximum anticipated shut in pressure）低于欠平衡作业 / 控压钻井设备的额定压力，如含硫化氢的地热井。

4 级——油气储层。最大预计关井压力（$MASP$）小于欠平衡作业 / 控压钻井设备的额定操作压力，设备失效会立即导致严重后果。例如，高压或高产油藏，酸性油气井，海洋环境，同时进行钻进和生产的作业。

5 级——最大预计关井压力（$MASP$）大于欠平衡作业 / 控压钻井设备的额定操作压力，设备失效会立即导致严重后果。例如，任何最大预计关井压力大于欠平衡作业 / 控压钻井设备额定压力的油气井。

2）应用分类

A 类——控压钻井（MPD）。钻井液返至地面，保持环空内钻井液当量密度等于或大于裸眼井段孔隙压力当量密度。

B 类——欠平衡作业（UBO）。含油气流体返至地面，保持环空内流体当量密度小于裸眼井段孔隙压力当量密度。

C 类——泥浆帽钻井（MCD）。钻井液和岩屑进入漏失地层而不返至地面，在漏失层上面的环空内保持一段重钻井液液柱。

3）钻井液类型

（1）气体——循环介质为纯气体，不注入液体。

（2）雾化液——循环介质为连续气相中加有雾化液，典型的雾化液液体含量不超过 2.5%。

（3）泡沫——循环介质为包括液相、气相和表面活性剂的气液两相流，液体为连续相。典型的泡沫气体占 55.0% ~ 97.5%。

（4）充气液——循环介质为充气液相。

（5）液相——循环介质仅为液体（指注入的钻井液）。

4）应用示例

利用控压钻井技术，一口井正在从 3048m 钻进至 3657.6m。该段地层孔隙压力系数为 1.74g/cm³，地层破裂压力系数为 1.98g/cm³。设计钻井液密度为 1.56g/cm³，利用控制回压的方式维持静压力平衡。旋转控制装置（RCD，Rotating control device）和紧急关井系统（ESD，Emergency shut down systems）的设计压力为 34.48MPa。

从上面的数据可知，$MASP$ 为井底压力减去地面压力或者套管鞋处的破裂压力减去地面压力中较小者。

$$MASP_{BHP}=3657.6 \times 0.0098 \times (1.74-0.24)=53.8\text{MPa}$$

$$MASP_{frc}=3048 \times 0.0098 \times (1.98-0.24)=52.0\text{MPa}$$

因为最大设计压力大于欠平衡操作/控压钻井设备的额定级别，这口井的分类应该为：风险等级 5 级，应用范围 A 类，流体系统 5；或者表述为：5A5。

3. 欠平衡钻井技术的选用

新区初次实施欠平衡钻井技术，原则上应该有以下几个步骤：

（1）必要性评价：针对对象（即所选区块、井位、井段），确定是否必须采用欠平衡钻井技术，以及采用何种类型的欠平衡钻井技术。

（2）可行性评价：针对所选区块、井位、井段和所选定的欠平衡钻井技术类型，评价是否具有实施欠平衡钻井的条件。

（3）技术经济性评价：评价技术实施的预期效果及其经济性。

（4）之后依次是欠平衡钻井工程设计、欠平衡钻井工程实施、欠平衡钻井效果分析与施工总结。

通过"必要性评价、可行性评价、技术经济性评价"这三步，决定了是否有必要使用欠平衡钻井技术，采用何种类型的欠平衡钻井技术，以及欠平衡钻井技术实施的预期效果。这三步中的每一步都是有很多评价内容的复杂过程，而且评价的方法、手段和标准等在国际上都不完善不统一，都是正在摸索、发展与总结的过程，有些也是公司的秘而不宣的核心技术。

在美国、加拿大等国的欠平衡钻井中，虽然在储层评价方面做得相对较好，但更多的还是采用"Try and err（在实践中摸索前进）"的方法——通过实钻证实欠平衡钻井的可行性和技术经济性，通过每口井的经验总结绘制学习曲线（Learning Curve），使井越打越好，也有不少的专家经验和实践总结等公司内部的技术手册供施工参考。

第二节　装备、工具与仪器

一、注入设备

1. 空压机

气体钻井用空压机一般为螺杆式空压机，是直接从大气中获取空气并进行初级加压的设备，主要由柴油机、螺杆压缩机、润滑系统、冷却系统、调节系统及控制系统等组成。空压机的排气量在 $25 \sim 40\text{m}^3/\text{min}$，工作压力为 $2.4 \sim 3.5\text{MPa}$。如图 10-2-1 所示为英格索兰空压机。常用各品牌空压机型号和基本参数见表 10-2-1 和表 10-2-2。

图 10-2-1　英格索兰空压机

表 10-2-1　国内外空压机统计

厂　家	空压机型号
美国寿力	单工况：Sullair900XHH、1050XH、1150XH、1350XH、1500XH
	双工况：Sullair900XHH/1150XH、1150XHH/1350XH
阿特拉斯	XRVS976CD、XRVS476CD、XRVS1250
英格索兰	XHP900WCAT、XHP1070WCAT、XHP1170WCAT
复盛	PDSK900S
成都天然气压缩机厂	LK-35/2.5-3QZ[①]
天津凯德公司	UBD1150/2.0[②]

①配 XRV12 阿特拉斯螺杆空气压缩机。
②配美国寿力螺杆空气压缩机。

表 10-2-2　各品牌空压机基本参数

机组型号	压缩级数	额定压力 MPa	额定排量 m³/min	质量 kg	最大环境温度，℃	适合海拔高度，m	发动机型号	长 × 宽 × 高 mm × mm × mm
900XHH	2	3.45	25.5	6917	50	4267	C15	4547 × 2235 × 2108
1050XH	2	2.41	29.8	6917	50	4267	C15	4547 × 2235 × 2108
1150XH	2	2.41	32.6	6917	50	4267	C15	4547 × 2235 × 2108
1350XH	2	2.41	38.3	6917	50	4267	C18	4547 × 2235 × 2108
1500XH	2	2.41	42.5	6917	50	4267	C18	4547 × 2235 × 2108
900XHH/1150XH	2	3.45	25.5	8100	50	4267	C15	4896 × 2184 × 2395
		2.41	32.6					
1150XHH/1350XH	2	3.45	32.6	8100	50	4267	C18	4896 × 2184 × 2395
		2.41	38.3					
XRVS976CD	2	2.5	27.2	5500	50	5000	C12	4500 × 2100 × 2460
XRVS476CD	2	2.5	27.6	6800	45	5000	C13	4500 × 2100 × 2460
XRVS1250CD6	2	2.5	36.1	7557	50	5000	C18	4560 × 2250 × 2270
XHP900WCAT	2	2.41	25.5	5757	50	5000	3406TA	4750 × 2250 × 2276
XHP1070WCAT	2	2.41	30.3	6609	50	5000	C15	5649 × 2216 × 2248
XHP1170WCAT	2	2.41	33.1	6609	50	5000	C15	5649 × 2216 × 2248
PDSK900S	2	2.45	25.5	6350	50	5000	S6B3-PTA	4615 × 2100 × 2315
LK-35/2.5-3QZ	2	2.5	32.5	7900	50	5000	C15	6200 × 2230 × 2500
UBD1150/2.0	2	2.41	32.5	7600	50	4267	C15	5000 × 2200 × 2200

2. 增压机

气体钻井用增压机一般为往复活塞式增压机，是将经空压机压缩的气体进一步增压至更高压力的设备，主要由柴油机、活塞式压缩机、润滑系统、冷却系统及控制系统等组成（图 10-2-2）。

图 10-2-2　飓风增压机

增压机的排气量为 25 ～ 97.7m³/min，工作压力为 2.2 ～ 15MPa。国内外不同机型的基本参数见表 10-2-3。

表 10-2-3　国内外不同增压机机型的基本参数

型　号	厂家	压缩机结构型式	压缩级数	进气压力 MPa	排气压力 MPa	排气量 m³/min	质量 kg	发动机型号	整机长 × 宽 × 高 mm × mm × mm
FY400	成都天然气压缩机厂	四列对称平衡式	3	1.0 ～ 2.2	7.5 ～ 17	34 ～ 70	17000	TAD1641VE	7260 × 2470 × 2650
E3430	天津凯德公司		3	1.0 ～ 2.2	17	60	13000	C16	6000 × 2440 × 2500
飓风855-62	美国飓风公司	V 型	1	1.0 ～ 2.2	6.2	97.7	7800	CAT	4700 × 2400 × 2300
			2	1.0 ～ 2.2	14.9	65.1			
Joy WB-12	Joy 公司		2	1.24 ～ 3.45	2.07 ～ 18.6	34 ～ 105	14642	C16	6706 × 2438 × 3073

3. 制氮机

气体钻井用制氮机是氮气钻井的主要设备，安装在空压机和增压机之间。采用膜法空分制氮技术制取氮气，主要由空气处理装置、膜分离器装置、控制系统及辅助装置等组成。膜分离器装置是制氮机的主体，由几组氮气膜分离器组成，如图 10-2-3 所示。

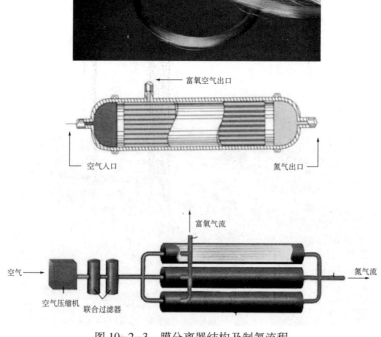

图 10-2-3　膜分离器结构及制氮流程

国内常用制氮机的基本参数见表 10-2-4，其典型设备外观如图 10-2-4 所示。

表 10-2-4　国内制氮机的基本参数

设备型号（厂家）	NPU3600 （成都西梅卡）	C5551-3600 （成都兰奥）	QZD-3600/2.5 （成都天然气压缩机厂）	NPU3600HP （天津凯德公司）
膜组名称	捷能膜	普里森膜	普里森膜	麦道膜
设备性能	工作温度：35～45℃ 进气温度：≤55℃ 进气最大压力：2.4MPa 出口最大压力：2.1MPa	工作温度：40～49℃ 进气温度：≤55℃ 进气最大压力：2.5MPa 出口最大压力：2.2MPa	工作温度：40～49℃ 进气温度：≤55℃ 进气最大压力：2.4MP 出口最大压力：2.1MPa	工作温度：35～45℃ 进气温度：≤50℃ 进气最大压力：2.4MP 出口最大压力：2.2MPa
制氮纯度，%	95～99.9	95～99.9	95～99.9	95～99.9
除油污和水的方式	通过活性炭和冷干机，分别除去油污和水	通过 4 个联合过滤器除油污和水	通过 4 个联合过滤器除油污和水	通过活性炭和冷干机，分别除去油污和水

图 10-2-4　国内典型制氮机外观

4. 高压制氮车

常见高压制氮车基本参数：

(1) 气量：900m³/h、1200m³/h 和 1800m³/h 等多种气量。

(2) 氮气纯度：95%～99.5%。

(3) 氮气压力：20～35MPa。

图 10-2-5 为高压制氮车外观。

5. 基液注入泵

充气液钻井的液体注入泵就是井场的三缸钻井泵，推荐配备无级调速的电驱泵，以便精细调节注入钻井液排量。

气体钻井和泡沫钻井用基液注入泵也称雾化泵，主要由驱动机、柱塞泵、传动系统、控制系统及高压管汇等组成，一定要求注入排量可无级调节。典型基液注入泵如图 10-2-6

所示，目前国内外气体钻井用的雾化泵基本参数见表 10-2-5。

图 10-2-5　高压制氮车

图 10-2-6　基液注入泵

表 10-2-5　国内外气体钻井用雾化泵的基本参数

研发单位	型　　号	驱动方式	结构形式	最大排量，L/s	最高工作压力 MPa	排量调节
中国石油勘探开发研究院	WHBJ-02	电动机驱动	双电动机双泵	6	15	无级调节
川庆钻采院	GYWB15-38	柴油机驱动	三缸泵	10	15	无级调节
天津凯德公司	165T-5M	柴油机驱动	三缸泵	6.2	15	换挡分级调节
国民油井公司	165T-5M	柴油机驱动	三缸泵	3.75	18	换挡分级调节
	Precision165T-5M	柴油机驱动	三缸泵	5.8	19	换挡分级调节
	KM3300XHP	柴油机驱动	三缸泵	3.15	14.3	换挡分级调节
	GD 65T（TAC）	柴油机驱动	三缸泵	3.15	18	换挡分级调节

6. 气液混合器

气液混合器用于充气液钻井作业，是把气体均匀快速地混合充填到钻井液中，实现气液均匀混合。其结构如图 10-2-7 所示。

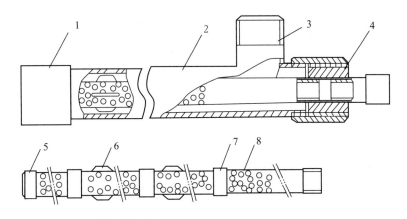

图 10-2-7 气体钻井用气液混合器示意图

1—接箍；2—外壳；3—进液管；4—内接头；5—带盲板接箍；6—扶正块；7—接箍；8—进气管

二、井口与地面装备

1. 旋转防喷器

旋转防喷器（RBOP），也称为旋转控制头（RCH），国外统称为旋转控制装置（RCD，Rotating Control Devices）。按目前我国执行的行业标准（SY/T 6730—2008《钻通设备 旋转防喷器》），标准名称确定为旋转防喷器。

国内外生产的旋转防喷器按胶芯密封钻具的方式，可分为被动密封式、主动密封式和混合密封式三类，现场常用的主要是前两类，混合密封形式的旋转防喷器仅在标准中提及。

旋转防喷器按工作压力级别可分为三类：（1）低压旋转防喷器，转动密封压力低于7MPa，静压低于14MPa；（2）中压旋转防喷器，转动密封压力 7MPa、10.5MPa，静压 14MPa、21MPa；（3）高压旋转防喷器，转动密封压力 17.5MPa，静压 35MPa 及以上压力等级。

1) 被动密封式旋转防喷器

被动密封式旋转防喷器高中低压力级别均有，尺寸和规格系列齐全。代表性的被动密封式旋转防喷器产品，国内有川庆钻探工程有限公司钻采工艺技术研究院生产的 XK 系列旋转防喷器，国外有美国 Weathwerford 公司的 Williams 旋转防喷器。

XK 型旋转防喷器井口安装如图 10-2-8 所示。

XK 型旋转防喷器有 I 型和 II 型两种系列产品。I 型产品为通常应用于气体和欠平衡钻井用的旋转防喷器（通常省略"I"型标注）。II 型产品为可使用较大尺寸钻具的大通径尺寸产品。

XK 型旋转防喷器配套使用的液控装置共有三种型号：（1）YZ-577 型液控装置为风冷型，适合大多数地区使用；（2）YZ-579 型具有强制冷与加热功能，可用于寒冷和热带地区使用；前两种型号主要与中、高压旋转防喷器配套使用；（3）YZ-578 型液控装置主要为低压旋转防喷器或试井与修井用旋转防喷器配套使用。

美国 Weatherford 公司的 Williams 旋转防喷器，是目前国外使用最广泛的一种被动密封式旋转防喷器。Williams 旋转防喷器中、高压力级别也是采用双胶芯结构，低压产品采

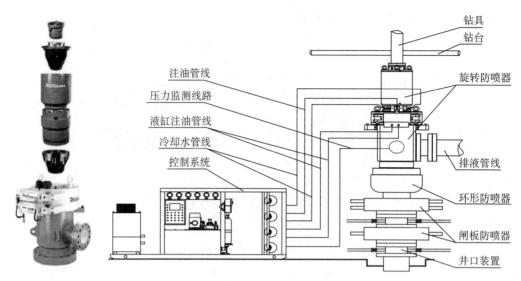

图 10-2-8　旋转控制头及井口安装示意图

用单胶芯结构，其主要密封原理和结构特点与 XK 型旋转防喷器类似。Williams 旋转防喷器规格尺寸系列齐全完备，能满足各种井况需要，但国内仅有早期进口的 7000 型和目前仍在使用的 7100 型。表 10-2-6 列出了目前国内仍在使用的 Williams7100 型旋转防喷器技术参数。

表 10-2-6　Williams7100 型旋转防喷器技术参数

主通径	$13^5/_8$in（350mm）
轴承总成通径	7in（180mm）
最大旋转动密封压力	2500psi（17.5MPa）
最大静密封压力	3000psi（35MPa）
最大转动速度	150r/min
底部连接法兰	$13^5/_8$in-5000psi6BX 法兰（350mm-35MPa 6BX 法兰）
侧出口连接法兰	$7^1/_{16}$in-5000psi6B 法兰（180mm-35MPa 6B 法兰）
侧进口连接法兰	$2^1/_{16}$in-5000psi6B 法兰（52mm-35MPa 6B 法兰）
适用钻具	3～$5^1/_4$in 六方方钻杆 $2^7/_8$～5in（73～127mm）钻杆
工作介质	各类气体、泡沫、液相钻井液
轴承总成外径	17in（432mm）
壳体高度（含卡箍吊环）	$48^{13}/_{16}$in（1240mm）
主机高度	$69^7/_{16}$in（1764mm）
主机重量	2700kg

2）主动密封式旋转防喷器

主动密封式旋转防喷器的密封是靠外力，通常施加液压力推动密封胶芯抱紧钻具来实现密封，泄压后胶芯通过尺寸与主通径尺寸一致。主动密封式旋转防喷器最大优点是操作自动化程度高，当通过钻头及稳定器等工具时，井口附近不需人员操作。同时由于液控装置可以通过井压检测值来调整抱紧密封力，因此胶芯寿命较被动密封式胶芯长。

（1）PCWD 旋转防喷器。PCWD 旋转防喷器是美国 Varco Shaffer Inc. 在 shaffer 环形防喷器基础上开发的一种主动密封式旋转防喷器产品。PCWD 旋转防喷器的密封胶芯采用其环形防喷器的球形胶芯，不同之处是在原结构上增加了支撑胶芯旋转的两组轴承和旋转动密封装置，以及冷却润滑油路。表 10-2-7 列出了 PCWD 旋转防喷器主要技术参数。

表 10-2-7　PCWD 旋转防喷器技术参数

主通径	11in（280mm）
最大旋转动密封压力	3000psi（21MPa）/ 转动速度小于 100r/min
	2000psi（14MPa）/ 转动速度小于 200r/min
最大静密封压力	3000psi（35MPa）
最大转动速度	200r/min
顶部连接法兰	13^5/8in–5000psi 6BX 栽丝法兰（350mm–35MPa 6BX 栽丝法兰）
底部连接法兰	13^5/8in–5000psi 6BX 法兰（350mm–35MPa 6BX 法兰）或 13^5/8in–5000psi 6BX 栽丝法兰（350mm–35MPa 6BX 栽丝法兰）
适用钻具	3～6in（76～152mm）六方方钻杆 2^7/8～5^1/2in（73～139.7mm）钻杆
工作介质	各类气体、泡沫和液相钻井液
主机外径	52in（1320mm）
主机高度	49in（1245mm）/ 底部法兰连接 42^1/2in（1080mm）/ 底部栽丝法兰连接
主机重量	5980kg

（2）XF 型主动密封式旋转防喷器。XF 型主动密封式旋转防喷器是川庆钻探工程有限公司钻采工艺技术研究院新开发的一种主动密封式旋转防喷器。其特点是组合胶芯密封由三部分组成。液压油作用于外层胶囊，通过传力胶芯将抱紧力传递给直接密封钻柱的内层胶芯上，现场可以方便地更换作为易损件使用的内层胶芯；另一特点是当整个主动密封系统失效时，可以直接悬挂作为应急备件使用的被动式密封胶芯，当成被动密封式旋转防喷器使用，保证继续钻进。XF35-21/35 型旋转防喷器技术参数见表 10-2-8。

2. 井控装置组合

欠平衡钻井井控装置组合配备的基本型式见表 10-2-9。

3. 节流管汇与回压控制阀

1）节流管汇功能与系统组成

欠平衡钻井不得利用防喷系统的节流压井管汇进行正常的欠平衡钻井作业，需另配一套节流管汇。通过调节回压控制阀（节流阀）的开度，达到控制井筒内返出流体的压力及流速，从而实现控制井低欠压值的目的。

表 10-2-8　XF35-21/35 型旋转防喷器技术参数

主通径	350mm（$13^5/_8$in）
胶芯通过尺寸	203.2mm（8in）
最大旋转动密封压力	21MPa/转动速度小于100r/min
	10.5MPa/转动速度小于200r/min
最大静密封压力	35MPa
最大转动速度	200r/min
底部连接法兰	350mm-35MPa 6BX 法兰（$13^5/_8$in-5000psi 6BX 法兰）
适用钻具	76～152mm（3～6in）方钻杆
	73～139.7mm（$2^7/_8$～$5^1/_2$in）钻杆
工作介质	各类气体、泡沫及液相钻井液
主机外径	1160mm
主机高度	1523mm

表 10-2-9　欠平衡钻井井控装置组合配备的基本型式

已下套管尺寸, mm		508.0	339.7		244.5			177.8		
型　　式		A	A	B	A	B	C	A	B	C
井口组合部件	工作压力 MPa	14	35	21	70	35	21	70	35	21
	自下而上		套管头下部本体							
		双法兰短节	套管头中（上）部本体③				四通①	套管头中部本体		转换法兰
		四通①	双法兰短节				双闸板防喷器④	套管头上部本体		KQS 四通
		单闸板防喷器	双闸板防喷器②				四通①	环形防喷器②		转换法兰
		单闸板防喷器 / 双闸板防喷器④	四通①				四通①	转换法兰		转换四通
		单闸板防喷器 / 环形防喷器②	双闸板防喷器	双闸板防喷器④			旋转防喷器⑤	四通①		双闸板防喷器 d
		旋转防喷器⑤ / 旋转防喷器⑤	单闸板防喷器	环形防喷器②			—	双闸板防喷器④		环形防喷器②
			环形防喷器②	旋转防喷器③				单闸板防喷器	环形防喷器②	旋转防喷器⑤
			旋转防喷器⑤					环形防喷器②	旋转防喷器	
								旋转防喷器⑤		
防喷器控制装置	控制对象 个	6	5					6		5
	公称容积 L	640～800	400～560					640～800		400～560
套管头工作压力, MPa		70	35		70	35	21	70 或 105	35	21

①气井采用双四通。

②70MPa 所用的环形防喷器，其工作压力为 35MPa，仅法兰同 70MPa 系列。

③此类亦允许用单级套管头。

④允许用两个单闸板防喷器代替，宜将其中一个单闸板防喷器放在四通下面；宜放在双四通的中间。

⑤旋转控制头与旋转防喷器等同选用。

系统由节流管汇和配套使用的控制装置组成（图 10-2-9）。管汇进口与旋转防喷器侧出口或钻井四通连接，出口接至返出液分离系统和放喷管线。

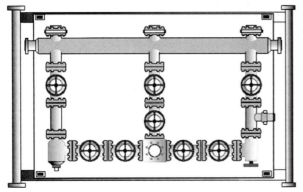 

(a)示意图　　　　　　　　　　　　　　　　　(b)现场安装图

图 10-2-9　节流管汇

2）节流管汇结构与性能参数

基本结构与组成和常规钻井用节流管汇相同，在欠平衡钻井中通常使用常规钻井用节流管汇施工。在结构和参数选用上需考虑的是：

（1）需要较大的管汇通径尺寸，通常应等于或大于 103mm（$4^1/_{16}$in），且两翼管径与主通径一致；

（2）可考虑增加一路节流通道，使用 2 只液控回压控制阀（液控节流阀）。

3）欠平衡专用节流管汇

为配合欠平衡施工服务，国外一些服务公司（Weatherford、Halliburton 等）在常规钻井用节流管汇的基础上，针对欠平衡工艺技术的特点，开发了欠平衡钻井配套使用的专用节流管汇，增加了自动调节控制及井口数据采集分析等功能，同时满足较大的管汇通径尺寸，增加节流通道等特殊要求。国内川庆钻探工程有限公司钻采工艺技术研究院也研制出了"ZKJG104-35 自控回压调节装置"作为欠平衡及控压钻井用的专用节流管汇。

ZKJG104-35 自控回压调节装置包括：（1）节流管汇装置。由液动筒形回压控制阀、手动筒形回压控制阀、手动平板阀和四通管汇等零部件组成。（2）智能控制系统。由数据分析软件，井口技术数据采集、分析、显示与记载装置，报警装置，液压机构以及储能装置等组成。

ZKJG104-35 自控回压调节装置主要技术参数：节流通径 103mm；额定工作压力 35MPa；自动调节回压范围 0～35MPa；工作温度 -29～+121℃。

4. 返出液分离装置

返出液分离装置主要是分离器、除气器和点火装置等。

1）分离器

在欠平衡钻井过程中，当气体混入到钻井液中后，钻井液中有大量大气泡的游离气体，这部分气体用气液分离器进行处理。液气分离器的主要型号及技术参数见表 10-2-10。

2）钻井液四相分离器

钻井液四相分离器可以在密闭的条件下将钻井液中的气、原油及岩屑进行分离并进行处理，可代替液气分离器和撇油罐等敞开式装置，解决了含硫地层欠平衡钻井作业的安全问题。表 10-2-11 为国外石油公司四相分离器主要技术参数。表 10-2-12 为国内川庆钻探工程有限公司钻采工艺技术研究院研制的 WS2×8-1.5/1 钻井液四相分离器主要技术参数。图 10-2-10 和图 10-2-11 为美国天然气研究院（Gas Research Institute，GRI）推荐的四相分离系统。

表 10-2-10　液气分离器的主要型号及技术参数

编　号	分离室直径 mm	工作压力 MPa	最大钻井液处理量 m³/h	最大气体处理量 m³/h	管线连接形式	进液管直径 mm（in）	出液口控制形式	出液管直径 mm（in）	排气管连接形式	排气管 mm（in）	结构形式
NQF800/0.7	800	0.7	120	3500	活接头	103 ($4^1/_{16}$)	启动阀	245（9）	法兰	245（9）	立式
NQF1200/0.7	1200	0.7	190	5000	活接头	103 ($4^1/_{16}$)	启动阀	245（9）	法兰	245（9）	立式
NQF1200/1.6	1200	1.6	215	21200	活接头/法兰	103 ($4^1/_{16}$)	启动阀/U 形管	219/245（8/9）	法兰	139/245（5/9）	立式
SLYQF-700	1200	1.6	300	—	活接头/法兰	150	启动阀/U 形管	250	法兰	200	立式
ZQF-800/0.8	800	0.8	120	12000	活接头/法兰	150	启动阀/U 形管	150	法兰	200	立式
ZQF3-1200/1.0	1200	1	200	20000	活接头/法兰	150	启动阀/U 形管	150	法兰	200	立式

表 10-2-11　国外石油公司四相分离器主要技术参数

公司名称	Halliburton	Alpine	Micoda	Veteran
罐体数量，个	2	1	1	1
罐体尺寸（直径 × 长度），m×m	2.3×3.1	3.13×6.1	2.1×5.5	2.73×12.2
容积，m³	27	25	16.3	67
定额最大压力，MPa	1.8	1.75	2	1.38-3.45
最大钻井液处理量，m³/h	231	265	132.5	—
最大气体处理量，m³/h	58000	90000	40000	40000

表 10-2-12　WS2×8-1.5/1 钻井液四相分离器主要技术参数

工作压力，MPa	1.5
钻井液处理量，m³/h	200
气体处理量，m³/h	20000
排液管通径，mm	200
排气管通径，mm	200
主机外形尺寸（长 × 宽 × 高），m×m×m	8.2×2.6×2.9
质量，t	19.5

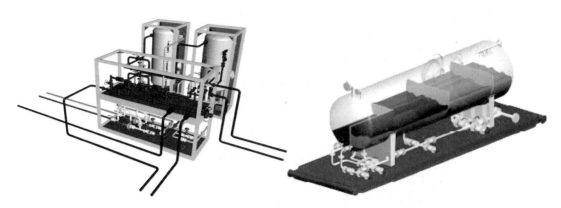

图 10-2-10 密闭的立式四相分离器系统   图 10-2-11 密闭的卧式四相分离器系统

3）真空除气器

当混入钻井液中气体气泡的直径较小时，并侵入了钻井液体系中，形成气侵钻井液，应使用真空除气器清除气体。川庆钻探工程有限公司钻采工艺技术研究院研制的 ZCQ2/3 型真空除气器主要技术参数见表 10-2-13。

表 10-2-13 ZCQ2/3 真空除气器技术参数

工作介质	钻井液
工作真空度，kPa	26.7 ～ 60（200 ～ 450mmHg）
最大钻井液处理量，m^3/min	3
工作真空度时排气量，m^3/min	1.65
处理钻井液密度，g/cm^3	1.06 ～ 2.24
除气效率，%	98 ～ 100

4）带压取样器

带压取样器是实施常规欠平衡作业推荐使用，含硫地层欠平衡作业必须使用的岩屑录井采样装置。此装置通常安装在节流管汇与分离器之间，可依据不同钻井设计取样时间，在密闭和带压情况下，对井口返出流体中的岩屑加以筛取并依据现场情况进行泄压和除硫等处理，最后对处理后的岩屑进行采样收集。随着含硫地层实施欠平衡作业的大量应用，加拿大 Veteran 能源公司，美国 Weatherford 及 Halliburton 公司，国内川庆钻探工程有限公司等都开发和使用了各型号该类型取样装置。典型带压取样器如图 10-2-12 所示。

5）点火装置

在欠平衡钻井作业中，井口返出的含气钻井液经分离器处理后，气体被分离出来，经排气管线排出井场，由安装在排气管线尾部点火装置点火燃烧。

国内目前使用较多的是 YPD20/3 点火装置和 BGDH-20J 两种点火装置，两种规格型号的点火机构均由气体燃烧器（火炬）、电子点火器及防回火装置组成。

(a)现场安装图　　　　　　　　　　　(b)实物图

图 10-2-12　Weatherford 带压取样器

三、井下工具

1. 止回阀（箭式、蝶式、可捞式、旋塞阀等）

因为钻柱内和环空内均是可压缩性两相流体，当这种流体突然停止运动时（如接单根时停泵停压风机），由于流体惯性作用管路内会产生"抽空"的低压现象，紧接着液柱压力作用下的回流。这种由环空向钻杆内的回流现象常常引起钻头喷嘴的堵塞，使得接单根后不能恢复循环。为防止这种回流现象，在钻头上接一只止回阀（有时为保险起见也有串联使用两只）。

还因为钻柱内是高压压缩状态下的两相流体，在接单根时钻柱内压缩的大量气体由于压力释放而膨胀喷出，这种喷出一则造成接单根时操作的不安全；二则单根接好后恢复正常循环，又要注入大量气体补充喷出之气体，需要时间较长。因此，在钻柱上加装若干组止回阀和旋塞组合。

当下钻到底开始欠平衡钻井前，加装第一组止回阀和旋塞，之后每隔 100～200m 再加一组。止回阀与旋塞配合使用，旋塞在下，止回阀在上。下钻时旋塞打开以保持正常循环。起钻时到旋塞部位时，关闭下部旋塞，卸掉上部止回阀；然后再将方钻杆对接在旋塞上，打开旋塞，通过方钻杆卸压，卸压后去掉方钻杆，起钻。

旋塞必须使用，否则带高压卸扣非常危险。方钻杆下部最好也单独装一只旋塞，每次卸扣前关闭旋塞，以保持压力并避免大量钻井液漏失在钻台上影响操作。

止回阀一般是带弹簧的箭式止回阀。为方便测斜仪器的下入，也有人采用蝶止回阀，但实际操作中测斜仪器上下通过蝶式止回阀是很需要耐心的。也有可打捞式止回阀，需要在钻杆内下入测斜仪器时先将止回阀取出（图 10-2-13）。

2. 空气锤与冲击钻头

空气锤与冲击钻头是气体钻井专用的井下工具，它依靠高压气体的压缩能转换为锤头的冲击能实现冲击破岩，而不是依靠钻压。气体锤击钻进具有钻速快，寿命长，有利于控制井斜的特点。应用于油田气体钻井中的空气锤为中心排气无阀式全面钻进空气锤，主要由后接头、逆止阀、配气座、气缸、外套管、活塞、尾管、保持环和钻头组成。KQC 系列空气锤技术见表 10-2-14。

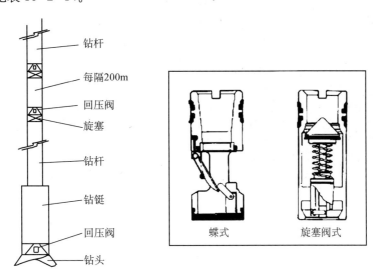

图 10-2-13 钻具止回阀

表 10-2-14 KQC 系列空气锤技术参数

产品型号	KQC275	KQC180	KQC135
配用钻头，in	$17\frac{1}{2}$、$12\frac{1}{4}$	$8\frac{1}{2}$、$9\frac{1}{2}$	6
空气锤外径，mm	275	180	135
风压，MPa	3	3	3
气量，m³/min	90 ~ 150	75 ~ 120	48 ~ 80
转速，r/min		30 ~ 50	
钻压，kN	30 ~ 50	20 ~ 30	20 ~ 30
质量（不含钻头），kg	618	277	106
连接方式	$7\frac{5}{8}$in REG（外）	$4\frac{1}{2}$in REG（外）	$3\frac{1}{2}$in IF（外）
使用寿命，h		> 50	

气体钻井中的空气锤钻头可分为整体式和分体式两种，就钻头齿的材料而言，分为硬质合金型和金刚石型，根据切屑刃形状可以分为刃片状、柱齿状和片柱混装性三种。目前应用于石油钻井的空气锤钻头主要采用硬质合金柱状齿结构（图 10-2-14）。

1）空气锤的适用范围

适用于中硬以上的高研磨性地层，但也受到地层出水和井壁稳定等方面的井下条件限制。

图 10-2-14　常用空气锤

2）空气锤钻进时注意事项

（1）地层出水时，空气锤不能进行气举作业，气举作业可能导致空气锤的气缸受到污染。

（2）若存在长井段缩径，不能直接下入空气锤划眼，以免造成空气锤钻头严重磨损，影响空气锤的钻进机械钻速和使用寿命。

（3）下钻至井底后，上提空气锤 0.5～1m 距离，通气循环，携带井底落物后，再启动钻具旋转，下放空气锤至井底正常钻进。

（4）空气锤正常钻进时，确保钻具旋转（转速 20/min 左右），钻压 20～40kN。若停止旋转必须上提空气锤 0.5～1m 距离后再停止。

（5）准备换单杆时，应在不送钻的情况下等 0.5～1min 后再停止旋转钻具；换完单杆后，通气循环，携带井底落物，确保先旋转钻具后，再下放空气锤至井底。

（6）换单杆时，必须按要求向钻杆中加入一定量的润滑剂，润滑空气锤。

（7）停气时，应该缓慢停气，以防止井底夹杂岩屑的气流倒灌至空气锤内部而污染气缸。

（8）空气锤没有倒划眼功能，当存在严重井下复杂事故的隐患时，建议起钻，替换其他钻井方式钻进。

3. 气动螺杆

利用气体钻井钻水平井时，需要气体驱动井下动力钻具。成功用于钻井液钻井的螺杆钻具并不能直接用于气体钻井。因为螺杆钻具在工作原理上是适用于不可压缩流体的容积式马达，而气体是高度可压缩的，传统螺杆钻具用于气体会出现低扭矩高速旋转的失速状态。美国一些公司对此进行了研究，发现多头螺杆更适合于气体，但总体看气体钻井用螺杆钻具的外特性和寿命还不太令人满意。气体钻井用螺杆钻具目前国外只有 Baker Hughes 等少数公司能生产。国内北京石油机械厂率先于 2002 年成功研制出了气体钻井用螺杆钻具，在国内外应用均取得了不错的使用效果，现已形成规格系列，见表 10-2-15。

表 10-2-15　北京石油机械厂气体螺杆钻具规格及适用井眼对照表

型　　号	外径规格，mm	适用井眼尺寸，in
K5LZ95×7.0	95	$4^{1}/_{4}$～$5^{7}/_{8}$
K7LZ120×7.0	120	$5^{7}/_{8}$～$7^{7}/_{8}$
K7LZ165×7.0	165	$8^{3}/_{8}$～$9^{7}/_{8}$
K7LZ172×7.0	172	$8^{3}/_{8}$～$9^{7}/_{8}$

续表

型　　号	外径规格，mm	适用井眼尺寸，in
K7LZ197×7.0	197	$9\frac{1}{2}\sim12\frac{1}{4}$
K7LZ244×7.0	244	$12\frac{1}{4}\sim17\frac{1}{2}$

4. 钻具及附件（稳定器、减振器、震击器等）

欠平衡钻井所用钻杆是 18° 锥台肩的钻杆，目的是方便通过井口旋转控制头的胶芯。同时注意每次接单根之后要平滑大钳咬痕的毛刺，以保证胶芯的长寿命。如果能够同时配套使用顶驱装置，则可以大大减少接单根的次数，延长胶芯寿命。尽管有些手册要求欠平衡钻井所用钻具的螺纹气密封（如 Grant Prideco XTM 等类型），但实际操作中用常规螺纹也未发现明显问题。

欠平衡钻井，尤其是气体钻井中，钻杆的扭矩和井壁摩擦力比常规过平衡钻井要大，钻柱的振动也要严重些，因此，钻柱的合理设计、使用和探伤应该格外关注。

对于水基钻井液的欠平衡钻井和控压钻井，下部钻具上采用的扶正器、减振器和震击器与传统过平衡钻井没有太大区别。但对气体钻井，国外的观点是尽量不用下部的扶正器、减振器和震击器，尽量采用简单及小尺寸的下部钻具组合。在我国的气体钻井钻井作业中，由于各种原因常常发生卡钻的事故和井斜问题，因此有些地区就形成了使用扶正器、减振器和震击器的方法。

尽管国内外震击器和减振器厂家很多，但是关于专门针对空气钻井而设计研制的空气震击器和空气减振器的文献报道很少，更没有相关产品的信息。从 2002 年 11 月到 2003 年 3 月北京石油机械厂研制开发的 QJ203A—I 和 QJ229A—I 空气随钻震击器以及 JZ—H203—I、JZ—H229—I 和 JZ—H279—I 空气减振器 5 个规格 13 套产品分两批发往伊朗现场（图 10—2—15）。从伊朗现场反馈信息：空气震击器及减振器能满足现场使用要求，解决了常规产品应用于气体钻井的不足。

图 10—2—15　空气震击器和空气减振器

第三节　欠平衡钻井技术理论体系

欠平衡钻井技术涉及多方面的理论体系，这些理论体系既有基于模型和软件的计算部分，又有基于测录井资料应用的现场评价部分，还有基于岩心实验的室内评价部分。不但包括常规钻井中的诸如钻柱力学设计、井斜控制或轨迹控制、安全井控、水力参数设计和钻进参数优化、套管柱设计与注水泥设计等理论计算，而且还具有欠平衡钻井技术特殊的理论体系，包括：气体钻井井筒流动、泡沫钻井井筒流动、充气液钻井井筒流动、储层伤害的预测与评价、钻进中储层流动规律、欠平衡条件下井壁稳定性、井下燃爆安全性、地层油气水产出预测、欠平衡井控安全等。

这些理论体系不但复杂，而且有些还不够完善。本节只作简要介绍。

一、气体钻井的井筒流动理论体系

在垂直井筒内，上升的高速气流对岩屑产生"升力"F_d，而岩屑的重力（浮重）F_w 则阻止岩屑上升，如图 10-3-1 所示。当升力与重力相平衡时（$F_d = F_w$），得到岩屑的沉降末速度：

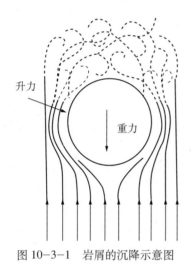

图 10-3-1 岩屑的沉降示意图

$$F_d = \frac{1}{2}\rho_c v^2 \frac{\pi}{4} d^2 C_d \qquad (10-3-1)$$

$$F_w = (\rho_c - \rho_f) g \frac{\pi}{6} d^3 \qquad (10-3-2)$$

$$v_t = \sqrt{4 g d_e \frac{\rho_c - \rho_f}{3 C_d \rho_f}} \qquad (10-3-3)$$

式中　C_d——与雷诺数和颗粒形状有关的系数（称之为阻力系数）；

　　　F_d——气动阻力，N；

　　　ρ_c——岩屑密度，kg/m³；

　　　d——岩屑直径，m；

　　　d_e——等效直径，m；

v——气流速度，m/s；

ρ_f——流体密度，kg/m³；

v_t——颗粒的悬浮速度，m/s。

而岩屑的实际上升速度为气流速度与沉降末速度之差。

气体在井筒中流动还会产生阻力，因此，井筒内气柱的有效压力等于气柱重量与流动阻力之和。显然，井越深井底的气柱压力就越大，气体也就被压缩越严重。

根据气体的压缩规律，在地面注入气体流量一定的情况下，越靠近井底气体越被压缩，气体的速度越低，岩屑的升力越小。因此，全井筒中携岩的最困难井段在靠近井底的下部；而且井越深所需的注气量也就越大。

因此，对于给定的井深和井筒直径，充足合理的注气量是气体钻井成功的关键。为此，钻井界先后发展了一系列的理论，以确定合理注气量和准确预测井内压力与注入压力。

1. Angle 理论

1957 年，Angle 以气体在水平光滑管中流动的 Weymouth 公式为基础形成了第一套气体钻井井筒流动理论体系，并出版了一系列的计算图版供现场查询。

Angle 理论使用了如下假设：

（1）气体在管内及环空中是等温稳定流动。

（2）岩屑是等径颗粒，且与气流等速（忽略了气流与岩屑颗粒间的相互作用以及固体颗粒之间的相互作用，即将气流与固体颗粒看作均相混合流体），计算气体流动压降时忽略岩屑的影响。

（3）岩屑颗粒直径为 1/10in，环空中气流流动的动能不小于标况下以 15.24m/s 速度流动的空气所具有的动能。

（4）将地层水折算成等量岩屑，与岩屑一样以颗粒状被携带（忽略地层水的复杂相态、形态以及水与岩屑间的相互作用）。

（5）Angle 的计算是由井口开始，按等径管道分段向下迭代的计算，每段计算中诸如温度、井径、摩擦系数及气体参数等都取为定值（平均值）。

Angle 所采用的计算注入最小气量的公式如下：

$$\frac{0.646 \cdot \gamma_g \cdot (T_s + G \cdot H) \cdot Q^2}{(D_h^2 - D_p^2)^2 \cdot v_{stp}^2} = \sqrt{\left(1.346 \times 10^{-4} \times p_s^2 + b \cdot T_{av}^2\right) \cdot \exp\left(\frac{3.645 \times a \cdot H}{T_{av}}\right) - b \cdot T_{av}^2} \qquad (10-3-4)$$

其中

$$a = \frac{\gamma_g \cdot Q + 0.485 \cdot ROP \cdot D_h^2}{53.3 \times Q}$$

$$b = \frac{1.25 \times 10^{-3} \times Q^2}{(D_h - D_p)^{1.333} (D_h^2 - D_p^2)^2}$$

式中　γ_g——气体的重度，N/m³；

　　　G——温度梯度，K/m；

　　　Q——注入气体量，m³/s；

　　　v_{stp}——标准状况下气体钻井的气体最小速度，m/s；

　　　D_h——井径，m；

　　　D_p——钻杆外径，m；

　　　T_s——地面环境温度，K；

　　　H——井深，m；

　　　p_s——地面大气压力，Pa；

　　　T_{av}——环空平均温度，K；

　　　ROP——机械钻速，m/h。

20 世纪 80 年代之前虽然也有很多学者对气体钻井进行过研究，但因计算过于繁琐而没能得到广泛应用。当时 Angel 的图表在计算机技术落后的年代被工程界广泛使用。但是随着现场的应用，人们发现使用 Angel 方法得出的结果与现场实际数据相差 25%，甚至更多。

2. 修正 Angle 理论

进入 20 世纪 80 年代后更多的学者开始研究更精确和便于现场应用的公式，同时计算机技术的发展也提供了应用复杂模型的便利。

1）最小速度法

Gray 考虑岩屑颗粒和气体之间的相互作用，认为气体要将固体颗粒携带出地面，则气流的速度要大于固体颗粒的终了沉降速度。该沉降速度由修正的球型颗粒的斯托克斯公式确定。

2）最小井底压力法

Supon 和 Adewumi 基于垂直管气力输送理论，研究了处于临界携岩状态的情况：当注气量很小时，井内处于密集岩屑的状态，此时的井底压力主要是岩屑重量，此时随着注气量的增大，岩屑浓度减小，井底压力由大变小，井内岩屑浓度由密集状态转换到稀疏状态。随着注气量的持续增大，井底压力会达到最小，如果继续增大注气量，井底压力会由于流动摩阻而由小变大。因此随注气量变化，井底压力存在最低值。因此，以最小井底压力所对应的气体流速最佳，从而由此确定最优注气量。但实际上气体钻井的气体携岩都处于稀疏状态，故上述理论并无实用价值。

3）最小动能法

这实际上是 Angle 的观点：结合矿山开采中气动凿岩的理论和经验，该方法认为如要使气体将井底产生的直径 1/10in 的岩屑携带至地面，其具有的动能应该不小于标况下以 15.24m/s 速度流动的空气动能。

4）Lyons-Guo 理论

Lyons 和 Boyun Guo 认为 Angel 理论的不足在于在推导公式的时候应用了光滑管流的 Weymouth 摩擦系数，这与裸眼井段的实际情况有很大偏差。故引入了 Fanning 摩擦系数对 Angel 的公式进行了改进，并将该算法从直井推广到了斜井段和水平井段的情况。目前国外工业界软件和商业化软件广为采用的模型是上述修正的 Angle 模型。

3. 真实流动规律及其理论体系（SWPU）

气体钻井中岩屑的运移是复杂的气固两相流过程，岩屑颗粒在气流中不是均匀分布的，而是随岩屑颗粒被运移和携带的状态呈如图 10-3-2 所示的不同流型。气体钻井中气固两相流的流型如图 10-3-2 所示。

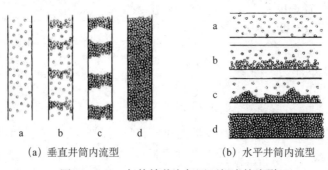

(a) 垂直井筒内流型   (b) 水平井筒内流型

图 10-3-2　气体钻井中气固两相流的流型
a—均匀流；b—疏密流；c—噎塞流；d—填塞流

显然，气体钻井井筒中正常的携岩为均匀流（稀疏固相颗粒的均匀流），少量出现疏密流也是允许的（实验室确定的出现疏密流的固相体积浓度为 4%，建议实际气体钻井的安全临界值为3%）。局部的噎塞流是危险的极限状态，一旦出现就应立即采取措施消除之。填塞流绝对不允许出现，一旦出现其结果就是"卡钻"。

首先，岩屑不是等径的，小至粉尘颗粒（微米级），大至厘米级的片状岩屑，中值为数毫米级。其次，流道不是等径的，有井眼崩落性的井径扩大，有软岩变形的井径缩小，还有钻具尺寸变化和套管段到裸眼段的尺寸变化，这些被称之为流道的关节点。在流道扩大之处，气流速度降低，不等径的颗粒群通过此处，小颗粒继续上行，而大颗粒岩屑在此处减速，上下跳跃，甚至悬浮，此处的岩屑浓度变高，井筒中开始出现疏密流。随着钻进时间延长，此处岩屑浓度越来越高，最终形成噎塞流，甚至填塞流（尤其是循环停止，大量悬浮岩屑滑落、下沉，在井底或流道减小处形成填塞流）。尤其是泥质岩屑在地层出水条件下，此处极易形成泥包，如图10-3-3所示。

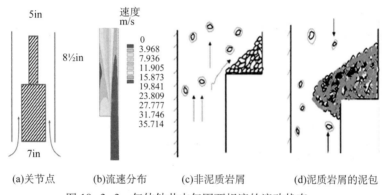

(a)关节点　　(b)流速分布　　(c)非泥质岩屑　　(d)泥质岩屑的泥包

图10-3-3　气体钻井中气固两相流的流动状态

另外还有井眼直径的变化，有井眼崩落性的井径扩大，有软岩变形的井径缩小，这些也是极其不利于气体钻井携岩的。尤其是井径扩大，在扩大井段气流速度降低，不等径的颗粒群通过此处，大颗粒岩屑在此处减速，悬浮，甚至沉降聚集，此处的岩屑浓度变高。例如，某井在2500m井段出现一处井径扩大，井径由6in扩大至8in，扩大井段长度为5m，则环空携岩比动能的分布如图10-3-4（a）所示，在井径扩大段携岩比动能小于临界值。图10-3-4（b）所示的岩屑浓度分布，在扩大点达到5‰，超过了临界值的3‰，预示该井段可能产生岩屑堆积，引起井下事故。

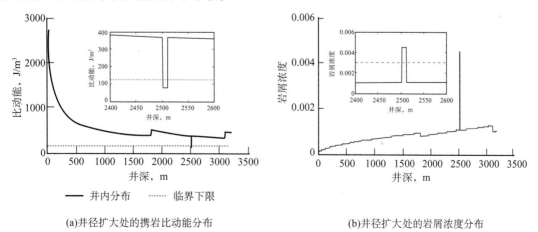

(a)井径扩大处的携岩比动能分布　　　　(b)井径扩大处的岩屑浓度分布

图10-3-4　井径扩大时环空气体携岩情况

地层微量出水的条件下，Angle 理论及修正的 Angle 理论将地层水简化为等量岩屑，按颗粒状携带处理，这与现实严重不符。通过西南石油大学在实验架上用高速摄像机研究气体携水的结果发现，地层水被携带的真实过程图如图 10-3-5 所示：小部分液体在管壁上以液膜的形式被携带，液膜表面不断地被撕裂成液滴而进入气流，气流中也不断地有液滴加入液膜，液膜厚度保持动态平衡，液膜被气流摩擦剪切而向上移动。大部分液体在雾状气流中以液滴形式被气流携带，小液滴不断碰撞与聚并成为大液滴，大液滴又不断被分散成为小液滴，如此保持液滴尺寸的动态分布。气流速度越高，液滴分散得越细，越有利于携带地层水。液膜厚度和液滴大小受气液界面张力的影响很大，因此加入表面活性剂可以使液滴细分散，非常有利于提高携水量。

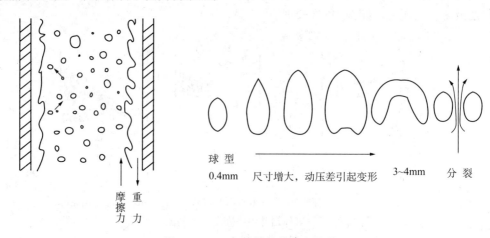

图 10-3-5　气体钻井的携水机理

地层微量出水条件下的岩屑携带，如果岩屑对水是化学惰性的，其情形将如图 10-3-6 所示。岩石颗粒的表面多是水润湿的，因此，当岩屑颗粒与水碰撞时，水滴便沿着岩屑颗粒铺展开来，形成包围颗粒的水膜，液膜的厚度和形状与颗粒大小、气液界面张力及气体流速等有关，很高的气流速度会使液膜变形，并撕裂出小液滴，而液膜厚度会变薄。

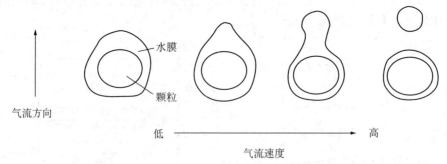

图 10-3-6　单颗岩屑上的液膜

岩屑尺寸不同其运移速度不同，包有液膜的岩屑会相互碰撞。两颗岩屑碰撞后将形成"液桥"，两颗岩屑被液桥力相连接。因为液桥力比较小，被液桥力相连的岩屑在后续碰撞中容易分开，水与化学惰性的岩屑，在气流的运移中不断地被聚并和分散而保持动态平衡。因此，化学惰性的岩屑在地层出水的情况下不会对环空携岩造成很大影响。

如果岩屑是泥页岩颗粒，岩屑吸水后会发生水化膨胀和分散，岩屑颗粒会变成黏性"软泥团"。两颗软泥团之间碰撞，软泥团与钻具或井壁间的碰撞，都会产生很大的"黏附力"（静电力与化学键力），尤其是"关节点"处和流道拐弯处。此处泥团越积越多，最终形成"泥饼圈"。因此，泥页岩地层出水条件下，哪怕是及其微量的出水，都是井眼净化的大麻烦。所以人们说"地层出水是气体钻井的最大敌人"。

因此，真实可靠的气体钻井流动计算不是基于简化的解析模型，而是考虑流道的尺寸变化及井斜角及地层出水等关键因素，直接由可压缩黏性流体的质量守恒、动量守恒和能量守恒三大基本方程出发，再耦合气体相态方程、颗粒沉降方程及液滴沉降与聚散方程等，结合边界条件，用差分数值解法的到数值解。

某井，相同测量井深，水平井与垂直井气体携岩情况对比如图 10-3-7 所示。

二、泡沫钻井的井筒流动理论体系

泡沫由可压缩的气相（如氮气、空气、天然气等）与含有高浓度表面化学剂和泡沫稳定剂的液相组成。泡沫流体中气体体积占总体积的百分比称为泡沫质量数。表面活性剂分子具有疏水性的头和亲水性的尾，在气液界面上表面活性剂分子"头向气、尾向液"而整齐密集地排列。结构型泡沫的气泡与气泡之间即为 Plauto 膜，由两层表面活性剂分子构成的气液界面夹一层薄液膜，泡沫质量数越大，所夹之液层越薄。因此，泡沫是一种结构均匀分布的、稳定的气液两相流体，如图 10-3-8 所示。

当泡沫作为钻井流体在井内循环时的任何深度下，由于温度和压力的变化，泡沫流体的形态、体积、密度及流变性等一系列参数也随之而发生变化。泡沫钻井流动计算的关键是泡沫的可压缩性、流变性和稳定性。泡沫的可压缩性直接控制着静液压力的分布，而泡沫的流变性则直接控制着泡沫悬浮及携带岩屑的能力和泡沫流动的摩阻压降。泡沫的诸多性能中，泡沫的流变性是最重要，而且又最复杂的，它不但与液相流变性直接相关，而且还与泡沫的结构形态直接相关。

泡沫结构包括气泡的尺寸大小和尺寸分布范围，以及气泡的形状和相互间的关系，还包括液体在泡沫中存在的形态与方式。泡沫的质量数不同，其结构形态亦不相同。按泡沫质量参数的差异可划分为 4 种形态。

（1）气泡分散区（含气液相区）：泡沫的质量数小于 52%，此时各气泡为相互分开互不接触的球形泡，泡沫未形成结构。此时泡沫流体的切力，基本上是基液的切力，没有泡沫的结构切力。此时泡沫流体的有效黏度，一部分是基液黏度，一部分是孤立的球形泡在流动中相互摩擦和碰撞产生的附加黏度。此时流型属于牛顿流型（或泡沫基液的流型）。

（2）气泡干扰区（湿泡沫区）：泡沫的质量数为 52% ~ 75% 时，泡沫开始逐渐形成结构（球泡胀大，相互接触，接触面成两个气液表面夹中间一个薄液层的结构，整个气泡由球型向空间多面体过渡），泡沫的结构切力和结构黏度迅速增加，开始出现结构黏度。

（3）气泡变形区（结构泡沫区）：泡沫的质量数为 75% ~ 98% 时，此时泡沫形成空间多面体（理论状态为平面 5 边形组成空间 12 面体）的紧密结构，接触面处两个气液表面夹的中间液层变薄，泡沫流体的有效黏度和有效切力最大，而且主要是泡沫的结构黏度和结构切力，此时流体属于宾汉流体或带屈服值的假塑性流体，泡沫的结构黏度达到最大。

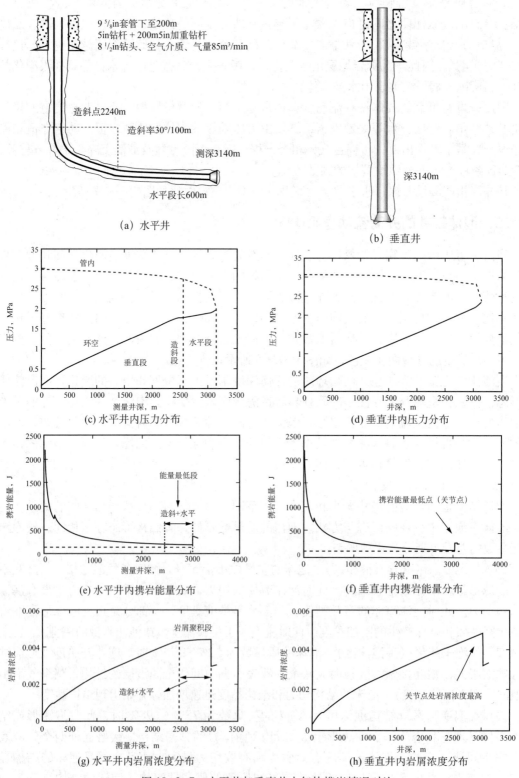

图 10-3-7 水平井与垂直井中气体携岩情况对比

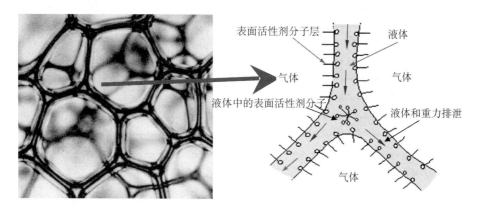

图 10-3-8　泡沫的 Plauto 膜与泡沫的结构流体特性

（4）雾化区（干泡沫或脆泡沫区）：泡沫质量数 ≥ 98% 时，泡沫膜变得薄而脆，总体形成不稳定的"干、脆"泡沫，甚至破泡成雾。注意：破泡成雾的临界质量数 98% 是一个大概估计值，不同泡沫有不同的破泡成雾点，尤其是稳定黏稠泡沫，有时破泡成雾点高达99.99%。

泡沫的几种基本形态如图 10-3-9 所示。

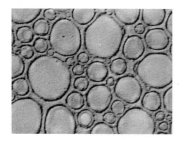 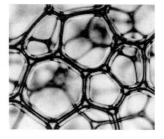 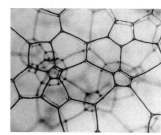

(a)气泡分散区（0≤Q≤52%）　　(b)气泡干扰区（52%≤Q≤75%）　　(c)气泡变形区（75%≤Q≤98%）

图 10-3-9　泡沫的基本结构形态（Q 为泡沫质量数）

注：简单的空间几何推导也许对理解泡沫结构有利。等径球在空间的对心排列，球体积的空间比为 0.5236，因此，当球体积比小于 0.52，各等径球就成为互不接触。等径球在空间的错位紧密排列，球体积的空间比为 0.7405，因此，当球体积比达到该值时，各球相互挤压，球开始变形。当球体积比大于 0.7405 后，若球体积比进一步增大，相接触的球在接触点开始挤压变平，球向空间多面体发展（平面 5 边形组成空间 12 面体），此时泡沫呈强结构状态。

图 10-3-10 所示的泡沫流变性与泡沫质量数的关系曲线为 Mitchell 于 1971 年针对某种泡沫基液在常温常压下所做的实测结果。显然，泡沫基液不同，流变曲线也应有所不同。因此，最准确最实用的方法是实测不同压力、温度和质量数下泡沫的流变性，然而这是很困难的。传统的 6 速旋转黏度计肯定是不适用的。各种高温高压旋转黏度计也是不适用的，因为在测量过程中泡沫的液体析出已经使测量筒内泡沫产生了上下性质的变化，测不到真实的流变参数。目前公开发表的有关论著中关于泡沫流变性高压测量的结果均由实验室内的泡沫管流实验装置所做，这些实验中改变泡沫质量数进行测试实验工作量大，消耗泡沫量大，装置不能方便用于现场。因此，泡沫流变性的现场实测仍是一个困难。

泡沫的流动计算由可压缩黏性流体的质量守恒、动量守恒及能量守恒三大基本方程出发，再耦合泡沫流体的 PVT 方程，泡沫流变性方程，以及颗粒沉降方程等，结合边界条件，用差分数值解法的到数值解。

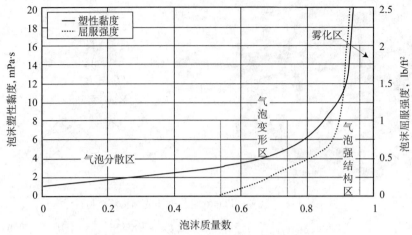

图 10-3-10　泡沫流变性与泡沫质量数的关系

例 1：以 Tbk-14 井为例，Jahrum 和 Pabdah 地层，缝洞型石灰岩，开放型漏失通道。采用稳定泡沫钻井，井段 45 ～ 550m。钻头尺寸 26in（补充井身结构和钻具组合）。设计注气量为 80 ～ 120m³/min，注液量为 6 ～ 8L/s。图 10-3-11、图 10-3-12 和图 10-3-13 为注气量 100m³/min，注液量 8L/s 条件下的流动参数计算结果。

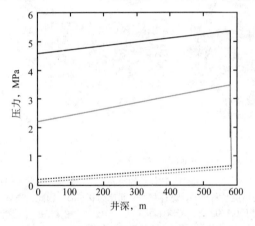

图 10-3-11　压力分布

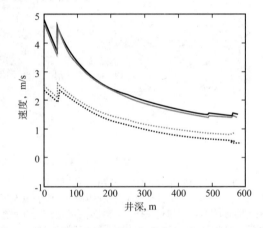

图 10-3-12　速度分布图

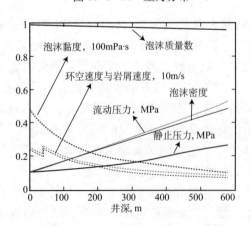

图 10-3-13　稳定泡沫钻井流动参数

三、充气液（或含气液）钻井的井筒流动理论体系

充气液由高压压缩气体（如氮气、空气、天然气等）直接注入不含表面化学剂的液体（水基钻井液或油基钻井液）而成，而含气液则是指地层产出气体混入环空钻井液的情况。显然，地层产气情况下的欠平衡钻井，其环空都是含气的气液两相流。以下叙述中将不再区分充气液和含气液，通用充气液表示。由于浮

力，气体相对于液体有强烈的滑脱现象，因此，充气液属于不稳定的气液两相流体。单位体积内含有的气体体积分数称为气液比，任一截面上气体体积流量除以截面面积为气相表观速度，同样定义液相表观速度。一定液量和一定气量混合的气液两相流，在不同的井深，由于压力和温度的不同而有不同的气体体积，呈不同的流动型态，简称流型。井底深部井段，由于液柱压力大，气体被强烈压缩，体积很小，故此处气体呈圆型小气泡状态分散在液体中，此种流型称为泡流。随着气液混合流体向上流动，液柱压力减少，小气泡膨胀变大，圆型小气泡胀大为蘑菇状小气泡，之后再膨胀则成为弹状大气泡，此种流型称为弹状流。气液混合流体继续向上流动，液柱压力进一步降低，弹状气泡进一步膨胀，逐渐成为占据绝大部分环空面积的长弹状气泡，使得环空成为一段液、一段气的流动状态，称之为段塞流。气液混合流体继续向上流动，液柱压力进一步降低，气体进一步膨胀，段塞流转化为气液成块状混合的流动形态，称之为混块流或搅动流。气液混合流体继续向上流动接近井口，液柱压力变得很低，气体体积充分膨胀，而液体体积却不再变化，气体变成连续相，在很多的气体中很少的液体的一部分为气流中的雾滴，而另一部分则在固体壁上成为环状液膜，称之为环雾流。

垂直环空中的气液两相流流型划分如图 10-3-14（a）所示。不同的流型有不同的流动阻力计算公式，不同的流型也有不同的岩屑携带能力：泡流的携岩能力等于或略强于基液，环雾流的携岩能力就很差了（接近气流的携岩能力）。因此，在做气液两相流水力学计算中，首先要确定流型。图 10-3-14（b）所示为比较通用的流型分区图，它是由理论模型再加大量实验得出的半经验模型。然后，通过大量的理论研究和实验研究，得出每一种流型下流动阻力和悬浮岩屑能力的计算公式。

全井的充气液钻井的流动计算，由可压缩黏性流体的质量守恒、动量守恒及能量守恒三大基本方程出发，再耦合气体的 PVT 方程，流型判别方程以及不同流型下的流动摩阻和颗粒沉降方程等，结合边界条件，用差分数值解法的到数值解。

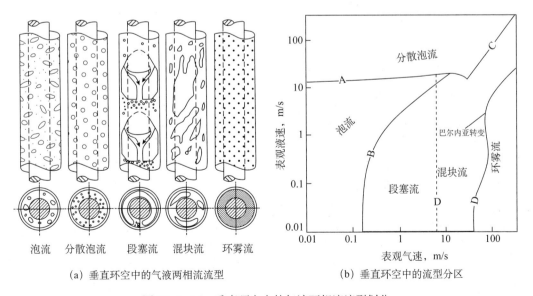

（a）垂直环空中的气液两相流流型　　　（b）垂直环空中的流型分区

图 10-3-14　垂直环空中的气液两相流流型划分

例2：某井井身结构：ϕ244.5mm 套管下至 3210m。ϕ215.9mm 钻头钻至 4200m。钻具组合：ϕ215.9mm 钻头 $+\phi$159mm 钻铤 ×16 根 $+\phi$127mm 加重钻杆 ×6 根 $+\phi$127mm 钻杆。注气量 10m³/min，钻井液排量 23L/s，钻井液密度 1.07g/cm³。计算结果如图 10-3-15 和图 10-3-16 所示。

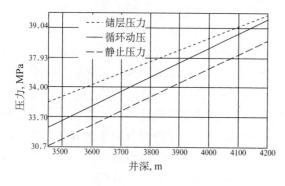

图 10-3-15　裸眼井段环空压力

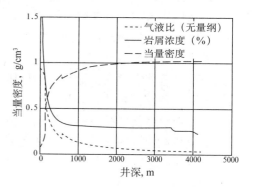

图 10-3-16　环空液体当量密度

四、欠平衡钻井的井壁稳定性理论

采用欠平衡钻井，首先要使钻井液液柱压力降低到储层压力之下。此时遇到的第一个要回答的问题就是：钻井液密度降低后，井壁的稳定性是否可以保证？紧接着可能要回答的问题是：如果评价结果表明，欠平衡条件下的钻井液密度不能保证井壁稳定，能否通过调整钻井液的体系和性能，增强井壁的稳定性？为了回答上述问题，就要对井壁失稳进行分析。对于非泥页岩地层的井壁稳定性，已有相对成熟的一套理论体系和分析手段（见本手册第二章）；而对于泥页岩地层的井壁稳定性，由于存在泥页岩对水的物理化学反应，其井壁失稳的分析、评价要复杂得多，而且在国际上目前尚未形成成熟、统一的理论体系。但理论和实践都表明：完全可以通过调整钻井液的体系和性能，使泥页岩水化影响大幅度减小而强化井壁稳定，因此可以实现降低钻井液密度、欠平衡钻井的目的。

第四节　气 体 钻 井

一、气体钻井地面注入流程

首先由气体钻井的井眼尺寸、井深和井型（直井、斜井、水平井）等主要参数计算所需气量上限（考虑地层出水向上浮动30%），由此决定空气压缩机组的配备。由所钻地层的预测最大压力决定井口组合（对空气钻井的非储层提速，采用低压旋转头，或采用常规防喷器组合加中低压旋转头。对储层钻进，采用高压防喷器组合加高压旋转头）。由所钻地层排放的压力确定气体钻井的排屑系统（如果是非储层的空气钻井提速，则只用排屑管线。如果是钻开储层，则在采用排屑管线的同时，必须在防喷器组合上连接井控节流管汇、放喷管线和压井管线）。

1. 空气钻井地面注入

空气钻井地面注入流程如图 10-4-1 所示。

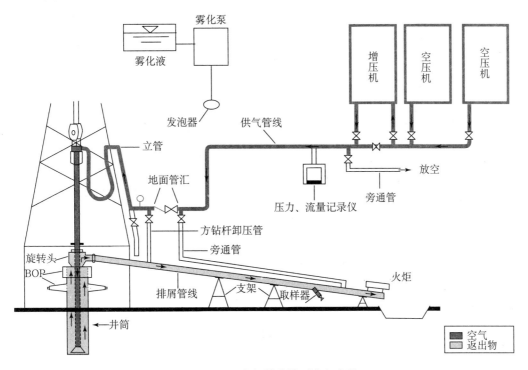

图 10-4-1　空气钻井地面注入流程

地面注入管线不应太细太长，沿途各组件不应产生过大流动阻力。地面注入管线与合理的钻具组合共同使用，应保证正常气体钻进时只用空气压缩机，而不需要开动增压机。虽然说干气体钻不需要雾化泵，但雾化泵是气体钻井的标配装备，在举水和吹干井眼时可能用到。

2. 氮气钻井地面注入流程

与空气钻井相比，只是增加膜制氮机，该机组将空气压缩机的气体排除氧气，制取纯度在 95% ~ 98% 的氮气。氮气钻井地面注入流程如图 10-4-2 所示。

3. 天然气钻井地面注入流程

天然气钻井典型地面注入流程如图 10-4-3 所示。

对气源井的要求是，距离不能太远，压力稳定，产量充足，产出不含硫或 CO_2 等酸性气体。对输气系统的要求是，天然气脱水，输气压力在 4 ~ 8MPa，要特别小心输气管线的天然气水合物"冰堵"。井场节流阀将压力降至 3MPa 左右，输送至立管。如果节流阀（气源井的、井场的）会出现节流制冷的冰堵问题，则改用多级节流。必要情况下井场上配天然气增压机，供高压举水或处理事故用。

天然气钻井的井内流程和地面返出流程与其他气体钻井基本一致。天然气钻井中重要的关注点之一是地面各处天然气泄漏引起的失火与爆炸问题，因此，试压和检漏工作应特别仔细，紧急预案更要充分和细致。

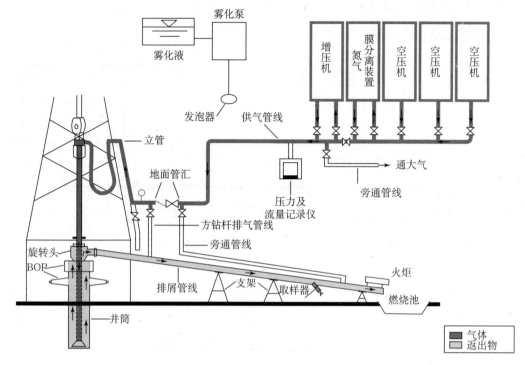

图 10-4-2　氮气钻井地面注入流程

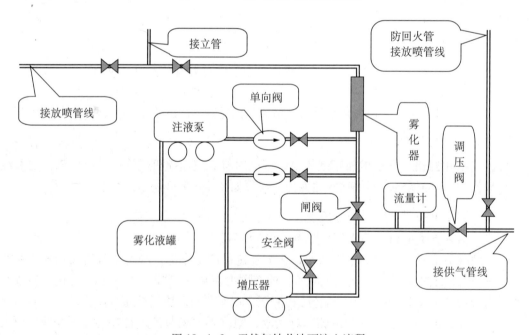

图 10-4-3　天然气钻井地面注入流程

二、气体钻井井下工具

如同常规钻井液钻井一样，气体钻井中高压气体由立管经水龙头或顶驱注入钻杆，经钻头水眼到达井底，携带破碎的岩屑和其他地层产出物（油、气、地层水）经环空返至井口。但由于气体是本质上不同于液体的特殊流体,故其井内循环流程有很多的特殊之处。

1. 钻具组合

一般形式的气体钻井钻具组合为:钻头 + 箭形止回阀 + 钻铤 +18°斜坡钻杆 +(旋塞阀 + 箭形止回阀)+18°斜坡钻杆 + 方钻杆下旋塞阀 + 六方方钻杆(或至顶驱)。

钻头上的箭形止回阀,防止停止注气时环空气体携带岩屑回流至钻杆内,从而造成钻头水眼堵死。如果没有此箭形止回阀,已有多次堵死钻头水眼的事故发生。

18°斜坡钻杆是为了钻杆顺利通过旋转控制头的胶芯。同样由于旋转控制头胶芯的密封需要,需用六方方钻杆替代四方方钻杆。

长井段的气体钻井、欠平衡钻井及控压钻井,建议采用顶驱。因为在这些作业过程中接单根的时间比常规钻井的长很多(包括停气和注气,胶芯提出和下入,钻杆接头的毛刺打磨等),而顶驱可以节省 2/3 的接单根次数。同时顶驱还有着很强的井下事故和复杂情况的处理功能。

由于气体是高度可压缩的,如果接单根时将钻柱内气体全部放空,则需要较长时间;接完单根后再充气建立循环压力,又需要较长时间。因此,在下钻到底后,钻杆上装第一组止回阀,这样在后续钻进中,由该止回阀到钻头的大段钻杆内的高压气体就不会在接单根时被泄掉,大大节省了接单根的时间。当钻进井段足够长时(一般为 200m 以上)再增加一组止回阀,以防止该部分钻杆内高压气体在接单根时的释放。

除钻头处的止回阀以外,钻柱上的止回阀一定与旋塞阀配用,旋塞阀在下,止回阀在上,否则起钻时将无法泄掉止回阀之间封住的高压气体。起钻时,先通过泄压管线泄掉立管至钻杆柱止回阀之上的高压气体,然后正常起钻。当起出止回阀时,先关闭止回阀下的旋塞阀,之后卸掉止回阀,之后将钻柱与方钻杆连接,打开旋塞阀,通过泄压管线泄压,泄压后正常起钻。

2. 钻头水眼

气体钻井中钻头一般不装喷嘴(为减小注入压力)。在大尺寸钻头(如 $17\frac{1}{2}$in 钻头)时,堵一个水眼造成两股强射流的不对称井底流场,对井底清岩是有好处的。对装有小尺寸喷嘴的情况,计算中应校核其超临界流的制冷效应,防止出现结冰现象。

3. 空气锤和井下动力钻具

如果用空气锤钻进,则参考供应商的产品资料,空气锤有其适应的压力和气量。如果注气量远大于空气锤的工作气量,则应在空气锤之上,加装分流阀,分流一部分气体直接至环空。空气锤工作中应定期加入大量抗爆型润滑油。同时应避免钻杆内铁锈等固相杂质进入空气锤。

如果用井下螺杆钻具,则应在流动计算中根据螺杆的气动外特性曲线,考虑其注入气量和压力降,并确定合理的钻压和钻速。

4. 钻柱附件

在气体钻井中对井下三器(扶正器、减振器、震击器)的应用不同于常规钻井液钻井。在气体钻井中由于环空携岩方式主要靠高速气流对岩屑的冲击,同时也由于气体钻井处理井下复杂及井下事故的能力差，故希望环空畅通，希望钻柱简单，希望钻进中少发生井下复杂。对扶正器、震击器和减振器，原则上建议不用或少用。

5. 钻柱

气体钻井过程中由于井筒内无钻井液，故钻柱的强度设计有所不同，钻机的提升力计算也不相同。如果是定向井或水平井，则钻柱的扭矩和起下钻摩擦阻力等的计算也不相同。

气体钻井中套管强度设计也有极大不同，尤其是井内无液柱压力，故应按掏空计算。

三、气体钻井地面返出设备

钻井液钻井岩屑是靠黏切力和浮力携带岩屑，当钻井液停止流动时靠浮力和黏切力克服岩屑重力使其悬浮而不下沉。气体钻井中气体几乎没有黏切力，没有浮力，岩屑靠高速气流的冲击被运移，在水平管道中由于气体流速与重力垂直，岩屑极易沉淀，极易在流道和拐弯处产生阻挡。因此，气体钻井的排屑管线不同于钻井液钻井。如果气体钻井采用多拐弯多变径的排气管，岩屑极快就会沉淀、堵塞。

气体钻井的排屑系统有环保密闭型和开放型两种。环保密闭型所用很少。我国现场广泛采用开放型气体钻井排屑系统，如图 10-4-4 所示。

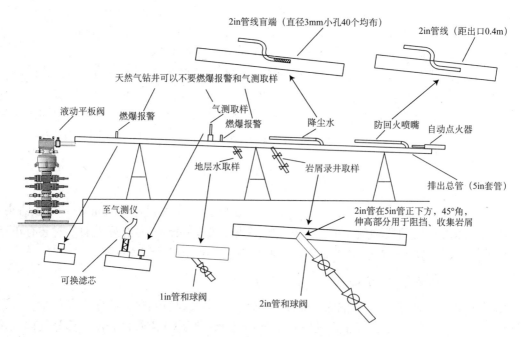

图 10-4-4　开放型气体钻井排屑系统

连接在旋转控制头上的气体钻井排屑管线一定要保证直（无拐弯）、通（无变径、无阻挡）、平（平直无起伏，向下微倾斜，有利于大颗粒岩屑流动运移）以及适当直径。如图 10-4-2 所示，直、通的排屑管线一般下倾 15° 左右，为安全其方向在顺风向 45° 左右。其内径一般与井筒环空面积相当（过大直径造成流速低携岩差；过小直径造成对环空憋压而不利携岩），采用等径的直通管，不要变径，不要拐弯。排屑管线长度推荐 100m，通燃烧池。

在某些井场受限的情况下，不得不采用拐弯的排屑管线。此时要考虑尽量少拐弯与拐缓弯（圆弧过渡弯，而不是直角弯）。拐弯处的冲蚀是大问题。但不赞成采用直角弯带盲管段的抗冲蚀结构（在排屑量突然增大时容易堵塞）。整条排屑管线要固定牢靠，因为在举水和排水过程中的瞬间冲击动能是极大的，有拐弯的排屑管线应格外小心。

排屑管线上有一系列的附件：

（1）自动点火器：这一般是液化气罐和远控电点火的点明火。简易情况下也可用长扒杆端部绑棉纱浸柴油的火炬。点火位置应该距离出口一定的射流卷吸扩散区。

（2）防回火喷嘴：这是置于排屑管中心的 2in 管线，位于距离排屑管出口 4 倍于排屑管内径之处（这样方可保证防回火喷嘴的气流到达出口前扩散为占据整个管道面积的气流，起到防回火作用）。防回火喷嘴接在供气管线上，当接单根及停止井内注气时，开始向防回火喷嘴供气。

（3）降尘水喷嘴：为消除排屑口排出粉尘的环境保护问题，通过降尘水喷嘴喷入雾化水降尘。

（4）岩屑录井取样器：钻进时上球阀开，下球阀关。取样时，关上球阀，开下球阀。注意，取样前一定先观察 H_2S 监测数值，确保安全后再操作。

（5）地层水取样器：该取样器管段内有防止岩屑进入及允许地层水进入功能。打开一个极小间隙，可观察是否有地层水产出，并对地层水取样。

（6）在线监测器：装有 2 ~ 3 个在线监测器，气样经水分和粉尘等过滤后送至综合录井的气测仪和专用的气体钻井在线监测仪。

（7）液动平板阀：提速钻井中不需要，储层钻井中需要。储层钻井中，如果转入井控程序，则关闭该液动平板阀，使返出气体走井控节流管汇。但注意，不能用井控节流管汇和放喷管线当排屑管钻进。

四、气体钻井主要工程难题

1. 井眼净化

气体钻井中岩屑携带靠的是高速气流对颗粒的紊流阻力，该紊流阻力克服颗粒重力得到颗粒上升速度，气体钻井的岩屑尺寸都极小，因此，气体钻井也被称为粉尘钻井。井底首次破碎的岩屑，大颗粒不能被气流携带，则会回落井底再次破碎，直至成数毫米级的小颗粒，被气流吹上来。在环空上移过程中，泥页岩类的低强度岩屑在碰撞和钻柱碾压等作用下再次破碎，成漂浮灰尘状；而砂岩和石灰岩等硬颗粒，则成毫米级颗粒。

正常情况下直井的气体钻井，只要设计气量充足，环空畅通无阻，其净化携岩是不成问题的，气流举升力的筛选和钻头的重复破碎，会使所有岩屑都成毫米级颗粒上移。井壁的局部剥落掉块也会被破碎成毫米级颗粒而携带。良好的井眼净化，除了设计与施工中的认真计算和分析之外，现场的监测也很重要。现场监测包括携岩情况监测和地层出水监测等。一旦地层出水，气体钻井的携岩净化将变得很糟，尤其是砂泥岩剖面的地层。水平井的携岩也完全不同于直井：由于在水平段气体流动方向与岩屑沉降方向相垂直，使得脱离井底的大颗粒岩屑不会回落到井底被再次破碎，而是滞留在下井壁上成为岩屑床。

2. 地层出水

"地层出水"是气体钻井（尤其是有泥页岩地层）的大敌。"地层出水"的第一大问题是"泥包"。地层水使泥页岩屑水化，变成黏性泥球，这些泥球相互碰撞，黏结成更大泥团，在钻头、扶正器、关节点（钻杆与钻铤过渡处，套管与裸眼过渡处）及拐弯点（如井口旋转头出口处）形成泥包。有一种"地层出水"是看不见的，因水量太小只是潮湿了井眼和岩屑粉尘，地面看不到出水，但也看不到岩屑和粉尘，井内已经泥包了，称为"潮湿井眼"。

"地层出水"的第二大问题是"井壁失稳"。地层水，或为了排除地层水而采用的雾化液和泡沫液，使某些水敏性强的泥页岩地层水化失稳，这几乎是一个普遍现象。

对付"地层出水"，目前国内外均无有效办法。虽然有不少文献谈地层水的预测与封堵等技术，但均未形成真正实用的成熟技术。地层出水的预测，除了结合当地浅表层地质水文资料，确定表层套管下深以封堵浅表层地层水外，对深层地层水预测准确性较差，基本上是"遭遇战"。地层出水之后，最实用的成熟技术就是转为雾化钻井或泡沫钻井，但是对我国绝大部分陆相沉积都因为泥页岩水化井塌问题而应慎重采用。

对没有泥页岩水化的泥包及井塌的地层（如伊朗的海相地层、玉门的变质岩地层、大庆的火山岩地层等）"地层出水"一点儿都不可怕，只要采用雾化钻井或泡沫钻井充分排水就可以了。

雾化钻井仍是连续气相、岩屑和水滴呈分散颗粒状的气体钻井方式。注入的雾化液是加有表面活性剂的清水，其作用是降低气液界面张力，使地层水成细小颗粒的雾态，从而便于携带。如图10-4-5所示为某6in井眼5800m井深的直井，气体钻井和雾化钻井的排水计算对比。

如图10-4-5（a）所示，正常空气钻井条件下携水能力为2.6m³/h。当遇地层出水时，首先将气量增大30%（由60m³/min增至80m³/min），携水量增大至4.8m³/h。如果出水量继续增大，则注入雾化液（0.5L/s，设使气液界面张力减小50%），则携水量增大至10m³/h。

泡沫钻井不但携水能力更强（可达每小时数十立方米），而且不会产生泥包问题（雾化钻井不能解决泥包问题，而泡沫钻井可以将岩屑分散开，并固定在泡沫结构中，避免了岩屑的碰撞与聚并，从而解决了泥包问题）。

3. 井壁稳定

首先，气体钻井中因为井筒内没有液柱压力支撑井壁，气体钻井稳定井壁的能力很差。对于需要液柱压力稳定井壁的场合，不推荐采用气体钻井。例如，蠕动变形的软岩地层，需要液柱压力制止软岩流变（四川盆地雷口坡组的石膏地层，气体钻井很难通过）。又例如，无胶结或弱胶结的破碎性地层（深井煤层或中深层煤层水平井），这种地层需要正压差的封堵和液柱压力稳定地层。还有就是高构造应力地层（构造破坏应力大于岩层本身的强度）也需要液柱压力稳定井壁。

其次，气体钻井中因为井筒内没有水基液体，从而没有泥页岩水化造成的井壁失稳问题，因此在某些情况下井眼稳定性会有提高，甚至比钻井液钻井的井壁稳定性还要好。

一般来讲，只要除去蠕动软岩及弱胶结破碎岩，高的异常构造应力和高压高产储层这几种情况，在地层不出水的条件下，气体钻井的井壁稳定性是相当好的。只要有泥页岩层存在，一旦地层出水，或是外来水基工作液进入，井壁失稳是极难避免的。理论上讲，可以调整入井工作液的各种性质去避免泥页岩坍塌，但实际上比较困难。

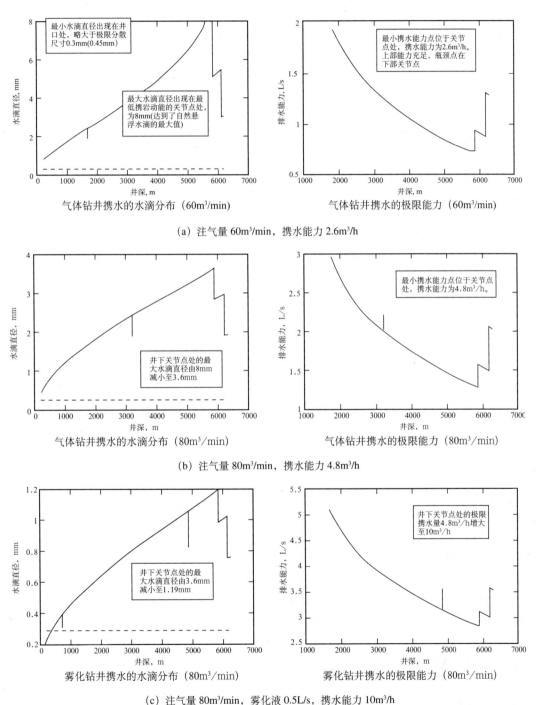

(a) 注气量 60m³/min，携水能力 2.6m³/h

(b) 注气量 80m³/min，携水能力 4.8m³/h

(c) 注气量 80m³/min，雾化液 0.5L/s，携水能力 10m³/h

图 10-4-5 气体钻井和雾化钻井的排水计算对比

与"水"相关的几个气体钻井的井壁稳定问题值得重视：

（1）地层出水后的雾化液问题。地层出水之后，要特别谨慎对待入井雾化液。有多口井的实例都表明，地层出水之后造成了泥包，打入雾化液后随即就出现了致命的井塌，使钻进无法进行。

（2）置换液入井后的井塌。气体钻井往往很顺利地结束了，之后便是测井或下套管，为此往往将水基钻井液注入井内（称液体置换，入井液称为置换液）。即便所用置换液为本地区稳定井壁很有效的钻井液，也往往出现液体入井后的井塌（也有少数没有井塌的例子）。因此，应尽可能避免干井眼的液体置换（如取消电测，采用干井眼下套管后再注入水基液固井等）。当必须采用液体置换时，应采用经过研究评价后的低失水、强封堵与润湿反转等特点的置换液技术。

（3）工艺上尽量避免把稳定的井壁搞得不稳定。例如，用水基钻井液钻出套管鞋后，进入新地层，先进行"地破测试"然后再排干井筒开始气体钻井。这个举动常常会造成气体钻井中套管鞋位置的井塌和井径扩大，形成的"大肚子"严重影响岩屑运移。建议气体钻井中参考邻井的地层破裂压力数据，而不进行"地破测试"。

（4）在气体钻井过程中，遇到循环堵塞、阻卡等井下复杂时，要特别慎重采用钻井液入井处理事故或复杂。大多数情况下，钻井液入井后，再次排出钻井液恢复气体钻井，其结果往往是不顺利或不成功的。

4. 井下燃爆

在空气钻井中，含氧空气在井下与地层产出油气混合，极易产生井下燃爆。井下燃爆最常见的现象是：地面没有明显征兆，产生突然卡钻，转盘蹩停；也有井下燃爆冲击波冲出排屑管线的情况，但不多见。井下燃爆最易发生在钻铤段，落鱼很难打捞，常常以填井侧钻为最后处理措施。最早有人建议过向井内喷水（雾化钻井），防止井下燃爆。但经过燃爆学的研究和现场试验发现这是错误的。喷水本身虽有一定防碰撞火花引起的燃爆作用，但其形成的井筒泥包大大增加了高温热源引起燃爆的风险。

20 世纪以来，由于气基流体钻井钻储层的需要，出现了现场的膜分离制氮技术，由此用氮气（含氧量低于 5%）代替空气，彻底解决了井下燃爆问题，使得气体钻井敢于面对油气层。因此，当用气体钻井钻进油气层时，采用氮气钻井代替空气钻井。如果气源条件较好，也可以采用天然气钻井。

目前在美国和加拿大，只要钻遇的地层含油气，就一律采用氮气钻井，对储层钻进，这是正确的；对大段非储层的提速与防漏等钻进，这并不是最佳方案。在大段的非储层钻进中，可能会钻遇很多个微含油气的地层，这些地层含气很少，产气量很小，而且衰竭很快。以四川盆地东北部为例，在钻达主力气层（下部海相的气层）之前，上部四五千米厚的陆相地层，有十多个含气层，这些气层绝大多数是衰竭很快的"鸡窝气"。如果这些大段非储层也采用氮气钻井，则成本较高（氮气钻井的空气需求量比空气钻井大约一倍，因此设备租用费和燃料消耗费都会加倍）。

就此，西南石油大学提出了"空气钻井安全钻穿含非油气储层的配套技术"——空气钻井井下燃爆监测。该技术由地面监测系统、计算机在线分析系统、在线分析决策系统以及安全保障措施等部分组成（图 10-4-6）。该系统现已发展为"气体钻井在线监测系统"，除了上述井下燃爆监测功能外，还有地层出水早期监测、井筒泥包堵塞监测与分析、毒害气体检测以及排屑管排屑的压力、图像监测以及排出物质质量守恒监测等功能。

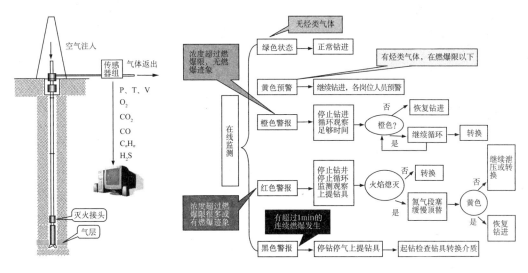

图 10-4-6　空气钻井井下燃爆监测与控制技术

五、应用实例

玉门油田窟 9 井位于青西油田窟窿山背斜构造的南翼，为预探井，设计井深 4500m。逆掩推覆体使古生界老地层翻转在新生界地层之上，预计从地表至 3000m 深为巨厚志留系地层，岩性以变质石英砂岩、千枚岩和板岩为主。这些岩体经过高热高压实的成岩作用，具有极高硬度、极差可钻性和极强研磨性。钻速极低，三开平均 0.52m/h；地层研磨性极强，进尺 2970m 耗费 66 只钻头。自 2970m 试验空气钻井深井提速，取得了最高提速 12 倍的显著效果，开始了中国石油气体钻井深井提速的步伐。气体钻井与常规钻井钻头寿命对比如图 10-4-7 所示。

图 10-4-7　气体钻井与常规钻井钻头寿命对比

　　七里北构造位于四川盆地东北部山区的宣汉县境内，储层是飞仙关组地层。第一口勘探评价井七里北1井，设计井深4900m，钻井周期长达452天，严重影响了该构造的勘探进度。在该井的邻井七里北101井开展空气钻井和氮气钻井的试验，以期加快钻井进度，减少钻井复杂事故，储备新的先进钻井技术。先后开展了空气泡沫钻进、纯空气钻进和纯氮气钻进试验。气体钻井与邻井钻井液钻井的钻速对比如图10-4-8所示。

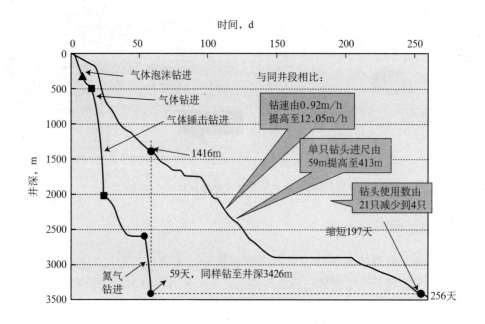

图 10-4-8　气体钻井与常规钻井提速效果对比

第五节　泡 沫 钻 井

一、泡沫流体

1. 泡沫的组成

　　泡沫组成的主要成分为气相（空气、氮气或天然气）、液相（一般是水基液体）、发泡剂（表面活性剂）和稳泡剂。气液体积比（标准状态下）在（100～200）：1的范围。气体都是由高压设备强行注入，与高压液体在发泡器中混合成为均匀泡沫，注入井内。

　　稳泡剂是以延长泡沫稳定性为目的而加入的添加剂。稳泡剂按照作用方式可分为两类：第一类能提高液膜的质量，增加液膜的黏弹性，减小泡沫的透气性，增强泡沫的稳定性；第二类稳泡剂是增加溶液黏度的水溶性高分子物质，例如，羧甲基纤维素钠（CMC）、聚丙烯酰胺（PAM）、生物聚合物（XC）、羟乙基纤维素（HEC）、部分水解聚丙烯酰胺（PHP）及FA367等，其主要作用是增加泡沫液膜的黏滞性，降低泡沫液膜的排液速度，延长液膜的持续时间。

2. 泡沫的类型

用于钻井的泡沫流体，按照现场施工作业的要求不同可分为以下几种：不稳定泡沫、稳定泡沫、黏稠泡沫和硬胶泡沫。不同的泡沫流体类型其组成也有所差异，不稳定泡沫主要由气相、清水液相和发泡剂组成，主要用于雾化钻井的雾化液。稳定泡沫主要成分为气相、液相、发泡剂和稳泡剂，可使泡沫稳定。黏稠泡沫由气相、液相、发泡剂和高效高浓度稳泡剂组成，可进一步加强泡沫的稳定性（延长半衰期）。如果用膨润土基液加气相、发泡剂和高效高浓度稳泡剂，便形成了硬胶泡沫，其稳定性会进一步加强。

泡沫根据其质量数可分为干泡沫和湿泡沫两大类，这两种泡沫的井底压力和携岩方式大不相同。干泡沫指含液尽可能少，含气尽可能多的情况，泡沫接近不稳定泡沫，推荐用于地层出水条件下的提速钻井，其井底压力小，钻速快，携岩能力主要靠高返速，岩屑悬浮能力差。湿泡沫指含液多及含气少的黏稠稳定泡沫，岩屑悬浮能力好，环空返速低，推荐用于需要液柱压力平衡地层压力的储层欠平衡钻井，或者松散砂岩类的不稳定地层。

3. 泡沫的主要性能及评价指标

1）泡沫质量数和气液比

泡沫质量数指的是在给定的压力和温度条件下，单位体积的泡沫中所含有气体的体积，即泡沫中气体的体积含量，以百分比或其比值来度量，常用 Γ 来表示。而泡沫的气液比则是在标准状态（标准大气压、24℃下）单位体积的泡沫中所含有气体的体积与所含有液体的体积之比。

比如，某井液量为 10L/s，气量为 80m³/min，则气液比为 167 : 1，深度 3000m 的井底（设压力 10MPa、温度 80℃）的泡沫质量为 0.63，井口处（设回压 1MPa、温度 36℃）的泡沫质量为 0.93。

2）泡沫的结构

泡沫结构包括气泡的形状、平均尺寸大小和尺寸分布范围，还包括液体在泡沫中存在的形态与方式。泡沫尺寸大小的变化范围如果很宽（既有大泡沫又有小泡沫），则泡沫不稳定，因为大泡沫的气体会向小泡沫进行扩散。泡沫的质量数不同，其结构形态亦不相同。与泡沫质量相对应的另一概念是液体滞留量或持液率（Liquid Holdup），指的是在一定温度压力条件下，单位体积泡沫中所含泡沫液体的体积，即泡沫中液体体积含量，常用 H_L 表示。有时，也称液体滞流量为液体体积分数（Liquid Volume Fraction，LVF），两者在概念和数值上是一致的。

3）发泡体积

反映泡沫液的发泡能力。发泡体积的大小与发泡剂的性能和浓度，以及稳泡剂的性能和液相黏度等因素有关。发泡体积用 Waring Blender 法（或称搅拌法）评价：实验时，在 waring 搅拌杯中加入 100mL 泡沫液，高速（大于 5000r/min）搅拌 60s 后，关闭开关，将所有泡沫倒入 1000mL 量筒，读取泡沫体积 V_0，表示发泡剂的起泡能力。一般合格泡沫液的发泡体积都在 500mL 以上。

4）半衰期与排液时间

泡沫稳定机理基本是在重力和表面张力作用下液膜内的液体排出和气泡的合并，半衰期与排液时间正是评价泡沫体系中排液的状况。在工程中半衰期反映泡沫的稳定性。实验时，在 waring 搅拌杯中加入 100mL 泡沫液，高速（大于 5000r/min）搅拌 60s 后，关闭开关，将所有泡沫倒入 1000mL 量筒。开始计时，记录泡沫中析出 50mL 液体所需时间，称为泡沫的半衰期 $t_{0.5}$。

排液时间主要反映泡沫初期的排液速率，在一定程度上也反映泡沫体系的稳定性。这需要连续记录排液量与时间的关系，或者用红外线乳化液稳定仪分析。工程中一般不进行排液时间测定。

5）泡沫的流变性

在泡沫钻井过程中，泡沫的流变性是非常重要的。泡沫流体由于泡沫的空间网架结构而产生结构黏度和结构切力，它们与基液的黏度和切力合在一起构成泡沫流体的有效黏度和有效切力。泡沫的流变性受液体的性质及黏度、气相与液相的相对体积、表面活性剂的类型及浓度、泡沫界面薄膜性质、泡沫结构和气泡尺寸、温度和压力等参数影响，十分复杂。

4. 泡沫的功能

1）泡沫减轻液柱压力的功能

泡沫流体属于一种气基钻井液，其主要功能是减轻井内的液柱压力。其减轻液柱压力的能力次于纯气体和雾化，优于充气液，它可将全井当量密度降至 0.3g/cm³（浅井）至 0.6g/cm³（深井）。衡量泡沫减轻能力的参数是泡沫质量数和发泡体积。

2）泡沫携岩携水的功能

泡沫作为钻井工作液必须具有要求的携岩能力。携岩能力指的是流体在循环过程把固体颗粒从井底或任何井段带到地面的能力，这种能力主要受泡沫结构和流变性的影响。然而幸运的是，泡沫的携岩能力比一般水基钻井液强得多。一般钻屑颗粒体积比气泡要大许多倍，钻屑基本上都被成结构相连的气泡承托着，钻屑的下沉只有当气泡发生变形，或钻屑挤出一条通路。由于钻屑的重量是不足以使气泡变形或不足以破坏气相与液相之间界面张力，故钻屑在泡沫中沉降速度极小。泡沫的悬浮能力和携带能力主要取决于泡沫的质量参数，为保持良好的举升能力，井底泡沫质量数应保持 60% 以上，井口保持在 84% ~ 98%，超过 98% 以后，泡沫变成雾，稳定泡沫已失掉稳定性，携带能力骤然下降。

泡沫钻井经常作为气体钻井钻遇较大地层出水量的替代技术，因此泡沫流体的携水能力也是很重要的。泡沫流体的携水能力主要取决于泡沫的液体滞留量和流速。泡沫流体的携水能力是很强的，最大可以达到注入基液流量的 5 ~ 8 倍。

3）泡沫的封堵填充能力

钻井用泡沫流体的封堵与填充能力涉及它的堵漏能力和保护储层的能力，特殊的情况下也可能涉及稳定井壁的能力（如对松散砂岩地层的稳定能力、降低滤失量的能力）。

泡沫流体的封堵能力来自于静态封堵和动态封堵两个方面。静态封堵主要来自于气泡和气泡群的封堵。泡沫流体的填充是指钻遇大尺寸的裂缝与溶洞时，泡沫会在压力下进入，并自动膨胀而充满整个空间，而且占据空间的大部分是气体，进而封堵与大尺寸缝洞相连的孔隙和小裂缝，在填充完成后会极大地减少漏失量。

注意，一般情况下泡沫的封堵能力与填充能力并非工程评价内容，而只是利用了泡沫自然具有的封堵能力和填充能力。封堵能力和填充能力的评价更多属于具有广泛指导意义的特殊研究内容，只有在个别情况下可能需要采取措施加强泡沫的封堵能力。

4）泡沫的抗油、抗盐及抗高温能力

钻井用泡沫流体的抗油、抗盐及抗高温能力在某些情况下是必须的评价内容。如果某井的泡沫钻井中没有产油、产水或高温等问题，没必要评价抗油、抗盐和抗高温能力，以及采用抗油抗盐抗高温发泡剂、稳泡剂和其他添加剂。

二、泡沫钻井的流程

1. 泡沫钻井的地面注入装备

泡沫钻井的地面注入装备与气体钻井的地面注入装备基本相同，也分为空气泡沫和氮气泡沫。不同之处是气体流量减小了，液体流量增大了（气体钻井的雾化液注入泵变成了泡沫钻井的泡沫基液注入泵，可无级调速的高压小排量三缸泵）。因泡沫钻井的注入压力比气体钻井的高，故钻进时需要开动增压机。另外，泡沫钻井的发泡器比气体钻井的雾化器应该更讲究些，以保证产生细小气泡的均匀泡沫。

2. 泡沫钻井的井内工具

泡沫钻井的井内工具与气体钻井的井内工具基本相同，同样需要钻头上的单流阀，因为也存在停注后的流体倒灌问题。同样也需要钻柱上安装若干组旋塞阀和单流阀的组合，因为接单根是会有高压泡沫的喷出问题。同样需要18°斜坡钻杆，同样钻头上不装喷嘴。钻柱强度设计与套管强度设计同样需要特殊考虑。不同之处在于泡沫钻井对扶正器、减振器和震击器的使用没有特别要求。

3. 泡沫钻井的地面返出设备

对以提速和治漏为目的的泡沫钻井，气量大，液量小，地层没有井控风险，其地面返出设备可以采用气体钻井的排屑管线，只是不需要降尘水管线及防回火管线等附件。

对储层欠平衡目的的泡沫钻井，气量小，液量大，地层有井控风险，此时的地面返出设备是高压井口防喷器组合和高压旋转控制头、欠平衡钻井节流管汇和放喷管线至燃烧池。放喷管线同样有长度和风向的要求。放喷管线出口处的点火应特别注意，因储层的泡沫钻井中往往在管线出口处不能点燃火炬，而是在燃烧池内降解的泡沫堆上点燃，燃烧范围有时会波及较大范围，要特别注意安全。

4. 泡沫的循环使用

如果泡沫不能被循环使用，则井内返出的泡沫在地面会膨胀为很大体积，1h就有数千立方米的泡沫堆积在地面，随风四处飘散。从环保和成本的角度看，如果泡沫基液不能循环使用，则大大地限制了泡沫钻井的使用。泡沫基液循环使用是指采用物理、化学或机械等方法，使从井口返出的泡沫消泡变为液体，经气—液分离及固—液分离后，将清洁泡沫基液再重新泵入使其发泡。可循环泡沫流体的应用，大幅度降低钻井液的成本，大大降低泡沫对环境的污染。目前应用于现场的泡沫基液循环使用方法主要是自然沉降法和调节泡沫基液 pH 值的化学循环法。

1）自然沉降法

泡沫是一种气体分散在液体中的热力学不稳定体系，由于重力排液效应和 Plateau 边界的存在，泡沫可以自然破裂。因此，合理地控制泡沫半衰期，将钻井用泡沫流体排入沉降池，待一段时间后泡沫变为基液，再通过电潜泵吸入配液池，可以实现基液的循环利用。该法在井场面积较大的情况下已被采用，因为泡沫沉降池要足够大（一般要数千立方米的容积）。中国石油长城钻井公司于 2004 年在伊朗 TABNAK 气田的空气泡沫钻井过程中，根据返出井口的泡沫状态及时调整泡沫配方，通过控制泡沫的合理半衰期，使泡沫既满足清洁井眼的需求，又便于循环利用，使泡沫钻井液成本降低了三分之二。但对大部分井场，提供数千立方米容积的沉降池都很困难。

2）调节 pH 值法

1996 年，在德国 Bavaria 环境敏感地区 Breitbrunn 油田进行泡沫钻水平井，这也是欧洲第一口泡沫钻水平井。受限于处理场所和高的成本，研究了泡沫基液的循环利用。对阴离子型表面活性剂，返出井口的泡沫通过加酸降低 pH 值和消泡隔板联合作用达到消泡目的，再在注入时加碱提高 pH 值恢复基液的发泡能力，实现了泡沫基液的循环利用。美国 Weatherford 公司将该技术商业化，生产了相应的发泡剂和名为 Trans-Foam 的装备。但这种方法不能实现无限制地循环使用，随着酸碱的反复加入，泡沫基液的性能开始变坏，基液就必须换掉。同时，阴离子型表面活性剂从抗油、抗盐、抗高温和低成本的角度也不是最佳选择。

三、微泡沫钻井技术

2001 年美国 MI 泥浆公司提出了一种新概念的含气钻井流体，称之为"微泡沫钻井液"（Micro Foam 或 Micro Emulsified Foam）或者"空泡钻井液"（Aphron Foam 或 Micro Bubbled Fluids），即向含有表面活性剂的钻井液内掺入很少气体（标态下气液比不超过 30%），在钻井液中形成少量的分散气泡，可使地面钻井液密度降至 $0.7g/cm^3$，有些类似于气侵钻井液。显然这种钻井液既不需要气体压缩机，也不需要井口旋转头和地面分离器，用常规钻井设备就可以实施，而且能够直接循环使用，因此吸引了工业界和研究领域的一些重视。该技术传至国内，也有人称之为"可循环泡沫"。

1. 微泡沫的组成

微泡沫的基液一般就是适于当时条件下的常规的水基钻井液，加入适量表面活性剂，再混入极少量气体分散为细小气泡，就形成了微泡沫钻井液。利用钻井液罐上自带的叶片搅拌器搅动钻井液，混入气体并产生气泡。

混气量可由钻井液比重计分别测量基液的密度和混气液的密度得到。

微泡沫钻井液的最大气液比一般为 0.3：0.7（气体占 30%，液体占 70%），这一方面是由于机械搅拌混气能力的限制，另一方面是由于往复式三缸泵上水的限制。理论计算和现场实验证明，当含气量超过 30% 时，泵将不能正常工作，微泡沫钻井液将失去可泵送性。

经机械搅拌这 30% 的气体以分散的微小气泡形态混在钻井液中，地面条件下，气泡的平均尺寸约为 0.5mm，每立方厘米中有 4000～5000 个微小气泡。注意，微泡沫钻井液的

0.3 ：0.7 的气液比，与正规的注气泡沫的 100：1 至 200：1 的气液比相比，只能算是微含气流体，在泡沫质量数、泡沫密度、有效黏度、液柱压力变化、环空返速及携岩能力等方面，具有根本性的区别。

2. 微泡沫的可压缩性

在 1MPa 压力下，泡沫的密度即接近于纯液相密度，而这仅相当于 100m 左右的井深。

3. 微泡沫的流变性

微泡沫的泡沫质量数在 30% 以下。因此，微泡沫的有效黏度和有效切力主要取决于基液的黏度和切力。分散气泡在流动中的相互碰撞、摩擦和干扰，不会引起附加切力，而只会引起一定量的附加黏度。

4. 微泡沫的封堵能力

对微泡沫钻井液，气泡是可以压缩的，气泡的体积随着井深的增加而急剧减小，气泡的浓度（单位体积内气泡的个数）保持不变，但气泡的体积密度（单位体积内气泡的体积）急剧减小。但是当气泡进入到地层的孔洞中以后，由于井内液柱压力与地层压力存在一定的压差，气泡会有一定膨胀，从而在孔喉处形成气锁效应。实践表明微泡钻井液对于孔隙性漏失具有较强的封堵能力，甚至超过加有堵漏剂钻井液的封堵能力，但对于较大的裂缝性漏失难以起到明显的作用。

四、应用实例

2000 年，中国石油长城钻井公司在伊朗波斯湾海岸的 Zagras 构造带的 Tabnak 构造实施了空气泡沫钻井和微泡沫钻井，形成了空气泡沫钻井施工方案（表 10-5-1）。共应用 21 口井，技术取得了圆满成功，采用空气泡沫钻井技术之后，钻井周期迅速由 400 天降低到 60 天以内。

表 10-5-1 伊朗空气泡沫钻井各井段施工简况

开钻	井身结构	地 层	工艺措施
一开	36in 钻头 30in 套管 0～45m	Asmari 缝洞型石灰岩，开放型漏失通道	微泡沫钻井液钻井，可以有效防止表层井漏。地面密度 0.7g/cm³，携岩能力好，可以满足 36in 井眼携岩
二开	26in 钻头 20in 套管 45～550m	Jahrum 和 Pabdah，缝洞型石灰岩、开放型漏失通道，在 400m 深部分地区可能有季节性微量出水	若空气量足够（大于 400m³/min），可用空气及雾化钻井。若空气量不够，则高干度泡沫钻井（即大气液比，气量在 120m³/min 以上，液量在 10L/s 以下）。泡沫液有轻微漏失
三开	17¹/₂in 钻头 13³/₈in 套管 550～900m	Lafan 页岩和 Kazdumi 页岩，中间夹 Sarvak 石灰岩。Lafan 页岩和 Kazdumi 页岩属于强水敏性坍塌页岩。Sarvak 石灰岩对钻井液钻井（油基、水基）有可能存在中等漏失	17¹/₂in 井段干空气钻井，气量不小于 200m³/min

续表

开钻	井身结构	地 层	工艺措施
四开	$12\frac{1}{4}$in 钻头 $9\frac{5}{8}$in 套管 900~2600m	Dariyan 和 Gadvan 石灰岩、白云岩，缝洞非常发育，严重井漏，若钻遇岩溶则可能造成空气泡沫的严重漏失。本段三个水层，钻遇海平面为第一水层，属自由液面无限大水体，出水量取决于钻井液举水能力（钻井液钻井井漏、泡沫钻井大量出水），地层水矿化度不高。第二水层出现在 Hith 石膏层之后，封闭型有压水层，矿化度高，出水量不大。第三层水出现在 Neyriz 小层，压力高，矿化度很高，出水量小。Hith 硬石膏层有轻微缩颈，注意划眼，钻具带随钻震击器	先用干空气钻进，见水后转为抗盐稳定泡沫钻井，低干度泡沫，有利于减小地层出水。钻穿 Hith 层时注意划眼，Hith 之后的 Surmeh 缝洞灰云岩出现第二个水层，矿化度升高，加强钻具腐蚀控制和泡沫抗盐稳定性。钻达 Neyriz 之上泥灰岩时防止轻微缩颈和掉块坍塌。进入 Neyriz 小层，出现第三个出水层，水量小，压力高，矿化度很高。泡沫基液回收使用。进入 Dashtak 顶部完钻。TBK15 井，在 1093~1098m 放空5m，之后泡沫钻井失返性漏失（有进无出），盲钻17天，泡沫液与岩屑一起进入漏层，至2596m完钻。顺利下入 $9\frac{5}{8}$in 套管
五开	$8\frac{1}{2}$in 钻头 7in 尾管 2600~2750m	Dashtak 无水石膏层，问题是盐膏污染、盐水侵和缩颈。采用足够密度的饱和盐水钻井液体系，经常划眼和短起下，并带随钻震击器	实际采用密度为 1.05~1.10g/cm³ 的饱和盐水钻井液或抗盐聚磺钻井液，钻进正常
六开	6in 钻头 裸眼筛管 2750-TD	主力产层为 Dalan，缝洞型白云岩，有白云化基质孔隙发育。Kangan 也是可能产层，裂缝性石灰岩。Kangan 与 Dalan 之间有不渗透隔层分割。储层压力系数为 0.78~0.9。主要是保护气层、防漏和放喷	由于没有惰性气体充气欠平衡钻井的条件，采用的是聚磺钻井液加堵漏剂的过平衡钻井。钻进中仍有轻微井漏和气体溢流发生

第六节　充气液钻井

充气液钻井就是向不含表面活性剂的常规钻井液中充气，其目的是获得一定程度的液柱压力降低。充气液钻井降低井底压力的能力与井深有关，这是因为最大注气量受井口处环空流态的限制（不允许出现环雾流流态，否则将失去环空携岩能力）。因此，充气液钻井适合于要求降低井底压力不太大的应用场合，例如，略低于正常压力的漏层防漏或储层欠平衡。对要求降低液柱压力很多的提速钻井或超低压储层欠平衡，充气液钻井是不合适的。

一、充气液钻井的装备

首先根据是储层钻进还是非储层钻进决定用空气还是氮气，是低压井口配中低压旋转头还是高压 BOP 组合配高压旋转头，是油气水固四相分离还是气水固三相分离。储层充气液钻井，其气相建议选用氮气而不用空气，这主要是出于防止井内燃爆的安全考虑。因为在充气钻井过程中，由于控制波动和地层突然产气等原因，经常在井口附近井段产生搅动流和环雾流，在这种流态下气相成为连续相，存在较大的燃爆风险，同时在水平地面管线内和分离器内也会出现容易燃爆的气体聚集和连续气相流动。

然后再根据注入压力和气量选择高压空压机或高压制氮车（气体钻井的低压压缩机加高压增压机的组合此处不太适用，不但体积大，而且高压增压机的压力略显不足，气量过大）。

同样，排气点火线也要注意长度（50m开外）和风向，点火装置仍是液化气的长明火。点火管线出口处要有防回火装置。国外推荐的点火管线为高于二层台高度的点火塔，我国惯用的是通燃烧池的地面管线，因此要特别注意毒害气体的监测和扩散。

然后组成充气液钻井的地面布置装备。各地区根据不同要求，在地面装备布置上可能有一些变化。

充气液钻井的井内注气方式有4种流程，如图10-6-1所示。"钻柱注气"就是在地面将气体和液体混合后一同注入钻柱，经钻头返至环空，再返出地面。而"寄生管注气"、"双层钻杆注气"和"同心套管注气"都是气液分注，即钻井液由钻柱注入，经钻头后返至环空，在环空出气口处与注入气体混合，再由环空返至地面。气体则由专门的注气通道（寄生管是绑在套管外的一根细管，连接在套管鞋上部的出气口上，用于专门注气。双层钻杆是一种带有一个小环形流道的特殊钻杆，中间流道用于注液，小环形流道专用于注气。同心套管是指在固井套管的内部再下一层悬挂及非固结的套管，固井套管与悬挂套管之间的环空中用于注气，悬挂套管与钻杆之间的环空中用于上返混合流体）注入，由流出气口进入环空，与上返钻井液混合后继续上返。

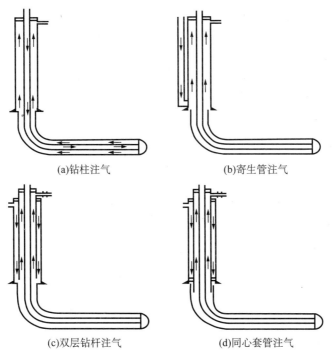

(a)钻柱注气   (b)寄生管注气

(c)双层钻杆注气   (d)同心套管注气

图10-6-1 充气液钻井的注气方式

气液分注的主要考虑是保持钻杆内为纯液体，随钻MWD的信号传输可以不受影响，但气液分注的工艺要复杂得多。寄生管注气主要是为了实现双密度钻井，这在海上近泥线附近压力系数上升较快的地区是必备的技术，寄生管的连接，捆绑下入是一个复杂的工艺过程。双层钻杆注气则需要特制的双层钻杆。同心套管注气不但下入工艺复杂，而且井眼尺寸需要加大。

目前我国尚无气液分注的现场实例，我国的充气液钻井全部采用"钻柱注入"的气液混注。对这种方式来讲，其井内工具与气体钻井的井内工具也基本相同，同样需要钻头上的单流阀，因为也存在停注后的流体倒灌问题；同样也需要钻柱上安装若干组旋塞阀和单流阀的组合，因为接单根时管内高压压缩的气体膨胀会有高压钻井液的喷出问题；同样需要18°斜坡钻杆；同样钻头上不装喷嘴。不同之处是充气液钻井对扶正器、减振器和震击器的使用没有特别要求。当使用井下动力钻具时，由于气体的可压缩性，一般其井下动力钻具的工作也是正常的。

二、充气液钻井的实施

充气液钻井的实施相对于气体钻井和泡沫钻井要简单得多，其井下的各种状态更加偏近于常规液体钻井，因为只有上部井段1000m以内气体膨胀，出现复杂多相流；而1000m以下气体压缩成钻井液中分散的小气泡，充气液性质和流动状态与纯液体差别不大。

充气液钻井中最重要的是精确的测量、计算与控制。主要目标就是两个，即井底压力和井口流态。井底压力是控制井下欠压值的依据，其中可靠的计算软件是至关重要的，有条件的话建议采用井下随钻测压或井下存储式测压。注意，井下测压不能取代计算，但可以校正与指导计算。

另一个控制目标是井口流态。井口处不允许出现环雾流，否则将发生携岩困难（只返出极细颗粒）以及可能的沉砂卡钻。准确测量（注入液体流量和密度，注入气体流量、压力和温度，返出混合流体的液量、气量和密度等）、可靠的计算及出口节流阀的回压控制三者结合，控制井底压力和井口流态。保持井底压力不变，改变注气量和回压，消除井口环雾流流态，是一个需要反复计算的过程。如图10-6-2所示，为塔中TZ62-13H井反复迭代计算的一个结果。

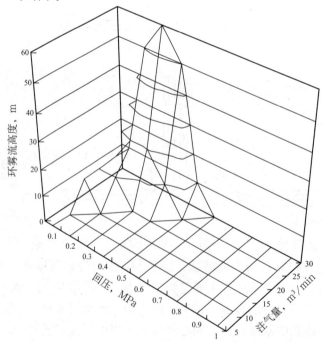

图 10-6-2　回压、注气量与井口环雾流高度的关系

由图 10-6-2 可见,在一定的井口回压下,减小注入气量也可以减小或消除环雾流态的高度,或者,在一定的注入气量条件下,增大井口回压可以减少或消除环雾流态的高度。由此可看出节流阀回压控制的重要性,因此最好有远程自动控制的节流阀。

施工中避免向钻井液中加表面活性剂或有发泡能力的添加剂,否则脱气困难。同时也不要将出口测量密度,或钻井液池内取样的实测密度当成重新注入的基液密度。因为,基液是不可压缩的,其密度也不会因为注气而降低,测量的出口密度降低是因为微含气(这是很正常的,分离器不可能实现 100% 脱气)。正确做法应该是,将测得的密度降低折算为含气量,折算为含气量的密度降低是可以压缩的,而直接视为基液密度降低时不可压缩的,二者在计算井底压力时差别甚大。

充气液钻井中,如果充入空气,则可能会产生氧胞腐蚀(尤其是地层产出盐水或酸性气体时),此时应在钻井液中采取防腐措施。

三、充气液钻井的实例

下面以塔中 62-13H 井为例,说明充气液钻井的应用。

(1)地面流程图见图 10-6-3。

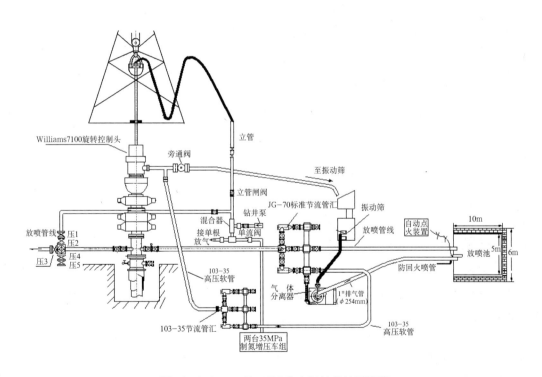

图 10-6-3 TZ62-13H 井充气钻井地面流程

(2)地层监测与分析。氮气入井监测:对入井气体的压力、温度和流量进行监测与记录。

在正常钻井过程中,由电子流量计对入井气体的流量进行监测并记录。由针阀调节注入的气量;当接单根等需暂时停气时,三向旋塞导向放气端,气体排向空中,不必停车。

(3)返出气体监测和报警。在排气管线上加装监测取样器,对返出气体进行在线取样监测：一部分气体供录井使用，另一部分气体供成分监测系统使用。

随钻监测返出气体的含氧量、甲烷浓度、CO_2 浓度、CO 浓度及 H_2S 浓度。

压力的计算：储层压力系数 1.18g/cm³（4965m，57.42MPa）；

注入参数如下：设计地层压力系数为 1.18，计算证明钻井当量钻井液密度为 1.19g/cm³ 较理想，最大注气量 10m³/min。

循环介质：氮气＋钻井液；井口回压 0.1MPa；岩屑直径 2mm；地面温度 45℃。

钻头位置：4965m。

第七节　储层欠平衡钻井

在储层钻进过程中使钻井流体（水基流体、油基流体或气基流体，根据需要选择）作用在井底的压力低于储层压力，使储层流体在钻进过程中有控制地流出井口的钻井方式。该钻井方式可以实现在钻开储层的过程中良好地保护储层，并使储层在钻进过程中产出油气。

勘探目的层欠平衡钻井是及时、准确和无遗漏地发现储层，以及准确评价储层的最好途径，其实现的基础是利用钻进过程中油气产出特性去发现与评价储层。

开发目的的储层欠平衡钻井是最大限度地减少对储层伤害，充分发挥储层自然特性，获得尽可能高的单井产量和最终采收率，其实现的基础是保护储层并创造和保持高产。

一、储层欠平衡钻井的方式

储层欠平衡钻井与常规欠平衡提速钻井有本质区别，主要区别是来自于钻井安全的诸方面考虑：安全井控所要求的井口组合与节流管汇；注入气体必须考虑井下防火防爆功能，多采用氮气钻井；在排出流程中必须考虑分离排出流体所含油气；井下和井场的安全监测及排出口的安全点火等问题。

真正意义上的"欠平衡"钻井只能是针对有可动流体的储层，使液柱的井底压力低于储层压力，使储层流体有控制地流入井内，并返出地面。储层欠平衡钻井的方式有很多种，根据实际储层和工艺的需要加以运用。

1. 气体欠平衡钻井

将气体钻井（含雾化钻井）应用于勘探目的或开发目的的储层欠平衡钻井。在气相选择上必须是氮气或天然气等避免井下燃爆的气体。气体钻井钻开储层，在井口设备与返出设备上与非储层的气体钻井提速完全不同，在井口设备上必须根据最大关井压力选用高压 BOP 组合和高压旋转头。除正常的气体钻井排屑管线之外，必须备用井控节流管线和放喷管线，同时在排屑管线与井口 BOP 组合之间加高压液动平板阀，以便在排屑管线与井控管线之间切换。还必须有压井预案和各种准备，如地层破裂压力测试，压井管汇及压井液准备，以及压井程序制定等。必须高度重视燃爆气体和毒害气体的安全与环保问题。

气体的欠平衡钻井是一种无井底压力控制的最大欠平衡压差的钻井方式。正常钻井时不能试图靠憋回压来增大井底压力（憋回压的情况下井底不能正常携岩）。气体钻井时井底压力几乎为零（1MPa 左右），因此具有最大的欠平衡压差（欠压值基本上就是地层孔隙压力）。

这种无控制的最大欠压值的钻井方式，决定了气体欠平衡钻井的方式只适用于低渗低产坚硬岩石的致密气藏。原则上产气量不超过注气量（日产 $15 \times 10^4 m^3$ 以下），过大的产气量会造成严重的冲蚀、携岩困难（气量大而携岩困难，这似乎很难理解。但产层的大气量造成高回压，使井底携岩困难）和井控风险。高的欠压差值还造成流固耦合的井壁剥落和严重的地层出砂，甚至井塌。

气体欠平衡钻井最大的好处是彻底保护储层，既无正压差伤害，也无水相伤害，适用于致密砂岩气藏的储层保护。但过大的欠压差可能会对应力敏感性储层造成应力敏感伤害，对松软储层造成速敏伤害（甚至井塌），对凝析油气造成反凝析的液锁伤害，这些在应用中要特别注意。

2. 泡沫欠平衡钻井

将泡沫钻井应用于勘探目的或开发目的的储层欠平衡钻井，更多用于已知地层压力很低的情况，有时也作为地层出水、产油或需要湿润井筒（如减摩降扭、信号传输等）情况下气体钻井的替代或补充技术。

储层泡沫欠平衡钻井采用氮气泡沫，如果用于油层，则特别注意泡沫的抗油能力。泡沫欠平衡钻井也要采用高压 BOP 组合和高压旋转头。除正常的泡沫钻井排屑管线之外，必须备用井控节流管线和放喷管线，同时在排屑管线与井口 BOP 组合之间加高压液动平板阀，以便在排屑管线与井控管线之间切换。准备好压井预案和压井准备，要高度重视安全与环保问题。如果作为气体钻井的替代技术，多数情况下也属于很大欠压差的钻进，也要注意井壁稳定与井控安全等问题。在泡沫的排放或回收循环使用及含油泡沫的处理上，必须考虑井场的防火安全性。

与气体欠平衡钻井相比，泡沫欠平衡钻井必然存在一定程度的自发逆向水渗吸伤害。鄂尔多斯盆地上古生界致密气层的实钻分析指出，氮气泡沫钻水平井与氮气钻水平井相比，产能损失 76%，这就是泡沫钻井中的自发逆向水渗吸的伤害结果。

3. 充气液欠平衡钻井

向钻井液中充气实现储层钻进的欠平衡，这多用于略低于正常压力梯度的低压储层（我国许多中深层的致密砂岩气藏、低渗油藏及奥陶系风化壳储层，其压力系数均略低于正常压力梯度）。只需要在常规水基钻井液基础上少量降低液柱压力即可达到欠平衡的目的，因此充气液钻井是实现这一目的的最简单方法。

与非储层的充气液钻井相比，储层的充气液欠平衡钻进必须采用高压 BOP 井口组合和高压旋转头，排出流程中必须考虑采用欠平衡钻井专用节流管汇，必须备用井控节流管线和放喷管线，专用分离装置（气液、油水分级分离技术或四相分离器）、井场安全监测，产出油、钻井液回收、气体点燃及固相处理等技术。必须有压井预案和各种准备，如地层破裂压力测试，压井管汇及压井液准备以及压井程序制定等。必须高度重视燃爆气体和毒害气体的安全与环保问题。

储层充气液钻井采用氮气充气，钻井液采用最适合的水基钻井液，尽量保证钻井液基液的低密度（固控设备要用好），钻井液中不要含有发泡的化学剂（以免脱气困难）。

无论是地层产油进入水基钻井液，还是地层产水进入油基钻井液（当采用油基钻井液，甚至原油进行充气的储层欠平衡钻井），当油气水达到一定比例，在某些化学剂和流动搅拌的作用下，混合流体容易发生乳化和发泡，这会影响井筒内的流动和压力分布，同时影响地面的油气水分离，这种情况下应间断地通过排出管线上的化学注入泵注入抗乳化剂和消泡剂一类的液态化学剂。

4. 液相欠平衡钻井

采用水基液体或油基液体在储层钻进，利用降低液体密度的方法使液柱的有效压力低于储层压力，在储层内实施欠平衡钻井，称之为液相欠平衡钻井，国外有人称之为Flow drilling（可译为溢流钻井或边喷边钻。尽管所有的欠平衡钻井都是 Flow drilling，但 Flow drilling 一词只保留给那种只要降低钻井液密度就可实现欠平衡的情况，这是 1995年第一届国际欠平衡钻井会议上决定的）。

液相欠平衡钻井分两大类，一大类是以油基或原油为液相，这用于对付那种储层压力略低于正常压力的情况；另一大类是普通的加重或不加重的水基钻井液，这用于对付高于正常压力的各类储层，在美国 Austin Chalk 就有用 $1.8g/cm^3$ 密度的钻井液实施储层欠平衡钻井的实例。

液相欠平衡钻井，因为不需要注气，故其地面注入流程与常规钻井一样，其钻柱组合（除了采用六方钻杆、18°斜坡钻杆以外）、井下动力钻具和 MWD 应用等，也与常规钻井液钻井相同。

液相欠平衡钻井与常规钻井液钻井区别最大的是井口 BOP 装置和返出系统。井口 BOP装置增加了高压旋转控制头，返出系统采用了自控节流阀、欠平衡钻井专用节流管汇、多相分离系统及安全检测系统等。

二、储层欠平衡钻井的随钻储层评价技术

储层欠平衡钻井的两大优势，即保护储层和油气出流的直接显示和计量，这使得在钻井过程中有可能得到高质量的随钻储层评价结果。美国和加拿大称此方法为"欠平衡随钻生产测试"，并认为，大多数情况下这种测试能够提供足够多的信息，以至于可以取消钻杆中途测试，这样既可以提高测试质量（因为储层无伤害），也可以节约时间和成本。

对于能够包括储层的压力、渗透率、表皮系数、位置和厚度、流体物性（油、气及气油比等）、储层介质类型等参数在内的真正的储层评价，目前还没有成熟的配套技术可用。这项技术涉及完整的注入流体和返出流体的全面性质监测和物质平衡分析，也涉及井内动静液柱压力的精确测量和计算，同时还涉及复杂储层的流入流出动态，很多公司和研究人员在这方面进行攻关。

三、储层欠平衡钻进技术

1. 直井的储层欠平衡钻进技术

钻直井技术——欠平衡方法钻穿储层，保证整个储层的钻进过程中井底欠压值足够并且稳定；避免任何形式的储层伤害（欠平衡钻井仍然是有伤害的，如自发的水渗析、压力敏感性、速度敏感性等）；尽量"一气呵成"钻穿整个储层，进行合理工程设计，避免不必

要的起下钻，争取一只钻头钻穿储层；加强过程中的岩屑录井、气测录井、钻时录井、工程监测和随钻储层评价技术的应用，力图得到尽可能多的储层信息。

2. 水平井技术的欠平衡钻进技术

对大多数情况而言，扩大渗流面积的水平井技术与保护储层的欠平衡钻井技术相结合，获得更好的勘探评价结果或获得更高的单井产能，理论上是最佳的技术组合。因此，欠平衡钻水平井的技术应该值得高度重视。地质导向信号的获取与传输、井身轨迹信号的获取与传输、井身轨迹的控制与调整等在常规水基液过平衡钻水平井中已基本解决的问题，在欠平衡钻水平井中，尚未得到很好的解决，甚至基本上还无方案可用。对不同的欠平衡钻井方式，其欠平衡钻水平井的技术难度和可用方法也不相同。

1）液相欠平衡钻水平井

在液相欠平衡钻井中，由于注入流体是纯液相，整个钻柱内是纯液相，只有环空内是注入钻井液与地层产出的混合多相流体，因此液相欠平衡钻井中可以套用全套的常规水基液过平衡钻井的工具、装备和技术，只是针对环空多相流有一定程度的解释和使用上的变化（如欠平衡条件下的地质导向解释不同，井筒多相流条件下的钻柱力学操作不同等）。

2）充气液欠平衡钻水平井

如果采用气液分注（如通过寄生管、双层钻杆或双层套管注气，钻杆内注液）的技术使钻柱内为纯液体，则情况与液相欠平衡钻水平井相同，可以采用常规液相过平衡钻井的全套技术。

如果采用气液同注的技术，则钻柱内为气液两相混合流体。此时 MWD 的信号传输将失效（尽管有些国外公司非正式地宣称：在钻柱内含气体积不超过 15% 的情况下可以获得 MWD 信号，但实际上这种做法的成功率很低），而井下螺杆钻具的工作仍可以基本保证正常（因为气体在井下受到高度压缩，气体的体积分数一般小于 5%）。

3）泡沫欠平衡钻水平井

泡沫钻井中的泡沫流体是通过钻柱注入的，此时 MWD 的信号将失效。若干口井的现场实钻证明（吐哈油田牛 102 井以及大牛地构造的 DP14 井等），井下动力钻具在泡沫钻井中仍然可用（也许井下螺杆钻具的外特性曲线会有变化，但目前缺乏实际井下测试的证明）。

4）气体欠平衡钻水平井

在气体欠平衡钻水平井中，MWD 信号传输完全无效，井下螺杆钻具的应用也是要特别慎重的。理论上螺杆钻具属于容积式马达，已经不适用于高可压缩性的气体介质。尽管有些公司生产了专用于气体钻井的螺杆钻具，但这些螺杆仍存在严重的"失速"（driver speeding，指加钻压稍大，螺杆就停止钻动；加钻压稍小，就产生低扭矩超高速旋转）和低寿命问题。美国能源部与 Smith 公司联合开展了"气体钻井专用冲旋式井下动力钻具的开发"，尚未见成功应用的报道。

3. 欠平衡钻水平井的井下信号传输技术

1）MWD 使用技术

若欠平衡方式为非注气方式（水基钻井液、油基钻井液或空心玻璃微珠等），钻井液为连续液相的条件下，可以参照常规的 MWD 使用技术进行施工作业。注气欠平衡钻井时，若是气液分注，钻柱内保持纯液体时，也可以参照常规的 MWD 使用技术进行施工作业。

如果采用气液同注的技术，有些国外公司非正式地宣称：在钻柱内含气体积不超过 15% 的情况下可以获得 MWD 信号，但在国内尚无成功应用的报道。

2）有线测量技术

水平段采用电子多点测斜仪进行有线的井眼轨迹监测，测斜采取间断测量方式。进入着陆点后，前期推荐测量间距为 20 ~ 30m，根据地层情况及轨迹控制效果不断修正钻具组合及钻井参数，直至达到好的控制效果，后期适当加大测量间距，但不宜超过 50m。测斜时将钻具起至井斜 45° 以上井段，测斜仪采用钻具送入的方式进行。

3）EM–MWD 技术

当钻杆内含气或纯气而导致 MWD 信号传输失效，从而研发了 EM–MWD（Electro-Magnitic Measurement While Drilling）技术，其原理如图 10-7-1 所示。由下部钻具发射低频电磁波，通过地层到达地面被接收。目前已有美国、加拿大、俄罗斯和英国具有商业化 EM–MWD 技术的能力。但该技术目前应用深度有限，尤其是有高阻地层存在时。

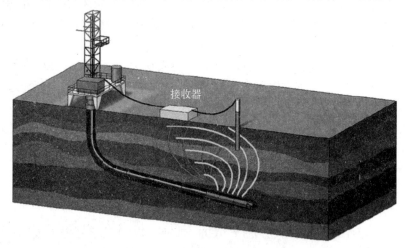

图 10-7-1　EM–MWD 系统示意

4. 气体钻水平井水平段井眼轨迹控制技术

鉴于目前的技术条件，气体钻水平井水平段钻进推荐采用旋转钻进方式，钻具组合以稳定器钻具组合为主。气体钻水平段单稳定器钻具组合形式：PDC 钻头 + 近钻头稳定器 + 强制止回阀 ×2 只 + ϕ88.9mm 无磁承压钻杆 ×2 根 + ϕ88.9mm 斜坡钻杆 + ϕ88.9mm 斜坡加重钻杆 + ϕ88.9mm 斜坡钻杆 + 下旋塞 ×1 只 + 强制止回阀 ×1 只 + 方钻杆保护器 + 方钻杆下旋塞 + 六方钻杆（图 10-7-2）。随时注意监测钻柱的悬重和扭矩，根据上部井段监测到的扭矩，分析计算井眼的摩阻系数，为安全高效钻进提供依据。

四、储层欠平衡钻井的合理欠压值控制原则

储层欠平衡钻井的合理欠压值是一个复杂的决策问题，更多情况下是动态调整的过程。不同钻井方式，不同钻井目的，合理欠压值的确定原则也不相同。

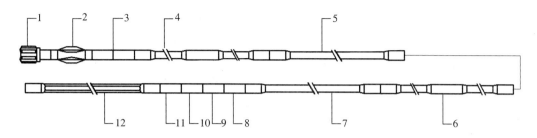

图 10-7-2　单稳定器钻具组合示意图

1—PDC 钻头；2—近钻头稳定器；3—强制止回阀（2 只）；4—无磁承压钻杆；5—斜坡钻杆；
6—斜坡加重钻杆；7—斜坡钻杆；8—下旋塞；9—强制止回阀；10—方钻杆保护器；
11—方钻杆下旋塞；12—六方钻杆

在气体钻井和雾化钻井中。因无法控制井内液柱压力，故欠压值不可控，将达到最大欠压值，如果在这个欠压值后，会出现井壁失稳（高欠压差或高产液量引起的）、井眼净化（高产气量引起的）、设备负荷或井控安全等问题，则应考虑放弃气体欠平衡，而采用可以控制井底压力的欠平衡钻井方式。

对于可以控制井底压力的欠平衡钻井方式，如果钻井目的是既要保护储层又有随钻生产（国外称之为生产型储层欠平衡钻井，Production Reservior UBD，或 PRUBD）。此时在保证钻井的井下和地面安全的情况下，尽可能采用较大欠压差，以求钻井过程中的高产。

对于可以控制井底压力的欠平衡钻井方式，如果钻井过程中风险较大（高压、高产、深井），则采用能满足保护储层的尽可能小的欠压值。常常采用"循环钻井中平衡（或微欠），接单根停止循环时略欠（基本上欠掉环空循环时的动态回压）"的方法，保持钻进过程中无气产出，接单根时有后效点火。

对于可以控制井底压力的欠平衡钻井方式，如果所钻储层是特别容易伤害，且一旦伤害就难以恢复的敏感性储层，则欠压值至少要大于环空循环的动态回压，如果有"自发的逆向水渗析"伤害，欠压值则应该再大些，尽可能在任何情况下都有足够大的欠压值，以求达到良好保护储层的目的。

最大允许的欠压值的确定，在不同的情况下有不同的约束条件，如：井壁的力学稳定性，井壁的流固耦合稳定性，储层的速敏伤害，自发逆向水渗析伤害，储层流体相态变化的伤害（如泡点和露点的问题），以及允许的最大产气（液）量等，应根据具体的储层、地层及设备工艺条件有针对性地确定和调整。

在有些特殊条件下，允许的欠压值会使整个欠平衡钻进过程的井底压力控制变成类似于控压钻井中的"窄窗口"操作。例如，对于深井、高压高产的很厚的储层或长水平井段，常常是为了维持钻头处的轻微欠平衡，而储层的顶部或水平段的根部已经欠得太多，而使总产气量太大，产生井控和地面处理的困难。这种情况与控压钻井相同的是同样都需要井下压力剖面的精确控制，不同的是一个略过平衡（控压钻井），一个是略欠平衡（储层欠平衡钻井）。

第八节　全过程欠平衡钻完井

一、概述

全过程欠平衡钻完井技术是指从钻进储层开始，直到储层投产的整个过程中，所有操作过程（钻进、起下钻、取心、测井、完井等）均保持欠平衡状态，以保证实现全过程的彻底的储层保护，从而以低成本获得高产能和高的最终采收率。

最初的欠平衡钻井，只能在钻进过程中实现欠平衡，而在起下钻、测井和完井等后续过程中则需压井转换为过平衡。这个压井过程使储层由欠平衡状态转变为过平衡状态，从而使欠平衡钻进中的储层保护效果前功尽弃，甚至还会造成更加严重的储层伤害（因为在欠平衡钻进过程中，储层暴露的表面处于欠平衡液流的良好保护之下，没有任何内外滤饼产生，对突然产生的正压差渗流没有任何阻挡作用，从而突然产生的正压差会造成比常规过平衡钻进中大得多的储层伤害）。这种技术在应用中所导致的结果是，在欠平衡钻进过程中油气产出显示高产，而在完井投产之后油气井产能很低，甚至无产。因此，早期的欠平衡钻井的业绩主要是体现在钻开产层的钻进过程中有利于勘探中发现储层和评价产能，而在随后的完井和投产作业中，由于过平衡压井和注水泥固井等的多次正压差伤害，使得井的产能一次一次地大幅度降低，以至于完井后自然产能非常低，甚至酸化解堵与压裂改造的效果也不显著。这充分说明，储层被欠平衡钻开之后，如果再遭受过平衡压差作用，则会造成不可恢复的致命的储层伤害。

可见，真正能获得欠平衡钻井最大效益的关键，不仅是要保持钻进过程中的欠平衡状态，而且是在起下钻、测井和完井等过程中也要保持"边喷边作业"的欠平衡状态，使储层从钻开到交井投产都处于欠平衡状态的有效保护。因此，国外以 Weatherford 公司为代表，开始将欠平衡钻井（Under-Balanced Drilling，UBD）改称为欠平衡作业（Under-Balanced Operation，UBO），以强调在钻进、起下钻、测井和完井等各个作业环节都要保持欠平衡。UBO 代替 UBD 的观念转变，被国际钻井承包商协会 IADC 所接受，IADC UBD 委员会改为 IADC UBO 委员会，每两年一届的国际 UBD 学术会议也改为 UBO 学术会议。UBO 实际上就是国内所称的全过程欠平衡钻完井，其核心是将储层欠平衡钻进延伸至欠平衡完井投产。

二、欠平衡完井技术

完井作为整个建井过程中的最后一道工序，作为油气产出通道的建设方式，直接影响着油气井产能、寿命和最终采收率。我国油气井的主要完井方式是射孔完成，即：过平衡钻井钻开储层、下套管、固井、射孔投产，如果产能不理想则采用酸化压裂等改造措施。少数情况下采用裸眼、筛管或防砂筛管等完井方式。不同的油气藏类型有不同的合理完井方式，例如对疏松砂岩气藏及稠油油藏，多适合于防砂筛管完井；坚硬的裂缝性油气藏，可以采用裸眼或筛管完井直接投产；而对于需要后期改造或分层开采的井则采用套管射孔完成。

以四川盆地西部致密砂岩气藏为例，传统的开发模式是过平衡钻井、套管固井、射孔、压裂改造，这种传统开发模式作为川西致密砂岩气藏建设产能的手段，长期占有不可动摇的主导地位。然而，这种传统开发模式中存在着无法避免的多次储层伤害，这严重影响着川西致密气的有效开发。

在 2000 年左右开始采用在钻开储层的过程中保持欠平衡的欠平衡钻进技术，在钻进过程中实现了储层的良好保护，揭示了储层的真实产能。但随之而来的压井起下钻、下套管、固井、射孔及压裂改造等正压差作业过程，这些后续工艺过程中的正压差伤害又造成了储层的不可恢复的致命伤害，最终造成了完井周期长、成本高、产能低、最终采收率低。

研究发现，川西致密砂岩气藏属于以孔隙基块为主要储集空间，以微裂缝网络为主要渗流通道的孔—缝复杂双重介质储渗组合，储层普遍有微裂缝发育，尽管微裂缝尺寸很小，条数很少，但其对产能的贡献是相当大的。因此，寻找并钻遇裂缝发育带，保护和利用天然裂缝的供气能力，是低成本投入与获取最大自然产能的最佳完井方法，其投产效果一般应明显优于增产改造作业。但这种微裂缝网络最容易受到正压差的伤害，对欠平衡钻开的储层，如果实施诸如压井和固井等正压差作业，将对储层造成致命的不可逆转的伤害。因此，储层一旦被欠平衡钻开，就绝不能再实施任何正压差作业，而是要保持全过程欠平衡，包括起下钻、取心、电测、试井和完井。由此形成了"不再进行下套管、固井和压裂等工艺过程，充分保护和利用储层天然裂缝的供气能力，保持自钻开储层，直到完井投产的全过程都实现储层的良好欠平衡保护"的技术思路，这就是"充分保护和利用天然缝的原始产能，以低成本获取高产能的全过程欠平衡钻完井技术"。

充分利用天然缝的原始产能有三个必要环节：第一，钻穿裂缝，这是井身轨迹的问题；第二，保护裂缝，这是欠平衡的问题；第三，保证裂缝的完全暴露，这是完井方式问题。因此，特殊轨迹井、全过程欠平衡以及合理的完井方式，这三部分结合组成了"充分保护和利用天然缝的原始产能，以低成本获取高产能的全过程欠平衡钻完井技术"。

1. 完井液技术

全过程欠平衡钻完井技术配套的完井液技术分为两个阶段：第一阶段是欠平衡钻开储层的阶段，在该阶段的井内工作液既要满足钻进的需要（如携岩能力、悬浮能力、流动减阻等），也要满足保护储层的需要，应该是一种具有良好保护储层功能的优质钻井液；第二阶段是完井阶段，此阶段没有钻进中的诸多性能需求，但对储层保护和地层评价的功能有了更高要求，要求能够实现在长时间浸泡条件下井壁稳定，储层不受伤害，有利于储层评价，这应该是一种特殊的完井液。如图 10-8-1 所示，建议在完井前采用优质完井液段塞保护储层井段。保护储层的优质工作液，一定要特别具有针对性，要对储层进行精细描述，分析储层的潜在伤害因素，评价可能伤害的机理和程度，结合工艺特点优选工作液类型、组分和性能，并进行岩心实验评价，最终形成优质的钻井液和完井液。

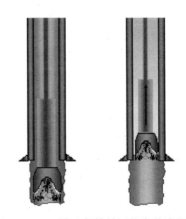

图 10-8-1　注入保护储层的完井液段塞

2. 套管射孔完井

全过程欠平衡钻完井技术配套的套管射孔完井

是一种在没有其他技术可用的情况下的替代技术。严格讲这不能达到要求的全过程欠平衡保护，但在没有其他更好技术可用时，采用这种技术对设备和工具没有特殊要求，虽然在储层保护效果上达不到要求的理想状态，但总比常规的套管射孔完井技术好些。其优点是容易实施，适应性强（能够有效地封隔和支撑地层，对于不同压力和不同特性的油气层可以有选择地打开，可以分层开采、分层测试和分层增产改造）。其缺点是储层在压井和固井过程中受到钻井液、压井液和水泥浆的长时间浸泡，存在一定的储层伤害。其大致过程如下：欠平衡钻穿储层，带有良好屏蔽暂堵功能的优质压井液近平衡压井，下套管，低密度水泥浆固井，负压深穿射孔，必要时实施增产改造。

3. 裸眼完井

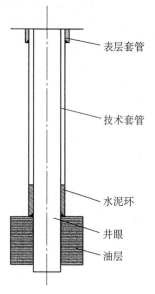

图 10-8-2　先期裸眼完井

欠平衡裸眼完井一般采用先期裸眼完井（如图 10-8-2 所示），即常规钻井钻至油层顶部后，下入技术套管注水泥固井。水泥浆上返至预定的设计高度后，再从技术套管中下入直径较小的钻头，钻穿水泥塞，采用欠平衡钻井的方式钻开油层并钻至设计井深完井。裸眼完井是欠平衡完井最基本也是最简便的完井方法。其优缺点如下：

（1）裸眼完井的优点。

①排除了上部地层的干扰，为选用最合适的钻井液打开储层提供了最充足的条件，尽量将对储层的伤害降至最低。

②在打开储层阶段一旦遇到复杂情况，可及时将钻具提到套管内进行处理，避免事故的进一步复杂化。

③缩短了储层在钻井液中的浸泡时间，减少了钻井液对储层的伤害程度。

④在产层以上井段固井，消除了高压油气对封固地层的影响，提高了固井质量，并且储层段无固井中的伤害。

（2）裸眼完井的缺点。

①适应面狭窄，不适应于非均质和弱胶结的产层，不能克服井壁坍塌及产层出砂对油井生产的影响。比较适用于石灰岩，坚硬的砂岩及火山岩等。

②比较适合于单一的储层，不需要分层开采；不能克服层间干扰，如油、气、水的互相影响和不同压力体系的互相干扰。

③油井投产后难以实施酸化与压裂等增产措施。

④先期裸眼完井法是在打开产层之前封固地层，但此时尚不了解生产层的真实资料，如果在打开产层的阶段出现特殊情况，会给下一步的生产带来被动。

⑤后期裸眼完井没有避免洗井液和钻井液对产层的伤害和不利影响。

国外欠平衡钻井当钻遇高产油气层时，采用裸眼完井，有时直接采用原钻具完井，将钻具坐封在套管头上，直接由钻井转入生产，以减少起钻压井对产层的伤害。

4. 筛管完井

与裸眼完井相比，筛管完井可以有效地防止地层出砂和井壁坍塌等对生产的影响。筛管完井和裸眼完井在钻井工艺方面是相同的。只不过是在钻完目的层后，将筛管串下入裸眼段。然而在欠平衡状态下筛管作业期间井控是个难题，国内外欠平衡下筛管的最主要的方法是利用不压井起下装置、套管阀、冻胶阀或下压解封式桥塞等来辅助下入筛管。以下压解封式桥塞辅助下入筛管完井技术为例：

在技术套管的套管鞋以上安放一个下压解封式桥塞，此时，技术套管就相当于一个井下防喷管。然后，在筛管串下端连接一个解封挂，并将其与筛管串一起下入井中。当解封挂与下压解封式桥塞接触时，下压解封，此时筛管串与桥塞连接在一起，将筛管、解封挂和桥塞等一起送入井底。工艺流程如图 10-8-3 所示。

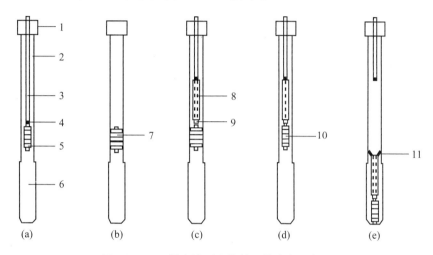

图 10-8-3　桥塞法下入筛管工艺流程示意图

1—套管头；2—技术套管；3—送入管串；4—单流阀；5—坐封前的桥塞；6—裸眼井段；7—坐封后的桥塞；
8—下入的筛管串；9—夹套式打捞筒；10—解封后的桥塞；11—尾管悬挂器

5. 实体带眼管完井

实体带眼管实际上是筛管的一种，是一种后期形成筛管的技术。实体带眼管是将套管用充填剂充填形成盲管，然后对盲管进行割缝或打孔处理，利用不压井起下井内管串的原理和工艺，把处理好的盲管串下入井底，悬挂后下入小钻具再次进行欠平衡钻进，将盲管内的充填剂钻掉，使其形成内外通透的筛管，实现管内与储层连通。比较适用于储层段下入筛管串长度不超过 200m 的欠平衡完井作业，特别适用于低压储层采用气体钻井的欠平衡下筛管完井作业。

实体带眼管由套管和暂堵剂组成：首先在将要下入井内的套管里注入暂堵剂，密封为盲管，然后对盲管进行割缝或打孔处理，缝或孔的相位角、缝/孔密度、孔径、缝宽和缝长根据地质要求与采油（气）情况而定，且缝或孔深度大于管壁厚度 1cm（以利于钻暂堵剂后储层与管柱连通）。孔/缝参数可由储层的粒径分布及出砂情况而定。

实体带眼管欠平衡完井技术主要分为 4 个步骤（图 10-8-4）：

（1）将处理好的盲管串下入井底；

（2）悬挂盲管串，退扣起钻；

（3）下入小钻具再次进行欠平衡钻井，将盲管内的水泥塞钻掉；

（4）钻完水泥塞后起钻，形成与储层直接连通的筛管串。

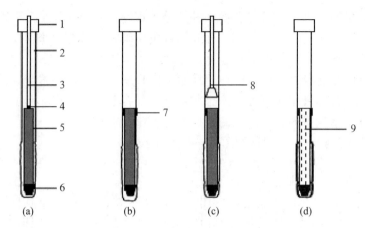

(a)   (b)   (c)   (d)

图 10-8-4　实体带眼管下入工艺流程示意图

1—套管头；2—技术套管；3—送入管串；4—单流阀；5—处理后的盲管串；

6—引鞋；7—悬挂器；8—小钻具；9—形成的筛管串

6. 非透式可膨胀筛管完井

非透式可膨胀筛管实际上也是一种后期形成筛管的技术（图 10-8-5）。非透式可膨胀筛管完井技术，其特点与衬管（筛管）悬挂完井方式基本相同，完钻后下入下端封闭的膨胀管管柱，膨胀管管柱上有若干未穿透管壁的盲孔，且盲孔处管壁的壁厚能够保证足以抵抗住膨胀管管内和管外的压差作用而不会通透或变形，使膨胀管管柱内外隔开。利用膨胀机械工具使非透式可膨胀管管柱膨胀，同时使膨胀管管柱上的盲孔被膨胀成通孔，形成筛管，使储层与膨胀管管柱内部相通。如果需要，膨胀后的膨胀筛管管柱的管壁可以紧贴在井壁上。

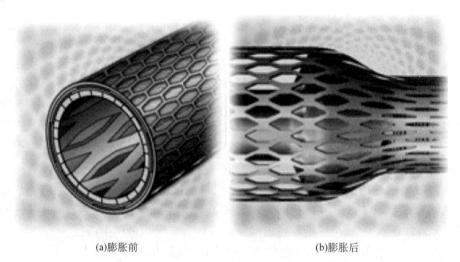

(a)膨胀前   (b)膨胀后

图 10-8-5　非透式可膨胀筛管膨胀前后的实物图

三、不压井作业的全过程欠平衡钻完井技术

不压井作业的全过程欠平衡钻完井技术包括不压井起下钻、不压井取心、不压井完井

等技术。通过不压井起下钻装置及其他欠平衡装置使钻完井各环节都能实现欠平衡。

1. 不压井起下钻装置

不压井起下管串的作业装置（Snubbing Unit），早在 20 世纪 60 年代就已经被人们采用。在美国的德克萨斯州出现了链条式的不压井起下钻装置；在四川石油管理局出现了"双吊卡钢丝绳式"的不压井起下钻装置，这与简易的井口旋转头配套，形成了当时的清水抢钻与边喷边钻的技术，这应该是最早的"全过程欠平衡"（图 10-8-6）。

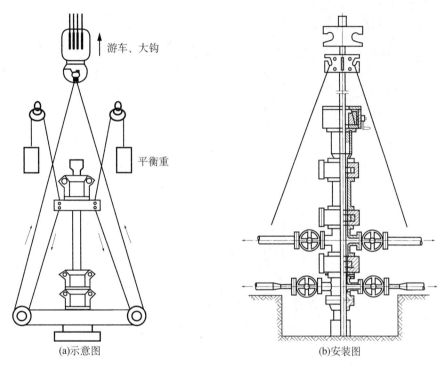

图 10-8-6　早期国内外的钢丝绳双吊卡不压井起下技术

然而，自 20 世纪 90 年代之后，北美洲欠平衡钻井技术的发展真正使不压井起下钻技术成为了必需。该技术使在钻进过程中保持欠平衡的欠平衡钻井发展成为各个作业环节均可保持欠平衡的全过程欠平衡钻井，即：不但实现欠平衡钻进，同时也能实现欠平衡起下钻，欠平衡取心，欠平衡测井以及欠平衡完井，实现了从钻开储层到交井投产的全过程欠平衡。

目前使用最多的不压井起下钻装置是卡瓦式不压井起下钻装置，如图 10-8-7 所示为卡瓦式不压井起下钻装置不压井起下管柱的过程。国内产品以川庆钻探公司广汉钻井院研制的 600kN 不压井起下钻装置为例（图 10-8-8），其主要组成部分有：游动卡瓦系统、固定卡瓦系统、液缸组、固定连接系统、液压泵站及操控系统。作业前，先将其安装固定于钻台面，通过操控系统控制游动和固定卡瓦系统分别开启与关闭，实现对管串地抱紧与松开，利用液缸的升降实现管串的起下。

2. 不压井测井

欠平衡测井系统主要确保测井过程中实现井口密封和压力控制，使欠平衡测井作业安全顺利，其部件包括 7 芯电缆控制头、大通径防喷管和电缆防喷器（封井器），以及配套的

图 10-8-7 卡瓦式不压井起下钻装置

图 10-8-8 川庆钻探公司的不压井起下装置

卸压阀、转换接头、高压注脂泵、旁通短节和法兰盘等。除防喷系统外，还包括预防仪器意外掉落的安全装置（图 10-8-9）。

（1）电缆控制头：电缆控制头是一种防喷控制装置，用来有效密封运动的电缆，是实现欠平衡测井的关键装置（图 10-8-10）。

（2）电缆防喷器（封井器）：电缆防喷器是一种整体双闸板型的装置，用来密封静止的电缆，以便在井口带压的情况下对电缆或防喷器上部设备进行修理（图 10-8-11）。

（3）大通径防喷管：大通径防喷管主要用于容纳下井仪器串及与控制头配套密封井口（图 10-8-12）。

（4）高压注脂泵：高压注脂泵是提供保障电缆动密封的动力设备，它将高压密封脂注入电缆控制头内，对移动的电缆实施动密封，达到不让井内流体外溢及润滑测井电缆的目的，确保带压测井施工的正常进行。

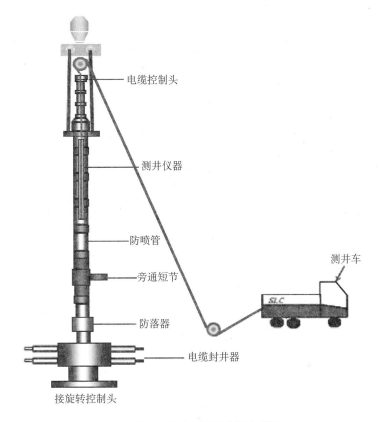

图 10-8-9 不压井测井系统

图 10-8-10 电缆控制头

图 10-8-11 电缆防喷器

图 10-8-12 防喷管

（5）旁通短节：旁通短节是一种泄压装置，用于在封井器关闭后完成其上部欠平衡测井防喷系统的泄压。

（6）井口压力平衡管线：井口压力平衡管线是一种压力平衡装置，该装置的作用是在仪器下井之前让井内压力与防喷管压力达到平衡，以防止井筒与防喷管内的压差过大，在开启封井器的瞬间测井仪器被向上冲顶，导致严重的工程事故。

（7）仪器防落器：仪器防落器是一种安全装置，安装在电缆防喷器的上方，其作用是防止仪器进入防喷管后电缆头脱落掉井。

3. 不压井取心

不压井取心就是欠平衡钻井条件下的取心作业，与常规取心相比，不压井取心减小了岩心受伤害程度，能更真实地反映岩心的初始状态。不压井取心需要使用欠平衡钻井取心专用工具。川庆钻探公司广汉钻井院研制了专用的欠平衡取心工具，根据欠平衡钻井取心的特点，重点设计了取心工具悬挂体组合件，旋转总成，卸压机构，具有自动平衡内筒压力的结构，以及相配套的辅助件。为了解决在欠平衡钻井中钻具组合上装有回压阀不能投球的难题，在心轴位置设计了自动卸压机构，该机构由钢球、梅花挡板和阀座等结构组成，当在取心钻进过程中，岩心进入内筒，导致内筒压力增加，通过自动卸压装置上的钢球向上移动进行卸压，从而保持内筒压力平衡。

欠平衡钻井取心工具主要由内外筒接头、差值短节、内外筒、岩心爪及特殊设计的旋转总成组成。欠平衡取心工具主要部件组成如图 10-8-13 所示。

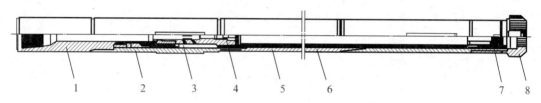

图 10-8-13　欠平衡取心工具
1—悬挂体组合件；2—差值短节；3—旋转总成；4—卸压机构；5—外筒；6—内筒；7—岩心爪组合件；8—取心钻头

4. 不压井完井

与不压井起下技术配套的不压井完井，采用后期形成筛管的技术，即：在地面时筛管的孔或缝是封堵的，因此，底部带盲板的封堵式筛管可以像普通套管一样被不压井起下装置强行下入。待下入到位坐封之后，再用某种技术（如钻穿、热解、涨开等）开启孔洞或割缝。

四、套管阀的全过程欠平衡钻完井技术

1. 套管阀的结构与控制

井下套管阀（Down-hole Deployment Valve，DDV）由 Weatherford 公司于 2004 年研制。如图 10-8-14 所示，这是安装在井眼上部套管上的一个阀件，整个系统由井下阀件、液压管线以及地面控制台组成。在实施全过程欠平衡钻井之前，套管阀作为上层套管柱的一部分，随上层管柱下至井深某一位置（一般在井深 500 ~ 800m），在技术套管外连接两根用于控制套管阀的寄生管，并注入水泥固井。当井筒中没有管柱时，它可以在地面通过液压管线控制井下套管阀的关闭和打开。套管阀能在空井的情况下将井筒封死，把空井筒从套管阀处分隔成上下两段的井下封井器。

图 10-8-14　井下套管阀安装示意图

2. 井下套管阀的钻进与起下钻

首先在下套管时将套管阀下入在固定位置 [图 10-8-15(a)]。在钻进阶段，套管阀处于开启状态 [图 10-8-15(b)]。在起钻至套管阀以下井段过程中，钻具重量足以抵消上顶力，套管阀处于开启状态，井筒压差传递到井口的压力由旋转防喷器控制。钻头起至套管阀以上后，钻具重量不足以抵消上顶力，则通过地面控制台使液缸作用，关闭舌板，转由套管阀来控制井筒压力 [图 10-8-15(c)]，这时，可打开井口，常规提钻作业。在下钻过程中，钻具下至接近套管阀舌板位置，钻具重量足以抵消上顶力，则停止下钻，井口旋转防喷器坐胶心，封闭环空，然后开启套管阀，下入钻柱至井底，恢复钻进施工 [图 10-8-15(c)]。

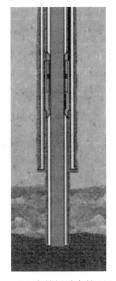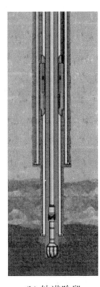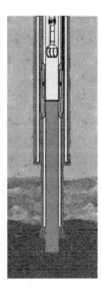

(a) 套管阀随套管下入 　　　 (b) 钻进阶段 　　　 (c) 钻头至套管阀以上

图 10-8-15 　井下套管阀的钻进与起下钻

3. 井下套管阀的完井

与井下套管阀配套的是筛管完井。下入完井管串时（要求下入完井管串的长度小于套管阀的下入深度，包括筛管、悬挂器、封隔器和连接短节等），套管阀处于关闭状态，此时地层流体被关在套管阀以下井筒，而套管阀以上井筒则与外界相通，处于常压状态。下入筛管串底部接近套管阀时，要求全部筛管串已下入井口封井器以下，旋转控制头可抱紧装有内防喷工具的送入钻具。此时关闭半封闸板防喷器，同时旋转防喷器座胶心，然后将套管阀打开；打开防喷器的半封闸板，在旋转控制头的密封下将筛管下入井底（工艺流程如图 10-8-16），丢手，坐封筛管，起出钻柱。

4. 带测压功能的井下套管阀

在钻进深井和高压气藏时，可能会出现套管阀关闭后，由于气体滑脱或上移而造成套管阀下部井筒内压力升高。这种压力升高会造成储层正压差伤害，套管阀不能打开（当阀板上下压差力大于液缸动作力时）。当阀下压力过高而打不开常规套管阀时，则封闭井口，向阀上井筒内注液增压，直至阀板打开。

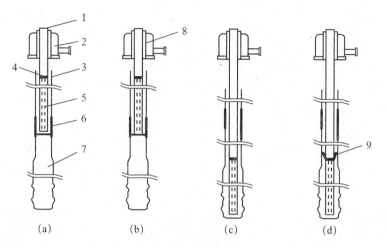

图 10-8-16　套管阀法下入筛管串工艺流程示意图

1—送入管串；2—旋转控制头；3—技术套管；4—浮阀；5—筛管串；6—套管阀；
7—裸眼井段；8—旋转控制头胶芯；9—机械式坐封悬挂器

　　针对这种不足，Weatherford 公司推出了二代套管阀，即带有阀板上下测压功能的套管阀，如图 10-8-17 所示，在地面可以得知阀板上下压力和阀板开关状态。利用这个功能，当发现阀板下压力太高时，可以打开阀板泄压；也可以在阀板打不开时指导井口注液增压。

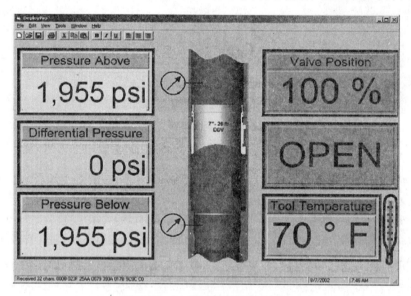

图 10-8-17　套管阀的测压功能

　　套管阀可用的产品，除了国外诸如除了 Weatherford 公司等进口产品外，国内新疆克拉玛依钻井院和中国石油钻井工程技术研究院都有一代和二代井下套管阀可用。

　　5. 机械式开关的井下套管阀

　　美国哈利伯顿公司有一种机械式开关的井下套管阀，其作用原理如图 10-8-18 所示，在近钻头处有一个特制"挂环"，在套管阀上部套管上有一个动作机构；起钻到此位置时，钻头上的挂环使套管上的动作机构关闭套管阀；下钻到此位置时，钻头上的挂环使套管上的动作机构打开套管阀。这种套管阀由于没有液压控制管线的约束，所以可以下得较深。这种套管阀最初的研制目的不是用于欠平衡钻井，而是用于海洋深井钻井的快速起下钻（阀板关闭后，起下钻速度快，而不会引起压力激动），因此它的商品名称是"快速起下钻阀"（Quick Trip Valve，QTV）。

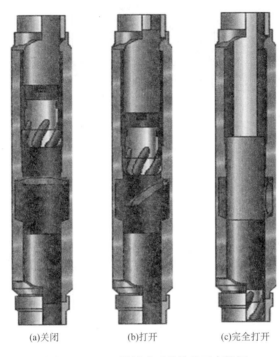

(a)关闭　　　　　　(b)打开　　　　　　(c)完全打开

图 10-8-18　机械式开关的井下套管阀

五、冻胶阀的全过程欠平衡钻完井技术

冻胶阀技术是由吐哈油田钻井研究院研制的自主知识产权技术，它采用一种凝胶体将上部压井液与油层进行有效地隔离，该胶体不仅能密封井筒，并且在正压差下不进入储层，起到保护油气层的作用。在起下钻、安装井口或者完井的时候，采用平衡井筒压力技术，在井眼某个层段注入这种非伤害性流体，将井筒分为上下两个部分，利用凝胶管柱的黏附力和液柱压力平衡地层压力，起到封隔与控制作用。

1. 冻胶阀的组成及性能

冻胶阀具备了一种"阀"的控制功能（图 10-8-19），具有隔离作用、密封作用及承压作用。

成胶后的冻胶性能：

（1）基液黏度：$10 \sim 50 mPa \cdot s$；

（2）冻胶黏度：$\geqslant 10 \times 10^4 mPa \cdot s$；

（3）成胶时间：$20 \sim 100 ℃$，$10 min \sim 5 h$；

（4）冻胶摩阻：$13.7 MPa/100 m$；

（5）破胶时间：$20 \sim 100 ℃$条件下，可根据作业时间调整，最长破胶可达到 25 天；

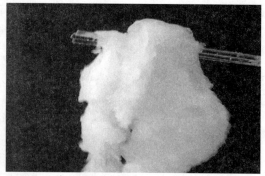

图 10-8-19　冻胶阀室内测试成胶后图片

（6）破胶后的黏度：< 5mPa·s ；

（7）对储层伤害性评价：压力大于 25MPa 冻胶颗粒未被挤入岩心 ；

（8）破胶后的液体对环境无污染，满足环保要求。

2.　冻胶阀全过程欠平衡钻井工艺技术

（1）冻胶注入工艺。

①用带有三通的高压管线把水泥车、小型注入泵和井筒环空或立管相连。

②在小型注入泵出口端安装单流阀，防止主剂溶液倒流与交联剂相互混合。

③将基液与交联剂溶液同时注入，在油层顶部形成一段强度很高的冻胶段塞，成胶后在井筒中形成有效"塞封"，阻止地层中的油气及硫化氢等有毒有害气体向外逸出。注入工艺流程如图 10-8-20 所示。

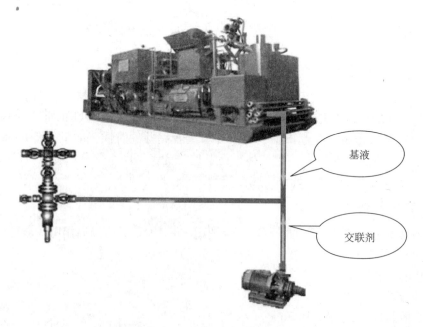

基液

交联剂

图 10-8-20　冻胶阀注入工艺流程示意图

（2）钻进工况下的压力控制方法。冻胶阀全过程欠平衡钻井，钻进工况条件下压力控制一般采用以下步骤：

①根据地层压力、井眼深度和循环排量等参数及构造特征确定实际使用的钻井液密度，采用充气钻井还应确定气体注入参数，应保证在循环状态下井底的压力小于地层孔隙压力，且压差控制在设计范围内。

②在钻进阶段，依靠内防喷工具、旋转防喷器和节流管汇等实现对井底压力的控制，无论地层是否产出油气，应保持立压值不变，进行套压控制，将套压控制在一定范围内。

③若保持立压不变，套压超过警戒值（一般要求小于5MPa），则应停止钻进，调整钻井液密度或者气体注入量，以达到实现对井底压力有效控制的目标。

（3）起钻工况下的压力控制方法。欠平衡钻井起钻前，根据求得的地层压力、油气上返速度及井眼深度，决定注入冻胶阀的时间、位置及数量。如果起钻时压力太高，或者油气上返速度太快，应适当地提高钻井液密度，充气钻井液欠平衡适当减少气体注入量，有节制地控制井底油气上返速度。开始起钻时，依靠旋转控制头和钻具内防喷工具实现对井底压力的有效控制，起钻至适当位置。根据压力大小选择平衡地层压力的冻胶阀方案，注入适量的冻胶阀液体，实现上下井筒的有效隔离，按常规起钻工序完成起钻和更换钻头作业。

（4）下钻工况下的压力控制方法。下钻至冻胶阀液面以上，先坐好井口旋转防喷器，恢复井口压力控制功能。然后下钻至冻胶阀液面以下，顶替出全部冻胶阀后，适当补充一定量的钻井液，井底压力恢复到起钻前水平，继续下钻至井底，循环干净后开始正常欠平衡钻进。

3．冻胶阀辅助下入筛管完井技术

在井筒内适当位置注入一定高度的冻胶段塞，隔离产层，平衡地层压力后，下入筛管串，成功坐封后顶替出全部冻胶段塞。对于低压含气储层，利用地层压力低，原油不自喷，以及自产原油不会对本井储层造成伤害的特点，采用自产原油平衡井底压力。同时，为避免油层顶部天然气在作业过程中上窜至井口，在油层顶部注入一定高度的冻胶段塞。对于高压油气层，仅靠自产的原油不足以平衡地层压力，要实现井筒内液柱压力与地层压力相平衡，可在原油的顶部注入一定高度的重浆，同时，为了防止重浆与原油发生混窜，在原油与重浆之间采用高切力高黏度的冻胶段塞进行封隔（图10-8-21）。

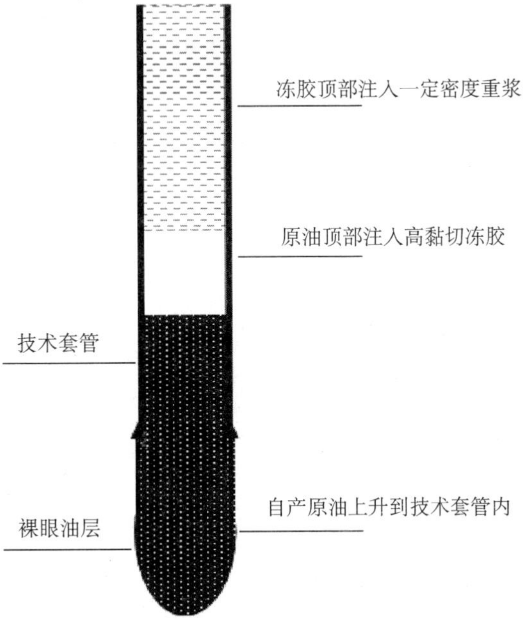

冻胶顶部注入一定密度重浆

原油顶部注入高黏切冻胶

技术套管

自产原油上升到技术套管内

裸眼油层

图10-8-21　原油与冻胶封隔井筒技术原理示意图

4．冻胶阀技术的适用范围

冻胶阀技术是吐哈油田钻井研究院根据吐哈油田的储层特征（井浅、压力低、气油比低）研制的专有技术，在吐哈油田应用取得了很好效果，完全替代了井下套管阀。该技术替代应用于深井、高压、高产及高气油比的油层或气层，其安全可靠性还缺乏可信的技术论证或现场应用的成功实例证明，应该慎重。

六、连续管钻机的全过程欠平衡钻完井技术

利用连续管钻机（或盘管钻机，Coiled Tubing Drilling）开展全过程欠平衡钻完井作业，在北美很流行。如图 10-8-22 所示，连续管钻机由于钻进和起下钻等过程中没有单根或立柱作业，所以很便于开展全过程欠平衡作业。但也由于连续管钻机的钻进能力和效率不如传统的钻杆式钻机，故这种技术更多地用于重入、加深及侧钻等储层作业。目前，中国石油钻井工程技术研究院的全国产化连续管钻机已经投入使用。

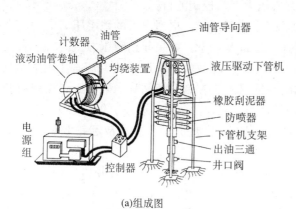

(a)组成图　　　　　　　　　　　　　(b)现场安装

图 10-8-22　连续管钻机的全过程欠平衡技术

第十一章 海洋石油钻井技术

第一节 概 述

海上石油勘探开发三阶段：19世纪前后，为初期原始钻探方式阶段；20世纪60—80年代初，是海上钻探活动及钻井装置飞跃发展时期；21世纪初期，为深水和超深水钻井发展时期，350～500ft水深大型自升式钻井平台大量建造，和第5代与第6代超深水动力定位半潜式平台大量研制建造。

海洋钻井平台的分类如下：

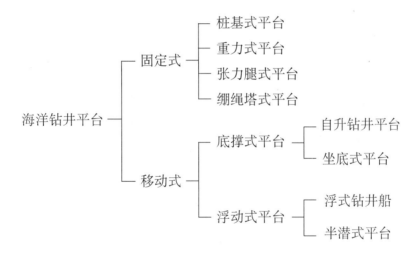

中国海洋石油总公司（简称中国海油）有近30年海洋石油勘探开发历史，现有30座钻井平台，其中自升式平台27座（表11-1-1，其中1座渤海十一号平台由胜利海洋石油公司管理和运营），半潜式平台3座（表11-1-2）。作业区域主要分布在渤海、南海西部、南海东部和东海四大海域。

表11-1-1 中国海油自升式钻井平台情况

序号	作业水深，ft	平台数量，座	钻井能力，ft	投产时间
1	400	5	30000	2006—2009年
2	375	5	30000	2006—2009年
3	350	1	30000	2009年
4	328	1	20000	1993年
5	315	1	20000	1980年

续表

序号	作业水深，ft	平台数量，座	钻井能力，ft	投产时间
6	300	2	30000	分别为 1977 年和 2009 年
7	250	2	20000	1980 年
8	200	4	20000	2010 年
9	180	1	20000	1978 年
10	165	1	20000	1976 年
11	130	3	20000	分别为 1980 年、1982 年和 1984 年
合计		26		

表 11-1-2　中国海油半潜式钻井平台情况

序号	半潜式平台名称	作业水深，ft	钻井能力，ft	投产时间
1	南海二号（第 2 代）	163 ~ 1000	20000	1974 年
2	南海五号（第 3 代）	197 ~ 1500	25000	1983 年
3	南海六号	197 ~ 1500	25000	1982 年

中国石油化工集团公司（简称中国石化）从事浅海和极浅海海域石油勘探开发，拥有各类钻井平台 9 座（表 11-1-3），其中坐底式钻井平台 3 座，自升式钻井平台 6 座，作业范围水深为 0 ~ 40m。作业区域为渤海湾和东海。最大作业井深 9000m。

表 11-1-3　中国石化钻井平台情况

序号	平台名称	作业水深，m	钻井能力，m	投产时间
1	胜利二号（坐底式）	2 ~ 6.8	7000	1988 年
2	胜利三号（坐底式）	2.5 ~ 9	7000	1988 年，重建于 2009 年
3	胜利四号（坐底式）	2.53 ~ 4.4	7000	1982 年，改造于 2010 年
4	胜利五号（自升式）	15	6000	1981 年，改造于 2000 年
5	胜利六号（自升式）	30.5	7000	1982 年，改造于 2002 年
6	胜利七号（自升式）	42.67	4500	1982 年，改造于 2005 年
7	胜利八号（自升式）	42.67	4500	1981 年
8	胜利九号（自升式）	35.05	6000	1978 年，改造于 2008 年
9	胜利十号（自升式）	55	7000	2010 年

上海海洋石油勘探开发总公司钻井分公司成立于 2003 年 3 月，是由上海海洋石油局第三海洋地质调查大队的海洋石油钻井专业队伍和部分资产改制而成，专业从事海洋石油勘探和开发。有自升式的"勘探二号"和半潜式的"勘探三号"2 座海洋石油钻井平台（表 11-1-4）。

表 11-1-4　上海海洋石油勘探开发总公司钻井平台情况

序号	平台名称	作业水深, ft	钻井能力, ft	投产时间
1	勘探二号（自升式）	300	20000	1977 年
2	勘探三号（半潜式 3 代）	2000	25000	1983 年

中国石油海洋工程有限公司目前拥有海洋钻井平台 10 座（表 11-1-5）作业最大水深为 95m，钻井能力为 7000m，作业范围主要在渤海湾冀东、辽河和大港三个海上区块。

表 11-1--5　中国石油平台装备情况

序号	平台名称	作业水深, m	钻井能力, m	投产时间
1	赵东平台（坐底式）	10	7000	2003 年
2	中油海 1 号（坐底式）	1.8 ～ 7.8	4500	1986 年
3	中油海 3 号（坐底式）	2.0 ～ 10	7000	2007 年
4	中油海 33 号（自升式）	2.0 ～ 10	7000	2009 年
5	中油海 5 号（自升式）	3.0 ～ 40	7000	2007 年
6	中油海 6 号（自升式）	3.0 ～ 40	7000	2007 年
7	中油海 7 号（自升式）	3.0 ～ 40	7000	2008 年
8	中油海 8 号（自升式）	3.0 ～ 40	7000	2008 年
9	中油海 9 号（自升式）	3.4 ～ 90	7000	2008 年
10	中油海 10 号（自升式）	3.4 ～ 90	7000	2009 年

第二节　海洋钻井环境条件

为确保移动式钻井平台对井位水深及海床条件的适应性和估算插拔桩难易程度，平台就位前都要按规定进行水文测量及海底调查工作。

一、海况调查和海底物探

（1）验潮：连续 25h（一个太阳日潮时时间为 24.83h）验潮，测出日平均水深，推算出该井位处高潮和低潮水深、最大潮差及对井口建筑物测出高程。

（2）测海流：用海流测量仪测出井位处固定流及潮流流向及流速。流向误差可达 0.1°，流速误差可达 0.1m/s。

（3）冰情调查：调查岸冰离岸距离，冰厚，冰覆盖范围，以及流冰情况。

（4）水深地形测绘：测量船来回拉网格，利用声呐回声替代深度原理连续记录方式测出单线水深剖面图并绘出该海域水深地貌地形图，为平台拖航进入井位提供有利导航数据。

（5）海底旁侧声呐扫描：探测海底凸凹不平状况及海底遗留障碍物情况。

（6）电火花源浅层地震高分辨仪：测出海底以下几十米至几百米不同土壤层深度剖面及显示岩性变化情况（但不能精确分辨岩性）。

（7）管道探测剖面仪：横向测出管道埋设地点及布局走向和埋深。

（8）风玫瑰图调查：搜集井位处海域风玫瑰图，分析高频率季风方向和风力。

（9）就位辅助工作：

①水下声波定位：为水下遗留物发现或后期井口重导设置信标。

② GPS 导航定位：在平台槽口上方井架上架设探头，微机屏图像显示指挥平台向预设井口坐标靠近。DGPS 误差不大于 1m。仪器有多种型号，如 LEGACY、GBX-PRO 和 Trimble DSM132 等。

③测距仪：航行中或就位时寻找井口或障碍物目标，测出离平台距离。

二、工程地质钻孔

单一的海底物探工作不能得到准确的土壤性能数据，还得通过实际井位钻孔取心湿样化验得出各项土壤力学机械物理参数，对插拔桩（或坐底）进行可行性分析。

（1）钻孔柱状图：标有深度、土壤岩性、标贯锤击数、水下湿溶重和抗剪强度值等，显示出地层类型、厚度、均匀性、力学参数及两层砂层中滑动性黏土或软地层。

（2）土工试验物理力学性质汇总表：标有深度、分类、干湿重度、含水量、土粒相对密度、初始孔隙比、饱和度、液限值和塑限值、压缩系数、凝聚力和摩擦角、颗粒组成等。

（3）设计强度参数表：给定土层深度、水下容重、黏性土和粒状土设计抗剪强度及承载力系数等，可供地层承载力计算。

（4）极限桩端荷载计算表：根据拟选择平台给定单位桩端承载力、单位表面摩擦力及单桩极限承载力值，可供估算插桩深度。

三、平台作业水面以上最低安全高度

平台作业水面以上最低安全高度不小于最大天文潮高 + 风暴潮高 +2/3 最大波高或最大波高 +1.2m 或 1.5m 安全气隙。

四、自升式平台桩腿适应最大工作水深

自升式平台桩腿适应最大工作水深≤（桩腿长 − 入泥深度 + 海图水深 + 最大天文潮 + 风暴潮 +2/3 最大波高 +1.5m 安全气隙 +2m 余高）。

第三节　海洋钻井设计

海洋钻井设计是在分析各种有关资料的基础上，遵循国家及政府有关机构的规定和要求，按照安全、快速、优质和低成本的原则，科学地作出并经过一定的程序审核批准的，具有较高权威性的钻井作业指导文件，是钻井作业必须遵循的准则。

一、海洋钻井设计的基本原则

1．钻井平台的选择原则

钻机的钻井能力：选定的平台的钻机最大额定负荷，必须大于作业中出现的最大负荷的20%。

2．平台的井控能力

选定的平台井控系统最大额定工作压力，必须大于预测到的最大井口压力的20%（最大井口压力是指井眼内钻井液被全部喷空而充满地层流体时的关井压力。套管头和套管的设计，也按此原则进行）。

3．平台适应作业水深原则

选定平台的设计作业水深，应能满足所钻井井位处的水深条件。

4．海洋环境保护的原则

（1）钻井液安全环保的原则：钻井液的排放，必须符合国家环保局规定。如果使用油基钻井液，就要制定相应的处理办法。

（2）海水施工设施遗弃原则：为保护地下资源和海洋环境，对油气水层要进行水泥封堵，并试压合格；裸眼要封堵；永久弃井的井口，最少应该从泥线以下4m处切割。

5．预测有浅层气原则

原则上应要求地质部门更改井位，避开浅层气，否则应具备井眼控制能力才钻开。浮式钻井平台在水深超过100m的海区作业，在无法避开浅层气和建立井眼控制系统情况下，建议用小钻头敞开（不下隔水管）钻进，并根据情况，采取继续钻进，或动态压井，或移开平台的方法处理浅层气。

二、井身结构的设计原则

1．隔水管设计原则

主要考虑隔水管的冬季抗冰能力，波浪流的抗弯载荷能力，以及承担封井器组重量的能力。

2．预防和处理浅层气原则

如果海底调查资料证实有浅层气，应设计套管坐于浅气层的顶部，安装好井口控制系统之后才可钻开浅层气。在新构造上的第一口海洋探井或有资料证实有浅层气的井，应选择具有安装分流器的钻井平台并安装分流器后方可进行一开。

三、钻井设计的基本内容

基本内容包括基本海况地调资料收集、地质数据收集、工程设计、施工进度计划、材料计划和费用预算。由承包商根据作业者要求制定的平台就位设计、钻井液设计、固井设计和定向井设计，也属于钻井设计的主要内容。

1．平台就位设计

根据海底调查资料、水深、海况和气象，设计出钻井平台的艏向、插桩深度、压载量及气隙要求。确定钻井平台就位方案。

1）就位误差要求

随着定位技术的提高，地质部门对钻井平台在设计井位上的就位误差也提高了要求。一般井的就位以设计井位为中心，半径30m的圆内。对导管架平台进行高精度就位以满足作业要求。

2）定位方法

使用"GPS"全球定位系统进行定位。

3）钻井平台艏向

选择平台的艏向，首先应考虑的是平台的抗环境力（主要指风力，次要指涌、浪、流等），同时也要考虑供应船的停靠、直升机的起降和燃烧臂的放喷燃烧，以及平台防爆区划分和人员在可燃气体及有毒有害气体报警时的逃生路径。一般情况下，选择作业季节的主导风向和流向（顶风顶流）为艏向。

4）自升式平台的就位要求

（1）插桩：首先根据海底调查资料，确认是否能正常插桩，如不能正常插桩，则应采取相应措施；预计插桩的深度。

（2）压载方案制定：其原则是分阶段逐步均匀地加载平台到其升降机构最大静态支持力，平台平稳不斜为止。压载总量由下式计算：

$$Q=G-T-W \qquad (11-3-1)$$

式中　Q——压载总量，kN；

　　　G——升降机构最大静态支持力，kN；

　　　T——平台自重，kN；

　　　W——压载前平台上的可变载荷，kN。

（3）高度（即气隙）：按《平台操作手册》给定的参考高度和下式的计算值比较，取大者的整数：

$$H=h_1+h_2+1.2 \qquad (11-3-2)$$

式中　H——升平台高度，m；

　　　h_1——最大波浪高度，m；

　　　h_2——最大潮位，m。

（4）如预测海流对桩脚冲刷较大，及其他影响平台安全作业的问题，要提出解决的措施。

2．井身结构设计

1）隔水管设计

也称为表层导管，主要用作建立井口、支撑井口和防喷器组。其下入海床以下的深度，根据地层破裂强度确定，只要能建立起循环而不压裂地层即可，一般为30～60m。固定式钻井装置作业时，把导管称为隔水导管，一般情况下，使用 ϕ850mm 或 ϕ762mm 隔水导管，在井口防喷组较简单，重量轻，上下扶正支撑又比较好，以及水浅的情况下，可考虑用 ϕ508mm（20in）套管作隔水导管。由于海洋环境的因素，隔水管设计主要考虑在水面以上 20m 左右，支撑住约重 294kN（30t）的地面全套井口系统和防喷器组，并抵抗海流和海浪对系统冲击造成的弯曲力矩。其他各层标准套设计同陆地设计。

2）海水浅海常用井身结构类型

（1）标准类型（表 11-3-1）。

表 11-3-1 标准井身结构类型

井眼尺寸 mm (in)	914.4 (36)	660.4 (26)	444.5 ($17^1/_2$)	311.15 ($12^1/_2$)	215.9 ($8^1/_2$)	152.4 (6)
套管尺寸 mm (in)	762.0 (30)	508.0 (20)	339.73 ($13^3/_8$)	244.48 ($9^5/_8$)	177.8 (7)	114.3 ($4^1/_2$)
套管名称	表层导管	表层套管	中间套管	中间套管	尾管	

注：（1）ϕ215.9mm 井眼与 ϕ177.8mm 尾管、ϕ152.4mm 井眼与 ϕ114.3mm 尾管，是根据地层情况和井深确定是否使用。

（2）该类型可用于一般的深井和超深井，也可用于复杂的高压气井。

（2）强化类型（表 11-3-2）。

表 11-3-2 井身结构的强化类型

井眼尺寸 mm (in)	914.4 (36)	660.4 (26)	444.5 ($17^1/_2$)	355.6 (14)	311.15 ($12^1/_4$)	215.9 ($8^1/_2$)	152.4 (6)
套管尺寸 mm (in)	762.0 (30)	508.0 (20)	339.73 ($13^3/_8$)	298.45 ($11^3/_4$)	244.48 ($9^5/_8$)	177.8 (7)	114.3 ($4^1/_2$)
套管名称	表层导管	表层套管	中间套管	中间尾管	中间套管	尾管	

注：（1）ϕ355.6mm 井眼与 ϕ298.45mm 尾管段：用 ϕ222.25mm × ϕ311.15mm × ϕ355.6mm 偏心钻头钻进，然后下入 ϕ298.45mm 无接箍套管。

（2）ϕ311.15mm 井眼与 ϕ244.48mm 套管段：用 ϕ200.03mm × ϕ269.88mm × ϕ311.15mm 偏心钻头钻进。下入的 ϕ244.48mm 套管柱要求：进入 ϕ298.45mm 尾管及以下井眼的套管，为无接箍套管，上部的为普通接箍的套管。

（3）该类型一般用于复杂的高温高压深井。

（3）简化类型（Ⅰ）（表 11-3-3）。

表 11-3-3 井身结构的简化类型（Ⅰ）

井眼尺寸，mm	914.4	444.5	311.15	215.9
套管尺寸，mm	762.0/850	339.73	244.48	177.8
套管名称	表层导管	表层套管	中间套管	尾 管

注：该类型省去 ϕ508mm 表层套管，用 ϕ339.73mm 套管代替。

（4）简化类型（Ⅱ）（表11-3-4）。

表11-3-4　井身结构的简化类型（Ⅱ）

井眼尺寸，mm	914.4	444.5	311.15
套管尺寸，mm	762.0/850	339.73	244.48
套管名称	表层导管	表层套管	中间套管

注：该类型仅三层套管，ϕ339.73mm套管作表层套管，也作中间套管，这种类型用于浅井。

（5）其他类型。

在固定式生产平台上钻丛式井，有的用ϕ762mm或ϕ850mm套管作隔水导管，或用ϕ609.6mm（24in）套管，也有的用ϕ508mm套管作隔水导管，并采用打桩的方法施工。

3．井口装置

与陆地钻井设计基本相同，但要求海上钻井井口压力级别要高于地面一个压力级别，同时，规定海上必须安装一套剪切闸板。

海水平台由于空间限制，四通两侧的截留压井管线通常使用柔性管线。

4．套管设计

主要增加隔水管设计，要求隔水管的抗弯强度满足支持井口重量，能够抵抗风浪流和海冰等外部载荷的侵扰。其他各层套管与陆地相同。

5．固井设计

（1）隔水管通常采用内插法固井，要求水泥返到泥面；
（2）表层固井水泥返高应考虑弃井作业要求；
（3）依照业主要求，考虑泥线悬挂器；
（4）其他各层套管固井设计与陆地相同。

6．钻井液设计

（1）上部井眼通常采用海水配合稠塞体系；
（2）钻井液体系满足海水环保和排放要求；
（3）其他钻井液性能要求同陆地钻井液设计。

7．钻头设计

根据地层的岩性和可钻性分级和邻井使用钻头情况，确定各井段的钻头型号，优先使用PDC钻头。

8．水力参数设计

与陆地钻井设计相同。

9．钻具组合设计

与陆地钻井设计相同。

10．井眼轨道设计与控制要求

丛式井组重点考虑井眼防碰问题及磁干扰影响，合理确定造斜点和造斜率。

11．地层评价计划

与陆地钻井设计相同。

12．防喷器系统

海上封井器压力级别一般高于陆上，海上必须装有剪切闸板防喷器。根据地层压力情况，确定防喷器压力级别和组合型式、试压标准及周期。具体的防喷器组合、试压周期及标准按油田钻井井控实施细则执行。

13．钻井程序

根据海上井组特点，应首先考虑批钻程序。其他方面与陆地钻井设计相同。

14．特殊作业程序

对采用新的钻井工艺、工具和设备，应制定相应的作业程序或操作步骤，包括风险分析、安全措施和质量要求，避免出现事故或达不到设计要求。

15．潜在的风险问题及处理措施

重点是海上安全环保提出具体的防范措施，其他方面与陆地相同。

16．工程进度计划

与陆地钻井设计相同。

17．材料计划

与陆地钻井设计相同。

18．成本预算

(1) 钻前费用：海底调查、动复员及拖航定位等作业发生的费用等。

(2) 钻井费用的预算，除正常陆地钻井费用外，还有海洋钻井工程费用，工作船、直升机、基地码头及基地货物装卸服务等服务费。

(3) 其他费用预算同陆地成本预算。

第四节　海洋钻井设施及装置

一、人工岛

人工岛一般在近海滩涂浅水和暗礁基础上建造，大多填海而成。

二、固定式海洋平台

1．重力式平台

钢筋混凝土重力式平台主要由上部结构、腿柱和基础三部分组成。钢重力式平台由钢塔和钢浮筒组成，浮筒也兼作储油罐。

2．导管架海洋平台

1）桩基式（导管架式）平台

桩基式平台用钢桩固定于海底。钢桩穿过导管打入海底，并由若干根导管组合成导管架。导管架先在陆地预制好后，拖运到海上安放就位，然后顺着导管打桩，桩是打一节接一节的，最后在桩与导管之间的环形空隙里灌入水泥浆，使桩与导管连成一体固定于海底。

2）腿柱式平台

采用若干腿柱，一般直径为 5～6m，每根腿柱内要打若干根桩，以加强腿柱，立管也设在腿柱内，受到较好的保护。腿柱式的整体构造刚性不及桩基式，但比桩腿式抗冰性强，故仅适用于冰区。

3．张力腿海洋平台（TLP）

张力腿平台（TLP）为竖直固定的浮式结构，常用于海洋油气的生产，特别是适用于水深 300m 以上的区域。

4．顺应塔平台

顺应塔平台与固定导管架平台基本相似，都具有支撑甲板设施的导管架钢制结构。不同的是，顺应塔平台会随水流或风载荷移动。顺应塔平台通过桩固定于海底，上部的导管架内有浮式部分，系泊链由导管架至海底。固定地点的水深亦即平台的高度。下部的导管架固接于海底，作为顺应塔上部导管架与水上设施的基础。顺应塔平台应用水深可达1000m。这个水深范围一般对于固定式导管架平台不适应，很不经济。

5．Spar 海洋平台

Spar 海洋平台近年来广泛应用深海石油勘探开发中，担负着石油钻探与开发，海上原油处理、储藏与集输工作，是深海石油开采公认的具有发展的海洋平台。现代 Spar 海洋平台都具有以下几个特征：

（1）现代 Spar 平台的主体是单圆柱结构，垂直悬浮于水中，特别适宜于深水作业，在深水环境中运动稳定，安全性良好。Spar 平台能够安装刚性的垂直立管系统，承担钻探、生产和油气输出工作。

（2）Spar 平台的中心处开有月池，月池内装有独立的立管浮筒，具有良好的浮动性。Spar 平台的油气有两种输出方式，它既可以通过柔性输油管、SCR 立管或张力式立管将油气直接输送到海底管道系统，也可以将原油储存在 Spar 平台的主体中，用油轮将原油运输上岸。由于采用了缆索系泊系统固定，使得 Spar 平台十分便于拖航和安装，特别适宜于油井较为分散的深海油田的石油勘探开发工作。

三、移动式钻井平台

1．钻井驳船

将钻机安装在带有压载水舱驳船上。驳船拖至井场向驳船舱内注水将船下沉坐在湖底，驳船成为一个稳固的平台。钻井驳船最大工作水深一般在 4～5m，适应于沼泽和湖泊以及极浅海无潮汐的滩涂海域。钻井驳船一般长 60m 左右，型宽 17m，型深 6m，井架多采用自升式（K 型）井架，便于通过河道上架设的桥梁。

2．坐底式钻井平台

平台工作原理与钻井驳船相似，平台结构由上部甲板、下部沉垫和立柱支撑三个主要部分组成。适用于极浅海、滩涂及湖泊沼泽，坡度平缓（在 0.5‰～1.5‰）的地表承载力极低的软弱淤泥质地表。

3．自升式钻井平台

自升式钻井平台是能自行升降的钻井平台。分独立桩腿式和沉垫式两类。

(1) 独立桩腿式钻井平台由平台主体结构和桩腿（桩靴）组成，各桩腿互相独立，不相连接，整个平台的重量由各桩腿分别支承，桩腿底部设有桩靴，桩靴有方形或多边形。

(2) 沉垫式钻井平台由平台主体结构、桩腿和大沉垫组成。各桩腿上部通过升降机构与平台主体连接，桩腿下部与大沉垫连接在一起。平台重量与施工时的可变载荷由相连的各桩腿共同支承。沉垫式平台不适用于海床有珊瑚礁或岩石的海域施工，不平整的海床会破坏平台大沉垫结构。

自升式钻井平台在平台主体结构与桩腿之间有升降装置，可使平台主体与桩腿之间相对的上下移动。常用形式可分为齿轮齿条式和液压插销式。自升式钻井平台一般不能自航。目前自升式平台最大工作水深约为 120m。平台桩腿多为三桩或四桩。

4．半潜式钻井平台

半潜式钻井平台是一种小水线面的浮动式钻井平台，由坐底式钻井平台演变而来的。半潜平台构成主要有上甲板结构、稳定立柱、中间立柱及浮箱。上甲板结构与立柱、立柱与立柱以及立柱与浮箱之间有横支撑与斜撑连接。半潜式钻井平台在深水区域作业，需依靠定位设备，一般为锚泊定位系统。水深超过 500～1500m 时，需要采用动力定位系统或深水锚泊定位系统。由于半潜式钻井平台在波浪上的运动响应较小，在几种钻井平台中得到很大发展，在海洋工程中，不仅可用于钻井，其他如生产平台、铺管船、供应船及海上起重船等都可采用。随着海洋开发逐渐由近海向深水发展，这类平台的应用将会日渐增多，诸如油与气的储存，离岸较远的海上工厂，海上电站等都将是半潜式平台的发展领域。

5．钻井船

钻井船是浮船式钻井平台的一种，通常是在机动船或驳船上布置钻井设备。平台是靠锚泊或动力定位系统定位。按其推进能力分为自航式和非自航式；按船型分有端部钻井、舷侧钻井、船中钻井和双体船钻井；按定位分有一般锚泊式、中央转盘锚泊式和动力定位式。钻井船的优点是工作水深大，位移时机动性好，载重储藏量大，它的主要缺点是风浪引起的船体运动对钻井工作影响很大，因此开工率较低。

四、海洋钻井平台装置构成

1．钻井平台结构

(1) CPOE1 平台结构形式为单甲板、单底，长 66m，宽 36m，型深 4m，梁拱 0.4m，肋距 1.5m。主体结构是一个由骨架加强的扁平箱体结构。由 4 条纵舱壁、3 条短纵舱壁和 4 条横舱壁以及 4 条短横舱壁分割为 32 个舱室。并在升降装置围井区，钻井底座纵移动轨道处作了加强。

（2）CPOE3/33 平台由沉垫、上部结构和中间支撑结构三部分组成。沉垫为矩形，长 70.8m，宽 41m，型深 3m，从沉垫甲板顶到距基线 1.2m 高处为 45°斜坡的结构。沉垫内由 3 道主纵舱壁、5 道主横舱壁和 3 道短横舱壁隔成 18 个压载水舱，2 个燃油舱，2 个淡水舱，2 个泵舱，2 个钻井淡水舱。

上部结构为双层甲板矩形箱体结构，上平台内由两道主纵舱壁和四道主横舱壁及若干纵横隔壁分隔成各种舱室，中后为钻井工艺舱室群，中前为动力区，动力辅助室及冷库等。上甲板与主甲板之间设置中间甲板。

中间支撑结构有 6 根直径 4.0m 的大立柱，6 根直径 1.0m 支撑钻台负荷的中立柱，29 根直径 0.6m 的小立柱。

（3）CPOE5/6/7/8 平台主要结构是由平台主体、围阱区、桩腿、桩靴、悬臂梁、横向移动轨道、直升飞机平台、生活楼及工程房等结构组成。长 54.0m，宽 49.0m，深 5.2m，梁拱 0.30m，肋距 0.5m。平台主体采用近似三角形箱体结构，由 4 道连续纵舱壁和 5 道横舱壁，把箱形平台主体划分成若干个水密舱。针对平台的受力特点，特别对三个围阱区结构、悬臂梁支撑处及钩板位置进行了特别加强。

（4）CPOE9/10 平台主结构含有 4 层甲板，主甲板、2 层机械甲板和内底舱室，内底舱室位于甲板下层机械甲板之下。

主甲板：主甲板上设有吊机立柱、生活楼、直升飞机甲板、升降桩围井区、管架、甲板仓库、钻井液处理模块、悬臂梁及钻台和井架等结构。

上部机械甲板：在主甲板之下的一层甲板，它上面设有 VFD 间、仓库及储舱室，这层甲板与轮机舱、钻井泵舱、钻井液池等舱室相通。

下部机械甲板：设有水密舱室、轮机舱、钻井泵舱、钻井液舱及机修间等。

内底舱：设在机械甲板和船底之间，设有淡水舱、钻井水舱、燃油舱和盐水舱等。

2．钻井平台升降机构

升桩机构是平台的重要设备。常用形式有液压升降和齿轮齿条升降两种。为确保钻井平台在海上升降，必须设计一套安全可靠的升桩机构和控制装置，以便钻井平台在海上有效地站立作业或迁移。

1）液压升降机构（CPOE1）

CPOE1 钻井平台升桩机构为液压环梁插销式，由升降液缸、上下环梁和上下插销等组成。机构上部为固定环梁和支持插销，下部为移动环梁和工作插销，它与设在圆柱形桩腿上的四排 290mm×290mm 的插孔相配和，利用液压缸的顶伸，使移动环梁上下运动和插销的插入和拔出，平台与桩腿作相对运动而升离和降至水面，每套升降机构设有 4 只升降液缸，8 只插销液缸。固定环梁与升降机构室顶部之间，设有 8 组弹簧组件能保持插销与销孔的受力载荷均匀。固定环梁靠 4 组悬挂杆（带弹簧组件）与升桩机构室顶部连接。在拔桩时，同样能使各插销受力均匀。升平台后，桩腿与平台底部及升桩机构室之间备有 12 块固桩块搂紧，以防晃动，并传递水平载荷。

2）齿轮齿条升降机构（CPOE5/6/7/8/9/10）

中国石油海洋工程公司钻井平台，升降系统均选用 NOV（法国 BLM）D110 和 D60H 型的升降单元。平台升降采用齿轮齿条传动，升降单元安装在每个桩腿的一个固桩架内。系统采用交流异步电动机驱动，电动机通过换相序来实现电动机的转向控制。当平台在下降操作时，能耗制动电阻器释放平台的势能，其中小部分的制动能量反馈至主电站。在三条桩腿附近均设置桩边操作控制箱。每个控制箱均设有升降控制按钮，应急停止按钮，电压表及电流表，制动控制盒的插座，以及电源指示灯。在中央控制室设有升降操作控制台，该控制台设有 PLC 控制器、显示屏和各控制开关以实现驱动齿轮负荷监测和平台的水平倾斜监测。

3．消防系统

钻井平台的消防系统由固定式水灭火、泡沫灭火、二氧化碳灭火和消防器材及报警等三个系统组成。

1）消防水系统、泡沫灭火系统

消防水系统有主消防泵、应急供水泵和遍布平台的消防栓，要求平台任意一处至少能有两股水柱同时喷到，水柱喷射不少于 12m。泡沫灭火系统在消防水系统的基础上增加有泡沫罐、压力式泡沫比例混合装置以及泡沫消防枪（炮）等。

2）CO_2 灭火系统

CO_2 灭火系统主要安装在平台轮机舱（钻井电站）、VFD 间、MCC 间和中控室等与电气有关的舱室。CO_2 灭火系统同时具有自动控制、手动控制和应急操作三种控制方式。

4．救生设备和脱险设施

1）耐火救生艇

全封闭耐火救生艇的设计，使其在海浪中具有足够的稳性，并在载满全部乘员和属具后，具有足够的干舷。在发生淹覆时，能够自动回复到原始位置，保持一个可为其乘员提供水面以上逃生口的状态，并可以确保乘员在不能离开救生艇时，乘员头部在水面以上。

2）气胀式救生筏

气胀式救生筏种类繁多，目前适用船舶使用的有 A 型、B 型、Y 型和 YJ 型。乘员有 6 人、10 人、14 人、15 人、20 人和 25 人。适用航区：A 型适用于国际航区，B 型和 Y 型适用于国内航区 Ⅱ 类与 Ⅲ 类航区，YJ 型适用于 Ⅲ 类航区。

3）救生圈

救生圈是救助落水人员单人用的救生装备，救生圈上有自亮浮灯和烟雾信号，可指示落水人员的位置。

4）救生衣

分工作用和乘员用两种。近年制成的保暖救生衣，可使穿着者在水中支持较长时间。

5．甲板机械

甲板机械是钻井平台的重要组成部分。甲板机械可以分为大甲板机械和小甲板机械。大甲板机械主要包括有回收缆绞车、起锚机和移船绞车。小甲板机械主要包括有舱口盖、导缆器、带缆桩（系揽桩）、导缆滚轮和拖力眼板等。

6. 海洋平台起重机

海洋平台起重机主要在海洋平台上使用，主要功能是平台装卸货物和吊运人员，是海洋石油生产中最重要的生产和安全设备之一，起重机的安全可靠性、可维修性和抗风性能要求很高。

7. 通风、空调及供暖系统

通风、空调及供暖系统是为平台工作场所和生活舱室提供流动的新鲜空气，防止有害或可燃气体的积聚，创造人工气候，保障工作人员的健康，避免物资的损坏。有利于各种电气控制、机械和仪表的正常工作的设备。

8. 通信导航系统

钻井平台的海上通信导航设备的配置主要有：遇险报警系统、搜救协调通信、现场通信、现场寻位、海上安全信息的播发、常规通信和卫星通信与卫星数字传输等。满足 IMO（国际海事组织）海上船舶国际航行作业时的要求。

9. 钻井电站

钻井平台电站分三种功能的发电机组组成，为完成施工任务的主电站称为钻井电站，平台在移位与停泊时启用的电站称为辅助电站，平台在紧急状态下启用电站为应急电站。石油勘探开发施工的高风险和海洋环境的特殊要求，平台发电机组的选用必须满足钻井电站的条件。

10. 电传动系统

海洋钻井平台电气控制系统设计与制造应符合相关标准。系统应满足海洋钻井平台配套钻机的传动特性和钻井工艺要求。充分考虑防盐雾、防腐、防爆、防震、防火及防水等因素，适合在海洋潮湿与盐雾环境条件下运行，符合海洋钻井平台安全操作要求。

11. 钻井平台压缩空气系统

1）双螺杆空气压缩机

钻井平台一般配置双螺杆空压机。

2）吸附式再生空气干燥器

由于钻井平台的特殊环境，要求使用的压缩空气必须是无尘无水的洁净空气，供气质量应符合有关规定和要求。

3）冷启动空气压缩机

平台发电机组与柴油机的启动采用压缩空气驱动启动机启动。

12. 辅机系统

包括船用燃油锅炉、船用压力柜、船用生活污水处理装置、油污水处理装置、船舶燃油分油机、燃油净化过滤机及维修设备等。

13. 钻井系统

钻井系统是钻井平台施工设备的主体，在海上平台承载下进行钻井、完井和井下测试等作业。钻井系统设备主要由提升系统（井架、天车、游动滑车、大钩、水龙头、钢丝绳）、旋转系统（转盘与转盘驱动系统、顶部驱动装置）、钻井液循环系统（钻井泵、钻井液循环罐、高压钻井液循环管系、低压钻井液循环及钻井液配制管系）、钻井液净化系统（振动筛、除气器、除砂器、除泥器、沉降式离心机、砂泵）、电力传动系统（柴油法定机组、发电机控制系统、交流变频（VFD）系统、电动机控制（MCC）系统、交直驱动电动机、电缆）、钻机控制系统（绞车电气控制系统、绞车液压控制系统、绞车压缩空气控制系统、制动送钻系统、CCTV 系统）、井控系统（万能防喷器、单闸板防喷器、双闸板防喷器、井口四通、节流压井管汇、钻井液气体分离器、防喷器远程控制台、司钻控制台、值班办公室控制台）、供给系统（海水提升供给系统、淡水供给系统、压缩空气供给系统、燃油供给系统、散料储存供给系统、袋装料储存舱室）、钻井仪表及固井系统等系统组成。

第五节　拖航及作业准备

一、拖航前准备

1．召开拖航会议

1）成立拖航小组

拖航小组由钻井承包商、船舶承包商和作业者的代表（监督）组成，并委任组长负责拖航作业和该期间的安全工作。拖航组长由船舶（拖船）承包商代表担任。

2）检查拖航准备工作

（1）作业者代表依据设计，介绍即将进行作业的井的主要情况；依据井场调查资料，介绍水深、海底地貌、海底土质情况和海底障碍物情况。

（2）钻井承包商代表依据与作业者讨论确定的就位设计，提出平台在新井位的就位要求；介绍平台因此而作的锚泊就位材料准备情况，平台拖航前的法定检验申请及准备情况，以及平台的其他有关情况。

（3）船舶承包商代表报告拖航工作船和护航船的准备情况。

（4）气象专家分析预测拖航沿线的天气与海况情况。

3）审核通过拖航计划书

会议应对拖航计划书进行审查。拖航计划中应重点考虑的问题：

（1）拖航工作船马力要求的原则：无论短距离拖航或长距离拖航，航速一般应满足 5 级风海况下不小于 4 节，并有储备拖力；远洋拖航的拖力应满足 10 级风的海况下，平台和拖航工作船不后退。

（2）护航工作船（抛锚工作船）的要求：其数量至少一条；其马力为：自升式平台配备不小于 2795kW（3800hp）的工作船，坐底式平台配备不小于 4780kW（6500hp）的工作船。

（3）拖航前的要求：平台和拖船必须取得中国船级社的拖航前检验合格适航证书。

（4）拖航时的海况作业极限，根据平台的操作手册来确定。

（5）平台进入新井位的方式，由拖航小组根据井位当时的风向与流向提前确定。

2．发出拖航作业通知

根据政府有关机构的规定，钻井承包商必须提前一周向负责移位所在海域的安全管理的海事局发出申请发布航行（作业）警告的信函。海事局收到信函后，将正式发布航行（作业）警告，保证拖航和平台作业的安全。

3．拖航前的安全检验

中国船级社规定，拖航前，应按照《海船拖航检验》所规定的检验范围、内容和技术要求对钻井平台和拖航工作船进行严格的实地检验并签发适航批准书后，才能进行拖航。

4．现场拖航准备与要求

1）拖航小组负责的工作

（1）拖航与就位作业由拖航组正副组长负责组织指挥。平台和拖航工作船上的全体作业人员都必须听从指挥。

（2）审核平台拖航的稳性计算，检查平台和拖航工作船的拖航准备情况。

（3）召开平台各岗位负责人动员大会，宣布拖航移位作业方案及对各岗位的要求。

（4）督促整改由中国船级社验船师提出的问题，当作业者监督证明平台将被租用或已被租用和取得了验船师签发的适航批准书，就立即按拖航计划开始起拖作业。

（5）拖航小组对作业者或承包商负责，每4h向作业者和钻井承包商基地的生产运行部门汇报一次作业情况。

（6）作业中出现的问题，由拖航组直接向作业者和钻井承包商基地的生产运行部门或作业者和钻井承包商的公司主管领导请示，并负责贯彻执行指示。

2）作业者监督负责的工作

（1）作业者还没有验收钻井平台时，按下述进行。否则进行第（2）项工作：

①应按照计划，进行平台设备的检验，或复查上次检验发现存在问题的设备的整改情况。

②平台各方面达到合同规定要求后，双方签订租用钻井平台证明书。然后平台由拖航小组指挥。

③在验收期间，钻井承包商要主动把工作船按计划运来的开钻材料和第三方承包商的设备吊上平台并摆放固定好。

（2）钻井平台是按合同连续作业，属于正常的平台移位时，按下述进行：

①钻井承包商要主动把工作船运来的开钻材料吊上平台并摆放固定好，并做好下口井的准备。

②继续完成目前所作业的井的收尾工作，减少平台载荷。

③一旦目前所作业井的收尾工作完成，应及时通知拖航小组，进入拖航作业。

（3）定位监督到达平台后，督促迅速安装定位设备，并输入移位航线及新井的井眼坐标各设计数据进入定位计算机系统，便于监测平台的拖航作业和就位作业。

（4）拖航作业中，作业者监督的主要责任是掌握作业进度及控制作业质量。

（5）督促有关承包商作好开钻的准备。

（6）如果平台设备还没有检查维修（平台连续进行钻井作业），应督促承包商进行检查和维护，并提交结果。

(7) 召开钻前会议。

二、钻井平台拖航就位程序

1. 自升式钻井平台拖航就位作业程序

(1) 完成井眼作业后，卸开与钻台连接的各种管线，移井架到平台中心位置并固定好。

(2) 拔掉各桩腿的上下楔块。

(3) 调整各个升降马达的扭矩。

(4) 要求各桩腿作业人员到位，试降平台。

(5) 接拖。

(6) 拖航组根据海况，要求护航工作船抛锚。

(7) 升起并固定潜水泵或深井泵塔。

(8) 正式降平台，使平台吃水 l ～ 2m。

(9) 停止降平台，检查舱室通海阀门的水密性。

(10) 继续降平台到预定漂浮吃水深度。

(11) 拉紧 2 号和 3 号锚，或上风上流锚，拖航船也带紧拖缆。各锚机和拖船应处于戒备状态，注意观察，控制得当。

(12) 拔桩。

(13) 冲桩。

(14) 在桩腿松动和拔出过程中，调整好锚链张力和指挥拖轮调整好拖缆张力，以控制平台的漂移。

(15) 当三个桩腿拔离泥线后，通过调整锚链张力和拖缆张力，将钻井平台移离生产平台。

(16) 检查平台体吃水情况，如果与计算值相差较大，应重新核算重心高度，调整横倾和纵倾，使之达到拖航要求。

(17) 拆掉冲桩管线，升桩腿到拖航位置，放好楔块，绷好桩腿纵横绷绳。

(18) 起收锚。

(19) 调整航向，主拖船加速到预定拖航速度，护航工作船在前面清道护航。

(20) 检查并关闭压载舱。

(21) 悬挂信号标（白天），或开航行灯（夜晚）。

(22) 进入正常拖航。

(23) 在拖航中，如果预测到可能影响拖航的台风或恶劣天气，要就近选择避风海湾插桩避风，等待天气好转后，才继续拖航。

(24) 在进入井位前，根据掌握的井场海流与风等情况确定进井场以及锚泊定位的方法。

(25) 把确定的进井场航线，平台在井位时的艏向，以及各个锚的方位和出链长度输入定位系统。

(26) 解除桩腿绷绳，拔掉各桩腿上下楔块，下放桩腿至泥面 3 ～ 5m。

（27）在定位系统的引导下，拖航船按照确定的进场方法，慢速拖平台进井场，到位后稳住平台。同时，护航工作船抛 2 号和 3 号锚（按确定的顺序抛；当其中一个锚位是在航线上时，平台可自抛；工作船只需抛另外一个锚）。

（28）定位。

（29）降下深井泵塔或潜水泵。

（30）升平台至水平面上 3m。

（31）卸掉压载舱通海阀门上的盲板及胶皮。

（32）调整各升降马达的扭矩。

（33）开始压载。

（34）计算或测量各桩腿插入海底的深度。

（35）护航工作船起回 2 号和 3 号锚，主拖船解拖。

（36）调整各升降马达的扭矩或检查液压升降系统。

（37）升平台至钻井作业预定位置，即设计的气隙位置，调平平台。

（38）调整深井泵塔高度或下放潜水泵到需要深度。

（39）移井架到钻井位置，接一柱开钻用的钻铤吊在转盘上方，用来调校井口。

（40）放入各桩腿的上下楔块，固定各桩腿。

（41）拖航作业报告。

2．坐底式钻井平台拖航就位作业程序

（1）完成井眼作业后，卸开与钻台连接的各种管线，移井架到平台中心位置，钻台上下底座固定好。

（2）平台应充分卸载。

（3）重量与重心计算。

（4）各层甲板上和钻台上及舱室内所有可移动的设备、器材与备件等应可靠固定。起重机吊臂置于臂架后，钩头应拉紧固定。

（5）4 根抗滑桩底部提升至与沉垫底部齐平。

（6）沉垫甲板、主甲板和上甲板的所有开口均应可靠关闭，使之保持水密或风雨密。

（7）压载舱注水阀门、泵舱通海阀以及为平台加油加水和加水泥等管线上的阀门均应可靠关闭。

（8）从钻井液处理区返回钻井液池的钻井液返回管线上的阀门应可靠关闭。

（9）检查无线电通信、救生、消防、信号和航海设备，使之处于完好可用状态。

（10）检查拖曳设备，使之处于完好可用状态。

（11）接拖。

（12）进行起锚作业。

（13）根据指令启动左右泵舱各 1 台或 2 台压载泵，根据压载程序的指令分别启闭液控阀门，达到排水上浮的目的。

（14）密切注意水舱液位遥测显示板的显示情况，并定期用测深尺进行人工测量。

（15）上浮前泵舱值班人员应及时开启沉垫喷冲装置。

（16）在沉浮作业时，泵舱值班人员须注意观察水泵、液控阀门及管路仪表的工作情况。

（17）调整好锚链张力或指挥拖轮调整好拖缆张力，以控制平台的漂移。

（18）当平台完全浮离泥线后，通过调整拖缆张力，将钻井平台移离生产平台。

（19）检查平台体吃水情况，调整横倾和纵倾，使之达到拖航要求。

（20）调整航向，主拖船加速到预定拖航速度，护航工作船在前面清道护航。

（21）悬挂信号标（白天），或开航行灯（夜晚）。

（22）进入正常拖航。

（23）在拖航中，如果预测到可能影响拖航的台风或恶劣天气，要就近选择避风海湾避风，等待天气好转后，才继续拖航。

（24）在进入井位前，根据掌握的井场海流与风等情况确定进井场以及锚泊定位的方法。

（25）把确定的进井场航线，平台在井位时的艏向，以及各个锚的方位和出链长度输入定位系统。

（26）在定位系统的引导下，拖航船按照确定的进场方法，慢速拖平台进井场，到位后稳住平台，同时进行抛锚作业。

（27）定位。

（28）检查海水总管上滤器的清洁度，海底门是否敞开。

（29）将 4 个抗滑桩插入泥面以下。

（30）调平平台。

（31）拖航作业报告。

（32）拖航作业结束。

三、起抛锚方式与作业程序

1. 锚浮标式的起、抛锚作业程序

锚浮标式的锚泊系统如图 11-5-1 所示。

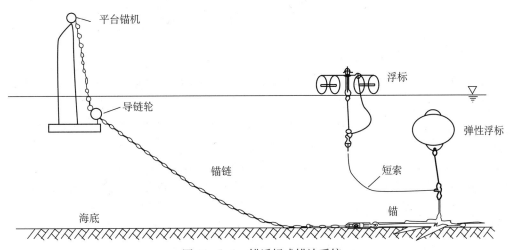

图 11-5-1　锚浮标式锚泊系统

（1）抛锚作业程序：

①工作船接到平台抛锚指令后，驶向平台，并把船尾靠近平台边上稳住。

②平台把浮标和需要的短索用吊车吊到工作船上，用卸扣把长短不同的短索连接起来，最后与起抛锚缆接在一起，绞到工作船的起抛锚滚筒上。

③平台再把锚尾绳（连接着准备抛的锚）吊给工作船，工作船将锚尾绳与连接好的短索接在一起。

④工作船朝锚位驶去，平台不断地放锚链。但要求平台的松链速度和工作船配合好。

⑤工作船到达要求的锚位后（平台指挥），减速并松滚筒上的短索，抛锚到海底。

⑥将短索从工作船上的起抛锚缆上解开，接上锚浮标，并把浮标抛下水，完成抛锚工作。

（2）起锚作业程序。起锚作业与抛锚作业相反。

2．锚链套环式（捞锚环式）的起、抛锚作业程序

锚链套环永久套在锚链上，如图 11-5-2 示。

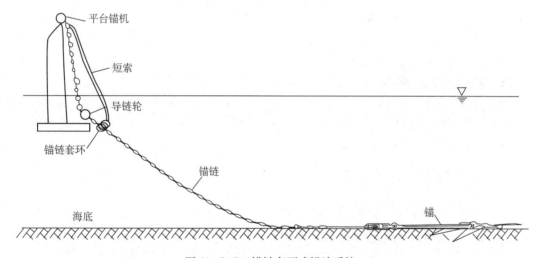

图 11-5-2　锚链套环式锚泊系统

（1）抛锚作业：

①工作船接到平台指令后，倒车并使船尾靠近平台，稳住。

②平台把系有锚链套环的短索吊到工作船上，随后工作船将短索与船上起抛锚缆连接在一起，报告平台作好放链准备。

③工作船拖着套环（套环拉着锚）朝锚位驶去。平台要不断放锚链，但保持锚链吃力，而不让它堆集海底。

④到达锚位时，平台停止放锚链，工作船通过放起抛锚缆，抛锚到海底。然后由平台适当收紧锚链，让锚吃入海底，吃上力，以便套环能顺利送回平台。

⑤工作船在收到平台指令后，边松缆边倒车，让套环滑出锚杆，然后沿着锚链方向拖锚链套环驶向平台（一般工作船松缆的长度为水深的 2 倍，深水时 1.5 倍）。

⑥工作船驶近平台时收抛锚缆，调头，使船尾靠近平台稳住，解脱套环短索并吊回平台，完成抛锚作业。

（2）起锚作业：

①工作船接到平台指令后，驶向并使船尾靠近平台，稳住。

②平台把连着锚链套环的短索吊给工作船。工作船将短索与船上的起抛锚缆连接在一起。

③工作船边拖着套环沿锚链方向驶向锚，边放起抛锚缆，直到到达锚处。

④平台放松锚链，工作船收起抛锚缆，把锚提离海底。

⑤平台开始收锚链，工作船提着锚慢慢向平台倒车，直到锚上到平台锚架上。

⑥平台从工作船上收回锚链套环短索。完成起锚。

四、抛串联锚作业程序

如果是锚浮标式锚泊，只需捞起并卸掉浮标，在短索上接上串联锚，再接好串联锚的浮标短索，拖锚到位后，抛锚到海底，再接上浮标抛下海，就完成抛串联锚。起锚时，先起串联锚，再起原来的锚。

第六节　海洋钻井基本程序

一、钻前作业

开钻前，为查清实际井口处是否有妨碍钻井的障碍物，井口周围 70m 内是否有不利于平台安全作业的物体，需进行海底检查。

浮式钻井平台使用遥控潜水器（ROV），下潜到海底，通过摄像机和声呐系统，检查海底。海底检查可提前进行，也可在探海底时进行。

自升式钻井平台一般不使用遥控潜水器，也不进行海底检查，主要依据井场调查获得的资料。如果钻前要求检查海底，可雇用潜水员进行。

二、在隔水管钻井基本程序

浅海石油钻井一般采用干式井口作业（水上井口），即在开钻前下入一层隔水导管，隔水导管一般入泥深度 50m 左右，以满足开钻时循环钻井液的要求。本程序适用于干式井口的海上钻井作业。

1. 隔水导管的施工方法

隔水导管的施工一般有三种方法。

（1）锤入法：用打桩锤将隔水导管锤入到海底泥线下一定深度并延伸到井架底座下面一定高度，钻井平台移井架后即可开钻。此方法一般在前期导管架施工时由海工部门施工完成，也可以由钻井平台完成，依据油田开发方案和井组的设计需要，可完成若干口井隔水导管的施工。

（2）钻进法：以海水为循环液，按隔水导管的尺寸要求选用相应尺寸的钻头钻孔至设计深度，充分循环清洗井眼，替入井眼体积 1.5 倍的高黏度钻井液保护井眼，起钻，逐根下入导管至设计深度，用内管法进行注水泥浆固井。对于井组，可依据油田开发方案采用批钻的方式，连续完成若干口井隔水导管的施工，也可视具体情况分次进行。

（3）随钻置入法：依据设计的隔水导管尺寸，组合下部钻具（包括钻头、稳定器、螺杆钻具、喷射短节、钻铤等），将钻具组合连接到下入工具上，下入到导管中，将下入工具和导管串平稳地放到海床上，确保其垂直度后，释放钻具和导管重量，沉入地层一定深度后，用海水缓慢开泵，钻入一定深度后，加大排量喷射钻进，钻压控制在钻柱浮重的 80%，钻至距井底 10m 时，泵入高黏度钻井液循环清除钻屑，距井底 1m 时降低泵排量至马达的最小排量，钻至设计深度时停泵，上提钻具使导管处在中和状态，静置一定的时间，使导管外壁和地层中的黏质土建立起足够的黏附力。钻进法和随钻置入法不适宜有浅层气的地区。

2. 钻进置入隔水管的操作程序

依据设计的隔水管尺寸，选择相应尺寸的钻头。隔水导管一般有直径 $\phi 850$mm 和直径 $\phi 762$mm 两种尺寸，其接头为快装连接方式或螺纹连接方式，其壁厚的选择一般依据设计，属冰区海域要考虑导管的抗冰载荷。钻头尺寸一般选择为 $\phi 660$mm 加 $\phi 914.4$mm 井眼扩大器进行钻进。

（1）下入按设计组合好的 $\phi 914.4$mm 井眼钻具。

（2）下钻到海床时，是否开钻，取决于是否达到前面要求的开钻条件。

（3）钻井眼到达确定的深度（海床到转盘面的实际距离，加上设计要求的导管入泥长度和口袋）。

①钻压：尽量用小的钻压，钻压不超过 50kN。

②排量：用海水钻进，开始时，用单泵低泵冲（90 冲）排量，钻入几米深后逐步加大循环排量。

③转速：开始时用 20 ～ 30r/min，待钻头扩眼部分入泥后逐渐加大转速至设计要求。

④每钻完一个立柱后，要划眼并充分循环（第一个立柱划眼控制钻头不出泥线），并根据地层情况，适时进行泵入高黏钻井液清洗井眼，防止沉砂。

⑤如地层为疏松的砂层，则要全部使用高黏钻井液钻进，以防沉砂或井壁垮塌而埋钻具。

（4）钻达要求深度后，清洗井眼，测斜，探沉砂。

①用海水循环一周后，泵入 5.5m³ 的高黏钻井液，再用海水循环清洗井眼，如海床浅层为疏松砂层，则需根据情况用适量的高黏钻井液循环清洗井眼。

②泵入井眼容积 1.5 倍的高黏钻井液封闭井眼。

③投入测斜仪，起钻，回收测斜仪。

④必要时静候 30 ～ 60min，下钻探砂面，若沉砂较多，可能影响下隔水管到位时，用高黏钻井液划眼到底，替入 1.8 倍井眼容积的高黏钻井液；如沉砂较少，不影响下隔水管到位时，替入 15m³ 高黏钻井液。

（5）起钻，不能用转盘卸扣，避免转动钻具而弄垮井壁。

（6）按编好的顺序下入导管。

①用海水检查浮阀是否畅通。

②按设计下入导管，注意检查更换损坏的密封环；调整弹性锁环的开口对准指示孔或其

他标记；所有导管接头释放孔用黄油填上；连接时一定要证实弹性锁环到位才能打开吊卡。

③根据设计要求，导管内的泥线支撑环位于海床下方4m，在海床上方1m处，接导管回接头。如果不使用回接头，海床上方的第一个导管接头，也应在海床上方1m处，并且接头上的所有释放孔，都上好释放螺栓（不要顶着弹性锁环），以备将来需要时作临时弃井用。

④导管进入井眼时，要注意观察悬重变化，不要硬压，试着下放。

⑤继续下导管。注意，最后一根导管下接头的位置，要避开装套管头时的切割位置。

⑥下完导管（如遇阻，接循环头冲洗到位）并坐在转盘上，下面用枕木垫好。

（7）下入带有插入接头的内管柱，检查更换插入接头上的密封，内管柱上装1～2个配套尺寸的弹性扶正器。

（8）下插入接头进入导管浮鞋，灌海水进入导管检查密封状况。漏则说明密封不好，需要重新插入或更换密封；不漏，则说明密封好。起出插入接头，放掉管内的海水，重新插入浮鞋。

（9）按固井程序固井。固井前循环海水5min，固井期间也要控制泵压。

（10）在固井泵上检查是否有回流。如无回流，起出插入接头，在甲板上冲洗干净；如有回流，应迅速关住，并把回流出来的顶替液再泵入井内，然后关住候凝，根据情况间断检查回流，一旦无回流，就起出插入节，并冲洗干净。

（11）候凝。根据配浆水和外掺剂的情况确定水泥浆的候凝时间（要参考水泥浆化验结果或观察所取水泥浆样凝固情况），待水泥浆完全凝固后再进行下步作业。

（12）在设计位置切割导管。先移掉垫在转盘上的枕木，让导管处于自由状态，切割导管。根据设计要求，安装井口。

①安装分流器系统（如图11-6-1所示，图中的A和B尺寸根据平台结构高度确定），并用海水作功能试验。

分流器系统包括：分流器、四通、变径法兰、导管法兰、液动球阀及分流管线等。

分流器的性能参数见产品说明书。

四通两翼分别安装10in液动球阀和分流管线。

准备一导管短节并焊接好法兰盘，其下端与导管相接，上端与四通法兰连接，如两个法兰不同，则需加装一只变径法兰。

分流器系统安装完毕后，需在井口小平台或钻台下进行固定。

②安装简易井口。如证实将钻进的下部井段没有浅层气的威胁时，才安装简易井口准备下次开钻。如图11-6-2所示，图中的A和B尺寸根据作业平台的有关结构高度确定。

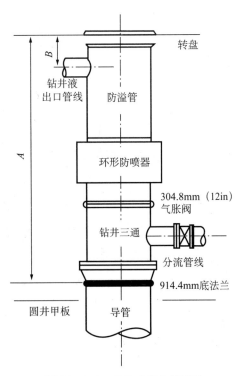

图11-6-1 自升式平台常用的
914.4mm6.89MPa（1000lb/in²）井口

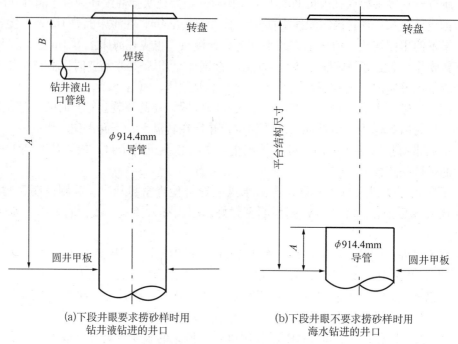

(a)下段井眼要求捞砂样时用　　　　(b)下段井眼不要求捞砂样时用
　　钻井液钻进的井口　　　　　　　　海水钻进的井口

图 11-6-2　自升式平台 914.4mm（30in）简易井口

3. 钻 ϕ 660.4mm 井眼及下 ϕ 508mm 套管作业程序

参考陆上钻井。

4. 二开钻进及中完作业二开及以后各开次钻进及完井作业

参考陆上钻井。

5. 地层试漏及破裂压力试验程序

参考陆上钻井。

三、无隔水管钻可疑浅气层

当预测在计划的导管鞋附近的井段内存在浅层气，又不能调整井位来避开时，可用小钻头钻进；当钻遇到浅层气时，如果平台设施和注入井内的高密度钻井液不能控制住气流情况下，应采取尽快移平台离开井位等措施，等浅层气释放后再回到井位钻过这段井眼。

1. 作业准备与要求

（1）在平台上召开专门的安全会议，进行钻可疑浅层气的作业程序、应急程序及作业要求的技术交底，平台高级队长及所有钻井作业人员、所有控制室人员、钻井液工程师和甲方代表等参加。

（2）检验可燃气体探头及平台警报系统。

（3）举行弃船及消防等应急演习。

（4）救生艇处于准备下放的状态。

（5）检验圆井甲板（月池）周围的消防系统，以及锚机处的喷水系统。

（6）执行动火与电焊许可审批制度。

（7）水密门和窗应关闭。

（8）配制并随时备有 2 倍井眼容积的密度为 1.4g/cm³ 左右的压井钻井液。

（9）除装有压井钻井液、高黏钻井液的储罐外，其余全部盛满海水。

（10）监测海流、天气状况和风向，以此确定必要时的平台移动方向。

（11）钻进期间值班船和拖轮等在上风上流位置备机待命。

（12）计划在白天钻进。

2．浅气层钻进

（1）组合钻具：在条件允许时，优先选用的钻具为 ϕ250.83mm 钻头（不装喷嘴）+ 接头 +MWD+ 浮阀（带测斜座）+ϕ203.2mm 钻铤 2 根 +ϕ250.83mm 稳定器 +ϕ203.2mm 钻铤 6 根 + 震击器 +ϕ203.2mm 钻铤 1 根 + 接头 +ϕ127mm 加重钻杆 15 根。钻头利于井眼控制。常用钻具为 ϕ311.15mm 钻头（不装喷嘴）+ 浮阀（带测斜座）+ϕ203.2mm 钻铤 2 根 +ϕ311.15mm 稳定器 +ϕ203.2mm 钻铤 7 根 + 震击器 +ϕ203.2mm 钻铤 2 根 + 接头 +ϕ127mm 加重钻杆 15 根。

（2）下钻到海床，测量深度。

（3）测量钻具漂斜，如果小于 0.5°，即开钻，否则等待好的海况。

（4）用海水钻进。开泵冲下去 3 ~ 4m 后慢速启动顶驱，常用参数为：钻压 0 ~ 60kN，排量 2500L/min（311.15mm 井眼）~ 1900L/min（250.83mm 井眼），转速 80 ~ 100r/min，钻进中根据沉砂情况，接单根时泵入 1500 ~ 2400L 高黏钻井液清洗井眼。

（5）控制钻速在 25m/h 左右。

（6）钻进期间要有专人连续观察圆井甲板（月池）周围海面，平台周围也要有人经常巡视观察海面，看看是否有气泡出现。

（7）如有下述情况，要停钻循环观察 5 ~ 10min：①当钻入可疑浅层气 1.5m 时；②当钻速突然加快时（1.5m 内）；③当仪器（如使用 MWD 时）显示出钻到砂岩时；④当准备接单根或立柱时。如果发现气泡，按照钻遇浅层气处理程序处理。

（8）根据设计要求钻至导管下入深度，用高黏钻井液把井眼清洗干净，起钻前用 1.5 倍井眼容积的高黏钻井液注入井内。

（9）如必要或根据设计要求，进行电测，以评价浅层气存在的可能性。

3．钻遇浅层气的处理程序

在钻进或观察期间，如果发现钻遇浅层气，应立即停止钻进，循环观察，尽可能维护井眼平衡。作业者和平台高级队长及有关人员，应立即评价井眼的情况，根据结果，按下述程序处理，同时向基地报告情况。

（1）如海面冒气泡和微小气流时的处理程序：

①继续循环，观察气泡 / 气流是否正在增加。

②针对气泡 / 气流稳定或稀少的情况，钻 3m 新地层之后再循环观察。

③如果气泡 / 气流不增加，则继续钻进。

④如果气泡 / 气流增加，则按下面程序（2）或（3）进行处置。

（2）如海面有大的气流出现时的处理程序：

①以尽可能快的速度泵入密度为 1.4g/cm³ 左右的钻井液压住气流。

②汇报基地，讨论是否采取下述具体行动。

浅层气位于相对较深的位置时，注水泥塞封住，然后先扩眼到 ϕ914.4mm，下入并固 ϕ762mm 导管，而后用 ϕ660.4mm 的扩眼器扩眼到到浅气层顶部，下入并固 ϕ508mm 套管，安装好防喷器，然后用密度合适的钻井液钻穿浅气层，必要时，将使用备用套管。

浅层气位于相对较浅的位置时，如在设计的导管鞋附近，井眼将使用轻一些的钻井液逐渐分步循环，同时，密切地观察井眼和海面，寻求需要平衡浅层气的钻井液密度，用这种密度的钻井液钻穿气层，然后扩眼到 914.4mm，下入导管固井封住浅气层。

（3）如有极大的气流出现，即当极大的气流到达海面，危及平台和作业人员安全时的处理程序：

①拉响弃船警报并迅速泵入高密度的压井钻井液。

②撤退人员到值班船上。

③如果已将气层封死，井眼趋于稳定，则应研究下一步作业。如井眼还不稳定，则应继续泵入现有的钻井液或海水，直到人员撤完。

四、弃井作业

根据油气井的情况或平台的作业状况，需要进行弃井作业，弃井作业前需要制定弃井设计方案，报油田公司相关技术部门批准后实施。弃井作业有临时弃井和永久弃井两种。

1．弃井的一般原则

（1）每次注水泥塞的长度，一般不超过 200m。

（2）裸眼中的油气层，及含有其他地层流体的渗透性地层，要用水泥塞封隔，以防互相窜通。

（3）裸眼与套管鞋处，注入 80～120m 水泥塞，套管内最少应有 50m。如果裸眼内有气层，一般先坐一个 EZSV 桥塞在套管鞋内（尽可能低），然后在桥塞下方挤入 10m 左右水泥，在上面注入最少 30m 水泥塞。套管鞋处的水泥塞一要探高度，二要试压到套管鞋处地层泄漏 / 破裂压力再加 3.45MPa，以稳住 10min 为合格（在套管强度允许的条件下）。

（4）气层之间和气层顶部，一般要下入 EZSV 桥塞，桥塞下面的射孔段，挤水泥封堵，上面注入最少 30m 水泥塞（气层之间的长度满足要求时）；油层射孔段，要用水泥封堵；油层顶部，最少用 50m 水泥塞封住。

（5）油气层最上面一个水泥塞（含桥塞），一要探深度，二要试压到油气层泄漏压力再加 3.45MPa，稳住 10min 合格（在套管强度允许条件下）。

（6）尾管顶部，在没进行过负压检验合格的情况下，一般要下入一个桥塞（下面是气层时）或注水泥塞（下面是油层时），桥塞上方注 30～50m 水泥塞。

（7）套管的切割有机械切割和化学切割（也称爆炸切割）两种方法，安装泥线悬挂装置的井只需自泥线悬挂装置处倒开各层套管即可。

（8）确定套管实际切割深度（避开套管接箍）。

（9）如果套管外还有地层没有被水泥封固住，要在切口下 10m 与上 30m 处注一个水泥塞，如果切断的套管封着气层，一般要在切口处下一个 EZSV 桥塞，上面注 30m 水泥塞。

（10）只有在井眼安全和稳定的情况下，才能拆除井口防喷装置。

（11）导管必须在海床以下 4m 切割。

（12）临时弃井时，套管内钻井液密度不能低于钻进时的密度；在完成油气层封堵后，在上面井眼的不同位置，注 2～3 个长度为 50～80m 的水泥塞，其中最后一个水泥塞应注在海床下 250m 左右，上部井口倒开后，水下井口内注入防腐液，井口戴上防腐帽。

２．临时弃井作业

（1）注完最后一个水泥塞（海床以下 200～300m 处）后，起钻杆到泥线悬挂器处，试压证实井眼已安全封住的情况下，用海水替出钻井液，起出钻杆。

（2）拆掉防喷器组和 ϕ244.48mm 套管四通。

（3）在 ϕ244.48mm 套管顶部，割一对"J"形槽，用钻杆接"十"字形工具插入"J"形槽内，上提一定重量，起出 ϕ244.48mm 套管卡瓦密封总成；然后正转套管，从泥线悬挂器送入工具处倒开，回收工具。

（4）下入套管捞矛，或直接用"十"字形工具（强度满足要求时）回收套管和悬挂器送入工具。

（5）拆掉 ϕ339.73mm 套管四通，用回收 ϕ244.48mm 套管的方法，回收 ϕ339.73mm 套管。

（6）下入 ϕ339.73mm 套管防腐帽，注入防腐液或柴油充满泥线悬挂。

（7）拆掉 ϕ339.73mm 套管头。

（8）在 ϕ508mm 套管顶部，割一对"J"形槽，用钻杆接"十"字形工具插入"J"形槽内，正转套管，从泥线悬挂器送入工具处倒开，回收工具。

（9）用捞矛，或在 ϕ508mm 套管上割两个孔，用高强度的钢丝绳回收套管。

（10）下入 ϕ762mm 回接头扭力工具，倒开回接头，回收扭力工具（如果没有下入回接头，则需下入潜水员在海床上方第一个导管接头上拧上释放螺栓）。

（11）在导管顶部，割两个孔，用高强度的钢绳回收导管。

（12）如果要求安装防腐帽，则需要潜水员配合，在送入工具上接防腐帽，标上方向后用钻杆送入，在潜水员的指挥下，安装防腐帽在井口上，并倒开和回收送入工具。

３．永久弃井作业

（1）油气层或裸眼地层被封住后，组合切割 ϕ244.48mm 套管的割刀下井：ϕ209.55mm 割刀体（装 C9 刀臂）+接头+ϕ127mm 加重钻杆+ϕ127mm 钻杆。

（2）先接好刀体和刀臂，完成功能试验，然后用麻绳捆住刀臂。

（3）下割刀到设计要求的切割位置，避开套管接箍，刹住绞车。

（4）切割 ϕ244.48mm 套管：先转后开泵，转速为 60～70r/min，逐步提高排量。排量根据扭矩确定，扭矩不宜过大。通过观察扭矩变化，判断套管是否割断。切割时，注意观察钻井液量的变化情况，防止井涌（切割前，在套管头处先泄掉套管环空可能憋住的压力）。

（5）割断后，起出割刀，观察割刀痕迹，进一步判断套管是否割断。

（6）确认油气层被封住后，拆掉防喷器组和 ϕ244.48mm 套管四通。

（7）下入套管捞矛，回收套管头密封总成、套管和泥线悬挂器。

（8）按设计在套管割口上下注入水泥塞或桥塞、水泥塞。

（9）组合 ϕ339.73mm 套管切割工具：ϕ209.55mm（或 ϕ298.45mm）割刀体（装 C9 割刀臂）+ ϕ311.15mm 稳定器（使用 ϕ298.45mm 刀体时可不用）+ 接头 + ϕ127mm 加重钻杆 + ϕ127mm 钻杆。

（10）按切割与回收 ϕ244.48mm 套管的方法，切割回收 ϕ339.73mm 套管。

（11）按设计在套管割口上下注入水泥塞或桥塞、水泥塞。

（12）拆掉 ϕ539.75mm 套管头。

（13）组合切割 ϕ508mm 套管割刀：ϕ298.45mm 割刀体（装 C13 刀臂）+ 接头 + ϕ444.5mm 稳定器 + 接头 + ϕ127mm 加重钻杆 + ϕ127mm 钻杆（根据需要）。

（14）先对割刀进行功能测试，然后用麻绳捆住刀臂下钻。

（15）下割刀到设计要求的位置，刹住绞车，画好方入记号。

（16）切割套管。先旋转后开泵（缓慢开泵），根据扭矩来确定排量，扭矩不要太高，通过观察扭矩变化，判断套管是否切割断。

（17）起出割刀。观察刀臂痕迹，再次判断套管是否割断。

（18）在套管顶端割两个孔，用高强度的钢绳上提回收套管（切割套管前割好孔，上好卸扣和钢绳）。

（19）切割 ϕ762mm 导管前，先用绷绳捆好，绷好，以防导管割断后倾倒；并在导管顶部割好两个孔，上好卸扣，用高强度的钢绳提住。

（20）组合切割导管的割刀：ϕ298.45mm 割刀体（装 C13 刀臂）+ 接头 + ϕ660.4mm 稳定器 + 接头 + ϕ127mm 加重钻杆 + ϕ127mm 钻杆（根据需要）。

（21）先对割刀进行功能测试，然后用麻绳捆住刀臂。

（22）下入割刀。注意，转盘到刀臂的长度，即切割深度，应和切割 ϕ508mm 套管时的一样或短一点。

（23）像切割与回收 ϕ508mm 套管一样，切割回收导管。

4．海床检查

平台弃井作业前后，分别下入 ROV 或潜水员对井口周围海床进行检查、摄影，并绘制井口图，交作业者监督。特别是临时弃井时，更应该做得仔细，以备将来井口复位。

第七节　海洋钻井完井报告的主要内容

海洋钻井的完井报告主要内容和格式是依照如 SY/T 5089.2—2007 进行填写，除涉及海上部分外，其余与陆地完井报告基本相同。

一、海洋钻井工程各时间段划分

海洋钻井工程各时间段划分如图 11-7-1 所示。

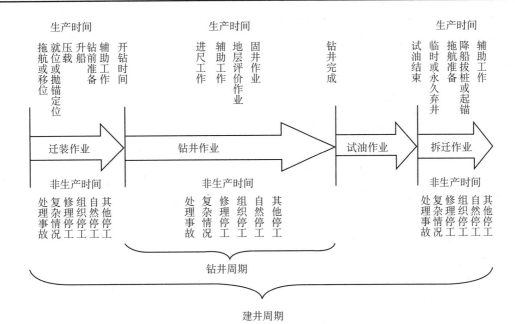

图 11-7-1 海洋钻井工程各时间段划分

二、海洋完井报告目录

海洋完井报告目录参见表 11-7-1。

表 11-7-1 海洋石油钻井完井报告目录

目 录
1 钻井工程基本数据
1.1 建井基本数据
1.2 拖航就位压载数据
1.3 套管程序
1.4 钻井液体系
1.5 钻井取心数据
1.6 定向井数据
1.7 试油数据
1.8 弃井水泥塞
1.9 钻井工程主要经济技术指标
2 地层分层及岩性简要描述
3 钻井日志
3.1 钻井工程日志
3.2 气象海况日记
4 时效分析
4.1 迁装作业日时效

14.2　压力控制钻井

15　复杂情况与事故

16　钻井工程总结

17　钻井工程有关图表

17.1　历次开钻井口装置

17.2　泥线悬挂器相关位置图

17.3　水下基盘示意图

17.4　井身结构示意图

17.5　保留井口弃井示意图

17.6　不保留井口弃井示意图

17.7　井口布置图

18　人员信息及工作评价

18.1　人员信息

18.2　对后勤基地工作评价与建议

18.3　对承包商和服务商评价

三、海洋完井报告填写格式

海洋完井报告的填写格式基本与陆地钻井填写格式相同。主要增加了水深海洋环节数据、托航插拔桩与就位数据、弃井数据和泥线悬挂器等内容。

四、填写说明

参照 SY/T 5089.2—2007 钻井井史填写。

第八节　作业安全、环境保护与应急管理

一、作业安全

1. 主管机关对海洋石油作业安全要求

海洋石油作业安全相关法律法规及行政规章清单参见表 11-8-1。

表 11-8-1　海洋石油相关法律法规及行政规章清单

法律法规名称	发布单位	发布时间	类　别
中华人民共和国安全生产法	全国人大常委会	2002 年 6 月 29 日	法律
中华人民共和国海上交通安全法	全国人大常委会	1983 年 9 月 2 日	法律
中华人民共和国船舶和海上设施检验条例	国务院	1993 年 2 月 14 日	行政法规

续表

法律法规名称	发布单位	发布时间	类 别
中华人民共和国船舶登记条例	国务院	1994 年 6 月 2 日	行政法规
安全生产许可证条例	国务院	2004 年 1 月 13 日	行政法规
生产安全事故报告和调查处理条例	国务院	2007 年 4 月 9 日	行政法规
中华人民共和国对外合作开采海洋石油资源条例	国务院	2001 年 9 月 23 日	行政法规
中华人民共和国水上水下施工作业通航安全管理规定	交通部	1999 年 10 月 8 日	行政规章
中华人民共和国海上航行警告和航行通告管理规定	交通部	1993 年 1 月 11 日	行政规章
中华人民共和国船舶安全检查规则	交通部	1997 年 11 月 5 日	行政规章
中华人民共和国船舶签证管理规则	交通部	2007 年 5 月 9 日	行政规章
劳动防护用品监督管理规定	国家安全生产监督管理总局	2005 年 7 月 22 日	行政规章
安全生产培训管理办法	国家安全生产监督管理总局	2004 年 12 月 28 日	行政规章
海洋石油安全生产规定	国家安全生产监督管理总局	2006 年 2 月 7 日	行政规章
生产安全事故应急预案管理办法	国家安全生产监督管理总局	2009 年 4 月 1 日	行政规章
生产经营单位安全培训规定	国家安全生产监督管理总局	2006 年 1 月 7 日	行政规章
海洋石油安全管理细则	国家安全生产监督管理总局	2009 年 10 月 10 日	行政规章
生产安全事故信息报告和处置办法	国家安全生产监督管理总局	2009 年 6 月 16 日	行政规章
海上石油天然气生产设施检验规定	能源部	1990 年 10 月 5 日	行政规章

2. 平台设备安全要求

平台安全区域的划分，按照设施不同区域的危险性，划分三个等级的危险区：(1) 0 类危险区；(2) 1 类危险区；(3) 2 类危险区。

设施的作业者或者承包者应当将危险区等级准确地标注在设施操作手册的附图上。对于通往危险区的通道口、门或者舱口，应当在其外部标注清晰可见的中英文"危险区域"、"禁止烟火"和"禁带火种"等标志。

3. 消防、救生、探测、报警及通信装备的配备要求

(1) 设施配备的救生艇、救助艇、救生筏、救生圈、救生衣、保温救生服及属具等救生设备，应当符合《国际海上人命安全公约》的规定，并经海油安办认可的发证检验机构检验合格。

(2) 设施上的消防设备应当根据国家有关规定，针对设施可能发生的火灾性质和危险程度，分别装设水消防系统、泡沫灭火系统、气体灭火系统和干粉灭火系统等固定灭火设备和装置，并经发证检验机构认可。无人驻守的简易平台，可以不设置水消防等灭火设备和装置。

4. 海上钻井平台作业安全管理

平台经理根据作业时间安排及要求，预测拖航时间，并向作业部汇报。作业部协助平

台做好拖航前的准备工作。平台经理根据《平台拖航作业管理程序》的要求起草《拖航计划书》并送作业部审批。进行拖航物资准备工作。平台在拖航前，拖航小组负责人应组织拖航会议，布置拖航任务，提出安全注意事项，制定安全措施等。

拖航前应做好拖航设备检查保养工作。平台拖航前安全检查重点内容包括以下方面：

（1）平台相关证书和资料的检查；

（2）平台完整稳性的检查；

（3）救生与消防设施的检查；

（4）拖航设备的检查；

（5）平台水密性的检查；

（6）甲板载荷固定情况的检查。

5．登平台人员基本要求

（1）作业者和承包者的主要负责人和安全生产管理人员应当接受安全资格培训，经安全生产知识和管理能力考核合格，取得安全资格证书后，方可任职。

（2）作业者和承包者应当组织对海上石油作业人员进行安全生产培训。未经具有资质的安全培训机构培训合格的作业人员，不得上岗作业。

（3）出海人员必须接受"海上石油作业安全救生"的专门培训，并取得具有资质的培训机构颁发的培训合格证书。

（4）无线电技术操作人员应当按政府有关主管部门的要求进行培训，取得相应的资格证书。

6．海洋井控安全要求

作业者或者承包者应当制定油（气）井井控安全措施和防井喷应急预案。

7．吊车作业

（1）吊车司机必须经过有关部门的培训考核，获得劳动和社会保障部门颁发的操作证书及公司颁发的岗位证书。

（2）吊车司机在作业中必须坚持"十不吊"：

①无人指挥或指挥信号不明不吊；

②光线阴暗，视线不清不吊；

③吊车不完好或安全装置失灵不吊；

④货物上面或下面有人不吊；

⑤重物超负荷不吊；

⑥货物有尖锐棱角，没有采取安全措施不吊；

⑦货物捆绑不牢，吊索没有挂紧不吊；

⑧用吊车挂钩吊人不吊；

⑨一般情况下风速在7级以上不吊；

⑩易燃易爆物品没有切实的安全措施不吊。

8．同时作业安全管理

同时作业的关键要素在于沟通。在同时作业开始之前，确保与承包商有效的协商与沟通，这不管是在正常状态还是在非正常状态下，都是必须具备的，而且要贯穿整个作业程序，让彼此之间的协作与交流达成共识。此外对全过程需要建档、监控、检查，并制定好各类应急应变事情的处理措施和方案。平台的同时作业有钻井、完井、修井、钢丝工作、盘管工作及潜水工作等。

9. 医疗和急救设备管理

（1）在有人驻守的设施上，配备具有基础医疗抢救条件的医务室。作业人员超过 15 人的，配备专职医务人员；低于 15 人的，可以配备兼职医务人员。

（2）按照国家有关规定配备常用药品、急救药品和氧气、医疗器械及病床等。

（3）按照国家有关规定，制定有关疫情病情的报告、处理和卫生检验制度。

（4）按照国家有关规定，制定应急抢救程序。

二、环境保护

1. 主管机关对海洋石油作业的安全要求

海洋石油环保法律法规及规章清单见表 11-8-2。

表 11-8-2　海洋石油环保法律法规及规章清单

法律法规名称	发布单位	发布时间	类　别
中华人民共和国固体废物污染环境防治法	全国人大常委会	2004 年 12 月 29 日	法律
中华人民共和国大气污染防治法	全国人大常委会	2000 年 4 月 29 日	法律
中华人民共和国水污染防治法	全国人大常委会	2008 年 2 月 28 日	法律
中华人民共和国海域使用管理法	全国人大常委会	2001 年 10 月 27 日	法律
中华人民共和国海洋环境保护法	全国人大常委会	1999 年 12 月 25 日	法律
中华人民共和国清洁生产促进法	全国人大常委会	2002 年 6 月 29 日	法律
中华人民共和国环境保护法	全国人大常委会	1989 年 12 月 26 日	法律
中华人民共和国环境噪声污染防治法	全国人大常委会	1996 年 10 月 29 日	法律
中华人民共和国环境影响评价法	全国人大常委会	2002 年 10 月 28 日	法律
中华人民共和国水污染防治法实施细则	国务院	2000 年 3 月 20 日	行政法规
中华人民共和国海洋石油勘探开发环境保护管理条例	国务院	1983 年 12 月 29 日	行政法规
使用有毒物品作业场所劳动保护条例	国务院	2002 年 4 月 30 日	行政法规
危险化学品安全管理条例	国务院	2002 年 1 月 26 日	行政法规
放射性同位素与射线装置安全和防护条例	国务院	2005 年 9 月 14 日	行政法规
防治海洋工程建设项目污染损害海洋环境管理条例	国务院	2006 年 9 月 19 日	行政法规
放射性物品运输安全管理条例	国务院	2009 年 9 月 14 日	行政法规
中华人民共和国海洋石油勘探开发环境保护管理条例实施办法	国家海洋局	1990 年 9 月 20 日	行政规章
海域使用权登记办法	国家海洋局	2002 年 7 月 12 日	行政规章

法律法规名称	发布单位	发布时间	类　别
海底电缆管道保护规定	国家海洋局	2004 年 1 月 9 日	行政规章
海洋工程环境保护设施管理办法	国家海洋局	2005 年 5 月 18 日	行政规章
海洋石油勘探开发化学消油剂使用规定	国家海洋局	1992 年 8 月 20 日	行政规章
海洋石油勘探开发溢油应急计划编报和审批程序	国家海洋局	1995 年 2 月 10 日	行政规章
海洋石油平台弃置管理暂行办法	国家海洋局	2002 年 6 月 24 日	行政规章
海洋石油开发工程环境影响评价管理程序	国家海洋局	2002 年 5 月 17 日	行政规章
关于建立放射性同位素与射线装置辐射事故分级处理和报告制度的通知	国家环保总局	2006 年 9 月 29 日	行政规章
《船上油污应急计划》申报和审批程序	港务监督局	1994 年 2 月 17 日	行政规章

2．海洋环保主管机关要求

国家海洋局依法进行海域使用的监督管理，依法组织编制并监督实施全国海洋功能区划，组织实施海域使用权属管理；组织管理全国海洋环境的调查、监测、监视和评价，发布海洋专项环境信息，监督陆源污染物排海、海洋生物多样性和海洋生态环境保护，监督管理海洋自然保护区和特别保护区；承担海洋环境观测预报和海洋灾害预警报的责任。组织实施专项海洋环境安全保障体系的建设和日常运行的管理，发布海洋灾害和海平面公报，指导开展海洋自然灾害影响评估工作；依法维护国家海洋权益，会同有关部门组织研究维护海洋权益的政策和措施，在我国管辖海域实施定期维权巡航执法制度，查处违法活动，管理中国海监队伍。

三、应急管理

1．法律法规对海洋石油作业应急要求

作业者和承包者应当按照有关法律、法规、规章和标准的要求，结合生产实际编制应急预案，并报相关部门进行备案。

作业者和承包者应当根据海洋石油作业的变化，及时对应急预案进行修改、补充和完善。

2．应急预案的编写

根据海洋石油作业的特点，作业者和承包者编制的应急预案应当包括下列内容：
（1）作业者和承包者的基本情况，作业危险特性，可以利用的应急救援设备。
（2）应急组织机构、职责划分及通信联络。
（3）应急预案启动、应急响应、信息处理、应急状态中止及后续恢复等处置程序。
（4）应急演习与训练。
（5）应急预案的应急范围包括井喷失控、火灾与爆炸、平台遇险、直升机失事、船舶海损、油（气）生产设施与管线破损和泄漏、有毒有害物品泄漏、放射性物品遗散、潜水作业事故；人员重伤、死亡、失踪及暴发性传染病、中毒；溢油事故、自然灾害以及其他

紧急情况。

(6) 除作业者和承包者编制的公司一级应急预案外，针对每个生产和作业设施应当结合工作实际，编制应急预案。

3．应急演习

作业者和承包者应当组织生产和作业设施的相关人员定期开展应急预案的演练，演练期限不超过下列时间间隔的要求：

(1) 消防演习：每倒班期一次。

(2) 弃平台演习：每倒班期一次。

(3) 井控演习：每倒班期一次。

(4) 人员落水救助演习：每季度一次。

(5) 防硫化氢演习：钻遇含硫化氢地层前和对含硫化氢油气井进行试油或者修井作业前，必须组织一次防硫化氢演习；对含硫化氢油气井进行正常钻井、试油或者修井作业，每隔 7 天组织一次演习；含硫化氢油气井正常生产时，每倒班期组织一次演习。不含硫化氢的，每半年组织一次。

各类应急演练的记录文件应当至少保存一年。

第九节　深 水 钻 井

深水钻井，相对浅海钻井（干式井口）不论从钻井装备，还是从实施工艺都有非常大的不同和区别。

一、海洋石油对水深的划分

在海洋石油勘探开发领域，一般根据海水的深度不同，分为：

(1) 浅水：水深小于 500m 的区域。

(2) 中深水：水深 500m 到 1500m 的区域。

(3) 深水：水深大于 1500m 而小于 3000m 的区域。

(4) 超深水：水深大于 3000m 的区域。

此外，人们还经常将水深小于 20m 的区域称之为极浅水。海洋石油对海洋水深的界定并不尽一致，不同的国家有不同的定义。

二、深水钻井装置对环境的特殊要求

(1) 有足够强度抵御深水海洋恶劣环境的破坏。

(2) 有足够稳性以使装置的振幅与浪、风、流有不同振幅，避免产生共振。深海对于平台最具破坏性的浪是涌，涌拥有很大的能量，同时振幅比较长且不固定，会随着能量的增加而加长。一旦平台的振幅与涌的振幅一致，将会给平台带来破坏性的影响。因此，平台应该具有足够的重量和合理的设计，使平台的振幅避开涌的振幅。

(3) 要有足够的定位能力，满足平台钻井的要求。

(4) 要有一定的升降补偿能力，满足钻井能力。

三、深水钻井设备

1. 浮式平台/钻井船的定位

1）锚定位简介及其适用性

锚定位是最广泛使用的深水钻井船/平台定位方法，一般 8～12 个锚及锚链分布在钻井船/平台的周围，通过锚机连接在钻井船/平台上，锚链的拉力将钻井船/平台固定在一定的位置上。

锚定位的钻井船/平台的适应水深一般小于 2000m 水深。

2）动力定位简介及其适用性

动力定位（Dynamic Positioning，DP）是船舶或平台通过使用自身的推进器来自动地保持固定的位置或艏向的定位方式。动力定位通常用于深水或超深水区域，以及水下存在密集的管线或水下开采设施的区域等。

2. 升降补偿装置

在深海钻井过程中，钻井船/平台是上下浮动的，但钻井的游动系统和钻具与钻头相对于井眼是基本不动的，这是通过天车与井架的非固定连接实现的，这种非固定连接称为游动系统补偿装置。通常采用天车补偿、游车补偿或绞车补偿，其作用就是能够保持钻进过程中，悬重不变，井底钻压不变，能够与陆地一样进行正常钻进（图 11-9-1）。

深海钻井还需要一套隔水管补偿装置（图 11-9-2）。与钻具一样，隔水管也是悬挂在钻井船/平台下方，但隔水管与水下防喷器的连接是固定的，相对于井眼是基本不动的。所以平台上的隔水管悬挂也是非固定式的，可以随钻井船/平台的上下浮动进行伸长或缩短。

图 11-9-1　游动系统补偿系统

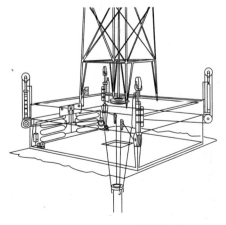

图 11-9-2　隔水管补偿系统

3. 隔水管系统（自下而上）

隔水管系统由水下控制包、隔水管单根、自动灌浆阀、柔性接头和分离器组成（图11-9-3）。水下控制包由液压连接头、环形封井器，柔性接头和压井节流柔性伸缩短节管等组成；隔水管单根包括中间节流、压井管线、液压管线、钻井液增速管和外部浮力模块；伸缩短节包括外筒和内筒，外筒辅助管连接、张力环、内筒密封和液压锁定销等组成。

主要作业：从井口到钻台提供一个流体通路；为压井、节流、钻井液加速和液压管线提供支撑；为钻具进出井口提供引导；可用来下入和回收封井器组。

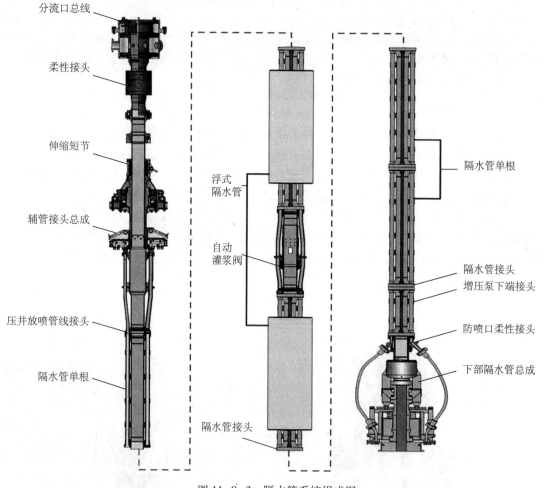

图 11-9-3　隔水管系统组成图

4. 水下防喷器（BOP）系统

1）水下封井器组的组成

如图 11-9-4 和图 11-9-5 所示。

2）防喷器控制系统

通常海上钻井作业时，BOP 有三种主要控制系统，采用何种控制方式，取决于水深和关井所需时间和使用成本。通常，在浅水使用直接的液压控制，深水采用电液控制系统，

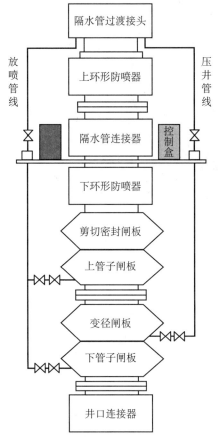

放喷管线　压井管线

隔水管过渡接头

上环形防喷器

隔水管连接器　控制盒

下环形防喷器

剪切密封闸板

上管子闸板

变径闸板

下管子闸板

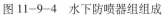

井口连接器

图11-9-4　水下防喷器组组成

图11-9-5　水下防喷器组

超深井采用电液、光缆控制系统（图11-9-6）。所有系统确保海上BOP组件反应迅速。

3）备用控制系统

（1）BOP重要的组件都有两套，一用一备。

（2）在特殊情况下，ROV能够操作BOP组件。

（3）BOP组装有一个声控应急操作系统，在地面一切设备失效后，通过接受声音信号对BOP进行操作（关井或脱离）。

5. 水下井口装置

水下井口的结构比较简单。但它是一个制作精度要求非常高而且强度非常大的装备。水下井口必须要满足以下几个方面的要求：一是要有足够的强度和硬度支撑水下防喷器组；二是必须有足够的能力悬挂其内的所有套管，在水下井口里面，所有的套管和各层次的套管都是通过悬挂器悬挂在水下井口上的；三是必须提供密封面和密封方法，使各层套管之间密封。同时，还必须要有足够的强度抵抗由于钻井平台的水平移动导致的弯曲。能同时满足这些要求，对于地面井口来说也是非常困难的，而对于必须远程操作的水下井口来说，困难就更大。

水下井口的基本结构如图11-9-7所示。常规水下井口的直径为$18^3/_4$in，坐于30in导管腔上面。水下井口悬挂的各层套管，是通过不同尺寸的悬挂器实现的。

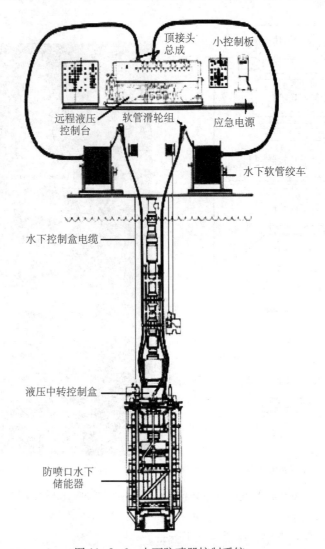

顶接头总成

小控制板

远程液压控制台

软管滑轮组

应急电源

水下软管绞车

水下控制盒电缆

液压中转控制盒

防喷口水下储能器

图 11-9-6　水下防喷器控制系统

四、深水钻井所面临的问题

1．浅平流

在海底的浅地层中，被不可渗透的沉积层所圈闭的高压地层水，当钻进此地层时，高压地层水进入井眼，并通过井眼流出海底，称为浅平流。通常情况下，在使用无隔水管钻井或钻进到无隔水管阶段，浅平流会造成非常坏的影响。

（1）造成井眼冲蚀，因为浅平流的速度非常快，会非常容易地冲蚀坏井壁；

（2）会喷出大量泥沙，掩埋住井口，导致再次下钻时找不到井口；

（3）造成海床凹陷或下沉，使井口基盘失去支撑；

（4）井容易坍塌，下套管困难；

（5）造成固井效果差，难以对地层隔离；

（6）造成上部地层不稳定；

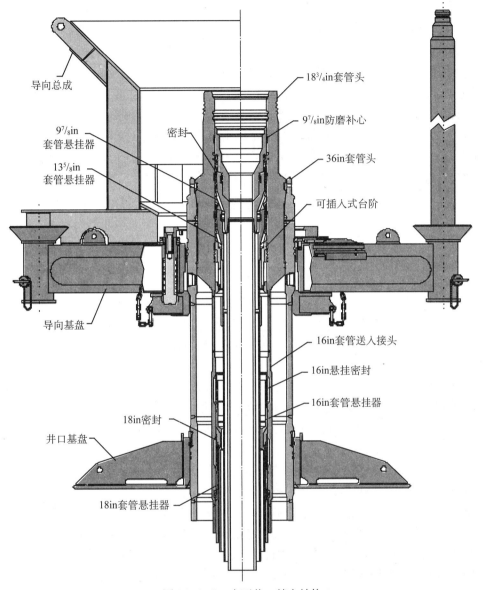

导向总成

$18^3/_4$in套管头

$9^7/_8$in套管悬挂器

$9^7/_8$in防磨补心

密封

$13^5/_8$in套管悬挂器

36in套管头

可插入式台阶

导向基盘

16in套管送入接头

16in悬挂密封

16in套管悬挂器

18in密封

井口基盘

18in套管悬挂器

图 11-9-7 水下井口基本结构

（7）使井口失去支撑，被迫重新开钻；

（8）威胁邻井导管 / 表层套管完整性；

（9）危害整个油田开发。

2．浅气层

深水钻井中遇到的浅气层与陆地遇到的浅气层有差别。首先是离井口有较长的距离，当浅气层向上返的过程中很容易被检测到；再就是深水地层中的浅气层，其压力高于井底压力（钻井液液柱压力）的比较少，也就是说对井底钻井液的影响小，通过调节钻井液密度等方法就很容易把浅气层控制住。在深水钻井中，浅气层已经不是那么难以对付。但是，仍然需要倍加小心。

3．可燃冰

可燃冰是甲烷等可燃气体在足够大的压力和足够低的温度下形成的固体气水化合物。通常认为，可燃冰对水下采油和水下海洋工程有较大的影响：一方面如果水下海洋工程结构物处于可燃冰的区域内，维护、处理和操作就会遇到很大的困难；另一方面，水下工程管路当中很容易形成可燃冰，它会堵塞管路，给采油、油气运输和管路控制造成麻烦。

一般情况下，深水钻井遇到可燃冰，钻井液循环的热量可熔解它。但是，所形成的甲烷气体，如果处理不当，相当危险。在特定的情况下，如为了应急，平台断开隔水管移动到安全的地方时，如果水下防喷器处于可燃冰生成的区域且时间长，就有可能被可燃冰所包裹，给平台返回安装隔水管和操作防喷器造成困难。

参 考 文 献

[1]《钻井手册（甲方）》编写组．钻井手册（甲方）．北京：石油工业出版社，1990.

[2]SY 5431—1992《井身结构设计方法》.

[3]SY 5333—1988《钻井设计格式》.

[4] 刘希圣，等．钻井工艺原理．北京：石油工业出版社，1994.

附录　常用相关标准

(1) SY/T 5333—2012《钻井工程设计格式》。

(2) SY/T 4096—2012《滩海油田井口保护装置技术规范》。

(3) SY/T 5234—2004《优选参数钻井基本方法及应用》。

(4) SY/T 5431—2008《井身结构设计方法》。

(5) SY/T 5964—2006《钻井井控装置组合配套、安装调试与维护》。

(6) SY/T 6426—2005《钻井井控技术规程》。

(7) SY 6504—2000《浅海石油作业硫化氢防护安全规定》。

(8) SY/T 6283—1997《石油天然气钻井健康、安全与环境管理体系指南》。

(9) 中油工程字 [2006]247 号《中国石油天然气集团公司石油天然气钻井井控规定》。

(10) 国家安监总局令第 4 号 2006.2.7 发布《海洋石油安全生产规定》。

(11) SY6634—2005《滩海陆岸石油作业安全规程》。

(12) SY6307—2008《浅海钻井安全规程》。

(13) SY/T 6396—2010《丛式井井眼防碰技术要求》。

(14) GB 4914—1985《海洋石油开发工业含油污水排放标准》。

(15) SY 6432—2010《浅海石油作业井控规范》。

(16) SY/T 10019—2010《海上卫星差分定位测量技术规程》。

(17) SY/T 10022.1—2001《海洋石油固井设计规范 第 1 部分：水泥浆设计和试验》。

(18) SY/T 10022.2—2000《海洋石油固井设计规范 第 2 部分：固井工艺》。

(19) SY/T 10035—2000《钻井平台拖航与就位作业规范》。

第十二章　深井、超深井钻井技术

随着勘探开发难度越来越大，深井、超深井钻井越来越多，深井、超深井钻井工艺技术已成为勘探和开发深部油气资源必不可少的关键技术。目前我国剩余油气资源处于深部地层的占 40% 左右，近年发现的特大型油气田，如塔里木、川东北、松辽深层等均处于超过 4500m 的深部地层。由于深井、超深井地质情况复杂（如山前构造、高陡构造、难钻地层、多压力系统、不稳定岩层以及地层高温高压效应等），我国在该类地区深井、超深井钻井遇到了许多困难，突出表现为井下复杂与事故频繁发生、建井周期长、工程费用高，极大地阻碍了勘探开发的步伐，也增加了勘探开发的直接成本。为确保安全、优质、快速钻井，需要更多地研究、发展相关的工程技术。

第一节　概　　述

一、深井、超深井概念

深井和超深井是按完钻深度进行划分，按国际通用概念：

井深超过 4500m（15000ft）的井称为深井；

井深超过 6000m（20000ft）的井为超深井；

井深超过 9000m（30000ft）的井为特深井。

二、深井、超深井钻井技术的发展概况

1. 国外深井、超深井钻井技术概况

深井钻井始于 20 世纪 30 年代末期，80 年代以来发展较快，世界上钻深井、超深井的国家有 80 多个，目前，美国、原苏联、德国的超深井钻井技术装备和综合技术水平处于国际领先地位。美国是世界上钻超深井历史最长、工作量最大、技术水平最高的国家，世界上大多数超深井集中在美国。世界上第一口超深井、特深井分别于 1949 年、1972 年由美国完成，井深分别为 6254.8m、9159m。1984 年，苏联钻成世界上第一口深超万米的特深井（12260m），1991 年该井第二次侧钻至井深 12869m，目前仍保持着世界最深钻井纪录。世界上已完成 7 口特深井：原苏联 SG-3 井 12869m、原苏联 SG-1 井过 9000m、美国瑟复兰奇 1-9 9034m、美国巴登 1 号井 9159m、美国罗杰斯 1 号井 9583m、美国 Emma Lou2 井 9029m 和德国 HTB 井 9101m。

国外深井、超深井钻井技术发展主要集中在钻机、钻头、井下工具、钻井液等几个方面：

（1）钻机功率大、性能好、自动化程度高、配套设备性能可靠；

（2）钻头质量好、品种全、可获得全井钻头耗用数少、进尺多、钻井速度快等好效果；

（3）钻井液具有热稳定性好、润滑性好和剪切稀释特性好、固相含量低、高压失水量低、可抗各种可溶性盐类和酸性气的污染；

（4）综合应用井身结构优化、井下动力钻具提速、高强度钻杆等配套工具、工艺措施，使钻井速度快、事故少、成本低、效益好。

2. 国内深井、超深井钻井技术概况

国内深井、超深井主要集中在塔里木盆地、准噶尔盆地、四川盆地及柴达木盆地等地区，且起步较晚，始于20世纪60年代末期，其发展大体分三个阶段。第一阶段（1966—1975年）：1966年7月28日，我国第一口深井大庆松基6井（井深4719m）完成，标志着我国钻井工作由打浅井和中深井发展到打深井的阶段。第二阶段（1976—1985年）：1976年4月30日，我国第一口超深井女基井（井深6011m）在四川完成，标志着我国钻井工作由打深井进一步发展到打超深井。第三阶段（1986—至今）：1986年3月开始的塔里木大规模勘探以及90年代前期川东气区的勘探开发，使我国深井、超深井钻井工作进入规模应用的阶段。20世纪90年代以来，国内各大石油公司、科研单位和高等院校重点针对塔里木盆地及川东地区深层油气勘探进行了复杂地质条件下深井超深井钻井技术联合攻关，大大提高了深井超深井钻井技术水平。2006年7月12日，中国石化西北分公司部署的塔深1井成功钻至井深8408m，被誉为当时陆地上"亚洲第一深井"，该井的钻探对于在塔里木盆地寻找古生界大型原生油气藏具有十分重大的意义。2006年，中国石化钻4000m以上深井196口，平均井深5458m，平均钻井周期仅为128天。自2003年起，中国石油4000m以上深井的数量和进尺增加较快，增加幅度分别达77.69%和77.62%。2006年累计完钻4000m以上深井231口，完成深井累计进尺115.12×10⁴m，平均井深5007.16m，机械钻速3.5m/h，平均钻井周期139.31天，平均完井周期155.73天。近年来，随着工艺技术的不断完善，我国在深井机械钻速和钻井周期等方面都取得了很大进步。目前在塔里木油田轮南、塔中及哈德逊等区块完成一口5000m左右深井，钻井周期一般为50～60天，而20年前，类似井的钻井周期一般需要一年以上。超深井钻井周期也大大缩短，塔里木油田哈得13井井深达6700m，实现了4个月完钻，四川盆地的元坝1井井深7170m，钻井周期也只有280天。国内在地质条件简单地区的深井钻井技术已基本过关，在地质条件复杂地区的深井钻井技术仍面临成本高和周期长的问题，需进一步加强深井、超深井相关配套钻井技术的研究。

三、深井、超深井钻井需要解决的主要问题

深井、超深井地质不确定性强，探井的地质不确定性更大，主要表现为地层岩性不确定、地层压力不确定、地层分层深度不确定和完井深度不确定等。另外，深井带来的高温、高压影响，也给钻井作业（尤其工作液和设备）带来许多挑战和困难。

复杂深井、超深井钻井将钻遇多套地层，会遇到多种复杂地层，故一口井中常常要预防和处理多种不同性质的井下复杂情况。主要存在以下问题：

（1）地层压力与地应力的预测和监测的精度问题；

（2）复杂地质条件下深探井合理井身结构问题；

（3）同一裸眼井段打开两套或多套地层压力系统的有效处理问题；

（4）高陡构造高效防斜问题；

（5）上部大尺寸井眼和深部小尺寸井眼钻井提速问题；

（6）长井段小间隙高密度条件下的固井问题；

（7）套管磨损和破裂后的处理问题；

（8）严重井漏、井塌、缩径的有效处理和预防问题；

（9）高密度（大于 $2.0g/cm^3$）、抗高温（大于 180℃）及抗污染钻井液问题；

（10）深井测试技术问题等。

随着石油勘探开发向地质条件复杂的深层迈进，国内在深井钻探中钻井复杂事故多、钻速慢、周期长、成本高，已严重影响我国油气资源勘探开发的进程。

第二节　深井、超深井钻井工艺

深井、超深井钻井工艺包括地层压力评估、井身结构设计、井控技术、井眼轨迹控制技术及提高钻井速度等几方面。地层压力评估、井控技术、井眼轨迹控制技术等只是较常规钻井要求更高，其内容可参考本手册相关章节，本节仅对井身结构设计、套管与钻头尺寸配合、深井盐膏层钻进、深井提速技术等几项深井关键钻井工艺技术进行介绍。

一、深井、超深井井身结构设计

1．深井、超深井井身结构设计原则

深井、超深井由于具有井眼深、压力系统多套、地质情况复杂、钻速慢、高温、高压等特点，除必须遵循常规钻井的井身结构设计原则外，还必须考虑下面几个因素：

（1）套管层数要充分考虑地质分层、压力预测不确定性及井眼加深的要求，要留有增加套管层次的余地。

（2）套管和井眼间的间隙尽量满足有利于套管顺利下入和提高固井质量，有效分隔地层，满足生产测试工具下入的目的。

（3）要有利于提高钻井速度，缩短建井周期，降低钻井成本。

2．深井、超深井常用套管结构程序及其特点

1）国内深井、超深井常用套管结构程序分析

国内深井、超深井钻井普遍采用的套管结构程序为 20in+13^3/$_8$in+9^5/$_8$in+7in+5in。少数陆地超深井和海洋钻井已采用 30in+20in+13^3/$_8$in+9^5/$_8$in+7in+5in 的套管程序。但国内深井、超深井采用的套管结构程序存在以下问题：

（1）套管层数少且系列单一，不能应付复杂地质条件下深井、超深井钻井遇到的各种复杂情况，这种 5 层套管柱的井身结构应变能力差，难以满足封隔多套复杂地层的要求；

（2）目的层套管（5in、7in）与井眼的间隙小，易发生套管阻卡，固井质量也难以保证；

（3）下部井眼尺寸小，钻具组合单一，没有与之配套的打捞工具，不能满足采油方面和地质加深的要求，也不利于快速、优质与安全钻井；

（4）小井眼钻进受水力参数限制，在高密度条件下，钻达深度有限，很难满足地质加深的要求；

（5）完井套管尺寸小，甚至只能裸眼完井，难以满足采油方面的要求。

近几年塔里木油田尝试了多种新的井身结构，较成熟的井身结构方案是：

$$20in+14\tfrac{3}{8}in\ (13\tfrac{3}{8}in)\ +10\tfrac{3}{4}in\ (9\tfrac{5}{8}in)\ +8\tfrac{1}{8}in+6\tfrac{1}{4}in+4\tfrac{1}{2}in$$

这套井身结构特点和优势在于：增加了一层套管，提升了应对复杂超深井钻井过程中井下复杂情况的能力，特别是这套井身结构方案中 $14\tfrac{3}{8}in$ 与 $10\tfrac{3}{4}in$ 套管下在盐层部位，可以采用厚壁套管，提高抗挤能力；在下 $8\tfrac{1}{8}in$ 套管时不需要长段扩眼，降低了下套管和固井风险；保证 $4\tfrac{1}{2}in$ 套管完井，满足储层油气评价、测井、测试、地质资料录取和开发的需要。

2）国外深井、超深井常用套管结构程序分析

对美国、法国、罗马尼亚、奥地利、沙特阿拉伯及阿联酋等国家的深井超深井钻井资料调研及分析发现，国外在深井超深井钻井中采用的套管、钻头系列的种类很多，随地区、井深、钻井目的及钻井工艺技术水平的不同存在较大差异，套管层次有三层、四层、五层、六层、七层等。套管最大尺寸达 36in（914.4mm），最小为 $3\tfrac{1}{2}in$（88.9mm）。井眼最大尺寸达 42in（1066.8mm），最小为 $4\tfrac{3}{4}in$（120.7mm）。套管与井眼之间的间隙为 9.5 ~ 76.2mm。

国外典型复杂深井、超深井套管柱程序见表 12-2-1。不难看出，国外一般采用增加套管层次的方法来满足复杂地质条件下深井、超深井钻井的需要。

常用套管结构程序具有如下特点：

（1）开眼直径大，导管和表层套管尺寸大；

（2）探井及复杂地层开发井的完钻井眼大，小井眼钻井较少；

（3）采用下无接箍套管、尾管技术和偏心钻头扩眼钻进技术等增多套管柱层数；

（4）采用较小的套管/井眼间隙，缩小上部井眼，增大下部井眼。

表 12-2-1　国外典型复杂深井、超深井套管柱程序

井 号	套管柱程序
美加利福尼亚 934-29R 井	914.4mm×660.4mm×508mm×406.4mm×273.1mm×196.9*mm×127*mm
沙特阿拉伯 Khuff 井	914.4mm×762mm×609.6mm×473.1mm×339.7mm×244.5mm×177.8*mm×114.3*mm
美德克萨斯 NPI960-L1 井	1219.2mm×914.4mm×660.4mm×473.1mm×355.6mm×273.1*mm×228.6mm（裸眼）
美怀俄明州 Bighorn1-5 井	762mm×508mm×406.4mm×301.6mm×250.8*mm×196.9*mm×139.7*mm
美阿克拉荷马州 DanvilleA#1 井	762mm×609.6mm×406.4mm×301.6*mm×244.5*mm
德国 KTB 超深井	609.6mm×406.4mm×339.7mm×244.5*mm×193.7*mm
拉丁美洲及墨西哥海湾地区	762mm×609.6mm×508mm×406.4mm×346.1*mm×295.3*mm×244.5*mm×193.7*mm

注：表中"*"代表该层套管为尾管。

3. 复杂深井超深井推荐套管程序设计方案

1）两层技术套管、两层目的层套管

推荐方案见表12-2-2，这三种方案的套管层数与现用套管程序一致，主要区别是增大了技术套管的尺寸，为下部井段采用 $9\frac{1}{2}$in、$6\frac{1}{2}$in 钻头钻进创造了有利条件，增大目的层套管与井眼的间隙，预期可解决下套管阻卡及固井质量不稳定的问题。三个方案也各有优缺点，需根据地层情况及套管、钻头供应情况选择其中一种较合适的方案或重新设计适合的套管程序方案。

表 12-2-2　两层技术套管的套管和钻头系列方案

方案	项目	表层套管	技术套管		目的层套管	
方案1	钻头尺寸，mm	660.4	444.5	320.7/311.2	241.3/215.9	165.1/152.4/149.2
	套管尺寸，mm	508.0	346.1/339.7	273.1	193.7/177.8	127.0
	间隙，mm	76.2	49.2/52.4	23.8/19.1	23.8/19.1	19.1/12.6/11.1
方案2	钻头尺寸，mm	660.4	470.0	374.7	241.3	165.1
	套管尺寸，mm	508.0	406.6	273.1	193.7	127.0
	间隙，mm	76.2	31.7	50.8	23.8	19.1
方案3	钻头尺寸，mm	762.0	508.0	374.7	241.3	165.1
	套管尺寸，mm	609.6	406.6	273.1	193.7	127.0
	间隙，mm	76.2	50.7	50.8	23.8	19.1

2）三层技术套管、两层目的层套管

推荐方案见表12-2-3，三种方案的特点是增加一层技术套管（$11\frac{7}{8}$in 或 $18\frac{5}{8}$in），可封隔3～4套不同压力地层系统的复杂地层，适用于复杂地质条件超深井。

表 12-2-3　三层技术套管的套管和钻头系列方案

方案	项目	表层套管	技术套管			目的层套管	
方案1	钻头直径，mm	660.4	470.0	374.7	269.9	215.9	152.4
	套管直径，mm	508.0	406.6	301.6	244.5	177.8	127.0
	间隙，mm	76.2	31.7	36.6	12.7	19.1	12.7
方案2	钻头直径，mm	762.0	558.8	444.5	311.2	215.9	152.4/149.2
	套管直径，mm	609.6	473.1	339.7	244.5	177.8	127.0
	间隙，mm	76.2	42.9	52.4	33.4	19.1	12.7/11.1
方案3	钻头直径，mm	812.8	609.6	444.5	311.2	241.3	165.1
	套管直径，mm	660.4	473.1	339.7	273.1	193.7	127.0
	间隙，mm	76.2	68.3	52.4	19.1	23.8	19.1

方案	项目	表层套管	技术套管			目的层套管	
方案4	钻头直径，mm	660.4	444.5	311.1	241.3	200	149.5
	套管直径，mm	508.0	365.1/339.7	272.4/244.5	206.4	158.8	114.3
	间隙，mm	76.2	39.7/52.4	19.4/33.3	17.5	20.6	17.6

二、深井高温、高压对钻井液密度与流变性影响

钻井液密度是钻井液的主要特性参数之一，正确设计和有效控制钻井液密度对减少钻井事故、提高钻速和优化钻井具有十分重要的意义。在计算井底静液柱压力的计算式中，钻井液密度被视为常数。实际上钻井液是多相流体，既具有可压缩性，又具有受热膨胀性，即一方面钻井液密度会随压力增加而增大，另一方面钻井液密度又会随温度升高而减小。试验表明，一般情况下，井下温度对钻井液密度的负影响明显超过压力对钻井液密度的正影响，随井深增加，钻井液密度趋于减小。从 Hoberock 等的研究结果可知，钻井液中纯水组分在 6100m 井深处（温度 191℃，压力 103.4MPa）流体密度由原来的 1000kg/cm³ 降至 936kg/m³，而同一深度的某种水基钻井液密度将由常温常压下的 1620kg/cm³ 降至 1530kg/m³，研究表明，如果基于常规钻井液密度模型，此时井底钻井液静液柱压力实际值要比将钻井液密度当作常数的值小 2.14MPa，如此大的误差足以给井控带来严重问题；另一方面，钻井液密度的变化可能带来井底 ECD 测量数据产生系统性误差，对准确把握地层真实信息产生一定影响。

1. 一定温度与压力下钻井液密度计算

关于钻井液密度在高温高压下的变化规律，主要有两种预测模型。一种基于各成分含量的组分模型，组分模型认为钻井液是由水、油、固相和加重物质等组成，而每种组分的性能随温度和压力而改变的情况是不同的。在确定了这些单一组分的高温高压变化规律后，便可以得到预测钻井液密度变化的组分模型。另一种是经验模型，该方法主要是根据大量的实验结果数据分析得到的经验模型，因而有不同的数学表达形式，使用精度也各有不同。此类模型只需对所用钻井液进行有限的几组试验，以确定经验模型中的常数，然后根据该模型即可计算出钻井液静液柱压力和当量静态密度。

1）组分模型

组分模型大同小异，以 Hoberock 等人的模型为代表，该模型表达式如下：

$$\rho_{m2} = \frac{\rho_{m1}}{1 + f_o\left(\dfrac{\rho_{o1}}{\rho_{o2}} - 1\right) + f_w\left(\dfrac{\rho_{w1}}{\rho_{w2}} - 1\right)} \qquad (12\text{-}2\text{-}1)$$

式中　ρ_{m1}——参比条件（p_1、T_1）下的钻井液密度；

　　　ρ_{m2}——温度和压力上升时（p_2、T_2）的钻井液密度；

　　　ρ_{o1}、ρ_{w1}——参比条件下的油、水密度；

ρ_{o2}、ρ_{w2}——温度和压力上升时的油、水密度；

f_o、f_w——油、水体积分数。

该组分模型假定，钻井液密度随压力和温度而发生的任何变化都是由其流体组分的体积特性造成的。对于大多数钻井液，流体为水或油。

如果已知某些参比条件下的钻井液密度和组分（f_o、f_w）以及流体组分的密度，那么就可以估算温度和压力上升时的钻井液密度。该模型需要了解流体组分的体积特性，以便获得其在上升的温度和压力下的密度（ρ_{o2}、ρ_{w2}）。

用 Politte 推导出的下列经验方程来表征油相的体积特性：

$$\rho_o(p,T) = C_0 + C_1 \cdot pT + C_2 \cdot p + C_3 \cdot p^2 + C_4 \cdot T + C_5 \cdot T^2 \qquad (12\text{-}2\text{-}2)$$

式中 p——压力，psi；

T——温度，℉；

C_0、C_1、C_2、C_3、C_4、C_5——经验常数，C_0=0.8807，C_1=1.5235×10^{-9}，C_2=1.2806×10^{-6}，C_3=1.0719×10^{-10}，C_4=−0.00036，C_5=−5.1670×10^{-8}。

Politte 根据对 2# 柴油的分析推导出这一经验方程。

用 Sorelle 等人推导的下列方程来表征水的体积特性：

$$\rho_w(p,T) = D_0 + D_1 \cdot T + D_2 \cdot p \qquad (12\text{-}2\text{-}3)$$

式中 p——压力，psi；

T——温度，℉；

D_0、D_1、D_2——经验常数，D_0=8.63186，D_1=−3.31877×10^{-3}，D_2=2.3717×10^{-5}。

2）经验模型

钻井液的密度与井底温度和压力场的变化息息相关，用偏微分方程可表示成：

$$\frac{d\rho(p,T)}{dh} = \frac{\partial \rho}{\partial p}\frac{dp}{dh} + \frac{\partial \rho}{\partial T}\frac{dT}{dh} \qquad (12\text{-}2\text{-}4)$$

随着井深增加，钻井液温度和压力逐渐增加，对钻井液密度的影响分别表现出两种效应。压力增加，钻井液受到压缩，密度升高，称之为弹性压缩效应。温度增加，钻井液密度因热膨胀而降低，称之为热膨胀效应。钻井液的弹性压缩系数 c_e 和热膨胀系数 α_e 可分别表示为：

$$c_e = \frac{1}{\rho}\frac{\partial \rho}{\partial p} \qquad (12\text{-}2\text{-}5)$$

$$\alpha_e = \frac{1}{\rho}\frac{\partial \rho}{\partial T} \qquad (12\text{-}2\text{-}6)$$

钻井液在高温、高压下，体积发生变化。水、油和固相具有不同的压缩系数和热膨胀系数，相应的含量也会发生变化，故钻井液的有效压缩系数和热膨胀系数是温度和压力的函数，可表示成

$$c_e = c_0 \left[1 + c_1 \left(p - p_0 \right) + c_2 \left(T - T_0 \right) \right] \tag{12-2-7}$$

$$\alpha_e = a_0 \left[1 + a_1 \left(p - p_0 \right) + a_2 \left(T - T_0 \right) \right] \tag{12-2-8}$$

综合式（12-2-5）至式（12-2-6），可得

$$\frac{\partial \rho}{\partial p} = c_0 \rho \left[1 + c_1 \left(p - p_0 \right) + c_2 \left(T - T_0 \right) \right] \tag{12-2-9}$$

$$\frac{\partial \rho}{\partial T} = a_0 \rho \left[1 + a_1 \left(p - p_0 \right) + a_2 \left(T - T_0 \right) \right] \tag{12-2-10}$$

结合式（12-2-4）、式（12-2-9）、式（12-2-10），可得到钻井液密度与压力和温度之间的关系

$$\rho = \rho_0 e^{\Gamma(p,T)} \tag{12-2-11}$$

其中：

$$\Gamma\left(p,T\right) = \gamma_p \left(p - p_0 \right) + \gamma_{pp} \left(p - p_0 \right)^2 + \gamma_T \left(T - T_0 \right)$$
$$+ \gamma_{TT} \left(T - T_0 \right)^2 + \gamma_{pT} \left(p - p_0 \right) \left(T - T_0 \right) \tag{12-2-12}$$

式中　　p_0——地面压力，MPa；

T_0——地面温度，℃。

3）静态液柱压力分布和当量静态密度 ESD 沿井深分布规律计算

由于组分模型使用起来较为复杂，需要对钻井液的不同成分（水、油、固相等）分别进行试验，掌握其规律才能应用，因此该模型的使用受到了较大限制，而经验模型具有较大优势，参数容易确定，其具体运用方法如下：

（1）对实际所用钻井液作若干组工作环境温度、压力的影响实验，应用统计学方法可得到钻井液密度与压力和温度之间的关系式（12-2-11）。

（2）通过相关途径获取沿垂直井深的钻井液的温度分布情况：$H \sim T$ 的关系。

（3）计算沿井筒深度的钻井液压力分布及当量静态密度 ESD。

在式（12-2-11）中，由于井底液柱压力 p 是钻井液密度 ρ 的函数，所以不能直接求解公式（12-2-11）。对井眼中的微元体分析可得：

$$\frac{dp}{dh} = \rho_0 g e^{\Gamma(p,T)} \tag{12-2-13}$$

这种非线性方程很难求解，需要采用数值方法求解。边界条件为：

$$\begin{cases} p\left(h = 0 \right) = p_{sf} \\ T\left(h = 0 \right) = T_{sf} \end{cases} \tag{12-2-14}$$

其中，温度分布 $T\left(h \right)$ 已经得到。

假设井底静态温度随井深线性增加，即

$$T = T_{sf} + g_G h \tag{12-2-15}$$

此时式（12-2-13）可以求解。假设式（12-2-13）初始条件 $p_{sf}=p_0$、$T_{sf}=T_0$，密度方程简化为：

$$\rho = \rho_0 e^{\gamma_p(p-p_0)+\gamma_T g_G h+\gamma_{TT} g_G^2 h^2} \tag{12-2-16}$$

将式（12-2-16）代入式（12-2-13）后求解可得钻井液随井深变化的静态液柱压力分布：

$$p - p_0 = \frac{1}{\gamma_p} \ln \frac{1}{1-F(h)} \tag{12-2-17}$$

其中 $F(h) = \dfrac{g\gamma_p \rho_0}{g_G \sqrt{-\gamma_{TT}}} \dfrac{\sqrt{\pi}}{2} e^{\eta^2} \left[\mathrm{erf}(h_D) - \mathrm{erf}(-\eta) \right]$ ， $\eta = \dfrac{\gamma_T}{2\sqrt{-\gamma_{TT}}}$ ， $h_D = g_G \sqrt{-\gamma_{TT}} z - \eta$ ，

erf 为误差函数。

定义深度为 D 处的当量静态钻井液密度 ESD 为：

$$ESD = \frac{1}{D} \int_0^D \rho \, dh \tag{12-2-18}$$

$$p - p_0 = g \int_0^D \rho \, dh \tag{12-2-19}$$

即

$$ESD = \frac{p - p_0}{gD} \tag{12-2-20}$$

将式（12-2-17）代入式（12-2-20）进行求解，可计算出当量静态密度 ESD 沿井深分布规律：

$$ESD = \frac{1}{\gamma_p gD} \ln \frac{1}{1-F(h)} \tag{12-2-21}$$

2. 深井钻井液流变性确定

随着井深的增加，钻井液承受的温度、压力越来越高，要成功预测环空中的摩擦压降和岩屑的上返速度等参数，需要了解井下实际的流变参数值。习惯做法是测量钻井液在地表条件下的流动性能，并用这些地面测量值来进行有关工程计算。显然，在地面条件下测量的钻井液流变性不能代表高温高压条件下的流变性。目前抗高温水基钻井液有两种系列，一种是所用处理剂都抗高温，另一种是采用高温稳定剂控制性能，这两种体系在高温下性能变化显著不一致。另外油基钻井液的流变性与水及钻井液的流变性也显著不同。因此钻井液的流变性与钻井液体系关系较大。

不同的钻井液体系，其处理剂在高温下降解、交联等特性显著不同，因此每种钻井液

体系必须在不同温度、压力下进行性能实测。

在深井、超深井中高温、高压下的流变参数变化规律可以通过具体测量，找出其流变参数在高温、高压下变化规律，然后得出相关的经验公式，并应用于深井、超深井的水力参数设计中。对于不同的钻井液，温度、压力对流变参数的影响规律各不相同。因此，在实际应用中，对于所使用的特定钻井液都应进行高温、高压流变性测量，以掌握温度、压力对流变参数的影响规律，然后付诸实践。

三、深井盐膏层钻井工艺技术

盐膏层是岩盐（碱金属和碱土金属氯化物）地层和膏盐（硫酸盐）地层的统称，广义盐膏层包括盐水层。盐膏层与泥页岩层往往交互或混杂沉积形成复合盐膏层（韵律层）。盐膏层埋深从几十米到几千米不等。一般认为，单层厚度超过 2m 就是厚盐膏层，厚度超过 50m 就是中厚盐膏层，厚度超过 100m 就是特厚盐膏层，厚度超过 200m 就是巨厚盐膏层。和泥页岩层一样，它是不稳定岩层，会给钻井安全生产造成极大危害。

盐膏层分布范围广泛，塔里木、江汉、四川、胜利、中原、华北、新疆、青海、长庆等油田都曾有钻遇盐膏层时发生卡钻、套管挤毁，甚至油井报废的恶性事故报道。盐膏层钻井，特别是深井盐膏层和复合盐层钻井，目前还是一个技术难题，盐膏层钻井技术需要不断地完善和发展，以满足各油田不同地质环境、不同盐膏层成分、不同深度等提出的特殊钻井工程问题需要。

由于盐膏层岩石性能的特殊性，盐膏层钻井、完井工艺复杂，井下事故频繁。特别是当钻开井眼后盐膏层蠕动，常造成井眼失稳、卡钻、固井后挤毁套管等事故，给钻井带来重大经济损失。总体归纳起来有以下几点：

（1）深部盐层会呈现塑性流动的性质，盐层的塑性变形导致井径缩小。

（2）以泥岩为胎体，在微观、宏观裂隙中充填了盐膏的含盐膏泥岩，存在于第二类或第三类盐之间，形成良好的圈闭，自由水在沉积的过程中不能完全运移出去，以"软泥"的形式深埋于地层中，蠕变速率极高。

（3）以盐为胎体或胶结物的泥页岩、粉砂岩或硬石膏团块，遇矿化度低的水会溶解，导致泥页岩、粉砂岩或硬石膏团块失去支撑而坍塌。

（4）夹在泥页岩间的泥页岩、粉砂岩，盐溶后上下失去承托，在机械撞击作用在掉块、坍塌。

（5）山前构造多次构造运动所形成的构造应力加速复合盐层的蠕变和井壁失稳。

（6）无水石膏等吸水膨胀、坍塌，石膏吸水膨胀约 26%。

（7）盐层段非均匀荷载引起套管挤毁变形。

（8）石膏或含石膏的泥页岩在井内钻井液液柱压力不能平衡地层本身的横向应力时，会向井内运移坍塌。

（9）盐膏层覆盖下的异常压力带问题。

盐膏层钻井技术主要涉及钻井液技术、井身结构设计、钻井工艺措施与固井技术等方面，针对盐膏层易蠕变、易溶解、易垮塌等特点，在盐膏层钻井过程中，随着人们对盐膏层的认识不断提高，钻井技术和工具不断得到创新和完善。

钻井液技术是盐膏层钻井的关键技术之一，它直接影响钻井作业的成败。从 20 世纪

70年代末以来，盐膏层钻井液技术经历了欠饱和盐水钻井液钻进盐膏层、盐膏层油基钻井液技术、聚合物饱和盐水钻井液体系和氯化钾聚磺、复合饱和盐多元醇钻井液体系的发展，并建立了相应的包括维护技术在内的一系列配套技术，为顺利钻穿复杂盐膏层奠定了技术基础。

在井身结构设计方面，要充分考虑盐膏层蠕变引起的套损问题，如双（多）层复合套管的使用。对必封点的选择，在孔隙压力与破裂压力剖面的基础上加入了维持特定盐膏层蠕变速率的安全钻井液柱压力剖面，利用这三个剖面并结合传统的成熟设计技术，便形成新的盐膏层井身结构设计技术。

在钻井工艺措施上，主要是利用合适的工具（如双心钻头、井下扩眼器等）和合理的钻具结构以对付瞬时缩径的盐膏层钻井。

在固井技术上，主要是要解决盐膏层水泥浆顶替效果和水泥浆与地层胶结配伍问题，经过国内外30多年来的发展，结合油田的实际情况，发展了新型隔离液和高密度欠饱和盐水水泥浆。

综上所述，对于盐膏层钻井，合适的钻井液密度和钻井液体系是核心，井身结构是基础。盐膏层钻井的主要技术是：盐膏层岩石理化性能的分析；盐膏层蠕变规律的研究；盐膏层钻井合理井身结构的确定和套管的设计；盐膏层钻井液密度的确定和钻井液体系的设计；盐膏层钻井工程技术措施的优化等。

1. 盐膏层井身结构设计

确定钻井盐膏层的井身结构要特别注意两点：一是保证安全钻井，二是防止套管挤毁。

现在国内外不大主张在盐膏层多的井段采用长裸眼钻进。下技术套管的时间、深度可根据井下情况确定：如果盐膏层埋深不深且较集中，可在钻穿盐膏层后下技术套管，为下一步安全钻井创造条件；如果钻大段盐膏层，尤其是新探区，技术套管下在盐膏层顶部，可使钻井液密度有更大的选择范围。与非盐膏层钻井相比，盐膏层钻井设计对井身结构设计有6个要点：

（1）盐膏层以上井身结构按常规设计进行；

（2）技术套管一定要下到盐膏层顶部，为安全钻穿盐膏层创造条件；

（3）采用适当高密度饱和盐水钻井液钻穿盐膏层或钻至可能的漏失顶部，为下套管作准备；

（4）盐膏层套管柱设计主要考虑其抗挤特性，应按最大上覆岩层压力计算外挤力，按三轴应力法确定抗挤安全系数；

（5）使用双心钻头钻蠕动盐膏层和用水力扩眼器扩眼，可以防止和保证环空有足够强度的水泥环；

（6）使用厚壁套管、高抗挤强度套管和双层套（尾）管重叠技术提高抗外挤能力，防止盐膏层套损。

2. 盐膏层钻井液设计

盐膏层钻井液设计主要解决两类问题：一是选择合理的体系抑制岩盐等的溶解、过饱和重结晶，使井眼规则和作业顺利；二是选择合理的密度，延缓岩盐蠕变，保证钻井安全，防止套管损坏。

1）盐膏层钻井液体系设计

目前盐膏层的钻井液体系主要有欠饱和盐水钻井液体系、饱和盐水钻井液体系和油基钻井液体系，其优缺点如下：

油基钻井液可提高钻速，降低成本，综合效益好。主要优点是热稳定性好、流变性好、对钻具少腐蚀、井径规则、扩径率小。主要缺点是配制成本高、体系密度低、维护费用大、起下钻时易井涌井喷、不利于油气层录井。

欠饱和盐水钻井液也就是一般盐水钻井液，是指 NaCl 含量自 1% 至饱和前的钻井液。欠饱和钻井液矿化度较高，具有较强的抑制性和抗盐侵能力，并能有效抗钙侵和抗高温，对油气层损害较小，能有效地抑制地层造浆，流动性好，性能稳定，较饱和盐水钻井液易于维护，成本低。主要缺点是对钻具的腐蚀性较大，对电测有一点影响。而饱和盐水体系相对油基体系来说，配制成本低、体系密度高、不存在水湿封堵问题，有利于油气层录井。主要缺点是高温热稳定性差、对钻具的腐蚀性大、盐抑制及高密度问题突出。

盐膏层钻井液性能应满足下列 6 点要求：

（1）若用低密度钻井液（密度 $1.078 \sim 1.314\text{g/cm}^3$），应该是含盐量低（$1.5 \times 10^4 \sim 2.0 \times 10^4\text{g/m}^3$）的水基钻井液；若用中等密度钻井液（密度 $1.437 \sim 2.036\text{g/cm}^3$）应该是水相饱和的油基钻井液和含盐量高（$2.0 \times 10^5 \sim 2.5 \times 10^5\text{g/m}^3$）的水基钻井液；若用高密度钻井液（密度 $2.036 \sim 2.276\text{g/cm}^3$），应该是水相饱和的油基或水基钻井液，并用盐抑制剂来达到盐的饱和状态。

（2）抑制无机离子的污染。钻盐膏层时，涌入钻井液中造成污染最严重的是 Ca^{2+}，可加入 Na_2CO_3 和 $NaHCO_3$ 除去 Ca^{2+}。

（3）抑制活性黏土矿物。钻井液中必须保持一定的 KCl 含量。海水钻井液中 KCl 用量一般是淡水钻井液中 KCl 用量的 2.5 倍，而饱和盐水钻井液中 KCl 用量是淡水钻井液中 KCl 用量的 3.5 倍。

（4）盐膏层钻井液要具有适当的流变性和润滑性。

（5）盐膏层钻井液要具有合理的滤失造壁性。

（6）盐膏层钻井液腐蚀性尽可能低且能抗高温。

2）盐膏层的蠕变特性与钻井液密度设计

钻井液密度对复合盐层井眼稳定至关重要，多数盐层卡钻和复杂情况的产生都应归咎于钻井液密度不合适。对目前井眼深部的井壁围岩的温度和应力条件，盐岩的流变机制属于错位滑移的范畴，其蠕变本构方程可用下式来描述：

$$\varepsilon_s = A \cdot \exp\left(-\frac{Q}{RT}\right) \cdot \text{sh}(B\sigma) \tag{12-2-22}$$

式中　ε_s——稳态蠕变速率，s^{-1}；

　　　σ——差应力，MPa；

　　　Q——盐岩的有效激活能，cal/mol；

　　　T——热力学绝对温度，K；

　　R——摩尔气体常数，$R=1.987\text{cal}/(\text{mol}\cdot\text{K})$；

　　A、B——材料流变常数。

　　采用多元非线性回归的拟合方法，根据实验求得的不同温度和差应力条件下的稳态蠕变速率数据求出本构方程的蠕变参数 A、B、Q。表 12-2-4 列出了几个地区的蠕变参数。

表 12-2-4　不同地区的蠕变参数 A、B、Q

盐　岩	A	B	Q
吐哈 1 井区古近系	40.238	0.568	10027
康 2 井区寒武系	3.431	0.43	9807
英买力地区新近—古近系	42.03	0.61	20010

　　对于纯盐岩，其蠕变性质有着大致相同的基本规律，一个地区可用一口井的实验结果来预测相邻井的蠕变。但对于复合盐岩，由于沉积环境的不同，产生了富含碳酸盐、硫酸盐的盐岩再加上周期性交互沉积分选差的砂泥岩，形成形形色色的复合盐岩。构成的盐膏岩性质千差万别，蠕变特征差异很大。根据地层组分，按盐、石膏、黏土不同比例配制的复合盐岩人造试样的蠕变结果，证实了不同比例盐、石膏、泥岩等彼此组成复合盐岩蠕变特征差异很大。

　　钻井液密度对复合盐层井眼稳定至关重要，多数盐层卡钻和复杂情况的产生都应归咎于钻井液密度不合适。根据盐岩蠕变本构关系，在一定的井内钻井液密度条件下和地应力与温度作用下，有如下公式：

$$\rho_{\text{m}}=\frac{100}{H}\left\{\sigma_{\text{H}}-\int_{\alpha}^{\infty}\frac{2}{\sqrt{3}}\times\frac{1}{Br}\ln\left[\frac{Da^2n(2-n)}{2}\left(\frac{a}{r}\right)^2+\sqrt{\left(\frac{Da^2n(2-n)}{2}\right)^2\left(\frac{a}{r}\right)^4+1}\right]\text{d}r\right\}\quad(12-2-23)$$

$$D=\frac{2}{\sqrt{3}A\cdot a^2}\exp\left(\frac{Q}{RT}\right)\quad(12-2-24)$$

式中　ρ_{m}——钻井液密度，g/cm^3；

　　　A、B、Q——岩石的蠕变参数；

　　　n——井眼缩颈率，h^{-1}；

　　　a——井眼半径，m；

　　　H——井深，m；

　　　r——地层距井眼轴线的距离，m；

　　　σ_{H}——水平最大地应力，MPa；

　　　σ_{h}——水平最小地应力，MPa。

　　上式只适合于推算地层倾角小、构造应力低、非破碎地层，NaCl 含量高的盐岩层钻井液密度，此时可令水平最大地应力等于上覆压力。对于高构造应力区，应考虑三向地应力的联合作用，可采用较为复杂的有限元模型求解。对于含软泥岩盐层，可采用蠕变本构关系和有限元模型求解，也可采用应变软化本构关系和大变形快速拉格朗日元方法求解。应用式（12-2-23）、式（12-2-24）可计算出在不同井深、不同温度和不同缩径速率条件下对应的钻井液密度，以指导盐岩层钻井。

3. 盐膏层扩眼工具

应对盐膏层钻井问题，尤其是超深盐膏层钻井问题，在钻井工艺措施上利用合适的扩眼工具（如双心钻头、井下扩眼工具等）进行扩眼来抵消盐膏层蠕变所造成的缩径是非常有效的手段。扩眼钻进是一种非常规的钻进方式，其基本原理是利用领眼钻头的导向作用，使领眼钻头沿着设计轨迹或钻成的井眼钻进，而其后的扩眼工具完成扩孔作业，根据扩眼程序将扩眼技术分为："先钻后扩"的钻后扩眼技术和随钻扩眼技术两类。"先钻后扩"的钻后扩眼技术是先钻出井眼，然后利用扩眼器扩眼；随钻扩眼技术是采用先进的扩眼工具在钻进同时进行扩眼作业，可降低钻井风险，提高机械钻速。扩眼钻进可以有效解决下列问题：

（1）扩大盐膏层井段井眼直径，解决盐膏层蠕变和挤压所带来的勘探和钻井问题。

（2）增加水泥环隙，提高固井质量，增大生产套管尺寸，有利于完井及修井作业。

（3）改变常规井身结构。

（4）扩眼技术是钻井新技术的技术基础，通过开展对井下扩眼技术的研究，可为今后开展膨胀管、套管钻井、超短半径和分支井等钻井新技术奠定技术基础，具有较好的技术延续性。

根据扩眼技术类型可将扩眼工具分为：钻后扩眼工具和随钻扩眼工具两类。随钻扩眼工具一般由一个领眼钻头和一个扩眼机构组成。根据扩眼机构的不同分为固定式随钻扩眼工具、机械驱动式随钻扩眼工具和液压驱动式随钻扩眼工具3类。

下面就几种随钻扩眼工具的原理作简要介绍。

1）固定式随钻扩眼工具

双心钻头即为最基本的固定式随钻扩眼工具。它由领眼钻头和扩眼刀翼两部分组成。领眼部分与常规钻头结构几乎相同，钻进时钻出一个直径较小的领眼。扩眼刀翼是带有切削刃的棱柱结构，沿圆周方向布置于双心钻头的侧面，能将领眼扩大为工艺要求的井眼尺寸。将扩眼刀翼安装在短节上，使其与领眼钻头分离即形成两体式双心钻头。这种布置方式的优势主要在于领眼钻头和扩眼短节可根据实际需要匹配使用，增加工具应用的灵活性。固定式随钻扩眼工具的扩眼切削刃和本体固结在一起，不含运动件，因此具有很高的可靠性并能承受更大的钻压、获得较高钻速并适用于多种地层。但固定式随钻扩眼工具结构的偏心设计导致这类扩眼工具受力不平衡，钻进过程中易造成下部钻具组合的振动，对下部钻具组合的性能影响较大，井斜和方位难以预测，所形成的井径不规则。

固定式随钻扩眼工具的典型代表：川石RWD随钻扩眼工具和双心、偏心钻头；大港油田集团中成机械制造有限公司的PDC双心钻头扩眼工具；中国石化胜利钻井院SK系列偏心钻头式随钻扩眼器；Smith公司随钻扩眼器；Baker Hughes Christensen公司的RWD随钻扩眼工具系列。

2）机械式随钻扩眼工具

机械式随钻扩眼工具采用重力外推扩眼切削机构进行随钻扩眼作业，扩眼总成采用

PDC 切削刃，并能在起钻前主动收回。机械式随钻扩眼工具的优点是工作稳定，不受井深和钻井液性能影响；不足是扩眼总成径向行程有限，造成工具的体积较大，井眼直径扩大有限，在小尺寸井眼中，由于工具空间尺寸的限制，如果要求较大的扩眼尺寸，容易削弱本体结构的强度，造成安全隐患。

机械式随钻扩眼工具的典型代表：TRI—MAX Industries 公司的 EMD ™随钻扩眼工具；中国石化胜利钻井院 JK 系列机械伸臂式随钻扩眼器。

3）液压式随钻扩眼工具

利用钻柱内与环空间的压差产生的驱动力径向推出扩眼切削机构进行扩眼。出现较早应用也较成功的液压式随钻扩眼工具是采用牙轮扩眼总成。采用牙轮扩眼总成的优点是：可以施加较大的钻压，地层适应性好，但是由于牙轮寿命有限，自身体积较大，附属结构复杂，易削弱工具的结构强度，降低工具可靠性，随着 PDC 切削元件的出现和成熟，PDC切削元件逐渐取代了牙轮扩眼。液压式随钻扩眼工具的优点是结构相对简单，可以扩出较大尺寸的井眼。不足是液压式随钻扩眼工具是靠流体的压力推动执行机构，如果不能形成足够的流体压力，则难以驱动执行机构或保持扩眼总成工作的稳定。这点限制了液压式随钻扩眼工具在深井、高钻井液黏度等情况下的应用；另外，液压式随钻扩眼工具对密封结构和水力元件的结构、材质等要求较高，处理不当也容易造成工具失效。

液压式随钻扩眼工具的典型代表：Smith 公司 Rhino 水力随钻扩眼器；Andergauge 公司随钻扩眼工具；Hughes Christensen 公司的 GaugePro XPR ™可膨胀扩眼器系列；中国石化胜利钻井院 YK 系列液压式扩眼器。

4）随钻扩眼工具使用注意要点

（1）扩眼总成关系到能否高效优质地形成扩大井眼，是随钻扩眼工具中的关键部件。PDC 和牙轮两类扩眼总成具有各自的特点和适应范围，其中 PDC 类扩眼总成因体积较小，易于实现扩眼和寿命较长。由于 PDC 类破岩工具具有较强的地层适应性，PDC 类随钻扩眼工具能否获得高的破岩扩眼效率与扩眼总成的布齿方式、冠部形状和 PDC 切削齿的材质等因素密切相关，但是目前有关这方面的应用基本还是借鉴 PDC 钻头等破岩工具的研究经验，随钻扩眼工具自身的特性注意不够，实际使用不可避免地出现了机械钻速不稳、井径不规则、工具寿命偏小等，因此应该进一步结合实际情况优化扩眼总成的设计。

（2）随钻扩眼是边钻进边扩眼，底部钻具组合的特性与常规钻井有所不同，同时实际应用也要求在设计和选择随钻扩眼钻具组合时必须考虑其整体稳定性，保证整个底部钻具组合能够在一种平稳的状态进行工作，保证随钻扩眼工具和钻头的切削效率和寿命，防止由于在底部钻具组合中加入随钻扩眼工具而使钻出的井眼不能达到设计要求。

（3）在随钻扩眼钻进过程中，存在井底和钻头上部两个破岩位置，两个破岩工具同时工作，应该合理分配钻井液能量，在两个部位同时满足钻井液辅助破岩、清洗、冷却和润滑的要求。因此，应该加强随钻扩眼工具的水力学设计。

4. 盐膏层钻井工艺措施

在合理的井身结构及合适的钻井液体系和性能确定后用正确的操作技术措施，是复合盐层安全钻进的重要保障。通过对以往复合盐层钻井经验的总结，复合盐层钻进的主要工程技术措施有：

（1）钻盐膏层使用的钻头宜选用牙轮钻头，并采用适当钻头喷嘴。也可适当的采用双心钻头、随钻扩眼器等工具钻盐膏层井段，以便扩掉瞬时快速蠕变的盐层，减少阻卡的风险。

（2）钻盐膏层应适当简化下部钻具结构，宜采用光钻铤和随钻震击器。

（3）钻盐膏层宜使用电动钻机，并配备顶驱，固控设备配置应达到四级净化要求。

（4）钻遇盐膏层之前，必须认真检查钻具，对钻铤要进行探伤，随钻震击器要工作正常。

（5）进入盐膏层前，应对裸眼地层进行承压能力试验（参考本手册相关章节），若地层承压能力达不到满足钻盐膏层钻井液当量密度的要求，应进行先期承压堵漏，直到达到要求。

（6）钻开盐膏层，每试钻 0.5m，上提下放钻具，以验证井下情况是否正常。试钻进尺不低于 4m。钻井时钻井参数的控制，较非盐膏层井段宜采用低钻压、适当转速、大排量钻井参数。

（7）若试钻情况正常，逐步增加试钻进尺，无异常后进入正常钻进，每钻进半个单根划眼一次。根据井下情况，宜在 24h 内进行一次起下钻，起出盐膏层井段。

（8）若试钻情况不正常，有可能出现盐膏层缩径和垮塌等钻井复杂情况，此时应调整钻井液性能及钻井参数，重复（6）所述的操作。

①盐膏层缩径处理方法：试钻过程中，若出现上提下放困难、泵压升高、扭矩增加等现象，应停止钻进，适当增大排量循环，缓慢倒划眼上提钻具至安全井段，然后根据盐膏层蠕变情况适当提高钻井液密度。

②盐膏层垮塌处理方法：试钻过程中，若出现上提下放困难、泵压升高、扭矩增加并伴有垮塌物返出等现象，应停止钻进，适当增大排量循环，并提高钻井液密度和黏度，或使用高黏切钻井液清扫，缓慢倒划眼上提钻具至安全井段，然后根据盐膏层垮塌情况适当调整钻井液性能。

（9）接单根前，重复划眼不少于 2 次。

（10）在盐膏层段起下钻，应控制起下钻速度。

（11）起钻遇卡和下钻遇阻均不大于 50kN。

（12）起钻时应连续向井内补充钻井液，保持井眼内钻井液液面高度。

（13）对未掌握盐膏层蠕变缩径规律的井，下套管前应进行盐膏层蠕变缩径量现场测试。其测试方法如下：

①下多臂井径仪测盐膏层井径，宜在静止 24h、48h 分别测量。

②根据下套管所需时间和现场测量的井径数据，宜采用差值法计算出施工期间井眼最大缩径量，任意时刻的井眼缩径量按式（12-2-25）计算。

$$\varepsilon=\varepsilon_1+(t-t_1)(\varepsilon_1-\varepsilon_2)/(\varepsilon_2-\varepsilon_1) \tag{12-2-25}$$

式中　t_1——第一次测量时的静止时间，h；

　　　t_2——第二次测量时的静止时间，h；

　　　ε_1——t_1 时间的井眼缩径量，mm；

　　　ε_2——t_2 时间的井眼缩径量，mm；

　　t——任意静止时间，h；

　　ε——任意 t 时间的井眼缩径量，mm。

　　③套管与井眼的间隙值应符合安全下入套管、固井施工的要求，若套管与井眼的间隙不能满足，应提高钻井液密度或扩眼，直至满足要求。

　　例：江汉油田盐层钻井。江汉油田的潜江凹陷岩盐分布面积达 2000km²，埋藏深度 700～5039.5m，单层厚度最大可达百米，最小不足半米，累计厚度可达 1800m（约占剖面厚度的一半）。江汉油田自 20 世纪 60 年代初开始在该区钻探，至 80 年代末，经过 20 多年的钻井经验教训，逐渐形成一整套钻井工艺措施：

　　(1) 钻遇盐层前钻井液性能调整到设计要求，能抗盐抗高温，护壁性好，在高温高压条件下，有较稳定的流变性和足够的携砂能力。

　　(2) 正确选择下部钻具组合：光钻铤组合—钻铤与井壁间隙大，不易卡，卡后易处理；满眼钻具组合钻出的井眼几何形状规则，井身质量易控制；具有侧向切削和倒划眼功能的钻具结构。

　　(3) 正确选择钻井参数：钻盐层采取低钻压高钻速，排量适当，避免对盐层的强烈冲刷和溶解。

　　(4) 钻遇盐层，由正、副司钻操作刹把，控制每米钻时在 30min 以内，每钻 0.2～0.3m 上提划眼一次，钻进 2～3m 划眼两次，每钻完一个单根循环钻井液一周，划眼 3 次。

　　(5) 开泵上提接单根后，先开泵再下放钻具。

　　(6) 在钻台上做出盐岩层地质预告表，提高盐、泥韵律层的井身质量；在纯盐井段，钻速相对快，呈降斜趋势，而在非盐井段又呈增斜趋势；适时改变钻井参数，防止形成"狗腿"，给钻井工作造成麻烦和问题。广深 1 井和王深 2 井最大井斜分别为 0°45′ 和 3°31′ 控制得很好。

　　(7) 钻具在盐层内，不允许停下来检修设备。

　　(8) 钻具发生阻卡时，不得猛提猛放，以免卡死钻具。一旦发生盐卡后，用以下方法处理：①将钻具下压，下压吨位为钻具重量的 2/3，压 10min 左右，然后配合慢转转盘解卡。②上述方法失效后，立即注入淡水或淡水胶液（条件不具备时也可使用低含盐污水），间断顶替，保证被卡段有淡水（胶液）浸泡，蠕变井眼部分盐岩溶解后即解卡。③如果井段多次通卡，则下入外径和钻头尺寸相当的扩大器进行扩眼，然后恢复正常施工。

　　例：塔里木深部盐层钻井。塔里木油田成功地钻穿了石炭系、寒武系纯盐地层，钻井措施包括：

　　(1) 设计深层盐层井身结构时，盐上技术套管应尽可能深下，封隔低压地层。

　　(2) 钻至盐层顶部，应对盐泥—上层套管鞋间的裸眼做地层承压试验，确定地层可承受的实际当量钻井液密度。

　　(3) 根据钻井液密度图版或邻井资料设计钻井液密度。如裸眼井段漏失压力低于设计钻井液液柱压力，应对漏失层进行堵漏，提高承压能力。如果堵漏作业不能将承压能力提高到设计钻井液密度以上或漏失压力当量密度与设计密度差值较大，或低抗压强度的裸眼井段长，则应下衬管封隔（塔里木采用的是在 8½in 井眼中用 8½in～9½in 扩眼器扩眼，下 7⅝in 无接箍尾管）。

（4）钻遇盐膏层之前，必须认真检查钻具，对钻铤要进行探伤，随钻震击器要工作正常，宜用光钻铤，不加扶正器。

（5）钻盐层应选用适当密度、适当含盐量的欠饱和盐水钻井液。

（6）盐层钻进时，应密切注意转盘扭矩、泵压和返出岩屑变化。发现扭矩增大，应立即上提划眼。

（7）接单根前划眼一次，方钻杆提出后，停泵通井一次，不遇阻卡，方可接单根，否则重新划眼。

（8）盐层钻进，应尽可能使用大排量和高返速，有利于清洗井底，冲刷井壁上吸附的厚虚假滤饼。

（9）在盐层段起下钻，应控制起下钻速度。提钻遇卡不能超过 10t，活动钻具以下放为主，在能下放的前提下，倒划眼提出。下钻遇阻，活动钻具以上提为主，划眼解除。

（10）在裸眼段内要连续活动钻具，以上下活动为主，活动距离应大于 3m，钻具必须提入套管内。

（11）盐层段钻进，应切实加强地层对比，卡准地质层位，盐层钻穿后应立即下技术套管封隔，以便降低钻井液密度钻开下部地层，防止井漏。

（12）采用双心钻头钻盐膏层，以便扩掉瞬时快速蠕变的盐岩，减少阻卡。双心钻头常用于钻蠕变率高的盐层或膨胀性页岩地层。因为钻头在旋转时双轴心作用能钻出比其通径大的井眼，从而减少卡钻机率。由于盐岩层段及膏质泥岩均由双心钻头钻进，故钻井参数选取的原则是：实现钻头的充分冷却，同时控制排量不得过大，防止井眼冲蚀。双心钻头前期使用较小钻压及适当转速，穿过盐层后，由于地层变硬，且钻头已部分磨损，可适当增大钻压，并降低转速。最大钻压根据机械钻速、转盘扭矩等来确定。转盘工作平稳、扭矩无起伏时，可适当加大钻压。控制钻井液最大排量不超过 25L/s，控制喷嘴射流速度不过高，实际选用排量为 20 ～ 21L/s，射流速度为 35m/s。若排量过大，钻铤周围返速高，对井壁冲蚀严重；而 88m/s 以上的高速射流对井壁也将起破坏作用。

（13）采用扩眼技术。为避免挤毁套管，保证盐层段套管周围有较好且厚的水泥环，对盐层井段要进行扩眼设计，典型的扩眼钻具组合：ϕ215.9mmJ22 导向钻头 +A1 型水力扩张式扩眼钻头 +ϕ158.75mm 钻铤 5 柱 +ϕ158.75mm 随钻上击器 +ϕ158.75mm 钻铤 3 柱 +ϕ127mm 加重钻杆 4 柱 +ϕ127mm 钻杆。导向钻头，未装水眼。扩眼钻头原装 ϕ12.7mm 喷嘴 1 个。后考虑到喷嘴小，排量达不到要求，故去掉喷嘴（钻头中心管内径 16mm）。扩眼器的使用原则是：第一次入井至开始扩眼深度时，采用低转速（40r/min）钻进，然后缓慢增大排量，泵压每间隔 10min 增加 0.345 ～ 0.689MPa，转盘转动 15 ～ 20min 后下钻，要求下放钻具速度尽可能慢。钻压不得超过 22.24kN，排量达额定值 20 ～ 23L/s。扩眼参数要根据厂家推荐值选取，转速不宜过高，扩完一单根划眼时，保证排量不变。特别是部分井段井径大于扩眼器最大外径时，要注意控制下放速度，防止顿钻以致损坏牙轮和扩眼臂轴销。钻进过程中密切注意转盘扭矩的变化、发现扭矩增大或发生憋车现象，即起钻检查，冲眼时不可高速转动转盘。起下钻不可用转盘卸扣。

四、深井、超深井提速技术

随着我国石油勘探开发不断向新探区和深部发展，井深越来越深，深井数量也越来越多，钻井过程中遇到的复杂情况也明显增多，钻井速度明显下降，导致钻井成本也急剧增加，这直接影响到油田的勘探开发速度和成本。

1．影响深井、超深井钻速的因素

1）地质因素和井身结构设计

深井和超深井所钻地层跨越的地质年代较多，地层变化大，地质条件（如构造应力、地应力等）变化大，同一井段包括压力梯度相差较大的多层压力体系和复杂地质情况等。这些地质因素增加了钻井难度，容易引起井漏、井喷、井斜、井壁垮塌和卡钻等事故发生，特别是在新探区，在地质情况不十分清楚地情况下常因地质预告不准确导致井身结构设计不合理，造成钻井过程中复杂情况的发生而延误钻井周期。

2）上部大直径井眼

复杂深井套管层次多，带来上部钻头直径增大，一般情况下井眼尺寸增大一级，机械钻速下降超30%。但对于大直径井眼钻达更深部地层情况下，由于地层岩性变硬，在钻压、转速等机械能量相对较低时，必然机械钻速低于小一级井眼尺寸情况，而大直径井眼要求的大排量使沿程水力损耗更大，钻头水力能量难以保证，使机械钻速更低。

大直径井眼钻速慢的原因主要包括以下几方面：

（1）国产大尺寸钻头可选型号少，钻头系列不全，不能满足深井钻井的需要；

（2）目前使用的钻具限制了大尺寸钻头钻压的施加，造成钻头破岩机械能量不足，破岩效率降低；

（3）井底水力能量不足使得水力清除井底岩屑的能力大大降低，在很多情况下因岩屑不能及时清除导致重复破碎，甚至钻头泥包，致使钻头的机械钻速下降；

（4）在易斜地区，为了控制井斜被迫采用小钻压吊打，这对深井大直径井眼的机械钻速影响较大；

（5）由于环空返速低，使得钻井液性能和净化条件恶化，是影响大直径井眼机械钻速的一个重要因素；

（6）钻井设备（包括钻井泵、钻井液净化设备、钻杆和钻铤等）的能力有时也限制了钻速的提高。

3）深部井段影响钻速

深部井段的致密泥页岩、泥质砂岩和砂质泥岩等在上覆地层岩石的压力和围压的作用下变得十分致密和坚硬，不仅硬度和密度增加，而且机械性能从常压下脆性岩石向塑脆性岩石或塑性岩石转化，牙轮钻头的牙齿在这种硬塑性岩石中破碎起来非常困难，在高密度钻井液条件下深部井段机械钻速极低（小于1m/h）。究其原因主要有：

（1）高围压下岩石机械性能明显变化：随着地层埋深增加，深部井段的泥页岩和泥质砂岩等在上覆地层压力作用下变得非常致密，岩石的硬度、塑性系数和强度均相应增加，岩石破碎过程从常压下单纯的脆性破碎或塑性刮挤剥离向强脆性或硬塑性转化，地层可钻性变差，钻头牙齿在深部地层中的吃入和破碎困难，导致机械钻速明显下降。表12-2-5给出了塔里木吉迪克组泥岩在不同围压条件下牙轮钻头的牙齿压入所需破碎力和破碎体积随围压增加的变化情况。由表可看出，当围压（类似上覆地层压力）从0MPa增加到30MPa时，破碎力增加395.1%，而破碎坑体积减小36.1%。可见埋藏在深部井段的泥页岩和泥质砂岩受围压（或井深）影响较大，特别是岩石硬度随围压的增加而增加较快，这是深井和超深井机械钻速低的根本原因。另一方面，由于钻井液密度和井深的增加，液柱压力对井底破碎出来的岩屑产生压持作用，岩屑在压差的作用下不易离开井底，结果在井底形成垫层，降低了破碎效率。此外，在不同地区深井的深部井段常遇到坚硬硅质和铁质胶结的石英砂和石英岩、硅质石灰岩和硅质白云岩，这些地层钻井速度也很慢，常导致井径缩小，划眼时间长。

表 12-2-5　塔里木吉迪克组泥岩在不同围压条件下的破碎力和破碎体积

围压，MPa	0	10	15	20	25	30
绝对硬度，kg/mm^2	86.7	112.7	121.4	242.9	390.2	433.5
破碎力，kgf	30.5	38.9	43.0	84.2	137.1	151.0
破碎力增加比例，%	—	27.5	41.0	176.1	349.5	395.1
破碎体积，mm^3	15.24	14.7	14.0	13.6	11.9	9.74
破碎体积减小比例，%	—	3.5	8.1	10.8	21.9	36.1

（2）深部井段井底水力能量严重不足：按目前使用的 ϕ 127mm 钻杆和钻铤长度计算，在深部井段，由于钻柱长，钻井液密度高，黏度大，沿程压耗非常大，水功率利用率很低（4000m 时约 25%～30%，5000m 时 10%～20%，5500m 后不得不降低排量维持循环），井底清洗不良，不能发挥水力辅助破岩作用。

（3）深部井段钻头选型和使用受限，起下钻时间长，行程钻速低：在深部井段，由于牙轮钻头轴承密封系统的橡胶元件在井底高温高压作用下容易出现永久变形、老化、应力松弛等问题而失效，工作寿命较短，目前除了因地层原因不得不选用牙轮钻头外，一般情况下不选用。而且由于深井起下钻时间长，工作寿命短就会导致行程钻速低。因此一般选用无运动件、耐磨且寿命长的金刚石类钻头。但往往深部地层硬度较高，PDC 钻头不一定适用。这样，就只能以 TSP 钻头或孕镶金刚石钻头作为主要选择对象，而这类钻头吃入深度有限，在转盘方式下机械钻速不高。

2．深井、超深井提速途径

提高深井、超深井钻速的关键：抓住两头（即提高上部大直径井眼和深部小直径井眼的钻速），推动中间（重点解决难钻地层和易斜井段的钻速），加强复杂情况的监测和预报，研究适用于复杂地质情况的钻井液体系，为设计出合理井身结构创造有利条件。

1）提高大直径井眼钻速的有效途径

（1）完善大直径钻头系列，增加钻头品种和类型，加强钻头合理选型。目前大尺寸牙轮钻头品种少，在使用过程中存在钻头对地层的针对性不强、齿面结构与井底破岩的要求不相适应、水力结构与井底清洗的要求不相适应的问题。因此，各油田应针对地层岩性特点，改进钻头齿面结构和水力结构，与钻头厂合作开发新型大尺寸钻头，提高钻头质量，以及强化钻头使用措施加强对大尺寸 PDC 钻头和 TSP 钻头的开发，并在适应地层大力推广。

（2）强化钻井参数、提高井底破岩机械能量。在较硬的地层中钻进，如果配备足够的大尺寸钻铤，采用大钻压，提高破岩机械能量，加上钻头选型合理，大直径井眼钻速必定会大幅度的提高。

（3）强化水力参数，提高井底和井眼净化能量。由于目前大尺寸井眼采用 ϕ127mm 内加厚钻杆，在 50～60L/s 的钻井液排量下大量水力能量都消耗在钻杆内。如采用 ϕ139.7mm 内平钻杆或 ϕ168.9mm 俄罗斯钻杆，则井底可利用水马力和喷射速度将大幅度增加。表 12-2-6 是在 3000m 井深条件下不同钻杆中的沿程压耗对比。由表中数据可以看出，如采用大尺寸钻杆，可极大地解放水力能量，钻头的可用水马力和喷射速度就会大大增加。在提高井底水马力的条件下，进一步改善井底流程，增加水力清岩效果，防止出现大尺寸井眼岩屑清除死角和岩屑重复切削。采用组合喷嘴、加长喷嘴、斜喷嘴和中心喷嘴的不同组合，取得最佳清岩效果，提高大尺寸井眼机械钻速的有效措施。

表 12-2-6　在 3000m 井深条件下不同钻杆的沿程压耗对比

井眼尺寸 in	钻井液排量 L/s	钻杆直径 mm	钻杆内径 mm	沿程压耗 MPa	减少有效压耗 MPa
215.9	25	114.3	92.5	9.3	—
		127.0	101.6	6.4	2.9
		139.7	121.4	3.5	5.8
311.15	40	114.3	92.5	20.6	—
		127.0	101.6	13.3	7.3
		139.7	121.4	5.8	14.8
444.5	50	127.0	92.5	19.6	—
		139.7	101.6	12.4	7.2
		168.3	121.4	3.2	16.4

注：表中计算钻井液密度为 1.25g/cm³，塑性黏度为 15mPa·s。

（4）根据钻头类型选择合适的动力钻具可大幅度提高机械钻速。由于机械钻速与钻头转速接近正比关系，目前，国内外钻头生产厂均在努力提高牙轮钻头的转速，延长钻头在高转速下的使用寿命，以满足不同类型动力钻具的要求。美国 Hughes 公司生产的 ATX 牙轮钻头转速可达 200r/min，ATM 金属密封滑动轴承牙轮钻头转速可达 250～300r/min，MAX 金属密封滚动轴承牙轮钻头转速可达 350r/min。Smith 公司生产的 MF3H 牙轮钻头的工作转速可达 250r/min，M2SD 牙轮钻头的转速可达 280r/min。针对上述钻头，选择中速涡轮钻具和带减速器的涡轮钻具，转速在 180～350r/min 之间，就可以大幅度提高机械钻速。

（5）改善钻井液流变性能，不仅可以提高井底钻头的净化能力，还能在大井眼环空低返速条件下提高携岩能力，保证井眼的净化，合理控制固相含量也能减少井下工具的磨损、提高钻井速度，这些要靠提高钻井设备（钻井泵、钻井液净化设备等）能力来实现。

2）提高深部井段难钻地层机械钻速的有效途径

深部井段的泥页岩、沙质泥岩等岩石在上覆岩石压力作用下，变得十分致密而难于破碎。现有牙轮钻头的牙齿压入这类岩石的破碎坑体积很小，有的根本不产生体积破碎，而只留下一个很浅的齿痕。这些地层岩石在高密度钻井液条件下井底破碎的岩性压持效应十分明显，机械钻速很低。在深部井段应采用以下措施：

（1）通过提高钻头转速来提高机械钻速。研制或引进适应高转速的天然和人造金刚石混合孕镶的自锐式金刚石钻头和长寿命、高转速的涡轮钻具和配套的工艺技术措施。这种自锐式金刚石钻头在欧洲已经成功应用到深井段高密度钻井液条件下的致密页岩和泥质砂岩地层中。在欧洲，深井牙轮钻头钻速很低（一般在 1m/h 左右）的情况下，采用涡轮钻具配合自锐式金刚石钻头钻进，单只钻头进尺一般为 200 ~ 500m，机械钻速为 2.5 ~ 5.0 m/h。使用条件是在 3500 ~ 6700m 井深范围内钻井液密度为 1.3 ~ 2.0g/cm³。我国四川和塔里木地区使用巴拉斯金刚石钻头配合井下动力钻具，也取得了较高的机械钻速。

（2）由于岩屑录井的要求，有些井必须使用牙轮钻头。为了对付深部井段的难钻地层，应选用齿面耐磨性高、齿形尖而密的钢齿钻头或加强保径的钢齿钻头，尽量选用 ϕ139.7mm 钻杆或内平式 ϕ127mm 钻杆，使用时要尽量优化水力参数，以强化井底水马力，同时改善井底流场，加强水力清岩和辅助破岩作用。提高钻头的破岩效率，避免井底重复破碎。

（3）选用中转速的镶齿滑动轴承牙轮钻头（如 HJ527 和 HJ537）、镶齿滚动轴承牙轮钻头（如 G527 和 G537）和高转速的钢齿滚动金属密封牙轮钻头 C315B（相当于老型号 MAX-G3），配合中转速（转速 200 ~ 250r/min）、低压降、大扭矩的减速器涡轮钻具，可较大幅度地提高难钻地层机械钻速。

（4）对于深部井径等于或小于 8³/₈in 的井眼，应尽量选用可以通过最后一层套管的最大尺寸钻头，通用的准则是要让钻头直径等于或稍小于最后下入套管的通径。使用最大钻头钻出最大的井眼，可为成功地下入下一层套管提供更大的安全系数，也使得有可能选择更好的钻头和在下部井眼中有最佳的钻速。现场实践已证明对于深部地层，井眼尺寸过小将减小钻头寿命，降低钻速、增加钻井成本，而钻较大尺寸的井比钻小井眼经济，例如：从 6³/₈ ~ 7¹/₂in 钻头中选择，则应选择 7¹/₂in 钻头，虽然钻井面积大了一些，要钻掉更多的岩石量，但钻头（牙轮）轴承也大了，钻头使用寿命增加，导致最终钻井成本减少。

3）其他途径

优化井身结构设计、增强钻井液适应不同压力体系的能力、减少井下复杂与事故的发生可以提高深井、超深井的机械钻速。

我国西部新区的初探井，常因地质情况预报不准确，井身结构设计不合理而影响钻速。在井身结构设计上如何留有余地，在遇到较复杂的地质情况时下一层套管，保证以后顺利钻进，是一个值得探讨的问题。井身结构设计时要考虑到现有钻井工艺整体技术水平，同时应增加对新技术研究的投入。首先要研究和完善钻井液体系，使其能适应在同一井段内不同的压力体系。其次，要延长寿命、高转速的小井眼牙轮钻头和金刚石钻头，将小井眼牙轮钻头的机械钻速提高到 ϕ215.9mm 牙轮钻头的水平，这样实际上给初探井井身结构套管层次增加了储备。

五、深井、超深井安全钻井配套技术

1. 严格控制井斜，保证井眼质量

在复杂深井钻井工程中，由于山前高陡构造等复杂地层的影响，井斜问题十分严重。

如果井斜过大，会形成严重的狗腿，使得起下钻困难，钻柱工作条件恶化，有可能发生粘附卡钻、键槽卡钻等井下复杂情况，狗腿过大还会直接影响套管下入，并严重影响固井质量。另外，由于复杂深井钻进时间长，加之某些加重材料如铁矿粉等影响，狗腿过大可能导致套管磨损加剧，而复杂深井本身套管强度余量相对较小，如果磨损严重，易造成套管事故。因此复杂深井与超深井控制井斜尤其重要。要采取严格的防斜措施，加强对井斜的监测，一旦出现井斜变化超出设计，应立即采取纠斜措施，必要时应填井侧钻，防止下部钻进时出现严重问题。

2．严格控制悬挂载荷

超深井套管重量较大，许多情况下，自由段套管长度也较大，因此需要严格控制井口悬挂载荷。一方面防止自由套管发生弯曲，导致套管磨损严重，另一方面也要防止悬挂载荷过大，使上部套管过大拉应力。如果悬挂载荷较大，应计算套管坐放卡瓦牙的长度，保证悬挂时不会对套管产生挤毁作用。

3．深部设计尾管悬挂，后回接方式提高钻具强度

深部井段由于井眼尺寸小，受钻具接头影响较大，环空压耗较大。另外深部小尺寸钻具强度也难以满足要求，因此常采用先下入尾管，再继续钻进，待下入下层尾管后再对上一层尾管进行回接的方式，以便于钻进时可以采用复合钻具组合，增大钻具强度，减少循环压耗。

采用尾管回接固井方式还可以避免使用分级注水泥接头，在保证套管完整性的情况下，使水泥浆返到地面，这对于控制高压天然气井井口带压非常重要。

4．采用高强度钻具，减少钻具事故

常规钻杆在钢级增加时，一方面增大接头外径，另一方面减少接头内径的方式保证接头强度，这种结构虽然保证了钻具接头强度与本体匹配，但却增大了钻具内与钻具外接头的循环压耗。如 ϕ127mmS-135 钻杆接头内径为69.9mm，与同直径 G-105 钻杆相比，每1000m 钻杆在高密度情况下钻杆内循环压耗可能相差 1MPa 左右。但如果采用格兰特双台肩 HT50 钻杆，则由于接头内径变为 88.9mm，接头水眼面积增大了 62%，而如果进一步采用 XT50 钻杆接头，则内径增大为 95.3mm，接头水眼面积增大了 86%。先进的钻杆不仅增大了水眼面积，减少了循环压耗，还增大了钻具接头的强度，有利于降低钻具事故。如果在小尺寸井眼，还可以采用 ϕ101.6mmXT 接头钻杆替代常规 ϕ88.9mm 钻杆，这两种钻杆具有相同的接头外径，但接头强度与水眼大小却相差较大，接头水眼面积增大了 60%。

5．加强对井下信息的监测与利用

钻井过程中可以获得大量实时监测的资料和数据，包括综合录井资料、钻井仪表获取的资料、钻井液性能监测资料、工程测井资料、工程取心资料、井下随钻测量和随钻测井数据等，此外，在钻前还可获取大量的邻井数据和资料。其中，综合录井在录取地质资料的同时，其中有 60% 左右的资料与工程相关，而随钻测量的井下钻井参数与钻井作业关系更加密切，因此，可以充分利用综合录井仪信息和随钻测量的井下真实数据，结合上述其他资料和数据，开发工程应用的相关软件，为安全高效钻井服务，这也成为现代录井技术发展的趋势和方向。

斯仑贝谢公司开发的 NDS 技术是综合利用邻井钻井获取的钻井、录井、测井资料，结合地震资料，建立待钻井的地质力学模型，通过随钻监测钻井参数、井下工程地质参数等，及时修正地质力学模型，及时判明井下工况。钻后利用钻井、录井、测井、测试资料，完善地质力学模型，建立区块安全高效钻井地质力学模型，指导安全高效钻井。

6. 加大新技术攻关应用的力度，为复杂深井提供技术保障

复杂深井因钻井的难度与复杂性，需更多应用国际先进适用的技术，在某些情况下，复杂深井代表着钻井技术的挑战，现有技术可能还不能有效地解决可能出现的复杂问题，因此针对复杂深井应加强科技攻关研究，及时解决复杂深井钻井过程中面临的各种技术问题。

第三节　深井、超深井钻井液技术

深井与超深井钻井液面临两方面问题：一是随钻井深度增加，地层温度增高，钻井液需要解决抗高温的问题；二是复杂深井由于钻遇较高的地层压力，经常面临高密度钻井液的问题。

一、深井高密度钻井液

深井高密度钻井液的密度是由高密度固相材料加入低密度钻井液中而形成的，固相含量高是其组成特征。高密度钻井液分为高密度水基钻井液和高密度油基钻井液两大类别。在高密度水基钻井液中，根据水中有无电解质又分为高密度淡水基钻井液和高密度盐水基钻井液两种类型。

凡是通过加入加重材料使水基钻井液密度增高的钻井液称为高密度水基钻井液。根据钻井液密度的高低不同，可以分为普通密度、高密度、超高密度、特高密度四个密度等级的水基钻井液，见表 12-3-1。

表 12-3-1　四个密度等级的水基钻井液

钻井液	普通密度钻井液	高密度钻井液	超高密度钻井液	特高密度钻井液
密度，g/cm³	1.00 ~ 1.30	1.31 ~ 2.00	2.00 ~ 2.50	2.50 ~ 3.0

深井由于钻井时间长，在高密度情况下，一方面加重料会不断破碎、分散，另一方面混合在高密度钻井液中的钻屑不易被固控设备清除，积累的钻屑水化分散变细，两方面都会引起高密度钻井液流变性能逐渐变差，滤饼质量相应变坏，因此，深井与超深井的高密度钻井液的性能控制更为关键。

1. 高密度钻井液的设计原则

1）低密度固相含量控制原则

低密度固相含量随高密度加重材料固相含量的增大而降低。

（1）密度为 1.30 ~ 2.00g/cm³：低密度固含为 5% ~ 2%（V/V）。

（2）密度为 2.0 ~ 2.50g/cm³：低密度固含为 2% ~ 1%（V/V）。

（3）密度为 2.50 ~ 3.00g/cm³：低密度固含为 0 ~ 1%（V/V）。

2）钻井液滤失造壁性设计原则

（1）钻井液 API 滤失量 ≤ 5mL；滤饼 ≤ 0.5mm。

（2）钻井液 HTHP 滤失量 ≤ 20mL；滤饼 ≤ 2.0mm。

3）钻井液流变性能设计原则

（1）密度为 1.30 ~ 2.00g/cm³，动切力为 6 ~ 14Pa。

（2）密度为 2.0 ~ 2.50g/cm³，动切力为 14 ~ 18Pa。

（3）密度为 2.50 ~ 3.00g/cm³，动切力为 18 ~ 22Pa。

4）钻井液润滑性设计原则

滤饼摩擦系数 $f \leqslant 0.2$。

5）钻井液抗黏土污染设计原则

抗 3% ~ 5% 的黏土侵污而流变性和失水造壁性能基本保持不变。

2. 高密度钻井液的性能控制

高密度钻井液的性能维护对于保证井下安全，保持钻井液性能稳定具有非常重要的作用。

（1）复杂深井钻井速度慢，钻头破碎岩屑细小，更多的钻屑不能通过振动筛分离，这部分钻屑在钻井液循环过程中不断破碎，使钻井液黏切不断增大。因此固相控制更关键，需要采用更细目的振动筛。通常 120 目以上的双层振动筛是复杂深井的必备一级固控装置，而除砂器与除泥器更应强化使用。为分离更细小的钻屑，应配备双离心机，通过两级离心机的不同转速，实现加重料的回收与钻屑的分离。

（2）高密度钻井液受分散钻屑以及加重料杂质影响，黏切总会不断爬升，到一定时候就需要采取冲放处理（放掉一部分污染的老化钻井液，补充一部分新的钻井液），而高密度钻井液钻进时井漏可能性也较大。因此在复杂深井高密度钻井液钻井时应配备较多的后备罐，在需要冲放处理时，将老化浆放在后备罐中，在井漏需要补充钻井液时再补充回井内，以此降低钻井液配制成本。

（3）控制钻井液处理剂质量。一般高质量产品可以较少加量起到预期的处理效果，此时再处理的余地就相对较大。而如果采用劣质的处理剂，可能需要接近处理加量上限时才能达到处理效果，此时继续处理可能就难以实施。因此复杂深井处理时更应严格控制钻井液处理剂质量，采用优质、高性能产品，严格控制劣质产品。

（4）大型处理前应做小型实验。在对钻井液进行较大型的处理，显著改变钻井液体系或性能时，应在室内充分进行小型实验，评价处理效果，严禁现场盲目处理，导致井下钻井液性能恶化，造成井下复杂与事故。

（5）保持井下钻井液性能稳定。处理时应充分循环，使井下钻井液性能缓慢变化，应以细水长流的方式加入，加重与降低密度也应缓慢进行，并充分循环，使井内液柱压力均匀缓慢变化。

（6）密切注意钻井液井下抑制、封堵、失水、造壁性能，特别是保持高温高压下性能处于合理的范围。时刻关注井下遇阻、遇卡情况，对遇阻、卡点，要分析岩性、发生阻卡的机理，采取针对性的处理措施。

3．高密度钻井液配套工艺措施

高密度钻井液由于固相含量高，易出现阻卡情况，需要配套钻井工艺措施：

（1）及时划眼消除虚滤饼，每钻完一个单根都应上提划眼一次，每钻进一定进尺应进行短程起下钻，钻头与稳定器修整井壁，消除虚滤饼影响。

（2）及时监测井下情况，发现复杂、事故的预兆及时采取措施。如发现地层有出水与出油气迹象时，应立即关井，减少地层液体浸入井内，减少对钻井液的污染。发现阻卡迹象时，及时采取相应的措施。

二、深井抗高温钻井液

添加有抗高温处理剂，并调控钻井液性能经受温度超过 100℃ 作用影响而仍然保持稳定的钻井液称为抗高温钻井液。抗 200℃ 以上的钻井液为超高温钻井液，抗 230℃ 以上为特高温钻井液。

高温对钻井液的影响表现在两方面：对钻井液组成成分产生破坏性影响；对钻井液性能产生恶化性影响。

高温实质上是通过改变钻井液内部组成的状态、性质而改变钻井液的宏观性能。

高温对钻井液组成中的连续相、固相、处理剂的状态产生显著影响。对连续水相在黏土颗粒表面的存在产生破坏性的脱水作用，减少黏土粒子表面水化层，破坏黏土胶体粒子的稳定性。对钻井液中的黏土粒子产生高温分散、聚结、胶凝以及固化等复杂作用。对钻井液处理剂产生高温热降解、热氧降解，高温交联和高温解吸附作用，这些破坏性作用的结果都归结到对钻井液性能的恶化性影响上。

钻井液的工艺性能主要是流变性和滤失造壁性，高温作用后在这两个工艺性能上可表现出不改变、微改变、强改变三种结果。不改变和微改变是抗高温钻井液的基本要求，钻井液性能的大幅度改变是钻井液稳定性被破坏的表现，是绝不允许在深井、超深井钻井中出现的情形。

高温对钻井液流变性产生的作用有高温作用后增稠、减稠、固化几种结果；高温对钻井液滤失造壁性产生作用有滤失量增大、滤饼质量降低的结果。这些都是抗高温钻井液必须防止出现的不良性能。

1．抗高温水基钻井液的评价方法

（1）高温作用下钻井液的耐高温性评价方法：包含高温下钻井液的流变性评价和高温下钻井液的滤失造壁性评价。

（2）高温作用后钻井液的热稳定性评价方法：利用钻井液的热稳定性评价方法，可以导出一种常用的抗高温钻井液中黏土的高温容量限评价方法。黏土的高温容量限是指在一定温度下，钻井液发生高温胶凝所对应的最低土量。通过含有不同黏土量的钻井液热滚动后流变性和滤失造壁性的变化，实验确定出抗高温钻井液的黏土容量范围。

2．抗高温水基钻井液处理剂分子结构特征与基本要求

1）处理剂分子结构特征

抗高温水基钻井液处理剂的分子结构应具有以下特征：（1）热稳定性强，在所使用温

度下，不明显降解，且交联易控制，在分子结构中，主链或亲水基与主链连接键尽量采用键能强的 C—C、C—N、C—S 键而避免键能较低的—O—键。(2) 对黏土表面有较强的吸附能力，受高温影响小。除了与黏土粒子表明发生氢键、静电吸附外，通常在处理剂分子中引入高价金属正离子使之形成络合物，产生螯合吸附，如铬、铝、锆、钛的元素的化合物。氢键吸附则要求分子链上吸附比例较大，使之在黏土粒子表面发生多点吸附，保证其吸附量。(3) 亲水性强，受高温去水化作用影响小。处理剂尽量选用离子基如—COO⁻、—SO₃⁻ 等作为亲水基，在分子中所占比例必须与钻井液矿化度和温度相适应。(4) 在较低的 pH 值下也能发挥作用。(5) 滤失控制剂不引起钻井液严重增稠，要求处理剂相对分子质量不宜过高，通常为几万到 30 万。

2）处理剂的作用性能要求

抗高温钻井液用处理剂包括降滤失剂、降黏剂、封堵剂、润滑剂、加重剂等，其中，最重要的是降滤失剂。(1) 降滤失剂。要求本身抗高温，必要时抗盐抗钙能力强，不引起钻井液严重增稠，一般要求处理剂相对分子质量小于 50 万；还要求在高低温下能够有效地吸附于黏土粒子表面，带来足够的水化膜和提高黏土粒子的 ζ 电位，保证钻井液中黏土胶体粒子足够含量，从而保证形成致密滤饼质量，保证高温高压下的低滤失量。包括羟基（—OH）、酰胺基（—CONH₂）、胺基（—NH₂）、腈基（—CN）等。(2) 降黏剂。要求降黏剂只适度拆散网架结构而不增加液相黏度，即抗高温必要时抗盐抗钙能力强。一般要求相对分子质量为几千到几万。(3) 防塌封堵剂。要求本身抗高温、抗盐钙能力强，不完全溶解但能够很好地分散于钻井液中，在特定高温下有较好的变形变软特性，能很好地堵塞泥页岩和破碎性地层微小水流孔缝通道，形成致密内外滤饼，阻止压力传递，保证井壁稳定。典型的防塌封堵剂如改性沥青类、石蜡类、多元醇类、腐殖酸类等。(4) 润滑剂。主要指增强滤饼、井壁岩石表面润滑性，降低钻具与这些接触面摩擦阻力的钻井液添加剂。要求本身抗高温、抗盐抗钙能力强，润滑能力强，有效降低摩阻。探井中还要求润滑剂低（无）荧光。(5) 加重剂。要求加重材料的纯度高、密度大、刚性强（硬度大）、粒级合理，黏度效应低。

3. 抗高温水基钻井液体系

抗高温水基钻井液早期主要为磺化类钻井液，现在已发展了聚磺钻井液、有机硅氟钻井液、增效处理剂类钻井液等。

1）磺化钻井液

使用磺化类处理剂作为钻井液的主要降滤失剂，如磺化褐煤、磺化栲胶、磺化类酚醛树脂、磺化丹宁。

(1) 体系特点：①钻井液耐温能力较强，可抗温 200℃。②固相容量限较大，适合配制高密度的钻井液，密度高达 2.00g/cm³ 以上，钻井液的流变性易于控制。③滤饼质量好，滤饼致密而坚韧，API 滤失量和 HTHP 滤失量较低。④钻井液抑制性弱、分散性强，亚微米粒子含量较高。

(2) 要求：钻井液的 pH 值应大于 10，以利于磺化类处理剂充分发挥效能。

(3) 应用范围：①可用于任何非储层地层的钻井，尤其适用于深井、高温井的钻井。②适用于各种密度的加重钻井液，尤其适用于高密度、超高密度钻井液。③加入防塌性封堵剂、抑制剂后，适用于稳定井壁地层钻井。④不宜用于直接打开油气储层。

2）聚磺钻井液

由天然改性磺化类处理剂加上相对中、低分子质量的耐高温聚合物作为主要添加剂的钻井液类型。耐高温聚合物是作为降黏剂、包被剂、降滤失剂、流型改进剂、抑制剂的用途使用的。

根据钻井液中耐高温聚合物抗温能力的不同，分为抗高温聚磺钻井液和抗超高温聚磺钻井液。

（1）体系特点：①钻井液中处理剂的抗高温抗盐膏能力决定了钻井液的抗高温抗盐膏能力。在保持抗温能力强的特点同时，钻井液的抑制性有所增强。②通常加入防塌抑制剂和封堵剂，保持井壁的稳定性。如加入磺化沥青，形成防塌封堵型聚磺钻井液。③通过加入储层保护材料，可用于保护油气储层的钻完井液。

（2）要求：①根据钻井液密度高低，严格控制相应的钻井液膨润土含量范围。②低密度钻井液时可多加入相对中、低分子质量聚合物处理剂，高密度钻井液时主要加入相对较低分子质量聚合物处理剂。③不宜用于直接打开油气储层。

（3）应用范围：①抗高温聚磺钻井液用于各种密度的钻井液；抗超高温聚磺钻井液目前的使用密度低于 $1.40g/cm^3$。②可用于泥页岩、砂岩、灰岩地层钻井，大段盐层和盐水层钻井需特殊处理。③用于深井、超深井。

3）有机硅氟钻井液体系

研制的抗高温有机硅钻井液通过研选含有 C—C、C—N、C—S 等抗温能力强的键、磺化度高亲水能力强的一些处理剂，并增加了硅氟聚合物。由于硅氟聚合物为线性高分子，其主链为硅氧（—Si—O—Si—）构成，含氟基团和其他有机基团均为大分子的侧基。Si—O 键键能高，故硅氟聚合物的热稳定性好。SF 分子中的 ≡Si—OH 和黏土颗粒表面上的 ≡Si—O—键形成≡Si—O—Si≡键，使黏土颗粒表面吸附一层—CH₃，憎水基团—CH₃ 向外，使亲水表面反转，产生憎水的毛细作用，从而有效地防止泥页岩的膨胀。同时，降低黏土之间的相互作用，使钻井液的黏度降低，对钻井液产生良好的稀释作用。由于共聚物侧链上的非极性—CH₃ 定向朝外，低的表面张力活跃在钻井液体系中，有效地阻止了钻井液的高温老化，使体系保持稳定的黏度。该钻井液体系适合于温度在 220℃ 高温深井。

4）高温增效型钻井液

针对高温处理剂在高温下效能下降，高温钻井液性能难以稳定的问题，近年来研究出多种能提高钻井液体系抗温能力的处理剂，以提高整个体系的抗温性能。例如，增加很少成本，就能使聚磺钻井液体系大幅度地提高其抗温性能，达到降低成本又拓宽成熟技术（聚磺钻井液）应用范围的效果。

以高温增效剂为基础，形成的抗高温钻井液体系能抗240℃高温，适应密度范围在 $1.05 \sim 2.25g/cm^3$。该体系在大庆松辽深层、新疆莫深 1 井得到应用，实践证明，该体系在较宽的温度范围内性能变化小，高温高压下性能稳定，抗黏土浸，抑制性强，不足之处是抗盐能力在 10% 以内。

4．油基抗高温钻井液

油基钻井液根据组分中含水量高低分为油包水乳化钻井液（含水量10% ~ 60%）和全

油基钻井液两种类型（含水量≤10%）。

1）油包水乳化钻井液

（1）组成：由基油、水、乳化剂、润湿剂、有机胶体、加重剂组成。

①基油：通常为柴油和各种低毒矿物油。若为柴油，要求苯胺点高于60℃。

②水：淡水、盐水和海水都可以作为水相。通常使用含有一定量 $CaCl_2$、$NaCl$ 的盐水，控制水相活度，防止或减弱泥页岩地层的水化膨胀，保持井壁稳定。

③乳化剂：乳化分散水滴，保持油包水乳化钻井液的稳定。通常为能有效降低油水界面张力，在界面上形成一定强度吸附膜的表面活性剂或表面活性剂组合（主乳化剂、辅乳化剂）。乳化剂的抗温能力直接决定了油包水乳化钻井液的抗温能力。

④润湿剂：将进入钻井液中的亲水固体表面由水湿转为油湿的表面活性剂。

⑤亲油胶体：起到增黏或降滤失作用的固体物质，如起降滤失作用的固体亲油胶体称为降滤失剂，如有机土、氧化沥青等。

⑥加重剂：传统的高密度固体材料，如重晶石、石灰石等。

（2）要求：

①电稳定性：破乳电压必须严格控制，常温下不得低于400V，高温下不得低于800V。

②活度控制：通过调控水相中的盐浓度（通常为 $CaCl_2$ 浓度），调节油包水乳化钻井液的活度，使钻井液的活度小于或等于不稳定地层的化学活度，防止钻井液中的水进入地层，引起井塌或储层伤害。

③性能控制：API水滤失量0～2mL；HTHP水滤失量≤2mL。

2）全油基钻井液

除了含水量外，组成类似于油包水乳化钻井液，水滤失量更低。

第四节　深井、超深井固井技术

复杂深井、超深井固井难点在于环空间隙小、固井温度高、封固段温差大，这对水泥浆与固井工艺都提出了更高的要求。

一、深井、超深井小间隙环空注水泥平衡压力设计方法

在注水泥过程中，保证水泥浆能有效地驱替钻井液，同时确保施工过程井下环空的液柱动压力大于地层孔隙压力、小于地层破裂压力，是进行注水泥流变学和工艺设计的目的。要保证实现这一目的，就必须准确计算施工流动阻力和设计施工过程的顶替流态。小间隙井条件下，由于小间隙和高温的存在，用常规的方法会造成设计计算的较大偏差，使固井施工实际与设计不符，影响固井质量甚至施工安全。为了提高小间隙井流动压力计算精度，需要确定井下循环温度，平均温度，流体流变参数下的剪切速率，小间隙环空的雷诺数等。根据上述计算来确定小间隙环空流动压力。

1. 确定水泥浆流变性能测试的合理温度

实验表明，不同水泥浆体系及其配方受温度、压力影响的变化无确定规律，因而很难用统一的模式，因此，合理确定水泥浆测试温度就很重要。采用不同温度测试数据设计，

其结果大不相同。事实上，水泥浆从入井到返至预定环空位置，它的温度是沿程变化的。其流动温度不能以循环温度代替，更不是地面温度。现场应用证明，采用平均温度方法切实可行，其方法是水泥浆刚返至预定环空位置时，求出水泥浆环空顶部的温度与套管内水泥浆顶部的温度，取两者温度之平均值作为水泥浆流变性能的测试温度。

2. 确定计算流体流变参数的合理剪切速率

小间隙环空中，实际上其剪切速率一般常常大于 $500s^{-1}$，计算水泥浆在小间隙井的流变参数应以剪切速率为 $1000s^{-1}$，否则会带来计算值偏大的误差，对平衡压力固井设计造成影响。不同环空间隙对应的剪切速率的模拟计算结果见表 12-4-1。

表 12-4-1　不同井间隙环空流动剪切速率

井径 × 套管外径 in × in	剪切速率, s^{-1}							
	8L/s				16L/s			
	n=1.0	0.8	0.6	0.5	n=1.0	0.8	0.6	0.5
$17^1/_2 \times 13^5/_8$	23	24.91	28.11	30.66	46	49.82	56.22	61.32
$12^1/_4 \times 9^5/_8$	81.9	88.70	100.08	109.17	164	177.40	200.16	318.34
$17^1/_2 \times 7$	354	383.38	432.59	471.89	708	766.76	865.18	943.78
$6^1/_2 \times 5$	477	516.59	582.89	635.84	954	1033.1	1165.7	1271.6
6×5	1112.5	1204.9	1359.5	1483	2245.0	2409.7	2719	2965.9
$5^1/_2 \times 4$	578	625.97	706.32	770.47	1156	1251.9	1412.6	1540.9

3. 考虑温度影响的流体流变参数计算方法

1）温度影响下的流变参数模型

温度对流体流变性能的影响的流变模型，可用下式表示：

$$\tau = \tau_0 e^{-b(t-t_0)} \tag{12-4-1}$$

式中　τ——任意温度 t 下的剪切应力，Pa；

　　τ_0——常温 t_0（或某一已知温度）测定的剪切应力，Pa；

　　b——温度系数，℃$^{-1}$。

使用上式，预测高温下液体的剪切应力的具体步骤如下：

（1）选取两组一般温度（如常温 27℃ 和 75℃）在不同剪切速率下测出对应的剪切应力，见表 12-4-2。

表 12-4-2　旋转黏度计剪切应力读值

$\dot{\gamma}$, s^{-1}		1022	511	340.6	70.3	10.22	5.11
τ, Pa	27℃	τ_{600}	τ_{300}	τ_{200}	τ_{100}	τ_6	τ_3
	75℃	τ'_{600}	τ'_{300}	τ'_{200}	τ'_{100}	τ'_{100}	τ'_3

（2）计算温度系数 b：

$$b = \frac{\ln \dfrac{\tau_{600}}{\tau'_{600}}}{t - t_0} \qquad (12\text{-}4\text{-}2)$$

式中　τ_{600}，τ'_{600}——分别是27℃和75℃两个温度下测定的剪切应力，Pa。

将 b 值代入计算式中，可以计算出相应剪切速率下其他温度的剪切应力值。

不同剪切速率下的 b 值是不一样的，如需预测其他剪切速率情况下某温度的剪切应力值，则应按上述方法，计算温度系数 b 值，再计算某温度的剪切应力数值。

表12-4-3列出了四种水泥浆在不同温度下实测剪切应力与计算剪切应力的对比。由结果可见：（1）应用预测或其总的相对误差为7.81%，但个别情况下的相对误差仍然较大，为 -26%；（2）计算温度系数 b 值，一般选用温度为27℃和75℃的剪切应力进行计算；（3）计算任意温度下剪切应力的计算方法，还需要进一步用大量的实测数据进行验证。

表 12-4-3　不同温度下实测剪切应力与计算剪切应力的比较

水泥浆密度 g/cm³	旋转黏度计剪切应力值，Pa		剪切应力，MPa									E %
			27℃	50℃	75℃	90℃	125℃ (123)	138℃	150℃ (157)	175℃ (173)	182℃	
1.91	τ_{600}	实测值	137.4	150.02	93.1	73.57	45.82	—	35.96	25.18	—	—
		理论值	137.4	128.87	93.1	76.60	48.59	—	35.11	25.36	—	3.91
		ε，%	0	14.1	0	4.12	6.05	—	−2.37	0.73	—	
2.25	τ_{600}	实测值	170.8	113.15	93.86	62.95	47.45	—	36.87	26.89	—	—
		理论值	170.7	128.16	93.86	68.74	50.35	—	−3.0	−13.2	—	6.39
		ε，%	0	13.2	0	9.2	6.1	—	−3.0	−13.2	—	
2.35	τ_{600}	实测值	—	—	—	63.84	(42.07)	33.83	(30.03)	(26.78)	25.9	—
		理论值	—	—	—	63.84	(41.3)	33.83	(26.37)	(21.35)	18.96	8.38
		ε，%	—	—	—	0	(−1.8)	0	(−12.2)	(−9.5)	−26.8	
	τ_{300}	实测值	—	—	—	26.44	(16.88)	12.28	(10.01)	(8.81)	7.39	—
		理论值	—	—	—	26.44	(15.61)	12.28	(10.01)	(8.81)	6.08	
		ε，%	—	—	—	0	(−7.56)	0	(−9.06)	(−20.3)	−17.7	9.18
	τ_{200}	实测值	—	—	—	20.52	(12.17)	7.96	(6.82)	(5.35)	4.52	—
		理论值	—	—	—	20.52	(10.7)	7.96	(5.47)	(3.99)	3.34	
		ε，%	—	—	—	0	(−12.1)	0	(−19.8)	(25.4)	−26.1	13.9
2.45	τ_{600}	实测值	170.3	133.20	97.23	75.61	48.24	—	41.6	33.37	—	—
		理论值	170.3	130.20	97.23	81.61	54.22	—	40.99	30.24	—	5.11
		ε，%	0	3.3	0	7.93	12.4	—	−2.7	−9.4	—	
总平均相对误差，%												7.81

注：实验压力为14MPa；ε、ε_c 为相对误差和平均相对误差，ρ_c 为水泥浆密度。括弧内的数值与括弧内的温度对应。

2）不同温度下宾汉流体流变参数计算

（1）剪切速率为1022s⁻¹和511s⁻¹时的流变参数计算：

$$\eta_{st} = 0.001\left[\Phi_{600}e^{-b(t-t_0)} - \Phi_{300}e^{-b'(t-t_0)}\right] \tag{12-4-3}$$

$$\tau_{ot} = 0.0511\left[\Phi_{300}e^{-b'(t-t_0)} - \eta_{st}\right] \tag{12-4-4}$$

（2）剪切速率为511s⁻¹和170.3s⁻¹时的流变参数计算

$$\eta'_{st} = 0.0015[\Phi_{300}e^{-b'(t-t_0)} - \Phi_{100}e^{-b''(t-t_0)}] \tag{12-4-5}$$

$$\tau'_{ot} = 0.0511\left[\Phi_{300}e^{-b'(t-t_0)} - \eta'_{st}\right] \tag{12-4-6}$$

式中　Φ_{600}、Φ_{300}、Φ_{100}——旋转黏度计在600r/min、300r/min和100r/min的读值，格；

　　　η_{st}，η'_{st}——任意温度下的塑性黏度，Pa·s；

　　　τ_{ot}，τ'_{ot}——任意温度下的动切力，Pa；

　　　b——剪切速率为1022s⁻¹的温度系数，1/℃；

　　　b'——剪切速率为511s⁻¹的温度系数，1/℃；

　　　b''——剪切速率为170.3s⁻¹的温度系数，1/℃。

4．小间隙环空流动压力的计算方法

小间隙环空流动压力与常规间隙的差异主要为范宁系数的计算方法。

（1）小间隙环空范宁系数计算：

$$\frac{1}{\sqrt{f}} = A\lg\frac{2}{3}Re\sqrt{f} + C \tag{12-4-7}$$

$$A = \frac{4}{n^{0.75}}$$

$$C = \frac{0.4}{n^{1.2}}$$

式中　Re——液体雷诺数，无量纲；

　　　f——范宁系数，无量纲；

　　　n——流性指数，无量纲。

（2）偏心环空流动摩阻压降计算：偏心环空流动摩阻压降计算程序与同心环空一致。不同的是两者的雷诺数表达式不相同。

宾汉液体：

$$Re = \frac{0.1\rho(D_h - D_p)v}{\eta_s\left[\dfrac{1}{G_B} + \dfrac{\tau_0(D_h - D_p)E_B}{8\eta_s v G_B}\right]}G_B{}^n$$

$$G_{B}=1+\frac{1}{2}\left[\frac{3+\left(\frac{D_{p}}{D_{p}}\right)^{2}}{1+\frac{D_{p}}{D_{h}}}+1\right]e^{2}$$

$$E_{B}=1+\frac{3+\left(\frac{D_{p}}{D_{h}}\right)^{2}}{4\left(1+\frac{D_{p}}{D_{p}}\right)}e^{2} \tag{12-4-8}$$

式中　Re——宾汉液体雷诺数，无量纲；

　　　v——环空平均返速，m/s；

　　　ρ——液体的密度，g/cm³；

　　　τ_0——液体的动切力，Pa；

　　　η_s——液体的塑性黏度，Pa·s；

　　　D_h，D_p——分别为井眼直径、套管外径，m。

　　用上述适合小间隙井条件的相应方法，可对环空流动压力进行分段考虑，其计算公式可表达为：

$$p=\sum_{i=1}^{n}\frac{0.2f_i\rho_iL_iv_i^2}{D_{hi}-D_{pi}}+\sum_{j=1}^{m}\frac{0.2f_j\rho_jL_jv_j^2}{D_{ej}} \tag{12-4-9}$$

式中　p——环空流动压力，MPa；

　　　n——正常间隙环空所分段数；

　　　m——小间隙环空所分段数；

　　　L——计算环空段长度，m；

　　　其余符号解释同前。

上式即为针对实际情况而建立的深井固井环空流动压力的计算模型，这样，深井固井时的环空流动压力就可以通过计算正常间隙和小间隙环空的流动压力来求得。

5．保证注水泥期间实现平衡压力的主要措施

　　在高温高压多压力层系井中进行固井施工，要保证注水泥期间实现压力平衡，保证不漏不喷，主要应做好如下工作：

　　（1）全面了解钻井过程的作业参数与复杂情况，特别是钻井泵速与循环压力的情况，掌握准确的地层压力与地层破裂压力的测试或预测数据。

　　（2）详细掌握井下有关易漏易塌井段的地质情况和有关漏失压力、位置的数据，了解地层对流体的敏感性情况。

　　（3）合理设计水泥浆、隔离液的密度及使用长度，并对整个环空压力进行校核。

　　（4）根据钻井过程的最稳定情况设计注水泥过程的顶替排量范围。

（5）针对井下地层特点和封固的要求，系统地选用和设计水泥浆体系、前置液体系，保证其具有良好的流变性能。

（6）使用注水泥模拟软件全面分析注水泥过程的压力变化，然后对流体的密度、用量、施工排量以及流体性能进行针对性的调整、修改；保证模拟结果不会出现漏失或窜流现象。在模拟计算中，应考虑温度对流变性的影响、小间隙对流动计算的影响等因素。

二、深井、超深井小间隙环空提高顶替效率关键措施

1. 考虑小间隙情况下的套管居中度要求

1）水泥浆可驱替钻井液流动的基本条件

保证水泥浆全部把大小各间隙处钻井液开始顶替流动的基本条件是，宽间隙处水泥浆流动所需要的压力梯度大于窄间隙处钻井液开始流动所需要的压力梯度，由此可得偏心环空钻井液开始流动的条件为：

$$\frac{\tau_{0c}}{\tau_{0m}} \geqslant \frac{1+\frac{\varepsilon}{R-r}}{1-\frac{\varepsilon}{R-r}} = \frac{1+e}{1-e} \tag{12-4-10}$$

式中 τ_{0c}，τ_{0m}——分别为水泥浆及钻井液开始流动的最小剪应力，一般用动切力表示；

R，r——分别为井眼和套管的半径；

ε，e——分别为套管的偏心距和偏心度。

可见，使窄间隙钻井液流动所要求的 τ_{0c}/τ_{0m} 随偏心度 e 的增加而增大（表12-4-4）。由表可明显看出，套管越靠近井壁，需要 τ_{0c}/τ_{0m} 越大。当套管居中时（偏心度 e 为零），只要 τ_{0c} 与 τ_{0m} 相等就可以实现各间隙钻井液的全部顶替。但当偏心度 e 为100%时（套管靠在井壁上），则需要 $\tau_{0c}/\tau_{0m} \to \infty$，很显然，这是不可能实现的，而必须采取措施使套管有足够的居中度。

表 12-4-4　套管偏心度 e 对 τ_{0c}/τ_{0m} 值的影响

e	0	0.1	0.2	0.3	0.4	0.5	0.6	0.7	0.8	0.9	1
τ_{0c}/τ_{0m}	1	1.22	1.5	1.86	2.33	3	4	6.33	9	19	∞

一般情况下，控制 $\tau_{0c}/\tau_{0m} > 2$ 都很困难。因此，限制小间隙环空偏心度 $e < 0.2$ 是减小和消除窄间隙偏心环空滞留钻井液的有效措施之一。

2）考虑实际偏心距情况下，水泥浆能驱替钻井液流动的基本条件

实际井眼中，在相同井况条件下，一般不论大尺寸套管还是小尺寸套管，下入井内的偏心距是相近的，即是沿固定的轨迹入井。因此，在偏心距相同的情况下，小间隙环空与常规间隙环空的套管偏心度大小则大不相同，见表12-4-5。因此，控制小间隙环空套管的居中度，比大间隙环空更高更严格。一般要求居中度应大于等于0.8。

表12-4-5　小间隙环空与常规间隙环空的套管偏心度对比

井径 mm	套管外径 mm	偏心距，mm									
		1	2	3	4	5	6	7	8	9	10
311.1	244.5	0.030	0.060	0.090	0.120	0.150	0.180	0.210	0.240	0.270	0.300
215.9	177.8	0.052	0.105	0.157	0.210	0.262	0.315	0.367	0.420	0.472	0.525
152.4	127	0.079	0.157	0.236	0.315	0.394	0.472	0.551	0.630	0.709	0.787
149.2	114.3	0.057	0.115	0.172	0.229	0.287	0.344	0.401	0.458	0.516	0.573

2．考虑小间隙情况下的流态设计方法

对非牛顿液体采用 Z 值法演绎后的雷诺数来判别液体流态，具体参见第四章。临界流速的计算方法如下。

（1）宾汉流体同心小间隙环空雷诺数与临界流速分别按下式计算：

$$Re_{c'} = \frac{He}{12\alpha_c}\left(1 - \frac{3}{2}\alpha_c + \frac{1}{2}\alpha_c{}^4\right)$$

$$\alpha_c = \frac{He}{36000}\left(1 - \alpha_c\right)^3 \tag{12-4-11}$$

$$v_c = \frac{10\eta_s Re_{c'}}{\rho\left(D_h - D_p\right)} \tag{12-4-12}$$

式中　$Re_{c'}$——宾汉液体小间隙环空雷诺数，无量纲；

He——赫兹数，无量纲；

α_c——临界核隙比，无量纲；

v_c——环空临界流速，m/s；

其余符号同前。

（2）幂律流体同心小间隙环空雷诺数与临界流速分别按下式计算：

$$Re_{c'} = 4150 - 1150n \tag{12-4-13}$$

$$v_c = 10\left[\frac{0.83(4150 - 1150n)k}{\rho}\right]^{\frac{1}{2-n}}\left(\frac{8n+4}{n(D_h - D_p)}\right)^{\frac{n}{2-n}} \tag{12-4-14}$$

式中　$Re_{c'}$——幂律液体小间隙环空雷诺数，无量纲；

k——液体的稠度系数，Pa·s^n；

其余符号同前。

3．前置液与后置液设计

1）选择原则

前置液的选择应考虑钻井液与水泥浆类型、注水泥的顶替流型以及地层情况等因素。

2）前置液的结构

对一般的注水泥作业，当使用紊流流态进行顶替时，一般可采用"冲洗液＋隔离液"的前置液结构，冲洗液和隔离液应是容易达到紊流的类型；对使用塞流流态进行顶替时，也可只用一种隔离液（应是黏性隔离液，有利于塞流的实现）；对水泥浆在顶替中不能实现紊流的情况，则应充分应用前置液的作用，可使用"冲洗液＋隔离液＋冲洗液"的结构，同时在保证环空安全的情况下可加大前置液的用量，通过前置液实现紊流顶替。

进行注水泥设计时具体应使用哪种结构，应根据当时的钻井液、水泥浆条件，环空的压力平衡情况，现场对使用的前置液的经验和所能提供的前置液情况来具体确定。

3）前置液的密度和用量

按照提高顶替效率的要求，前置液的密度应比钻井液的密度大。由于一般的冲洗液通常为在水中加入表面活性剂或用钻井液直接稀释配制而成，故一般密度较低，在 $1.0 \sim 1.03 \mathrm{g/cm^3}$，对隔离液的密度则要求应大于钻井液密度 $0.06 \sim 0.12 \mathrm{g/cm^3}$，小于水泥浆密度 $0.12 \sim 0.06 \mathrm{g/cm^3}$。

前置液的用量是在保证其所用前置液能充分发挥其作用的前提下确定的，其一般要求为：

（1）只用冲洗液或紊流隔离液时，要求用量满足 10min 接触时间。当计算的冲洗液用量在环空中的长度超过 250m 时，则以冲洗液封固 250m 环空所需的用量为准。

（2）同时使用冲洗液和隔离液时，其总的用量仍按上面公式计算，然后两种液体按 2：1 的容积比例分别计算其用量即可。但对总量的限制要求不超过环空高度 300m 为准。

（3）对黏性隔离液的用量，要求能充填环空长度 $150 \sim 200 \mathrm{m}$。

（4）对尾管或小间隙井眼注水泥，因环空容积较小，故按上面要求计算的用量可能很小。一般要求用量不小于 $1.6 \mathrm{m^3}$。

（5）根据所固井的井深情况和环空压力的平衡情况，可适当增加用量，一般当井深超过 3000m 后，每增加 300m 深度，应在设计总量中附加 $0.2 \sim 0.3 \mathrm{m^3}$。在环空井眼稳定、地层压力平衡满足的情况下，为提高顶替质量，可加大前置液的用量，长度可达到其应封固层段的长度。

4）后置液设计

后置液主要用于隔离水泥浆与管内顶替钻井液，一般使用配浆水即可。但在尾管注水泥中后置液的使用还有平衡注水泥后管内外压差，防止形成小循环的作用。故在设计中需根据管内外压力情况计算需使用的后置液量。

三、深井、超深井固井抗高温水泥浆设计

井底静止温度（BHST）大于110℃固井需采用高温水泥，一般高温水泥使用范围由 $110 \sim 350$℃，但有些上万米的井及火烧油层的井，所用水泥的耐温程度应达到950℃。

目前井深超过4500m，井底静止温度在110℃的井已很普遍，近年已完成多口井深达7600m左右的深井，我国至1999年已完7000m以上的超深井3口。大批的深井和超深井已成为增储上产的主要来源，因此固深井和超深井的高温水泥就显得至关重要了。

1. 温度对水泥石性能的影响及高温强度衰退的原因

影响水泥强度衰退的四个可变因素为：水泥组成、养护温度、压力和时间。而在高温

条件下，水泥石强度达到一个高值就会产生衰退，而且决不会获得在较低的养护温度下所达到的强度［图12-4-1（a）］，水泥石的强度衰退存在一临界温度值。

压力对硅酸盐强度的影响，一般在21MPa前影响较大，而21.0MPa影响甚小［图12-4-1（b）］，因此高温井向特种水泥体系提出了设计挑战课题。油井水泥的物理与化学性能如前述那样随温度、压力的升高而变化，因此，相应密切关注与水泥接触的地层的物理与化学性质，特别在高温井中具有腐蚀性油、气、水层与松软地层，如果不精心进行水泥浆配方的研究和设计，水泥将丧失强度，而产生大的渗透率，如某一纯缓凝水泥在290℉（143℃）温度下养护3天其渗透率为0.02mD而在320℉（160℃）温度下养护7天其渗透率就达到8mD。

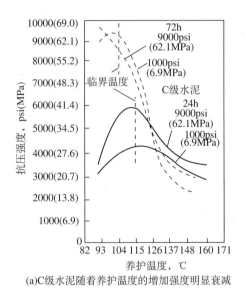

(a)C级水泥随着养护温度的增加强度明显衰减

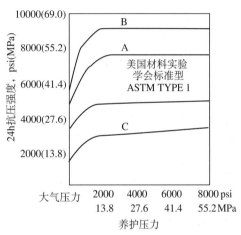

(b)200°F(93℃)或低于200°F(93℃)的情况下压力增加强度变化很小

图12-4-1　养护温度和压力对水泥石强度的影响

图12-4-2是养护温度为230℃，普通波特兰水泥的抗压强度和水渗透率的变化情况。一个月养护期龄，强度出现明显下降，尽管抗压强度下降到足以在井中支撑套管，真正的问题在于渗透率急剧增大。为防止层间互窜和窜通现象要求水泥石对水的渗透率应小于0.1mD，通常密度的G级水泥（图12-4-2中的1、2）在一个月的养护期龄，其渗透率为要求数值的10～100倍，高密度H级水泥（图12-4-2中的3）勉强可以接受，而加充填料的低密度水泥（图12-4-2中的4）水泥性能衰退更为严重。

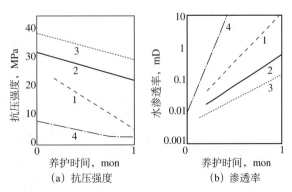

(a) 抗压强度　　　(b) 渗透率

图12-4-2　在230℃时纯波特兰水泥的抗压强度和渗透率

1,2—通常密度G级水泥；3—高密度H级水泥；4—低密度水泥

所有硅酸盐油井水泥在临界温度以上都要发生强度衰退，同时渗

透率增加，掺有缓凝剂和高含水量的水泥浆这种高温强度衰退现象尤为严重。由于不同种类的水泥矿物成分组成不同，它们强度衰退的临界温度也有高低之分，一般是用于深井或高温井中的各类水泥，当温度达到110℃时便会产生强度下降，而达到140℃以上这种强度损失更为严重，更高的温度（如图12-4-2的230℃以上）可能导致水泥石完全丧失机械强度而崩溃。

普通硅酸盐油井水泥中的主要矿物是硅酸三钙（C_3S）和硅酸二钙（βC_2S）两者约占矿物总量的80%左右，当温度较低时上述两种矿物的水化产物主要是 C_2SH_2 和一定量的 $Ca(OH)_2$ 或少量的 $CaCO_3$，这些水化产物有较好的力学性能。延长养护期龄，继续的水化反应使强度持续增长。在 100～120℃时，因温度提高，加速了水泥水化反应。这时能得到最高的强度值，但在此临界温度时或高于此温度时，C_2S 和 βC_2S 和 C_3S 水化最初也是生成 C_2SH_2 和 $Ca(OH)_2$，但因在上述高温条件下 C_2SH_2 不稳定，发生晶型转变，先是生成 C_2SH（A），继之由 C_2SH（A）转变为 C_2SH（C），使水泥形成以 C_2SH（C）和 C_2SH（A）为主体的混合物相。从人们对水泥水化矿物单体的研究知道，这两种水化矿物的强度均小于 $20kg/cm^2$，再加上它们在固体状态下晶型转变破坏了水泥石的内部结构，造成高温下强度急骤下降，甚至有崩溃的可能。

2. 提高水泥石耐高温的方法

1）使用抗高温强度退化剂

加砂水泥在高温水热条件下，SiO_2 可吸收水泥熟料水化时析出的 $Ca(OH)_2$、水热合成 CSH（B），降低了"液相"中的 Ca^{2+} 浓度，这就打破了 C_2SH_2 或 C_2SH（A），C_2SH（C）等高钙水化硅酸盐的水化平衡，它们将继续水化逐渐为低钙硅酸盐，使 CSH（B）成为水泥石的主要水化产物，而纤维状的 CSH（B）单体高温稳定强度高达 $325kgf/cm^2$，因此提高了硅酸盐油井水泥在高温下的强度和热稳定性。人们从生产和实践研究中知道水泥的强度衰退问题，可通过加入硅砂来降低水泥石中的 $Ca(OH)_2$ 和钙硅比（C/S）能有效抑制硅酸盐油井水泥在高温下的强度衰退现象，在美国某些地区通过把石英与波特兰水泥熟料一起粉碎而制成一种特殊水泥，美国人（Ostroot. GW；Walker. W.A）对此曾作过系统研究，得出图12-4-3所示的量值关系。

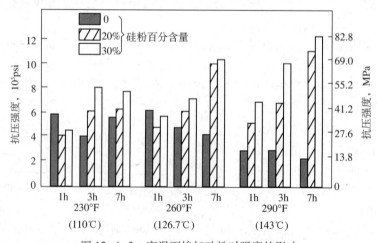

图12-4-3　高温下掺加硅粉对强度的影响

1964 年 Taylor 研究了在恒定养护时间不同钙硅比 C/S 的各种硅酸钙化合物的形成条件，调节钙硅比平均值 1.5，并逐渐加入 35.40%（占水泥质量 %）的二氧化硅，使 C/S 降低至 1.0 左右，从而防止 110℃ 时转化为 $\alpha-C_2SH$，此时将形成雪硅钙石（图 12-4-4）（$C_5S_6H_5$），从而使水泥保持较高强度和低渗透率。养护温度升高到 150℃ 时，雪硅钙石通常转化成硬硅钙石（C_5S_6H）和少量的白钙沸石（$C_6S_3H_2$），它对水泥性能的衰退作用最小。

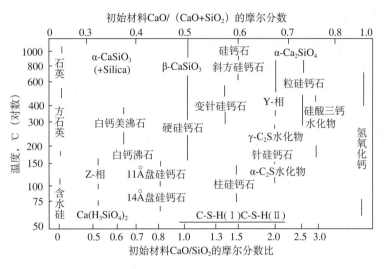

图 12-4-4　各种硅酸钙的形成条件

图 12-4-5 是波特兰水泥加入二氧化硅稳定材料时的性能改善情况。常规密度的 G 级水泥，加入起稳定作用的硅砂或硅粉，在温度为 230℃ 和 320℃ 时养护。

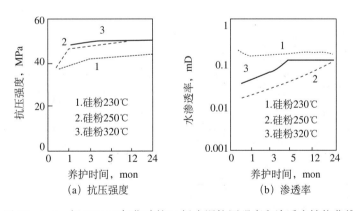

图 12-4-5　加 35% 二氧化硅的 G 级水泥抗压强度和渗透率性能曲线

温度升高到 250℃ 时，开始出现白钙镁沸石（$C_7S_{12}H_3$）晶相。养护温度接近 400℃ 时，硬硅钙和白钙镁沸石已接近它们的最大稳定温度，剩余的 CH 脱水而生成 C。在更高温度下，硬硅钙石和白钙镁沸石将因脱水而导致水泥石破裂。

除上述化合物外，其他晶相，如针纳钙石（NC_4S_6H）片柱钙石（$C_7S_6CH_2$）、铝白钙沸石（$KC_{14}S_{24}H_5$）、斜方硅钙石（近似 C_3S_2H）和粒硅钙石（C_5S_2H）等，在高温情况养护时也会在波特兰水泥中出现。即使这些晶相形成的数量少，也会对水泥的性能产生影响。

水泥中含较多的白钙镁沸石，其渗透率低。针纳钙石（一种硅酸钠钙的水合物）也伴随水泥膨胀而形成。此外，针纳钙石可增加水泥耐盐水腐蚀能力。少量的片柱钙石可增加水泥的抗压强度。一般说，水泥中主要所含的硅酸钙水合物的 C/S 摩尔比 ≤ 1 时，抗压强度较高，渗透率较低。

美国石油学会向 25 个大公司发出征询调查，调查各公司在何种条件下用硅粉来阻止水泥石的强度衰退硅粉掺入数量多少？调查研究表明：使用硅粉的最低温度为 110℃，因为在此温度下，纯水泥石出现强度下降。大多数井底静止温度在 110 ~ 204℃ 条件下，石英粉的掺量为 35% ~ 40%，对于蒸汽注入井或蒸汽采油井，硅粉掺量通常在 60% 以上；对于密度低于 1.92g/cm³ 的水泥浆通常采用细硅粉；对于密度 1.92 ~ 2.30g/cm³ 的需增加密度的水泥浆体系，最好用粗硅粉材料，为了控制我国的硅粉生产，要求硅粉纯度在 96% 以上，其颗粒分布应符合或接近美国 SSA-1（细硅粉，见表 12-4-6 和图 12-4-6），SSA-2（粗硅粉，见表 12-4-7 和图 12-4-7）的颗粒分布要求。SSA-1 颗粒分布累计百分数 50% 处为 53μm，相应美国筛号 135*，这些数据的提出供硅粉生产厂家遵照执行，也提供石油企业热采井、深井固井对硅粉品质要求以及制定硅粉规范的依据。

表 12-4-6　SSA-1 细硅粉颗粒分布和 X 射线衍射分析数据

美制筛号	筛孔尺寸, in	筛余重	筛余百分数, %	累计百分数, %	X 射线衍射分析
10	0.787	—	—	—	石英
20	0.331	—	—	—	长石
30	0.232	—	—	—	方解石
40	0.165	—	—	—	白云石
60	0.0098	0.08	0.08	0.08	高岩石
80	0.0070	0.04	0.04	0.12	伊利石
100	0.0059	0.05	0.05	0.17	蒙脱石、微晶高岭土、绿土
120	0.0049	0.15	0.15	0.32	混合层黏土
140	0.0041	0.67	0.67	0.99	重晶石
170	0.0035	2.06	2.07	3.06	其他
200	0.0029	8.39	8.45	11.51	2.65（相对密度）
325	0.0017	54.82	55.20	66.72	
通过 325 目筛		33.04	33.27	100.01	
总计		99.30			

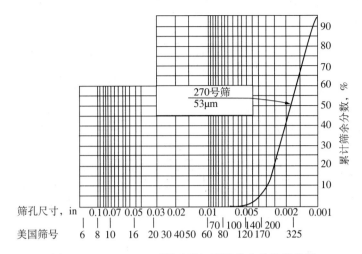

图 12-4-6　SSA-1（细硅粉）颗粒分布的典型曲线

表 12-4-7　SSA-2（粗砂）的颗粒分布及 X 射线衍射分析数据

美制筛号	筛孔尺寸，in	筛余重	筛余百分数，%	累计百分数，%	X 射线衍射分析
10	0.787	—	—	—	石英
20	0.331	—	—	—	长石
30	0.232	0.05	0.07	0.07	方解石
40	0.165	0.20	0.28	0.35	白云石最大值 2%
60	0.0092	0.94	1.30	1.65	高岭石
80	0.0070	1.70	2.35	4.00	伊利石
100	0.0059	6.74	9.33	13.33	蒙脱石微晶高岭土最小值 2.7%
120	0.0049	10.17	14.08	27.41	混合层黏土
140	0.0041	23.92	33.11	60.52	重晶石
170	0.0035	21.31	29.50	90.02	其他
200	0.0029	5.32	7.36	97.38	
325	0.0017	1.64	2.27	99.65	$SiO_2 \rightarrow 97\%$（最小）
通过 325 目筛		0.26	0.36	100.01	

　　为了提高水泥高温下的抗渗透性能，有时除加入 50μm 的颗粒硅粉外，还加入一定数量的 2μm 的细硅粉。

　　美国还研究了正常和高温高压下用硅灰代替硅粉对油井水泥性能的影响。研究指出，各种不同比例的硅灰替硅粉，可影响已凝固水泥的强度和渗透性。

　　（1）当增加细小活性更强的硅灰取代硅粉将导致：

　　①硅灰水泥混合物在环境养护下，实际抗压强度增加，水渗透率降低；

　　②高温高压养护后，抗压强度降低与存在硅灰数量成反比；

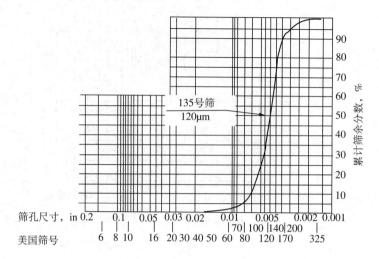

图 12-4-7　SSA-2（粗砂）颗粒分布的典型曲线

③高温高压养护后，水渗透率降低，水渗透率的降低与加入硅灰的数量成正比。

（2）所有试件，抗压强度的最低值和渗透率的最高值，在总期龄的 14 ～ 28 天之间更长的高温高压养护，试件强度达到稳定阶段。

（3）高温高压养护下的性质与硅的类型和比例，与养护最初的 3 ～ 4 周有关。这表明：水化程度，水化产物的类型和数量，决定在高温高压条件下游离硅和 $CaO \cdot SiO_2 \cdot H_2O$ 的可利用程度。

（4）高温高压下水化产物主要是硬硅钙石，水化产物高度网络化和微细结构。具有针状纤维的硬硅钙石的大量存在伴随较大的渗透率。

（5）高温高压养护，生成少量的片硅钙石，特别在养护后期，影响抗压强度。

美国学者还研究了胶结材料在恶劣井底条件下养护后性能演变的特征后指出：

在高于 150℃的强度下，养护试件会发生严重的颗粒沉降，引起上下横截面密度差异高达 8%。

我国在 BHST 超过 110℃的井的水泥设计中普遍采用加砂水泥，在深井热采井、地热井设计普遍采用掺 35.40% 硅粉的耐高温水泥。

我国的热稳定剂——硅粉的研究与生产，应建立完整的标准和质量保证体系，使我国的硅粉质量与国际标准接轨。

原苏联在高温水泥体系作了大量工作，他们发展了矿渣高温水泥研究表明：高温水泥必须保证 CaO/SiO_2 克分子数比为 0.6 ～ 0.8，才能大量形成耐高温的硬硅钙石组成。

加硅粉耐高温水泥体系的最高温度为 358℃，在这种高温下，这一体系不稳了，SiO_2 在高温高压水蒸气下被溶出形成间隙和空洞，这就引出了耐高温的高铝水泥，在美国已把它列为注水泥的基本水泥体系。美国俄克拉荷马州法兰克尼亚矿业公司生产一种 "Framconia"，它是由一份质量的水硬化水泥和三份质量的硅酸铝组成，该组成可用于热井、二次蒸汽采油井、火烧油层井中。

2）抗高温水泥。

（1）J 级水泥。J 级水泥（API 早期暂定标识）早在 20 世纪 70 年代初期就已被开发了，并用于静态温度高于 126℃ 的井中固井。这种水泥从逻辑上讲是优越的，因为它不需加入二氧化硅。

与波特兰水泥相似的，J 级水泥也是一种硅酸盐材料，但不含有铝酸盐晶相或 C_3S。其化学成分基本上是 $\beta-C_2S$、$\alpha-$石英和 CH。$\beta-C_2S$ 的水化速度相当慢，因而在循环温度低于 149℃ 时，几乎不需要加入缓凝剂。在养护过程中，调节 J 级水泥的 C/S 摩尔比，可生成雪硅钙石和硬硅钙石（片柱钙石也常会出现）。此外，由于 J 级水泥中没有 C_3A，其抗硫酸盐性很好。虽然 J 级水泥有上述特性，目前 ISO 及 API 已取消这一水泥体系。

（2）硅—石灰水泥体系。硅—石灰水泥体系是由粉碎的 $\alpha-$石英与水化的石灰混合而成的。温度高于 94℃ 时，石灰与二氧化硅反应生成如雪硅钙石之类的硅酸盐水合物。两种材料按一定的化学当量比进行混合。

硅—石灰混合物比波特兰水泥性能稳定，可以判断预测，因为它不含有许多其他杂质。普通水泥缓凝剂、加剂或重材料对硅—石灰体系也适应。其密度调节范围为 $1.5\sim2.40\mathrm{g/cm^3}$。

（3）高铝水泥。高铝水泥是一种特种材料，早期是为了满足对耐火胶结材料的需要而生产的。在油井中，用于火驱采油井中固井，也用于封固永冻地层。初期这种水泥的成分为铝酸一钙（CA）。如图 12-4-8 所示，当在铝酸一钙中加入水时，开始将产生三种介稳态的水合物：CAH_{10}，C_2H_8 和 C_4AH_{13}。最后，三种水合物转化为 C_3AH_6。铝酸钙水泥所不同于波特兰水泥的是它不含氢氧化钙。

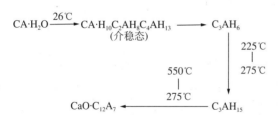

图 12-4-8　高铝水泥在不同温度下的反应过程

温度低于 225℃ 时，C_3AH_6 大概是唯一稳定的铝酸钙水合物。在更高温度下，含水量开始减少，在 275℃，将会出现 C_3AH_{15}。温度继续升高时，C_3AH_{15} 将发生分解并析出 CaO（C）。温度介于 550℃ 至 950℃ 时，会发生再结晶，最后生成 C 和 $C_{12}A_7$。

应当指出，高铝水泥不能用在超高温井中维持抗压强度。温度达到 500℃ 时，其强度下降比例，比不稳定的波特兰水泥经验数值要大。高铝水泥之所以被采用，是由于它不含有氢氧化钙，在温度波动范围较大的情况下，也能保持稳定。如图 12-4-9 所示为在高铝水泥中加入 70% 的耐火砖粉，在不同的养护温度下强度的变化情况。温度从室温升到 100℃，强度下降是由于铝酸钙六方晶系水合物转化立方晶系 C_3AH_6 的结

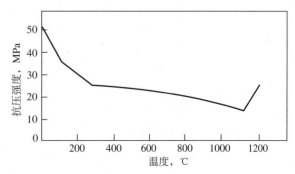

图 12-4-9　高铝水泥/耐水火砖粉混凝土从 20℃ 至 1200℃ 养护 4 个月后的抗压强度

果。进一步升高温度，强度继续下降，这是因为 C_3AH_6 发生水解，形成 C 和 $C_{12}A_7$ 而造成的。在 1000℃ 以上，由于 $C_{12}A_7$ 晶体交互增长，形成胶结致密的"陶瓷"网络，从而使强度升高。一般高温井不会超过 1000℃ 的高温。因此保证维持油井完好的最小抗压强度是非常重要的。

在 250℃ 与 1000℃ 之间，通过预先调节水灰比来控制高铝水泥的强度和耐久性。根据使用情况，加水量应在满足水泥浆可泵性的条件下的最小量。加入分散剂很有帮助。就外加剂的组分而论，水泥所占的比例必须要高。在大多数情况下，水泥含量至少要占固相含量的 50%。

很多材料可在高铝水泥中用作外掺料，以使其在高温下保持适当的稳定性，不衰退，不发生异常热膨胀或晶相转变。温度超过 300℃ 时，不要使用硅砂。因为此时由于晶相变化，石英热膨胀就相当大，热循环作用会使水泥破裂。通常在这一温度范围内使用硅酸铝耐火砖粉作为外掺料。其他合适的材料还有煅烧的铝土矿，一定量的飞灰、硅藻土和珍珠岩。

3. 深井、超深井水泥浆体系的设计

深井注水泥通常要考虑高温、环空狭窄、高压地层和腐蚀性流体等的影响，因此使水泥设计变得更为复杂，它包括缓凝剂、降失水剂、分散剂、二氧化硅添加料和加重材料等一整套外加剂系列。要保证顺利地固井和在整个油井寿命期间地层间封隔良好。实际上，所有深油气井的完井均使用波特兰水泥。

1）稠化时间和初始抗压强度的形成

在深井中，为了提供充足的注水泥时间，一般至少需要 3～4h 的泵送时间。但必须注意以下几项关键因素。

（1）由于套管柱和尾管长度增加，水泥封固质量问题就显得尤为重要。

水泥柱的顶部与底部之间的静态温差超过 38℃，在许多方面都应加注意。必须在水泥浆中加入适当的缓凝剂以便在最高的循环温度下保证足够的注水泥时间。这样顶部的水泥浆可能会过度缓凝，延长候凝时间。如果在套管柱和尾管周围出现高压气体，气侵危险性会很大。

（2）在设计高温深井水泥时，采用准确的静止与循环温度数据是很重要的。这些数据可以通过中途测试、测井、专门的温度记录仪器及在通井期间使用循环温度测试器等来测得。人们还开发了计算程序，用于较好地预报井下温度。注水泥之前，循环钻井液几小时，也可以明显地降低井下温度，因此人们可能会过高地估计循环温度而造成水泥浆缓凝过度的问题。

（3）在深井中，水泥浆在高压下会加速凝固，如图 12-4-10 所示。养护压力升高时，可以发现早期抗压强度的变化和后期抗压强度较高的现象。因此，在试验室内设计水泥浆成分时，

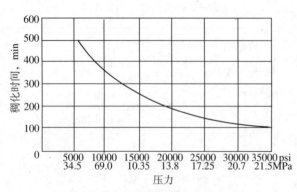

图 12-4-10 压力对水泥可泵性的影响

（水泥浆配方：H 级 +0.3% 缓凝剂；井底循环温度：93℃）

建议在预测的压力下进行试验。

一般地说，循环温度越高，波特兰水泥对水泥浆配料的微观化学和微观物理变化反应越敏感。因此，实验室实验时要全部采用施工中所用的水、水泥和添加剂。

2）水泥浆流变性

在深井中，由于环空狭窄，给提高水泥与地层和套管之间的胶结质量带来困难。因套管居中困难，水泥浆窜槽的危险性就很大。完井液的流变性是首要的因素。在大多数情况下，水泥浆是以紊流状态泵送的。因此通常要加分散剂。设计高分散性水泥浆时，要注意沉降作用和游离水的析出。当井眼斜度较大时，这一点尤为重要。

3）水泥浆密度

深井注水泥常常会遇到高压层，为了保持井眼压力平衡，井内液柱压力必须始终与地层压力保持平衡或略高于地层压力。因此常常要注入密度高达 $2.46g/cm^3$ 的水泥浆。水泥浆中加入大量的加重材料时，沉降作用将成为主要问题。

4）失水控制

为维护水泥浆的化学和物理性能，控制失水是非常重要的。同时也为了防止产生水泥饼，水泥饼可以在环空中产生水泥桥。对大多数注水泥作业，API 初期失水量应控制在 50 ～ 100mL/30min 为宜。

5）水泥在深井中的长期性能

水泥浆一旦顺利注入环空，保证在整个采油寿命期间足以支撑套管和封固地层是很重要的。要使波特兰水泥在高温井中保持性能稳定，最重要的方法是加入足够的二氧化硅，以产生 C–S–H 凝胶。C–S–H 凝胶可使水泥抗压强度增高，渗透率降低。

常用的高温深井水泥，由 H 级或 G 级水泥、35% ～ 40% 的二氧化硅（占水泥质量比）、分散剂、降失水剂、缓凝剂和加重剂组成。

为防止循环漏失和地层破裂而需要低密度水泥时，通常要使用飞灰、硅藻土、膨润土和珍珠岩等添加剂。图 12-4-11 和图 12-4-12 为该种水泥在实验室测得长期性能。所有实验水泥中含有 35% 的硅粉（占水泥质量比）。图 12-4-11 为该种水泥在温度为 232℃ 和饱和蒸汽压力下，养护二年的性能。抗压强度和渗透率是从一天到 24 个月的时间范围内进行测试的。图 12-4-12 所给出的数据是在 315℃ 养护温度下测得的。图中时间刻度是非线性的，渗透率刻度为对数刻度。

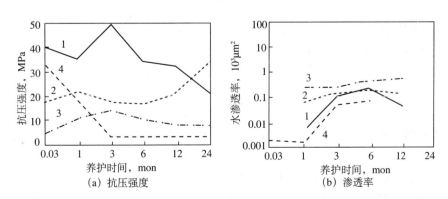

图 12-4-11　加入常规添加料的波特兰水泥浆在 232℃ 养护时的抗压强度和渗透率

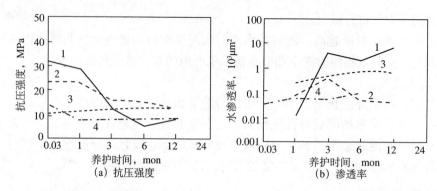

图 12-4-12　加入常规添加料的波特兰水泥浆在 315℃ 养护时的抗压强度和渗透率

上述两个图中第 1 种水泥是以 F 型飞灰作外掺料的水泥，是四种水泥中密度最高的，其优越性除其密度较高和在 232℃ 时初始抗压强度较高之外，两年后，其性能不比低密度水泥好。在 315℃ 养护时，它是四种水泥中性能最差的。含有飞灰的水泥体系迟到的性能衰退，是由于飞灰中含有碱性杂质造成的。这种碱性物质反应缓慢并生成硅酸钙水合物，特别是铝白钙沸石，对水泥性能具有衰退作用。应特别指出，在养护温度低于 232℃ 时，没有发现与飞灰有关的性能衰退。

第 2 和第 3 种水泥是以珍珠岩膨润土作添加料的。第 2 种水泥根据其抗压强度，用于温度为 232℃ 和 315℃ 的井中。其渗透率在 0.1mD 左右。第 3 种水泥是四种水泥中密度最低的。在两种温度下其抗压强度适中，但其渗透率最高。第 4 种水泥中含有硅藻土，其强度等级更差，但渗透率低。

以上水泥的性能说明，高强度与低渗透率之间没有必然的联系。尽管水泥渗透率不像抗压强度那样便于测定，但在条件恶劣的井中使用之前，还应该测试水泥的渗透率。此外，根据这些数据，建议混拌添加料的波特兰水泥浆密度一般不低于 1.5g/cm³，以适应于高温井。作为不封固油层的填充水泥使用时除外。

如果需要密度小于 1.50g/cm³ 的水泥浆，微珠或泡沫水泥较为合适。然而考虑使用陶瓷或玻璃微珠时，必须保证它们能够承受井内的静液压力。陶瓷微珠和多数级别的玻璃微珠所能承受的压力不大于 20.7MPa，它们在深井中已被淘汰。然而对静液压抗挤强度高达 69MPa 的玻璃微珠可用于深井。泡沫水泥偶尔也在高温深井中使用，在地热井和注汽井中则最常用。

我国近年研究指出，低密度水泥 1.40～1.60g/cm³ 在高温条件下可做到强度不断增长，渗透率保持低值，能承受高压，其 80℃ 常压下 24h 抗压强度大于 14.0MPa。性能优越的低密高强、耐高温水泥浆体系，在大港深勘探欠平衡钻井的近平衡固井中，取得了好的效果。

参 考 文 献

[1] 高德利，等.复杂地质条件下深井超深井钻井技术 [M].北京：石油工业出版社，2004.

[2] 张发展，等.复杂钻井工艺技术 [M].北京：石油工业出版社，2006.

[3] 管志川，皴得永.深井、超深井套管与钻头系列分析研究 [J].石油钻探技术，2000，28 (1) .

[4] 张金波，鄢捷年.高温高压钻井液密度预测新模型的建立 [J].钻井液与完井液，2006，23 (5).

[5] 唐继平，王书琪，陈勉.盐膏层钻井理论与实践 [M].北京：石油工业出版社，2004.

[6] SY/T 6709—2008《膏盐层钻井技术规程》.

第十三章 钻井装备与工具

第一节 钻 机

石油钻机是进行油气勘探、开发钻井的装备。钻井工艺技术水平在一定程度上又依赖于钻井装备的技术水平。

随着油气勘探难度的日益增加，促使各石油公司不得不采取措施降低油气勘探开发成本，降低开发成本的主要途径之一就是研制和采用新装备。尤其是近年来，在交流变频电驱动钻机、液压驱动钻机、连续管钻机、智能一体化控制钻机及井下动力钻具等方面有了较大发展。同时，为了适应各种不同地域的环境要求，在沙漠钻机、拖挂钻机、丛式井钻机、斜井钻机及直升机吊运钻机等特种钻机技术上，也有了较大发展。

一、钻机的类型

石油钻机可按以下特征进行分类。

1. 按钻井深度分类

(1) 特深井钻机：井深＞9000m。

(2) 超深井钻机：井深7000～9000m。

(3) 深井钻机：井深5000～7000m。

(4) 中深井钻机：井深2000～5000m。

(5) 浅井钻机：井深＜2000m。

2. 按动力机驱动型式分类

(1) 机械驱动钻机。

(2) 电驱动钻机：又可分为直流电驱动，交流工频电驱动，交流变频电驱动。

(3) 液压驱动钻机。

(4) 复合驱动钻机：又可分为机械＋电驱动，机械＋液压驱动，电＋液压驱动。

3. 按动力并车传动方式分类

(1) 皮带传动钻机。

(2) 链条传动钻机。

(3) 齿轮传动钻机。

(4) 液力传动钻机。

(5) 电传动钻机。

4. 按搬家移运方式分类

(1) 橇装式钻机。

（2）拖挂式钻机。

（3）自走式钻机。

5.按使用环境和特殊用途分类

（1）陆地常规钻机。

（2）海洋钻机。

（3）丛式井钻机。

（4）斜井钻机。

（5）连续管钻机。

（6）直升机吊装钻机。

（7）极地钻机。

（8）沙漠钻机。

二、钻机的组成与性能

1.钻机的组成

为满足钻井工艺要求，一套钻机一般由以下部分组成。

1）提升系统

为了起下钻具、下套管以及控制钻头送进等，钻机配有一套提升设备，它主要由绞车、天车、游车、大钩、井架和底座等组成。另外还包括起下钻具用的工具设备：吊环、吊卡、卡瓦、大钳或铁钻工以及钻具处理系统。

2）旋转系统

为了旋转井中钻具以不断破碎岩石，钻机配有转盘和水龙头（顶部驱动装置）。

3）钻井液循环系统

为了随时用钻井液清除井底已破碎的岩石以保证连续钻进，钻机配有钻井液循环系统。它包括钻井泵、地面管汇、钻井液池与钻井液槽、钻井液固相处理设备（包括钻井液振动筛、除砂器、除气器以及离心机等）以及调配钻井液设备。在进行喷射钻井及井底动力钻井中本系统还担负着传递动力的任务。

4）传动系统

传动系统的主要任务是将发动机的能量传递和分配给各工作机。由于发动机的单一特性和工作机所要求的多变特性不相适应，要求传动系统必须满足减速、变速、并车及倒车等功能，该系统可以是机械传动、液压与液力传动或电传动等。

5）动力系统

动力主要指用来驱动各工作机的发动机或机组及其支持与控制设备。

6）控制系统

按钻机驱动类型分有柴油机或机组和电动机等。为了指挥各系统协调一致地工作，在整套钻机中还装有各种控制设备，如机械、液压或电控设备，以及集中控制操作台和各种检测记录仪表等。

7）辅助设备

一般有辅助发电设备（为机械化装置、井场照明、固控系统以及供油与供水等辅助系统的交流异步电动机提供动力）、空压机及空气净化装置、井口防喷装置、钻鼠洞设备、辅助起重设备、活动房屋（材料房、修理间、值班房等），在寒冷地区钻井时还需配备保温设备。

2. 钻机基本技术参数

钻机的基本参数是反映全套钻机工作性能的主要指标，它是设计和选择使用钻机的基本依据。

1）钻机型号

国家标准 GB/T 23505—2009 将钻机型号的表示规定如下：

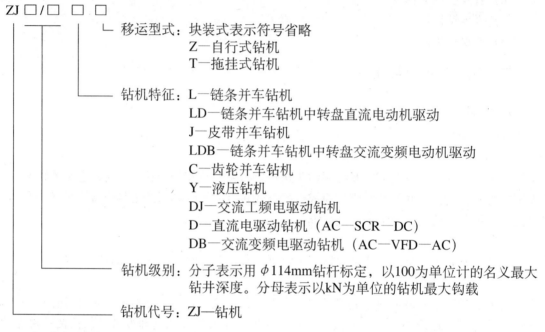

2）钻机级别

国家标准 GB/T 23505—2009 将钻机分为 10、15、20、30、40、50、70、90、120 和 150 共 10 级。

级别 ×100 即各级的名义钻井深度。

3）钻机基本参数定义

石油钻机基本参数见表 13-1-1。

三、钻机基本配置

钻机的配置可依据钻机的驱动方式和传动方式选择，一般包括表 13-1-2 所示配置内容。

绞车的基本参数见表 13-1-3 至表 13-1-5。

F 系列钻井泵规格及性能参数见表 13-1-6。

表13-1-1 石油钻机基本参数

钻机级别		ZJ10/600	ZJ15/900	ZJ20/1350	ZJ30/1800	ZJ40/2250	ZJ50/3150	ZJ70/4500	ZJ90/6750	ZJ120/9000	ZJ150/11250
最大钩载, kN		600	900	1350	1800	2250	3150	4500	6750	9000	11250
名义钻深范围 m	127mm 钻杆	500~800	700~1400	1100~1800	1500~2500	2000~3200	2800~4500	4000~6000	5000~8000	7000~10000	8500~12500
	114mm 钻杆	500~1000	800~1500	1200~2000	1600~3000	2500~4000	3500~5000	4500~7000	6000~9000	7500~12000	10000~15000
绞车额定功率	kW	110~200	257~330	330~500	400~700	735(1100)①	1100(1470)①	1470(2210)①	2210(2940)①	2940(4400)①	4400(5880)①
	hp	150~270	350~450	450~680	550~950	1000, 1500	1500, 2000	2000, 3000	3000, 4000	4000, 6000	6000, 8000
游动系统	钻井绳数	6	8	8	8	8	10	12	14	14	16
	最多绳数	6	8	8	10	10	12	14	16	16	18
钻井钢丝绳公称直径	mm	19, 22	22, 26	26, 29	29, 32		32, 35	35, 38	42, 45	48, 52	
	in	$3/4$, $7/8$	$7/8$, 1	1, $1\frac{1}{8}$	$1\frac{1}{8}$, $1\frac{1}{4}$		$1\frac{1}{4}$, $1\frac{3}{8}$	$1\frac{3}{8}$, $1\frac{1}{2}$	$1\frac{5}{8}$, $1\frac{3}{4}$	$1\frac{7}{8}$, 2	
钻井泵单台功率不小于	kW	368		588		735	956	1176			
	hp	500		800		1000	1300	1600			
转盘开口直径	mm	381, 444.5		444.5, 520.7, 698.5			698.5, 952.5	952.5, 1257.3, 1536.7			1257.3, 1536.7
	in	15, $17\frac{1}{2}$		$17\frac{1}{2}$, $20\frac{1}{2}$, $27\frac{1}{2}$			$27\frac{1}{2}$, $37\frac{1}{2}$	$37\frac{1}{2}$, $49\frac{1}{2}$, $60\frac{1}{2}$			$49\frac{1}{2}$, $60\frac{1}{2}$
钻台高度	m	3, 4	4, 5		5, 6, 7.5		7.5, 9, 10.5		10.5, 12		12, 16

① 括号中的数值为非优选值。

表 13-1-2 **钻机基本配置一览表**

序号	名 称	数量	单位	备注
1	天车	1	套	
2	游车	1	套	
3	大钩	1	套	
4	水龙头	1	套	
5	井架	1	套	
1)	登梯助力机构	1	套	
2)	钻工防坠落装置	1	套	
3)	二层台逃生装置	1	套	
4)	套管扶正台	1	套	
5)	油管台	1	套	需要时配
6	底座	1	套	
7	BOP 吊装装置	1	套	
8	转盘	1	套	
9	转盘驱动装置	1	套	
10	绞车	1	套	
11	自动送钻装置	1	套	需要时配
12	刹车装置	1	套	
13	气源及气源净化系统	1	套	
14	空气系统	1	套	
15	管线槽	1	套	
16	井口机械化工具	1	套	
17	司钻控制房（控制台）	1	套	
18	司钻偏房	1 或 2	套	需要时配
19	电传动控制系统	1	套	电驱动钻机
20	猫道	1	套	
21	钻杆排放架	1	套	
22	钻井泵组		套	
1)	钻井泵	按需	台	
2)	传动装置		套	
23	钻井液循环管汇	1	套	
24	柴油发电机组及房体	按需	套	电驱动钻机
25	辅助发电组及房体	按需	套	
26	钻井钢丝绳	按需		

续表

序号	名　称	数量	单位	备注
27	快绳排绳器	1	套	
28	气动绞车			
1)	提升拉力 50kN	2 或 3	台	
2)	提升拉力 5kN	1	台	
29	死绳固定器	1	套	
30	死绳稳定器	2 或 3	套	
31	钻井仪表	1	套	
32	井场电路	1	套	
33	固控系统	1	套	
34	倒绳机	1	台	
35	提升机	1	台	需要时配
36	工业电视监控系统	1	套	
37	电动机	按需		电驱动钻机
38	井场通信系统	1	套	
39	供水系统	1	套	
40	供油系统	1	套	
41	并车箱（装置）	按需	套	机械驱动钻机
42	柴油机或柴油机液力偶合器＋正车减速箱机组或液力变矩器机组	按需	套	机械驱动钻机
43	随机工具	1	套	
44	钻工井具			
1)	$5\frac{1}{4}$in 滚子补心	1	套	
2)	$3\frac{1}{2}$in 滚子补心	1	套	
3)	钻头盒及钻头盒座	1	套	
4)	转盘防滑垫	1	个	
5)	浮动式小鼠洞卡钳	1	个	
6)	防喷罩	1	个	
7)	充气机	1	个	
8)	吊环	1	付	
9)	卡瓦	规格按需		
10)	安全卡瓦	规格按需		
11)	吊卡	规格按需		
12)	B 型吊钳	2	把	
45	选择性配置			
1)	顶部驱动装置	1	套	
2)	捞砂绞车	1	套	

表 13-1-3　机械钻机配套绞车基本参数

绞车型号	JC10B	JC20B	JC30B	JC40B	JC50B	JC70B
最大输入功率 kW	210	400	440	735	1100	1470
最大快绳拉力 kN	80	200	200	280	350	450
钻井钢丝绳直径 mm	22	29	29	32	35	38
滚筒尺寸（外径×宽度）mm×mm	400×650 417×650	473×1000	560×1304 508×1304	644×1210 644×1177	685×1108 685×1144	770×1285
刹车尺寸（轮毂×轮盘）mm×mm	1100×230 —	— 1400×50	1067×267 1500×76 1500×40	1168×265 1570×76 1570×40	1270×267 1650×76 1650×58	1370×270 1560×76
刹带包角，（°）	273	—	280	280	271	280
提升速度挡数	3F	3F	4F	4/6F	4/6F	4/6F
倒挡数	1R	1R	2R	2/3R	2R	2R
转盘速度挡数	—	1	2	2/3	2/3	2/3
辅助刹车		FDWS20	FDWS30	FDWS40	FDWS50	FDWS70
外形尺寸（长×宽×高）mm×mm×mm	4000×1790 ×2200	5500×2620 ×2585	6542×2904 ×2464	6490×2995 ×2550	8100×3220 ×2697	8400×3295 ×2945
重量，kg	7716	23243	25565	33500	37394	49950

表 13-1-4　直流电驱动钻机配套绞车基本参数

绞车型号	JC40D	JC50D	JC70D	JC90D
额定输入功率，kW	735	1100	1470	2200
最大快绳拉力，kN	340	340	485	720
钻井钢丝绳，mm	32	35	38	45
滚筒尺寸（外径×宽度）mm×mm	644×1210	770×1287	770×1285	970×1652
刹车尺寸（轮毂×轮盘）mm×mm	1570×76 —	1520×76 1370×270	1650×76 1370×270	1820×80 —
刹带包角，（°）	—	280	280	—
提升速度挡数	4F+4R	4F+4R	4F+4R	4F+4R
转盘速度挡数	2	2	2	2
猫头轴速度挡数	2	2	2	2

续表

绞车型号	JC40D	JC50D	JC70D	JC90D
辅助刹车	电磁涡流刹车或气动推盘式刹车	电磁涡流刹车或气动推盘式刹车	电磁涡流刹车或气动推盘式刹车	电磁涡流刹车或气动推盘式刹车
外形尺寸 （长 × 宽 × 高） mm×mm×mm	7300×3200×3010	7190×2520×3216 5660×1505×1896 7300×2800×3050	7520×3250×3216 6400×1580×1926 7520×3350×2872	8100×3555×3226 60400×2200×2300
重量，kg	37450	40400，12000 44600	45785，12400 46900	65500，19000 —

表 13-1-5 交流变频驱动钻机配套的绞车的基本参数

绞车型号	JC15DB	JC30DB	JC40DB	JC50DB	JC70DB	JC90DB	JC120DB
额定输入功率 kW	300	440	735	1100	1470	2210/3200	2940
最大快绳拉力 kN	135	220	275	340	485	640	850
钢丝绳直径 mm	26	29	32	35	38	42	48
滚筒尺寸 （外径 × 宽度） mm×mm	473×878	508×1000	644×1210	770×1287	770×1402	1060×1840	1320×2312
刹车尺寸 （轮毂 × 轮盘） mm×mm	1500×40	1500×40	1520×76 1168×265	1520×76	1520×76	2200×80	2400×80
提升速度挡数	2F 1F —	2F — —	4F 2F 1F	2F 1F —	2F 1F —	2F 1F —	1F — —
转盘速度挡数	1	2	2				
猫头速度挡数	1	—	2				
辅助刹车	能耗制动 电磁涡流刹车或气动推盘式刹车	能耗制动 电磁涡流刹车或气动推盘式刹车	能耗制动 电磁涡流刹车或气动推盘式刹车	能耗制动 气动推盘式刹车	能耗制动 气动推盘式刹车	能耗制动 气动推盘式刹车	能耗制动
外形尺寸 （长 × 宽 × 高） mm×mm×mm	6730×3200×1720 4350×2439×1752	6800×3256×2463 4700×2950×2032	7000×3200×3010 5700×3200×2715	7250×3075×2683 6740×3190×2785	6880×3380×2795 7820×3440×2775	10000×3350×3035 10685×3250×3116	11990×3350×3260
重量，kg	11000	19360	39125	36000	46500	76300	111000

表 13-1-6　F 系列钻井泵规格及性能参数表
（宝鸡石油机械有限责任公司）

型　号	F-500	F-800	F-1000	F-1300	F-1600	F-1600HL	F-2200HL
额定功率，kW(hp)	373 (500)	597 (800)	746 (1000)	969 (1300)	1193 (1600)	1193 (1600)	1640 (2200)
额定冲数，r/min	165	150	140	120	120	120	105
冲程长度，mm (in)	190.5 (7.5)	228.6 (9)	254 (10)	304.8 (12)	304.8 (12)	304.8 (12)	356 (14)
最大缸套孔径，mm (in)	170 ($6^3/_4$)	170 ($6^3/_4$)	170 ($6^3/_4$)	180 (7)	180 (7)	190 ($7^1/_2$)	230 (9)
齿轮传动比	4.286 : 1	4.185 : 1	4.207 : 1	4.206 : 1	4.206 : 1	4.206 : 1	3.512 : 1
吸入口法兰，in	8	10	12	12	12	12	12
排出口法兰，in	4	5	5	5	5	5	5
阀腔	阀上阀，API 5#	阀上阀，API 6#	阀上阀，API 6#	阀上阀，API 7#	阀上阀，API 7#	L型布置，API 7	L型布置，API 8
小齿轮轴直径，mm (in)	139.7 ($5^1/_2$)	177.8 (7)	196.85 ($7^3/_4$)	215.9 ($8^1/_2$)	215.9 ($8^1/_2$)	215.9 ($8^1/_2$)	254 (10)
键联接尺寸　mm×mm	31.75×31.75	44.45×44.45	50.8×50.8	50.8×50.8	50.8×50.8	50.8×50.8	63.5×44.45
键联接尺寸　in	$1^1/_4×1^1/_4$	$1^3/_4×1^3/_4$	2×2	2×2	2×2	2×2	$2^1/_2×1^3/_4$
主机重量，kg (lb)	9770 (21540)	14500 (31970)	18790 (41420)	26800 (59084)	27020 (59569)	29400 (64820)	44008 (97021)

第二节 井下动力钻具

井下动力钻具包括螺杆钻具和涡轮钻具，其中涡轮钻具与钻头配合欠佳，目前并未大规模应用，在生产中应用最为普遍的是螺杆钻具。

螺杆钻具是目前最广泛使用的一种井下动力钻具，又称定排量马达（Positive Displacement Motor，PDM），是一种容积式马达，用于将钻井液能量转化为钻头旋转能量。

国内螺杆钻具起步较晚，1985 年由北京石油机械厂引进了螺杆钻具生产线，此后制造规模不断扩大。国内螺杆钻具产品已经规格化、系列化，除满足国内钻井工业需求的同时还大量出口到国外市场。

螺杆钻具主要发展趋势：长寿命螺杆钻具、橡胶等壁厚马达、气体和泡沫用螺杆钻具、低速大扭矩螺杆钻具和小尺寸螺杆钻具等。

一、结构与工作原理

螺杆钻具的一般结构主要包括以下组件（图 13-2-1）：旁通阀总成、动力钻具总成、万向轴总成和传动轴总成。

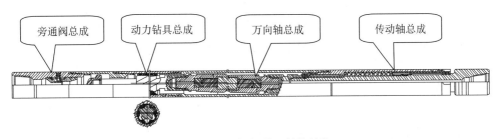

图 13-2-1 螺杆钻具整体结构

1. 旁通阀总成

旁通阀总成由阀心、阀套、弹簧和阀口等零件组成（图 13-2-2），阀心有两个位置：旁通位和关闭位。旁通阀的开启与关闭由钻井液控制。如果旁通阀上下压差较小，则在弹簧弹力作用下，旁通阀处于开位，如果开泵时，旁通阀上下形成压差，则旁通阀处于开闭位置。空气钻具不需要装旁通阀。

2. 动力钻具总成

动力钻具总成结构如图 13-2-3 所示，主要由定子和转子两个零件组成，中空转子上还会装水眼喷嘴，以适应大排量循环需要。定子是在钢管内壁上压注并黏结牢固的橡胶衬套。橡胶内孔具有螺旋面的形状。转子是一根经过机械加工并经高硬度表面处理的螺杆。

转子和定子具有特殊的啮合关系。这些啮合点沿轴向形成螺旋密封线，形成一个个密封空腔。当压力液（钻井液）进入这些密封腔，并从动力钻具的一端流到另一端时，沿动力钻具轴线任何一个横截面内，以转子与定子几何中心的连线为界形成一个齿间容积增大的高压腔和齿间容积缩小的低压（排出）腔，压差推动转子在定子中转动时，将液压能转换为机械能。这就是螺杆钻具的基本工作原理。

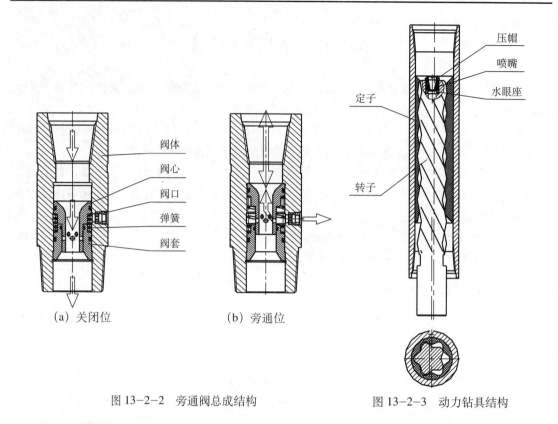

图 13-2-2　旁通阀总成结构　　　　　图 13-2-3　动力钻具结构

3. 万向轴总成

万向轴轴体一般由两个万向节组成，上端连接动力钻具的转子、下端连接传动轴，其作用是将做行星运动的转子和做定轴转动的传动轴连接起来，把动力钻具的输出扭矩及转速通过传动轴传递到钻头。

4. 传动轴总成

传动轴总成内含多组推力轴承和径向轴承，其功能是将动力钻具的扭矩和转速传给钻头，同时要承受钻进时地层作用于钻头的轴向力和径向力。

螺杆钻具的传动轴总成主要有钻井液润滑式和油密封式两种，钻井液润滑式传动轴依靠分流出的一部分钻井液作为冷却和润滑剂，因此不适合空气钻井；油密封式传动轴总成使轴承组在油密封条件下工作，适用于包括钻井液、空气和泡沫在内的各种钻井介质。

二、规格型式种类和选型

常用螺杆钻具规格覆盖 43 ～ 292mm 共 20 余个尺寸规格。

1. 螺杆钻具规格

根据井眼尺寸规格来选择螺杆钻具的规格，钻具规格与井眼对照见表 13-2-1。

2. 螺杆钻具型式

螺杆钻具型式，根据其马达结构主要分为单瓣钻具和多瓣钻具两大类，其中多头螺杆钻具又可细分为 2/3 头、3/4 头、4/5 头、5/6 头、6/7 头、7/8 头和 9/10 头等多种,当前各类钻井作业中使用的主要是 4/5 头以上的多头螺杆钻具,表 13-3-2 列出了现有螺杆钻具型式。

表 13-2-1 **螺杆钻具规格和连接螺纹**

| 螺杆钻具规格(外径) | | | | | | 连接螺纹 | |
| 第一系列 | | | 第二系列 | | | 上端 | 下端 |
mm	in	适用井径,in	mm	in	适用井径,in		
43	$1^{11}/_{16}$		—	—	—	—	
45	$3/_4$	$2^{1}/_8 \sim 3^{3}/_4$	54	$2^{1}/_8$	$2^{1}/_8 \sim 3^{3}/_4$	—	
60	$2^{3}/_8$		65	$2^{9}/_{16}$	$3^{3}/_8 \sim 4^{3}/_4$	—	
73	$2^{7}/_8$	$3^{3}/_8 \sim 4^{3}/_4$	—	—	—		
89	$3^{1}/_2$	$4^{1}/_4 \sim 5^{7}/_8$	86	$3^{3}/_8$	$4^{1}/_4 \sim 5^{7}/_8$	$2^{3}/_8$inREG	
95	$3^{3}/_4$		100	$3^{15}/_{16}$		$2^{7}/_8$inREG	
—	—	—	102	4		$2^{7}/_8$inREG	
120	$4^{3}/_4$	$5^{7}/_8 \sim 7^{7}/_8$	127	5	$5^{7}/_8 \sim 7^{7}/_8$	$3^{1}/_2$inREG	
165	$6^{1}/_2$	$7^{3}/_8 \sim 8^{3}/_4$	159	$6^{1}/_4$	$7^{3}/_8 \sim 8^{7}/_8$	$4^{1}/_2$inREG	
172	$6^{3}/_4$	$8^{3}/_8 \sim 9^{7}/_8$	175	$6^{7}/_8$	$8^{3}/_8 \sim 9^{7}/_8$	$4^{1}/_2$inREG 或 $4^{1}/_2$inIF	
185	$7^{1}/_4$		178	7		$4^{1}/_2$inREG 或 $4^{1}/_2$inIF	
197	$7^{3}/_4$	$9^{7}/_8 \sim 12^{1}/_4$	203	8	$9^{7}/_8 \sim 12^{1}/_4$	$5^{1}/_2$inREG	$6^{5}/_8$inREG
216	$8^{1}/_2$		210	$8^{1}/_4$		$5^{1}/_2$inREG	$6^{5}/_8$inREG
244	$9^{5}/_8$	$12^{1}/_4 \sim 17^{1}/_2$	241	$9^{1}/_2$	$12^{1}/_4 \sim 17^{1}/_2$	$6^{5}/_8$inREG	
286	$11^{1}/_4$	$14^{1}/_2 \sim 26$	292	$11^{1}/_2$	$14^{1}/_2 \sim 26$	$7^{5}/_8$inREG	

表 13-2-2 **螺杆钻具型式**

种类	型式名称	型式代号
单瓣钻具	1/2 螺杆钻具	LZ
多瓣钻具	2/3 螺杆钻具	2LZ
	3/4 螺杆钻具	3LZ
	4/5 螺杆钻具	4LZ
	5/6 螺杆钻具	5LZ
	6/7 螺杆钻具	6LZ
	7/8 螺杆钻具	7LZ
	8/9 螺杆钻具	8LZ
	9/10 螺杆钻具	9LZ
	10/11 螺杆钻具	10LZ

注:(1) 1/2、2/3、3/4、4/5、5/6、6/7、7/8、8/9、9/10、10/11 是指液(气)螺杆钻具转子横截面的瓣数与定子横截面内孔的瓣数比。

(2) 型式代号 LZ 系"螺钻"汉语拼音第一个字母组合,LZ 字符前的数字系指多瓣钻具中转子横截面的瓣数。

3. 螺杆钻具种类

螺杆钻具种类，从不同角度可划分为多个品种。按螺杆钻具壳体弯角结构可分为普通直螺杆钻具和弯螺杆钻具，弯螺杆钻具又可以分为单弯螺杆钻具、同向双弯螺杆钻具、异向双弯螺杆钻具和大偏移距同向双弯螺杆钻具和可调弯壳体螺杆钻具；按适用的钻井介质可分为普通钻井液螺杆钻具、气体（泡沫）螺杆钻具和耐特殊介质螺杆钻具（如耐盐螺杆钻具）；按适用温度可分为常温螺杆钻具、耐高温螺杆钻具和超高温螺杆钻具。此外还有一些特殊结构的螺杆钻具，如铰接螺杆钻具、转子中空分流螺杆钻具、柔性螺杆钻具、强刚性螺杆钻具和等壁厚螺杆钻具等。

行业标准规定的部分螺杆钻具名称及定义如下：

(1) 单弯螺杆钻具：万向轴壳体的某一部位具有一个弯点的螺杆钻具。

(2) 同向双弯螺杆钻具：万向轴壳体的某两个部位各有一个弯点，两弯点方向相同，且中心线共面的螺杆钻具。

(3) 异向双弯螺杆钻具：万向轴壳体的某两个部位各有一个弯点，两弯点方向相反，且中心线共面的螺杆钻具。

(4) 大偏移距同向双弯螺杆钻具：液（气）马达上部与万向轴壳体某部位各有一个弯点，两弯点方向相同，且中心线共面的螺杆钻具。

(5) 可调弯壳体螺杆钻具：螺杆钻具的某弯点部位，在井口具有从直调成弯或从弯调成直机构的螺杆钻具。

(6) 铰接螺杆钻具：弯壳体螺杆钻具的数个部位，呈铰接状态的螺杆钻具。

(7) 转子中空分流螺杆钻具：螺杆钻具转子作成中空，从转子中心分流小部分钻井介质，而绝大部分钻井介质通过液（气）马达的螺杆钻具。

(8) 柔性螺杆钻具：为了减小动力钻具的刚度，螺杆钻具定子壳体局部减少钢管壁厚的螺杆钻具。

(9) 强刚性螺杆钻具：为了增强动力钻具的刚度，螺杆钻具定子壳体附有数条直棱或螺旋式凸起的螺杆钻具。

(10) 等壁厚动力钻具：动力钻具定子截面采用等壁厚内衬弹性体的螺杆钻具。

4. 螺杆钻具型号表示方法

为了方便螺杆钻具选型，行业标准中对钻具型号也做了规定，型号表示方法如图 13-2-4 所示。

5. 影响螺杆钻具选型的主要因素

影响螺杆钻具合理选型的主要因素包括井眼直径、钻头、造斜率、地面泵组的能力、钻井介质及井底温度等。

1）井眼直径

井眼直径是螺杆钻具选型的首要依据，一般来讲"井眼直径－安全打捞尺寸"就应该是螺杆钻具的名义直径。当螺杆钻具的名义直径与井眼直径相差较大时，还要校验环空的返速是否满足携岩的要求。

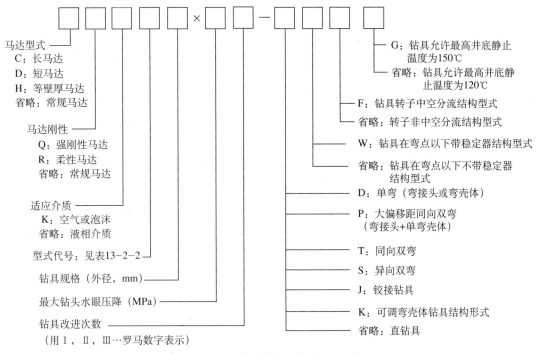

图 13-2-4　螺杆钻具型号表示方法

2）钻头

钻头与螺杆钻具的匹配也是个重要问题，关系到螺杆钻具是否能成功发挥作用。一般要求钻头与螺杆的额定转速要相匹配，钻头水眼的选择也要兼顾水眼压降对螺杆钻具的影响。除钻头水眼造成的压降外，希望钻井液流经钻头底部时不再形成其他较大的压力损失，因为这对传动轴组件两端势必造成过大的压差，从而急剧冲蚀传动轴组件。对牙轮钻头一般不必担心，但对金刚石钻头和 PDC 钻头端部液体通道的设计就必须考虑这个问题。

3）造斜率

在选择定向井或水平井用螺杆钻具时，工具的造斜率无疑是一个非常重要的选型依据。通常情况下，弯角越大，造斜率越高；多弯螺杆钻具的造斜率大于单弯钻具的造斜率；相同弯角的同型螺杆钻具弯点离钻头近的造斜率较大；同样条件下带近钻头稳定器的螺杆钻具有相对较高的造斜率。除此以外还应考虑地层构造及钻压对造斜率的影响。

4）泵源

螺杆钻具工作过程中会给整个循环系统增加一个比较明显的压力损失，如果整个系统的压力损失因此超过泵源的能力就会产生憋泵现象，影响钻进，因此泵的压力能力必须提前校验。

5）钻井介质

传统的螺杆钻具使用钻井液作为动力传递介质，同时钻井液也用来润滑和散热。但用空气、雾化或泡沫作为循环介质在这方面就会有很大的局限性，同时因为空气或泡沫携带岩屑的能力不强，因此要用大量的空气或泡沫来清洁井底。通常应当保证在环空有不低于 15.24m/s 的返速，作为空气钻井的最小供气要求。气体/泡沫螺杆钻具具有无需钻井液润滑的密封传动轴和大排量马达，因此更适合气体或泡沫钻井。另外个别地区的特殊钻井液介质也会对螺杆钻具的使用产生影响，比如饱和盐水钻井液会强烈腐蚀马达转子造成其过早失效，这时选用具有耐盐转子的螺杆钻具就能有效解决这一问题。

6）井温

由于螺杆钻具定子内含橡胶衬套，因此工作温度比较高。常规螺杆钻具产品的最高工作温度为120℃。当需要在井底温度（非循环温度）高于120℃的条件下使用时，应选择耐高温的螺杆钻具。通常制造厂商在选用耐高温的橡胶的同时选择较松的转/定子配合以期消除橡胶溶涨或热涨带来的不良影响。注意不要试图将耐高温的螺杆钻具用于常温钻井，否则动力钻具将很少出力。

三、国内外主要厂商螺杆钻具性能表

表 13-2-3 至表 13-2-5 给出三个厂家的螺杆钻具性能供参考。

表 13-2-3　北京石油机械厂螺杆钻具技术规格

规格	外径 mm	头数	流量 L/s	转速 r/min	最大扭矩 N·m	长度 m	说明
5LZ120×7.0	120	5/6	5.78～15.8	70～200	2275	4.88	
C5LZ120×7.0	120	5/6	6.67～20	90～270	4000	6.96	加长
C7LZ120×7.0	120	7/8	6.3～18.9	60～180	4735	6.96	加长
K7LZ120×7.0	120	7/8	10～20	50～100	4430	6.2	空气
H5LZ120×7.0	120	5/6	6.67～20	90～270	3360	4.49	等壁厚
7LZ127×7.0	127	7/8	6.3～18.9	60～180	3980	5.96	
C7LZ135×7.0	135	7/8	16～24	125～185	5280	6.77	加长
5LZ172×7.0	172	5/6	18.9～37.8	100～200	5860	6.52	
C5LZ172×7.0II	172	5/6	18.9～37.8	100～200	8240	7.87	加长
C7LZ172×7.0II	172	7/8	18.9～37.8	85～170	9380	7.87	加长
K7LZ172×7.0	172	7/8	18.9～37.8	50～100	9600	6.7	空气
C9LZ172×7.0	172	9/10	18.9～37.8	65～130	10800	7.87	加长
H5LZ172×7.0	172	5/6	18.9～37.8	110～220	7850	5.7	等壁厚
5LZ197×7.0	197	5/6	22～56	95～240	8750	6.98	
C5LZ197×7.0	197	5/6	22～56	95～240	14220	8.77	加长
K7LZ197×7.0	197	7/8	33～56	50～80	17600	7.74	空气
H5LZ197×7.0	197	5/6	22～56	100～245	11090	6.26	等壁厚
C5LZ216×7.0	216	5/6	28～56	105～210	17100	8.29	加长
5LZ244×7.0	244	5/6	50～75	90～140	16275	7.8	
K7LZ244×7.0	244	7/8	50～75	50～70	24000	7.8	空气
H5LZ244×7.0	244	5/6	50～75	100～150	16260	6.5	等壁厚

表 13-2-4 大港中成螺杆钻具技术规格

规格	外径 mm	头数	流量 L/s	转速 r/min	最大扭矩 N·m	长度 m
5LZ120×7Y-I	120	5/6	4~16	62~248	2352	4.98
5LZ120×7Y	120	5/6	7~16	87~198	2939	5.52
7LZ120×7Y	120	7/8	10~16	88~140	3380	5.52
7LZ120×7Y-II	120	7/8	12~19	58~91	5088	7.23
5LZ127×7Y	127	5/6	6~16	60~150	5109	6.5
7LZ159×7Y-IV	159	7/8	20~32	101~163	11568	8.79
5LZ172×7Y	172	5/6	16~36	94~210	8344	7.5
5LZ172×7Y-I	172	5/6	13~38	72~212	10950	8.51
7LZ172×7Y	172	7/8	16~36	73~164	8036	6.61
7LZ172×7Y-III	172	7/8	24~40	87~146	11440	8.04
9LZ172×7Y	172	9/10	19~38	60~121	13392	8.79
5LZ197×7Y	197	5/6	19~38	89~178	10422	6.98
5LZ197×7Y-IV	197	5/6	16~38	88~212	14168	8.35
7LZ197×7Y	197	7/8	22~40	60~110	13394	7.46
5LZ210×7Y	210	5/6	23~54	88~206	16600	8.75
5LZ216×7Y	216	5/6	23~54	80~200	17143	8.75
5LZ245×7Y	245	5/6	44~75	90~154	17840	7.9
7LZ245×7Y	245	7/8	44~76	70~120	23072	7.88

表 13-2-5 德联合螺杆钻具技术规格

规格	外径 mm	头数	流量 L/s	转速 r/min	工作扭矩 N·m	长度 m
5LZ120IV×7.0	120	5/6	9~14	95~200	1800	4.62
5LZ120×7.0III	120	5/6	9~16	95~200	1700	4.55
5LZ165×7.0	165	5/6	20~28	90~160	3300	5.77
5LZ172×7.0IV	172	5/6	25~35	90~160	5300	6.64
5LZ172×7.0V	172	5/6	25~35	90~160	6600	7.54
9LZ172×7.0IV	172	9/10	20~30	90~160	5200	5.95
5LZ197×7.0	197	5/6	19~38	90~160	8500	7.9
9LZ197×7.0	197	9/10	22~36	85~125	9000	8.2
5LZ215×7.0	215	5/6	30~50	100~160	11000	8.2
5LZ244×7.0	244	5/6	50~75	100~165	9000	8.2
7LZ244×7.0	244	7/8	50~75	85~140	17000	9.51

第三节　井 下 工 具

一、震击器

震击器（Jar）是解除卡钻事故的有效工具。在正常钻井过程中因某种原因发生井下遇阻或卡钻时，可以通过提拉或下放钻柱，及时启动震击器，给卡点处向上或向下强烈的震击使卡点松动，从而达到解卡的目的，使钻井作业得以顺利进行，同时避免遇阻或卡钻进一步演化成为事故，造成更大的经济损失。

钻井工程中，震击器应用广泛。随钻震击器要设计在钻柱组合中，如果钻进或者起下钻过程中遇卡，可以随时震击解卡。打捞震击器只是在需要解卡时才上井作业，不可以长时间随钻工作。地面震击器只是在井口使用，其对卡点的震动效果是向下震击，现场使用比较方便。

1. 结构与工作原理

1）结构

震击器由连接机构、密封机构、扭矩传递机构、打击机构和锁紧机构或液压阻尼机构等组成（图 13-3-1）。

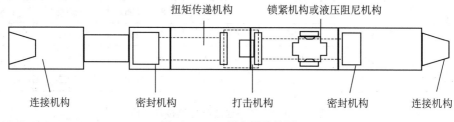

图 13-3-1　震击器结构图

其中，螺纹连接机构保证与钻具的可靠连接；密封机构提供有效密封，满足长时间在井下工作的要求；扭矩传递机构用来传递动力，将上部扭矩有效地传递给下部钻具，一般采用花键形式；打击机构是将释放端的动能在打击面转换成震击力，同时还具有冲程限位的作用；锁紧机构或液压阻尼机构是震击器的核心，决定震击释放力的大小。

2）工作原理

钻柱是一个弹性的管柱，如果固定管柱的下端（相当于钻柱遇卡），并在管柱上端施加拉力（相当于上提钻柱）或压力（相当于下放钻柱），管柱会在拉力或压力作用下因弹性变形而伸长或缩短。

此时，如果保持拉力或压力，使震击器内部的锁紧机构突然释放，受拉伸长或受压缩短的管柱因弹性势能的作用迅速恢复为原来的长度，弹性势能瞬间转化为释放端的动能，释放端便会打击障碍物（震击器内部的打击机构），将动能转化为打击力，该力传到卡点形成震击力。

震击器对卡点的震击力，取决于震击器锁紧机构释放力的大小和钻柱弹性变形所储存能量的大小等因素。一般而言，震击器对卡点的震击力，正比于震击器的释放力与震击器以上钻柱长度的乘积，与钻柱结构、井壁摩擦力及震击器型式等因素有关。在实际应用中，一般难以确切知道实际震击力的大小。

2. 类型与技术参数

1）产品分类

震击器按其工作环境介质分类，可分为常规震击器和气体钻井震击器（简称空气震击器）；按其用途分类，可分为随钻震击器和打捞震击器；按其作用方向分类，可分为上击器、下击器和上下击一体的震击器；按其工作原理分类，可分为液压式震击器、机械式震击器、液压机械式震击器和自由落体式震击器。

2）命名原则

震击器产品的命名可以按照以下原则进行：

$$\boxed{震击器名称代号} + \boxed{外径} + \boxed{震击器特征代号} + \boxed{工作温度代号}$$

(1) 震击器名称代号：QY 代表全液压随钻震击器；

YJ 代表液压机械随钻震击器；

QJ 代表全机械随钻震击器；

SS 代表随钻上击器；

SX 代表随钻下击器；

DX 代表地面下击器；

CS 代表超级上击器；

KX 代表开式下击器；

BX 代表闭式下击器；

ZJS 代表震击加速器。

(2) 外径：单位用 mm 表示。

(3) 震击器特征代号：A 代表释放力（或锁紧力）井口可调节；

K 代表释放力（或锁紧力）井口不可调节。

(4) 工作温度代号：G 代表高温型，普通型省略。

举例说明：QY159AG，表示外径为 ϕ159mm 的全液压式随钻震击器，机械锁紧力井口可调节，适用工作温度为 120 ～ 180℃。

3）技术参数

震击器产品技术参数见表 13-3-1 至表 13-3-11。

表 13-3-1　震击器及加速器基本参数

标称外径 mm	水眼直径 mm		接头螺纹	水眼密封压力 MPa	许用工作拉力 kN	屈服拉力 kN	许用工作扭矩 kN·m	屈服扭矩 kN·m	耐温 ℃
	标准	选用							
73	25	20	2³/₈inUPTBG	30	300	500	3	4.5	150
79	25	28	2³/₈inREG		350	600	3	6	
89	28	38	NC26		450	750	3.5	7	

续表

标称外径 mm	水眼直径 mm		接头螺纹	水眼密 封压力 MPa	许用工作 拉力 kN	屈服 拉力 kN	许用工作 扭矩 kN·m	屈服扭矩 kN·m	耐温 ℃
	标准	选用							
95	32	38	2⁷/₈inREG NC26		600	1000	4	8	
108	38	50	NC31		800	1350	10	20	150
121	50	45 57	NC35 NC38		1100	1950	15	27	
146	57	50	NC40		1350	2350	20	50	
159	57	70	NC46 NC50		1600	2700	25	65	
165	57	70	NC50	30	2000	3750	25	75	120
178	70	57	NC50		2400	4650	30	80	
197	70	76	6⁵/₈inREG		2600	5100	30	100	
203	70	76	6⁵/₈inREG NC56		2800	6650	35	145	
229	76	70	7⁵/₈inREG NC61		3000	8000	35	160	
241	76	70	7⁵/₈inREG NC70		3500	9850	40	180	

表 13-3-2 震击器许用释放力

标称外径 mm	液压震击器许用释放力 kN		机械震击器许用释放力 kN	
	上击	下击	上击	下击
73	120	50	120	50
79	150	60	150	60
89	180	90	180	80
95	200	100	200	100
108	250	120	300	150
121	350	180	400	250
146	500	250	500	300
159	700	350	600	350
165	700	350	650	350
178	800	400	700	400
197	1000	500	800	450
203	1000	500	800	450
229	1200	600	1000	500
241	1250	650	1000	500

表 13-3-3　QY-A 型随钻震击器技术参数

项目＼型号		QY121A	QY159A	QY165A	QY178A	QY203A	QY229A
外径，mm（in）		121（$4^3/_4$）	159（$6^1/_4$）	165（$6^1/_2$）	178（7）	203（8）	229（9）
水眼直径，mm（in）		45（$1^3/_4$）	57（$2^1/_4$）	57（$2^1/_4$）	57（$2^1/_4$）	70（$2^3/_4$）	70（$2^3/_4$）
最大抗拉载荷，kN		1100	1600	2000	2400	2800	3000
最大工作扭矩，kN·m		15	25	25	30	35	35
最大释放力 kN	上击	400	700	750	800	1000	1200
	下击	250	350	350	400	500	600
标定释放力 kN	上击	350±20	500±30	550±30	600±30	700±40	800±50
	下击	220±20	300±30	300±30	350±30	400±40	450±50
机械锁紧力 kN	上击	300±20	400±30	450±30	500±30	600±40	700±50
	下击	180±20	250±30	250±30	300±30	350±40	400±50
水眼密封压力，MPa		30	30	30	30	30	30
连接螺纹		$3^1/_2$IF	$4^1/_2$F	$4^1/_2$IF	$4^1/_2$IF	$6^5/_8$REG	$7^5/_8$REG

表 13-3-4　KYJ-A/YJ-A 型随钻震击器技术参数

项目＼型号		YJ121A	YJ159A	YJ165A	YJ178A	YJ203A	YJ229A
外径，mm（in）		121（$4^3/_4$）	159（$6^1/_4$）	165（$6^1/_2$）	178（7）	203（8）	229（9）
水眼直径，mm（in）		45（$1^3/_4$）	57（$2^1/_4$）	57（$2^1/_4$）	57（$2^1/_4$）	70（$2^3/_4$）	70（$2^3/_4$）
最大抗拉载荷，kN		1100	1600	2000	2400	2800	3000
最大工作扭矩，kN·m		15	25	25	30	35	35
最大释放力 kN	上击	400	700	750	800	900	1000
	下击	250	350	350	400	450	500
标定释放力 kN	上击	350±20	600±30	650±30	700±30	800±40	900±50
	下击	220±20	300±30	300±30	350±30	400±40	450±50
机械锁紧力（上击），kN		300±20	500±30	550±30	600±30	700±40	800±50
水眼密封压力，MPa		30	30	30	30	30	30
连接螺纹		$3^1/_2$IF	$4^1/_2$IF	$4^1/_2$IF	$4^1/_2$IF	$6^5/_8$REG	$7^5/_8$REG

表 13-3-5　QJ-A 型随钻震击器技术参数

项目＼型号	QJ121A	QJ159A	QJ165A	QJ178A	QJ203A	QJ229A
外径，mm（in）	121（$4^3/_4$）	159（$6^1/_4$）	165（$6^1/_2$）	178（7）	203（8）	229（9）
水眼直径，mm（in）	45（$1^3/_4$）	57（$2^1/_4$）	57（$2^1/_4$）	57（$2^1/_4$）	70（$2^3/_4$）	70（$2^3/_4$）
最大抗拉载荷，kN	1100	1600	2000	2400	2800	3000
最大工作扭矩，kN·m	15	25	25	30	35	35

续表

项目 \ 型号		QJ121A	QJ159A	QJ165A	QJ178A	QJ203A	QJ229A
最大释放力 kN	上击	400	600	650	700	800	1000
	下击	250	350	350	400	450	500
标定释放力 kN	上击	400±20	600±30	650±30	700±30	800±40	1000±50
	下击	250±20	350±30	350±30	400±30	450±40	500±50
水眼密封压力, MPa		30	30	30	30	30	30
连接螺纹		$3^1/_2$IF	$4^1/_2$IF	$4^1/_2$IF	$4^1/_2$IF	$6^5/_8$REG	$7^5/_8$REG

表 13-3-6　QJ-K 型随钻震击器技术参数

项目 \ 型号		QJ159K-Ⅰ	QJ165K-Ⅰ	QJ203K
外径, mm (in)		159 ($6^1/_4$)	165 ($6^1/_2$)	203 (8)
水眼直径, mm (in)		57 ($2^1/_4$)	57 ($2^1/_4$)	70 ($2^3/_4$)
最大抗拉载荷, kN		1600	2000	2800
最大工作扭矩, kN·m		25	25	35
最大释放力 kN	上击	600	650	800
	下击	350	350	450
标定释放力 kN	上击	600±30	650±30	800±40
	下击	350±30	350±30	450±40
水眼密封压力, MPa		30	30	30
连接螺纹		$4^1/_2$IF	$4^1/_2$IF	$6^5/_8$REG

表 13-3-7　SS 型随钻上击器/SX 型随钻下击器技术参数

项目 \ 型号		SS159-Ⅰ	SS165-Ⅰ	SX159-Ⅰ	SX165-Ⅰ
外径, mm (in)		159 ($6^1/_4$)	165 ($6^1/_2$)	159 ($6^1/_4$)	165 ($6^1/_2$)
水眼直径, mm (in)		70 ($2^3/_4$)	70 ($2^3/_4$)	70 ($2^3/_4$)	70 ($2^3/_4$)
最大抗拉载荷, kN		1500	1500	1500	1500
最大工作扭矩, kN·m		14	14	14	14
最大释放力 kN	上击	700	700	—	—
	下击	—	—	350	350
标定释放力 kN	上击	300～450	300～450	—	—
	下击	—	—	180～250	180～250
水眼密封压力, MPa		30	30	30	20
连接螺纹		$4^1/_2$IF	$4^1/_2$IF	$4^1/_2$IF	$4^1/_2$IF

表 13-3-8 CS 型超级上击器技术参数

项目 \ 型号	CS121	CS159	CS165	CS178- I	CS203
外径, mm (in)	121 ($4^3/_4$)	159 ($6^1/_4$)	165 ($6^1/_2$)	178 (7)	203 (8)
水眼直径, mm (in)	45 ($1^3/_4$)	57 ($2^1/_4$)	57 ($2^1/_4$)	57 ($2^1/_4$)	70 ($2^3/_4$)
最大抗拉载荷, kN	1100	1600	2000	2400	2800
最大工作扭矩, kN·m	15	25	25	30	35
最大释放力 (上击), kN	350	700	700	800	1000
标定释放力 (上击), kN	150 ~ 250	300 ~ 450	300 ~ 450	350 ~ 550	400 ~ 600
水眼密封压力, MPa	30	30	30	30	30
连接螺纹	$3^1/_2$IF	$4^1/_2$IF	$4^1/_2$IF	$4^1/_2$IF	$6^5/_8$REG

表 13-3-9 DX-A 型地面下击器技术参数

项目 \ 型号	DX165A	DX178A- II	DX178A16- II	DX178A18
外径, mm (in)	165 ($6^1/_2$)	178 (7)		
水眼直径, mm (in)	57 ($2^1/_4$)	57 ($2^1/_4$)		
最大抗拉载荷, kN	2000	2400		
最大工作扭矩, kN·m	25	30		
最大释放力 (下击), kN	650	700		
标定释放力 (下击), kN	330 ~ 370	380 ~ 420		
水眼密封压力, MPa	30	30		
连接螺纹	$4^1/_2$IF	$4^1/_2$IF		

表 13-3-10 KX 型开式下击器 /BX 型闭式下击器技术参数

项目 \ 型号		KX121	KX165	KX178	BX178
外径, mm (in)		121 ($4^3/_4$)	165 ($6^1/_2$)	178 (7)	178 (7)
水眼直径, mm (in)		45 ($1^3/_4$)	57 ($2^1/_4$)	57 ($2^1/_4$)	57 ($2^1/_4$)
最大抗拉载荷, kN		900	1600	1800	1800
最大工作扭矩, kN·m		15	25	30	30
许用释放力 kN	上击	400	650	700	700
	下击	250	350	400	400
水眼密封压力, MPa		30	30	30	30
连接螺纹		$3^1/_2$IF	$4^1/_2$IF	$4^1/_2$IF	$4^1/_2$IF

表 13-3-11 ZJS 型震击加速器技术参数

项目 \ 型号	ZJS121	ZJS159	ZJS165	ZJS178	ZJS203
外径, mm (in)	121 ($4^3/_4$)	159 ($6^1/_4$)	165 ($6^1/_2$)	178 (7)	203 (8)
水眼直径, mm (in)	38 ($1^1/_2$)	70 ($2^3/_4$)	70 ($2^3/_4$)	57 ($2^1/_4$)	70 ($2^3/_4$)

续表

项目 \ 型号	ZJS121	ZJS159	ZJS165	ZJS178	ZJS203
最大抗拉载荷，kN	1100	1600	2000	2400	2800
最大工作扭矩，kN·m	15	25	25	30	35
额定拉力（上击），kN	400	700	700	800	800
最大工作行程，mm	240	325	325	310	330
水眼密封压力，MPa	20	20	20	20	20
连接螺纹	$3\frac{1}{2}$IF	$4\frac{1}{2}$IF	$4\frac{1}{2}$IF	$4\frac{1}{2}$IF	$6\frac{5}{8}$REG

二、减振器

减振器（Shock Absorber）是钻井作业所需的井下工具之一。它利用工具内部的减振元件吸收或减小钻井过程中钻头的冲击负荷、钻柱的振动负荷以及旋转破岩时的扭转负荷，以保护钻具和地面设备，达到降低钻井成本，提高钻井工作效率的目的。

钻井工程中，减振器应用广泛。主要适用于易出现严重跳钻的中硬地层和硬地层，特别是砾石层或硬度大且稳固性较差的地层。

1. 结构与工作原理

1）主要结构

减振器由连接机构、密封机构、扭矩传递机构和减振机构等组成（图 13-4-2）。

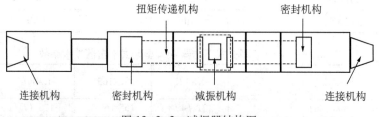

图 13-3-2　减振器结构图

其中，螺纹连接机构保证与钻具的可靠连接；密封机构提供有效密封，满足产品长时间在井下工作的要求；扭矩传递机构用来传递动力，将上部扭矩有效地传递给下部钻具，一般采用花键形式；减振机构为减振器的核心，决定减振性能的好坏。

2）工作原理

当钻柱和钻头受到轴向冲击和振动，使轴向负荷发生变化，该负荷传递并施加给减振器，利用减振器产品中可压缩液体或弹簧等减振元件的弹性变形，通过减振元件的弹性能与其他形式能的相互转化，来吸收或减缓钻进过程中钻柱的轴向振动和冲击负荷，从而维持正常的钻压和扭矩，延长钻头的使用寿命，保护钻具和地面设备。

2. 类型与技术参数

1）产品分类

（1）按其工作环境介质分类，可分为常规减振器和气体钻井减振器（简称空气减振器）。

（2）按其工作方向功能分类，可分为双向减振器和单向减振器。

（3）按其工作原理分类，可分为液压减振器、机械减振器和液压机械减振器。

（4）按照适用工作温度分类，小于或等于 120℃为普通型，大于 120 ～ 180℃为高温型。

2）命名原则

减振器产品的命名可以按照以下原则进行：

| 减振器名称代号 | + | 减振型式代号 | + | 外径 | + | 工作温度代号 | + | 产品特征代号 |

（1）减振器名称代号：JZ-Y 代表液压钻柱减振器；

JZ-H 代表弹簧钻柱减振器；

JZ-J 代表橡胶钻柱减振器。

（2）减振器型式代号：S 代表双向减振器，单向减振器省略。

（3）外径：单位用 mm 表示。

（4）工作温度代号：G 代表高温型，普通型省略。

（5）产品特征代号：由生产厂家自行确定。

举例说明：JZ-YS159G 表示外径为 159mm 的液压双向减振器，适用工作温度大于 120 ～ 180℃。

3）技术参数

减振器产品技术参数见表 13-3-12 至表 13-3-15。

表 13-3-12　JZ-YH 型液压机械减振器技术参数

型号 项目	JZ-YH121	JZ-YH159	JZ-YH165	JZ-YH178	JZ-YH203	JZ-YH229
外径，mm（in）	121（$4^3/_4$）	159（$6^1/_4$）	165（$6^1/_2$）	178（7）	203（8）	229（9）
水眼直径，mm（in）	38（$1^1/_2$）	45（$1^3/_4$）	45（$1^3/_4$）	57（$2^1/_4$）	64（$2^1/_2$）	70（$2^3/_4$）
最大工作拉力，kN	≥ 1000	≥ 1500	≥ 1500	≥ 1500	≥ 2000	≥ 2000
最大工作扭矩，kN·m	10	15	15	15	20	20
最大工作压力，kN	≥ 250	≥ 300	≥ 300	≥ 350	≥ 450	≥ 540
弹性刚度，kN/mm	3.0 ～ 6.5					
连接螺纹	$3^1/_2$IF	4IF	4IF	$4^1/_2$IF	$6^5/_8$REG	$7^5/_8$REG

表 13-3-13　JZ-YS 型双向减振器技术参数

型号 项目	JZ-YS159-Ⅰ	JZ-YS165-Ⅰ	JZ-YS178-Ⅰ	JZ-YS203-Ⅰ	JZ-YS229-Ⅱ
外径，mm（in）	159（$6^1/_4$）	165（$6^1/_2$）	178（7）	203（8）	229（9）
水眼直径，mm（in）	45（$1^3/_4$）	45（$1^3/_4$）	50（2）	64（$2^1/_2$）	70（$2^3/_4$）
最大工作拉力，kN	1500	1500	1500	2000	2000
最大工作扭矩，kN·m	15	15	15	20	20
最大工作压力，kN	300	300	350	450	540
弹性刚度，kN/mm	3.0 ～ 6.5				
连接螺纹	4IF	4IF	$4^1/_2$IF	$6^5/_8$REG	$7^5/_8$REG

表 13-3-14 JZ-Y 型液压减振器技术参数

型号 项目	JZ-Y121	JZ-Y159-I	JZ-Y165-I	JZ-Y178-I	JZ-Y203	JZ-Y229
外径, mm (in)	121 (4$^3/_4$)	159 (6$^1/_4$)	165 (6$^1/_2$)	178 (7)	203 (8)	229 (9)
水眼直径, mm (in)	38 (1$^1/_2$)	45 (1$^3/_4$)	45 (1$^3/_4$)	57 (2$^1/_4$)	64 (2$^1/_2$)	70 (2$^3/_4$)
最大工作拉力, kN	≥ 1000	≥ 1500	≥ 1500	≥ 1500	≥ 2000	≥ 2000
最大工作扭矩, kN·m	10	15	15	15	20	20
最大工作压力, kN	≥ 250	≥ 300	≥ 300	≥ 350	≥ 450	≥ 540
弹性刚度, kN/mm	3.0 ~ 6.5					
连接螺纹	3$^1/_2$IF	4IF	4IF	4$^1/_2$IF	6$^5/_8$REG	7$^5/_8$REG

表 13-3-15 KJZ-H/JZ-H 型机械减振器技术参数

型号 项目	JZ-H159-I	JZ-H165-I	JZ-H178-I	JZ-H203-II	JZ-H229	JZ-H279
外径, mm (in)	159 (6$^1/_4$)	165 (6$^1/_2$)	178 (7)	203 (8)	229 (9)	279 (11)
水眼直径, mm (in)	50 (2)	50 (2)	50 (2)	64 (2$^1/_2$)	70 (2$^3/_4$)	80 (3)
最大工作拉力, kN	1500	1500	1500	2000	2000	2500
最大工作扭矩, kN·m	15	15	15	20	20	25
最大工作压力, kN	300	300	350	450	540	600
弹性刚度, kN/mm	3.0 ~ 6.5					
连接螺纹	4IF	4IF	4$^1/_2$IF	6$^5/_8$REG	7$^5/_8$REG	8$^5/_8$REG

三、液力推进器

液力推进器是一种新型的井下钻压施加工具，其采用机械转换成液力加压的方式，改变了大斜度井、水平井及开窗侧钻井中的推进方式，实现了准确加压及均匀送钻，并利用其液体弹性吸收原理使钻压保持恒定，尤其在特殊砾岩地层具有明显的减振效果。

随着大斜度井和水平井钻井工艺技术的日趋成熟和小眼井钻井技术的应用和发展，由于井斜角增加、井壁摩阻大及小尺寸钻具刚性差受压易弯曲等因素的影响，常规钻井中传统的依靠钻柱重量直接施加钻压的方法已经不能很好地满足施工需要。液力推进器的研制与应用有效地解决了上述工况中钻压不易施加的难题，为钻头提供稳定钻压，以提高机械钻速和钻井质量，延长钻具使用寿命，从而达到高速度、高质量与低成本钻井的目的。

1. 结构与工作原理

1) 主要结构

液力推进器结构主要包括连接机构、密封机构、扭矩传递机构和活塞机构等。

其中，螺纹连接机构保证与钻具的可靠连接；密封机构提供有效密封，满足产品长时间在井下工作的要求；扭矩传递机构用来传递动力，将上部扭矩有效地传递给下部钻具，一般采用花键形式；活塞机构为减振器的核心，决定产品的性能。

2）工作原理

液力推进器主要采用液压原理传递作用力。使用时随钻具组合入井，钻头接近井底时开泵循环钻井液。钻井液经钻柱由液力推进器上接头进入各级缸筒，当钻井液从钻头流出时，因钻头喷嘴（或钻具马达）的节流作用，在缸筒内形成压力。该压力作用在液力推进器活塞的端面上，由于环空与液力推进器内的压力差对液力推进器的伸缩部分形成推力（该推力就是钻头所需要的钻压），推动活塞并带动心轴下行给钻头加压，推动钻头钻进。

同时，通过钻井液柔性连接的关系及液体弹性吸收原理，将钻头井底振动与工具上部钻柱分隔开，起到液力减振作用，可有效地保护钻具和钻头。当钻完一个行程后，指重表悬重增加，下放钻柱送钻，开始第二个行程。进而实现在行程范围内自动送钻功能。

2. 技术参数

液力推进器产品技术参数见表 13-3-16。

表 13-3-16　YTJ 型液力推进器技术参数

产品型号	外径 mm（in）	水眼直径 mm（in）	最大抗拉 载荷 kN	最大工作 扭矩 kN·m	连接螺纹	行程 mm	活塞面积 cm²	活塞级数
YTJ121	121（4³/₄）	44.5（1³/₄）	1100	15	3¹/₂IF	500±5	165	3
YTJ159	159（6¹/₄）	57（2¹/₄）	1600	25	4¹/₂IF	600±5	164	2
YTJ165	165（6¹/₂）	57（2¹/₄）	2000	25	4¹/₂IF	600±5	164	2
YTJ178	178（7）	57（2¹/₄）	2400	30	4¹/₂IF	600±5	240	2
YTJ203	203（8）	70（2³/₄）	2800	35	6⁵/₈REG	600±5	300	2
YTJ229	229（9）	70（2³/₄）	3000	35	7⁵/₈REG	600±5	375	2

第四节　井口工具

一、吊环

1. 用途

用于悬挂吊卡的工具。

2. 分类及型号表示方法

1）分类

SY/T 5035《吊环、吊卡、吊钳》按结构型式将吊环分为单臂吊环和双臂吊环两种，其结构如图 13-4-1 和图 13-4-2 所示。

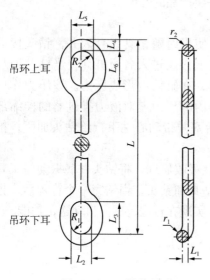

图 13-4-1　单臂吊环

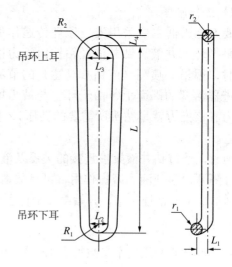

图 13-4-2　双臂吊环

2）吊环型号表示方法

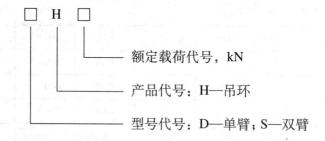

额定载荷代号，kN

产品代号：H—吊环

型号代号：D—单臂；S—双臂

3．基本参数

1）单臂吊环基本参数

单臂吊环与吊卡和大钩连接耳的连接尺寸及长度见表 13-4-1。

表 13-4-1　单臂吊环与吊卡和大钩连接耳的连接尺寸及长度　　　单位：mm

型号	额定载荷 kN（USton）	与吊卡连接尺寸					与大钩连接尺寸					L[①]
		r_1	R_1	L_1	L_2	L_3	r_2	R_2	L_4	L_5	L_6	
DH40	355（40）	≤20						≥38	≤60			1200
DH50	450（50）						≤22			≥120	≥180	1100
DH65	580（65）	≤22	≥51	≥20	≥100	≥150		≤70				1200
DH75	665（75）							≥64				1500
DH100	890（100）						≤29		≤80	≥140	≥190	1500
DH150	1335（150）	≤24		≥25					≤100	≥140	≥210	1800

续表

型号	额定载荷 kN (USton)	与吊卡连接尺寸					与大钩连接尺寸					L①
		r₁	R₁	L₁	L₂	L₃	r₂	R₂	L₄	L₅	L₆	
DH200	1780 (200)	≤ 31		—	—	—			—	—	—	—
DH250	2225 (250)	≤ 31	≥ 70	≥ 30								2700
DH300	2670 (300)	≤ 37		—	≥ 140	≥ 200	≤ 35	≥ 102	≤ 140	≥ 200	≥ 250	—
DH350	3115 (350)	≤ 37		≥ 35								3300
DH400	3560 (400)	≤ 48	≥ 83		—	—			—	—	—	—
DH500	4450 (500)	≤ 48	≥ 83	≥ 50	≥ 170	≥ 250	≤ 48	≥ 121	≤ 160	≥ 240	≥ 300	3600
DH650	5780 (650)	≤ 57	≥ 127		—	—			—	—	—	—
DH750	6670 (750)	≤ 57	≥ 127		≥ 190	≥ 318	≤ 63	≥ 127	≤ 190	≥ 262	≥ 305	3660
DH1000	8900 (1000)	≤ 70	≥ 159	—	—	—	≤ 70	≥ 127	—	—	—	—

①优先选用尺寸。

2）双臂吊环基本参数

双臂吊环与吊卡、大钩连接耳的连接尺寸及长度见表13-4-2。

表 13-4-2　双臂吊环与吊卡、大钩连接耳的连接尺寸及长度　　　单位：mm

型号	额定载荷 kN (USton)	与吊卡连接尺寸				与大钩连接尺寸				L①
		r₁	R₁	L₁	L₂	r₂	R₂	L₃	L₄	
SH25	220 (25)	≤ 15	≥ 29		≥ 58			≤ 35	≥ 90	600
SH30	235 (30)	≤ 20					≥ 38	≤ 45	≥ 100	1100
SH40	355 (40)	≤ 20				≤ 22		≤ 45	≥ 100	1100
SH50	445 (50)		≥ 51	≥ 20	≥ 100			≤ 65	≥ 120	1100
SH65	580 (65)	≤ 22						≤ 65	≥ 120	1200
SH75	665 (75)						≥ 64	≤ 75		1500
SH100	890 (100)			≥ 25		≤ 29		≤ 80	≥ 160	1500
SH150	1335 (150)	≤ 24		≥ 35				≤ 100		1700

①优先选用尺寸。

二、吊卡

1. 用途

吊卡是石油和天然气钻井、修井和采油作业中，悬持钻杆、套管与油管起升或下降的重要工具。它悬挂在提升系统大钩两侧的吊环里面，以便对井眼进行起出或下入钻具及油管、套管和抽油杆的作业。

2．分类、执行标准及型号表示方法

1）分类

根据起下管柱类型分为钻杆吊卡、套管吊卡、油管吊卡及抽油杆吊卡，根据结构型式分为：对开式、侧开式和闭锁式（表13-4-3）。

表13-4-3 吊卡型式

产品名称	对开式		侧开式		闭锁式
钻杆吊卡		锥形台阶		锥形台阶	—
套管吊卡	直角台阶	—	直角台阶	—	
油管吊卡					直角台阶

2）执行标准

SY/T 5035—2004《吊环、吊卡、吊钳》。

3）型号表示方法

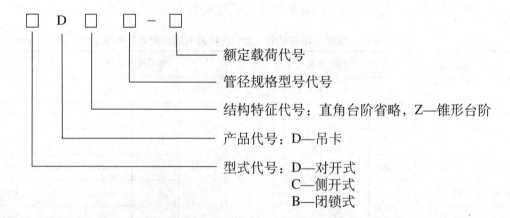

例：CD4$\frac{1}{2}$IEU-150 表示钻杆规格型式代号为 4$\frac{1}{2}$IEU，额定载荷代号为150的侧开式直角台阶钻杆吊卡。

CD2$\frac{3}{8}$EU-150 表示外加厚油管规格代号 2$\frac{3}{8}$，额定载荷代号为150的侧开式直角台阶油管吊卡。

3．结构

吊卡主要由主体、活门、锁销总成和手柄等部件组成，如图13-4-3所示。

4．基本参数及技术规格

吊卡基本参数及技术规格见图13-4-4及表13-4-4至表13-4-7。

5．维护及保养

需要用机油对吊卡的轴承部分进行润滑，包括和吊环接触的部分也要保证灵活。

三、吊钳

1．用途

用于旋紧或卸开钻柱、套管及类似杆件或管件连接螺纹的工具。

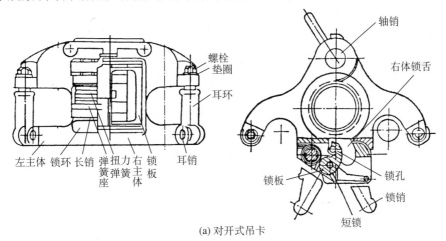

(a) 对开式吊卡

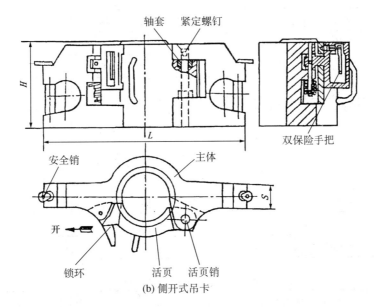

(b) 侧开式吊卡

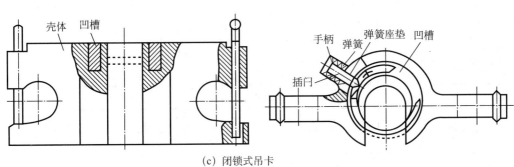

(c) 闭锁式吊卡

图 13-4-3　吊卡

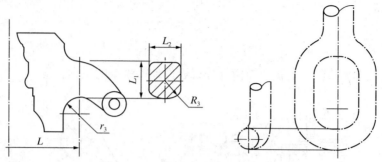

图 13-4-4　吊卡与吊环下耳的连接

表 13-4-4　吊卡与吊环的连接处尺寸　　　　　　　　单位：mm

额定载荷代号	吊卡额定载荷 kN	r_3	R_3	L_1	L_2	L
25	220	≥ 25	≤ 51	≤ 40	≤ 30	
40	355	≥ 25	≤ 51	≤ 50	≤ 30	
65	580	≥ 25	≤ 51	≤ 70	≤ 40	
75	665	≥ 25	≤ 51	≤ 70	≤ 50	
100	890	≥ 25	≤ 51	≤ 80	≤ 60	
125	1110	≥ 38	≤ 51	≤ 80	≤ 65	
150	1335	≥ 38	≤ 51	≤ 90	≤ 65	侧开式
200	1780	≥ 48	≤ 70	≤ 130	≤ 80	钻杆吊卡
250	2225	≥ 48	≤ 70	≤ 130	≤ 80	≥ 380
300	2670	≥ 48	≤ 70	≤ 150	≤ 120	
350	3115	≥ 48	≤ 70	≤ 150	≤ 120	
400	3560	≥ 51	≤ 83	≤ 190	≤ 145	
500	4450	≥ 51	≤ 83	≤ 200	≤ 145	
650	5780	≥ 60	≤ 127	≤ 200	≤ 145	
750	6670	≥ 60	≤ 127	≤ 255	≤ 155	

表 13-4-5　钻杆吊卡规格

钻杆规格 和型式代号	钻杆对焊接头颈部最大外径		锥形台肩	直角台阶		额定载荷 kN
	mm	in	吊卡下孔径 mm	吊卡上孔径 mm	吊卡下孔径 mm	
$2^3/_8$EU	65.09	$2^9/_{16}$	68	69	63	890
$2^7/_8$EU	80.96	$3^3/_{16}$	83	86	76	1110
$3^1/_4$EU	98.43	$3^7/_8$	101	103	92	1335 1780
4IU	104.78	$4^1/_8$	—	110	105	2225 3115
	106.36	$4^3/_{16}$	109	—	—	4450
4EU	114.30	$4^1/_2$	121	118	105	5780

续表

钻杆规格和型式代号	钻杆对焊接头颈部最大外径		锥形台肩	直角台阶		额定载荷
	mm	in	吊卡下孔径 mm	吊卡上孔径 mm	吊卡下孔径 mm	kN
$4^1/_2$IU	117.48	$4^5/_8$	—	122	118	890 1110 1335 1780 2225 3115 4450 5780
	119.06	$4^{11}/_{16}$	121	—	—	
$4^1/_2$IEU	117.48	$4^5/_8$	—	122	118	
	119.06	$4^{11}/_{16}$	121	—	—	
$4^1/_2$EU	127.00	5	133	131	118	
5IEU	130.18	$5^1/_8$	133	135	131	
$5^1/_2$IEU	144.46	$5^{11}/_{16}$	148	149	144	
$6^5/_8$IEU	176.21	$6^{15}/_{16}$	179	—	—	

表 13-4-6　油管吊卡规格

油管规格代号	油管外径，mm	不加厚油管	外加厚油管[①]		额定载荷，kN
		吊卡上下孔径 mm	吊卡下孔径 mm	吊卡下孔径 mm	
1.050	26.67	29	36	29	220 355 580 665 890 1110 1335
1.315	33.40	35	40	35	
1.660	42.16	44	49	44	
1.900	48.26	50	56	50	
$2^3/_8$	60.33	63	69	63	
$2^7/_8$	73.03	75	82	75	
$3^1/_2$	88.90	91	98	91	
4	101.60	104	111	104	
$4^1/_2$	114.30	117	123	117	

①外加厚油管吊卡上下孔径可相同；外加厚油管吊卡不能用于不加厚油管。

表 13-4-7　套管吊卡规格

套管规格代号	套管外径[①]，mm	吊卡上下孔径[①]，mm	额定载荷，kN
$4^1/_2$	114.30	117	890 1110 1335 1780 2225 3115 3560 4450 5780
$4^3/_4$	120.65	123	
5	127.00	130	
$5^1/_2$	139.70	143	
$5^3/_4$	146.05	149	
6	152.40	156	
$6^5/_8$	168.28	171	
7	177.80	181	

续表

套管规格代号	套管外径[①]，mm	吊卡上下孔径[①]，mm	额定载荷，kN
$7^5/_8$	193.68	198	
$7^3/_4$	196.85	201	
$8^5/_8$	219.08	223	
9	228.60	233	
$9^5/_8$	244.48	248	
$9^7/_8$	250.83	255	
$10^3/_4$	273.05	278	
$11^3/_4$	298.45	303	
$12^7/_8$	327.03	332	
$13^3/_8$	339.73	345	
$13^5/_8$	346.08	351	890
14	355.60	361	1110
			1335
16	406.40	412	1780
18	457.20	464	2225
			3115
$18^5/_8$	473.08	479	3560
			4450
20	508.00	515	5780
$21^1/_2$	546.10	553	
22	558.80	566	
24	609.60	618	
$24^1/_2$	622.30	630	
26	660.40	669	
27	685.80	695	
28	711.20	720	
30	762.00	772	
32	812.80	823	
36	914.40	926	

①数据来源于 API Spec 8A。

2．分类及型号表示方法

(1) SY/T 5035《吊环、吊卡、吊钳》将吊钳分为多扣合钳和单扣合钳两类。

（2）吊钳的型号表示方法：

额定扭矩，kN·m
适用管径代号
产品代号：Q—吊钳

3．基本参数

1）单扣合钳的基本参数

单扣合钳的基本参数见表 13-4-8。

表 13-4-8　单扣合钳的基本参数

型　号	适用管径 mm	适用管径代号	适用接箍或接头外径		额定扭矩 kN·m
			mm	in	
Q$12^3/_4$-8	323.85	$12^3/_4$	349.25	$13^3/_4$	8
Q$13^3/_8$-8	339.73	$13^3/_8$	365.13	$14^3/_8$	
Q$14^3/_4$-8	374.65	$14^3/_4$	400.05	$15^3/_4$	
Q$16^3/_4$-8	425.45	$16^3/_4$	450.85	$17^3/_4$	
Q$2^3/_8$-30	60.33	$2^3/_8$	85.73	$3^3/_8$	30
Q$2^7/_8$-30	73.03	$2^7/_8$	104.78	$4^1/_8$	

2）多扣合钳的基本参数

多扣合钳的基本参数见表 13-4-9。

表 13-4-9　多扣合钳的基本参数

型　号	适用管径范围 mm	适用管径代号	额定扭矩 kN·m
Q$2^3/_8$ ～ $10^3/_4$-35	60.33 ～ 273.05	$2^3/_8$ ～ $10^3/_4$	35
Q$13^3/_8$ ～ $25^1/_2$-35	339.73 ～ 647.70	$13^3/_8$ ～ $25^1/_2$	35
Q$3^3/_8$ ～ $12^3/_4$-75[①]	85.73 ～ 114.30	$3^3/_8$ ～ $4^1/_2$	55
	114.30 ～ 196.85	$4^1/_2$ ～ $7^3/_4$	75
	196.85 ～ 323.85	$7^3/_4$ ～ $12^3/_4$	55
Q$3^1/_2$ ～ 17-90[①]	88.90 ～ 114.30	$3^1/_2$ ～ $4^1/_2$	55
	114.30 ～ 215.90	$4^1/_2$ ～ $8^1/_2$	90
	215.90 ～ 431.80	$8^1/_2$ ～ 17	55
Q4 ～ 12-140	101.60 ～ 304.80	4 ～ 12	140

① 75 表示的是 $4^1/_2$ ～ $7^3/_4$ 管径范围的额定扭矩，90 表示的是 $4^1/_2$ ～ $8^1/_2$ 管径范围的额定扭矩。

4．结构

吊钳主要由钳头、钳柄及吊杆组成，多扣合钳可通过更换扣合钳，变换各扣合钳台肩来改变扣合尺寸。目前现场使用较多的有 B 型吊钳、DB 吊钳、SDD 吊钳、套管吊钳及油管吊钳等。图 13-4-5 为 B 型多扣合钳结构图。

四、动力钳

1. 用途

石油钻修井用动力钳是采用液压或气压驱使大钳夹紧钻杆、套管和油管等管柱进行上卸螺纹的装置（图 13-4-5）。

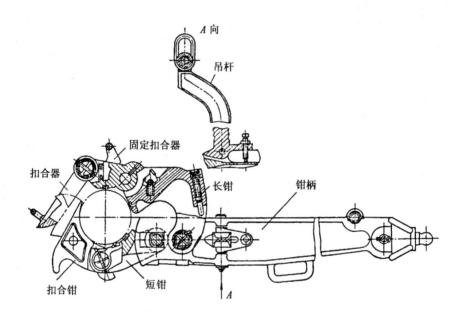

图 13-4-5　B 型多扣合钳

2. 分类及型号表示方法

1）分类

SY/T 5074《石油钻井和修井用动力钳》将动力钳分为：

（1）钻井动力钳：分为钻杆动力钳和套管动力钳。

（2）修井动力钳。

2）型号表示方法

（1）动力钳类别代号：ZQ 表示钻杆动力钳；TQ 表示套管动力钳；XQ 表示修井动力钳。

（2）钳头型式代号：不标注表示开口型；B 表示闭口型；H 表示活口型。

（3）钳头夹紧方式代号：不标注表示内爬坡夹紧；W 表示外爬坡夹紧；X 表示行星爪夹紧。

（4）驱动方式代号：Y 表示液动；Q 表示气动；不标注表示液气联合驱动。

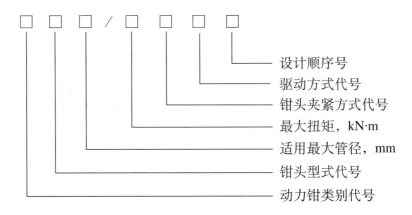

设计顺序号
驱动方式代号
钳头夹紧方式代号
最大扭矩，kN·m
适用最大管径，mm
钳头型式代号
动力钳类别代号

3．基本参数

1）钻杆动力钳基本参数

钻杆动力钳基本参数见表13-4-10。

表13-4-10 钻杆动力钳基本参数

规格代号	ZQ127/25	ZQ162/50	ZQ162/75	ZQ203/100	ZQ203/125	ZQ254/145
适用管径范围，mm（in）	65～127（$2^3/_8$～$3^1/_2$ 钻杆）	85～162（$2^3/_8$～5 钻杆）	127～162（$3^1/_2$～5 钻杆）	127～203（$3^1/_2$ 钻杆～8 钻铤）	127～203（$3^1/_2$ 钻杆～8 钻铤）	162～254（5 钻杆～10 钻铤）
液压源额定压力，MPa	12～18			16～20		
工作气压，MPa	0.5～0.9					
最大扭矩，kN·m	≥ 25	≥ 50	≥ 75	≥ 100	≥ 125	≥ 145
高挡扭矩，kN·m	≥ 3.5	≥ 4.5	≥ 5.0	≥ 7.0	≥ 10.0	≥ 12.0
低挡转速，r/min	4.0～10.5	2.0～4.5	2.5～4.0	1.5～3.0	1.5～2.5	1.0～2.5
高挡转速，r/min	25～65	30～60	20～40	20～40	15～35	10～30
上下牙板中心距，mm	200～210	230～250	230～250	230～250	240～260	240～260
动力钳可移动距离，m	≥ 1.0			≥ 1.5		

2）套管动力钳基本参数

套管动力钳基本参数见表13-4-11。

3）修井动力钳基本参数

修井动力钳基本参数见表13-4-12。

4．结构及工作原理

1）结构

动力钳一般由行星变速箱、减速装置、钳头、气路系统及液压系统组成。图13-4-6
为ZQ203/100动力钳总图。

表 13-4-11 套管动力钳基本参数

规格代号	TQ178/16	TQ245/20	TQ340/35	TQ508/40
适用管径范围，mm (in)	101.6 ~ 178 (4 ~ 7 套管)	101.6 ~ 244.5 (4 ~ 9⁵/₈ 套管)	139.7 ~ 339.7 (5¹/₂ ~ 13⁵/₈ 套管)	244.5 ~ 508 (9⁵/₈ ~ 20 套管)
动力液额定压力，MPa	12 ~ 18			
工作气压，MPa	0.5 ~ 0.9			
最大扭矩，kN·m	≥ 16	≥ 20	≥ 35	≥ 40
中挡扭矩，kN·m	—		≥ 6	≥ 7.5
高挡扭矩，kN·m	≥ 2.5	≥ 2.5	≥ 2.5	≥ 3.5
低挡转速，r/min	9 ~ 14	9 ~ 14	3.6 ~ 5.3	2.5 ~ 3.6
中挡转速，r/min	—		21 ~ 30	14 ~ 20
高挡转速，r/min	50 ~ 80	50 ~ 80	60 ~ 85	40 ~ 60

表 13-4-12 修井动力钳基本参数

规格代号	XQ28/1.8	XQ28/2.6	XQ89/3	XQ114/6	XQ114/8	XQ140/12	XQ140/20
适用管径范围，mm (in)	19 ~ 28 (³/₄ ~ 1¹/₈ 抽油杆)	19 ~ 28 (³/₄ ~ 1¹/₈ 抽油杆)	73 ~ 89 (2⁷/₈ ~ 3¹/₂ 油管)	73 ~ 114 (2⁷/₈ ~ 4¹/₂ 油管)	73 ~ 114 (2⁷/₈ ~ 4¹/₂ 油管)	73 ~ 140 (2⁷/₈ ~ 5¹/₂ 油管)	73 ~ 140 (2⁷/₈ ~ 5¹/₂ 油管)
液压源额定压力，MPa	10 ~ 16						
最大扭矩，kN·m	≥ 1.8	≥ 2.6	≥ 3.0	≥ 6	≥ 8	≥ 12	≥ 20
高挡扭矩，kN·m	≥ 0.7	≥ 0.8	≥ 1.0	≥ 1.0	≥ 1.7	≥ 2.5	≥ 2.5
低挡转速，r/min	20 ~ 40					5 ~ 30	
高挡转速，r/min	60 ~ 100		60 ~ 90			50 ~ 80	
主钳和背钳之间上下可调位移，mm	≥ 45		≥ 50				

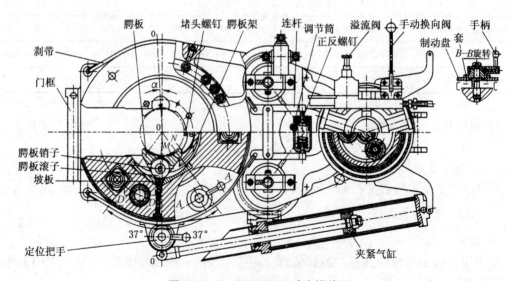

图 13-4-6 ZQ203/100 动力钳总图

2）工作原理

动力钳液马达由液压源动力液驱动，经行星变速箱和减速装置减速后，使钳头开口齿轮产生高低不同的转速，带动管具旋转，上、卸管具螺纹。图 13-4-7 为动力钳变速及传动原理图。

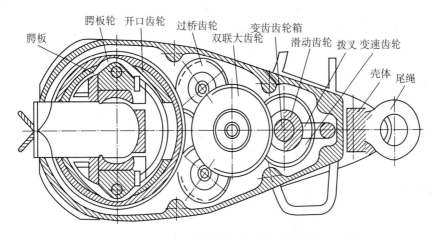

图 13-4-7　动力钳变速及传动原理图

5. 使用规程

（1）动力钳调平。调平是一件重要的工作，钳子不平不仅会打滑，而且会损坏钳子。钳子缺口进入钻具后，站在钳头前边检查钳头是否水平。如不平，转动吊杆上的螺旋杆或改变钢丝绳悬吊位置。左右基本调平后，观察上下钳两个堵头螺钉是否分别与钻具内外螺纹接头贴合。若有一个没贴合则说明钳子不平，可调节吊杆丝杆。一般，钳头上平面与转盘平面平行即可。

（2）调节转速。钳头转速与动力源供油量成正比，只要改变供油量，就能改变钳头转速。先将流量控制阀调到 2/3 量程处，测试钳头转速。若转速偏高，则降低流量。反之，增加流量。

（3）调节扭矩。钳头扭矩与液压成正比。调节方法是：将钳子调至高速挡位，夹住钻具接头后，上螺纹到钳子不转动时，关死钳子上的上扣溢流阀，调节动力源安全阀到规定压力，然后再打开上扣溢流阀，调到规定上螺纹的压力（即得到规定上螺纹扭矩）。注意，不能用低速挡调压，因为低挡扭矩太大，将会扭坏钻具接头。

（4）钳子在空载情况下运转时，系统表压不应超过 1.5MPa。

（5）操纵移送缸双向气阀移送钳子到井口时应慢速，平稳。严禁一次合上气阀，防止钳子快速向井口运动造成撞击。

（6）根据上卸螺纹的需要，将高低挡的双向气阀转到相应位置。使用中可不停车换挡。

（7）卸螺纹时，当外螺纹全部从内螺纹中旋出以后，即可将双向气阀向上紧螺纹方向转动复位。此时，钳子已松开钻具，即使钳子尚未复位，亦允许停车提立根。提出立根后继续复位，这样可以节约时间。

（8）外螺纹没有全部从内螺纹中旋出以前，不能上提，以防提滑顿钻。上钳没有松开钻具前，不允许上提，以免提出钳头浮动部分或钻具下砸，损坏机件。

（9）钻具全部起完或下完，则把所有液气阀复位，把止回阀转至关闭位置，停泵。关闭进气阀，切断气路。

（10）每次起钻之后，钳头及移送气缸活塞杆应用清水洗净并吹干。移送气缸活塞杆表面应涂上黄油，且伸出部分要全部收回缸内。

（11）搬家时，应封闭好液气管线接头，以防污物进入管线。

（12）液压系统的滤清器应根据使用情况，及时清洗或更换滤芯。

（13）齿轮箱机油和变速箱润滑脂要定期更换。

五、卡瓦

1. 手动卡瓦

（1）用途：卡住和悬持钻柱的工具。

（2）结构：手动卡瓦为三片式和多片式两种。三片式卡瓦如图 13-4-8 所示。四片式卡瓦如图 13-4-9 所示。

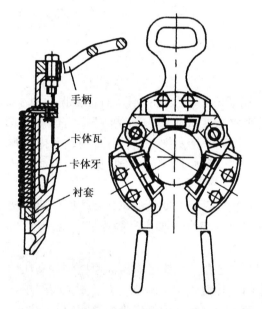

图 13-4-8　三片式卡瓦

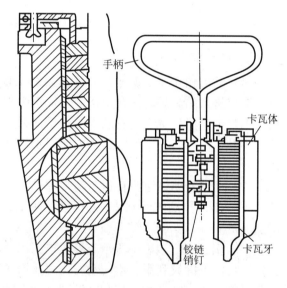

图 13-4-9　四片式卡瓦

（3）型号表示方法：

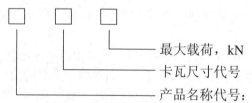

最大载荷，kN

卡瓦尺寸代号

产品名称代号：W表示钻杆卡瓦；WT表示钻铤卡瓦；WG表示套管卡瓦

（4）技术规格：

①钻杆卡瓦适用的钻杆直径为 $2^3/_8 \sim 7in$（60.3 ～ 177.8mm），按卡瓦牙与钻杆的接触长度分为短型、中型和加长型。产品一般符合 API Spec 7K 规范要求。钻杆卡瓦名义尺寸及最大载荷见表 13-4-13。

②钻铤卡瓦适用于卡持直径 $4^1/_2in$（114.3mm）至 $9^1/_2in$（241.3mm）的钻铤。产品一般符合 API Spec 7K 规范要求。钻铤卡瓦名义尺寸及最大载荷见表 13-4-14。

表 13-4-13　钻杆卡瓦名义尺寸及最大载荷

名义尺寸，mm	88.9			127		
尺寸代号	$3^1/_2$			5		
配用卡瓦牙尺寸，mm	60.3	73.0	88.9	101.6	1147.3	127.0
最大载荷，kN	675，1125			675，1125，2250		

表 13-4-14　钻铤卡瓦名义尺寸及最大载荷

名义尺寸，mm	127.0	139.0	168.3	177.8	193.7	219.1	244.5	273.0	298.4	339.7	406.4	508.0
尺寸代号	5	$5^1/_2$	$6^5/_8$	7	$7^5/_8$	$8^5/_8$	$9^5/_8$	$10^3/_4$	$11^3/_4$	$13^3/_8$	16	20
最大载荷，kN	1125，2250											1125

③套管卡瓦：套管卡瓦（江苏如东通用机械有限公司生产）具有 1：4 的卡瓦背锥（$8^5/_8$ 卡瓦除外），是卡持作用相一致的多片式设计。一套卡瓦中每片卡瓦体有相同的作用力，受力均匀，管柱不易变形。卡瓦应与具有 1：4 锥度的卡盘和内衬配套使用。产品符合 API Spec 7K 规范要求，规格见表 13-4-15。

表 13-4-15　套管卡瓦规格

适用管径		卡瓦体规格	卡瓦体总叶数	牙板数	锥度
in	mm				
7	177.8	$8^5/_8$ 卡瓦体	10	10	1：3
$7^5/_8$	193.7				
$8^5/_8$	219.1				
9	228.6	$10^3/_4$ 卡瓦体	10	10	1：4
$9^5/_8$	244.5				
$10^3/_4$	273.1				
$11^3/_4$	298.5	$13^3/_8$ 卡瓦体	12	12	
$12^3/_4$	323.9				
$13^3/_8$	339.7				
16	406.4		14	14	
$18^5/_8$	473.1		17	17	
20	508		17	17	

适用管径		卡瓦体规格	卡瓦体总叶数	牙板数	锥度
$22^1/_2$	571.5		19	19	
24	609.6		19	19	
26	660.4	$13^3/_8$ 卡瓦体	21	21	1 : 4
30	762		24	24	
36	914.4		28	28	
42	1066.8		32	32	

④转盘卡瓦一般有多种型式。有些卡瓦扣合范围广，重量轻，有些卡瓦背锥接触面大，强度高，耐磨性好。产品一般符合 API Spec 7K 规范要求，规格见表 13-4-16。

表 13-4-16　转盘卡瓦规格

卡瓦体尺寸		$4^1/_2$				
钻杆直径	in	$2^3/_8$	$2^7/_8$	$3^1/_2$	4	$4^1/_2$
	mm	60.3	73.0	88.9	101.6	114.3
卡瓦体尺寸		$5^1/_2$				
钻杆直径	in	$3^1/_2$	4	$4^1/_2$	5	$5^1/_2$
	mm	88.9	101.6	114.3	127	139.7
卡瓦体尺寸		7				
钻杆直径	in	$4^1/_2$	5	$5^1/_2$	$6^5/_8$	7
	mm	114.3	127	139.7	168.3	177.8

2. 安全卡瓦

（1）用途：用于卡紧并防止没有台肩的管柱从卡瓦中滑脱的工具。简单地增加或减少链节可适用各种管柱的需求。

（2）结构及工作原理。

安全卡瓦主要由卡板套、卡瓦牙、弹簧、调节丝杆、螺母、手柄及连接销等组成。如图 13-4-10 所示。产品符合 API Spec 7K 规范要求。

安全卡瓦靠拧紧调节螺杆的螺母达到初步卡紧管柱，卡紧在卡瓦之上一定距离，当管柱下滑时，卡瓦牙沿牙板套斜面滑动，从而将管柱卡得更紧，以防止管柱落井。

（3）安全卡瓦使用节数见表 13-4-17。

3. 气动型套管卡瓦 / 吊卡

（1）用途：气动卡瓦是一种钻井作业中起下钻杆和钻铤及卡持套管等管柱的气动操作工具。适用于 $17^1/_2 \sim 37^1/_2$ in 转盘使用，该气动卡瓦具有机械化作业程度高，操作方便，提升力大，适用范围广，安全可靠，可降低劳动强度，较大幅度地提高作业效率。产品符合 API Spec 7K 规范要求。

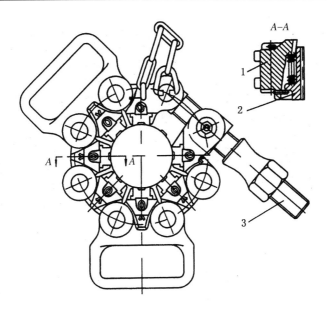

图 13-4-10 安全卡瓦
1—牙板套；2—卡瓦牙；3—调节螺杆

表 13-4-17 安全卡瓦使用节数

适用管径 mm（in）	链节数	适用管径 mm（in）	链节数
73.0 ~ 104.8 （$2^7/_8$ ~ $4^1/_8$）	7	403.2 ~ 431.8 （$15^7/_8$ ~ 17）	17
101.6 ~ 127.0 （4 ~ 5）	8	431.8 ~ 469.9 （17 ~ $18^1/_2$）	18
110.2 ~ 142.9 （$4^1/_2$ ~ $5^5/_8$）	7	460.4 ~ 492.1 （$18^1/_8$ ~ $19^3/_8$）	19
139.7 ~ 177.8 （$5^1/_2$ ~ 7）	8	492.1 ~ 517.5 （$19^3/_8$ ~ $20^3/_8$）	19
171.4 ~ 209.6 （$6^3/_4$ ~ $8^1/_4$）	9	517.5 ~ 546.1 （$20^3/_8$ ~ $21^1/_2$）	20
203.2 ~ 235.0 （8 ~ $9^1/_4$）	10	533.4 ~ 574.7 （21 ~ $22^5/_8$）	21
235.0 ~ 266.7 （$9^1/_4$ ~ $10^1/_2$）	11	574.7 ~ 577.9 （$22^5/_8$ ~ $23^3/_4$）	22
266.7 ~ 292.1 （$10^1/_2$ ~ $11^1/_2$）	12	577.9 ~ 631.8 （$23^3/_4$ ~ $24^7/_8$）	23
292.1 ~ 317.5 （$11^1/_2$ ~ $12^1/_2$）	13	631.8 ~ 660.4 （$24^7/_8$ ~ 26）	24
317.5 ~ 346.1 （$12^1/_2$ ~ $13^5/_8$）	14	660.4 ~ 689.0 （26 ~ $27^1/_8$）	25
346.1 ~ 374.7 （$13^5/_8$ ~ $14^3/_4$）	15	746.1 ~ 774.7 （$29^3/_8$ ~ $30^1/_2$）	28
374.7 ~ 403.2 （$14^3/_4$ ~ $15^7/_8$）	16		

用于卡持套管柱时，既可单独作为卡瓦使用，又可作吊卡使用，可气动操作，也可手动操作。

（2）结构：如图 13-4-11 所示。可做卡瓦用，也可做吊卡用。

（3）技术参数：见表 13-4-18。

4. 多节卡瓦

（1）结构：如图 13-4-12 所示。

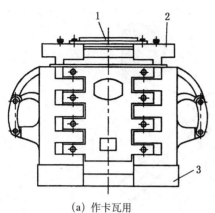

(a) 作卡瓦用

1—上扶正块；2—上护盖；3—转盘连接盘

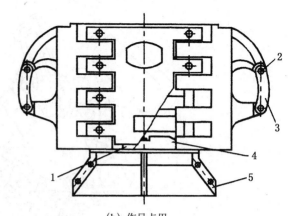

(b) 作吊卡用

1—下扶正前块；2—上插锁；3—耳环；
4—下扶正块；5—下导向罩

图 13-4-11 安全卡瓦结构

表 13-4-18 气动卡瓦参数

型　号	卡持管径，in		最大载荷 kN(t)	额定工作压力 MPa	适用转盘
	卡瓦体	管径			
PS175	$3^1/_2$	$2^3/_8 8 \sim 3^1/_2$	1334 (150)		$17^1/_2$
	$5^1/_2$	$4 \sim 5^3/_4$			
PS205	$3^1/_2$	$2^3/_8 \sim 3^1/_2$			$20^1/_2$
	$5^1/_2$	$4 \sim 5^3/_4$			
PS275	$3^1/_2$	$2^3/_8 \sim 3^1/_2$	2224 (250)		$27^1/_2$
	$5^1/_2$	$4 \sim 5^3/_4$			
	$7^5/_8$	$6^5/_8 \sim 7^3/_4$			
	$9^5/_8$	$8^5/_8 \sim 9^7/_8$		0.6 ~ 0.8	
PS375	$5^1/_2$	$4^1/_2 \sim 5^3/_4$	4448 (500)		$37^1/_2$
	$7^5/_8$	$6^5/_8 \sim 7^3/_4$			
	$9^5/_8$	$8^5/_8 \sim 9^7/_8$			
	$11^3/_4$	$10^3/_4 \sim 11^7/_8$			
	14	$13^3/_8 \sim 14$			
PS16	$3^1/_2$	$2^3/_8 \sim 3^1/_2$	3114 (350)		
	$5^1/_2$	$4 \sim 5^3/_4$			
	$7^5/_8$	$6^5/_8 \sim 7^3/_4$			

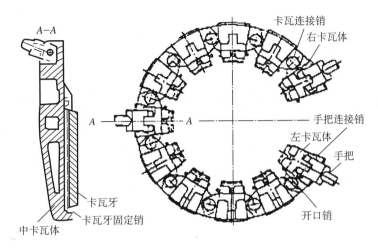

图 13-4-12　多节卡瓦

（2）技术规格：见表 13-4-19。

表 13-4-19　多节套管卡瓦规格

套管外径	in	$6^5/_8 \sim 7^5/_8$	$8^5/_8$	$9^5/_8$	$10^3/_4$	$11^3/_4$	$13^3/_8$	16	$18^5/_8$	20	24	26	30
	mm	168 ~ 193	219	244	273	298	340	406	457	508	610	660	762
卡瓦节数		12	13	14	15	17	18	21	25	26	30	33	37
手把数		3	3	4	4	4	4	4	4	4	4	4	4
套管外径	in	$3^1/_2 \sim 4^3/_4$	$4^1/_2 \sim 7$		$6^3/_4 \sim 8^1/_4$		$8 \sim 9^1/_2$		$8^1/_2 \sim 10$		$9^1/_4 \sim 11^1/_4$		$11 \sim 12^3/_4$
	mm	88.9 ~ 120.65	114.3 ~ 177.8		171.45 ~ 209.55		206.3 ~ 241.3		215.9 ~ 254		234.95 ~ 285.75		279.4 ~ 323.85
卡瓦节数		7	9		11		12		13		14		15

5. 动力卡瓦

动力卡瓦按安装位置不同分为法兰式动力卡瓦和转盘式动力卡瓦两种。

1）安装在井口法兰上的动力卡瓦

（1）结构：这种卡瓦主要由气控系统、定位销、大方瓦、阶梯补心、底部导向、滑环和卡瓦体等组成。其结构如图 13-4-13 所示。

（2）工作原理。

这种动力卡瓦安装在井口法兰上，或装在普通转盘的转台上。它通过气缸来提放卡瓦并支撑在某一位置。

气缸用支架安装在井口法兰上或转盘体侧面，气缸顶端装有可旋转的滑环。气缸运动由拨叉带动滑环，并通过杠杆机构带动卡瓦动作。拨叉使滑环下行时，卡瓦上移到最高位置，此时卡瓦体在自重作用下自行张开，允许管柱从卡瓦中心自由通过。反之，使滑环上行，则卡瓦体下移，并沿底部导向锥孔收拢，卡住管柱。

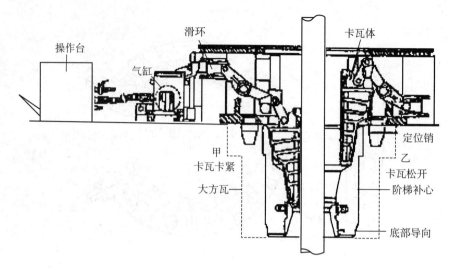

图 13-4-13 装在井口的动力卡瓦

当卡瓦安装在转盘外侧时，允许转盘在拨叉和滑环做相对运动条件下转动管柱。卡瓦的张闭动作由操作台旁的脚踏板控制。

卡瓦上行靠气动和管柱上行的摩擦力共同作用。这种装置有侧面活门，可使装置随时离开井口。

2）安装在转盘内的动力卡瓦

（1）结构：这种卡瓦主要由气控系统、气缸、转盘、卡瓦、卡瓦导杆、支架、提环、卡瓦座、滑环和拨叉等组成。如图 13-4-14 所示。

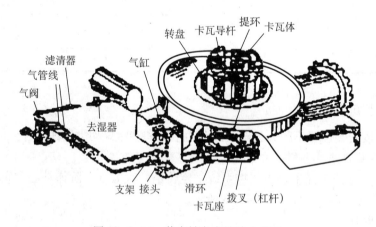

图 13-4-14 装在转盘内的动力卡瓦

（2）工作原理：这种卡瓦以卡瓦座代替转盘大方瓦，卡瓦座内壁上开有 4 个斜槽。4 片卡瓦体沿槽升降。卡瓦沿槽下降时向中心收拢，卡紧管柱。反之，卡瓦上行时向外张开而松开管柱。

卡瓦升降靠气缸通过拨叉、导杆和滑环动作进行。气缸用支架固定在转盘体上，用脚踏气阀控制。

卡瓦尺寸可根据管柱直径更换。卡瓦座、导杆和滑环等可以从转盘中取出。

六、补心

1. 滚子方补心

（1）用途：用于与转盘方瓦配合，驱动方钻杆的工具。

（2）结构：驱动方式有四方驱动、六方驱动和销轴驱动。图13-4-15是滚子方补心的典型结构。

（3）技术规格见表13-4-20。

（4）使用技术要求。

方钻杆和滚子之间的间隙为0.25～1mm，最大不超过3mm，滚子磨损量不超过3.2mm。

（5）操作。

①慢提方钻杆，让方钻杆的加厚端接触滚轮，但应避免撞击滚轮。

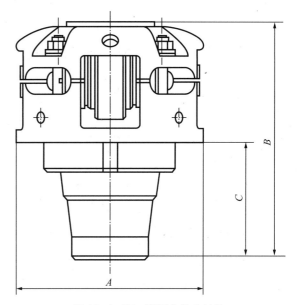

图13-4-15　滚子方补心结构

表13-4-20　滚子方补心技术规格

型号	适用的方钻杆方宽		A	B	C
	mm	in	mm	mm	mm
GF89（3）	88.9～158.8	$2\frac{1}{2}$～$6\frac{1}{4}$	682	762	356
GF64（2）	63.5～108.0	$2\frac{1}{2}$～$4\frac{1}{4}$	470	680	321

②对准井眼，下方补心，慢慢转动转盘，使补心方体进入转盘大方瓦内。这时，底座锥体便和大方瓦锥孔接触。经常检查补心下座端面的间隙。如果大方瓦或方补心锥度磨损严重时，应及时更换。

（6）维护保养。

①方钻杆驱动面与滚子之间的间隙应为0.25～1mm，最大不得超过3mm。

②方补心上盖和下座之间间隙为3mm，当M38螺母紧固后，上盖向上移动量不得超过0.3mm。

③检查滚针轴承罩，如果手转不动则不能再用了。

④每周检查与保养：检查上盖大螺母是否松动并给滚轮轴承加润滑脂。

⑤完井后作如下检查与保养：

a. 用压软金属法检查滚轮与方钻杆之间是否仍在3mm之内；

b. 用棒撬动滚轮判断轴和滚针轴承的磨损情况，检查移动量是否大于0.8mm；

c. 转动滚轮测量磨损深度是否大于3.2mm。

以上三项指标未超过允许值时，可以继续使用，否则必须检修或换新。

2. 钻具补心

（1）作用：可放入 API 标准的钻杆卡瓦和钻铤卡瓦滚子方补心，有整体结构和分体结构，有四方驱动、六方驱动和销轴驱动等方式。

（2）规格：钻具补心适用范围为 $17^1/_2 \sim 49^1/_2$in 的转盘，产品符合 API Spec 7K 的规范要求。见表13-4-21。

表13-4-21　钻具补心规格

补心型式	适用转盘，in	内衬	卡持管径，in
分体 （四方驱动）	$17^1/_2$	—	$2^3/_8 \sim 8^5/_8$
	18		
	$20^1/_2$		
	23		
	$27^1/_2$		
整体 （四方驱动）	$17^1/_2$	1011	$2^3/_8 \sim 7^5/_8$
		1024	$2^3/_8 \sim 8^5/_8$
	$20^1/_2$	1011	$2^3/_8 \sim 7^5/_8$
		1024	$2^3/_8 \sim 8^5/_8$
	22	1011	$2^3/_8 \sim 7^5/_8$
		1024	$2^3/_8 \sim 8^5/_8$
	23	1011	$2^3/_8 \sim 7^5/_8$
		1024	$2^3/_8 \sim 8^5/_8$
	$27^1/_2$	1022	$2^3/_8 \sim 7^5/_8$
		1025	$2^3/_8 \sim 8^5/_8$
		1026	$9^3/_8 \sim 10^3/_4$
分体 （销驱动）	$17^1/_2$	—	$2^3/_8 \sim 8^5/_8$
	$20^1/_2$		$2^3/_8 \sim 8^5/_8$
MSPC 整体 （销驱动）	$20^1/_2$	Bowl 1809	$2^3/_8 \sim 8^5/_8$
		Bowl 1902	$9.5/8 \sim 10^3/_4$
		Body only 1805	$11.3/4 \sim 13^3/_8$
	23	Bowl 1810 (No.3)	$2^3/_8 \sim 8^5/_8$
		Bowl 1904 (No.2)	$9.5/8 \sim 10^3/_4$
		Bowl 1903 (No.1)	$11.3/4 \sim 13^3/_8$
	$27^1/_2$	Bowl 1810 (No.3)	$2^3/_8 \sim 8^5/_8$
		Bowl 1904 (No.2)	$9.5/8 \sim 10^3/_4$
		Bowl 1903 (No.1)	$11.3/4 \sim 13^3/_8$
分体（销驱动）	$27^1/_2$	—	$2^3/_8 \sim 8^5/_8$

续表

补心型式	适用转盘, in	内衬	卡持管径, in
分体 (销驱动)	37$\frac{1}{2}$	Bowl 6608 (No.3)	2$\frac{3}{8}$ ～ 8$\frac{5}{8}$
		Bowl 6609 (No.2)	9.5/8 ～ 1$\frac{3}{4}$
		Bowl 6610 (No.1)	11.3/4 ～ 13$\frac{3}{8}$
	49$\frac{1}{2}$	MPCH37.1/2+Bowl 6608 (No.3)	2$\frac{3}{8}$ ～ 8$\frac{5}{8}$
		MPCH37.1/2+Bowl 6609 (No.2)	9.5/8 ～ 10$\frac{3}{4}$
		MPCH37.1/2+Bowl 6610 (No.1)	11.3/4 ～ 13$\frac{3}{8}$

3. 套管补心

(1) 作用：套管补心及内衬，可用于卡持 2$\frac{3}{8}$in 至 30in 的套管。有整体式补心和剖分式补心。内锥符合 API Spec 7K 规范要求。

(2) 规格：见表 13－4－22。

表 13－4－22　套管补心规格

转盘尺寸 in		套管尺寸, in							
		2$\frac{3}{8}$ ～ 8$\frac{5}{8}$	9$\frac{5}{8}$ ～ 10$\frac{3}{4}$	11$\frac{3}{4}$ ～ 13$\frac{3}{8}$	16	18$\frac{5}{8}$ ～ 20	24	26	30
17$\frac{1}{2}$ ～ 20$\frac{1}{2}$	CU	体 3102+ 内衬 1809	体 3102+ 内衬 1902	体 3102	—	—	—	—	—
27$\frac{1}{2}$	CUL	体 3103+3105 + 内衬 1809	体 3103+ 3105+ 内衬 1902	体 3103+ 内衬 3105	体 3103+ 内衬 3104	体 3103	—	—	—
	CB	体 6695+ 6126A+ 内衬 6115	体 6695+ 6126A+ 内衬 6114	体 6695+ 内衬 6126A	体 6695+ 内衬 6127	体 6695	—	—	—
37$\frac{1}{2}$		体 20+6126A+ 内衬 6115	体 20+6126A+ 内衬 6114	体 20+ 内衬 6126A	体 20+ 内衬 6127	体 20	体 24	体 26	体 30

4. 方补心

方补心外四方与方瓦内孔相配，内方孔与方钻杆相配将扭矩传递给方钻杆。方补心的主要规格有 2$\frac{1}{2}$ ～ 6 等 10 种规格，适用于 ZP135—ZP275 转盘。其外四方和内四方均符合相关标准要求。规格见表 13－4－23。

表 13－4－23　方补心规格

补心名称	使用方钻杆	补心名称	使用方钻杆
1$\frac{1}{2}$in 补心	2$\frac{1}{2}$in 方钻杆	4$\frac{1}{4}$in 方补心	4$\frac{1}{4}$in 方钻杆
2$\frac{7}{8}$in 补心	2$\frac{7}{8}$in 方钻杆	4$\frac{1}{2}$in 方补心	4$\frac{1}{2}$in 方钻杆
3in 方补心	3in 方钻杆	5$\frac{1}{4}$in 方补心	5$\frac{1}{4}$in 方钻杆

补心名称	使用方钻杆	补心名称	使用方钻杆
$3\frac{1}{2}$in 方补心	$3\frac{1}{2}$in 方钻杆	$5\frac{1}{2}$in 方补心	$5\frac{1}{2}$in 方钻杆
4in 方补心	4in 方钻杆	6in 方补心	6in 方钻杆

七、提升短节

1. 用途及分类

提升短节是用来连接无台肩的钻铤等管柱,配合卡瓦进行起下钻作业的钻井工具。按结构分为整体式和分体式两种。按台肩面分为直台肩式和斜台肩式。

2. 结构

如图 13-4-16 所示。

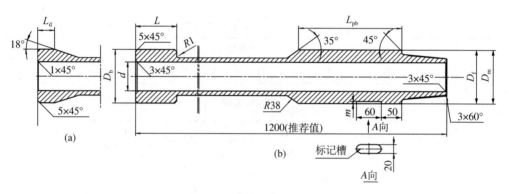

图 13-4-16 提升短节

3. 执行标准及型号表示方法

1) 执行标准

SY/T 5699《提升短节》。

2) 型号表示方法

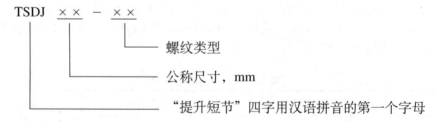

例如,TSDJ127-NC50 是指公称尺寸为 127.0mm,螺纹类型为 NC50 的提升短节。

4. 技术规格

提升短节技术规格见表 13-4-24。

表 13-4-24　提升短节规格

序号	公称尺寸 $D\pm0.8$ (1/32) mm (in)	内径 d, mm	外螺纹接头				提升端		
			螺纹类型	外径 $D_f\pm0.8$ ($\pm1/32$) mm (in)	倒角直径 D_f, mm	大钳咬合长度 L_{pb}, mm	外径 $D_b\pm0.8$ mm	吊卡台肩根部圆角半径 $R_{SE}\pm0.04$ mm	大钳咬合长度 L_d, mm
1	73.0 ($2^7/_8$)	31.8	NC23	79.4	76.2	250.0	111.1	4.8	100.0
2		44.5	NC26	88.9	82.9				
3	88.9 ($3^1/_2$)	54.0	NC31	104.8	100.4		127.0		
4		50.8	NC35	120.7	114.7				
5		68.3	NC38	127.0	121.0				
6	127.0 (5)	71.4	NC44	152.4	144.5		168.3	6.4	
7				158.8	149.2				
8		82.6	NC46	158.8	150.0				
9				165.1	154.8				
10				171.5	159.5				
11		95.3	NC50	177.8	164.7				
12				184.2	169.5				
13			NC56	196.8	185.3	300.0			
14				203.2	190.1				
15			$6^5/_8$REG	209.6	195.7				
16			NC61	228.6	212.7				
17			$7^5/_8$REG	241.3	223.8				
18			NC70	247.7	232.6				
19				254.0	237.3				
20			NC77	279.4	260.7				

5. 维护保养

螺纹部分和台肩端面需涂上中性防护油。

第五节　石油钻井钢丝绳

钻井钢丝绳在油田不仅消耗量大，而且对油井、设备和人员安全具有十分重要的影响，尤其是旋转钻井钢丝绳，因而一直受到高度关注。

一、钻井钢丝绳基本要求与技术参数

1. 钻井钢丝绳基本要求

（1）钢丝绳结构。钻井钢丝绳失效主要有两种形式：磨损与疲劳。由于钻井钢丝绳在滚筒上为多层缠绕，绳芯应选择金属芯而不是纤维芯。选择压实股钢丝绳也可以显著提高钻井钢丝绳的性能，其不仅与匹配轮接触面积大，抗挤压能力强，破断拉力高，而且在使用过程中结构更加稳定。

（2）钢丝绳捻制类型。钻井钢丝绳捻制类型只有交互捻。钢丝绳捻向选择遵循原则是：当将滚筒视为静止时，钢丝绳在滚筒上第一层缠绕方向和钢丝绳捻向相反。不同捻向钢丝绳在滚筒上正确的缠绕方式如图 13−5−1 和图 13−5−2 所示。

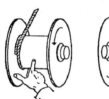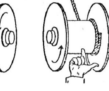

　图 13−5−1　右捻钢丝绳正确缠绕　　　　图 13−5−2　左捻钢丝绳正确缠绕

（3）钢丝绳级别。钢丝绳按照钢级概念分为优质犁钢级（IPS 级）、超级犁钢级（EIP 级）和超强犁钢级（EEIP 级）（注：IPS 级、EIP 级、EEIP 级有时也依次用 IP、XIP、XXIP 表示），按照抗拉强度数值概念分为 1770MPa 级、1960MPa 级和 2160MPa 级。EIP 级应用最为普遍，IPS 级应用逐渐减少，而 EEIP 级应用不多。很少使用抗拉强度数值的概念。

（4）钢丝绳表面状态。钢丝绳通常采用光面（无镀层）或镀锌（锌铝合金）钢丝捻制，绝大多数情况采用光面钢丝。当采用镀锌钢丝时，镀锌钢丝生产工艺为镀后拉拔或中镀后拔，钢丝性能应与光面钢丝相同。

（5）钢丝绳松散性。任何结构与规格的钻井钢丝绳均应按照不松散状态捻制。

2. 钻井钢丝绳技术参数

$6 \times 19S$–IWRC、$6 \times 21S$–IWRC、$6 \times 26WS$–IWRC 和 $6 \times 25F$–IWRC 等典型结构、不同规格、不同级别钻井钢丝绳技术参数见表 13−5−1。对于公称直径 d（mm）不在表列，不同级别 R_r（MPa）钻井钢丝绳，其最小破断拉力 F_{min}（kN）和近似质量 m（kg/m）按照下式计算：

$$F_{min}=0.356 \times d^2 \cdot R_r/1000$$

$$m=0.400 \times d^2$$

注：钢丝绳级别采用钢级概念时，F_{min} 没有计算公式，相关数据需要协商。

如果为了提高钻井钢丝绳最小破断拉力而选择压实股钢丝绳时，相关技术参数需要和钢丝绳制造商协商。

表 13-5-1 钻井钢丝绳技术参数

钢丝绳公称直径 d		近似质量 m		最小破断拉力 F_{min}, kN					
mm	in	kg/m	lb/ft	1770MPa	1960MPa	2160MPa	IPS	EIP	EEIP
22	—	2.02	—	305	338	372	—	—	—
22.2	$^7/_8$	—	1.48	—	—	—	308	354	390
24	—	—	—	363	402	443	—	—	—
25.4	1	2.40	1.93	—	—	—	399	460	506
26	—	2.82	—	426	472	520	—	—	—
28	—	3.27	—	494	547	603	—	—	—
28.6	$1^1/_8$	—	2.45	—	—	—	503	578	636
31.8	$1^1/_4$	—	3.02	—	—	—	617	711	782
32	—	4.27	—	645	725	787	—	—	—
34.9	$1^3/_8$	—	3.66	—	—	—	743	854	943
35	—	5.11	—	772	855	942	—	—	—
36	—	5.40	—	817	904	997	—	—	—
38	—	6.02	—	910	1010	1110	—	—	—
38.1	$1^1/_2$	—	4.35	—	—	—	880	1010	1110
40	—	6.67	—	1010	1120	1230	—	—	—
41.3	$1^5/_8$	—	5.11	—	—	—	1020	1170	1300
44	—	8.07	—	1220	1350	1490	—	—	—
44.5	$1^3/_4$	—	5.92	—	—	—	1180	1360	1500
45	—	8.44	—	1280	1410	1560	—	—	—
47.6	$1^7/_8$	—	6.80	—	—	—	1350	1550	1710
48	—	9.61	—	1450	1610	1770	—	—	—
50.8	2	—	7.73	—	—	—	1530	1760	1930
51	—	10.80	—	1640	1840	2000	—	—	—

注：钢丝绳直径偏差 0 ～ +5%。

二、如何延长钻井钢丝绳使用寿命

1. 注意钢丝绳的现场使用和维护

1）正确搬运钢丝绳

（1）链条捆吊。链条捆吊整卷（盘）钢丝绳时，应在链条和钢丝绳之间衬垫木块，避免钢丝受到损伤或股绳被挤压变形。

（2）使用撬杠。撬杠移动钢丝绳轮时，撬杠应抵在绳轮轮缘上，而不能抵在钢丝绳上，避免钢丝受到损伤或股绳被挤压变形。

（3）避开尖利物。钢丝绳不能在任何硬物上滚动或停放，也不要落在坚硬和尖利的物体上，因为那样会碰伤或划伤钢丝绳。

（4）小心装卸。禁止将钢丝绳从卡车或钻台上等高处直接推下，防止钢丝绳受到损伤或损坏绳轮。

（5）避开有害物。避免将钢丝绳滚入或放在任何对钢材有害的物质中，例如泥浆、污物或炉渣等，以免损害钢丝性能。

（6）使用辅助搬运工具。使用一些木板或框架等辅助工具搬运钢丝绳，不仅有助于装卸，还能避免钢丝绳受损。

图 13-5-3　无轴钢丝绳放出

（7）不同包装方式钢丝绳正确的放绳。将绳轮置于可使绳轮转动的支架上，然后拽引绳端，使其平直伸展，否则，会导致钢丝绳打结。卷筒应该放在一个相对恰当位置，以免钢丝绳穿到天车上时与井架构件或其他障碍物摩擦，并通过选择合适导向滑轮，使钢丝绳与障碍物保持一定距离。不同包装方式的钢丝绳正确的放绳方法如图 13-5-3 和图 13-5-4 所示。

（8）千斤顶顶起。可使用适当的千斤顶把将绳轮顶离地面并将其固定，以便绳轮能按照要求绕轴转动。

（9）钢丝绳张紧。钢丝绳离开绳轮就应使其张紧，这就要限制绳轮的转动速度。使用木棒或木板可提供可靠的阻尼。当在滚筒上缠绕钢丝绳时，也要保持张力，以实现钢丝绳紧密缠绕。如图 13-5-5 所示。

图 13-5-4　从绳轮上放绳

图 13-5-5　阻尼带向滚筒缠绕钢丝绳施加张力

（10）正确穿绕钢丝绳。滑轮组穿绳。滑轮组穿绳应当能把钢丝绳对滑轮绳槽侧面的磨损降低到最低程度。

（11）换绳和切断。换绳时，从钻机天车上引绳穿挂游动滑车。既可减少钢丝绳与防护罩或隔板的摩擦，也可防止钢丝绳打扭。处理故障和切断钢丝绳时也应如此。

（12）新旧绳连接。更换新绳时，应将新绳与旧绳通过旋转式绳扣连接，这样可防止一根绳上的扭劲传到另一根绳。不能将新旧钢丝绳绳头焊在一起穿入系统。应注意旋转式绳扣是否合适。

（13）钢丝绳锤击。不允许用钢质锤子、斧子或撬杠之类物体敲击钢丝绳，以免钢丝出现刻痕和擦伤。即使使用软金属锤子敲击，也会损坏钢丝。排紧钢丝绳时，应垫木块，敲击要特别小心。

（14）钢丝绳清洁。使用有机溶剂可能对钢丝绳造成损害，如果其表面粘上了污物或沙砾，应用刷子清理。

（15）滚筒剩余长度或剩余圈数。把钢丝绳在滚筒绳槽中固定后，滚筒剩余长度钢丝绳的长度或剩余圈数应符合设备制造厂的要求。

（16）滚筒上的安全绳数。游动滑车处在下死点位置时，如果绞车滚筒是带槽的，在滚筒上至少应留有9圈钢丝绳。如果滚筒是无槽的，则在滚筒上至少留一整层钢丝绳。

（17）死绳固定器。死绳固定器的尺寸、型式和状况对钢丝绳有一定影响，一般死绳固定器的轮槽直径不应小于钢丝绳公称直径的15倍。

2）钢丝绳使用过程中的维护

（1）钢丝绳扭结。特别注意防止钢丝绳扭结，因为扭结会引起钢丝绳结构破坏与承载能力的显著降低。

（2）新钢丝绳初期使用。新钢丝绳不要立即在高速或重载下直接使用。只要可能，应在控制负荷和速度的情况下短时期使用，先把钢丝绳调整到适应工作条件的状态，再逐步提高其运行速度和提升载荷，即新钢丝绳在进行高速或重负荷作业前必须经过初期磨合。通常将3个钻杆立根起下15次就可正常使用。

（3）新的取岩心钢丝绳或抽汲钢丝绳。如果新的取岩心钢丝绳或抽汲钢丝绳在第一次换上时出现大的波浪，应在开始试用的最初几次行程，可增加2～4根加重杆，以便把绳绷直。

（4）安全系数。钢丝绳在接近最小安全系数状态时运行，应当特别注意钢丝绳和有关设备应处于良好工作条件。操作应特别小心，尽量减少振动、冲击和剧烈的加速或减速。钢丝绳不允许在小于最小安全系数的情况下使用。旋转钻井绳和捞砂绳必须保证的最小安全系数均为3。保持高的安全系数，可使钢丝绳获得较长的使用寿命。快绳拉力等于快绳系数乘以大钩载荷或指重表读数。钢丝绳在最小安全系数附近工作，应考虑绕经滑轮、器材和滚筒而弯曲的钢丝绳效率。

（5）在滚筒上缠绕。钢丝绳在滚筒上应均匀和紧密缠绕，防止其在工作时由于相互挤压导致结构破坏和产生早期断丝。

（6）施加载荷。突然或剧烈地加载对钢丝绳非常有害，任何时候均应尽可能避免。每次冲击虽然只是瞬间加载，但隐含极大的危害性。冲击载荷超过钢丝绳允许工作应力时就会产生断绳。即使冲击载荷不一定导致钢丝绳断裂，但多次冲击，将会严重缩短其使用寿命，尤其对于已经使用了一段时间的钢丝绳。

（7）工作速度。经验证明，钢丝绳磨损随工作速度的增大而增加。应避免在运行中速度急剧变化，避免突然或剧烈加载以及猛烈刹车，以减少对钢丝绳的损伤。

（8）绳速。尽管游动滑车上行时是轻载荷，但过高的速度也可能损害钢丝绳。

（9）压板压紧钢丝绳。压板压紧钢丝绳，使死绳端钢丝绳不至于打扭、压扁或挤坏。死绳端的紧固与系统其他部分的紧固同样重要。死绳端紧固系统由滚筒和紧固压紧装置组成，它们要有足够的强度来承受载荷，并且在以后使用时也不损坏，此压紧装置还应尽量避免对钢丝绳产生损害，以免影响钢丝绳在绳轮系统中的使用。

（10）润滑。钢丝绳在制造期间良好的润滑，能够对其在运输、存储和使用前期提供足够的腐蚀保护，然而，为了获得最佳的使用性能，大多数钢丝绳将得益使用期间的补充润滑。润滑油既不应呈酸性也不应呈碱性。

（11）磨损的滑轮和卷筒。已磨损的滑轮绳槽和滚筒绳槽将导致钢丝绳过度磨损。

（12）滑轮的对准中心。无论是有槽滚筒还是光面滚筒，快绳滑轮应处于提升滚筒长度的中心，否则，钢丝绳将趋向于堆积在卷筒的边缘或造成靠近卷筒轮缘的钢丝绳缠绕圈之间出现缝隙，同时在交叉位置增加对钢丝绳的压力。

（13）滑轮槽。快绳滑轮的形状和状况对钢丝绳使用寿命影响重大，应当定期按照API RP 9B 或 SY/T 6666 规定对滑轮绳槽进行检查、更换和修复，以防止钢丝绳寿命被显著缩短。

（14）新钢丝绳安装。当把新钢丝绳安在旧滑轮上时，应对滑轮表面及尺寸进行认真检查。

（15）滑轮的润滑。为了保证钢丝绳经过滑轮时受到的阻力最小，所有滑轮都应保持良好的润滑状态。

（16）环境温度。钢丝绳在寒冷地区（−40℃以下）使用，环境温度不会导致碳素钢钢丝性能的降低，但应该使用耐低温性能特殊的润滑油脂，否则，会显著影响钢丝绳使用寿命。

（17）钢丝绳早期破坏。应特别注意把钢丝绳合适地缠绕在滚筒上，以避免过度摩擦使钢丝表面可能形成马氏体。钢丝绳在已磨损滑轮绳槽内过度摩擦、打滑或沿井架构件过度摩擦也可能形成马氏体。在滚筒和快绳轮间使用一个钢丝绳导向器可降低钢丝绳的摆动，并能防止钢丝绳紧贴井架磨损。钢丝绳外层钢丝表面出现马氏体是一种迹象，表明钢丝表面产生了足够的摩擦热。马氏体层的原始裂纹导致钢丝绳外层钢丝出现裂纹。若这种组织已经形成，则大多数钢丝断裂都可以归结为马氏体的存在。

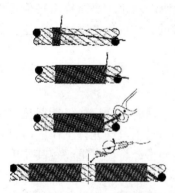

图 13-5-6　钢丝绳的捆扎

（18）正确进行钢丝绳捆扎。钢丝绳切断之前，切头两边都要用铁丝或绞线牢固捆扎。上绳帽时，应在钢丝绳末端与绳帽之间捆扎两处。捆扎总长度至少为钢丝绳公称直径的 2 倍，并要牢固地缠紧，以能防止钢丝绳散开，并保证各股都承受相同的拉力。推荐捆扎钢丝绳步骤如图 13-5-6 所示。

3）正确安装绳卡

（1）类型和强度。在钢丝绳上安装绳卡被广泛使用。推荐使用 U 形螺栓式或双马鞍形锻造绳卡。严格按照规范方法安装，对 6 股钢丝绳，绳卡联结处强度约为钢丝绳公称破断拉力的 80%。

（2）折回（或回弯）钢丝绳。安装绳卡时要将钢丝绳折回形成一个套环形。折回钢丝绳长度取决于钢丝绳直径和需承受负荷。

（3）绳套环。首先用铁丝把椭圆形套环绑到钢丝绳的合适位置，然后把钢丝绳绕其弯转，并用铁丝把这两部分暂时捆扎在一起。

（4）绳卡的安装和数量。所需要绳卡数量按 API RP 9B 或 SY/T 6666 规定选择。绳卡的鞍形压帽应骑在长绳端，U 形螺栓则应骑在短绳端。正确与错误的绳卡安装如图 13-5-7 和图 13-5-8 所示。安装第一个绳卡距死绳端应有足够距离。轮流均匀上紧各个螺母，并按规定扭矩旋紧。当需要更多绳卡时，第二个绳卡尽可能挨着套环安装。牢固地转动螺母，但是不要上紧。其他绳卡应等距安装。拉紧松弛钢丝绳，交替均匀上紧各个螺母，旋紧扭矩应符合标准要求。

　　　　图 13-5-7　钢丝绳卡安装正确　　　　　　　　　图 13-5-8　钢丝绳卡安装错误

（5）加载和重新旋紧。第一次对安装绳卡的钢丝绳绳端施加载荷。施加载荷应等于或略大于使用中要求的载荷。接着检查并上紧各螺母达到规定的扭矩。钢丝绳使用过程中，应定期对绳卡和螺母进行检查、维护。

（6）绳扣的使用。无论有无绳卡，打绳扣均不符合要求，因为那样做会使钢丝绳变形和削弱其承载能力。

4）掌握下套管钢丝绳和钻井钢丝绳正确的穿绳方法

下套管钢丝绳和钻井钢丝绳穿绳，在缠绕系统中变动的因素通常只有两个，即天车和游车的滑轮数以及死绳固定器的位置。最常用方案是采用左旋缠绕方式，将死绳固定器装在井架大门左侧。从各种缠绕方案中选定最佳方案时，应考虑的基本因素是：其一，从绞车滚筒到天车第一滑轮以及从天车滑轮到游动滑车的角度要尽可能小；其二，天车和游车平衡适当；其三，将装绳数从少变多或从多变少的比较方便；其四，为了井架工的安全和方便作业，将死绳安排在靠二层台的一侧；其五，死绳固定器的位置及其对作用于井架的最大额定大钩静负荷的影响。

5）正确选择钢丝绳

（1）选择钢丝绳考虑的因素。应根据钻机类型、滑轮尺寸、最大钻柱重量、最大钩载及使用环境温度等因素，选择合适结构、尺寸、级别、捻法、捻向、长度和润滑的钢丝绳。

（2）钢丝绳结构。钻井钢丝绳结构应按照 API RP 9B 或 SY/T 6666 进行结构选择，当选择压实股钢丝绳时，绳芯也应为金属芯。也可选择压实股钢芯钢丝绳，即可以选择 6 股钢丝绳，也可以选择 8 股钢丝绳。

（3）钢丝绳级别。钢丝绳优先考虑 EIP 级，如果要求钢丝绳破断拉力值高时，考虑选择压实股钢丝绳，EEIP 级钢丝绳应该慎用，应并逐渐淘汰 IPS 级钢丝绳。

（4）钢丝绳捻法与捻向。钢丝绳应该选择交互捻，捻向根据图 13-5-1 和图 13-5-2 确定。

（5）润滑。钢丝绳在生产过程中应得到良好的润滑，特别注意对于低温环境下使用的钢丝绳，在生产过程中应使用具有耐低温性能的润滑剂。

2. 重视影响钻井钢丝绳使用寿命的相关设计

1）滑轮材料

制作滑轮的材料应是经过热处理后的合金钢或碳素钢。

2）轴承

对于所有的动滑轮推荐使用滚动轴承。

3）滚筒直径

滚筒尽可能大，缠绕钢丝绳的层数尽可能最少。滚筒直径的最小值至少是钢丝绳公称直径的 20 倍。

4）滚筒绳槽

（1）多层缠绕滚筒。在设计多层缠绕滚筒时，绳槽中心线的间距约等于钢丝绳公称直径加上规定的外径公差之半。在最佳绕绳条件下，这个尺寸可以根据作业方式改变。

（2）绳槽半径。滚筒绳槽半径与滑轮绳槽半径相同。

（3）槽深。槽深约为钢丝绳公称直径的 30%，应对绳槽间凸出部分修整，维持槽深不变。

5）滑轮直径

由于使用钢丝绳设备形式多样，滑轮直径必须按照钢丝绳的寿命来考虑。考虑钢丝绳使用寿命因素受到多种工作条件的综合影响，其中有通过滑轮时受到的弯曲，在滚筒上受到的弯曲和挤压、承受的载荷、运行速度、所受的摩擦和腐蚀等。当钢丝绳通过滑轮时弯曲成为影响钢丝绳使用寿命主要因素时，滑轮尺寸在考虑了轻便性和经济性后应尽可能大，如果其他条件较之通过滑轮时的弯曲更为重要，则可将滑轮的尺寸减小而对钢丝绳寿命不会有太大影响。

6）滑轮绳槽

（1）总则。滑轮绳槽槽底弧面都应光滑，而且应该与滑轮内孔或轴同心。绳槽中心线应与轮孔或轴垂直。

（2）钻井和下套管绳用的滑轮。钻井和下套管绳用滑轮绳槽应根据用户规定的钢丝绳尺寸制造。槽底应有一个半径为 R 的圆弧，圆弧的弧度为 150°，圆弧半径应符合 API RP 9B 或 SY/T 6666 规定。绳槽两侧与圆弧两端相切，绳槽深度为 $1.33d \sim 1.75d$，如图 13-5-9 所示。

（3）捞砂绳用滑轮。捞砂绳用滑轮绳槽应根据用户规定的尺寸制造（见 GB/T 19190 和 SY/T 5112）。绳槽底应有一个半径为 R 的圆弧，圆弧的弧度为 150°，度弧半径应符合 API RP 9B 或 SY/T 6666 规定。绳槽两侧与圆弧两端相切。绳槽总深度 $1.75d \sim 3d$，如图 13-5-10。

（4）防溅器用滚子的绳槽公差。防溅器用滚子的绳槽公差应与滑轮槽公差相同。

（5）旧滑轮绳槽半径。当旧滑轮绳槽半径小于 API RP 9B 或 SY/T 6666 给出的下限时，应及时更换或返修。

（6）绳槽的测量。滑轮或滚筒绳槽应采用规范的量规绞线测量，量规半径应符合 API RP 9B 或 SY/T 6666 规定的半径。图 13-5-11 显示的是绳槽半径合适的滑轮，而图 13-5-12 和图 13-5-13 显示的是有问题的绳槽。

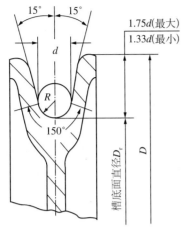

图 13-5-9　钻井和下套管钢丝绳滑轮

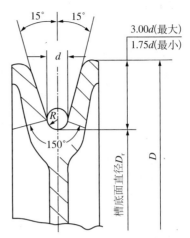

图 13-5-10　捞砂钢丝绳滑轮

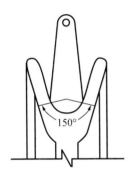

图 13-5-11　绳槽半径合适

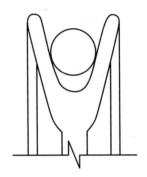

图 13-5-12　绳槽半径偏大　　　图 13-5-13　绳槽半径偏小

3. 重视对钻井钢丝绳使用寿命的合理评价

1）钢丝绳总工作量

钻井钢丝绳完成的全部工作量可以通过计算其在不同的钻井作业（钻井、取岩心、打捞、下套管等）所完成的总工作量评估。考虑相关因素有：加速和减速时所产生的振动力，钢丝绳与滚筒和滑轮表面接触时产生的摩擦力，以及其他不确定负荷产生的外力。然而，为了便于对比，只计算起下钻作业时钢丝绳提升和下放载荷时所完成的工作量以及在钻井、取岩心、下套管及短起下钻作业时所完成的工作量。

钢丝绳工作量以钢丝绳承受的载荷与其移动距离的乘积累计值表示。

钢丝绳一次起下钻作业、钻井作业、取岩心作业、下套管作业和短起下钻作业不同条件下所完成工作量的计算，按照 API RP 9B 或 SY/T 6666 给出相关公式进行计算。

2）使用评价

用钢丝绳完成整个起下钻作业工作量、整个钻井作业工作量、整个取岩心作业工作量、整个下套管作业工作量和整个短起下钻作业的工作量之和除以钢丝绳原始长度，即可得出钢丝绳每米原始长度的工作量评价数值。

4. 重视钻井钢丝绳的倒换与切除

1）使用寿命

对钢丝绳按照预定方案进行倒换和切除，可以显著延长其使用寿命。仅靠肉眼观察确定换绳和切除的时间往往会发生钢丝绳不均匀磨损、排绳不整齐和切除过长现象，从而缩短其使用寿命。一般程序是在倒换与切除后，剩余钢丝绳长度应超过装绳要求的长度，将剩余钢丝绳穿过系统倒到均匀磨损部位，并且被切除钢丝绳正好达到了使用寿命。

2）钢丝绳的原始长度

钻井钢丝绳原始长度与其预期使用寿命之间有密切关系，使用较长的钢丝绳可以抵消因为使用较长的钢丝绳而增加的成本，应根据系统穿绳长度和第一次切断时钢丝绳工作量选择钢丝绳原始长度。

3）使用目标

选择较长使用寿命作为切断钢丝绳的使用目标。这个数值开始可由图 13-5-14 和图 13-5-15 来确定，并根据经验进行调整。

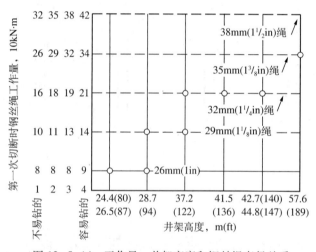

图 13-5-14 工作量、井架高度和钢丝绳直径关系

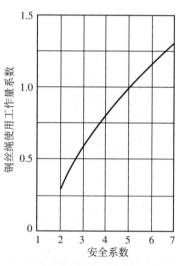

图 13-5-15 钢丝绳安全系数和工作量使用系数的关系

4）钢丝绳使用差异

随使用设备类型、状况、钻井条件及作业人员操作技能不同，钢丝绳使用寿命也不同。应对每台钻机钢丝绳设计一个使用程序。钢丝绳在穿绳系统中移动时状况及切除部分的状况都将表明选择钢丝绳的使用终点是否合适。在任何情况下，应将操作者对钢丝绳目测检查放置在任何预定计划程序之上优先考虑。

5）钢丝绳切除长度

在决定钢丝绳切除长度时，应考虑下述因素：（1）钢丝绳剩余长度要方便于缠到滚筒；（2）穿绳图中的加载点；（3）滚筒直径和滚筒上的交叉点。

应当注意，加载点和交叉点不得重合，避免钢丝绳切除长度是滚筒圆周长度的倍数或是加载点间的长度，较好的做法是把钢丝绳切除长度控制在 9 ~ 46m。表 13-5-2 给出了对应每一高度井架或桅杆的每一滚筒直径推荐的钢丝绳切除长度（滚筒的圈数）（按照

API RP 9B 或 SY/T 6666 规定）。

表 13-5-2　以滚筒圈数为单位的切除长度

滚筒直径		井架或桅杆高度，mm (ft)						
mm	in	< 22 (< 73)	22 ~ 27.9 (73 ~ 90)	27.9 ~ 36.5 (91 ~ 119)	36.6 ~ 40.4 (120 ~ 132)	40.5 ~ 42.9 (133 ~ 140)	43 ~ 46 (141 ~ 150)	> 46 (> 151)
280	11	$12\frac{1}{2}$	—	—	—	—	—	—
330	13	$11\frac{1}{2}$	$17\frac{1}{2}$	$19\frac{1}{2}$	—	—	—	—
356	14	—	$14\frac{1}{2}$	$17\frac{1}{2}$	—	—	—	—
406	16	—	$12\frac{1}{2}$	$14\frac{1}{2}$	$17\frac{1}{2}$	—	—	—
457	18	—	$11\frac{1}{2}$	$12\frac{1}{2}$	$15\frac{1}{2}$	—	—	—
508	20	—	—	$11\frac{1}{2}$	$14\frac{1}{2}$	$15\frac{1}{2}$	—	—
559	22	—	—	$10\frac{1}{2}$	$12\frac{1}{2}$	$14\frac{1}{2}$	—	—
610	24	—	—	$9\frac{1}{2}$	$12\frac{1}{2}$	$12\frac{1}{2}$	$13\frac{1}{2}$	—
660	26	—	—	$9\frac{1}{2}$	$11\frac{1}{2}$	$11\frac{1}{2}$	$12\frac{1}{2}$	—
711	28	—	—	$8\frac{1}{2}$	$10\frac{1}{2}$	$11\frac{1}{2}$	$11\frac{1}{2}$	$15\frac{1}{2}$
762	30	—	—	—	$9\frac{1}{2}$	$10\frac{1}{2}$	$11\frac{1}{2}$	$14\frac{1}{2}$
813	32	—	—	—	$9\frac{1}{2}$	$9\frac{1}{2}$	$10\frac{1}{2}$	$13\frac{1}{2}$
864	34	—	—	—	—	—	—	$12\frac{1}{2}$
914	36	—	—	—	—	—	—	$11\frac{1}{2}$

注：为保证滚筒上交叉点的改变，使用时产生的磨损和挤咬大多数发生在此，根据滚筒绳槽的形式给出的切除圈数，多为半圈或 $\frac{1}{4}$ 圈。

6）倒绳程序

两次切绳之间的倒绳次数随钻井情况及切绳长度、切绳次数而有相当大的不同。两次切绳间的倒绳次数可是 1 次、2 次，多至 7 次。如果钻进不顺利或作业时产生冲击或振动等，就应增加倒绳次数。倒绳时应避免切除之前滚筒上堆积太多的钢丝绳，特别应避免滚筒钢丝绳层数过多。在倒绳时，其倒换数量应使钢丝绳的任何部分都不再次被重新置于严重磨损部位。严重磨损部位就是滚筒上的交叉点以及承载时与游动滑车和天车接触的部分。两次切绳之间累计长度应等于推荐的切绳长度。例如：如果每 $1290 \times 10^6 \mathrm{kN \cdot m}$（800t·mile）切绳 24m（80ft），则每 $32210 \times 10^6 \mathrm{kN \cdot m}$（200t·mile）应倒绳 6m（20ft），并在第 4 次倒绳时切除。

5. 钻井钢丝绳在使用中产生的故障及原因

很多时候尽管钢丝绳使用正常且选型合理，但是恶劣的使用条件或不正确的使用会大大缩短其使用寿命。下面给出钢丝绳在油田使用中产生的故障及其原因。这些故障导致钢丝绳过早损坏并更换。造成过早更换钢丝绳的原因，很可能是这些情况中的一个或几个。

1）钢丝绳断裂（全部股断开）

产生原因：使用时猛烈冲击引起钢丝绳超载，打扭，损坏，局部磨损，一股或几股受损，严重锈蚀或失去弹性，钢丝绳经受反复弯曲会内部承载钢丝断面积显著减少。

2）钢丝绳中一股或多股断裂

产生原因：钢丝绳超载，打扭，与其他部件的摩擦，局部磨损或处于严重锈蚀，疲劳，超速，打滑或运行时过于松弛，振动集中在静滑轮或死端固定器。

3）过度锈蚀

产生原因：钢丝绳缺乏润滑。使钢丝绳接触了盐水、碱水、酸水、泥浆、污物或暴露于腐蚀性气体环境。钢丝绳存放期间缺乏足够的保护。

4）搬运钢丝绳不当使钢丝绳损坏

产生原因：从障碍物上滚动绳轮。绳轮从运货车或平台上跌落。用链条直接捆绑在钢丝绳上或用撬杠直接抵在钢丝绳上。用钉子把钢丝绳钉在轮缘上。

5）钢丝绳绳套不合适而损坏

产生原因：捆扎不当，使一股或多股反向转动，导致钢丝绳松弛。装绳套的方式不当或装绳套的工艺不良，钢丝绳在绳套中来回转动或从绳套中伸出。

6）钢丝绳打扭、折弯和其他扭曲变形

产生原因：把钢丝绳从绳轮或绳卷上拉出方法不正确。钢丝绳在滚筒上缠绕不正确。为加大滚筒直径放置了不当的垫板。钢丝绳处于受力状态穿过小滑轮或障碍物。

7）提升后回程中松弛所引起的损伤

产生原因：钢丝绳频繁地下井，运转的游梁引起钢丝绳在绳卡处弯曲，并导致钢丝疲劳和断裂。

8）钢丝绳在打捞作业中损坏或疲劳

产生原因：打捞作业时钢丝绳使用不当，由于工作性质引起损坏或疲劳。

9）钢丝绳捻距伸长和直径减小

产生原因：作业中钢丝绳经常超载，使绳芯受到过度挤压和磨损而破坏。

10）钢丝绳中钢丝早期断裂

产生原因：不论井深多少，钢丝早期疲劳断裂都是由于钢丝绳受挤压和打滑产生的摩擦热而引起的。

11）钢丝绳上有严重的磨损斑点

产生原因：安装和使用时操作不当，使钢丝绳打扭或弯折。钢丝绳与套管或硬地层磨损。对工作端的切除次数频繁。

12）连接钢丝绳

产生原因：连接钢丝绳不可能像整根绳那样。在连接处容易发生松动而产生不规则磨损。

13）钢丝产生线性划伤和断裂

产生原因：倒绳时穿过夹紧装置时导致损伤。

14）钢丝绳破断拉力降低或损坏

产生原因：不注意把钢丝绳靠近火源，使钢丝绳过分受热。

15）钢丝绳变形

产生原因：夹紧装置或绳卡卡的不合适，使钢丝绳损坏。

16）钢丝绳磨损

产生原因：缺乏润滑。绳卡滑动过度。钢丝绳工作条件多砂粒，与固定物体或研磨作用表面摩擦，或绳槽及滑轮尺寸小于规定。

17）钢丝疲劳破坏

产生原因：不良的钻井条件，即高速起下和钢丝绳打滑，产生额外的振动，振动集中于死绳或死绳固定器上。绳槽和滑轮小于规定的尺寸。钢丝绳结构选择不当。由于钻井困难使钢丝绳弯曲时间过长。

18）钢丝绳螺旋形或卷曲

产生原因：在安装和作业时，钢丝绳在钻杆、井架底座大梁或其他任何物体上拖拽或摩擦，安装钢丝绳时推荐使用的滑车滑轮直径不小于 $16d$。

19）钢丝绳过分挤扁或压坏

产生原因：过分超载，在滚筒上缠绕松散或交叉缠绳，顿钻钢丝绳倒换与切除不当。

20）钢丝绳出现灯芯状或芯子鼓出

产生原因：钢丝绳突然卸载，例如，高速下降碰到液体。不恰当的钻井动作或产生剧烈振动的行为。使用的滑轮直径太小或绕急弯穿绳。

21）钢丝绳抖动

产生原因：钢丝绳运转时过松。

22）钢丝绳在滚筒上挤咬

产生原因：在滚筒缠绕松散。旋转钻井钢丝绳的切除和更换方案选择不当。滚筒绳槽或钢丝绳转向轮选择不当或磨损。

6. 钢丝绳更换与报废

1）钢丝绳的更换

钢丝绳在正常情况下按规定工作量进行倒换和切断。除此，为保证钢丝绳安全使用，必须及时切除或更换报废钢丝绳。

2）钢丝绳的报废

（1）断丝数量。当任何一个部位上可见钢丝断裂根数达到表 13-5-3 规定。注意，钢丝绳使用过程中并非一旦出现断丝就必须更换，只要断丝数量在标准允许的范围，钢丝绳仍将继续服役，但应该及时将钢丝断头处理掉，以免其翘起而硌伤与之相邻钢丝。为节约时间，避免麻烦，用钳夹将钢丝头部翘起，前后反复弯折至钢丝断掉，钢丝断头处理如图 13-5-16 和图 13-5-17 所示。经过这样处理，钢丝断头将被加紧在股绳之间，不会对钢丝绳继续使用造成危害。

（2）绳端断丝。当绳端或其附近出现断丝时，即使数量很少也表明该部位应力很高。

（3）局部密集断丝。断丝紧靠一起形成局部集中。如断丝集中在小于 $6d$ 的绳长范围内，或者集中在一根中。

（4）直径减小。如果钢丝绳由于结构变化或磨损等造成在较长一段距离上的绳径比实际直径小 10% 以上或者外层丝磨损超过其直径的 1/3。钢丝绳直径正确与错误测量如图

13—5—18 和图 13—5—19 所示。

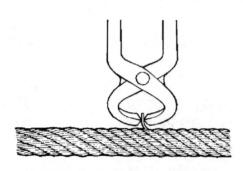

图 13—5—16　钳夹夹起钢丝断头

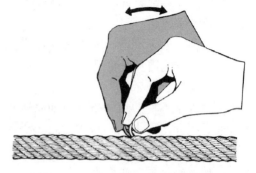

图 13—5—17　前后弯折至钢丝断裂

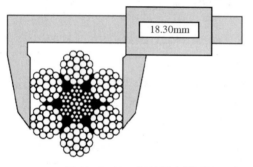

图 13—5—18　钢丝绳直径测量正确

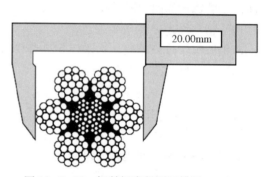

图 13—5—19　钢丝绳直径测量错误

（5）腐蚀。严重锈蚀减少了钢丝绳有效承载金属面积，使其实际破断拉力降低。

（6）股断裂或抽股。钢丝绳中有一根股断裂或抽股（塌陷）。

（7）严重损伤以及强烈磨损。钢丝绳出现散股，挤压，折弯，打扭，它严重损伤以及强烈磨损。

表 13—5—3　不同结构钢丝绳报废断丝数

钢丝绳结构	外层钢丝总数	钢丝断裂根数（交互捻）	
		6d	30d
6×19S–IWRC	54～72	3	6
6×21S–IWRC			
6×26WS–IWRC			
6×25F–IWRC			

（8）弹性降低。钢丝绳弹性显著下降后继续使用将不再安全。钢丝绳弹性降低很难察觉，然而，弹性降低一般伴随钢丝绳直径减小、钢丝绳捻距伸长、钢丝之间和绳股之间的间隙减小和绳股凹处出现褐色细粉末等现象。

以上各种情况如果得不到及时发现与消除，均会引起钢丝绳在动载作用下突然断裂，应该特别注意。

附录 常用相关标准

一、国内标准

(1) GB/T 23505—2009《石油钻机和修井机》。

(2) GB/T 17744—2008《石油天然气工业 钻井和修井设备》。

(3) GB/T 19190—2003《石油天然气工业 钻井和采油提升设备》。

(4) GB/T 25428—2010《石油天然气工业 钻井和采油设备 钻井和修井井架、底座》。

(5) GB 3836.1—2000《爆炸性气体环境用电气设备 第1部分：通用要求》。

(6) GB 7251.1—2005《低压成套开关设备和控制设备 第1部分：型式试验和部分型式试验成套设备》。

(7) GB 15599—2009《石油与石油设施雷电安全规范》。

(8) GB/T 3797—2005《电气控制设备》。

(9) GB/T 9089.2—2008《户外严酷条件下的电气设施 第2部分：一般防护要求》。

(10) SY/T 6584—2003《车装钻机》。

(11) SY/T 6724—2008《石油钻机和修井机基本配置》。

(12) SY/T 6680—2007《石油钻机和修井机出厂验收规范》。

(13) SY/T 6586—2011《石油钻机现场安装及检验》。

(14) SY/T 5170—2008《石油天然气工业用钢丝绳》。

(15) SY/T 5112—2008《钻井和采油提升设备规范（不规定级别）》。

(16) SY/T 5244—2006《钻井液循环管汇》。

(17) SY/T 6726—2008《石油钻机顶部驱动装置》。

(18) SY/T 10041—2002《石油设施电气设备安装一级一类和二类区域划分的推荐作法》。

(19) SY/T 5225—2005《石油天然气钻井、开发、储运防火防爆安全生产技术规程》。

(20) SY/T 6725.1—2008《石油钻机用电气设备规范 第1部分：主电动机》。

(21) SY/T 6725.2—2009《石油钻机用电气设备规范 第2部分：控制系统》。

(22) SY/T 5068—2009《钻修井用打捞筒》。

(23) SY/T 5069—2009《钻修井用打捞矛》。

(24) SY/T 5114—2008《打捞公锥及母锥》。

(25) SY/T 6347—2008《钻柱减震器》。

(26) SY/T 5496—2010《震击器及加速器》。

(27) SY/T 5051—2009《钻具稳定器》。

(28) SY/T 5383—2010《螺杆钻具》。

(29) SY/T 5216—2010《常规取心工具》。

(30) SY/T 5049—2009《钻井卡瓦》。

二、国外标准

（1）API Spec 4F:2008《钻井和修井井架、底座规范》。

（2）API RP 4G:2004《钻井和修井井架、底座的检查、维护、修理与使用推荐作法》。

（3）API Spec 7K:2010《钻井和修井设备规范》。

（4）API RP 7L:1995《钻井设备的检查、维护、修理与修复推荐作法》。

（5）API Spec 8A:1997《钻井和采油提升设备》。

（6）API RP 8B:2002/ ISO 13534:2000《提升设备检查、维护、修理和修复推荐作法》。

（7）API Spec 8C:2003/ISO 13535:2000《钻井和采油提升设备规范（PSL1和PSL2)》。

（8）API Spec 9A:2004/ISO 10425:2003《钢丝绳规范》。

（9）API RP 9B:2005《油田钢丝绳的选用、维护和使用推荐作法》。

（10）API Spec 12J:2008《油气分离器规范》。

（11）API RP 54:1999（R2007）《油气井钻井和修井作业职业安全推荐作法》。

（12）API RP 500:1997（R2002）《石油设施电气设备安装一级一类和二类区域划分的推荐作法》。

第十四章　科学钻井地质综合评价及完井技术

勘探开发钻井过程中需进行地质录井、取心、测井、裸眼井电缆地层测试、试井、完井等充分利用这些相关技术手段可以提高钻井作业效率，减少钻井事故复杂的发生。

第一节　地质录井技术

在钻井施工过程中，地质录井的任务是按地质设计要求，实时采集各项地质录井资料，及时发现并评价油气水层。为油田勘探开发提供准确的第一性资料，为完井试油层位的选择与钻井施工参数调整提供依据。各项地质录井资料质量是否符合设计与标准要求，将直接影响（探明或评价）地下地层、岩性、构造和含油气水等情况，影响油气田勘探开发速度及效果。因此，地质录井在油气田勘探开发中是一个关键环节，必须认真做好。

一、录井前准备

要取全取准各项地质资料，必须搞好录井前准备工作。录井前准备主要包括技术准备和物质准备。

1. 技术和物质准备

1）技术准备

（1）熟悉钻井地质设计及录井合同。

（2）对照地质设计核实井位和地理位置，利用地形地物等标志核查井位，若有怀疑或发现错误立即向主管部门报告。

（3）收集邻井钻井、录井、测井、试油等相关资料，了解邻井钻井过程中所遇到的复杂情况和事故处理经过。

（4）收集区域地质资料。包括地层、构造和油气水等方面的系统地质数据与图件。认识本井即将钻遇的地层层序、接触关系、岩性组合、标准层特征，以及生储盖层厚度，油气水显示的可能深度，岩石可钻性及岩性对钻井液的影响，构造、断层性质及分布等。

（5）熟悉所用录井仪器的型号、技术指标和录取参数的精度要求。

（6）熟悉地质资料的录取规范和相关标准。

（7）熟悉录井过程中信息传递的项目及要求。

（8）了解特殊要求的录井技术及其他相关技术。

①地质设计书中有钻井取心项目时，必须掌握取心目的和原则，及取心层位、进尺、收获率等方面的要求。

②地质设计书中有中途测试项目时，必须掌握中途测试的原则和目的等基本要求。

2）物质准备

（1）足够的岩心、岩屑盒和砂样袋；

（2）各种原始记录、表格和文具；

（3）荧光灯及各种化学试剂（准备化学试剂时，注意正确使用方法，要使用标准浓度的液体，合理运输和保存，注意防腐蚀、防中毒）；

（4）钢卷尺、时钟、秒表、电炉、酒精灯、熔蜡锅、滤纸、蜡及封蜡用纸等；

（5）地质参数仪器装置校验维修保养及数据初始化（注意安全用电）；

（6）烤箱（注意安全用电，科学使用）；

（7）配备符合国家标准的劳动防护用品；

（8）配备《录井工程施工合同》、《资料采集规范》、《设备操作规程》、《钻井地质设计》、《HSE 作业指导书》、《HSE 作业计划书》及《HSE 检查表》等相关文件。

2. 地质预告与交底

地质设计是地质录井的任务书，为了完成地质设计中所规定的各项录井任务，录井人员接到地质设计后，必须认真学习，全面理解任务实质，做好地质预告和地质交底。

1）地质预告

地质预告必须绘制三图一表：具体是指地质施工表、地质预告图、构造井位图、过井横剖面图。完成此项工作需要做以下工作：

（1）收集邻井资料。

①根据地质设计提供的井位坐标或地理位置在构造图上标出井位，了解设计井所处的构造位置，邻井井号及邻井间的构造关系。

②收集地震剖面和邻井完井报告，了解各层位的分层数据及岩性组合特征。

③收集邻井地球物理测井图，了解各层位的电性特征。

④收集邻井钻井施工过程中地层压力、破裂压力、坍塌压力、油气水显示情况及钻井液性能变化。

⑤收集邻井钻井施工过程中发生的工程事故（如：井斜、井塌、卡钻、井喷、井漏等）及处理措施。

⑥收集邻井油气层及特殊岩性代表样。

（2）技术要求。

①按设计井分层数据卡住层位，根据设计井和邻井的构造及相带关系，将邻井岩性剖面及油气水层、特殊岩性层相应地推算到地质预告剖面上。

②预告图中的地层分层界线必须与设计相符。

③预告图中的层位、岩性、井深、标准层、油气层、井喷和井漏等故障揭示要清楚，符号均按标准图例进行绘制，预告图项目内容齐全。

④故障揭示：根据邻井资料及与本井的对比关系，标出防斜、防塌、防喷、防漏及防卡井段。

⑤备注：填写预告图参考的井号取资料要求及完钻原则等内容。

⑥预告图只能作参考，钻进过程中必须根据实际钻遇的油气水层、特殊岩性层及标准层出现的深度及时修改，进行随钻预告。

2）地质交底

地质人员按照设计要求完成地质预告图后，要对工程技术人员从以下几个方面进行地质交底：

（1）井位、井别、设计井深、钻探目的、钻达层位和完钻原则等。

（2）地层、构造、压力系统及油气水位置，重点交底浅层气位置。

（3）特殊岩性位置，岩石可钻性及岩性对钻头的影响等。

（4）可能钻遇的断层位置。

（5）区域标志层和标准层特征。

（6）井壁取心目的、层位原则和颗数。

（7）钻井取心的目的、层位、原则和取心进尺与收获率等方面的要求。

（8）测井与中途测试的原则、目的和基本要求。

（9）故障提示：防斜、防塌、防喷、防漏及防卡井段。

（10）是否存在有毒有害气体等。

3. 录井前检查

1）仪器设备条件

（1）录井房摆放条件：钻井队需为录井队提供仪器房、地质房和地质监督房的摆放位置。仪器房必须安放在井场大门右前方振动筛一侧，距井口距离不小于 30m，距振动筛直线距离为 15～20m。沙漠和沼泽等地区应有摆放仪器房的水泥平台。

（2）井场条件：场地平整，晒样台位置靠近地质值班房，台面应高出地面 30cm 以上，岩屑烘干设备符合相关要求。

（3）供电电源条件：钻井队需为录井队提供合格的电源。要求电压 380V±38V（220V±22V），频率 50Hz±5Hz。确保发电房地线接地良好。

2）录井工作条件

（1）捞取和洗晒岩样位置应安装防爆照明设施。

（2）高架槽（管）靠场地一侧应铺设木板，安放梯子及扶栏。台面、梯子及护栏牢固，有充分照明，符合 HSE 要求。

（3）振动筛下应具备便于取样的条件及扶栏。

（4）洗砂池摆放位置适当，便于换水及操作。水源应方便给水及岩屑清洗，水罐容积不小于 $1.5m^3$，冬季防冻（水温 0℃以上），有充分照明。

（5）各种器材、原始记录、表格和化学药品等齐全完好。

（6）钻具与表层套管丈量准确，规格符合设计要求。

（7）值班房内的三图一表及其他布置符合标准化现场的要求。

（8）通信设施满足日常及紧急汇报需要。

二、常规地质录井

常规地质录井资料主要包括岩屑、岩心、井壁取心和常规荧光资料，是录井技术的基础资料，直接反映地下储层信息，为建立地质剖面、发现油气显示、进行地层对比及分析化验提供基础资料。通过对井壁取心和岩心资料分析，能够更直观地反映储层含油含水性。

常规录井是地质录井的基本工作，由于定量化程度低，常应用于地层对比清楚、无特殊要求的开发井，对于探井和特殊工艺井等还需进行综合录井。

1. 钻时录井

钻时是钻头钻进单位深度所需要的时间，单位用"min/m"表示。钻时的变化能反映地层的可钻性，即反映地下地层的胶结程度与成岩性。一口井由浅到深地层岩性变化很大，其可钻性也就有所差别，反映在钻时曲线上就会有高有低。因此，根据钻时可以粗略地判断岩性及进行地层对比。

1）井深和方入的计算

在钻时录井过程中，要经常计算井深和方入，以便随时校对井深，保证井深不出差错。如果井深不准，就必然引起钻时记录不准，甚至影响岩屑录井和岩心录井的质量，造成一系列无法纠正的错误。

（1）井深的计算。井深计算是一件经常要做的工作，地质人员应熟练地掌握计算方法，使计算既迅速又准确。

$$井深 = 钻具总长 + 方入$$

$$钻具总长 = 钻头长度 + 接头长度 + 钻铤长度 + 钻杆长度$$

（2）方入的计算。方入是指方钻杆进入转盘面以下的长度。钻时录井中常用的是到底方入和整米方入。

$$到底方入 = 井深 - 钻具总长$$

钻进时由于每个单根的长度不同，所以到底方入也不相同。因此，每换一个单根必须计算一次到底方入。

一般情况下，到底方入的计算很简单，但在替换钻具的情况下，则比较复杂，计算时应当特别细心，否则，稍不细心就会算错。

替换钻具以后，计算到底方入时，一定要反复核算，无差错时方可使用。要注意的是，倒换几十根钻杆时，不容易出错，而增加或减少接头时，有时反容易出错，这主要是工作不细心的缘故。

整米方入的计算：所谓整米方入即是井深为整米时的方入，如井深 1852m 时的方入，1853m 时的方入等。整米方入一个单根变化一次，故每换一个单根就应算一次整米方入。整米方入的计算方法如下：

$$整米方入 = 新单根到底方入 + 前一个单根打完时的井深与其紧邻的整米井深之差值$$

起下钻时，整米方入的计算也可以采用上面的方法。

2）记钻时的方法

最早钻时录井主要采用手工记录钻时，把井深、到底方入和整米方入计算正确后，只要按间距记录整米方入由浅到深的钻达时刻，两者之差即为单位进尺所需的时间——钻时。后来多采用简易钻时装置记录钻时。目前手工记钻时和简易钻时装置记录钻时已很少采用，多被钻时仪和地质参数仪所取代。

3）钻时曲线的绘制及应用

（1）钻时曲线的绘制。将钻井过程中录取的钻时数据，按一定的比例，用平面直角坐标，依顺序系统地点在方格纸上，逐点连接成点画线，习惯上称钻时曲线。纵坐标表示井深，单位为"m"，比例尺一般用 1 ∶ 500；横坐标表示钻时，单位为"min/m"，横向比例尺可视钻时变化大小和图幅规格而定。

在其他录井资料还未取全之前，钻时曲线同岩屑录井草图应绘到一起，以便使用。在钻时曲线绘好后，必须在旁边按录井深度标明起下钻位置和钻头类型。

（2）钻时曲线的应用。

①钻时曲线是岩屑描述中辅助岩性分层的重要参考资料。当钻井过程中因工程或地层原因而无法取样时，可以利用钻时曲线变化规律来大致判断漏失层段的岩性。

②钻时曲线和岩屑录井剖面相结合，可划分层位，对比地层，修正地质预告，卡准目的层，判断油气显示层位，确定钻井取心层位。

③取心过程中，加密钻时点，可帮助确定取心岩性和割心位置。

④在探井钻井过程中，可以根据钻时由慢到快的突变，及时采取停钻循环预报油气水显示，以便采取相应措施。

⑤工程人员可利用钻时分析井下情况，判断钻头的使用情况等。还可帮助统计纯钻进时间，进行时效分析，正确选用钻头，修正钻井措施。

⑥利用钻时曲线，可以帮助判断裂缝与孔洞的发育井段，确定储层。

4）影响钻时变化的因素

（1）岩石性质。在钻井参数相同的情况下，软地层比硬地层钻时小，疏松地层比致密地层钻时小，多孔缝的碳酸盐岩比致密的碳酸盐岩钻时小。

（2）钻头类型与新旧程度。在钻井过程中，应根据所钻地层的松软程度，选择使用不同类型的钻头，才能达到优质快速钻进的目的。一般同一地层中，新钻头比旧钻头钻时小，PDC 钻头比牙轮钻头钻时小。为客观反映地层情况，钻时曲线上应标明钻头型号以及钻头入井与起出位置。

（3）钻井方式。钻井方式对钻时变化的影响较大，在其他条件相同的情况下，钻进同一地层，涡轮钻钻时远小于旋转钻（使用转盘或顶驱）的钻时。

（4）钻井参数。钻井参数主要有转速、钻压、泵压及钻井液排量等。在地层岩性相同的情况下，转速快、钻压大、泵压高、排量大，则钻头对岩石的破碎效率高，钻时小；反之，则钻时大。

（5）钻井液性能与排量。一般情况下，低密度、低黏度和大排量的钻井液钻进速度快，钻时小；高密度、高黏度和小排量的钻井液钻进速度慢，钻时大。

（6）人为因素。司钻操作技术与熟练程度对钻时的影响也很大。

2. 地层压力监测

钻时录井通常与地层压力监测结合进行，将录取的钻时与钻井参数进行 dc 指数或其他模型的计算，分析地层压力。

3. 岩屑录井

岩屑是地下岩石被钻头破碎后形成的"钻屑"，习惯上把随钻井液上返至地面的钻屑称为岩屑，通常称为砂样。在钻进过程中，录井人员按地质设计要求的间距和相应的返出时间，系统采集岩屑，进行观察与描述，绘制成岩屑录井草图，再运用各项资料进行综合解释，恢复地下地层剖面的全过程就叫岩屑录井。

岩屑录井在石油勘探过程中具有相当重要的地位。它具有成本低、速度快、了解地下情况及时和资料系统性强等优点。它可以获得大量的地层、构造、生储盖组合关系、储油物性及含气情况等信息,是我国目前广泛采用的一种录井方法。

1) 岩屑录井的作用

(1) 通过岩屑的观察研究,及时确定井下正钻层位及其岩性。掌握钻头所在地层,修正地质预告,加强故障提示,确保安全钻进。

(2) 了解井下油气水情况,及时发现和保护油气层,卡准取心层位。

(3) 了解储层物性和层位,为勘探开发油气层提供依据。

(4) 了解生储盖组合关系,确定分层厚度界线、油气水层位置及其显示程度,为钻探前景评价提供依据。

(5) 通过岩屑描述,摸清各井段地层的基本特征,为建立可靠的单井岩相剖面和油气地质剖面打下基础。

2) 岩屑录井的影响因素

影响岩屑录井的主要因素是井深。当井深准确时,岩屑返出时间又是主要因素。影响岩屑代表性的因素众多,归结起来,主要有以下诸方面:

(1) 钻头类型和岩石性质的影响。牙轮钻头钻屑较细呈粒状,PDC 钻头钻屑呈粉末状;砂岩、泥岩和页岩的钻屑形态差异很大。片状岩屑面积大,浮力也大,上返速度也快;粒状和块状岩屑与钻井液接触面积小,上返速度较慢,返出时间就会发生变化。一般情况下,成岩性好的泥质岩多呈扁平碎片状,页岩呈薄片状,而极疏松砂岩的岩屑呈散砂状。

(2) 钻井液性能的影响。钻井液性能不适应地层,会造成井壁坍塌,岩屑混杂,使岩屑代表性变差,另外钻井液抑制性差也会使岩屑在钻井液中分散,难以取出代表性岩样。

(3) 钻井参数和井眼的影响。钻井参数主要指排量的变化。排量频繁变化直接影响返出时间,造成岩屑代表性不强甚至失真。井眼不规则也影响钻井液的上返速度,在大井眼处上返慢,携带岩屑能力差,造成岩屑混杂;在小井眼处,有时钻井液流速快,上返也快。所以井眼不规则,造成岩屑上返时快时慢,直接影响返出时间的准确性,使岩屑代表性变差。

(4) 下钻或划眼的影响。上部地层的岩屑与新岩屑混杂返出,易造成岩屑失真。

(5) 迟到时间的影响。对岩屑录井影响最大的是迟到时间的准确性,在井深和钻时准确无误的情况下,当岩屑和钻时的符合程度低时,应及时校正迟到时间,以提高岩屑录井的准确性。

(6) 井深的影响。一般情况下,井深越深,迟到时间越长,造成岩屑混杂的机会就越多。

3) 岩屑迟到时间的确定

岩屑返出时间(岩屑迟到时间)是指岩屑从井底随钻井液上返到地面所需的时间,单位是"min"。岩屑迟到时间的精度是 0.5min。返出时间不准,即使井深准确,捞取的岩屑也失去了代表性和真实性。所以返出时间准确也是岩屑录井工作的关键。常用的返出时间测定方法有理论计算法、实测法和特殊岩性法。

(1) 理论计算法。

计算公式为：

$$T=V/Q=K\pi\ (D^2-d^2)\ H/\ (4Q) \tag{14-1-1}$$

式中　T——岩屑迟到时间，min；

　　　Q——钻井泵排量，L/s；

　　　D——井眼直径，m；

　　　d——钻杆外径，m；

　　　H——井深，m；

　　　V——井筒环形容积，m^3；

　　　K——单位换算系数。

这种计算方法是把井眼当成一个以钻头为直径的圆筒，而实际井径一般都大于钻头直径（只有易缩径井段略小于钻头直径），而且极不规则，加之计算时未考虑岩屑在钻井液上返过程中的下沉，所以，理论计算的迟到时间均小于实测迟到时间。因此，在实际工作中，用理论法计算的迟到时间一般只在1000m之内的浅井中使用。深井阶段只用于辅佐实测迟到时间，若实测值小于理论值，必须重测。

（2）实测法。实测法是现场常用的方法，也是较为准确的方法。其操作过程是：用玻璃纸或红砖块、白磁碗块等作指示剂，接单根时从井口将指示剂投入钻杆内，记下开泵时间，指示剂从井口随钻井液经钻杆内到达井底的时间叫下行时间，又从井底随钻井液沿环行空间上返至井口振动筛，发现第一片指示剂的时间叫上行时间。开泵到发现指示剂的时间叫循环周时间。所求返出时间是指示剂从井底到井口的上行时间。所以：

$$T_{返}=T_{循环}-T_0 \tag{14-1-2}$$

下行时间 T_0 可以通过下式计算：

$$T_0=\ (V_1+V_2)\ /Q \tag{14-1-3}$$

式中　V_1——钻杆内容积，L；

　　　V_2——钻铤内容积，L；

　　　Q——泵排量，L/s。

在现场录井工作中，为保证岩屑录井质量，规定每钻进一定录井井段，必须成功实测一次返出时间，以提高岩屑录取的准确性。

（3）特殊岩性法。实际工作中还可利用特殊岩性来校正岩屑迟到时间。在大段泥岩中的砂岩、石灰岩和白云岩夹层，因特殊岩性的特征明显，钻时差别大，可用来校正返出时间。先将钻时忽然变快或变慢的时间记下，加上相应的返出时间，提前到振动筛前观察，待特殊岩性出现时记录时间，两者的差值即为该井深的真实返出时间。用这个时间校正正在使用的返出时间，可保证取准岩屑资料。

利用特殊岩性测定迟到时间的计算公式为：

迟到时间＝取样见到特殊岩性岩屑的时间－钻达特殊岩性的时间－中途停泵时间

4）岩屑录井的注意事项

（1）实测岩屑迟到时间：

①指示物的选择一定要恰当，颜色要均一、醒目，大小和密度要与岩屑基本相同，不能大于钻头水眼直径的 1/2。

②时间精确到秒，容积精确至升，排量精确至"L/s"。

③测量间距应按标准要求进行。

④实测钻井液返出时间有困难时，可采用理论计算法，但要利用钻时和特殊岩屑进行校正。

（2）捞取、清洗、晾晒与收装岩屑：

①准确计算井深、钻时、岩屑返出时间及取样时间，井深精确至厘米，时间精确至秒。

②中途发生停泵或变泵时，要校正岩屑捞取时间。

③及时清洗，直到清洗水变清，去掉泥饼及假岩屑，仔细观察盆面是否有油气显示及沥青块，并做好记录。

④洗好的岩屑按井深顺序摊在砂样台上分开晾晒，并标注取样深度。

⑤岩屑装袋时，连同底部的细小砂粒一起装入袋内。

⑥黏岩性柱状剖面时应在装袋前挑选颗粒均匀岩屑样，按规定比例黏到岩性样本上。

（3）采集岩屑罐装样：

①采集罐必须干净。

②必须实测岩屑返出时间，以确保取样深度的准确性。

③岩屑要有代表性，不得装入泥饼和掉块。

④样取好后要及时加盖密封，将取样罐倒置保存。

⑤钻井液污染时，现场地质人员必须做好记录（污染物名称、污染程度），并采集污染物样品，随同污染情况送分析化验单位。

（4）岩屑挑样：

①在供挑样的那一袋岩屑中挑样，用作保存的另一袋岩屑不能用来挑样。

②按照分析项目对样品的要求，做到岩样纯净与量足。若是薄层挑不足时，挑净为止。

③标签与送样清单必须填写准确。

（5）岩屑描述：

①描述人必须保持标准统一，内容连贯，术语一致，每口井的描述必须有专人负责。如果中途换人，二人必须共同描述一段时间，以便统一标准，统一认识，尽量避免描述混乱。

②描述人员必须熟悉区域地质资料及邻井实钻剖面，与邻井相同的岩性必须描述一致，便于井间地层对比分析。

③描述岩屑时，应选择光线较好的地方，便于颜色的确定。对于含轻质油岩屑，由于其挥发快，应及时描述，同时还应参考小班的湿照荧光记录。

④每次摊开的岩屑，待描述完后，应留下最后的 2 包，以便下次连续观察，对比分层描述。岩屑描述时应跟上钻头所钻的层位，要注意区分水泥碎块和石灰岩。

⑤岩屑描述同时，应按设计要求选出化验分析样品。当岩性识别不准、层位不清时，必须挑样送化验室鉴定。

⑥岩屑描述时必须综合考虑钻时、气测和钻井液，以及井口、槽池、振动筛前的显示资料，以及工程事故情况。

⑦使用钻时资料时，应注意钻头类型及新旧程度、钻井液性能和排量变化等因素的影响。

⑧岩屑中油砂较少时，应慎重。若是第一次出现，可参考钻时定层；若前面已出现过，应综合分析，再决定是否定层。要求油气显示发现率达到100%，不能漏掉厚度大于0.5m的特殊岩性层。

⑨油气显示层、标准层及特殊岩性层描述后要挑出实物样品，用纸包好，放在岩屑中，供挑样和复查时参考。

⑩中途电测或完井电测后，应及时校正岩性，发现岩电关系不符时，必须及时复查岩屑，并将复查结果记录好。

⑪岩屑录井剖面的绘制必须跟上钻头所钻地层，以便及时对比地层，指导下步钻探。

(6) 安全、环保事项：

①必须按要求排放洗砂水。

②烤箱必须接地并与墙壁间保持安全距离，以防止发生触电和火灾事故。

③捞取岩屑上下振动筛梯子时要防滑、防踏空，避免发生摔伤事故。

④录井作业现场盛装危险化学品盐酸的容器应密封良好，要有明显标签，浓盐酸的稀释，必须按规定进行，严禁向浓盐酸中倒水，防止人身伤害事故的发生。

4. 岩心录井

钻井过程中，用取心工具，将地层岩石从井下取至地面，并对其进行分析、研究，从而获取各项资料的过程叫岩心录井。

1）岩心录井的作用

岩心资料是最直观地反映地下岩层特征的第一性资料，通过对岩心的分析、研究可以解决下列问题：

(1) 根据岩性、岩相特征，分析沉积环境。

(2) 根据古生物特征，确定地层时代，进行地层对比。

(3) 计算油气田地质储量。通过岩心录井获得储层的储油物性及有效厚度等资料。

(4) 掌握储层的"四性"（岩性、物性、电性、含油性）关系。

(5) 了解生油层的特征及生油指标。

(6) 获得地层倾角、接触关系、裂缝、溶洞和断层发育情况等资料，为构造研究做前期准备。

(7) 检查开发效果，获取开发过程中所必须的资料。

2）取心原则

由于钻井取心成本高，速度慢，在油田勘探开发过程中，只能根据地质任务要求，适当安排取心。

(1) 新区第一批探井应采用点面结合、上下结合的原则，将取心任务集中到少数井上，用分井分段取心的方法，以较少的投资，获取探区比较系统的取心资料。或按见显示取心的原则，利用少数井取心资料获取全区地层、构造、含油性、储油物性及岩电关系等资料。

（2）针对地质任务的要求，安排专项取心。如开发阶段，要查明注水效果而布置注水检查井，为求得油层原始饱和度则确定油基钻井液和密闭钻井液取心；为了解断层、地层接触关系、标准层、地质界面而布置专项任务取心。

（3）各类井别的取心目的和原则。

①区域探井、预探井钻探目的层及新发现的油气显示则应取心。为弄清地层岩性、储层物性、局部层段含油性、生油指标、接触界面、断层及油水过渡带等，确定完钻层位及特殊地质任务则应取心。

②在构造油气层分布清楚、油气水边界落实的准备开发区，要选定一两口有代表性的评价井和开发井集中进行系统取心或密闭取心，以获取各类油气层组的物性资料和四性关系等开发基础资料数据。

③每口井具体的取心原则是，地质设计中应规定明确，现场录井工作者应按设计卡准每个取心位置，不得漏掉取心层位。若设计取心位置或油气显示比预计提前或推迟出现，要加强对比，见显示应及时取心。

④其他地质目的的取心，如完钻时的井底取心、卡潜山界面取心以及油气水过渡带取心等。

3）取心层位的确定

在勘探开发中，对已确定的取心井也不是全井都取心，常常是分段取心。因此，要合理选择取心层位。一般情况下，以下层位应当进行取心：

（1）主要油层段；

（2）储层的孔隙度、渗透率、含油饱和度、有效厚度及注水与采油效果不清楚的层位；

（3）地层岩电关系不明的层位；

（4）地层对比标准层变化较大或不清楚的区域标准层；

（5）研究生油岩特征的层位；

（6）卡潜山界面、完钻层位及其他需要取心证实的地层；

（7）需要检查开发效果及注水效果的层位。

4）取心前的准备工作

（1）收集邻井邻区的地层、构造和含油气情况，及地层压力与注水压力资料，通过综合分析作好取心井目的层地质预告图。

（2）丈量取心工具和专用接头，确保钻具与井深准确无误。

（3）卡取心层位。钻井取心设计方案一般分为"定深取心"和"见显示取心"，根据不同的取心设计方案，要采取不同的卡层方法。在钻达预定取心层位前，应反复对比邻井及本井实钻剖面，抓住岩性标志层与电性标志层，确定并且卡准取心层位。若该井岩性标志层不清楚或地层变化大，则必须进行对比测井。

（4）检查各种工具和器材是否齐全。包括岩心盒、标签、挡板、水桶、刮刀、劈刀、榔头、玻璃纸、牛皮纸、石蜡、油漆、放大镜和钢卷尺等。

（5）明确分工。钻井取心工序复杂，工作量较大，地质录井小队长要合理组织和安排各项工作，对关键环节进行把关。

5）岩心录井工作程序

（1）取心钻进：

①准确丈量方入。取心钻井中只有量准到底方入和割心方入，才能准确计算取心进尺和合理选择割心层位。实际工作中，常见到底方入与割心方入不符，主要原因是井底沉砂太多，或井内有落物，或井内有余心，使钻具不能到底，或者钻具计算有误等。遇到这种情况，应及时查明原因，方可开始取心钻进。

丈量割心方入时，指重表悬重与取心钻进时的悬重应该一致，这样计算出的取心进尺与实际取心进尺才相符，否则就会出现差错。

②合理选择割心层位。合理选择割心层位是提高收获率的主要措施之一。理想的割心层位是"穿鞋戴帽"即顶部和底部均有一段较致密的地层（如泥岩、泥质砂岩等），以保护岩心顶部不受钻井液的冲刷损耗，底部可以卡住岩心不致脱落。

③一般取心钻井中，应加密记录钻时。

④起钻前未捞完的岩屑，或岩心收获率低于 80% 时，应及时补捞，为无岩心段提供岩屑描述参考资料。

⑤油气层取心，应及时收集气测（综合录井）资料，观察钻井液槽池油气水显示情况，做好记录。必要时应取样分析，为综合解释提供辅助参考资料。

⑥随时观察记录钻进中蹩跳钻、井漏及憋泵等情况，以辅助分析和改进取心工艺措施。

（2）岩心出筒及清洗。

①取心钻头起出井口后，立即推向一边，以防岩心滑落井内。

②岩心出筒前应丈量岩心的顶底空。顶空是岩心筒上部无岩心的空间距离，底空是岩心筒下部（包括钻头）无岩心的空间距离。

③在接心台上，将岩心从岩心筒中顶出，逐块接心，并按顺序摆放好，有岩心测井要求时及时用手持式 Gr 测量仪对岩心进行电测。

④可用棉纱或刮刀把有油气显示的岩心清理干净，探井选取代表性的岩心及时进行封蜡，用清水把无油气显示的岩心洗干净。

岩心出筒的关键在于保证岩心的齐全和上下顺序不乱，接心时应特别注意岩心的出筒顺序：先出筒的为下部岩心，后出筒的为上部岩心，应依次排列在出心台上，不能排错顺序。岩心次序搞不清楚时，可按照岩心断裂茬口特征和磨损面上下岩性关系，进行复原。接心时，注意观察是否有油气显示。岩心出完要进行去污处理，对油基钻井液取出的岩心、密闭取心的岩心及有油气显示的岩心不许用水冲洗，可用棉纱擦干净或用刮刀刮干净；无油气显示的岩心可用清水洗干净。

（3）岩心丈量。

①将岩心按自然顺序排好，对好茬口、磨光面，并去掉假岩心。假岩心松软，剖开后成分混杂，与上下岩心不连续，多出现在岩心顶部，为井壁掉块或余心碎块与泥饼混在一起进入岩心筒而形成的。假岩心不能计算长度。

凡超出该筒岩心收获率的岩心要查明井深和下钻方入，确定是否为上筒余心的套心。

②用白漆自上而下划一条丈量线，线粗 0.5cm，在每个自然块底部用红漆画向下箭头，箭头指向钻头一端，标出半米和整米记号。沿着丈量线岩心从顶到底进行一次性丈量，长度精确到厘米。

岩心出现磨损面或斜平面时，要根据具体情况摆放，避免丈量上的差错；破碎严重的岩心要按体积堆放；膨胀岩心要适当压缩丈量。

③计算岩心收获率。每取一筒岩心均应计算一次收获率。当一口井取心完毕，应计算出全井岩心总收获率（平均收获率）：

$$岩心收获率 = \frac{实取岩心长度}{取心进尺} \times 100\%$$

$$岩心总收获率（平均收获率）= \frac{累计实取岩心长度}{累计取心进尺} \times 100\%$$

$$油砂比 = \frac{含油岩心长度}{岩心总长} \times 100\%$$

计算结果保留两位小数。

6）岩心出筒时的注意事项

（1）岩心出筒时必须有专人负责，岩心顺序不允许排错。同时要仔细观察油气显示，做好记录。

（2）钻台出心时严禁用手直接接取岩心底部，以防岩心脱落砸伤。

（3）冬季出心，一旦发生岩心冻结在岩心筒内，只许用蒸汽加热处理，严禁用明火烧烤。

（4）用水泥车出心时，要用本井钻井液顶心，并严防伤人。

（5）密闭取心、保压取心及原始饱和度取心等特殊取心必须预先准备，按设计要求出心。

5. 井壁取心录井

1）井壁取心的目的

井壁取心的目的是为了证实地层的岩性与含油性，以及岩性和电性的关系，或者为了满足地质方面的特殊要求。根据不同的取心目的，选定取心层位。

2）井壁取心的原则

（1）在钻进过程中有油气显示的井段，须进一步用井壁取心加以证实。

（2）岩屑录井过程中漏掉岩屑的井段，或者岩心录井时岩心收获率低的井段。

（3）需要进一步了解储油物性，而未进行钻进取心的层位。

（4）录井资料和测井资料有矛盾的层位。

（5）某些具有研究意义的标准层、标志层，及其他特殊岩性层。

（6）为了满足地质的特殊要求而选定的层位。

3）准备工作

（1）需要搞清井壁取心的井，在完井电测时，要求电测队提供跟踪曲线。目前常用的跟踪曲线是 1∶200 的 0.45m 底部梯度电阻曲线。

（2）按照确定井壁取心原则或甲方的要求，根据录井与测井资料，在跟踪曲线上相应的位置用红蓝铅笔划横线标注，自下而上顺序编号。

（3）填写井壁取心通知单一式两份，一份提供给炮队作为取心时的依据，一份留下自用。

（4）向炮队介绍本井钻遇地层及井下情况。

（5）物质准备：准备按单／双数编号的岩心袋 36 个、岩心标签、捅心工具、四氯化碳、滤纸、试管、稀盐酸、荧光灯、管钳、台钳、小刀、井壁取心盒、井壁取心瓶及井壁取心描述记录等。

4）井壁取心出筒

（1）取心器从井口提出后，平放在钻台大门坡道前的支架上，每卸出一个取心筒，立即按取心深度装入相应编号的岩心袋内；如果是空筒，相应编号的袋子应空着。

（2）用手分别握住取心筒上部和弹头，逆时针方向旋转，将岩心筒卸开。若拧不动，可用管钳或台钳卸开。

（3）用通心杆和掷头捅出岩心，用小刀刮去泥饼并擦净，逐个放在纸上，同时标上岩心编号。在与炮队校对深度无误后，进行岩心粗描，并进行荧光湿照。对有油气显示的岩心做好标记，进行含油与含水试验，并记录分析结果。

（4）初步判断岩性，检查岩心是否与预计的岩性相符。

（5）对于假岩心、空筒和岩性与预计不符的，应写明井深和颗数，通知炮队，准备重取。

5）井壁取心整理

（1）将岩心装在专用的玻璃瓶中，按由浅至深的顺序重新编号，排列在井壁取心盒内。

（2）将写有编号、深度和岩性的岩心标签贴在相应的岩心瓶上。

（3）计算井壁取心发射率和收获率。

$$井壁取心发射率 = \frac{井壁取心器已发射颗数}{实装颗数} \times 100\%$$

$$井壁取心收获率 = \frac{实际取出的颗数}{已发射的颗数} \times 100\%$$

（4）填写岩心描述清单，附在井壁取心盒内，并在井壁取心盒顶面贴上岩心盒标签。

6. 常规荧光录井

1）录井方法

现场常规荧光录井方法有：湿照、干照、滴照和系列对比。

（1）湿照和干照。这是现场使用最广泛的一种方法。它的优点是简单易行，对样品无特殊要求，且能系统照射，对发现油气显示是一种极为重要的手段。为了及时有效地发现油气显示，尤其对轻质油，各油田采取了逐包系统湿照和干照相结合的方法，使油气层发现率有了很大的提高。干照仅作为湿照的一种补充手段。对于湿照发现的荧光显示，要挑出样品认真检查，排除假显示。

（2）滴照。滴照是在湿照和干照的基础上，挑出有显示的岩屑样品，进一步检查其含油情况的一种定性和半定量的分析方法。根据发光的颜色可确定石油沥青的性质，根据发光的形状、亮度和均匀性，可确定石油沥青的含量（半定量）。

轻质油含胶质和沥青质不超过5%，而油质含量达95%以上，其荧光的颜色主要显示油质的特征，通常呈黄、金黄、黄棕色。

稠油含胶质和沥青质可达20%～30%，甚至高达50%，其荧光的颜色主要显示胶质和沥青质的特征，通常为颜色较深的棕褐、褐、黑褐色。

①含油岩样经氯仿将油脂溶解后，滤纸上有各种形状和各种颜色的斑痕。

②不含油岩样中的某些矿物，在荧光灯下也有荧光出现，但滴氯仿后，无变化。常见的发光矿物中，一般石膏发亮蓝色荧光，方解石发乳白色荧光，另外含石灰质的泥岩、页岩和钙质结核通常发暗黄色荧光。

（3）系列对比（浸泡定级照）。

取1g岩样，碾碎后放试管中，加入5mL氯仿，用清水封闭液面，浸泡8h，在荧光灯下与标准荧光系列对比定级。

2）操作步骤

（1）空白试验。

①插座，埋地线，接荧光灯的电源线，保证操作安全。

②检查荧光灯电源是否连接好，开启荧光灯开关，检查荧光灯是否完好。

③做空白试验。把滴照用的滤纸放在荧光灯下观察，要求无荧光显示；再在滤纸上滴上氯仿并在荧光下照射，要求无荧光显示，方可使用。将荧光分析用的试管，注入10～20mL氯仿，放荧光灯下观察，无荧光显示为洁净，方可使用。

（2）湿照、干照。

①湿照时将录取的岩屑、岩心或井壁取心样洗净，控干水分，装入砂样盘；干照时将晒好的砂样装入砂样盘，将装有岩样的盘置于荧光灯的暗箱中，启动荧光灯。

②观察荧光的颜色和亮度，根据显示情况按标准进行定性分级。

③排除假显示后再作分析。

（3）滴照。

①将有荧光显示的岩样一粒或数粒放置在洁净的滤纸上，用氯仿清洗过的镊子柄碾碎。

②悬空滤纸，在碾碎的岩样上滴1～2滴氯仿，待溶剂挥发后，在荧光灯下观察滤纸上荧光的颜色和亮度及扩散形状，若滤纸上无显示，则为矿物发光。

③记录岩屑荧光滴照结果。

（4）进行荧光系列对比。

①挑选代表本层的真岩屑（或岩心核部）在天平上称取1g样品。

②将称好的样品放在无污染的滤纸上，用洁净的镊子柄将岩样压碎，倒入洗净的无色透明的试管内，加入5mL氯仿或四氯化碳，密封后放在试管架上并标上井深，浸泡8h后进行分析检查，浸泡时间不能超过24h。

③将试样和本地区的标准系列在荧光灯下逐级对比，找出发光强度一致的标准溶液，该标准溶液的荧光级别即为试样的荧光级别。

三、气测录井

气测录井是应用专门仪器直接测定钻井液中可燃气体总含量和组分的一种录井方法，也称为综合录井仪录井。在钻井过程中连续进行不间断测量，及时发现气测异常，可直接判断地层中的油层、气层和水层。因此，气测录井对钻井工作非常重要。

1. 气测录井的作用

1) 随钻气测的作用

随钻气测是在钻井过程中，按井深记录钻井液中烃含量和烃组成变化的方法。主要测量的是破碎岩屑中的油气和部分扩散进井筒的油气，其作用有：

（1）及时发现油气层；

（2）评价油气水层；

（3）为防井涌井喷等事故提供监测和预报。

2) 循环气测的作用

循环气测即是按迟到时间记录钻井液中烃含量和烃组成变化的方法。当工程起下钻，钻井液静止一段时间后，由于储层与钻井液之间的压差，扩散作用使地层中的油气进入钻井液。循环气测测量时间为循环一周半以上。

循环气测资料判断浸入钻井液的地层流体性质的分析、解释方法与随钻气测相近，没有解释井段，依据对循环气测参数异常变化的分析判断浸入性质。

2. 气测录井资料录取

主要录取原始资料、全脱分析资料及后效录井资料，主要有全烃、烃组分（C_1—C_5）、非烃（H_2、CO_2）、工程参数和地面外液资料等。

3. 计算油气上窜速度

当油气层压力大于钻井液柱压力时，在压差的作用下，油气进入钻井液并向上流动的现象，即为油气上窜现象。单位时间内油气上窜的距离称为油气上窜速度。油气上窜速度的大小反映油气层的能量大小。根据油气上窜速度的大小，应及时采取相应的井控措施，应做到压而不死，活而不喷。

（1）迟到时间法：

$$v = \frac{H - \frac{h}{t}(t_1 - t_2)}{t_0} \qquad (14-1-4)$$

式中　v——油气上窜速度，m/h；

H——油气层深度，m；

h——循环钻井液时钻头所在井深，m；

t——钻头所在井深的迟到时间，h；

t_1——见油气显示的时间，h；

t_2——下钻到 h 深度后的开泵时间，h；

t_0——井内钻井液静止时间，h。

（2）容积法：

$$v = \frac{H - \frac{Q}{V_c}(t_1 - t_2)}{t_0} \qquad (14-1-5)$$

式中　　Q——钻井液排量，L/h；

　　　　V_c——井眼环形空间每米理论容积，L/m。

（3）此外现场还常用下列公式计算油气上窜速度：

$$v=t \cdot Q/V_c \cdot t_0 \tag{14-1-6}$$

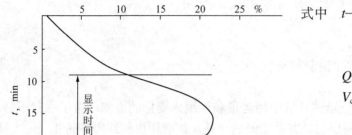

图 14-1-1　后效显示时气测值上升和
下降的两个半幅点的时间差值示意图

式中　　t——后效显示时气测值上升和下降的两个半幅点的时间差值，min；（图 14-1-1）；

　　　　Q——钻井液排量，L/min；

　　　　V_c——井眼环形空间每米理论容积，L/m。

　　　　t_0——井内钻井液静止时间，min。

现场钻井施工过程中，油气上窜速度的计算结果往往误差较大。主要原因是：

① 油气显示出现的时间记录不准确；

②钻井液排量变化时没有记录或记录不准；

③迟到时间测量不正确；

④下钻时往往是多次停泵和开泵，各项参数不容易取准。

因此在实际工作中，只有合理分工，取全取准各项参数和资料，才能准确地计算油气上窜速度。

4. 气测异常预报

气测录井过程中，一旦发现气测异常，则证明油气水层被钻穿；如气测异常明显，则证明油气层压力较大。气测异常往往第一时间预示井内溢流的发生，因此，做好气测异常预报至关重要。气测异常的界定：当班人员发现气测异常应立即向驻井监督及井队相关人员报告，并填写异常预报通知单。同时会同地质师落实油气显示，收集钻井液密度和黏度的变化情况，观察钻井液槽面显示。

注意：切不可对气测异常作其他解释，从而失去对溢流进行控制的时机。

值得强调的是，钻井液中混入原油或添加剂等也能产生气测异常，因此，当班人员需要经常与工程人员联系，了解钻井液处理动态，正确判断产生气测异常的原因。另外生油岩排烃也能产生气测异常，这时当班人员需与地质人员一道落实地层岩性，对气测异常进行正确判断。通常在钻入目的层时，钻井液处理时应停钻循环，待处理完成后方可恢复钻进，以避免钻井液处理对气测的影响。

在采用欠平衡钻井方式时，井眼内液柱压力小于地层压力。活而不喷成为正常钻井的常态，气测异常活跃。此时气测异常预报尤为重要，气测异常的判定通常根据实际情况依据欠平衡施工人员及甲方指令进行确定，如发现气测异常应立即向驻井监督、欠平衡施工人员、钻井施工人员及相关人员报告，并填写异常预报通知单。现场应确保通信联系畅通。

5. 钻井液气体后效测量

每次下钻到底开始循环时，进行钻井液气体后效测量，直到井底钻井液循环出井口方可恢复钻进。如发现气测异常，应立即向驻井监督及井队相关人员报告，马上采取相应井控措施。并填写异常预报通知单。同时会同地质师落实油气显示，收集钻井液密度和黏度的变化情况，观察钻井液槽面显示。对油气上窜速度进行计算，以书面形式及时提供给驻井监督。

四、地球化学录井

地球化学录井（简称地化录井）评价技术是应用地化录井仪在程序升温的条件下，使岩样中的油气组分按不同温度范围热蒸发为天然气馏分峰，汽油馏分峰，煤油及柴油馏分峰，蜡及重油馏分峰，胶质及沥青质热解烃峰等 5 个峰，测定其各油气组分的含量和残余碳量，从而快速地对储层进行全面评价。

1. 地化录井的作用

(1) 快速发现油气显示；

(2) 判断储层流体性质，准确评价油气水层；

(3) 在已注水开发油田，进行油层水淹程度评价，为制定开采方案提供依据；

(4) 寻找剩余油，为部署调整井提供依据。

以上这些特点决定了地化录井受围岩屏蔽等地层因素的影响较小，在特殊油气藏的发现和注水开发区水淹层评价上，具有一定的技术优势。

2. 分析样品的采集和处理

1）样品采集准备

准备工作主要有两方面：一方面是资料的准备，熟悉本井区的地质概况、地层情况、岩性变化及油气水分布等；另一方面是物质准备，主要准备以下物品：

(1) 洗砂盆：对岩屑样品进行二次清洗，减少钻井液或添加剂的污染。

(2) 装样瓶：准备 100 个 25mL 样品瓶，用于浸泡岩屑或岩心样品，防止轻烃的损失及影响分析结果。

(3) 荧光灯：含油样品应在荧光灯下挑选，保证样品的准确性。

(4) 样品采集工具：如镊子、滤纸、毛刷等一套。

2）样品采集要求

选样要求，根据不同地区实际情况有所不同。取样因不同地区各层位的不同而有所变化，一般为：

(1) 岩屑录井井段含油储层样品按岩屑录井间距逐点选取，不含油储层逐层选样。

(2) 岩心录井井段，含油储层每米取 5 块，产状变化应逐层选取，非含油储层每米取 3 块。

(3) 井壁取心除泥岩外应逐颗选取。

(4) 岩屑样品质量为 2 ~ 5g，岩心样品质量 5 ~ 10g，井壁取心样品质量为 2 ~ 5g。

（5）不能马上上机分析的岩样，应加水封存，防止油气逸散。

（6）生油岩样品主要指灰、深灰及灰黑色泥岩和碳酸盐岩，主要进行生油指标评价。一般每 10m 取 1 个样，对于薄互层逐层选样，岩心段每米 1 ～ 2 个样，样品质量为 10 ～ 20g。

3. 样品采集选样方法及样品的预处理

1）样品采集选样方法

地化录井采集样品包括岩心、岩屑和井壁取心三种。岩心和井壁取心归位准、体积大，样品采集容易进行。岩屑由于颗粒小，真假混杂，因此，岩屑样品采集难度较大。这就要求地化录井工作人员除应有高度的责任心外，还应有较强的技术水平，掌握正确的挑样方法。一般应掌握下列选样技术：

（1）熟悉区域地质情况和邻井地层、岩性与油气显示情况，对本井地层及油气水层进行预测。

（2）参考钻时、气测和荧光等录井资料进行岩性划分，一般钻时较快的地层岩性为疏松砂岩，钻时较慢地层岩性多为泥岩。

（3）挑样时应在明亮的光线下，有油气显示层应在荧光灯下挑样。

（4）挑样时要正确地识别真假岩屑和真假油气显示，去伪存真，保证样品的真实性。

2）样品的预处理

挑样前选取的岩屑要用水清洗，以便减少污染，挑出的样品不能马上分析的应放入样品瓶中加水封存，防止烃类逸散，影响分析结果。分析时取出样品用滤纸吸干水分，尽快放入坩埚内进行分析，防止烃类散失。

五、热解气相色谱录井

通过程序升温，将被测样品中所含的烃类蒸发出来，经毛细色谱柱分离后至 FID 检测获得单体烃色谱流出曲线，通常能够检测到的碳数范围在 $C_8 ～ C_{37}$ 之间。

1. 样品采集前的准备

（1）按地质设计要求，以地质录井井段与间距录井，不能漏错取岩样。要求选取有代表性的岩样。

（2）样品必须用清水二次清洗，保证无钻井液药品及地面石油污染。

（3）样品分析前用滤纸滤掉岩样表面水分。

2. 样品选样要求

（1）岩心出筒清洗后，在 20min 内取样，所取岩心样品不得有污染。

（2）岩心样品间距为储层每 20cm 取 1 块，含油岩心必须加密取样；每块样品不小于 1cm×1cm。

（3）钻井取心样品要成细粒状，破碎岩样时只能用锤砸，不能研磨。

（4）岩心样品取完后，立即放入取样瓶内，并在取样瓶上用记号笔注明井号、井深、岩性和时间。

（5）岩屑（应不少于 50g）捞取后，必须清洗干净；

（6）选取代表相应储层的真实岩屑；岩屑定名与地质录井岩屑定名相同。

（7）井壁取心样品要将表面污染除去，选取中间代表性较好样品。

①井壁取心样品要成细粒状，破碎岩样时只能用锤砸，不能研磨。

②由于钻速太快来不及上机分析的样品，必须用湿样袋封存，尽量减少轻烃散失，并用记号笔注明井号、井深、岩性和时间。

3. 样品的分析

（1）必须先进行标准油样的分析，建立校正因子表。

（2）然后用滤纸滤掉岩样表面水分。

（3）对样品进行称重，质量要求 10 ～ 20mg，显示较好的岩屑 10mg 即可。

六、定量荧光录井

定量荧光分析录井技术是 20 世纪 90 年代初由德士古石油公司率先开发的一项新型录井技术，20 世纪 90 年代末期，我国又研制了 OFA 型定量荧光分析仪，这两种仪器采用的方法都是根据荧光强度与石油浓度成正比的关系，借助仪器来实现荧光数据的检测和分析。定量荧光录井技术较好地解决了新钻井工艺下 PDC 钻头和大位移斜井及水平井等复杂钻探带来的岩屑细碎、岩屑返出量少甚至难以捞取等技术难题；消除了钻井液添加剂的荧光干扰；可识别荧光波长在 340nm 以下的轻质油气层。实现了荧光录井技术由定性向定量解释的跨越式发展。定量荧光分析技术特点：

（1）分析样品简单快捷，每个样品仅需 10min 便可完成含油情况的测定；

（2）消除钻井液添加剂污染干扰，有利于辨别真假油气显示；

（3）图谱直观反映原油性质；

（4）有利于发现轻质油气显示。

1. 录井前的准备

（1）选择标准油样。选取本地区邻井与设计目的层同一产层的原油样品作为标准油样。

（2）仪器标定。用验证无污染的正己烷试剂将标准油样稀释至浓度为 5 ～ 40mg/L 的三个以上浓度，测定 k/b 值，并绘制标准工作曲线。

（3）钻井液添加剂荧光分析。对所有入井钻井液添加剂进行荧光分析，并保存图谱，为日后使用作参考。

（4）确定背景值。在进入设计要求的录井井段之前，首先分析钻井液是否受到污染。若未受污染，则直接以正己烷为背景；若受到污染，要分析受污染的钻井液谱图特征，如果与标准油样不同，则仍以正己烷为背景，如果与标准油样相似，则应挑选近邻录井段之上的储层岩屑作为背景值。

2. 样品的取样要求

1）岩屑

（1）录井井段及间距按钻井地质设计要求执行。

（2）结合钻时与气测等录井资料选取具有代表性且未经烘烤和晾晒的岩样。

（3）若岩屑样品代表性差，选取混合样。

（4）分析速度跟不上钻井速度时，应将样品称取后放入试管内密封保存。

2）井壁取心

对储层井壁取心选取中心部位进行逐颗取样。

3）钻井取心

（1）岩心出筒清洗后，在 20min 内取样，所取岩心样品不得有污染。

（2）样品间距为储层每 0.20m 取 1 块，含油岩心每 0.10m 取 1 块。钻井地质设计有特殊要求时，执行钻井地质设计。

4）钻井液

（1）钻井液调整处理循环均匀后进行取样。

（2）录井有显示进行取样。

3. 样品的分析

（1）将选取的岩样用滤纸或吹风机吸干水分。

（2）用研钵将岩样研碎。

（3）用天平准确称取（岩屑、岩心、井壁取心及固态钻井液添加剂）1g 或（钻井液及液态钻井液添加剂）1mL 样品，放入试管内，然后加入 5mL 正己烷浸泡 15 ~ 20min 后倒入比色皿，放入样品室中待测试。

（4）待测样品若有颜色或荧光强度超出测量范围时均要对被测样品进行稀释，稀释方法为：确定稀释后溶液的总体积 V_1（mL），估计稀释倍数（N），采用稀释倍数计算公式：

$$V_2 = = \frac{V_1}{N} \times 1000 \qquad (14-1-7)$$

式中　V_2——待取浓溶液体积，mL ；

　　　V_1——稀释后溶液的总体积，mL ；

　　　N——稀释倍数。

依据上述计算公式计算出待取浓溶液体积，采用可调微量进样器准确量取待取浓溶液放入干净试管进行稀释，直至达到稀释后所确定的总溶液体积。

（5）将配制好的岩样溶液放入石英比色皿中，进行荧光扫描分析，并进行扣背景处理。每次样品分析结束必须检查分析结果，并填写荧光分析记录。

（6）进行荧光扫描分析前应注意以下问题：

①如果岩样浸泡液清澈透明，且没有颜色，可直接进行荧光测定。

②如果岩样浸泡液有颜色，则应该用正己烷适当稀释后再进行荧光测定。

七、录井资料解释与评价

1. 气测录井

气测录井作为一种地球化学录井方法，采用色谱分离技术，检测地层浸入钻井液中的烃类气体，它只与烃类物质的丰度有关，而受油气藏储层岩性、电性和物性影响相对较小。现已成发现和评价油气藏最及时最直接的手段之一。

1）测量参数

井深、钻时（ROP）、全烃（TG）、甲烷（C_1）、乙烷（C_2）、丙烷（C_3）、异丁烷（iC_4）、正丁烷（nC_4）、异戊烷（iC_5）、正戊烷（nC_5）、氢气（H_2）、二氧化碳（CO_2）等。

2）石油和天然气进入钻井液的方式与分布状态。

在钻井过程中，石油和天然气以两种方式进入钻井液。其一是来自钻碎的岩石中的油气进入钻井液；其二是由钻穿的油气层中的油气，经渗滤和扩散的作用而进入钻井液。

（1）破碎气：在钻井过程中，钻头机械破碎岩石而释放到钻井液中的气体称之为破碎气。为钻开地层真实显示。

（2）后效气：在钻开上部油气层后工程进行起下钻作业，由于钻井液在井筒中的静止时间较长和钻具的抽汲作用，使地层中的油气在压差的作用下，不断地往钻井液中渗透。下钻到底钻井液循环后，会出现后效气假异常。

（3）背景气：又称底气，为钻井液循环而无油气显示异常时，所显示的基值含量。

（4）接单根气：钻过油气层后，接单根时，由于上提钻具引起的抽汲作用引起井底负压；另外，钻井液停止循环，地层中的油气向钻井液中侵入，井眼钻井液中含有烃类气体。经过一个循环周后，井底的一段钻井液返出井口，被仪器监测，使全烃显示含量及色谱分析含量同时增高（图 14-1-2）。

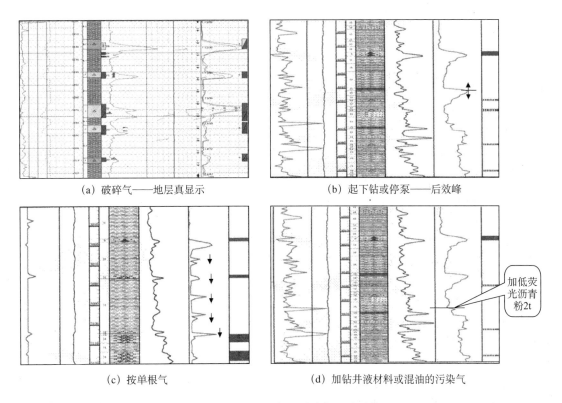

(a) 破碎气——地层真显示　　　　　　(b) 起下钻或停泵——后效峰

(c) 按单根气　　　　　　(d) 加钻井液材料或混油的污染气

图 14-1-2　单根气和破碎气录井响应

接单根气用于辅助判断油气层压力及含油性，但它所受的影响因素很多，除油气层情况外，还有钻井液密度、接单根时间长短和上提钻具的速度等。

3）油气水层显示特征

（1）气层：

①全烃显示异常明显，曲线呈尖峰状。

②色谱分析组分不全，主要成分是甲烷，相对组成达 95% 以上，其次是含有乙烷和丙烷。

③色谱分析绝对含量一次高于二次，一次分析测到乙烷，二次分析有时测到丙烷。

④三角图版为大正。

⑤后效明显。

（2）油层：全烃含量较高，峰宽且较平缓，幅度比值较大，烃组分齐全，由于油密度值和气油比的不同，油层又分为油气层、凝析油气层、轻质油层及重质油层。

①全烃有明显异常且持续；色谱一、二次分析组分齐全；三角图版为中正到大倒，油质越重越倾向于大倒的方向。

②一般情况下，油层将产生较明显的后效异常。

③三角图版的价值点位置越靠上，说明油质越轻。

④与气层比较，油气层的组分齐全，烃类重组分组成在 10% ~ 20% 之间，色谱分析绝对含量一次分析略高于或接近于二次分析；三角图版为中正。中质油的重组分组成在 20% ~ 30% 之间，三角图版为小正或小倒。

重质油的组分性质偏向两个极端，多数重组分组成在 30% ~ 45% 之间，三角图版为中到大倒，这种情况测量的是地层中的溶解气；另一极端是类似于纯气层的组分组成，绝对含量较低，但全烃显示较高，此种情况是由于全烃测量的是全部烃类气体，而色谱分析测量到的是重质油层中的游离气，且游离气的量较小。

中轻质油的色谱分析绝对含量通常一次分析低于二次分析。

（3）水层：

①一般全烃和色谱分析绝对含量均较低，色谱分析相对组成类似于气层的相对组成和三角图版大小。含有大量溶解气的水层也可能产生异常高的显示。

②一次色谱分析组分不全，二次色谱分析有的全，有的不全，全的说明水中含油。

③非烃组分较高，无后效反应或反应不明显。

不含溶解气的纯水层气测无异常，含有溶解气的水层一般全烃值较低，组分不全，主要为 C_1，非烃组分较高，无后效反应或反应不明显。

4）解释评价方法

（1）利用全烃曲线形态评价油气层。对于储层而言，其孔隙间被流体所充填，在同一储层中，可以认为孔隙间非油即水。由于全烃曲线的连续性，当地层被钻开后，流体的特性通过全烃曲线的形态特征表现出来。所以，全烃曲线形态特征反映地层信息（图 14-1-3）。

①全曲线形态呈"箱状"。进入储层后，全烃曲线形态呈上升速度快，上升幅度较大，到达最大值后出现一段较平直段，后下降到一值上，峰形跨度较大，峰形饱满，形如一"箱体"，如图 14-1-3（a）所示。呈现"箱状"形态特征的层段，全烃曲线的异常显示厚度基本上与储层度相等；钻进该井段时，钻时较快（普遍为几分钟 1m 或更小）。烃组分含量中主要以 C_1 为主，重烃含量齐全，烃斜率 C_2/C_3 较高。呈现这种形态时，多解释为气层

和油层。

②全烃曲线形态呈"手指状"。进入储层后，全烃曲线形态呈忽高忽低的趋势，但低的部位未能低过原基值，同一层段内出现若干尖形峰，形如"手指状"，如图 14-1-3 (b)所示。这种形态的地层，钻时普遍较快，钻井过程中有时出现放空现象。钻开储层后，全烃曲线呈现出上升下降速度快、幅度大的形态。烃组分为高 C_1，低重烃的趋势。全脱分析常出现分析值低于现场烃组分分析值。一般情况下，将具有该形态特征的地层判断为"气层"。对于裂缝型油藏，一定要根据实际情况进行分析，做出正确的判断。

③全烃曲线形态呈"单尖峰状"。全烃曲线上升的速度和下降的速度均较快，曲线峰形跨度较小，形成一单尖峰，如图 14-1-3 (c) 所示。烃组分分析以 C_1 为主或重组分含量高低不均。全烃曲线形态特征为"单尖峰状"的有效地层一般较薄，钻时为十几分钟左右，一般将具有该种形态特征的地层解释为"差油层"或"干层"。

④全烃曲线形态是呈"正或倒三角形状"。

钻开储层后，全烃曲线上升的趋势较为缓慢，接近到储层的中部和底部时达到最大值，后急速下降到基值上，形如一"正三角形"，如图 14-1-4 (a) 所示。

钻开储层后，全烃曲线上升速度较快，在较短的时间内达到最大值，后缓慢下降到某基值上，形如"倒三角形"，如图 14-1-4 (b) 所示。

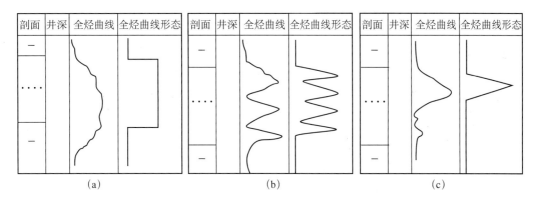

图 14-1-3 不同油气层特性的气测响应

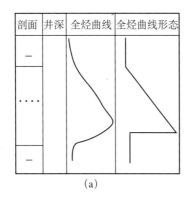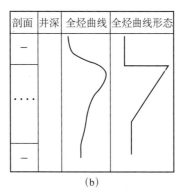

图 14-1-6 含水油气层综合录井响应

全烃曲线形态无论是呈现"正三角形状"或"倒三角形状"的井段，普遍存在钻时较快的特征。在全烃曲线低值时，烃组分主要以 C_1 为主，重烃含量低或没有；而全烃曲线在高值时，烃组分含量明显增加，C_1 的相对含量在 50% 以上，重烃组分齐全。一般将具有该曲线形态的地层解释为"含油水层"或"油水同层"。如果在全烃曲线高值时，出现一些小的"指状"尖峰，则将该层段解释为"含气水层"或"气水同层"。

（2）图版法。

在油气层解释评价过程中，对于某个地区来说，在掌握了大量的油气层试油资料的基础上，运用统计学的方法，寻求该地区的油气层的特征，运用不同的算法，对统计数据进行图版交会，得到油气层解释评价图版（图 14-1-5、图 14-1-6）。以此作为油气层图版解释评价依据。这种方法就叫做图版解释评价油气层方法。

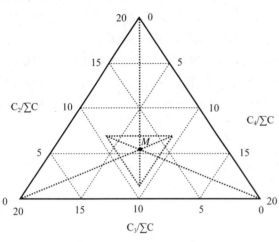

图 14-1-5　综合录井解释图版

三角形解释图版是由三角形坐标系和三角形内价值区组成。三角形坐标实质上是个极坐标，极角为 60°，极边为 20 单位，构成等边三角形。等边三角形的三个顶点分别为坐标系的零点，各轴上刻度为逆时针分别对应 $C_2/\Sigma C$、$C_3/\Sigma C$，$nC_4/\Sigma C$ 的值，其中 $\Sigma C=C_1+C_2+C_3+nC_4$，$C_1$、$C_2$、$C_3$ 和 nC_4 分别为甲烷、乙烷、丙烷和正丁烷百分比含量。用实测数据中的 $C_2/\Sigma C$ 作 $C_3/\Sigma C$ 的平行线；$C_3/\Sigma C$ 作 $nC_4/\Sigma C$ 的平行线；$nC_4/\Sigma C$ 作 $C_2/\Sigma C$ 的平行线，构成一个内三角形。通过三角形的大小及形状判断储层中油气的性质。用三角形坐标系与内三角形的顶点对应相连，其连线交于一点 M，此点在三角形解释图版上为价值点，由已探明多层位的多个价值点 M，构成了价值区。以此来判断有无生产价值。

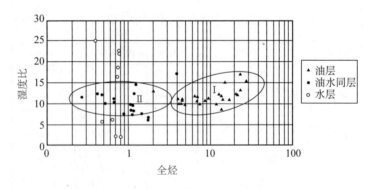

图 14-1-6　全烃与湿度比交会图版

2. 地化录井

通过在特殊的热解炉中对储油岩样品进行程序升温，使岩石中的烃类物质在不同温度下挥发和裂解为气态烃和液态烃，测定其各油气组分的含量和残余碳量，从而快速地对储油岩进行全面评价。

1）测量参数

一次分析可以得到 6 个直接参数和 13 个派生参数。

（1）直接参数：6 个直接参数代表的是不同温度区间的单位质量岩石中热解烃含量，单位：mg/g（表 14-1-1）。

表 14-1-1　直接参数含义表

直接参数	含义	检测温度
S_0	含气量	90℃
S_1	含汽油量	200℃
S_{21}	含煤油、柴油量	200 ~ 350℃
S_{22}	含蜡和重油量	350 ~ 450℃
S_{23}	胶质沥青质热解烃量	450 ~ 600℃
S_4	残余有机碳量	恒温 600℃

（2）13 个派生参数见表 14-1-2。

表 14-1-2　派生参数含义表

间接参数	含义	间接参数	含义
R_c	残余油	GR	含气率
S_T	含油气总量	GSR	含汽油率
P_1	凝析油指数	KOP	含煤油柴油率
P_2	轻质原油指数	WHR	含蜡重油率
P_3	中质原油指数	AR	含沥青率
P_4	重质原油指数	ROR	含残余油率
LHI	原油轻重比指数		

2）解释评价方法

（1）计算含油饱和度。热解法测得的总烃量 S_T 为单位质量储层岩样的含烃量，在孔隙度一定时，S_T 值的变化就是含油饱和度的变化。由此可推导出油气评价仪测定含油饱和度的公式为：

$$S_D = 10\rho_{岩}\frac{S_T}{\rho_{油}}\phi_D \tag{14-1-8}$$

式中　$\rho_{岩}$——岩石密度，g/cm³；

　　　$\rho_{油}$——原油密度，g/cm³；

　　　S_T——经过烃类损失补偿后的含油气总量，mg/g；

S_D——含油饱和度，%；

ϕ_D——孔隙度，%。

（2）判断储层原油性质。

①热解参数比值法判断储层原油性质：比值法指用五峰分析各相关区间参数与总烃含量的比值对储层原油性质判别。五峰分析是根据原油性质的评价特点将 90～600℃ 的整个升温过程划分为 5 个阶段，得出 5 个温度区间的烃类含量参数：天然气组分 S_0、汽油馏分 S_1、柴油+煤油 S_{21}、蜡及重油馏分 S_{22} 和胶质沥青质馏分 S_{23}。这 5 项烃类含量参数按一定规律两两组合再与总烃含量相比，可以得出 4 个原油性质判别指数：

$$凝析油指数\ P_1=S_1/(S_1+S_{21}+S_{22})$$

$$轻质原油指数\ P_2=(S_1+S_{21})/(S_1+S_{21}+S_{22})$$

$$中质原油指数\ P_3=(S_{21}+S_{22})/(S_1+S_{21}+S_{22})$$

$$重质原油指数\ P_4=(S_{22}+S_{23})/(S_1+S_{21}+S_{22}+S_{23})$$

根据这 4 项原油性质判别指数的大小，可以采用如下标准判别储层原油性质：

凝析油：$P_1>0.9$；

轻质油：$P_2>0.9$；

中质油：$P_3\in 0.5\sim0.8$；

重质油：$P_4\in 0.5\sim0.7$。

②根据谱图形态判断原油性质。轻质油图谱特征：含气量 S_0 峰值非常高，相应的汽油含量 S_1 的峰值也很高，代表重质含量的 S_{22} 和 S_{23} 的峰值较低。残余碳量 S_4 的峰值也低（图 14-1-7）。

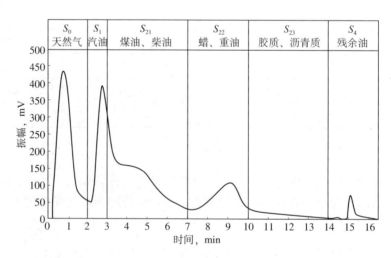

图 14-1-7　轻质油图谱

中质油图谱特征：代表轻质含量含气量 S_0 的峰值较低，代表中质含量的汽油含量 S_1 及煤油柴油含量 S_{21} 的峰值很高，代表重质含量的 S_{22} 和 S_{23} 的峰值较低。残余碳量 S_4 的峰值也低（图 14-1-8）。

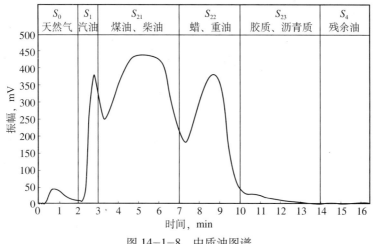

图 14-1-8　中质油图谱

重质油图谱特征：代表轻质含量含气量 S_0 的峰值平滑，代表中质含量的汽油含量 S_1 及煤油柴油含量 S_{21} 的峰值有一定的高度，代表重质含量的 S_{22} 的峰值增大，而到 S_{23} 其峰值开始回落。残余碳量 S_4 的峰值也相应增高（图 14-1-9）。

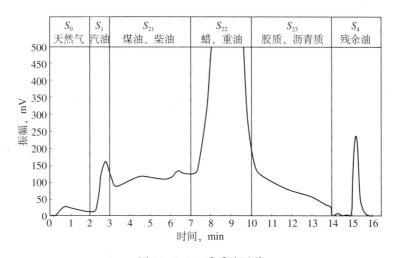

图 14-1-9　重质油图谱

（3）流体性质识别。根据区域地质特征、区域图版和标准进行流体性质评价（图 14-1-10）。

3. 饱和烃气相色谱录井

1）测量参数

一次分析可以得到 9 个参数

（1）主峰碳：一组色谱峰中的质量分数最大的正构烷烃碳数。

（2）姥鲛烷／植烷（Pr/Ph）：姥鲛烷峰面积与植烷峰面积比值，其比值在烃源岩和油气运移过程中比较稳定，所以是一个追踪运移的指标。

（3）姥鲛烷／碳 17（Pr/nC17）：姥鲛烷峰面积与 nC17 峰面积比值。

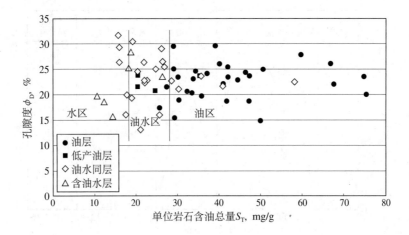

图 14-1-10　XX 地区 $S_T - \phi_D$ 油水层判别图版

（4）植烷 / 碳 18（Ph/nC_{18}）：植烷峰面积与 nC_{18} 峰面积比值。

（5）奇偶优势值（OEP）：奇偶优势值越接近于"1"，则说明该样品的演化程度和成熟度越高，反之越低。

（6）轻烃 / 重烃（$\Sigma nC_{21}^{-} / \Sigma nC_{21}^{+}$）：以样品分析所得各碳数峰值归一后，以 C_{21} 以前的各碳数百分含量总和除以 C_{22} 之后的各碳数百分含量总和。

（7）菲利普指数（$C_{21}+C_{22}$）/（$C_{28}+C_{29}$）。

（8）碳数范围：指一组色谱峰的最低至最高碳数的容量峰。

（9）碳优势指数（CPI）：一般指 $C_{24} \sim C_{34}$ 范围内，分别取两次奇数碳数的浓度与偶数碳数的浓度总和之比的平均值，它是衡量有机质成熟度的指标。

2）解释评价方法

（1）根据谱图基本形态判别原油性质。

轻质油图谱特征：轻质烃类丰富，正构烷烃碳数分布范围较窄 $nC_6 \sim nC_{28}$，主峰碳 $nC_9 \sim nC_{12}$（图 14-1-11）。

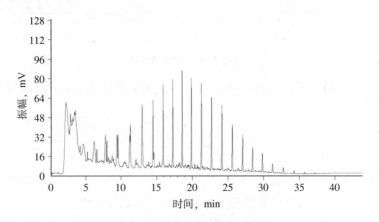

图 14-1-11　轻质油图谱形态

中质油图谱特征：正构烷烃碳数分布范围宽 $nC_6 \sim nC_{33}$，主峰碳 $nC_{15} \sim nC_{25}$（图 14-

1-12)。

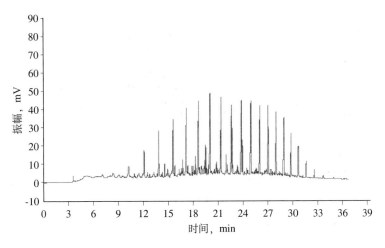

图 14-1-12　中质油图谱形态

重质油图谱特征：正构烷烃碳数分布范围较宽 $nC_6 \sim nC_{35}$，小于 C_{18} 的轻质组分少，主峰碳 $nC_{23} \sim nC_{26}$。基线略微隆起。

（3）根据谱图基本形态判别油气水层。

油层图谱形态特征：分析色谱曲线呈规则梳状，碳数分布范围较宽，在 $C_{11} \sim C_{38}$ 之间，主要正构烷烃分布在 $nC_{13} \sim nC_{33}$，主峰碳为 nC_{23}，正构烷烃优势明显，标志化合物姥鲛烷（Pr）和植烷（Ph）分辨清晰，基线平直，未分辨化合物含量极低（图 14-1-13）。

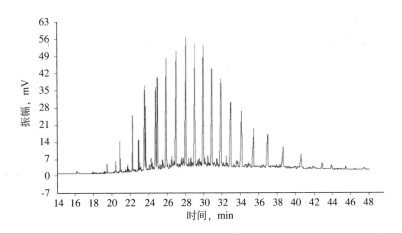

图 14-1-13　油层图谱形态

油水同层图谱形态特征：碳数分布范围宽 $C_{13} \sim C_{33}$，层中出现上油下水特点，不可辨别烃含量变多，基线隆起，储层上下谱图差异明显（图 14-1-14）。

含油水层特征：峰分布不规则，碳数分布范围较窄 $C_{12} \sim C_{29}$，主峰碳 $nC_{16} \sim nC_{19}$，基线上倾，中部隆起高，不可分辨烃类多（图 14-1-15）。

水层图谱形态特征：谱图正态分布非常差，单体烃仅零星分布，基线上翘起（图 14-1-16）。

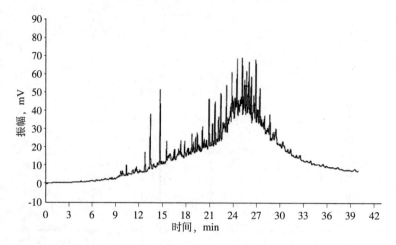

图 14-1-14　油水同层图谱形态

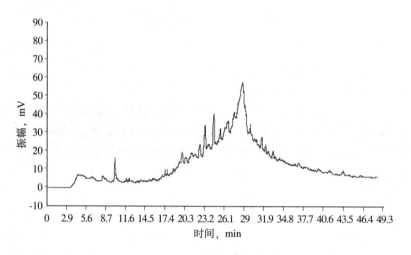

图 14-1-15　含油水层图谱形态

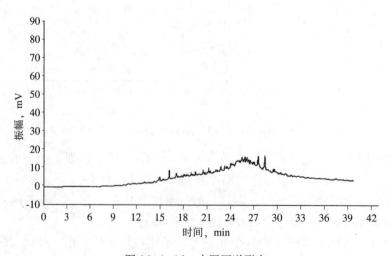

图 14-1-16　水层图谱形态

干层图谱形态特征：基线平滑，基本呈直线状态，单体烃仅零星分布（图 14-1-17）。

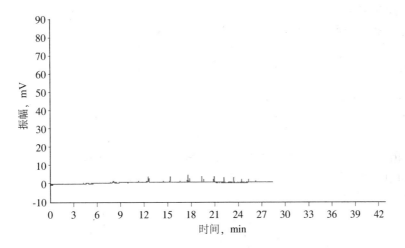

图 14-1-17　干层图谱形态

4. 定量荧光录井

1）测量参数及意义

定量荧光分析图谱如图 14-1-18 所示。

（1）荧光波长（λ）。反映原油中不同成分的荧光出峰位置。对于二维仪器来说，轻质油成分的出峰位置波长 300 ~ 340nm；中质油成分的出峰位置波长 340 ~ 370nm；重质油的出峰位置波长大于 370nm。

（2）荧光峰值（原油荧光强度 F）。在某一波长段范围内，原油中占主要成分的荧光物质所发射荧光的强弱，反映的是被测样品中荧光物质的多少及占主要成分的荧光物质的荧光效率。

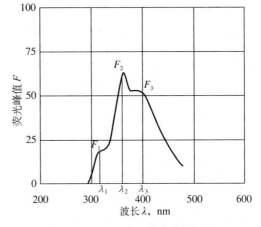

图 14-1-18　定量荧光分析图谱

（3）相当油含量（C）。当 1g 岩石样品中被 5mL 试剂萃取出的原油物质所产生的荧光强度与相当量的标准原油样品所产生的荧光强度相等时，这个相当的原油量叫相当油含量。

（4）对比级（N）。是一种反映岩石样品中含油量多少的传统的计量单位，与相当油含量存在一定的数学关系 [$N=15-(4-\lg C)/0.301$，其中 N 为对比级、C 为相当油含量]。

（5）油性指数（O_C）。代表中质油成分的最大荧光峰的强度值与代表轻质油成分的最大荧光峰的强度值之比。它反映的是原油的轻重。

（6）最佳激发波长（E_x）。三维荧光谱图中荧光强度最强的顶峰区域所对应的激发波长的位置，单位 nm。

（7）最佳发射波长（E_m）。三维荧光谱图中荧光强度最强的顶峰区域所对应的发射波长的位置，单位 nm。

2）油气水显示特征

（1）气层的基本特征：

①相当油含量、对比级相对较稳定，含油较均匀；

②油性指数相对稳定，与同区块标准油的特征参数取值范围相符，一般小于 1；

③一般油性指数低于 1，对比级大于 5 就应引起注意。

（2）油层的基本特征：

①相当油含量、对比级相对较高，含油较均匀；

②相当油含量、对比级整体上有一个增长趋势；

③油性指数相对稳定，与同区块标准油的特征参数取值范围相符；

④对于轻质油要特殊考虑，一般油性指数低于 2，对比级大于 5 就应引起注意。

（3）油水同层基本特征：

①相当油含量、对比级顶部相对较高；

②同一层中相当油含量、对比级整体上有降低的趋势；

③油性指数底部变化大，底部比同区块标准油样的特征参数取值范围明显偏重。

（4）水层和干层基本特征：

①相当油含量、对比级相对较低；

②相当油含量、对比级整体上分布不均匀；

③油性指数比同区块标准油样明显偏大或偏小。

3）解释评价方法

（1）确定储层井段。根据钻时、岩屑、岩心和气测等录井资料确定储层井段。

①钻时录井：正常钻进时，钻时相对明显降低的井段。

②岩屑与岩心录井：岩屑有显示的碎屑岩层、碳酸盐岩层和特殊岩性层。

③气测录井：全烃与组分值高于基值 2 倍以上的异常井段。

（2）确定异常井段。根据岩样的荧光图谱得到的荧光波长、荧光峰值、相当油含量和荧光级别等数据，确定荧光异常井段。

①与样品的基值相比，样品对比级上升 1 级以上的储层作为荧光异常井段。

②与钻井液的基值相比（无添加剂影响），钻井液对比级上升 1 级以上的储层作为荧光异常井段。

③在仪器标定波长范围以外，出现新的荧光峰值的储层，也应作为荧光异常井段。

（3）原油性质的识别。根据荧光主峰波长的差异和油性指数判断储层原油性质（图 14-1-19）。

（4）流体性质的识别。依据区域解释标准和图版确定储层流体性质（图 14-1-20）。

5. 核磁共振录井

1）测量参数

核磁共振录井共获得 6 项参数：

（1）孔隙度（%）：岩石中孔隙体积与岩石总体积的比值称为孔隙度。孔隙度有绝对孔隙度（总孔隙度）和有效孔隙度之分，这里指的是绝对孔隙度（总孔隙度）。绝对孔隙度是指岩石的总孔隙体积与岩石外表体积之比。

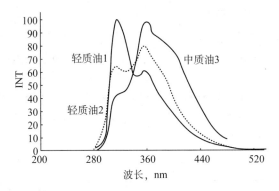

图 14-1-19　二维定量荧光不同原油性质图谱

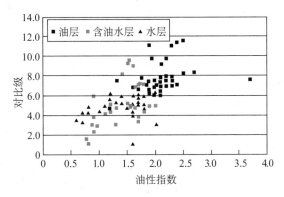

图 14-1-20　定量荧光解释图版

（2）渗透率（mD）：在一定的压差下，岩石本身允许流体通过的性能称为渗透性，渗透性的好坏用渗透率来表示。渗透率的大小反映了岩石允许流体通过能力的强弱。

（3）含油饱和度（%）：含油饱和度是岩石孔隙空间中原始含油体积与岩石孔隙体积的比值。它是评价储层含油性好坏的主要标志。

（4）束缚水饱和度（%）：储层岩粒表面都有一层水被紧紧束缚不能自由移动，称为束缚水，束缚水占孔隙体积的百分数称束缚水饱和度。束缚水饱和度对应于油气饱和度的上限。

（5）可动水饱和度（%）：可动水饱和度是可动水占孔隙体积的百分数。可动水饱和度可用于地层出水量的预测以及水淹层评价。

2）核磁共振录井技术解释与评价

核磁共振录井资料在解释评价中的作用包括以下几个方面：一是可以用 T_2 弛豫谱形态定性判断储层性质；二是判断储层物性，区分储层与非储层；三是进行流体性质识别，即储层的含油性评价。

（1）利用 T_2 弛豫谱形态定性判断储层性质。T_2 弛豫谱在油层物理中的含义是：岩石内部的孔隙大小分布。当流体受到孔隙固体表面的作用力很强时（如微小孔隙内的流体或较大孔隙内与固体表面紧密相接触的流体），流体的 T_2 弛豫时间很小，流体处于束缚或不可动状态，称之为束缚或不可动流体。反之当流体受到孔隙固体表面的作用力较弱时（如较大孔隙内与固体表面不是紧密相接触的流体），流体的 T_2 弛豫时间较大，流体处于自由或可动状态，称之为自由或可动流体。

因此可以根据 T_2 弛豫谱形态定性判断储层性质。T_2 弛豫谱形态靠左，即 T_2 弛豫时间短，微孔隙发育，大部分流体为不可动状态，为差储层特征，如图 14-1-21 所示。T_2 弛豫谱形态靠右，即 T_2 弛豫时间长，中、大孔隙发育，大部分流体为可动状态，为好储层特征，如图 14-1-22 所示。中等储层特征介于两者之间，如图 14-1-23 所示。

泥岩 T_2 弛豫谱形态基本全靠左，表明泥岩 T_2 弛豫时间很短，流体均为束缚流体，无可动部分（图 14-1-24）。

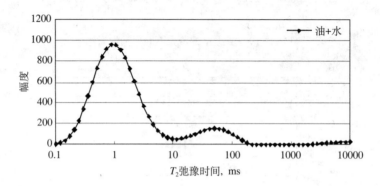

图 14-1-21 差储层 T_2 弛豫谱

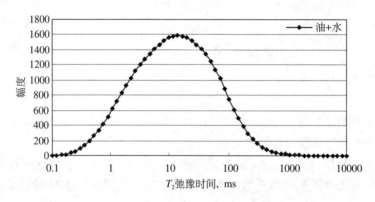

图 14-1-22 好储层 T_2 弛豫谱

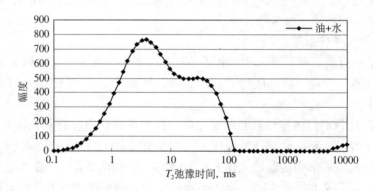

图 14-1-23 中等储层 T_2 弛豫谱

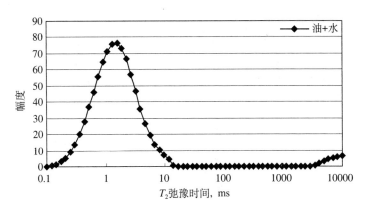

图 14-1-24 泥岩 T_2 弛豫谱

（2）利用核磁共振录井资料判断储层物性。孔隙度和渗透率是储层评价的基本参数。从油层物理学角度来讲，当储层孔隙度大于 10% 时，储层的储集空间具有实际意义；当储层孔隙度小于 5% 时，储层的储集空间无价值。当储层渗透率大于 1.0mD 时，储层具有渗透性能；当储层渗透率小于 0.1mD 时，储层非常致密。

核磁共振录井资料解释过程中，束缚水饱和度起着非常重要的作用，从油层物理学上来讲，储层颗粒越细，孔隙孔道越小，束缚水饱和度值越大。同样粗细的储层，束缚水饱和度的值越小，储层物性越好。

核磁共振录井利用孔隙度、渗透率和束缚水饱和度三项参数来判断储层的物性。

（3）利用核磁共振录井资料判断储层流体性质。从油层物理学角度来讲，含油饱和度反映了储层中油的充填程度，可动水饱和度反映了储层中可动水的充填程度，通过两者之间的关系，可以识别出油水层。

当含油饱和度较高、可动水饱和度较低时，可动水含量很少，为孤立状，不能产出，而油相处于连通状态，能够产出，因此对应的储层为纯油层。当含油饱和度与可动水饱和度相当时，油相和可动水同时处于连通状态，此时地层同时产油、产水，因此对应的储层为油水同层。当含油饱和度较低，可动水饱和度较高时，油相含量很少，为孤立状，不能产出，而可动水处于连通状态，能够产出，因此对应的储层为纯水层。因此根据两者的比值，可以制定判别界限来确定储层流体性质。

第二节 工程录井技术

一、概述

工程录井是在录井服务过程中利用综合录井仪对各种参数进行实时监测，对工程数据异常进行预报，实时指导钻井，优化钻井技术措施，避免钻井工程事故发生，减少工程施工复杂或风险，为科学、快速、优质钻井提供技术支持。

1. 工程录井的作用

（1）能够连续监控和记录钻井过程中的各项施工参数和曲线，实现钻井数据库的档案管理，以备后续总结和研究。

（2）能够实时监测钻井工程参数和曲线的变化，实现及时预报工程事故，以避免工程事故的发生或进一步恶化，保障钻井安全。

（3）能够更科学地为钻井队提出优化的钻井参数，实现优化钻井，降低成本，提高钻井时效。

2. 工程录井测量参数

（1）钻井参数：实时检测和记录大钩负荷、大钩高度、钻压、悬重、立压、套压、泵冲、转盘转速、转盘扭矩等；实时计算参数有：垂直深度、钻头成本、钻头纯钻时间、钻头纯钻进尺等。

（2）钻井液参数：实时采集的参数有各单池体积、进出口密度、进出口温度、进出口电导、进出口流量、泵速等；实时计算参数有总池体积。

（3）气测参数：见本章第一节。

（4）根据上述参数实时计算的参数有当量钻井液密度、dc 指数、$SIGMA$ 指数、地层压力、破裂压力、上覆地层压力。

二、录井前准备

1. 仪器的搬迁

（1）按照设备的工作状态进行必要材料和备件准备（例如，各种备用的传感器、电路板、色谱备件、计算机耗材等）。

（2）在设备搬迁前组织人员对仪器房内的计算机、工作站、打印机、空压机及氮气发生器等设备和库房与值班房内的物品进行必要的固定，避免在搬迁过程中由于颠簸而造成不必要的损坏影响工作。

（3）在井场积极与相关人员进行协调将录井设备安放至合适位置。

2. 仪器的安装

（1）设备就位后对各种传感器、信号线、网线、计算机、工作站、终端、脱气器、空压机及氮气发生器等进行清理。

（2）组织人员对传感器、脱气器和信号线等在井场各部位进行布置。

（3）组织人员对仪器房内计算机、工作站、工作区及色谱等部分进行组装。

（4）进行传感器与信号线、信号线与仪器房、脱气器电源、管线与仪器房、井场通信系统等的标识与连接，为设备的调试作好准备。

（5）将仪器房进行良好接地，对电源部分进行仔细检查，作好通电前的准备。

（6）对井场的应急组织和应急集合点进行确定熟悉并传递至每个录井员工。

3. 仪器设备的调试

内容包括：在所有必要的连接完成后，对电源部分进行仔细检查确认后，对仪器房进行通电检查。按照录井设备的操作规程对仪器房内录井系统和色谱系统等进行启动。录井系统启动后进行初始化设置。

1）传感器通道设置

按照录井设备的要求进行传感器通道设置，确保传感器信号入机，对传感器的信号输入状态进行判断，如有异常及时查找原因。

2）初始化设置

（1）对承录井的基本信息进行设置。包括井名、井别、井位坐标、海拔、补心海拔、钻井承包商、钻井液承包商、录井承包商、基地服务承包商、录井人员、甲方代表、地质监督及钻井队队长等信息的录入设置。

（2）对录井数据库进行初始化设置。

（3）对各种传感器进行刻度校验，根据需要打印出校验报告。包括大钩高度、大钩负荷、立压、扭矩、转盘转速、出口流量、H_2S 传感器、套压、进出口密度、温度、电导率、池体积及钻井泵等传感器进行刻度校验。

（4）对色谱系统进行刻度调校。在色谱系统运转稳定后按照要求进行色谱系统的刻度校验，注入样品气进行全烃和组分道的刻度校验，并对刻度过程和出峰状态进行记录备查，必要时打出刻度校验报告。

（5）对井场通信系统进行测试，保证通信畅通。

（6）对分布于井场各部位的显示终端进行测试，保证信息传输良好。

三、工程参数实时监测与预报

1. 钻井液参数实时监测与预报

1）实时监测钻井液总池体积变化

（1）录井作业过程中，当录井仪监测到总池体积持续上升（在不处理钻井液情况下，排除人为因素），则说明有流体侵入井内，发生了溢流，应立即报警。发出报警信号，同时向驻井监督及井队相关人员报告，马上采取相应井控措施，并填写异常预报通知单。为提高预报精度，每次开泵与停泵时应记录开泵时由于井内钻井液压缩性导致的总池体积的变化，在开泵与停泵时对总池体积变化进行修正。注意，不要试图将总池体积上升作其他解释，从而失去对溢流进行控制的时机。

应当注意的是补充钻井液、处理钻井液和钻井液倒罐等非地层流体进入井内的因素。这些因素都有可能使总池体积上升。因此，综合录井当班人员需要经常与工程人员联系，及时沟通信息，了解动态，正确判断总池体积变化的原因。

（2）录井作业过程中，当录井仪监测到总池体积持续下降，则说明井内钻井液进入地层孔隙，发生了井漏。这时也应引起高度重视，因井漏往往造成钻井液柱持续下降，打破了钻井液柱压力和地层压力的平衡，使地层压力大于钻井液柱压力，从而导致井喷。依据企业井控相关标准，以 30min 内超过钻井液漏失量上限的规定，应立即报警，马上向驻井监督及井队相关人员报告，采取相应井控措施，控制井漏，并填写异常预报通知单。注意，不要试图将总池体积下降作其他解释，从而失去对井漏处理的时机。

例 1：×× 井，钻进至井深 4640.35m，钻井液池中钻井液体积由 81.68m³ 降为 80.50m³，当班人员立即向驻井监督及工程人员报告，立即采取了循环观察措施，钻井液池中钻井液体积继续降至 77.81m³，共漏失 3.87m³，漏失速度 21.11m³/h，如图 14-2-1 所示。

工程人员立即进行堵漏施工。

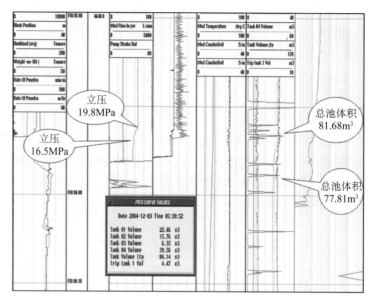

图 14-2-1　某井钻井液体积变化图

2）实时监测钻井液密度变化

录井作业过程中，钻井液密度变化直接反映地层压力平衡状况。当录井仪监测到钻井液密度下降，说明地层有流体进入井内，发生了溢流。这时，应立即向驻井监督及井队相关人员报告，马上采取相应井控措施。并填写异常预报通知单。值班人员会同地质师落实油气显示，收集钻井液密度与黏度的变化情况，观察钻井液槽面显示。

钻井液密度监测应与井下情况结合，如果发生较多的长条形掉块，则是由于钻井液柱压力不足以平衡地层坍塌压力，或起下钻、单根气及后效气严重，或钻进过程中发现有地层流体侵入，则是钻井液密度过低，应及时通知井队提高钻井液密度。

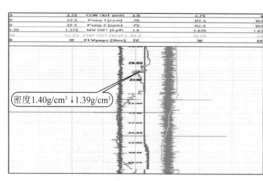

图 14-2-2　某井钻井液密度变化图

例 2：××井，当钻进至井深 3581.43m，钻井液密度由 $1.40g/cm^3$ 下降至 $1.39g/cm^3$，变化趋势较明显（图 14-2-2）。值班人员立即向驻井监督及工程人员报告，立即停钻，循环观察。值班人员填写了异常预报通知单，并由监督签字确认。循环观察过程中，采取加重钻井液施工，使钻井液密度达到稳定的 $1.44g/cm^3$。

3）实时监测钻井液流量变化

录井作业过程中，当录井仪监测到钻井液流量上升，说明地层有流体进入井内，发生了溢流。如流量下降，说明钻井液进入地层孔隙中，发生了井漏。这时，应立即向驻井监督及井队相关人员报告，马上采取相应井控措施。并填写异常预报通知单。值班人员会同地质师落实油气显示，收集钻井液密度与黏度的变化情况，观察钻井液槽面显示。

4）实时监测钻井液电导变化

（1）录井作业过程中，当录井仪监测到钻井液电导下降，说明地层有流体进入了井内，发生了溢流，可能为油气显示。这时，应立即向驻井监督及井队相关人员报告，马上采取相应井控措施。并填写异常预报通知单。值班人员会同地质师落实油气显示，收集钻井液密度与黏度的变化情况，观察钻井液槽面显示。

（2）如电导上升，则说明进入井内的流体可能为盐水。这时，也应立即向驻井监督及井队相关人员报告，马上采取相应井控措施，并填写异常预报通知单。值班人员会同地质师落实岩性，收集钻井液密度与黏度的变化情况，观察钻井液槽面显示。

5）实时监测空气中是否含有硫化氢

在录井作业过程中，当录井仪监测到空气中含硫化氢气体，不论含量大小，都应立即向驻井监督及井队相关人员报告，马上采取相应井控措施。并填写异常预报通知单。值班人员会同地质师落实岩性及油气显示，收集钻井液密度与黏度的变化情况，观察钻井液槽面显示。硫化氢传感器一般安装在钻台靠近井口处，钻井液出口槽面处，录井仪器房色谱脱气处。如有必要钻井液循环罐处也要安装。

例3：××井在井深5082.14m循环钻井液过程中，监测硫化氢气体含量由0上升至8.78μL/L（ppm）（图14-2-3）。当班人员当即向驻井监督及工程人员报告，下达异常预报通知单，并继续监测空气中硫化氢含量变化；同时通知各协作单位，做好防硫化氢准备。

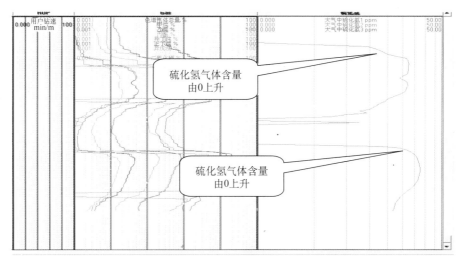

图14-2-3 某井硫化氢含量变化图

6）实时监测钻井液温度变化

录井作业过程中，当录井仪监测到钻井液温度升高，说明地层有流体进入井内，发生了溢流。这时，应立即向驻井监督及井队相关人员报告，马上采取相应井控措施。并填写异常预报通知单。值班人员会同地质师落实岩性，收集钻井液密度与黏度的变化情况，观察钻井液槽面显示。

例4：××井，当钻进至井深3581.43m时，温度由58.5℃上升至60.0℃，变化趋势较明显（图14-2-4）。值班人员立即向驻井监督及工程人员报告，立即停钻，循环观察。值班人员填写了异常预报通知单，并由监督签字确认。通常钻遇含石膏地层时也会导致钻井液温度显著上升，需要地质人员综合进行正确判断。

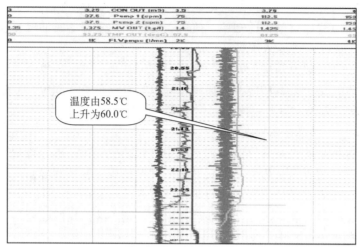

图 14-2-4 某井温度变化图

地层流体性质与参数变化情况见表 14-2-1。

表 14-2-1 地层流体性质与参数变化情况一览表

地层流体	进 / 出口密度 g/cm³	进 / 出口温度 ℃	进 / 出口电导率 mS/cm	总池体积 m³	出口流量
溢流、井涌	减小	升高	减小	增大	增大
井漏				减小	减小
井喷	减小	升高	减小	增大	增大
盐侵	增大		增大		
油气侵	减小	升高	减小	增大	增大
地温异常		增大			
水侵	减小		增大	增大	增大

2. 钻井工程参数实时监测与预报

利用工程参数录井服务于钻井工程，优化钻井参数，降低井下复杂与事故的发生是综合录井技术发展的重要方向。目前国内外在这方面已取得了一些突出的成果，主要表现在及时发现钻井过程中的工程参数异常，及时避免钻井事故与复杂的发生，同时对钻井参数进行分析，优化钻井参数，从而提高钻井作业的效率。在国外最新的发展方向是综合钻井前依据邻井各种资料及地震资料，建立地质力量模型，钻井时依据随钻测井、综合录井及其他途径获取的各种资料，不断修正地质力学模型，优化钻井技术措施，避免钻井复杂与事故，其代表性技术有 Schlumberger 公司的 NDS，Baker Hughes 公司的 Copilot 等。

（1）实时监测井下钻具悬重变化。

①录井仪监测到钻具悬重增加，可能意味着地层流体进入井内，使钻井液密度降低了。

这时，应立即向驻井监督及井队相关人员报告，马上采取相应井控措施。并填写异常预报通知单。值班人员会同地质师落实岩性及油气显示，收集钻井液密度与黏度的变化情况，观察钻井液槽面显示。

②录井作业过程中，当录井仪监测到钻具悬重减小，有可能是地层流体对钻具向上的作用力产生的，此时十分危险，应立即向驻井监督及井队相关人员报告，应当关井并考虑控制措施。

（2）实时监测泵冲／泵压变化。由于地层流体的侵入降低了井筒内的液柱压力。由于"U"形管效应，钻井液由钻具流向环空，此时，泵压下降，泵速增加。由于气体膨胀运移，使这一效应进一步增大。录井作业过程中，当录井仪监测到泵速增加，泵压下降，任何一种情况下，均应立即向驻井监督及井队相关人员报告，马上采取相应井控措施。并填写异常预报通知单。同时会同地质师落实岩性及油气显示，收集钻井液密度与黏度的变化情况，观察钻井液槽面显示。

例5：××井，钻至井深4706.00m，循环压井过程中，发现立压由18.3MPa降为13.6MPa，泵冲由54次/min上升为63次/min（图14-2-5），当班人员立即向驻井监督及工程人员报告，循环观察过程中，池体积由88.55m³下降为71.52m³，漏失17.03m³钻井液，漏失速度24.0m³/h。

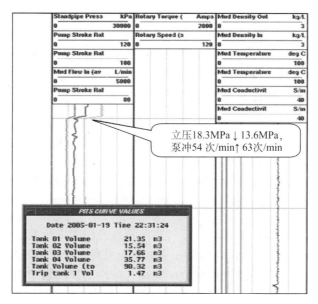

图14-2-5　某井立压与泵冲变化图

（3）实时监测钻压变化。钻压的变化，往往反映的是地层的可钻性，当钻遇地层储层时，钻压减小，有时甚至放空。录井作业过程中，当录井仪监测到钻压减小，应立即向驻井监督及井队相关人员报告，马上采取相应井控措施。并填写异常预报通知单。值班人员会同地质师落实岩性及油气显示，收集钻井液密度与黏度的变化情况，观察钻井液槽面显示。如监测到放空现象，有可能钻遇大型孔洞或风化壳，此时十分危险，应当关井并考虑控制措施。

（4）实时监测钻井队起下钻施工井控操作规定。起钻过程中，由于钻具起出井内，使井内钻井液不断缺失,从而静液压力不断下降,使地层流体进入井内产生溢流,甚至井喷。因此,要不断向井内补充钻井液。起钻过程中,录井当班人员要对每起三柱钻杆或一柱钻铤时要灌满钻井液一次的情况进行监测,欠平衡起钻时对连续灌满钻井液的情况进行监测;对钻井液灌入量情况进行监测,发现异常情况及时汇报;对钻头在油气层中和油气层顶部以上 300m 井段内起钻速度不得超过 0.5m/s 情况进行监测;对起钻过程中发生抽吸现象要及时报告给钻井工程人员。

例 6:某井井喷事故。钻至井深 4048.68m,循环钻井液后起钻至井深 209.31m 发现溢流,后由于井控措施处理不当,发生井喷。关防喷器后,发生钻杆内井喷失控。井喷喷出大量硫化氢气体,造成 243 人硫化氢中毒死亡。事故原因之一是起钻过程中灌钻井液不及时、灌入量欠缺。按照当时规定,每起钻 3 ~ 5 柱钻杆必须灌满一次钻井液,该井在高产气层钻井,应该每起 3 柱灌满一次钻井液,但实际起钻中,多次起 5 柱以上才灌一次钻井液,间隔最长的达起 9 柱才灌一次钻井液,致使井内液柱压力降低。同时由于钻杆内喷钻井液,灌入量未随之调整,因而灌入量不够,进一步降低了液柱压力。

该井综合录井当班人员对钻井队起钻操作人员违反上述规定情况,未按规定进行监测,未报告驻井监督及提示钻井队操作人员,使违章不能得到及时纠正。

综上所述,实际录井作业过程中,综合录井对各项参数进行实时监测时,可能有多项参数出现异常变化。这时,更应立即报警,马上采取相应井控措施。注意,对各项参数出现异常变化,都不可轻率作其他解释。

(5)在采用欠平衡钻井方式时,因采用低密度钻井液,使井眼内液柱压力小于地层压力。实时监测的各项参数与常规钻井基本相同,监测方式也基本相同。钻井液出口使用的是旋转式防喷器,对钻井液流量可随时控制,因此增加了套压监测。在出口流量基本不变的情况下,套压增大,则预示地层流体进入井内的数量增加,应立即向驻井监督及工程相关人员报告,马上采取相应井控措施。并填写异常预报通知单。值班人员会同地质师落实岩性及油气显示,收集钻井液密度与黏度的变化情况,观察钻井液槽面显示。采用欠平衡钻井方式时,现场应确保通信联系畅通,一般应采用无障碍通信。

3. 常见井下复杂情况的监测与预报

(1)井漏的监测与预报。井漏是当井筒钻井液液柱压力大于地层压力时,钻井液从井筒漏入地层的一种现象。形成井漏的原因主要有以下几种:

①钻入裂缝与孔洞发育的碳酸盐岩地层或高孔隙度的碎屑岩地层,钻井液液柱压力大于地层压力;

②钻井液密度过高,井眼内液柱压力大于地层破裂压力将地层压裂造成井漏;

③下钻过程中,由于激动压力或钻具破坏井壁泥饼造成井漏;

④钻入异常低压地层。

对钻井液体积的连续观测记录很容易发现井漏现象,综合录井仪实时检测与井漏相关的各项参数的变化,并连续准确计量钻井液体积,可直接反映出参数的趋势性变化,又快又准地判断井漏的发生。在掌握了区域地层资料和邻井资料的情况下,抓住漏前预兆,可更准确预报井漏。在钻进过程中,进行井漏检测和预报的依据是钻井液总体积及钻井液出口流量的变化情况。在起下钻过程中,检测井漏的依据是监测应灌入的钻井液体积数量和应返出的钻井液体积数量及起出与下入钻具的体积进行对比，判断井漏是否发生。

例7：钻井过程中发生井漏 ×× 井资料分析。

A 段：补充钻井液，活动池四号池钻井液体积呈上升趋势。

B 段：为钻进状态，各录井参数呈正常趋势（图 14-2-6）。

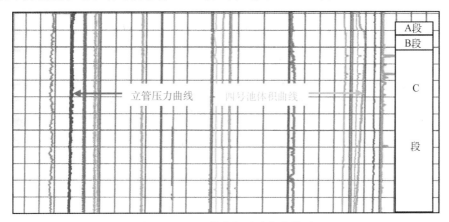

图 14-2-6　某井实时录井曲线图

C 段：继续钻进，活动池四号池体积缓慢下降，由 24.8m³ 降为 20.3m³，其他池体积基本保持不变，立管压力也出现了较小的下降，由 17.5MPa 下降为 17.3MPa，钻井液出口流量由 40.4% 下降为 39.8%，表明钻井液有漏失。操作员根据这一现象，马上与现场钻井液工进行核对，检查地面管线无漏失现象，确定为地层漏失，向井队及时地作了预报。

结果验证：井队根据操作员的分析预报，迅速调整钻井液，采取堵漏措施，很快就堵漏成功，使钻井液总量保持相对稳定。

（2）井涌的监测与预报。井侵发生后，溢流进一步发展就会发生井涌。井涌是在地层压力大于钻井液液柱压力的情况下，地层流体持续进入井筒，与钻井液一同溢出井口的现象。井涌发生原因主要有以下几点：

①钻遇异常高压地层，地层压力驱动地层流体进入井筒造成井涌；

②在井底压力近平衡状态时停止循环，作用于井底地层的循环压力消失，地层流体进入井筒造成井涌；

③起钻时未按规定灌钻井液，使井筒液面下降，钻井液液柱压力减少到不能平衡地层压力时，地层流体进入井筒造成井涌；

④井漏时钻井液补充不足使井筒液面下降或补充的钻井液密度不足以平衡地层压力，地层流体进入井筒造成井涌；

⑤钻井液因为地层流体不断侵入而密度降低，密度降低又导致了地层流体的入侵速度加快，最终造成井涌；

⑥起钻时，特别是钻头出现"泥包"时，或使用 PDC 钻头时，抽吸作用诱发井涌；

⑦邻井采油实施注水开发，导致了地层流体侵入本井。

使用综合录井仪对井涌进行监测与预报，按照发现时间的早晚可以分为 4 个阶段，即早期预报、临涌期预报、上返期预报和井口发现。

早期井涌预报分为钻前异常预报和随钻异常预报两种。钻前异常预报是通过对区域地质资料及地震资料及邻井资料进行分析后，确定可能发生井涌的层位和井段进行钻前交底；随钻早期预报是通过随钻地层压力检测，发现下部地层存在异常压力的信息，预报可能发生的井涌。早期井涌预报可以为及时处理井涌提供充分的思想准备和物质准备。

临涌期预报是捕捉井涌预兆，在发生井涌前发出预报。如气体检测单根峰增大、气测基值升高、后效气升高、停泵气显示（指钻进过程中因某种原因停止循环数分钟，再恢复循环，因地层流体在停泵间歇中进入井筒造成的气测异常）升高、地层压力检测异常、地温升高、钻井液密度减小、钻井中的整跳现象以及快钻时或放空等现象，这些情况的出现均是有可能发生井涌的预兆。

上返期预报是在地层流体涌入井眼时以及在上返过程中，及时发现井涌信息进行的预报。在这一阶段有立压小幅度下降，出口流量增加，总体积增加等较为明显的特征，这些参数的异常变化在地层流体进入井筒的同时就能表现出来，抓住这些参数的异常变化发现井涌，能为控制井涌争取几分钟乃至数十分钟的时间（视地层流体产出层深度及压差而异）。

井涌的井口发现是在地层流体涌出井口时，依靠迟到参数发现井涌。这时的参数特征为流量增大，气测值大幅度上升，电导率增加（水侵时）或减小（油气侵时），钻井液密度降低，总体积增大等。此时发现井涌虽为时已晚，但也能为紧急控制井涌争取一点时间。

地层流体类型不同，地层压力与井筒压力压差幅度不同，所表现出的预兆是不完全一样的。进行井涌预报要重视早期预报，重点监测发现涌期信息，注重上返期预报，作好井口发现工作及时补救，力求快速准确地预报和发现井涌。

例8：××井在井段3068～3077m发现了一层油气显示层段，岩性为荧光砂砾岩，其钻时由12min/m ↘ 2min/m，TG：0.17% ↗ 37.84%，C_1：0.04% ↗ 18.5%；在其后的下钻过程中，井筒静止时间为5.22h，后效中全量达33.15%。而本次循环之前，井筒静止时间为50.6h，录井队认为此次后效值将会更高，向井队作出了预防气侵的预报。

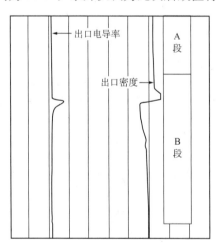

图14-2-7 某井气侵时实时录井曲线

图14-2-7是板深××井2005年05月26日下钻通井气侵时的钻井液性能记录原图。

A段：开泵循环后一段时间内，各录井参数呈正常趋势；

B段：后效开始出现，TG由0.96%出现缓慢上升，不久后急剧上升为84.16%，C_1由0.21% ↗ 56.1%。钻井液出口密度由1.24g/cm³ ↓ 1.02g/cm³，黏度44s ↗ 55s，电导率21.6S/m ↗ 25.7S/m。在钻井液密度下降到的最低点，后效达到高峰，其后，气体值开始了缓慢的下降，同时，钻井液性能值也开始慢慢的回复。

后效高峰后，气体值继续偏高，出口钻井液密度只回升到1.19g/cm³，为预防破坏井底压力平衡，录井队再次向井队作出预防气侵的预报。井队采纳建议，尽可能的排除钻井液中的气体，并同时准备重钻井液，做到随时可加重钻井液。录井队的及时预报及井队的果断措施，使得气侵被有效地控制住。

（3）盐侵的监测与预报。盐侵是在钻遇含盐膏地层时，由于盐类的水溶性，遇到水基钻井液时溶解在钻井液中对钻井液造成污染，导致钻井液性能的改变。同时，含盐膏地层在受到钻井液浸泡时会发生膨胀，已钻开的盐膏层在上覆地层压力的作用下会发生塑性流动，造成井眼缩径，可能导致钻具阻卡甚至卡钻事故的发生，因此对盐侵进行检测和预报是有很大使用价值的一项工作。

对钻井液盐侵进行检测和预报所依据的主要参数是钻井液电导率。钻入盐膏层，钻速加快，当出现盐侵情况时，电导率上升，上升幅度视盐侵程度不同而有差异，使用淡水钻井液时岩屑录井取样可见盐垢。钻具上提下放过程中可能会出现阻卡现象。

（4）油气水侵的监测与预报。油气水侵是在地层压力大于钻井液液柱压力的情况下，储层中的油、气和水进入钻井液，影响钻井液性能的一种现象。

油、气和水相对于钻井液而言，均是密度较低的流体，当发生油气水侵时，会导致钻井液密度下降，进一步减小作用于井底的钻井液液柱压力，使油气侵进一步加剧。如果不及时发现并采取措施，会导致地层压力失控，造成井涌或井喷等恶性事故。

在发生油气水侵之初会出现快钻时放空现象，这时就应予以重视。如果有油气水侵发生，综合录井参数会有一系列的变化显示，大钩负荷增大，钻井液密度减小，黏度增大，气测烃类检测异常，油气侵时电导率降低，水侵时电导率增加，增加幅度视地层水矿化度而异。钻井液体积增加，出口流量增加。如果地层压力高于钻井液液柱压力，且相差过大，油气水侵会迅速发生，出现井涌现象。

（5）地温异常的监测与预报。地温异常是指地温梯度偏离正常地温梯度值的现象。通常情况下正常的地温梯度为 $3℃/100m$。在油气勘探中，地温梯度高于平均值的现象是有重要意义的，这种情况可以指示下伏地层异常高压的存在。

用于检测地温异常的参数是钻井液温度，在钻井施工过程中，通过密切注意钻井液温度的变化趋势，可以推测地温的变化情况，判断下伏地层是否存在欠压实地层。

（6）牙轮钻头工作寿命预报。牙轮钻头工作扭矩变化一般规律是钻头使用初期，随着轴承磨损，间隙适当增大，扭矩变小；后期间隙进一步增大，出现旷动，这时扭矩出现不规则变化，预示着轴承寿命进入后期，需立即起钻。而扭矩剧烈变化，同时没有进尺，则可能是牙轮已落井了。

此外在地层岩性变化不大情况下，做出钻时变化曲线，当计算出每米成本上升较大时，可能预示着钻头牙齿磨损较严重，继续钻进可能不经济，也应起钻换钻头。

第三节　钻井取心技术

一、概述

钻井取心是石油天然气勘探和开发中的一项特殊钻井作业，是获得地层剖面原始标本的唯一途径，是真实了解地下岩层和储层的沉积特征、岩性特征、含油气水特征以及其他构造特征（如地层倾角、接触关系、断层层位等）的最佳手段。齐全、准确、及时是钻井取心的根本要求，为实现这些要求，必须明确取心目的，合理选择取心方式、取心工具和取心钻头，及时取出和分析岩心，在提高取心收获率的同时，尽可能提高取心单筒进尺，以加快取心速度，节省钻井时间，减少钻井投入。

目前国内取心工具的类型较多,按割心方式分类,分为自锁式取心工具和加压式取心工具;按取心长度分类,分为短筒取心工具与中长筒取心工具;按取心方式与取心目的不同分类,又分为常规取心工具和特殊取心工具。

1. 常规取心

常规取心是指采用常规取心工具与技术进行的取心作业,主要用于油气发现与岩性分析;能了解地下地层的沉积特征、岩性特征、含油气水初步特征及地下构造情况,为研究岩性、物性、电性与含油性提供第一手资料。常规取心根据割心方式分为加压式取心与自锁式取心,在松软地层可选择加压式常规取心技术;在中到硬地层可选择自锁式常规取心技术。常规取心技术使用范围广泛,占整个取心作业的90%以上。

2. 特殊取心

特殊取心是指通过特殊工具与方法获取地层岩心特殊资料或用于特殊钻井条件下获取地层岩心的取心作业,主要用于评价油气藏,有定向取心、密闭取心和保形取心等,现场可根据取心目的、油气藏类型和勘探开发阶段等不同条件选择取心方式。如需要了解地层裂缝发育方向,可选择岩心定向取心技术;要求对岩心进行含油含水饱和度分析,可选择油基钻井液或密闭取心技术;若在松软地层要求岩心保持原始状态则可选择保形取心技术;若要求岩心保持原始形状又要求分析岩心含油含水饱和度,则可选择保形密闭取心技术;在大斜度井或水平井中取心,不论软或硬地层均可采用大斜度井或水平井取心技术;在欠平衡钻井中取心,则可采用欠平衡钻井取心技术等。在此基础上再根据取心井深、地层软硬与胶结情况来选择相应的取心工具与取心钻头。

二、主要取心工具

1. 常规取心工具

常规取心需采用常规取心工具,按割心方式分类主要分为自锁式与加压式取心工具两类。

1) 自锁式常规取心工具

自锁式常规取心工具是指利用岩心爪与岩心之间的摩擦力,使岩心爪收缩包裹岩心实现割心的取心工具。一般适用于中硬—硬地层或成岩性较好的软地层取心。

(1) 工具结构。自锁式常规取心工具通常都是由取心钻头、岩心爪、岩心筒组合和上接头组成。岩心筒组合又有内外之分,外筒组合包括外岩心筒和稳定器(或差值短节),取心钻头连接在外筒组合之下;内筒组合包括岩心爪座、内岩心筒和悬挂总成。如图14-3-1所示。

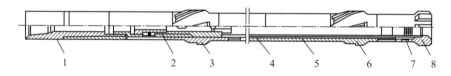

图 14-3-1 自锁式常规取心工具结构示意图

1—上接头;2—悬挂总成;3—上稳定器;4—外岩心筒;5—内岩心筒;6—下稳定器;7—岩心爪;8—取心钻头

(2) 技术规范。目前国内主要自锁式常规取心工具技术规范见表 14-3-1。

表 14-3-1 自锁式常规取心工具技术规范

取心工具型号	外筒		工具顶端扣型	岩心名义直径，mm	内筒		钻头尺寸，in
	外径，mm	内径，mm			外径，mm	内径，mm	
QC/ZS89-45	89	70	NC26	45	60	52	$4^{1}/_{8} \sim 4^{1}/_{4}$
QC/ZS121-66	121	93	NC38	66	85	72	$5^{7}/_{8} \sim 6^{1}/_{2}$
QC/ZS133-70	133	101	NC38	70	89	76	$5^{7}/_{8} \sim 6^{1}/_{2}$
QC/ZS140-80	140	116	NC38	80	101.6	85	$5^{7}/_{8} \sim 6^{1}/_{2}$
QC/ZS146-89	146	118	NC38	89	108	94	$6^{1}/_{2} \sim 7^{7}/_{8}$
QC/ZS159-93	159	125	NC50	93	114	101	$7^{1}/_{2} \sim 9^{5}/_{8}$
QC/ZS172-101	172	136	NC50	101	121	108	$7^{1}/_{2} \sim 9^{5}/_{8}$
QC/ZS178-100①	178	164	NC50	100	144	107	$8^{1}/_{2} \sim 9^{5}/_{8}$
QC/ZS178-120①	178	167	NC50	120	147	127	$8^{1}/_{2} \sim 9^{5}/_{8}$
QC/ZS180-105	180	144	NC50	105	127	112	$8^{1}/_{2} \sim 9^{5}/_{8}$
QC/ZS194-115	194	154	NC50	115	140	120.65	$8^{1}/_{2} \sim 12^{1}/_{4}$
QC/ZS203-133	203	169	$6^{5}/_{8}$REG	133	159	140	$9^{5}/_{8} \sim 12^{1}/_{4}$
QC/ZS273-195	273.05	247.91	NC50	195	219	201	$12^{1}/_{4} \sim 17^{1}/_{2}$

①外筒接头外径为 194mm。

(3) 取心钻进参数。自锁式常规取心工具推荐取心钻进参数见表 14-3-2。

表 14-3-2 自锁式常规取心工具推荐取心钻进参数

取心工具型号	钻头尺寸，in	软地层取心钻进参数			硬地层取心钻进参数		
		钻压，kN	转速，r/min	排量，L/s	钻压，kN	转速，r/min	排量，L/s
QC/ZS89-45	$4^{1}/_{2}$	9 ~ 40	50 ~ 100	6 ~ 10	20-50	40 ~ 65	7 ~ 10
QC/ZS121-66	$5^{7}/_{8}$	9 ~ 60	50 ~ 100	6 ~ 12	20 ~ 70	40 ~ 65	7 ~ 12
QC/ZS133-70	6	9 ~ 60	50 ~ 100	6 ~ 12	20 ~ 70	40 ~ 65	7 ~ 12
QC/ZS140-80	6	9 ~ 60	50 ~ 100	6 ~ 12	20 ~ 70	40 ~ 65	7 ~ 12
QC/ZS146-89	6	9 ~ 60	50 ~ 100	6 ~ 12	20 ~ 70	40 ~ 65	7 ~ 12
QC/ZS159-93	$8^{1}/_{2}$	20 ~ 70	50 ~ 100	11 ~ 20	40 ~ 80	50 ~ 60	16 ~ 22
QC/ZS172-101	$8^{1}/_{2}$	20 ~ 70	50 ~ 100	11 ~ 20	40 ~ 80	50 ~ 60	16 ~ 22
QC/ZS178-100①	$8^{1}/_{2}$	20 ~ 70	50 ~ 100	11 ~ 20	40 ~ 80	50 ~ 60	16 ~ 22
QC/ZS178-120①	$8^{1}/_{2}$	20 ~ 70	50 ~ 100	11 ~ 20	40 ~ 80	50 ~ 60	16 ~ 22

取心工具型号	钻头尺寸, in	软地层取心钻进参数			硬地层取心钻进参数		
		钻压, kN	转速, r/min	排量, L/s	钻压, kN	转速, r/min	排量, L/s
QC/ZS180-105	$8^1/_2$	20 ~ 70	50 ~ 100	11 ~ 20	40 ~ 80	50 ~ 60	16 ~ 22
QC/ZS194-115	$12^1/_4$	40 ~ 100	50 ~ 100	22 ~ 32	60 ~ 130	50 ~ 60	24 ~ 32
QC/ZS203-133	$12^1/_4$	40 ~ 100	50 ~ 100	22 ~ 32	60 ~ 130	50 ~ 60	24 ~ 32
QC/ZS273-195	$12^1/_4$	40 ~ 100	50 ~ 100	22 ~ 32	60 ~ 130	50 ~ 60	24 ~ 32

①外筒接头外径为194mm。

2）加压式常规取心工具

加压式常规取心工具是指利用差动装置通过投球加压，强制岩心爪收缩包裹岩心实现割心的取心工具。通常适用于松软或破碎性地层取心。

（1）工具结构。加压式取心工具通常都是由取心钻头、岩心爪、岩心筒组合、加压总成和加压上接头组成。岩心筒组合又有内外之分，外筒组合包括外岩心筒和差值短节，取心钻头连接在外筒组合之下；内筒组合包括岩心爪座、内岩心筒和悬挂总成。如图14-3-2所示。

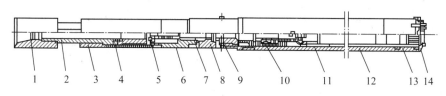

图 14-3-2　加压式常规取心工具结构示意图

1—加压上接头；2—六方钻杆；3—六方套；4—密封；5—加压球座；6—加压下接头；7—加压中杆；8—定位接头；9—悬挂销钉；10—悬挂总成；11—内筒；12—外筒总成；13—岩心爪；14—取心钻头

（2）技术规范。目前国内主要加压式常规取心工具技术规范见表14-3-3。

表 14-3-3　加压式常规取心工具技术规范

取心工具型号	外筒		工具顶端扣型	岩心名义直径, mm	内筒		钻头尺寸, in
	外径, mm	内径, mm			外径, mm	内径, mm	
QC/JY140-80	140	118	NC38	80	108	95	$6 ~ 8^1/_2$
QC/JY178-100①	178	164	NC50	100	144	107	$8^1/_2 ~ 9^5/_8$
QC/JY178-120①	178	167	NC50	120	147	127	$8^1/_2 ~ 9^5/_8$
QC/JY180-101	180	144	NC50	101	127	112	$8^1/_2 ~ 9^5/_8$
QC/JY194-115	194	162	NC50	115	150	135	$8^1/_2 ~ 12^1/_4$
QC/JY203-125	203	171	NC50	125	159	145	$9^1/_2 ~ 12^1/_4$
QC/JY273-195	273	248	NC50	195	236	227.47	$12^1/_4 ~ 17^1/_2$
QC/JY298-240	298	268	NC50	240	260	245	$12^1/_4 ~ 17^1/_2$

①外筒接头外径为194mm。

（3）取心钻进参数。加压式常规取心工具推荐取心钻进参数见表 14-3-4。

表 14-3-4　加压式常规取心工具推荐取心钻进参数

取心工具型号	钻头尺寸 in	软地层取心钻进参数			硬地层取心钻进参数		
		钻压，kN	转速，r/min	排量，L/s	钻压，kN	转速，r/min	排量，L/s
QC/JY140-80	6	9～60	50～100	5～11	20～70	40～65	6～11
QC/JY178-100①	8½	20～70	50～100	10～20	40～80	50～60	15～21
QC/JY178-120①	8½	20～70	50～100	10～20	40～80	50～60	15～22
QC/JY180-101	8½	20～70	50～100	10～20	40～80	50～60	15～21
QC/JY194-115	12¼	40～100	50～100	20～30	60～130	50～60	20～30
QC/JY203-125	12¼	40～100	50～100	20～31	60～130	50～60	21～30
QC/JY273-195	12¼	40～100	50～100	20～32	60～130	50～60	21～31
QC/JY298-240	12¼	40～100	50～100	22～32	60～130	50～60	22～32

①外筒接头外径为 194mm。

2. 特殊取心工具

特殊取心工具是指通过特殊方法获取地层特定岩心资料或用于特殊钻井条件下获取地层岩心的取心工具。

1）大斜度井与水平井取心工具

大斜度井与水平井取心工具是指在内筒组合中带有上下扶正机构，且有特殊的割心机构的取心工具，适用于大斜度井和水平井取心作业。

（1）工具结构。大斜度井与水平井取心工具通常都是由取心钻头、岩心爪、岩心筒组合和上接头组成。岩心筒组合又有内外之分，外筒组合包括外岩心筒和稳定器（或差值短节），取心钻头连接在外筒组合之下；内筒组合包括岩心爪座、内岩心筒和悬挂总成。如图14-3-3 所示。

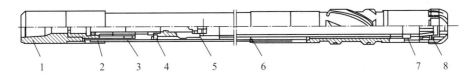

图 14-3-3　大斜度井与水平井取心工具结构示意图

1—上接头；2—外岩心筒；3—悬挂轴承；4—上扶正轴承；5—钢球；6—内岩心筒；
7—取心钻头；8—下扶正轴承及割心机构

（2）技术规范。大斜度井与水平井取心工具技术规范见表 14-3-5。

（3）取心钻进参数。大斜度井与水平井取心工具推荐取心钻进参数见表 14-3-6。

2）保形取心工具

保形取心工具是指利用内岩心筒保形管获得接近地层原始形状岩心的取心工具。该工具适用于松软或破碎地层的取心。

表 14-3-5　大斜度井与水平井取心工具技术规范

取心工具型号	外筒		工具顶端扣型	岩心名义直径，mm	内筒		钻头尺寸，in
	外径，mm	内径，mm			外径，mm	内径，mm	
QT/SP121-66	121	93	NC38	66	85	72	$5\frac{7}{8} \sim 6\frac{1}{2}$
QT/SP133-70	133	101	NC38	70	89	76	$5\frac{7}{8} \sim 6\frac{1}{2}$
QT/SP172-101	172	136	NC50	101	121	108	$7\frac{1}{2} \sim \frac{5}{8}$
QT/SP194-105	194	154	NC50	105	127	112	$8\frac{1}{2} \sim 9\frac{5}{8}$
QT/SP203-133	203	169	$6\frac{5}{8}$REG	133	159	140	$9\frac{5}{8} \sim 12\frac{1}{4}$

表 14-3-6　大斜度井与水平井取心工具推荐取心钻进参数

取心工具型号	钻头尺寸 in	软地层取心钻进参数			硬地层取心钻进参数		
		钻压，kN	转速，r/min	排量，L/s	钻压，kN	转速，r/min	排量，L/s
QT/SP121-66	$5\frac{7}{8}$	9 ~ 60	50 ~ 100	5 ~ 10	20 ~ 70	40 ~ 65	5 ~ 12
QT/SP133-70	6	9 ~ 60	50 ~ 100	5 ~ 11	20 ~ 70	40 ~ 65	6 ~ 12
QT/SP172-101	$8\frac{1}{2}$	20 ~ 70	50 ~ 100	11 ~ 20	40 ~ 80	50 ~ 60	14 ~ 21
QT/SP194-105	$8\frac{1}{2}$	20 ~ 70	50 ~ 100	11 ~ 20	40 ~ 80	50 ~ 60	15 ~ 22
QT/SP203-133	$12\frac{1}{4}$	40 ~ 100	50 ~ 100	19 ~ 30	60 ~ 130	50 ~ 60	20 ~ 30

（1）工具结构。保形取心工具通常都是由取心钻头、岩心爪、岩心筒组合和上接头组成。岩心筒组合又有内外之分，外筒组合包括外岩心筒和稳定器（或差值短节），取心钻头连接在外筒组合之下；内筒组合包括岩心爪座、内岩心筒、保形管和悬挂总成。如图14-3-4所示。

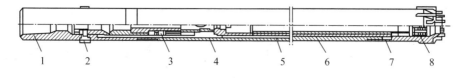

图 14-3-4　保形取心工具结构示意图

1—上接头；2—悬挂销钉；3—悬挂总成；4—外岩心筒；5—内岩心筒；6—保形管；
7—取心钻头；8—岩心爪

（2）技术规范。保形取心工具技术规范见表14-3-7。

（3）取心钻进参数。保形取心工具推荐取心钻进参数见表14-3-8。

3）密闭取心工具

密闭取心工具是指利用内筒装入密闭液，钻取不受钻井液污染岩心的取心工具。通过密闭取心可获得地层的含油含水饱和度资料。

表 14-3-7 保形取心工具技术规范

取心工具型号	外筒		工具顶端扣型	岩心名义直径，mm	内筒		钻头尺寸，in
	外径，mm	内径，mm			外径，mm	内径，mm	
QT/BX133-66	133	101	NC38	66	89	76	$5^7/_8 \sim 6^1/_2$
QT/BX140-80	140	118	NC50	80	108	95	$6 \sim 8^1/_2$
QT/BX180-101	180	144	NC50	101	127	112	$8^1/_2 \sim 9^5/_8$
QT/BX194-100	194	154	NC50	100	139.7	127	$8^1/_2 \sim 9^5/_8$
QT/BX203-125	203	171	NC50	125	159	145	$9^1/_2 \sim 12^1/_4$
QT/BX273-195	273	248	NC50	195	236	227.47	$12^1/_4 \sim 17^1/_2$

表 14-3-8 保形取心工具推荐取心钻进参数

取心工具型号	钻头尺寸 in	软地层取心钻进参数			硬地层取心钻进参数		
		钻压，kN	转速，r/min	排量，L/s	钻压，kN	转速，r/min	排量，L/s
QT/BX133-66	$5^7/_8$	9 ~ 60	50 ~ 100	5 ~ 10	20—70	40 ~ 65	6 ~ 11
QT/BX140-80	6	9 ~ 60	50 ~ 100	5 ~ 10	20 ~ 70	40 ~ 65	6 ~ 12
QT/BX180-101	$8^1/_2$	20 ~ 70	50 ~ 100	10 ~ 18	40 ~ 80	50 ~ 60	15 ~ 20
QT/BX194-100	$8^1/_2$	20 ~ 70	50 ~ 100	10 ~ 20	40 ~ 80	50 ~ 60	16 ~ 21
QT/BX203-125	$12^1/_4$	40 ~ 100	50 ~ 100	20 ~ 30	60 ~ 130	50 ~ 60	22 ~ 30
QT/BX273-195	$12^1/_4$	40 ~ 100	50 ~ 100	21 ~ 30	60 ~ 130	50 ~ 60	22 ~ 32

（1）工具结构。密闭取心工具分加压式密闭取心工具和自锁式密闭取心工具。

①加压式密闭取心工具适用于松软或岩心成柱性差的地层密闭取心。通常都是由取心钻头、密封活塞、岩心爪、岩心筒组合、加压总成和加压上接头组成。岩心筒组合又有内外之分，外筒组合包括外岩心筒和稳定器（或差值短节），取心钻头连接在外筒组合之下；内筒组合包括岩心爪座、内岩心筒和悬挂部件。结构如图 14-3-5 所示。

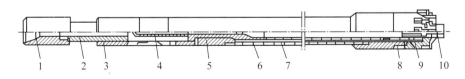

图 14-3-5 加压式密闭取心工具结构示意图

1—加压上接头；2—六方杆；3—六方套；4—加压球座及加压中心杆；5—工具上接头及悬挂部件；6—外岩心筒组合；
7—内岩心筒组合；8—取心钻头；9—割心机构；10—密封活塞

②自锁式密闭取心工具适用于中—中硬地层或岩心成柱性好的地层密闭取心。通常都是由取心钻头、密封活塞、岩心爪、岩心筒组合、加压总成和加压上接头组成。岩心筒组合又有内外之分，外筒组合包括外岩心筒和稳定器（或差值短节），取心钻头连接在外筒组合之下；内筒组合包括岩心爪座、内岩心筒和悬挂部件。结构如图 14-3-6 所示。

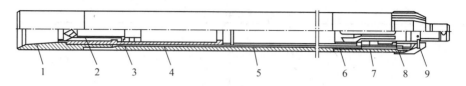

图 14-3-6 自锁式密闭取心工具结构示意图

1—上接头；2—浮动活塞；3—分水接头；4—外筒；5—内筒；6—活塞；7—取心钻头；8—岩心爪；9—销钉

（2）技术规范。密闭取心工具技术规范见表 14-3-9。

表 14-3-9 密闭取心工具技术规范

取心工具型号	外筒		工具顶端扣型	岩心名义直径，mm	内筒		钻头尺寸，in
	外径，mm	内径，mm			外径，mm	内径，mm	
QT/MB121-66	121	93	NC38	66	85	72	$5^7/_8 \sim 6^1/_2$
QT/MB133-70	133	101	NC38	70	89	76	$5^7/_8 \sim 6^1/_2$
QT/MB140-80	140	116	NC38	80	96	85	$6 \sim 8^7/_8$
QT/MB172-101	172	136	NC50	101	121	108	$7^1/_2 \sim 9^5/_8$
QT/MB180-105	180	144	NC50	105	127	112	$8^1/_2 \sim 9^5/_8$
QT/MB194-115	194	162	NC50	115	139.7	127	$8^1/_2 \sim 12^1/_2$
QT/MB194-120	194	162	NC50	120	144	129	$8^1/_2 \sim 12^1/_2$

（3）取心钻进参数。密闭取心工具推荐取心钻进参数见表 14-3-10。

表 14-3-10 密闭取心工具推荐取心钻进参数

取心工具型号	钻头尺寸 in	软地层取心钻进参数			硬地层取心钻进参数		
		钻压，kN	转速，r/min	排量，L/s	钻压，kN	转速，r/min	排量，L/s
QT/MB121-66	$5^7/_8$	10 ~ 50	30 ~ 50	10 ~ 12	20 ~ 60	40 ~ 60	10 ~ 14
QT/MB133-70	6	10 ~ 50	30 ~ 50	10 ~ 12	20 ~ 60	40 ~ 60	10 ~ 14
QT/MB133-80	6	10 ~ 50	30 ~ 50	10 ~ 12	20 ~ 60	40 ~ 60	10 ~ 14
QT/MB140-80	$8^1/_2$	10 ~ 50	30 ~ 50	12 ~ 14	20 ~ 60	50 ~ 60	14 ~ 16
QT/MB172-101	$8^1/_2$	15 ~ 60	30 ~ 50	12 ~ 14	20 ~ 60	50 ~ 60	14 ~ 16
QT/MB180-105	$8^1/_2$	15 ~ 60	30 ~ 50	12 ~ 14	20 ~ 60	50 ~ 60	14 ~ 16
QT/MB194-115	$12^1/_4$	15 ~ 60	30 ~ 50	12 ~ 16	20 ~ 60	50 ~ 60	14 ~ 18
QT/MB194-120	$12^1/_4$	15 ~ 60	30 ~ 50	12 ~ 16	20 ~ 60	50 ~ 60	14 ~ 18

4）保形密闭取心工具

保形密闭取心工具是指在密闭取心时采用内岩心筒保形管，用于获取既接近地层原始形状又几乎不受钻井液污染的取心工具。

（1）工具结构。保形密闭取心工具通常都是由取心钻头、密封活塞、岩心爪、岩心筒组合和上接头组成。岩心筒组合又有内外之分，外筒组合包括外岩心筒和稳定器（或差值短节），取心钻头连接在外筒组合之下；内筒组合包括岩心爪座、内岩心筒、保形管和悬挂总成。结构如图14-3-7所示。

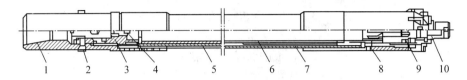

图 14-3-7　保形密闭取心工具结构示意图

1—上接头；2—悬挂销钉；3—悬挂总成；4—丝堵；5—内岩心筒；6—保形管；7—外岩心筒；8—取心钻头；
9—岩心爪；10—密封活塞

（2）技术规范。保形密闭取心工具技术规范见表14-3-11。

表 14-3-11　保形密闭取心工具技术规范

取心工具型号	外筒		工具顶端扣型	岩心名义直径，mm	内筒		钻头尺寸，in
	外径，mm	内径，mm			外径，mm	内径，mm	
QT/BM133-66	133	93	NC38	66	89	76	$5^7/_8 \sim 6^1/_2$
QT/BM180-101	180	144	NC50	101	127	112	$8^1/_2 \sim 9^5/_8$
QT/BM194-100	194	154	NC50	100	121	108	$8^1/_2 \sim 12^1/_2$

（3）取心参数。保形密闭取心工具推荐取心钻进参数见表14-3-12。

表 14-3-12　保形密闭取心工具推荐取心钻进参数

取心工具型号	钻头尺寸in	软地层取心钻进参数			硬地层取心钻进参数		
		钻压，kN	转速，r/min	排量，L/s	钻压，kN	转速，r/min	排量，L/s
QT/BM133-66	6	10 ~ 50	30 ~ 50	10 ~ 12	20 ~ 60	40 ~ 60	10 ~ 14
QT/BM180-101	$8^1/_2$	15 ~ 60	30 ~ 50	12 ~ 14	20 ~ 60	50 ~ 60	14 ~ 16
QT/BM194-100	$12^1/_4$	15 ~ 60	30 ~ 50	12 ~ 14	20 ~ 60	50 ~ 60	16 ~ 18

5）保压取心工具

保压取心工具是指用于获取能保持接近原地层压力状态岩心的取心工具。

（1）工具结构。保压取心工具通常都是由取心钻头、岩心爪、球阀总成、岩心筒组合、差动机构、压力补偿装置和上接头组成。岩心筒组合又有内外之分，外筒组合包括外岩心筒和稳定器，取心钻头连接在外筒组合之下；内筒组合包括岩心爪座、内岩心筒和悬挂总成。结构如图14-3-8所示。

（2）技术规范。保压取心工具技术规范见表14-3-13。

（3）取心参数。保压取心工具推荐取心钻进参数见表14-3-14。

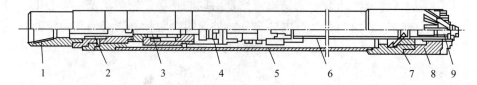

图 14-3-8　国产保压取心工具结构示意图

1—上接头；2—差动装置；3—悬挂总成；4—压力补偿装置；5—外筒；6—内筒；7—球阀总成；
8—取心钻头；9—密闭头

表 14-3-13　保压取心工具主要技术规范

型　号	外筒		工具顶端扣型	岩心名义直径，mm	内筒		钻头尺寸，in
	外径，mm	内径，mm			外径，mm	内径，mm	
QT/BY146-63	146	118	NC50	63.5	85	70	$6^1/_2 \sim 8^1/_2$
QT/BY194-70	194	162	NC50	70	89	76	$8^1/_2 \sim 9^5/_8$

表 14-3-14　保压取心工具推荐取心钻进参数

取心工具型号	钻头尺寸in	软地层取心钻进参数			硬地层取心钻进参数		
		钻压，kN	转速，r/min	排量，L/s	钻压，kN	转速，r/min	排量，L/s
QT/BY146-63	$8^1/_2$	10 ~ 50	30 ~ 50	12 ~ 14	20 ~ 60	40 ~ 60	16 ~ 18
QT/BY193-70	$8^1/_2$	10 ~ 50	30 ~ 50	12 ~ 14	20 ~ 60	40 ~ 60	16 ~ 18

6）岩心定向取心工具

岩心定向取心工具是指用于获取所取地层裂缝倾角与倾向等产状要素的取心工具。岩心定向取心工具上端须连接配套的测斜仪和无磁钻铤，主要适用于裂缝性地层取心作业。

（1）工具结构。岩心定向取心工具通常都是由取心钻头、岩心爪、岩心筒组合、悬挂总成、上接头和测斜仪座组成。岩心筒组合又有内外之分，外筒组合包括外岩心筒和稳定器（或差值短节），取心钻头连接在外筒组合之下；内筒组合包括岩心爪座、内岩心筒和悬挂总成。结构如图 14-3-9 所示。

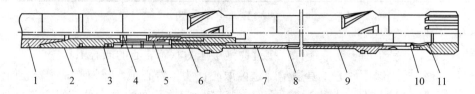

图 14-3-9　岩心定向取心工具结构示意图

1—无磁钻铤；2—上接头；3—安全接头；4—测斜仪；5—悬挂总成；6—上稳定器；7—外岩心筒；8—内岩心筒；
9—下稳定器；10—岩心爪；11—取心钻头

（2）技术规范。岩心定向取心工具技术规范见表 14-3-15。

表 14-3-15　岩心定向取心工具技术规范

取心工具型号	外筒		工具顶端扣型	岩心名义直径，mm	内筒		钻头尺寸，in
	外径，mm	内径，mm			外径，mm	内径，mm	
QT/DX133-70	133	101	NC38	70	89	76	$5\frac{7}{8} \sim 6\frac{1}{2}$
QT/DX172-101	172	136	NC50	101	121	108	$7\frac{1}{2} \sim 9\frac{5}{8}$
QT/DX180-105	180	144	NC50	105	127	112	$8\frac{1}{2} \sim 9\frac{5}{8}$

（3）取心钻进参数。岩心定向取心工具推荐取心钻进参数见表 14-3-16。

表 14-3-16　岩心定向取心工具推荐取心钻进参数

取心工具型号	钻头尺寸 in	软地层取心钻进参数			硬地层取心钻进参数		
		钻压，kN	转速，r/min	排量，L/s	钻压，kN	转速，r/min	排量，L/s
QT/DX133-70	6	10 ~ 50	30 ~ 50	10 ~ 12	20 ~ 60	40 ~ 60	10 ~ 14
QT/DX172-101	$8\frac{1}{2}$	10 ~ 60	30 ~ 50	12 ~ 14	20 ~ 60	50 ~ 60	14 ~ 16
QT/DX180-105	$8\frac{1}{2}$	10 ~ 60	30 ~ 50	12 ~ 14	20 ~ 60	50 ~ 60	14 ~ 16

7）绳索式取心工具

绳索式取心工具是指可利用绳索将工具内筒从井底提出到地面的取心工具。绳索式取心在连续取心时不用频繁起下钻柱，能缩短取心作业时间，另外由于绳索上行速度较快，短时间可以将岩心提出井口，适用于煤层气取心，可有效减少煤心中甲烷气外逸。

（1）工具结构。绳索式取心工具通常都是由取心钻头、岩心爪、岩心筒组合、悬挂总成、控制接头和打捞头组成。岩心筒组合又有内外之分，外筒组合包括外岩心筒和稳定器（或差值短节），取心钻头连接在外筒组合之下；内筒组合包括岩心爪座、内岩心筒和悬挂总成。结构如图 14-3-10 所示。

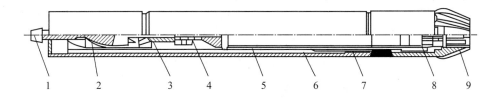

图 14-3-10　绳索式取心工具结构示意图

1—打捞头；2—控制卡板组；3—控制接头；4—悬挂总成；5—内筒；6—中筒；7—外筒；
8—岩心爪组合件；9—取心钻头

（2）技术规范。绳索式取心工具技术规范见表 14-3-17。

（3）取心钻进参数。

绳索式取心工具推荐取心钻进参数见表 14-3-18。

表 14-3-17　绳索式取心工具技术规范

取心工具型号	外筒		工具顶端扣型	岩心名义直径, mm	内筒		钻头尺寸, in
	外径, mm	内径, mm			外径, mm	内径, mm	
QT/SS146-60	146	118	NC50	60	60	52	$9^5/_8 \sim 8^1/_2$
QT/SS159-65	159	95	NC50	65	85	70	$9^5/_8 \sim 8^1/_2$
QT/SS178-70	178	100	NC50	70	89	76	$9^5/_8 \sim 8^1/_2$

表 14-3-18　绳索式取心工具推荐取心钻进参数

取心工具型号	钻头尺寸, in	软地层取心钻进参数			硬地层取心钻进参数		
		钻压, kN	转速, r/min	排量, L/s	钻压, kN	转速, r/min	排量, L/s
QT/SS146-60	$8^1/_2$	10 ~ 30	40 ~ 70	10 ~ 12	20 ~ 50	40 ~ 60	12 ~ 14
QT/SS159-65	$8^1/_2$	10 ~ 30	40 ~ 70	12 ~ 14	20 ~ 60	40 ~ 60	14 ~ 16
QT/SS178-70	$8^1/_2$	10 ~ 30	40 ~ 70	12 ~ 16	20 ~ 60	40 ~ 60	14 ~ 18

8）欠平衡取心工具

欠平衡取心工具是指能与欠平衡钻井设备配套，用于欠平衡钻井条件下取心的取心工具。

（1）工具结构。欠平衡取心工具通常都是由取心钻头、岩心爪、岩心筒组合、悬挂总成、泄压机构和上接头组成。岩心筒组合又有内外之分，外筒组合包括外岩心筒和稳定器，取心钻头连接在外筒组合之下；内筒组合包括岩心爪座、内筒、内岩心筒和悬挂总成。结构如图 14-3-11 所示。

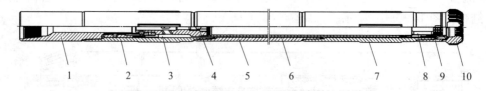

图 14-3-11　欠平衡取心工具结构示意图

1—内外筒接头；2—差值短节；3—旋转总成；4—泄压机构；5—外筒；6—内筒；7—差值短节；
8—岩心标；9—岩心爪组合件；10—取心钻头

（2）技术规范。欠平衡取心工具技术规范见表 14-3-19。

表 14-3-19　欠平衡取心工具技术规范

型　号	外筒		工具顶端扣型	岩心名义直径, mm	内筒		钻头尺寸, in
	外径, mm	内径, mm			外径, mm	内径, mm	
QT/QP121-66	121	93	NC38	66	82	70	$5^7/_8 \sim 6^1/_2$

续表

| 型　号 | 外筒 | | 工具顶端扣型 | 岩心名义直径，mm | 内筒 | | 钻头尺寸，in |
	外径，mm	内径，mm			外径，mm	内径，mm	
QT/QP159-93	159	125	NC50	93	114	101	$9^5/_8 \sim 8^1/_2$
QT/QP172-101	172	136	NC50	101	121	108	$7^1/_2 \sim 9^5/_8$

（3）取心钻进参数。欠平衡取心工具推荐取心钻进参数见表14-3-20。

表14-3-20　欠平衡取心工具推荐取心钻进参数

| 取心工具型号 | 钻头尺寸 in | 软地层取心钻进参数 | | | 硬地层取心钻进参数 | | |
		钻压，kN	转速，r/min	排量，L/s	钻压，kN	转速，r/min	排量，L/s
QT/QP121-66	6	10 ~ 30	40 ~ 70	8 ~ 12	20 ~ 40	40 ~ 60	12 ~ 14
QT/QP159-93	$8^1/_2$	10 ~ 30	40 ~ 70	12 ~ 14	20 ~ 50	40 ~ 60	14 ~ 16
QT/QP159-93	$8^1/_2$	20 ~ 70	50 ~ 100	11 ~ 20	40 ~ 80	50 ~ 60	16 ~ 22

三、取心作业遵循的原则

钻井取心的种类较多，工作流程和遵循的基本原则相同，它主要包括取心工具的操作技术和取心工艺技术。每一次取心都必须经过工具装配与检查、下钻、循环钻井液、造心、钻进、割心、起钻、顶心、岩心清洗与丈量整理等10道以上工序。为提高机械钻速和单筒取心进尺，提高取心质量，尽量保证百分之百的岩心收获率，取心过程中各道工序以及与之相关的钻井液、钻具和井眼需满足相应的要求，以便高速、优质、低耗地取全取准各项资料和数据。

1. 取心前的准备

1）人员准备

（1）认真学习和执行钻井与地质设计，明确认识取心的目的和重要意义。

（2）技术交底。通过现场工具装配，了解和深入掌握所用取心工具的结构原理、工作性能、操作要领、技术要求、组装规定及使用特点，认真制定、贯彻和执行取心工艺的技术措施和作业标准，弄清设计要求和各个取心井段的地层特点、地层深度、岩石性质及地层压力等参数。

（3）普通取心井井队的生产和技术干部必须在关键环节把关，对于重点及特殊取心井，除井队干部以外，上一级生产技术部门应该派专人现场指导。

（4）必须尽可能详细准确地做好地质预告，卡准取心层段。

2）井眼准备

井眼的优劣直接关系着取心的质量与工具安全。取心前，务必使井底干净，起下钻通畅，充分保证取心工具能在井下正常工作，为取好岩心创造尽可能优越的条件。

（1）始终保证良好的井身质量，防止井眼偏斜或井筒弯曲呈现"S"形井眼，避免出现狗腿和键槽，产生台肩和缩径等。

（2）全面钻进钻头钻至取心井段，停止送钻，以原转速旋转 10min 左右，修平井底，并大排量充分循环，清除井底沉砂，必要时应该进行短起下钻，确保取心工具能顺利下至井底。

（3）取心前，如果井底不干净，首先应该将落物打捞干净。特别是技术套管固井之后，务必将没有磨完的浮箍和浮鞋或分级箍金属碎片和橡胶碎屑打捞干净。

（4）连续取心时，每 30m 左右应该下入全面钻进钻头进行扩眼。扩眼时，一方面要严防小井眼卡钻，另一方面要严防钻掉取心层段。

（5）连续取心时，应该经常检查钻具长度，校正井深。

3）设备的准备

（1）钻井设备运转良好是取好岩心的可靠保证。在取心作业中，非特殊情况不允许将钻头提离井底或中途停钻。因此，取心之前必须做好设备的维护保养与检查修理。循环、固控、井控、刹车制动、动力及传动诸系统必须工作可靠，刹把灵活好用，防碰天车装置可靠，保证在取心过程中不出现停车、停泵、停气、停电或断链条等设备故障。在钻井设备故障不查清、不排除、不能正常工作或长时间停钻造成井下不通畅的情况下不得下钻取心。

（2）认真检查钻具，保证取心过程中不刺、不漏、不脱扣，长度无差错。

（3）地面仪表必须齐全，工作正常，灵敏可靠。指重表判断割心显示和取心钻进是否正常至关重要；自动记录仪还可以对取心操作和工艺进行分析总结和监测，取心之前，必须认真精心地检查和校正，确保其准确、灵敏、无故障。此外，必须还保证泵压表准确可靠。

（4）检查测试取心工具的辅助装备、岩心出筒工具、岩心处理工具和分析化验仪器设备，保证齐全完好可靠。

（5）取心作业井必须常备两套或以上取心工具及若干备用配件，以便保证取心工具的倒换、修理与检查，避免因等工具而造成停工；备好与取心工具相匹配的转换接头，以及调整方入的短钻杆。

2. 取心工具检查与维护

取心工具性能不仅与获取高质量岩心有密切的关系，而且是实现优质快速与安全钻井取心的重要保证。应该合理使用，精心维护，认真管理取心工具。

1）取心工具的检查

取心工具上井前，必须进行严格检验、编号和建档建卡；工具送井后，井队除了严格进行验收和交接外，操作员还必须认真检查以下内容，方可将工具入井进行取心。

（1）内外筒外观检查。要求无弯曲变形，无咬扁，无严重伤痕，无刻痕及损伤；所有连接螺纹完好无损，松紧适中，紧密距符合规定要求。

（2）认真丈量、计算、记录和调配所用取心工具，保证工具组装以后间隙合适，数据准确。例如，丈量内外筒长度和内外筒直径、岩心爪张开与闭合的内径、岩心爪座的最小内径、稳定器的外径以及循环钢球的直径与球座内径等。

（3）取心钻头切削齿出刃均匀，内腔光滑，螺纹完好，水眼畅通；钻头体内与内外直径符合内筒组合及井眼尺寸要求。

（4）岩心爪内外直径符合取心设计要求。爪片弹性好，爪齿耐磨强度高，爪片居于同一圆周线上。对卡箍式岩心爪，应该检查卡箍及卡箍座，保证卡箍弹性好，卡箍及卡箍座无裂纹、无损伤、无毛刺；卡箍与卡箍座配合面吻合良好，表面光滑，二者配合后卡箍上下活动自如。

（5）悬挂总成应拆开检查，涂抹黄油。组装后间隙合适，转动灵活；有单流阀座应该检查其球座是否光滑，无损伤。

（6）检查岩心筒稳定器的外径，稳定器外径不得大于相应钻头的外径，又不得小于取心钻头外径 3mm，否则，需经过修复以后，方可使用。

2）取心工具的维护

取心工具使用以后，必须维护修理，以保证工具的使用寿命。

（1）工具装配完毕要严格检验，编号填卡，分类放置，专架存放。要求水平点不得少于三点，以免长期放置造成弯曲。

（2）工具上边严禁置放重物或酸碱腐蚀性药品，防止压弯取心工具或腐蚀工具及零部件。

（3）装卸和拉运取心工具时，应该防止管端下垂造成弯曲；螺纹带好护丝，避免碰坏螺纹。卸车时，应该两头用绳子慢慢下放，防止把取心工具碰扁摔弯。

（4）取心工具应标准化和系列化，做到规格统一，零件互换。并配置相应的打捞工具，以备事故处理。

（5）除了加强取心工具现场维护和保养以外，回收的工具要进行全套拆卸，除锈去污后分类鉴定，根据使用时间和零部件现状，将其按再用、修复或报废进行分类放置和处理。

（6）工具零部件修复或报废按相关标准执行。

3. 取心操作

尽管取心工具类型较多，组装或使用有所不同，但在下钻、树心、取心钻进以及起钻等取心操作方面，其基本要求是一致的。

1）下钻操作

（1）下钻操作平稳，不得猛刹、猛放、猛顿或猛转，防止钻具剧烈摆动。在缩径或井斜较大井段，应缓慢下放，若遇阻严重，应先开泵循环，并用低钻压（5kN）、低转速（20～30r/min）和大排量进行短井段短时间划眼。禁止用取心钻头大段划眼或强行下钻，井况不好应果断决定起钻换常规钻具通井划眼，待井下情况正常后再进行取心作业。

（2）下钻至井底 0.5～1m 时，开单泵循环钻井液（控制启动泵压），并平稳地上提下放和适当转动钻具，以排除下钻时塞入取心工具的泥饼，清洗井底的沉砂；下放时校正好指重表。充分循环后，逐渐将钻头下至井底，校正井深。

2）取心钻进操作

取心钻进时，应该尽可能地保持转速和排量平稳不变。在地层变化需要调整钻压时，应该均匀逐渐地调整，避免剧烈变动。当地层变软时，钻压应该平稳地跟上，防止损伤岩心；在钻进过程中，钻时、泵压、转盘负荷、整钻和跳钻等都是判断井下是否正常的主要依据，应当仔细观察、认真记录、及时判断、果断处理；在油气层取心钻进时，要有专人看守钻井液出口管和循环罐。取心期间发现异常，立即停止取心作业，按该油气田井控工作相关规定处理。

（1）树心。轻轻启动转盘，缓慢施加钻压，以低转速（20～40r/min）和轻钻压（5～10kN）试运转，若运转平稳，钻进0.3～0.5m以后，使钻出井底与钻头形状相吻合时，逐渐调整到正常钻进的参数。若使用投球式取心工具，在井底冲洗干净以后，卸开方钻杆，投入钢球，并接上方钻杆，以较大排量送球，然后，将钻头缓慢下至井底树心（非投球式取心工具不需要该步骤）。无论何种取心工具，当从树心过渡到正常钻进时，都应该做到钻压的逐级增加，以每次增加5～10kN为宜，切不可一下加足钻压。

（2）钻时判断。若取心时树心钻进0.2m左右，钻时成倍增加且转盘负荷显著减小时，很可能是下钻过程中进入内岩心筒的掉块横挡在内筒入口，或者是破碎地层的碎块挡在内筒入口（泵压升高显示）。通常取心工具从钻头切削面到岩心爪下端面之间都有0.2m左右的距离，岩心通过这段行程时，钻时应是正常，当新钻岩心与挡在内筒入口的掉块或碎块相接触时，岩心受阻引起堵心，若继续钻进，机械钻速势必很慢。遇此情况，应该慎重处理，如果处理后仍不能恢复正常钻进，必须果断割心，起钻检查。如果钻头刚一接触井底，就遇到井底掉块，必然发生严重的蹩钻、跳钻、转盘负荷增大及钻时很慢。这时应该调整钻井参数，缓慢平稳地钻碎掉块，消除蹩跳以后，方可继续钻进。在取心钻进过程中，因地层软硬交错，出现钻时忽快忽慢时，应及时判明原因，果断处理。

（3）泵压判断。钻进中，泵压明显变化，可能有三种情况：

①泵压出现大的波动。机械钻速忽高忽低，一般是钻遇软硬交错地层，应适当调整钻压。

②泵压降低，伴随着钻时变慢及转盘负荷变化。如果上提钻具0.5m左右（不要上提过高，以免掉心），悬空无变化，泵上水又是均匀的，可能是取心工具或上部钻具刺漏，形成钻井液短路循环；泵压降低，机械钻速低或甚至没有进尺，转盘也没有负荷，返出的岩屑含有铁屑，可能是取心工具或钻具折断（如果钻具折断，将钻头稍微提离井底，悬重应有明显下降）或是产生了卡心（悬重在上提时无变化），应当割心起钻或立即起钻。

③泵压升高。泵压升高必须仔细观察分析，如果逐渐升高，随之机械钻速下降，稍微上提钻具，泵压又恢复，返出岩屑变细，一般为钻头磨损；如果泵压突然升高，机械钻速明显下降，转盘负荷变大，稍提钻具泵压短时间内并不能恢复，一般是钻入软地层，钻头出刃吃入深度增大或钻头泥包；如果泵压升高，机械钻速基本不变，转盘负荷也无变化，稍提钻具，泵压不恢复，多属于钻头水眼堵塞。遇到上述情况，应该根据不同特点采取不同情况果断处理。例如，该调整钻压者立即调整，该排除水眼堵塞者尽快排除。调整或排除无效和不能处理者，应立即果断地割心起钻。

3）接单根操作

非顶驱钻机，钻井取心时应调整好方入，尽量避免中途接单根，或尽量减少接单根的次数。但在实际进行取心或中长筒取心时，常常都会遇到取心中途接单根的作业。当钻进方入受到限制，而所取岩心长度却远远小于内筒长度，并且取心钻进又很正常的情况下，就可进行接单根作业。一般来说，接单根有两种形式，一种是钻头不提离井底，另一种是必须将钻头提高井底。现分别介绍如下。

（1）钻头提离井底的接单根方法。首先停钻停泵，然后上提钻具至指重表显示出岩心爪已抓牢岩心，并且岩心已被割断为止。如果达到最大岩心应变状态仍不能割断岩心，那么可保持此应变状态并开泵循环，直至岩心割断。一般保持应变状态至岩心被割断的时间大约需要 10min 或更长一些。岩心割断以后，保持井下钻具不转动，进行接单根操作。接完单根以后，缓慢将钻具放回井底，施加超过取心钻压 10% ～ 50% 的钻压，利用余心顶松岩心爪，上提钻具恢复到原悬重以后，平稳启动转盘，逐渐增加至正常钻进的钻压，进行正常钻进。有时井底可能有松散的岩心或岩心碎块，所以，最初的 0.1 ～ 0.2m 轻压和逐渐增加钻压更为重要。恢复正常取心钻压之前，开泵循环也可以处理微小碎块和破碎的地层。

应该强调的是，接完单根后，松散地层和破碎地层容易发生井底碎屑堵塞岩心入口；接单根过程中也容易发生掉心。所以，应该密切注视钻台仪表的变化和接单根前的割心显示。

现场将这种接单根的方法总结归纳成一停、二慢、三关、四冲和五压，即：

一停：停止转盘和钻井泵的运转。

二慢：缓慢上提方钻杆割心，防止产生冲击负荷。

三关：卸方钻杆时，关好转盘锁销，以旋绳卸扣，保证井下钻具不发生转动，否则无法保证岩心断口不错位，极易造成顶松岩心爪困难和压碎岩心断面。

四冲：接单根以后开泵循环，缓慢下放钻具，冲洗井底 2 ～ 5min。

五压：用超过取心钻压 10% ～ 50% 的钻压静压井底，顶松岩心爪，以后，轻压启动转盘，恢复正常取心钻进。

（2）钻头不提离井底接单根的方法。上述将钻头提离井底接单根方法，一般适用于中硬或硬地层和岩心成柱性好的中软地层。但是，对于松软或松散地层及岩心成柱较差的地层，就只能在钻头不提离井底的条件下进行接单根操作。钻头不提离井底接单根的方法要求取心工具配套有伸缩接头，在接单根时利用伸缩接头的滑动伸长，可保证钻头可以不离开井底。

4）割心操作

无论何种工具，在何种地层取心，割心操作都是一个非常重要的环节。规范正确的割心操作才能可靠保证获得高的岩心收获率。从割心时机的选择可分为异常情况下的割心及正常情况下的割心，但就割心操作来说，其方法是相同的。

（1）异常情况下的割心。根据钻进部分所叙述的判断方法，发现钻头泥包、钻头循环水道堵塞，以及因取心工具异常或地层因素引起磨心、卡心、堵心，而不能排除时，必须立即果断割心；井下出现井漏和井涌等异常情况时，应按井控操作规程立即果断割心。

（2）正常情况下的割心。在岩性均一且岩心成柱性较好的中硬或硬地层中取心时，以内岩心筒的长度来确定割心的层位。在岩性不均且软硬交错变化复杂的地层中取心时，最理想的应该是使岩心的最上部和最下部能够对整筒岩心起到保护作用。所以，应当根据钻时变化，目的层厚度，地质预告，以及已经进入内筒的岩心长度等，在内岩心筒的长度范围内，尽量把割心层位选在比较硬一些的地层。当然，在这种地层，应根据实际情况，不要勉强多打进尺。

（3）割心前的准备。割心开始前通知各岗作好准备工作。当钻完取心进尺，确定要割心时，使钻压增加 10kN 左右，保持原转速旋转 10min 左右（特殊情况例外），并划好方入记号，作为停钻方入。以便使岩心下部变粗或使岩心柱底部形成锥形，便于割断岩心。

（4）割心操作步骤：

①刹住刹把，视地层软硬，恢复悬重（钻压减小）10～30kN。

②转盘停转，停泵，每次缓慢上提钻具0.3m左右，上提2～3次，若悬重增加20～150kN以后，又立即恢复到原悬重，说明岩心已被割断；若悬重在150kN稳住不降，则停止上提钻具，保持岩心受拉状态，提高泵冲，多次猛合猛停泵，直至割断岩心。

③若井下情况比较复杂，岩心根部地层较硬，也可以不停泵割心。

5）起钻及出心操作

（1）割心后，正常情况下不循环，立即起钻。如在油气层段，可循环观察后再决定是否起钻，但不宜作大幅度活动钻具和大排量长时间的钻井液循环，以防岩心爪松动，岩心掉落。

（2）起钻操作要平稳，不猛刹猛顿，用液压大钳或旋绳卸扣，防止甩掉岩心。

（3）起钻过程中，应及时向井内灌满钻井液。

（4）岩心出筒，可在钻台或场地上出心。有 H_2S 的井，应在出心前监测 H_2S 浓度，如浓度偏高，应用排风扇形成对流，降低浓度。

（5）出心完毕，检查和保养取心工具、轴承及岩心爪等易损件，必要时更换易损件，并重新组装取心工具，以备下次取心用。如果是最后一次取完心，就将外筒各连接螺纹拉松并进行清洗，平稳吊下钻台。

（6）岩心取出后，洗净岩心，仔细丈量岩心长度，算出岩心收获率，做好资料记录，并取样后装入岩心盒。

四、取心钻头分类与选择

1. 取心钻头分类

目前取心钻头根据破岩方式主要分为切削型、微切削型和研磨型三类。

（1）切削型取心钻头以切削方式破碎地层岩石，适用于软—中等硬度地层钻井取心作业，具有在非研磨性地层钻井速度快的优点，目前主要包括PDC复合片和硬质合金齿取心钻头，PDC钻头体有胎体和钢体两种，硬质合金钻头体为钢体。如图14-3-12所示。

（2）微切削型取心钻头以切削与研磨同时作用破碎地层岩石，适用于软、中硬到硬地层钻井取心作业。这类取心钻头主要为各种热稳定聚晶金刚石（TSP，俗称巴拉斯）烧结成的胎体结构。如图14-3-13所示。

（3）研磨型取心钻头主要以研磨方式破碎地层岩石，适用于各种研磨性硬地层钻井取心作业。这类取心钻头主要采用表镶或者孕镶天然金刚石烧结而成，取心钻进平稳，抗研磨性较好。如图14-3-14和图14-3-15所示。

天然金刚石、PDC和TSP为切削齿的取心钻头统称为金刚石取心钻头。金刚石取心钻头的适用范围广，在极软或极硬、松散或破碎的地层都有与之相适应的钻头型号可供选择，是目前最常用的取心钻头。

图 14-3-13　PDC 取心钻头

图 14-3-14　巴拉斯取心钻头

图 14-3-14　表镶天然金刚石取心钻头

图 14-3-15　孕镶天然金刚石取心钻头

2. 取心钻头的选择

取心钻头是钻进地层形成岩心的关键工具。岩心形成快与慢、好与坏，都直接影响岩心收获率的高低。因此，取心钻头选择合理与否，将直接影响取心的质量与效率。

（1）当取心方式和工具确定之后，参考 SY/T 5217—2000《金刚石钻头及金刚石取心钻头》标准钻头分类方法，可根据需要按表 14-3-21 和表 14-3-22 确定取心钻头的行业标准代码，再根据行业标准代码对照厂家提供的选型参考资料确定钻头型号。

表 14-3-21　PDC 钻头型式分类代号

钻头体材料		PDC 齿密度代号（当量齿数）	PDC 齿直径代号		PDC 钻头冠部轮廓高度代号			
胎体	钢体		分级代号	尺寸 mm	鱼尾形	短（<58mm）	中（58～114mm）	高（>114mm）
M	S	1 稀 （≤30）	1	＞24	1	2	3	4
			2	14～24				
			3	＜14				
		2 中 （30～40）	1	＞24				
			2	14～24				
			3	＜14				

钻头体材料		PDC 齿密度代号（当量齿数）	PDC 齿直径代号		PDC 钻头冠部轮廓高度代号			
胎体	钢体		分级代号	尺寸 mm	鱼尾形	短 (<58mm)	中 (58 ~ 114mm)	高 (> 114mm)
M	S	3 密 (40 ~ 50)	1	> 24	1	2	3	4
			2	14 ~ 24				
			3	< 14				
		4 高密 (> 50)	1	> 24				
			2	14 ~ 24				
			3	< 14				

例 1：214.4×101CQP788/M233，其中钻头直径代号为 214.4×101，表示取心钻头外径为 214.4mm，内径为 101mm；厂家命名型号为 CQP788，按照行业标准，该取心钻头的分类号为 M233（钻头体材料代号为 M 表示钻头体为胎体式；切削齿密度代号为 2 表示中等密度布齿；切削齿尺寸代号为 3 表示 PDC 齿直径小于 14mm；钻头冠部轮廓代号为 3 表示钻头冠部轮廓高度为中等）。

表 14-3-22　天然金刚石钻头和 TSP 钻头的型式分类代号

钻头体材料（胎体）	切削齿密度代号（齿的粒度）	切削齿分类代号		钻头冠部轮廓高度代号			
		分类代号	类别	扁平式	短 (<58mm)	中 (58 ~ 114mm)	高 (> 114mm)
M	6 稀 < 3 粒 /carat	1	天然金刚石	1	2	3	4
		2	TSP				
		3	混合齿				
	7 中 3 ~ 7 粒 /carat	1	天然金刚石				
		2	TSP				
		3	混合齿				
	8 密 > 7 粒 /carat	1	天然金刚石				
		2	TSP				
		3	混合齿				
		4	孕镶				

例 2：215.9×105SC226/M723，其中钻头直径代号为 215.9×105，表示取心钻头外径为 215.9mm，内径为 105mm；按照行业标准，该取心钻头的分类号为 M723（钻头体材料代号为 M 表示钻头体为胎体式；切削齿密度代号为 7 表示切削齿为 3 ~ 7 粒 / 克拉；切削齿分类代号为 2 表示切削齿为 TSP；钻头冠部轮廓代号为 3 表示钻头冠部轮廓高度为中等）。但不同的厂家可能有自己的厂家命名，如上述钻头在某厂命名为 SC226。

（2）若以地层适应性来考虑选型，可参考厂家的选型推荐说明。表 14-3-23、表 14-3-24 及表 14-3-25 为取心钻头厂家按地层选型推荐表。

表 14-3-23 川式取心钻头选型推荐表

地　层	岩石种类	推荐的取心钻头
低抗压强度高可钻性的软地层	黏土、泥岩、页岩	CQP163、CQP768
低抗压强度的软到中硬地层	砂岩、页岩、白垩	CQP768、CQP788、CQT405、CQB606
高抗压强度低研磨性的中到硬地层	页岩、石灰岩、白云岩	CQP788、CQP688、CQT405、CQB606
高抗压强度硬且致密的非研磨性地层	石灰岩、白云岩	CQT405、CQP688、CQB708、CQT508
极高抗压强度研磨性硬致密地层	粉砂岩、砂岩、泥岩、石英岩、火成岩	CQT405、CQT508、CQI709

表 14-3-24 川石克锐达取心钻头选型推荐表

地　层	岩石种类	推荐的取心钻头
软地层带有黏性夹层	黏土、泥岩、泥灰岩	RC493、RC444、C35
软地层，高可钻性	泥灰岩、岩盐、石膏、页岩	RC476、RC444、C18、FQ4
软—中硬地层，有硬夹层	砂岩、页岩、白垩	RC476、C18、FQ4
中—硬地层，有薄的研磨性夹层	页岩、泥岩、石灰岩	C201、SC226、SC777
硬—致密地层，但无研磨性	石灰岩、白云岩	C23、SC226、SC777、SC278
硬—致密地层，有研磨性地层	粉砂岩、砂岩、泥岩	SC276、SC278、SC279
极硬并带研磨性地层	石灰岩、火成岩	SC279

表 14-3-25 胜利取心钻头选型推荐表

地　层	岩石种类	推荐的取心钻头
软地层带有黏性夹层	黏土、泥岩、泥灰岩	PSC146、HSC043
软地层，高可钻性	泥灰岩、岩盐、石膏、页岩	PSC146、HSC043
软—中硬地层，有硬夹层	砂岩、页岩、白垩	PSC136、TMC616
中硬—硬地层，有薄的研磨性夹层	页岩、泥岩、石灰岩	TMC616
硬—致密地层	粉砂岩、砂岩、泥岩	NMC938、TMC536
极硬并带研磨性地层	石灰岩、火成岩	NMC938、TMC536

第四节　裸眼井常用测井技术

测井是指利用电缆或其他途径，下入测量仪器，测量地层电性和其他物理特性，从而对地层进行识别与评价的方法，根据测井的环境不同有裸眼测井与套管测井。其中套管测井是指在套管内进行的测井，主要用于生产评价与固井质量评价（参见本手册第四章）等，裸眼测井是勘探开发获取第一手地层信息与含油气性的重要方法之一，裸眼测井获取的地层信息也是评价地层，识别储层，从而提高钻井效率，降低钻井复杂与事故的重要手段。

根据地层及其含的油、气、水特性，为识别与评价地层及其所含流体，测井常用的方法有自然电位测井、伽马测井、电阻率测井、声波测井、井径井斜测井、密度测井、中子测井、感应测井、成像测井及核磁测井等。

一、裸眼井测井方法

1. 自然电位测井

自然电位测井是在裸眼井中通过测量井轴上自然产生的电位变化，研究地层性质的一种测井方法。它是世界上最早使用的测井方法之一，是一种最简便而实用的测井方法，至今仍然是砂泥岩剖面必测项目。它在区分地层岩性，尤其是在区分泥质和非泥质地层方面，更有其突出的优点。

1）自然电场的产生

井内有自然产生的电动势，因此自然电流流动，所以会有自然电位的存在。井内自然电动势有多种，包括扩散电动势、扩散吸附电动势、过滤电动势及氧化还原电动势等。在沉积岩地区的油气井中，主要遇到的是前三种，而且常常以前两种占绝对优势。

（1）扩散电动势（地层水与钻井液之间的直接扩散）。一般砂岩孔隙中的地层水与井内钻井液的接触，相当于不同浓度的两种 NaCl 溶液的直接接触。以一般情况下地层水矿化度大于钻井液为例，溶液中的 Cl^- 和 Na^+ 将从高浓度的岩层一方朝着井内直接扩散。由于两种离子的移动速度（在电化学中称迁移率）不同，Cl^- 的移动速度比 Na^+ 大，于是扩散之后，在低浓度的钻井液一方将出现过多的移动速度快的 Cl^-，带负电；而在高浓度的岩层一方，则将出现移动速度慢的 Na^+ 离子，带正电。正负离子在不同浓度的溶液两方相对集中的结果，便产生了电位差——地层一方的电位高于钻井液一方的电位。当溶液两方电荷积累到一定程度，使不同符号的离子以相等的速度继续扩散，达到所谓动态平衡时，电荷的积累便停止。于是在不同浓度的两种溶液之间形成固定的电动势，即扩散电动势（用符号 E_d 表示）。

（2）扩散吸附电动势（地层水通过泥岩与钻井液之间的扩散）。地层水与钻井液之间扩散的另一个渠道是地层水中的离子通过周围的泥岩向低浓度的钻井液一方进行扩散。这时，泥岩在两种溶液——地层水与钻井液滤液之间起着一种隔膜的作用。这个泥岩隔膜的黏土颗粒表面都带有较多的负电荷，当它处于某种盐溶液之中时，就要吸附一部分阳离子而形成"吸附层"，中和掉一部分表面负电荷。剩下的一部分表面负电荷，又松散地吸引一部分阳离子，形成"扩散层"。另外，这个泥岩隔膜将同样性质的两种不同浓度的溶液分开时，在浓度大的一边，泥土颗粒表面的扩散层中将有更多的阳离子，而在浓度低的一方则较少。因此，高浓度溶液一方的阳离子不断从水溶液里进入到泥岩隔膜的扩散层中，而低浓度溶液一方又将从扩散层中得到的阳离子离解到溶液中，直至达到扩散和离解的动态平衡。这样可形成稳定的电动势，即扩散吸附电动势（用符号 E_{da}

表示）。

（3）井内的过滤电动势。通常，钻井液柱的压力大于地层压力，在渗透性岩层（如砂岩层）处，都不同程度的有滤饼存在。由于组成滤饼的泥质颗粒表面有一层松散的阳离子扩散层，在压力差的作用下，这些阳离子就会随着钻井液滤液的渗入向压力低的地层内部移动。于是，地层内部一方出现了过多的阳离子，使其带正电，而在井内滤饼一方正离子相对减少，使其带负电，从而产生了电动势，即过滤电动势（又称动电电动势，用符号 E_f 表示）。

（4）井内形成的总电动势。在井下实际条件下，通常地层水和钻井液滤液中的主要盐类是 NaCl，而且地层水的矿化度比钻井液滤液高。所以，夹于泥岩中的砂岩层被充满钻井液的井眼穿过时，地层水与钻井液之间的扩散，就与上述假设条件基本一致。扩散的结果，在砂岩与钻井液直接接触处产生扩散电动势，井眼一方为负，岩层一方为正。而砂岩中地层水通过泥岩向井中扩散，产生扩散吸附电动势，井眼一方为正，岩层一方为负。如将这两种电动势表示成电池形式，并用等效电路联系起来后，便得图 14-4-1 所示的情况。

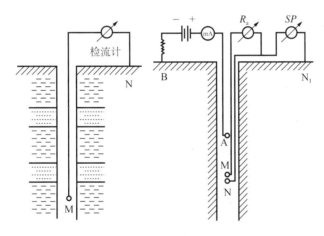

图 14-4-1　自然电位测量原理

在该回路中由于扩散作用形成的总电动势（用 SSP 表示）为该两电动势的代数和。即：

$$
\begin{aligned}
SSP &= E_d + E_{da} \\
&= K_d \lg \frac{C_w}{C_{mf}} + K_{da} \lg \frac{C_w}{C_{mf}} \\
&= (K_d + K_{da}) \lg \frac{C_w}{C_{mf}} \\
&= K \lg \frac{C_w}{C_{mf}} \\
&= K \lg \frac{R_{mf}}{R_w}
\end{aligned}
\tag{14-4-1}
$$

式中，$K = K_d + K_{da}$ 称为总的扩散吸附电动势系数，一般称 SSP 为静自然电位。

2）自然电位的测量

如图 14-4-1 所示，将一个电极 M 放入井中，另一个电极 N 放在地面上接地，在不存在任何人工电场的情况下，用测量电位差的仪器测量 M 电极相对于 N 电极之间的电位差，便可以进行自然电位测井。

由于固定在地面上的 N 电极的电位是一个恒定值，因此，当 M 电极在井内移动时，所测得的 M 与 N 之间的电位差的变化，即自然电位曲线，就反映了井内某种电位值沿井身的变化情况。显然，自然电位测井测的是相对电位值，即井内不同深度上的自然电位与地面上某一点的固定电位值之差，而不是井中自然电位的绝对数值。实际上，这一数值也是不可能测得的。因此，自然电位测井曲线图上，只用每厘米偏转所代表的毫伏数和正负方向来表示井内自然电位数值的相对高低，而无绝对的零线。

3）自然电位测井的影响因素及资料应用

（1）地层厚度和井径的影响。在其他条件完全相同的情况下，地层厚度对自然电位幅度和形状有影响。当地层厚度 $h > 4d$ 时，自然电位异常幅度近似等于静自然电位；当地层厚度 $h < 4d$ 时，自然电位异常幅度小于静自然电位，厚度越小，差别越大，异常顶部变窄，底部变宽，这时不能用半幅点确定地层界面。

（2）地层电阻率、钻井液电阻率及围岩电阻率的影响。针对不同 R_t/R_m 值的自然电位曲线，随着 R_t/R_m 的增大，自然电位幅度值降低。因此在测井图上，油气层的自然电位（SP）略小于相邻的水层。围岩电阻率 R_s 的变化，同样对自然电位异常幅度值有影响。围岩电阻率 R_s 增大，则 r_s 增大，使自然电位异常幅度值减小。

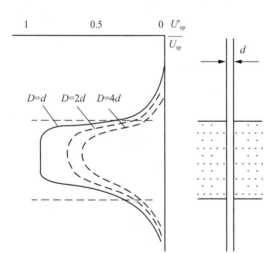

图 14-4-2 钻井液侵入对自然电位曲线的影响

（3）钻井液侵入带的影响。在渗透性地层，钻井液滤液渗入到地层孔隙中，使钻井液滤液与地层水的接触面向地层方向移动了一个距离。钻井液侵入带的存在，相当于井径扩大，因而使自然电位异常幅度值降低，图 14-4-2 为不同钻井液侵入带情况下所测的自然电位曲线（图中 U'_{sp} 为有钻井液侵入时的自然电位曲线，U_{sp} 为无钻井液侵入时的自然电位曲线）。随着钻井液侵入的增大，自然电位异常幅度值减小。

（4）岩性剖面的影响。自然电位是一种以泥岩为背景来显示储层性质的测井方法，SP 大小不只与储层性质有关，而且与相邻泥岩的性质有关，不可能用体积物理模型来表示。因此，这种方法只能用于储层与泥岩交替出现的岩性剖面，最常见的是砂泥岩剖面，其中也可以包括碎屑岩以外的其他岩性储层，如生物灰岩、鲕状灰岩等。这种方法不能用于巨厚的碳酸盐岩剖面，因为它没有或很少有泥岩，裂缝较发育的储层以致密碳酸盐岩为围岩，许多储层要通过远处的泥岩才能形成自然电流回路，因而在相邻泥岩间形成巨厚的大片 SP 异常，也不能用来划分和研究储层。

4）主要应用

自然电位测井在砂泥岩剖面中，有着广泛的用途。

（1）划分储层。在不存在明显过滤电位的前提下，自然电位曲线上偏离泥岩基线的异常是地层具有孔隙性和渗透性的标志。一般有明显异常的地层都是储层。对于岩性均匀、厚度较大及界面清楚（如泥岩与砂岩的突变界面）的储层，通常用 SP 异常幅度的半幅点（泥岩基线算起 1/2 幅度处）确定储层界面。如果储层厚度较小，SP 异常较小，半幅点厚度将大于实际厚度，地层界面将靠近异常顶部。如果上下界面幅度大小不同，应分别用其半幅点确定界面。如果岩性渐变层某个界面不清楚，应参考其他曲线确定界面。

（2）判断岩性。在划分储层与非储层的基础上，依据本地岩性剖面的组成情况、本地解释经验和其他测井曲线的显示，可进一步划分岩性。对于简单的砂泥岩剖面，储层是砂岩，非储层是泥岩。对于泥质砂岩或砂质泥岩，要凭经验解释。

（3）判断油气水层。SP 异常可帮助区分油气水层。一般说来，油气层的 SP 异常略小于水层；完全含水、岩性较纯及厚度较大的纯水层 SP 异常最大；下部含水饱和度明显升高的油水同层，SP 异常由上往下有渐大的趋势；注入淡水水淹后的油水同层，被水淹的底部或顶部的 SP 异常明显小于未被水淹部分的 SP 异常，使该层上下部泥岩基线发生明显偏移。

（4）地层对比和研究沉积相。沉积相是一个沉积单位中所有原生沉积特征的总和，包括岩石、古生物和地球化学等特征。它是某一特定沉积环境中的沉积作用的产物，具有该环境特有的特征。地质学有研究沉积相的系统方法，其中，SP 曲线常常作为单层划相、井间对比和绘制沉积体等值图的手段之一。这是因为 SP 曲线有以下特征：

①单层曲线形态能反映粒度分布和沉积能量变化的速率。如箱形表示粒度稳定，砂岩与泥岩突变接触；钟形表示粒度由粗到细，是水进的结果，顶部渐变接触，底部突变接触；漏斗形表示粒度由细到粗，是水退的结果，底部渐变接触，顶部突变接触；曲线光滑或齿化的程度是沉积能量稳定或变化频繁程度的表示。这些都同一定沉积环境形成的沉积物相联系，可作为单层化相的标志之一。

②多层曲线形态反映一个沉积单位的纵向沉积序列，可作为划分沉积亚相的标志之一。

③ SP 曲线形态较简单，又很有地质特征，因而便于井间对比，研究砂体空间形态展布。

④ SP 曲线分层简单，便于计算砂泥岩厚度、沉积体总厚度、沉积体内砂岩总厚度及沉积体的砂泥比等参数，是研究沉积环境和沉积相的重要资料。

（5）水淹层解释。油层被水淹后，由于储层内部的非均质性，大多数水淹层都具有局部水淹的特点。因此，自然电位曲线的基线会发生偏移。基线偏移的大小主要取决于水淹前后地层水矿化度的比值。二者的比值越大，则基线的偏移也越大，表明油层被水淹程度也越高。这种基线偏移在指示淡水水淹方面，往往能见到较好的效果。

（6）估算泥质含量。碎屑岩泥质含量增加，将使其自然电动势减小，从而使 SP 幅度减小。因此，以完全含水与厚度足够大的水层的静自然电位 SSP 为标准，目的层 SP 与 SSP 的差别将与地层泥质含量有关。通常把泥质含量表示为：

$$V_{sh} = \frac{SSP - SP}{SSP} \qquad (14-4-2)$$

在砂泥岩剖面，通常按地层水电阻率划分解释井段，同一解释井段内地层水含盐量或 R_w 基本相同，这意味着该井段 SSP 为常数。这一方法相当于在图上画出泥岩基线以后，再按 SSP 画出一条直线平行泥岩基线，若各层 SP 异常与 SSP 线的距离越大，则其泥质含量越大。

但必须注意地层含油气，易把地层含油气引起 SP 减小误认为泥质含量增加；地层厚度较薄，易把层厚引起 SP 减小误认为泥质含量增加；钻井液侵入深度大，或者各层侵入深度差别大，易把它们引起 SP 减小误认为泥质含量增加。在这些情况下，泥质含量计算值都大于实际值，有时差别很大。

(7) 确定地层水电阻率。实验表明，溶液的电阻率与其浓度在双对数坐标图上并不总是直线。为了便于计算，定义两个新参数——地层水等效电阻率和钻井液滤液等效电阻率，它们与浓度的关系在双对数坐标图上始终是一条直线。则静自然电位有下面表示：

$$SSP = K \cdot \lg \frac{R_{mfe}}{R_{we}} \qquad (14-4-3)$$

故自然电位计算地层水电阻率的步骤为：
①确定含水纯岩石静自然电位 SSP；
②计算自然电位系数 K；
③计算比值 R_{mfe}/R_{we}；
④确定地层温度下的地层水电阻率 R_w。

2. 自然伽马与自然伽马能谱测井

1）地层的主要放射性

(1) 岩石总的自然伽马放射性与岩石大类有关。一般沉积岩的自然伽马放射性要低于岩浆岩和变质岩，因为沉积岩一般不含放射性矿物，其自然放射性主要是岩石吸附放射性物质引起的，而岩石吸附能力又有限。岩浆岩及变质岩则含有较多的放射性矿物，如长石和云母含有地层中大部分钾，其中 $_{19}K^{40}$ 有放射性，而长石占岩浆岩矿物59%，云母占4%；角闪石及辉石有更高的放射性，占岩浆岩矿物17%；放射性更高的锆石、独居石和揭帝石等，虽然含量极小（小于1%），但也常在岩浆岩中出现。

(2) 沉积岩石的自然放射性。石油测井研究的沉积岩中，放射性矿物的含量一般都不高，并且是分散分布在岩石中的。这些零星分散的放射性矿物是在沉积岩形成过程中，由于母岩的携带和水的活动等多种因素作用的结果。沉积岩中放射性物质的含量取决于岩石的矿物成分、岩性、它们的成层条件、时代及其他因素。通常，不同性质的岩石，放射性矿物的含量，亦即自然伽马射线的强度互不相同。图 14-4-3 中列出了常见沉积岩的相对自然伽马射线强度的范围，采用的是 API 单位。图中对于每一种岩石都有一定自然伽马射线强度的变化范围，并用横线的纵向宽度来表示出现这一放射性强度的频率。

高自然放射性的岩石：包括泥质砂岩、砂质泥岩、泥岩、深海沉积的泥岩以及钾盐层等，其自然伽马测井读数约 100°API 以上。特别是深海泥岩和钾盐层，自然伽马测井读数在所述沉积岩中是最高的。

中等自然放射性的岩石：包括砂岩、石灰岩和白云岩，其自然伽马测井读数介于 50～100°API 之间。

低自然放射性的岩石：包括岩盐、煤层和硬石膏，自然伽马读数约为 50° API 以下。其中硬石膏最低，10° API 以下。

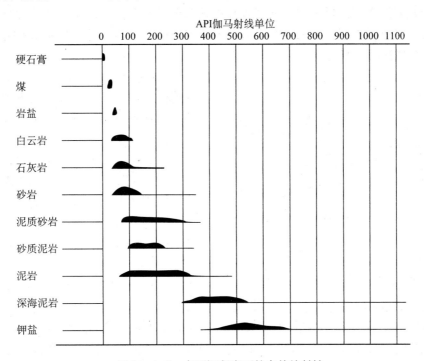

图 14-4-3　主要沉积岩石的自然放射性

根据这一分类看出，除钾盐层以外，沉积岩自然放射性的强弱与岩石中含泥质的多少有密切的关系，岩石含泥质越多，自然放射性就越强。

2）自然伽马测井

（1）测量原理。自然伽马测井仪的测量原理是通过探测器（晶体和光电倍增管）把地层中放射的伽马射线转变为电脉冲，经过放大输送到地面仪器记录下来。

如果把探测半径定义为在测井所记录的信号中占 99% 的介质范围的半径，则自然伽马测井的探测半径为 25 ～ 35cm。

（2）自然伽马测井曲线特征。图 14-4-4 是探测器在井内测得的自然伽马测井曲线示意图，图中以探测器为中心的圆圈，表示探测器的探测范围。当然，实际的探测范围并不像图上所示的那样有明显的边界，那只是一个对测量结果有最大贡献的空间域，并且在这个空间域以外，离探测器越远，介质的影响越低。

由于在探测器上下一定范围内的介质能对测量结果产生影响，因此，当探测器

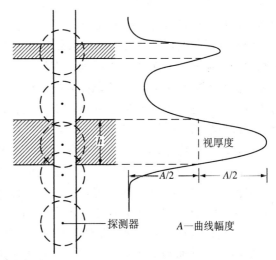

图 14-4-4　自然伽马测井探测半径、
岩层厚度与测井曲线的关系

在井内的位置由下向上变动时，在它进入岩层之前，岩层就开始对测井响应发生影响，并且在探测器离开岩层一定距离之后，岩层对测井响应的影响还会继续。这就造成了自然伽马测井曲线在岩层界面附近出现了从低到高或从高到低的变化，并在岩层界面处表现为较明显的转折。只有当岩层厚度较大时，对着岩层中心处的自然伽马测井读数才能很好地反映岩层自然放射性的真实情况。

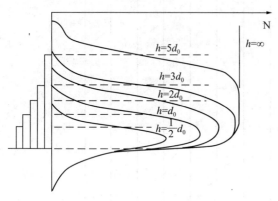

图 14-4-5 自然伽马测井理论曲线

根据理论计算，自然伽马测井理论曲线如图 14-4-5 所示。分析图 14-4-4 和图 14-4-5 可以看出，曲线有以下几个特点：

①上下围岩的自然放射性相同时，曲线相对于岩层中心呈对称形状，在地层中点处有极大值或极小值。

②对着高放射性地层，自然伽马测井曲线显示高读数，并在岩层中心处出现极大值。对于厚岩层，该极大值能很好反映岩层的放射性强度。随着岩层厚度变薄，极大值随之降低。对于低放射性地层，情况相反。

③当地层厚度小于 3 倍的钻头直径 d_0（$h<3d_0$）时，极大值随地层厚度增大而增大（极小值随地层厚度增大而减小）。当 $h \geqslant 3d_0$ 时，极大值（或极小值）为一常数，与地层厚度无关，与岩石的自然放射性强度成正比。

④当 $h \geqslant 3d_0$ 时，由曲线的半幅点确定的地层厚度等于地层的真实厚度。当 $h < 3d_0$ 时，由曲线半幅点确定的地层厚度大于地层的真实厚度，而且地层越薄大得越多。

3）自然伽马测井的影响因素

（1）地层厚度对曲线幅度的影响。对于实际的地层来说，由于地层的变薄，会使高放射性地层测井曲线值下降，低放射性地层的自然伽马测井曲线值上升。因此对于 $h < 3d_0$ 的地层，在应用自然伽马测井曲线时，应考虑层厚的影响。

（2）井参数的影响。井径的扩大就意味着已下套管井水泥环增厚和裸眼井泥浆层增厚。若水泥和泥浆不含放射性元素，则水泥环和泥浆层增厚会使自然伽马测井曲线值降低。但是由于泥浆有一些放射性，所以泥浆的影响很小。但含氯化钾和重晶石的泥浆将造成明显的影响。由于钢铁对伽马射线的吸收能力很强，所以下了套管的井，自然伽马测井曲线值会因套管吸收伽马射线而有所下降。

（3）放射性涨落的影响。在放射性源强度和测量条件不变的条件下，在相等的时间间隔内，对放射性射线的强度进行重复多次测量，每次记录的数值是不相同的，而且总是在某一数值附近上下变化，这种现象叫放射性涨落。它和测量条件无关，是微观世界的一种客观现象，且有一定的规律性。这种现象的产生是由于放射性元素的各个原子核的衰变彼此是独立的，以及衰变的次序是偶然的等原因造成的。

放射性测井曲线上读数的变化，一是由于地层性质变化引起的，根据它可以划分井身的地质剖面；另一个原因就是由于放射性涨落引起的。正确区分这两种原因造成的曲线变化，是对放射性测井曲线正确进行地质解释的前提。

（4）测井速度和积分电路造成的深度偏移。所谓深度偏移，是指根据实测自然伽马测井曲线的分层原则（如用半幅值点）定出的岩层界面深度与实际深度之间有一偏差，而且前者比后者偏浅。这是由于井下仪器具有一定的提升速度 v，以及地面仪器（积分电路）有一定的时间常数 τ 这两种因素决定的，因此也常称这种影响为 $v-\tau$ 影响。同时，曲线的形状也受到了一定的歪曲，即曲线的对称性破坏，极大值变小，极小值增大。特别是薄地层，这种畸变更明显。

4）自然伽马测井资料应用

（1）划分岩性和地层对比。前文介绍了各种岩性的自然放射性的强弱，这里不再赘述。根据曲线反映出的这种强弱，即可判断岩性。需要指出，具体的岩性划分则要根据剖面的岩性组成、其他测井曲线的显示及解释经验来判断。

（2）划分储层。在砂泥岩剖面，低自然伽马异常一般就是砂岩储层，异常半幅点确定储层界面。在碳酸盐岩剖面，低自然伽马异常只指出泥质含量较少的纯岩石，而是否为储层，还必须有相对高一点的孔隙度显示和明显低的电阻率显示，这些是纯岩石发育裂缝带的特征。

（3）计算地层泥质含量。当地层不含泥质以外的放射性物质时，自然伽马曲线是指示地层泥质含量的最好方法。如前所述，地层的自然伽马异常随泥质含量增加而减小。经过适当的刻度，便可用自然伽马异常计算地层泥质含量。

纯泥岩泥质含量 $V_{sh}=100\%$，将纯泥岩线的自然伽马读数记为 GR_{max}。而纯岩石 $V_{sh}=0$，将其自然伽马读数记为 GR_{min}。若解释层的自然伽马读数为 GR，则比值 $(GR-GR_{min})$ / $(GR_{max}-GR_{min})$ 应当同地层泥质含量密切相关。通常将这一比值称为自然伽马相对值或泥质含量指数（SHI），对纯岩石为 0，对纯泥岩为 1（100%），记为：

$$SHI = \frac{GR - GR_{min}}{GR_{max} - GR_{min}} \tag{14-4-4}$$

为了便于与地层实际泥质含量建立经验关系，常把地层泥质含量表示为：

$$V_{sh} = \frac{2^{SHI \cdot GCUR} - 1}{2^{GCUR} - 1} \tag{14-4-5}$$

式中，$GCUR$ 是拟合岩心资料的一个经验常数，古近—新近系取 3.7，老地层取 2。

（4）计算粒度中值。研究表明，自然伽马测井曲线的变化与粒度中值曲线的变化有较好的对应性，有些油田统计两者的相关系数很高。这是因为砂岩粒径大小与沉积环境、沉积速度及颗粒吸附放射性物质的能力有关，颗粒越细，沉积越慢，吸附放射性越强，黏土矿物本身还有自然放射性。

5）自然伽马能谱测井

自然伽马能谱测井仪器最关键的组成部分，是伽马射线能谱探测器和脉冲幅度分析器。伽马射线探测器是下井仪器的核心，而幅度分析器则可以选择安置在下井仪器或地面仪器中。

γ 射线探测器的基本部件包括晶体、光电倍增管和前置放大器。自然伽马能谱测井使用的晶体一般为碘化钠 [NaI（Tl）]、碘化铯（CsI）或 GBO 晶体。晶体接收到伽马光子后，将其消耗的能量转变成闪光，然后通过光耦合，光电倍增管接收到光脉冲后转换成电流，倍增后输出一个电流脉冲送往前置放大器。

自然伽马能谱测井仪中的脉冲幅度分析系统是多道脉冲幅度分析器。它能够将每个脉冲按幅度分类（一般是分为 256 类，每一类称为一道，即 256 道），并在各道中记录相应幅度的脉冲数。

对于前述仪器谱中的三个特征峰对应的射线，确定计数时用的道域分别是：1.46MeV 用 94 ～ 113 道（Ⅰ），1.76MeV 用 115 ～ 139 道（Ⅱ），2.62MeV 用 173 ～ 211 道（Ⅲ）。它们也分别被称为特征道域。经过处理和刻度，就能用这些特征道域的计数率来计算地层的铀、钍、钾含量及总自然伽马放射性。

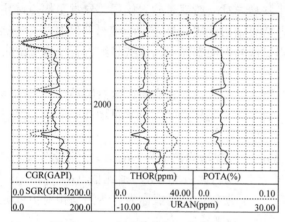

图 14-4-6　标准自然伽马能谱测井图

自然伽马能谱的实时处理结果或进一步的处理结果都是以测井曲线的形式给出的，除了记录地层铀、钍和钾含量，还用 API 单位或计数率单位记录普通自然伽马 SGR 和去铀自然伽马 CGR，前者是地层总的自然伽马放射性，后者是钍系核素和 K^{40} 造成的自然伽马放射性，CGR 与地层泥质含量关系比 SGR 要好。图 14-4-6 是斯伦贝谢自然伽马能谱测井 NGT 图件显示的测井曲线。

自然伽马能谱测井能测定 K、U 和 Th 在地层中的含量，因而能在不同程度上解决与这三种元素的地球化学和地球物理过程有关的各种地质问题。与石油勘探和开发有关的一些应用如下：

（1）寻找高放射性储层。

（2）在油田开发中研究流体流动情况。

（3）计算泥质含量。

（4）研究沉积环境和黏土矿物类型。

（5）研究生油层。

3. 常规电阻率测井

1）侧向测井

侧向测井又叫聚焦式电阻率测井，它是对普通电阻率测井的电极系加以改进而发展的一种新方法。主要包括三侧向、七侧向、双侧向、微侧向、邻近侧向、球形聚焦和微球形聚焦等方法。这些方法中，电极系的结构、形状和尺寸不同，其探测特性也不同。下面我们以双侧向和微侧向为例，对聚焦式电阻率测井法的测量原理加以说明。

（1）双侧向测井原理。双侧向测井是在三侧向和七侧向测井的基础上发展起来的，具有较好的聚焦特性，并可以同时测量深浅两种探测深度的电阻率曲线。

双侧向电极系有 9 个电极。主电极 A_0 位于中央，在 A_0 上下对称排列 4 对电极，每对电极分别用短路线连接。电极 M_1 与 M_1' 和 N_1 与 N_1' 为两对监督电极，电极 A_1 与 A_1' 和 A_2 与 A_2' 为两对聚焦电极（也称屏蔽电极）。深侧向的回流电极 B 和测量参考电极 N 在"无限远处"。

进行深探测时，屏蔽电极 A_1 与 A_2（A_1' 和 A_2'）保持等电位，屏流 I_1 与主电流 I_0 为同极性。由于屏蔽电极 A_2 与 A_2' 较长，加强了屏流对主电流的聚焦作用，因此主电流层进入地层深处后才逐渐发散。由于探测深度深，它所测的视电阻率接近地层的真电阻率。

进行浅探测时，电极 A_2 与 A_2' 起回流电极的作用，即电极 A_1 与 A_2（A_1' 和 A_2'）为反极性，削弱了屏流对主电流的聚焦作用，主电流层进入地层不远的地方就发散了，如图 14-4-7 所示。由于探测深度浅，所测得的视电阻率受侵入带的影响较大。

（2）微侧向测井原理。微侧向测井电极系及电流线分布如图 14-4-8 所示。该电极系由

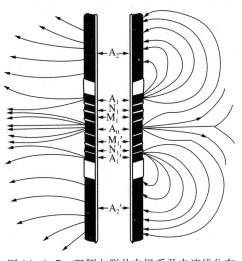

图 14-4-7　双侧向测井电极系及电流线分布

主电极 A_0，围绕 A_0 的屏蔽电极 A_1 和回流电极 B（离 A_0 与 A_1 较远，图中未画）组成。A_0 向地层发射主电流，A_1 向地层发射屏流，主电流与屏流具有相同极性。在屏流作用下，主电流被聚焦成束状，水平地流入地层，而不会沿滤饼分流。由于电极系尺寸较小，主电流进入地层不远即散开，然后返回至回流电极 B。聚焦电流束约 6cm 厚，因此它有极好的纵向分层能力。在滤饼厚度小于 1cm，侵入深度大于 8cm 的情况下，它所测的电阻率值可不作校正而直接读得 R_{xo} 值。它的主要问题是探测深度稍小，约为 7.6cm。在 R_{xo}/R_{mc}（R_{mc} 为滤饼电阻率）比值高

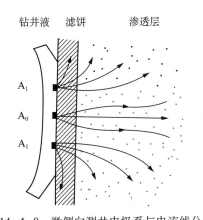

图 14-4-8　微侧向测井电极系与电流线分布

的情况下，滤饼厚度大于 1cm 时测量结果不可靠。

2）感应测井

在普通电阻率测井和电流聚焦测井中，都要求钻井液是导电的。如果钻井液不导电，则电极系无法形成电流场，也就无法测量电位差。为了在油基钻井液中测井，提出了感应测井的方法。起初，感应测井用于油基钻井液井和干井，并取得了良好的效果。

感应测井仪器由线圈系和电子线路等部分组成。仪器的探测特性取决于线圈系的结构

（1）感应测井原理。双线圈系感应测井的原理如图 14-4-9 所示。振荡器提供 10 ～ 60kHz 正弦波交流电压。当发射线圈 T 中通有恒定的交流电流时，通过电磁感应的作用，在接受线圈 R 中将产生一个感应电动势 e_0。该电动势和发射电流的频率相同，而相位滞后 90°。e_0 的大小与互感系数及发射电流强度有关。由于 e_0 和地层电阻率没有什么关系，因

此在感应测井中，e_0 称做无用信号。另一方面，发射线圈中的交变电流 i，将在其周围形成一个交变电磁场。在交变电磁场的作用下，在均匀各向同性的导电介质中，将形成以井轴为中心的涡流电流 i_σ。由于 i_σ 也是交变的，因此它也可以形成一个交变电磁场。该二次交变电磁场作用到接受线圈 R，就可以产生与地层电导率有关的感应电动势 e_σ。e_σ 称做有用信号。

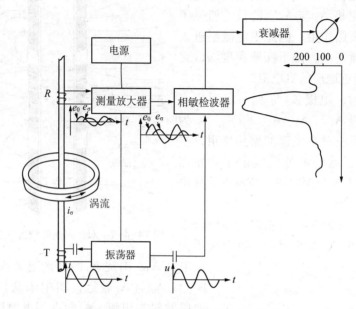

图 14-4-9　双线圈系感应测井仪的原理

　　如果发射电流的频率不太高，介质的电导率不太大，线圈的距离不太长，可以忽略介质中感应涡流之间的相互影响，可不考虑电磁波在导电介质中传播时所引起的能量损耗和相位移动，或者说可不考虑电磁场的传播效应或趋肤效应，那么就可以认为：e_0 的相位滞后 i_0 的相位 $90°$，与 e_σ 之间的相位差为 $90°$。

　　在感应测井仪的接收线圈 R 中，既有有用信号 e_σ，又有无用信号 e_0。为了放大接收信号，一般都采用测量放大器对接收信号进行测量放大。为了从接收信号中挑选出有用信号，压制无用信号，在感应测井仪中采用了相敏检波器。从相敏检波器的输出特性可以看出，只要调整基准参考信号的相位，使它与 e_0 的相位相差 $90°$，而与 e_σ 同相或反向，就可以通过相敏检波器，从接收信号中检出有用信号，而压制无用信号。相敏检波器输出的信号，经滤波器平滑后，传送到地面记录仪中变换成感应电导率曲线。

　　（2）感应测井的应用条件。感应测井的视电导率相当于井眼、侵入带、原状地层和围岩几部分电阻并联的结果，其中电导率高者将对 R_a 有较大的贡献。而侧向测井视电阻率相当于这些电阻率串联的结果，其中电阻率高者将对 R_a 有较大的贡献。这决定感应测井与侧向测井有不同的应用条件，两者可以互为补充。加上感应测井线圈的探测特性，我们可把应用感应测井的条件概括为：淡水钻井液（σ_m 和 σ_i 较低）、砂泥岩剖面（σ_i 比碳酸盐岩剖面要高），储层为中电阻率（$R_t<50\Omega\cdot m$，通常小于 $20\Omega\cdot m$，σ_i 较高）和中厚层（一般 2m 以上，层厚和围岩影响较小）。

　　（3）感应测井的应用。

①采用适当的组合测井，可综合确定 R_{xo}、R_t 和 d_i，双感应—八侧向测井是国际上比较流行的电阻率测井的组合方法。它包括深感应 R_{ILD}、中感应 R_{ILM} 和浅聚焦测井（八侧向 R_{LL8} 或球形聚焦测井 R_{SFL}）。其探测特性，简单说来是探测深度浅、中、深三种电阻率测井的组合。其设计目的，一是要采用组合法求 R_{xo}、R_t 和 d_i，二是要定性判断油气层和水层，特别是存在低阻环带的油气层。单独使用感应测井，如我国常用的 0.8m 六线圈系感应测井，只能单独确定 R_t，另用微测井确定 R_{xo}，不能确定 d_i。

②感应测井与一种孔隙度测井组合，例如我国常用的声速测井与感应测井组合，简称声感组合，可以计算地层水电阻率 R_w、钻井液滤液电阻率 R_{mf}、地层含水饱和度 S_w 和含油气饱和度 S_h。

③定性判断油气层和水层。

④油田地质研究，如油层对比和油层非均质研究。

⑤划分有低阻环带的油气层。

如果一个地层的 R_{ILM} 明显低于 R_{LL8} 和 R_{ILD}，则表明该地层存在钻井液侵入引起的低阻环带，地层有可动油气，可定性判断为油气层。

4. 声波速度测井

声波速度测井简称声速测井，测量地层滑行波的时差 Δt（地层纵波速度的倒数，单位是 μs/m 或 μs/ft）。主要用于计算地层孔隙度、地层岩性分析和判断气层等，是一种主要的测井方法。它的井下仪器主要由声波脉冲发射器和声波接收器构成的声系及电子线路组成。

1）单发射双接收声速测井仪的测量原理

（1）单发双收声速测井仪。这种下井仪器包括三个部分：声系、电子线路和隔声体。声系由一个发射换能器 T 和两个接收换能器 R_1 与 R_2 组成，其中，发射器和接收器之间的距离称为源距，接收器之间的距离称为间距，如图 14-4-10 所示。电子线路提供脉冲电信号，触发发射器 T 发射声波，接收器 R_1 与 R_2 接收声波信号，并转换为电信号。用压电陶瓷晶体制作发射和接收器。这种晶体具有压电效应，即能完成电能和机械能的相互转换。

测井仪工作时，电子线路每隔一定时间（通常为 50ms）激发一次发射器，使其产生振动，其振动频率由晶体的几何尺寸及几何形态而定。目前，声速测井仪所用晶体的固有振动频率为 20kHz。

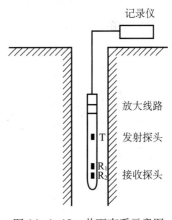

图 14-4-10　井下声系示意图

此外，在下井仪器的外壳上刻有许多小槽，称为隔声体，其作用是防止发射器发射的声波经仪器外壳直接传至接收换能器，对地层测量造成干扰。

（2）单发双收声速测井仪的测量原理。如果发射器在某一时刻 t_0 发射声波，根据几何声学理论，声波经过钻井液、地层和钻井液传播到接收器，其传播路径如图 14-4-11 所示，即沿 ABCE 路径传播到接收换能器 R_1，经 ABCDF 路径传播到接收换能器 R_2，到达 R_1 和 R_2 的时刻分别为 t_1 和 t_2，那么到达两个接收换能器的时间差 ΔT 为：

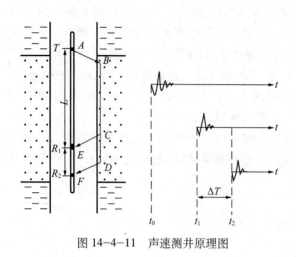

图 14-4-11 声速测井原理图

$$\Delta T = t_2 - t_1$$

$$= \frac{CD}{v_p} + \left(\frac{DF}{v_f} - \frac{CE}{v_f} \right) \tag{14-4-6}$$

如果在两个接收器之间的距离 l（称之为间距）对着的井段井径没有明显变化且仪器居中，则可认为 $CE=DF$，所以 $\Delta T=CD/v_p$。由于仪器间距已知，时间差只随地层速度变化，所以 ΔT 的大小反映了地层声速的高低。声速测井实际上记录的是地层时差（声波在地层中传播单位距离所用的时间）。测量时由地面仪器通过把时间差 ΔT 转变成与其成比例的电位差的方式来记录时差 Δt。仪器记录点在两个接收器的中点，下井仪器在井内自下而上移动测量，便记录出一条随深度变化的时差曲线，图 14-4-12 给出了时差曲线实例。声波时差的单位是 $\mu s/m$ 或 $\mu s/ft$。

（3）单发双收声系的缺陷。如前所述，当两个接收器对应井段的井眼比较规则时，单发双收声系所记录的时间差才只与地层速度有关，反之，将随井眼几何尺寸的变化而变化，在变化层段，时差曲线出现异常，如图 14-4-12 所示。

在砂泥岩分界面处，常常发生井径变化，砂岩一般缩径而泥岩扩径，因此在砂岩层顶部（井眼扩大段的下界面）出现时差减小的尖峰，在砂岩底界面（井眼扩大段的上界面）出现时差增大的尖峰，图 14-4-13 是砂泥岩剖面井径变化对时差曲线影响的实例。因此，在时差曲线上取值时，要参考井径曲线，以避开井径变化引起的时差曲线的假异常。

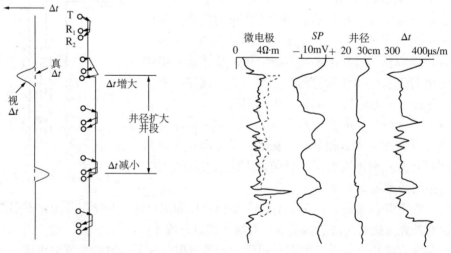

图 14-4-12 井径变化对声波时差的影响　　图 14-4-13 井径扩大对时差曲线的影响实例

声波测井的输出代表厚度为一个间距的地层的平均速度。分析测量及记录过程，不难发现，仪器记录点与声波在两个接收器对应地层中的实际传播路径的中点不重合，即存在一定的深度误差，声波在地层中实际传播路径的中点偏向发射器一方，二者偏移的距离为：

$$\Delta h = a \cdot \tan\theta \qquad (14-4-7)$$

式中 a——接收器到井壁的距离；

  θ——第一临界角。

实际测井中，第一临界角 θ 随地层速度的变化而变化，距离 a 与井径和仪器倾斜程度有关。因此，深度偏移是一个随机量，无法校正。为降低井径变化、仪器记录点与实际记录点的深度误差对单发双收声系时差曲线的影响，提出了井眼补偿声速测井（双发双收声系）。

2）井眼补偿声速测井

（1）声系结构。该仪器的井下声系包括两个发射器和两个接收器。它们的排列方式如图 14-4-14 所示。其中，两个接收器之间的距离（间距）为 0.5m，T_1 与 R_1 和 R_2 与 T_2 之间的距离为 1m。

（2）井眼补偿原理。图 14-4-14 是这种仪器对井径变化影响的补偿示意图。测井时，上下发射器交替发射声脉冲，两个接收器接收 T_1 和 T_2 交替发射产生的滑行波，得到时间差 ΔT_1 与 ΔT_2，地面仪器的计算电路对 ΔT_1 和 ΔT_2 取平均值，$\Delta T = (\Delta T_1 + \Delta T_2)/2$，记录仪记录出平均值对应的时差曲线 $\Delta t = \Delta T/l$。由图 14-4-14 可以看出，双发双收声速测井仪的 T_1 发射得到的 ΔT_1 和 T_2 发射得到的 ΔT_2 曲线，在井径变化处的变化方向相

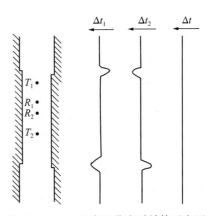

图 14-4-14　双发双收声系结构示意图

反，所以，取平均值得到的曲线恰好补偿掉了井径变化的影响。双发双收声速测井仪还可以补偿仪器在井中倾斜时对时差造成的影响。另外，在一定程度上降低了深度误差。这是由于上发射时，测量地层的中点位于仪器记录点的上方；下发射时，测量地层的中点位于仪器记录点的下方，当接收器对应地层速度及井径变化不大时，即可保证实际记录点与仪器记录点重合，不再出现深度误差。

3）长源距声波全波列测井

声速测井只利用了纵波的速度信息，而声波全波列测井则记录声波的整个波列，不仅可以获得纵波的速度和幅度信息，横波的速度和幅度信息，还可以得到波列中的其他波成分，如伪瑞利波和斯通利波等，为石油勘探和开发提供更多的信息，所以声波全波列测井是一种较好的声波测井方法。

（1）裸眼井中声波全波列成分。在裸眼井中，接收器记录到的声波全波列波形图上，包括滑行纵波、滑行横波（硬地层）、伪瑞利波和斯通利波等各类井内声波，如图 14-4-15 所示。

全波列波形图上各种波的速度、频率、幅度及衰减性互不相同。滑行纵波具有传播速度快和幅度小的特点，是波列中的首波。只在硬地层才能产生滑行横波，它是波列中的次首波，其速度小于滑行纵波，但幅度大于滑行纵波。伪瑞利波是以大于第一临界角入射到

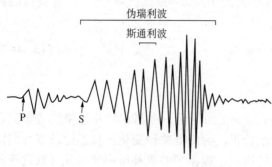

图 14-4-15　声波全波列波形图

井壁上，并在井壁界面上多次反射所形成的表面波，其能量集中分布在井壁附近很小的范围内，它具有频散性，其低频部分的相速度接近于地层横波速度，所以它紧跟滑行横波之后到达（且与滑行横波续至部分重叠），其幅度明显大于滑行横波。最后到达的是斯通利波，它是发射与接收器间经井内钻井液直接传播而又受到井壁地层传播的滑行横波制导的一种管波，它的速度低于井内钻井液介质的纵波速度，其幅度明显大于波列其他成分的幅度。

（2）声波全波列测井的记录方式和记录的信息。

①记录方式：声波测井仪的探测深度与声系源距有关，源距越大，探测深度越深。由于钻井的影响，井壁周围存在低速蚀变层。为了探测原状地层（未蚀变层）的声学特性，应该选择源距较长的声系。声系源距越大，测量结果受井眼本身和井眼周围条件的影响越小。长源距声波全波列测井，就是为此目的设计的。采用长源距，还便于从时间上把速度不同的波分开。通常采用的声系是 R_1、R_2、T_1 和 T_2。

②记录的信息：长源距声波全波列测井图，通常给出 TT_1、TT_2、TT_3 和 TT_4 四条首波旅行时间曲线、纵波时差曲线和按一定深度间隔采样记录的 T_1 发射 R_1 接收的声波全波列波形图（WF）和以颜色深浅反映波幅度大小的变密度图（VDL），还可以给出横波时差 DTS 等其他曲线。

③声波全波列测井四道波形的记录方式：深度采样间隔为 0.125m 或 0.1m，时间采样间隔为 1μs、2μs 和 5μs 三种方式。在计算中心对其进行数字处理，可以得到纵横波时差 DTP 和 DTS，以及它们的比值 DTR，各道的纵波幅度 AP_1、AP_2、AP_3 和 AP_4，平均值 AP 及衰减系数 α_p，横波幅度 AS_1、AS_2、AS_3 和 AS_4，平均值 AS 及衰减系数 α_s 和纵横波幅度比 $SRAT$。此外，还可以得到斯通利波的时差 Δt_{st}、幅度 $ASTST$ 及衰减系数 α_{st}。

4）声速测井的影响因素

（1）地层厚度。地层厚度的大小是相对声速测井仪的间距来说的，地层厚度大于间距的称为厚层；地层厚度小于间距的称为薄层。由于声速测井的输出（时差）代表 0.5m 厚地层的平均时差，因此它们的声速测井时差曲线存在一定差异。

①厚层特点：对着厚地层的中部，声波时差不受围岩的影响，时差曲线出现平直段，该段时差值为该地层的时差值。当地层岩性或孔隙性不均匀时，曲线有小的变化，则取厚地层中部时差曲线的平均值作为它的时差值；时差曲线由高向低和由低向高变化的半幅点处对应于地层的上下界面，所以可以用半幅点划

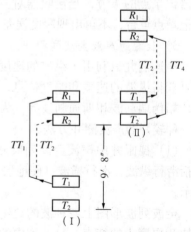

图 14-4-16　声波全波列测井井眼
补偿变化时差测量示意图

分地层界面；实际测的声波时差曲线由于受井径、岩性及仪器状态的影响，实际曲线与理论曲线稍有差异。

②薄层特点：目的层时差受相邻地层时差影响较大。若相邻地层时差高于目的层的时差，则目的层时差增加；反之，目的层时差减小。不能应用曲线半幅点确定地层界面。

(2)"周波跳跃"现象的影响。在一般情况下，声速测井仪的两个接收换能器是被同一脉冲首波触发的，但是在含气疏松地层情况下，地层大量吸收声波能量，声波发生较大的衰减，这时常常是声波信号只能触发路径较短的第一接收器的线路。而当首波到达第二接收器时，由于经过更长的路径的衰减不能使接收器线路触发。第二接收器的线路只能被续至波所触发，因而在声波时差曲线上出现"忽大忽小"的幅度急剧变化的现象，这种现象就称周波跳跃，如图14-4-17所示。在钻井液气侵的井段，以及疏松含气砂岩、井壁坍塌及裂缝发育的地层，由于声波能量的

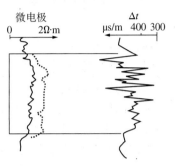

图 14-4-17 周波跳跃现象

严重衰减，经常出现周波跳跃现象。实际工作中，常利用"周波跳跃"现象，判断裂缝发育地层和寻找气层。

(3)余波干扰。由于碳酸盐岩地层和井内钻井液声阻抗差别较大，声波在井内钻井液和井壁上反射较强。声波在井筒内的多次反射形成混响声场，而且接收探头附近的混响声场不易弥散，往往可能使前一次发射形成的混响声场延续到下一次发射以后，甚至叠加在第二次发射后接收到的首波上，这就使首波辨认极为困难，甚至不可能。特别是在首波幅度小的层段（裂缝发育段、破碎带、含气层段），经常得不到能用于估算储层孔隙度的声速（时差）测井资料。

(4)盲区。双发双收声系测量的地层时差是在上下两个发射器分别工作时，由两个接收器记录的首波到达时间的平均值计算得到的。在低速地层，上发射时声波实际传播距离与下发射时声波实际传播距离出现完全不重合。此时，在仪器记录点附近一定厚度的地层对测量结果没有任何贡献，称之为"盲区"，即所测时差与记录点所在深度处地层速度无关。盲区厚度为：

$$h=0.5+2l\tan\theta-1 \tag{14-4-8}$$

式中 l——接收器到井壁的距离；

θ——第一临界角。

5）声波速度测井资料的应用

(1)判断气层。油、气和水的声速不同，气和油水的声速差别很大。因此在高孔隙度和钻井液侵入不深的条件下，声波测井可以较好地确定含气疏松砂岩。气层在声波时差曲线上显示周波跳跃和声波时差增大的特点。

(2)划分岩性。由于不同地层具有不同的声波速度，所以根据声波时差曲线可以划分不同岩性的地层。

砂泥岩剖面中，砂岩声速一般较大（时差较低）。声波时差与砂岩胶结物的性质和含量

有关，通常钙质胶结砂岩声波时差比泥质胶结砂岩的低，并且声波时差随钙质含量增加而减小，随泥质含量增高而增高；泥岩的声波速度小（声波时差显示高值）；页岩的声波时差值介于砂岩和泥岩之间；砾岩的声波时差一般都较低，并且越致密声波时差值越低。

碳酸盐岩剖面中，致密石灰岩和白云岩的声波时差值最低，如含有泥质，声波时差稍有增高；当有孔隙或裂缝时，声波时差明显增大，甚至还可能出现声波时差曲线的周波跳跃现象。

在膏盐剖面中，无水石膏与岩盐的声波时差有明显的差异，岩盐部分因井径扩大，时差曲线有明显的假异常，所以可以利用声波时差曲线划分膏盐剖面。

声波时差曲线可以划分地层，如果地层孔隙度和岩性在横向上比较稳定，用声波时差曲线也可以进行井间地层对比。

（3）确定地层孔隙度。地层声速和地层孔隙度有关，通过理论计算和实验室测量可以确定声速或时差与孔隙度的关系，所以由声速测井的时差值可以估算地层孔隙度。

大量数据表明，在固结与压实的纯地层中，地层孔隙度和声波时差存在线性关系，即威利时间平均公式：

$$\Delta t = (1-\phi) \, \Delta t_{ma} + \phi \, \Delta t_f \tag{14-4-9}$$

式中　Δt——由声波时差曲线读出的地层声波时差，$\mu s/m$；

　　　Δt_f——孔隙中流体的声波时差，$\mu s/m$；

　　　Δt_{ma}——岩石骨架的声波时差，$\mu s/m$。

在应用时间平均公式时，必须注意公式导出的条件（即使用条件）是孔隙均匀分布与压实的纯地层，因此，由威利时间平均公式求出的声波孔隙度（ϕ_s），对于不同的地层情况要分别处理。

对于固结压实的纯地层，分两种情况：

①粒间孔隙的石灰岩及较致密的砂岩（孔隙度为 18% ～ 25%）可直接利用平均时间公式计算孔隙度，不必进行任何校正。

②孔隙度为 25% ～ 35% 的砂岩，其声波孔隙度需要引入流体校正系数。气层：流体校正系数 0.7；油层：流体校正系数为 0.8 ～ 0.9。

对于固结而压实不够的砂岩类地层要引入压实校正。地质年代较新的疏松砂岩，其埋藏深度一般较浅，砂岩是否压实，可根据邻近的泥岩声波时差 Δt_{sh} 的大小来辨别，若邻近泥岩的声波时差大于 $328 \mu s/m$，则认为砂岩未压实，且 Δt_{sh} 越大，表明压实程度越差。压实校正的大小用压实校正系数 C_p 表示，C_p 与地层埋藏深度、年代及地区有关。压实校正后的孔隙度为：

$$(\phi_s)_c = \frac{\phi_s}{C_p}$$

对于泥质砂岩，由于泥质声波时差较大，所以按威利时间平均公式计算的泥质砂岩的孔隙度偏大，必须进行泥质校正，即：

$$\Delta t = (1-\phi-v_{sh}) \, \Delta t_{ma} + v_{sh} \Delta t_{sh} + \phi \, \Delta t_f$$

对于次生孔隙（溶洞和裂缝）比较发育的碳酸盐岩储层，由于次生孔隙在岩层中分布不均匀，并且孔径大，声波在这样的岩层中传播的机理和前述的纯砂岩地层是不同的。利用时间平均公式计算的孔隙度偏低，所以对于次生孔隙发育的碳酸盐岩必须建立其物理模型，导出它自己的平均时间公式。

（4）其他应用。利用声波测井资料可以进行地层压力预测与地层强度参数计算，详见本手册第二章。

5. 密度测井

1）补偿密度测井

密度测井是基于伽马射线的散射是被伽马射线源所照射的环境物质的体积密度的函数这一物理现象进行测量的。体积密度是指岩石的总体密度值，对孔隙地层来说，它包括岩石的固体骨架和占据孔隙空间的流体，如水、油或气。

伽马射线与物质之间发生三种主要相互作用，即光电吸收、康普顿散射和电子对效应。

用伽马射线束（即光子束）照射靠近井眼的地层，并穿过物质时，一些被吸收，一些穿射过去，还有一些被散射。实际上，散射产生新的光子，其飞行方向与入射光子不同。在离伽马射线源的两个固定距离上，记录散射伽马射线的强度，则可测定地层对入射伽马射线的减弱能力。

利用两个探测器测得的散射伽马射线强度和仪器刻度数据之间的精确相关关系，可求得地层体积密度（ρ_b）。这一相关要求仪器采用具有合适能量和强度的源，以及合适的源距和探测器能量鉴别阈值。探测器测到的散射伽马射线强度随岩石体积密度的增高而降低。

2）岩性密度测井

岩性密度测井是国外 20 世纪 70 年代后期研制的一种新的测井方法，它是在密度测井的基础上发展起来的，是利用康普顿—吴有训散射伽马射线与地层作用的光电吸收（效应）和康普顿散射效应，同时测定地层的岩性和密度的测井方法。

（1）岩性密度测井的物理基础：岩性密度测井是利用同位素伽马源向地层辐射伽马射线，再利用与源相距一定距离的探测器来测量经过地层散射和吸收后的伽马射线强度的。由于使用的铯（137Cs）源只放射 0.662 MeV 的伽马射线，而此能级的伽马射线与物质作用主要产生康普顿散射效应，其散射截面与地层体积密度密切相关，故可用来测量岩石的密度值。当伽马射线在地层中能量衰减到 0.10MeV 以下时，则产生光电吸收效应，使低能伽马射线大幅度减少。而光电吸收截面与地层物质的原子序数 Z 密切相关，故可用来研究地层的岩石性质。

（2）岩性密度测井的地质基础：不同岩石的骨架密度不同，所以在井剖面中根据密度能够把不同岩性的地层区分开，尤其是其他地球物理方法难以区分的盐岩与硬石膏、硬石膏与致密灰岩、致密灰岩与白云岩以及石膏与高孔隙度灰岩等，根据密度的差别可将其区分开。孔隙性岩石密度与岩石孔隙中所含的流体及其类型，以及在地层中的体积分数（孔隙度）和在孔隙空间中的体积分数（饱和度）有关。孔隙性地层相当于致密地层中岩石骨架的一部分被密度小的水、原油和天然气所代替，故其密度小于致密地层。孔隙度越大，地层的密度越小，所以密度测井资料可用以求地层的孔隙度。

岩性密度测井是测量由 CS-137 源发出的伽马射线进入地层经过散射和吸收后的伽马射线强度。

3）密度测井影响因素及其校正

（1）井眼影响。井内为普通钻井液或充满天然气，当井径小于 10in，井的影响可以忽略，否则可用图 14-4-18 对 ρ_b 做校正：测量的 ρ_b 值加上从该图求得的校正量。

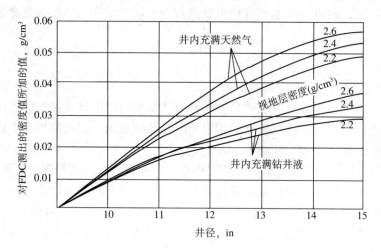

图 14-4-18　FDC 井眼校正（薄泥饼）

井内为重晶石钻井液，当重晶石含量较小时，对 ρ_b 值没有什么影响，但当重晶石含量高时，ρ_b 失去准确性。但这种影响常常是局部的，不一定是全井身。

（2）自然放射性。实验表明，由于 FDC 计数率比 LDT 计数率明显偏低，故 FDC 的 ρ_b 值受自然放射性的影响要大于 LDT，而 LDT 的 ρ_b 值几乎不受影响。对于 FDC 的 ρ_b 值，由于高自然放射性使数值减小，可对高自然放射性地层的 ρ_b 进行校正：每 100°API 单位自然伽马测井值的校正值为 +0.015g/cm³。

（3）仪器刻度条件。FDC 的 ρ_b 值是在饱和淡水的纯石灰岩刻度井中刻度，因而对石灰岩地层测量的 ρ_b 是真密度，与实际值一致，而对非石灰岩地层测量的 ρ_b 只是地层的视密度，与其真密度略有差别。虽然通常不必考虑这种误差，但如果需要更准确一些，也可用图版进行校正。

4）补偿密度测井和岩性密度测井的应用

（1）快速解释岩性。对于以单矿物纯岩石为主的岩性剖面，可用 P_e（地层的光电吸收截面指数）曲线或 P_e—ρ_b 交会图快速解释岩性。图 14-4-19 的 P_e-ρ_b 交会图表明，即使岩石孔隙度 ϕ =0% ～ 20%，孔隙内流体从含水到含气（气密度 ρ_h=0.2g/cm³），虽然常见的砂岩、白云岩和石灰岩在 ρ_b 值上有重叠现象，但它们的 P_e 值仍有明显差别，因此，可将 P_e < 2 解释为砂岩，将 P_e=3 左右解释为白云岩，将 P_e=5 左右解释为石灰岩。虽然硬石膏 P_e=5.08，岩盐 P_e=4.65，都接近于 5，但硬石膏 ρ_b=2.98g/cm³，盐岩 ρ_b=2.02g/cm³，它们都与石灰岩 ρ_b < 2.71 有明显区别，依靠 ρ_b 曲线可将三者分开。

泥岩的 P_e 值视其矿物成分和含量而定，常见黏土矿物的 P_e 值如下：高岭石1.83 ～ 1.84；绿泥石6.30 ～ 6.33；伊利石3.45 ～ 3.55；蒙皂石2.04 ～ 2.3。

虽然泥岩的 P_e 值可能与上述常见岩石的 P_e 值相重叠，但依靠泥岩的高自然伽马很容易将它与其他岩石分开。而作为解释参数的泥质 P_e 值或 U_{sh} 则可从解释井段纯泥岩的 P_e 或 U 曲线读取。

图 14-4-20 是在一个三角洲层系测量的岩性密度（*LDT*）、补偿中子孔隙度测井（*CNL*）和自然伽马（*GR*）组合曲线图，还测有井径曲线。图中三个厚度较大的地层，对应的自然伽马曲线为低值，而 ρ_b 曲线在 ϕ_{CNL} 曲线的左边，这些都是砂岩层的典型显示。图中部和底部自然伽马显示的泥岩层，其中 P_e 约为 1 而 ρ_b 极低（$< 1.5g/cm^3$）、ϕ_{CNL} 极高（接近 60%）的薄夹层为褐煤层。

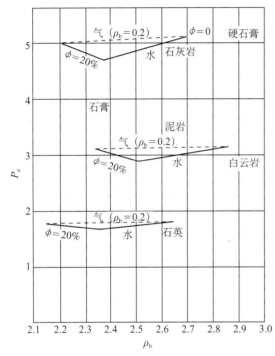

图 14-4-19　解释岩性用 P_e—ρ_b 交会图

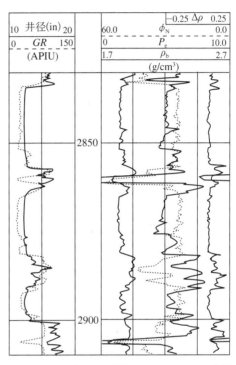

图 14-4-20　三角洲层系的 *LDT-CNL-GR* 曲线

（2）计算矿物成分和孔隙度。采用含水双矿物纯岩石模型，可解出两种矿物成分的含量（占岩石体积分数，此处用小数表示）及岩石孔隙度。

（3）计算视骨架参数和三种矿物成分。如果岩性—密度测井与补偿中子孔隙度测井组合应用，即 *LDT—CNL* 组合，则可用体积密度 ρ_b 与补偿中子孔隙度 ϕ_{CNL} 计算岩石总孔隙度 ϕ_{ND}。继而可计算出三种矿物（例如常见的石英、方解石和白云石）组分构成的骨架。

（4）确定泥质含量。有两种方法，一种是密度—声波时差交会图，另一种是用 U 或 P_e 计算泥质含量。

6. 中子测井

以中子与地层介质相互作用为基础的测井方法称为中子测井。广义的中子测井应包括连续中子源的中子测井和脉冲中子源的中子测井。前者按探测对象可分为超热中子测井、热中子测井和中子伽马测井；后者又可分为中子寿命测井、碳/氧比能谱测井和活化测井等。但人们习惯把前者称中子测井。

中子测井测量地层对中子的减速能力，测量结果主要反映地层的含氢量。在孔隙被水和/或油充满的纯地层中，氢只存在于孔隙中，且油和水的含氢量大致相同。因此，中子测井反映充满液体的孔隙度。

1）物质的含氢指数

地层对快中子的减速能力主要决定于地层含氢量。在中子源强度和源距一定的情况下，热中子或超热中子计数率决定于地层减速能力，也主要决定于地层含氢量。岩石含氢量基本上分布在岩石孔隙的流体中，即水和油气中。因此，热中子或超热中子计数率直接与地层孔隙度和孔隙流体性质有关，为了寻求地层含氢量与地层孔隙度的关系，在中子孔隙度测井中引进了含氢指数的概念。将任何物质单位体积的氢核数与同样体积淡水氢核数的比值称为该物质的含氢指数，用 HI 表示。按此规定，淡水（纯水）含氢指数为 1，而任何其他物质的含氢指数将与其单位体积内的氢核数成正比，即：

$$HI = K\rho\chi/M \tag{14-4-10}$$

式中　ρ ——介质密度，g/cm^3；

　　　χ ——介质分子中的氢原子数；

　　　M——介质的相对分子质量；

　　　K——比例常数。

盐水溶有 NaCl，从而使盐水含氢指数减小，通常按下式计算盐水含氢指数 HI_w：

$$HI_w = \rho_w(1-C) \tag{14-4-11}$$

式中　ρ_w——盐水密度，g/cm^3；

　　　C——NaCl 浓度，此处用 mg/L 表示。

对裸眼井测井，中子测井探测的冲洗带，上式应该用钻井液滤液的密度和矿化度。而套管井测井时，冲洗带已消失，要用地层水的密度和矿化度。

液态烃的含氢指数与水相近，而天然气的含氢指数很低，并且随温度和压力而变。油气的含氢指数可根据其组分和密度来估算。

饱和淡水的纯石灰岩，若其孔隙度为 ϕ，$H_w=\phi \times 1=\phi$。因此，若中子孔隙度测井仪在饱和淡水的纯石灰岩刻度井中进行含氢指数刻度，则它测量的含氢指数对饱和淡水的纯石灰岩就是其孔隙度。将中子孔隙度测井测量的地层含氢指数记为 ϕ_n，并常称为中子孔隙度，其单位是石灰岩孔隙度单位。对于饱和淡水的纯石灰岩，$\phi_n=\phi$；而饱和淡水的纯砂岩 ϕ_n 略小于 ϕ，因为砂岩骨架（石英）的宏观减速能力小于石灰岩骨架；而饱和淡水的纯白云岩，ϕ_n 略大于 ϕ，因为白云岩骨架（白云石）的宏观减速能力大于石灰岩骨架。这种差别是中子孔隙度测井的岩性影响，也是它区分岩性的依据。

2）补偿中子测井

补偿中子测井（CNL）是双源距热中子测井，它探测热中子，所以也称为热中子测井。

（1）热中子通量的空间分布。均匀无限大介质中，距离点状快中子源 r 处的热中子通量 $\phi_t(r)$，由中子扩散方程的双组扩散法解出：

$$\phi_t(r) = \frac{QL_t^2}{4\pi D_t\left(L_e^2 - L_t^2\right)}\left(\frac{e^{-r/L_e}}{r} - \frac{e^{-r/L_t}}{r}\right) \tag{14-4-12}$$

式中　Q——源强，即中子输出；

L_t，D_t——分别为热中子扩散长度和扩散系数，取决于介质的热中子的俘获特性；

L_e——由快中子减速为超热中子的减速长度，取决于介质的含氢指数。

从上式可见，热中子通量的空间分布不仅取决于地层的减速特性（L_e），而且也与俘获特性（D_t、L_t）有关。换言之，$\phi_t(r)$ 不仅与地层介质的减速剂氢的含量（孔隙度）有关，而且也与地层介质的主要吸收剂氯的含量（矿化度）有关。

（2）补偿中子测井基本原理。探测器的热中子计数率 $N_t(r)$ 正比于热中子通量 $\phi_t(r)$，即：

$$N_t(r)=K\phi_t(r) \tag{14-4-13}$$

式中，比例系数 K 主要与探测器的热中子探测效率有关。

当下井仪器在井内取居中或仪器偏心状态时，对于单探测器，井眼影响比较大，为了补偿井眼影响，采用双源距，即双探测器的热中子探测方式。此时，由式（14-4-12）和式（14-4-13）有：

$$N_t(r_1)=\frac{K_1 KQL_t^2}{4\pi D_t\left(L_e^2-L_t^2\right)}\left(\frac{e^{-r_1}/L_e}{r_1}-\frac{e^{-r}/L_t}{r_1}\right) \tag{14-4-14}$$

$$N_t(r_2)=\frac{K_1 KQL_t^2}{4\pi D_t\left(L_e^2-L_t^2\right)}\left(\frac{e^{-r_2}/L_e}{r_2}-\frac{e^{-r_2}/L_t}{r_2}\right) \tag{14-4-15}$$

式中　r_1，r_2——分别为两探测器的源距；

K_1——与井眼有关的系数，且近似认为长短源距探测器计数率的井眼影响相似。

当采用长短源距探测器计数率的比值时，即可大部分补偿井眼影响，并使地层吸收特性的影响也大为减少。

由式（14-4-14）与式（14-4-15）相比得：

$$\frac{N_t(r_1)}{N_t(r_2)}=\frac{r_2}{r_1}\frac{\left(e^{-r_1}/L_e-e^{-r_1}/L_t\right)}{\left(e^{-r_2}/L_e-e^{-r_2}/L_t\right)} \tag{14-4-16}$$

因为热中子的扩散长度 L_t 比快中子的减速长度小，所以当源距 r 足够大时，含有 L_t 的指数项与含有 L_e 的指数项相比可以忽略，例如 $r=70cm$ 时，$\phi=15\%$ 的含盐水砂岩，$L_t=7.2cm$，$L_e=12cm$，$e^{-r}/L_t\approx0.02\ e^{-r}/L_t$ 于是，式（14-4-16）可近似为：

$$\frac{N_t(r_1)}{N_t(r_2)}=\frac{r_2}{r_1}e^{-(r_1-r_2)/L_e} \tag{14-4-17}$$

该式表明，当源距 r_1 与 r_2 选定后，计数率比值近似值与减速长度 L_e 有关，而地层的减速长度主要取决于含氢指数（孔隙度）。故：

$$\frac{N_t(r_1)}{N_t(r_2)} = f(\phi) \qquad (14-4-18)$$

以上便是补偿中子（CNL）补偿井眼和地层吸收特性影响的方法原理。

3）中子测井资料的应用

中子测井资料的主要用途是确定孔隙度，判断气层，确定油气层及确定油气接触面等。与其他孔隙度测井配合，经综合解释可以确定复杂地层的岩性和孔隙度。

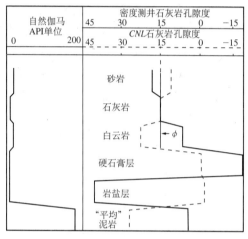

图 14-4-21 理想化岩性剖面示意图

（1）理想岩性剖面。图 14-4-21 是理想化的测井响应，用于说明补偿中子和补偿密度孔隙度曲线重叠快速直观识别岩性的原理。

据此分析图 14-4-21 剖面中的地层，自上而下其岩性为砂岩、石灰岩、白云岩、硬石膏、岩盐和泥岩。

图 14-4-22 为一深层碳酸盐岩和蒸发岩层系的岩性孔隙度测井剖面，岩性解释结果示于该图中部深度栏中。图 14-4-23 为典型的密度—中子孔隙度交会图，交会点的坐标可确定岩性和孔隙度。从图中可以看出，白云岩的骨架影响较砂岩强。

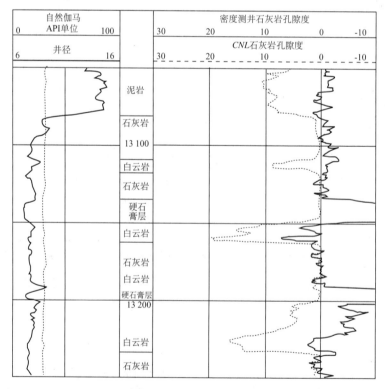

图 14-4-22 岩性识别实例

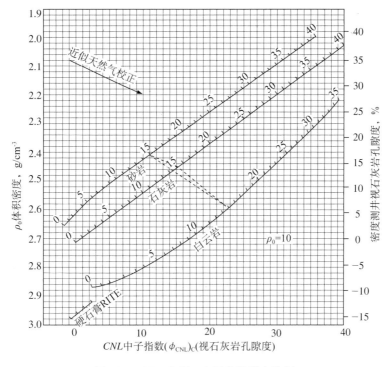

图 14-4-23　密度—中子孔隙度交绘图

（2）求孔隙度。

石灰岩：

$$\phi = \phi_N = \phi_D \qquad (14-4-19)$$

砂岩：

$$\phi = \frac{\phi_N + \phi_D}{2} \qquad (14-4-20)$$

白云岩：

$$\phi = \frac{\phi_N + \phi_D}{2} + \Delta\phi \qquad (\phi > 8 \text{ p.u.}) \qquad (14-4-21)$$

$$\phi = 0.7\phi_N \qquad (\phi < 8 \text{ p.u.}) \qquad (14-4-22)$$

除上述公式外，还有一个常用关系式，即：

$$\phi = \sqrt{\frac{\phi_D{}^2 + \phi_N{}^2}{2}} \qquad (14-4-23)$$

（3）识别和评价气层。识别和评价气层的依据是当地层中有天然气时，有 $\phi_D > \phi > \phi_N$，并且差值 $\Delta\phi = \phi_D - \phi_N$ 很大。

7. 井径与井斜测井

1）井径测井原理

在钻井过程中，由于地层受钻井液的冲洗和浸泡以及钻具的冲击碰撞等原因，实际的

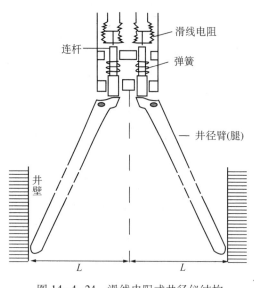

图 14-4-24　滑线电阻式井径仪结构

井径往往和钻头的直径不同。通过测量井径的变化，可以为地层评价及井眼工程提供一些重要的参考信息。测量井眼直径的变化，是利用井径仪来完成的，井径测井是一种用带极板或井中扶正器进行的操作。目前使用的井径仪，就其结构来讲，主要有两种形式。一种是进行单独井径测量的张臂式井径仪，如图 14-4-24 所示；另一种就是利用某些测井仪器（如密度仪、井壁中子测井仪、微侧向仪等）的推靠臂，在这些仪器测井的同时测量的井径。

不论哪种井径仪，它们的测量原理基本相同，主要由受弹簧力作用而伸张的井径臂（也称井径腿），和将井径臂的张缩变化转换成电阻变化的电位器组成。井径测井有常规三臂井径（利用三点定圆原理）、双臂井径（2 对井径臂可测井眼长短轴）。

2）井径测井的应用

（1）井眼校正。很多测井方法可以根据井径测井曲线进行井眼影响校正。

（2）辅助判断岩性。井眼直径的变化，也是岩石性质的一种间接反映。因此，在标准测井中，也把井径测量作为划分井眼地质剖面和识别岩性的一种辅助手段。泥岩层和某些松散的岩层，常常由于钻井时钻井液的浸泡和冲刷造成井壁坍塌，使实际井径大于钻头直径，出现井径扩大。凡是实际井径大于钻头直径者，称为扩径。渗透性岩层，常常由于钻井液滤液向岩层中渗透，在井壁上形成滤饼，使实际井径小于钻头直径，出现井径缩小；同时，明显的滤饼也可以来验证孔隙渗透层的存在。凡是实际井径小于钻头直径者，称为缩径。在致密岩层处，井径一般变化不大，实际井径接近钻头直径。但在裂缝发育或有洞穴的碳酸盐岩储层，也可能出现扩径。

（3）估算固井水泥量。全井段井眼直径的资料，对于工程上计算固井所需水泥量也是必不可少的，井径曲线可以为计算固井水泥用量提供平均井径，用来计算一定深度段内固井所需要的水泥体积。一般用算术平均法求井径的平均值，即每隔 50m 或 25m（或更短）求一段井径平均值，将各段平均值相加再除以段数，可以得到全井平均井径值。

（4）可以判断是否存在地应力引起坍塌。与测井仪结合可以判断主地应力方向。

（5）套管检查。由于注水泥时的挤压、地层的挤压、地层流体的腐蚀及不均匀的磨损等，容易造成套管的变形、磨损或腐蚀。通过测量套管的内径，可以帮助判断这些情况。主要使用的仪器有微井径仪、磁测井井径仪和多臂井径仪等。

井斜测量采用仪器倾斜方向与重力方向夹角测量井斜角，利用仪器倾斜方向与磁北极夹角测量井斜的方位角。

井斜测量数据可以计算井眼轨迹在空间的位置，可以计算井底位移，判定井身质量是否合格。

8. 阵列感应测井

1）阵列感应测井原理

阵列感应测井仪采用一系列不同线圈距的线圈系测量同一地层，把采集的大量数据传送到地面，由计算机进行处理，得出具有不同径向探测深度和不同纵向分辨率的电阻率曲线，其多道信号处理技术可提供改善径向和纵向分辨率及作环境影响校正的稳定可靠的仪器响应。它克服常规感应测井仪纵向分辨率低，探测深度不固定，不能解决复杂侵入剖面等缺点，不但可得出原状地层电阻率和侵入带电阻率，还可研究侵入带的变化，使用新的侵入描述参数描述侵入过渡带，进行电阻率径向成像和侵入剖面成像，成为目前一种重要的测井新方法（图 14-4-25）。

阵列感应测井采用一个发射线圈和多个接收线圈，构成一系列多线圈距的三线圈系（一个发射线圈，两个接收线圈），其线圈系排列示意图如图 14-4-25 所示。接收线圈对中包括一个主接收线圈和一个辅助接收线圈。

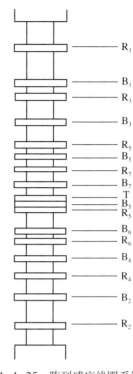

图 14-4-25　阵列感应线圈系统示意图

斯伦贝谢公司的 AIT 仪器具有一个发射线圈和八个接收线圈阵列，其主线圈距分别为 6in、9in、12in、15in、21in、27in、39in 和 72in；发射线圈同时以三种频率（26.325kHz、52.65kHz、105.3kHz）工作，相邻的一对频率由其中的六个线圈阵列使用，在每个频率下，测量每个线圈阵列的实分量信号和虚分量信号，这样井下仪器就可在 3in 的深度段内得到 28 个原始测量信号（图 14-4-26）；这些信号传

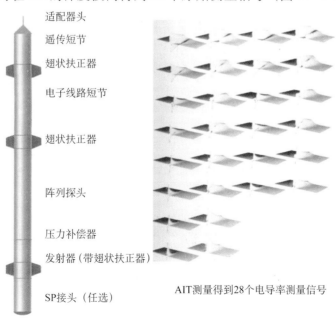

适配器头
遥传短节
翅状扶正器
电子线路短节
翅状扶正器
阵列探头
压力补偿器
发射器（带翅状扶正器）
SP接头（任选）

AIT测量得到28个电导率测量信号

图 14-4-26　AIT 阵列感应测井仪器示意图

输到地面由计算机处理，消除井眼环境影响，实现软件聚焦，可得到三种纵向分辨率（1ft、2ft、4ft）、五种探测深度（10in、20in、30in、60in、90in）的测井曲线（图14-4-27）。

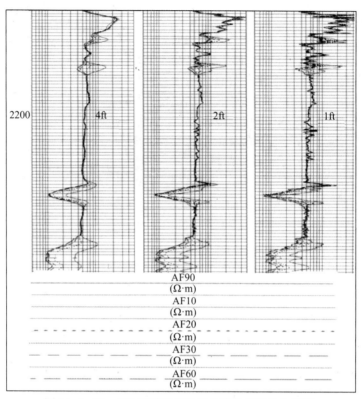

图 14-4-27　AIT 三种不同纵向分辨率的测井曲线图

　　阿特拉斯公司的 HDIL 仪器有七个接收线圈阵列，其主线圈距为 6 ~ 94in；采用八种频率（10kHz、30kHz、50kHz、70kHz、90kHz、110kHz、130kHz、150kHz）工作，共测量 112 个原始实分量和虚分量信号；同样采用井眼环境校正和软件聚焦，可得到三种纵向分辨率（1ft、2ft、4ft），六种探测深度（10in、20in、30in、60in、90in、120in）的测井曲线（图14-4-28）。

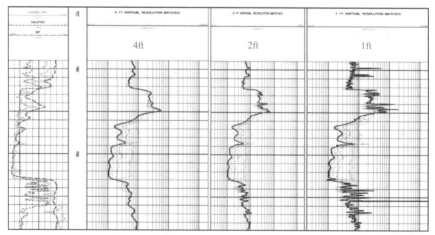

图 14-4-28　HDIL 阵列感应测井处理输出三种不同纵向分辨率的测井曲线图

2）各种阵列感应测井仪的仪器性能指标

斯伦贝谢公司（AIT-H）、阿特拉斯公司（HDIL）和哈里伯顿公司（HARI）各自的阵列感应测井仪测井原理基本相同，其仪器性能指标有所差别，见表14-4-1。

表14-4-1 各种阵列感应测井仪性能指标

型号	AIT-H	HDIL	HARI
长度，ft（m）	16.0（4.88）	27（8.27）	27.83（8.48）
直径，in（mm）	$3^7/_8$（98.4）	3.63（92.2）	$3^5/_8$（92.7）
质量，lb（kg）	250（113.4）	433（196.4）	415（188.6）
测速，ft/h	3600	1800	3600
耐温，°F（℃）	257（125）	350（175）	300（149）
耐压，psi（MPa）	20000（138）	20000（138）	20000（138）
最小适合井眼，in	$4^3/_4$	$4^1/_2$	$4^1/_2$
最大适合井眼，in	20	20	24
采样率，点/ft	4	4	4
测量范围，Ω·m	0.01～1000	0.1～2000	0.1～2000
纵向分辨率，ft	1、2、4	1、2、4	1、2、4

3）阵列感应测井资料的地质应用

阵列感应测井是研究钻井液滤液侵入地层特性的非常重要的手段。利用阵列感应测井资料研究钻井液滤液侵入地层特性可以有效划分渗透层，确定原状地层电阻率，评价地层流体性质等。

（1）地层侵入特性描述。利用阵列感应测井资料描述地层的侵入特性主要有以下几方面的内容：对不同探测深度的垂直分辨率匹配曲线进行观察，对曲线之间的差异进行定性解释；对电阻率的差异进行量化形成电阻率彩色成像，描述径向电阻率变化；根据地层侵入模型将电阻率差异转换成径向侵入特性，计算径向侵入参数或形成饱和度图像；由径向侵入信息和电阻率资料计算侵入滤液体积。

①直观描述。在测井资料评价中，直观解释是一项重要的内容。对于电阻率测井曲线来说，如果钻井液滤液电阻率大于或等于地层水电阻率，一般认为深探测电阻率大于浅探测电阻率为油气层指示；但在使用普通感应测井曲线和SFL曲线对比时，地层的各向异性和仪器响应引起的差异会影响解释结果，由于SFL曲线没有固定的探测深度并且其测井值经常比感应测井值大，使得曲线差异在 R_{xo} 小于 R_t 时不能清楚地指示侵入情况。

由于同一组阵列感应测井曲线的测井原理和垂直分辨率相同，因此进行直观解释比其他电阻率测井资料具有优越性。在非渗透层各条曲线应该重合，根据曲线之间的差异可以定性描述地层的侵入特性。

②径向电阻率变化。用径向响应函数对一组纵向分辨率匹配曲线进行反褶积，可得到对径向电阻率变化的详细描述，在不施加任何预先设想模型的情况下，建立从井眼到地

层的径向电阻率剖面；使用不同的颜色表示电阻率的大小，就可形成一种电阻率图像。图
14-4-29 显示的是一个油气层电阻率图像实例。图像的色彩反差可以反映出由钻井液滤液
侵入引起的电阻率变化。在油气层发生明显的低阻侵入，而在高阻的底部几乎没有侵入显
示。但在对电阻率图像进行直观解释时没有考虑孔隙度随深度变化及饱和度梯度径向变化
所引起的电阻率变化。

③径向侵入参数和径向饱和度。使用预先设计的地层侵入模型对阵列感应测井资料反
演，即可得到地层侵入参数并形成用彩色表示饱和度的图像。在一维反演中使用四参数模
型可得到侵入内径、侵入外径、地层真电阻率和冲洗带电阻率。图 14-4-30 为阵列感应反
演得出的径向饱和度图像。

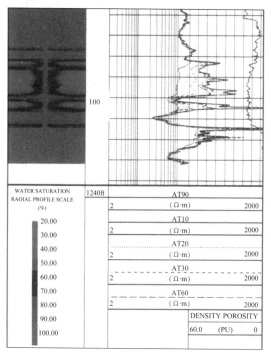

图 14-4-29　阵列感应测井电阻率图像

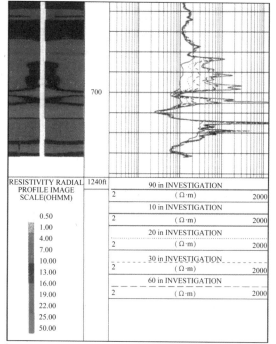

图 14-4-30　阵列感应测井饱和度图像

（2）划分有效渗透层。利用阵列感应不同探测深度测井曲线之间的差异可以划分有效
渗透层。在渗透层，各种探测深度测井曲线差异的类型和大小与地层水电阻率与钻井液滤
液电阻率差异大小和储层原始流体性质有关。

当不同探测深度的感应测井曲线之间存在差异（除个别非渗透层出现的"洞穴效应"
外）时，说明地层受侵入作用影响，为渗透层；当不同探测深度的感应测井曲线重合时，
一般为非渗透层，但在个别渗透层也存在这种现象，在这种情况下，应结合自然伽马、自
然电位和电阻率等其他测井资料综合分析。

（3）识别储层流体性质。钻井液侵入改变了地层的流体分布和导电特性，因此可以根
据阵列感应测井结果确定地层在径向上导电特性的变化，识别原状地层的流体性质。

①油水层识别。当地层水电阻率明显小于钻井液滤液电阻率（即 $R_{mf}/R_w > 2$）时，由
于储层受钻井液滤液侵入的影响，阵列感应测井曲线在水层显示为高阻侵入特性，在油层

显示为低阻侵入特性，但对于含油饱和度较低油层和油水同层可能显示为高阻侵入、无侵入或低阻侵入三种情况，其差异显示取决于地层水与钻井液滤液电阻率的差异和被驱替的含油体积的大小。

当地层水电阻率与钻井液滤液电阻率接近（$R_w \approx R_{mf}$）时，对于水层钻井液滤液驱替地层水后对于地层的导电特性影响不大，阵列感应测井曲线显示为小差异或重合；对于油气层钻井液滤液驱替油气后导致地层电阻率降低，阵列感应测井曲线显示正差异。

当地层水电阻率大于钻井液滤液电阻率时，对于水层和油气层钻井液滤液驱替地层流体后均可导致地层电阻率降低，阵列感应测井曲线显示为正差异，但油气层阵列感应测井曲线正差异幅度一般大于水层。

②气层侵入特性。由于气层的含水饱和度一般较低，钻井液滤液侵入地层后引起地层电阻率变化较大，与油层和水层的侵入特性有差别。孔隙度测井曲线对于气层有明显指示，通常密度值低、声波时差值大、中子孔隙度偏小，这是由于气层侵入带中剩余天然气影响的结果。图14-4-31为LU2065井在带气顶的饱和底水油藏的阵列感应测井实例。该井段

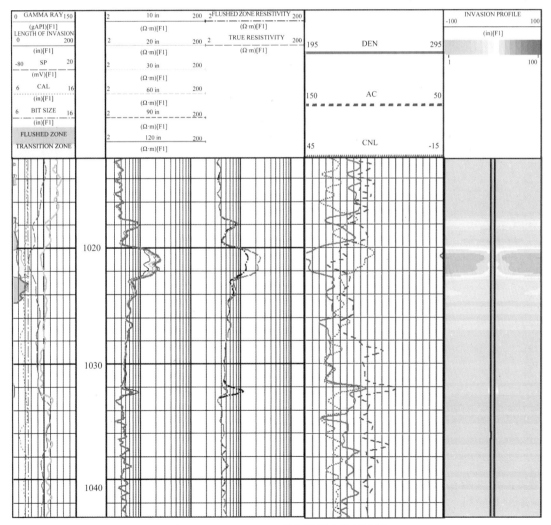

图 14-4-31　LU2065 井气层侵入特征图例

钻井液滤液电阻率约为地层水电阻率的 1.3 倍，图中 1020 ～ 1022.5m 孔隙度测井曲线显示为气层，阵列感应测井曲线显示为明显正差异，一维反演的原状地层电阻率较高且明显大于冲洗带电阻率；1022.5 ～ 1024.5m 为油层，阵列感应测井曲线显示为明显正差异，一维反演的原状地层电阻率略高于冲洗带电阻率；下部水层阵列感应测井曲线重合。

4）确定原状地层电阻率

阵列感应测井曲线是通过对已进行井眼校正的阵列测量信号进行组合而得到的，它是对纵向分辨率、径向聚焦能力及井壁坍塌影响等进行最优化处理后的结果。每一条输出曲线都是所有测量结果的加权组合，其加权值的变化取决于地层电导率的高低。其结果是一组纵向分辨率非常匹配的、径向探测深度逐渐增大的曲线，纵向分辨率和径向探测深度在很宽的范围内保持不变。因此利用阵列感应测井可较好地确定原状地层电阻率。

图 14-4-32 为使用盐水钻井液钻井条件下的阵列感应测井（HDIL）实例。该井为砂泥岩剖面，图中 2502 ～ 2541m 显示一维反演平均侵入深度约为 20in，过渡带很窄（2in），阵列感应测井曲线显示较大的正差异，这是由于钻井液滤液驱替地层中的油气造成的，虽然由于钻井液电阻率很低引起 120in 和 90in 测井曲线之间有小差异，但反演的原状地层电阻率与 120in 电阻率基本相同。在底部水层由于地层水电阻率与钻井液滤液电阻率接近，虽然存在钻井液侵入，但测井曲线重合；在泥岩层和非渗透层测井曲线也重合。反演结果说明在盐水钻井液条件下阵列感应深探测曲线能很好地反映地层真电阻率。

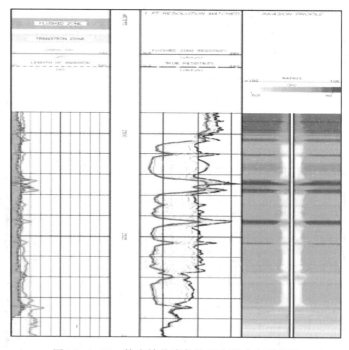

图 14-4-32　盐水钻井液条件下阵列感应测井图

图 14-4-33 为使用淡水钻井液钻井条件下的阵列感应测井（HDIL）实例。该井为砂泥岩剖面夹薄层灰岩，图中 7465 ～ 7530ft 显示一维反演平均侵入深度约为 20in，阵列感应测井曲线显示较大的负差异，这是由于较高电阻率的钻井液滤液驱替低电阻率的地层水造成的，反演的原状地层电阻率与 120in 电阻率基本相同。在 7422 ～ 7465ft 地层中含有油

气，虽然存在钻井液侵入，但由于较高电阻率的钻井液滤液同时驱替地层中不导电的油气和低电阻率的水，两者的影响相互抵消，使得钻井液侵入作用的影响不能被探测，表现为阵列感应测井曲线重合；在泥岩层和非渗透层由于无钻井液滤液侵入测井曲线也重合。反演结果说明在淡水钻井液条件下阵列感应深探测曲线能很好地反映地层真电阻率。

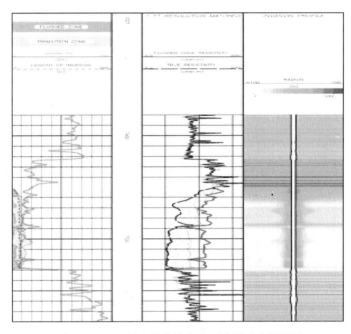

图 14-4-33　淡水钻井液条件下阵列感应测井图

由于阵列感应测井探测深度大，通常深探测曲线能真实反映较厚地层的电阻率，同时通过反演得出的原状地层电阻率效果更好，图 14-4-34 为 LU2180 井综合测井曲线图。图中显示，在 1394～1398m 油层段，阵列感应 90in 测井曲线的电阻率值比深侧向电阻率值高 3～7Ω·m；在 1376～1381m 水层段，阵列感应 90in 测井曲线的电阻率值比深侧向电阻率值低 2Ω·m，阵列感应在油层和水层之间的电阻率差异明显大于深侧向的电阻率差异，区分油层和水层的效果较好，真实地反映了原状地层的电阻率。根据阵列感应测井确定的原状地层电阻率可以更准确地确定储层含油饱和度，对于油藏评价和储量计算具有重要意义。该油层使用深侧向电阻率计算平均含油饱和度为 55%，使用阵列感应电阻率计算平均含油饱和度为 61%，含油饱和度增加 6%，相应储量增加 11%。

由以上可以看出，与其他常规电阻率测井相比阵列感应测井确定地层真电阻率具有优势，对于中低电阻率地层使用阵列感应测井可以在淡水钻井液和盐水钻井液条件下准确确定原状地层电阻率。

5）薄层评价

由于阵列感应测井能提供 1ft（30.5cm）纵向分辨率的曲线，厚度为 1ft 的地层对于感应测井结果的贡献为 90%，而 0.8m 六线圈系感应测井仪对于 1m 厚的地层其对感应测井结果的贡献为 67%，我国常用的 1503 双感应测井仪深探测的主线圈距为 1.016m，浅探测的主线圈距为 0.873m，其纵向分辨率更低。由此可以看出，普通感应测井仪纵向分辨率较差，受围岩影响较大，而阵列感应测井仪可以很好地分辨薄层，受围岩影响小。

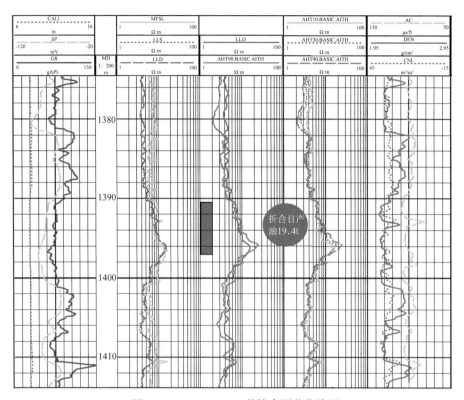

图 14-4-34　LU2180 井综合测井曲线图

9. 地层微电阻率扫描成像仪

目前使用的电成像测井技术来自世界上三大测井公司，斯伦贝谢公司（Schlumberger）、阿特拉斯公司（Atlas）和哈里伯顿公司（Halliburton）。下面主要以斯伦贝谢公司生产的 FMI 仪器为主介绍其原理和方法。

1) 地层微电阻率扫描成像测井仪（FMI）

（1）FMI 测量原理及基本特点。FMI（Fullbore Formation Microimager）是斯伦贝谢公司 20 世纪 90 年代的产品，它是在地层倾角仪的基础上发展起来的。

① FMI 测量原理。井壁微电阻率扫描成像仪的测量原理和地层倾角测量相似，由推靠器极板发射一交变电流，使电流通过井内钻井液柱和地层构成的回路而回到仪器上部的回路电极。推靠器和极板体金属连接等电位起到使处于极板中部的阵列电扣流出的电流垂直于极板外表面（即井壁）进入地层的聚焦作用。测量的阵列电扣上的电流强度反映出电扣正对着的地层邻域，由于岩石结构或电化学上的非均质性引起的微电阻率的变化。阵列电扣电流经适当处理可刻度为彩色或灰度等级图像，反映地层微电阻率的变化，如图 14-4-35 所示。

② 仪器结构。FMI 由 4 个臂（共 8 个极板）组成，每个臂包括一个主极板和一个副极板，主极板是主动受力，副极板随主极板活动，并与主极板用弹簧相连，弹簧片和液压系统迫使主极板与地层接触。副极板打开后将自适应井眼的形状，而与主极板无关。螺旋式的弹簧使得副极板与地层保持良好的接触，这种设计的好处是极板可与井壁实现最佳接触。

所有极板闭合的最小直径为 5in，当仪器闭合直径小于 6in 时，副极板被迫折叠于相邻主极板之下，极板的曲率固定，曲率半径与 8.5in 井眼相当。

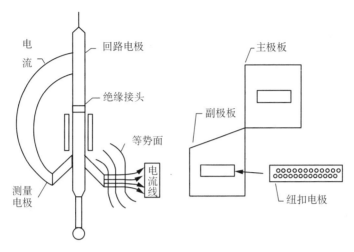

图 14-4-35　FMI 阵列电扣电流处理示意图

每个极板设有 24 个电极，这些电极在极板上分 2 排，每排 12 个电极，电极横向间距 0.2in，上下两排电极纵向间距 0.3in，并且上下两排电极横向错开，因此，同一极板电极实际横向间距是 0.1in。主极板和副极板之间电极的纵向间距为 5.7in。192 个电极都是由直径为 0.16in 金属纽扣组成；每个纽扣周围环绕直径为 0.24in 的绝缘体，采用绝缘体可达到纽扣电极的聚焦为 0.2in，即仪器分辨率为 0.2in；对于小于 0.2in 直径的地质特征能够被纽扣电极电流准确识别出来，但在图像上仍表现为 0.2in 的电导率异常。

8 极板共 192 个电极，可获得 192 条曲线，在 8.5in 的井眼中其方位覆盖率达 80%，在 6in 的井眼中其方位覆盖率达 100%。仪器结构如图 14-4-36 和图 14-4-37 所示。

FMI 仪器具有以下特点：

a. 具有高的分辨率，其纽扣电极的有效大小和分辨率为 0.2in。

b. 具有高的采样率，其纵向采样率为 0.1in/点。

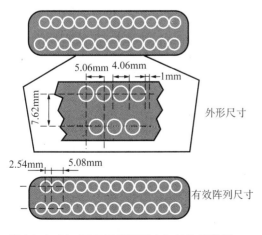

图 14-4-36　FMI 极板阵列电扣结构示意图

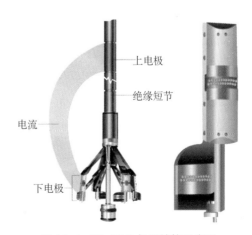

图 14-4-37　FMI 仪器结构示意图

c. 对于高电阻率地层（如碳酸盐岩）效果好。

d. 高的灵敏度，只要电阻率有较小的变化，就能反映出来，它能区分出几微米～几十微米的薄层（或裂缝）。

e. 井眼形状影响小，因为它是贴井壁测量。

f. 仪器测量的方位误差为2°，井斜角误差为0.2°。

（2）FMI测量模式。FMI提供三种测量模式，即全井眼模式、4极板模式和倾角模式，供用户选择。

①全井眼模式。使用8个极板，测量192条微电阻率曲线，在8.5in井眼中的覆盖率为80%，最大测速为1800ft/h。其优点是具有最高的方位覆盖率，需要详细了解地层特征时采用此模块，如对于目的层和复杂地层的测量。

②极板模式。只用4个主极板，测量96条电阻率曲线，在8.5in井眼中的覆盖率为40%，最大测速为3600ft/h。其缺点是方位覆盖率较全井眼模块低。这种方式主要用于兼测地层的测量，如测量非目的层或地层特征较简单的地层。

③倾角模式。测量8条微电阻率曲线，最大测速为5400ft/h。它类似于SHDT倾角仪，只用于构造分析，这种方式用于不需要了解地层的详细结构，只需要了解构造情况时使用。测井速度5400ft/h。

不同测量方式可让用户进行最佳的测量选择，以最低的成本和最高的时效获得最大的收获。

（3）FMI处理方法。

①深度校正。由于主极板和副极板上的4排纽扣电极在纵向上的排列位置不同，必须把各排电极的数据深度对齐。主极板上下两排纽扣电极的距离为0.3in，所以其深度校正为0.3in，而副极板两排纽扣电极的深度校正分别为5.7in和6in。深度校正由MAXIS-500系统完成，并输出已经过深度校正的微电阻率曲线，同时产生一个现场FMI图像。磁带上的数据是未经深度校正的。

②图像生成。把主极板和副极板上的每个纽扣电极采集的数据作为处理数据矩阵，在每个测量深度点获得的测量数据矩阵包括每个纽扣电极采集的方位数据（水平元素）和微电阻率数据（纵向元素）。水平元素和纵向元素的采样间距都是0.1in。每个矩阵元素都用一个色斑显示在图像上，而它的空间位置取决于它的方位和图像所选择的比例。用测斜仪采集的方位数据对图像进行定位。FMI采集的原始数据生成的井壁电成像的处理方法在现场与斯伦贝谢计算中心所用的类似。但是在计算中心可进行一些附加的处理，如动态加强处理，并且速度校正效果更好一些。图14-4-38所示显示的是未经过平衡处理的FMI图像，但所用的数据经过了深度校正，图像采用的颜色色标有42个级别，并且在绘图之前经过光滑处理。该图像显示了5m长的井段，在图像中间那个副极板上出现的黑线是由死电极造成的。图像上所出现的微小条纹可能是由地层与钻井液电阻率反差大造成的，这两个不足之处可通过进一步处理去掉。

③平衡处理。电子线路的漂移、所用纽扣电极不平整（或出现故障）或其他因素等都对FMI原始测量数据有一定的影响。平衡处理技术是用在用户指定窗长内计算的所有纽扣电极的平衡增益和截距来代替每个纽扣电极增益和截距，这样可以平衡补偿掉每个纽扣电极的增益和截距不同所造成的影响，这个窗长通常为15ft。还可以选用统计的方法确定和

校正死电极和 EMEX 电流变化的影响。图 14-4-39 显示的井段与图 14-4-38 的井段一致，该图是经过平衡处理、消除死电极和微小条纹影响后的 FMI 图像。

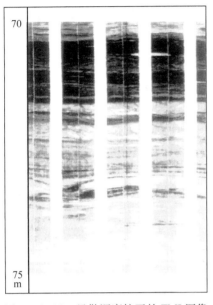 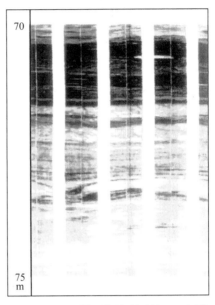

图 14-4-38　只做深度校正的 FMI 图像　　图 14-4-39　做平衡处理后的 FMI 图像

　　④速度校正。前面讲的深度校正没有包括仪器运动不规则的这种情况，对于这种情况必须计算每个纽扣电极测量值的有效深度。有两种方法可以进行这种速度校正：一是对仪器运动的加速度作两重积分；二是对相邻两排纽扣电极的测量响应相关对比，从而重新计算每个测量值的实际深度。虽然这两种方法都可以单独进行深度校正，但在计算中心根据需要这两种方法可以交替应用。图 14-4-40 所示的两个图像是图 14-4-38 和图 14-4-39 放大比例后的同一局部图像。在上部那个图像的中间，主极板与副极板之间有 0.1in 的深度

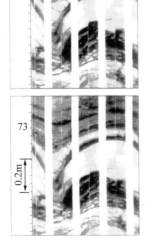 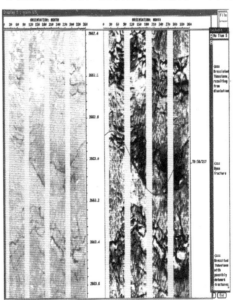

图 14-4-40　经过速度校正的 FMI 图像

误差，下部那个图像是经过深度校正后的图像，深度没有误差。

⑤标准化。标准化用于定义图像颜色范围。首先计算出资料的频率直方图，然后分成42个等级，每一等级具有同样的数据点。在最终的图上，这将使得每种颜色具有相同的面积，这42种颜色的等级是从白色（高电阻）到黄色，一直到黑色（低电阻）。还有一种颜色刻度是从灰到褐色。有两种标准化方式：

a. 静态标准化：它是把全井段所有资料都用于确定颜色的级别，适合于观察较大电阻率的变化和进行岩性对比。

b. 动态标准化：FMI电阻率测量有很大的动态范围，而小的电导率反差不能在标准平衡图像上观察到。动态标准化技术使得图像显示更详细，它是在一个较小的、用户指定的滑动深度窗口内对颜色重新进行刻度。这个深度窗口的长度是根据实际资料来确定的，通常该窗长度不超过3ft。

在图像上白—黄—橘黄—黑颜色的变化只代表地层岩石电阻率的变化，而不代表岩石的颜色。颜色的变化可能反映岩性和孔隙度的变化，或者两者的变化。当岩石中所含流体的矿化度相近时，那么图像上的较黑的条带将对应于高连通孔隙度地层或者高黏土含量地层。图像颜色将随颗粒的尺寸增大以及碳酸盐和石膏含量的增强而变亮。

2）FMI、EMI和STAR三种微电阻率成像测井仪的主要指标

（1）EMI。哈里伯顿公司生产的成像测井仪器EMI（Electronic MicroImaging）的机械部分以六臂倾角的六个铰接极板为基础，即装有6个极板，各极板装在一个独立的支撑臂上。每个极板设有25个电极，这些电极在极板上分两排，上排12个电极，下排13个电极，电极横向间距0.2in，上下两排电极纵向间距0.3in，并且上下两排电极横向错开，因此，同一极板电极实际横向间距是0.1in。150个电极都是由直径为0.16in金属纽扣组成，仪器分辨率为0.2in。

（2）STAR。阿特拉斯公司生产的STAR井壁微电阻率成像测井仪由6个极板组成，共装有144个微电极（电扣），每个电扣的直径为0.2in，电扣间距0.1in。测量时极板被推靠在井壁岩石上，由地面仪器控制向地层中发射电流，每个电扣所发射的电流强度随其贴靠的井壁岩石及井壁条件的不同而变化。因此记录到的每个电扣的电流强度及所施加的电压便反映了井壁四周的微电阻率的变化。对测量的井壁电阻率的数值进行统计与计算，即可实现对裂缝和孔洞数据的定量计算。

（3）三种仪器主要指标（表14-4-2）

表14-4-2 FMI、EMI和STAR三种微电阻率成像测井仪的主要指标

主要指标＼仪器类型	FMI	EMI	STAR
额定温度，°F（℃）	350（175）	350（175）	350（175）
额定压力，psi（MPa）	20000（137.9）	20000（137.9）	20000（137.9）
仪器直径，in（mm）	5（127）	5（127）	5.7（145）
最小井眼，in（mm）	$6^{1}/_{4}$（158）	$6^{1}/_{4}$（158）	$6^{1}/_{2}$（165）
最大井眼，in（mm）	21（533）	21（533）	21（533）

续表

主要指标	仪器类型	FMI	EMI	STAR
仪器长度，in（m）		316（8.02）	287（7.3）	370（9.4）
最大钻井液电阻率，Ω·m		50	50	50
推荐测速，m/h	成像方式	548	548	360
	倾角方式	1700	1097	540

3）井壁微电阻率成像地质应用

井壁微电阻率图像代表沿井壁的地层电阻率非均质特征变化，电阻率的变化可能是因为岩性、孔隙结构和泥质含量变化所引起，冲洗带的流体性质和井壁不规则也存在某些影响。如果不知道岩石类型，就难于从井壁微电阻率图像中提取有意义的信息。因此在开始进行有意义的地质特征提取之前，应对比岩心，充分掌握地下地层已知信息，综合分析其他测井资料，实现对井壁微电阻率图像的地质刻度，确定岩性、孔隙度和泥质含量变化对电导率的影响。

井壁微电阻率扫描图像的地质应用正在继续开发，目前主要的应用有：（1）裂缝识别和评价；（2）进行高分辨率薄层评价；（3）地层沉积环境分析；（4）地层层内结构分析和地质构造解释；（5）帮助岩心定位和描述。

10. 核磁共振测井

1）核磁共振测井评价储层的物理基础

（1）核磁共振现象。核磁共振测井的理论基础是原子核的磁性及其在外加磁场作用下的进动特性。带有电荷的原子核不停地旋转会产生磁场，如果没有外加磁场，单个核磁矩随机取向，表现在宏观上没有磁性。当核磁矩处于外加静磁场 B_0 中时，使氢核的磁矩沿磁场方向取向，这个过程称为磁化或极化。极化的结果是产生一个可观测的宏观磁化矢量。极化不是瞬间完成的，而是按照指数规律进行的。对于被磁化后的核自旋系统，若在与稳定磁场垂直方向上加一射频磁场 B_1，当交变磁场的频率与氢核的核磁共振频率相同时，根据量子力学原理，处于低能位的氢核将吸收能量，转变为高能态的核，这一现象即称之为核磁共振（Nuclear Magnetic Resonance，NMR）现象（图14-4-41）。

当交变磁场停止作用后，能量高的氢核要释放能量，重新恢复到低能态，释放能量的过程称为弛豫。弛豫的快慢可用两个时间常数来描述，其一称为纵向弛豫时间，用 T_1 表示；其二称为横向弛豫时间，用 T_2 表示。

纵向弛豫 T_1：磁化矢量在 z 方向的纵向分量往初始宏观磁化强度 M_0 的数值恢复过程（图14-4-42），所需时间与极化时间一致，故 T_1 也可代表极化时间，它与孔隙度的大小、孔隙直径的大小、孔隙中流体的性质以及地层的岩性等因素有关。

横向弛豫 T_2：磁化矢量在 x-y 平面的横向分量往数值为零的初始状态恢复的过程（图14-4-42）。它与地层孔隙度的大小、孔隙直径的大小、孔隙中流体的性质、岩性以及采集参数（如 T_E 和磁场的梯度）等因素有关。

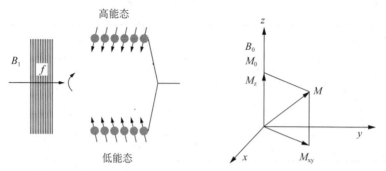

图 14-4-41　核磁共振现象示意图　　图 14-4-42　磁化矢量恢复过程示意图

（2）物质的弛豫方式。地层中氢核的弛豫方式有三种，即颗粒表面弛豫、梯度场中分子扩散引起的弛豫和体积流动引起的弛豫。

①表面弛豫。流体分子在孔隙空间内不停地运动和扩散，使它有充分机会与颗粒表面碰撞。当流体分子碰到颗粒表面时，氢核将自旋能量传递给颗粒表面，使之按静磁场 B_0 的方向重新线性排列，即表面弛豫对纵向弛豫时间的贡献。另一方面，质子可能不可逆地失相是表面弛豫对横向弛豫时间的贡献。在表面弛豫中，孔隙大小至关重要。弛豫速率与碰撞的频率有关，也就是表面体积比（S/V）有关。岩石具有不同大小的孔隙分布，每个孔隙的 S/V 值不同。总的磁化矢量来自各个孔隙信号的和。所有孔隙体积之和等于岩石的流体体积，即孔隙度。所以，总信号与孔隙度成正比，总的衰减是各个衰减之和，各个衰减反映孔隙大小分布。

②扩散弛豫。流体分子总是处在不停地自扩散运动中，可以用扩散系数 D 来描述，它与流体的黏度及温度等因素有关。当静磁场中存在磁场梯度时，分子运动可引起失相，影响 T_2 弛豫，T_1 弛豫不受影响。

回波间隔达到极小值可减少扩散对 T_2 弛豫的影响，使之忽略不计。当采用较大的回波间隔，或者是扩散系数很高的流体，扩散影响十分显著。

③体积弛豫。即使不存在表面弛豫和扩散弛豫，在体积流体内也会发生弛豫，该弛豫为流体固有的弛豫特性，它是由流体的物理特性（如黏度）和化学成分控制的。

④弛豫的加权机制。NMR 各种弛豫同时作用时，总的弛豫为几种弛豫的叠加，横向弛豫时间 T_2 为：

$$1/T_2=1/T_{2S}+1/T_{2B}+1/T_{2D} \tag{14-4-24}$$

式中　　T_{2S}——横向表面弛豫时间；

　　　　T_{2B}——横向体积弛豫时间；

　　　　T_{2D}——横向扩散弛豫时间。

纵向弛豫时间 T_1 仅受两种弛豫的影响（梯度场中的扩散弛豫对 T_1 没有影响）：

$$1/T_1=1/T_{1S}+1/T_{1B} \tag{14-4-25}$$

式中　　T_{1S}——横向表面弛豫时间；

　　　　T_{1B}——横向体积弛豫时间。

2）横向弛豫 T_2 的基本测量方法

在测井中，T_1 和 T_2 都是重要的参数，在连续测井时，测量 T_2 更为实际。测量 T_2 的方法有多种，如自由感应衰减法、自旋回波法和 CPMG 回波序列法。

3）核磁共振测井提供的基本信息

由核磁共振测井的测量方式可知，核磁共振测井的原始数据，在形式上其实十分简单，是幅度随时间衰减的回波信号。图 14-4-43 中，横轴是时间，纵轴是回波信号幅度，它被刻度成孔隙度单位。散点是实测的回波串，实线则是用多指数函数对实测信号进行拟合计算的回波信号理论值。地层信息被包含在零时刻的信号幅度和回波串的衰减过程之中。零时刻的信号幅度在一定条件下可以给出与地层岩性无关的孔隙度，而回波串的衰减过程则能够提供孔隙直径和流体类型等重要信息。

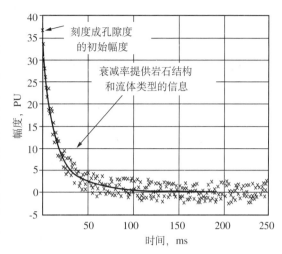

图 14-4-43　核磁共振测井的原始数据

回波信号隐含重要的岩石物理和油气信息，必须经过一个基本的多指数变换，得到所谓的 T_2 分布。式（14-4-26）中给出了回波串多指数拟合的过程与数学表达式：

$$A(t) = \sum_{i=1}^{m} P_i \mathrm{e}^{-\frac{t}{T_{2i}}} \tag{14-4-26}$$

式中　P_i——特征驰豫所占的比例；

　　　T_{2i}——预设横向特征驰豫时间；

　　　m——驰豫组分数。

图 14-4-44（a）显示了原始回波数据，横轴为观测时间 t，纵轴为信号幅度 M（t）；图 14-4-44（b）显示了 T_2 分布，横轴为 T_2（ms），称做横向弛豫时间；纵轴为区间孔隙度，反映不同 T_2 分量对测量孔隙度的贡献。T_2 分布包含了回波串的全部信息，T_2 分布的面积等于回波串零时刻的幅度，而整个分布则反映了回波信号的衰减情况。

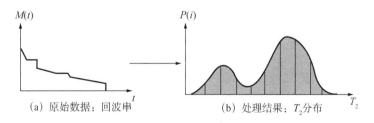

图 14-4-44　回波串拟合得到 T_2 谱

4）核磁共振测井储层参数评价

（1）T_2 分布可以表达岩石的孔径分布。理论和实验研究都表明，岩石样品的 T_2 分布可以用于描述孔径分布（图 14-4-45）。岩石的核磁共振 T_2 分布与压汞得到的孔径分布形状十分相似，其中的任何一个作平移，即可重合。

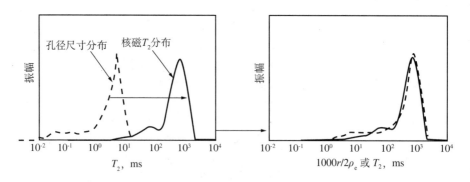

图 14-4-45　孔径分布与 T_2 谱的关系图

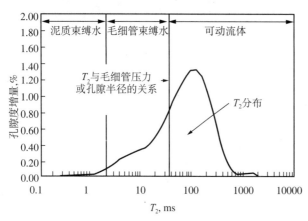

图 14-4-46　T_2 分布与泥质束缚水、
毛细管束缚水和可流动体的关系

（2）T_2 分布可以解释成泥质束缚水、毛细管束缚水和可动流体三部分。不同的流体以及相同流体的不同赋存状态会有不同的 T_2 值。通常，泥质束缚水的 T_2 值很短，自由流体的 T_2 值较长，而毛细管束缚水的 T_2 值则介于泥质束缚水与自由流体之间（图 14-4-46）。因此，依据泥质束缚水与毛细管束缚水之间、毛细管束缚水与可动流体之间的两个截止值，可以把一个完整的 T_2 分布分解解释成泥质束缚水、毛细管束缚水与可动流体三个部分。当然，这种分解计算的正确性与精度完全取决于两个截止值的合理性。T_2 截止值的确定需要地区经验和实验室分析资料的支持。有了自由流体和束缚水的信息后，即可估算地层的渗透率。

5）核磁共振测井流体性质识别

不同性质的核磁共振特性参数变化非常大，图 14-4-47 也显示了束缚水、自由水、稠油、轻质油和天然气等孔隙流体具有不同的核磁共振性质。核磁共振测井就是利用不同的流体以及相同流体的不同赋存状态在纵向弛豫时间 T_1、横向弛豫时间 T_2 和扩散系数 D 的分布范围的明显差异，对孔隙中的流体进行识别和定量评价。

（1）差谱法。T_1 加权识别流体性质是根据轻烃（天然气和轻质油）与水的纵向弛豫时间 T_1 的差异发展起来的双 T_w 法（图 14-4-48）。通常，轻烃有比较长的 T_1，而水则由于与岩石孔隙表面相接触，T_1 大大缩短，因而，轻烃与孔隙水完全极化所需要的时间很不相同。对于孔隙水而言，较短的极化时间就足以使其完全磁化；而轻质油与天然气则需要较长的极化时间，才能完全磁化。所以，如果有轻烃存在，长短极化时间得到的 T_2 分布就会有明显差异。理论上讲，两个 T_2 分布相减，水的信号可以相互抵消，而油与气的信号则余留在差谱之中，由此识别油气。但是，实际上由于受到噪声的影响，这种差谱的定性方法是不可靠的。在应用中，往往需要通过复杂的时间域分析方法，实现对双 T_w 测井资料的处理和解释，完成对轻烃的识别和定量评价。

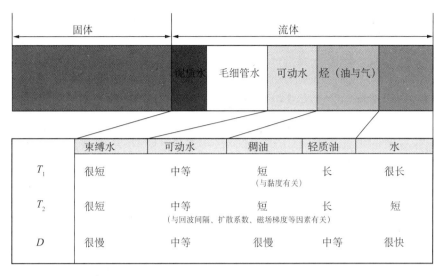

图 14-4-47　不同流体及相同流体不同赋存状态的核磁共振性质

（2）移谱法。扩散加权识别流体性质是根据黏度较高的油与水的扩散系数 D 的差异发展起来的双 T_E 法（图 14-4-49）。通常，水的扩散系数比较大，而高黏度原油的扩散系数比水小。观测的横向弛豫时间 T_2 是流体的扩散系数 D、回波间隔 T_E 以及磁场梯度 G 的函数。对于固定的 G，改变 T_E，高黏度油与自由水的 T_2 将发生不同程度的变化，即自由水的 T_2 将比高黏度油以更快的速度减小。通过合理地选择 T_E，甚至可以在 T_2 分布上把自由水与高黏度油完全分开。比较长短 T_E 的 T_2 分布，找出油与水的特征信号，从而识别流体，这种方法称做移谱法。移谱法只能是定性的，而且也不可靠，因为油与水的扩散系数等参数以及谱位移的大小都不是直接能获得的。在应用中，基于同样的原理，但通过所谓的扩散分析，或扩散增强方法来实现对高黏度油的识别和定量评价。

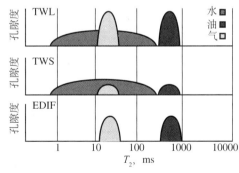

图 14-4-48　T_1 加权法识别轻烃

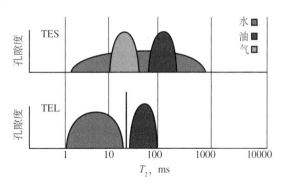

图 14-4-49　扩散加权法识别高黏度原油

6）核磁共振测井仪简介

国内引进的核磁共振测井仪从测量方式上分有两种，一是居中测量的 MRIL-P 型核磁共振测井仪；另一就是贴井壁测量的 CMR-PLUS 组合式核磁共振测井仪和 MREx 核磁共振测井仪。它们在射频的施加方式上都采用 CPMG 的方式；在静磁场的施加方式上都采用 Inside-out 的方式，在井筒外建立磁场，不同的是 CMR 组合式核磁共振测井仪建立的静磁场为均匀磁场，其他仪器为梯度磁场。各仪器技术指标见表 14-4-3。

(1) CMR 仪器简介。在国内服务的斯伦贝谢公司的组合式核磁共振测井仪是 CMR 系列产品。包括 CMR、CMR−200 以及 CMR−PLUS。它们配接在 MAXIS−500 系统上。测量方式为贴井壁测量，探测区域为离极板约 0.5in、直径 0.5in、高约 6in 的圆柱体。CMR 的回波间隔较小，为 0.32ms，CMR−200 为 CMR 的改进型，进一步减小了回波间隔，可达 0.2ms 分辨率更高。CMR−PLUS 是在 CMR−200 基础上进一步加长预极化磁体的长度，提高了测速。由于它们均匀磁场的区域太小，测量的信号比会降低，但其纵向分辨率较高，对小孔隙或弛豫快的组分有相对较高的敏感性。另外，CMR 系列测井仪采用的静磁场为均匀磁场，不便利用流体的扩散弛豫特性来识别流体的性质。具体的仪器指标参见表 14−4−3。

表 14−4−3 几种核磁仪器技术指标对比表

仪器型号	MRIL−C	MREx	MRIL−P	CMR−PLUS
测量原理	梯度磁场—脉冲方法	梯度磁场—脉冲方法	梯度磁场—脉冲方法	局部均匀磁场—脉冲方法
测量方式	自旋回波技术	自旋回波技术	自旋回波技术	自旋回波技术
仪器位置	居中	偏心	居中	偏心
工作频率	2 频	12 频（目前 6 频）	9 频	2 频
共振频率范围，kHz	650 ~ 750	450 ~ 880	500 ~ 800	2
最小回波间隔，ms	1.2	0.6	0.6	0.2
钻井液电阻率，Ω · m	> 0.02	> 0.02	> 0.02	不受限制
适应井眼范围，in	7 ~ 16	6 ~ 14	7 ~ 16	> 6.5
探测深度，in	8（井轴开始）	2.6 ~ 4.5（井壁开始）	8（井轴开始）	1（井壁）
纵向分辨率，ft	2（点测）	2（点测）	2（点测）	0.6（点测）
仪器外径，in	6、4.5	5	6、$4^7/_8$	6.7、5.3
耐温，℃	155	177	177	175
T_2 上限值，ms	4	0.35	0.5	0.3

(2) MRIL−P 型核磁共振测井仪。MRIL−P 型核磁共振测井仪是 Halliburton 公司推出的最新一代的核磁测井仪器，是在 C 型基础上改进而来的，它挂接在 Halliburton 公司的 DPP 系统上。该仪器采用 5 个频带共 9 个不同的频率进行测量，由永久磁铁产生均匀的静磁场，使地层中的氢原子核产生极化。由仪器的天线发射射频脉冲，使磁化矢量扳转 90° 和 180°，同时由天线接收射频信号。仪器在井内居中测量，在井眼周围地层中形成以井轴为中心，直径为 14 ~ 16.5in，厚度 1mm，高 24in，彼此之间相距 1mm 的 9 个圆柱壳（图 14−4−50）。天线发射的频率决定圆柱壳距离井轴的位置，对应于离井眼最近的测量体的工作频率为 760kHz，最远的为 580kHz，在 8in 井眼中，这些壳体对应的探测深度为

3～4in。该仪器在测井数据采集和控制信噪比等方面有其显著的特点：

①数据精度提高；

②多参数采集；

③测速高；

④测井数据采集的 77 种测井模式观测模式。

7）核磁共振测井技术应用

随着核磁测井仪器的不断发展，测井速度的提高和高分辨测量，使得核磁共振测井能够提供的信息越来越多，几乎涉及勘探开发的每个领域。完井工程师应用 NMR 指导设计压裂方案；油藏工程师应用高分辨率

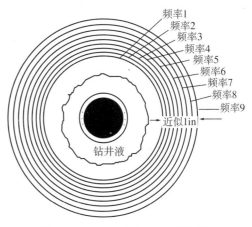

图 14-4-50　MRIL-P 切片示意图

的 NMR 数据获得储层的纵向渗透率界限，提高产层管理；地质学家和岩石物理学家应用 NMR 的衰减时间分布获得孔隙几何特性进行沉积分析，应用 NMR 结合其他测井技术提高储层油气特性分析，预测储层产液能力。

二、裸眼井测井作业及环境要求

良好的测井施工条件，是按时顺利完成作业的基本保障。

1. 裸眼井井场条件

（1）进入作业现场的道路畅通，确保测井设备能够安全顺利到达和离开井场。

（2）井场大小应满足测井施工现场要求（30m×20m），测井仪器车摆放时，其尾部离钻井平台不少于 25m，仪器车与钻井平台间无障碍物，以保证测井施工人员在测井仪器车内工作时有良好的视野，能观察到钻井平台上所发生的事情。

（3）井场照明良好，以保证晚上测井施工安全。

（4）钻井队与测井队进行信息交流时，钻井队应按 QHSE 的要求向测井队介绍井场的逃生路线和应急集合处等相关事宜，以保证在测井施工过程中出现特殊情况时，测井队的施工人员能配合钻井队做好应急工作。

（5）在高压油气井及复杂井进行测井施工作业时，甲方和钻井队应做好防喷准备，井口必须安装防喷器，并有专人观察井口，发现异常时应及时通知测井小队，并采取措施及时处理。

（6）钻井平台应有滑板，滑道内畅通无杂物，便于测井施工队伍的仪器起下放及施工安全。

（7）钻井队起完钻后必须把转盘销子锁死，防止转盘转动，防止测井施工过程中事故的发生。

（8）钻井队要做到井口清洁干净，钻台的安全防护装置和吊升设备完好，钻机系统工作正常，便于测井施工小队的安全施工。

（9）在测井施工前，钻井队必须处理好钻井液，避免井涌或井漏现象。应将发生过井

涌与井漏的井段告知测井施工小队。在测井施工过程中，钻井值班人员与测井井口值班人员应观察井口钻井液液面，出现异常情况时能够及时处理，以保证测井施工的安全。

（10）钻井队应保证井场有适合测井用的电源，特别是对国产数控测井队，要求220V-50Hz的电源。在海上拖橇作业时，要求平台提供380V-50Hz的电源。

（11）测井队施工过程中，钻井队在井场能提供足够的压缩空气，以保证测井队电缆被气冲干净，避免钻井液在马丁代克处堆积，影响测井深度，造成测井返工。并在井场提供足够的水源，以便测井队清洁井下仪器。

（12）测井施工过程中钻井队不得在测井施工工区内使用电焊机（特别是在取心装枪过程中）等设备，以免影响测井施工。

（13）测井队施工过程中，非测井作业车辆和人员不得在测井施工工区内进行作业及观看，吊车不得跨越电缆吊装物件，以免在测井施工过程中对其他人员造成伤害。

（14）在井场通过的车辆不得碾压测井缆线以及各种布线。不得穿越测井施工队伍所拉的警戒带。

（15）测井作业时，井场必须有钻井工程及地质人员值班，以便研究和处理现场发生的有关工程、地质和其他问题，负责施工中的井场技术及质量监督。

（16）测井队施工过程中，钻井队不得在钻台上施工，以及其他类型的交叉作业，避免造成安全事故。

（17）海上施工要求钻井队配合测井施工小队固定并焊牢拖橇，使测井拖橇能承受不小于174kN的拉力。钻井队为测井施工小队准备充足的测井用燃油。钻井平台的供气系统具备不小于0.8MPa的气压，以保证测井拖橇的正常启动。

（18）带压作业时，井口要有防喷设施，钻井队做好防喷准备，以防在测井施工过程中出现井喷。

（19）没有井架的井场应有足够起重量的吊车（20t以上），用于测井天滑轮的固定。

（20）钻具输送测井作业对钻具或有关工具（以下统称输送工具）的要求包括：

①采用湿接头法水平井测井作业时，旁通短节以下的输送工具内径应大于湿接头的外径。测井施工时，旁通以下的输送工具必须用相应的通井规疏通输送工具的水眼。

②采用保护套法水平井测井作业时，旁通短节以下的输送工具内径应大于下井仪器最大外径。测井施工时，旁通以下的输送工具必须用相应的通井规疏通输送工具的水眼。

③输送工具弯曲度不应大于0.5°/m。

2. 裸眼井井筒条件

（1）测井前钻井队和综合录井队应向测井作业小队如实提供井身结构、井身质量、录井显示、钻井液性能、地层岩性以及复杂情况等有关井筒内的情况，以便测井小队安全高效进行测井作业。

（2）钻井队应在测井作业前24h以内通井循环钻井液，将井下情况处理正常，钻井液性能达到设计的要求，以便仪器在井内起下畅通，并根据具体情况商定安全作业时间。

（3）在钻井液性能正常的情况下，停止循环钻井液超过48h应重新通井循环。

（4）如果井下情况复杂或钻井液性能较差，停止循环钻井液超过24h后必须重新通井循环（也可通过井上实际情况商定井的安全作业时间进行现场安全操作）。

（5）部分特殊测井项目如核磁共振测井、地层测试器测井和井壁取心作业等，测井队伍将按测井设计及具体测井仪器对钻井液的技术要求，以书面的形式提交甲方现场监督和钻井队，要求钻井队应在测井作业前 24h 以内通井循环钻井液，以便将井下情况处理正常。避免测井施工时测井仪器或电缆遇卡。

（6）由于井下情况复杂或钻井液性能较差等原因，导致仪器下井过程中遇阻或在测井过程中发生明显遇卡，张力曲线增量在多处超过规定值时，测井小队应及时向甲方监督汇报说明，并通知钻井队重新通井循环钻井液。

（7）对于复杂井和事故井，测井小队应向钻井队和甲方现场监督详细了解复杂井段的情况，如果井下有落物，应详细了解清楚落物名称、形状、大小及在井中的大致部位。如果落物的大小及形状超出测井有关规定的要求，必须和甲方进行协调解决。

（8）测井作业时，测量井段的压力和温度不能大于仪器的工作环境指标所允许的额定值。井眼直径不能超出仪器允许的最大和最小井径值。钻井液性能满足测井仪器正常工作的最低下限，井筒应畅通无阻。

（9）在高压油气井及复杂井进行测井施工作业时，甲方和钻井队应做好防喷准备，井口必须安装防喷器，并有专人观察井口，发现异常应及时通知测井小队并采取措施及时处理。

（10）甲方监督、钻井队、综合录井队与测井队共同负责测井施工过程中的井场安全、环保及质量。

（11）井壁取心采用钻进式井壁取心时，对井筒状况的要求：井眼内钻井液性能稳定，含沙量小于 0.5%，漏斗黏度为 25～50s，失水小于 8mL，滤饼厚度小于 0.5mm；取心前钻井液已静止 8h 以上，应先通井循环钻井液，循环钻井液不小于 3 个循环周；取心的井壁要规则，井下无落物，井眼畅通，井斜角小于 10°。

3. 测井施工流程

（1）小队严格按 HSE 施工要求进行测井作业，遵守"安全第一，预防为主"的生产方针。

（2）小队长负责井场施工的安全，对各岗进行巡回检查，对关键的工序亲自操纵，确保测井施工的顺利完成。同时对施工过程中有可能发生的问题要有预见性，并做好相应的防范措施。

（3）第一串下井测井仪器连接前，小队长与绞车工和井口工一起对掩木、绞车传动系统、集流环、电缆、鱼雷及马笼头等进行安全与绝缘性能检查。一般来说，缆心间的绝缘电阻率应不小于 $100\Omega \cdot m$，缆心与外皮间的绝缘电阻率应不小于 $5\Omega \cdot m$。

（4）认真仔细地对井口、天地滑轮、张力线以及通信设备进行安全检查。

（5）操作工程师要严格按照操作技术规程和岗位责任制履行自己的职责，对每一次组合的仪器，要做好测前测后的检查和刻度，并有正确的记录；协助绞车工观察遇阻遇卡情况，取全取准原始资料，保证测井资料达"三标"标准。

（6）绞车工认真执行操作技术规程和岗位责任制，履行自己的职责，对仪器上提下放的速度一定控制到规程的最低限；在测井过程中，一旦仪器遇阻，最多不超过 15m 应立即慢慢上起电缆，并向小队长和操作工程师汇报，对带推靠器的仪器更要提高警惕，一旦遇卡按规定拉力上提电缆，如果不行，应通知操作工程师将推靠器收拢，再上提，仪器起出井口前必须减速并以较慢的速度起出。

（7）井口垂直组装仪器时，组装人员必须听从井口岗指挥，协同井口岗将仪器组装好。注意井口安全和井中落物。

对于裸眼井和套管井测井，在施工过程中存在工艺上区别，但是在流程上没有本质的区别。详细施工流程如图 14-4-51 所示。

4. 测井施工标准化现场

1）现场施工测井班前会

（1）测井前，队长应按测井施工单要求，向钻井队和地质技术员了解井下动态数据、复杂情况及井身质量，落实钻井液性能、井深、套管数据、井漏及扩径等情况，根据实际情况可适当调整上井前制定的施工方案和安全措施。

（2）在测井班前会上，队长应向全队人员详细交底，并将有关数据书面通知仪器和绞车操作人员。

（3）队长对本次施工的内容、施工顺序及施工注意事项进行说明，并对各岗位进行工作安排。

（4）测井人员必须穿戴好劳动防护用品，戴好安全帽。

（5）强调遵守井场《防火安全制度》不许抽烟等的要求，强调 HSE 的相关要求。

2）绞车的摆放

（1）车辆摆放应充分考虑风向，以免车辆排放的尾气和井中泄漏的有害气体对作业人员造成伤害。

（2）进入井场后，在距离井口 25 ~ 30m 的地方选一块平地停放好测井仪器车（深井或特殊情况可适当增加距离，但不能超过 50m），调整绞车摆放位置，使测井绞车尾部正对井口，前轮回正；同时使滚筒轴线的垂直中心线正对井口，利于施工时能整齐的盘好电缆。

（3）对正井口后，打直方向拉紧刹车，将行车挡扳至绞车挡，下车按规定放好绞车掩木。

（4）当测井绞车停在光滑坚硬的地面，或在复杂井施工时应对绞车采取加固措施，用地锚或拖拉机将绞车拖拉住，防止绞车后滑。

（5）对测井车发动机的排气管，配备好阻火器。

3）工程车的摆放

（1）车辆摆放应充分考虑风向，以免车辆排放的尾气和井中泄漏的有害气体对测井人员造成伤害。

（2）进入井场后，根据井场情况和队长的指挥，摆放好车辆，熄火，打好刹车。

（3）测井工程车一般与仪器车并排停放，要求工程车横向距离测井绞车至少 2m 以上，且测井工程车的摆放有以利于小队安全施工和突发情况时迅速撤离现场为主要目的。

4）测井放射性源的摆放

（1）载有放射性源的车应远离仪器车，车尾对着钻台。

（2）如果无源车，组织该井装源人员将源罐抬出，在周围 10m 范围内无工作人员的地方放好，并用链条锁上，竖起明显的危险物品标示牌。

（3）放射性源放置位置须便于看管，放射性标示牌须明显、醒目。

（4）必须安排一人专门看管。

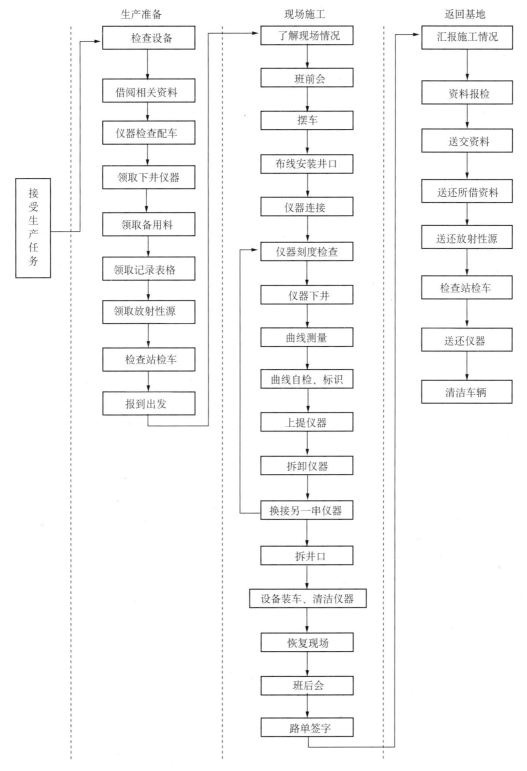

图 14-4-51 测井施工作业流程图

5）测井线路的布放

（1）按要求完成地面电极线、张力线、喇叭线、自然电位线（远离井架 50m）和深度信号线的放线与布线工作，并将它们连接到相应的插座。

（2）如需外接电源，则可由井队电工进行连接，或者按照井队指定的地点进行连接。接线时必须戴绝缘手套，必须确保两人在场，一人负责接线，一人负责监督，避免触电事故发生；接线时若无法切断电源，应站在绝缘物上，戴绝缘手套接线。

（3）接完电后，去发电房对电压和频率进行调整，使其符合测井所需的要求，以确保设备安全。

（4）检查线路通断，保证测井车接地良好，电路系统不应有短路和漏电现象。

（5）检查绞车和井口的通信，保持通信良好；夜间施工，井场应保障照明。

6）井口的摆放

（1）组织井口工将测井所需的仪器架、专业工具和材料摆至井场工作地，要求摆放整齐合理，便于白昼和夜晚安全快捷施工。

（2）组织井口工卸车，搬抬本次下井所需的仪器至工作台，并按相应顺序摆好。

（3）仪器的装车、搬抬和连接须有三人以上在场的情况下进行，以确保人身和仪器安全。

7）其他要求

（1）在井场放置 2 ~ 3 个垃圾回收桶，测井施工过程中的垃圾必须回收到垃圾回收桶，测井结束后妥善处置，以保证井场干净整洁。

（2）现场施工作业时分队人员正确穿戴统一的劳保用品，上钻台戴好安全帽。

（3）测井仪器与操作工具在井场摆放要整齐美观，操作方便快捷。

（4）测井施工现场按 HSE 要求要竖立警示牌和警示线。

5. 井口安装

（1）将张力线和喇叭线拉到钻台上，张力线留有 25 ~ 30m 的余量，并系在护拦上。

（2）在靠近钻台滑板的地方将"T"形铁、张力计和天滑轮连接组装好。

（3）配合绞车工拽电缆下放 80 ~ 100m，在地面盘成"∞"形。

（4）将地滑轮链条和马笼头连接到滑轮上。

（5）上钻台盖好井口盖，以防物体落入井内。

（6）指挥钻工吊升设备，将组装好的天滑轮吊到钻台上 0.5m 高的位置。

（7）打开钻井游车的卡瓦，指挥司钻将游车卡瓦提升到"T"形铁位置。

（8）将"T"形铁放入卡瓦，并系牢，装上天滑轮安全链杆。

（9）指挥钻工将吊钩下放到滑板底部，将地滑轮及链条与电缆夹一起吊上钻台后卸下。

（10）将地滑轮固定链条从地滑轮安全销子上面穿过，并放到钻台下面。

（11）在钻台下面将地滑轮链条固定在钻台大梁上，上好卡子，保证牢固可靠；井口工指挥钻工开动吊升设备，将地滑轮提至适当高度，指挥钻工将吊升设备刹死。

（12）通知钻工锁好转盘转动面。

（13）马笼头由地滑轮面对井场的下部穿过，再由天滑轮面对井场上部穿过放在钻台上。

（14）接上张力线，并固定在天滑轮上，连接喇叭线，通知绞车工检查张力信号是否正常。

（15）放下天滑轮防跳护肩。

（16）指挥司钻慢慢上起天滑轮，防止电缆跳槽，同时通知测井绞车及井场工作人员，注意电缆运动情况，防止电缆在地面卡坏或打结。

（17）天滑轮起至距离井口 20～25m 高的位置停车（该位置要考虑电极长度，导管下深位置，以便在上提电极和下井仪器时在导管口电极鱼雷不过天滑轮），通知钻工压死刹车，熄灭钻机。

（18）将马笼头沿钻台滑板放到钻台下面，检查通断与绝缘情况。

（19）电缆装上马丁代克。

6. 测前仪器的检查准备工作

（1）待发电机频率稳定后，给地面仪器供电，供电前先检查各面板的开关位置是否处在安全关闭位置。

（2）按地面仪器供电顺序逐一打开各面板开关。

（3）预热 15min 后，运行第一趟所测仪器测井程序，修改参数。

（4）检查延迟深度是否与连接的下井仪器相符，否则按实际改变延迟深度。

（5）选择需要的曲线类型。

（6）选择需要的深度比例。

（7）选择需要的曲线横向比例。

（8）选择允许的滤波通道。

（9）选择使用的测井曲线，关闭不需要记录的曲线。

（10）调出第一趟每种下井仪器的主要刻度。

（11）分配好记录单元，安装好绘图纸（或软盘、磁带），并作记录实验，检查绘图仪和硬盘（或磁带）记录是否正常。

（12）得到井口组长仪器已连接好的指令后，按技术要求给下井仪供电，并按规定预热（一般 15min 以上）。

（13）逐一观察每种仪器的信号与数值是否正确。

（14）需现场进行主刻度的仪器，对仪器进行主刻度并检查刻度数值是否正确。

（15）一切正常后断电，告知队长仪器可以下井了。

（16）仪器吊升到井口上方后，供电再次检查仪器是否工作正常，带推靠仪器的做张收检查后，正式下井，开始测井。

（17）电法仪器下井前必须断电，在套管内电法仪器禁止供电，其他仪器可在下井后供电。

7. 测前仪器的连接准备工作

井口组装仪器要仔细、牢固，严防工具落入井内，对连接部位要仔细检查，确保施工作业步步到位，防止事故发生。

（1）天滑轮高度的确定。该位置要考虑电极长度，导管下深位置，以便在上提电极和下井仪器时，电极鱼雷不过天滑轮，减少鱼雷接头的受力面。

（2）电极鱼雷一定要按操作规程进行保养，检查通断和绝缘。一般 3～5 口井必须保养更换。

（3）连接马笼头之前，检查马笼头和鱼雷的通断和绝缘情况，以保证其通断和绝缘良好，绝缘检查后，各缆心必须对地短路放电，防止高压烧坏仪器或伤人，确保仪器和人身安全。

（4）除需要电极的测井仪器外（如双侧向仪器），其他测井仪器在测井施工中原则上不得使用电极马笼头，而改用钢丝马笼头。

（5）正确连接仪器之前，同时完成对仪器密封面及密封装置的完好检查，并将连接串活接头（由壬）上好扎紧。

（6）确认断电的情况下，连接马笼头。

（7）最后一根仪器下井前再次检查仪器是否连接牢固，最后一根仪器的后堵头是否接好、扎紧。

（8）安装下井仪器扶正器或偏心器，并系好拉仪器的绳索；安装扶正器或偏心器时，安装部位要正确、牢固，使用器材要符合规范，不得以铅丝等材料替代使用，防止因安装部位不正确或使用器材不规范等原因影响仪器正常工作或造成遇阻遇卡。

（9）在井口指挥绞车工匀速上提电缆，现场工作人员拉住绳索并随下井仪器向前移动，待仪器起到钻台面 0.5m 高的位置时，指挥绞车工停止起电缆，解下仪器拉绳。

（10）打开井口，指挥绞车慢慢下放电缆。

（11）需要在井口连接仪器时，在下井仪器上接头下放到高出井口 1m 高位置时，通知绞车停车，上好组合仪卡盘，并指挥绞车下放电缆，将下井仪器放置座筒上。

（12）卸下马笼头沿钻台滑板下放到钻台下面，起吊下一根下井仪器。

（13）指挥绞车工匀速上起仪器至井口座筒上方 0.5m 卸下后堵头及座筒上的仪器护帽，检查密封面及密封装置完好后，对准销子指挥绞车工慢慢下放仪器，当两支仪器对接到恰好时绞车工停车，用钩头上紧油轮，将两支仪器连接紧固。

（14）通知绞车工慢起电缆，提至足以使仪器卡盘离开座筒。

（15）卸下仪器卡盘，慢慢下放仪器。

（16）若还要进行下一根仪器的连接，重复步骤（12）、（13）、（14）和（15）直至最后一支仪器连接完毕。

（17）上好各种外刻度器，同时通知操作工程师进行测前刻度。

（18）仪器检查刻度完后，去掉各种外刻度器。

（19）通知绞车工慢慢起仪器，直到所选择的一支下井仪器的记录点起到井口对零位置后停车。

（20）通知绞车工和操作工程师校正深度。

（21）通知操作工程师做仪器下井前的最后一次检查。

（22）扶送仪器使仪器顺利下入井中，进行测井。

8. 现场测井

（1）输入现场工程数据和测井相关参数，做好完整的测井曲线图头。

（2）按照各种仪器的刻度标准进行现场测前刻度，保证仪器的准确精度。

（3）重复井段原则上要选择在测量井段的中上部，重复曲线不能少于 50m，重复性不能超出各测井项目的重复误差要求。

（4）主测井在测井的过程中，严格执行各种测量项目的速度标准，预防各种测井事故的发生，测量的曲线能够很好地反映地层特征，各种曲线之间有良好的对应性。发生曲线变化，要及时进行重复测井补救。

（5）测井速度必须满足测井项目仪器技术指标，组合测井时要按照本次组合最低测井速度要求进行测井。

（6）主测井完成后，必须做测后刻度，保证仪器的稳定性和准确性，如果测后刻度正常，可以准备测量其他项目，如果测后刻度不正常，必须查找问题的原因，并给予解决。

（7）曲线验收。测井操作工程师、测井队长和验收工程师要对测量的曲线进行现场验收，正式出图，现场监督最后对所有的曲线进行验收，签字。

（8）资料交接。测井队、钻井队和地质队按照相关要求进行现场资料交接。

（9）测井队拆除仪器，返回基地。

三、裸眼井测井资料质量要求

1. 常规测井资料质量控制

1）双侧向测井

（1）曲线在渗透层处不得出现抖动和跳动，亦不得有零值、负值和畸变等情况出现。

（2）因仪器遇卡造成曲线在渗透层处出现缺失、平直、零值、负值和畸变等情况时，须重复测量，补测完整。

（3）因仪器遇卡严重造成曲线无法补测完整时，可参考其他电阻率曲线在相应井段部位的情况；若其他电阻率曲线在相应井段部位亦出现缺失、平直、零值、负值和畸变等情况而无法补测完整时，应即时向甲方现场人员汇报，根据实际情况酌情处理。

（4）在仪器的动态范围内，井径不大于216mm，钻井液电阻率不小于$0.2\Omega \cdot m$的条件下，对于砂岩地层厚度大于2m的标志层，测井曲线经过井眼校正后，应符合以下规律。

①在泥岩段或非渗透层深浅侧向应基本重合。

②当钻井滤液电阻率R_{mf}小于地层水电阻率R_w时，深侧向测井值应大于浅侧向测井值。

③当钻井滤液电阻率R_{mf}大于地层水电阻率R_w时，水层的深侧向测井值应小于浅侧向测井值，油层的深侧向测井值应大于或等于浅侧向测井值。

（5）在仪器动态范围内，重复误差不超过5%，如果上次测井后未下套管，与之重复50m以上且重复误差不超过5%。

（6）仪器进套管后，深浅双侧向曲线值的对数记录值应小于$1\Omega \cdot m$。

（7）遇阻曲线必须稳定、平滑。

2）微球聚焦测井

（1）在井径接近钻头直径，且比较规则的井眼中，曲线形状应与双侧向相似，并符合侵入特性；仪器动态范围内，在泥岩段曲线应与深浅双侧向曲线基本重合；在非渗透层段，测井曲线形状与深浅双侧向曲线相似，测井值接近，垂直分辨率明显高于双侧向；在渗透层段应基本反映冲洗带电阻率变化。

（2）测井曲线与孔隙度测井有相关性，在仪器动态范围内，曲线不得出现饱和现象。

（3）在砂泥岩剖面中，井径规则的渗透层段，重复曲线相对误差不大于10%；在碳酸盐岩剖面中，井径规则的渗透层段和泥岩段重复曲线相对误差不大于20%。

（4）仪器进套管后，若没有水泥黏附套管，测量值应不大于 $1\Omega \cdot m$。

3）自然电位测井

（1）曲线变化应与岩性剖面一致。

（2）SP 极性的"正""负"变化与钻井液滤液电阻率 R_{mf} 和地层水电阻率 R_w 的关系应当一致；在砂泥岩剖面地层，R_{mf} 与 R_w 的差值越大，SP 异常幅度就越大，反之越小。

（3）曲线干扰幅度一般应小于 2mm（ $\leqslant$ 2.5mV）。

（4）测速要求 50m/min。

（5）附合地区规律且能反应地层变化，层界面显示清楚，便于确定不同电阻率地层层界面，便于地层对比。

（6）测井曲线与孔隙度及其他电阻率测井有相关性，与自然伽马有很好的对应性。

（7）在大段泥岩处，SP 测量 100m 井段，曲线基线偏移不大于 10mV。

4）井径测井

（1）使用推靠器的仪器测井径时，测井前后必须在井场用刻度环进行两点刻度；测井后用套管内径对仪器进行检查。

（2）进入套管后的测量长度必须超过 10m 井段，且井径曲线平稳，测量值与套管标准值绝对误差应在 1.5cm 内。

（3）井径曲线的数据误差过大时，应在井场重新进行刻度校验，或使用其他井径仪测量。

（4）渗透层井径数值一般应接近或略小于钻头直径值，无特殊情况，一般不得大段大于或小于钻头直径值。

（5）井径曲线最大值不得超过井径腿全部伸开时的值，最小值不得小于井径腿全部合拢时的值，伸开合拢时的最大最小值对应实际值的误差应在 10% 范围内。

（6）在井眼变化相对规则处，同次测井井径曲线形状相似，误差在 10% 范围内。

5）自然伽马测井

（1）曲线采用 API 单位标定。

（2）刻度值误差不得超过规定值。

（3）曲线变化应与岩性剖面符合。

（4）自然伽马值重复曲线的相对误差不超过 5%。

（5）每次测井必须与上一次测井重复 50m 以上，如果同为裸眼井，其重复误差小于 5%，如果重复段为套管井，应有相同的变化趋势。

6）岩性密度测井

（1）各条曲线能分辨清晰，横向比例适当，各条曲线变化明显，符合地区一般规律。

（2）选择井径变化相对规则及曲线变化明显的中上部井段测量重复曲线，重复井段不少于 50m。

（3）曲线变化与地层岩性吻合，能正确反映地层岩性变化，在致密的碳酸盐岩地层，曲线能正确反映地层岩性变化，质纯致密层的测量值应与理论值吻合，误差不超过 $\pm 0.05 g/cm^3$。

（4）在井眼规则条件下，测井曲线与补偿中子、声波时差和自然伽马曲线有相关性，所计算的地层孔隙度与补偿中子和声波时差计算的孔隙度应基本相同。

（5）重复曲线、重复测井接图曲线与测井主曲线对比，形状基本相同，且在井径规则井段，密度曲线误差绝对值不超过 ±0.03g/cm³。

（6）在钻井液中不含重晶石的情况下，光电吸收截面指数曲线的重复曲线、重复测井接图与主曲线基本相同，在井径规则处的重复误差绝对值不超过 ±0.46B/eV。

（7）除钻井液中含重晶石或地层含煤、黄铁矿外，一般密度补偿值曲线（CORR）应为零或小的正值。

（8）除钻井液中含重晶石或地层含煤与黄铁矿外，光电吸收截面指数曲线能正确反映地层岩性，质纯致密层的测量值接近理论值。

（9）在钻井液中重晶石含量不大于 7% 时，光电吸收截面指数曲线（Pe）可用于岩性划分。

7）补偿中子测井

（1）各条曲线能分辨清晰，横向比例适当，各条曲线变化明显，符合地区一般规律，与地层岩性吻合。

（2）选择井径变化相对规则及曲线变化明显的中上部井段测量重复曲线，重复井段不少于 50m。

（3）曲线能正确反映地层的岩性变化，经井眼校正后，质纯致密地层的中子测量值应与理论值吻合，误差不超过 ±1.0p.u.。

（4）测井曲线与体积密度、声波时差及自然伽马曲线有相关性，所测地层孔隙度与体积密度及声波时差计算的孔隙度应基本相同。

（5）重复曲线、重复测井接图曲线与测井主曲线对比，形状基本相同，且在井径规则井段：

①当测量孔隙度大于 7p.u. 时，重复误差不大于 7%；

②当测量孔隙度不大于 7p.u. 时，重复误差不大于 +0.5p.u.。

（6）井眼不小于 216mm 时，必须加偏心器测量。

（7）必须记录长短源距记数率曲线，在长源距记数率曲线限幅井段，必须改变灵敏度重复测量。

（8）在致密的碳酸盐岩地层，曲线能正确反映地层岩性变化，质纯致密层的测量值应与理论值吻合。

（9）仪器进套管后，曲线测量值应有相同变化趋势。

2. 阵列感应测井资料质量控制

阵列感应测井资料的质量控制可分为在测井过程中的实时资料质量控制和基本处理资料的质量控制。

1）实时资料质量控制

对于阵列感应测井仪器来说，其主要故障发生在发射器和接收器阵列、数据传输和记录等，对于其中一些故障，仪器自检程序不能检测出。如地面检查可查出在常规条件下阵列线圈系的故障，但不能查出在井下温度和压力条件下出现的问题。因此，在测井过程中难以分清测井异常是由线圈故障引起的，还是由环境影响造成的。

为了对仪器的测量结果进行实时监测，AIT 和 HDIL 都开发了连续实时的监测功能，在测井过程中及时进行质量评价。

(1) AIT。在仪器测量时，一个彩色监视器可显示出：①阵列线圈的工作情况，发现异常现象；②井眼与地层的信号比（*BFSR*），它反映井眼信号影响的大小；③各线圈阵列测量电导率的原始信号，可发现随机噪声影响；④电缆张力，可指示仪器的不规则运动，这种不规则运动会降低高度聚焦测井资料的质量。

其中阵列线圈系监测可显示出不合适的井眼校正、阵列线圈的钻井液污染、间隙扶正器滑动到探头上等异常现象；*BFSR* 曲线显示井眼影响的大小，在曲线值较高（与正常值之间包络的阴影部分）时，表示在这一层段上井眼校正开始对 10in 探测深度曲线的精度变得重要，当曲线值很高（阴影变为黑色）时，需要精确的井眼尺寸、钻井液电阻率及仪器位置数据进行井眼校正；各线圈阵列测量电导率的原始信号和电缆张力曲线，可发现随机噪声和仪器不规则运动造成的曲线尖峰和重复性差等现象。

(2) HDIL。HDIL 主要利用波形窗口和谱窗口监测仪器在测井过程中的工作情况。

①波形窗口。由于波形窗口显示的是仪器测量的几乎未经处理的数据，因此是检查仪器工作是否正常的最佳位置。在熟悉测量信号的特征之后，则容易识别仪器的不正常情况。在此窗口下，可观察到下列情况：

a. 数字故障，如坏记录道（永久的或短暂的）。

b. 波形移动，偶尔波形的第一个采样点是坏的，移动一个采样点后，波形正常。

c. 噪声与随机的信号等，如一个随机波通过一个或多个记录道。

d. 波形瞬变可能指示屏蔽或地面设备出现故障。

e. 记录信号与脉冲不一致说明为高电导率环境。

f. 脉冲改变极性指示存在垮塌或类似情况。

g. 一条曲线基线跳动可能指示其记录道存在问题。

h. 所有曲线包括参考曲线基线一起跳动说明累计计数可能存在问题。

i. 有时一个记录道波形出现平顶，通常是由于采样率限制引起的。

②谱窗口。在谱窗口中，可观察到下列情况：

a. 在正常情况下，随频率增加所有曲线减小，特别是长间距曲线。

b. 在低频率和短间距曲线上的过度弯曲指示仪器刻度或温度校正问题。10kHz 和 30kHz 的短间距曲线在正常情况下不是很好，并且不使用。可是，当出现问题时，它通常首先出现异常，因而具有很好的故障诊断价值。

c. 很低的电导率（< 20mS/m）、噪声和其他故障可导致曲线谱形态异常。

d. 在正常情况下，各道之间曲线平缓变化。

2) 处理质量控制

对于经过校正和聚焦处理的阵列感应测井资料，主要检查以下内容进行资料质量控制：

(1) 在相同频率下各阵列线圈响应的一致性。从短间距到长间距，曲线应平缓过渡，短间距曲线比长间距曲线变化大。

(2) 对于一个阵列线圈不同频率的测量曲线，从低频率到高频率应具有很好的顺序。通常频率越高视电导率越小（这也指示温度校正是否合理），在电导率特别高的地层，在高频率下的视电导率可为负值。

(3) 各阵列线圈经趋肤效应校正后的曲线之间以及与地层真实电导率分布应有很好的

相关性。从短间距到长间距，这些曲线应有很好的顺序。

（4）在趋肤效应校正中，有一条质量控制曲线显示在每个深度上测量与预测的视电导率之间不适配的百分数。通常这个曲线值最多只有百分之几，在电导率非常高或非常低的地层可能大一些，它仅限于内部使用。

（5）不同探测深度的真实分辨率曲线之间应有很好的相关性。正常情况下，深探测曲线比浅探测曲线平滑。

（6）应仔细检查垂直分辨率匹配曲线。如果邻层（或侵入带）与原状地层之间电导率差异很大，则这种差异会被夸大，有时甚至在聚焦曲线上出现尖峰；如果侵入造成的电导率差异及邻层之间电导率差异不是很大，则曲线不应显示异常特征。

（7）在渗透层，各曲线应一致。不一致可能是由于不合适的井眼校正、刻度或温度校正造成的，也可能是由于轻微的侵入引起的。在渗透层，曲线显示的侵入剖面应是合理的。

（8）在处理中，应尽量减少曲线尖峰和井眼环境造成的影响，但在个别情况下，曲线尖峰可能是下列因素引起的：井眼不规则且井眼流体与地层电导率差异大；在地层界面附近低阻侵入很深；由于仪器黏卡等引起的采样不规律；电导率差异很大的两层之间的地层界面；倾角很大。

3. 电成像测井资料质量控制

（1）测前要检查电极的灵敏度，要对井径刻度。

（2）无特殊情况，应在套管中做井径的测前测后刻度，并且其读值与实际套管内径值误差不超过 ±0.50in（1.27cm）。

（3）仪器旋转周期不得小于 10m（在 6in 井眼的直井段旋转周期不得小于 7m）。

（4）测井时应同时监视 6 条电导率曲线，不得保持在零或饱和值，出现饱和现象时一次不超过 5m。

（5）每个极板上出现的死电极数不得超过 10 个，连续死电极数不得超过 4 个。

（6）在井斜大于 5°、磁偏角小于 80° 时，方位的重复误差在 ±2° 以内，井斜角的重复误差在 ±0.5° 以内。

（7）图像能正确反映地层的地质现象，除仪器遇卡外，图像上不允许出现砖块状。

（8）按规定进行重复测量，重复井段不少于 25m，重复图像应与主图像基本相似。

（9）必须有齐全正确的磁带记录。

4. 核磁共振测井资料质量控制

1）认真做好测前设计

测前设计将影响核磁共振测井的因素如地层温度、地层压力、邻近地区流体的性质、流体黏度、井眼条件、钻井液类型、钻井液电阻率、仪器的直径及工作频率等参数作为输入，通过数值计算与模拟来选择一组合适的采集参数，从而确定测井模式。

测井参数选择的宗旨是在不影响地质目的的前提下提高测井时效，同时为解释提供方便。一次成功的核磁测井要求能够提供准确的孔隙度信息，有效地划分地层流体的性质。运用测前设计软件反复调试，基本确定地层水以及油气的恢复时间，作为选取等待时间的依据。同时要考察油气水在 T_2 分布谱上的位置，要尽量使它们分布在不同的时间域上。这样才能比较容易地识别流体的性质。对于双 T_W 测量模式，一定要保证地层水完全恢复。对

于双 T_E 测量模式，改变回波间隔，要尽量使得水和气在 T_2 谱上有明显变化，而中等黏度的油前移很少。

测前设计还给出了最佳的测速，控制测井速度，可有效地增加信噪比。

2）测井过程中的质量控制

（1）工作频率。MRIL 的工作频率是 B_1 场的中心频率，它是在测井前的刻度时，通过扫频而获得的。P 型核磁有 9 个工作频率，例如，760kHz、686kHz、674kHz、656kHz、644kHz、626kHz、614kHz、596kHz 及 584kHz。改变工作频率范围必须是在车间进行严格的硬件调校。

（2）确定测井速度及叠加次数。MRIL 测井速度受多种因素制约。可以通过查图版的办法确定测速。决定测速的因素有：增益、观测模式、激化时间、仪器类型、仪器尺寸、期望的纵向分辨率及工作频率。最小叠加次数（running average）也是通过图版查得。

（3）井眼条件下 B_1 值的调整。在测井过程中，最重要的调整值就是 B_1 值的设置。B_1 是 CPMG 脉冲的强度，它使得质子产生扳转及重聚。B_1 值必须进行井温校正，校正后的 B_{1mod} 值必须控制保持在车间刻度 B_1 值的 5% 之内。

（4）数据采集过程中的质量监督。在 CPMG 回波串数据实时采集过程中，Excell-2000 地面系统中显示器的 MRIL 主窗口显示大多数质量指示曲线。当质量指示曲线超出允许范围时，窗口就会自动在超标曲线上闪烁红色警报，提醒工程师注意。

（5）测井质量控制曲线的回放。所有的质量控制曲线都记录在数据文件中，当需要时，可以回放出来进行检查。

3）测井后质量控制

（1）重复性检查。在正式测量之前，在测量井段顶部选择典型渗透层测量 25m 以上重复曲线。当地层孔隙度大于或等于 15% 时，孔隙度曲线重复测量值的相对误差小于 10%；当地层孔隙度小于 15% 时，孔隙度曲线重复测量的绝对误差为 ±1.5p.u.。

（2）曲线质量检查。

①回波串的拟合度 CHI 曲线应平滑且数值小于 2。

②增益 GAIN 曲线应平滑且无噪声干扰，增益应随钻井液电阻率及井径的变化而变化。

③测速应符合测前设计要求。

④测量曲线应与地层规律相吻合。

5. 阵列声波测井资料质量控制

1）多极阵列声波（MAC）测井仪技术规格

多极阵列声波（MAC）测井仪技术规格参见表 14-4-4 和表 14-4-5。

2）测后刻度

在无水泥黏附的套管内测量至少 15m 时差曲线，测量值应在 $187\mu s/m \pm 5\mu s/m$（$57\mu s/ft \pm 2\mu s/ft$）的范围内。

3）曲线质量

（1）各条曲线能分辨清晰，横向比例适当，各条曲线变化明显，符合地区一般规律，与地层岩性吻合。

（2）根据实际井况选择井径变化规则及曲线变化明显的中上部井段测量重复曲线，重复井段不少于 50m。

表 14-4-4　仪器规格及工作环境

仪器名称	仪器型号	仪器尺寸 × 外径 mm×mm	仪器重量 kg	工 作 环 境			
				最高工作温度，℃	最高工作压力，MPa	最小井眼 mm（in）	最大井眼 mm（in）
DAL1680 数字声波	MA	6270×86	153	204	138	114 (4.5)	610 (24)
DAC 1670 单极阵列声波	MA	12306×92	288	204	138	114 (4.5)	610 (24)
MAC 1668 多极阵列声波	MA	10686×92	318	204	138	114 (4.5)	533 (21)

表 14-4-5　技术性能指标

仪器名称	仪器型号	测量范围 $\mu s/m$（$\mu s/ft$）	测量精度	探测深度 mm（in）	垂直分辨率 mm（in）	最大测速 m/min	探测方式
DAL1680 数字声波	MA	131～853 (40～200)	$\pm 1.6\mu s/m$ $\pm 0.5\mu s/ft$	51 (2)	152 (6)	18	仪器井眼居中
DAC 1670 单极阵列声波	MA	131～853 (40～200)	5%	51 (2)	152 (6)	11	
MAC 1668 多极阵列声波	MA	131～853 (40～200)	5%	51 (2)	152 (6)	9	

注：1678 XMAC 的垂直分辨率均为 15.35in（390mm）。

（3）曲线能正确反映地层的岩性变化，质纯致密地层的声波时差值应与理论值吻合，误差不超过 $\pm 5\mu s/m$。

（4）非渗透层段的声波时差值应符合地区规律。

（5）声波时差测井曲线与体积密度、补偿中子和自然伽马曲线有相关性，所测地层孔隙度与体积密度和补偿中子计算的孔隙度应基本一致。

（6）除大井眼、明显的裂缝、洞穴、破碎带或严重气侵等特殊情况外，曲线不得连续出现周波跳跃，除井涌、井漏、井斜过大或井径剧烈变化等情况外，曲线不得出现尖刺状跳动，凡出现以上情况的井段，必须进行重复测量，必要时要降速测量。

（7）在测多极子阵列声波时，在井径规则井段横波时差在 80～150$\mu s/ft$ 范围内，重复误差不超过 $\pm 16.4\mu s/m$（5$\mu s/ft$）或 5%。

（8）声波时差 Δt 的重复曲线形状相同，在井径规则处声速为 200$\mu s/m \pm 50\mu s/m$ 的井段，测量重复误差不超过 $\pm 8.3\mu s/m$（2.5$\mu s/ft$）或 3%。

（9）4 条传播时间曲线应近似平行变化。

（10）波形曲线应近似平行变化，在硬地层纵波、横波及斯通利波界面清楚，变密度显示对比度清晰、适中且明暗变化正常。

（11）波形记录齐全可辨认，曲线幅度变化正常，横波峰值无饱和；当峰值出现饱和时，应改变增益重测。

（12）用多极子阵列声波仪进行交叉偶极方式测井时，必须使用方位短节，而且仪器的旋转每 10m 不得超过一周。

第五节　井壁取心和电缆地层测试技术

井壁取心是完井过程依据测井和录井资料，进一步落实储层，准确评价储层物性与含油气性而进行的一种实物测井技术。地层测试是油气勘探中验证储层流体性质、求取地层产能最为直接有效的方法。常用的地层测试方法有完井射孔油管测试、钻杆测试（DST）和电缆式地层测试等。

一、电缆式地层井壁取心

井壁取心是在裸眼井井壁上钻取岩心以评价储层岩性、物性和含油气性的一种实物测井技术。井壁取心时，先由测井资料确定预取岩心位置，用电缆将取心器输送到井下预定深度后，由地面控制，发射岩心筒或钻头旋转钻入地层，从而获取井壁上的岩心。

目前常用的井壁取心技术主要有两类：一是撞击式井壁取心；二是钻进式井壁取心。其主要作用有：

（1）岩性观察与分析：观察岩心的颜色、粒度和沉积特征等，并可进行黏土成分、含量、特殊矿物和粒度等实验室分析。

（2）含油气性分析：观察井壁取心的油气显示，并可进行岩心样品的地化（如热解色谱等）分析，定量评价含油气性。

（3）岩石物理研究：钻进式井壁取心的岩心样品一般不破坏储层岩石结构，可进行大多数的岩石物理分析项目，如孔隙度、渗透率、饱和度、附加导电性和岩电等分析。由于井壁取心的针对性强，十分有利于岩心刻度测井解释。但是，应用井壁取心进行岩石物理分析时，要注意样品的钻井液侵入污染。

1．撞击式井壁取心

撞击式井壁取心是利用火药爆炸的能量将取心筒射入地层而获取岩心样品的一种实物测井技术，其工艺与电缆射孔基本相同，与射孔、下桥塞和电缆地层测试等同属电缆工程作业范畴。撞击式井壁取心的特点是作业时间短，成本较低，对钻井液无特殊要求，但岩心样品规格小，岩石结构被破坏，不能进行储层物性与岩电等分析评价，地质应用的局限性大。

1）仪器结构

撞击式井壁取心器主要由地面控制设备、取心器主体和辅助工具组成。

（1）地面控制设备：除提供动力的测井车和绞车外，还有用于取心、安全和深度等的控制系统，如保护电路、供电电路、控制电路、显示电路和继电器等。

（2）取心器主体：由取心枪与选发系统组成，取心枪包括枪身、取心筒和药盒发射器，选发系统由选发器、低压点火器和同步控制器组成。

（3）辅助工具：包括自然伽马或电阻率测井装置、电缆、鱼雷和马笼头等。

2）基本原理及流程

井壁取心时，在井壁取心器的上方连接一个自然伽马或电阻率测井仪一同下井（自然伽马或电阻率测井根据深度误差要求选择，一般电阻率的深度精度高于自然伽马）用于确定取心位置和校深。取心器枪身上各取心筒间距离及其与自然伽马或电阻率测井仪的记录点的距离都是固定的。下井前把本井所测的地层视电阻率或自然伽马曲线绘制在井壁取心的记录纸上，将要取岩心的深度位置由深至浅用序号标注在曲线上，将记录纸装入记录仪卷纸机构。在测量视电阻率或自然伽马曲线时，应采取和原曲线相同的深度比例和横向比例，井下自然伽马或电阻率仪沿井身移动的同时，地面记录仪实时记录随着井深变化的自然伽马或视电阻曲线。当记录曲线与跟踪曲线匹配时，接通深度盘，上提零长值，当深度盘指针回零时，立即停车，给井壁取心器通电点火、发射，即可将岩心筒打入地层，通过绞车活动电缆，就可取出该地层位置的岩心。当第一颗取出后，由地面选发器面板控制井下井壁取心器的选发机构，将点火线与第二药室接通。按上述步骤，可以在井下连续进行本井的井壁取心工作。

3）注意事项

撞击式井壁取心涉及火工材料，为确保作业安全和位置准确，要严格按照操作规程实施作业，并特别注意以下几个方面的问题：

（1）下井仪器连接与检查。下井仪器各部连接前，应检查缆心、电极和马笼头各部分线路通断与绝缘性能。针对选择的跟踪曲线类型确定下井测井装置，并计算其与取心器的零长。

（2）取心器装配与检查。对取心器药室、引火螺钉和弹道进行清洁与除锈。将岩心筒、岩心座和钢丝绳上满扣并装配好，带上密封圈，依次装进枪体，用卡销将钢丝绳头卡封。用万用表检查药盒点火桥丝电阻值。根据取心深度、钻井液密度和地层岩性确定每个药室装药量，确保火线与地线接触良好，保证点火正常。用螺丝刀将岩心筒依次装入药室，盘好钢丝绳，装入枪体两边槽沟内，按顺序将密封顶紧、密封，用专用测试器检查选发器状态。

（3）施工操作与检查。电缆下到校深位置后，测量电阻率或自然伽马曲线，检查所测曲线与同类跟踪曲线形状与深度是否相符，证实跟踪正确与否。

每次发射前后都要进行"药盒测试"。证实药盒确已发射后，才能进行下一颗取心作业。

（4）起出仪器，按仪器操作记录从下至上顺序编号，按顺序将岩心筒卸下交地质人员装袋验收。

（5）撞击式井壁取心技术适用于中等硬度地层，过软易掉心，过硬取心筒很难射入地层。

2．钻进式井壁取心

钻进式井壁取心器又称旋转式井壁取心器，是20世纪90年代发展并逐渐成熟的电缆实物测井技术。其基本原理是在液压马达驱动下，依靠钻头垂直于井壁钻取地层岩石样品，取出的岩石样品形状完整（标准的圆柱体）并保持原始地下状态等特点，可直接用于岩石物性与岩电等分析评价。

与传统的钻井取心相比，旋转井壁取心器有如下特点：（1）占用井场时间短，成本费用低；（2）不会出现漏心掉心现象，取心点可以根据需要，灵活变动；（3）可重复对某一点多次取心。

与撞击式取心相比，旋转井壁取心器有如下特点：(1) 取岩心颗粒大，呈规则的圆柱型，岩心尺寸直径可达 25mm，长度可达 50mm；(2) 岩心能保持地下产状，直观地反映地层的岩性、物性和含油气性；(3) 满足实验室的岩性分析，特别是可以进行孔隙度、渗透率和饱和度等分析，为储层研究提供重要依据。

1）旋转式井壁取心仪器基本结构

旋转式井壁取心仪器由地面控制系统、井下控制系统、井下液压传动系统和钻头等部分组成。

(1) 地面控制系统：由计算机、深度张力控制面板和地面控制面板等 3 部分组成。

深度张力控制面板和计算机负责深度信号和自然伽马信号采集处理与显示，控制取心深度，保证钻头准确定位在目的层位。

地面采集控制面板发出取心操作执行命令，即推靠、钻进和马达转动等，井下仪器按命令执行相应的动作，并把取心的信息上传到地面采集控制信息进行显示以控制井壁取心过程。

(2) 井下控制系统：由井下采集控制电路、载波通信和自然伽马 3 部分组成。

主要通过三个固体开关控制三路电液阀动作，如推靠臂的靠与收，钻头的进与退，马达的转停以及高压电源的电压调整，24V 通断控制，传送 62.5kHz 高频 MSK 信号，传输 50Hz、220V 井下工作电压，负责井下自然伽马曲线采集等。

(3) 井下液压传动系统：旋转式井壁取心液压传动系统一般由动力源（双联泵）、执行器（液压缸）、控制阀、液压辅件和液压介质 5 部分组成。

①动力源（双联泵）分为大泵系统和小泵系统。大泵系统负责马达的启动和停止，小泵系统负责液压推靠臂、推心和钻进等功能。

②液压缸：旋转式井壁取心器有 5 个液压缸，均为双作用缸。

③控制阀：包括压力、流量和方向三种功能的控制阀。

④液压辅件：包括油箱、管道过滤器和蓄能器。

⑤液压介质：有 C68、C100 和 C150 三种型号的液压油。

(4) 钻头及机械支撑系统，包括推靠臂和金刚石钻头等。

2）旋转式井壁取心仪器工作流程

(1) 下放仪器到取心层位以下，上测跟踪自然伽马曲线，使钻头对准取心层位。

(2) 启动电动机，使上下推靠臂张开，把仪器推靠到井壁上。

(3) 启动液压马达并开始钻进，调整电动机工作电压，寻找工作点（当电压调高，电流不再降低时，即为工作点），找到工作点后再提高电压，开始正常钻进。当钻头接触到岩层后，电机电流会稍有上升。当钻进到预定位置后，立即停止液压马达转动，这时液压马达尾部快速向上翘动，折断岩心，然后快速降低电压到工作点并退钻，液压马达连同钻取的岩心退入机械节，提升电缆准备下一点取心。

(4) 岩心退入机械节后，机械节内的传送杆将岩心推入储心筒，其间岩心通过一个传感器，若岩心完整则传感器可产生感应，如果岩心没取出或破碎则不能产生感应。

(5) 仪器起出井口后把储心筒取出，与地质人员共同倒出岩心，编录并装盒。

3）旋转井壁取心注意事项及操作检查要点

(1) 检查钻井液固相含量。旋转式井壁取心仪器的所有动作都是在井下钻井液中的机械动作，钻井液性能对钻头动作将产生重要影响，如钻井液中含砂量高或固相颗粒较多时，影响钻头沿滑块的运行甚至卡死，造成钻头无法收回或伸出导致取心失败。

（2）检查电缆与仪器绝缘及皮囊等密封件。仪器工作流程涉及高电压高电流，因此，对电缆绝缘性能要求高，每次作业前都要检查电缆绝缘性能。此外，液压系统是否密封也很关键，如果密封被破坏，整个电动机—双联泵—马达都将灌浆，即使微量渗漏也会降低仪器绝缘性能。破坏密封原因主要有两个，一是钻井液相对密度不能过大，不能超过皮囊承受能力，否则皮囊被破损，密封也就被破坏；二是井筒中不能有油或气，高温高压下油气对橡胶件的损害非常严重。

（3）检查排屑槽。钻头钻进过程中，排屑槽起到循环钻井液作用，如排屑槽堵塞或钻井液相对密度过大、含砂量过高，无法排除钻进过程中形成的岩屑，易造成憋钻甚至卡钻，严重的发生仪器卡。

（4）由于钻头取心长度是一定的，滤饼过厚必然造成所取岩心长度不够，因此，取心前要通过井径测井等分析滤饼厚度，必要时要进行划眼。

（5）因地层岩性不同，其硬度和可钻性亦不同，为提高取心速度与取心成功率和安全钻进，在地面开展模拟地层条件下钻进试验是非常有必要的。

（6）按照仪器操作规程进行仪器外观与关键部件电阻绝缘、下井仪器装接和通电等方面的检查。

（7）在渗透性好，地层厚度又比较大的位置取心，操作要迅速，尽量减少取心时间，以免造成吸附性卡钻。

（8）取心作业前，必须通井，刮掉取心段的滤饼。循环钻井液3周以上，充分除砂除岩屑。要求钻井液漏斗黏度小于60s，含砂量小于0.5%，API失水量小于5mL，密度小于1.4g/cm³。如钻井液静止8h以上，必须再次通井循环钻井液3周以上。

（9）国产井壁取心器对井身要求较高，井径160～380mm，井斜小于10°。对大于10°井斜的井会影响取心收获率，并可能带来安全隐患。

3. 钻进式井壁取心器主要指标

当前，世界上主要电缆测井服务公司都研发了自己的钻进式井壁取心器，基本原理大同小异，性能存在一定的差异。国内应用较多的钻进式井壁取心器主要有两种：一是国产FCT；二是斯伦贝谢公司的MSCT（表14-5-1）。

表14-5-1 FCT和MSCT性能对比

项目	FCT-1	MSCT
仪器总长	6340mm	10400mm/50颗
仪器最大外径，mm	129	143
耐温指标，℃	175	175
耐压指标，MPa	140	138
岩心样品规格	25/50mm	23.1/50.8mm
一次下井取心数，颗	30	20～50
井径范围，mm	150～380	159～483
最大井斜，(°)	10	—

随着钻进式井壁取心技术不断发展和成熟，其应用将会不断扩展，可在很大程度上替代钻井取心，是转变经济增长方式的一种有效途径。同时，随着钻进式井壁取心技术应用的不断深化，必将会带来传统测井储层评价思路的变革，如在现场测井快速解释基础上，迅速进行测井储层初步划分，针对显示好或疑难段立即进行较密集井壁取心，并对其进行现场核磁共振等实验分析，直接给出岩性和孔渗饱等参数，判断油气水层和储层快速准确评价。钻进式井壁取心技术具有广阔的应用前景。

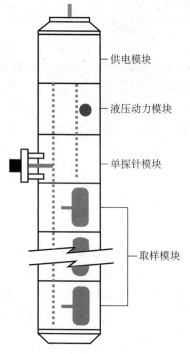

图 14-5-1　MDT 标准测试模块

二、电缆地层测试

1. 电缆地层测试（MDT）

MDT 是斯仑贝谢公司推出的第三代电缆地层测试仪——模块式动态电缆地层测试仪，MDT 的显著特点是其灵活的模块式设计，各模块可根据地层测试的需要进行组合。MDT 的模块组件可分为两类，即基本标准模块和选择模块。基本标准模块为完成基本电缆测试所必须具备的基础模块；选择模块可根据不同的测试目的和要求进行增减。

1）MDT 的基本模块组合

如图 14-5-1 所示，MDT 的基本模块组合包括供电模块、液压动力模块、单探针模块、取样模块和管线系统。

（1）供电模块。供电模块在仪器串的最顶部，通过电缆总线给仪器各模块供电。

（2）液压动力模块。液压动力模块通常在供电模块之下，该模块为仪器提供最基本液压动力源。

（3）单探针模块。与液压模块直接相连，可以选择标准探针或大直径探针。插进井壁的探针使测试管线与外界密封，从而完成地层压力测试功能。为了确保在不同储层条件下获得良好的压力测试效果，该模块提供了一个预测试室，其容量可调，最大容积为 20mL。预测试过程中，测试系统可以在地面控制流动压力、流体流动速度和测试室的体积，通过预测试获得主测试最佳的仪器操作参数。标准的可控式推靠器可保证探针模块能在 6 ~ 14in 的井眼中正常工作，附加一个配套部件可使其使用范围提高到 19in。

（4）取样模块。取样模块有三种规格的取样桶可供选择，分别为 1gal、2.75gal 和 6gal。如图 14-5-2 所示，前两种取样桶具有独立的管线和电路总成，可以组合在仪器的任何位置，且具有防硫化氢功能。理论上软件可以支持 12 个这样的取样桶，但是由于仪器长度和重量的限制，每次下井实际上只能装 5 ~ 6 个取样桶。6gal 的取样筒由于不具备独立的管线和电路总成，因而只能放置在仪器的底部。

（5）管线系统。图 14-5-3 为 MDT 管线系统示意图。与其他仪器不同，MDT 测试仪（通用部分）与预测试室相互独立，并由操作工程师控制。当液压压力达到 2800psi 时过滤阀开始工作，同时预测试活塞开始运动。由于上述原因，MDT 很少发生密封失败的情况。MDT 在临近测压室的管线中装有温度和电阻率监测装置，可用于实时检测管线中流体的温

标注（图中）：
- 供电模块
- 液压动力模块
- 单探针模块
- 取样模块

度和电阻率。电阻率测量值用于实时判别流体的性质，温度测量值用于压力校正。

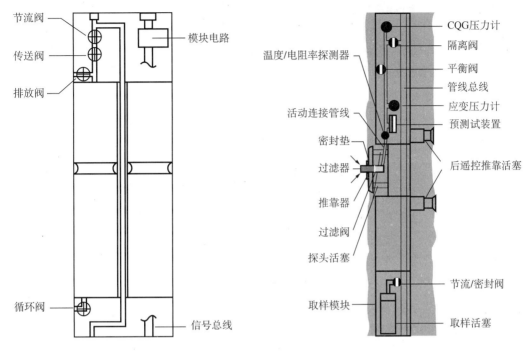

图 14-5-2 加仑取样模块示意图　　　图 14-5-3 管线系统示意图

除此之外，MDT 的测试管线系统具有两个压力计，一个为应变压力计，另一个为带时钟的 CQG 石英压力计，CQG 石英压力计的测压精度比常规石英压力计有较大的提高，从而保证了 MDT 测压的质量。另外，需要注意的是，为了图示方便，应变压力计刻度压力比实际压力低一个大气压。

2）可选择模块

MDT 标准模块所实现的与 RFT 测试仪器的功能基本相似，真正能体现 MDT 特色的部分都包含在可选择模块中，目前的应用也充分证明了这一点。

（1）多探针系统。应用 MDT 进行地层测试时，地层中流体的流动方式大多数情况下为球型流，因而它确定的渗透率为球型渗透率，这种渗透率是纵向渗透率和径向渗透率的复杂矢量组合。当地层完全各向同性时，该渗透率可以代表地层的纵向与横向渗透率。然而，当地层严重各向异性时，它反映的既不是径向渗透率，也不是纵向渗透率。多探针系统较好地解决了上述问题。多探针系统的常规组合如图 14-5-4 所示，由测试探针、纵向和径向监测探针组成。纵向监测探针位于测试探针以上 2.3ft 处，径向监测探针与测试探针相对。通常，测试探针以一定的速度抽取地层流体，纵向和径向探针监测压力的变化情况，根据压力随时间的变化情况推导出地层的纵向和径向渗透率。

（2）流动控制模块。流动控制模块是 MDT 的一个重要的辅助测试模块。由于该模块提供的最大测试体积为 1000cm³，比小测试室的体积要大得多，它可以在地层深处产生更大的压力干扰，并对干扰程度进行控制。同时，这 1000cm³ 的流体可以控制排放，它可以重复地产生压力干扰，配合多探针系统可以更准确地确定地层的渗透率。另外，由于该模块可以控制取样的流速和压力，为困难地质条件下的流体取样提供了便利条件，改善了诸

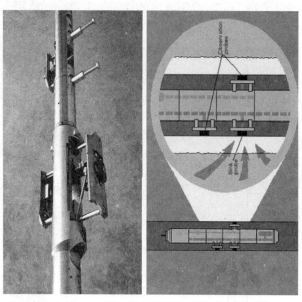

图 14-5-4　MDT 多探针系统的常规探针组合

如疏松地层的流体取样等疑难储层地质条件下的取样效果。

　　（3）泵出模块。泵出模块是 MDT 电缆地层测试仪最为重要和最具特色的可组合模块。该模块实现了测试流体的管理排放，为获取有代表性的地层流体提供了重要的技术保证。通常，钻井过程中储层钻井液的侵入是不可避免的，电缆地层测试开始抽出的往往是冲洗带的钻井液滤液，它不代表储层流体的类型和性质。在侵入较深的情况下，需要长时间的抽出，排液才能得到具有代表性的流体，这是 RFT 和 MDT 的早期取样成功率较低的主要原因。

　　取样过程中，操作工程师可对管线中所取流动流体进行实时的光学流体分析，并进行实时的电阻率观察，当管线中的流体为钻井液滤液时可通过泵出模块将抽出的流体排至井桶，当分析管线中抽出的是地层流体时可关闭泵出模块，通过阀门操作将流体排至取样桶，从而完成取样工作。

　　图 14-5-5 为水层 MDT 取样过程中监测曲线响应示意图，图上的曲线分别为探针压力曲线（BSG1）、流动管线中流体电阻率曲线（BFR1）和累积泵出流体体积曲线（POPV）。由图可见，在开泵初期，由于泵出的大部分是钻井液滤液，电阻率相对较高，随着时间的推移，管线中流体的电阻率越来越低，钻井液滤液越来越少。向井眼内排放 25gal 的流体后，操作工程师停止泵出，打开 6gal 的取样桶开始取样。从取样过程中的电阻率曲线看，取样过程中流体的电阻率较低且数值稳定，取得了基本能代表地层流体性质的水样。

　　值得说明的是，在泵出过程中测井图上显示的泵出量是体现泵动作的理论值，实际的泵出量与泵的效率有关，而泵出效率又受压差（钻井液压力与流压之差）的影响，泵速越快，压差越小。在一些情况下，如压差接近 4000psi，此时的泵即使在工作，但它已经达到了工作极限，泵难以克服此压差而将流线中的流体排到钻井液中去，这就是在一些钻井液相对密度较高的井中常规评价认定的较好的油气层 MDT 泵不出流体的原因。

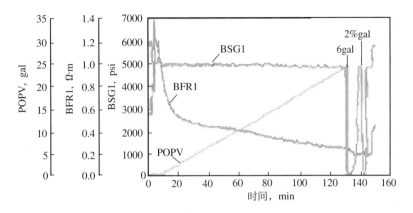

图 14-5-5 水层 MDT 取样响应示意图

（4）双分隔器模块。双分隔器模块（图 14-5-6）的测试功能与小型的 DST 测试相似，它使用两个膨胀式分隔器对测试段进行分隔测试，分隔器的间距约 1m。由于分隔段具有较大的流动面积，该模块较大地改善了低渗储层的测试效果。分隔器模块也可以和单探针模块组合，实现更多的测试目的。

另外，应用双分隔器模块可以对地层进行反注，实现微型地层压裂，获得诸如破裂压力和地应力等岩石力学参数。

双分隔器模块的应用有一定的条件限制：

①当井中液柱压力与地层压力差接近 4000psi 时（$6^3/_4$in 分隔器），将达到分隔器的技术指标限制。

②受分隔器的尺寸和形变性质的限制，必须具备一定的井眼条件。最小井眼不能小于 6in，井眼长短轴之比不能大于 1.2，分隔器坐封处的井壁必须规则、无裂缝等。

③分隔器为一次性使用产品，不能重复使用。

④在裸眼井中使用要充分考虑测试的安全性。一般在套管井中使用安全和可靠性会更高。

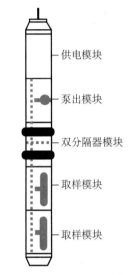

图 14-5-6 双分隔器模块组合示意图

（5）PVT 多取样模块。PVT 取样对于准确地确定油气藏地下状态流体的相态和性质，指导后期勘探，准确地进行储量计算和编制优化的开发方案具有重要的意义。常规 PVT 取样的方法有两种，一是地面配样，二是井下 PVT 取样。对于未饱和油藏，取得有代表性的样品是不困难的，但对于饱和油藏和凝析气藏，PVT 取样则相对困难，往往取不到有代表性的样品。从理论上讲，取样越早，PVT 样品的代表性越好，原始的油藏未经开发情况下的 PVT 取样的代表性最好。MDT 为进行直接的地层 PVT 取样提供了新的手段。

MDT 进行 PVT 取样模块一般与泵出模块和 OFA 模块配合使用，用 OFA 模块实时监视管线中流体的类型，以确保取得未经污染的样品。MDT 的 PVT 取样模块可携带多个取样桶，最多为 6 个，且同一取样点可有选择性的装满数个取样桶。每个样桶的体积为

450cm³。取样过程中，为了取得有代表性的样品，仪器可控制取样压差，严格控制取样压降，以确保取样压力在饱和压力以上。

（6）OFA 光学流体分析模块。OFA 光学流体分析模块应用透射光谱分析和反射光谱分析的方法实现了取样过程中流体性质的实时检测。OFA 模块不仅可以用于井下直接识别流体的性质，直接验证地层流体的性质，而且大大地提高了取样的代表性和成功率，是 MDT 作业中应用最多、效果最突出的模块之一。

3）MDT 各模块的技术指标

MDT 仪器模块的技术指标见表 14-5-2。

表 14-5-2　MDT 仪器模块的技术指标

模块名称	耐温 °F	耐压 10³psi	井眼尺寸，in		仪器外径 in
			最小	最大	
供电模块	400	20	—	—	$4^3/_4$
液压模块	400	20	—	—	$4^3/_4$
单探针模块	400	20	$6^1/_4$	$14^1/_4$	5
双探针模块	400	20	$7^5/_8$	$13^1/_4$	$6^5/_{16}$
多探针模块	400	20	$7^5/_8$	$13^1/_4$	6.3
取样模块（1，$2^3/_4$gal）	400	14/20（H₂S）	—	—	$4^3/_4 \sim 5$
取样模块（6gal）	400	10	—	—	$4^3/_4$
多取样模块	400	20	—	—	$4^3/_4$
流动控制模块	400	20	—	—	$4^3/_4$
泵出模块	400	20	—	—	$4^3/_4$
光学流体分析模块	350	20	—	—	$4^3/_4$
双分隔器模块	300/225	20/15	$6^1/_2$	12	$5^1/_2 \sim 7^1/_4$

2．MDT 测井时应注意的事项

（1）压力计应定期刻度，应变压力计至少应 6 个月刻度一次，石英压力计至少应一年刻度一次。

（2）测压或做 OFA 分析应由上至下进行。

（3）测点位置要进行校深。

（4）仪器在下放过程中应尽量慢，以免扰动钻井液的平衡状态。

（5）测压时，MDT 测压室的大小应根据测量情况调整。高孔高渗储层采用 20cm³ 的测压室；低孔低渗储层采用 10cm³ 的测压室；物性更差的储层，测压室可调整为 5cm³，以达到尽可能地缩短测试时间的目的。

（6）要注意泵出模块的选型。低渗储层应选用高压泵模式，高孔高渗储层选用低压泵模式。

（7）OFA 流体分析和地层取样时泵出时间应注意钻井液侵入深度的影响。一般情况下高孔高渗储层的侵入深度相对较浅，中、低孔渗储层的侵入深度相对较深，当然，储层物性较好的情况下也会出现侵入较深的情况。对于常规测井和录井显示较好的储层在条件允许的情况下应适当地延长泵出时间，以便得到有代表性的测试结果。

（8）测量时间过长容易造成电缆吸附。为了避免电缆吸附，在 OFA 分析过程中，应每隔一段时间放松电缆。实践证明，电缆下放过长会影响仪器的封闭状态，下放过短得不到应用的效果。电缆下放 2～3m 后再提到原来位置效果较好。

（9）由于储层存在一定的非均质性，测压点和 OFA 分析点应根据测量情况随时调整。

（10）石英压力计的压力值比应变压力计高 14.7psi 左右，即测量到的压力应减去一个大气压后才为地层压力值，但并不影响流体性质的确定。

3．MDT 测井资料解释原理

1）OFA 测试资料的解释原理

OFA 光学流体分析模块应用透射光谱分析和反射光谱分析的方法实现了取样过程中流体性质的实时检测。通过对流线中流体的透射光谱分析，可以确定流体性质和流体的相对含量，反射光谱的分析可以指示流线中是否有气体的存在以及气体含量的高低（图 14-5-7）。

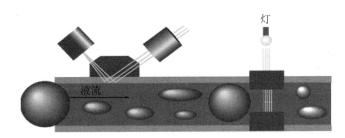

图 14-5-7　OFA 流体光学分析示意图

（1）透射光谱分析。当光透过流线中的流体后，其强度要发生变化，光强度的变化与流体的性质有关，一般用光密度的概念来表示，即透射光与入射光强度的比值倒数后再取对数：

$$OD=\lg(1/T) \tag{14-5-1}$$

式中　T——光的透射系数（$T=T_1/T_0$）；

T_1 和 T_0——透射光和入射光强度；

OD——光密度。

利用透射光光谱进行油水检测的原理如图 14-5-8 所示。不同性质的流体其谱分布和波长是不同的，通过波长与光密度的波谱分析即可识别流体性质。水峰波长分布在 1450nm 和 2000nm 区域附近，其他的分布区域主要反映的是油的特征。波长小于 1500nm 时，波长从大到小主要是油基钻井液滤液、凝析油、轻质油、中质油和重油的波长范围，基本上为油质越重，波长越大。在两个水峰之间的波长段为油气的综合响应。MDT 透射光谱分析将整个测量光谱段分为 10 个窗口区间，第一个水峰之前的油区分为 6 个波长区间，称为颜色道，对应油质由轻到重的变化，两个水峰对应两个窗口，水峰之间分为两个窗口段。

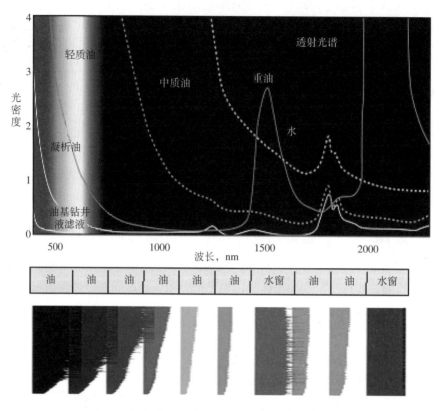

图 14-5-8　透射光谱流体分析原理图

　　新一代的 MDT 仪器增加了气油比的分析功能，其采用的仍然是透射光谱流体分析的方法。气油比分析的为两个水峰之间 1500～1950nm 的波长范围，这个波长范围波谱图为油气的综合贡献，对这个区间的透射光强度波谱图进行剥谱处理即可得到反映液态气体的剥谱图和油的剥谱图，两个剥谱曲线下的面积比即为气油比（图 14-5-9）。这样，只要 MDT 取样过程中保持取样压力在饱和压力以上，就可以完成气油比的分析工作。

　　（2）反射光谱分析。由几何光学的理论可知，光入射到两种物质的界面时将发生反射，当入射角达到一定的角度（临界角）会产生全反射现象。MDT 测试管线中的流体主要为气、水、油三种相态，而气、水、油三种物质发生全反射的临界角是不同的。其中，气体发生全反射的临界角最低（图 14-5-10）。这样，如果仪器光源的入射角略大于气体的全反射临界角，把反射光的接收窗口调整到只接收气体反射光的位置，反射光接收窗口接收的就只有气体反射光，而无其他流体的反射光。分析反射光的光谱和强度即可反映气体的相对体积。MDT 由 6 个窗口记录反射光，用高、中、低三个量级来表示测试管线中气体体积的相对大小。

　　图 14-5-11 为现场 MDT 地层测试 OFA 分析的实例。该图为 MDT 地层测试 OFA 分析的标准出图格式。图中第一道为流体电阻率和累积泵出体积道，第二道为分析时间道，第三道为气体分析道，第四道为流体相对体积道，第五道为透射光 10 个分析窗口的拟合曲线，第六道为透射光 10 个窗口分析的相对体积。图中，"A"分析层电阻率无明显的变化，反射光分析无气体显示，透射光流体分析无油显示，两个水窗显示水的含量较大，为水层

的特征，综合分析该测试层为水层。"B"分析层泵出 900s 以后，检测电阻率呈跳跃显示，反射光分析气体含量较高，透射光流体分析各种流体的体积相对较小，为典型的气层显示。"C"分析层检测电阻率随着测试时间的增长，流体电阻率逐渐增加，反射光分析基本无气体显示，透射光流体分析轻质油道相对体积较高，两个水道有一定的含水显示，分析测试过程中抽出流体的电阻率还在逐步升高，水为钻井液滤液，该测试层为油层。

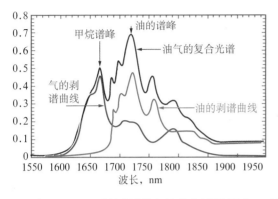

图 14-5-9　透射光谱的气油比分析原理图

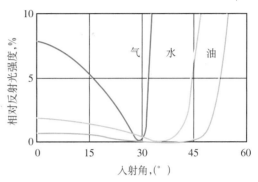

图 14-5-10　气、水、油入射角与反射光强度关系图

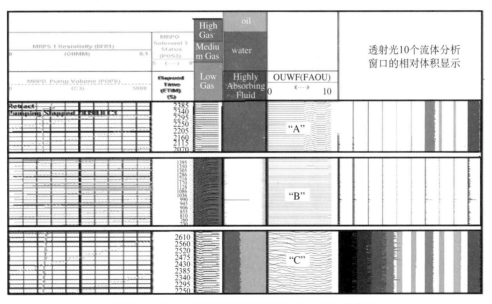

图 14-5-11　现场 MDT 地层测试 OFA 分析的实例

2）压力资料计算储层流体密度

在压力与深度剖面上，对同一压力系统，不同深度进行测量所得到地层压力数据，理论上呈线性关系，直线的斜率即为该压力系统的压力梯度。压力梯度通过简单的换算即可得到储层流体密度，可以表达为：

$$\rho_{\text{f}} = \frac{\Delta p}{\Delta H \times 1.422} \qquad (14-5-2)$$

式中　ρ_f——测压层流体密度，g/cm³；

　　　　Δp——同一压力系统任意两个有效测压点间的压差，psi；

　　　　ΔH——同一压力系统任意两个有效测压点间的深度差，m；

　　　　1.422——压力梯度转换系数。

由于油、气、水的密度不同，在压力剖面上就表现为不同的压力梯度，这是用 MDT 识别流体类型的物理基础（表 14-5-3）。

表 14-5-3　天然气、石油和水的密度与压力梯度

序　号	流体类型	密度，g/cm³	压力梯度	
			kPa/m	psi/m
1	天然气	0.18	1.76	0.25
		0.25	2.45	0.35
2	石油	0.80	7.8	1.12
		0.85	8.3	1.19
3	淡水	1.00	9.9	1.42
4	盐水	1.07	10.5	1.50

在储层较为均质的情况下，MDT 压力剖面的制作较为简单，可以用单井的资料制作，也可以用同一压力系统的多井测试资料制作，通常都可以获得较好的地质效果。

由于钻井液的侵入，会在井壁周围很薄的环状区域内形成"表皮"区，产生一个附加的压力增量。在储层非均质的情况下，测量井段的渗透性存在一定的变化，形成稳定滤饼的时间和性能是不同的，因而其侵入程度也不相同，产生的附加增压量也不相同。通常，低渗层滤饼的形成较慢，钻井液对地层的侵入和干扰较深，钻井液向地层的压力过渡时的压力降并不像好储层那样仅消耗在滤饼上，它存在较长的过渡带，造成 MDT 探测的压力介于钻井液和地层的压力之间。增压效应很难进行校正。一般情况下，储层的物性越好，增压量越小，储层物性越差，产生的增压量越大。由于 MDT 探针式地层测试的波及范围较小，与 DST 和完井测试不同，它受增压的影响较大，使用过程中应对该方面的特点给予充分的重视。

应用经验表明，对于物性向上变差的储层（如正韵律），回归的流体密度一般偏小，物性向下变差（反韵律沉积）的储层回归的流体密度一般偏大（偏向于水）。

图 14-5-12 为某地 L9 井的综合测井曲线图。图中头 3 道为常规测井曲线，第 4 道为核磁共振测井波谱图，第 5 道为深度道，第 6 道为 MDT 压力剖面。储层段剔除明显的增压点和测量流度较小的点后，获得压力点 10 个。从表面上看，头 8 个点为油层显示，后 2 个点为水层显示，头 8 个点回归的流体密度为 0.78g/cm³，后 2 个点计算的流体密度为 1.2g/cm³，回归得到的油水界面为 2239m。从图上可以看出，储层段 MDT 测压范围内从上到下自然伽马测井曲线测井值逐渐增大，核磁波谱测井图显示平均孔隙直径逐渐减小。事实上，头 8 个点岩性与物性变化不大，测压形成的压力剖面是可靠的，试油也证明了油层的结论。然而，后两个点岩性明显变细，物性变差，"表皮"效应增大（后 4 个测试点的测量流度分别为 55.00、10.80、1.10 和 1.60），测压造成的增压量逐渐增大，造成了回归流体密度为水

层的显示。综合分析，该压力剖面是不合适的，因而，其显示的油水界面也是不可靠的。之后评价井证明，该储层段位于油水界面以上，油藏为具边水的油藏。

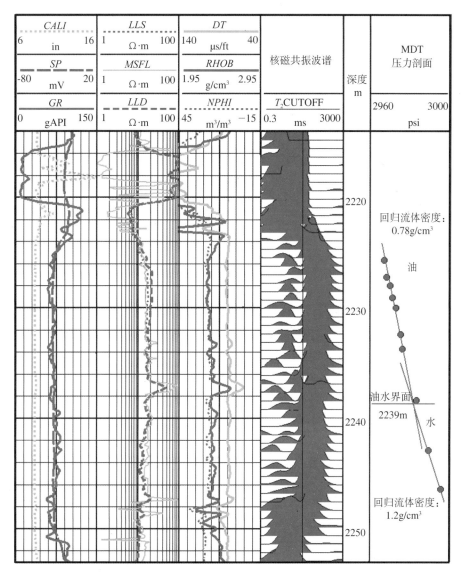

图 14-5-12 某地 L9 井的测井综合解释成果图

应用 MDT 的测压资料可以获得测试层的有效渗透率和表皮系数。MDT 预测试方式、取样方式和双分割器方式获得的时间压力剖面均可进行储层有效渗透率的解释。MDT 测试资料的解释方法与 DST 基本一致，但有其特殊性，主要表现在其渗流方式和渗流量，MDT 探针方式的渗流模式多为球形模式，且测试量较小，宏观代表性相对较差；双分割器测量方式的渗流模式与 DST 的渗流模式基本一致，多为径向流模式，其独具特点的是多探针的测量模式，此种测量方式不仅可以获得储层的水平渗透率，而且可以获得储层的垂向渗透率。

图 14-5-13 为 MDT 单探针测试典型的测试曲线。图中第一段为测前钻井液柱的压力曲线，第二段为打开测压室时的压降曲线（开井），第三段为压力恢复曲线（关井），第四

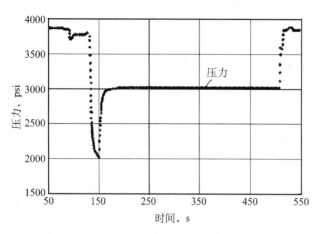

图 14-5-13 MDT 单探针测试典型的测试曲线

段为测后钻井液柱的压力曲线。

MDT 测试资料评价储层的渗透性，通常用流度表示，它是储层渗透率与流体黏度的比值。与 DST 测压资料的解释方法相同，可分别应用其压降曲线和压力恢复曲线评价储层的渗透性。

4．MDT 测井应用

应用经验表明，MDT 可以高效地完成以下工作：

在井下直接快速地识别储层的流体类型（取样、OFA 光学流体分析）；

压力恢复曲线分析可获得储层的有效渗透率；

形成精细的压力剖面，在油气勘探的早期快速准确地确定油气藏气、油与水界面；

完成地层常规流体取样或地层 PVT 取样，在油气藏的勘探早期查明流体的性质。

1）快速识别储层流体的类型，准确地发现与评价油气层

常规测井用储层的地球物理响应间接地确定储层的类型，由于这些测井响应受众多因素的影响，存在一定的多解性和不确定性，在地质条件和井眼条件较为复杂的情况下需要地质与试油数据的标定才能获得较好的评价效果。事实上，在勘探早期，特别是预探阶段岩心分析数据与试油资料是不具备的，这就给复杂地质条件下的测井评价工作带来了一定的难度。MDT 电缆地层测试可以直接地识别储层的类型，准确地发现油气层，对于减少试油层位，提高勘探成功率具有重要意义。另外，应用 MDT 验证的油水层进行常规测井资料的标定，可以减小常规测井的多解性，提高常规测井的解释准确性。

SQ6 井是一口预探井，该井于 1997 年 10 月 14 日测井，用 CSU 测井系列进行了常规测井，在主要目的层段还用 MAXIS-500 测井系列加测了 FMI、CMR、MDT 和井壁取心。该井井底钻揭石炭系 80m，岩性主要为绿泥石化的火山角砾熔岩。尽管石炭系不是该井的钻探目的层位，但现场评价人员对地质、钻井、录井和测井资料进行综合分析认为石炭系物性与含油性情况较好，对石炭系进行了重点的评价。图 14-5-14 为 SQ6 井综合测井曲线图。图的左边 4 道分别为常规测井曲线和深度；第 5 道为 CMR 孔隙度，其中黑色虚线为 CMR 有效孔隙度，黄色区域为不可动流体体积，红线为可动流体体积；第 6 道为 CMR 渗透率道，阴影区域为渗透率值；最右边的道为 FMI 图像。图像展示火山岩气孔与熔孔发育，2532 ～ 2547m 物性较好，CMR 孔隙度可达 18% ～ 24%，渗透率可达 10 ～ 193mD。评价人员在井场经过对资料的充分分析，认为该井石炭系顶部火山岩孔隙发育，渗透率高，是难得的好储层。对于块状的火山岩储层，电阻率测井值受岩性变化的影响较大，用电阻率测井值无法直接地确定储层的含油性，为此，决定用 MDT 验证该块状地层的含油性。综合分析认为，火山岩储层获得有效压力剖面的可能性不大，决定采用直接取样的方式验证。

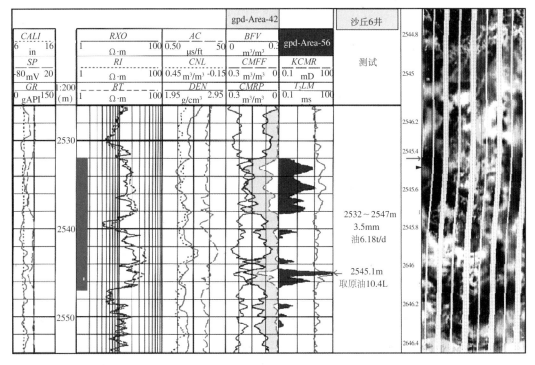

图 14-5-14　SQ6 井测井综合曲线图

在井段 2532 ～ 2538m 和 2644.8 ～ 2646.5m 两段中，核磁共振显示储层物性都很好，但若在底部取得油样则可验证整个块状地层的含油性。为此，决定 MDT 在 2545.1m 进行 OFA 光学流体分析，若为油气则进行取样。泵出模块工作 22min 后，管线开始见油，59min 后管线内的流体几乎全为油。样品取至地面，2.75gal 的取样桶内全部为原油，从而验证了该井块状地层全部为油层。

MDT 验证了储层的含油性，核磁共振测井资料显示，储层具有较大的可动流体孔隙度，应具有较好的产能，决定在 2532 ～ 2547m 井段射孔求产。然而，遗憾的是，初次射孔压裂无流体产出。但由于 MDT 取得了油样，坚定了决策者的决心，后重新补孔试油，获得日产油 19t 的工业油流，从而发现了 SQ6 井区石炭系油气藏。

2）勘探早期查明油水界面，确定油气藏的类型

油（气）水界面对确定具有边底水的层状与块状油气藏的含油面积是至关重要的。通常确定油水界面的方法，一是利用多井试油油水层的海拔图确定；二是利用毛细管压力曲线确定；三是利用试油压力数据形成的压力剖面确定。第一和第三种方法都需要大量的试油资料，资料连续性差，成本较高，且在评价早期与中期无法实现。毛细管压力曲线法是一种间接的方法，必须具备大量的实验资料，精度也受到一定的限制，且在油藏评价的早期与中期也无法实现。应用 MDT 测量的地层压力剖面来确定油水界面是目前较好的方法：一是成本低，不需要对油藏进行系统的试油，可减少试油层位；二是连续性好；三是在油藏评价的初期即可获得，较为快速，在条件具备的情况下一口井即可查明油水界面；四是精度较高。

H2 井为某气藏的第一口评价井。该井面临的评价任务主要有两个：（1）古近—新近系紫泥泉子组岩性剖面为砂泥岩互层，发现井呼 2 井在百米的井段内测井解释多砂层为气层，多个砂层为同一气藏，还是属于多个气水系统？ （2）确定气藏的类型及气水界面。应用 MDT 电缆地层测试技术很好地解决了上述问题。

现场上用 CMR 测井资料精选 MDT 测压点，分别在 3569.0m、3529.3m、3562.3m 和 3600.4m 进行了 MDT 取样，其中 3569.0m 和 3529.3m 取出含气样品。解释中心用编制的程序对 CMR 测井资料及其他测井资料进行了综合评价，并形成了精细的压力剖面，评价结果如图 14-5-15 所示。图中第 1、2、3 道为 CSU 录取的 9 条常规曲线；第 4 道为有效孔隙度、含水饱和度曲线及岩心地层水分析孔隙度，从图中可以看出处理孔隙度基本与岩心分析值一致；第 5 道为 CMR 测井资料解释的渗透率、平均孔喉半径及 T_2 频谱分布；第 6 道为综合解释剖面；第 7 道为流体分析道；第 8 道为 MDT 压力剖面；第 9 道为 T_2 频谱 VDL 显示。MDT 压力剖面显示，紫泥泉子组储层从上到下为同一压力系统，证明呼图壁背斜紫泥泉子组为构造控制的具有同一底水和同一气水界面的气藏。

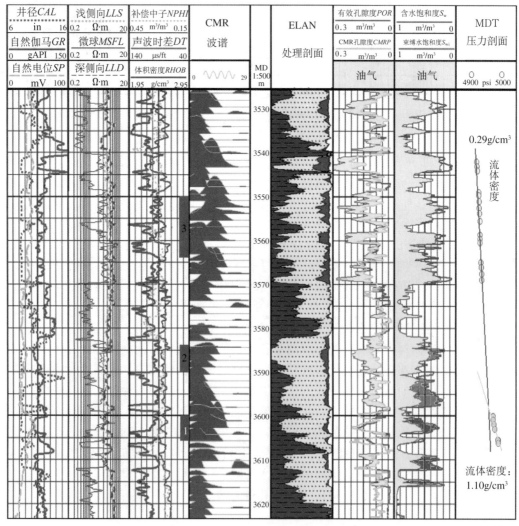

图 14-5-15　H2 井气藏快速评价成果图

3541.0 ～ 3569.0m 的 MDT 测压点回归流体密度的变化范围为 0.2 ～ 0.52g/cm³，为气层显示；3600.0 ～ 3606.2m 的 6 个测压点回归流体密度的变化范围为 1.14g/cm³，为水层显示，气水界面为 3598m。处理结果显示的有效孔隙度变化范围为 12% ～ 14%，渗透率的平均变化范围为 0.9 ～ 10mD，平均孔喉半径变化范围为 0.04 ～ 10μm，含气饱和度的变化范围为 30% ～ 80%。从流体分析道可以看出 3590m 以下可动水逐渐增多，气水过渡带应在 3590.0 ～ 3598.0m。MDT 压力剖面显示 3570m 以上为气层，3600m 以下为水层。以此为基础，优选了三层试油，在 CMR 和 MDT 解释气层的中上部 3550 ～ 3564m 射开 14m，日产气 41193m³、油 4.31t；在 CMR 和 MDT 解释气水过渡带的上部 3584.0 ～ 3590.0m 射开 6m，日产气 80664m³、油 1.7m³；在 CMR 和 MDT 解释气水过渡带以下 3600 ～ 3606m 射开 6m，日产水 3.42m³，取得了储量计算的所必需的地层水资料。后两个试油层试油仅相隔 10m，验证了 MDT 解释油水界面的可靠性。以 MDT 评价结果为依据，该井在纵向 200 多米的剖面上仅试油 3 层，就完全探明了储层纵向油气分布规律，大大地减少了试油层数。

用一口井的 MDT 测试资料查明了该气藏为构造控制的、具有同一底水和同一气水界面的气藏，气水界面为 3052m。开发井及油藏描述证明该气水界面是正确的。

3）在勘探早期研究油气藏的性质

确定油气藏的性质通用的方法是井筒 PVT 取样，但这种方法在有些情况下无法获得有代表性的样品。从理论上讲，地层 PVT 取样是最直接和最合理的方法，MDT 地层 PVT 取样是常规井筒 PVT 取样很好的补充。实践证明，MDT 地层 PVT 取样在油气藏性质的定性分析方面其结果是可靠的。

某油气田发现井 MB2 井，目的层为侏罗系三工河组。1998 年 7 月 26 日，该井射开侏罗系三工河组 $J_1s_2^2$ 3935 ～ 3958.6m 井段，ϕ 7.94mm 油嘴试产，油压 20.5MPa，流压 29.23MPa，日产原油 51.57t，日产气 67376m³。MB2 井喷出高产油气流后，为了尽快搞清油气藏的类型及其流体性质，曾在发现井 MB2 井进行了多次常规 PVT 取样。然而，由于样品脱气和断塞流等因素的影响，井下多次 PVT 常规取样均未取得合格的样品。

由于油气藏的性质较为复杂，且未获得合格的 PVT 样品，造成了油气藏的类型和流体性质认识不清，给油藏描述和储量计算工作带来了一定的困难。当时主要有两种认识：一种认为是凝析气藏；一种认为 $J_1s_2^1$ 为凝析气藏，$J_1s_2^2$ 为带凝析气顶的近临界态的饱和油藏，$J_1s_2^1$ 和 $J_1s_2^2$ 分属两个不同油气藏。为了尽快地搞清该油气藏的类型及其流体性质，加快油藏的勘探进度，在随后的评价井 M003 井测井过程中，利用 MDT 技术进行了井下电缆测压和 PVT 取样。通过 MDT 测压和 PVT 取样分析，在油藏描述的早期就基本探明了油气藏的类型及油气性质，解决了储量计算是按单一气相计算还是按油气两相分算的问题，为快速探明该油气田提供了重要的地质参数，见到了明显的地质效果。

现场上，在 M003 井的测井过程中，测井评价人员对常规和核磁测井资料进行了快速直观评价，对油气层进行初步的划分后，针对要解决的地质问题（搞清油气藏的类型及其流体性质），进行了 MDT 测压及其 PVT 取样点的选择，在获得可靠的测压数据的同时，进行了地层 PVT 取样。M003 井在评价井段获取有效压力点 10 个，并在 3900.57m 和 3944.90m 进行了 MDT 高压物性取样，取得气样两个，PVT 取样合格。通过 MDT 压力剖面解释，其 $J_1s_2^1$ 砂层为单独的压力系统，其中所含流体密度为 0.20g/cm³ 的气体，PVT

取样相态分析为单相气态，多种方法判断为凝析气，综合评价其油气藏类型为凝析气藏。$J_1s_2^2$ 砂层压力剖面上油气界面明显，位于 3491m 处，PVT 取样分析，其上部为单相气态，多种方法判断为凝析气，下部为油。综合评价 $J_1s_2^2$ 为带气顶的临界饱和油藏，气顶气为凝析气。MDT 压力剖面探明纵向油气分布特征，PVT 相态分析资料探明流体性质，如图 14-5-16 所示。

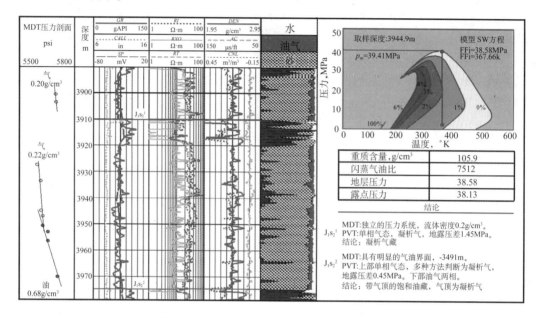

重质含量，g/cm³	105.9
闪蒸气油比	7512
地层压力	38.58
露点压力	38.13
结论	

$J_1s_2^1$	MDT：独立的压力系统，流体密度0.2g/cm³。 PVT：单相气态，凝析气，地露压差1.45MPa。 结论：凝析气藏。
$J_1s_2^2$	MDT：具有明显的气油界面，-3491m。 PVT：上部单相气态，多种方法判断为凝析气，地露压差0.45MPa。下部油气两相。 结论：带气顶的饱和油藏，气顶为凝析气

图 14-5-16　M003 井测井综合评价成果图

2000 年 MB2 井区 s_2^2 层已投入开发，开发结果证明 MDT 确定的气油界面、油藏类型和油藏的性质是准确的。MDT 确定的气油界面下部油柱的开发，开发井均产油不产气，获得了理想的开发效果。

第六节　常用生产测井和工程测井技术

生产测井是指一口钻探井下入套管射孔投产后，无论是对注入井还是产出井，在其全部生产过程中，凡采用地球物理方法（又称电缆测井）进行井下录取各种资料的方法，统称生产测井。它主要包括注入剖面测井和产出剖面测井。从原理上讲，它所使用的基础理论方法主要包括电法、放射性法和磁法等。生产测井为地质分析提供丰富的动态资料，对油水井动态异常进行诊断，确定油水井生产状态，对开发区域进行系统监测，研究各开发层系动用状况和水淹状况，以便采取综合调整措施，同时检查各种措施效果，以达到增产的目的。

一、常用生产测井方法

1. 放射性同位素示踪法注入剖面测井

在正常的注水条件下，用放射性同位素释放器将吸附有放射性同位素的固相载体（微球）释放到注水井中预定的深度位置，载体与井筒内的注入水混合，并形成一定浓度的活化悬浮液，活化悬浮液随注入水进入地层。由于放射性同位素载体的直径大于地层孔隙喉道，活化悬浮液中的水进入地层，而同位素载体滤积在井壁地层的表面。地层吸收的活化悬浮液越多，地层表面滤积载体也越多，放射性同位素的强度也相应地增高，即地层吸水量与滤积载体量和放射性同位素强度成正比。将施工前后测量得到的两条放射性测井曲线作叠合处理，则对应射孔层处的两条放射性测井曲线所包络的面积反映了地层的吸水能力。采用面积法解释出各层的相对注入量，进而可确定注入井的分层注水剖面。大庆油田应用的放射性同位素示踪法注入剖面测井的井下仪器主要由磁性定位器、伽马探测器及放射性同位素释放器组成（图14-6-1）。仪器外径为38mm。此外，国内还有 ϕ43mm 和 ϕ26mm 的井下仪器，测井时可根据不同井下条件选择相应外径的仪器。

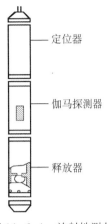

图 14-6-1　放射性测井
仪器结构示意图

2. 注入剖面多参数测井

油田开发后期，由于长期注水冲刷，使地层的孔隙喉道扩大，加之压裂酸化等作业措施，地层产生裂缝，传统的放射性同位素示踪测井在确定注水剖面方面有一定的局限性。20世纪90年代初期，我国各油田开始研制将多个传感器组合在一起测量的注入剖面测井仪器。1995年，大庆油田研制成功的五参数组合仪是将井温仪、压力计、涡轮连续流量计、磁性定位器和伽马仪组合在一起，如图14-6-2所示，在相同的注入条件下实现一次下井多参数同时测量。注入剖面多参数测井通过多参数综合解释，排除部分同位素沾污与漏失等对资料解释的影响，在高渗透地层与条带裂缝地层中有很好的应用效果。

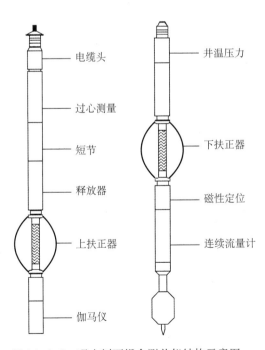

图 14-6-2　吸水剖面组合测井仪结构示意图

3. 电磁流量测井

三次采油过程中，由于聚合物具有黏度高、相对分子质量大以及非牛顿流体等特性，使传统的注入剖面测井方法诸如涡轮流量计和同位素示踪等难以适应聚合物注入剖面的监测需要。电磁流量计是根据电磁感应原理来测量管道中的导电流体。不管流体的性质如何，只要其具有微弱的导电性（电导率大于 8×10^{-5} S/m）即可进行测量。油田三次采油注入的聚合物混合溶液的导电性能良好，符合这种测量条件。如图14-6-3所示，大庆油田应用的电磁流量计井下仪器自上而下

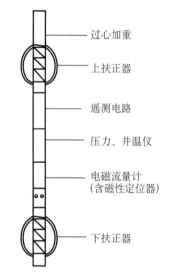

图 14-6-3　电磁流量测井仪器结构

依次为过心加重、上扶正器、遥测电路、压力、井温仪、电磁流量计（含磁性定位器）和下扶正器。其中电磁流量计探头是测量流量的核心部分。

4. 示踪相关流量测井

放射性物质通过释放器释放到井筒中，示踪剂呈聚集的形式随井液流动。通过具有一定距离的两个探测器时，探测器会有明显的变化信号，在时间—幅度的坐标系里会有明显的波形变化。由于两个探测器的距离很短，这一波形不会有太大变化。通过相关分析的方法就可确定出放射性物质流经两个探测器的时间间隔，在探测器的距离是已知的，就可以计算出流体的流速，结合流道的横截面积即可计算出流量。该方法为配注井吸水剖面测试提供了一种新工艺。仪器由WTC（遥测）及CCL（磁性定位器）短节、同位素释放器、双（或三）探头短节三部分组成，如图14-6-4所示。

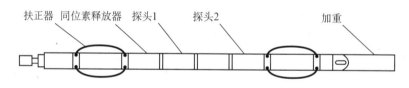

图 14-6-4　示踪相关流量测井仪器结构示意图

5. 能谱水流测井（SPFL）

能谱水流测井仪的主要技术特点是，以活化氧作为测试对象，它可以直接探测管内与管外的水流速度。通过对水流速度的测量，结合流道的横截面积，可间接计算水流量。

6. 阻抗式过环空测井

阻抗式过环空测井仪是针对大庆油田以及国内其他油田处于高含水期的实际情况而研制的，由磁性定位器、温度计、阻抗式含水率计、涡轮流量计和集流伞组成，如图14-6-5所示。含水率测量采用电导传感器，通过测量传感器内流体的传导电流来确定含水率，适合在水为连续相时油水两相流的含水率测量；流量测量采用涡轮流量计。

图 14-6-5　阻抗式过环空仪器结构
1—磁定位、温度短节；2—套管；3—电路筒；
4—阻抗式含水率计；5—涡轮流量计；
6—集流伞

二、常用生产测井资料采集的环境要求和质量要求

1. 放射性同位素示踪法注入剖面测井

该仪器适用于笼统注入和分层配注的注入井，在其正常生产状态下，油管与套管不能有死油等脏物，撞击筒必须下过射孔层底界 15m 以下，整个管柱通径不小于 $\phi46mm$，设计压力与施工压力之差不超过 $\pm0.5MPa$。

资料采集质量要求：测速 600m/h，曲线重复误差小于 10%，磁性定位曲线接箍及配水工具显示清楚，同位素示踪曲线分层明显，基线始末有不少于 10cm 的统计起伏曲线。

2. 注入剖面多参数测井

为确保仪器在测量过程中的正常工作，注水井撞击筒必须下过射孔层底界 15m 以下；同时，由于仪器外径为 38mm，为保证仪器在测量过程中的正常起下，整个井下管柱通径不小于 $\phi46mm$。

资料采集质量要求：测速 600m/h，曲线重复误差小于 10%，磁性定位曲线接箍及配水工具显示清楚，同位素示踪曲线分层明显，基线始末有不少于 10cm 的统计起伏曲线。

3. 电磁流量测井

不管流体的性质如何，只要其具有微弱的导电性（电导率大于 $8\times10^{-5}S/m$）即可进行测量。适用于水驱、聚合物驱和三元复合驱等注入介质为单相导电流体的笼统注入井的注入剖面测量。

资料采集质量要求：测速 80m/h±10m/h；连续曲线应测出全井流量和零流量；点测曲线应稳定，曲线波动应小于 ±5%；点测曲线录取时间应不少于 60s。

4. 示踪相关流量测井

笼统注入或分层配注井中（包括注聚合物、三元复合驱井），全井注入量 5～200m³/d，测试层位深度不大于 2000m，井口注水压力不大于 20MPa；在配注井中，配水器上部的被测量层位底部距配水器顶部距离不小于 1m，位于配水器下部的被测量层位顶部距配水器底部距离不小于 2m；在笼统上返井中，被测量层位底部距喇叭口底部距离不小于 1m；被测量层位间距不小于 1m，当被测量层位间距小于 1m 时做合层处理；采用密闭施工工艺，溢流量不大于 3m³/d。

资料采集质量要求：测量井段应包括射孔层段上下 10m 及所有井下工具。有流量处曲线时差明显。在油管、套管或油套空间内，只有一处有流量时，曲线应为单峰；油管和油套空间同时有流量时，曲线应为双峰。

5. 能谱水流测井（SPFL）

适用于井筒内以水和聚合物为介质的，喇叭口在射孔层上的笼统正注井、笼统正注上返井和配注井。不受井内液体黏度影响，与注液地层孔隙大小无关。可以直接测得油管内和油套环形空间内的上下方向的水流量。适用于注聚合物井、三元复合驱井和分层配注水井的注入剖面测量。

资料采集质量要求：每一点测资料后须附测井面板现场解释的流速成果表；每一点测资料须显示完整的 250s 记录曲线；点测氧活化计数率曲线的左右刻度分别为 0 和 200。

6. 阻抗式过环空测井

阻抗式过环空测井在水为连续相时的两相流产出井中，对能够进行过流测量含水率，克服了井内波动及间歇出油的影响，对含水率进行实时监测；测量结果不受温度及矿化度的影响；受流态影响很小。适合高含水的产出剖面测量。

资料采集质量要求：总产量曲线要稳定；混相值频率曲线有随冲次变化的规律，应避免出现混相值低于全水值的情况，录取时间应大于 60s；测量全井产液量与井口产量相差不超过 ±10%；测量全井含水与井口化验含水误差不超过 ±7%；同一测点前后两次产液量测量误差不超过 ±5%；同一测点前后两次含水率测量误差不超过 ±5%；同一测点前后两次混相值频率和全水值频率误差不超过 ±5%。

三、常用工程测井方法

套管井井身状况测井主要检查井身状况，油田开发进入中后期，由于种种增油增注措施，使井与井和层与层之间压力不平衡，加剧了地质构造活动、泥岩膨胀及电化学腐蚀等作用，使油水井状况变得越来越复杂，套管损坏情况也逐年增加，开展油水井井身状况检测，有利于预防与预测油水井井身状况，为油田工程技术人员提供采取措施的依据。可分为机械井径测井系列、井温测井系列、声波测井系列、磁法测井系列、斜度与方位测井系列和其他一些辅助方法，这些测井技术从不同侧面反映了井身状况。储层参数测井技术包括油田开发时期所有测井方法，包括裸眼井测井和套管井测井。套管井地层参数测井是要解决生产井内地层孔隙度、渗透率和剩余油饱和度等参数的再评价问题。在注水开发油田，尤其是油田进入高含水开发期，地层参数测井的首要任务是判断油层水淹状况，发现高含水层位，在老井中寻找高含油饱和度层位，保持油田的稳产和提高油田的开发效益。目前，剩余油饱和度评价的主要方法是 C/O 比能谱测井、中子寿命测井及生产测井资料确定剩余油分布等方法。

1. $X-Y$ 井径测井

$X-Y$ 井径仪是接触式的机械井径测井仪器，通过测量臂与套管内壁接触，将套管内径的变化转为电信号（电位差、频率）的变化，经测井电缆传至地面，对电信号进行记录，仪器记录互相垂直的两个套管内径值，进而确定套管截面的椭变程度。$X-Y$ 井径测井是补贴前确定套损段深度、井径大小、选择波纹管和胀头的重要依据；在补贴完成后，井径测井用于核定波纹管深度和补贴井段内径，是检查修井效果的主要方法。该仪器有三大部分组成：测量臂（井径腿）总成、测量总成和测量臂收放总成。

2. 四十独立臂井径成像测井 (MIT)

四十独立臂井径成像仪与其他井径仪器一样，都是机械井径法测井，不同的是该仪器各井径臂都是独立臂，40 个独立臂可分别测量井径值，可经过解释系统解释处理，可获得套管任意角度的套损成像资料，检查射孔质量方面，可大致查出射孔孔眼数量和相位。仪器结构如图 14-6-6 所示。在测量臂的上下各有一个六臂的扶正器，在倾斜的套管内用于将仪器扶正。

扶正器　　　　测量臂　　　　　　扶正器

图 14-6-6　四十臂井径成像测井仪

3. 方位—井径测井

方位—井径仪是陀螺方位仪与 X-Y 井径仪的组合仪器。其结构示意图如图 14-6-7 所示。同时测量井径和方位，为分析确定套管变形原因提供依据。由于断层活动产生的套损主要是呈剪切变形或错断，在测井曲线上的显示一般呈规则或不规则的椭圆形，通过受力方位和注水分析，能够指示出套损点的受力方向。

4. 固井声幅测井（CBL 测井）

固井声幅测井是用于测量套管与水泥环胶结程度的测井仪器。它的测量传感器是由声波发射探头和声波接收探头两个关键部位组成。仪器在井内由声波发射器发射频率为 20kHz 的声波。声波通过井内介质（钻井液）传向套管、水泥环与地层。后又经折射到达声波接收探头，其各处的传播特性被接收探头接收。在这个传播路径内，如果固井质量好，套管与井壁之间的环形空间充满水泥，而且水泥和套管胶结良好，在套管外紧紧固结上一层水泥环。由于固结的水泥与套管的声阻抗差别比较小，声耦合比较好，因此套管波能量容易通过水泥环向地层传播，则套管波衰减较大接收到的折射

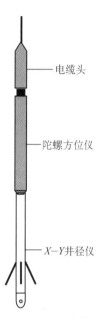

电缆头

陀螺方位仪

X-Y井径仪

图 14-6-7　方位—井径测井仪器示意图

波幅度就小。如果固井不好，套管与水泥胶结不好，或者管外根本没有水泥只有钻井液存在，钻井液与套管的声阻抗差别很大，声耦合极差，因此套管波能量不易通过界面传播到管外介质中去，使套管波能量衰减的少，接收到的折射波幅度就大。由此可见，由套管波引起的折射波幅度大小能够反映水泥胶结情况。

5. 其他固井质量测井

声幅测井只记录声波全波列中套管波的幅度，因而只能检测固井 I 界面（套管与水泥环的界面）的胶结情况，但储层间的窜通还可能是由于水泥环—地层界面（固井 II 界面）胶结不好所致。声波变密度测井可以定性反映固井 II 界面的胶结状况。声波变密度测井（VDL）记录井下接收探头接收声波全波列，可以定性反映固井 II 界面的胶结状况。

6. 噪声测井

在油水井生产过程中，套管外有液体或气体通过阻流位置时出现压力变化，由于要克服摩擦，流体动能就会转换为两种形式的能量——热能和声能，因此在阻流位置附近能探测到噪声，这种噪声称为自然声波。噪声的幅度和频率随着流体的量和流体流动时所通过的介质不同而变化，因此利用噪声测井仪探测生产井中产生的噪声，通过对这种声波的幅度和频率的分析就可判断流体流动的位置与流量等套管外窜通的情况。仪器结构以德莱赛

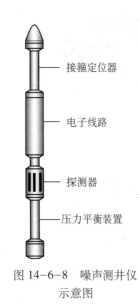

图 14-6-8 噪声测井仪
示意图

– 阿特拉斯公司的仪器为例（图 14-6-8），下部有一压电晶体（声呐）探测器，装在油中并有压力平衡装置；中部是电子线路；上部为套管接箍定位器，用来校正噪声测井曲线的深度。

7. 扇区水泥胶结测井

扇区水泥胶结测井以套管波为测量对象，对套管周边水泥固结质量进行评价。阿特拉斯公司的 SBT 仪利用推靠臂把 6 个极板推靠到套管内壁上，采用井眼补偿法测量套管 6 个角度的声波衰减，给出 6 条声波衰减曲线或套管周边水泥胶结图，直观地显示水泥周边分布状况。康普乐公司的 SBT 采用 8 发 8 收测量套管周围每 45°的套管波幅度曲线，可以指示套管周边的水泥胶结质量。这两种仪器还同时挂接 CBL/VDL 测井仪，由于记录到的声波在井眼中有着不同的传播方式，综合分析使得固井质量评价结果更加准确。仪器主要由两个圆形压电晶体串联而成的发射器，以及三组接收器与电子线路组成，其结构如图 14-6-9 所示。

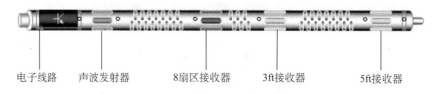

电子线路 声波发射器 8扇区接收器 3ft接收器 5ft接收器

图 14-6-9 扇区水泥胶结测井仪器结构示意图

8. 小直径超声成像测井

针对目前的小井眼开采以及许多油水井由于开发时间较长，套管腐蚀和变形情况较为严重的现状，为了很好地对这类油水井井身状况进行检测，大庆油田测试分公司研制开发了可指导修井等作业的外径为 46mm 小直径超声成像测井仪。利用超声波在介质中的传播和反射特性，由井下仪器的超声换能器（由电动机驱动，在井眼内旋转扫描）发射和接收脉冲式超声波。对套管内壁或井壁的回波幅度和时间信息进行处理。对破损部位使用不同角度与不同形式的各种图形加以描绘，其中包括立体图、纵横截面图、时间图、幅度图和井径曲线等。仪器的探头部分包括一个旋转的换能器，其频率可通过更换换能器改变。旋转方向不影响测量，选择不同工作频率可适应不同井液的需要和最优化的信噪比，维持分辨率的稳定。仪器采样率高，每圈测量 512 点数据。仪器结构如图 14-6-10 所示。

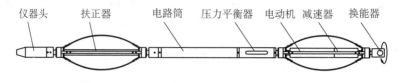

仪器头 扶正器 电路筒 压力平衡器 电动机 减速器 换能器

图 14-6-10 井壁超声成像测井仪结构示意图

9. 电磁探伤测井

电磁探伤测井仪属于磁测井系列，其理论基础是电磁感应定律。给发射线圈供一直流脉冲，接收线圈记录产生的、随时间变化的感生电动势。当套管（油管）厚度变化或存在缺陷时，感应电动势将发生变化，通过分析和计算，在单套或双套管柱结构下，可判断管柱的裂缝和孔洞，得到管柱的壁厚。如图 14-6-11 所示，该仪器由多个传感器探头和上下扶正器及电路部分组成。传感器探头包括井温探头、自然伽马探头、纵向长轴探头 A、横向探头 B 和纵向短轴探头 C。其中井温探头用来检测井内流体温度场的变化，用于确定出液口的位置；自然伽马探头探测井身周围自然伽马射线强度，用于校深；探头 A、探头 B 和探头 C 则用来检测管柱的损伤和变形。

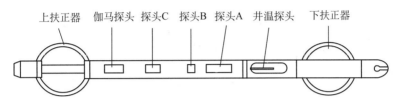

图 14-6-11　电磁探伤测井仪结构示意图

10. 双源距碳氧比测井

双源距碳氧比能谱测井仪是大庆油田测试分公司研制的地层参数测井仪器，克服了单探测器 C/O 能谱测井的缺点，测井纵向分层能力由 0.8m 提高到 0.6m，测井前不用进行洗井作业。它可以在取出油管时，在井内流体是钻井液、清水和原油的混合物以及套管壁上粘有石蜡和原油的情况下进行测量，而不需要洗井和刮蜡等作业，降低了测井成本。

11. 测—渗—测中子寿命测井

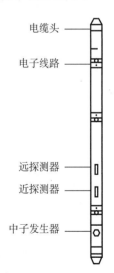

图 14-6-12　中子寿命测井仪结构示意图

测—渗—测中子寿命测井方法是最近几年在国内针对淡水油藏和确定地层剩余油饱和度的需要而发展起来的新的测试方法。该方法利用硼（钆）元素具有较大中子俘获截面的特点，通过渗透和扩散过程改变地层水的俘获截面达到测井目的。仪器结构如图 14-6-12 所示。

四、常用工程测井资料采集的环境要求和质量要求

1. X-Y 井径测井

环境要求：井下无管柱；压井液不限；井下无落物。

资料质量要求：测速 800m/h；X-Y 井径曲线始末消有刻度线，刻度线长 2cm 以上，刻度值与套管刻度规内径值的误差不超过 ±1mm；X 和 Y 方向测量井径值正常井段最大误差不应超过 ±2mm。

2. 四十独立臂井径成像测井（MIT）

环境要求：井下无管柱；井下无落物。

资料质量要求：测速 600m/h；井径曲线不应左右飘移，正常套管部位井径测量值与套管标称内径值误差不超过 ±1.0mm；不能连续丢失接箍，测量井段内不能丢失 3 个接箍；

曲线跳动与井下条件无关的零值、畸变和负值不应超过 3 处。

3. 方位—井径测井

环境要求：井内最小通径不小于 54mm；油管下面必须装喇叭口，喇叭口直径 100mm，深度在测量井度 5m 以上；工作筒内径必须大于 54mm；油管干净无污物、无弯曲。

资料质量要求：测速 800m/h（深度比例为 1：200）和 1000m/h（深度比例为 1：500）；方位刻度曲线偏移 18cm，误差不大于 2mm；曲线始末零线处要标注始末方位与始末井径值；方位曲线抖动幅度不超过 5mm。

4. 固井声幅/声波变密度测井（CBL/VDL 测井）

环境要求：井内无管柱；压井液不限，但井内介质中不能含气或气泡。

资料质量要求：测速小于 1200m/h；测量井段从水泥返高及以上 50m 至井底；自由套管的声波幅度值不超过规定值（如套管外径 139.7mm 时声波幅度为 71mV）的 ±10%；变密度曲线图像清晰，明暗条纹变化清晰可辨；有明显的仪器遇阻显示（一般为 3～5m）；胶结指数（BI）计算最小声波幅度值取 1.5～4mV；有横向电测资料时测井深度误差应控制在 ±0.2m 以内，没有横向电测资料时测井深度误差应控制在 ±0.7m 以内。

5. 扇区水泥胶结测井

环境要求：井内无管柱；压井液不限，但井内介质中不能含气或气泡。

资料质量要求：测速 600m/h；测量井段从水泥返高及以上 50m 至井底遇测；有明显的仪器遇阻显示，其长度不少于 3cm；自由套管的声波幅度值不超过规定值（如套管外径 139.7mm 时 CBL 声波幅度为 72mV，八扇区的声波幅度刻度值为 90mV，8 个扇区间的幅度之差最大不超过 3mV）的 ±7%；变密度曲线明暗条纹变化清晰可辨，变幅度图应无纵向白条状干扰。

6. 噪声测井

具有较高的灵敏度，受周围环境因素影响小，且不污染环境，常与井温测井组合进行综合解释，用于查找套管漏失或管外窜槽位置。

资料质量要求：噪声信号截止频率曲线设置 200Hz、600Hz、1000Hz、2000Hz、4000Hz 和 8000Hz，不同曲线应采用不同的线条方式区分并标注；噪声曲线应至少录取 4 条不同噪声信号截止频率。噪声曲线对应井温曲线异常井段（死水段以上）应有异常显示。

7. 小直径超声成像测井

环境要求：井内必须有液体（油、水、钻井液）；井内钻井液密度小于 1.41g/cm^3；井内不能有游离气；可测井径范围 60～254mm。

资料质量要求：测速 60～120m/h，测速要稳定；资料上至少要有一个套管接箍显示；测井资料深度应根据前磁套管接箍深度及放射性校正值进行校正，允许误差不超过 ±0.2m。

8. 电磁探伤测井

由于油水井发生损坏的区域性特点，在已发生套损的区块上，应该加强损坏井周围相关井井身结构的普查工作。电磁探伤测井可检测油水井各层管柱（油管、套管、表层套管）

的壁厚变化及损坏情况，特别是可在油管中检测油管和套管的壁厚变化及损坏，节省了检查套管情况时起下油管的作业费用，这一特点使得对油水井井身结构损坏进行普查成为可能。电磁探伤测井作为一种可为油水井井身结构做"体检"的方法，对及时发现井身结构的变形及控制损坏的进一步发生发挥重要的作用。

资料质量要求：测速 350m/h；测井曲线 100m 干扰不应超过 2 处；应有连续的电缆记号，不得连续丢失记号，特殊情况应说明原因。

9. 双源距碳氧比测井

能在各种井液条件下施工；在矿化度低、矿化度变化或矿化度未知情况下进行储层评价；C/O 动态范围大，能在低孔隙度条件下应用；提高纵向分辨率处理后，适用于薄层评价和厚层细分评价。

资料质量要求：孔隙度大于或等于 20% 的目的层，每个采样点远探测器时间谱总计数应 10 万以上；孔隙度大于 15% 小于 20% 的目的层，每个采样点远探测器时间谱总计数应 12 万以上；孔隙度小于或等于 15% 的目的层，每个采样点远探测器时间谱总计数应 14 万以上；非目的层，每个采样点远探测器时间谱总计数不小于 7 万以上；同一测量井段，第二次测量时间的起始深度要在第一测量结束深度 5m 以上；层厚小于等于 1.0m 的储层，超过 1 个采样点出现异常地层谱的，应有补测数据并达到有关要求；层厚大于 1.0m 小于 2.0m 的储层，连续 3 个以上采样点出现异常地层谱的，应有补测数据并达到有关要求；层厚大于 2.0m 的储层，连续出现异常地层谱的采样点数据超过该储层总采样点数 25% 的，应有补测数据并达到有关要求；非储层，连续 30 个以上采样点（含 30 个）出现异常地层谱的，应有补测数据并达到有关要求；不同次测量之间的深度误差不超过 ±0.2m。

10. 测—渗—测中子寿命测井

用于水驱油田特别是淡水油田确定高含水层位。

资料质量要求：测速 300×（1±10%）m/h；测井资料与横向电测资料应有良好的一致性；使用基线校正深度时，微电极曲线与地层俘获截面曲线特征应对应，若微电极曲线与俘获截面曲线有明显差别，应进行基线的重复测量；基线与注硼后俘获曲线的最大离差应大于 6 个俘获截面单位；在泥岩段和非射孔井段，基线与注后曲线应吻合。

第七节 地层测试技术

地层测试是指钻井过程中或完井之后，利用钻杆或油管将地层测试工具下入目的层求产和取样，以获取动态条件下目的层参数的工作过程。将地层测试工具送入井内后，使封隔器膨胀坐封，将测试目的层与其他层段隔开，然后由地面操作井下测试阀进行开井与关井。开井流动求得产量，关井测压求取压力恢复数据及井下流体样品。测试的全过程记录在压力记录仪上。根据实际记录的压力温度数据，对目的层的特性进行解释评价。

地层测试按不同的类别、不同的时机和不同的作业方式进行分类。按封隔器坐封条件分为裸眼井测试和套管井测试；按测试时机分为中途测试和完井测试；按作业方式分为常规测试和综合测试。

地层测试具有快速、经济和获取资料多的特点。通过对地层测试获得的压力—时间关系曲线分析，可获取动态条件下地层和流体的各种资料，计算出地层和流体的特性参数，从而及时准确地对油气藏做出评价，为估算油气储量和编制油（气）田开发方案提供依据。

一、地层测试工具

地层测试工具按照测试阀开关控制方式不同分为操作管柱式测试工具和压控式测试工具。常用的操作管柱式测试工具有 MFE、HST 和莱茵斯膨胀测试工具，常用的压控测试工具主要有 APR 和 STV 测试工具。

1. MFE 测试工具

MFE（Multi-Flow Evaluator）地层测试器是一种常规地层测试工具，常用的有 95mm（$3^3/_4$in）和 127mm（5in）两种规格，可用于不同尺寸的套管井和裸眼井的地层测试。

MFE 测试工具是一套完整的测试工具系统，包括多流测试器、旁通阀和安全密封封隔器等。整套测试工具均借助于上提和下放测试管柱来操作和控制井下工具的各种阀，具有操作方便、动作灵活可靠及地面显示清晰的特点。图 14-7-1 为 MFE 地层测试工具裸眼单封的工作原理图。

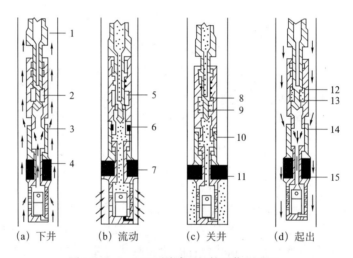

图 14-7-1　MFE 测试工具的工作原理图

1—测试钻杆；2—测试阀关；3—旁通阀开；4—安全密封封隔器不起作用；5—测试阀开；6—旁通阀关；
7—安全密封封隔器坐封；8—测试阀关；9—取样器收集终流动末的样品；10—旁通阀关；11—安全密封封隔器坐封；
12—测试阀关；13—取样器装有带压样品；14—旁通阀开；15—安全密封封隔器收缩不起作用

测试分 4 个步骤：（1）下井。下井时，多流测试器测试阀关闭，旁通阀打开，安全密封不起作用，封隔器胶筒处于收缩状态。（2）流动。测试工具下至预定位置后，下放钻柱加压至预定负荷，封隔器胶筒受压膨胀密封环形空间，旁通阀关闭，在换位机构作用下，多流测试器测试阀延时后打开，钻具自由下落 25.4mm，这是主阀的开井显示，地层流体经筛管和测试阀进入钻杆内，压力计记录流动压力变化，直至预定设计时间。（3）关井。上提管柱至"自由点"悬重（即上提管柱时指重表上悬重不再增加的那个悬重读数），并比"自由点"悬重多提 8900 ~ 13400N 的拉力，然后下放管柱加压至原坐封负荷，在换位机构作用下，测试阀关闭，进行关井测压，压力计记录恢复压力。重复步骤（2）和步骤（3）操作，可进行多次流动和关井。上提换位操作时，旁通阀因向上延时作用保持关闭，安全密封受压差影响对封隔器起液压锁紧作用，封隔器保持密封。（4）起出。关井结束后，上提管柱施加拉力，经延时后，旁通阀拉开，平衡封隔器上下方的压力，安全密封因无压差作用，失去锁紧功能，封隔器胶筒收缩，测试阀仍然关闭，即可解封起出。

1）多流测试器（主阀）

多流测试器是 MFE 测试工具的井底开关阀，是整套测试工具的心脏。由换位机构、延时机构和取样器三部分组成（图 14-7-2）。

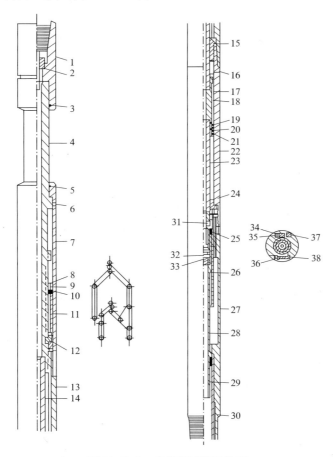

图 14-7-2 多流测试器结构图

1—上接头；2—油嘴挡圈；3—"O"形圈；4—花键心轴；5—"O"形圈；6—沉头管塞；7—上外筒；8—垫套；
9—"O"形圈；10—止推垫圈；11—花键套；12—"J"形销；13—花键短节；14—上心轴；15—补偿活塞；16—注油塞；17—阀；18—阀座；19—上弹簧挡圈；20—阀弹簧；21—下弹簧挡圈；22—阀外筒；23—下心轴；24—注油塞；25—"V"形密封圈；26—上密封套；27—取样器外壳；28—取样器心轴；29—密封压帽；30—下密封套；
31—密封心轴；32—螺旋销；33—塞子；34—泄油阀；35—弹性挡圈；36—安全销帽；37—管塞；38—安全塞

（1）换位机构。换位机构由花键心轴、花键套和"J"形销组成，花键心轴上沿180°的圆周面铣有换位槽，"J"形销固定在花键套上，但"J"形销的平头销又插入换位槽里。花键心轴与上接头连接，上接头与钻具连接后下井。当上提下放钻具时，花键心轴随着上下运动，但不能转动。由于"J"形销插入花键心轴的换位槽内，所以，当花键心轴做上下运动时，"J"形销沿换位槽运动，带动花键套随之转动，但不能做上下（轴向）运动。当花键心轴随钻具做上下运动时，换位销（"J"形销）就从一个位置换到另一个位置，测试阀也就随之从开到关、从关到开变换位置，达到多次开关井的目的（图 14-7-3、图 14-7-4）。

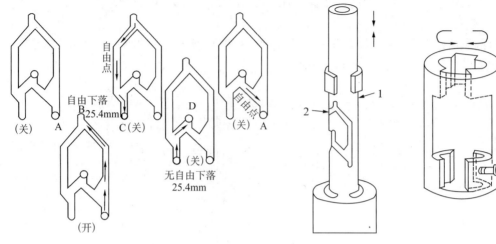

图 14-7-3　换位槽动作位置图

图 14-7-4　换位机构图
1—花键心轴；2—"J"形槽；3—滑套；4—"J"形销

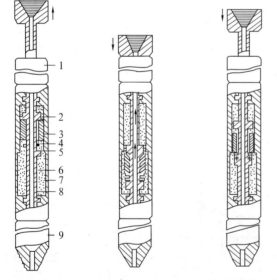

(a)上提不延时　(b)延时后无"自由下落"　(c)延时后"自由下落"

图 14-7-5　液压延时机构示意图
1—换位机构；2—外筒；3—阀；4—上液室；5—弹簧；
6—液压油；7—下液室；8—心轴；9—测试阀及取样机构

（2）延时机构。延时机构由阀、阀座和阀外筒组成。花键心轴下行时，阀紧贴阀座，液压油从阀与外筒间的微小缝隙流至上液室，起到液压延时作用。当阀行至阀外筒的较大孔径处，液压油从阀外周围无阻地旁通，工具产生 25.4mm 的"自由下落"开井显示。花键心轴上行时，阀离开阀座，油无阻地从上液室流至下液室，不起延时作用（图 14-7-5）。

（3）取样器。由取样器外壳、取样心轴、上下密封套及两组"O"形和"V"形密封圈构成的双控制阀组成。流动结束时，双控制阀把样品关闭在取样腔内。

多流测试器的技术规范见表 14-7-1，性能试验见表 14-7-2。

　2）裸眼旁通阀

　旁通阀有两个作用：起下钻遇到缩径井段时，钻井液从管柱内部经旁通通过，从而减少起下钻阻力和抽汲力；测试结束时，平衡封隔器上下方的压力。

表 14-7-1　多流测试器技术规范

工具规格	ϕ 127mmMFE	ϕ 95mmMFE
适用环境	无 H_2S	耐 H_2S，酸
抗拉强度，N	1870000	976720
扭矩强度，N·m	20237	10744
破裂压力，MPa	151.77	137.9
挤毁压力，MPa	106.7	107.7
最大工作压差，MPa	103	106
外径，mm	127	95
最小内径，mm	23.8	19.0
组装长度，mm	3023（2934）[1]	3942（3853）[1]
最大组装扭矩，N·m	13358	2711
取样器容积，cm³	2500	1200
心轴行程，mm	254	254
自由下落，mm	25.4	25.4
上接头内螺纹	3¹/₂in API 贯眼	2⁷/₈inAPI 正规
下接头外螺纹	4³/₈in-4 牙 /in 修正	2⁷/₈inAPI 正规

①不包括外螺纹端长度。

表 14-7-2　多流测试器性能试验

工具规格	液压延时试验[1]		水压试验[2]，MPa		气压试验，MPa
	加压负荷，kN	延时时间，min	工具内部	取样器	取样器
ϕ 127mm 多流测试器	222	2～5	69	69	1.03
ϕ 95mm 多流测试器	133	2～5	69	69	1.03

①延时试验时，液压油室内注满 4607 号合成液压油（或地层测试器专用硅油），在室温 25～30℃条件下试验；
②水压试验应保持 15min 不渗漏。

　　裸眼旁通阀由主旁通阀、副旁通阀和计量阀组成（图 14-7-6）。其延时机构正好与多流测试器相反，上提拉伸延时，下放加压不延时。

　　主旁通阀由密封短节和一组装在阀心轴上的"V"形密封圈组成，下压阀心轴就关闭密封短节上的旁通孔，上提拉伸经延时后又可打开主旁通阀；副旁通阀由上接头、花键心轴、平衡密封套、平衡阀套和螺旋销组成，是剪销式旁通阀。要关闭副旁通阀时，必须是多流测试器的取样心轴下压平衡阀套，将螺旋销剪断，使平衡阀套将花键心轴和平衡密封套上的旁通孔关闭，副旁通阀关闭后就不能再打开了；延时机构由阀、阀外筒、阀心轴、上密封活塞和补偿活塞组成，阀腔内充满了液压油。此阀是上提拉伸时延时，受压缩负荷作用不延时。

　　裸眼旁通阀的技术规范及性能试验见表 14-7-3 和表 14-7-4。

表 14-7-3　裸眼旁通阀技术规范

工具规格	ϕ 127mm 裸眼旁通	ϕ 95mm 裸眼旁通
适用范围	不防硫	防 H_2S
外径，mm	127	95
内径，mm	30	19.05
组装长度，mm	1090（990）①	1860（1770）①
拉伸强度，N	2384240	907430
扭矩强度，N·m	32540	12610
破裂压力，MPa	112	186
挤毁压力，MPa	120	149
最大组装扭矩，N·m	13560	2710
上接头内螺纹	$4^3/_8$in—4 牙 /in 修正	$2^7/_8$inAPI 正规
下接头外螺纹	$3^1/_2$inAPI 贯眼	$2^7/_8$inAPI 正规

①不包括外螺纹端长度。

表 14-7-4　裸眼旁通性能试验

工具规格	液压延时试验		水压试验，MPa
	拉伸负荷，kN	延时，min	经 5min 不渗
ϕ 127mm 旁通阀	133	1 ~ 4	69
ϕ 95mm 旁通阀	133	1 ~ 4	41.3

（1）解封时，拉伸负荷 89000N，延时 1 ~ 4min，可拉开旁通阀。

（2）水压试验时，堵死两端，并使旁通孔关闭。

3）安全密封

安全密封代替裸眼封隔器总成上的滑动接头，与裸眼封隔器配套组成安全密封封隔器，其作用是当操作多流测试器进行开关井时，给封隔器一个锁紧力，使封隔器保持坐封。

安全密封由活动接箍、阀短节、密封心轴、油室外壳、连接短节、止回阀和计量滑阀总成组成，如图 14-7-7 所示。

计量滑阀是油压系统的主要控制装置，它是靠封隔器上下方的压差来推动的。油压系统由与计量滑阀和止回阀相连接的上下油室组成。油室内充满 4607 号合成液压油。滑阀的一侧受弹簧力和地层压力的作用，另一侧受液柱压力作用。当工具下井或起出时，液柱压力作用在滑阀的两端，使阀处于平衡状态。油可以在阀周围自由地流动，上下油室连通。封隔器刚坐封时，油很容易从下油室流到上油室。打开多流测试器后，压差马上将滑阀推到另一位置，油不能经滑阀从下油室流到上油室，多余的油则经止回阀流向上油室。只要封隔器上下方的压差超过 1.034MPa 时，滑阀就保持在上下油室不通的位置，从而对封隔器起液压锁紧作用。测试结束解封封隔器时，对旁通阀施加 89000N 的拉力，延时几分钟拉开旁通阀，平衡封隔器上下方的压力，滑阀移到原来的开启位置，油从上油室自由地流到下油室，即可解封起钻。安全密封作用原理如图 14-7-8 所示。安全密封的技术规范见表 14-7-5。

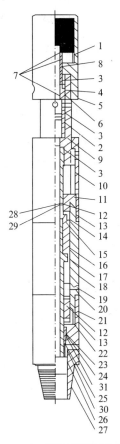

图 14-7-6 裸眼旁通阀结构图

1—上接头；2—平衡密封套；3—"O"形圈；4—锁环；5—"O"形圈；6—螺旋销；7—"O"形圈；8—平衡阀套；9—花键心轴；10—花键短节；11—上密封活塞；12、13—"O"形圈；14—阀挡圈；15—螺旋锁环；16—阀；17—阀心轴；18—阀外筒；19—"O"形圈；20—注油塞；21—补偿活塞；22—挡圈盖；23—密封心轴套；24—"O"形圈；25—"V"形密封圈；26—密封压帽；27—密封短节；28—非挤压环；29—密封保护挡圈

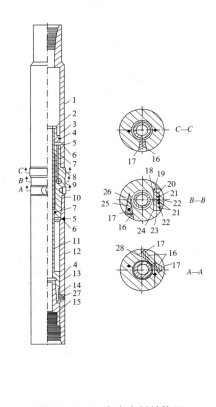

图 14-7-7 安全密封结构图

1—活动接箍；2—密封螺母；3、4—"O"形圈；5—注油塞；6、7、8—"O"形圈；9—阀短节；10—"O"形圈；11—密封心轴；12—油室外壳；13—连接短节；14、15、17、21、22—"O"形圈；16—黄油塞；18—滑阀套总成；19—滑阀弹簧；20—滑阀；23—钻井液筛；24—弹性挡圈；25—弹簧；26—止回阀；27—锁紧螺钉；28—孔

4）裸眼封隔器

裸眼封隔器由滑动接箍、滑动头、坐封心轴、胶筒、金属杯、支承座及下接头组成（图 14-7-9）。

当向封隔器施加压缩负荷时，滑动接箍向下运动，使胶筒受压而膨胀，同时将金属碗压平，压平后的外径比原来的大 19mm，这就缩小了与井眼之间的间隙。当胶筒膨胀与井壁贴紧时，压平的金属碗就相当于一个支撑平台，这就增加了胶筒的承压能力。当去掉压缩负荷时，胶筒靠自身的弹性恢复原状。

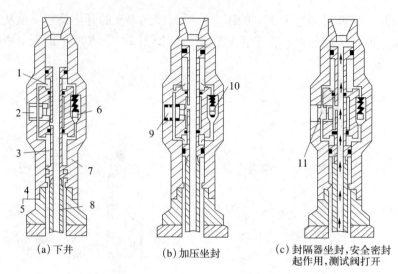

(a) 下井   (b) 加压坐封   (c) 封隔器坐封,安全密封
起作用,测试阀打开

图 14－7－8　安全密封工作原理图

1—上油室；2—滑阀；3—下油室；4—安全密封；5—封隔器；6—止回阀；7—安全密封心轴；
8—封隔器心轴；9—油通过滑阀；10—油流经止回阀；11—滑阀关闭

表 14－7－5　安全密封技术规范

工具规格	ϕ 152mm 安全密封	ϕ 127mm 安全密封
适用的裸眼封隔器	ϕ 168mmBT 封隔器	ϕ 120mmBT 封隔器
适用范围	无 H_2S 裸眼测试	无 H_2S 裸眼测试
外径，mm	152	127
组合长度，mm	1505	1355
顶部连接内螺纹	$3\frac{1}{2}$inAPI 贯眼	$2\frac{7}{8}$inAPI 内平
底部连接内螺纹	$4\frac{3}{4}$in－4 牙 /in 修正	3.86in－4 牙 /in－ 修正
拉伸强度，kN	3890	—
扭矩强度，N·m	216930	—
破裂压力，MPa	196	—
挤毁压力，MPa	104	—
最大工作压差，MPa	103	—
最大组装扭矩，N·m	13360	—

　　胶筒的外径要根据井眼内径而定，一般选用比井眼内径小 25.4mm 的胶筒为宜，因为间隙过小时不容易下井，间隙过大时胶筒不容易密封，同时胶筒的承压能力也减弱了。

　　BT 型裸眼封隔器的技术规范见表 14－7－6。

　　5）卡瓦封隔器

　　卡瓦封隔器由旁通、密封元件和卡瓦总成组成，如图 14－7－10 所示。它是加压坐封悬挂式封隔器，用于套管井的测试。旁通孔有较大旁通面积，能旁通起下钻液流和平衡封隔器解封前上下方的压力。旁通道由端面密封关闭。

卡瓦总成包括锥体、卡瓦、摩擦块、定位凸耳及弹簧等。坐封心轴下部铣有两种槽：自动槽和人工槽。当封隔器下井时，摩擦块与套管壁紧贴，定位凸耳在凸耳换位槽短槽内，胶筒处于自由状态。当定位凸耳插入自动槽时，其坐封方法是：(1) 封隔器在预定井深；(2) 先上提管柱，使凸耳移至短槽底部位置；(3) 右旋管柱 1～3 圈（正常情况），这时凸耳自动移至坐封的长槽侧；(4) 在保持右旋扭矩的同时，下放管柱加压，封隔器心轴下移，旁通道被端面密封关闭；(5) 锥体下行把卡瓦胀开；(6) 卡在套管壁上，胶筒受压膨胀，密封套管环空。解封时，上提，拉开旁通道上的端面密封，胶筒上下方压力平衡，凸耳从长槽沿斜面自动回到短槽，锥体上行，卡瓦收回，即可解封起钻。如凸耳换到人工槽内，其操作方法是：上提管柱，右旋 1～3 圈，再下放管柱坐封。凸耳已转到长槽内，坐封操作与自动槽相同；解封时，上提管柱，左旋 1～3 圈，使凸耳回到短槽，然后将卡瓦收回，起管柱。

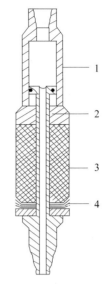

图 14-7-9 裸眼封隔器结构图
1—滑动头；2—心轴；3—橡胶筒；
4—金属碗

表 14-7-6 BT 型裸眼封隔器技术规范

工具规格	φ168mmBT 封隔器	φ120mmBT 封隔器
外径，mm	168	120.65
心轴尺寸（外径 × 内径），mm × mm	72.8×40	50.8×25.4
组装长度，mm	1989（1897）[1]	1792（1700）[1]
顶部连接内螺纹	3$\frac{1}{2}$inAPI 贯眼	3$\frac{1}{2}$inAPI 贯眼
底部连接外螺纹	3$\frac{1}{2}$inAPI 贯眼	3$\frac{1}{2}$inAPI 贯眼
拉伸强度，kN	140060	—
扭矩强度，N·m	216150	—
最大工作压差，MPa	49	49
工作温度，℃	−40～+176	−40～+176.7
胶筒邵氏硬度	90	90
适用介质	原油、钻井液、水	原油、钻井液、水
水压试验，MPa	69[2]，不漏	69[2]，不漏

①不包括外螺纹长度；②试压 3min 压力不降。

卡瓦封隔器技术规范见表 14-7-7。

卡瓦封隔器胶筒的选用和其硬度排列是根据坐封段的井下温度和胶筒的有效负荷进行选定的，见表 14-7-8。

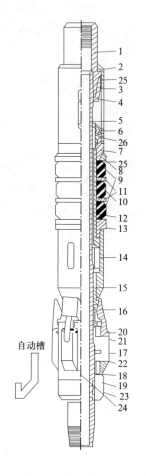

自动槽 人工槽

图 14—7—10　卡瓦封隔器结构图

1—上接头；2—旁通外筒；3—密封挡圈；4—端面密封；5—坐封心轴；
6—密封唇；7—密封接头；8—上通径规环；9、10—胶筒；11—隔圈；
12—胶筒心轴；13—下通径规环；14—锥体；15—固紧套；16—卡瓦；
17—摩擦垫块；18—垫块外筒；19—定位凸耳；20—螺旋销；21—卡瓦弹
簧；22—垫块弹簧；23—凸耳挡圈；24—沉头螺钉；25、26—"O"形圈

表 14—7—7　卡瓦封隔器技术规范

工具规格	ϕ 114.3 ～ ϕ 139.7mm 卡瓦封隔器	ϕ 139.7 ～ ϕ 177.8mm 卡瓦封隔器	ϕ 168.2 ～ ϕ 193.6mm 卡瓦封隔器	ϕ 219.1 ～ ϕ 244.5mm 卡瓦封隔器	ϕ 273 ～ ϕ 339.7mm 卡瓦封隔器
适用套管尺寸，mm	114.3 ～ 139.7	139.7 ～ 177.8	168.2 ～ 193.6	219.1 ～ 244.5	273 ～ 339.7
工作压力，MPa	66.14	71.02	67.57	56.54	76.53
挤毁压力，MPa	98.60	105.5	100.66	84.12	114.45
心轴工作负荷，N	365640	342070	495080	1031090	838490
心轴抗拉负荷，N	545790	510210	738850	1538630	1251280
心轴内径，mm	46	50	62	76	76
全长，mm	1245	1237.5	1318	1650	1956
顶部连接内螺纹	2in 外加厚油管	2in 外加厚油管	2¹/₂in 外加厚油管	3in 外加厚油管	4¹/₂inAPI 贯眼
底部连接外螺纹	2in 外加厚油管	2in 外加厚油管	2¹/₂in 外加厚油管	3in 外加厚油管	3in 外加厚油管

表 14-7-8　胶筒选用参考表

胶筒排列（邵氏硬度）	井下温度 ℃	胶筒有效负荷，N				
		114 ~ 127mm	127 ~ 152mm	168 ~ 193.7mm	219 ~ 244mm	273 ~ 339.7mm
70-50-70	-18 ~ 66	13345	17793	22241	35586	80068
80-60-80	38 ~ 94	17793	22241	26689	53379	88964
80-70-80	66 ~ 94	22241	26689	31138	66723	111206
90-70-90①	66 ~ 121	22241	22689	31138	66723	111206
90-80-90	94 ~ 135	26689	31138	40034	88964	124550
90-90-90	121 ~ 163	31138	35586	44482	111206	133447

① 90-70-90胶筒排列广泛使用。

6）剪销封隔器

剪销封隔器由上接头、阀座、胶筒、隔圈、心轴、剪销及花键外筒等组成（图14-7-11）。此封隔器也配备有旁通，只有当施加压缩负荷时将剪销剪断，心轴下移，使上接头的密封环与阀座吻合才能把旁通道关闭，此后再压缩胶筒使之膨胀，与套管壁紧贴形成密封。

剪销封隔器的技术规范见表14-7-9。

表 14-7-9　剪销封隔器技术规范

工具规格	$\phi 114 \sim \phi 127mm$ 剪销封隔器	$\phi 139.7mm$ 剪销封隔器
外径，mm	95.25	111
内径，mm	47	51
组装长度，mm	629.8	758
工作介质	钻井液、油、水、H_2S	钻井液、油、水、H_2S
工作温度，℃	-40 ~ +150	-40 ~ +150
工作压差，MPa	49	49
胶筒排列	90-70-90	90-70-90
剪销直径，mm	8.2	8.2
剪销材质（钢号）× 剪销负荷，N	10×44130	10×44130
剪销材质（钢号）× 剪销负荷，N	20×53004	20×53004
上接头内螺纹	$2^3/_8$in 外加厚油管	$2^7/_8$in 内加厚钻杆
下接头螺纹	$2^7/_8$inAPI 正规内螺纹	$2^7/_8$inAPI 正规外螺纹

7）液压锁紧接头

用于套管井测试的锁紧装置，能帮助多流测试器换位，并对套管封隔器起液压锁紧作用，防止开关井过程中封隔器失封。由外筒、心轴、浮套、密封活塞及下接头组成，结构如图14-7-12所示。

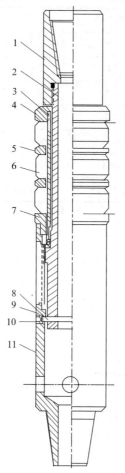 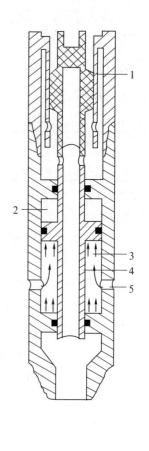

图 14—7—11　φ139.7mm 剪销封隔器结构
1—上接头；2—心轴；3—胶筒套；4—上通井规
环；5—隔环；6—胶筒；7—下通井规环；8—剪
销；9—键套总成；10—管塞；11—下接头

图 14—7—12　液压锁紧接头结构
1—取样心轴；2—大气室；3—锁紧
面积；4—心轴；5—液压孔

　　液压锁紧接头直接接在多流测试器下部，在起下钻过程中，由于液柱压力的作用把心轴往上推，上顶多流测试器取样器心轴，使测试阀保持关闭。在上提管柱进行换位操作时，心轴受向上的液压作用力而向上运动，而外筒和下接头同时受向下的液压作用力使封隔器保持坐封。液压锁紧接头的技术规范见表 14—7—10。

　　液压锁紧力的大小是液压面积与液柱压力之乘积。液压面积是指心轴与浮套之间的环形面积。液压锁紧接头的液压面积是由更换不同直径心轴和缸套而获得的。

　　8）反循环阀

　　反循环阀是测试结束后借助外力开启的循环阀，可进行反循环，也可进行正循环。常用的有两种反循环阀。

　　（1）断销式反循环阀。从井口向钻杆内投入冲杆，砸断断销，进行反循环，其结构如图 14—7—13 所示。

表 14-7-10　液压锁紧接头技术规范

工具规格	ϕ95mm 液压锁紧接头	ϕ127mm 液压锁紧接头
适用范围	H_2S，酸，泥浆	无 H_2S
拉伸强度，N	1015660	—
扭矩强度，N·m	19970	—
破裂压力，MPa	182.7	—
挤毁压力，MPa	137.9	—
最大组装扭矩，N·m	2710	—
外径，mm	95	127
内径，mm	19	30.48
组装长度，mm	996.7（907.25）[①]	1005.84（909.32）[①]
上接头内螺纹	$2^7/_8$inAPI 正规	$4^3/_8$in-4 牙/in 修正
下接头外螺纹	$2^7/_8$inAPI 正规	$3^1/_2$inAPI 贯眼
试验内压[②]，MPa	68.95	68.95

① 不包括外螺纹端长度。
② 试压 10min 不漏。

　　(2) 泵压式反循环阀。它是备用循环阀。当深井测试时，断销式反循环阀的断销有时未砸断，可从钻杆内加压 8 ~ 10MPa，将泵压式循环阀循环孔中的导盘与铜片压破，形成循环通路。其结构如图 14-7-14 所示。

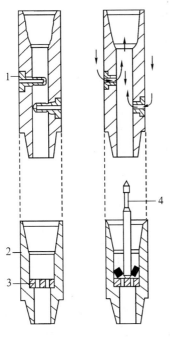

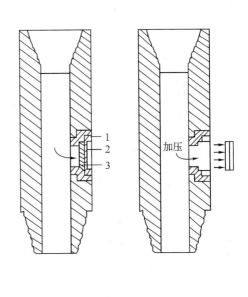

图 14-7-13　断销式反循环阀
1—断销塞；2—接杆接头；3—接杆盘；4—冲杆

图 14-7-14　泵压式反循环阀
1—护圈；2—导盘；3—铜片

反循环阀的技术规范见表 14-7-11。

表 14-7-11　反循环阀技术规范

工具规格	ϕ73mm 反循环阀	ϕ89mm 反循环阀	ϕ114mm 反循环阀
外径，mm	107.95	120.65	155.57
内径，mm	62	65.09	92.25
全长，mm	390	460	484
拉伸强度，N	1067570	3113740	4715090
扭矩强度，N·m	16950	29830	60470
上接头内螺纹	$2\frac{7}{8}$in 外加厚油管	$3\frac{1}{2}$inAPI 内平	$4\frac{1}{2}$inAPI 内平
下接头外螺纹	$2\frac{7}{8}$in 外加厚油管	$3\frac{1}{2}$inAPI 内平	$4\frac{1}{2}$inAPI 内平
试验内压①，MPa	69	69	69

①试压 3min 不漏。

9）震击器

震击器是帮助测试管柱解卡的装置。当震击器及其以下钻柱遇卡时，上提震击器施加一定拉伸负荷，使其产生巨大的震击力，从而帮助下部钻具解卡。它是裸眼测试必备的解卡工具。用于 MFE 系统的震击器是 TR 液压调时震击器，调节其调整螺母，可调节震击器的震击时间。结构如图 14-7-15 所示。TR 震击器的技术规范见表 14-7-12。

表 14-7-12　TR 震击器技术规范

工具规格	ϕ120mm×38mmTR 震击器	ϕ95mmTR 震击器
适用环境	防 H_2S	防 H_2S
最大上提拉力，N	355860	222410
产生最大震击力，N	1685870	1103150
最大扭矩，N·m	39590	17060
最大屈服上击力，N	556030	346960
试验内压①，MPa	69	69
组装长度，mm	2457（2361）②	2757（2668）②
外径，mm	120	95
内径，mm	38	38
上接头内螺纹	$3\frac{1}{2}$inAPI 贯眼	$2\frac{7}{8}$inAPI 正规
下接头外螺纹	$3\frac{1}{2}$inAPI 贯眼	$2\frac{7}{8}$inAPI 正规

①试压 3min 不漏；②不包括外螺纹端长度。

10）安全接头

安全接头一种安全解脱装置，当其以下钻具遇卡不能解卡时，通过反转钻具从反扣粗牙螺纹处倒开，可以最大限度地将井下工具提出。其结构见图 14-7-16。安全接头技术规范见表 14-7-13。

安全接头可以接在钻柱的任何部位，它既能承受钻柱的所有正常作业，也能按照操作者的愿望传递正反向扭矩，实现解脱和重新对接。

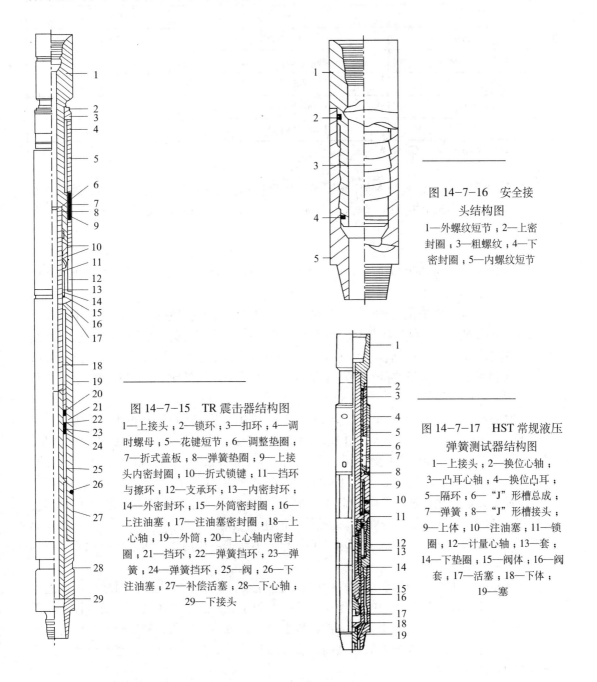

图 14-7-16　安全接头结构图

1—外螺纹短节；2—上密封圈；3—粗螺纹；4—下密封圈；5—内螺纹短节

图 14-7-15　TR 震击器结构图

1—上接头；2—锁环；3—扣环；4—调时螺母；5—花键短节；6—调整垫圈；7—折式盖板；8—弹簧垫圈；9—上接头内密封圈；10—折式锁键；11—挡环与擦环；12—支承环；13—内密封环；14—外密封环；15—外筒密封圈；16—上注油塞；17—注油塞密封圈；18—上心轴；19—外筒；20—上心轴内密封圈；21—挡环；22—弹簧挡环；23—弹簧；24—弹簧挡环；25—阀；26—下注油塞；27—补偿活塞；28—下心轴；29—下接头

图 14-7-17　HST 常规液压弹簧测试器结构图

1—上接头；2—换位心轴；3—凸耳心轴；4—换位凸耳；5—隔环；6—"J"形槽总成；7—弹簧；8—"J"形槽接头；9—上体；10—注油塞；11—锁圈；12—计量心轴；13—套；14—下垫圈；15—阀体；16—阀套；17—活塞；18—下体；19—塞

2. HST 测试工具

HST（Hydrospring Tester）是一种液压弹簧地层测试器，它有常规和全通径两种类型。HST 常规测试工具有 ϕ98.4mm（$3\frac{7}{8}$in）和 ϕ127mm（5in）两种，适用于不同尺寸的套管井和裸眼井测试。

表 14-7-13 安全接头技术规范

工具规格	φ120mm 安全接头	φ95mm 安全接头
外径，mm	120.65	95
内径，mm	62	31.5
组装长度，mm	483（387）[1]	387（298）[1]
试内压[2]，MPa	68.95	68.95
上接头内螺纹	$3\frac{1}{2}$inAPI 贯眼	$3\frac{1}{2}$inAPI 贯眼
下接头外螺纹	$2\frac{7}{8}$inAPI 正规	$2\frac{7}{8}$inAPI 正规

①不包括外螺纹端长度；②试压 3min 不漏。

HST 测试工具作用原理与 MFE 测试工具作用原理基本相同，也是靠上提下放钻具来开关井下测试阀。主要包括 HST 测试器、伸缩接头、VR 安全接头（带旁通孔）、RTTS 封隔器等。

1）HST 常规液压弹簧测试器

常规液压弹簧测试器由换位机构、计量延时机构和测试阀三部分组成。结构如图 14-7-17 所示。

（1）换位机构。由换位心轴、"J" 形槽外筒、换位凸耳和换位弹簧组成。三个换位凸耳呈 120°对称排列，装在凸耳套上，并能在心轴上转动。"J" 形槽换位筒固定在外筒上。当心轴上提下放时，"J" 形槽换位筒不动，三个凸耳在换位槽中运动，带动凸耳套转动，从而实现换位目的。弹簧机构的作用是提供一个向上的测试阀关闭力，使开关井上提操作容易。

（2）计量延时机构。由外筒、计量心轴、计量销组、特殊 "O" 形圈和下体组成。计量机构的液压油为黏度 20mPa·s 的硅油。计量心轴上部的特殊 "O" 形圈起单流阀作用。计量销有长短各二支，成对角线地装在计量心轴的 4 个计量孔中，与计量孔保持适当间隙，为液压油提供计量通道。当心轴下压时，心轴上部的特殊 "O" 形圈密封了心轴与外筒间间隙，液压油必须通过短计量销孔向下流动，再经长计量销孔上返流至油室，实现计量延时。当心轴下移 114.3mm 行程，至油缸大孔径处，液压油从活塞外围旁通，工具产生 38.1mm 的 "自由下落" 开井显示。心轴上提时，"O" 形圈不起密封作用，液压油无阻地流入下油室，不起延时作用。

（3）测试阀。由阀体和阀套组成。阀体和阀套上有液流孔，提供开井时地层流体进入测试管柱的通道，起下钻和关井时，测试阀处于关闭位置，防止流体进入测试管柱。如需进行取样，可卸掉下接头体与阀套等部件，接上多次开关井取样器。测试时，取样器心轴随测试器心轴上下移动，取样腔随测试阀同步开启和关闭。在终关井时，将终流动末的流体样品关闭在取样器内。

HST 常规液压弹簧测试器靠上提下放钻柱来开关测试阀。下井时阀处于关闭状态，下至预定位置，下放钻具加压，经过一段延时，测试阀打开，并有钻具 "自由下落" 38.1mm 的开启显示。流动测试后，上提管柱至 "自由点" 悬重，并提完 152.4mm 的自由行程，然后下放加压即可关井。重复上述操作，可达到多次开关井的目的。

HST 常规液压弹簧测试器技术规范见表 14-7-14。

表 14-7-14　HST 常规液压弹簧测试器技术规范

工具规格	φ98.4mmHST 常规液压弹簧测试器	φ127mmHST 常规液压弹簧测试器
外径, mm	98.42	127
内径, mm	15.7	19
组装长度①, mm	1912.3	1619.2
顶部连接螺纹	$2^7/_8$in 钻杆外螺纹	$3^1/_2$inAPI 贯眼内螺纹
底部连接外螺纹	$3^1/_8$in-8N-3	$3^1/_2$inAPI 贯眼
破裂压力, MPa	55.15	68.94
挤毁压力, MPa	55.15	55.15
抗拉强度, N	1703660	1822658
细扣许用扭矩, N·m	1356	1356
粗扣许用扭矩, N·m	4070	5430

①组装长度不包括外螺纹端长度。

2）HST 全通径测试器

HST 全通径测试器的球阀靠施加钻压打开，打开时计量套提供延时，工具底部有附加旁通，在下井时处于开启位置，加压坐封时关闭，不再打开。

φ98.42mm（$3^7/_8$in）HST 全通径测试器的换位机构与 HST 常规液压弹簧测试器相同，计量延时机构由计量套代替了计量销，测试阀由球阀代替了滑阀，测试阀位于工具下部；φ127mm（5in）HST 全通径测试器的球阀在工具的上部，换位机构位于工具下部，与φ98.42mm（$3^7/_8$in）HST 全通径测试器相反。

φ127mm 全通径 HST 测试器结构如图 14-7-18 所示。HST 全通径测试器技术规范见表 14-7-15。

表 14-7-15　HST 全通径测试器技术规范

工具规格	φ98.4mm HST 全通径测试器	φ118.9mm HST 全通径测试器
外径, mm	98.42	118.87
内径, mm	45.72	57.15
组装长度①, mm	3392.42	3810
工具顶部至球阀中心距离, mm	1961.39	2259.08
顶部连接螺纹	$2^7/_8$inEUE-8 内螺纹	$3^1/_2$inAPI 内平内螺纹
底部连接螺纹	$2^7/_8$inEUE-8 外螺纹	$3^1/_2$inAPI 内平外螺纹
流通面积, cm²	16.419	25.67
破裂压力, MPa	82.73	110.3
挤毁压力, MPa	82.73	110.3
抗拉强度, N	1023 090	1556 870
细扣许用扭矩, N·m	1355	1355
粗扣许用扭矩, N·m	1355	5426

①组装长度不包括外螺纹长度。

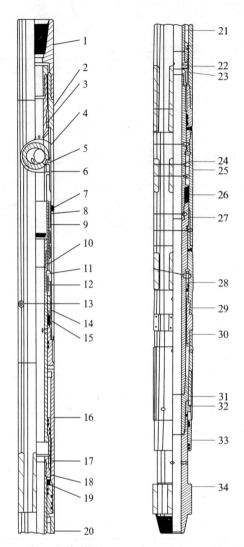

图 14-7-18　φ127mm HST 全通径测试器结构

1—上接头；2—球阀外筒；3—上球座支撑圈；4—操作臂；5—球及球座；6—下球座弹簧；7—堵头；8—操作心轴；9—操作弹簧；10—操作支座；11—连接销；12—开槽心轴；13—堵头；14—旁通套；15—旁通密封；16—上外筒；17—静压活塞；18—活塞接头；19—隔环；20—中外筒；21—心轴；22—连接爪；23—尾套；24—计量心轴；25—计量外筒；26—计量套；27—花键心轴；28—传压活塞；29—花键外筒；30—"J"形槽；31—换位心轴；32—凸耳环；33—旁通外套；34—旁通下接头

3）伸缩接头

伸缩接头由上接头、外筒、密封心轴、方心轴和下接头组成。上接头将外筒与密封心轴连成一体，随上部管柱一起动作。方心轴在密封心轴和外筒中间和下接头连接，在外筒内滑动，形成762mm伸缩行程，其结构如图14-7-19所示。伸缩接头的技术规范见表14-7-16。

表 14-7-16　伸缩接头技术规范

工具规格	φ98.4mm 伸缩接头	φ127mm 伸缩接头
外径，mm	98.42	127
内径，mm	22.35	22.10
组装长度①，mm	1280.92	1395.48
顶部连接螺纹	$3\frac{1}{8}$in-8N-3 内螺纹	$3\frac{1}{2}$inAPI 内平内螺纹
底部连接螺纹	$3\frac{1}{8}$in-8N-3 内螺纹	$3\frac{1}{2}$inAPI 内平外螺纹

续表

工具规格	ϕ 98.4mm 伸缩接头	ϕ 127mm 伸缩接头
破裂压力, MPa	69	69
挤毁压力, MPa	69	69
抗拉强度, N	1583560	1774830
细扣许用扭矩, N·m	1355	1355
粗扣许用扭矩, N·m	1355	5426
工具伸缩行程, mm	762	762

①组装长度不包括外螺纹端长度。

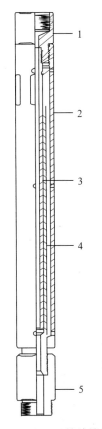

图 14-7-19　ϕ 95mm 伸缩接头结构图

1—上接头；2—外筒；3—密封光杆；4—方心轴；
5—下接头

4）VR 安全接头

VR 安全接头由上接头、凸耳心轴、外筒、反扣螺母、剪销及剪销套、旁通密封装置等组成。起下钻时，旁通孔拉开。坐封测试时，下放钻具加压，延时一段时间，封隔器坐封，关闭旁通，然后打开测试阀。其结构如图 14-7-20 所示。技术规范见表 14-7-17。

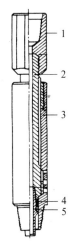

图 14-7-20　VR 安全接头结构

1—上接头；2—凸耳心轴；3—外筒；4—密封圈；
5—护套

表 14-7-17　VR 安全接头技术规范

工具规格	外径 mm	内径 mm	长度① mm	上部连接螺纹	下部连接螺纹
ϕ 98mm（$3\frac{7}{8}$in）VR 安全接头	98.4	19.05	770	$3\frac{1}{8}$in-8N-3 内螺纹	$3\frac{1}{8}$in-8N-3 内螺纹
ϕ 127mm（5in）VR 安全接头	127	25.4	848.4	$3\frac{1}{2}$inAPI 贯眼内螺纹	$3\frac{1}{2}$inAPI 贯眼内螺纹

①长度不包括外螺纹长度。

VR 安全接头是一种右旋解脱式安全接头。靠右旋和上提下放钻杆即可倒开，以便最大限度地起出井内工具。

ϕ 98mm（$3^7/_8$in）VR 安全接头带有旁通，起下钻时，能旁通封隔器上下方的流体。ϕ 127mm（5in）VR 安全接头不带旁通，需在 HST 测试器下部接 RTTS 循环阀。

5）RTTS 循环阀

RTTS（Retrievable Test Treat Squeeze）循环阀是一种循环阀和旁通阀的锁定开关型工具。它与 RTTS 封隔器配套使用，起下钻时，RTTS 循环阀开启，对封隔器起旁通作用。卡瓦封隔器坐封时，RTTS 循环阀与封隔器同步换位，自动锁于关闭位置。其结构如图 14-7-21 所示。

测试结束后，右旋管柱 1/4 圈，上提管柱到坐封前的位置，然后，左旋管柱 1/4 圈，旁通阀锁定于打开位置。

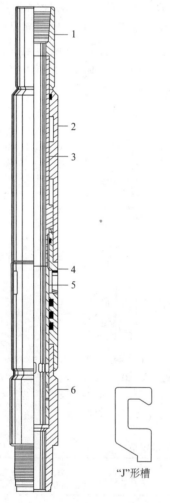

图 14-7-21 ϕ 139.7mmRTTS 反循环阀结构图
1—上接头；2—"J"形槽套筒；3—凸耳心轴；
4—阀体；5—开孔心轴；6—下接头

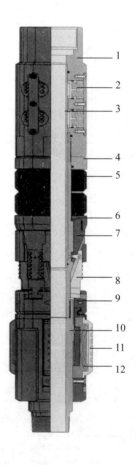

图 14-7-22 RTTS 测试封隔器结构示意图
1—水力锚本体；2—水力锚；3—容积管；4—上通径规环；5—胶筒；6—下通径规环；7—卡瓦椎体；8—卡瓦；9—扣环；10—心轴；11—摩擦块；12—摩擦块弹簧

6）RTTS 封隔器

RTTS 封隔器与 RTTS 循环阀配套使用。RTTS 封隔器带有水力锚，是可用于措施和挤注作业的卡瓦封隔器。

RTTS 封隔器由"J"形槽换位机构、机械卡瓦、胶筒和水力锚组成（图 14-7-22）。

RTTS 封隔器下井时，摩擦垫块始终与套管内壁紧贴，凸耳是在换位槽短槽的下端，胶筒处于自由状态。当封隔器下到预定井深时，先上提管柱，使凸耳到短槽的上部位置，右旋管柱 1～3 圈（正常情况），在保持扭矩的同时，下放管柱加压缩负荷。由于右旋管柱使凸耳从短槽到长槽内，加压时下心轴向下移动，卡瓦锥体下行把卡瓦张开，卡瓦上的合金块的棱角嵌入套管壁，尔后胶筒受压而膨胀，直至两个胶筒都紧贴在套管壁上，形成密封。如果进行挤注作业，封隔器胶筒以下压力大于封隔器胶筒以上静液柱压力时，下部压力将通过容积管传到水力锚，使水力锚卡瓦片张开，卡瓦上的合金卡瓦牙朝上，从而使封隔器牢固地坐封在套管内壁上。如果起出封隔器，只需施加拉伸负荷，先打开循环阀，使胶筒上下压力平衡，水力锚卡瓦自动收回。再继续上提，胶筒卸掉压力而恢复原来的自由状态，此时凸耳从长槽沿斜面自动回到短槽内，锥体上行，卡瓦随之收回，便可将封隔器起出井筒。

RTTS 封隔器技术规范见表 14-7-18。

表 14-7-18　RTTS 封隔器技术规范

胶筒标号	摩擦块处外径，mm	内径，mm	长度，mm	连接扣型
5in-15-18#	120.9	45.7	1167.9	上端 $3^3/_{32}$in-10N-3 内螺纹 下端 $8^7/_8$inEUE8 牙油管外螺纹
$5^1/_2$in-13-20#	13.4	48.3	1178.1	上端 $3^1/_2$in-8N-M 内螺纹 下端 $2^7/_8$inEUE8 牙油管外螺纹
7in-17-38#	—	61.0	1323.3	上端 $4^5/_{32}$in-8N-M 内螺纹 下端 $2^7/_8$inEUE8 牙油管外螺纹
7in-17-38#	—	61.0	1085.1	上端 $3^1/_2$in-8N-M 内螺纹 下端 $2^7/_8$inEUE8 牙油管外螺纹
$9^5/_8$in-29.3-53.5#	—	101.6	1973.8	上端 $4^1/_2$in 内平螺纹 下端 $4^1/_2$in 内平螺纹
$9^5/_8$in-29.3-53.5#	—	101.6	1605.5	上端 $3^1/_2$inAPI 贯眼内螺纹 下端 $4^1/_2$inAPI 内平外螺纹

7）NR 支撑式膨胀鞋封隔器

NR 支撑式膨胀鞋封隔器支撑在井底，靠机械加压使胶筒膨胀密封环空，用于裸眼井测试。有三种型号，适用于 95～311mm（$3^1/_2$～$12^1/_4$in）不同尺寸的裸眼井。密封胶筒下部有膨胀鞋，起防突作用。其结构如图 14-7-23 所示。技术规范见表 14-7-19。

8）提升短节和油嘴总成

提升短节用于提升测试工具。它内部装有油嘴，在测试时对地层保持回压。

表 14-7-19　NR 支撑式封隔器技术规范

型号	外径，mm	长度，mm	心轴内径，mm	心轴外径，mm	顶部连接螺纹	底部连接螺纹
No.1	95.25 ~ 146	1498.6	19.05	50.8	$3\frac{1}{8}$in-8N-3 内螺纹	$2\frac{7}{8}$inAPI 内平外螺纹
No.3	190.6 ~ 317.5	1783	42.67	88.9	$3\frac{1}{2}$inAPI 贯眼内螺纹	$3\frac{1}{2}$inAPI 贯眼外螺纹

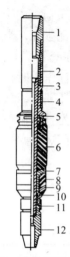

图 14-7-23　NR 裸眼封隔器结构示意图
1—上接头；2—心轴导套；3—心轴；4—上螺套；5—封隔器鞋；6—封隔器胶筒；7—封隔器支座；8—膨胀鞋；9—鞋支座；10—挡圈；11—下螺套；12—下接头

3．APR 测试工具

1）LPR-N 测试阀

LPR-N 测试阀是整个管柱的主阀，主要由球阀部分、动力部分和计量部分组成（图 14-7-24）。球阀部分主要由上球阀座、偏心球、下球阀座、控制臂、夹板及球阀外筒组成；动力部分由动力短节、动力芯轴、动力外筒、氮气腔、充氮阀体及浮动活塞等组成；计量部分主要由伸缩心轴、计量短节、计量阀、计量外筒、硅油腔及平衡活塞组成。平衡活塞一端连通硅油腔，另一端与环空相通。

测试时，根据地面温度、井底温度及静液柱压力，在地面对氮气腔充氮到预定压力，此压力作用在动力心轴上，使球阀在工具下井时处在关闭状态。工具下井过程中，在平衡活塞作用下，球阀始终处于关闭状况。封隔器坐封后，向环空加预定压力，压力传到动力心轴使其下移，带动动力臂使球阀转动，实现开井。释放环空压力，在氮气压力作用下，动力心轴上移带动动力臂，使球阀关闭。如此反复，从而实现多次关井。

LPR-N 测试阀技术规范见表 14-7-20。

表 14-7-20　LPR-N 测试阀技术规范

工具规格	外径，mm（in）	内径，mm（in）	组装长度，mm（in）	连接螺纹，mm（in）
5in	127（5）	57.15（2.25）	4993.6（196.60）	89（$3\frac{1}{2}$）API 内平螺纹
$4\frac{11}{16}$in	118.9（4.68）	50.8（2.00）	5132.3（202.06）	89（$3\frac{1}{2}$）API 内平螺纹
$3\frac{7}{8}$in	99.06（3.90）	45.72（1.80）	5026.2（197.88）	73（$2\frac{7}{8}$）EUE8 牙油管螺纹
$3\frac{1}{16}$in	77.7（3.06）	28.4（1.12）	4241.03（166.97）	60（$2\frac{3}{8}$）EUE8 牙油管螺纹

2）RD 取样器

RD 取样器是一种靠环空压力操作的全通径取样器。主要有 ϕ98mm 和 ϕ127mm 两种规格。

RD 取样器取样时通过环空加压到破裂盘设定的压力值使破裂盘破裂，环空压力通过破裂盘孔推动心轴，剪断剪销后，心轴继续上行推开滑套，使卡套进入心轴前端的锁紧槽内，地层流体就被保存在心轴与取样外筒之间的取样室内。RD 取样器技术规范见表 14-7-21。

表 14-7-21 RD 取样器技术规范

工具规格	3⁷⁄₈in	5in
外径，mm	ϕ 99	ϕ 127.5
内径，mm	ϕ 45	ϕ 58
总长，mm	3182	2198
额定工作压力，MPa	105	105
抗拉强度，kN	1630	2766
耐内压强度，MPa	165	170
耐外压强度，MPa	152	157
取样器容积，mL	1200	1200

3）RD 安全循环阀

RD 安全循环阀由循环部分、动力部分和球阀部分组成（图 14-7-25）。

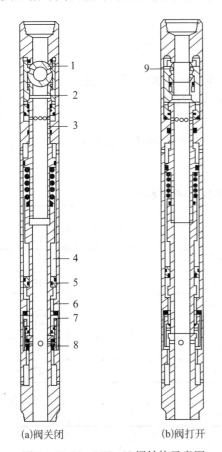

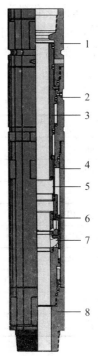

(a)阀关闭　　　　(b)阀打开

图 14-7-24　LPR-N 阀结构示意图

1—球阀；2—动力臂；3—动力心轴；4—充 N_2 腔；
5—浮动活塞；6—计量阀；7—硅油腔；
8—平衡活塞；9—球阀

图 14-7-25　RD 安全循环阀结构图

1—上接头；2—破裂盘外筒；3—动力心轴；
4—球阀外筒；5—棘爪；6—操作臂；
7—球阀；8—下接头

（1）循环部分。这部分有循环孔。当剪切心轴处于上限位置时，循环孔是密封的（关闭的），剪切心轴靠上接头上的剪销固定在上限位置。

（2）动力部分。动力部分提供操作该工具所需的操作力。

下井时，ϕ98mmRD 安全循环阀上接头的破裂盘把空气室与环空液柱压力隔开，ϕ127mmRD 安全循环阀则由破裂盘外筒上的破裂盘把它们隔开。

循环压井时，环空压力增加到破裂盘破裂后，环空压力作用在差动面积上，剪切心轴上的固定销被剪断，剪切心轴向下运动，先关闭球阀，继续向下运动打开循环孔。

（3）球阀部分。由一个球阀、操作销和指状弹簧组成，弹簧爪卡在剪切心轴上的槽内。当剪切心轴向下运动时，弹簧爪推动操作销使球阀转动至关闭位置。当剪切心轴下移到转动球阀使之关闭所需的距离后，弹簧爪就从槽中释放出来，而剪切心轴则继续向下运动，直至露出循环孔。

RD 安全循环阀是一种靠环空压力操作的全通径安全循环阀。它作为循环阀主要作用是测试结束建立循环通道，进行洗井和压井；作为安全阀，可以在测试期间的任一时刻操作该工具，实现阀以下地层流体与阀以上管柱内流体的分割，有效地封堵地层。用一个选用接头来代替球阀部分，此工具就变成了一个单作用的循环阀，通常称为 RD 循环阀。RD 循环阀和 RD 安全循环阀通常配合使用。

RD 安全循环阀的技术参数见表 14-7-22。

4）多功能循环开关阀（OMIN 阀）

哈里伯顿公司研制生产的多功能循环开关阀是一种由环空压力控制，且开关压力不随井深及油气压力变化而变化的可实现多次开关的循环阀。主要用于地层测试和增产措施综合作业，实现措施液的顶替和助排。

多功能循环开关阀由氮气室、油室动力机构、循环机构和球阀机构四大部分组成，如图 14-7-26 所示。

表 14-7-22　RD 安全循环阀技术参数

工具规格	$3^7/_8$in	5in
外径，mm	99	127.5
内径，mm	46	57
总长，mm	1883	1845
额定工作压力，MPa	103	70
抗内压强度，MPa	162	120
抗外压强度，MPa	151	106
工作温度，℃	≤ 232	≤ 232
抗拉强度，kN	850	1420
循环面积（当量流通内径），in² (in)	3.14 (2.0)	3.14 (2.0)

氮气室主要由上接头、充氮阀体、氮腔心轴、氮腔外筒、活塞、氮气塞和充氮塞等零件组成。氮气室中充入高纯度氮气用于平衡静液柱和环空压力并储存能量，充氮压力取决于静液柱压力和井下温度。

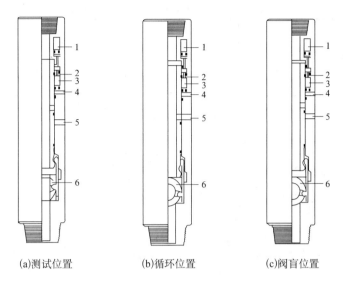

(a)测试位置　　　　　　(b)循环位置　　　　　　(c)阀盲位置

图 14-7-26　多功能循环开关阀结构位置示意图

1—氮气；2—动力换位机构；3—硅油；4—液柱传压孔；5—循环孔（关闭）；6—球阀（打开）

油室动力机构主要由过油短节、动力阀总成、卡套、换位套、动力阀筒、换位心轴、钢球、油室心轴、油室外筒、平衡活塞等零件构成。油室动力机构中充满专用液压油用于传递压力。动力阀总成两边各有一对单向阀，阀芯在推力或压力作用下可推动弹簧使单向阀打开。

循环机构主要由连接短节、循环外筒、循环短节、循环心轴和密封环等零件组成。循环机构的功能主要是当工具运行到一定位置时，使环空与钻柱之间沟通形成通道，以便进行正反循环。

球阀机构主要由锁紧爪、连接短节（3⅞in 工具）、上座圈、下座圈、球阀总成、操作销、球阀外筒和下接头等零件组成。球阀机构的球阀在工具循环孔打开之前关闭，这样确保循环时循环介质与地层流体隔离。

多功能循环开关阀是靠环空加压与泄压实现动作的。当环空加压时，活塞推动专用液压油向左运动，液压油推动动力阀总成向左运动。当运动到上死点时，液压油通过了动力阀进而推动氮气室中的平衡活塞，这时压力就储存于氮气室中；当泄压时，由于储存于氮气室中的压力高于环空中的压力，氮气压力推动氮气室中的平衡活塞向右运动，进而推动液压油向右运动，液压油推动动力阀总成向右运动，当运动到下死点时，液压油通过了动力阀总成，从而使氮气室压力与环空压力平衡。在上述运动过程中，动力阀带动换位套一起运动，换位套通过钢球与换位心轴连接，钢球在换位心轴内运动，并带动换位心轴不断变换位置，实现球阀和循环孔的不断开启和关闭。

多功能循环开关阀技术参数见表 14-7-23。

5）BJ 震击器

BJ（Big John）震击器由震击心轴、花键外筒、液压缸、震击锤、计量套、计量锥体、计量调节螺母、压力平衡活塞、下心轴及下接头等组成（图 14-7-27）。

表 14-7-23　多功能循环开关阀技术参数

工具规格	最大外径 mm	通径 mm	总长 mm	抗拉强度 kN	扭矩强度 kN·m	球阀上下最大压差 MPa	外压强度 MPa	内压强度 MPa	过流面积 cm²	操作压力 MPa	工作压力 MPa
3³/₇in	99	45	6092	820	10	35	105	112	15	8	70
5in	127.5	57	6555	1730	30	35	106	127	23	8	70

　　BJ 震击器的工作原理与 TR 震击器的工作原理相似。所不同的是，操作震击器时，上油室的液压油可以从两条通道流入下油室。一条通道是计量套与液压缸之间很小的间隙；另一条通道是计量锥体与计量套下部的内圆锥面之间的间隙（可以调节）。通过计量调节螺母调节计量锥与计量套下部的内圆锥面之间的间隙，可以改变震击器的液压延时时间。

　　6）全通径液压循环阀

　　全通径液压循环阀主要由延时计量系统和旁通部分组成（图 14-7-28）。延时计量系统由浮动活塞、花键外筒、短节、计量套、计量及加油外筒、锁定活塞和硅油等组成；旁通部分由循环套、循环外筒和下接头组成。

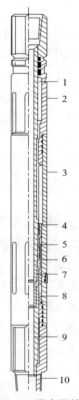

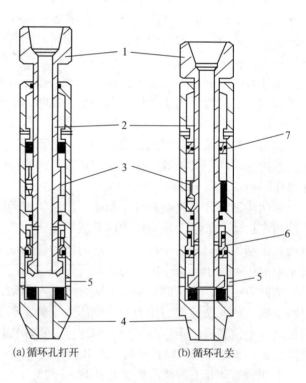

(a) 循环孔打开　　　　(b) 循环孔关

图 14-7-27　BJ 震击器结构示意图

1—震击心轴；2—花键外筒；3—液压缸；
4—震击锤；5—计量套；6—计量锥体；
7—计量调节螺母；8—压力平衡活塞；
9—下心轴；10—下接头

图 14-7-28　全通径液压循环阀结构示意图

1—上接头；2—心轴；3—延时机构；4—下接头；5—循环孔；
6—锁定机构；7—补偿活塞

全通径液压循环阀为下放延时循环阀，通常连接于 RTTS 封隔器上方作旁通阀使用。下钻过程中，在延时阀的作用下保持循环孔处于打开位置，以减小下钻阻力，确保下钻顺利。当对工具施加钻压后，液压计量装置约延时 2min，以关闭旁通孔，延时机构保证在旁通孔关闭前使 RTTS 封隔器坐封。上提不延时即可打开旁通，平衡封隔器上下方的压力。

全通径液压循环阀也可以连接在测试阀上部作循环阀使用。

全通径液压循环阀的技术规范见表 14-7-24。

7）全通径放样阀

全通径放样阀由本体、放样塞、阀心、管塞、限位螺母和"O"形圈组成（图 14-7-29）。

表 14-7-24　$4\frac{5}{8}$in 全通径液压循环阀的技术规范

外径 mm	内径 mm	组装长度 mm	端部连接	备　注
118.9	57.15	2126.5（压缩状态）	上端连接螺纹 $3\frac{1}{2}$inAPI 内平内螺纹	关闭旁通操作负荷 88964～133447.7N；计量系统最大载荷 274900N
		2202.7（拉伸状态）	下端连接螺纹 $3\frac{1}{2}$inAPI 内平外螺纹	

全通径放样阀用于释放 RDS 安全循环阀与测试阀之间圈闭的地层流体压力，将流体安全清洁地放出。

全通径放样阀技术规范见表 14-7-25。

表 14-7-25　全通径放样阀技术规范

工具规格	外径，mm	内径，mm	组装长度，mm	端部螺纹
5in	127.0	57.15	297.94	$3\frac{1}{2}$in 内螺纹
$4\frac{11}{16}$in	118.87	50.8	304.8	$3\frac{1}{2}$in 内螺纹
$3\frac{7}{8}$in	99.06	45.72	304.8	$2\frac{7}{8}$inEUE8 牙油管螺纹

8）全通径伸缩接头

全通径伸缩接头结构如图 14-7-30 所示。其作用是在管柱中提供一段伸缩长度以帮助补偿钻井浮船的上下浮动。当浮式钻井船向上运动时，钻杆将伸缩接头拉长，使管柱的内容积增大，同时，在伸缩接头内的一个平衡活塞将同样量的流体排入管柱内，结果内净容积没有变化。相反，浮式钻井船向下运动则排出流体。故称为体积平衡型伸缩接头，其特点是能最大限度地缩小压力波动。

每个伸缩接头有 1.524m 的行程。为了获得较大的自由行程，可以多用几个伸缩接头，但是，它们必须串接在一起。因为工具的液压性能所施加的作用点只能在管柱的一个点。这样，顶部的一个伸缩接头走完它的 1.524m 行程，然后是接在其下端的一个，依此逐个伸长。当每个伸缩接头走完行程后会发生轻微碰撞，在指重表上会有显示。

全通径伸缩接头技术规范见表 14-7-26。

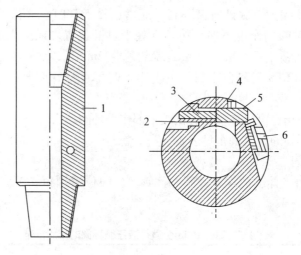

图 14-7-29　全通径放样阀结构图

1—本体；2—限位螺母；3—阀心；4—管塞；5—"O"形圈；6—放样塞

表 14-7-26　全通径伸缩接头技术规范

工具规格	外径 mm	内径 mm	自由行程 mm	组装长度 mm	端部螺纹
98.4	99.1	45.7	1524	3885.2	上端连接扣型 2$^7/_8$inEUE8 牙油管内螺纹，下端连接扣型 2$^7/_8$inEUE8 牙油管外螺纹
127[①]	127.00	57.2	1524	4010.7	上端连接 3$^1/_2$inAPI 内平内螺纹，下端连接 3$^1/_2$inAPI 内平外螺纹

①最大抗拉强度 1754823.6N；破裂压力 115.1MPa；挤毁压力 90.3MPa。

9）RTTS 安全接头

RTTS 安全接头的结构如图 14-7-31 所示。它接在封隔器之上，当封隔器被卡时，对管柱施加拉力，使张力套断开，然后进行上提下放和旋转运动，使安全接头倒开，起出安全接头以上的管柱。

正常测试时，安全接头靠张力套支撑不会倒开。一旦发生紧急情况需要倒开安全接头时，先对管柱施加拉力使张力套断开，保持对管柱的右旋扭矩并上下运动即可完全倒开。

RTTS 安全接头技术规范见表 14-7-27。

表 14-7-27　RTTS 安全接头技术规范

工具规格	外径 mm	内径 mm	长度 mm	行程 mm	张力套拉断力 N	连接螺纹
3$^{11}/_{16}$in	93.5	48.3	978.0	175.8	88964	2$^3/_8$inEUE8 牙油管螺纹
4$^1/_{16}$in	103.1	50.8	990.7	177.9	88964 111205	2$^3/_8$inEUE8 牙油管螺纹
5in	127.0	62.0	1006.7	177.8	111205	2$^7/_8$inEUE8 牙油管螺纹
6$^1/_8$in	155.4	79.2	1083.8	177.9	177929	4$^1/_2$inAPI 内平螺纹

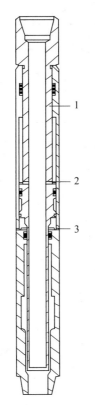

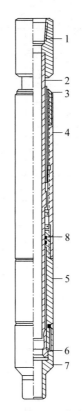

图 14-7-30　伸缩接头结构示意图
1—伸缩心轴；2—内呼吸孔；3—外呼吸孔

图 14-7-31　RTTS 安全接头结构图
1—上接头；2—心轴；3—反扣螺母；4—外筒；
5—短节；6—张力套；7—下接头；8—"O"形圈

4. 选择测试阀

全通径选择测试阀是一种大通径的由环空压力操作，可锁定开井的井下开关阀。工具下井过程中，环空液体通过压力收集系统进入氮气室，推动氮气活塞上移，使换位心轴上的氮气压力与静液柱压力保持平衡，在弹簧力的作用下上心轴不会下移，保证了球阀处于关闭状态。当封隔器坐封后，隔断了环空与管柱内的压力，这时，当从环空加少量泵压时，压力收集系统的压差套由于压力失衡而上移，从而封闭压力收集系统，继续向环空加泵压，由于氮气压力不再增加而使换位心轴上下的环空压力和氮气压力失衡，环空泵压会克服氮气压力及弹簧力，使换位心轴下移，从而带动球阀旋转打开。环空泄压后，由于换位锁定装置的作用，使球阀仍保持打开状态；再次向环空施加操作压力，球阀仍保持打开状态，环空泄压后，则会解除球阀开启锁定，球阀关闭。测试结束后，上提管柱过程中，压力收集系统的泄压阀会释放封闭在氮气室中的高压，工具到达地面时，氮气室压力恢复到下井前的压力。

选择测试阀性能参数见表 14-7-28。

选择测试阀是新一代全通径压控式测试器，不仅使一般井下条件的测试更加简便、安全、可靠、准确，更适应于高温、高压、深井与气井的地层测试，对井筒条件的要求低，而且拓宽了地层测试和其他井下作业（如射孔、酸化、压裂、诱喷排液、挤水泥作业等）的兼容性。

表 14-7-28　选择测试阀性能参数

工具规格	φ98mm 选择测试阀	φ127mm 选择测试阀
外径，mm	99.0	127.5
内径，mm	45.0	57.0
长度，mm	6605	6895
抗拉强度（屈服），kN	1014	1750
扭矩强度（屈服），kN·m	12.1	45
球阀最大开启压差，MPa	35	70
抗外压强度（屈服），MPa	89.5	115
抗内压强度（屈服），MPa	95.6	123
工作压力，MPa	70	70
工作温度，℃	-29 ~ 180	-29 ~ 180
质量，kg	350	480
两端连接螺纹	$2^7/_8$inCAS.B × P	$3^7/_8$in CAS.B × P
适用环境	含 H_2S 和酸	含 H_2S 和酸

5. 莱茵斯膨胀测试工具

莱茵斯膨胀测试工具由液力开关、取样器、膨胀泵、滤网接头、上封隔器、组合带孔接头、下封隔器和阻力弹簧器等组成。测试工具内有三条通道：(1) 旁通通道。旁通两个封隔器上下方的流体。(2) 测试通道。让地层流体往此通道进入测试阀。(3) 膨胀通道。由膨胀泵从环空吸入钻井液充入封隔器胶筒，使其膨胀坐封。主要用于砂泥岩裸眼井测试，既可单封隔器测试，又可采用双封隔器进行跨隔测试。

莱茵斯膨胀测试工具测试原理如图 14-7-32 所示。

(1) 下井。下井时，液力开关测试阀关闭，旁通通道旁通两个封隔器上下方的流体，封隔器处于收缩状态。(2) 封隔器充压膨胀。测试工具下至预定位置后，向右旋转钻具以 60 ~ 80r/min 速度转动膨胀泵，膨胀泵以 0.038m³/min 的排量，将过滤的环空钻井液吸入，充入到两个封隔器胶筒中，使其膨胀坐封。(3) 开井流动测试。下放钻具加压 66723 ~ 88964N 负荷，液力开关工具经延时一段时间，打开测试阀，地层流体经组合开孔接头与测试阀进入钻杆，进行流动测试。(4) 关井测压。上提钻具，对液力开关施加 8896 ~ 22241N 的拉力负荷，测试阀即可关闭，进行关井测压。这样重复上提下放操作可进行多次开关井测试。(5) 平衡压差。测试完后，下放钻具给膨胀泵加压 22241N，再向右旋转钻具 1/4 圈，使膨胀泵离合器啮合，钻具自由下落 50.8mm，推动阀滑套下行，使测试井段与环形空间平衡，充压膨胀通道与环空连通，泵处于平衡—泄压位置。(6) 封隔器收缩解封起钻。再上提 8896 ~ 22241N 的拉力，把膨胀泵的心轴向上提起，让阀滑套留在下部位置，封隔器胶筒就能收缩解封。

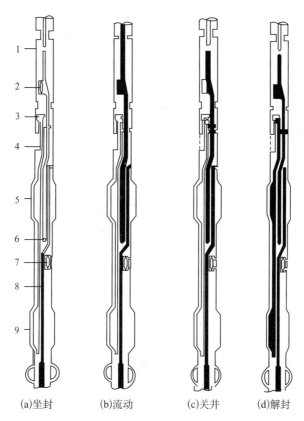

(a)坐封　　(b)流动　　(c)关井　　(d)解封

图 14-7-32　莱茵斯膨胀式测试工具测试原理图

1—多次开关工具；2—内记录仪；3—膨胀泵；4—滤管短节；5—上封隔器；6—测试孔；
7—外记录仪；8—旁通管；9—下封隔器

1）液力开关工具

液力开关工具由钻井液端和油端两部分组成，如图 14-7-33 所示。油端位于工具上半部分，由上接头、花键接头、心管、油缸、油塞和计量系统组成。通过心管的上下活动和液压延时机构的作用，可以控制液力开关工具的开关时间。钻井液端位于工具的下半部分，由外筒、活塞、缸套和下接头等组成，是地层流体进入测试工具的开关阀。

给液力开关工具施加 44500 ～ 89000N 的压力，油端活塞下方油缸中的油压增加，液压油通过滤网进入计量系统。活塞经过 69.9mm 的缓慢计量行程。当油端活塞下行至油缸下部的大孔径，液压油从活塞外周旁通，工具产生 31.8mm 的快速冲程，钻

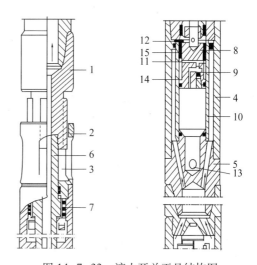

图 14-7-33　液力开关工具结构图

1—上接头；2—花键接头；3—油缸；4—钻井液端外筒；
5—下接头；6—心管；7—油端活塞；8—钻井液端活塞；
9—单流阀总成；10—钻井液端缸套；11—缸套液流孔；
12—钻井液端活塞液流孔；13—下接头旁通孔；
14、15—"O"形密封圈组

具有明显"自由下落"开井显示。这时接在心管下面的钻井液端活塞的液流孔与缸套上的液流孔对齐，地层流体便可通过下接头，经外筒与缸套之间的环形通道进入工具的心管，至测试管柱中，实现开井活动。上提钻具液压油流过活塞面密封，经中心管外表的油槽无阻地流回活塞下方的油缸中。这时钻井液端活塞继续上行，直至缸套液流孔位于钻井液端活塞上的两组密封之间，工具关闭，切断地层液流流进心管的通道。继续施加比原悬重大 8900 ～ 22200N 的拉力负荷，使工具保持关闭，进行关井测压。重复上述上提下放钻具操作，就可达到多次开关井测试的目的。

液力开关工具的技术规范见表 14-7-29。

表 14-7-29　φ127mm（5in）液力开关工具技术规范

外径，mm	127	最小流动面积，cm²	5.06
心轴内径，mm	25.4	心轴行程，mm	101.6
组装长度，mm	1593.9（拉伸时）	自由下落，mm	31.8
组装长度，mm	1492.3（压缩时）	上部连接螺纹	3¹/₂inAPI 贯眼内螺纹
挤毁压力，MPa	149	下部连接螺纹	3¹/₂inAPI 贯眼外螺纹
拉断负荷，kN	2140		

2）正控制取样器

正控制取样器由下接头、筒体、上接头、密封头、滑套夹头、滑套和控制心轴等组成，如图 14-7-34 所示。

取样器下井时，滑套关闭，工具下方的钻井液自取样器中心水眼经控制心轴头单流阀和水力开关下接头的单流阀及旁通孔返到环形空间。当封隔器下到测试井段，膨胀坐封之后，加压打开液力开关工具时，控制心轴随着钻井液端活塞下行，控制心轴上的台肩接头推压滑套，使滑套上的孔眼对准密封头上的孔眼，地层流体从取样器贮腔通过，经滑套上部的孔眼、钻井液端活塞、液力开关工具心管进入测试管柱。当液力开关工具上提关井时，控制心轴带动滑套上行，从而关闭密封头孔眼和滑套上部孔眼，将地层流体样品关闭在取样腔内。

正控制取样器的技术规范见表 14-7-30。

表 14-7-30　φ127mm 正控制取样器规范

外径 mm	长度 mm	容积 m³	拉断负荷 kN	挤毁压力 MPa	顶部螺纹	底部螺纹	最小流通面积 cm²
127	1113	2000	1512.390	99.30	3¹/₂inAPI 贯眼内螺纹	3¹/₂inAPI 贯眼外螺纹	4.95

3）B 型膨胀泵

B 型膨胀泵由滑动接头部分、曲柄端凸轮机构部分和充压—泄压阀部分组成。它有 4 个往复活塞，钻杆正转时，膨胀泵的上接头、滑动接头外壳、释放离合器上节、泵轴、离合器下节和凸轮接头随着转动，使组装在凸轮接头上的 4 个活塞上下运动。每个活塞有一个吸入阀和一个排出阀，活塞上行时，吸入阀打开，将环空液体吸入，活塞下行时，吸入阀关闭，排出阀打开，将膨胀液充入封隔器胶筒。当排出压力超过静液柱压力11.7MPa时，泄压阀自动打开，膨胀压力不再增加，防止胶筒胀破。测试完成后，下放钻具给膨胀泵加压22240N，使泵释放离合器下节下面的牙齿与轴承套的牙齿啮合，这时离合器下节不能转动。保持压缩负荷再向右旋转钻具1/4圈，离合器上节亦随着旋转1/4圈，使释放离合器上下节接合，钻具自由下落50.8mm。这时心管的台肩与阀滑套之台肩接触，推压滑阀套下行至下接头内套的顶端，从而使阀滑套外圆通道与排水孔通道连通，使上下封隔器胶筒内膨胀液排泄到井眼环空，在排泄封隔器膨胀液过程中，上封隔器上方的井眼环空亦与组合开孔接头连通，使测试层段的压力与井眼环空的压力平衡。上提钻具，比原悬重多提45000N的拉力，使阀滑套和心轴处于收缩工作位置，稳定这个拉力，直至封隔器胶筒完全收缩。

B型膨胀泵的技术规范见表14-7-31。

4）B型滤网接头

B型滤网接头由上下接头、筒体、滤网、内心管和中间心管组成。接头内有3个通道，即膨胀、吸入和测试通道。另外在下接体上还有旁通孔，它与旁通管相连，组成旁通通道，使两个封隔器的上下环空互相连通。下接头上还有一个安全阀，当滤网堵死后，由于压差的作用，安全阀开启使膨胀泵继续吸入钻井液。其结构如图14-7-35所示。

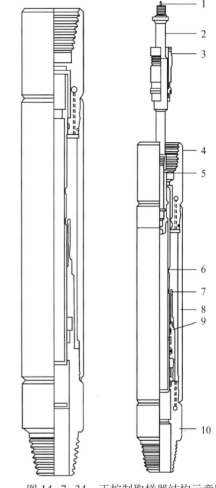

图14-7-34　正控制取样器结构示意图
1—单流阀导销；2—控制心轴；3—密封套；4—上接头；5—控制心轴头；6—滑套；7—滑套夹头；8—筒体；9—密封头；10—下接头

表14-7-31　φ127mm（5in）B型膨胀泵技术规范

外径 mm	滑动接头外径 mm	自由行程 mm	自由下落 mm	长度 mm	顶部连接 内螺纹	底部连接 外螺纹
127	114	152	50.8	2388	3½inAPI贯眼	4in特殊贯眼

滤网接头是膨胀泵的吸入过滤器，保证泵吸入清洁的钻井液，不堵塞膨胀通道，使泵正常运转。滤网接头的技术规范见表14-7-32。

表 14-7-32　φ127mm（5in）滤网接头规范

类型	外径 mm	总长度 mm	滤网长度 mm	总过滤面积 cm²	上接头内螺纹	下接头外螺纹	安全阀剪销剪断压力 MPa
A 型	127	2500	1572	496	4in 特殊贯眼	4in 特殊贯眼	5.17
B 型	127	1257.3	774.7	—	4in 特殊贯眼	4in 特殊贯眼	—

5）上封隔器

上封隔器有 3 个通道，即膨胀、旁通和测试通道。主要由上接头、胶筒、下接头、筒体、外心轴、内心轴、密封接头、键套及心管螺母等组成，如图 14-7-36 所示。上封隔器位于测试层段顶部，由膨胀泵将过滤的液体泵入封隔器胶筒中，使之膨胀密封，封隔上部环空。

上封隔器与压缩式封隔器相比，膨胀能力大，胶筒密封长度大，能密封不规则与不圆的井眼，能在冲蚀段及软地层上坐封；橡胶筒有内外两层，外层胶筒用于密封井眼环空，承受环空的液柱压力，外胶筒内有钢片加强筋，它直接硫化在外胶筒上，以加固胶筒的承压能力；内胶筒紧贴钢片加强筋，用于承受充液膨胀的内压，而使胶筒膨胀；内外胶筒各

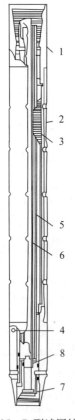

图 14-7-35　B 型滤网接头结构图
1—上接头；2—筒体；3—滤网；4—回压阀；
5—中间心管；6—内心管；7—旁通孔；
8—下接头

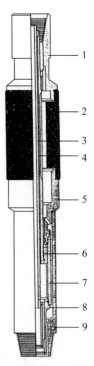

图 14-7-36　上封隔器结构图
1—上接头；2—膨胀胶筒；3—内心轴；
4—外心轴；5—胶筒下短节；6—外心轴螺母；
7—键套；8—密封短节；9—外管

注：所有上封隔器外心管长度皆为 2213mm（87¹/₈in）。6in 上封隔器外心管顶端到螺纹起始端的长度为 76mm（3in），其他心管为 190mm（7¹/₂in）；6in 上封隔器内心管长度为 24.3mm（⁶¹/₆₄in），其他心管的长度为 2442mm（96¹/₈in）

有不同的配方，以适应不同的井下工作温度。

　　不同尺寸的胶筒和所坐封的井径及工作压差有一定的关系。根据坐封段井径与工作压差，利用图 14-7-37 就可选用所需胶筒尺寸。一般胶筒可密封比胶筒尺寸大 50 ~ 70mm 的井眼直径。上封隔器的技术规范见表 14-7-33。

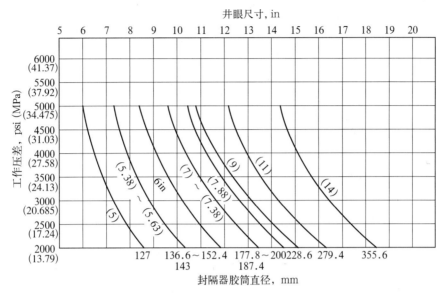

图 14-7-37　封隔器胶筒和井径及工作压差关系

表 14-7-33　上封隔器技术规范

上封隔器规格	ϕ 127mm (5in)	ϕ 143mm (5⅝in)	ϕ 152mm (6in)	ϕ 187mm (7⅜in)	ϕ 200mm (7⅞in)
顶部连接内螺纹	4in 特殊贯眼	4in 特殊贯眼	4in 特殊贯眼	4in 特殊贯眼	4in 特殊贯眼
底部连接外螺纹	4in 特殊贯眼	4in 特殊贯眼	4½inAPI 贯眼	4½inAPI 贯眼	4½inAPI 贯眼
夹槽直径，mm	114.3	114.3	139.7	139.7	139.7
接头体直径，mm	127	127	—	176	190
上接头端直径，mm	127	127	143	143	143
上端部至胶筒距离，mm	285.8	285.8	285.8	323.9	323.9
胶筒长度，mm	1682.8	1682.8	1682.8	1606.6	1606.6
筒体台肩至胶筒距，mm	628.7	628.7	558.8	666.8	666.8
上端部至密封距离，mm	493.7	493.7	489	560.4	576.3
胶筒密封长度，mm	1333.9	1266.8	1276.4	1133.5	1101.7
筒体台肩至密封距，mm	836.6	836.6	762	903.3	919.2
上封隔器长度，mm	2597	2597	2527	2597	2597
拉断负荷，N	1778000	2113000	2521000	3515000	3515000
胶筒拉断时外心管抗拉负荷，N	1306000	1306000	1306000	1306000	1306000

6）下封隔器

下封隔器位于测试层段下部，由膨胀泵充液，使其膨胀封隔底部环空。主要由上接头、胶筒、下接头、心管和心管接头等组成。它有 2 个通道，即膨胀通道和旁通通道。如图 14-7-38 所示。下封隔器技术规范见表 14-7-34。

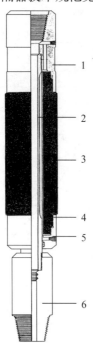

图 14-7-38　下封隔器结构图
1—上接头；2—心轴；3—膨胀胶筒；
4—胶筒下短节；5—丝堵；6—下接头

表 14-7-34　下封隔器技术规范

下封隔器规格	127mm（5in）	143mm（$5^5/_8$in）	152mm（6in）	178mm 和 187mm	200mm（$7^7/_8$in）
顶部连接内螺纹	$3^1/_2$inAPI 贯眼	$3^1/_2$inAPI 贯眼	$3^1/_2$inAPI 贯眼	$3^1/_2$inAPI 贯眼	$3^1/_2$inAPI 贯眼
底部连接外螺纹	$3^1/_2$inAPI 贯眼	$3^1/_2$inAPI 贯眼	$3^1/_2$inAPI 贯眼	$3^1/_2$inAPI 贯眼	$3^1/_2$inAPI 贯眼
夹槽直径，mm	114.3	114.3	139.7	139.7	139.7
接头体直径，mm	127	127	—	176	190
上接头端直径，mm	127	127	143	143	143
上接头顶端至胶筒距离，mm	298.5	298.5	298.5	336.6	336.6
胶筒长度，mm	1682.8	1682.8	1682.8	1606.6	1606.6
心管接头台肩至胶筒距，mm	419	419	368.3	457.2	457.2
上接头端至密封距离，mm	470	506.4	501.7	573	589
胶筒密封长度，mm	1340	1266.8	1276.4	1133	1102
心管接头台肩至密封距，mm	590.6	627	571.5	693.7	709.6
下封隔器长度，mm	2400	2400	2350	2400	2400
上接头应力槽抗拉负荷，N	2321000	5199000	2521000	5199000	6139000
心管抗拉负荷，N	1304000	1304000	1304000	1304000	1304000
心管接头长度 × 外径，mm×mm	228 × 117.5	228 × 117.5	228 × 117.5	228 × 117.5	228 × 117.5
心管内径，mm	63	63	63	63	63

7）孔眼组合接头

孔眼组合接头有两种类型：（1）适用于 ϕ 127mm（5in）和 ϕ 143mm（$5\frac{5}{8}$in）上封隔器的特种孔眼组合接头。它由 B 型孔眼接头和组合接头组合而成。如图 14-7-39 和图 14-7-40 所示。（2）适用于 ≤ ϕ 152mm 的上封隔器组合孔眼接头，主要由旁通管接头、接头体和内套等组成，如图 14-7-41 所示。

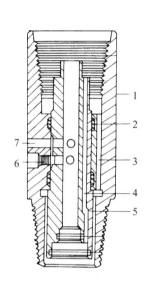

图 14-7-39　适用于 ϕ 127mm
和 ϕ 143mm 上封隔器的 B 型
孔眼接头

1—孔眼接头体；2—"O"形圈；
3—膨胀通道；4—旁通通道；
5—内套；6—固定螺钉；
7—测试通道

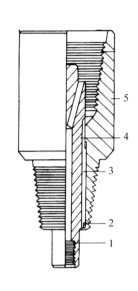

图 14-7-40　适用于 ϕ 127mm
上封隔器的组合接头

1—"O"形圈；2—卡簧；3—膨胀
通道；4—心管接头；
5—组合接头体

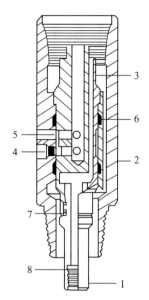

图 14-7-41　适用于 ≤ ϕ 152mm 上
封隔器的组合孔眼接头

1—旁通管接头；2—接头体；
3—内套；4—固定螺钉；5—测试通道；
6、7、8—"O"形圈

孔眼组合接头内有 3 个通道，即膨胀、旁通和测试通道。它是测试层流体的进入孔，接在上封隔器下部。组合孔眼接头技术规范见表 14-7-35。

表 14-7-35　组合孔眼接头技术规范

工具规格	适用于 ϕ 127mm（5in）和 ϕ 143mm（$5\frac{5}{8}$in）上封隔器的组合接头		适用于 ϕ 152mm（6in）和大于 ϕ 152mm（6in）封隔器的组合孔眼接头
	B 型孔眼接头	组合接头	
外径，mm	127	127	140
长度，mm	254	168.4	304.8
充液孔，mm	7.9	—	—
旁通孔，mm	6.4	—	—
测试孔，mm	12.7	—	—
最小流通截面，cm²	8.84	—	7.61

工具规格	适用于 ϕ127mm（5in）和 ϕ143mm（5⅝in）上封隔器的组合接头		适用于 ϕ152mm（6in）和大于 ϕ152mm（6in）封隔器的组合孔眼接头
	B 型孔眼接头	组合接头	
拉断强度，kN	3503	3162	2483
顶部连接内螺纹	4in 特殊贯眼	4in 特殊贯眼	4½inAPI 贯眼
底部连接外螺纹	4in 特殊贯眼	3½inAPI 贯眼	3½inAPI 贯眼

8）阻力弹簧器

阻力弹簧器由上接头、心管、弹簧托筒、下接头和弹簧底部接头等组成。如图 14-7-42 所示。它是在膨胀泵工作时，用来限制泵下面的测试工具旋转的一种装置。

阻力弹簧器技术规范见表 14-7-36。

表 14-7-36　5⅛in 阻力弹簧器技术规范

外径 mm	内径 mm	全长 mm	抗拉强度 N	上部内螺纹	下部外螺纹	适用于 3 种井眼的弹簧
130	51	2153	1763，720	3½inAPI 贯眼	3½inAPI 贯眼	153 ～ 280mm 254 ～ 381mm 356 ～ 483mm

9）旁通管

旁通管是用来连通上封隔器上方与下封隔器下方井眼环空钻井液的管子。旁通管的最下面接有光杆密封短节，插入下封隔器心管接头密封圈。如图 14-7-43 所示。

旁通管技术规范见表 14-7-37。

表 14-7-37　1⅛in 旁通管技术规范

外径 mm	内径 mm	接箍内径 mm	接箍外径 mm	有效长度 m	光杆密封部分长度 m
28.7	25.4	19	42.9	3.05、1.52、0.61、0.31、3.11、2.14	1.829

二、地层测试设计

地层测试设计是测试工作的第一道工序，是测试施工的依据，也是测试成功的保证。甲方和乙方都应认真作好设计，甲方设计是提出测试委托书，乙方设计是依据委托书作出测试施工设计书。

1．测试委托书

测试委托书应包括下列内容。

1）基本数据

包括：井号；井位（地理位置、构造位置、测线位置）；井别（参数井、预探井、评

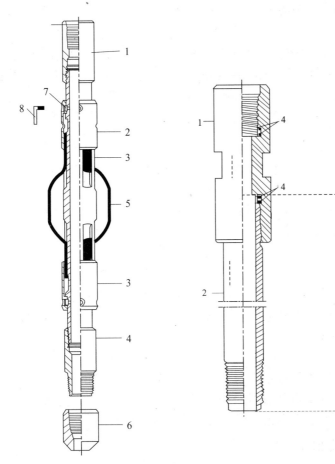

图 14-7-42　阻力弹簧器结构
1—上接头；2—心管；3—弹簧托筒；
4—下短节；5—弹簧；6—下接头；
7—螺钉；8—扳手

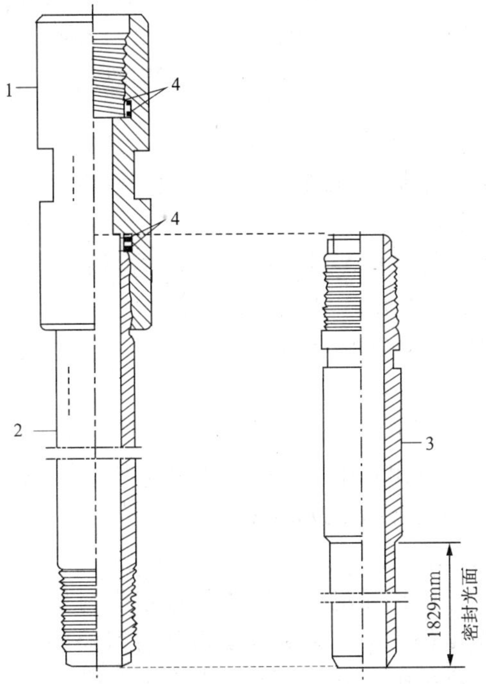

图 14-7-43　旁通管与光杆密封短节
1—旁通管接头；2—旁通管；3—光杆密封短节；
4—"O"形密封圈

价井、资料井、基础井、开发井）；井位坐标（纵坐标、横坐标，海上要有经纬度）；海拔高度（地面海拔、补心海拔，海上要有水深）；防喷器型号及规范；开钻、完钻日期；完井日期；井深（完钻井深、已钻井深、人工井底、斜深、垂深）；表层套管（规格、深度、壁厚）；技术套管（规格、深度、壁厚）；油层套管（规格、深度、壁厚）；裸眼井段（井径、长度、层位）；井斜（最大井斜、初斜点、稳斜点、井底方位、井底位移）；钻井液或压井液性能（相对密度、失水、黏度、切力、滤饼、含砂、酸碱值、氯离子含量、电阻率）。

2）测试层情况

包括：层位（层位、层序、层号）；测试井段；产层厚度；电测数据（解释井段、厚度、电阻率、时差、自然电位、含油饱和度、孔隙度、岩性、解释结果）；油气显示综述；综合解释结果；邻近井同一层位测试或试采资料；固井质量（水泥返高、试压、窜槽）；射孔情况（井段、厚度、射孔时间、枪型、孔密、总孔数、发射率）；刮管情况（刮管器尺寸、下深）；电缆地层测试器测试情况（取样结果、压力数据、当量钻井液相对密度）；岩心分析资料（岩性、孔隙度、渗透率）。

3）测试要求

包括：(1) 测试目的。明确提出该层测试要达到的目的，录取资料的要求。(2) 坐封位置。套管井要指明接箍位置，裸眼井要提供坐封位置岩性强度数据。(3) 测试方式。要求选用的测试工具及测试类型。(4) 测试时间。施工时间，开关井次数及时间分配。(5) 其他要求。提出是否准备进行测试联合作业，准备配合作业的工具及施工单位。

2．测试施工设计书

乙方应依据甲方测试委托书，认真作出测试施工设计书。其内容应包括：

1）基本数据

与甲方提供的测试委托书基本数据相同。

2）测试要求

依据甲方要求并具体化。

3）选定测试设备

依据测试要求，选定井口控制装置，井下工具，以及仪表的型号、规格与数量，管串组合方式；画出管串图，列出工具清单；如需进行地面计量和其他联合作业，也提出地面计量设备和联合作业设备的要求。

4）施工设计

包括：(1) 确定测试类型，选定坐封位置；(2) 选定气液垫的类型，确定测试压差，计算垫量；(3) 确定开关井次数及各段时间；(4) 计算"自由点"（使用上提下放操作工具）或计算操作控制压力（使用压控工具）；(5) 确定施工步骤。

3．测试设计的重要因素

1）测试层位的选择

选定测试层位以不漏掉一个油气层为原则，坚持在勘探过程中，打开一层、测试一层、搞清一层的方法，通过分层测试，充分运用一口井获取尽可能多的信息，提高单井勘探综合效益。

(1) 参数井（区域探井）：主要是了解地层层序、厚度、岩性及生储油气层情况。在钻井过程中，应尽量为测试创造条件，如遇有油气显示，应进行中途测试，及时发现油气层。完井之后，根据钻井地质录井、气测、取心和电测资料，对可能的油气层自下而上逐层测试，尽快落实含油情况，并确定油（气）层的工业价值。

(2) 预探井：主要是了解局部圈闭或构造带的含油气情况，查明油气层位及其工业价值。测试层位自下而上逐层测试，了解整个剖面纵向油气水的分布状况及产能。尽快搞清岩性、物性、含油性及电性关系，为计算三级储量提供依据。

(3) 评价井（详探井）：主要是探明含油（气）藏边界，圈定含油（气）面积。测试层位的选择应以搞清油气水的分布、厚度变化、产能变化、压力系统状况及油气藏类型为目的。对可疑层、不清楚的油水界面以及水层均要分层测试。为计算二级地质储量提供依据。

(4) 资料井：主要是搞清油（气）层性质、产能及其相互关系，落实油水层电性参数。在取心部位要分层测试，不允许油气水层混在一起大段合试。

（5）开发准备井：主要是落实探明储量，准备产能建设。测试层段主要是准备开发的油（气）层，但对可疑的油气层也应分层测试。

2）选择测试管柱的基本原则

在安全的前提下测试管柱的设计，必须满足测试目的和测试位置的要求，各阀件的功能（尤其是主阀）必须保证在恶劣环境下的可靠性。

测试管柱设计应有适应性，严格地说没有两个管串设计是完全相同的。

3）测试类型的选择

（1）裸眼井测试。裸眼井测试具有油气层受钻井液和压井液浸泡时间短，地层伤害小，测试能反映地层真实面目，能及时取得产层资料的优点。但裸眼测试风险大，测试时间短，测试半径小。因此，在作裸眼测试设计时，必须考虑当时的井眼条件，特别是疏松的砂泥岩裸眼井段，则更应十分谨慎，要求井眼质量较好，钻井液要加入防卡剂。对于坚硬的碳酸盐岩裸眼井的测试，其风险性小得多，只需注意钻井液性能即可，同时要求自上而下，钻开一层，测试一层，钻开产层的厚度一般在 10 ～ 20m，不要超过 50m。

（2）套管井测试。套管井测试按不同井别（参数井、预探井、评价井等）的主要钻探目的，自下而上分层测试，逐层逐段取全取准资料，不允许采取大段合试的办法，测试厚度一般应为 10 ～ 20m，最长不宜超过 50m。

4）测试时间的确定

测试时间及开关井时间的分配，对测试能否取得合格的资料是至关重要的。

（1）裸眼井测试时间的确定。裸眼井测试的总时间主要根据裸眼井的井身质量及钻井液性能来确定。裸眼测试一定要首先考虑井眼的安全，防止造成井下事故。对砂泥岩裸眼井，由于地层比较疏松，容易出现坍塌、黏土膨胀或黏卡等事故，测试时间应控制钻具允许在井眼内静止停留的时间之内，除起下钻外，一般纯测试时间不大于 6 ～ 8h。对于碳酸盐岩地层进行的裸眼测试，纯测试时间可以适当延长，但也要根据测试层上部裸眼井段的长度和是否下技术套管而定。

（2）套管井测试时间的确定。套管井测试时间的确定主要是以取全取准资料为主，既要测得储层的稳定产量，又要取全压力恢复的完整数据，在套管内进行测试，虽然其危险性比在裸眼井内测试要小得多，但也要防止井下事故的发生。

5）开关井时间的分配

开关井时间的分配要根据产层渗透率高低、流动性好坏、测试时的地面显示情况和井眼条件等多种因素而定。合理地分配开关井时间，是录取高质量资料的关键。

（1）裸眼井测试。要根据井眼条件允许停留的时间来确定，对于砂泥岩裸眼井测试，一般采用初开井 3 ～ 5min，初关井 1h，终开井 1 ～ 2h，终关井 2 ～ 4h 为宜，如果条件不允许，可以采用一开一关的办法进行测试，开井 1 ～ 2h，关井 2 ～ 4h；对于碳酸盐岩地层的测试，可以适当延长开关井时间，初开井 30min 以内，初关井 2h，终开井 2 ～ 4h，终关井 4 ～ 8h。

（2）套管井测试。主要以录取资料的要求来确定开关井次数和时间，有时为了判断油藏的类型，确定边界情况，可能要开关井几天，也可以采用多于二次开井二次关井的办法来确定油藏是否有衰竭，或采用三开加抽吸的办法彻底弄清目的层产液性质，也有采用较长关井时间来探测是否有边界异常和是否达到径向流。要进行较长时间的探边等测试，最好采用地面直读系统，把井下压力与温度数据传至地面，由计算机进行实时处理并在监视器上显示，可按压力曲线变化情况准确及时确定开关井，用尽量短的时间测得满意的结果。

地层测试可参考的开关井时间分配见表 14-7-38。

表 14-7-38　地层测试可参考的开关井时间分配表

测试期	测试时现场显示	常用时间，min	最少时间，min	备　注
初流动		短暂导流	3 ~ 5	
初关井		60	30	表内时间作为上限
终流动	强自喷（连续）	60	45	尽可能延长时间
	自喷渐停	自喷停即关		
	地面未出油藏液体	≥ 60	60	尽可能延长时间
终关井	流动期强自喷	与终流动期同	45	尽可能延长时间
	流动期自喷渐停	流动期二倍以上	流动期二倍	
	流动期油藏液体未流出地面	流动期的三倍以上	180	

6）测试压差及测试垫的确定

在测试时，只有钻柱内的压力小于地层压力，地层流体才能流入钻柱内，这个压力差值对不同的地层应不相同。测试压差过大会伤害油层或挤坏钻杆；测试压差过小又可导致地层流体不出来，或对油藏扰动小，资料反映不出油藏特性，所以正确地设计测试压差、确定测试垫的类型和垫量是搞好测试的重要环节。

（1）推荐的压差。对于封隔器胶筒所能承受的压差，一般石灰岩地层小于 35MPa，砂泥岩地层小于 20MPa。

美国岩心公司推荐的压差公式为：

$$\Delta p = 1.841/K^{0.3668} \tag{14-7-1}$$

式中　　Δp——负压差，MPa；

　　　　K——渗透率，D。

当测试压差超过封隔器胶筒本身的承压能力，会导致封隔器渗漏；对于地层结构疏松的测试段则容易引起严重出砂或地层坍塌，造成测试管柱被埋被卡；若地层出砂，测试阀、井下油嘴或筛管将被堵塞，或砂粒高速流动，将测试阀刺坏；压差过大，地层的水和气易窜，形成水锥或气锥，伤害地层。

（2）测试垫的类型及其性能。为了造成适当的压差，常在测试阀上部的管柱中，加注一些液体或气体，作为测试阀打开时对地层的回压，这些液体或气体称为测试垫。目前常用的测试垫主要有液垫、气垫和液气混合垫。

①液垫。常用的有水垫、优质压井液和柴油垫。采用液垫的优点是工艺简单、省时与经济，只需将液体灌入管柱中即可；其缺点是垫量不易调整。当地层压力与预计压力相差较大时，就可能出现下列情况：a.回压过大或超过地层压力，测试阀打开后发生倒流，液垫浸入地层发生堵塞，造成无产能的假象。另外，也无法减少液垫，只能起管柱，排出部

分液垫再下。b. 若地层压力比预计压力高得多，会出现瞬时压差过大，造成地层不同程度的出砂。c. 水、钻井液和柴油都会不同程度地伤害储层，尤其对低产能储层，伤害就更大，但水垫还是目前国内常用的测试垫。

②气垫。为了克服液垫的缺点，国外在 20 世纪 60 年代初期开始使用氮气垫。即在测试阀打开之前，整个管柱内充满一定压力的氮气，测试阀打开后，地层流体流入测试管柱内。地面控制减少氮气垫压力，逐渐增加井底的生产压差，进行诱喷。采用气垫有以下优点：a. 能更好地控制测试过程中的压差，特别对于低压层，可以很快地进行诱喷，而无需起管柱调整垫量。b. 可防止地层出砂。c. 氮气是一种无色无毒无腐蚀性的惰性气体，且不溶于水和油，因而不会伤害储层，使所取的流体样品更真实。但将氮气注入到井筒中，工艺比较复杂，还须有一套专用装置；另外，氮气成本比较高。

③液气混合垫。由于氮气垫只有在测试管柱下到井底后，才能注入到管柱中去，因此实际操作比用液垫复杂。在深井测试时，易造成井底测试管柱被压扁或挤毁。因此在实际应用中，常在测试阀上部加一段液垫，然后再将氮气注入到测试管柱中，组成液气混合垫。液气混合垫比纯气垫应用更广泛。

（3）垫高的计算。

①纯液垫高度的计算。液垫的高度 H 为：

$$H = \frac{p_i - H_{泥} \cdot \gamma_{泥} \times 0.00980665 - \Delta p_{max}}{\gamma_{液} \times 0.00980665} \tag{14-7-2}$$

式中　H——液垫高度，m；

　　　p_i——预计的地层压力，MPa（可利用电缆地层测试器或其他方法得到）；

　　　$H_{泥}$——测试阀底部到待测地层底部的距离，m；

　　　$\gamma_{泥}$——钻井液的相对密度；

　　　$\gamma_{液}$——垫液的相对密度；

　　　Δp_{max}——测试层底部在初开井期间要求的最大生产压差（设计值），MPa。

②氮气垫在管柱内的压力。对于一般地层而言，氮气垫的充氮压力 $p_{氮}$ 为：

$$p_{氮} = p_i - \Delta p_{max} - H_{泥} \gamma_{泥} \times 10^{-2} \tag{14-7-3}$$

式中　$p_{氮}$——充氮压力，MPa。

③液气混合垫的计算。液气混合垫的设计要定出液垫的高度和氮气的充入压力，具体计算如下：

a. 确定混合垫在井下测试阀处的总压力 $p_{混}$：

$$p_{混} = p_{氮} + p_{液} = p_i - \Delta p_{max} - H_{泥} \gamma_{泥} \times 10^{-2} \tag{14-7-4}$$

b. 确定液垫压力及其高度：

在深井中测试时，液垫量要保证井底测试管柱不被压扁，即：

$$p_{液} \geqslant (p_{泥} - p_{挤}) n \tag{14-7-5}$$

式中　$p_{液}$——液垫压力，MPa；

$p_泥$——井下油套管环空中的钻井液柱压力，MPa；

$p_挤$——井下测试管柱的挤扁或挤毁压力，MPa；

n——安全系数，取 $2 \sim 3$。

若 $p_泥 < p_挤$，表示可不加液垫。

一般深井测试时，考虑井底管柱安全，可在管柱中加入几百米的液垫。

c. 氮气垫的充入压力：

$$p_氮 = p_混 - p_液 \qquad (14-7-6)$$

7）坐封位置的要求

（1）封隔器坐封位置应选在地层岩性好、致密、坚硬及井径规则的井段，最好选在石灰岩或胶结致密与坚硬的砂泥岩井段；

（2）根据双井径曲线的重合段来选定坐封段，其长度不少于 3m；

（3）坐封深度不能低于测试层顶部深（上封隔器），也不宜离测试层过远，一般不超过 15m，也要避免测试井段过长，一般不超过 50m；

（4）封隔器胶筒外径与坐封井段井径之差不能大于 25.4mm（膨胀式封隔器除外）；

（5）支承尾管一般情况下，不宜超过 80m。

三、高温高压井测试及控制技术

目前，国内外对高温高压井没有做出统一的解释和规定。哈里伯顿公司规定地层压力达到 70MPa，或地层温度达到 150℃ 以上为高温高压井；斯伦贝谢和挪威能源公司规定地层压力达到 105MPa 以上，或井底温度达到 210℃ 以上为高温高压井。

国内高压油气井是指地层压力不小于 68.9MPa（10000psi）的油气井；超高压油气井是指地层压力不小于 103.4MPa（15000psi）的油气井。

1. 高温高压井测试作业难点及设计原则

1）高温高压井测试难点

（1）井筒及钻具安全问题。高温高压井测试作业对井筒条件及钻具有三方面的特殊要求：①套管应具备较高的密封能力和抗外挤强度；②要求测试作业液的热稳定性、悬浮性及流变性能适应高温深井长时间产能测试的要求，避免卡住封隔器的事故发生；③高压气井测试期间钻具内外承受过高的压差，容易造成刺漏或挤毁等安全事故。

（2）井下工具与仪器的可靠性。高温高压井测试作业对井下工具与仪器的性能提出了更高要求，必须选择与井况条件相适应的高温高压工具和仪器。高温高压下压力计的资料录取问题，高压下钻具和工具的强度问题，高温高压下钻具和工具的密封和刺漏问题仍然是测试作业过程中的重要难题。

（3）井口及地面流程的安全问题。高温高压对井口和地面流程的密封问题提出了严重的挑战，此外，地层污染物以及地层出砂等特殊情况下对地面设备的损害也相当严重，必须具备相应的预防和应急处理措施。高产油气井测试，分离器的处理能力，环境的污染等问题都比较突出。

（4）测试设计问题。第一，设备的选择。承压等级选低了，施工不安全；承压等级过高，又加大了作业成本。第二，测试方案的确定。在压井液与入井管材的选择及测试工作制度的确定和压井方式选择等方面都需要根据高压高产气的特点进行统筹考虑。要做到合理选择测试设备，确定合理的测试工作制度，必须科学预测测试产量和井口压力。然而，这对于新区的探井是比较困难的。

2）测试设计原则

要保证高温高压井测试施工安全顺利完成，必须在测试前对本井基本情况进行充分了解，详细收集相关信息，结合区域特点对本井压力、温度、产能、油气性质和测试中可能出现的异常情况等进行科学预测，进而确定科学合理的测试方案。总的设计原则是在确保施工安全和资料录取要求的情况下，尽量减少井底开关井次数，缩短测试周期，井下工具管柱结构力求简单，地面设备采用较高的安全等级。

2. 高温高压井测试的关键技术

（1）压井液性能稳定可靠，确保测试期间不结晶、不变质、不沉淀。

（2）套管、钻具和井下测试工具性能满足测试需求，对套管、钻具和测试管柱进行安全性校核。

（3）在满足资料录取要求的前提下，尽量减少井底开关井次数，缩短测试周期，超高压井测试采取一开一关的工作制度。

（4）合理控制测试压差，避免地层出砂。

（5）采取全通径测试工具，作业期间尽量不动管柱。

（6）超高压气井测试井下要配备井下安全阀。

（7）地面及井下压井循环系统完好，确保压井作业安全，储备一定数量的压井液以备特殊之需。

（8）远程控制防喷系统安全可靠。

（9）地面流程：①采用两套流程双翼放喷求产。②选用液动与手动双重控制的高压采气井口，紧急情况下可实现远程控制。③从井口到地面油嘴管汇用金属密封的专用高压管线连接，有效防止高温高压气流泄漏。④用蒸汽换热保温取代间接火加热炉，防止天然气泄漏着火。⑤设置地面测试数据自动采集系统，可适时采集和监测压力、温度及产量，并能及时发出报警信号。⑥设置 ESD 紧急关闭系统和 MSRV 紧急放喷阀等安全装置，有利于处理油气失控的突发事件。当分离器超压时，紧急放喷阀自动放喷泄压；井口超压时，地面安全阀自动关闭。⑦地面油嘴管汇前用三通连出一条专用放喷管线，用于系统测试前放喷清除井筒内的杂物，减小气流中的固相物对设备的冲蚀损害。

（10）管柱及地面设备试压。对井下管柱、测试井口及地面流程试压检验是测试开井前的最后一道准备工序，应严格按照相关标准进行。与一般的油气井不同的是，在清水试压后，还必须对测试井口及地面流程进行氮气试压，验证其气密封能力。

四、地层测试资料的录取及评价解释

1. 一般解释程序框图

地层测试资料解释的一般程序如图 14-7-44 所示。

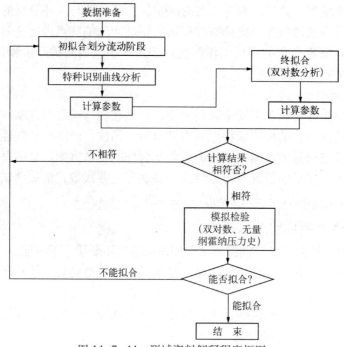

图 14-7-44 测试资料解释程序框图

2. 解释程序

1）资料准备——资料验收和录取

地层测试资料验收项目：施工前地质与工程设计，现场测试报告，实测压力卡片（电子压力计数据），现场施工总结报告，地面流程计量报告。

地层测试资料录取项目：

（1）静态资料。测试深度、有效厚度及孔隙度等；构造情况、储层岩性及含油气性；测井解释结果。

（2）动态资料。压力卡片鉴别、电子压力计数据回放检验；测试回收或地面自喷流量记录；井下取样、地面放样记录；工具及仪表下井深度；测试开关井时间记录；流体分析资料，包括压井液、水垫及回收液等，并观察颜色；流体的高压物性分析等。

按录取项目分：①测试井的基本数据，包括井位、井深、井身结构、测试井段、测试层位、测试层厚度、测试层岩性、测井解释结果、录井油气显示及坐封位置。②下井测试管柱数据，包括测试类型、坐封类型、下井工具的规范（名称、规格、内外径、长度、预计下入深度）及井底油嘴尺寸。③压井液数据，包括压井液类型、密度、黏度、失水量、含砂量、电阻率及氯离子含量。④测试时地面记录数据，包括坐封时间、各次开关井时间、解封时间、地面油嘴尺寸、井口压力、地面产出流体类型、产出流体数量及测试期间地面显示描述。⑤放样数据，包括放样地点、取样器压力、油样量、天然气样量、水样量、钻井液量及气油比。⑥管柱内回收液数据，包括液面总高度、纯液面高度、流体类型及液体数量。⑦下井仪器数据，包括压力计型号、编号、量程及下入深度，标明内、外压力计与时钟量程及走速，温度计量程，实测最高温度，初静液柱压力、初流动始点压力、初流动末点压力、初关井压力、终流动始点压力、终流动末点压力、终关井压力及终静液柱压力。

⑧取样常规分析数据，即油分析数据（密度、黏度、凝固点、含水、含蜡、胶质＋沥青质含量、含硫、初馏点、馏分），天然气分析数据（密度、组分及百分含量、临界温度及临界压力），地层水分析数据（密度、pH 值、六项离子及碘、硼离子含量、总矿化度、水型）。

⑨取样器录取 PVT 分析数据，包括原油数据（饱和压力、地层原油黏度、体积系数、压缩系数、溶解系数、地层原油密度、原始气油比），天然气数据（密度、黏度、体积系数、压缩系数、气体偏差因子），地层水数据（密度、黏度、体积系数、压缩系数）。

2）压力卡片分割及数据采集

测试结束后，现场测试人员根据现场录取和收集的各项资料，详细、齐全、准确地填写施工总结和现场测试报告，并在所有下井测试卡片中选择记录曲线完整清晰并真实反映测试层压力动态的压力卡片，分别量出各基本点（特殊点）的压力距，按所用压力计校验值计算出相应的压力值。

目前，使用的 200–J 压力计是将井下测试的压力动态信息记录在一张 152.4mm×177.8mm（6in×7in）大小的铜金属铂片上。为了进行压力动态分析，必须将卡片上的记录曲线（动态轨迹）点转换成相应的时间和压力数据（采用机械半自动读卡仪）。

（1）时间距转换成时间值。首先，将卡片各个流动与关井期进行分段划分。卡片上 X 轴代表时间，Y 轴代表压力。用读卡仪读卡（压力卡片分割），就是将不同 X 轴距离和对应 Y 轴距离的测压曲线点阅读出来，经计算就可得到一系列随时间变化的压力曲线数据。

因为时钟实际走速＝卡片总距离／记录总时间，即 $v=S/t$，这样由卡片上量取的时间距 θ_1（长度量纲），得到相应的时间 $t_1=\theta_1/v$（会有误差）。

（2）压力距转换成压力值。有了压力距值，就可以将对应点的压力计算出来，即：

$$p_i=mD_i\pm A \tag{14-7-7}$$

式中　p_i——第 i 点的压力，MPa；

　　　m——校验曲线的斜率，MPa/mm；

　　　D_i——第 i 点的压力距，mm；

　　　A——校验曲线的截距，MPa。

（3）校验时钟运转情况。根据时钟理论参数，可检查时钟运转情况（表 14–7–39），一般实测值与理论值相差 ±0.5%。

表 14–7–39　时钟行距表

时钟序列	走速，h/圈	行距	
		in/h	in/min
24h	2.25	2.6	0.0433
48h	4.5	1.3	0.0216
96h	9.0	0.65	0.0108
192h	18.0	1.3	0.0216

在进行压力卡片分割前，先用总行程除以总时间，或分流动与关井段分别计算时钟走速，再与标准走速比较。若走速误差较大，应找出误差原因。

3）电子压力计性能指标

为了尽可能地减少压力资料录取以及处理过程中的人为因素影响，目前已广泛采用电子压力计进行测试。电子压力计具有精度高、灵敏度高、存储容量大、工作时间长及工作制度编制灵活等特点。其主要性能指标如下：

（1）电子压力计量程：包括压力计的压力量程和温度量程，是保证压力计正常工作的极限压力及温度环境。因此，所选择压力计的量程必须高于现场施工中井下的压力及温度。

（2）电子压力计精确度：是电子压力计系统误差与随机误差的综合，即精密准确的程度。它是衡量压力计的测量值与真值一致程度的标准。为了获取真实可靠的地层资料，电子压力计精确度越高越好。

（3）电子压力计灵敏阈：与通常所说的压力分辨率类似，是能够影响压力计示值按规律变化的最小压力。如果该压力计的灵敏阈较差，压力计录取的压力曲线也同样会出现机械压力计常见的走台阶现象。

另外，电子压力计的迟滞性、可重复性、响应时间、采样率，以及压力计的存储容量等指标也是衡量压力计性能的重要指标。

目前常用电子压力计技术指标见表 14-7-40。

表 14-7-40　常用电子压力计技术指标对照表

电子压力计	SPARTEK	DDI	Mcallister	PANEX
压力量程，MPa	69、103、138	69、103、138	69、103	34、69、103
温度量程，℃	125、150、180	125、150、180	125、150、175	125、150、175
压力精确度，%FS	0.02	0.02	0.05	0.025
压力分辨率，kPa	0.2	0.2	0.4	0.2
数据存储量	696000	696000	64000	660000

4）诊断分析

在 $\Delta p - \Delta t$ 的双对数曲线图上，各种不同类型油藏、边界反映及它们在各个不同的流动阶段，均有不同的形状特征。因此，可以通过双对数和导数曲线分析判断某些油藏类型与边界特征，并且区分各个不同的流动阶段（图 14-7-45）。

（1）早期阶段。

①均质与非均质性地层。诊断曲线是斜率为 1 的双对数曲线，即 45°线就是井筒储存的诊断曲线，特征曲线为直角坐标的分析曲线，这个阶段 Δp 与 Δt 成正比，是一条过原点的直线（图 14-7-46、图 14-7-47）。

②垂直裂缝地层。无限导流垂直裂缝早期 $m=1/2$（图 14-7-48，图 14-7-49）。

有限导流垂直裂缝早期 $m=1/4$（图 14-7-50，图 14-7-51）。

（2）径向流动段。诊断采用双对数曲线，特征直线是指霍纳或 MDH 的曲线分析。这一阶段"压降漏斗"径向地向外扩大，但尚未到达油藏的任何边界，流动状态与无限大地层径向流动毫无两样（图 14-7-52 至图 14-7-57）。

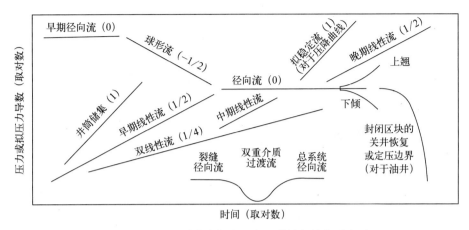

图 14—7—45 对数坐标中压力导数特征线段示意图

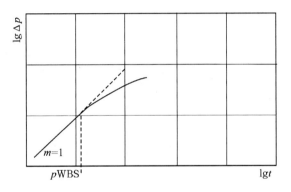

图 14—7—46 纯井筒储存的诊断曲线

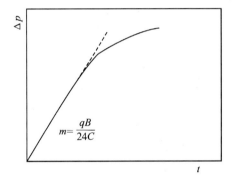

图 14—7—47 纯井筒储存的特征曲线

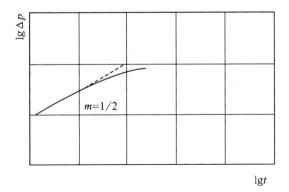

图 14—7—48 无限导流垂直裂缝井诊断曲线

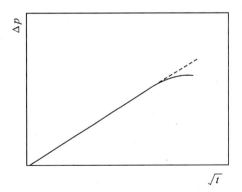

图 14—7—49 无限导流垂直裂缝井特征曲线

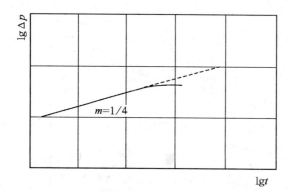

图 14-7-50 有限导流垂直裂缝井诊断曲线

图 14-7-51 有限导流垂直裂缝井特征曲线

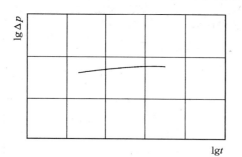

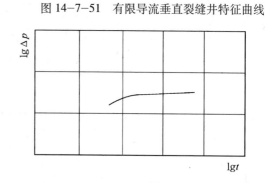

图 14-7-52 均质油藏径向流动阶段双对数曲线

图 14-7-53 非均质径向流动阶段双对数曲线

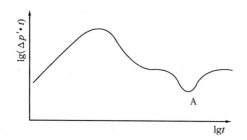

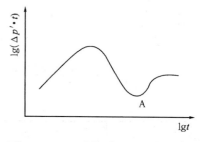

图 14-7-54 非均质双孔拟稳定流导数曲线

图 14-7-55 非均质双孔拟稳定流第一阶段未达稳定即进入整个系统径向流的导数曲线

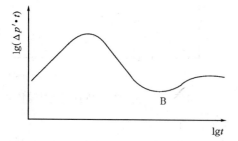

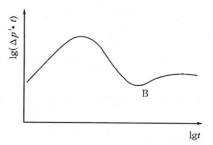

图 14-7-56 非均质双孔不稳定流导数曲线

图 14-7-57 非均质双孔不稳定流未达径向流即进入整个系统的导数曲线

均质油藏的径向流动段特征分析是指霍纳曲线上的半对数外推直线，无外边界影响时为 p_i；若有外边界影响时，径向流动段外推直线斜率为 m^*，压力为 p^*。

非均质油藏的径向流动段特征分析较复杂，原因是第一和第三阶段曲线的缺失，尤其是第三阶段缺失或与边界影响阶段的区分（图 14-7-58 至图 14-7-60）。

（3）晚期阶段（外边界反映阶段）。晚期阶段导数曲线上的非均质性反映、非渗透性边界反映及封闭和恒压边界的反映如图 14-7-61 至图 14-7-63 所示。

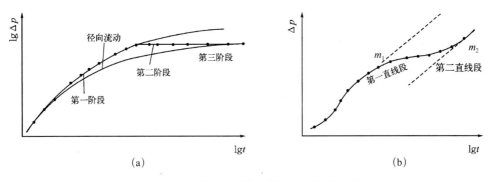

图 14-7-58　第一阶段进入径向流动的曲线特征

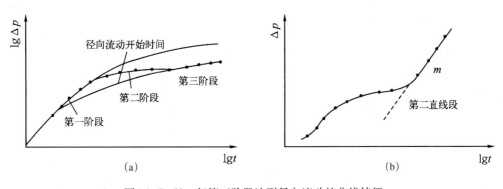

图 14-7-59　仅第三阶段达到径向流动的曲线特征

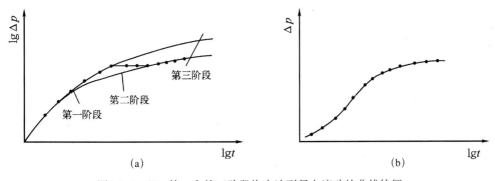

图 14-7-60　第一和第三阶段均未达到径向流动的曲线特征

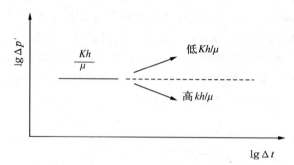

图 14-7-61　导数曲线的非均质性反映

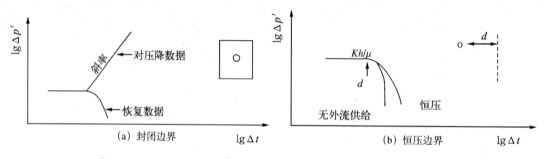

图 14-7-62　导数曲线上封闭和恒压边界的反映

（4）诊断分析简要步骤。做实测 Δp 与 Δt 的双对数曲线，与压降典型曲线初拟合（图 14-7-64），再由半对数直线段斜率和拟合点值计算地层参数，即：

$$m = \frac{2.121 \times 10^{-3} q \mu B}{Kh}$$

$$p_{\mathrm{D}} = \frac{Kh}{1.842 \times 10^{-3} q \mu B} \cdot \Delta p$$

则

$$\left[\frac{p_{\mathrm{D}}}{\Delta p}\right]_{\mathrm{M}} = \frac{Kh}{1.842 \times 10^{-3} q \mu B} = \frac{1.151}{2.121 \times 10^{-3} q B \mu / Kh} = \frac{1.151}{m}$$

$$\frac{Kh}{\mu} = 1.842 \times 10^{-3} q B \left[\frac{p_{\mathrm{D}}}{\Delta p}\right]_{\mathrm{M}}$$

（5）绘制半对数分析图。在经过诊断分析之后（确定模型之后），做 Δp—$\lg \frac{t_{\mathrm{p}} + \Delta t}{\Delta t}$ 图。由图上的斜率 m 计算压力拟合点及地层参数（图 14-7-65）。并由 m 值的大小判断 kh 值的大小。

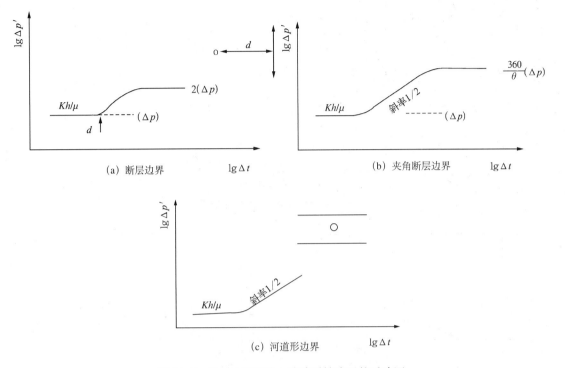

图 14-7-63　导数曲线上非渗透性边界的反映图

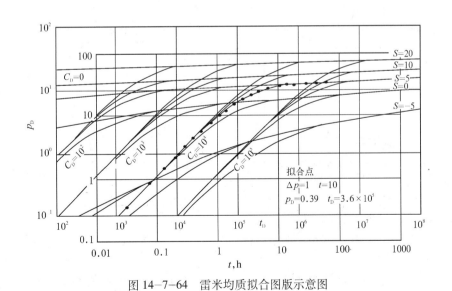

图 14-7-64　雷米均质拟合图版示意图

　　(6) 细拟合分析（模拟检验）。在单、双对数分析之后，再通过双对数拟合图、无量纲霍纳图（或叠加图）和压力史模拟图相互验证，直到曲线达到最佳拟合状态，最后再比较计算结果（图 14-7-66 至图 14-7-69）。

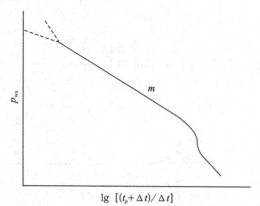

图 14-7-65　Horner 曲线示意图

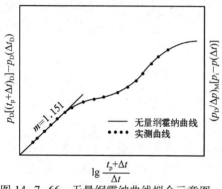

图 14-7-66　无量纲霍纳曲线拟合示意图

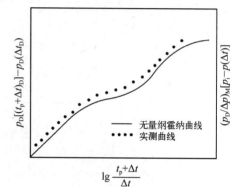

图 14-7-67　推算 p_i 值不对时，曲线不重合

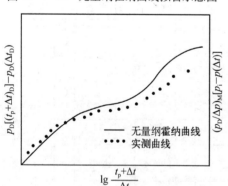

图 14-7-68　选用错误模型，两曲线相交

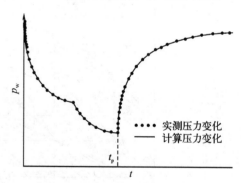

图 14-7-69　压力历史拟合示意图

所谓无量纲霍纳曲线，即 $p_D\left[\left(t_p+\Delta t\right)_D\right]-p_D\left(\Delta t_D\right)\sim\lg\dfrac{t_p+\Delta t}{\Delta t}$ 的关系曲线。

可以证明：

$$\left[\frac{p_D}{\Delta p}\right]_M\left[p_i-p_{ws}\left(\Delta t\right)\right]=p_D\left[\left(t_p+\Delta t\right)_D\right]-p_D\left(\Delta t\right)_D$$

因此，$\left[\dfrac{p_D}{\Delta p}\right]_M\left[p_i-p_{ws}\left(\Delta t\right)\right]\sim\lg\dfrac{t_p+\Delta t}{\Delta t}$ 的关系曲线（实测曲线）应与无量纲霍纳曲线

完全重合。当 Δt 很大时，其晚期斜率为 1.151 的直线。

7）计算结果对比分析。

半对数计算结果与双对数计算结果进行对比，各项参数相差在 10% 以内。

8）综合评价成果报告。

将以上计算结果，结合地质资料、测井资料及油气水分析资料等，对油层类型、产液性质、伤害程度及导压导流能力等做出评估，并对测试工艺与下步增产改造措施提出建议。

3. 地层参数计算

根据钻柱地层测试资料计算地层参数的基本方法可分为两大类：常规分析和图版拟合分析。常规分析大都采用霍纳法分析；图版拟合分析是使用各种样板曲线图版进行手工或计算机拟合，从测试资料与图版曲线的拟合值计算地层参数。

1）常规分析

利用霍纳法或 MDH 法表示的井底压力恢复（压降）曲线表达式可计算出有关地层参数。

霍纳法：

$$p_{ws}=p_i-m\lg\frac{t_p+\Delta t}{\Delta t} \tag{14-7-8}$$

MDH 法：

$$p_{ws}=p_{int}+m\lg\Delta t \tag{14-7-9}$$

式中　p_{ws}——随关井时间变化的井底压力，MPa；

　　　p_{int}——直线段在压力轴上的截距，MPa；

　　　p_i——原始地层压力，MPa；

　　　m——井底压力恢复（压降）曲线在半对数坐标中的直线段斜率，MPa/cycle；

　　　t_p——开井生产流动时间，h；

　　　Δt——关井压力恢复时间，h。

$$m=\frac{2.12\times10^{-3}q\mu B}{Kh} \tag{14-7-10}$$

式中　q——关井前稳定产量，m³/d；

　　　μ——地层流体黏度，mPa·s；

　　　B——地层流体体积系数，小数；

　　　K——地层渗透率，D；

　　　h——地层有效厚度，m。

（1）地层流动系数 $\left(\dfrac{Kh}{\mu}\right)$。

$$\frac{Kh}{\mu}=\frac{2.12\times10^{-3}qB}{m} \tag{14-7-11}$$

（2）地层产能系数 (Kh)。

$$Kh=\frac{2.12\times10^{-3}q\mu B}{m} \tag{14-7-12}$$

（3）地层渗透率（K）。

$$K = \frac{2.12 \times 10^{-3} q\mu B}{mh}$$ （14−7−13）

（4）表皮系数（S）。

$$S = 1.151\left\{ \frac{p_{ws}(\Delta t=1) - p_{ws}(\Delta t=0)}{m} - \lg\left(\frac{K}{\phi\mu C_t r_w^2} \cdot \frac{t_p}{t_p+1} \right) - 0.9077 \right\}$$ （14−7−14）

式中　$p_{ws}(\Delta t=1)$——在霍纳图上的直线段或延长线上对应关井 1h 的压力值，MPa；

ϕ——地层孔隙度；

C_t——地层综合弹性压缩系数，MPa^{-1}；

r_w——井眼半径，m。

（5）附加压力降（Δp_s）。

$$\Delta p_s = 0.87mS$$ （14−7−15）

（6）堵塞比（DR）。

$$DR = \frac{p_i - p_{wf}}{p_i - p_{wf} - \Delta p_s}$$ （14−7−16）

（7）流动效率（FE）。

$$FE = \frac{p_i - p_{wf} - \Delta p_s}{p_i - p_{wf}}$$ （14−7−17）

（8）采油指数（J_o）。

$$J_o = \frac{Q}{\Delta p}$$ （14−7−18）

式中　Q——实际测试中得到的产量，m^3/d；

Δp——实际生产压差，MPa。

$$\Delta p = p_i - p_{wf}$$

（9）地层导压系数（η）。

$$\eta = \frac{K}{\phi\mu C_t}$$ （14−7−19）

（10）断层距离（d）。

$$d = 1.422\sqrt{\frac{Kt_k}{\phi\mu C_t}}$$ （14−7−20）

式中　d——断层离井的距离，m；

t_k——恢复（压降）曲线两条直线段的交点所对应的时间，h。

（11）原始地层压力。外推霍纳图中的直线段至 $\dfrac{t_p + \Delta t}{\Delta t} = 1$ 处，在压力轴上的交点 p^* 被认为是地层推算原始压力 p_i。通常在初关井中测得的初关井压力认为是实测原始地层压力。

2）图版拟合分析

曲线拟合的手工解释方法是将实际测得的数据在透明的坐标纸上作曲线图，然后与各种标准曲线图版进行匹配拟合，根据匹配拟合点进行地层参数计算。

常用的图版有：麦金利（Mckinley）图版；雷米（Ramey）图版；格林加登（Gringarten）图版；布德（Bourdet）图版；厄洛赫（Earlougher）图版；压力导数图版。

4. 数值试井解释方法

数值试井就是试井问题的数值求解，即直接用数值解的方法（数值模拟的方法）解决试井问题。可以说，数值试井并不是一般意义上的试井解释，而是名副其实的数值模拟。它并不是由实测试井资料去寻找合适的试井解释模型（模型识别），而是根据地质研究成果和实测试井资料等去构造或产生更为符合实际的复杂模型（包括测试层的几何形状、大小、边界类型及离测试井的距离、测试层和流体特性参数的分布等），通过网格剖分，在油井到油藏外部边界之间生产一系列大小不同的网格或单元（离井越近，网格越密，单元越小），对每个网格单元可以赋以不同的厚度、孔隙度、含油饱和度、渗透率和流体的相态及黏度等参数数值。通过描述每个网格单元在不同时刻的瞬变压力响应，来实现对测试范围内每个单元的精细描述，模拟出无法用解析解表达的复杂油藏和流动阶段，使得解释模型更加符合实际情况，使解释结果更加准确、更加可靠和更加令人满意。就外边界而言，数值试井能够根据试井曲线表现出的特征，建立任意形状及不同类型的多种外边界的组合，并通过不断调整与改善数值模型的结构、形状和相关参数来实现对外边界形态的精确描述。这对于勘探开发过程中的探边测试和综合评价具有重要意义。当然，它也可以用来检验用常规方法进行试井解释所得结果的可靠性。

数值试井所应用的描述渗流的基本数学模型，包括达西定律、状态方程和连续性方程推导出来的基本微分方程（多相情形为多相渗流方程），加上符合实际情况的各种定解条件。进行数值试井的步骤为：

第一步，要根据地质研究成果，建立或假设一个油藏模拟，包括油藏结构（油藏的类型、外边界的类型和分布，即各边界的位置和距离等）、油藏参数（渗透率、孔隙度和厚度等）和流体参数（黏度和压缩系数等）及其分布等，还要定义测试井（如果必要，也包括周围井）的位置及其产量。

第二步，必须进行离散化，为此要选用适合的网格。离散化方法有很多，KAPPA 公司的 Saphir 试井解释软件使用的是 Voronoi 网格，这是一种把局部细分网格与基本粗化网格连接在一起的一种常用方法，即在井筒附近使用加密的细分网格，而在离井较远处使用较稀疏的基本网格。

第三步，通过调整油藏结构、油藏参数和流体参数及其分布，计算网格所有节点的压力变化，从而找出与实测压力变化相一致的油藏模型和参数分布，调整得到的最佳结果。

数值试井有着广泛的应用。例如：确定测试层参数的分布；模拟不规则外边界；气井试井解释；模拟多相流；注水测试解释等。

5. 反褶积方法

褶积（Convolution，又名卷积，）和反褶积（Deconvolution，又名去卷积），是一种积分变换的数学方法。反褶积计算的本质就是最优化。但它不是在解释结束时对模型的参数进行优化，而是选取一组有代表性的、离散的点，用于表示所要寻求的导数曲线，也就是要求寻求的导数曲线通过这些点，然后通过积分（由导数求得单位产量所引起的压力变化）和褶积（进一步把实际产量也考虑进去），进行选项和回归，不断地反复地移动和调整曲线，直至它与所选的所有实测压力离散点完全重合。在得到了反褶积的结果之后，再通过积分把它变换成为压力响应，在双对数坐标图上绘制出压差曲线和压力导数曲线。压力响应是在恒定产量条件下的响应，所以它应当与恒定产量条件下的压降模型的解释图版相拟合，而不应与变产量条件下的叠加模型的解释图版相拟合。

反褶积是个非线性回归过程，而且是在模型未知的情况下，对模型的压力导数曲线进行的非线性回归。它也有其局限性。

第一，反褶积并不能当作黑箱使用，它只是个最优化过程。在反褶积过程中产生的任何误差，都将积累并影响随后的整个过程。反褶积是个反问题，而反问题总是多解的。其计算过程要求若干控制参数或约束条件，由解释者在解释过程中进行调整，因此，解释者必须具有相当的经验，在不同参数产生的不同反褶积导数曲线中，选出最合理者，作为问题的解。

第二，反褶积是以下面两个基本假设为前提的：(1) 叠加原理适用。事实上，反褶积计算的原理就是叠加原理。但如果流动不是线性的，如出现非达西流或多相流等情形，反褶积计算就不正确。(2) 测试过程中解释模型自始至终不会改变。

第三，反褶积方法是在测得了相当多流动阶段的资料或长时期的资料的情形下发挥作用的，如果只测得一条短时间的压降曲线，它就无用武之地了。

第四，如果存在邻井干扰，反褶积方法也不能使用。

第五，反褶积只是试井解释方法的一个很好的补充，并不能替代现行的压力恢复分析。在资料解释当中，可以通过反褶积的综合分析，看看能得到哪些常规方法得不到的"额外"信息，而在最后，解释结果还得用实际资料的双对数曲线拟合和全程压力史拟合进行检验。

五、地面计量技术

1. 地面计量流程

在自喷井测试过程中，为求得地层流体的井口压力、温度、产量及物性等参数，需要建立一套临时生产流程。在一定的工作制度（油嘴）下，通过对流体流量与压力的控制以及必要时对流体进行处理（化学剂注入、加热等），并借助于分离器将流体各相（油、气、水）分离开，分别精确计量，最终求得该工作制度下油、气、水的产量。

地面计量流程不同于采油采气等永久生产流程，它更易于运输、安装和拆卸，所有各部分能实现便捷可靠的连接，各种设备和仪器仪表能适应经常性的野外运输与作业。由于地层流体压力与产能的不确定性，计量系统在承压级别和处理量大小方面具有较宽的适应范围。计量系统不仅满足普通井的测试要求，还要胜任一些特殊井的测试要求。如地层流体含 H_2S，要选用全套防 H_2S 设备；地层出砂要加装除砂器；高压高产油气井则应考虑加装地面计量紧急关闭系统；稠油井和含水气井要配备合适的地面加热器等。但是，有时出于经济性考虑，或对井的产能液性有初步了解，可能对流程进行取舍和简化。最简易的地面计量流程至少应包括井口（可更换油嘴）、连接管线和三相分离器。

2. 地面计量设备

典型的地面计量流程应包括：井口控制头、数据头、油嘴管汇、加热器、三相分离器、数据采集系统、多级传感安全释放阀及紧急关闭系统、化学注入泵、高低压管汇、燃烧臂、燃烧器、缓冲罐、计量罐及储液罐等设备。

1）井口控制头（测试树）

井口控制头是实现在井口开关井和下入电缆工具的控制装置。通常配有测试旋转短节，用来旋转下部管柱，比如坐封封隔器等；配有提升短节，可用井队的吊环来悬挂控制头。标准控制头阀的配置是4个阀排列成十字型，下部是手动阀（主阀），此阀用来隔离油井和地面流程；上部同样是手动阀（抽汲阀），用来下入电缆工具串到井筒中，两侧的阀分别称做流动翼阀和压井翼阀。流动翼阀通常是液控无故障常关阀，被控制面板所控制，或在紧急情况下被ESD系统控制。压井翼阀通常是手动阀，用于泵入压井液到井筒中，或用固井泵增压进行地面测试设备的试压。要求能够承受压力70～105MPa。图14-7-70所示为一种高压井口控制头。

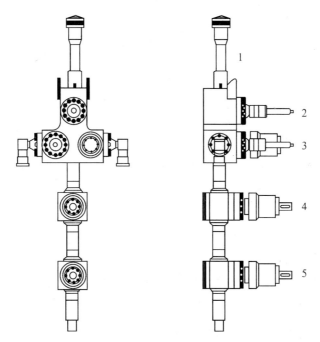

图14-7-70　高压井口控制头结构示意图

1—105MPa地面井口控制头；2—抽汲阀；3—流动和压井翼阀；4—主阀；5—下主阀

2）数据头

数据头用来引出支线，分别接入数据采集系统传感器（压力传感器、温度传感器）、压力表、温度表，录取相关数据参数，同时具有化学注入接口和取样接口。

数据头按压力级别可分为35MPa、70MPa、105MPa、140MPa；按通径分为DN50mm、DN65mm、DN78mm；按材质分为防硫和不防硫；按功能分为上游数据头和下游数据头。如图14-7-71所示。其技术参数见表14-7-41。

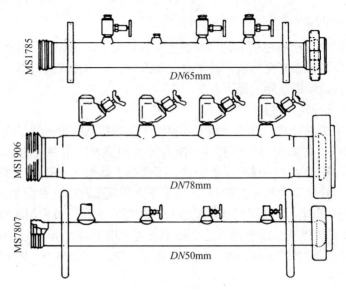

图 14-7-71　数据头结构示意图

表 14-7-41　常用数据头技术参数

工作压力	35MPa			70MPa			105MPa			140MPa		
通径 mm	50	65	78	50	65	78	50	65	78	50	65	78
耐温 ℃	−29～121	29～121	29～121	29～121	29～121	29～121	29～121	29～121	29～121	29～121	29～121	29～121
端部连接型号	602	602	602	1502	1502	1502	1502/BX法兰	1502/BX法兰	1502/BX法兰	BX法兰	BX法兰	BX法兰
支线尺寸 mm×（数量）	12.7×(4)	12.7×(4)	12.7×(4)	12.7×(4)	12.7×(4)	12.7×(6)	12.7×(6)	12.7×(6)	12.7×(6)	12.7×(6)	12.7×(6)	12.7×(6)

3）油嘴管汇

油嘴管汇的用途是对流体进行节流，实现不关井换油嘴，满足试油需要，使油气井在不同工作制度下生产。一般配置为双翼式五阀，分别安装可调式油嘴、旁通阀和可换式固定油嘴（图 14-7-72）。

标准的油嘴管汇配有 ϕ 50.8mm 固定油嘴和 ϕ 50.8mm 可调油嘴。油气井在稳定流速下使用固定油嘴，便于精确的产能测试分析，选用的油嘴尺寸需维持油嘴上下方的临界流动状态，即下游压力低于上游压力的 0.546 倍。油嘴管汇下游的压力变动，不至于影响油气井的流动特征；可调油嘴仅在流动早期或洗井时使用。

油层测试油嘴选择原则：在高于饱和压力下求产，地层流动状态和采油指数不随生产压差变化，按规范只选择一个油嘴求稳定流量资料，同时应考虑使井底流动压力大于油层饱和压力，并在地层不出砂的前提下，尽量选择大一些油嘴。

气层测试油嘴选择原则：为求得气流方程式及无阻流量，一般应测取 4 个以上油嘴的稳定流量资料。选择油嘴系列应考虑：(1) 各个油嘴的井底流动压差充分拉开；(2) 最大油嘴的井底流动压差不致引起出砂而影响测试；(3) 若为凝析气层，最大油嘴的井底流动压力大于反凝析压力；(4) 通常情况下，最大油嘴井底流动压差不大于地层压力的 35%；(5) 最大流量符合地面管线和设备的处理能力，符合测试安全要求。

油嘴管汇技术参数见表 14-7-42。

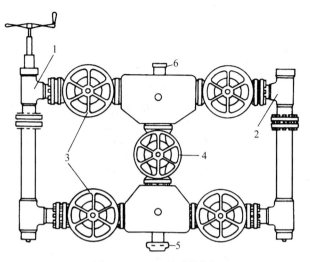

图 14-7-72　油嘴管汇
1—可调油嘴；2—固定油嘴；3—阀门；4—中间阀门；5—取样口；6—预留口

表 14-7-42　油嘴管汇技术参数

工作压力	35MPa			70MPa			105MPa			140MPa		
通径 mm	50	65	78	50	65	78	50	65	78	50	65	78
耐温 ℃	−29 ~ 121	29 ~ 121	29 ~ 121	29 ~ 121	29 ~ 121	29 ~ 121	29 ~ 121	29 ~ 121	29 ~ 121	29 ~ 121	29 ~ 121	29 ~ 121
端部连接型号	602	602	602	1502	1502	1502	1502/BX 法兰	1502/BX 法兰	1502/BX 法兰	BX 法兰	BX 法兰	BX 法兰
阀门类型	闸板阀	闸板阀	闸板阀	闸板阀	闸板阀	闸板阀	闸板阀	闸板阀	闸板阀	闸板阀	闸板阀	闸板阀

4）加热器

加热器有直接加热器和间接加热器两种。

直接加热式（简称直热式）采用蒸汽作为介质。蒸汽发生器（即锅炉）入口装有温度控制系统，即根据加热后流体的温度来确定蒸汽供应量的大小。同时装有压力控制系统，当加热炉内蒸汽压力超过设定值后，自动关闭阀门停止供蒸汽（图 14-7-73）。

蒸汽出口装有捕雾器，只允许液态水通过，达到最大限度节约能源的目的。蒸汽热交换器配有双安全系统，即位于容器顶部的弹簧式安全阀和破裂盘式安全阀，通过释放管线连接到放喷口。蒸汽加热炉顶部外接的高压感应器直接进入 ESD 系统。

使用时过热蒸汽直接进入加热炉的带压外壳内，对盘管进行直接加热，盘管分为上下游两段，中间装有可调油嘴，其作用是通过节流降低下游盘管的流速，从而进行更充分的热交换。这种方式比间接式加热炉热交换效率更高。

直热式加热器的优点是不带燃烧室、体积小、安全系数高、传热效率高、换热量大，但需要与蒸汽发生器配合使用。直热式加热器技术参数见表 14-7-43。

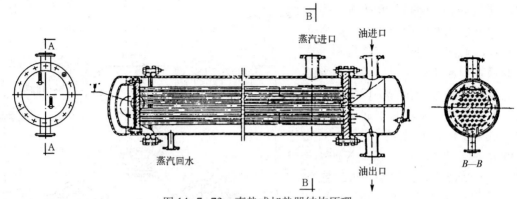

图 14-7-73　直热式加热器结构原理

表 14-7-43　直接式加热器技术参数

项目	参数	项目	参数
加热量，kW/h	4.68	下游盘管耐压，MPa	14
硫化氢	耐	上游管径，根 ×mm	22×65
最高耗蒸汽量，kg/h	4900	下游管径，根 ×mm	16×65
上游盘管耐压，MPa	35	壳承压力，MPa	1.0

间接式加热器采用天然气或柴油作为燃料，将炉体内的水加热。已加热的热水再将油气管线内的地层流体加热。间接式与直热式加热器相比较，使用方便，但安全系数低。间接式加热器技术规范见表 14-7-44。

表 14-7-44　间接式加热器技术参数

项目	参数	项目	参数
加热量，kW/h	2.34	下游盘管耐压，MPa	14
硫化氢	耐	上游管径，根 ×m	22×65
燃烧方式	柴油 / 天然气	下游管径，根 ×m	16×65
上游盘管耐压，MPa	35		

5）三相分离器

三相分离器是地面计量流程的基础和核心，对地层流体的分离与计量也大多通过操控三相分离器来实现。三相分离器有立式、卧式和球式 3 种型式。求产计量多采用卧式三相分离器。

（1）结构及工作原理。典型卧式三相分离器主要由入口分流器、消泡器、聚结板、稳流器和吸雾器等组成（图 14-7-74）。

地层流体进入三相分离器，首先碰到入口分流器，使流体的冲量突然改变，流体被粉碎，使液体与气体得到初步分离，气体从液体中逸出并上升，液体下沉至容器的下部，但仍有一部分未被分离出的液滴被气体夹带着向前进入蛇状瓦楞式（或是蜂窝状）聚结板内，使其动能再次降低而得到进一步的分离，由于通过聚结板之间气体的流速可提高近 40%，气体中所夹带的液滴以高速与板壁相撞，使其聚结效率大大提高，于是聚结后的液滴便在重力作用下降到收集液体的容器底部，液体收集部分为液体中所携带的气体从油中逸出提供了必要的滞留时间。

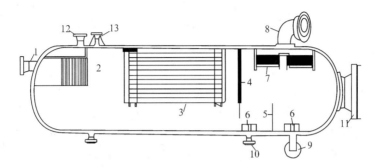

图 14-7-74　典型卧式三相分离器结构示意图

1—液体进口；2—反射偏转板；3—聚结板；4—消泡器；5—油水挡板；6—涡流破坏器；
7—吸雾器；8—天然气出口；9—原油出口；10—水出口；11—人口；12—安全阀；13—破坏盘

夹带大量液滴的气体通过聚结板进一步分离后，夹带有少部分液滴的气体在排出容器之前，还要经过消泡器和除雾器，消泡器可使夹带在气体中的液滴重新聚结落下，从而使气体净化；气体出口处的除雾器也同样起到了使夹带在气体中更微小不易分离出的液滴与其发生碰撞而聚结沉降下来的作用。因此，气体通过这两个部件后，便可得到更进一步的净化，使其成为干气，而从气口排出，排气管线上设有一个气控阀来控制气体排放量，以维持容器内所需的压力。

分离器内的集液部分在容器内有足够的停留时间，一般油与水的相对密度为 0.75：1，因此油水之间的分离所需停留时间为 1 ~ 2min，在重力作用下，由于油水相对密度差，自由水沉到容器底部，油浮来上面，以便使油和乳状液在其顶部形成一个较纯净的"油垫"层。

浮子式油水界面调控器保持水面稳定。随着"油垫"的增高，当油液面高于油水挡板时，溢过油水挡板流入油室，油室内的油面由浮子式液面调控器控制，该调控器可通过操纵排油阀控制原油排放量，以保持油面的稳定。

分离出的游离水，从容器底部及油挡板上游的出水口，通过油水界面调控器操纵的排水阀排出，以保持油水界面的稳定。

(2) 三相分离器的压力调节及油水界面控制。三相分离器的压力调节系统通常由压力调节器和气动控制阀两部分组成。

三相分离器的油水界面检测与控制方式有许多，但各有其适用性和局限性，国内外油田所采用的三相分离器油水界面检测与控制普遍采用的浮子式油水界面控制器。

(3) 油气计量装置。油气计量是整个地面流程工艺中的一个关键环节，计量数据的精确与否是由所使用的计量装置所决定的。

①原油计量装置：过去老式的原油计量方法大都使用计量罐进行直接标定计量，目前卧式三相分离器常用的量油装置是刮板流量计（也称容积式流量计）和涡轮流量计。

②天然气计量装置：气体的计量基本上采用的是气体节流压差原理。计量方法有多种，其计量装置和手段也各不相同，经常使用的有临界速度流量计、垫圈流量计和丹尼尔孔板

流量计。

a.临界速度流量计：当天然气流经孔板产生节流，由于气流速的增加而使孔板上流压力 p_1 大于下流压力 p_2 的一倍，即 $p_2 < 0.546p_1$ 时，则为达到了临界状态，也就是在临界气流的流速断面处，天然气的流速等于该处温度下天然气的声速。此时虽然再增加上流压力，而流速断面最小的速度仍不会再增加，只增加气体的密度和流量。因此当气流形成这种状态时，气体流量与下流压力无关，仅取决于上流压力。于是利用孔板前的压力值即可推算出气体流量。

b.垫圈流量计：垫圈流量计只适用于测量较小的气体流量。当"U"形管内盛水时，只适用于测量 3000m³/d 以下的气体流量；当"U"形管内盛水银时，可测量 3000 ~ 8000m³/d 的气体流量。它具有结构简单，携带方便等优点。

c.丹尼尔孔板流量计：该装置的工作原理与临界速度流量计的测气原理基本相同。在测气管道内装有节流孔板时，气体经过节流孔板，其上下游之间就会产生静压力差，并通过传压管传入双波纹差压计，在巴顿记录仪上显示出来。

6）数据采集系统

通过对定点的压力温度压差和产量等数据信号的自动采集，并且输入相应的无法自动采集的数据，根据一定的计算公式就可以得出测试需要的数据。最快可以每秒录取一组数据；所有的数据可以以数字或曲线图的形式显示出来；可以按需要生成各种报告；可以将实时的数据进行实时打印；可以按指定的格式存储到硬盘；为油田公司的决策提供科学的依据；数据采集系统对流程状况实施实时监测与报警，实时回放各项参数等。通常由许多传感器和计算机系统组成。

7）安全释放阀（MSRV）

在地面计量过程中，当压力过载时，快速排放流体，保护下游设备的阀。主要由出口、调载活塞、心轴节流器、内心轴、球阀座、入口、球阀及压力传递口等组成，其结构如图 14-7-75 所示。

地面计量安全释放阀不受现有安全阀的限制，使安全系统的操作具有更大的弹性。当系统超压时，安全释放器将

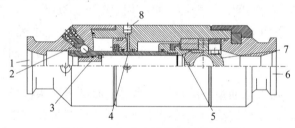

图 14-7-75　安全释放阀结构示意图
1—出口；2—调载活塞；3—心轴节流器；4—内心轴；
5—球阀座；6—入口；7—球阀；8—压力传递口

利用安全逻辑设计快速响应，以保护下游地面测试系统。它的球阀结构通过感应压力进行液动控制，这些压力传感孔连续监测流程内的压力，当压力超过孔内破裂盘的预设压力值时，阀内的液控管线将打开泄压阀，快速排放地层流体。

8）紧急关闭系统

地面紧急关闭系统主要由地面安全阀、控制面板和 ESD 辅助系统三部分组成。

（1）地面安全阀：液控闸板阀在紧急情况下卸掉液压就可以关闭闸板阀，实现地面关井。闸板阀的开关由与之相连的执行机构控制，执行机构简单来说就是液缸，中间为活塞，上部为油室，下部为一个大弹簧，油室有液压的时候就会推动活塞克服弹簧的弹力下行，打开闸板阀；一旦失去液压，在弹簧弹力的作用下活塞上移，关闭闸板阀。

（2）控制面板：为驱动器提供液压，并在紧急情况下控制放压来关闭地面安全阀。打

压可以通过气动泵或手动泵进行，泄压通过一条感应气路来控制，如果这条气路中没有压力，控制面板就会卸掉驱动器中的压力。感应气管线的压力通过高低压感应器自动泄压或通过按钮手动泄压。

（3）ESD 辅助系统：用于连接地面紧急关闭系统的辅助设备，包括远程控制按钮，高低压感应器，快速释放阀等。

9）化学注入泵

化学注入泵主要由气出口、压力表接口、泵壳、连接头、导阀与调速器连接线组成（图 14-7-76）。

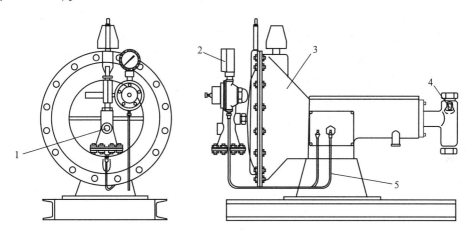

图 14-7-76 化学注入泵结构示意图
1—气出口；2—压力表接口；3—泵壳；4—连接头；5—导阀与调速器连接线

当天然气的水化物形成比较多，易堵塞油嘴和管线时，可利用该泵注入甲醇或乙二醇防冻；当原油起泡严重，影响分离效果时，也可利用该泵注入消泡剂。

化学注入泵一般与上游数据头相连。其排放压力最高可达 105MPa，排量 0.01～0.19m³/h，气动马达所需气压为 0.69MPa。

10）燃烧臂

燃烧臂一般在钻井平台和试油试采平台的两舷各设置一个，以便在燃烧时可以根据风向选择点火的方向。燃烧臂一端通过底座和转轴固定在平台边缘上，另一端靠绳缆吊装，保持在水平位置，同时两侧用绳缆固定，防止随风摆动。

燃烧臂是海洋试油（气）地面油气水三相分离计量设备的重要组成部分，根据平台吊车能力和燃烧头的燃烧能力一般分为 18.288m、27.432m 和 36.576m 三种长度。

11）燃烧器

燃烧器由气体燃烧部分、原油燃烧部分、水幕喷淋系统和点火系统所组成。

气体燃烧部分结构比较简单，只有液化气流程及电子点火系统和气体燃烧口。原油燃烧部分结构比较复杂，由原油流程、压缩空气流程、液化气流程及电子点火系统组成，利用大流量压缩空气把原油通过燃烧器喷嘴喷出，然后经点火系统点燃使原油充分燃烧。水幕喷淋系统在油气燃烧过程中用于冷却燃烧器，降低燃烧产生的高温，它分为三部分：（1）一部分喷向火焰形成蒸汽，使火焰降温；（2）燃烧头后面的环状喷水装置形成的水幕在燃烧器的后面阻止高温向平台方向辐射；（3）平台受热辐射表面的喷淋系统，直接使平台表面降温，确保燃烧臂和平台的安全。

12）缓冲罐

缓冲罐既是一个二级分离器，也是一个计量罐，用于计量原油产量和标定液体流量计。

（1）用于海上作业：钻井平台或钻井船空间狭小，设备摆放紧密。由于计量罐不能承受压力，对于高产井计量罐的逸气管不能太长，这样天然气就会在钻井平台附近飘散，产生 HSE 问题。改用缓冲罐后，逸气管直径可以小一些，也可以相对较长，将二级分离出来的天然气输到燃烧器或海面。

（2）用于含 H_2S 井：H_2S 在井场飘散是一个严重的 HSE 问题，使用缓冲罐同样可以将二级天然气送到较远处。

选择合适的缓冲罐分离压力，可以很容易地将罐里的原油或地层水压到其他储罐或罐车，省去输油泵。使用计量罐则必须使用输油泵倒油。对于有喷嘴的原油燃烧器，一般需使用输油泵将缓冲罐里的原油打到燃烧器。

常用缓冲罐为立式，容积一般为 $16m^3$，用于油气两相二级分离。根据需要可以设计为卧式，容积也可以增加。工作压力 $50 \sim 250psi$ 不等。

13）计量罐

连接在试油三相分离器的下游，对带压流体经过二次分离测定液体的准确体积，可在现场标定分离器的流量计，也可单独用于不宜进分离器求产和非自喷井试油的液体计量。分为承压计量罐（缓冲罐）和常压计量罐两种类型。

承压计量罐一般由罐体、进口、液位计、安全阀、压力调节和自动控制系统、小气量计量系统、液体出口、人孔和内部加热系统等组成。根据需要，可为立式或卧式，容积各不相同，工作压力范围 $0.3447 \sim 1.7234MPa$。承压计量罐作为计量罐使用的同时，也是一个低压的试油两相分离器，可将液体中没有分离干净的气体在低压下进行二次分离，气体送至燃烧系统燃烧，当井内产出流体中含有毒有害气体时尤为重要。

常压计量罐和承压计量罐的功能类似，只是罐体不能承受压力，没有压力控制系统和气体计量系统，在罐顶部的呼吸口上设有阻火器和呼吸阀，保证罐体内部的安全。气体出口通过专用管线引到安全地区或燃烧。

14）储液罐

试油时用来储存液体的装置。分为密闭罐和敞口罐。

15）输送泵

进入计量罐的地层产出液须用输送泵输至燃烧器（泵压 2MPa 以上）或输油管道。一般泵型为 K 型，如 2K-6，2K-9 等，也有用 TWS 型泵。

16）井场试验室

为了及时在井场对油气水样品进行分析化验，在井场设有活动房式实验室。

实验室具备以下现场试验能力：原油密度 $=141.5/（131.5+°API）$，原油黏度及凝固点（倾点），分离器油收缩率，气相对密度，天然气 H_2S、CO_2、硫醇等的含量，地层水、地面水氯离子含量，地面 PVT 气油分析化验及地面取样 BSW。

17）其他

在地面计量流程中，还配备有空气压缩机，喷水泵及喷淋管汇，原油与天然气分配管汇，除砂器等。

3．地面计量工艺

1）计量前的准备

为了安全、可靠、准确地测得所需资料，计量前必须认真准备所需的地面设备、管汇与仪表等。

（1）按流程接好管线；

（2）准备好一套固定油嘴和备用油嘴；

（3）准备测气孔板；

（4）准备必要的仪器仪表，如原油收缩率测定仪，气体密度计，液体密度计，硫化氢检测仪等；

（5）准备常规油气水取样瓶和 PVT 取样瓶；

（6）准备必要的化验分析仪器和化学试剂等。

2）试压检查

（1）分离器试压。按额定工作压力加压，经 10min 压力不降为合格。

（2）井口控制头、数据头和油嘴管汇试压。关闭加热器进口阀门，按钻井预测地层压力或按其额定工作压力加压，经 10min 压力不降为合格。

3）流量仪表检查和校准

（1）液体流量计校准。液体流量计若在近期内正式校准过，则可采用原校准的校正系数；若在较长时间里未使用，应在求产测试之前在现场进行校准取得流量计的校正系数。

校准方法：开启油嘴管汇、分离器、计量管汇及计量罐。在分离器上部注入适量压缩空气，检查计量罐内是否有残存水。若有水应将其放尽，重新灌注或者计准原存水的液面高度。而后，将流量计调零，打开流量计两翼阀门，每隔一定时间（如 15min）计量一个计量罐液面读数，并求得其液面高差，计算出体积量。将此体积量和流量计体积读数进行比较，得出流量计校正系数 k_f：

$$k_f = \frac{V_1}{V_2} \qquad (14-7-21)$$

式中　V_1——计量罐求得的体积数；

　　　V_2——流量计读出的体积数。

将一系列 k_f 值进行平均，平均值精确至小数点后三位。

（2）气体流量计及记录仪检查。使用之前，要分别对巴顿记录仪中的压差和静压装置进行校验，将压缩空气通入气体流量计内观察其工作是否正常。

4）燃烧系统检查

下放燃烧器栈桥，按风向固定好栈桥，连接燃烧管汇，清洗燃烧喷嘴，检查冷却系统，试运转风机、输送泵及电打火器。

陆上油田，需选好油罐，接好火嘴管线点火燃烧。

5）测试过程的计量

（1）初流。倒好地面流程，地层产液不经过加热器、分离器及计量仪表。在海上直接进燃烧器；陆上直接进土油池或火炬。

流动时，打开数据头通向各计量仪表的所有阀门，打开可调油嘴（开度由小到大）。视喷势控制井口压力，记录井口流动压力、流动温度和油嘴开度，观察数据头以后的样品化验结果及 H₂S 含量。如能点燃，应及时点火。

（2）初关。关闭可调油嘴阀门。关闭数据头各阀门并将管线放空。观察并记录井口压力变化情况。

（3）二次流动。

①放喷。当井内喷出的地层流体流到地面时，要先通过油嘴管汇的可调油嘴控制放喷，使井筒内的液柱诱喷干净。喷出的地层产液直接进燃烧器燃烧（陆上油田进油池和油罐）。油嘴开度由小到大，根据井口回压及沉淀物含量而定，每一油嘴开度放喷时间不小于 5min，并记录相应的井口压力和流动温度。一般每 30min 作一次油品测定（密度、黏度等），以确定是否需进加热器加热；每 30min 测一次泥、砂与水含量，当回压稳定，含砂量低于 1%，含水量稳定，油嘴后压力已达分离器工作压力时，则进分离器进行计量。此时，可调油嘴开度可作为计量油嘴尺寸。

若地层流体的温度过低或液体黏度高且相对密度大时，则应先让流体通过加热器进行加温，方可进入三相分离器，这样可提高油气水三相的分离效果。

②进分离器计量。当油气流从旁通放喷管线进入三相分离器时，应先打开三相分离器的入口阀门，然后再慢慢地关闭旁通放喷阀门，这样可防止高压油气流对分离器的突然冲击，避免冲坏三相分离器的内分流器或其他部件。另外，在地层流体进入三相分离器之前，天然气排放管线上的气控阀要打开，以免由于进入分离器的流体压力过高而损坏各个仪表和阀门。

当地层流体进入三相分离器后，首先要调节排气管线上的气控阀来控制天然气的排量，从而使三相分离器的压力基本处于稳定状态，然后通过板式液面计观察分离器内液面的上升高度，当液面上升到容器高度的 1/2 或 3/4（从容器底部算起）处时，再调节原油或水管线上的气控阀，来控制油或水的排放量，使其液面控制在一个相对稳定的位置。依次通过对压力调节器和液面调节器的调节来控制天然气和原油的排出量，达到三相分离器的压力和液面的相对稳定。

在计量求产结束前，对凝析气层和含水大于 5% 的含水油层或油水同层要取分析样品，要求在井口管汇处取常规样品，其中，油样 1 个，水样 1 个，天然气样 2 个，在分离器处取油样 1 个，天然气样 1 个，当地面计量工作结束后，再把以上样品送到化验室做进一步化验分析。

6）油气产量的计算

油、气与水产量的大小是探井生产能力高低的重要标志之一，是直接了解该地层是否具有工业开采价值的重要依据。油、气与水产量计算的准确与否，直接关系到油田的勘探开发工作。

（1）原油产量的计算。

$$Q_{油} = 24V(1-BSW)(1-Shr)KK_1 \qquad (14-7-22)$$

式中　V——每 60min 原油通过流量计的体积数值（若每 30min 读一次数值时前面的系数，要由 24 变为 48）；

　　　BSW——原油中杂质的百分含量；

　　　Shr——原油收缩率；

　　　K——体积变化系数；

K_1——原油流量计校正系数；

$Q_油$——日产原油体积（单位与 V 相同）。

（2）天然气产量的计算。

①垫圈流量计测气：

当"U"形管内压差用汞柱时：

$$Q_气 = 11.229d^2 \sqrt{\Delta H / \gamma T}$$

(14-7-23)

当"U"形管内压差用水柱时：

$$Q_气 = 3.047d^2 \sqrt{\Delta H / \gamma T}$$

(14-7-24)

式中　$Q_气$——天然气产量，m^3/d（标准条件下，20℃，1atm）；

d——垫圈直径，mm；

ΔH——"U"形管中汞柱或水柱压差，mm；

γ——天然气相对密度；

T——天然气绝对温度，K。

②临界速度流量计测气：

$$Q_气 = 1957.845d^2 \times (p_上 + 0.1) / \sqrt{\gamma z T}$$

(14-7-25)

式中　$Q_气$——天然气产量，m^3/d；

d——孔板孔径，mm；

$p_上$——孔板上流绝对压力；

T——孔板上流绝对温度，K；

γ——天然气相对密度；

z——天然气压缩系数（当 $p_1 < 8kgf/cm^2$ 时，可不考虑 z 值）。

当气流未达到临界状态时，即 $p_2 > 0.546p_1$ 时，气体产量计算公式：

$$Q_气 = 0.312d^2 \sqrt{\frac{(p_1 - p_2)(0.546p_2 + 0.45p_1)}{\gamma z T}}$$

(14-7-26)

式中　p_1——孔板上流绝对压力；

p_2——孔板下流绝对压力；

其他参数同上。

③丹尼尔节流装置测气（1atm，15.5℃）：

$$Q_气 = 0.679608 \cdot F_b \cdot F_G \cdot F_{tf} \cdot F_{pv} \cdot \sqrt{H_f \cdot p_w}$$

(14-7-27)

式中　$Q_气$——日产天然气体积，m^3；

F_b——孔板系数；

F_G——相对密度系数；

F_{tf}——流动温度系数；

F_{pv}——压缩系数；

H_f——测气孔板前后压差，inH_2O；

p_w——天然气节流装置处的绝对静压，psi（读数 +14.7）。

第八节 完 井 技 术

一、概述

完井工程是衔接钻井和采油工程而又相对独立的工程，是从制定钻采工程方案优化完井方式开始，到钻开油气层、下入套管（尾管、筛管）、注水泥固井、射孔、投产措施、下生产管柱及试油排液，直至投产的一项系统工程。

1．完井工程目标

（1）尽可能减少对储层的伤害，保护储量，使油气层自然产能能更好地释放；

（2）提供必要条件来实施最佳的采油（气）工艺与生产参数，从而提高单井产量；

（3）有利于提高储量的动用程度和采出程度；

（4）为采用不同的采油工艺技术措施提供必要的条件；

（5）有利于保护套管和油管，减少井下作业工作量，延长油气井寿命；

（6）近期与远期相结合，尽可能做到近期的投资和油气井生命期操作费用的平衡，有利于提高综合经济效益。

2．完井工程内容

1）岩心分析及敏感性评价

根据勘探预探井或评价井所取的岩心，进行系统的岩心分析和敏感性评价，并根据实验分析的结果，提出对钻开油气层的钻井完井液与射孔液，增产措施的压裂液与酸液，以及井下作业的压井液等的基本技术要求。

岩心分析及敏感性评价项目如下：

（1）岩心分析：常规分析、薄片鉴定、X射线衍射（XRI）及电镜扫描（SEM）。

（2）敏感性评价：水敏、速敏、酸敏、碱敏和盐敏。

2）钻开油层的钻井液

钻井液的选择，主要是考虑如何防止钻井液的固相及其滤液侵入油层而造成油层伤害，同时又考虑到安全钻进的问题，如钻遇高压层、低压层、漏失层、石膏层和裂缝层时的钻井液，根据测井资料及岩心分析与敏感性评价数据和实践经验去选择钻井液类型、配方及外加剂。

3）完井方式及方法

根据油田地质特点及油田开发方式和井别，按砂岩、碳酸盐岩、火成岩和变质岩等岩性去选择完井方式。完井方式基本分为三大类，即套管射孔完井、裸眼完井和筛管完井。射孔完井又有不同的方法，如套管射孔、尾管射孔、套管内筛管及砾石充填等；筛管完井也有不同的方法，如套管底部带筛管完井和裸眼内下入筛管及砾石充填等完井方法。

4）油管及生产套管尺寸的选定

根据节点分析即压力系统分析，进行油层—井筒—地面管线敏感性分析。油管敏感性分析则是根据油层压力、产量、产液量、流体的黏度、增产措施和开采方式等方面的综合分析去选定油管尺寸，然后根据油管尺寸去选定生产套管尺寸。改变了过去先选定生产套管尺寸，然后再确定油管尺寸的传统做法，从而为经济高效开采创造了条件。

套管系统设计本应包括表层套管、技术套管与生产套管，但这里仅仅论述了生产套管设计，至于表层套管和技术套管，参见本手册第二章相关内容。

5）生产套管设计依据

生产套管设计需要考虑的因素：

（1）井别：油井、气井、注蒸汽采油井、注水井、水平井、分支井、多底水平井、注气或注汽井；

（2）油层压力及油层温度；

（3）地层水性质、pH 值、矿化度及对套管的腐蚀程度；

（4）天然气中是否含 H_2S 或 CO_2 等腐蚀性气体；

（5）油层破裂压力梯度，压裂与酸化增产措施的最高压力；

（6）地层最大主应力方位及大小；

（7）注蒸汽时的压力与温度；

（8）盐岩层的蠕动；

（9）注水开发后的压力变化及油层间窜通状况；

（10）油层出砂情况；

（11）油层裂缝状况，垂直、水平或复合式裂缝。

根据选定的完井方式，再依据上述因素，选择套管的钢级、强度、壁厚、连接螺纹类型和螺纹密封脂的类型，以及上扣的扭矩等。若用衬管完成，则要设计悬挂深度及方式。对于注蒸汽井，则要考虑到套管受热时套管螺纹承受的拉力和螺纹的密封性以及预应力后完成。对于定向井和水平井，同样应考虑套管弯曲、套管螺纹承受的拉力和螺纹的密封问题。

6）注水泥设计依据

注水泥设计依据有：不同类别的井，如油井、气井、注水井、注气井和注蒸汽井对水泥性能和返高的要求；油气层压力状况，如高压区、低压区、漏失带及裂缝状况，注水开发调整井的油层压力变化和油层流体所处的流动状况；注蒸汽热采井对水泥耐温的要求；腐蚀气体，如 H_2S 和 CO_2 及高矿化度的地下水对水泥腐蚀的问题；气井、注气井和注蒸汽井注水泥时要求水泥返至地面长井段固井问题。根据以上依据选择一次注水泥、分级注水泥或套管外封隔器注水泥等方式及选择水泥浆配方，从而搞好注水泥设计。

7）固井质量评价

这里所指的固井质量评价是对固井注水泥后的质量评价，检查套管外水泥是否封固好，有无窜槽和混浆段及返高状况。当前常用的方法为声幅测井、声波变密度测井测水泥封固第二界面等方法。

8）射孔及完井液选择

根据射孔敏感性分析，确定射孔弹型、孔密、孔径、相位角和负压值。然后根据油层渗透率及原油物性选择射孔枪及射孔弹类型，并根据油层压力高低、渗透率高低和油气物性选择射孔方式，如电缆射孔、油管传输射孔或负压射孔，以及探讨射孔与其他作业联作的可能性。与此同时，还要选择与油层黏土矿物和油藏流体匹配的射孔液及完井液。

9）完井的试井评价

完井投产后，通过试井解释表皮系数，这是当前检查油层伤害的主要方法。通过对表皮系数的分解研究，找出油层伤害的原因，以便解除或减少对油层的伤害。

10）完井生产管柱

除当前国内已形成的常规油气井生产及注水管柱外，还有特殊要求的生产管柱，如高压油气、防含腐蚀介质、注蒸汽井隔热、双管、人工举升以及深井超深井等管柱。

11）投产措施

根据油层伤害程度及油气层类型，采用不同的投产措施。投产措施往往采用抽汲替喷、N_2气举、气化水或泡沫助排，必要时采用盐酸或土酸酸浸或高能气体压裂等方法解堵，有的井则必须采取酸化压裂措施后才能投产。

12）延长油井寿命的完井设计

完井寿命是指没有大变化时特定的设计所能运行的时间，工程师在完井设计时必须确定完井寿命，至少有一个运行时期。理论上，完井应一直保持到油藏枯竭。然而，在多数情况下，目前完井技术不可能达到这一目标。在一些情况下，仅能确定一定的生产周期，其生产周期取决于不同采油方式。

对于自喷井，确定设计寿命最通常的方法是比较一段时期内一特定油管尺寸的垂直管流动态与油藏的渗流动态。如果随着油藏压力下降，必须减小油管尺寸，则设计寿命为起始时间到更换油管的这一时间段。其他井下装置、完井液和工艺过程则根据这个时间段来确定。

油井维护是确定油井寿命时需考虑的另一因素。生产上将会遇到很多问题，如出砂、出水、结蜡、乳化、结垢、腐蚀、侵蚀、油管漏、微粒伤害及井下装置失效等，很容易造成油井设计寿命的缩短。

对另一油藏的重新完井或增产要求也可决定完井寿命。如果油藏或产出液状况发生任何变化，而在初始完井设计中未能提供此变化，或不能通过地面调控完成，那么就需要修改完井方案。修改前的时间段就是完井设计寿命。

二、完井方式选择

各种完井方式都有其各自适用的条件和局限性。

1. 射孔完井方式

射孔完井是国内外最为广泛和最主要使用的一种完井方式。其中包括套管射孔完井、尾管射孔完井和尾管回接射孔完井。

（1）套管射孔完井。套管射孔完井是钻穿油层直至设计井深，然后下油层套管至油层底部以下，注水泥固井，最后射孔，射穿油层套管与水泥环并穿透油层某一深度，建立起油流的通道。如图14-8-1所示。

套管射孔完井既可选择性地射开不同压力和不同物性的油层，以避免层间干扰，还可避开夹层水、底水和气顶，避开夹层的坍塌，具备实施分层注采和选择性压裂或酸化等分层作业的条件。

（2）尾管射孔完井。尾管射孔完井是在钻头钻至油层顶界附近后，下技术套管注水泥固井，然后用小一级的钻头钻穿油层至设计井深，用钻具将尾管送下并悬挂在技术套管上。尾管和技术套管的重合段一般不小于50m。再对尾管注水泥固井，然后射孔。如图

14-8-2 所示。

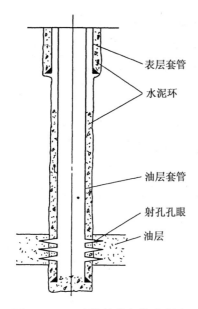

图 14-8-1　套管射孔完井示意图

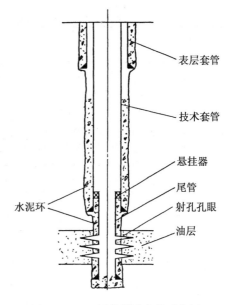

图 14-8-2　尾管射孔完井示意图

尾管射孔完井由于在钻开油层以前上部地层已被技术套管封固，因此，可以采用与油层相配伍的钻井液以平衡压力和低平衡压力的方法钻开油层，有利于保护油层。此外，这种完井方式可以减少套管重量和油井水泥的用量，从而降低完井成本，目前较深的油气井大多采用此方法完井。

（3）尾管回接射孔完井。尾管射孔完井，只适用于中低压油气井使用。此完井方式，油管管柱若不下封隔器，或下入封隔器失灵时，技术套管实际起到生产套管的作用，难以承受高压油气的压力。

当前，深井、超深井、高压油气井和超高压油气井都采用套管与尾管回接完井。下完尾管，先对油气层部位注水泥固井，然后下生产套管与尾管回接，在常压下，从尾管上部的技术套管与生产套管环空注水泥返至地面，再在尾管射孔完井。保证了油层部位和油层上部全井筒的固井质量，做到油气井安全生产（若尾管为筛管，也按此程序进行，而无须射孔）。尾管回接射孔完井如图 14-8-3 所示。

射孔完井对多数油藏都能适用，其具体的使用条件见表 14-8-1。

2. 裸眼完井方式

裸眼完井是套管下至生产层顶部进行

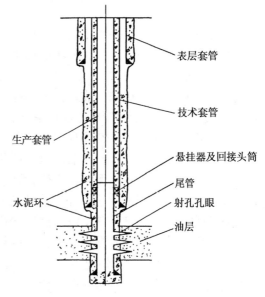

图 14-8-3　尾管回接射孔完井示意图

固井，生产层段裸露的一种完井方法。裸眼完井方式有两种完井工序。

表 14-8-1　各种完井方式适用的地质条件（垂直井）

完井方式	适用的地质条件
射孔完井	(1) 有气顶或有底水、或有含水夹层及易塌夹层等复杂地质条件，要求实施分隔层段的储层； (2) 各分层之间存在压力与岩性等差异，要求实施分层测试、分层采油、分层注水及分层处理的储层； (3) 要求实施大规模水力压裂作业的低渗透储层； (4) 砂岩储层、碳酸盐岩裂缝性储层
裸眼完井	(1) 岩性坚硬致密，井壁稳定不坍塌的碳酸盐岩储层； (2) 无气顶、无底水、无含水夹层及易塌夹层的储层； (3) 单一厚储层，或压力与岩性基本一致的多层储层； (4) 不准备实施分隔层段，选择性处理的储层
割缝衬管完井	(1) 无气顶、无底水、无含水夹层及易塌夹层的储层； (2) 单一厚储层，或压力与岩性基本一致的多层储层； (3) 不准备实施分隔层段，选择性处理的储层； (4) 岩性较为疏松的中、粗粒储层
裸眼砾石充填	(1) 无气顶、无底水、无含水夹层的储层； (2) 单一厚储层，或压力与物性基本一致的多层储层； (3) 不准备实施分隔层段，选择性处理的储层； (4) 岩性疏松出砂严重的中、粗、细砂粒储层
套管砾石充填	(1) 有气顶、或有底水、或有含水夹层及易塌夹层等复杂地质条件，要求实施分隔层段的储层； (2) 各分层之间存在压力与岩性差异，要求实施选择性处理的储层； (3) 岩性疏松出砂严重的中、粗、细砂粒储层
复合型完井	(1) 岩性坚硬致密，井壁稳定不坍塌的储层； (2) 裸眼井段内无含水夹层及易塌夹层的储层； (3) 单一厚储层，或压力及岩性基本一致的多储层； (4) 不准备实施分隔层段，选择性处理的储层； (5) 有气顶，或储层顶界附近有高压水层，但无底水的储层

（1）钻头钻至油层顶界附近后，下技术套管注水泥固井。水泥浆上返至预定的设计高度后，再从技术套管中下入直径较小的钻头，钻穿水泥塞，钻开油层至设计井深完井。如图 14-8-4 所示。

有的厚油层适合于裸眼完成，但上部有气顶或顶界邻近又有水层时，也可以将技术套管下过油气界面，使其封隔油层的上部分，然后裸眼完井。必要时再射开其中的含油段，国外称为复合型完井方式，如图 14-8-5 所示。

（2）不更换钻头，直接钻穿油层至设计井深，然后下技术套管至油层顶界附近，注水泥固井。固井时，为防止水泥浆伤害套管鞋以下的油层，通常在油层段垫砂或者替入低失水高黏度的钻井液，以防水泥浆下沉，或者在套管下部安装套管外封隔器和注水泥接头，以承托环空的水泥浆，防止其下沉。这种完井工序，虽可以用一套钻具钻完目的层，但钻完目的层后再下套管固井，钻掉水泥塞，重新通井，工序复杂，时间长，易对油层造成较重伤害甚至地层坍塌，一般情况下不采用。如图 14-8-6 所示。

裸眼完井的最主要特点是油层完全裸露，因而油层具有最大的渗流面积。这种井称为水动力学完善井，其产能较高。裸眼完井虽然完善程度高，但使用局限很大。砂岩油气层，

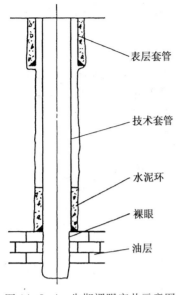

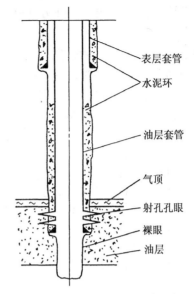

图 14-8-4　先期裸眼完井示意图　　　　图 14-8-5　复合型完井方式示意图

中低渗透层大多需要压裂改造，裸眼完井则无法进行。同时，砂岩中大都有泥页岩夹层，遇水多易坍塌而堵塞井筒。碳酸盐岩油气层，包括裂缝性油气层，如 20 世纪 70 年代中东的不少油田，我国华北任丘油田雾迷山的古潜山油藏，四川气田等大多使用裸跟完井。后因裸眼完井难以进行增产措施和控制底水锥进和堵水，现多转变为套管射孔完井或筛管完井。水平井开展初期，20 世纪 80 年代初美国奥斯汀的白垩系碳酸盐岩垂直裂缝地层的水平井大多为裸眼完井，其他国家的一些水平井也有用裸眼完井，但 20 世纪 80 年代后期大多为割缝衬管或带管外封隔器的筛管所代替。特别是当前水平井段加长或钻分支水平井，用裸眼完井就更少了，因为裸眼完井井筒坍塌问题难以解决。裸眼完井适用的地质条件见表 14-8-1。

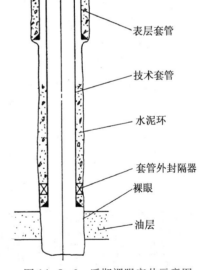

图 14-8-6　后期裸眼完井示意图

一般来说，在同一油气藏内，裸眼完井的初期日产量较高，但生产一段时间后，套管射孔完井的日产量与裸眼完井基本持平，最后射孔完井的累计产量却高于裸眼完井。射孔完井有利于进行增产及各项井下作业措施，有助于油气田稳产。

3. 筛管完井方式

1）防砂机理

筛管完井方式也有两种完井工序。一是用同一尺寸钻头钻穿油层后，套管柱下端连接衬管下入油层部位，通过套管外封隔器和注水泥接头固井封隔油层顶界以上的环形空间。

如图 14-8-7 所示。由于此种完井方式井下衬管损坏后无法修理或更换，因此，一般都不采用这种完井工序。

二是钻头钻至油层顶界后，先下技术套管注水泥固井，再从技术套管中下入直径小一级的钻头钻穿油层至设计井深。最后在油层部位下入筛管如预先割缝的衬管，依靠衬管顶部的衬管悬挂器将衬管悬挂在技术套管上，并密封衬管和套管之间的环形空间，使油气通过衬管的割缝流入井筒。如图 14-8-8 所示。一般都采用这种完井工序。

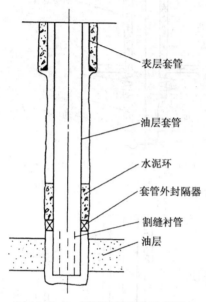

图 14-8-7　割缝衬管完井示意图

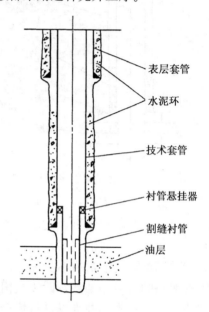

图 14-8-8　悬挂割缝衬管完井示意图

这种完井工序油层不会遭受固井水泥浆的伤害，可以采用与油层相配伍的钻井液或其他保护油层的钻井技术钻开油层，当割缝衬管发生磨损或失效时也可以起出修理或更换。

筛管的防砂机理是允许一定大小的能被原油携带至地面的细小砂粒通过，而把较大的砂粒阻挡在衬管外面，大砂粒在衬管外形成"砂桥"，达到防砂的目的。如图 14-8-9 所示。

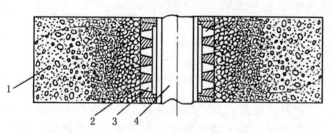

图 14-8-9　衬管外自然分选形成"砂桥"示意图

1—油层；2—砂桥；3—缝眼；4—井筒

由于"砂桥"处流速较高，小砂粒不能停留在其中。砂粒的这种自然分选使"砂桥"具有较好的流通能力，同时又起到保护井壁骨架砂的作用。割缝缝眼的形状和尺寸应根据骨架砂粒度来确定。

（1）缝眼的形状。缝眼的剖面应呈梯形，如图 14-8-10 所示。梯形两斜边的夹角与衬管的承压大小及流通量有关，一般为 12° 左右。梯形大的底边应为衬管内表面，小的底边应为衬管外表面。这种缝眼的形状可以避免砂粒卡死在缝眼内而堵塞衬管。

（2）缝口宽度。梯形缝眼小底边的宽度称为缝口宽度。割缝衬管防砂的关键就在于如何正确地确定缝口宽度。根据实验研究，砂粒在缝眼外形成"砂桥"的条件是：缝口宽度不大于砂粒直径的 2 倍，即：

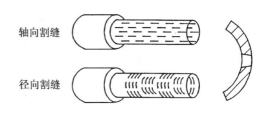

图 14-8-10　割缝缝眼形状

$$e \leqslant 2D_{10} \qquad (14-8-1)$$

式中　e——缝口宽度；

　　　D_{10}——在产层砂粒度组成累计曲线上，占累计质量为 10% 所对应的砂粒直径。

这就表明：占砂样总质量为 90% 的细小砂粒允许通过缝眼，而占砂样总质量为 10% 的大直径承载骨架砂不能通过，被阻挡在衬管外面形成具有较高渗透率的"砂桥"。

（3）缝眼的排列形式。缝眼的排列形式有沿着衬管轴线的平行方向割缝或沿衬管轴线的垂直方向割缝两种（图 14-8-10）。

由于垂直方向割缝的衬管比平行方向割缝的衬管强度低，因此一般都采用平行方向割缝。其缝眼的排列形式以交错排列为宜，以尽可能保留衬管的最大原有强度和保证有 2% ～ 3% 的张开割缝面积。如图 14-8-11 所示。

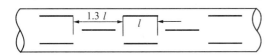

图 14-8-11　缝眼交错排列形状

设缝眼长度为 l（单位：mm），每条割缝边线上的纵向缝距为 $1.3l$（或优选其他适当倍数，单位：mm），n 为每米衬管缝眼的数量（单位：条/m），沿衬管圆周方向，每 $360° \left/ \dfrac{n}{1000/2.3l} \right.$ 隔度均布一条割缝母线。

当割缝以成双成对方式交错分布在衬管上时，泄流面积最佳。如图 14-8-12 所示。

（4）割缝衬管的尺寸。根据技术套管尺寸和裸眼井段的钻头直径，可确定对应的割缝衬管外径，见表 14-8-2。

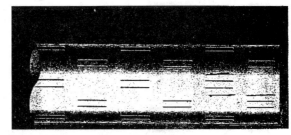

图 14-8-12　割缝多线条组交错排列

表 14-8-2　割缝衬管完井，套管、钻头与衬管匹配表

技术套管		裸眼井段钻头		割缝衬管	
公称尺寸 in	套管外径 mm	公称尺寸 in	钻头直径 mm	公称尺寸 in	衬管外径 mm
7	177.8	6	152	$5 \sim 5\frac{1}{2}$	127 ～ 140
$8\frac{5}{8}$	219.1	$7\frac{1}{2}$	190	$5\frac{1}{2} \sim 6\frac{5}{8}$	140 ～ 168
$9\frac{5}{8}$	244.5	$8\frac{1}{2}$	216	$6\frac{5}{8} \sim 7\frac{5}{8}$	168 ～ 194
$10\frac{3}{4}$	273.1	$9\frac{5}{8}$	244.5	$7\frac{5}{8} \sim 8\frac{5}{8}$	194 ～ 219

（5）缝眼的长度。缝眼的长度应根据管径的大小和缝眼的排列形式而定，通常为 20 ～ 300mm。由于垂向割缝衬管的强度低，因此垂向割缝的缝长较短，一般为 20 ～ 50mm。平行向割缝的缝长一般为 50 ～ 300mm。小直径高强度衬管取高值，大直径低强度衬管取低值。

（6）缝眼的数量。缝眼的数量决定了割缝衬管的流通面积。在确定割缝衬管流通面积时，既要考虑产液量的要求，又要顾及割缝衬管的强度。其确定原则应该是：在保证衬管强度的前提下，尽量增加衬管的流通面积。国外一般取缝眼的总面积为衬管外表总面积的 2% ～ 3%。

缝眼的数量可由下式确定：

$$n = \frac{\alpha F}{el} \tag{14-8-2}$$

式中　n——缝眼的数量，条 /m；

　　　α——缝眼总面积占衬管外表总面积的百分数，一般取 2% ～ 3%；

　　　F——每米衬管外表面积，mm²/m；

　　　e——缝口宽度，mm；

　　　l——缝眼长度，mm。

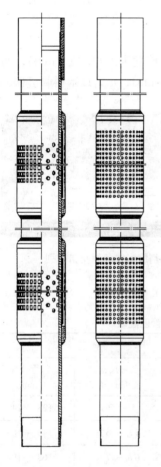

图 14-8-13　精密微孔复合
防砂筛管示意图

割缝衬管完井方式是当前主要的完井方式之一。它既起到裸眼完井的作用，又起到防止裸眼完井井壁坍塌堵塞井筒的作用，同时在一定程度上起到防砂的作用。由于这种完井方式的工艺简单，操作方便，成本低，故而在一些出砂不严重的中粗砂粒油层中不乏使用，特别在水平井（包括水平分支井）中使用较普遍。

2）典型防砂筛管

（1）精密微孔复合防砂筛管。从内到外由基管、复合防砂过滤套及不锈钢外保护套等组成。基管采用 API 标准的套管或油管，防砂过滤套为不锈钢精密微孔复合过滤材料，采用全焊接结构。由于复合过滤层具有高渗透性、高强度、高抗变形能力和抗腐蚀性好的特点，使这种微孔复合防砂筛管具有较好的使用性能。精密微孔复合防砂筛管示意图如图 14-8-13 所示。微孔复合防砂筛管剖面图如图 14-8-14 所示。

多层复合防砂过滤层采用 316L 不锈钢作材料编织成精密微孔筛网，这种微孔筛网叫做防砂过滤层；用同样的不锈钢材料编织成孔眼较大一级筛网，这种较大一级的筛网叫做扩散层，然后，把一层扩散层筛网和一层过滤层筛网重叠在一起，形成一个单一的过滤层，同样再把一层扩散层和一层过滤层重叠在已形成的单一过滤层之上，共 4 层微孔筛网，将其焊接在基管上，形成多层复合防砂过滤层。

①复合防砂过滤层的特点。过滤面积大，为割缝筛管和绕丝筛管的 10 倍，流动阻力小。滤孔稳定，抗变形能力强，径向变形 40% 时，防砂能力不变，能满足水平井使用要求。滤孔均匀，渗透率高，防堵能力强，堵塞周期是普通筛管的 2 ~ 3 倍，且便于反洗。外径小，质量轻，便于在长距离水平段上推动到位。

②材质和防腐性能。对于一般油气井，基管采用 J55 和 N80 等钢级。对含 H_2S 和 CO_2 及高含 Cl^- 油气井，基管采用抗腐蚀套管、油管或不锈钢管，防砂过滤层和外保护套均采用优质不锈钢材料，能抗酸碱盐的腐蚀。

③过滤精度和防砂筛管的技术参数。过滤精度可根据地层砂的组成或用户要求来确定，其过滤精度见表 14-8-3。防砂筛管的技术参数见表 14-8-4。

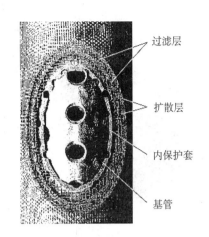

图 14-8-14 微孔复合防砂筛管剖面图

（过滤层、扩散层、内保护套、基管）

表 14-8-3 过滤精度

防砂介质	WF60	WF80	WF100	WFl20	WFl60	WF200	WF250	WF300	WF350
过滤精度 μm	60	80	100	120	160	200	250	300	350

表 14-8-4 防砂筛管的技术参数

基管		精密微孔复合过滤层		不锈钢纤维复合过滤层	
基管尺寸，in	质量，kg/m	外径，in (mm)	质量，kg/m	外径，in (mm)	质量，kg/m
$2^3/_8$	6.85	3 (76)	12	3.5 (89)	15
$2^7/_8$	9.54	3.5 (89)	15	4 (102)	18
$3^1/_2$	13.7	4.3 (108)	20	4.9 (124)	23
4	14.2	4.9 (124)	22	5.4 (138)	26
$4^1/_2$	17.3	5.3 (135)	25	5.9 (150)	32
5	22.4	5.9 (150)	30	6.4 (162)	38
$5^1/_2$	25.3	6.3 (159)	35	6.9 (175)	45
$6^5/_8$	35.8	7.3 (188)	46	8 (203)	56
7	38.7	7.7 (196)	50		
长度，m	5 ~ 5.3	过滤段长度 4m×1			
	9.3 ~ 9.6	过滤段长度 4m×2			

注：基管长度可根据用户的要求确定。

（2）精密冲缝筛管。由基管、不锈钢冲缝过滤筛管和支撑环组成。基管采用 API 标准的套管或油管钻孔而成，冲缝过滤筛管采用优质不锈钢材料，经数控精密冲孔工艺形成高密度的空间条缝，冲缝过滤筛管通过支撑环与基管焊接为一体。工作时地层砂被阻挡在冲缝过

图 14-8-15 冲缝筛管结构图

滤筛管之外，地层流体经过冲缝间隙进入筛管内达到防砂目的。根据实际需要，在冲缝过滤筛管外面还可以增加外保护套，以加强对冲缝过滤筛管的保护。冲缝筛管结构如图 14-8-15 所示。

冲缝筛管的特点：

①精密可控的缝隙。冲缝宽度可在 0.15 ~ 0.8mm 范围内精确控制，缝宽精度为 ±0.02mm，能较好地与不同粒度组成的地层砂相匹配，满足防砂要求。

②抗腐蚀性强。不锈钢冲缝过滤套能抗酸碱盐腐蚀，适应含 H_2S、CO_2 及高 Cl^- 井的特殊要求，长期使用其缝隙不会因腐蚀而变宽。

③整体强度好，抗变形能力强。冲缝过滤套内部由基管支撑，外部根据需要可增加外保护套，钻孔基管的整体强度比标准的套管与油管仅下降了 2% ~ 3%，具有足够的强度抵抗地层抗压变形。

④高密度缝隙，低流动阻力。缝隙密度是普通割缝筛管的 3 ~ 5 倍，流动阻力低，有利于提高油气井的产量。冲缝筛管的过滤精度见表 14-8-5。防砂筛管的技术参数见表 14-8-6。

表 14-8-5　冲缝筛管的过滤精度

过滤套缝宽，mm	0.15	0.20	0.25	0.30	0.35	0. 40	0.45	0.50	0. 60	0.70	0.80
过滤精度，μm	150	200	250	300	350	400	450	500	600	700	800

注：过滤精度可根据地层砂粒度组成或用户要求确定。

表 14-8-6　防砂筛管的技术参数

基管			精密冲缝筛管			
基管尺寸		质量，kg/m	最大外径，mm	质量，kg/m	过滤精度，μm
in	mm				
$2\frac{3}{8}$	60.3	6.85	66	7.90	150 ~ 800
$2\frac{7}{8}$	73	9.54	80	10.9	150 ~ 800
$3\frac{1}{2}$	88.9	13.7	96	15.5	150 ~ 800
4	101.6	14.2	109	16.3	150 ~ 800
$4\frac{1}{2}$	114.3	17.3	121	19.9	150 ~ 800
5	127	22.4	134	25.8	150 ~ 800
$5\frac{1}{2}$	139.7	25.3	147	29.1	150 ~ 800
$6\frac{5}{8}$	168.3	35.8	175	41.2	150 ~ 800
7	177.8	38.7	185	44.5	150 ~ 800
基管长度，m		4.8 ~ 5.0	过滤段长度4m×1 段		
		9.3 ~ 9.6	过滤段长度4m×2 段		

注：基管长度和过滤精度可根据用户的要求确定。

绕丝筛管、割缝筛管、金属纤维筛管、精密微孔复合筛管和精密冲缝筛管等常用防砂筛管防砂性能比较见表14-8-7。

表 14-8-7　几种常用防砂筛管性能比较

性能指标	绕丝筛管	割缝筛管	金属纤维筛管	精密微孔复合筛管	精密冲缝筛管
过滤面积百分数	≈ 3%	2% ~ 3%	80% ~ 85%	80% ~ 85%	4% ~ 6%
滤孔尺寸精度	优误差 ±301μm	中误差 ±(50 ~ 100)μm	差误差 > 200μm	优误差 ±7μm	优误差 ±30μm
滤孔稳定性	稳定	不稳定，缝宽腐蚀变大	不稳定，受压滤孔变形	稳定	稳定
过滤精度可控性	< 200μm 时难控	< 200μm 时难控	不可控	60 ~ 400μm 精确控制	> 150μm 时可控
抗挤压能力	差	差	中	优	优
筛缝抗腐蚀性	好	差	好	优	优
防砂可靠性	好	差	差	好	好
防堵塞性	中	中	良	优	中
水平井适应性	不适用水平井，在水平段推动时缝宽可能变化	基本适用于水平井，多用于轻微出砂地层防砂	不适用于水平井，外径较大，不便下入	适用于水平井，有外保护套，容易下入并推动到位	适用于水平井，结构紧凑，质量轻容易下入
防砂寿命	长	短	轻短	长	长
经济型	优	优	良	优	优

（3）星孔筛管。星孔筛管外形图如图 14-8-16 所示。

星孔筛管的特点：

①结构类似油管或套管，无焊缝，强度高，具有较好的抗变形能力。

②过滤介质单元沉入基管表面，过滤介质不易损坏，安全可靠。

③整根筛管中不存在夹层空间，避免了筛管内形成积砂。

④整根筛管均布有通流过滤单元，筛管可不留盲管端，不影响起下作业。

⑤质量轻，下入容易，防砂范围宽，适用于在垂直井、定向井、水平井、侧钻井和多底井等大曲率井的长井段中应用。同时具有流通摩阻小，单元渗透率高，压力损失小，缓流耐冲蚀等特点。

⑥可采取分级或变密度布孔，最大限度地发挥水平井段采油（气）井的效能。

⑦在压差的变化下自我解堵，具有较好的防砂控砂能力。

⑧作业周期短，综合费用低。

星孔筛管每一个过滤单元（滤砂件）是相对独立的，过滤件由外壳、支撑网、过滤介质和垫片组成。滤砂件以过滤材料的不同而形成若干种类，目前应用比较广泛的有金属纤维滤砂件和编织网滤砂件。过滤精度最小为 60μm。星孔筛管结构如图 14-8-17 所示。

（4）预充填砾石绕丝筛管。预充填砾石绕丝筛管是在地面预先将符合油层特性要求的砾石填入具有内外双层绕丝筛管的环形空间而制成的防砂管。将此种筛管下入井内，对准出砂层位进行防砂。使用该防砂方法的油井产能低于井下砾石充填的油井产能，防砂有效期不如砾石充填长，因其不像砾石充填能防止油层砂进入井筒，只能防止油层砂进入井筒后不再进入油管。但其工艺简便、成本低，在一些不具备砾石充填防砂的井，仍是一种有效方法。因而国外仍普遍采用，特别在水平井中更常使用。其结构如图14-8-18所示。

预充填砾石粒径的选择及双层绕丝筛管缝隙的选择等，皆与井下砾石充填相同。外筛管外径与套管内径的差值应尽量小，一般10mm左右为宜，以增加预充填砾石层的厚度，从而提高防砂效果。预充填砾石层的厚度应保证在25mm左右。内筛管的内径应大于中心管外径2mm以上，以便能顺利组装在中心管上。

（5）金属纤维防砂筛管。金属纤维防砂筛管有两种类型：一种是用金属纤维滚压定型而成的防砂筛管；另一种是金属纤维烧结而成的防砂筛管。

①金属纤维滚压定型的防砂筛管。其基本结构如图14-8-19所示。不锈钢纤维是主要的防砂材料，由断丝与混丝经滚压、梳分和定型而成。它的主要防砂原理是：大量纤维堆集在一起时，纤维之间就会形成若干缝隙，利用这些缝隙阻挡地层砂粒通过，其缝隙的大小与纤维的堆集紧密程度有关。通过控制金属纤维缝隙的大小（控制纤维的压紧程度）达到适应不同油层粒径的防砂。此外，由于金属纤维富有弹性，在一定的驱动力下，小砂粒可以通

图 14-8-16 星孔筛管外形图

过缝隙，避免金属纤维被填死。砂粒通过后，纤维又可恢复原状而达到自洁的效果。

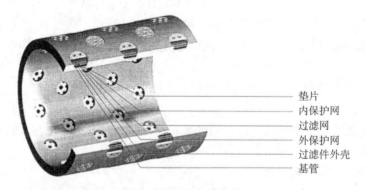

垫片
内保护网
过滤网
外保护网
过滤件外壳
基管

图 14-8-17 星孔筛管结构图

在注蒸汽开采条件下，要求防砂工具具备耐高温（360℃）、耐高压（18.9MPa）和耐腐蚀（pH值为8～12）等性质，不锈钢纤维材质特性符合以上要求。

②金属纤维烧结防砂筛管。金属纤维烧结防砂筛管是用套管或油管作为基管，在基管

上按一定规则打孔并在高温高压条件下，将金属纤维烧结在打孔的基管上，从而形成立体网状滤砂屏蔽。该金属纤维能使原油及小于 ϕ0.07mm 的细粉砂通过，并随油流一起被携带出井筒，而较大粒径的粗砂被阻挡在筛管外，形成自然的挡砂屏障，从而达到防砂的目的。金属纤维烧结筛管技术性能指标见表 14-8-8。

该防砂管柱不仅可以用在直井、定向井、侧钻井及水平井等套管完井的各类油井、气井与水井的防砂，而且对于裸眼完井的上述各类型的油水井也同样适用。

（6）外导向罩滤砂筛管。外导向罩滤砂筛管将绕丝筛管与滤砂管结合于一体，既具有绕丝预充填筛管的性能，又具有滤砂管的性能，而且优于其各自的性能。滤砂筛管组成为：带孔的基管，其外面是绕丝筛管；筛管外面包以由细钢丝编织绕结的网套；再外面是一外导向罩，用于保护滤砂筛管。这一结构提供了最优的生产能力，并延长了筛管的寿命。可用于垂直井和水平井的套管射孔或裸眼完成井。外导向罩滤砂筛管如图 14-8-20 所示。

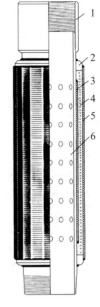

图 14-8-18　预充填砾石绕丝筛管
1—接箍；2—压盖；3—内绕丝筛管；
4—砾石；5—外绕丝筛管；6—中心管

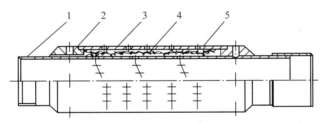

图 14-8-19　金属纤维滚压定型的防砂筛管结构
1—基管；2—堵头；3—保护管；4—金属纤维；5—金属网

表 14-8-8　金属纤维烧结筛管技术性能指标

技术指标类型	最小通径 mm	渗透率 D	挡砂粒径 mm	抗内压 MPa	抗外压 MPa	渗流面积 cm²/m	耐温 ℃	备注
ϕ168mm	ϕ140	38 ~ 120	0.07 以上	22	35	286	350	水平井
ϕ148mm	ϕ120	32 ~ 120	0.07 以上	22	35	267	350	7in 井
ϕ108mm	ϕ82	28 ~ 65	0.07 以上	20	32	260	350	5$\frac{1}{2}$in
ϕ102mm	ϕ78	38 ~ 80	0.07 以上	20	32	254	350	侧钻井
ϕ102mm	ϕ82	38 ~ 65	0.07 以上	18	28	254	350	砂锚
ϕ89mm	ϕ68	24 ~ 52	0.07 以上	18	32	205	350	砂锚

①外导向罩。外导向罩起着保护筛管和导向的作用。在筛管下井时可防止井眼碎屑或套管毛刺伤害筛管，一旦油井投产，导向罩流入结构可使地层产出携带砂的液体改变流向，以减弱对筛管冲刺，因而延长了筛管的寿命。外导向罩结构如图 14-8-21 所示。

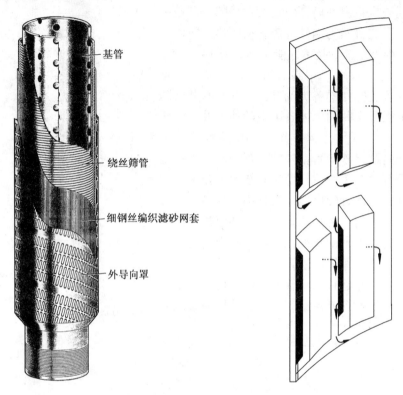

基管

绕丝筛管

细钢丝编织滤砂网套

外导向罩

图 14-8-20　外导向罩防砂管示意图　　　　图 14-8-21　　外导向罩结构示意图

②钢丝编织滤砂网套。钢丝编织滤砂网套比预充填筛管的流入面积大 10 倍，提供了最大的流入面积和均匀的孔喉，有助于形成一个可渗透的滤饼，此外，携带砂的液体再一次改变流向，而减少对筛管冲刺。更重要的是此滤砂网套可以反冲洗，可清除吸附在滤砂网套上的细砂滤饼。钢丝编织滤砂网套及绕丝筛管如图 14-8-22 所示。

③绕丝筛管。携砂的液体先进入外导向罩，再通过钢丝编织滤砂网套，最后通过绕丝筛管，将油层出砂防在整套滤砂筛管外，而让流体进入筛管中心管的孔眼，再进入油管产出地面。此绕丝筛管与原来绕丝筛管一样，都是焊接在骨架上，其不同之处是绕丝的断面由梯形改为圆形，可充分利用圆形的全部表面积，改变液体转向，从而减弱冲蚀，提高了使用寿命。

4. 砾石充填完井方式

对于胶结疏松出砂严重的地层，一般应采用砾石充填完井方式。它是先将绕丝筛管下入井内油层部位，然后用充填液将在地面上预先选好的砾石泵送至绕丝筛管与井眼或绕丝筛管与套管之间的环形空间内，构成一个砾石充填层，以阻挡油层砂流入井筒，达到保护井壁与防砂入井的目的。砾石充填完井一般都使用不锈钢绕丝筛管而不用割缝衬管。其原因如下：

割缝衬管的缝口宽度由于受加工割刀强度的限制，最小为 0.5mm。因此，割缝衬管只适用于中粗砂粒油层。而绕丝筛管的缝隙宽度最小可达 0.12mm，故其适用范围要大得多。

绕丝筛管是由绕丝形成一种连续缝隙，如图 14-8-23（a）所示，流体通过筛管时几乎没有压力降。绕丝筛管的断面为梯形，外窄内宽，具有一定的"自洁"作用，轻微的堵塞可被产出流体疏通，如图 14-8-23（b）和图 14-8-23（c）所示。而图 14-8-23（d）是无自洁作用的绕丝筛管。它们的流通面积要比割缝衬管大得多，如图 14-8-24 所示。

绕丝筛管以不锈钢丝为原料，其耐腐蚀性强，使用寿命长，综合经济效益高。

为了适应不同油层特性的需要，裸眼完井和射孔完井都可以充填砾石，分别称为裸眼砾石充填和套管砾石充填。

（1）裸眼砾石充填完井方式。在地质

图 14-8-22　钢丝编织滤砂网套及绕丝筛管示意图

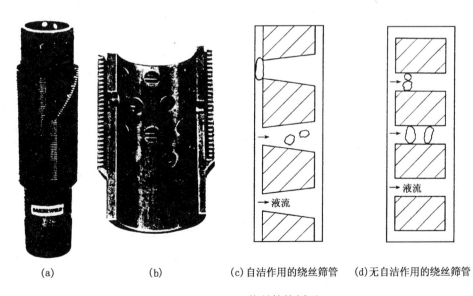

(a)　　　　　　　(b)　　　　(c)自洁作用的绕丝筛管　(d)无自洁作用的绕丝筛管

图 14-8-23　绕丝筛管剖面

条件允许使用裸眼而又需要防砂时，就应该采用裸眼砾石充填完井方式。其工序是钻头钻达油层顶界以上约 3m 后，下技术套管注水泥固井，再用小一级的钻头钻穿水泥塞，钻开油层至设计井深，然后更换扩张式钻头将油层部位的井径扩大到技术套管外径的 1.5～2 倍，以确保充填砾石时有较大的环形空间，增加防砂层的厚度，提高防砂效果。一般砾石

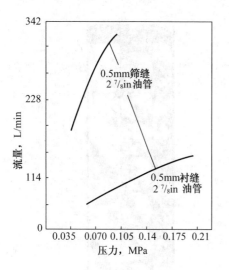

图 14-8-24 筛管与衬管流通能力对比图

层的厚度不小于 50mm。

裸眼扩径的尺寸匹配见表 14-8-9。

扩眼工序完成后，便可进行砾石充填工序。如图 14-8-25 所示。

裸眼砾石充填完井方式的适用条件见表 14-8-11。

（2）套管砾石充填完井方式。套管砾石充填的完井工序是：钻头钻穿油层至设计井深后，下油层套管于油层底部，注水泥固井，然后对油层部位射孔。要求采用高孔密（30 ~ 40 孔 /m），大孔径（20 ~ 25.4mm）射孔，以增大充填流通面积，有时还把套管外的油层砂冲掉，以便于向孔眼外的周围油层填入砾石，避免砾石和地层砂混合增大渗流阻力。充填液有两种，一是用 HEC 或聚合物作充填液，高密度充填，携砂体积比达 96%（12lb/gal），也就是 $1m^3$ 液体要充填 $0.96m^3$ 砾石。二是采用低黏度盐水作携砂液，携砂比为 8% ~ 15%（1 ~ 2lb/gal），这样可以减少高黏携砂液对地层的伤害。

表 14-8-9　裸眼砾石充填扩径尺寸匹配表

套管尺寸		小井眼尺寸		扩眼尺寸		筛管外径	
in	mm	in	mm	in	mm	in	mm
$5\frac{1}{2}$	139.7	$4\frac{3}{4}$	120.6	12	305	$2\frac{7}{8}$	87
$6\frac{5}{8}$ ~ 7	168.3 ~ 177.8	$5\frac{7}{8}$ ~ $6\frac{1}{8}$	149.2 ~ 155.5	12 ~ 16	305 ~ 407	4 ~ 5	117 ~ 142
$7\frac{5}{8}$ ~ $8\frac{5}{8}$	193.7 ~ 219.1	$6\frac{1}{2}$ ~ $7\frac{7}{8}$	165.1 ~ 200	14 ~ 18	355.6 ~ 457.2	$5\frac{1}{2}$	155
$9\frac{5}{8}$	244.5	$8\frac{3}{4}$	222.2	16 ~ 20	407 ~ 508	$6\frac{5}{8}$	184
$10\frac{3}{4}$	273.1	$9\frac{1}{2}$	241.3	18 ~ 20	457.2 ~ 508	7	194

套管砾石充填如图 14-8-26 所示。油层套管与绕丝筛管的匹配见表 14-8-10。套管砾石充填完井方式的使用条件见表 14-8-11。

表 14-8-10　套管砾石充填筛管匹配表

套管规格		筛管外径	
mm	in	mm	in
139.7	$5\frac{1}{2}$	74	$2\frac{3}{8}$
168.3	$6\frac{5}{8}$	87	$2\frac{7}{8}$
177.8	7	87	$2\frac{7}{8}$
193.7	$7\frac{5}{8}$	104	$3\frac{1}{2}$

续表

套管规格		筛管外径	
mm	in	mm	in
219.1	$8\frac{5}{8}$	117	4
244.5	$9\frac{5}{8}$	130	$4\frac{1}{2}$
273.1	$10\frac{3}{4}$	142	5

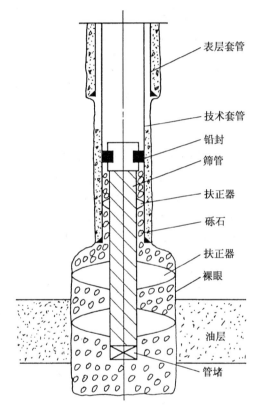

图 14-8-25 裸眼砾石充填完井示意图

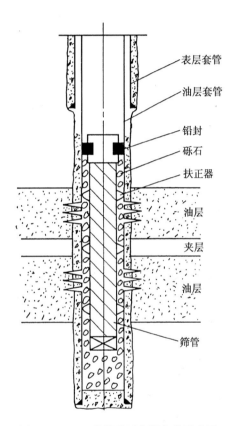

图 14-8-26 套管砾石充填完井示意图

虽然有裸眼砾石充填和套管砾石充填之分，但二者的防砂机理是完全相同的。

裸眼砾石充填在井底的砾石层起着滤砂器的作用，它只允许流体通过，而不允许地层砂粒通过。套管砾石充填防砂的关键是必须选择与出砂粒径匹配的绕丝筛管及与油层岩石颗粒组成相匹配的砾石尺寸。选择原则是既要能阻挡油层出砂，又要使砾石充填层具有较高的渗透性能。因此，绕丝筛管和砾石的尺寸、砾石的质量、充填液的性能、高砂比充填[要求砂液体积比达到（0.8 ~ 1）：1]及施工质量是砾石充填完井防砂成功的技术关键。

（3）砾石质量要求。充填砾石的质量直接影响防砂效果及完井产能。因此，砾石的质量控制十分重要。砾石质量包括：砾石粒径的选择、砾石尺寸合格程度、砾石的球度和圆度、砾石的酸溶度及砾石的强度等。

①砾石粒径的选择：国内外推荐的砾石粒径是油层砂粒度中值 D_{50} 的 5 ~ 6 倍。

②砾石尺寸合格程度：API 砾石尺寸合格程度的标准是大于要求尺寸的砾石质量不得超过砂样的 0.1%，小于要求尺寸的砾石质量不得超过砂样的 2%。

③砾石的强度：API 砾石强度的标准是抗破碎试验所测出的破碎砂质量含量不得超过表 14-8-11 所示的数值。

表 14-8-11　砾石抗破碎推荐标准

充填砂粒度，目	破碎砂质量百分含量，%	充填砂粒度，目	破碎砂质量百分含量，%
8 ~ 16	8	20 ~ 40	2
12 ~ 20	4	30 ~ 50	2
16 ~ 30	2	40 ~ 60	2

④砾石的球度和圆度：API 砾石圆度与球度的标准是砾石的平均球度应大于 0.6，平均圆度也应大于 0.6。图 14-8-27 是评估球度和圆度的目测图。

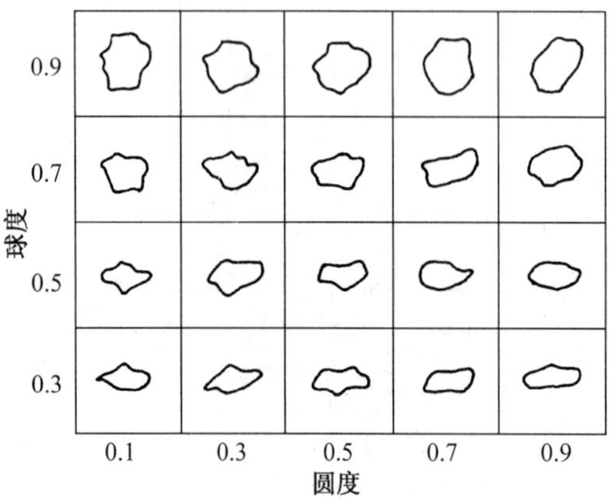

⑤砾石的酸溶度：其 API 砾石酸溶度的标准是在标准土酸（3%HF+12%HCl）中砾石的溶解质量分数不得超过 1%。

⑥砾石的结团：API 的标准是砾石应由单个石英砂粒组成，如果砂样中含有 1% 或更多个砂粒结团，该砂样不能使用。

（4）绕丝筛管缝隙尺寸的选择。绕丝筛管应能保证砾石充填层的完整。故其缝隙应小于砾石充填层中最小的砾石尺寸，一般取为最小砾石尺寸的 1/2 ~ 2/3。例如，根据油层砂粒度中值，确定砾石粒径为

图 14-8-27　圆度和球度目测图

16 ~ 30 目，其砾石尺寸的范围是 0.58 ~ 1.19mm。所选的绕丝筛管缝隙应为 0.3 ~ 0.38mm，或查表 14-8-12。

表 14-8-12　砾石与筛管配合尺寸推荐表

砾石尺寸		筛管缝隙尺寸	
标准筛目	mm	mm	in
40 ~ 60	0.419 ~ 0.249	0.15	0.006
20 ~ 40	0.834 ~ 0.419	0.30	0.012
16 ~ 30	1.190 ~ 0.595	0.35	0.014
10 ~ 20	2.010 ~ 0.834	0.50	0.020
10 ~ 16	2.010 ~ 1.190	0.50	0.020
8 ~ 12	2.380 ~ 1.680	0.75	0.030

（5）多层砾石充填工艺。对于一个多层且需要防砂的油井，应按照油藏开发的要求，

将油层划分为几个层段分段防砂。这样做的优点是在油井生产过程中，通过钢丝作业和井下作业对各层可以分层控制和分层采取措施。有利于控制含水上升和提高油井产量，从而提高油田采收率。分段防砂方法如下：

①逐层充填法。首先从最底层开始，逐层往上进行。其作业过程与单层油井充填过程一样，只是在每层之间的封隔器中多下一个相应的堵塞器，堵塞器形状如图 14-8-28 所示。它起一个临时桥塞作用，以免伤害下部油层。这样可以在封隔器以上进行试压、射孔和清洗等作业。在上层射孔作业完成后，必须将堵塞器捞出，然后下入防砂筛管，进行防砂作业。这样一层一层地往上进行。

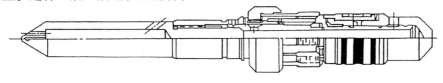

图 14-8-28　堵塞器

②一次多层砾石充填法。为了减少充填作业时间，采用一次两趟管柱防砂二层的方法。所谓两趟管柱是指第一趟把筛管及封隔器坐封工具总成的管柱下入井内，并在全部封隔器坐封与验封后起出此管柱，然后下入第二趟管柱，即砾石充填管柱对二层分别进行防砂，如图 14-8-29 和图 14-8-30 所示。

工艺的优点：减少起下钻次数，节省作业时间，特别对多层防砂井，经济效益好。

利用水力封隔式封隔器（不带卡瓦）对各层进行封隔。几乎所有井下工具都不需转动，坐封后右转脱手是唯一转动。因而在斜井中作业安全可靠。

（6）分流管砾石充填技术。这是一项在砾石充填过程中可改变砂浆通路的技术。它基于在充填筛管外面安装了具有喷嘴的分流管，在环空过早形成砂桥的情况下，砾石砂浆可以通过分流管的喷嘴，继续充填砂桥下面的空穴。在现场施工时，砾石充填开始按标准充填模式进行，一直到砂浆脱砂。脱砂后充填压力开始上升，这时提高充填压力，使砂浆通过分流管的喷嘴，充填到遗留的空穴中，继续充填直到所有的空穴都充满，最后发生脱砂现象，砾石充填紧密，完成充填工作。

这种筛管的特点是：在筛管外面安装 1 个或 2 ~ 3 个截面为长方形的分流管，该分流管的尺寸为 1in×0.5in（用于砾石充填）或为 1.5in×0.75in（用于压裂），采用同心或偏心方式将分流管与筛管单根相连。在每个分流管上每隔 6ft 井段有一个 $1/4$in 或 $3/8$in 大小的喷嘴，一旦筛套环空过早形成砂桥时，可作为继续充填砂桥下面的通道。套管中的偏心或同心分流管截面几何形状如图 14-8-31 所示，装有分流管的筛管外形如图 14-8-32 所示。

与带有分流管的筛管相配套的，尚有可通过分流管的封隔器，可用于多层分隔。这套技术和与之配套的井下设备组合在一起，可用于直井和定向井的分层砾石充填和压裂工作，以及水平井的砾石充填完井工作，极大地提高了砾石充填的质量。

（7）水力压裂砾石充填技术。近年来推出了两项水力压裂砾石充填技术：高排量水砾石充填（HRWP）和端部脱砂预充填（TSO—Prepack）。

这两项技术都是用海水或盐水将油层压开形成短裂缝进行砾石充填，可根据不同类型油层采用其中一项技术。其共同特点是通过压裂穿过油层伤害带，在近井地区充填砾石，形成高导流能力区。防止聚合物高黏度携砂液在将砾石输送到长裂缝过程中形成空穴，也

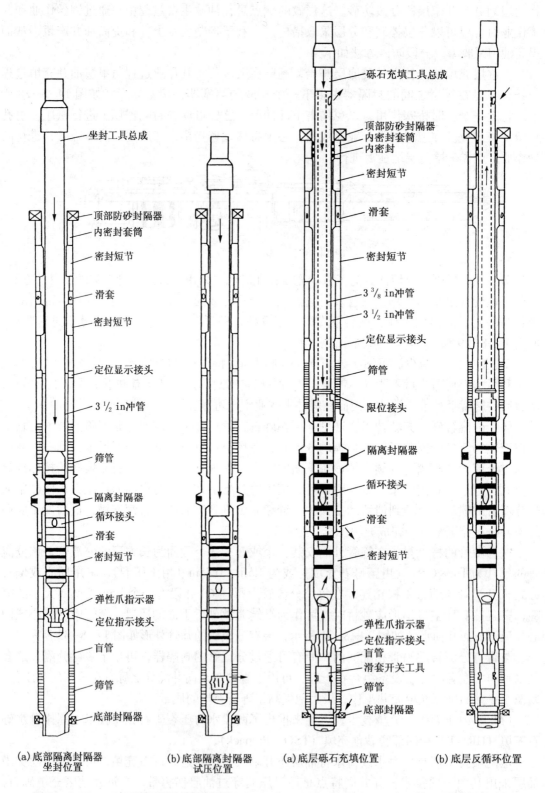

(a)底部隔离封隔器
坐封位置

(b)底部隔离封隔器
试压位置

(a)底层砾石充填位置

(b)底层反循环位置

坐封工具总成

顶部防砂封隔器
内密封套筒
密封短节

滑套

密封短节

定位显示接头

$3\frac{1}{2}$ in冲管

筛管

隔离封隔器
循环接头
滑套
密封短节

弹性爪指示器
定位指示接头

盲管

筛管

底部封隔器

砾石充填工具总成

顶部防砂封隔器
内密封套筒
内密封
密封短节

滑套

密封短节

$3\frac{3}{8}$ in冲管
$3\frac{1}{2}$ in冲管
定位显示接头

筛管

限位接头

隔离封隔器

循环接头

滑套

密封短节

弹性爪指示器
定位指示接头
盲管
滑套开关工具
筛管
底部封隔器

图 14-8-29　一次两趟两层封隔器坐封

图 14-8-30　一次两趟两层砾硫填工艺

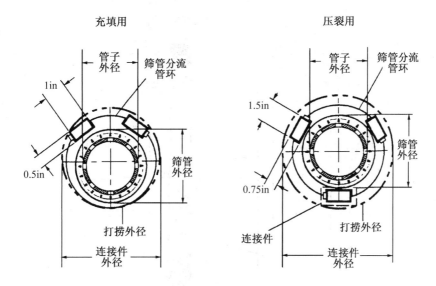

图 14—8—31　套管内偏心和同心分流管截面几何形状

避免了聚合物携砂液破胶不彻底而降低裂缝导流能力，同时节约了作业成本。

①端部脱砂压裂设计。裂缝的扩展过程可分为裂缝脱砂之前的正常三维延伸阶段和脱砂后的缝宽一维延伸阶段。当裂缝脱砂之后，裂缝的三维扩展变成了缝宽方向上的扩展，此时缝内液体通过裂缝向地层滤失的速度大大减缓，促使缝内压力上升，缝宽增长速度变大。

②高排量水砾石充填（HRWP）。此法适用于层状油层需要防砂的油井。施工前，预先对地层进行试压，证明海水或盐水可将地层压裂开，然后高排量注水，排量为 1.59m³/min，先将第一层压裂开，裂缝长度控制在 1.5 ~ 3m；紧接着泵入稀砂浆，浓度为 120 ~ 240kg/m³，直至端部脱砂，压力上升，则"自行分流"压裂开第二层。再充填第二层，直至全部射孔井段都充填完。

由于这一"自行分流"的特征，高排量水砾石充填在处理长达 137m 的井段中，已经取得了效果。高排量水砾石充填过程如图 14—8—33 所示。

③端部脱砂预充填（TSO—Prepack）。该方法用于油层伤害严重而又漏失的油井，对这类井不宜采用高排量水砾石充填。端部脱砂预充填是采用冲洗炮眼的前置液，该前置液中加入与地层孔隙尺寸匹配的碳酸钙颗粒和聚合物桥堵剂。它能控制滤失，可迅速地在

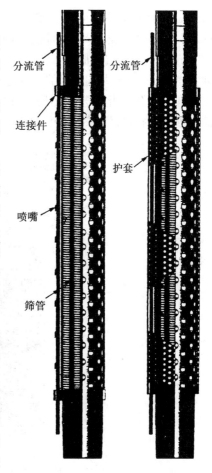

图 14—8—32　装有分流管的筛管外形

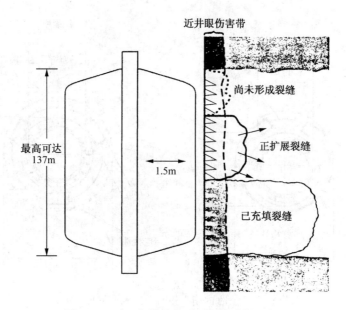

图 14-8-33　高排量水砾石充填过程示意图

裂缝面上形成滤饼，将裂缝面上以及压开地层的漏失减少至最低程度，待前置液建立压力场后，再将地层压裂开，紧接着以低排量 0.8m³/min 泵水，采用低携砂比（59.9 ~ 287.5kg/m³）充填，最后端部脱砂，形成 3 ~ 6m 的支撑裂缝。充填厚度应小于 30m，上下隔层厚度不小于 3m。水力压裂端部脱砂还可在尾砂中加入树脂包砂，以防止压后吐砂，有时还可以与酸化联作。此工艺主要用作预处理，即预处理后再在套管内进行砾石充填，也可在端部脱砂后即投产，如图 14-8-34 所示。

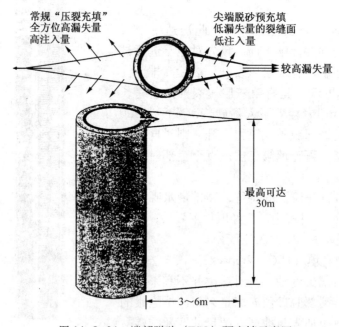

图 14-8-34　端部脱砂（TSO）预充填示意图

5. 化学固砂完井

化学固砂是以各种材料（水泥浆、酚醛树脂等）为胶结剂，以轻质油为增孔剂，以各种硬质颗粒（石英砂、核桃壳等）为支撑剂，按一定比例拌均匀后，挤入套管外堆集于出砂层位。凝固后形成具有一定强度和渗透性的人工井壁防止油层出砂。或者不加支撑剂，直接将胶结剂挤入套管外出砂层中，将疏松砂岩胶结牢固防止油层出砂。

化学固砂虽然是一种防砂方法，但在使用上有其局限性，仅适用于单层及薄层，防砂油层一般以5m左右为宜，不宜用在大厚层或长井段防砂。化学防砂的适用范围及优缺点见表14-8-13。

表 14-8-13　化学固砂选用参考

方法	胶结剂	支撑剂	配方（质量比）	适用范围	优缺点
水泥砂浆人工井壁	水泥浆	石英砂	水泥：水：石英砂 =1：0.5：4	油水井后期防砂，低压井与浅井防砂	原料来源广，强度低，有效期短
水带干水泥砂人工井壁	水泥	石英砂	水泥：石英砂 =1：(2～2.5)	高含水油井和注水井后期防砂，低压油水井	原料来源广，成本低，堵塞较严重
柴油水泥浆乳化液人工井壁	柴油水泥浆乳化液	—	柴油：水泥：水 =1：1：0.5	油水井早期防砂，出砂量少的浅井	原料来源广，成本低，堵塞较严重
酚醛树脂人工井壁	酚醛树脂溶液	—	苯酚：甲醛：氨水 =1：1.5：0.05	油水井先期和早期防砂，中、粗砂岩油层防砂	适应性强，成本高，树脂储存期短
树脂核桃壳人工井壁	酚醛树脂	核桃壳	树脂：核桃壳=1：1.5	油水井早期和后期防砂；出砂量少	胶结强度高，渗透率高，防砂效果好；原料来源困难，施工较复杂
树脂砂浆人工井壁	酚醛树脂	石英砂	树脂：石英砂=1：4	油水井后期防砂	胶结强度高，适应性强，施工较复杂
酚醛溶液地下合成	酚醛溶液	—	苯酚：甲醛：固化剂 =1：2：(0.3～0.36)	油层温度在60℃以上的油水井先期和早期防砂	溶液黏度低，易于挤入油层，可分层防砂
树脂涂层砾石人工井壁	环氧树脂	石英砂	树脂：砾石 =1：(10～20)	油层温度在60℃以上的油水井早期和后期防砂	渗透率高，强度高，施工简单

6. 纤维复合防细粉砂完井

纤维复合防砂是近年来最新研制出的防细粉砂技术。

（1）纤维复合防细粉砂原理。纤维复合防细粉砂使用两种特殊纤维：一种是长链带支链的阳离子聚合物软纤维，支链带有阳离子基因，这种软纤维在水溶液中靠电性作用会自然展开，当其进入储层，软纤维带正电支链将吸附储层中的细粉砂，使之成为较大的细粉砂颗粒的结合体，变成类似大颗粒，这样就降低了细粉砂的启动速度，使细粉砂的临界流速增大，具有一定的稳砂固砂和防细粉砂功效。另一种是硬纤维，利用特制硬纤维的弯曲、卷曲和螺旋交叉，互相勾结形成稳定的三维网状结构，将砂粒束缚于其中，形成较为牢固的过滤体，同时具有相当的渗透率，从而达到防砂目的，其原理如图14-8-35所示。

针对储层为软泥砂岩，胶结性差，出细粉砂严重，在沿最大主应力方向压开地层的同时，把纤维混合物充填在井眼的周围并形成环状，将井眼所有的孔眼都封堵，形成类筛管，从而达到类似充填筛管的效果，起到防止细粉砂的目的。图 14-8-36 为在井眼周围形成的环及压开裂缝示意图。

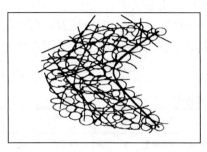

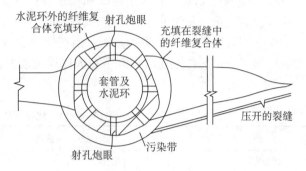

图 14-8-35　硬纤维防砂原理　　　图 14-8-36　在井眼周围形成的环及压开裂缝示意图

（2）纤维复合防砂增产原理。纤维复合防砂工艺技术系统中使用端部脱砂压裂技术，将储层压开裂缝，增大了渗流面积，使原来的径向流改善为拟线形流，使生产压差在地层深部较大范围内分摊，减小近井压力梯度，降低了近井地带压降，大大降低井眼周围的气体流动速度，从而缓解或避免岩石骨架的破坏，降低储层的出砂程度，达到增产与防止地层出砂的双重目的。

另外，在井眼的周围充填形成的纤维复合体环，具有较高的渗透性，较储层原有的渗透性要高得多，同样改善了非裂缝带井眼周围的渗流条件。

7. 智能完井

20 世纪 80 年代后期出现第一口智能井，当时只下了一个温度计和压力计，可在地面读取数据，实时监测油井的井下压力和温度。20 世纪 90 年代以后，发展较快，出现了可以控制井下流量的智能井，在地面上通过液压或电力控制系统，获取井下温度、压力和流量等参数。到 2004 年世界上已有 130 多口智能井，另有 220 多口井下有远程控制装置，在地面上可远程控制井下工具及仪表，获取更多的油藏开采参数。

（1）智能完井（Smart Completion）系统是一种由计算机控制油气生产的自动控制系统，它能实时监测和控制油气井内各个生产层位的油气生产，或者监测和控制一口多底井的各分支井的油气生产。该系统通过在地面上遥测监控井下油气的生产，并根据理论计算结果和实测各个生产层段的实际情况来优化各个生产层位的产量，使各层位的生产处于最佳工作状态，因而可提高油气藏的采收率，减少井下作业次数，使油田生产的经营管理达到最优化。常规完井与智能完井的井身结构如图 14-8-37 所示。

智能完井包括以下子系统：井下信息传感系统、井下生产控制系统、井下数据传输系统、地面数据收集分析和反馈控制系统。井下生产控制系统包括各种活动的井下工具和井下传感器，这些装置具有很大的灵活性，可根据油藏开采特点来满足不同的完井目标。智能完井系统主要由以下部件组成：①地面硬件、软件和监控与数据采集（SCADA）接口；②水下控制网络；③井下控制网络；④带旁通的分层封隔器；⑤活动的能开 / 关与调节开启程度的井下工具；⑥井下传感器（压力、温度、流量、含水量、密度）。

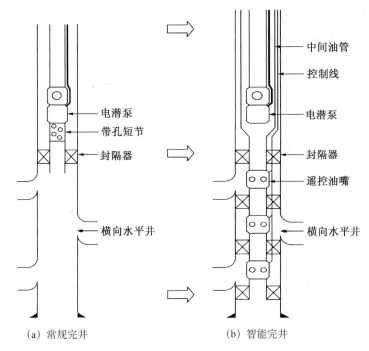

（a）常规完井 （b）智能完井

图 14-8-37　常规完井与智能完井的井身结构示意图

　　每个井下装置，无论是传感器，还是活动工具，都与井下控制网络相连，该系统使用永久安装的电缆供电，并在地面与井下传感器之间提供双向数字通信。操作这些装置的动力，可以采用液压驱动，也可以采用电磁驱动。如果是液压驱动，动力由一个与地面液压动力装置相连的液压管路提供液压。如果是电磁驱动，可以有选择地指示电动驱动器，为各种机械装置提供机械力。

　　（2）智能完井的功能。智能完井系统在油藏管理和动态监测方面具有以下优点和功能：

　　①对多油层油藏能选择性生产，根据所监测到的各井各层的流入参数与工作环境参数，可以优选最佳工作方式，改善注水井的注入和油井的采出动态，适时关闭产油井中高含水层或高含气层的油嘴，从油层中采出更多的油气，增加油田采收率。

　　②不需关井即可进行压力恢复和压降测试，以及随时监测到各个层的产量、压力和温度等参数，可以更为准确地对油藏进行物质平衡计算，及时掌握油藏动态，并且通过有效地分析处理井下各层的流动参数，提高油气井的管理质量和效率。

　　③对井下所选定的层位进行处理而不需井下作业，因而减少了井下作业次数，减少油井停产时间，降低了生产操作费，提高了油田生产竞争力。

　　智能完井系统由于井下完井装置投资较高，目前主要用于海上深水区的水下卫星井、多底井、水平井、大位移井、边远地区无人操作的油井、多层注采井及电潜泵井等，多数在产能高及井下作业费用高的油田使用。采用智能完井可以实时优化各个层位的生产，从而获得较高的采收率和较好的经济效益。目前采用智能完井的有：北海、亚得里亚海、墨西哥湾、西非、印度尼西亚、委内瑞拉和我国渤海湾等地的一些油田。智能完井是一个有发展前景的完井方法，但低产井、浅井及层系单一的井，使用不经济，也没有必要采用。

8. 单通道完井

传统的油气井井身结构有两个流动通道：一个是用于油气生产的油管，另一个是用于循环压井的油管与套管环形空间，如图 14-8-38 （a） 所示。单通道（Monobore）完井技术的井身结构只有油管一个流动通道，如图 14-8-38 （b） 所示。这种井身结构可以节省套管、封隔器和循环阀等钻完井器具，以及下入这些器具的工序，而且射孔完井作业又不占用钻机时间，因此可大大减少钻完井费用（钻井井身结构改进情况如图 14-8-39 所示）。但是这种单通道结构也存在着压井、油井举升、诱喷及封井等方面的问题，这使得单通道完井技术的应用范围受到一定限制。单通道完井技术主要适用于在整个生产期内都是自喷的油气井，特别是气井。对于一些储量丰度低、渗透率低、单井产量低而且不出砂的气田，采用这种完井技术可以节省大量投资，从而获得更好的经济效益（作业技术改进、建井周期及钻完井费用相应变化情况如图 14-8-40 所示）。

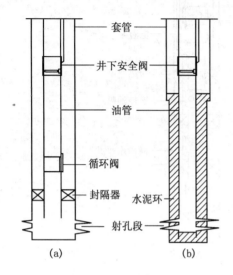

图 14-8-38 传统油气井

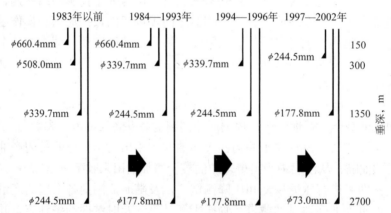

图 14-8-39 钻井井身结构改进情况

单通道完井的主要特点：

（1） 单通道完井技术使井眼尺寸变小，生产套管一般由 $\phi 177.8mm$ （7in） 变为 $\phi 73mm$ （2.87in），而且具备了与之配套的相应技术和工具。

（2） 用单通道完井技术钻开发井，在钻井作业结束下入油管固井后，钻机或钻井船就可以撤离现场，过油管电缆射孔可在井场或平台上进行，这样，可减少钻机或钻井船租费。

（3） 单通道完井技术也可用于打探井。如按常规完井进行 DST 测试，如图 14-8-41 （a） 所示，则需要下入封隔器、循环阀、震击器、压井阀等一系列井下工具，下入、起出所需时间长，消耗材料多，因此费用较高，而采用单通道完井技术如图 14-8-41 （b） 所示，下油管固井后，用电缆射孔就可以进行测试。第一层测试结束后，在其顶部下入桥塞

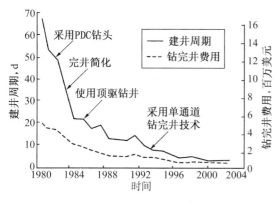

图 14-8-40　作业技术改进及建井周期，
钻完井费用相应变化情况

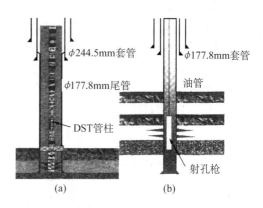

图 14-8-41　常规 DST

就可以开始下一层测试；测试任务完成后，在最上层下入桥塞，用切割弹切割其上部油管，用油管柱打水泥塞后，即可结束探井作业。电缆作业比管柱作业可节省很多时间。

（4）实施单通道完井技术，作业方式发生很大变化，即从传统的可进行循环压井的双通道作业方式改为只能进行挤注压井的单通道作业方式。为了解决生产井中油气诱喷的困难，除了采用连续油管进行诱喷之外，还可以采用柴油作为尾浆进行固井，柴油在井筒内形成负压状况，这样，射孔后就可直接开井生产。

（5）在进行单通道完井时，井下安全阀是在进行固井作业前下入井下的，可能会受到固井液的不良影响。为解决这一问题，在固井作业过程中需要多次活动井下安全阀，以避免安全阀被固井液粘住。

（6）采用单通道完井技术的井，在完井后只能用钢丝与电缆和连续油管作业的方法进行射孔、下桥塞、诱喷及维修井下安全阀等作业，不能进行起下管柱的修井作业。因此对钢丝与电缆作业的质量要求较高。

（7）单通道井身结构没有传统的循环压井通道，这会给油气井作业安全带来一定风险。但泰国湾大量应用经验表明，通过安装井下安全阀和采取其他风险控制措施，这种风险是可以控制的，作业也是安全的。

（8）单通道井身结构简单，作业手段有限，如果出现井下问题需要大修，常常采用侧钻的方式进行处理，而不采用传统的修井手段处理。因此，在固井设计水泥返高时就要考虑侧钻的要求。

在进行单通道钻完井作业时，还对很多配套技术和管理理念进行优化，如进行大规模的三维地震勘查和解释，提高储层解释的准确性；采取井位设计整体完成，进行批量钻井和同一尺寸井眼集中钻井；更多地使用 LWD 测井，减少电缆测井；在同一隔水管内钻两口单通道井，降低地面工程及隔水管造价；以及优化钻机的撤离和就位，优化钻井液性能等，使单通道钻完井技术的整体效益更加突出。海上同一隔水管内钻两口单通道井及单通道钻完井技术示意图如图 14-8-42 所示。

总起来说，单通道（$2\frac{7}{8}$in 油管）完井，对于一些储量丰度低，渗透率低，单井产量低，既不出砂又不需要排水采气的气田气井完井，比较适用，这是因为：

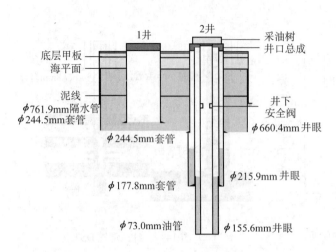

图 14-8-42　海上同一隔水管内钻两口单通道井及
单通道钻完井技术示意图

①气井一般都靠自喷开采。

②气井采气过程中井下作业工作量相对较少。

③ $2\frac{7}{8}$in 油管完井的射孔与分层测试等井下工艺工具已经配套。

④采用 $2\frac{7}{8}$in 油管完井时，需要下入一定深度的 7in 技术套管，以便必要时在后期进行侧钻，采出剩余的天然气。

采用单通道完井，可节省大量投资，使气田开采获得较好的经济效益。但对于靠抽油开采的油田，小井眼采油，既受油层深度的限制，同时还要解决井下采油的工艺

技术和工具问题，因此，要根据油田的实际情况，进行具体研究和经济效益分析，然后再慎重决策。

9. 完井方式选择的基本要求、依据和流程

1）完井方式选择的基本要求

完井后直井的井筒和水平井的水平段的地层要不垮塌堵塞井眼，以及地层不出砂或少出砂，不影响油气井正常生产。

（1）井眼的力学稳定性判断。井眼的稳定性受化学和力学稳定性的综合影响。化学稳定性指油层是否含有膨胀性强容易坍塌的黏土夹层、石膏层和盐岩层。这些夹层在开采过程中遇水后极易膨胀和发生塑性蠕动，从而导致油层失去支撑而垮塌。采用 Von. Miss 剪切破坏理论（考虑中间主应力），计算作用在井壁岩石上的各种剪切应力，从而得出井眼是否力学稳定问题。

（2）裸眼完井的地应力与井眼稳定性的关系。完井工程（直井）中研究地应力应抓住最重要的指标（图 14-8-43）：两个水平主应力之差（$\sigma_H - \sigma_h$）。显然这个差值很大时井壁上敏感点（切向应力最大的点，在最小主应力方向上）的切向应力值（$3\sigma_H - \sigma_h$）也非常大，而且井壁一周最大最小切向应力的差异也特别大［约 2（$\sigma_H - \sigma_h$）］，因此井壁最不稳定。也就是应力差（最大主应力与最小主应力之差）是岩石形状改变的原动力，岩体内部的最大剪应力等于应力差的 1/2，井壁的法向应力以有效应力表示永远为零，所以井壁岩石所承受的应力差一般就等于该处的切向应力。在井壁一

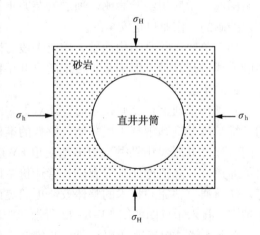

图 14-8-43　水平井均质性岩层
应力受力情况示意图

周中，切向应力最大的点在最小主应力方向上，该点的应力差是一周中最大的，因此是最敏感的最易形变的点。此点的切向应力（$3\sigma_H - \sigma_h$）就等于井壁内最大的应力差。

还有一个指标也很重要，然而不大为人注意，这就是以有效应力表示的围限压力。围限压力就是岩体所承受的三个主应力的平均值 [$\sigma = (\sigma_1 + \sigma_2 + \sigma_3)/3$]。在构造应力微弱地区，其值约为垂向主应力（即上覆负荷）的 60% 左右。它是岩石体积变化（包括压缩及压实）的原动力，与岩石形状变化无直接关系，但与岩石破裂条件有着重大关系。岩石破裂条件包括克服内聚力的抗剪强度（破裂面正应力为零时）和克服内摩擦所需的剪应力两个部分。后者与围限压力正相关，在地壳内其值很大，不可忽视。流体压力起撑开孔隙及裂缝的作用，有流体存在时，破裂条件当然要用考虑了流体压力的有效应力。以有效应力表示的围限压力随深度而增加。

如果储层有发育的天然裂缝，由于失去了内聚力，破裂条件有所降低，井壁容易失去稳定性。薄层状储层的层理是薄弱面，可视为天然的水平裂缝。

完井过程中往往产生激动。激动的实质是压力急剧变动引起的压力波，当井壁应力差接近岩石强度（接近临界状态）时，较大的激动就可能破坏井壁的稳定。这种情况下要尽量避免强烈激动，一方面降低压力波动幅度；另一方面减慢波动速度，下套管速度要慢，起下钻速度也不要太快，因为相同的压力波动幅度在较长时间内完成，其激动强度就会低些。实际上完井过程中一定强度的激动总是难以避免的。所以井壁允许的应力差要留有一定余地。余地应该留多少，要参照当地的经验来确定。

水平井完井工程中地应力资料的应用是一个新的课题，目前还很不成熟。对水平井井壁稳定性有影响的另一个因素是井壁的非均质性。直井一般横穿地层，井筒一周往往是同一岩层，岩性差别不大，可当作水平均质处理（图 14-8-43）。水平井则井筒往往纵穿岩层界面，井筒一圈往往包含两种或多种差别很大的岩性，如图 14-8-44 所示井筒纵穿两种岩性，如图 14-8-45 所示井筒纵穿三个薄层。各岩性有不同的物性而且水平地应力也有差别，这是因为水平地应力与岩层的泊松比有关。这些情况下井壁应力应如何计算尚无成熟办法。估计不同方位井壁应力有较大的不规则变化，加上不同部位岩石强度的差别，井壁上容易出现薄弱点，导致井壁垮塌。总的来说井壁非均质性是不利于井壁稳定的。而且水

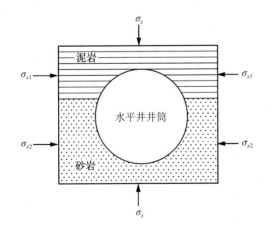

图 14-8-44　水平井穿过两种不同
性质岩层应力受力情况示意图

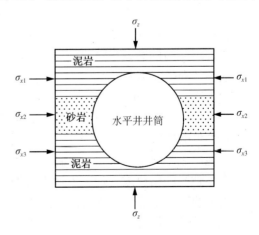

图 14-8-45　水平井穿过三种不同性质
岩层应力受力情况示意图

平井井筒基本平行地层层面，而层面往往能起天然裂缝的作用，这也是不利于井壁稳定的。将关键水平段设计在厚储层中也许有利于避免井壁非均质性引起的井壁不稳定。

完井实践证明，井眼稳定性与地应力、井壁应力、岩石物性及其非均质性有密切关系，必须进行互相结合，进行综合性研究。因为水平段长达数百米，甚至超过千米，岩性变化大，有的甚至穿过断层，却难保证某井段处地层不垮塌。而对水平井的稳定性研究，因素很多，条件复杂，目前技术水平短期恐难以解决。当前，最现实的办法就是在裸眼中下入割缝衬管（含打孔管）完井，此完井方式称裸眼割缝衬管完井，不能称为裸眼完井。

此外，现在国内外都在推广水平分支井技术，因为分支井井眼直径小，分支多，因而有的分支用套管射孔，有的用割缝衬管，其余分支只好用裸眼完井，个别裸眼井筒垮塌，但对整个井筒产量影响不会太大。

（3）地层出砂的判断。砂岩地层出砂的危害体现在：油气井出砂会造成井下设备、地面设备及工具（如泵、分离器、加热器、管线）的磨蚀和损害，也会造成井眼的堵塞，降低油气井产量或迫使油气井停产。因此，对于出砂的砂岩地层来说，一般都要采取防砂的完井方法。

对于出砂井，地层所出的砂分为两种：一种是地层中的游离砂，另一种是地层的骨架砂。石油界对防砂的观点也随着技术的进步和认识的深化在不断变化。在此之前，一些防砂的理论主要是针对地层中的游离砂，防砂设计也是为了能阻挡地层中的游离砂产出来。但是，近几年来，人们的看法有了较大的变化，认为地层产出游离砂并不可怕，反倒能疏通地层孔隙喉道，对提高油井产量有利。真正要防的是地层骨架砂的产出，因为一旦地层出骨架砂，可能导致地层的坍塌，使油井报废。

那么，什么时候地层将产出骨架砂呢？按岩石力学观点，地层出砂是由于井壁岩石结构被破坏所引起的。而井壁岩石的应力状态和岩石的抗张强度（主要受岩石的胶结强度——也就是压实程度低、胶结疏松的影响）是地层出砂与否的内因。开采过程中生产压差的大小及地层流体压力的变化是地层出砂与否的外因。如果井壁岩石所受的最大张应力超过岩石的抗张强度，则会发生张性断裂或张性破坏，其具体表现在井壁岩石不坚固，在开采过程中将造成地层出骨架砂。因此，影响地层出砂的因素归结起来主要有以下几个方面：

①地层岩石强度。一般说来，地层岩石强度越低，地层出砂的可能性就越大。

②地层压力的衰减。随着地层压力的下降，井壁岩石所受的应力就会增大，地层出砂的可能性就会随着增大。

③生产压差。一般说来，生产压差越大，地层出砂的可能性就越大。

④地层是否出水和含水率的大小。生产过程中，随着地层的出水和含水率的上升，地层出砂的可能性增大。

⑤地层流体黏度。地层流体黏度越大，地层出砂的可能性就越大。

⑥不适当的措施或管理。不适当的增产措施（如酸化或压裂）或不当的管理（如造成井下过大的压力激动）都会引起地层出砂。

（4）砂粒粒径大小和砂粒胶结对出砂的影响。

①砂粒粒径分级。

a. 细粉砂：粒径 ≤ 0.1mm；

b. 细砂：粒径 0.1 ～ 0.25mm；

c. 中砂：粒径 0.25 ～ 0.5mm；

d. 粗砂：粒径 0.5 ～ 1.0mm。

此外，地层砂均质性指的是砂粒分选的均匀性，一般用均匀性系数 c 来表示：

$$c=d_{40}/d_{90} \tag{14-8-3}$$

式中 d_{40}——地层砂筛析曲线上占累计质量 40% 的地层砂粒径；

d_{90}——地层砂筛析曲线上占累计质量 90% 的地层砂粒径；

c——地层砂均匀性系数，$c < 3$ 为均匀砂；$c > 5$ 为不均匀砂；$c > 10$ 为很不均匀砂。

对于出砂的砂岩地层来说，地层砂的粒度大小和均匀性系数是选择防砂方法的基本依据之一。

对于细砂、中砂、粗砂的防砂工具与工艺和技术已基本配套，已在生产上推广应用。用防细砂、中砂、粗砂的方法去防细粉砂是无效的。一旦将细粉砂防住了则油气也防住了，什么都不出了。近年来采用纤维加树脂，复合防细粉砂的方法，已初见成效，正扩大推广应用。

②出砂与砂粒之间胶结的关系。油层砂之间胶结有钙质、硅质、黏土和原油胶结，有的游离砂根本没有胶结。至于钙质或硅质胶结的砂粒，只要不破坏其岩石骨架，是可以做到不出砂或少出砂。若出砂则防砂，但对于黏土与原油胶结或游离砂，若避免激动或缩小生产压差，可以少出砂，但仍会出少量砂，但最终还是要防砂。青海涩北气田，气层与砂粒之间不胶结，后采取缩小生产压差，可以维持生产，但产量很低。稠油层砂粒多与原油胶结，出油即出砂，不防砂即无法生产。因此，地层出砂判断是非常重要的，根据判断不同出砂情况，预先采取相应措施，以保证油气田能正常投产和生产。

2）完井方式选择依据及流程

完井方式选择必须以油田地质和油藏工程研究和油田开发方案要求为依据，完井方式的选择对象是油气井单井，虽然单井属同一油藏类型，但其所处构造位置不同，所选择的完井方式也不尽相同，完井方式选择依据如图 14-8-46 所示。

（1）直井完井方式选择。直井完井方式是国内外自石油开发至今的完井基本方式，今后也将会如此，直井完井适应范围广，工艺技术简单，建井周期短，造价低。按油气井地层岩性可分为砂岩、碳酸盐岩和其他岩性 3 大类，这 3 大类型岩性均可以采用直井完井。

①砂岩稀、中质油气藏。砂岩油气藏完井方式选择流程如图 14-8-47 所示。砂岩油藏分为层状、块状和岩性油藏。在陆相沉积地层中，层状油藏所占比例大。块状或岩性油藏中其物性、原油性质和压力系统大致是一致的，因而完井方式无须作特殊考虑。但层状油藏，特别是多套层系同井合采时，就应认真考虑其完井方式。首先应考虑的是各层系间压力与产量差异，若差异不大，则可同井合采；若差异大，特别是层间压力差异大，因层间干扰大，高压层的油将向低压层灌，多套层系开采的产量反而低于单套层系的产量，在这种情况下，即应按单套层系开采；但有时单套层系的储量丰度又不足以单独开采，此时只能采用同井双管采油，每根油管柱开采一套层系，以消除层间干扰，保证两套层系都能正常生产。

②砂岩稠油油藏。砂岩油藏从原油黏度来分，可分稀油油藏与稠油油藏。陆相沉积

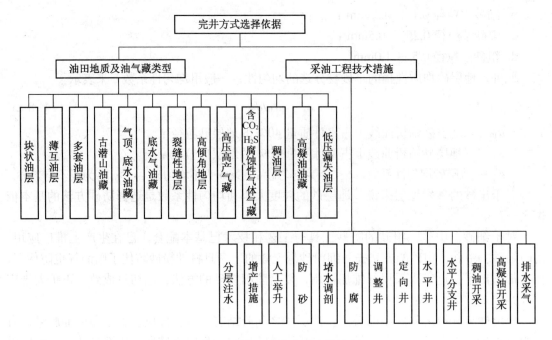

图 14-8-46 完井方式选择依据

地层的特点是层系多，渗透率偏低，而且地层能量低。稀油油藏大多需要注水，补充地层能量开发，而且多套层系都要进行压裂增产措施。这类砂岩油藏只宜采用套管射孔完成，不应采用裸眼或割缝衬管等方式完井，因为裸眼或割缝衬管完井都无法分层注水或分层压裂。

至于砂岩稠油油藏，因稠油层不论普通稠油或特稠油与超稠油，油层大多胶结疏松，生产过程大多出砂，因而必须采取防砂措施。可根据具体情况加以选择，此外必须强调的是稠油井应采用大直径套管，套管直径不小于 7in。因为稠油黏度大，流动阻力大，采用大直径套管才能下大直径油管。

砂岩普通稠油大多采用注水开发，至于特稠油与超稠油都是采用注蒸汽开采。辽河高升油田为大厚稠油层，有气顶与底水，油层厚度为 60～80m，早期采用裸眼完成，绕丝筛管砾石充填防砂，后因裸眼完成难以控制气顶和底水，也难以调整吸汽剖面，后改用套管射孔完成。至于一些层状或薄互层的稠油层，都是采用套管射孔完成，只射开油层，避射隔层与夹层并绕丝筛管砾石充填或滤砂管防砂。

砂岩油藏不论为何种油藏类型，若为低渗透油藏，则需要进行压裂增产措施；若为高渗透油藏，油层胶结疏松，油层易坍塌或出砂，就需要防砂。再就是稀油油藏需要注水开发，稠油油藏需要注蒸汽开采，而且要分层控制及调整其吸水、采油和吸汽剖面，因而宜采用套管射孔完成。至于一些单一油层，无气顶与底水，油层渗透率适中，依靠天然能量开发，不进行压裂增产措施，采用裸眼下割缝衬管完井也是可行的。

至于砂岩气藏，大多为致密砂岩，渗透率低，都必须进行压裂增产措施，特别是一些底水气藏，要防止底水锥进，所以应采用套管射孔完成，不宜采用裸眼完成。

③碳酸盐岩油气藏。碳酸盐岩油气藏完井选择流程如图 14-8-48 所示。

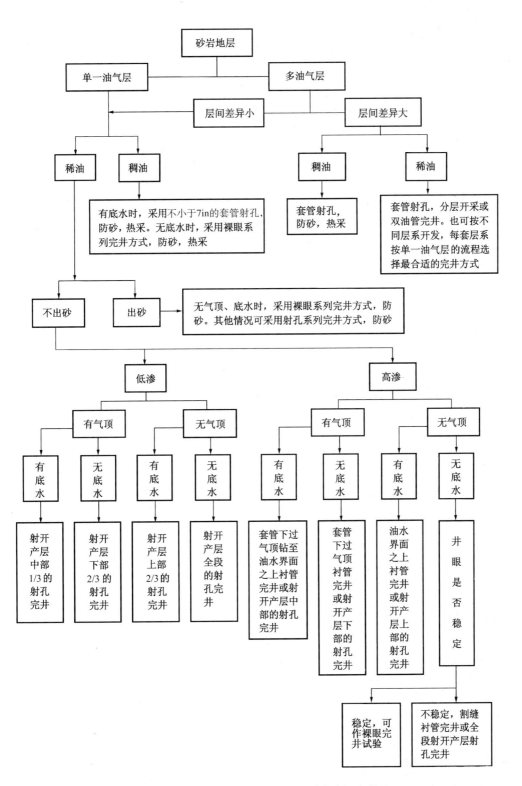

图 14-8-47 砂岩油气藏直井完井方式选择流程图

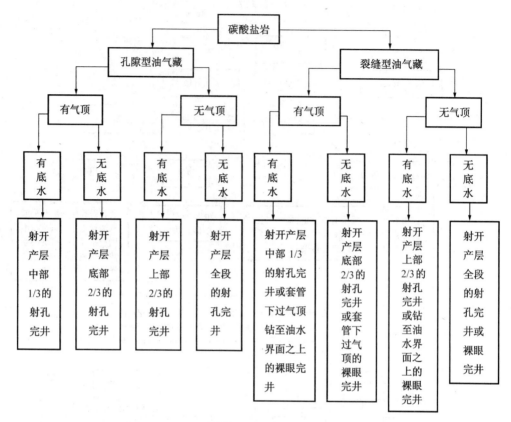

图 14-8-48　碳酸盐岩油气藏完井方式选择流程图

　　碳酸盐岩油藏按渗流特征可分孔隙性和裂缝性或裂缝和孔隙双重介质油藏，如胜利纯化油田的假蠕状石灰岩即为孔隙性油层，华北任丘油田雾迷山油层则为裂缝为主和基质孔隙双重介质油藏。孔隙性油层完全可以按砂岩油层一样完井，因为此类油层需要进行酸化或压裂酸化增产措施，因而多采用套管射孔完井。裂缝性或裂缝和孔隙双重介质油藏，如华北任丘油田古潜山油藏有气顶和底水，开发初期采用裸眼完井，发展了一套裸眼封隔器进行堵水和酸化措施，但不如在套管中进行井下作业措施可靠。后来又采用了套管射孔完成，这样对控制气窜与底水锥进和进行酸化措施就有效多了。但是这类油藏若无气顶和底水，也可采用裸眼完井。

　　碳酸盐岩气藏与油藏一样有两种类型，如四川磨溪气田即属孔隙型气藏，靖边气田也属此类型，而四川其他气田则大多属于裂缝型气藏。这两种气藏大多有底水，孔隙型气藏完全可以按孔隙型油藏完井一样对待。其增产措施与油层一样，要进行酸化或压裂酸化，因而多采用套管射孔完井。底水裂缝型气藏，也同样需要酸化和控制底水措施，因而宜采用套管射孔完井，有时也可选择裸眼完井。俄罗斯天然气井裸眼完井都下有打孔管，以防井筒坍塌。

　　④火成岩与变质岩等油藏。这类油藏是指火山岩、安山岩、喷发岩、花岗岩和片麻岩等油藏。这些类型油藏都属次生古潜山油藏，是由生油层的原油运移至上述岩石的裂缝或孔穴中而形成的油藏，这种类型油藏都为坚硬的岩石，可按裂缝性碳酸盐岩油藏完井。火成岩与变质岩油藏直井完井方式选择流程图如图 14-8-49 所示。

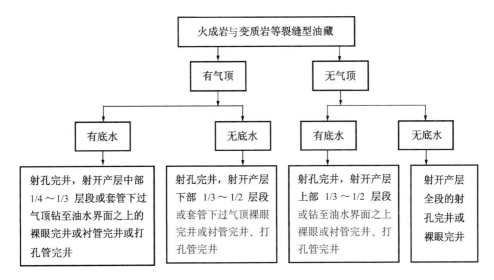

图 14-8-49　火成岩与变质岩等油藏直井完井方式选择流程图

（2）水平井及定向井完井方式选择。水平井完井方式选择大致可分为两类。

①按曲率半径选择完井方式。短曲率半径的水平井，当前基本上采用裸眼完成。主要在坚硬垂直裂缝的油层中裸眼完成，如美国奥斯汀白垩系地层，或者是致密裂缝砂岩，因为这些地层都不易坍塌，虽然是裸眼，仍能保持正常生产。至于砂岩油层水平井不宜采用短曲率半径完井，此完井方式无法下套管射孔或下割缝筛管完井，因为砂岩油层在生产过程易坍塌而堵塞井筒，而在短曲率半径的井中进行井下作业困难。同时短曲率半径的水平段短，目前的水平段在 100m 左右，增产倍数有限，故在砂岩油层选择此完井方式应慎重。

中、长曲率半径的水平井国内外普遍采用的完井方式可以根据岩性、原油物性及增产措施等因素选择。当今水平井技术发展很快，水平井水平段也不断增长。现在又发展了大位移水平井，水平段长达 1000m 以上。在这些长水平井段，特别是砂岩生产过程中地层难免不坍塌，因而不宜采用裸眼完井，通常采用的是割缝衬管加套管外封隔器（ECP）完井或套管射孔完井。

②按开采方式及增产措施选择完井方式。对于稠油开采，加拿大在 Saskatchewan 地区大量采用水平井注蒸汽开采稠油，其完井方式大多采用割缝衬管完成，或下金属纤维滤砂管或预充填绕丝筛管防砂。我国胜利乐安油田采用了割缝衬管和套管射孔完井，下金属纤维或陶瓷滤砂管或其他方法防砂。稠油层胶结疏松，地层易坍塌，不能用裸眼完井。

对于一些低渗透油层的水平井，需要进行压裂措施，因而只能用套管射孔完成。即使采用割缝衬管加套管外封隔器完井，因为分隔层段太长（长度 100～200m 或更长），只能进行小型酸化措施，而无法进行压裂措施。另一方面，高速携砂压裂液会将割缝管的缝隙刺大或破坏。

至于定向井的完井方式选择，因定向井井斜大致在 45°左右，其完井方式基本同直井一样选择。

水平井完井方式选择流程如图 14-8-50 所示。

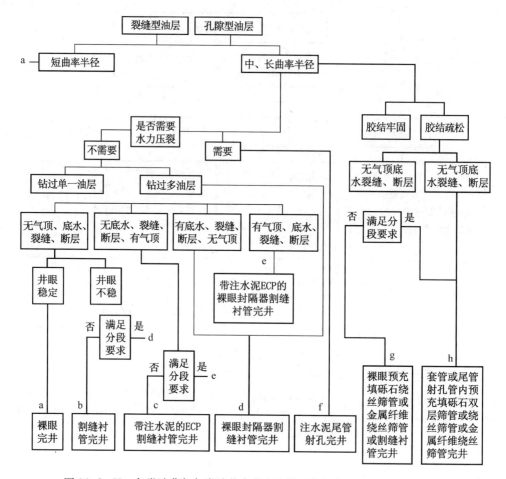

图 14-8-50　各类油藏与各类油井完井方法优选软件包结构选择流程图

三、特殊井完井

1. 水平井完井方式

国外早在 20 世 20 年代就开始了利用钻水平井提高油气田采收率的尝试，70 年代水平井钻井技术有了较大的突破，特别是 80 年代发展了导向钻井技术，引起了当今水平井开采的技术革命，产生了一场巨大的石油工业技术变革，在世界 20 多个产油国形成了用水平井开采油气田的较大工业规模。随着技术的不断发展，90 年代，分支水平井和大位移水平井技术也得到了飞速的发展，目前已成为石油天然气工业领域内的重大技术。

使用水平井开发油气田具有非常好的经济效益。据统计，水平井单井产量为直井的 2 ～ 5 倍，单井成本仅为直井的 1.5 ～ 2 倍，图 14-8-51 是某石油公司在阿曼钻井的产能建设成本比较图，从图中可以看出，水平井，特别是分支水平井，经济效益非前显著。目前水平井已成为稠油油藏、裂缝性油气藏、低渗透油气藏和底水油气藏提高单井产量和采收率的有效手段。

目前常用的水平井完井方式主要有裸眼完井、割缝衬管完井、带管外封隔器（ECP）的割缝衬管完井、射孔完井、砾石充填完井和智能完井等，水平井按其造斜率和曲率半径可分为短、中、长三类，见表 14-8-14。各种完井方式的优缺点见表 14-8-15。

　　水平井完井前期研究工作非常重要。一方面必须对水平井的地质和油藏特性（包括岩性、裂缝分布、断层、油气特性、地应力等）进行详细的研究；另一方面必须考虑水平井钻进的井眼轨迹和方位等施工工况。针对不同的地质和油藏情况，不同的井眼轨迹和方位，在进行井壁稳定性评价和施工工艺分析的基础上，选用不同的完井方式。

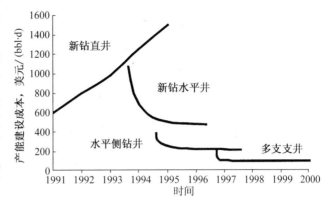

图 14-8-51　某石油公司在阿曼单位产能建设成本比较

表 14-8-14　水平井类型

标识	短	中	长
曲率半径 m（ft）	6 ~ 12（20 ~ 40）	50 ~ 213（165 ~ 700）	305 ~ 914（1000 ~ 3000）
造斜率	5°/m ~ 10°/m （1.5°/ft ~ 3°/ft）	26°/100m ~ 98°/100m （8°/100ft ~ 30°/100ft）	7°/100m ~ 20°/100m （2°/100ft ~ 6°/100ft）

表 14-8-15　各种水平井完井方式的优缺点及使用条件

完井方式		特征内容描述
裸眼完井	优点	（1）成本最低； （2）储层不受水泥浆的伤害； （3）使用可膨胀式双封隔器，可以实施生产控制和分隔层段的增产作业； （4）使用转子流量计，可以实施生产检测
	缺点	（1）疏松储层，井眼可能坍塌； （2）难以避免层段之间的窜通； （3）可选择性的增产作业有限，如不能进行大型水力压裂作业等； （4）生产检测资料不可靠
	适用条件	（1）岩石坚硬致密，井壁稳定不坍塌的储层； （2）不要求层段分隔的储层； （3）天然裂缝性碳酸岩或硬质砂岩； （4）短或极短曲率半径的水平井
割缝衬管完井	优点	（1）成本相对较低； （2）储层不受水泥浆的伤害； （3）可防止井眼坍塌
	缺点	（1）不能实施层段的分隔，因而不能避免层段之间的窜通； （2）无法进行选择性的增产增注作业； （3）无法进行生产控制，不能获得可靠的生产测试资料

完井方式		特征内容描述
割缝衬管完井	适用条件	(1) 井壁不稳定，有可能发生井眼坍塌的储层； (2) 不要求层段分隔的储层； (3) 天然裂缝性碳酸盐岩或硬质砂岩储层
带 ECP 的割缝衬管完井	优点	(1) 相对中等强度的完井成本； (2) 储层不受水泥浆的伤害； (3) 依靠管外封隔器实施层段分隔，可以在一定程度上避免层段之间的窜通； (4) 可以进行生产控制、生产检测和选择性的增产增注作业
	缺点	管外封隔器分割层段的有效厚度取决于水平井眼的规则程度、封隔器的坐封、密封元件的耐压和耐温等因素
	适用条件	(1) 要求不用注水泥实施层段分隔的注水开发储层； (2) 要求实施层段分隔，但不要求水力压裂的储层； (3) 井壁不稳定，有可能发生井眼坍塌的储层； (4) 天然裂缝性或横向非均质的碳酸盐岩或硬质砂岩储层
射孔完井	优点	(1) 最有效的层段分隔，可以完全避免层段之间的窜通； (2) 可以进行有效的生产控制、生产检测和任何选择性的增产增注作业
	缺点	(1) 相对较高的完井成本； (2) 储层受水泥浆的伤害； (3) 水平井的固井质量难以保证； (4) 要求较高的射孔操作水平
	适用条件	(1) 要求实施高度层段分隔的注水开发储层； (2) 要求实施水力压裂的储层； (3) 裂缝性砂岩储层
裸眼预充填砾石筛管完井	优点	(1) 储层不受水泥浆的伤害； (2) 可防止疏松储层出砂和井眼坍塌； (3) 特别适合于热采稠油油藏
	缺点	(1) 不能实施层段的分隔，因而不能避免层段之间的窜通； (2) 无法进行选择性的增产增注作业； (3) 无法进行生产控制等
	适用条件	(1) 岩性胶结疏松，出砂严重的中、粗、细粒砂岩储层； (2) 不要求分隔层段的储层； (3) 热采稠油油藏
套管预充填砾石筛管完井	优点	(1) 可防止疏松储层出砂及井眼坍塌； (2) 特别适合于热采稠油油藏； (3) 可以实施选择性层段作业
	缺点	(1) 储层受水泥浆的伤害； (2) 必须起出井下预充填砾石筛管后才能实施选择性的增产增注作业
	适用条件	(1) 岩性胶结疏松，出砂严重的中、粗、细粒砂岩储层； (2) 裂缝性砂岩储层； (3) 热采稠油油藏

1）裸眼完井

裸眼完井法是一种最简单的水平井完井方式，它把技术套管下至预计的水平段顶部，注水泥固井封隔，然后换小一级钻头钻水平井段至设计长度完井，如图 14-8-52 所示。

裸眼完井主要适用于碳酸岩等坚硬不易坍塌地层，特别是一些垂直裂缝地层。如美国奥斯汀白垩系地层，具体可参见表 14-8-15。

2）割缝衬管完井

割缝衬管完井法是将割缝衬管悬挂在技术套管上，依靠悬挂封隔器封隔管外的环形空间。割缝衬管要加扶

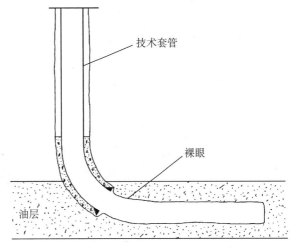

图 14-8-52　裸眼水平井完井示意图

正器，以保证衬管在水平井眼中居中，如图 14-8-53 所示。该完井方式简单，既可防止井塌，又具有较高渗流面积。该完井方式也可用于分支井及多底井等复杂井底结构。

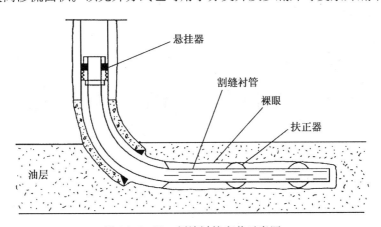

图 14-8-53　割缝衬管完井示意图

3）带管外封隔器（ECP）完井

带管外封隔器（external casing packer）完井法是依靠管外封隔器实施层段的分隔，可以按层段进行作业和生产控制。可使用管外封隔器与割缝衬管完井，也可使用管外封隔器及滑套完井，如图 14-8-54 和图 14-8-55 所示。其使用条件参见表 14-8-15。

4）射孔完井

射孔完井方式是将套管下过直井段，注水泥固井后在水平段内下入完井尾管，注水泥固井。完井尾管和套管重合 100m 左右为宜，最后在水平井段实施射孔。如图 14-8-56 所示。

这种完井方式将层段分隔开，可以进行分层增产及注水作业，可在稀油和稠油油藏中使用，是一种非常适用的方法。使用条件参见表 14-8-15。

5）砾石充填完井

水平井筛管砾石充填防砂是将技术套管下至预计的水平段顶部，注水泥固井封隔，然

后换小一级钻头钻水平井段，再将装有扶正器的筛管下入到井内油气层部位，靠悬挂器悬

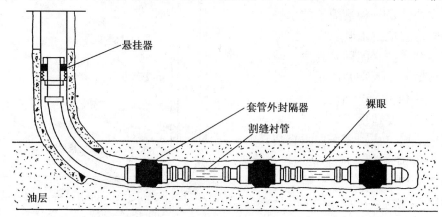

图 14-8-54　套管外封隔器与割缝衬管完井示意图

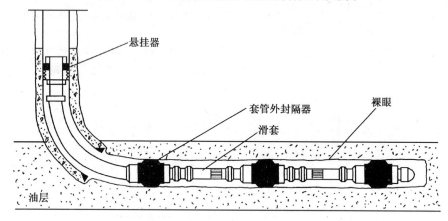

图 14-8-55　套管外封隔器及滑套完井示意图

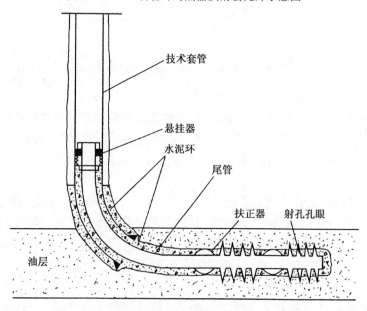

图 14-8-56　射孔完井示意图

挂于技术套管内，然后用充填液将在地面上预先选好的砾石泵送到筛管与井眼之间的环形空间内，构成一个砾石充填层，以阻挡地层砂流入井筒。如图 14-8-57 所示。

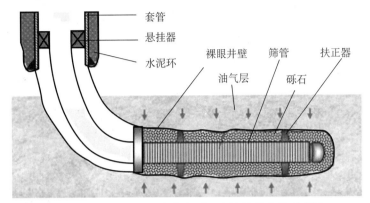

图 14-8-57　水平井套管内砾石充填筛管完井示意图

砾石充填完井的适用条件及优缺点参见表 14-8-15。

6）多分支井完井（multilateral well completion）

近年来在定向井、大斜度井和水平井技术上发展起来一项新技术，即分支井钻完井，该技术能够提高油田的开采速度以及油藏的最终采收率，降低油藏的综合开发成本。分支井完井的主要要求：（1）保证交汇处地层的稳定性，实现分支井眼与主井眼的机械连接；（2）保证主井眼与分支井眼的压力完整性，利用注水泥等方式实现液力封隔；（3）在后期进行作业和其他增产措施时，能够选择性地进入任何一个分支井眼。

目前根据分支井眼与主井眼的连接关系及压力系统完整性不同，将分支井完井方式分为6级，如图 14-8-58 所示。（1）TAML1 级裸眼 / 无支撑连接，主井眼和水平井眼都是裸眼段或在两个井眼中用悬挂器悬挂割缝衬管。（2）主井眼下套管并固井，水平井眼或裸眼或以悬挂方式下割缝衬管。（3）主井眼下套管并固井，水平井眼下套管但不固井。用悬挂器将水平尾管锚定在主井眼上，但不固井。（4）主井眼和水平井眼都下套管并注水泥。主井眼和水平井眼在连接处都注水泥。（5）在连接处进行压力密封。在不能固井的情况下，用完井方法达到密封。（6）在连接处进行压力密封。在不能固井的情况下，用套管进行密封。

2. 欠平衡完井

1）欠平衡完井方式

一般说来，欠平衡完井有 4 种方式可选择，通过这些方式完井，可继续保持欠平衡钻井的优点，这种完井措施给新井与老井创造了有利条件。近年来，完井技术的发展，特别是连续油管技术的应用与发展，使多种措施成为现实。

（1）欠平衡流动完井。流动完井，就是在井眼处于流动（自喷）状态下将尾管下入裸眼井段的完井方法。该方法的主要优点是可以避免外来流体与地层接触，使井在自然状态下完成。其具体做法是使用连续油管将尾管在自然状态下送入到井下裸眼井段。这种技术在美国得克萨斯东南的奥斯汀白垩系地层被大量应用。当井正在自喷时，由于使用钻杆不能满足继续钻井的需要，连续油管是最理想的工具。

但是这种流动状态的完井方法存在着安全隐患，钻井人员必须谨慎操作。这种完井不

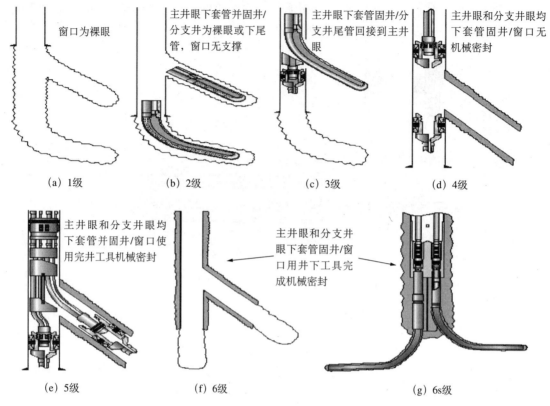

(a) 1级　　　(b) 2级　　　(c) 3级　　　(d) 4级

(e) 5级　　　(f) 6级　　　(g) 6s级

图 14-8-58　分支井类型示意图

适合高气油比的井和含硫化氢的井以及高压天然气井。

（2）欠平衡裸眼完井。该完井方法是井下防喷管完井方法的一种。其具体做法是用钢丝绳、钻杆或连续油管将未解封的膨胀桥塞下至技术套管鞋附近，用电点火憋压或其他方式使桥塞膨胀坐封后起出下送的钢丝绳、钻杆或连续油管。然后在常压下下入衬管管柱，并从衬管管柱中下入钢丝绳或连续油管将膨胀桥塞解封起出，最后，在压力情况下将衬管管柱加深至设计深度，投产完井。

（3）欠平衡下衬管完井。该完井方法是另一种井下防喷管完井法，是在裸眼完井方法基础上进行的。其具体做法是先将膨胀式桥塞（过油管桥塞）坐封在技术套管鞋处并试压检验其密封性。下入生产管柱时，将打捞筒接在衬管底部一起下入井内，下到膨胀式桥塞上方时，一旦打捞筒与桥塞接触，打捞筒就会抓住桥塞使桥塞解封。接着将衬管下到完井深度完成下衬管作业，桥塞和打

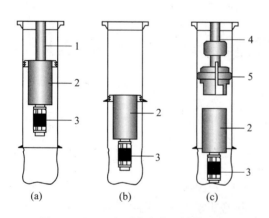

图 14-8-59　欠平衡完井下衬管示意图
(a) 释放膨胀式封隔器；(b) 桥塞在井内的工作状态；
(c) 解封的桥塞连接生产管柱进行正常完井
1—钻杆；2—衬管；3—过油管桥塞；
4—油管；5—封隔器

捞筒可留在井下，如图14-8-59所示。如果使用过油管桥塞，桥塞就可从衬管内取出。这种方法还可以在欠平衡条件下，下入其他较长的井下完井组合工具，如油管传送射孔枪和防砂筛管。用连续油管可以将组合工具下入井内，所以它是较理想的传送工具。

（4）欠平衡套管完井。该方法亦称两级钻井完井方法。具体做法是先用传统旋转钻机钻至预定产层顶部，下入技术套管固井，然后用连续油管钻机采用欠平衡钻井技术钻至完钻井深，接着用连续油管在欠平衡压力下将尾管（衬管）下入到生产层段，如图14-8-60所示。这种完井方法是较理想的欠平衡完井方法。

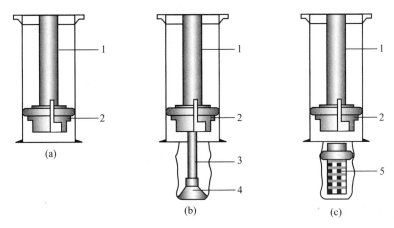

图14-8-60　欠平衡套管、筛管完井示意图
(a) 常规钻井钻至产层顶部并进行下套管固井；(b) 用连续油管钻生产层段；
(c) 将尾管（衬管）下至完钻井深并悬挂好
1—钻杆；2—封隔口；3—连续油管；4—钻头；5—衬管

采用欠平衡完井技术进行完井，所实施的完井过程可获得与欠平衡钻井一样的效益。目前国内各油田应用欠平衡方法所钻成的井大都采用常规的套管固井的方法或裸眼完井。美国和加拿大等国家近些年来一直在进行欠平衡完井技术的研究，并且在一定数量的井上应用了欠平衡完井技术。最近，在欠平衡完井研究方面又出现了一些新的突破技术，例如研制出了多种类型的膨胀管（包括膨胀套管、膨胀筛管等），出现了SurgiFrac技术，发展了欠平衡强化作业（欠平衡洞穴完井）等，使得欠平衡完井技术得到进一步发展。随着世界范围内保护油气层和降低地层伤害的意识不断加强，欠平衡钻井技术的不断发展和应用范围的不断扩大，欠平衡完井技术必将得到长足的发展和广泛的应用。

2）欠平衡套管设计

对欠平衡钻成的井的套管设计与常规钻成的井的套管设计没有明显的不同。通常，套管要进行抗拉、内压屈服和破裂（双轴套管设计）的设计，并且设计系数要给出所有三相设计参数。还有一个应考虑的事项，即使是在对充满液体的井眼进行套管设计时，也必须考虑到套管壁厚度可能会因腐蚀和磨损而减少。在用空气钻成的井眼中必须考虑套管磨损。

（1）对充满液体的井眼，在钻进时很少考虑腐蚀。然而，在生产期通常必须考虑。在空气钻进时不存在腐蚀问题，如果没有水出现，腐蚀是不会发生的。在雾化钻井作业、泡沫钻井或充气钻井中就存在腐蚀问题。充气液体带来的风险最大。在大多数空气钻井作业中，用防腐剂就可控制腐蚀。在雾化钻井中，通过向雾化液中加入防腐剂来防腐相对而言就较容易。因此，在雾化钻井时腐蚀几乎就不是一个问题。

（2）泡沫和充气液通常有较高的腐蚀速度，即使是在加了防腐剂进行处理也是如此。如果一口井要用泡沫或充气液钻一段较长的时间，就有必要设计壁厚稍微厚一点的套管。多花一点额外的钱在腐蚀控制上是有利的。

（3）套管磨损是由钻柱在套管内旋转引起的。如果在钻进时工具接头靠在套管上，接头和套管都会磨损。在空气钻井中，套管磨损会加速，因为在钻柱与套管间没有润滑。幸运的是，大多数用空气钻成的井眼钻得都很快。钻进时间少（钻柱旋转较少）则套管磨损就少。

（4）如果发生严重磨损，那井眼轨迹中就一定有狗腿。在垂直井段或接近垂直井段的工具接头靠在套管上不会产生足够的力导致更严重的磨损。工具接头靠在套管上的力通常被称做工具接头法向力。将工具接头放在狗腿处并增加拉力，这会明显增加工具接头法向力。因此，套管磨损最容易发生在有狗腿的井段和钻柱张力较大的地方。基于这个原因，套管磨损通常发生在接近地面的地方，并且在接近井底的地方通常没有磨损问题。

（5）如果要在容易发生漂移和有狗腿的地方钻井，在套管设计时就要考虑套管磨损。如果仅在套管柱中钻几天，磨损可能不是重要问题，通常可以忽略，除非出现严重的狗腿度。套管磨损只是钻具处于套管内要钻很长一段时间的时候才是一个问题。Bradley 和 Fontenot1975 年根据井眼状况，包括狗腿严重程度、钻柱拉力和在狗腿下旋转的时间（小时）提出了一种预测套管磨损的方法。

3）欠平衡完井设计

欠平衡钻井的一个主要优点是消除或减少了地层伤害。在过平衡状态下，钻井液和固体能穿进孔隙或裂缝中，伤害地层，从而降低地层渗透率。如果一口井是在欠平衡状态下正确地钻成的而又是用过平衡方法进行完井的，那么大多数（如果不是全部）减少伤害的优点就可能永久性地失去。即使完井伤害能被消除或避免，如果作业者使用正确的欠平衡完井技术，相关的费用也可避免。这些过程有时候被称做"活井"，在该段中描述了欠平衡完井技术，它们包括：下入生产套管、尾管、割缝筛管和其他欠平衡工具，对生产套管或尾管的控制性固井，下入生产油管和井下完井系统。

（1）欠平衡射孔，欠平衡下入套管或尾管。在钻进完成前和井下钻具组合从井眼中起出前，应定出完井草案。例如，是否裸眼或是否下入某类套管或尾管。

如果不是裸眼完井，就必须在不压井的情况下下套管或尾管。这时通常要增加地面压力来克服暴露的地层同时又不超过其孔隙压力。这可以通过在起钻前向环空中泵入较重的流体换出较轻的流体来实现。

为了在油井中下入生产套管或非割缝生产尾管，通常使用浮鞋和浮箍。通常用两个管子短节将浮鞋和浮箍分带，以便隔离受污染的水泥并防止它包围裸眼中较低的套管段。依靠地面压力，可能有必要在下入管柱时通过节流管汇对井放喷，以此来降低关井地面压力。即使放喷可能也不足以将压力降低到能允许在有欠平衡附加力的情况下下入管柱。如果是这样，就要有强行起下钻系统或连续油管注入头，以便下入套管直到"管柱变重"。

另一方面，割缝筛管不能限制流体进入筛管（通缝隙）。割缝筛管和筛管悬挂器由钻柱下入或通过其他管柱下入。通常在位于筛管悬挂器的上方的上/卸工具上方下一个钻井浮阀。一旦悬挂器坐好后，就释放上/卸工具并起出钻柱或工作柱。钻井浮阀能防止流体倒流。

有时也有可能必须用钻井液"淹没"后部以减少地面压力并使工具或管柱能下入到井内。如果有必要，就要将旋转头或旋转防喷器中的橡胶元件或封隔元件取出来，以便让大直径的管柱从井口下入井眼中。

（2）欠平衡固井。假设套管是在欠平衡状态下下入的，就应该考虑欠平衡固井。由于水泥及相关滤出液引起的地层伤害可能等于甚至超过钻进时的伤害。欠平衡固井与欠平衡钻井没有太大的不同。水泥浆的静水压头可通过注入气体来降低，通常是氮气，或加入密度较轻添加剂。这些技术的研究最初是为了避免压裂松软地层。

对水泥的要求与常规处理方法相同。环空必须封闭，以防止流动，强度必须足以在地层应力作用下抵抗水泥胶结的退化。其他相同的考虑事项是微环的渗透性消除，抗压强度和钻井液的替换。

通常，在水泥中加入氮气以降低它的密度，这降低了目的层附近的静水压头，并因其多相特性，进一步阻止了流动（流进地层，在安装前）。充氮水泥最初是为了处理漏失段或低压段。它通常用欠平衡固井。

在历史上，作业者曾有一些关于保证充气水泥充分与套管和地层胶结的困难。地层气体通常进入到水泥中并引起污染。该"蜂窝结构"会导致水泥胶结不充分，从而引起不同地层间的窜流（通道或微环隙中地层流体的流动）。当有一种这样的地层含水时，通道就能让水流进油气段，从而导致过早放弃完井并丢掉油层。高质量的泡沫水泥往往能简化这一问题。可压缩的水泥浆能保持水泥胶结压力遍及固结和硬化整个过程，特别是在水泥基质容易受气体形成沟槽的过度相。

另外，常规添加剂也适合密度 $1.38\sim1.43g/cm^3$ 的水泥浆，低于该值，结果水会分离，并影响水泥浆性质和环空中水泥柱的连续性。中空的微球体曾被用作水泥添加剂。使用中空微球体的低重度的水泥浆使水泥浆密度能达到 $1.08\sim1.43g/cm^3$ 而没有水分离和相关的成本增加。此外，要指出的是，用氮气作为添加剂的泡沫水泥曾被许多作业者所接受。体系要求另一种列出的基质水泥浆和气态氮，以产生均一的极轻的水泥浆。

3. 热采井完井

1）完井方式

热采井完井方式有两类：套管射孔完井或裸眼绕丝筛管及砾石填充割缝衬管或金属棉滤砂管等完井。这两种方式各有其适应范围。裸眼绕丝筛管或割缝衬管或金属棉滤砂管完井适用于大厚油层，基本上没有夹隔层和气顶底水的稠油层，真正裸眼完井是不能采用的，因为稠油井都会出砂，再加上夹隔层垮塌，很快就会将井眼堵死而不能生产。套管射孔完井适应范围比较宽，大厚油层或有夹隔层的薄互油层和有气顶底水油层都可采用。热采井套管设计见本手册第三章相关内容，固井水泥见本手册第四章相关内容。

实践证明，热采井环空应全部封固，即水泥返至地面，井段太长时，可采用多级注水泥办法。注水泥时要求一定量的水泥返出地面（$4\sim8m^3$），排出混浆段，保证井口段水泥环质量。在套管柱上合理串接套管扶正器，提高顶替效率和固井质量。

4. 天然气井完井

1）完井方式的选择

天然气井的完井方式选择主要针对产层是否出砂，有无边边底水，地层是否稳定，来决定完井方式。

（1）对于产层属致密不坍塌地层，如碳酸盐岩地层，可考虑裸眼完井。如图 14-8-61 所示。

（2）一般的不出砂地层可考虑固井射孔完井。如图 14-8-62 所示。

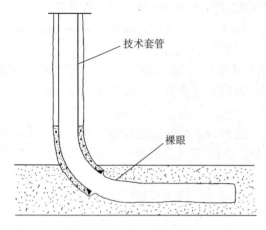

图 14-8-61　天然气井裸眼完井

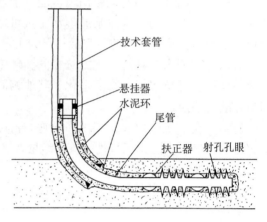

图 14-8-62　天然气井射孔完井

（3）对于出砂的天然气产层，采用筛管完井。如图 14-8-63 所示。若产层附近伴有边底水，则考虑筛管＋管外封隔器（ECP）完井。如图 14-8-64 所示。

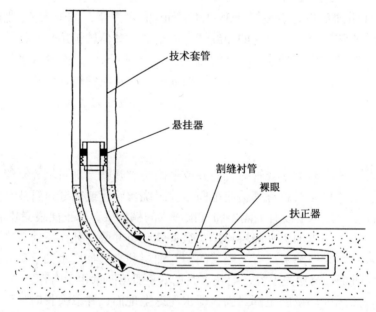

图 14-8-63　天然气井筛管完井

4）套管尺寸的选择

天然气井生产套管尺寸选择应以保证在天然气合理产量条件下举升摩阻（能耗）最低，可满足携液要求的最大油管尺寸和减少冲蚀力的最小油管尺寸。权衡这三者关系的协调，还应考虑井下配套工具的最大尺寸，如井下安全阀的最大外径等附加条件，以及投产和生

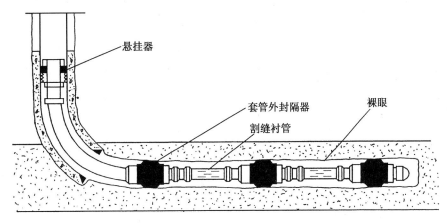

图 14-8-64　天然气井筛管 +ECP 完井

产过程中增产措施和后期生产中排水采气措施等因素选择合理的油管尺寸，最后确定生产套管尺寸。油气井油管与套管尺寸匹配关系见表 14-8-16。套管强度、连接螺纹及防腐蚀要求等见本手册第三章相关内容。

表 14-8-16　油气井油管与套管尺寸匹配表

油管外径，mm（in）	生产套管尺寸，mm（in）	油管外径，mm（in）	生产套管尺寸，mm（in）
≤ 60.3（$2^3/_8$）	127（5）	127.5（5）	177.8 ～ 193.7（7 ～ $7^5/_8$）
73.0（$2^7/_8$）	139.7（$5^1/_2$）	139.7（$5^1/_2$）	193.7 ～ 244.5（$7^5/_8$ ～ $9^5/_8$）
88.9（$3^1/_2$）	168.3 ～ 177.8（$6^5/_8$ ～ 7）	177.8（7）	244.5（$9^5/_8$）
101.6（4）	177.8（7）	193.7（$7^5/_8$）	273.1（$10^3/_4$）
114.3（$4^1/_2$）	177.8（7）	244.5（$9^5/_8$）	339.7（$13^3/_8$）

注：如果井下下入安全阀，在安全阀以上的生产套管必须加大一级，一般距地表约 100 ～ 200m。

5）高压气层条件下的固井技术

由于气层的存在，注水泥环空气窜是一个普遍问题，多年来为解决环空水泥气窜进行了大量的研究和实践工作，已获得良好成果。高压的概念是以压力梯度来表示的，往往当压力梯度值超过 13.2436kPa/m（0.013MPa/m）时，认为已属高压范围，所以钻井液密度在 1.35g/cm³ 以上时进入高密度概念，但也有这种情况，气层埋藏深度较深。例如 5000m 井深，当气层压力梯度仅 0.01MPa/m 时，投产后油井井口压力值可在 40MPa 以上，这个绝对压力值已属高压，在进行注水泥设计时应有这样的概念。

控制气窜的注水泥技术有：

（1）水泥浆技术。参见本手册第四章相关内容。

（2）采用机械方法阻隔气窜。即使用 ECP 工具，具体应用方法是尽可能设置 ECP 距气层顶部井径规则处。

5. 地下储气库井完井

地下储气库是用来储存天然气的地下设施。在世界范围内主要建有枯竭油气藏储气库、盐穴储气库和含水层储气库三种类型，大多集中在美国、加拿大、俄罗斯及德国等国家，年用天然气的 10% ～ 30% 由地下储气库来保证。

储气库一般是在用气淡季注入天然气，而在用气旺季（一般在冬季）或保安期采出，并且采用大排量吞吐，单井生产能力一般要达到（100 ～ 300）× $10^4m^3/d$。美国 Duke 能源公司位于得克萨斯州北部的盐穴储气库，其中一口井的气井直径为 20in（508mm），最大采气能力可以达到 $1870 \times 10^4m^3/d$。

由于储气库运行时受到较高工作气量注气和采气的"呼吸"作用，井筒将间歇受到较强的由低到高和由高到低交变载荷的反复作用。同时，为实现效益最大化，要求储气库井的工作寿命尽可能地得以延长，因此对完井工艺、注采管柱、井下工具、固井质量及井筒整体密封性等都提出了更高的要求。另外，在枯竭油气藏和含水层储气库中，有些储层的孔隙压力系数已经下降到 0.5 以下，必须注重对储层物性的保护，否则将大大影响注气压力和气库的吞吐量，同时增大地面设备的运行负荷，使储气库的运行费用大幅度增加。

为满足储气库运行安全和强注强采的要求，应从注采管柱选择、射孔和完井管柱、井口设施、固井以及井筒密封检测等方面进行优化选择，达到最佳注采效果，延长井筒服役时间。

（1）枯竭油气藏储气库和含水层储气库的气井完井。

①储气库完井管柱选择。储气库注采气井完井管柱应满足储气库工作环境的要求，必须考虑井下异常情况下高压气流的快速控制，注采气过程井下流体对套管与油管的腐蚀及强注强采的需要，还应考虑完井管串拥有较长的使用寿命。储气库完井管柱选择的原则：

a. 满足储气库注采规模的需要；

b. 适应腐蚀环境工作的需要；

c. 保证注采井长期安全生产；

d. 成本控制和工艺措施的配套性。

在储气库注采井管柱设计中一般均使用封隔器和井下安全阀。封隔器一般安装在管柱的底部，防止储层流体腐蚀上部管柱，以延长井筒使用寿命。井下安全阀安放在距管柱底部 80 ～ 100m，用于在井筒高压气流失控时，快速安全切断井下与地面的通道，确保地面及周围人群的安全。

一般枯竭油气藏和含水层储气库完井管柱从井口到井底依次为：注采气管柱、流动接箍、安全阀、XD 循环滑套、键槽式伸缩接头、锚定密封总成、永久封隔器、X 坐落接头、带孔管、XN 坐落接头、平衡隔离工具、射孔枪丢手及射孔枪总成等（盐穴储气库无射孔组合）。

图 14-8-65 为枯竭油气藏储气库典型完井管柱示意图。

一般储气库井既是注气井，又是产气井。因此，注采管柱设计既要考虑满足配产配注的需要，也要考虑不发生管柱的冲蚀，同时使井口注气压力保持在地面压缩机正常工作的范围内。由于井筒包括生产管柱工作时受到天然气环境下"呼吸"应力作用，管柱螺纹必须选用特殊气密封螺纹。通常可供选择的气密封螺纹种类有：NEW-VAM、NK3SB 和 TM 等。

②射孔与完井方案。在砂岩气藏和含水层储气库注采井完井应采用射孔—完井联作的一次完成方式，射孔时用液氮尽可能将井筒内液体掏空，避免对储层的二次伤害。

③井口设施。完井作业期间的井口设施包括采气树和升高短节。油管挂要预留井下安全阀地面控制管线的连接通道，大四通上安装控制阀和压力表。如果储气库处于湖泊或泄

洪区等地带，需要将升高短节加高至地面一定高度，在井口搭操作台。采气树与升高短节、升高短节与套管均采用法兰连接，并用钢圈与"BT"密封圈双重注塑密封，所有闸阀采用金属对金属密封。

(2) 盐穴地下储气库完井固井技术。盐穴储气库除了具有其他运行特点外，还要考虑盐腐蚀及气体吞吐所形成的热交变应力等因素影响，同时，由于井浅、井温低、压力低及盐层埋藏浅等特点，要求水泥浆体系应具有低温快凝早强、微膨胀、浆体稳定性好、稠度适宜，水泥石具有长期的强度稳定性，并与钻井液及隔离液具有良好相容性。注采管柱的强度设计要附加考虑抵抗盐岩层蠕变的影响。

国外盐穴储气库常用典型完井管柱，如图 14-8-66 所示。

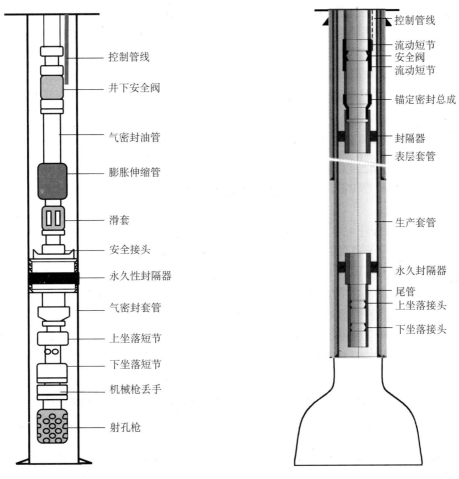

图 14-8-65 枯竭油气藏储气库典型
完井管柱示意图

图 14-8-66 国外盐穴储气库常用
典型完井管柱示意图

(3) 储气库注采井井筒的密封。由于储气库受到高压气体的长期作用，必须对其井筒的密封性给予高度重视，其主要原则是：

①选择气密封型生产套管和注采气管柱；

②带井下安全阀的完井管柱；

③井口采气树采用金属对金属密封方式；

④老井井筒采用常规水泥多级灰塞封堵，窜槽井段应挤注常规或超细水泥封窜；

⑤合适的固井水泥浆体系与施工措施。

（4）盐穴储气库的密封性检测。由于盐穴储气库埋藏浅，并且气体是存放在数千万立方米的地下溶腔内，因此对盐穴储气库一般还要依据专用密封检测标准，进行井筒密封性的气体试验。检验介质用氮气，也可用天然气或空气。

四、射孔

射孔在钻井完成、下入油层套管并固井的井中，用射孔器射穿套管、水泥环和产层，形成沟通井筒与油气产层的流体通道，使油气经过射孔孔眼而流入井底。射孔的主要目的是减少钻井过程中对油气层的伤害，增加油气井产能和延长油气井寿命。从射孔的效果来看，射孔既是改善井底流通性的过程，同时对井底地层又造成一定的伤害。因此，在油气田的勘探开发过程中，其重要性越来越受到重视，应达到以下质量要求：

（1）射孔深度必须准确无误，能够按设计准确打开目的层。

（2）选择合理的射孔器和射孔方式，以获得最佳的射孔效果，并且不破坏套管和水泥环。

（3）保证安全施工，能够避免射孔器落井及中途自爆等事故发生。

1. 射孔工艺

应针对油气藏地质特征、流体特性及油气井类型（直井、定向井或水平井），选择与之相适应的射孔工艺。

1）电缆输送套管枪射孔工艺（WCP）

按采用的射孔压差或井口密封方法可以分为以下三种方式：

（1）电缆输送套管枪正压射孔工艺。射孔前用高密度射孔液压井，造成井底压力高于地层压力。在井口敞开的情况下，利用电缆下入射孔枪，在正压差下对油气层部位射孔。起出射孔枪后，下油管并装好井口，进行替喷、抽汲或气举等诱喷，以使油气井投产。

正压射孔具有施工简单，成本低和高孔密深穿透的优点，但正压会使射孔液的固相和液相侵入储层而导致较严重的储层伤害。为了减少正压对地层的伤害，因此要求使用优质的射孔液。

（2）电缆输送套管枪负压射孔工艺。这种工艺基本上与电缆输送正压射孔工艺相同，只是射孔前将井筒液面降低到一定深度，以建立适当的负压。这种方法主要用于中压与低压薄油藏。

（3）电缆输送套管枪带压施工射孔工艺。与上述两种工艺不同的是井口是封闭的，可以实现大直径电缆枪负压射孔，避免了正压射孔可能给油层带来的严重地层伤害，主要适用于常压或高压油藏。该工艺的关键是井口电缆的动密封和高压防喷系统设备配套，结合电缆射孔分级点火技术，可减少防喷系统的拆卸次数，从而降低劳动强度，提高作业效率。

2）油管输送射孔工艺（TCP）

油管输送射孔工艺是利用油管将射孔枪下到油层部位射孔。油管内只有部分液柱造成射孔负压。通过地面投棒引爆、压力或压差式引爆或电缆湿式接头引爆等各种方式使射孔弹爆炸而一次全部射完油气层。

油管输送射孔的引爆有多种方式。最简单的是重力引爆，这就是在井口防喷盒内预先装有一圆柱金属棒，射孔时释放该棒，高速下落的投棒撞击枪头的引爆器。这种引爆要求管柱必须通径，油管不能有弯曲，井斜不能过大。

第二种引爆是油管加压引爆。由于油管内只有部分液柱，一般需用氮气做传压介质。为了保证射孔瞬间的负压，必须将高压氮气在引爆前释放出井口。这就要求在加压氮气和引爆射孔之间有一较长的缓冲时间以释放氮气，这称之为延迟引爆。

第三种引爆是环空加压引爆（压差引爆）。利用封隔器中的转换装置和水力旁通，使环空与油管成为两个不同压力系统，从环空加压，造成环空压力与油管压力的压差增加，压差增至预定值，剪断活塞销钉，使活塞与钢丝绳夹板一起带动钢丝绳迅速上移而使点火头拉杆上移，由此使撞针释放而引爆雷管。

还有一种引爆方式称为电能引爆，点火头分为电缆传送电流点火头和电池落棒点火头两种。

油管输送射孔具有负压值设置方便、易于解除射孔对储层的伤害的优点。一次射孔层段厚度较大，最长可达 800m 以上。该方法特别适于斜井、水平井和稠油井等电缆难以下入的井。由于在井口预先装好采油树，故安全性能好，非常适于高压地层和气井，同时射孔后即可投入生产，也便于测试、压裂与酸化等和射孔联作，减少压井和起下管柱次数，减少了对油层的伤害和作业费用。油管输送射孔要求钻井时多留井底口袋，以便存放落下的射孔枪。有时，射孔井段太长，则射孔枪也太长，即无法将射孔枪丢在井底，只能不丢枪或采取其他的办法。

3）油管输送射孔联作工艺

（1）油管输送射孔和地层测试联作。将油管输送装置的射孔枪、点火头和激发器等部件接到单封隔器测试管柱的底部，管柱下到待射孔和测试井段后，进行射孔校深，坐好封隔器并打开测试阀，引爆射孔后转入正常测试程序。这种工艺特别适合于自喷井。根据地层测试工具的不同类型可进行 4 种主要形式的组合，即 TCP+MFE（多流测试器）联作测试，TCP+PCT（环压控制测试器）联作测试，TCP+HST（水力弹簧测试器）联作测试，TCP+APR（全通径测试器）联作测试。

（2）油管输送射孔与压裂、酸化联作。将油管输送装置的射孔枪、点火头和激发器等部件接到压裂或酸化管柱的底部，射孔后即可进行压裂或酸化等工序。

（3）射孔与抽油泵联作工艺。根据选用抽油泵的类型采用不同的负压起爆方法。除了可以避免射孔后压井液对地层造成二次伤害，也能解决环保问题，而且具有一定的增产效果。

（4）射孔与高能气体压裂联作工艺。射孔与高能气体压裂基本原理是在射孔弹架内装填惰性炸药（常用固体或液体推进剂），利用油管或电缆把射孔装置下到目的层位，通过投棒或电引爆射孔枪。由于射孔弹从引爆和形成射流的时间是毫秒级，而装填的火药首先穿透套管，在地层中形成孔眼，而延迟燃烧的枪身内的推进剂随后产生高温高压气体，对刚形成的射孔孔眼进行冲刷和延伸，并产生不受地应力控制的裂缝，形成较完善的井底沟通，形成裂缝的条数与作用时间和峰值压力有关。

（5）油管输送射孔与防砂联作工艺。对于弱胶结与非胶结地层而言，地层极不稳定，易受外界扰动因素影响而出砂，此时可采用油管输送射孔与防砂联作工艺，一趟管柱实现射孔与防砂作业，减少施工成本和作业时间，并有利于保护储层。

4）电缆输送过油管射孔（TTP）

（1）常规过油管射孔这是最早使用的负压射孔工艺。首先将油管下至油层顶部，装好采油树和防喷管，射孔枪和电缆接头装入防喷管内，准备就绪后，打开清蜡阀门下入电缆，射孔枪通过油管下出油管柱，用电缆接头上的磁定位器测出短套管位置，点火射孔。

过油管射孔具有负压射孔及减少储层伤害的优点，尤其适合于生产井不停产补孔和打开新层位，避免了压井和起下油管作业。但过油管射孔枪直径受油管内径限制，无法实现高孔密深穿透（弹尺寸小且射孔枪与套管间隙过大）。并且一次下枪长度受防喷管高度限制，厚油气层需多次下枪，而以后无法保证负压。就负压本身而言也不能过大，以防射孔后油气上冲而使电缆打结无法取出。由于这些缺点，目前常规过油管射孔已使用得很少了，仅在海上和一些不能停产的井用于补孔。

（2）过油管张开式射孔技术。如前所述，过油管射孔的主要缺点是枪小、弹小，从而射孔穿深浅。鉴于这个原因，过油管射孔的孔深均难以超过100mm，为此，人们研究了一种新的过油管张开式射孔枪，包括一个控制头和一只射孔枪。射孔前控制头上提拉杆，使射孔弹绕框轴旋转而张开并与套管垂直，点火射孔，这样射孔弹可以加大，并且减小与套管的间隙。如果未引爆，可使射孔弹复位，回到枪腔内，安全取出地面。射孔枪由弹架、转轴弹和两个启动杆，以及连接转轴射孔弹的连接器、导爆索和雷管组成。

5）超高压正压射孔工艺（正向冲击）

该工艺是采用极高的正压下进行射孔，利用聚能射孔时射流局部高压（30000～40000MPa）和速度（约2000m/s）。可以有几方面的效果：（1）在较长时间内施加高压，有利孔眼稳定；（2）使孔眼裂缝扩张，增加孔眼有效通道；（3）射孔后继续注酸（液氮）可以起到增产措施效果，也可以注树脂起到固砂作用。

由于上述工艺是高压作业，要考虑井下管柱、井口和设备的承压能力，强化安全措施。此外，液体要进入地层，必须选择恰当的射孔液以防产生新的地层伤害。

超高压正压射孔工艺操作可分为两大类：一是射孔与冲击同时完成的工艺；二是超高压正压射孔工艺作为独立射孔后的泵注冲击工艺，即分为使用于未射孔和已射孔井的工艺。未射孔工艺还可以分为三种：油管传输超高压正压射孔工艺、过油管超高压正压射孔工艺和电缆套管枪超高压正压射孔工艺。

TCP、WCG和TTP工艺管柱，最好使用有枪身射孔枪，以便射孔后的碎渣留于射孔枪内。油管传输超高压正压射孔工艺使用于复杂地层或高压地层；电缆传输超高压正压射孔工艺则适用于低压储层；过油管电缆传输超高压正压射孔工艺适用于不动管柱的老井打开新层或补孔作业。

6）水平井射孔工艺

在不易垮塌地层的水平井中，为了有效防止气、水锥进，便于分层段开采和作业，可以采用射孔完井方式。水平井射孔一律采用油管输送射孔工艺。井下总成一般包括引爆装置、负压附件、封隔器和定向射孔枪，采用压力引爆。

此外，水平井射孔方位有三种：360°、180°和120°，其方位的选择主要取决于地层坚硬程度。一般情况，特别是稠油疏松地层，射孔方位大都采用180°~120°，以免水平井段上部因射孔后岩屑下落堵塞井筒。

由于水平井射孔段长且跨度大，因此射孔枪起爆的安全性和传爆的质量是重点考虑的对象，一般都采用多个起爆器。水平井射孔引爆的方式虽然都采用压力引爆，但根据不同目的和用途又派生出多种形式，比如油管加压引爆、环空加压引爆、压力开孔装置＋压力（延时）起爆、压差开孔装置＋压差（延时）起爆、开孔枪＋压力（延时）起爆、一体式压力（延时）起爆开孔装置以及隔板传爆等。

射孔方位是通过水平井射孔的定向来实现的。目前射孔枪的重力定向有两类，即外定向和内定向。其中外定向是采用在枪身外焊翼翅，配合转动接头，靠翼翅与井壁摩擦阻力不平衡，在偏心重力作用下实现枪串的整体转动来进行射孔定位；而内定向是枪身内采用弹架偏心设置，配合偏心支撑体，在偏心重力作用下弹架旋转实现每根枪射孔定位。由于内定位的精度高，定向效果易检测，且可安装尺寸相对较大的射孔枪，因此国内外目前普遍采用内定向，内定向又有偏心旋转和配重块旋转两种方式之分。

7）高压喷射和喷砂射孔工艺

这是与聚能射孔完全不同的射孔工艺。

（1）高压液体射流射孔。利用高压液体射流配合机械打孔装置在套管上钻孔，并以高压射流穿透地层，带喷嘴的软管边喷边向前进，射孔后收回，其孔径为 14 ~ 25mm，最大穿透深度可达 3m 以上。

（2）水力喷砂射孔其原理是高压液携砂，携砂浓度约 5%，利用高压喷砂液体将套管射穿，继而射向地层。因射流压力高，若地层不是坚硬地层，可能将地层不是射成一个孔，而是形成一个洞穴，不利于今后正常生产。除非特殊要求，一般情况下多不采用此方法。

8）复合射孔工艺

复合射孔工艺技术是集射孔完井与高能气体压裂于一体的高效完井技术。它通过一次施工完成两道工序。在射孔的同时，进行高能气体压裂，可解除钻井、固井与射孔等作业过程对地层所造成的伤害，从而提高油气井完善程度，达到射孔完井和增产增注的目的。

目前，针对不同的井况和地层条件，已形成系列化的复合射孔器及施工工艺。复合射孔器有分体式、一体式、外套式和二次增效复合射孔器以及适合于小井眼井的小直径复合射孔器。

（1）分体式复合射孔工艺技术。它的原理是在射孔枪下部加装高能气体压力发生器，通过射孔器引爆点燃火药，实现先射孔后高能气体压裂的目的。

（2）一体式复合射孔工艺技术。该项工艺技术是将火药放在特制的射孔器内，通过射孔器起爆引燃火药。火药燃烧所产生的气体通过射孔孔眼或预制泄压孔排出。

（3）外套式复合射孔工艺技术。该项工艺技术是将筒状火药套在射孔枪外部，通过射流及冲击波引燃火药。该技术是将内置式或外套式复合射孔器与分体式复合射孔器相结合，内置式或外套式复合射孔器对地层作用后，通过分体式复合射孔器对地层进行二次加载，延长作用时间，提高作用效果。

2．射孔优化设计

影响射孔完井产能的因素很多，主要有孔密、孔深、压实伤害程度、地层非均质性、压实厚度、相位、孔径、钻井伤害程度、钻井液伤害厚度、井筒半径、渗透率、生产压差和布孔格式等因素，要综合考虑各个单因素的影响，分清这些因素的影响主次，必须进行正交分析和显著性检验。

射孔优化设计是针对不同的储层特性和不同的射孔目的，对射孔参数、射孔条件和射孔方法进行综合优化的最佳设计。

为实现正确有效的射孔优化设计，应做好以下几方面的工作：

（1）实弹射孔岩心靶实验。模拟井下实际温度、压力及岩石应力，获取各种射孔弹在不同的射孔间隙与射孔压差下的岩心穿透程度、孔眼直径、孔容和岩心流动效率等基本数据。

（2）评价钻井液伤害深度和伤害程度。根据在裸眼井或套管井中的数据，结合以往试油井射孔资料，求得伤害深度和伤害程度。

（3）分析测井解释资料和高压物性数据，确定储层和流体物性。

（4）在有条件的地方，模拟井筒中在高温高压下射孔对套管与枪的破坏实验，取得各种弹所允许使用的最高孔密数据。

（5）对各种地层与流体建立相应的产能与射孔参数关系的分析和计算优化设计软件。

（6）根据伤害参数、地层参数和流体参数，对各种可能的射孔参数组合，按照产能比值的高低优化射孔参数。

（7）优选射孔液、射孔负压差和射孔工艺，按优化设计方案进行施工。

（8）确定有效负压值。现场实验公式如下：

①最大负压差的确定。产能允许的最大负压差与产层附近纯泥岩的声波时差和密度有关。当 $\mu_{DT} > 295\mu s/m$ 时：

$$p_{\mu \max}=24.132-0.03994\mu_{DT} \tag{14-8-4}$$

当 $\rho_{RHO} < 2.4g/cm^3$ 时：

$$p_{\mu \max}=16.13\rho_{RHO}-27.58 \tag{14-8-5}$$

式中　μ_{DT}——产层附近纯泥岩声波时差，$\mu s/m$；

　　　ρ_{RHO}——产层附近纯泥岩密度，g/cm^3；

　　　$p_{\mu \max}$——地层允许最大负压差，MPa。

若不能满足以上条件时，由井下设备和井身结构承受的最大负压差值决定。

②最小负压差的确定。产层需要的最小负压差与地层渗透率有关，地层渗透率越低，可能需要的负压值越大。

$$\Delta p_{\min}=10^{3.5144}/（145K^{0.3544}） \tag{14-8-6}$$

式中　$\Delta p_{\min}$——最小负压差，MPa；

　　　K——地层渗透率，mD。

③合理射孔施工压差确定。在按照前面讨论的方法设计出最小负压 $\Delta p_{\min}$ 和最大的负压 $\Delta p_{\max}$ 之后，还必须设计出射孔施工必须采用的施工负压差 Δp_{rec}。经过对各种因素的综合考虑，制定出确定合理射孔负压 Δp_{rec} 的方法。

a. 合理负压的限制条件：

由于前面所研究的 $\Delta p_{\min}$、$\Delta p_{\max}$ 并未考虑下套管的安全因素，为此必须要求合理负压（Δp_{rec}）：

$$\Delta p_{rec} \leqslant 0.8\Delta p_{tub,\,\max}$$

式中　$\Delta p_{tub,\,max}$——井下管柱能够承受的最大安全负压，MPa。

对于低压油层，有时甚至全井掏空也达不到所要求的负压值，为此必须要求：

$$\Delta p_{rec} \leqslant \Delta p_r$$

b. 最佳负压的选择方法：

分两种情况进行选择。

若 $\Delta p_{max} \geqslant \Delta p_{min}$，此时，若无出砂史，则：

$$\Delta p_{rec}=0.8\,\Delta p_{max}+0.2\,\Delta p_{min}$$

若有出砂史或者含水饱和度 $S_w > 50\%$，则：

$$\Delta p_{rec}=0.2\,\Delta p_{max}+0.8\,\Delta p_{min}$$

若 $\Delta p_{max} < \Delta p_{min}$，这种情况在某些时候也是有可能出现的，因为 Δp_{max} 是指防止出砂允许的最大负压，Δp_{max} 完全有可能小于保证孔眼清洁所需的最小负压 Δp_{min}，绝不能从符号上理解为 Δp_{max} 一定会大于 Δp_{min}。此时 Δp_{max} 实际上成了采用负压的制约条件，则为安全起见：

$$\Delta p_{rec}=0.8\,\Delta p_{max}$$

五、完井管柱与井口装置

完井管柱是完井工程的重要组成部分，它是油气生产和注水注气及注汽唯一通道。完井管柱的组成直接关系到油气井正常生产与措施的实施，减少井下作业工作量和延长井下作业免修期和保证油气井的安全。

1. 油井完井管柱

1）分层开采管柱

分层采油工艺可有效防止层间（特别是压差大的层间）干扰，减少层间矛盾，保持各油层均衡开采，提高采收率。

常用的分采管柱有单管分采管柱（图 14-8-67）和双管分采管柱（图 14-8-68）。

2）有杆泵井采油管柱

有杆泵井采油管柱要满足泵型、泵径及井深的要求，其典型的采油管柱如图 14-8-69 所示。生产管柱还可根据生产需要分为封下采上、封上采下、封中间采两头及封两头采中间几种结构形式（图 14-8-70）。

3）电动潜油泵采油管柱

电动潜油泵采油系统主要由井下机组、地面设备和电缆三大部分构成（图 14-8-71）。

对于实施两层开采，同时又要求进行生产测试、过油管射孔及连续油管作业的油井，可采用"Y"形接头的电动潜油泵开采（图 14-8-72）。

电动潜油泵采油生产管柱还可以根据生产需要分为单采、封上采下、封下采上，封两头采中间几种结构形式（图 14-8-73）。

4）井下螺杆泵采油管柱

螺杆泵采油系统的优点是运动部件少，吸入性能好，水力损失小，因介质被连续均匀

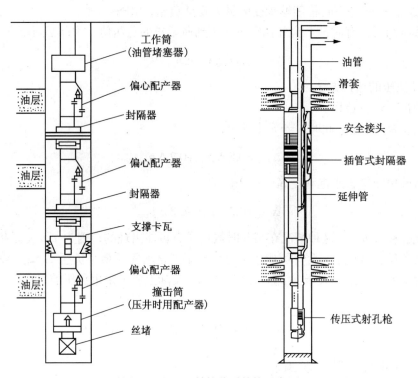

图 14-8-67 单管分采管柱示意图

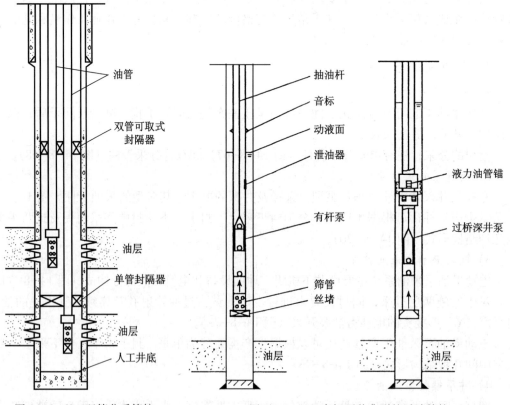

图 14-8-68 双管分采管柱　　　　图 14-8-69 有杆泵井典型的采油管柱

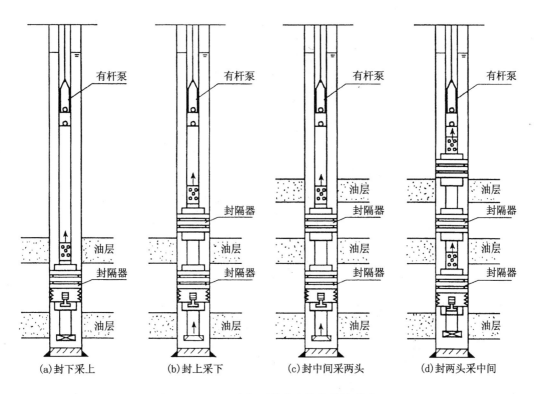

图 14-8-70　有杆泵井生产管柱结构形式

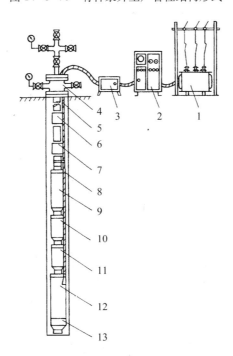

图 14-8-71　电潜泵采油系统示意图

1—变压器；2—控制柜；3—接线盒；4—井口；5—动力电缆；6—测压阀；7—单流阀；
8—小扁电缆；9—多级离心泵；10—油气分离器；11—保护器；12—电动机；13—测试装置

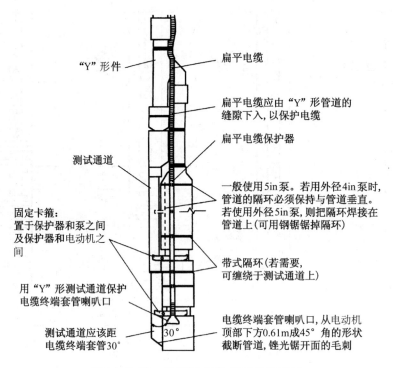

图 14-8-72 电潜泵"Y"形接头示意图

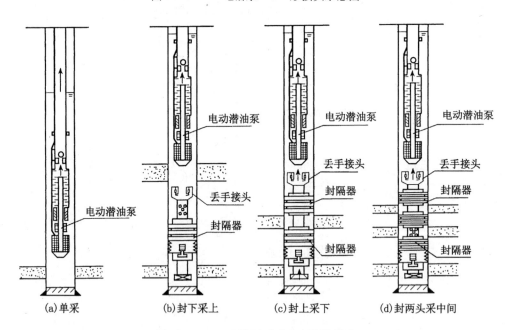

图 14-8-73 电潜泵采油生产管柱形式

吸入和排除,故柔性定子被砂粒磨损轻微;由于没有吸入阀和排除阀,因此不会产生气锁。

井下螺杆泵采油系统有地面动力驱动、潜油电动机驱动和液压驱动三种驱动形式,各系统的组成,如图14-8-74、图14-8-75和图14-8-76所示。

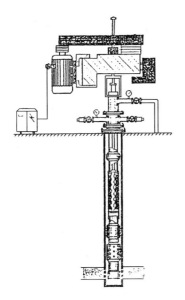

图 14-8-74 地面驱动螺杆泵
采油示意图

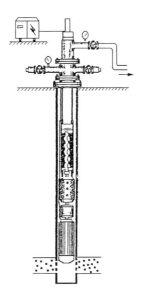

图 14-8-75 潜油电动机
驱动螺杆泵采油示意图

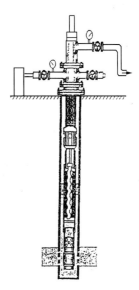

图 14-8-76 液压驱动螺杆
泵采油示意图

5）水力泵采油管柱

水力泵包括水力活塞泵和射流泵。水力活塞泵采油系统的基本原理是由地面泵将动力液增压井泵送入井下，由动力液驱动液压马达作上下往复运动，同时，液马达带动井下泵柱塞上下往复运动，把井液举升到地面。水力活塞泵采油系统工作流程如图 14-8-77 所示。

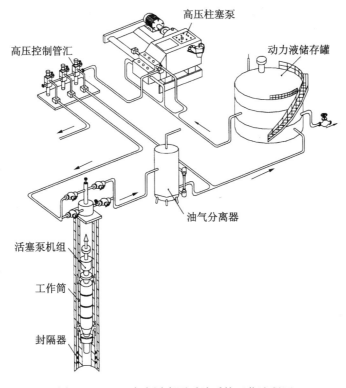

图 14-8-77 水力活塞泵采油系统工作流程图

射流泵采油系统地面部分和井筒流动系统与水力活塞泵开式采油系统相同。

6）气举采油管柱

气举的工艺过程是通过向井筒内注入高压气体的方法来降低油管内从注气点到地面的液柱密度，使原油及液体连续地从油层流向井底，并从井底举升到地面。常用气举井管柱结构如图 14-8-78 所示。

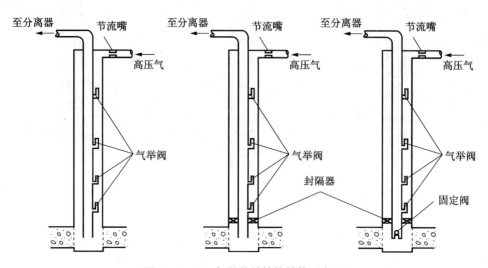

图 14-8-78　气举井单管柱结构示意图

2．气井完井管柱及相关要求

气井完井管柱分为常规气井完井管柱、高压大产量气井完井管柱、含硫气井完井管柱及高酸性气井完井管柱等。

1）采气井完井生产管柱的选用原则

（1）完井油管柱既要满足完井作业要求，又要满足气井开采的需要，同时还要考虑今后修井作业的复杂性。

（2）完井生产管柱在满足安全和工程的前提下应该力求简单适用，能不下的井下工具附件尽量不下。

（3）完井生产管柱应满足节点分析要求，减少局部过大压力损失。

（4）完井生产管柱应考虑 H_2S、CO_2 和地层水的影响。

（5）完井生产管柱在计算抗压强度时应考虑套管质量，特别是深井和超深井套管偏磨情况，为保护套管，推荐采用生产封隔器永久性完井油管管柱。

2）常规气井完井管柱

常规气井完井管柱的组成如图 14-8-79 所示。

3）高压大产量气井完井管柱

为确保生产安全，高压大产量气井完井管柱主体结构包括井下安全阀、循环阀、伸缩接头、永久式封隔器等。采用 7in 油管完井生产管柱如图 14-8-80 所示。

4）含硫气井完井管柱

含硫气井推荐采用生产封隔器永久完井管柱，油管推荐 3SB、F0X 扣高气密性能特殊

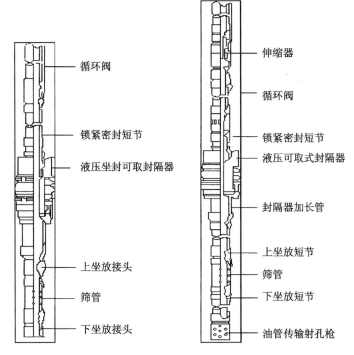

图 14-8-79 常规气井完井管柱的组成示意图

螺纹，油管内壁推荐选用内涂层或内衬玻璃钢油管。

（1）常规含硫气井完井管柱。常规含硫气井完井管柱的主要特点是加注缓蚀剂防腐。缓蚀剂的防腐机理是用缓蚀剂膜将钢材表面与腐蚀介质隔离开来，缓蚀剂可有效防止腐蚀介质对钢材表面产生化学腐蚀，其管柱如图 14-8-81 所示。

（2）一次性完井管柱。一次性完井管柱具有可以封闭油套环形空间，对套管起保护作用，降低完井费用，缩短作业周期有利于减轻对地层的伤害，与定型井下工具容易配套等优点。图 14-8-82 为磨溪气田一次性试油完井管柱示意图。

5）高酸性气井完井管柱

对于高含酸性气井，完井管柱中应考虑井下安全阀，同时管柱应具有防腐的特点。毛细管加注缓蚀

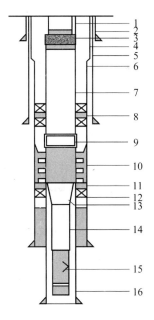

图 14-8-80 7in 油管完井生产管柱示意图

1—4$\frac{1}{2}$in 传压管；2—20in 导管；3—7in 井下安全阀及流动短节；4—10$\frac{3}{4}$in 套管；5—13$\frac{3}{8}$in 技术套管；6—9$\frac{5}{8}$in 生产套管；7—7in 油管；8—7in×9$\frac{7}{8}$in 封隔器＋磨铣延伸管；9—堵塞球座；10—密封插管＋四接密封筒；11—7in×9$\frac{7}{8}$in 尾管悬挂封隔器；12—7in×9$\frac{7}{8}$in 尾管悬挂器；13—7in×5in 变扣短节；14—5in 油管筛管；15—114mm 射孔枪总成；16—7in 尾管

剂完井管柱如图 14-8-83 所示。另一种合金钢完井管柱采用永久式封隔器完井，油管采用高等级的耐蚀合金钢 Alloy825 和 AlloyG3 材质，井下工具采用 718 材质。其完井管柱如图 14-8-84 所示。

3. 热采井完井管柱及相关要求

1）常规注汽管柱

常规注汽管柱主要有光油管注汽管柱（图 14-8-85）、光油管加隔热封隔器注汽管柱（图 14-8-86）和隔热油管注汽管柱（图 14-8-87）等三种。

2）封堵及分层注汽管柱

针对我国稠油油藏纵向非均质性严重，吞吐开采时吸汽不均，蒸汽波及效率低，油层纵向动用程度差的问题，需要采用封堵及分层注汽完井管柱。

封堵及分层注汽管柱主要有封上注下管柱（图 14-8-88）、封下注上管柱（图 14-8-89）和分层注汽管柱（图 14-8-90）三种完井管柱。

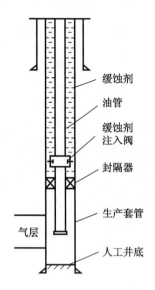

图 14-8-81　液体缓蚀剂加注完井管柱示意图

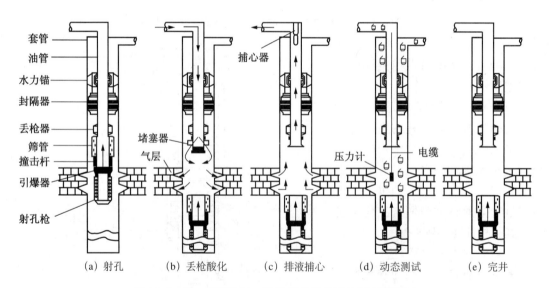

（a）射孔　　（b）丢枪酸化　　（c）排液捕心　　（d）动态测试　　（e）完井

图 14-8-82　磨溪气田一次性完井管柱试油工艺流程图

3）气隔热助排管柱

该管柱井内仅有隔热油管，用于注入蒸汽，所需氮气由制氮车产出。工艺管柱如图 14-8-91 所示。

4）油注蒸汽吞吐重复性不动管柱转抽完井管柱

直井开采完井管柱有光油管未隔热完井管柱（图 14-8-92）和光油管加隔热封隔器隔热完井管柱（图 14-8-93）两种类型。

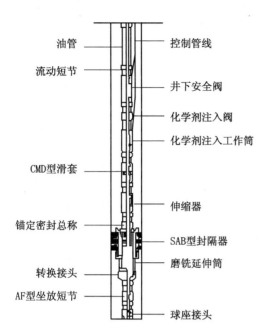

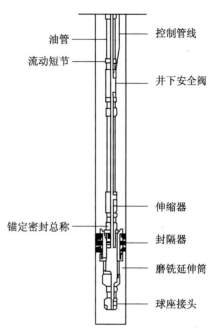

图 14-8-83　毛细管加注缓蚀剂完井管柱示意图　　　　图 14-8-84　合金钢完井管柱示意图

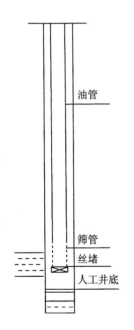

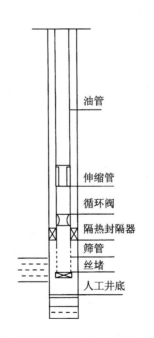

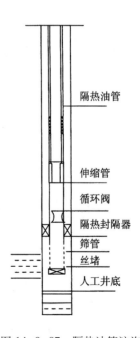

图 14-8-85　光油管注汽　　　图 14-8-86　光油管加隔热　　　图 14-8-87　隔热油管注汽
　　　　　　管柱示意图　　　　　　　　封隔器注汽管柱示意图　　　　　　管柱示意图

5）SAGD 完井管柱

蒸汽辅助重力泄油（SAGD）开采技术适于开采特稠油油藏或天然沥青。该过程以蒸汽

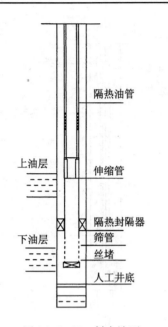

图 14-8-88 封上注下
管柱示意图

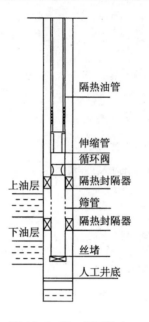

图 14-8-89 封下注上
管柱示意图

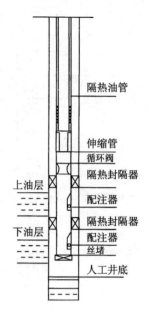

图 14-8-90 分层注汽
管柱示意图

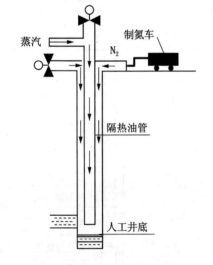

图 14-8-91 氮气隔热助排管柱示意图

作为热源，依靠沥青及凝析液的重力作用开采稠油。其典型完井管柱如图 14-8-95 所示。

4．套管头与采油树

1）套管头

套管头由本体、套管悬挂器和密封组件组成，是连接套管和各种井油管头的一种部件。用于悬挂技术套管和生产套管并密封各层套管间的环形空间。为安装防喷器和油管头等上部井口装置提供过渡连接。套管头本体上的两个侧口，可以进行补挤水泥和注平衡液等作业。

（1）型号表示方法。套管头尺寸代号（包括连接套管和悬挂套管）是用套管外径的英寸值表示；本体间形式代号是用汉语拼音字母表示，F 表示法兰连接，Q 表示卡箍连接。

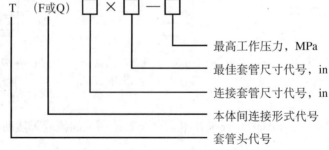

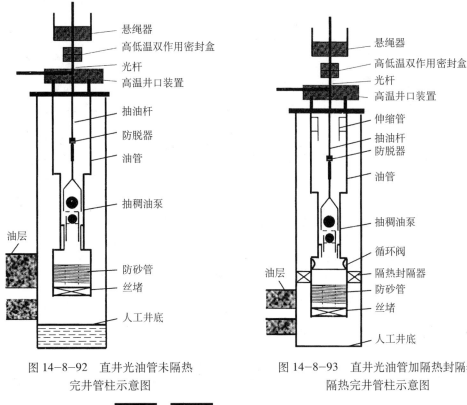

图 14-8-92　直井光油管未隔热
完井管柱示意图

图 14-8-93　直井光油管加隔热封隔器
隔热完井管柱示意图

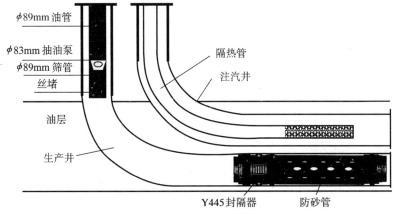

图 14-8-94　SAGD 完井管柱示意图

双级套管头表示方法：

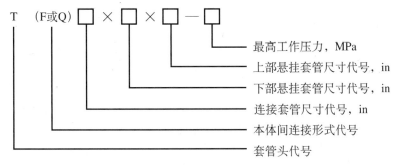

T　(F或Q)□×□×□—□

最高工作压力，MPa

上部悬挂套管尺寸代号，in

下部悬挂套管尺寸代号，in

连接套管尺寸代号，in

本体间连接形式代号

套管头代号

三级套管头表示方法：

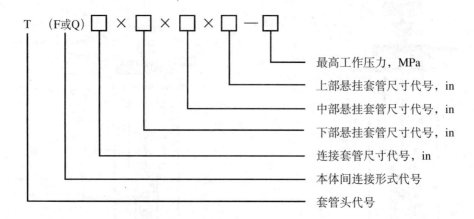

- 最高工作压力，MPa
- 上部悬挂套管尺寸代号，in
- 中部悬挂套管尺寸代号，in
- 下部悬挂套管尺寸代号，in
- 连接套管尺寸代号，in
- 本体间连接形式代号
- 套管头代号

（2）结构形式分类。套管头按悬挂套管的层数分为单级套管头（图14-8-95）、双级套管头（图14-8-96）和三级套管头（图14-8-97、图14-8-98）。

按本体间的连接形式分为卡箍式（图14-8-95）和法兰式（图14-8-96）。

按本体的组合形式分为：

单体式：一个本体内装一个套管悬挂器（图14-8-95、图14-8-96、图14-8-97）。

组合式：一个本体内装多个套管悬挂器（图14-8-98）。

按套管悬挂器的结构形式分为卡瓦式（图14-8-95、图14-8-96、图14-8-97）和螺纹式（图14-8-99）。

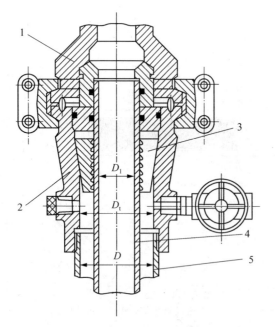

图 14-8-95　单级套管头

1—油管头；2—套管头；3—套管悬挂器（卡瓦式）；4—悬挂套管；5—表层套管

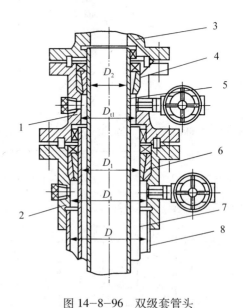

图 14-8-96　双级套管头

1—上部套管头；2—下部套管头；3—油管头；4—上部套管悬挂器（卡瓦式）；5—上部悬挂套管；6—下部套管悬挂器（卡瓦式）；7—下部悬挂套管；8—表层套管

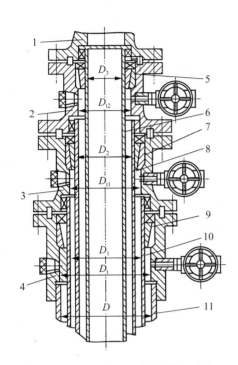

图 14-8-97 三级套管头

1—油管头；2—上部套管头；3—中部套管头；
4—下部套管头；5—上部套管悬挂器（卡瓦式）；
6—上部悬挂套管；7—中部套管悬挂器（卡瓦式）；
8—中部悬挂套管；9—下部套管悬挂器
（卡瓦式）；10—下部悬挂套管；11—表层套管

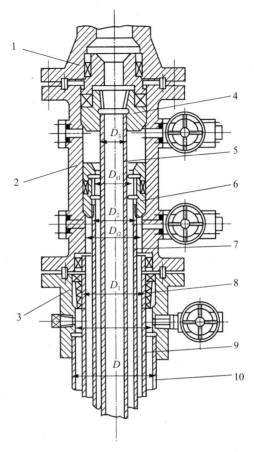

图 14-8-98 组合式三级套管头

1—油管头；2—上部组合式套管头；3—下部套管头；
4—上部套管悬挂器（螺纹式）；5—上部悬挂套管；
6—中部套管悬挂器（螺纹式）；7—中部悬挂套管；
8—下部套管悬挂器（卡瓦式）；9—下部悬挂套管；
10—表层套管

（3）基本参数。单级套管头、双级套管头和三级套管头基本参数分别见表 14-8-17、表 14-8-18 和表 14-8-19。独立螺纹式套管头基本参数仅选用表 14-8-17 中，工作压力为 7MPa 和 14MPa 及相应的套管外径和本体垂直通径。

表 14-8-17 单级套管头基本参数

连接套管外径 mm	悬挂套管外径 mm	套管头工作压力 MPa	套管头垂直通径 mm
193.7	114.3	7	178
		14	178
		21	178

续表

连接套管外径 mm	悬挂套管外径 mm	套管头工作压力 MPa	套管头垂直通径 mm
244.5	127.0 139.7 177.8	7	230
		14	230
		21	230
		35	230
273.0	139.7 177.8	7	254
		14	254
		21	254
		35	254
298.4	139.7 177.8 193.7	7	280
		14	280
		21	280
		35	280
325.0	139.7	7	308
		14	308
		21	308
		35	308
339.7	139.7 177.8 193.7 244.5	7	318
		14	318
		21	318
		35	318

表 14-8-18 双级套管头基本参数

连接套管 外径 mm	悬挂套管外径		下部本体 工作压力 MPa	下部本体 垂直通径 D_1 mm	上部本体 工作压力 MPa	下部本体 垂直通径 D_1 mm
	D_1 mm	D_2 mm				
339.7	177.8	127.0 139.7	14	318	21	162
			21	318	35	162
			35	318	70	162

续表

连接套管外径 mm	悬挂套管外径		下部本体工作压力 MPa	下部本体垂直通径 D_1 mm	上部本体工作压力 MPa	下部本体垂直通径 D_1 mm
	D_1 mm	D_2 mm				
339.7	193.7	127.0 139.7	14	318	21	178
			21	318	35	178
			35	318	70	178
339.7	244.5	127.0 139.7 177.8	14	318	21	230
			21	318	35	230
			35	318	70	230

表 14-8-19 三级套管头基本参数

连接套管外径 mm	悬挂套管外径			下部本体工作压力 MPa	下部本体垂直通径 D_1 mm	中部本体工作压力 MPa	中部本体垂直通径 D_1 mm	上部本体工作压力 MPa	下部本体垂直通径 D_1 mm
	D_1 mm	D_2 mm	D_3 mm						
339.7	244.5	177.8	127.0	14	318	14	230	21	162
				14	318	21	230	35	162
				21	318	35	230	70	162
406.4	339.7	177.8	127.0	14	390	14	318	21	162
				14	390	21	318	35	162
				14	390	35	318	70	162
406.4	339.7	244.5	139.7 177.8	14	390	14	318	21	230
				14	390	21	318	35	230
				21	390	35	318	70	230
508.0	339.7	177.8	127.0	14	480	14	318	21	162
				14	480	21	318	35	162
				21	480	35	318	70	162
508.0	339.7	244.5	139.7 177.8	14	480	14	318	21	230
				14	480	21	318	35	230
				21	480	35	318	70	230

2）采油树

采油树是阀门和配件组成的总成，用于油气井的流体控制，为油气井产出流体及洗井

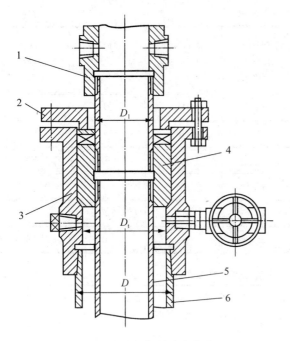

图 14-8-99 螺纹式套管头

1—油管头；2—止动压盖；3—套管头；4—套管悬挂器
（螺纹式）；5—悬挂套管；6—连接套管

液等提供出入口。它包括油管头四通总成法兰以上的所有装备。采油树按不同的作用又分为采油（自喷、人工举升）、采气（天然气和各种酸性气体）、注水、热采与压裂与酸化等专用井口装置。并根据使用压力等级不同而形成系列。

采油井采油树分自喷井采油树和人工举升井采油树，并与相对应用途的油管头相连接。

（1）自喷井采油树及油管头。自喷井采油树是油井投入工业性生产，用于控制依靠天然能量生产的井口装置的重要组成部分。生产介质为气液两相，根据井口压力分不同级别。

常用自喷井采油树及油管头有 KY25-65 型采油树及油管头和 CYb-250S 系列。结构如图 14-8-100 所示。采油树技术参数见表 14-8-20。

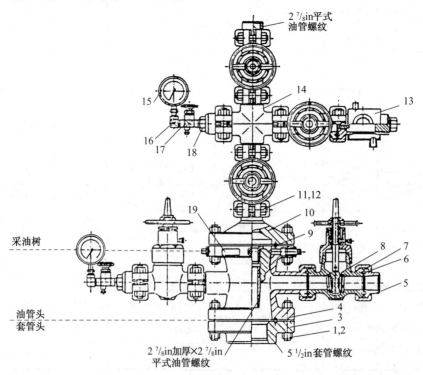

图 14-8-100　CYb—250S 采油树及油管头

1—螺母；2—双头螺栓；3—套管头顶法兰；4—油管头大四通；5—卡箍短节；6—钢圈；7—卡箍；8—阀门；
9—钢圈；10—采油树底法兰；11—螺母；12—双头螺栓；13—节流阀；14—小四通；15—压力表；16—弯接头；
17—压力表截止阀；18—接头；19—铭牌

表 14-8-20 常用采油树技术参数

型号	强度试压 MPa	工作压力 MPa	连接型式	质量 kg	顶丝法兰尺寸, mm			阀门		钢圈, mm		油管挂密封圈 mm	连接油管 mm (in)	公称通径 mm
					外径	螺纹中心距	螺孔外径×个数	型式	个数	阀门	大四通			
KYS25-65DG	50	25	卡箍	550	380	318	$\phi 30 \times 12$	闸板	6	88.8	211	$1680 \times 1480 \times 100$	73 ($2^{7}/_{8}$)	65
KYS25-65SL	50	25	卡箍	380	380	318	$\phi 30 \times 12$	闸板	3	92	211	$1390 \times 1220 \times 850$	73 ($2^{7}/_{8}$)	65
KYS15-62DG	30	15	卡箍	152	—	—	—	球阀	3	78	190	$168 \times 1480 \times 100$	73 ($2^{7}/_{8}$)	65
KYS8-65	16	8	卡箍	305	380	318	$\phi 30 \times 12$	闸板	4	88.7	211	$1390 \times 1220 \times 8.5$	73 ($2^{7}/_{8}$)	65
KYS21-65	42	21	法兰		380	318	$\phi 30 \times 12$	闸板	6	110	211	$1400 \times 1200 \times 8.5$	73 ($2^{7}/_{8}$)	65

油管头一般有两种类型：①上下带法兰的双法兰油管头（图 14-8-101）；②上带法兰和下带螺纹的单法油管头（图 14-8-102）。油管悬挂器（带金属或橡胶密封环）与油管连接利用油管重力坐入油管挂大四通锥体内而密封，这种方式因便于操作，换井口速度快，安全，是中深井与常规井普遍使用的方式。

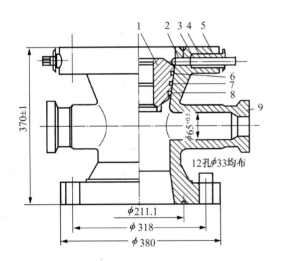

图 14-8-101 锥面悬挂双法兰油管头示意图
1—油管悬挂器；2—顶丝；3—垫圈；4—顶丝密封；5—压帽；6—紫铜圈；7—"O"形密封圈；8—紫铜圈；9—油管头四通

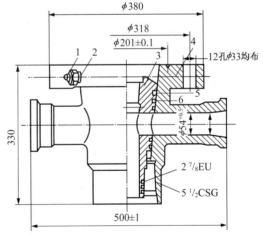

图 14-8-102 锥面悬挂单法兰油管头
1—顶丝；2—压帽；3—分流悬挂器；4—油管头大四通；5—"O"形密封圈；6—紫铜圈

双管自喷采油树及油管头。用于双管柱自喷分层开采的自喷井采油树及油管头常见有两种：一种是双管采油树（图 14-8-103）；另一种是美国维高格雷公司的双管整体锻造采油树（图 14-8-104）。

(2) 人工举升采油树及油管头。人工举升井采油树是油井失去自喷能力而需要通过人工举升装置才能生产的油井所配套的井口装置。因举升方式不同而形成不同作用的采油树。

①有杆泵井采油树及油管头。抽油井采油树及油管头的作用是悬挂油管、密封油管和套管环形空间，密封光杆并起控制油井生产作用。由于它承受的压力较低，结构比较简单，

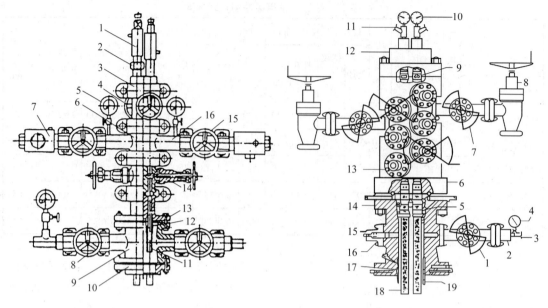

图 14-8-103　双管采油树

1—防喷管；2—高压活接头；3—卡箍；4—清蜡阀门；
5—压力表；6—四通；7—油嘴套；8—套管阀门；
9—油管头四通；10—套管头顶法兰；11—变螺纹短节；
12—油管挂；13—采油树底法兰；14—双孔阀；
15—生产阀门；16—双三通

图 14-8-104　双管整体锻造采油树

1—VG300 型阀门；2—盲法兰；3—压力表针阀；
4—压力表；5—油管挂；6—双管整体采油树；
7—VG300 型阀门；8—可变节流器；9—"D"形金属密封；
10—压力表；11—压力表针阀；12—顶部变径接头；
13—VG300 型阀门；14—双密封油管头；15—盲法兰；
16—VR 型堵头；17—BT 密封；18—油管；19—套管

可以利用原自喷井采油树及油管头加以改造。它的基本部分是油管头四通、油管三通、光杆密封器胶皮阀门及相关阀门组成，结构如图 14-8-105 所示。

②电动潜油泵井采油树。电动潜油泵井采油树与常规自喷井的采油树大同小异，只是增加了密封入井电缆引出线隔开油套环形空间的专用采油井口控制设备。各厂家采用不同的方法来密封井口与电缆引出线。一般分为穿膛式和侧开式两种。

在进行穿膛式电动潜油泵井口结构（图 14-8-106）安装时，首先将油管挂接在油管上，将电缆铠皮剥去，穿入防喷盒，然后往防喷盒中压入若干个单孔和三孔密封胶圈，最后装上防喷盒压盖并拧紧螺钉。将油管挂坐油管头大四通锥体中，上法兰盘，拧紧法兰螺钉即完成井口安装过程。

在进行侧开式电动潜油泵井口结构（图 14-8-107）安装时，首先将侧门打开，然后将电缆铠皮剥去 0.5m 长段，将三根电缆分别压入橡胶密封垫的半圆孔中，关上侧门，拧紧螺钉，将油管挂坐入油管头中，装开口法兰，上紧法兰螺钉即完成安装工作。

③水力泵井采油树。由于国内水力泵井大多采用开式动力循环系统，其采油树及油管头多是用自喷井采油树改装而成，如单管水力泵采油树及油管头，结构如图 14-8-108 所示。

④气举采油井采油树。气举采油是将加压的天然气注入井内，降低油管液柱压力，减少对油层的回压，并将井下流体举升至地面，这是人工举升采油的主要方法之一。

采油树及油管头与自喷井采油树相同。

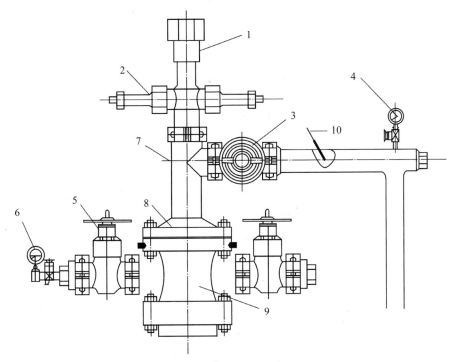

图 14-8-105　有杆泵井采油树及油管头

1—光杆密封盒；2—胶皮阀门；3—生产阀门；4—油压表；5—套管阀门；
6—套压表；7—三通；8—油管头上法兰；9—油管头；10—温度计

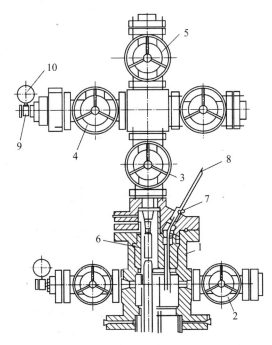

图 14-8-106　带电缆穿透器的采油树及油管头

1—油管头；2—套管阀门；3—总阀门；4—生产阀门；5—清蜡阀门；6—油管挂；
7—电缆穿透器；8—电缆；9—压力表阀；10—压力表

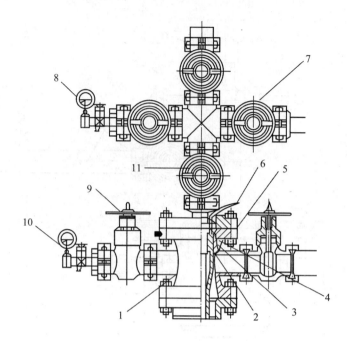

图 14-8-107 侧开式电动潜油泵采油树及油管头

1—油管头；2—锥座；3—密封橡胶垫；4—油管挂；5—采油树底法兰；6—电缆；
7—生产阀门；8—油压表；9—套管阀门；10—套压表；11—采油树总阀门

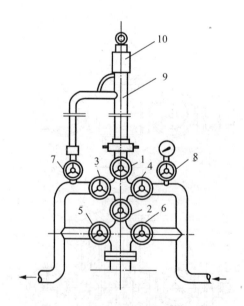

图 14-8-108 开式水力活塞泵采油树及油管头

1—清蜡阀门；2—总阀门；3，4—生产阀门；5，6—套管阀门；7—防喷管放空阀门；
8—压力表阀门；9—防喷管；10—捕捉器

参 考 文 献

[1]《钻井手册（甲方）》编写组. 钻井手册（甲方）上册. 北京：石油工业出版社，1990.

[2] 万仁溥. 现代完井工程（第三版）. 北京：石油工业出版社，2008.

[3] 霍广荣，等. 胜利油田稠油油藏热力开采技术. 北京：石油工业出版社，1999.

[4] SY/T 6268—1996《油套管选用推荐作法》.

[5] SY/T 6194—2003《油气井套管和油管用钢管》.

[6] API std 5B《套管及油管规范》.

[7] SY/T 5199—1997《套管、油管和管线用螺纹脂》.

附录 常用相关标准

(1) SY/T 5755—1995《压裂酸化用助排剂性能评价方法》。

(2) SY/T 5762—1995《压裂酸化用黏土稳定剂性能测定方法》。

(3) SY/T 6216—1996《压裂用交联剂性能试验方法》。

(4) SY/T 6380—2008《压裂用破胶剂性能试验方法》。

(5) SY/T 5764—2007《压裂用植物胶通用技术要求》。

(6) SY/T 5107—2005《水基压裂液性能评价方法》。

(7) SY/T 6376—2008《压裂液通用技术条件》。

(8) SY/T 5108—2006《压裂支撑剂性能指标及测试推荐方法》。

(9) SY/T 6302—1997《压裂支撑剂充填层短期导流能力评价推荐方法》。

(10) SY/T 5289—2008《油、气、水井压裂设计与施工及效果评估方法》。

(11) SY 5727—2007《井下作业安全规程》。

(12) SY/T 5587.5—2004《常规修井作业规程 第5部分：井下作业井筒准备》。

(13) SY/T 6334–1997《油、水井酸化设计与施工验收规范》。

(14) SY 6443—2007《压裂酸化作业安全规定》。

(15) SY/T 6563—2010《危险化学试剂使用与管理规定》。

(16) SY/T 6277—2005《含硫油气田硫化氢监测与人身安全防护规程》。

(17) SY/T 6276—2010《石油天然气工业健康、安全与环境管理体系》。

第十五章　钻井 HSE 管理

钻井工程具有不确定性、高投入及高风险等特点，钻井 HSE 管理的基本方法是通过实施 HSE 管理体系，构建风险评价模型，采用风险识别、风险削减措施、风险预防控制措施及应急管理进行风险管理。

第一节　概　　述

HSE 管理体系是指实施安全和环境与健康管理的组织机构、职责、做法、程序、过程和资源等而构成的整体，由许多要素构成，这些要素通过先进科学的运行模式有机地融合在一起，相互关联相互作用，形成一套结构化动态管理系统。从其功能上讲，是一种事前进行风险分析，确定其自身活动可能发生的危害和后果，从而采取有效的防范手段和控制措施防止其发生，以便减少可能引起的人员伤害、财产损失和环境污染的有效管理模式，突出强调了事前预防和持续改进，具有高度自我约束、自我完善、自我激励机制，因此是一种现代化的管理模式，是现代企业管理制度之一。

HSE 管理体系是三位一体管理体系。H（健康）是指人身体上没有疾病，在心理上保持一种完好的状态；S（安全）是指在劳动生产过程中，努力改善劳动条件，克服不安全因素，使劳动生产在保证劳动者健康，企业财产不受损失，人民生命安全的前提下顺利进行；E（环境）是指与人类密切相关的，影响人类生活和生产活动的各种自然力量或作用的总和，不仅包括各种自然因素的组合，还包括人类与自然因素间相互形成的生态关系的组合。

建立和实施 HSE 管理体系对企业其意义在于：

（1）建立 HSE 管理体系是贯彻国家可持续发展战略的要求；

（2）实施 HSE 管理体系可促进相关服务企业进入国际市场，参与国际市场竞争；

（3）实施 HSE 管理可减少企业的成本，节约能源和资源；

（4）实施 HSE 管理可减少各类事故的发生；

（5）实施 HSE 管理可提高企业管理水平；

（6）实施 HSE 管理可改善企业形象，提高经济效益。

一、施工单位 HSE 管理目标与内容

1. HSE 管理目标

追求"零事故、零伤害、零污染"，HSE 管理达到国际同行业先进水平。

2. HSE 管理内容

（1）严格执行 HSE 管理原则；

（2）在活动、产品和服务领域实施有感领导管理；

（3）活动、产品和服务领域实施 HSE 直线管理；

（4）在活动、产品和服务领域实施 HSE 属地管理；

（5）在活动、产品和服务领域实施 HSE 制度标准管理；

（6）在活动、产品和服务领域实施目视化管理；

（7）对员工持续开展 HSE 培训；

（8）在活动、产品和服务领域持续开展危害识别和风险评估活动；

（9）长期致力于消除、削减和控制 HSE 风险；

（10）建立并有效运行 HSE 管理体系，并完成 HSE 管理目标；

（11）严格按工程设计施工，完成施工设计所要求的 HSE 管理目标；

（12）执行 HSE 管理标准和要求，接受 HSE 检查、考核、审核和评审；

（13）将 HSE 绩效管理纳入企业考核内容；

（14）营造良好的企业 HSE 文化氛围。

二、业主单位 HSE 管理目标与内容

1．HSE 管理目标

不损害健康，不发生事故，不破坏环境。

2．HSE 管理内容

（1）在活动、产品和服务领域持续开展危害识别和风险评估活动；

（2）长期致力于消除、削减和控制 HSE 风险；

（3）建立并有效运行 HSE 管理体系，逐步实现 HSE 管理目标；

（4）参与活动、产品和服务的操作运行承包商要执行 HSE 管理标准和要求，接受 HSE 检查、考核、审核和评审；

（5）提供施工作业服务的承包商应建立并有效运行 HSE 体系，并接受 HSE 检查、考核、审核和评审；

（6）将 HSE 管理纳入承包商合同管理；

（7）将 HSE 管理纳入企业业绩考核；

（8）及时按实际修订钻井及试修工程定额，按国家法律法规要求足额提取安全费用；

（9）编制年度投资计划，保障施工作业服务承包商的安全投入；

（10）制订油气田开发方案及钻井与修井作业的工程设计；

（11）对钻井与修井作业的 HSE 钻井技术监督工作进行管理；

（12）组织对项目工程完工进行验收；

（13）营造良好的企业 HSE 文化氛围。

第二节　HSE 管理体系和方法

HSE 管理体系是一个企业中所有人对安全的价值观、态度、能力和行为的综合表现（即企业文化）。

HSE 文化建设步骤：整合理念；制度建立；完善管理；规范行为；塑造形象。

HSE 理念：以人为本、预防为主；一切事故都是可以控制和避免的；健康、安全与环境源于责任心，源于设计，源于质量，源于防范。

HSE 目标：追求"零事故、零伤害、零污染"，努力实现健康、安全与环境管理的国际先进水平。

钻井行业 HSE 管理原则：任何决策必须优先考虑 HSE；安全是企业生存的必要条件；企业必须对全体员工进行 HSE 培训；各级管理者对业务范围内的 HSE 工作负责；各级管理者必须亲自参加 HSE 审核；员工必须参与岗位危害识别及风险控制；事故隐患必须及时整改；所有事故事件必须及时报告、分析和处理；承包商管理执行统一的 HSE 标准。

HSE 基本方法：公布健康、安全与环境业绩，营造持续改进的 HSE 文化氛围，学习先进 HSE 文化，形成中国特色的健康、安全与环境文化氛围。

一、HSE 管理体系

HSE 管理体系通常包括制度体系、培训体系和绩效考核体系。

1．制度体系

制度体系通常包括："两建立、一健全、两完善、一明确、一理顺、一转换、一提高和一推行"。

1）"两建立"

（1）建立通用管理制度。进一步实施工作前安全分析、工艺安全分析、作业许可、安全观察与沟通等 HSE 制度。

（2）建立完善高风险作业制度。强力推行吊装、高处作业、动火、临时用电、受限空间、挖掘、管线断开、上锁挂签及危险化学品管理等作业许可制度，各企业单位可根据业务进行调整。

2）"一健全"

健全并实施以"井控"安全为重点的工艺安全管理制度。

3）"两完善"

（1）完善并实施设备设施管理制度，认真开展岗位隐患排查、整治与检查工作，及时进行整改，对一时不能整改的，应制订预防控制措施，并将情况及时报上级主管部门进行处理解决。

（2）完善并实施以控制岗位风险为主要内容的操作规程。

4）"一明确"

明晰 HSE 管理职责，实现 HSE 职责归位。

5）"一理顺"

理顺管理流程，实现 HSE 专职人员角色转换。

6）"一转换"

转换标准，深入现场实施推行。

7）"一提高"

提高员工 HSE 意识、知识和技能。

8）"一推行"

推行目标管理，实现过程性控制。

2．培训体系

培训体系通常包括以下步骤：

（1）开展 HSE 培训需求调查，编制培训矩阵及 5 年培训规划。建立以能力评价、培训矩阵和培训效果验证为主要内容的 HSE 培训系统。

（2）建设分层级的 HSE 培训师队伍。

（3）开发满足制度推行需要的培训课件。

（4）开展各层次 HSE 培训，提高员工素质。

（5）评估培训效果，建立培训档案。

3．绩效考核体系

按照过程性指标和结果性指标相结合、"突出过程，奖罚并重"的原则。绩效考核体系通常包括以下步骤：

（1）建立过程指标、结果指标和否决性指标，按业务和岗位逐级分解各类指标，层层签订 HSE 责任书，建立各专业 HSE 审核标准。

（2）依据 HSE 责任书及 HSE 审核标准，每年对各单位开展一次 HSE 考核。各单位负责对下属单位进行 HSE 考核。

（3）各单位依据 HSE 责任书及个人安全行动计划，对各级领导每年进行一次 HSE 考核。

（4）各单位依据岗位职责及属地责任，对岗位人员进行月度与年度 HSE 考核。

（5）对单位和个人的 HSE 考核结果，纳入单位和个人的整体绩效考核，奖优罚劣。

二、HSE 管理方法

HSE 采用的管理方法通常包括：有感领导、直线管理、属地管理和目视化管理。

1．有感领导

企业各级领导通过以身作则的良好个人安全行为，使员工真正感知到安全生产的重要性，感受到领导做好安全的示范性，感悟到自身做好安全的必要性，进而影响和带动全体员工自觉执行安全规章制度，形成良好的安全生产氛围。

（1）各级领导和管理者通过认真落实直线责任，以身作则，深入现场，亲历亲为，组织和参与各项安全活动，提供人、财、物和组织保障，展示有感领导，履行安全承诺。

（2）七个带头：带头宣贯 HSE 理念，带头学习和遵守 HSE 规章制度，带头制定和实施个人安全行动计划，带头开展行为安全审核，带头讲授安全课，带头识别危害，评价和控制安全风险，带头开展安全经验分享活动。

2．直线管理

各级管理层对各自管理的具体区域安全表现负主要管理责任，而不是主要靠安全员。公司经理、井队长及司钻等，所有管理者均是安全生产的直接责任人，管理层要抓安全工作，同时对安全负有直接责任。

（1）总体原则："谁管工作，谁管安全"。

（2）各级主要负责人对本单位安全工作负全面责任，研究审查安全工作计划，抓好安全生产责任制落实，抓好重大隐患整改，深入安全联系点检查指导。

（3）各级分管领导对分管业务范围的安全管理工作负直接责任，分析把握分管业务的安全形势，检查督促隐患整改，督促落实安全防范措施。

（4）各级机关职能管理部门对分管业务范围的安全管理工作负直线责任，全面履行分管业务范围内的安全职责。

（5）各级安全管理部门安全生产负综合管理责任，做到宣贯到位、检查到位、咨询到位、考核到位，建立起事事有人管、层层有人抓的安全生产责任体系。

（6）各级监督部门对安全生产负监督责任，做到宣传、培训、提示、纠正和制止到位。

3．属地管理

对属地内的管理对象按标准和要求进行组织、协调、领导和控制。是指管理责任主体按照划定的责任区域，对该区域的作业人员、设备设施及 HSE 管理，承担相应的管理责任，体现"谁管工作，谁负责安全"。

（1）按管理领域和作业区域划分属地；

（2）属地管理遵循"谁的区域，谁负责"的原则；

（3）各级主要领导与管理者是属地管理的第一责任人，员工是岗位区域内的属地责任人。

（4）属地责任人切实履行以下职责：

①严格遵守岗位安全责任制，做到按章指挥、按章操作；

②督促属地内的人员严格遵守安全规定；

③对外来人员（含承包商员工）进行风险告知；

④对隐患进行整治；

⑤对违章进行纠正和报告。

4．目视化管理

利用形象直观的各种视觉感知信息来组织现场生产活动，把生产现场潜在危害显现化，变成谁都能一看就明白的事实，以推动自主管理。分为人员、设备、工器具及作业场所目视化管理。

（1）人员目视化应标示出工种、岗位、上岗资质和其他安全信息。

（2）设备目视化应标示出设备名称、型号、产地、编号、资产号、使用或保管人及检查维修状态（时间）。

（3）工器具目视化应标示出工具名称、型号、性能及管理编号。

（4）作业现场目视化应标示属地责任、岗位职责、工艺流程、操作规程、通道、材料仓储、作业场所及办公区和休息区。

三、HSE 管理工具

HSE 常用的管理工具通常包括：安全观察与沟通、个人行动计划、安全经验分享、作业许可和工作安全分析。

1. 安全观察与沟通

安全观察与沟通是对员工作业行为进行观察，以确认安全规定是否得到执行，再通过与员工沟通，就如何安全作业达成共识的一种安全管理方法。

1）安全观察与沟通步骤

（1）观察：观察员工的行为，并安全地阻止不安全行为。

（2）表扬：对员工的安全行为进行表扬。

（3）讨论：与员工讨论观察到的不安全行为和可能产生的后果，鼓励员工寻求更为安全的工作方式。

（4）沟通：就如何安全地工作与员工取得一致意见，并取得员工的承诺。

（5）启发：引导员工讨论工作地点的其他安全问题。

（6）感谢：对员工的配合表示感谢。

2）安全观察与沟通内容

（1）员工的反应。员工在看到管理人员时，可能将自己的不安全行为改变成安全行为。如：改变身体姿势、调整个人防护装备、改用正确工具、抓住扶手、系上安全带等。

（2）员工的位置。员工的位置是否有利于减少伤害发生的几率。

（3）个人防护装备。员工使用的个人防护装备是否合适，是否正确使用，个人防护装备是否处于良好状态。

（4）工具和设备。员工使用的工具和设备是否合适，是否正确，工具和设备是否处于良好状态，非标工具和设备是否获得批准。

（5）程序。所进行的作业是否有可用的程序，员工是否理解并遵守这些程序。

（6）人体工程学。办公室和作业环境是否符合人体工程学原则。

（7）整洁。作业地点是否整洁有序。

2. 个人行动计划

个人安全行动计划是各级领导与管理者基于岗位职责相关的 HSE 目标和指标，就关键的 HSE 任务、实施的频次和完成时间所制定的行动计划，通常要求：

（1）将分管业务、安全会议、安全检查、安全审核、安全观察与沟通、安全培训、安全经验分享、安全生产述职及安全绩效考核纳入个人安全行动计划。

（2）结合施工生产计划，制定年度（或周、月、季度）个人安全行动计划。

（3）个人安全行动计划应由直线主管审核，并报同级安全管理部门备案。

（4）编制者应严格按照个人安全行动计划规定的任务、内容、时间和频次开展工作。

（5）直线主管定期审核其下属个人安全行动计划的实施情况。

（6）个人安全行动计划实施结果应纳入绩效考核。

3. 安全经验分享

安全经验分享是将安全工作方法、安全经验和教训，利用各种时机在一定范围内进行讲解，使安全工作方法得到应用，安全经验得到推广，事故教训得到分享的一种安全培训方法。通常要求：

（1）会议、培训或三人以上的组织活动之前都应进行。

（2）提前将安全经验分享列入会议议程或培训计划中。

（3）每次开展安全经验分享时间以 1 ~ 5min 为宜。安全经验分享的形式为结合文字、图像或影像资料讲述及口头直接讲述。

4．作业许可

作业许可是对非常规作业及高危作业进行许可，识别、评估和控制作业风险的一种风险管理方法。

1）适用范围

（1）特殊作业：受限空间作业、挖掘作业、高处作业、起重作业、临时用电、动火作业、放射性作业、钻开油气层、交叉作业。

（2）非计划性维修作业和无程序指导的维修作业。

（3）承包商作业或在其他承包商区域进行的作业。

（4）偏离安全标准、规则与程序要求的作业。

（5）没有安全程序可遵循的作业。

（6）中断报警系统、连锁系统或应急系统的作业。

（7）不能确定是否需要办理许可证的其他作业。

2）管理流程

（1）工作安全分析；

（2）申请作业许可；

（3）书面审查；

（4）现场核查；

（5）许可证审批；

（6）许可证管理；

（7）许可证关闭。

3）其他要求

（1）作业许可证申请人应实地参与作业许可证所涵盖的作业，并主持工作安全分析。

（2）现场核查确认合格，通过安全工作方案审查后，批准人方可签署作业许可证。

（3）在交接班、作业人员和监护人员等现场关键人员变更时，重新办理作业许可。

（4）当作业环境发生变化，出现违章，未执行作业安全要求等，取消作业许可，停止作业。

5．工作安全分析

工作安全分析是事先或定期对某项工作任务进行流程划分，对流程中的重点过程进行分析，识别和评估潜在的风险，并根据评估结果制定和实施相应的控制措施，最大限度消除或控制风险的方法。

1）适用范围

新的作业、非常规作业、承包商作业、改变现有作业方法及评估现有的操作程序。

2）实施步骤

（1）成立小组。

①常规作业由各单位指定熟悉工作安全分析方法的人员为工作安全分析小组组长，组

员包括相关的管理、技术、安全及操作人员。

②非常规作业的工作安全分析小组应由生产单位与施工单位共同组成，小组成员是该项作业的相关人员。

（2）任务分解。将工作任务分解成 3 ~ 7 个步骤。

（3）风险识别。识别出每个关键步骤中的风险。风险的描述应简洁、直接，讲清可能导致的人员伤害及设备受损等情况。

（4）制定措施。

①对识别出的风险进行评估，根据危害大小制订控制措施，将风险降低到可接受的范围。

②作业前，应进行风险及控制措施的告知，确保参加作业的人员理解工作细节、风险及控制措施，以及每个人的分工和责任。

四、HSE 检查与审核

HSE 检查与审核通常采用检查表的形式，表 15-2-1 给出了"HSE 审核要点"。

表 15-2-1　HSE 审核要点

审核控制点	审核要点
有感领导	（1）所有领导是否实施了"七个带头"（宣传 HSE 理念、学习和遵守制度、制定和实施个人行动计划、开展 HSE 风险识别、开展 HSE 审核、开展安全经验分享、讲授 HSE 课）； （2）是否知晓 HSE 管理原则； （3）是否了解分管业务范围内 HSE 责任制和其他相关配套制度的建立和落实情况； （4）是否了解分管业务范围内 HSE 体系运行情况； （5）是否了解分管业务范围内的主要风险和重要环境危害因素； （6）是否定期对员工进行（分管业务范围内的）HSE 培训、教育和考核； （7）是否主持或组织本单位应急体系的建立、培训和演练； （8）与员工沟通渠道是否畅通与有效
HSE 会议	（1）主要领导是否定期主持召开 HSE 委员会； （2）分管领导是否定期组织召开 HSE 分委会及 HSE 例会； （3）是否对 HSE 工作中存在的问题组织相关人员进行分析、制定措施并有效落实
资源保障	（1）是否按照国家、行业和企业的相关规定配备了分管业务范围内的人力资源； （2）是否提供了分管业务范围内满足安全生产要求的设备和 HSE 设施，确保项目任务完成和 HSE 风险控制
工作述职	领导干部定期 HSE 工作述职率是否达 100%
HSE 审核	（1）是否按要求到审核点或重要（关键）部位开展 HSE 审核； （2）是否参加分管业务范围内 HSE 内部审核
管理评审	（1）是否定期参加管理评审； （2）是否将分管业务范围内的 HSE 管理信息输入； （3）是否落实上一次管理评审报告中提及分管业务范围内的整改措施

续表

审核控制点	审核要点
制定	(1) 单位的 HSE 方针是否形成文件； (2) 方针是否与国家、行业和企业的方针相符； (3) 方针是否涵盖了本企业的工作范畴
传达	方针是否传达到所有的员工（包括供应商和承包商）
展示	是否向外界展示了方针
评审	在管理评审会议上，是否对方针的适宜性进行了评审
修订	当企业的发展战略和经营环境发生变化时，是否适时对方针进行了修订
危害因素辨识	(1) 是否对安全监督岗位及安全监督工作的危害因素进行了辨识； (2) 监督作业点的主体施工作业单位是否开展了岗位与工作的危害因素辨识； (3) 是否建立了安全监督工作危害因素和环境因素清单； (4) 监督作业点的主体施工作业单位是否建立了工作危害因素和环境因素清单
风险评价	(1) 是否对安全监督工作的危害因素和环境因素进行了风险评价； (2) 监督作业点的主体施工作业单位是否对工作的危害因素和环境因素进行了风险评价； (3) 评价依据是否科学，评价结果是否准确； (4) 是否对采取控制措施后的（暂）未整改风险进行了再评价； (5) 是否建立了安全监督工作的主要危害因素清单和重要环境因素清单； (6) 监督作业点的主体施工作业单位是否建立了主要危害因素和重要环境因素清单
风险控制	(1) 对评价出来的安全监督岗位及工作风险是否制定了控制措施； (2) 监督作业点是否对评价出来的风险是否制定了控制措施； (3) 是否落实了安全监督岗位及工作风险的控制措施； (4) 监督作业点是否落实了岗位及工作风险的控制措施
更新	(1) 当出现新增的特殊的监督项目时，是否对危害因素进行了重新辨识； (2) 监督作业点出现新增施工项目后，是否对危害因素进行了重新辨识； (3) 是否及时更新了主要危害因素清单和重要环境因素清单
事故隐患	(1) 安全监督是否遵守了作业现场的各类安全管理规定； (2) 监督作业点是否存在重大事故隐患； (3) 监督作业点事故隐患的发现率是否在98%或以上，整改率是否达到100%； (4) 安全监督在旁站监督时，站位是否正确；在巡回监督时，检查路线是否安全
评价	是否对在用的法律法规和其他要求进行了合规性评价
清单	是否建立了法律法规和其他要求的清单
获取及更新	(1) 法律法规和其他要求是否有归口的管理部门； (2) 是否建立了获取法律法规的外部和内部渠道，获取渠道是否方便、快捷与有效； (3) 是否定期更新法律法规和其他要求的清单
学习传达	(1) 适用的法律法规和其他要求，是否组织了学习和传达； (2) 对更新后的法律法规和其他要求，是否及时进行了学习和传达
目标和指标	(1) 是否以文件的形式下达了年度 HSE 目标和指标； (2) 目标是否有较强的前瞻性与可操作性； (3) 指标是否分解为结果性和过程性指标

续表

审核控制点	审核要点
指标分解	(1) 指标是否做到了层层分解； (2) 各级人员是否明了实现指标的途径
跟踪改进	(1) 是否将目标量化； (2) 是否定期或不定期地开展了目标实现程度的评价； (3) 若出目标偏离时，是否采取改进措施
完成情况	(1) 是否定期检查目标及指标的实现程度； (2) 是否将目标和指标实现程度输入管理评审
制定	是否制定了实现 HSE 方针、目标和指标的管理方案
实施	(1) 是否按时对管理方案的实施情况进行了监测； (2) 对偏离管理方案的做法是否记录，并采取了偏离控制措施
修订或再评审	当作业人员、作业环境及法律法规发生变化或上级主管部门提出要求时，是否对管理方案进行了修订或再评审
HSE 计划	是否制订年度和阶段性 HSE 工作计划
组织机构	是否设立了相应的 HSE 管理组织机构（包括 HSE 委员会 / 管理部门 /HSE 专业分委会 / 基层单位 HSE 领导小组）
岗位职责	(1) 是否建立了各岗位的 HSE 职责； (2) 员工是否明确本岗位的责任和权限； (3) 员工能否认真履行自己的 HSE 岗位职责，积极参加 HSE 活动
HSE 责任制	(1) 是否建立了 HSE 责任体系； (2) 是否逐级签订了"HSE 责任书"
管理者代表	(1) 是否明确了管理者代表及其职责； (2) 员工是否清楚管理者代表是谁； (3) 管理者代表是否主持内部审核和参与管理评审
管理人员	(1) 是否落实了分管领导； (2) 管理部门是否配备了专职的 HSE 管理人员（包括安全生产管理 1 人、职业卫生健康管理 1 人、HSE 综合管理 1 人）； (3) 基层单位是否配备了 HSE 专（兼）职管理人员
急救人员	(1) 单位是否建立了应急组织； (2) 基层单位是否配备了经培训合格的紧急救护人员
持证管理	(1) 单位主要负责人、HSE 分管领导及 HSE 管理部门安全管理人员是否持有安全管理人员资格证书； (2) 基层单位主要领导及 HSE 专（兼）职管理人员是否持有安全管理人员资格证书
劳保用品	是否按要求配置了满足岗位要求的劳动防护用品
岗位规范	是否制定了员工岗位规范，员工岗位能力的要求是否明确
能力评估	(1) 是否定期开展员工能力评估； (2) 是否对不符合岗位能力要求的人员制定了培训计划或采取了相应的控制措施
培训矩阵	是否制定了单位培训矩阵

审核控制点	审核要点
培训计划	是否根据培训矩阵制定了各岗位的培训计划
培训师	是否建立了满足单位培训需要的培训师队伍
培训课件	(1) 是否根据培训计划制作了相应的培训课件； (2) 培训课件是否有较强的针对性
基础培训	(1) 是否组织了本专业基本知识与技能的教育培训； (2) 是否传达了上级相关文件，并对缺席人员进行补课； (3) 培训资料是否齐全真实
专业培训	对主要负责人、分管领导、HSE 管理人员、新入厂员工、转岗员工及接触职业危害因素作业的员工开展相应的专业知识培训并考核
再培训	(1) 是否对培训不合格人员实施再培训； (2) 当工作内容与环境发生变化时，是否及时进行了培训
培训效果	(1) 是否对培训效果进行了评价（包括师资能力评价、培训课件适应性评价、受训人员学习效果评价等）； (2) 培训档案是否完好保存
信息沟通渠道	是否建立了如下信息沟通渠道： (1) 电话、邮件、短信、会议； (2) 录像、快讯； (3) 文件、板报、张贴图表； (4) HSE 新闻、公报； (5) 对外健康、安全与环境数据的报告等
协商内容	员工是否参与了如下内容的协商： (1) 参与事故、事件调查； (2) 参与管理和风险消减措施的制定； (3) 参与风险控制措施的评审； (4) 参与 HSE 方面重大决策的制定； (5) 通过工会参与协商（参加职工代表大会、提出合理化建议、职工代表大会提案）等
受控文件清单	(1) 是否建立受控文件清单； (2) 受控文件是否包括外来文件； (3) 受控文件是否有标识
文件类型	(1) 内部文件：HSE 体系文件、规章制度、作业指导书及各种记录是否齐备； (2) 外来文件：法律法规、标准与规程是否齐备
文件审批	(1) 文件是否经过审批； (2) 文件更改后是否再次审批
文件标识	(1) 是否对文件的更改和现行修订状态做出标识； (2) 文件是否字迹清楚、易于识别
文件获取	是否能得到适用文件的有效版本
文件修订	(1) 当有重大变更时是否修订文件； (2) 是否按文件修订的相关程序进行

续表

审核控制点	审核要点
文件发放	文件是否在规定的范围内受控发放，做到不缺漏，不扩散
文件回收	作废文件是否及时回收
台账	(1) 是否建立 HSE 设备设施台账； (2) 台账是否及时更新
HSE 设施、设备	HSE 设备与设施的配置是否符合公司规定
管理	是否建立了设备管理和运行与维修保养的规定、技术规范及验收准则
维修检定	是否对监视测量设备及安全防护设施等进行维护保养、检定和检修
设备变更	当设备发生变更时，其变更是否得到批准，由此导致的相关变更是否及时传达到设备的管理者和使用者
HSE 合同或协议	是否与承包商签订了 HSE 合同或协议，合同或协议的内容是否齐全，法律责任是否明确
信息沟通	是否将 HSE 要求告知供应方，是否将 HSE 危害和风险告知承包方，是否督促了承包方对员工开展相关的培训
监督管理	是否及时收集承包方的 HSE 表现，并督促其改进 HSE 业绩
顾客和财产	是否告知被监督方现场具有的 HSE 风险和影响
社区和相关方	必要时，是否向社区和相关方关注的 HSE 风险以及在失控情况与特殊情况下对社区的可能影响和应急预案进行了说明，并取得其理解和支持
作业许可	是否按程序办理作业许可，并执行作业许可
HSE 文件传达	(1) 是否对 HSE 文件进行了逐级传达； (2) 员工是否了解与其相关的文件要求； (3) 是否按文件要求开展工作
HSE 管理制度	安全生产责任制、应急管理、事故管理、消防安全管理、职业健康管理、环境保护管理、节能节水管理、工伤管理、培训管理、绩效管理、变更管理、HSE 审核、不符合项管理、危险因素辨识及管理及设施完整性管理等 HSE 制度是否健全
岗位操作规程	岗位操作规程是否下发到每一个岗位
两书一表	(1) 是否编写了 HSE "两书一表"； (2) HSE 作业计划书是否获得批准
劳动防护用品	(1) 是否按规定发放了劳保用品； (2) 员工上岗时是否正确穿戴了劳动保护用品
变更	(1) 是否对设施、人员、过程（工艺）和程序等的变更进行了确认和审批； (2) 对变更后可能导致的 HSE 风险和影响是否进行了评审和记录
应急组织	(1) 是否建立了以单位第一安全责任人为组长，由各级分管领导和生产骨干为组员的应急救援领导小组； (2) 是否设置了应急管理办公室并配备了相应的人员与设施
应急管理职责	(1) 各应急岗位的职责是否齐全与明确； (2) 各职能部门的应急职责是否明确

续表

审核控制点	审核要点
应急预案	(1) 是否制定了应急预案，并经签署发布和向地方和上级部门备案； (2) 预案的应急流程和接口是否清晰； (3) 预案中是否制定了详细的培训与演练计划
应急演练	(1) 是否对应急预案进行了培训或演练； (2) 演练有无记录，并录入 HSE 信息系统； (3) 应急联络信息如电话等是否畅通； (4) 现场监督是否对施工作业队伍的应急演练进行监督
应急物资	(1) 是否按预案要求配置了应急物资与设备，并分类定点存放，专人保管； (2) 是否定期对应急物资与设备进行了检查整改，且记录齐全； (3) 现场监督是否定期对施工队伍的应急物资储备情况进行了检查，作业现场应急物资储备情况是否符合设计
HSE 绩效考核	(1) 是否建立了 HSE 绩效管理系统，过程指标或其权重是否达到 60%； (2) HSE 绩效考核是否纳入了整体绩效考核，其比重是否超过 15%
员工体检和职检	全体员工是否定期体检
设备台账	是否建立了绩效测量和监视设备台账
设备校准	测量设备是否定期校准
日常检查	是否开展了日常 HSE 监督检查
违章管理	是否建立了违章记录管理台账，对违章行为是否制定和采取了针对性的纠正措施
合规性	(1) 是否对适用法律法规的适用条款开展合规性评价； (2) 是否对规章制度进行了合规性评价，包括所有 HSE 规章制度； (3) 当发现活动不能满足法规要求时，是否采取了整改措施
纠正、预防和控制	(1) 是否及时对不符合项开展了调查、确定了不符合产生原因、制定并实施了纠正措施； (2) 是否对措施的实施效果进行了评审
报告与调查	(1) 是否及时上报事故或事件，无瞒报与漏报； (2) 是否建立事故管理档案或台账，档案内容是否齐全并定期归档； (3) 事故与事件是否及时录入 HSE 信息系统
事故处理	(1) 是否按"四不放过"原则对事故进行处理； (2) 是否按规定对事故与事件进行分级调查、统计和分析； (3) 是否在 HSE 委员会或其他会议上对事故进行整体分析，并制定了阶段性管理措施； (4) 是否在规定的时限内上报事故快报及提交事故报告； (5) 是否及时将事故事件通报到每位员工
记录清单	是否建立了记录清单
记录建立和填写	是否依据清单建立了相关记录，记录是否填写规范
记录保存	记录是否按规定保存
下达计划	是否下达了内审计划
实施	是否按计划开展了内审
审批	是否编写内审报告，报告是否得到管理者代表审批

续表

审核控制点	审核要点
整改消项	是否对不符合项及内审发现的问题进行整改与消项
管理评审会议	最高管理者是否按规定的时间召开并主持管理评审会议
管理评审输入	管理评审的输入是否包括内部审核和合规性评价的结果，和外部相关方的交流信息，包括投诉；组织的健康、安全与环境绩效；目标和指标的实现程度；纠正措施和预防措施的状况；以前管理评审的后续措施；客观因素的变化，包括与组织有关的法律法规和其他要求的发展变化；改进建议等
管理评审输出	管理评审报告中是否制定了计划和完成期限

五、钻井 HSE "两书一表"

1. 钻井 HSE 作业指导书

HSE 作业指导书编写应包括以下内容：

(1) HSE 管理体系；

(2) 组织结构；

(3) HSE 岗位职责；

(4) 危险及控制；

(5) 记录与考核。

2. 钻井 HSE 作业计划书

HSE 作业计划书编写应包括以下内容：

(1) 作业项目概述；

(2) 政策与目标；

(3) 人员、组织机构与职责；

(4) 主要施工设备、HSE 设施与用品；

(5) 危害识别与控制；

(6) 应急计划；

(7) 管理制度与作业指南；

(8) 信息交流；

(9) 监测与整改；

(10) 审核与总结回顾。

3. 钻井作业 HSE 检查表

钻井作业 HSE 检查表通常由上级（如钻井公司）对钻井队 HSE 管理的检查表和钻井队 HSE 自检表两种，主要包括但不限于以下表格：

(1) 钻井队 HSE 管理实施情况检查表；

(2) 开钻前验收检查表；

(3) 每周钻机安全检查表；

(4) 钻井设备维护检查表（班检查表）；

(5) 钻井设备维护检查表（周检查表）；

(6) 钻井设备维护检查表（月检查表）；

(7) 井控装置安全检查表；

(8) 每周营房安全与卫生检查表；

(9) 钻井队（平台）易燃易爆及有毒危险品安全检查表；

(10) 钻井队（平台）污水治理检查表；

(11) 钻井队 HSE 管理检查班报表（行政班）；

(12) 钻井队 HSE 管理检查班报表（生产班）；

(13) 钻井队 HSE 管理检查周报表；

(14) 钻井队 HSE 管理检查月报表；

(15) 钻井队（平台）HSE 管理完井评估检查表；

(16) 钻井队（平台）医疗设施配备情况检查表。

检查表编制通常考虑以下因素：

(1) 检查路线；

(2) 检查项目；

(3) 法律法规或标准要求；

(4) 检查结果判定（分为符合、基本符合、不符合）；

(5) 检查客观事实描述；

(6) 备注。

六、钻井业主与施工单位 HSE 职责划分

1. 钻井业主 HSE 职责

(1) 贯彻执行国家有关安全、环保、质量、节能、职业健康、消防、标准化及计量的法律法规与方针政策，组织制定完善相应的标准、规范、管理制度和实施办法，编制相关发展规划和年度工作计划。

(2) 建立 HSE 委员会、质量委员会、标准化技术委员会、医务劳动鉴定委员会、节能减排领导小组及职业病防治工作领导小组，并对其进行日常管理。

(3) 建立质量和 HSE 管理体系以及信息系统，保证正常运行，开展对承包商的审核工作。组织对相关方质量、HSE 资质及市场准入证的审查。

(4) 负责油气田开发方案及钻井与修井作业的工程设计，对勘探开发环境影响进行评价。

(5) 负责年度投资计划的制订，保障施工作业服务承包商的安全投入。

(6) 负责对地方政府、钻井监督及承包商进行信息沟通，明确环境保护责任。

(7) 负责钻井与修井作业的 HSE 钻井技术监督工作。

(8) 负责协调油田与钻井区块地方政府关系，确保钻井施工作业和谐正常运行。

(9) 负责及时修订钻井与修井定额，按合同规定及时划拨费用。

(10) 对施工单位 HSE 计划、"二书一表"及重大风险预防预案进行审核。

(11) 负责设计的变更及变更后费用的追加及确认。

（12）负责对钻井完井作业后的工程竣工验收。

（13）负责对井场用料的清理和废弃。

（14）承担超出钻井设计突发重大事件 HSE 经济责任。

2. 施工单位 HSE 职责

（1）贯彻执行国家有关安全、环保、质量、节能、职业健康、消防、标准化及计量的法律法规与方针政策，组织制定完善相应的标准、规范、管理制度和"井控"实施办法，编制相关发展规划和年度工作计划。

（2）建立 HSE 委员会、质量委员会、标准化技术委员会、医务劳动鉴定委员会、节能减排领导小组及职业病防治工作领导小组，并对其进行日常管理。

（3）组织指导、协调和督促有关部门和单位依法履行安全生产、环境保护、职业健康、质量技术监督、节能及消防等工作职责，具体实施安全、环保、职业健康、质量、节能及消防等综合目标管理和考核工作。

（4）建立质量和 HSE 管理体系以及信息系统，保证正常运行，开展内部审核工作。组织对相关方质量与 HSE 资质审查。

（5）负责企业新、改、扩建工程的"三同时"的监督执行。组织指导重点大型施工作业和工程建设项目的安全与环境影响、职业卫生、节能节水评价评估及审查论证和验收工作。对技术设备引进，重点新产品、新工艺、新技术和新设备进行技术鉴定，并进行质量监督及标准化审查。

（6）负责企业生产安全、交通运输及消防的安全管理和钻井安全监督工作，负责劳动保护、工业卫生、职业病防治和工伤管理等工作以及伤残鉴定的组织协调工作。监督劳动防护和安全生产费用使用的情况，组织开展安全环保隐患治理，重大危险源的监控及建档管理工作。

（7）严格执行钻井 HSE 设计，保证工程质量符合钻井设计要求。

（8）制订详细的员工培训计划，对员工进行 HSE 培训。

（9）协调地方联动关系，制订施工重大突发风险预防预案并定期进行演练。

（10）必要时，根据钻井工程现场实际工况，提出设计变更申请。

（11）按事故处理程序，组织调查与处理企业内生产安全事故、污染事故及质量事故，组织协调和处理安全、环保与质量等方面的重大争议和纠纷。

（12）执行业主井场用料清理和废弃及井场的恢复任务。

（13）负责安全、环保、质量、节能、职业健康及消防的统计与上报，以及有关文件资料的收集、整理、立卷和归档。

第三节　钻井作业风险识别与控制

一、钻井作业风险识别

通常对钻井作业风险识别按作业过程进行划分为：钻前作业、钻进作业、完井作业和特殊作业。

1．钻前作业

钻前作业风险主要包括钻机拆迁与安装、设备试运转以及开钻前准备三个作业过程的风险。图 15-3-1 为钻机拆迁与安装风险示意图，图 15-3-2 为设备试运转风险示意图，图 15-3-3 为开钻前的准备风险示意图。

2．钻进作业风险

钻进作业风险主要包括井控装置、试压过程、非油气层钻进、下套管、油气层钻进、中途测试、起下钻柱、接单根、取心作业和倒钻具 10 个作业过程中的风险；图 15-3-4 为井控装置风险示意图，图 15-3-5 为试压过程风险示意图，图 15-3-6 为非油气层钻进风险示意图，图 15-3-7 为下套管风险示意图，图 15-3-8 为油气层钻进风险示意图，图 15-3-9 为中途测试风险示意图，图 15-3-10 为起下钻柱风险示意图，图 15-3-11 为接单根风险示意图，图 15-3-12 为取心作业风险示意图，图 15-3-13 为倒钻具风险示意图。

3．完井作业风险

完井作业风险主要包括下油管和安装采油树两个作业过程中的风险。图 15-3-14 为下油管风险示意图，图 15-3-15 为安装采油树风险示意图。

4．特殊作业

特殊作业风险主要包括固井作业、测井作业、卡钻处理、井漏处理及溢流处理作业过程中的风险。图 15-3-16 为固井作业风险示意图，图 15-3-17 为测井作业风险示意图，图 15-3-18 为卡钻处理风险示意图，图 15-3-19 为井漏处理风险示意图，图 15-3-20 为井漏处理风险示意图。

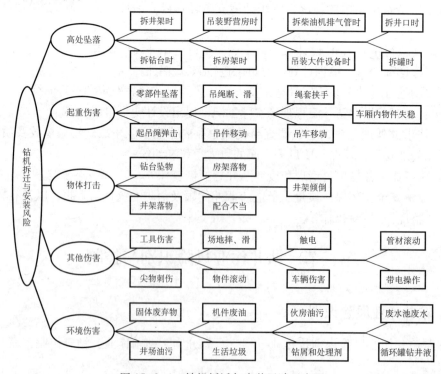

图 15-3-1　钻机拆迁与安装风险示意图

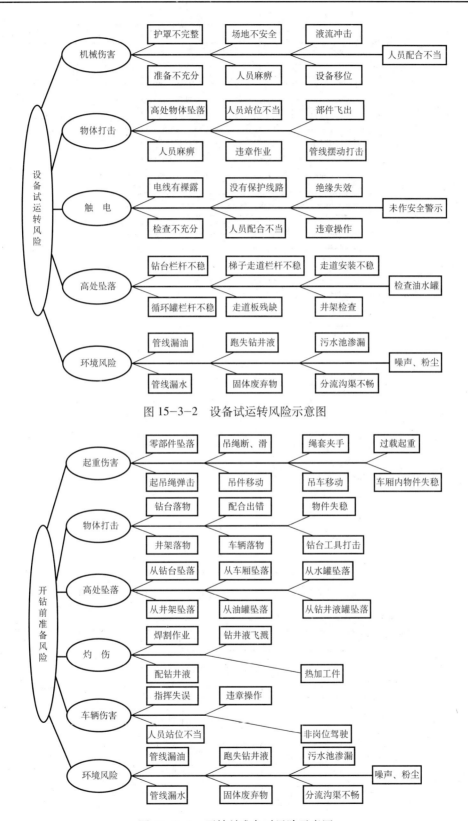

图 15-3-2 设备试运转风险示意图

图 15-3-3 开钻前准备时风险示意图

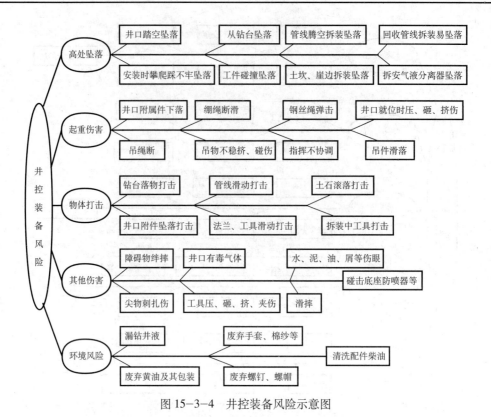

图 15-3-4　井控装备风险示意图

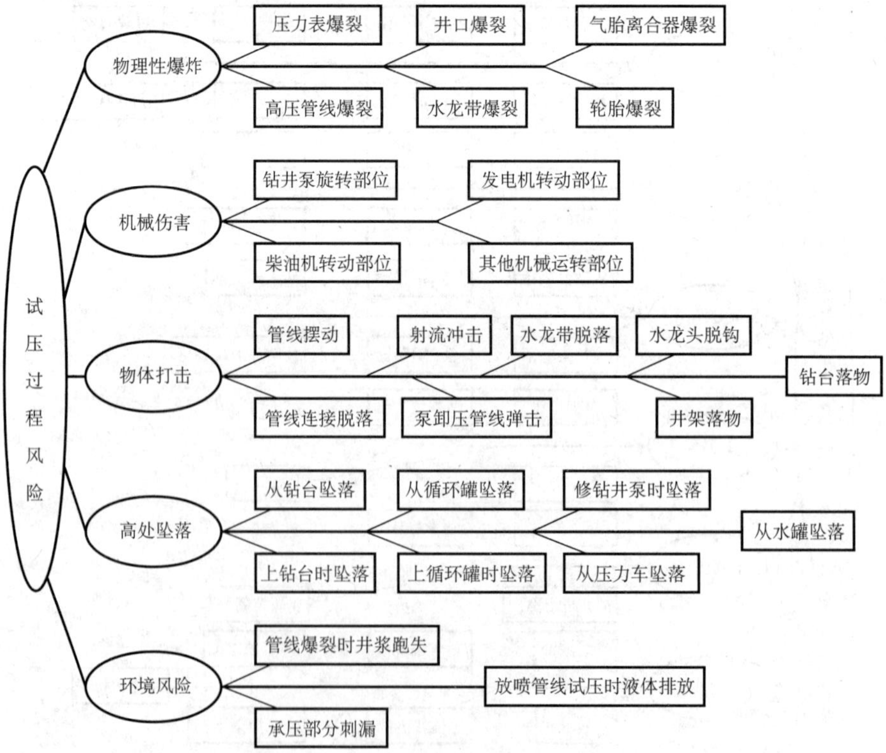

图 15-3-5　试压过程风险示意图

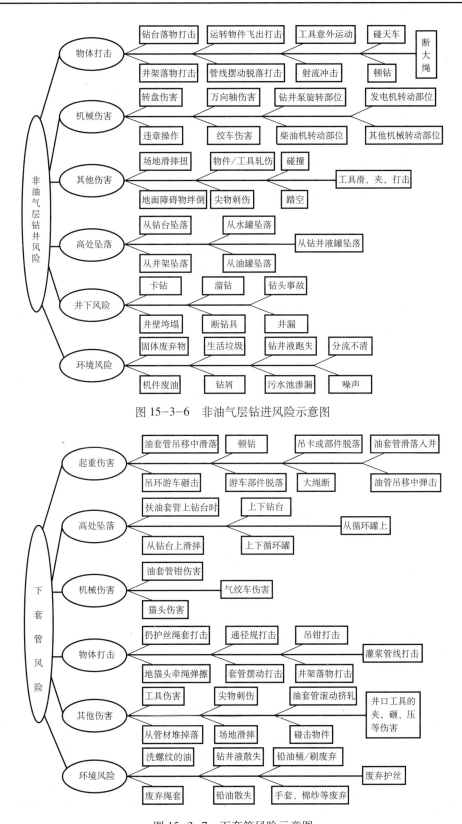

图 15-3-6　非油气层钻进风险示意图

图 15-3-7　下套管风险示意图

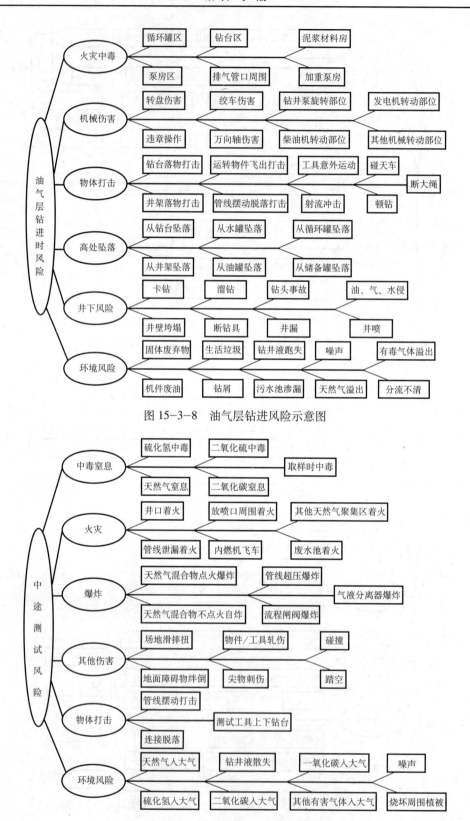

图 15-3-8 油气层钻进风险示意图

图 15-3-9 中途测试风险示意图

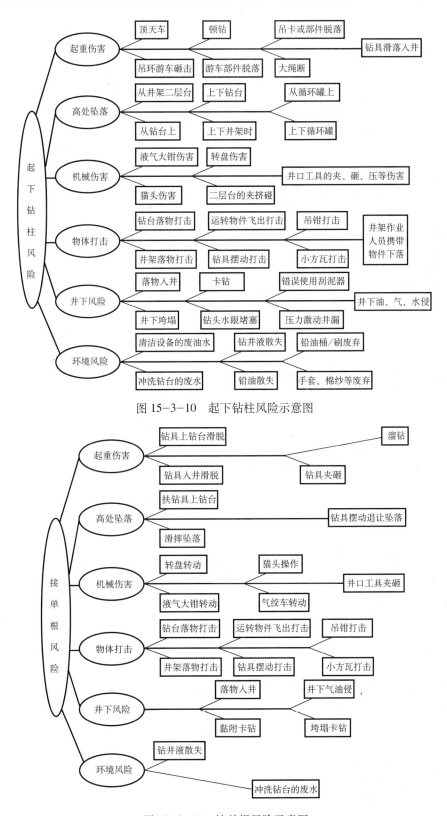

图 15-3-10　起下钻柱风险示意图

图 15-3-11　接单根风险示意图

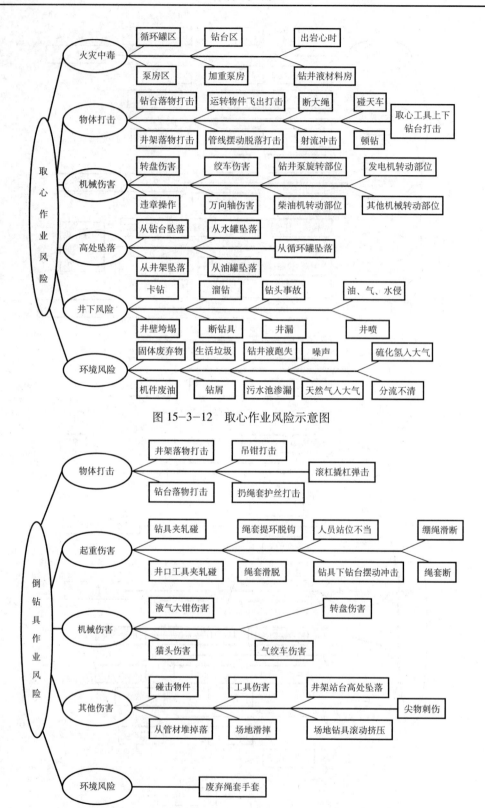

图 15-3-12　取心作业风险示意图

图 15-3-13　倒钻具风险示意图

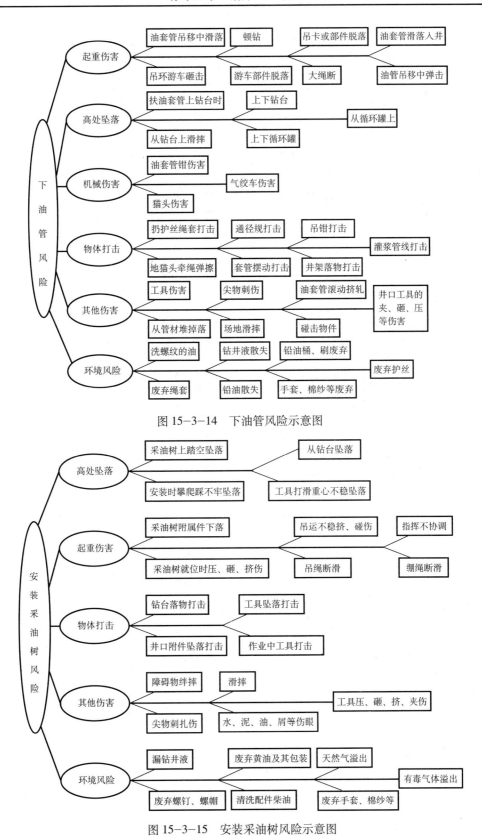

图 15-3-14 下油管风险示意图

图 15-3-15 安装采油树风险示意图

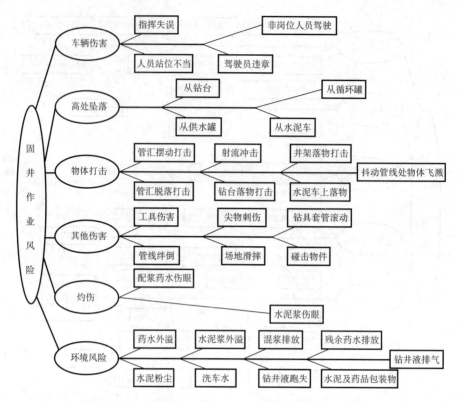

图 15-3-16　固井作业风险示意图

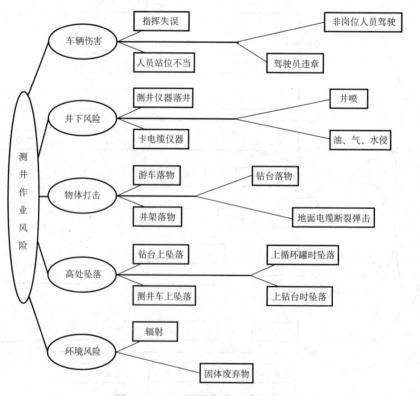

图 15-3-17　测井作业风险示意图

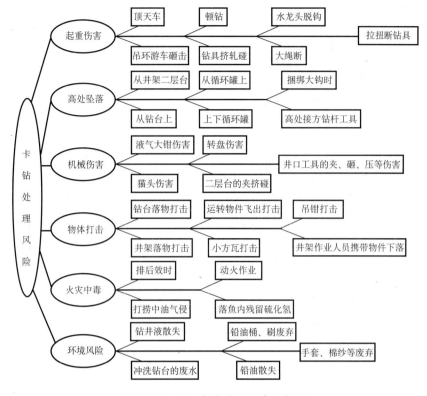

图 15-3-18　卡钻处理风险示意图

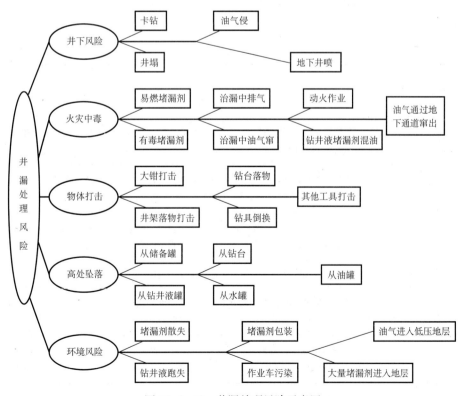

图 15-3-19　井漏处理风险示意图

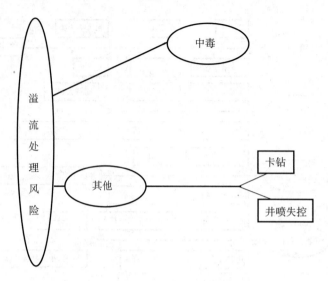

图 15-3-20　溢流处理风险示意图

二、钻井作业风险控制

钻井作业风险控制通常包括：风险削减措施的选择、风险控制措施。

1．风险削减措施的选择

1）风险削减措施的类型

常用的风险控制措施的类型主要有：排除、代替、隔绝、工程、管理、个人防护用品和应急响应。详见表 15-3-1。

表 15-3-1　风险控制措施

类型	内　　容
排除	设计出新的程序或设备从根本上消除危险源的存在
替代	用其他程序或物质代替，包括采用低危险或没有危险的物质代替，或选择在空气中与之接触较少的工作程序
隔绝	将危险源进行隔离，无论潜在危险存在与否，都可以考虑隔绝这个措施来减少人员与危险物质的接触程度
工程	如果危险已经经历了潜在阶段并且不能被排除、被取代和被隔绝，可以通过控制减少职工接触的程度，控制包括自动操作生产过程中的危险部分，改进工具和设备等措施
管理	包括整理、训练、调换工作、监督、采购、说明书、上岗证和工作程序等
个人防护用品	它是把保护设备的负担放在员工身上，采用的是安全人的方式，给人员造成行动和习惯上的不便，且又不可靠
应急响应控制	通过对事故应急设备的维护和标示、培训和训练、应急预案的演习等方面进行超前管理，当事故发生后能够及时启动应急程序，防止事故扩大，降低事故后果的严重程度

2）对策措施与 HSE 关键任务

对于所识别出的主要风险，必须有适当的控制措施加以防治。控制措施可以是设备及程序措施，与这些控制措施相关联的是 HSE 关键任务，用于保证控制措施到位。风险控制及消减措施都结合到图 15-3-21 所示的领结式关联图，与这些控制和消减措施（包括事态升级因素控制）相关联的即是相应的 HSE 关键任务。

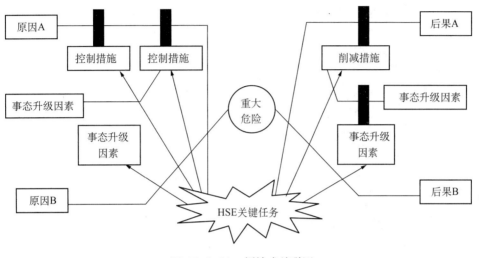

图 15-3-21　领结式关联图

3）对策措施有效性评价

通常对策措施有效性评价应考虑以下因素：

（1）修订的控制措施是否会导致达到可承受的风险水平；

（2）是否产生新的危害；

（3）是否选择了成本效益最佳方案；

（4）受影响的人员如何评价修订后的预防措施的必要性和可行性；

（5）修订后的控制措施是否会被用于实际工作中，而不会被工作方面的压力所干扰。

2．风险控制措施

钻井风险控制措施按过程划分分为：钻前作业、钻进作业、完井作业和特殊作业。表 15-3-2 给出了钻井作业风险控制措施。

表 15-3-2　钻井作业风险控制措施

作业项目	主要风险控制措施
设备搬迁作业前准备	（1）召开作业队伍联席会议； （2）编制《搬迁安全方案》
吊装作业	（1）物件超过额定负荷不吊； （2）指挥信号不明、重量不明及光线暗淡不吊； （3）吊绳和附件捆扎不牢、不符合安全要求不吊； （4）行车挂重物直接进行加工的不吊； （5）歪拉斜挂不吊； （6）工件上站人或工件上浮放有活动物不吊；

续表

作业项目	主要风险控制措施
吊装作业	(7) 氧气瓶、乙炔瓶等具有爆炸性物不吊； (8) 带棱角、快口未垫好不吊； (9) 坦在地下的物体不吊； (10) 未打固定卡子不吊； (11) 检查吊索磨损情况； (12) 设置吊装设备牵引绳； (13) 指挥人员与司索人员应持有有效的吊装作业资格证书； (14) 安全监督应旁站监督
登高作业	(1) 开具作业许可票； (2) 作业人员应持有有效的吊装作业资格证书； (3) 正确穿戴个体防护装备； (4) 正确佩戴保险带； (5) 保险带挂钩应高挂工作面； (6) 设置监护人； (7) 在高空使用撬杠时，人要立稳，如附近有脚手架或已装好构件，应一手扶住，一手操作；撬杠插进深度要适宜，如果撬动距离较大，则应逐步撬动，不宜急于求成； (8) 高空作业时，应尽可能搭建临时操作台，操作台为工具式，宽度为 0.8 ~ 1.0m 临时以角钢夹板固定在柱上部，低于安装位置 1.0 ~ 1.2m，人在上面可进行屋架的校正与焊接工作； (9) 登高用的梯子应牢固，使用时应用绳子与已固定的构件绑牢，梯子与地面的夹角一般为 65° ~ 70° 为宜； (10) 操作人员不得穿硬底皮鞋上高空作业； (11) 高空操作人员使用的工具与零部件等，应放在随身佩带的工具袋内，不可随意向下丢掷； (12) 在高空用气割或电焊时，应采取措施，防止火花落下伤人
装、卸车作业	(1) 设备重量应与汽车载荷相匹配； (2) 设备装车时应捆绑牢固
设备安装作业	(1) 吊卸与吊装钻井泵、绞车、猫头、柴油机、发电房、MCC 房和 SCR 房等大型重型设备时，施工单位负责人应到场指挥，安全监督应旁站监督； (2) 起放高架水罐与高架油罐时，绳索吊挂正确，吊车驾驶员操作平稳，危险区域不能站人，高空作业必须栓安全带； (3) 吊装绞车和转盘时，不得与钻台其他工作同时进行，要有专人负责挂绳套，由搬安专业人员负责指挥； (4) 吊装与吊卸重型设备、大型设备或其他特殊设备或工具时，钻井队应安排专人负责指挥； (5) 防护设施还未安装齐全时，在该区域应有明显的安全警示标志，或者搭建临时安全防护设施，提醒和保障作业人员作业时安全； (6) 各运转设备的护罩和防护装置（防碰天车和过卷阀、各种保险阀、逃生跑道、电气设备接地等）、各类人行梯子及防护栏杆必须安装齐全，固定牢靠；大门坡道要栓保险绳，用绳卡卡紧卡牢； (7) 防碰装置应安装齐全，高度适中，灵敏有效可靠，应进行必要的测试； (8) 天车、转盘和井口三者的安装，中心线应调校在一条垂直线上，偏差不大于 10mm； (9) 吊环、水龙带和高压软管等应要安装保险绳； (10) 井场电器设备应达到防爆要求，不得使用裸线，排列整齐，绝缘良好，不得与其他物体摩擦； (11) 使用电焊等移动电器工具设备时，必须安有漏电保护器； (12) 各种管线连接及循环系统各连接处要做到不刺不漏，高压管线按要求试压合格；各种钻井仪器仪表灵敏、准确、记录清晰、可靠； (13) 安装结束，井场各作业场所（点）要设置齐全相应的安全警示标志，标志牌应保持清洁、醒目，挂放在正确的位置；

续表

作业项目	主要风险控制措施
设备安装作业	(14) 安装完后，钻井队应组织队上各相关专业人员从天车到底座，从后场到前场按照安装标准和要求进行全面的仔细的检查验收，对存在的问题记录在案，并跟踪落实整改；试运行后，经上级部门检查验收合格后才能开钻
起放井架作业	(1) 起放井架时必须实行一人指挥，一人操作，一人协助；井架两侧 20m 范围内和正前方 50m 不得站人； (2) 起放井架前，要有专人检查主体设备的运转情况，特别是刹车系统工作状态； (3) 起放井架大绳、快绳和死活绳头的固定，以及销子、保险销及各设备的固定与连接等应严格检查；检查完毕要求检查人员签字确认，经队长和搬安负责人同意后方能起放井架； (4) 严禁在大风、大雨、大雾天气和黑夜中起放井架
动力设备调试运转作业	(1) 试运转前，组织专业人员按相关标准对动力设备进行全面安装大检查，对重点要害部位进行复查； (2) 试运转过程中，岗位人员对设备情况进行观察检查，按规定要求认真调试，经有关部门和人员验收合格签字批准后，方可正式运转； (3) 按设备运行操作规程，在设备运转时进行认真观察，发现问题及时整改，保证设备设施运行正常； (4) 发现机器故障和毛病，立即停用；对不能整改的重大安全隐患，及时汇报上级部门，待整改完成后，方能正常运行
钻鼠洞作业	(1) 用涡轮钻鼠洞时要专人指挥，白棕绳的直径符合要求，捆绑牢固，严禁用链钳来控制涡轮的倒转；作业人员应撤到安全区域，防涡轮与方钻杆倒转伤人； (2) 起吊导管与涡轮钻上钻台前，施工人员应仔细检查钢丝绳、吊钩和绳套等是否损伤变形，尺寸是否符合要求；气动绞车必须由熟练工操作，并有专人指挥； (3) 用方补心滚筒打钻鼠洞时，安装连接可靠，操作平稳
检修、保养设备作业	(1) 检修电器设备与设施时，应双人配合进行，要先截断电源，挂上"禁止合闸"提示牌后，专人监护，才可作业，并坚持谁挂牌谁摘牌的原则； (2) 设备检修应安排在下钻至套管鞋进行，在起下钻过程中不得检修设备，严禁在空井情况下进行； (3) 检修钻井泵时，井队大班必须到场监护，必须断开钻井泵气源后才能进行检修作业； (4) 检修液气大钳时，检修人员必须断开气源，井队大班到场监护，否则不准进行检修作业； (5) 换 B 型钳牙和液气大钳钳牙时，必须戴上护目镜，严禁使用硬脆物体敲击，井队大班监护； (6) 对绞车内部进行检修时，必须断开通向绞车气路的气源，司钻操作台上的各控制开关一律倒在放气位置，并挂上"正在检修"的安全警示牌，司钻不能离开操作台，有专人对绞车内的工作人员进行监护； (7) 机房检修或换链条时应切断动力，井队大班提出安全注意事项并监护
调配、使用钻井液作业	(1) 强化钻井液的使用管理，减少钻井液跑、冒、滴、漏现象，废弃钻井液必须进入污水池处理； (2) 处理与调配钻井液时，如需加入腐蚀性化学药品，钻井液人员必须现场监护，作业人员应戴上护目镜、防腐手套、围裙； (3) 钻井液管理人员按标准保管、存放及使用好钻井液材料；各钻井液材料不能堆积太高，防止倒下伤人；钻井液材料要分类摆放，有明显的安全标志； (4) 按规定正确使用加重泵、传送带和钻井液枪等设备，防止机械伤害和高压冲击； (5) 钻井液材料下垫上盖，做到工完料尽场地清，妥善处理外包装等固体废弃物，防止环境污染
正常钻进作业	(1) 各岗位对井场重点要害部位按照标准和要求每天进行一次例行检查，对发现的问题（或隐患）及时整改，要限定整改时间和整改责任人； (2) 作业人员严格执行钻进作业的安全操作规程；气层钻进时，严格执行坐岗制，及时发现并处理井下溢流问题； (3) 现场作业人员司钻操作证、井控操作证和特殊工种作业操作证等证的持证情况必须满足作业要求；未取得相应证件或证件过期的人员不能上岗；

作业项目	主要风险控制措施
正常钻进作业	(4) 消防器材和防护器材配置需符合设计要求；各岗点上应摆放相应的灭火器材，储水罐上应接有消防水龙带接口； (5) 每周开展安全自检，重点检查钻机的提升系统、刹车系统、防碰天车、钻井泵安全阀、电器线路和井控装备等，并做好记录，对查出的问题及时整改
取心钻进作业	(1) 严格执行取心钻进的技术措施和安全操作规程； (2) 在高含硫地层中取心，当取心工具离地面只有 10 柱钻具时，操作人员需佩带空气呼吸器进行作业，出心过程中，钻台与井口应备 H₂S 监测仪，当岩心心筒已经打开或岩心移走后，应使用便携式硫化氢监测仪检查岩心筒，硫化氢浓度低于安全临界浓度之前，人员应继续使用正压式空呼； (3) 取心工具入井前和出心过程中，取心队和钻井队的技术负责人必须上钻台把关与监护
欠平衡钻进作业	(1) 施工单位制定欠平衡钻井安全预案，按设计要求进行验收，钻遇含硫气层的裸眼井段不能进行欠平衡钻进； (2) 井队必须配备钻井液气分离器，以便在井口回压超出旋转防喷器压力控制上限时关井，通过钻井节流管汇和钻井液气分离器，控压循环排气； (3) 钻头上应安装两只钻具止回阀，气体钻井必须使用强制性钻具止回阀。下钻前，钻井技术员和当班司钻必须检查止回阀有无堵塞、刺漏及密封情况； (4) 井队专业人员对作业区内的所有电器设备及电控箱进行检查，确保所有电器、开关及线路的防爆性能可靠； (5) 用高压软管将钻井节流管汇与欠平衡节流管汇相连接，所有管线固定可靠；排气管线在直角弯两侧和出口处固定，悬空段的中间应支撑并固牢； (6) 欠平衡钻井设备安装完毕后，必须进行调试与试运转，并按旋转防喷器额定工作压力试压； (7) 点火筒应接至距井口 75m 以上的安全地带，相距各种设施不小于 50m；气体类欠平衡钻井要求在燃烧点周围修建防火墙； (8) 按规定配备可燃气体监测仪和硫化氢监测仪，配备足够数量的空气呼吸器和空气压缩机；在液气分离器、循环罐、钻台、机房和发电房等各关键部位，应配备灭火器等消防器材； (9) 进行天然气钻井，钻台上应安装防爆排风扇，以驱散接单根时井口周围的天然气；钻台上及坡道应铺防火垫； (10) 在天车、钻台、液气分离器、节流管汇、振动筛、循环罐及点火筒附近应设立风向标； (11) 循环罐液面监测记录时间间隔为 10min，录井仪器连续监测液面、钻时、钻井参数、钻井液性能及气测烃值的变化，坐岗人员发现变化或异常及时报告值班干部，并进行加密监测； (12) 欠平衡钻进中发现硫化氢，必须立即停止欠平衡钻进；根据硫化氢浓度和井口压力决定下步措施； (13) 气体欠平衡钻井时接单根，停止注气后，先将立管内压力完全卸掉后再实施接单根操作，泄压时，作业人员撤离危险区域
定向钻进作业	(1) 复杂井段和特殊井段钻进时，值班干部或技术负责人必须上钻台把关和指挥； (2) 作业人员必须严格执行定向钻进的安全措施和安全操作规程； (3) 把好定向工具配置、安装与使用的技术关，保证定向钻井的井下安全； (4) 施工单位制定定向钻进安全预案，并落实到位
起下钻作业	(1) 井队起钻前，必须按井控规定以足够的时间循环钻井液，油气层中每次起钻前必须进行短程起下钻； (2) 下钻作业之前，操作人员仔细检查刹车系统、提升系统及起下钻所要使用的工具；司钻要亲自试防碰天车（二阀、过卷阀、数码防碰天车），确保其有效可靠； (3) 在长段裸眼井段和阻卡井段起下钻作业，起钻前 20 柱和下完最后 20 柱，督促队上值班干部亲自把关； (4) 起下钻时，严禁猛提放，起下钻速度必须控制在 0.5m/s 内； (5) 下钻时悬重超过 30t 必须电磁刹车或挂水刹车，控制下放速度，防阻卡；上提遇卡不能超过 10t，下放遇阻不能超过 5t；

续表

作业项目	主要风险控制措施
起下钻作业	(6) 高处作业人员必须拴好保险带，特别是井架工要严格检查保险带的有效和可靠性，有问题必须及时更换； (7) 起钻作业时，每起 3 ~ 5 柱钻杆或 1 柱钻铤，灌满钻井液一次；灌钻井液时，严禁通过反压井管汇向井内灌钻井液；坐岗人员做好起下钻灌入量和返出量的记录情况，发现问题及时处理，及时采取措施； (8) 在长段裸眼起下钻作业时，起钻前 10 柱和下完最后 10 柱，钻井队值班干部应上钻台亲自把关 (9) 若起钻过程中因故不得不检修设备时，检修中应采取相应的防喷措施，检修完后立即下钻到井底循环一周半，正常后再起钻，不允许长时间空井； (10) 钻具上带有回压阀下钻时，操作人员每下 20 ~ 30 柱钻杆向井内灌满钻井液一次，坐岗人员立即校对灌入量与返出量，发现异常及时报告； (11) 起油管时二层台操作应由熟练工操作，做好防弹出措施，防止油管倒 / 弹出伤人； (12) 起套管时，队上干部要在钻台上把关，倒出时要用绷绳绷，气动绞车由熟练工操作，防止伤人和损坏设备
通井划眼作业	(1) 钻井队制定通井划眼的技术措施和安全注意事项，并落实在岗位上； (2) 在复杂井段与特殊井段通井划眼时，钻井队技术负责人或值班干部亲自把关指挥
倒换钻具作业	(1) 倒换钻具时，操作人员应严格执行操作规程，防止伤人事故的发生； (2) 钻具或工具起吊上下钻台时，应派专人指挥，必须戴好护丝，保证水眼畅通；场地上操作人员应远离危险区域，防止伤人事故的发生； (3) 起吊方钻杆、钻铤、井下动力钻具和取心工具等上下钻台时，必须应用大钩和绷绳抬起平稳吊放； (4) 操作猫头绳，必须是熟练工，且具有熟练操作猫头的技能；坚持使用挡绳器，绳打结或毛刺太多的绳索不能上猫头，在拉猫头绳时，应待第一圈绳拉紧后，才能继续缠下一圈； (5) 按设备运行操作规程，认真检查保养好各类动力与起吊设备；在设备运转时进行认真观察，发现问题及时整改，保证设备设施运行正常；发现机器故障和毛病，立即停用；对重大安全隐患，必须整改完成后，方能正常运行
拆装井口作业	(1) 在换装井口作业时，钻井队主要技术负责人或领导应亲自把关，派专人指挥；作业人员要严格执行安全操作规程，防止伤人事故的发生； (2) 拆卸与安装井口装置时，要搭建操作平台；固定井口装置时，超过 2m 以上的高空作业必须拴保险带； (3) 吊装与吊卸井口的钢丝绳直径为 7/8in 以上，作业人员按标准仔细检查吊装井口钢丝绳有无断丝、有无损伤；钢丝绳的接头处必须按钢丝绳的正规穿编联结或用绳卡联结； (4) 严禁整体吊装井口，应拆成二部分或三部分；吊装时必须使用游动滑车为主吊，风动绞车辅助的方法进行；严禁直接用高悬猫头及风动绞车吊装吊卸； (5) 吊装井口时严禁损坏钢圈及钢圈槽，防止砸坏阀门手轮和撞坏撞弯丝杆，作业人员要精心操作，耐心仔细
试压作业	(1) 钻井队应按设计和井控规定要求对井口、阀门和管线试压，直到试压合格为止，并做好稳压时间和不同封井器种类试压值的记录； (2) 试压前，作业人员仔细检查阀门的开关状态与各管线的固定情况，确保施工安全；启动增加压力时，作业人员应撤离高压危险区域，以防伤人事故发生
起下油管作业	(1) 钻井队做好起下油管前的准备工作，认真检查井架、天车、游车、钢丝绳、刹车系统及动力传输系统，校正好指重表和压力表，连接好灌钻井液管线，保证各种设备和各种仪器仪表处于良好状态； (2) 下油管前队上召开安全技术交底会和作业前分工协调会，进行安全技术交底，做好劳动组织和分工，任务落实到人头，安全落实到人头； (3) 队上检查各类绳索，达到报废标准的，应及时换掉； (4) 油管护丝、内径规或其他工具只能用绳子拴好后用风动绞车吊下，不能往钻台下扔；

作业项目	主要风险控制措施
起下油管作业	(5) 油管上钻台必须要有人专人指挥，熟练工操作风动绞车，且风动绞车钢丝绳要符合规定要求，绳套套牢，作业人员应仔细检查； (6) 起油管时二层台操作要熟练工，做好防弹措施，防止油管倒出或弹出伤人； (7) 下油管悬重超过 30t 后必须挂水刹车或电磁刹车；严格控制好下放速度； (8) 在下油管，每下 10 ~ 20 根油管灌注钻井液一次，用专门的钻井液罐计量，钻井队和录井队分别做好灌注量和返出量的记录，保证灌注量，发现溢流及时报告处理，防止井喷事故发生
换装采油树作业	(1) 吊装采油树的钢丝绳直径必须符合标准规定，作业人员按标准仔细检查吊装井口钢丝绳有无断丝、有无损伤。钢丝绳的接头处必须按钢丝绳的正规穿编联结或用绳卡联结； (2) 确认压井平稳后才能拆装井口，压井后应敞井观察 48h 无显示，拆井口前循环 1.5 ~ 2 周，无严重油气侵方可拆井口； (3) 采油树吊进、吊出与安装时，施工单位主要技术负责人或领导应亲自把关，专人指挥； (4) 吊装采油树时必须使用游动滑车为主吊，风动绞车辅助的方法进行，严禁直接用高悬猫头及风动绞车吊装吊卸； (5) 在采油树吊进吊出时，作业人员应撤离危险区域； (6) 安装采油树时，超过 2m 的高空作业必须栓保险带；撤、卸、紧螺钉时要搭建操作平台，固定牢固； (7) 吊装采油树时严禁损坏钢圈及钢圈槽，防止砸坏阀门手轮和撞坏撞弯丝杆，监督提示作业人员小心操作； (8) 在换装井口的整个过程中，作业人员严格执行安全操作规程，防止伤人事故的发生； (9) 采油树安装完毕后，严格按照井控规定与钻井设计要求试压合格
测井作业	(1) 钻井队应在测井前将井下情况处理正常，保证井眼畅通，确保电测仪器在井内起下畅通； (2) 测井队从作业现场到测井结束时，都要履行安全交接手续，填写相关安全交接资料，并签字认可； (3) 钻井队准备好测井安全施工的条件，在测井过程中，井队不得在井架上进行高空作业，在钻台与井场不应进行妨碍测井施工安全的交叉作业，不得使用电焊； (4) 测井时，井队应做好防喷准备，钻台上应留司钻和钻工值班，钻井液出口管应有专人看守，专人记录液面，大门坡道上应备有防喷单根； (5) 电测仪器在起吊入井前，钻井队应仔细检查连接部位，要牢固可靠，井口装置安装牢固，切断转盘动力，将转盘销死，滑轮与马达转动灵活，张力系统与安全装置（如自动熄火装置）工作可靠； (6) 测井人员对入井的测井仪器进行检查，并做好记录；起出时认真检查并与入井前核对，发现问题及时报告； (7) 井队值班人员做好测井配合工作，严禁测井人员乱动钻台上的钻井设备，严禁测井人员亲自操作和使用井队起吊设备和各吊仪器； (8) 在井口工作使用工具时，应盖好井口，严禁将工具放在转盘上； (9) 测井队在钻台上准备好砍（剪）断电缆的工具，电测期间出现溢流，督促测井队与井队按照电测时出现溢流的规定控制井口； (10) 电测结束时，井队尽快抓紧时间下钻，搞好防喷工作； (11) 在井场从事放射性测井工作时，要有防辐射警告标志；不能把放射性物质乱扔乱放；当发生放射性测井事故时，要及时上报上级主管部门，采取防护措施，控制事态的发展
下套管作业	(1) 钻井队按照下套管技术与安全交底会的要求，做好下套管前的准备工作； (2) 在气层中下套管，钻井队按要求将封井器芯子换成与所下套管尺寸相同的封井器芯子，然后进行试压合格；准备好与井控有关的接头与防喷工具等，随时可用； (3) 钻井队在下套管前，认真检查井架、天车、游车、钢丝绳、刹车系统及动力传输系统，校正好指重表和压力表，连接好灌钻井液管线，保证各种设备和各种仪器仪表处于良好状态； (4) 下套管前队上召开作业前分工协调会，做好劳动组织和分工，任务落实到人头，安全落实到人头；安全监督强调安全风险及风险削减措施

续表

作业项目	主要风险控制措施
下套管作业	(5) 钻井队要检查各种钢丝绳、绳索与绳套，达不到标准的，应及时换掉；套管护丝或其他工具物件只能用绳子拴好后用风动绞车吊下，不能往钻台下扔； (6) 套管上钻台必须要有专人指挥，熟练工操作风动绞车，且风动绞车钢丝绳要符合规定要求，绳套套牢； (7) 下套管悬重超过 30t 后必须挂水刹车或电磁刹车；严格控制好下放速度； (8) 在下套管过程中，每下 40～50 根套管灌注钻井液一次，用专门的钻井液罐计量，钻井队和录井队分别做好灌入量和返出量的记录，保证灌注量，防止挤毁套管；发现溢流及时报告处理，防止井喷事故发生
注水泥作业	(1) 做好水泥浆性能的现场复核试验，凝固时间必须符合设计要求； (2) 钻井队认真检查钻井液循环罐闸阀，做到罐与罐之间不能互窜；保证固井用水的水质和数量应符合设计要求，准备好固井用供水泵和足够的供水胶管； (3) 固井施工负责人与技术人员必须在注水泥前到现场，组织相关单位负责人，开会讨论施工技术措施，共同组织固井施工，负责固井作业时组织分工、定人、定岗和定责，明确操作要求和安全注意事项并逐岗检查落实； (4) 钻井队在固井施工前，对钻井泵、高压管线、活接头及高压闸阀要认真检查，两台钻井泵必须上水良好，缸套直径合适，高压管线和保险销能承受顶替钻井液时的最高泵压，不刺不漏不憋； (5) 固井施工时，派专人重点关注高压管线的连接与固定情况；高压区附近不能有人，无关人员撤离危险区域； (6) 施工结束时，固井施工队不能将水泥浆与药水等残余物质排放在井场内
事故处理作业	(1) 在处理事故或复杂前，钻井必须制定处理措施和应急预案，作业人员认真执行； (2) 倒扣处理卡钻应坚持通井、套铣和带安全接头倒扣的步骤进行，套铣筒不能用来通井划眼；打捞起钻不得用转盘卸扣； (3) 在处理卡钻事故时，强行上提下放活动钻具前，钻井队必须用合适的钢丝绳将大钩捆牢，防止水龙头脱钩； (4) 强行转动钻具时，应锁好转盘大方瓦和方补心的销子，拴好方补心或卡瓦保险绳，防止方补心或卡瓦飞出伤人，相关人员撤离危险区域
井漏与溢流处理作业	(1) 制定相应的技术措施，特别是油气层施工作业时坐岗制的落实和到位，必须严格要求和检查； (2) 用水泥进行堵漏施工时，应制定防卡技术措施；重点检查阀门倒向及注水泥管线的固定，高压区域人员站位； (3) 气层中井漏时，强化和做好井控的准备工作，制定预防井喷的技术措施； (4) 出现溢流，钻井队按当时作业工况，及时逐级汇报，及时处理溢流恢复正常作业或及时做好各种抢险和压井作业准备工作； (5) 含有 H_2S 的井，施工单位按规定配备硫化氢监测仪器，准备好防护器具，当空气中硫化氢浓度达到安全临界浓度时，作业人员佩带正压式空气呼吸器，实施防硫化氢应急预案； (6) 若溢流控制不当发生井喷时，钻井队应抢在第一时间内迅速控制井口，并同时启动井喷时的应急救援预案，按预案迅速组织人员处理和抢险，非作业人员尽快撤离危险区域

第四节　应急管理

应急管理是基于特重大事故灾害的危险问题提出的。应急管理是指在突发事件的事前预防、事发应对、事中处置和善后管理过程中，通过建立必要的应对机制，采取一系列必要措施，保障生命财产安全，促进社会和谐健康发展的有关活动。

一、应急预案策划

应急预案体系按对象范围划分分为：综合预案、专项预案和现场预案，其关系如图 15-4-1 所示。

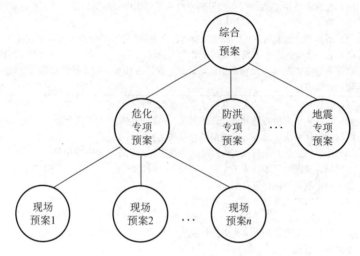

图 15-4-1　应急预案关系图

二、应急预案编制

依据 SY/T 5087—2005《含硫化氢油气井安全钻井推荐作法》的规定，应急预案编写通常包括但不限于以下内容：

（1）应急组织机构；

（2）应急岗位职责；

（3）现场监测制度；

（4）应急程序：①报告程序；②人员撤离程序；③点火程序。

（5）培训与演练等。

三、应急演练

1．应急演练计划

应急演练计划应包括年度应急演练计划和应急演练实施计划。

1）年度应急演练计划

编制年度应急演练计划时宜包括：演练预案名称、演练类型、演练时间、演练地点、演练队伍、演练主要内容及拟用器材等。

2）应急演练实施计划

在编制应急演练实施计划时宜包括：演练目的、演练时间、演练内容、演练地点、参加人员、演练组织机构、各工作组职责、演练组织指挥、演练程序及演练设备配置等。

2．应急演练实施

安装好防喷器后，各作业班按钻进、起下钻杆、起下钻铤和空井发生溢流的 4 种工况分别进行一次防喷演习；其后每月不少于一次不同工况的防喷演习。钻井队还应组织全队职工进行防火演习，含硫地区钻井还应按应急预案进行硫化氢防护演习。

3．应急演练总结

应急演练结束后对演练的效果做出评价，提交演练报告，主要内容包括：演练目的、演练预期目标、演练时间和地点、演练过程、演练成果、演练存在问题、改进建议及预案可操作性评价。

在编写演练成果时，应详细说明演练策划、前期准备、组织实施及模拟演练的过程。

四、应急设施配置

1．消防设施配置

钻井队消防器材的配备见表 15-4-1。

表 15-4-1　消防器材配备表

地点	消防器材数量
消防房	35kg 干粉灭火器 4 具，8kg 干粉灭火器 10 具，5kgCO_2 灭火器 2 具，消防水带 6 条（共 150m），ϕ19mm 直流水枪 2 支，消防斧 2 把，消防锹 6 把，消防钩 2 支，消防桶 10 只
井场	消防砂 4m³，安装消防栓 2 个，钻台、振动筛、循环罐、机房、发电房、油品房和油罐区各配置 8kg 干粉灭火器 2 具，发电房、电控房及配电屏处各配置 5kgCO_2 灭火器 2 具
营区	职工食堂配置 8kg 干粉灭火器 6 具、5kgCO_2 灭火器 2 具，每 3 栋野营房配置 8kg 干粉灭火器 1 具

2．钻井队监测设施配备

（1）可燃气体监测仪（气井）：钻井作业现场配备 1 台。

（2）空气呼吸器（含硫油气井）：钻井作业现场按生产班组每人配备一套，另按钻井队人数的 15% 作备用。同时配备空气压缩机 1 台。

（3）钻井公司安全防护设备除满足现场作业需要外，应有一定数量的应急储备：空气呼吸器不少于 30 套，便携式硫化氢监测仪不少于 10 台，可燃气体监测仪不少于 5 台，空气压缩机不少于 1 台。

第五节　钻井作业的环境保护

一、钻井设计的环境保护

（1）钻井勘探、开发及勘探开发一体化工程设计应进行环境影响评价，评价内容及结论写入 HSE 例卷，评价报告报环境保护主管部门审批。

（2）明确各承包商的环境保护责任，确保关键性环境保护问题在设计阶段得到重视。

（3）开钻前，业主、承包商及监督之间，应召开现场协调会，进行信息沟通，明确告知钻井施工过程中涉及到的有毒有害物品，员工应接受环境保护知识的培训，对环境保护方面的特殊要求，业主与承包商应有详细的培训计划。

(4) 污染物的排放、处理、运输与记录资料准确，员工职责明确，污染物报告出现的异常情况应有详细解释，解释结果应被企业环境保护主管部门认可，化学品清单存放现场，有明显标识，便于员工及时查看。

(5) 井位和道路的选择，选合适的地方，尽可能减少对周围环境和对公众的影响。

(6) 在设计井场大小和设备设施摆放位置时，应尽可能缩小受污染区，利用地形，减少对环境的污染。

(7) 应对地表水进行保护，在钻井设计阶段，应对预防泄漏计划进行评估。

(8) 应对地下水的深度和用途，采取相应的保护措施，表层套管下深和固井水泥返高的确定应能满足保护地下水水质的要求。

(9) 应对野生动物的生活习性进行研究和评估，采取措施，减少对野生动物和牲畜的影响。

(10) 尽量减少对植被的破坏，对易受威胁的物种或湿地物种，应进行相应的保护。

(11) 对特殊文化和历史资源应进行考古调查。

(12) 应考虑降雨量、温度、风向、风速及霜冻等因素的影响。

(13) 识别动力线、埋地气管线及雪崩区对钻井施工潜在危害的影响。

(14) 施工作业结束后的井场恢复工作，作为井场评估及验收的内容之一。

(15) 如果有防尘及降低噪声的需要，应按当地有关环境管理规定，对井场道路及井场制定防尘及降低噪声计划。

(16) 应从经济效益和减少废弃物数量两方面综合考虑钻井液循环系统的设计，尽可能选择替代的低毒性钻井液添加剂。

(17) 钻井液池的设计应考虑可能产生的液体总量，钻井液池设计合理，同时考虑渗透对地下水造成的影响。

(18) 固控设备能满足施工及钻井液回收处理的要求，能尽可能地除去岩屑，提高固相清除效率。

(19) 应有水管理的要求，废液及雨水与地表水清污分流，排泄系统满足工程需要，洗件水重复利用，尽量减少废液量，降低钻井成本。

(20) 制订废物管理计划，减少废物对环境的污染。

二、钻井施工的环境保护

1. 井场施工

(1) 将政府或其他管理机构批准的有关文件及事故应急救援预案复印件保存在现场；

(2) 将井场表层土堆放好以备作业完工后恢复井场；

(3) 清除井场周边可燃物，放喷池及放喷管线位置恰当，距离符合安全要求；

(4) 有钻井液回收系统或装置，应急排放系统与污水池直接相连；

(5) 应设置化学剂、燃料、润滑油和废物存放区，防止污染地下水；

(6) 架空电线与井场设施有足够的安全距离；

（7）设计的钻井液及钻井液池能满足钻井作业的技术标准要求。

2．搬迁安装

（1）设备搬迁前，应对设备排空和封堵管线，保证在运输过程中不发生泄漏；

（2）所有设施设备安装到位后，应对井场及设备设施等进行防泄漏检查；

（3）欠平衡钻井应在放喷管线上安装喷淋设施或除尘器；

（4）所有压力设备的安装应符合钻井规程和钻井设计要求，开钻前，业主及承包商代表应进行检查验收，确保安装到位，连接正确。

3．钻井

（1）施工作业应有污染预防措施；

（2）开钻前应召开钻前交底会，明确不同人员的分工、责任和安排，使员工明确环境保护和污染控制的内容；

（3）选择使用无毒或低毒原材料，降低废物的总量和毒性；

（4）对作业过程中产生的废物再利用，以减少废物的处理总量；

（5）通过处量，减少废物的总量或产生适用的回收材料；

（6）根据相关规定选择处置方法，尽可能减少对环境与人体的影响；

（7）施工程序变更时，应咨询现场人员和设计人员，评估变更对环境保护的影响；

（8）不能用振动筛对高固相含量的钻井液进行处量；

（9）未经处量的废油不应倒入钻井液循环系统、排水渠或废液池；

（10）保存足够的压井钻井液材料，钻井液搅拌混合设备运转正常；

（11）除特殊的油基钻井液外，所有用过的钻井液，尽可能回收保存再利用；

（12）有关钻井作业人员，按规定开展"井控"演练，对"井控"设备按规定检查和维护；

（13）所有钻井液化学剂，按危害度分类运输到井场，安全数据由接货单位保管，特殊的钻井液化学剂，应有专项的储存保管措施；

（14）油漆溶剂、螺纹脂、螺纹清洗剂及电池等危害品，应分类收集、标注与处理，保管在固定的区域或密封容器内，不应与其他物品混合；

（15）井场道路作业时，使用的防尘材料不应对人体健康、植物、野生动物、地下水资源或地面水产生危害；

（16）避免使用含铅螺纹脂，使用时避免清洗剂的溅出或滴出，用过的清洗剂按有关规定进行处理；

（17）尽量防止钻井液漏失，按工程设计要求使用套管，保证固井质量，防止地下水污染；

（18）完井、测井、注水泥和报废作业应采用对环境影响最低程度的工艺和作业方式，作业结束后，按国家及当地政府规定对水泥浆、废材料和清洗剂等进行处理；

（19）测井作业时，应制定和落实含放射性材料的仪器和元件落入井下的措施；

（20）压裂与酸化作业时，应制订剩余化学剂和液体与残酸和井内返出的液体和固相残余物的处理计划，残酸和井内退出的液体不能流到地面；

（21）未能用完的化学剂应保存到原容器，密封防止泄漏，以便下次使用。

三、钻井废弃物处理

(1) 盛装化学剂的桶或袋上应标记化学剂成分、安全使用及运输注意事项，未用化学剂返回到供应商或交回保存；

(2) 盛装化学剂的空桶或容器按规定进行处理或废弃，也可返回供应商或送到有关专业公司进行清洗处理；

(3) 废钻井液与钻井岩屑按照当地政府规定进行处理，特殊钻井液尽可能回收再利用；

(4) 在规定的时间内封闭钻井液池，所有处理符合当地政府的规定；

(5) 井场垃圾和钻井岩屑进行适当处理，清除干净；

(6) 检查井场及周边废弃物污染情况，受污染的土壤应进行无害化处理或运走；

(7) 滩海油气开采废物，凡是不允许排入海洋的，应当将其运至陆上进行处理。

四、完井与弃井对地下环境的保护

(1) 应采取多种方式对钻井液池和钻井液体进行处理，钻井液池不能产生浸液，避免废液体对地下环境造成影响；

(2) 放喷池及燃烧池应采用土壤回填，回填前，应对放喷池及燃烧池进行排水处理；

(3) 井场恢复按有关规定进行，沟、渠及受污染的墙壁应复原，采取措施，减少雨水对地表的侵蚀，井场形成适合重新耕种的土壤；

(4) 井场种植适合当地易生成的植物和草；

(5) 井场恢复完成后，应建立土壤样品、外观检查和记录跟踪的相应程序；

(6) 废弃水源井时，按有关规定封井；

(7) 加强油气井的套管检测维护，防止油气泄漏污染地下水。

第六节　钻井作业安全监督

钻井作业是高风险的作业，钻井队应配置合格的安全监督人员。

一、安全监督任职条件

安全监督任职需满足以下条件：

(1) 具有 5 年以上钻井工作经历；

(2) 熟悉钻井作业工艺以及存在的风险；

(3) 取得《安全监督培训合格证》、《井控培训合格证》和《硫化氢防护培训合格证》。

二、安全监督工作内容

安全监督的主要工作内容应包括以下内容：

(1) 收集了解施工项目、环境和相关方的情况。

(2) 施工设计和方案的审批、开工验收及先期执行情况。

(3) 施工作业单位的资质、主要安全业绩、人员配备及特殊岗位持证情况。

（4）施工作业单位对危险与危害因素的辨识与评价，以及防范措施的制定和应急预案的编制情况。

（5）安全教育培训及应急演练情况。

（6）安全检查情况。

（7）HSE 体系管理情况。

（8）编制安全监督计划书，应交安全监督站审批。安全监督计划书应主要包括不限于以下内容：

①总则（含目的、目标和任务、监督范围）；

②项目概述（包括项目基本情况、队伍状况、主要技术装备等内容）；

③施工作业项目的主要危险和危害因素；

④安全监督的工作方法和工作流程及工作内容；

④特殊施工工艺过程和重点施工阶段的监督计划。

⑤监督施工作业现场人员的不安全行为、物的不安全状态和管理缺陷。

（9）监督施工作业现场人员的不安全行为、物的不安全状态和管理缺陷。

三、职责和权利

安全监督站、被监督单位和安全监督职责和权力见表 15-6-1。

表 15-6-1　职责和权力

单位	职责	权力
安全监督站	（1）建立健全安全监督体系的管理文件； （2）负责安全监督的派驻与管理工作，并进行业务指导； （3）对施工作业现场隐患的整改进行跟踪验证； （4）跟踪监督重大事故隐患的整改进度，促隐患单位制定防范措施和编制应急预案，做好落实工作； （5）负责对安全监督的考核； （6）组织对安全监督的定期培训； （7）负责组织安全监督人员参加相关的业务培训、会议及专业学术活动； （8）安全监督提供所必须的工作条件	（1）在接到安全监督发现重大隐患的汇报时，安全监督站应当及时处理并向安全总监及相关部门反映和通报情况，情况紧急时有权决定停工或建议停产； （2）对施工作业单位人员有处罚权； （3）对施工作业单位的安全业绩有考核权； （4）对不履行职责的部门与单位有行使否决的权利； （5）在督查事故处理时，有权调阅有关事故的档案； （6）执行"四不放过"原则时，对处理中的违法和违规行为，有权直接上报； （7）对坚持原则、秉公办事和提供事故真实情况者有权实施保护
被监督单位	（1）向安全监督提供施工项目的概况和相关的技术资料； （2）执行安全监督指令，对指令有异议时由上一级安全总监裁决； （3）对隐患及时进行处理，落实整改防范措施；发生事故时，协助进行事故调查，不得隐瞒与伪造事故隐患及事故的真相	

续表

单位	职责	权力
被监督单位	(4) 对认真负责、秉公办事的安全监督不得刁难和报复； (5) 为安全监督提供食宿和工作条件	
安全监督	(1) 接受安全总监或单位的聘请和派驻，负责施工作业现场（项目）的安全监督工作； (2) 监督施工作业现场（项目）HSE管理体系的规范运行； (3) 监督施工作业单位和相关方执行施工作业设计和岗位操作人员遵守安全操作规程； (4) 监督施工作业单位进行安全检查，对发现的隐患，督促其及时整改，制定防范措施，并记录在案；发现重大隐患及时报告安全监督站； (5) 对隐患的整改进行跟踪验证	监督权、签字权、报告、开工许可证、停工整顿权、停止行为、停止活动、停止作业、处罚建议权
相关方安全监督	(1) 应遵守相关的法律法规和企业的有关规定； (2) 各专业安全监督对本专业施工作业负安全监督责任； (3) 对多个单位协同参与作业的施工项目，应先与其他专业安全监督进行安全信息交流，再根据施工工况，由对应作业单位的安全监督负总的安全监督责任，其他专业的安全监督负责协调和配合该安全监督的工作； (4) 执行共同制定的其他安全协议	

四、对隐患和"三违"行为的处置

（1）对发现的设备设施的隐患，开出隐患整改通知单督促施工作业单位限期整改，不能整改的应监督其制定有效防范措施，同时报告主管部门。在限期内未整改完成，应查明原因，属被监督单位及个人拖延不办的应按条例给予处罚；属相关单位或部门的汇报给公司质量安全环保部协调解决。

（2）对管理方面的缺陷，督促施工作业单位制定措施，完善管理办法，消除存在的缺陷。

（3）发现"三违"行为要及时制止与纠正，按相关处罚规定处罚，向现场负责人和有关人员通报，并向安全监督站汇报。

（4）对应急预案以外的突发情况进行现场辨识，作出响应。

（5）被监督单位对现场一般隐患和问题的整改情况，在整改中时每周反馈一次至相关单位和部门；整改完成后形成报告反馈给相关单位和部门。

（6）对重大隐患和问题的整改情况，跟踪监督及时将整改进度反馈至相关单位和部门；整改完成后形成报告反馈给相关单位和部门。

（7）记录发生的情况和处理措施，保存好原始资料，如日志、周报、月报和总结。

（8）安全监督站定期分析施工作业现场隐患和问题发生的原因，形成报告，反馈至相关单位和部门。

（9）对事故发生后安全监督应做的处置。

（10）对所发生事故有相应应急预案，督促被监督单位启动应急预案。

（11）在无相应预案时，应督促先救护受伤害者，采取措施防止事故蔓延扩大。

（12）督促事故单位保护好事故现场。

（13）对发生事故的情况及时记录并上报。

（14）按规定参与事故的调查。

（15）督促被监督单位执行制定的防止类似事故发生的措施和办法。

（16）填写事故报告报安全监督站。

五、总结与评价

（1）定期对施工作业单位安全指标完成情况及安全业绩进行评价。

（2）对监督工作按阶段进行总结，向安全监督站提交安全监督工作报告。其内容应主要包括：监督计划书、监督日志、事故隐患整改情况、违章处理情况、项目 HSE 管理绩效及工作总结或建议等。

附录　常用相关标准

序号	标准号	标准、规范名
1	GB 2893—2001	安全色
2	GB 2894—1996	安全标志
3	GB 13495—1992	消防安全标志
4	GB 15630—1995	消防安全标志设置要求
5	GB 16179—1996	安全标志使用导则
6	LD/T 75—1995	劳动防护用品分类与代码
7	SY 6355—1998	石油天然气生产专用安全标志
8	GBZ 114—2006	使用密封放射源卫生防护标准
9	GBZ/T 148—2002	用于中子测井的 CR39 中子剂量计的个人剂量监测方法
10	Q/SY 74—2007	健康工作管理指南
11	Q/SY 111—2007	油田化学剂、钻井液生物毒性分析及检测方法 发光细菌法
12	SY/T 6277—2005	含硫油气田硫化氢监测与人身安全防护规程
13	SY/T 6284—2008	石油企业职业病危害工作场所监测、评价规范
14	SY/T 6358—2008	石油野外作业体力劳动强度分级
15	SY/T 6459—2000	执行承包商安全和健康计划

序号	标准号	标准、规范名
16	CJ 3020—1993	生活饮用水水源水质标准
17	AQ 2012—2007	石油天然气安全规程
18	AQ 2016—2008	含硫化氢天然气井失控井口点火时间规定
19	AQ 2017—2008	含硫化氢天然气井公众危害程度分级方法
20	AQ 2018—2008	含硫化氢天然气井公众危害防护距离
21	AQ/T 3005—2006	石油化工建设管理方安全管理实施导则
22	AQ 3009—2007	危险场所电气防爆安全规范
23	AQ/T 9002—2006	生产经营单位安全生产事故应急预案编制导则
24	SY 5974—2007	钻井井场、设备、作业安全技术规程
25	GB 12358—2006	作业环境气体检测报警仪通用技术要求
26	GB 50183—2004	石油天然气工程设计防火规范
27	SY 6503—2008	石油天然气工程可燃气体检测报警系统安全技术规范
28	SY/T 0060—1992	油田防静电接地设计规定
29	SY/T 5225—2005	石油天然气钻井、开发、储运防火防爆安全生产技术规程
30	SY/T 5858—2004	石油工业动火作业安全规程
31	SY/T 6229—2007	初期灭火及救援训练规程
32	SY/T 6340—1998	石油工业防静电推荐作法
33	Q/SY 135—2007	安全检查表编制指南
34	GB 3836.1—2000	爆炸性气体环境用电气设备　第1部分：通用要求
35	GB 3836.2—2000	爆炸性气体环境用电气设备　第2部分：隔爆型"d"
36	GB 3836.3—2000	爆炸性气体环境用电气设备　第3部分：增安型"e"
37	GB 3836.4—2000	爆炸性气体环境用电气设备　第4部分：本质安全型号"I"
38	GB 3836.5—2004	爆炸性气体环境用电气设备　第5部分：正压外壳型"P"
39	GB 3836.15—2000	爆炸性气体环境用电气设备　第15部分：危险场所电气安装（煤矿除外）
40	GB 3836.16—2006	爆炸性气体环境用电气设备　第16部分：电气装置的检查和维护（煤矿除外）
41	GB 4942.1—1985	电机外壳防护分级
42	GB 5959.1—2005	电热设备的安全　第1部分：通用要求
43	GB 6829—1995	剩余电流动作保护器的一般要求（漏电保护器）
44	GB 14050—2008	系统接地的型式及安全技术要求
45	GB 15599—1995	石油与石油设施雷电安全规范

续表

序号	标准号	标准、规范名
46	GB 19517—2004	国家电气设备安全技术规范
47	GB/T 13869—2008	用电安全导则
48	DL/T 621—1997	交流电气装置的接地
9	SY 5856—1993	油气田电业带电作业安全规程
50	SY/T 0025—1995	石油设施电器装置场所分类
51	AQ 3009—2007	危险场所电气防爆安全规范
52	GB/T 19190—2003	石油天然气工业钻井和采油提升设备
53	GB/T 19832—2005	石油天然气工业钻井和采油提升设备的检验、维护、修理和改造
54	SY 5853—1993	石油工业车用压缩天然气气瓶安全管理规定
55	SY/T 6605—2004	石油钻、修井用吊具安全技术检验规范
56	GB 9448—1999	焊接与切割安全
57	GB/T 3608—2008	高处作业分级
58	SH/T 3536—2002	石油化工工程起重施工规范
59	Q/SY 74—2003	健康工作管理指南
60	Q/SY 135—2005	安全检查表编制指南
61	Q/SY 136—2005	生产作业现场应急物品配备规范
62	Q/SY 163—2006	质量健康安全环境管理体系审核指南
63	Q/SY 178—2006	员工个人劳动防护用品配备规定
64	Q/SY 1002.1—2007	健康、安全与环境管理体系　第一部分：规范
65	Q/SY 1129—2007	安全帽生产与使用管理规范
66	AQ 2012—2007	石油天然气安全规程
67	AQ 8001—2007	安全评价通则
68	AQ/T 9002—2006	生产经营单位安全生产事故应急预案编制导则
69	GB 2811—2007	安全帽
70	GB 2890—1995	过滤式防毒面具通用技术条件
71	GB 4053.1—1993	固定式钢直梯安全技术条件
72	GB 4053.2—1993	固定式钢斜梯安全技术条件
73	GB 4053.3—1993	固定式工业防护栏安全技术条件
74	GB 4053.4—1983	固定式工业钢平台
75	GB 6095—1985	安全带

序号	标准号	标准、规范名
76	GB 11651—1995	劳动防护用品选用规则
77	GB 12014—1989	防静电工作服
78	GB 12624—2006	劳动防护手套通用技术条件
79	GB 21148—2007	个人防护装备 安全鞋
80	GB/T 6096—1985	安全带检验方法
81	GB/T 20097—2006	防护服的一般要求
82	GB/T 21980—2008	自给式空气呼吸器
83	AQ/T 6108—2008	安全鞋、防护鞋和职业鞋的选择、使用和维护
84	SY/T 6524—2002	石油工业作业场所劳动防护用具配备要求
85	Q/SY 178—2007	员工个人劳动防护用品配备规定
86	Q/SY 1129—2007	安全帽生产与使用管理规范
87	GB 8978—1996	污水综合排放标准
88	GB 16889—2008	生活垃圾填埋场污染控制标准
89	GB 18599—2001	一般工业固体废物贮存、处置场污染控制标准
90	GB/T 24015—2003	环境管理 现场和组织的环境评价
91	GB/T 24020—2000	环境管理 环境标志和声明 通用原则
92	GB/T 24021—2001	环境管理 环境标志和声明 自我环境声明（Ⅱ型环境标志）
93	GB/T 24024—2001	环境管理 环境标志和声明 Ⅰ型环境标志 原则和程序
94	GB/T 24031—2001	环境管理 环境表现评价 指南
95	GB/T 24040—1999	环境管理 生命周期评价 原则与框架
96	GB/T 24041—2000	环境管理 生命周期评价 目的与范围的确定和清单分析
97	GB/T 24042—2002	环境管理 生命周期评价 生命周期影响评价
98	GB/T 24043—2002	环境管理 生命周期评价 生命周期解释
99	HJ/T 19—1997	环境影响评价技术导则 非污染生态影响
100	HJ/T 90—2004	中华人民共和国环境保护行业标准
101	GB/T19011—2003	质量和（或）环境管理体系审核指南
102	GB/T 19273—2003	企业标准体系评价与改进
103	GB/T 19538—2004	危害分析与关键控制点（HACCP）体系及其应用指南
104	GB/T 20106—2006	工业清洁生产评价指标体系编制通则
105	GB/T 24001—2004	环境管理体系要求及使用指南

续表

序号	标准号	标准、规范名
106	GB/T 24004—2004	环境管理体系 原则、体系和支持技术通用指南
107	GB/T 28001—2001	职业健康安全管理体系规范
108	GB/T 28002—2002	职业健康安全管理体系指南
109	Q/SY 1002.1—2007	健康、安全与环境管理体系 第1部分：规范
110	Q/SY 1002.2—2008	健康、安全与环境管理体系 第2部分：实施指南
111	Q/SY 1002.3—2007	健康、安全与环境管理体系 第3部分：审核指南
112	SY/T 6276—1997	石油天然气工业健康安全与环境管理体系
113	SY/T 6283—1997	石油天然气钻井健康、安全与环境管理体系指南
114	SY/T 6606—2004	石油工业工程技术服务承包商健康安全环境管理基本要求
115	SY/T 6609—2004	环境、健康和安全（EHS）管理体系模式
116	SY/T 6631—2005	危害辨识、风险评价和风险控制推荐办法
117	SY/T 6653—2006	基于风险的（RBI）检查推荐做法
118	DL/T 1004—2006	质量、职业健康安全和环境整合管理体系规范及使用指南
119	SY 5742—2007	石油与天然气井井控安全技术考核管理规则
120	SY 5876—1993	石油钻井队安全生产检查规定
121	SY 5974—2007	钻井井场、设备、作业安全技术规程
122	SY 6309—1997	钻井井场照明、设备颜色、联络信号与安全规范
123	SY/T 6137—2005	含硫化氢的油气生产和天然气处理装置作业推荐作法
124	SY/T 6203—2007	油气井井喷着火抢险作法
125	SY/T 5087—2005	含硫油气田安全钻井法
126	SY/T 5225—2005	石油天然气钻井、开发、储运防火防爆安全生产技术规程
127	SY/T 5720—2006	司钻安全技术考核规则
128	SY/T 6228—1996	油井气钻井及修井作业职业安全的推荐作法
129	SY/T 6551—2003	欠平衡钻井安全技术规程
130	SY/T 6519—2001	危险（分类）区域中有关电气设备的气体、蒸气和粉尘的分类
131	SY/T 6629—2005	陆上钻井作业环境保护推荐作法
132	GBZ 118—2002	油（气）田非密封型放射源测井卫生防护标准
133	GBZ 142—2002	油（气）田测井用密封型放射源卫生防护标准
134	SY 5131—2008	石油放射性测井辐射防护安全规程
135	SY 5742—2007	石油与天然气井井控安全技术考核管理规则

序号	标准号	标准、规范名
136	SY 6137—2005	含硫化氢的油气生产和天然气处理装置作业推荐作法
137	SY/T 5053.1—2000	地面防喷器及控制装置　防喷器
138	SY/T 6228—1996	油气井钻井及修井作业职业安全的推荐作法
139	SY/T 6277—2005	含硫油气田硫化氢监测与人身安全防护规定
140	SY/T 6203—2007	油气井井喷着火抢险作法

第十六章　井下复杂与事故

第一节　概　　述

地层的复杂性，钻井过程中经常会遇到井下事故与复杂情况。钻井复杂通常指钻遇地层时，由于井身结构不合理，钻井液类型或性能与地层不相适应，钻具组合不匹配及形成井眼质量差等原因，造成无法进行正常钻进及其他作业的事件。钻井事故则指导致钻井过程中断的事件。钻井井下复杂与钻井事故的发生，大大降低了钻井效率和成功率，导致钻井成本大幅度增加，严重的钻井事故还会导致油气井报废，延迟油气田的勘探开发速度，甚至影响到油气田的及时发现或破坏油气资源。钻井过程中，如果发生的一种井下复杂不能得到及时处理，往往可能还会引起其他复杂情况或事故的发生。

钻井复杂主要包括井涌、溢流、井漏、遇阻、钻井液伤害储层及有害气体的溢出等。钻井事故主要包括：卡钻、落物（断钻具、掉牙轮、井下落物）、井喷、固井事故（固井井漏、插旗杆、卡套管、套管附件故障、套管破损、断套管等）、测井事故（卡电缆、卡封隔器）等。

造成井下复杂与事故有诸多因素，主要可归结为地质和工程因素两大类。

一、地质因素

在勘探开发油气中对于探井尤其是预探井，就目前技术水平发展状况，钻前对各地质年代的地层埋藏深度、地层压力、地层岩石的各向异性及地下各种流体特性等的预测不精确，使得钻井经常会面临意外的地质情况，给钻井带来了很多潜在复杂和事故隐患。

而对于开发井，由于各区域钻井地层情况各不相同，即使在同一区域钻井，其差异也很大，再加上调整井区注水（注气）造成压力系统的差异变化，都给钻井带来了复杂和事故的隐患。

二、工程因素

由于钻井作业的隐蔽性和复杂性，从工程角度而言，发生井下复杂以及事故往往与设计、设备、操作、钻井液技术及管理等各环节息息相关。

（1）由于地质资料不准确，或者过分简化井身结构，使同一段裸眼中喷漏层并存，治喷则漏，治漏则喷。

（2）不按要求安装井控设备或不装井控设备，一旦钻遇高压层，造成井涌或井喷，甚至井喷失控。

（3）设计钻井液体系和性能不适应钻遇的地层特性，钻井液性能不适应地层要求，造成裸眼井段中某些地层的缩径或坍塌，有时还造成井喷、井漏或井塌。

（4）操作或措施不当，如下钻速度过快产生很大的激动压力，易将相对低压地层憋漏。

起钻速度过快将产生很大的抽吸力，易将油气活跃地层抽喷或将结构松软的地层抽塌，特别是在钻头或稳定器泥包的情况下更为严重。

（5）钻井设备突然发生故障，或由于自然灾害或其他原因造成停工，导致裸眼井段钻井液静止时间过长，被迫停止活动钻具或循环钻井液，是发生井下事故最普通最常见的因素。

（6）管理工作薄弱，为了追求指标，有时不按设计施工，有表（指重表、泵压表、扭矩表）不准，有章不循，最终酿成复杂和事故。

（7）井下工具或仪器存在质量问题，发生钻具断落等。

（8）发现井下复杂情况，不能当机立断，错失最佳处理时机，使问题进一步复杂化。

钻井事故的发生是任何一位钻井工作者都不愿看到的，它有时影响的不仅仅是经济效益，严重时可能造成重大社会影响。所以提前预防钻井复杂和避免钻井事故的发生是钻井工程非常重要的一项工作。

第二节　井下事故处理工具、仪器及使用方法

一、测卡仪器及使用

测卡仪器的用途：当发生卡钻事故时为弄清卡钻位置，以便准确进行倒扣与爆炸松扣等作业，通常需要进行卡点测定。测卡仪器是测卡点的仪器，通常与爆炸松扣工具配合使用。

常用的测卡仪器分地面仪器和井下仪器两部分。

以 826 型测卡仪为例，地面仪器是一台电磁振荡仪，并配有磁性定位放大与显示装置以及点火装置，接受井下仪器信号并执行引爆指令的。

井下仪器包括加重杆、伸缩杆、振荡器、上下弓形弹簧锚和传感器（图 16-2-1）。另外为了寻找钻杆接头和校正仪器下入深度，一般在仪器下井时都配用磁性定位器。

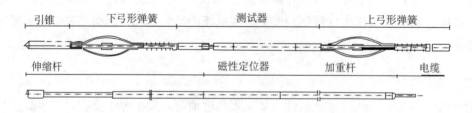

图 16-2-1　卡点测定仪

磁性定位器是由固定好的两块柱状磁铁组成，两块磁铁的磁极相同且相对，两块磁铁之间装有一感应线圈。当磁性定位器从相同直径和管壁的管柱中通过时，上下磁场的变化均匀，所以无信号输出。当磁性定位器通过管柱中间的缩小或扩大区域时，磁场也将收小或扩张，磁场磁力线切割线圈，线圈中就有信号输出。该信号通过电缆传给地面仪器显示、放大并记录，即可测量出钻杆接头位置和被测单根的长度（图 16-2-2）。

卡点测试仪的主要部件是上下弓形弹簧和与其连接在一起的测试器（传感器和振荡

器）。上下弓形弹簧的作用是把传感器的上下两端与钻杆内壁相对固定。

测卡仪种类很多，原理也不尽相同，826 型测卡仪技术参数见表 16-2-1。

表 16-2-1　826 型测卡仪技术参数

被测管柱内径 mm	钻柱受力时弹簧锚间的最大位移			分辨率	抗静压 MPa	耐温，℃
	抗拉，mm	压缩，mm	扭转，（°）			
41.5 ~ 254	0.33	0.33	0.5	无穷大	104	204

1．测卡的程序

（1）安装井口设备，其组合结构为：手动防喷盒 + 提升短节 + 被卡钻具（中心穿过电缆，下部为转盘）。

（2）按 2.5 ~ 3.25 圈 /1000m 给井下钻具施加扭矩。注意！固定大钩锁销，以防电缆和游动系统缠绕。

（3）连接地面仪器操纵台与钻台的有线通信喇叭。

（4）进行地面校验仪器。

（5）在钻台上组合下井测卡仪器，下放测卡仪器，安装井口防喷盒。

（6）根据卡钻性质选择拉伸测卡与旋转测卡参数。

注意事项：

（1）禁止使用不安全的方式给被卡钻具施加扭矩。如用吊卡缠绕钢丝绳的方法给钻具施加扭矩。

（2）下放仪器速度不大于 6000m/h。

（3）上提仪器速度不大于 2000m/h。

（4）若上提仪器遇阻，最大上提的拉力不能超过电缆头的安全载荷（一般为 11.76kN）。

2．爆炸松扣程序

（1）确定测卡仪完成的卡点深度选择爆炸松扣位置。

（2）下井仪器组合：引鞋 + 爆炸杆 + 爆炸安全接头 + 加重杆 + 磁性定位器 + 电缆头 + 电缆。

（3）根据被卡管柱性质、被选爆炸点位置及井筒钻井液密度参数选择导爆索数量。在地面对下井仪器与装置等按程序进行全面检测。并组装调试好井下仪器与井口装置。

（4）按程序下入井下仪器，当仪器下到爆炸预定位置后按规定给管柱施加反扭矩。

（5）调整绞车电缆深度将爆炸杆中心点对准爆炸松扣接头引爆导爆索。

（6）确认爆炸完成后起出下井爆炸仪器。上提管柱，记录悬重。填写爆炸松扣记录。

注意事项：

图 16-2-2　磁性定位记录

（1）严禁将雷管与导爆索混装。

（2）雷雨天或夜间禁止进行爆炸松扣作业。

（3）阻止所有静电侵入；在断开所有电瓶线后，保证仪器外壳对地静电压为 ±6V。爆炸松扣时绞车外壳必须有效接地。

（4）禁止用万用表或兆欧表测雷管电阻。

（5）爆炸安全正向电阻应大于 15kΩ，电缆绝缘电阻应大于 50kΩ。

（6）下放爆炸松扣仪速度不大于 5000m/h。

二、震击解卡工具

震击器接在钻具中，在需要时形成冲击载荷，以便处理遇阻与遇卡。

震击器分类：按震击器作用效果分为上击器（对被卡钻具施加向上的震击力）、下击器（对被卡钻具施加向下的震击力）及上下结合类震击器（对被卡钻具施加向上或向下的震击力）。按作用原理分为机械式、液压式、液压—机械式。

1. 液压震击器

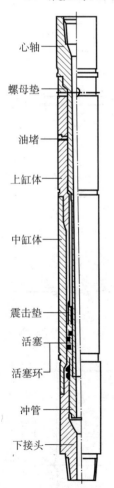

图 16-2-3　YSJ液压
上击器

1）YSJ 液压上击器

液压上击器是利用压缩油来积蓄能量的一种工具，形式也有多种，但基本结构相同。

（1）结构。液压上击器由上缸体、中缸体、下接头、心轴、活塞、震击垫、冲管震击垫、密封件及震击偶等组成，如图 16-2-3 所示。

（2）工作原理。上缸体、中缸体和两端的密封件组成一个空腔，中间充满了耐磨液压油，心轴、震击垫及活塞浸在油缸中，活塞本身就是一个不太密封的单流阀。

①如图 16-2-4（a）所示，活塞下行复位时，液压油从下油腔经活塞环槽与旁通孔而至上油腔，形成无阻流动，活塞仅克服摩擦力即可下行，完成复位动作。

②如图 16-2-4（b）所示，当心轴受拉力时，活塞上行，活塞环被压向环槽下面，同时和缸体的内壁紧紧贴住，形成一个有效的金属密封。活塞环上有特殊设计的小缝，允许液压油有少量的泄漏，这个泄漏的速度就决定了上提钻具和等待震击的时间。待钻柱有了足够的伸长量，就刹车等候震击，这时活塞在钻具弹性力的驱动下继续上行。

③如图 16-2-4（c）所示，当活塞的第二个活塞环上行到卸载槽时，上油腔的液压油畅通无阻地流向下油腔，活塞不再受液压油的限制，开始加速向上运动。

④如图 16-2-4（d）所示，由于活塞在钻具弹性力的驱动下加速向上运动，使震击垫和承击体猛烈相撞，产生强有力的上击作用，这个撞击力通过缸体传到下部钻具的卡点上。

（图中标注：心轴、螺母垫、油堵、上缸体、中缸体、震击垫、活塞、活塞环、冲管、下接头）

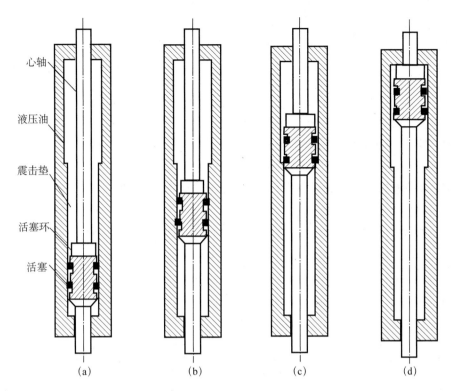

心轴

液压油

震击垫

活塞环

活塞

(a)　　　　(b)　　　　(c)　　　　(d)

图 16-2-4　液压上击器工作原理示意图

（3）技术参数。液压上击器规格参数见表 16-2-2。

表 16-2-2　YSJ 液压上击器规格参数

型　　号	YSJ95	YSJ102	YSJ108	YSJ121	YSJ146	YSJ159	YSJ178	YSJ203
外径，mm	95	102	108	121	146	159	178	203
最大抗拉负荷，kN	900	1000	1100	1200	1300	1400	1500	1600
密封压力，MPa	15	15	15	15	15	15	15	15
活塞行程，mm	381	381	381	381	381	381	381	381
水眼直径，mm	32	32	32	38	51	57	60	60
打开时总长，mm	2585	2630	2680	2730	2781	2832	2680	2930
接头螺纹	$2\frac{3}{8}$REG	$2\frac{3}{8}$REG	NC31	NC38	NC46	NC50	NC50	$6\frac{5}{8}$REG

（4）液压上击器的使用。

①根据下井的钻具规范和预期的震击力选择合适的上击器。

②钻具组合。

a. 打捞作业：打捞工具 + 安全接头 + 上击器 + 钻铤 + 加速器 + 钻柱。应使震击器尽量靠近卡点。

b.取心作业：取心筒＋钻铤＋安全接头＋上击器十钻铤＋钻杆。安全接头可以不加。

c.地层测试作业：测试工具＋钻铤＋安全接头＋上击器＋钻艇＋加速器＋钻杆。

③操作方法。当捞住落鱼后，上提钻具，确认钻具被卡，即可进行震击作业。这时以一定的速度上提钻具达到所需的震击吨位。若时间过长仍不发震，可能是震击器没有复位，应下放钻柱，给震击器加 100 ～ 500kN 的压力（根据井下情况而定），待复位后（震击器复位时指重表有反应）再上提，即可发震。如一次震击不解卡，可反复震击，震击吨位从小到大逐渐增加，但最大不得超过震击器的额定震击吨位（表 16-2-3）。

表 16-2-3　液压上击器试验数据

型　号	YSJ95	YSJ102	YSJ108	YSJ121	YSJ146	YSJ159	YSJ178	YSJ203
初拉力，kN	35	35	35	44	44	53	53	53
标准拉力，kN	150 ～ 250	150 ～ 250	200 ～ 290	200 ～ 290	250 ～ 340	270 ～ 390	270 ～ 390	400 ～ 600
允许井内震击力最大负荷，kN	200	250	300	350	550	700	700	850

2) 随钻上击器

(1) 随钻上击器的结构。随钻上击器和 YSJ 型液压上击器的工作原理完全一样，但是在结构上有一些不同。随钻上击器规格参数见表 16-2-4。

随钻上击器在下井以前必须使心轴呈完全拉开状态，为了防止上击器在地面关闭，配置了一套卡箍，卡在心轴的露出段，在工具与钻柱连接好之后方能拆除。

表 16-2-4　随钻上击器规格参数

型　号	SS121	SS146	SSJ159	SS178	SS197	SS229
外径，mm	121	146	159	178	197	229
水眼直径，mm	51	57	70	73	78	78
行程，mm	305	343	343	343	368	394
密封压力，MPa	20	20	20	20	20	20
标准试验压力，kN	200	350	400	450	500	600
最低试验压力，MPa	45	65	100	150	200	250
最大抗拉负荷，kN	1200	1300	1400	1500	1600	1700
最大震击拉力，kN	300	500	760	800	900	1000
最大工作扭矩，kN·m	13	15	15	18	20	22
打开时总长度，mm	5391	5613	5613	5658	5950	6083
质量，kg	330	480	530	680	980	1185
接头螺纹	$3\frac{1}{2}$IF	$4\frac{1}{2}$IF	$4\frac{1}{2}$IF	$5\frac{1}{2}$FH	$6\frac{5}{8}$REC	$7\frac{5}{8}$REG

（2）随钻上击器的使用。

①随钻上击器在钻柱中的安装位置。

a.震击器一定要安装在钻柱中和点以上，震击器下面的钻铤在钻井液中的重量要大于预定的钻压，使震击器经常处于受拉状态。

b.若上下震击器一同下井，则上击器一定要接在下击器以上。

c.震击器以上钻铤和工具的外径都不应大于震击器的外径，而下部钻铤和工具外径不应小于震击器外径，以防震击器及其以上钻具被卡。

d.在直井眼中，上下震击器可以连接为一体接于主钻铤之上，其上再接 3～4 根钻铤；在斜井或弯曲井眼中，在下击器与主钻铤之间接 1～3 根加重钻杆，再在下击器与上击器之间接 2～5 根加重钻杆，以减少钻柱刚度。

②解卡操作。随钻上击器就是液压上击器，它们的解卡操作完全一样。

2．机械震击器

1）随钻下击器

随钻下击器（图 16-2-5 所示）是连接在钻柱中随钻具在井下进行作业的一种工具，可单独使用，也可和随钻上击器组合使用。

（1）结构与规格。随钻下击器是采用摩擦副的机构来实现震击的，是利用工具上部钻具的重量实现下击。随钻下击器规格参数见表 16-2-5。

表 16-2-5　随钻下击器规格参数

型　号	SX-121	SX-146	SX-159	SX-178	SX-1987	SX-229
外径，mm	121	146	159	178	197	229
水眼直径，mm	51	57	70	73	78	78
行程，mm	178	178	178	175	178	478
最大抗拉负荷，kN	4813	5296	5296	5410	5505	6579
标准试验压力，kN	1200	1300	1400	1500	1600	1700
最低试验压力，kN	200	350	400	450	500	600
打开时总长，mm	45	65	100	150	200	250
最大推力，kN	250	400	540	580	600	680
最大工作扭矩，N·m	13	15	15	18	20	22
工作温度，℃	20	20	20	20	20	20
质量，kg	310	457	20	645	920	1127
接头螺纹	$3\frac{1}{2}$IF	$4\frac{1}{2}$FH	$4\frac{1}{2}$FH	$5\frac{1}{2}$FH	$6\frac{5}{8}$REG	$7\frac{5}{8}$REG

（2）随钻下击器的使用。

①随钻下击器在钻柱中的安装位置：

a.随钻下击器可单独使用，也可和随钻上击器组合使用，组合使用时，下击器一定要接在上击器的下边。

b. 下击器一定要接在钻柱中和点以上，使下击器处于开启状态。

c. 在直井中，上下震击器可以连接为一体，接于主钻铤之上，其上再接 4 ～ 5 根钻铤。在斜井和弯曲井眼中，下击器可以和上击器分开组装，两者之间可以接 2 ～ 5 根加重钻杆，以减少钻柱刚度。

d. 无论哪种接法，震击器以上的钻铤和工具的外径不应大于震击器的外径，震击器以下的钻铤和工具的外径不应小于震击器的外径，以防震击器及以上钻具被卡。

②正常钻进时，震击器在井内的工作状态：

a. 一般情况下，震击器都在受拉状态下工作，两部分的心轴都处于拉开状态，震击器下部的钻具重量和循环时的泵压都有助于震击器的开放。

b. 在钻进过程中，下击器也可以在受压状态下工作，但下击器所受的压力不得超过下井前预调的震击力与泵压施加于下击器心轴与刮子筒上的作用力之和的一半。

c. 钻进中必须均匀送钻，不得发生溜钻或顿钻现象，否则将启动下击器震击钻头。

③解卡操作：

a. 需要下击时，先上提钻具使下击器完全复位，然后下放钻具，使下击器上部的钻具重量超过预调的震击力，下击器即发生作用。

b. 震击后，只有当上提拉力超过震击器上部钻具重量 30 ～ 50kN 之后，下击器才能复位。

c. 上提钻具使下击器复位时，拉力不能过大，上提时间也不能过长，否则会使上击器发生作用。

④起下钻作业：

a. 震击器在搬运与上卸过程中，不能和它物碰撞，不能用大钳咬心轴或套筒等关键部位。

b. 要按规定扭矩接于钻柱上。

c. 下钻时要严格控制下钻速度，防止突然遇阻，使下击器产生下击作用。

d. 若下击器已经发生作用，则上击器必然是复位状态，此时应慢慢上提钻具，使下击器卡瓦复位。

e. 震击器起出井口，呈拉开状态，应清洗干净，装好心轴卡箍，置于钻杆盒内。

2）双向机械震击器

双作用机械式震击器为集上击作用与下击作用于一体的机械式震击器，如图 16-2-6 所示。可分为释放力可调与释放力不可调两种形式。释放力可调的震击器如图 16-2-7 所示，可以根据需要在井口调节释放力，其核心部件是由卡瓦套、校带式卡瓦及卡瓦心轴组成的锁紧机构、弹性机构总成和用于调节释放力的调节螺母。

震击器上击工作原理为：使震击器处于锁紧位置，上提钻柱时，受下面一组弹性套的作用，迫使钻柱储能与延时。当卡瓦下行，达到预定释放时，解除锁紧状态，卡瓦心轴滑出，产生上击作用。下击的工作原理为：使震击器处于锁紧位置，下压钻柱，受上面一组弹簧作用，迫使钻柱储能与延时。上卡瓦上行，达到预定释放力时，解除锁紧状态，卡瓦心轴滑出，产生下击。重复上述过程，可使工具再次上击或下击。

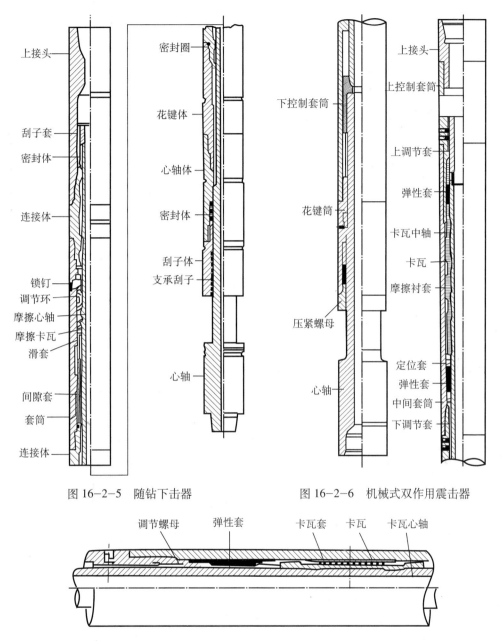

图 16-2-5　随钻下击器　　　图 16-2-6　机械式双作用震击器

图 16-2-7　释放力可调的双作用机械震击器

三、套铣工具及使用

1. 套铣工具

发生卡钻以后，用浸泡解卡剂或用震击器震击等办法无法解除时，可选择用套铣的办法解卡。套铣工具主要包括铣鞋、铣管及一些辅助工具。

1）铣鞋

（1）铣鞋结构形式。它的结构形式有多种选择，根据用途可以分为以下几种形式，如

图 16-2-8 所示。

图 16-2-8　铣鞋结构形式

①磨铣岩屑堵塞物的有 A、E、K 和 L 型；

②修理鱼顶外径的有 C、F、H 和 G 型；

③在硬地层中套铣或铣切稳定器的有 D、I、J、F、G、M 和 N 型。

（2）铣鞋的选择与使用。

①套铣岩屑堵塞物或软地层时，一般选用带铣齿的铣鞋，在铣齿上堆焊或镶焊硬质合金，地层越软，铣齿越高，齿数越少。

②修理鱼顶外径时，应选用研磨型铣鞋，铣鞋的底部和内径应镶焊硬质合金。

③套铣硬地层或铣切稳定器时，应选用底部堆焊内外两侧均镶有保径齿的铣鞋。

（3）套铣作业注意事项。

①开始套铣时应以较小的钻压低转速缓慢地试套鱼顶，待套入后，根据井下情况适当增加钻压。应采用低转速，并保证足够的排量，随时注意泵压变化情况。

②为避免铣鞋切削落鱼本体，可采用喇叭口式的铣鞋。

③处理扶正器卡钻时应根据刚性扶正器的结构特点，设计特殊铣鞋，让铣鞋切削扶正条的根部，避开硬质合金柱部位。

2）铣管

铣管一般采用高强度合金钢制成。

（1）铣管的结构与规格。

①有接箍铣管。用双外螺纹接箍连接两端具有内螺纹管体的铣管称为内接箍铣管，如图 16-2-9（a）所示。用双内螺纹接箍连接两端具有外螺纹管体的铣管称为外接箍铣管，如图 16-2-9（b）所示。

②无接箍铣管。铣管管体两端分别为外螺纹和内螺纹，铣管与铣管直接连接的称为无接箍铣管，如图 16-2-10 所示。铣管的技术规格见表 16-2-6。

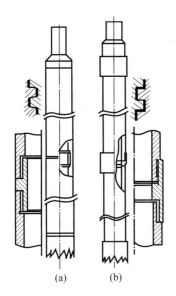

图 16-2-9　无接箍铣管

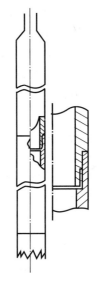

图 16-2-10　有接箍铣管

现场施工中，常用套管做铣管，但套管大多是圆锥形细牙螺纹连接，在套铣过程中容易进扣，也容易滑扣，所以在接箍两端的套管本体上应焊上止推环。一般用 N80 以下的套管做铣管。

表 16-2-6　套铣管技术规格

外径 mm	壁厚 mm	有接箍			无接箍		强度		套铣钻压 kN
		接箍外径 mm	适用最小井眼 mm	最大套铣尺寸 mm	适用最小井眼 mm	最大套铣尺寸 mm	抗拉 kN	抗扭 kN·m	
298.5	11.05	323.85	349.25	270.00	323.90	270.00	2756	88	120
273.1	11.43	298.45	323.85	243.80	298.50	243.80	2534	81	100
244.5	11.05 13.84	269.88	295.28	216.00 210.42	269.90	216.00 210.40	2223	61	80
238.6	10.80	—	—	200.60	254.00	200.60	2000	47	80
219.1	12.7	244.85 (224)	270.25 (249)	187.30	244.50	187.30	2223	57	70
206.4	11.94	—		176.12	231.80	176.12	2040	47	60
193.7	9.53	215.9 (210)	241.3 (235)	168.24	319.1	168.24	1538	34	50
177.8	9.19	194.46	219.86	153.02	203.20	153.02	1360	24	50
168.3	8.94	187.71	213.11	144.02	193.70	144.02	1245	21.7	40
139.7	7.72	153.67	179.07	117.86	165.10	117.86	916	12	35
127	9.19	141.3	166.70	102.22	152.40	102.22	1009	12.2	30
114.3	8.56	127	152.40	90.78	139.70	90.78	831	7.5	20
88.9	6.45	—	—	69.60	114.30	69.60	480	4.0	15
57.2	4.85	—	—	41.10	82.6	41.10	160	1.0	5

注：(1) 括号内的数据为专用套铣管尺寸。

(2) 强度数据指 P-105 钢级双级同步螺纹铣管强度。

（2）铣管的选用。井眼与铣管的最小间隙为 12.7～35mm，铣管与落鱼的间隙最小为 3.2mm。铣管的长度要根据井身质量、铣鞋质量及地层可钻性而定。地层松软，铣管可以适当的加长，最多一次可以下入超过 300m，如地层较硬或井下情况不正常，套铣速度慢，一次可以下入一根套铣管，套铣完后再继续延长。

（3）铣管的使用方法。

①下铣管前应下钻头通井到鱼顶，充分循环钻井液。若倒扣过程中倒出钻具深度超过套铣深度，应先下钻头通井。

②铣管与井眼的配合间隙很小时，初次下铣管应用一根试下，再逐渐加长。

③整个套铣过程均以低转速为宜。排量要根据两个环形间隙来确定。

④套铣过程中，发生不正常情况如泵压突然升高或憋泵，井下蹩钻严重，无进尺，立即上提钻具，循环钻井液，待井下情况正常后再继续套进。

⑤如果落鱼鱼头正好在键槽内，而铣管外径较大，是进不了键槽的，因此无法实现套铣。为此，可用一种带引导杆的铣管，如图 16-2-11 所示，铣管要用无内台肩的铣管，引导杆和井内钻杆规范相同。

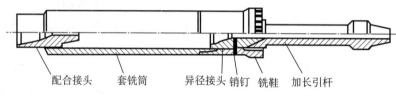

配合接头　套铣筒　异径接头 销钉 铣鞋 加长引杆

图 16-2-11　带引导杆的铣管

3）其他辅助工具

包括：防掉接头、套铣倒扣器、套铣防摔矛等。

四、倒扣工具及使用

倒扣工具是指在钻井、修井过程中倒出卡点以上遇卡钻柱的专用工具。

1．倒扣工具

1）倒扣接头

倒扣接头在倒扣作业中（不推荐使用公锥和母锥打捞落鱼），其易上扣也易退出，且上提拉力越大，传递的倒扣力矩也越大。

（1）结构特点与作用原理。如图 16-2-12 所示，它是由六方轴、六方套、胀大接头和胀大轴等组成。

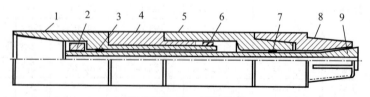

图 16-2-12　倒扣接头

1—六方轴；2—调节螺帽；3—上密封环；4—六方套；5—配合接头；6—保险螺帽；
7—下密封环；8—胀大接头；9—胀大轴

（2）使用方法。

①倒扣接头接在左旋螺纹打捞钻柱上，与落鱼对扣时要正转，对扣后，要上提钻柱超过原悬重一定拉力，使胀大接头胀紧，其附加拉力一般为 20～30kN，反复提拉几次，然后倒扣。

②若倒扣困难，需要退出倒扣接头时，可用钻具下压或用下击器下击，使胀大轴下行，胀大接头失去了撑持力，就可以反转倒开。

③倒扣接头没有密封装置，为了保护鱼头，不宜在对扣后长时间循环钻井液。

2）倒扣捞矛

（1）结构与技术规格。

如图 16-2-13 所示，倒扣捞矛是由接头、矛杆、连接套、止动片和卡瓦等零件组成。倒扣捞矛的技术规格见表 16-2-7。

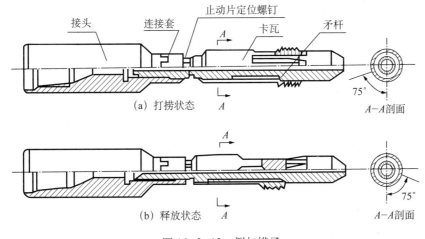

图 16-2-13　倒扣捞予

表 16-2-7　倒扣捞矛技术规格

型号	外形尺寸，mm		接头螺纹	可供打的落鱼内径 kN	抗拉强度 kN	倒扣	
	直径	长度				拉力，kN	扭矩，kN·m
DLM-T48	95	600	NC26	39.7～41.9	250.6	117.7	3.304
DLM-T60	100	620	$2^7/_8$REG	49.7～51.9	329.8	147.1	5.75
DLM-T73	114	670	NC31	61.5～77.9	600	166.7	7.73
DLM-T89	138	750	NC38	75.4～91.0	711.9	166.7	7.73
DLM-T102	145	800	NC38	88.2～102.8	833.6	196	17.16
DLM-T114	160	820	NC50	99.8～102.8	902.2	196	18.44
DLM-T127	160	820	NC50	107～115.8	931.6	196	21.22
DLM-T178	175	870	NC50	150.4～166.7	2400.7	294	25.42
DLM-T245	235	1170	$6^5/_8$IF	216.8～228.7	2936	343	37.28
DLM-T340	330	1650	$6^5/_8$FH	313.6～322.9	3432	292	42.17

（2）使用方法。

①根据落鱼水眼尺寸，选择合适的倒扣捞矛。

②计算鱼顶方入，打捞方入、捞矛接头下台肩接触鱼顶的方入，作为打捞时判断捞矛是否进入鱼头的依据。

③将捞矛下至距鱼顶 0.5 ~ 1m 处，循环钻井液，冲洗鱼顶积砂。

④下放钻柱，探进鱼顶，待卡瓦全部进入鱼头，上提钻柱，即可捞住落鱼。

⑤倒扣前要先活动钻具，重新计算卡点位置，把中和点放在卡点附近，便于倒扣。

⑥退出捞矛。用钻具下压或用下击器下击，使矛杆和卡瓦的锥面松开。

3）倒扣打捞筒

倒扣打捞筒是从落鱼外径打捞并倒扣的一种工具。

（1）结构特点与作用原理。如图 16-2-14 所示，倒扣打捞筒是由接头、筒体、卡瓦、限位座、弹簧、密封装置和引鞋等组成。倒扣打捞筒的技术规格见表 16-2-8。

表 16-2-8　倒扣打捞筒技术规格

型号	外形尺寸，mm		接头螺纹 in	可供打捞的落鱼内径 mm	抗拉强度 kN	倒扣	
	直径	长度				拉力，kN	扭矩，kN·m
DLM-T48	95	650	$2\frac{7}{8}$REG	47 ~ 59.3	300	117.7	4.12
DLM-T60	105	720	NC31	59.7 ~ 61.3	400	147.1	7.65
DLM-T73	114	735	NC31	72 ~ 74.6	450	176.4	10.33
DLM-T89	134	750	NC38	88 ~ 91	550	176.4	16.00
DLM-T102	145	750	NC38	101 ~ 104	800	196	17.65
DLM-T114	160	820	NC50	113 ~ 115	1000	196	18.63
DLM-T127	185	820	NC50	126 ~ 129	1600	235.4	21.57
DLM-T140	200	850	NC50	139 ~ 142	1800	235.4	25.50
DLM-T178	240	950	NC50	177 ~ 180	2536	294.2	34.32
DLM-T245	305	1250	$5\frac{9}{16}$FH	244 ~ 247	4070	343.2	39.23
DLM-T340	400	1650	$6\frac{5}{8}$REG	339 ~ 341	5295	392.6	49.03

注：倒扣扭矩是在规定的拉力下所能达到的扭矩。

（2）使用方法。

①可直接和打捞钻柱连接，也可在其上接安全接头和下击器等辅助工具。

②计算好鱼顶方入和打捞方入。

③下至距鱼顶 0.5 ~ 1m 处，开泵循环钻井液，冲洗鱼顶积砂。

④打捞。

⑤倒扣。左旋钻柱，扭矩由筒体传给卡瓦再传到落鱼，完成倒扣作业。

⑥退出打捞筒。

2．倒扣的方法

1）用右螺纹钻杆倒右螺纹钻具

用右旋螺纹钻杆倒扣必须注意以下几点：

（1）要使用专用的倒扣打捞工具。

（2）打捞钻柱的所有螺纹必须按要求紧扣，必要时要在螺纹上涂抹黏结剂。常用的黏结剂有：松香粉、环氧树脂、邻苯二甲酸、二丁酯、乙二胺。

（3）打捞倒扣坏鱼头落鱼时要使用正旋螺纹的打捞工具，如母锥、公锥等，打捞造扣时上提吨位不易过大，在原悬重的基础上一般不超过 100kN。

（4）只有在井下落鱼连接螺纹上得不紧，未卡或者是经过套铣的前提下才能采取正扣反倒的方法。

（5）深井虽然可以用左旋螺纹工具和左旋螺纹钻杆倒扣，但井架上立不下那么多右旋螺纹钻具和左旋螺纹钻杆，可利用换向器和大部分右旋螺纹钻杆与少部分左旋螺纹钻杆进行倒扣。换向器技术规格见表 16-2-9。

表 16-2-9　AH 型和 AJ 型号换向器技术规格

型　号	AJ（老）	AJ	AH	AJ	AH	AJ	AH	AJ
公称直径，mm	76.2		101.6		152.4		203.2	
外径，mm	95.3		103.2		147.6		196.9	
内径，mm	15.9	25.4		28.6		28.6		28.6
长度，mm	2.69	2.64		2.95	3.07	3.73	3.02	3.99
最大允许静拉负荷，kN	408.2		680.4		907.2		1814.4	
倒扣后调节上提拉力，kN	90.7 ~ 226.8		226.8		272.2 ~ 362.3		453.6	
控制最高转速扭矩，N·m	90 ~ 100		100		120		120	
输入扭矩，N·m	5530		13830		19360		30428	
输出扭矩，N·m	9840		24610		34450		54140	
最大允许内外压差，MPa	35.2		35.2		35.2		35.2	
保持锁定状态所需最大内外压差，MPa	14		11		11		11	
锁定倒扣器所需最小内外压差，MPa	42		35		35		35	
上下循环塞孔，mm	6.4		9.5		12.7		15.9	
锁紧球直径，mm	14.3		27		30		30	
适用套管尺寸（标准翼），mm	114.3 ~ 139.7		127 ~ 177.8		177.8 ~ 219.07		228.6 ~ 273.05	
适用套管尺寸（加长翼），mm	—		—		—		381 ~ 406.4	
翼展直径（标准翼），mm	—		—		—		266.7 ~ 323.85	
翼展直径（加长翼），mm	—		—		—		349.25 ~ 390.53	
倒扣对象，in	$1\frac{1}{4}$ ~ $2\frac{3}{8}$ 油管		$1\frac{1}{2}$ ~ 3 油管及工具接头		$2\frac{7}{8}$ ~ $3\frac{1}{2}$ 油管套管		$2\frac{7}{8}$ ~ $5\frac{1}{2}$ 所有管柱	

（6）使用方法。

①钻具组合：左旋打捞工具＋左旋安全接头＋左旋下击器＋左旋螺纹钻杆＋换向器＋右旋钻杆，如图16—2—15所示。

②入井前检查：

a.用台钳或管钳咬住换向器下接头，正转上接头，使翼板张开，检查其张开大小和灵活程度，然后反转，使其恢复，检查翼板能否完全关闭。

b.用台钳或管钳咬住翼板部位（注意避免咬坏锚牙），使换向器保持倒扣状态，然后正转上接头，检查其下部的反转情况。

c.检查和调平锚牙，如有磨钝或损坏者，要及时更换。

d.检查上下循环塞，确保水眼畅通。

e.如有锁紧钢球，应检查球径是否匹配。

③计算好鱼顶方入、打捞方入和换向器在套管内的井深。

④接好工具，下到预定井深，记录悬重。捞住落鱼后，上提一定拉力，缓慢正转，当扭矩增加时，说明工具已经锚定。

⑤反转，收拢翼板，解除锚定，一般只需反转1/4～1/2圈即可解除。但随着井深的增加，转动圈数也应适当地增加。

⑥工具自锁。当打捞后需要转动钻具或落鱼被卡需要退出工具时，都必须将工具自身锁定，使其成为一体，不起变向作用。

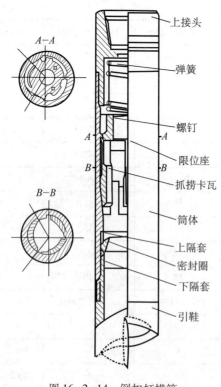

图16—2—14 倒扣打捞筒

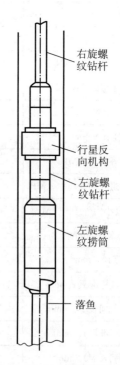

图16—2—15 换向器工作图

2）用左旋螺纹钻杆倒右旋螺纹钻具

经常用的左旋螺纹钻杆有 $\phi139.7mm$、$\phi127mm$、$\phi143mm$、$\phi88.9mm$ 和 $\phi73mm$ 几种，其钢级一般比右旋螺纹钻杆高一级，常用的倒扣工具为左旋螺纹公锥和左旋螺纹母锥。

（1）检查左旋螺纹钻杆。左旋螺纹钻杆的规范应大于或等于被倒的右旋螺纹钻具。着重检查：内螺纹是否有胀大或裂口，外螺纹是否拉细拉长；钻杆本体是否有弯曲、扭曲、拉细或其他变形。

（2）检查倒扣工具。如果使用公锥与母锥，应检查连接螺纹和造扣螺纹，如果使用倒扣接头与倒扣捞矛，应检查其各零部件灵活好用，其打捞尺寸与鱼顶打捞部位配合一致。

（3）用公锥与母锥倒扣的方法与步骤：

①现场事故处理使用公母锥倒扣，需确认井内落鱼没有卡或套铣过，倒扣钻具必须带安全接头，当工具下至距鱼顶 $0.5\sim1m$，循环钻井液一周（根据井下情况而定），冲洗鱼顶积砂。

②造扣。工具进入鱼顶后，加压 $10\sim40kN$，由小到大，慢转造扣，实际造扣应不少于4扣（根据落鱼类型和尺寸而定）。当井内落鱼有循环可能时，应循环钻井液。如果无循环可能，应立即倒扣。

③倒扣时必须进行试倒判断落鱼吃扣的松紧程度，倒扣圈数要逐渐增加直至倒开为止。倒扣时上提的悬重不易过大，一般比打捞悬重多提 $30\sim200kN$（根据井内落鱼长度而定）。

④循环。

⑤起钻。

3）爆炸松扣

爆炸松扣是在给钻具施加一定数量的反扭矩，利用炸药爆炸的瞬间威力使钻具连接螺纹弹性变形达到松扣的目的。

（1）测准卡点。

（2）组装爆炸松扣工具。

爆炸松扣工具由电缆接头、加重杆、磁性定位器、爆炸杆、过渡短节、导线接头、上接头和下接头（引鞋）组成，如图 16-2-16 所示。

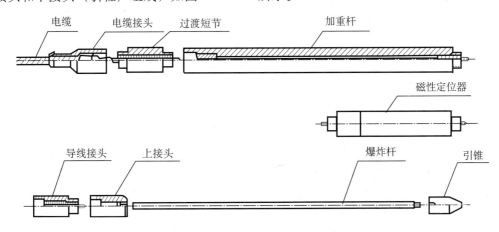

图 16-2-16　爆炸松扣工具组装图

（3）爆炸松扣的施工步骤：

①调整方入。

②组装爆炸杆。

③井内钻具分段紧扣。

④用电缆将连接好的仪器与工具下至预计要爆炸松扣的位置。

⑤如下有测卡仪，应上提电缆使伸缩杆以下的仪器自由地锚定在钻柱内壁。接通电源，打开仪器，提拉或扭转钻柱，探测卡点位置。在卡点附近应反复多测几次，确定卡点的准确位置。

⑥活动电缆，用磁性定位器找准预定要松扣的接头位置。

⑦施加反扭矩。

⑧再次用磁性定位器探测接头位置，把爆炸杆的中点对准接头中点，接通电源引爆。

⑨起钻。

五、切割工具及使用

井下落鱼未卡部分或已套铣解卡部分不是用倒扣的办法而是用切割的办法分段取出，就需要切割工具。切割落鱼工具分：内割刀，外割刀；机械式割刀，水力式割刀。

1. 机械式内割刀

（1）结构与作用原理。机械式内割刀主要由锚定机构（卡瓦和卡瓦锥体），切割机构（主要是刀片和推刀块）和操纵机构（摩擦块、滑牙套、滑牙片等）组成。ND-J型内割刀结构如图16-2-17所示。ND-J型内割刀技术规格见表16-2-10。

表16-2-10 ND-J型内割刀技术规格

型号	割刀外径 mm	接头螺纹	水眼直径 mm	切割管外径，mm		
				套管	油管	钻杆
ND-J89	57	$2\frac{3}{8}$REG	12	—	88.9	—
ND-J102	83	$2\frac{3}{4}$REG	14	—	101.6	—
ND-J114	85	NC26	16	114.3	114.3	127
ND-J127	102	NC31	18	—	127	—
ND-J140	112	NC31	18	—	139.7	—
ND-J168	127	NC38	20	168.3	—	—
	138	NC38	20	—	168.3	—
ND-J178	145	NC46	40	177.8	—	—
ND-J219	185	NC50	50	219.1	—	—
ND-J245	210	NC50	55	244.5	—	—
ND-J298	260	$6\frac{5}{8}$REG	80	298.4	—	—
ND-J340	295	$6\frac{5}{8}$REG	80	339.7	—	—
ND-J406	370	$7\frac{5}{8}$REG	125	406.4	—	—
ND-J508	475	$7\frac{5}{8}$REG	125	508	—	—

（2）使用方法。

①将内割刀接于钻杆上，下到预定切割深度，切割位置要避开接头或接箍。

②正转三圈，使滑牙片与滑牙套脱开。

③下放钻具，加压 5 ～ 10kN，坐稳卡瓦。

④以 10 ～ 18r/min 的慢转速正转切割工具，切割过程，压力不宜加大，要避免蹩钻。切割完成，钻具应该旋转自如，无反扭矩现象。

⑤停止转动，缓慢上提，使刀片复位，如无阻力，即可将割刀起出。

⑥进行打捞作业，将被割断的管柱起出。

⑦可在割刀上部适当位置接一开式（或闭式）下击器。

2. 机械式外割刀

（1）结构和工作原理。机械式外割刀由切割部分（刀头）、定位及操纵部分（卡紧套、滑环、弹簧、进刀环和销钉）和自动进刀部分等部分组成。WD-J 型机械式外割刀结构如图 16-2-18 所示，技术规格见表 16-2-11。

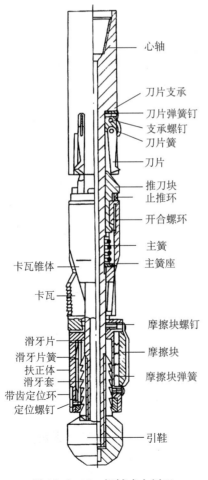

图 16-2-17　机械式内割刀

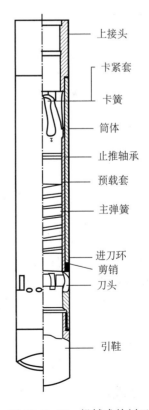

图 16-2-18　机械式外割刀

表 16-2-11　WD-J 型机械式外割刀技术规格

型　号	外径 mm	内径 mm	切割管径 mm	适用最小 井眼 mm	能过最大落 鱼外径 mm	接头螺纹	销钉剪刀, kN	
							单	双
WD-J58	58	41	—	62	—	—	1.29	2.58
WD-J98	98	79	60	105	78	—	1.29	2.58
WD-J114	114	82	60	120	79	NC31	2.89	5.78
WD-J119	119	98	73	125.4	95	NC38	1.29	2.58
WD-J143	143	111	52 89	146.2	108	NC38	2.89	5.78
WD-J149	149	117	60 89	155.6	114	NC38	2.89	5.78
WD-J154	154	124	60 101	158.8	120	NC46	2.89	5.78
WD-J194	194	162	89 101 114 127	209.5	159	NC50	2.89	5.78
WD-J206	206	168	101 146	219	165	$6^5/_8$REG	2.89	5.78

（2）使用方法。

①下外割刀前，必须套铣落鱼，套铣长度要大于切割长度 10 ~ 20m，铣鞋外径必须大于外割刀外径 7 ~ 13mm，铣鞋内径应略小于外割刀内径，保证割刀能顺利套入落鱼。套铣完毕要充分循环钻井液洗井。

②下割刀。按照落鱼的规格，选择相应的卡紧套并装配好，然后把外割刀接在套铣管的下端用大钳紧扣。检查刀头是否完好，并使其处于容刀槽内。下外割刀中途遇阻不能划眼，以防剪断销钉。

③切割。

a. 空转循环时，测量空转扭矩并记录。

b. 缓慢上提割刀，使卡紧套的卡簧顶到落鱼接头下台肩处，再继续上提钻具，压缩弹簧，剪断销钉。发现指重表指针有明显的摆动，即停止上提。

c. 此时停止循环，均匀慢转，转速以 20 ~ 30r/min 为宜。

④落鱼被割断后的显示：

a. 指重表显著跳动；

b. 扭矩减小，转速增快，旋转灵活；

c. 悬重增加；

d. 起钻，向上试提钻具，如悬重增加量为被割断落鱼的重量，即可起钻。

3. 水力式内割刀

水力式内割刀是利用液压推动的力从管子内部切割管体的工具。

（1）结构与工作原理。由上接头、调压总成、活塞总成、缸套、弹簧、导流管总成、本体、刀片总成、扶正块和堵头组成，如图 16-2-19 所示。水力内割刀技术规格如表 16-2-12 所示。

表 16-2-12　水力式内割刀技术规格

型号	接头螺纹	本体外径 mm	刀片收缩外径 mm	刀片张开 mm	工具总长 mm	扶正套与扶正块外径 mm	可切割管径, mm	
							外径	壁厚
TCX-9	NC50	210	210	310	1512	222	244.47	8.94
						220		10.03
						218		10.05
						216		11.99
CX-7	NC38	146	146	210	1313	158	177.8	8.05
						156		9.19
						154		10.36
						151		11.51
						149		12.65
						147		13.72
TCX-5	NC31	114	114	170	1287	12	139.7	7.72
						118		9.17

(2) 使用方法。

①切割井段应避开接头、接箍及有扶正器的井段。

②在下水力内割刀以前，应用标准的内径规通井一次，通井规外径不得小于工具限位扶正套外径。

③工具下井前应在井口做试验。

④试验好后，再用 ϕ 2mm 铁丝将刀片捆好，以防在下钻过程将刀片的刀尖碰坏。

⑤在工具的上部应接专用的螺旋稳定器，稳定器以上接足够长度的钻铤，以增强工具工作的稳定性。

⑥下钻过程，操作要平稳，控制下放速度，以防损坏刀片。

⑦将工具下至预定位置，先启动转盘，钻柱旋转正常后方能开泵，当钻井液流经喷嘴时，在喷嘴处产生压降，对活塞产生推力，活塞下行，推动刀片伸向管壁，切割管体。

⑧当管壁被完全切断后，6 个刀片完全张开，可停泵，稍微上提一点钻具，再继续旋转几分钟，然后起钻。

⑨该工具可以锻铣套管，为侧钻做准备。

4. 水力式外割刀

如图 16-2-20 所示，水力式外割刀由筒体部分、推进机构、切割机构及限位机构 4 个部分构成。

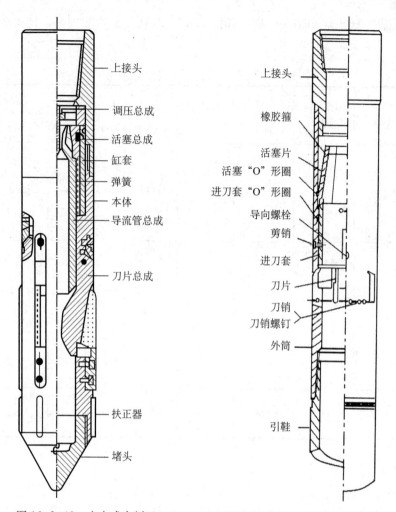

图 16-2-19　水力式内割刀　　　　图 16-2-20　水力式外割刀

　　水力式外割刀是不可退式切割工具，因此，操作时要小心谨慎，力求一次切割成功，但是切割位置不受限制，可以在避开接头或接箍的任何光滑位置进行切割。水力式外割刀技术规格见表 16-2-13。

表 16-2-13　水力式外割刀技术规格

外径，mm	103.2	112.7	119.1	142.9	154	210
内径，mm	81	92.1	98.4	109.5	124	172
刀尖收拢最小直径，mm	25	40	40	45	50	65
割刀活塞允许通过的最大尺寸，mm	77.8	86	95	110	124	165
切割范围，mm	33.4～69.5	48.3～73	48.3～73	52.4～101	60.3～101.2	88.9～127.0
适用井眼，mm	109.5	119.1	125.4	149.2	159	215.9
割刀允许最大承载，kN	12.9	13.5	16.7	17.3	18.1	34.2
剪销剪断力，kN	9	9	11	11	14	14

六、打捞与辅助打捞工具及使用

1. 打捞工具

打捞落鱼的工具分插入式和套入式两种。插入式工具是插入鱼头水眼即从落鱼内径进行打捞，如公锥、捞矛等；套入式工具是把鱼头引入工具内部即从鱼头外径进行打捞，如母锥、打捞筒等。

1）公锥

（1）公锥的结构、性能与规范。

公锥的机械性能满足下列要求：

①抗拉强度极限不小于932MPa；

②屈服强度极限不小于784MPa；

③断面收缩率不小于40%；

④打捞螺纹表面硬度为HRC 60～HRC 65。

公锥的结构如图16-2-21所示，分右旋螺纹和左旋螺纹两种，右旋螺纹公锥用于右旋螺纹钻杆的打捞作业；左旋螺纹公锥用于左旋螺纹钻杆的倒扣作业。国内常用的公锥技术参数见表16-2-14。

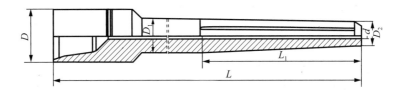

图 16-2-21　公锥结构

表 16-2-14　普通公锥参数技术

参数 mm		GZ168		GZ141		GZ139.7		GZ144～127		GZ114.3			GZ88.9			GZ73	
接头	螺纹	620	620	520	520	520	510	410	410	420	420	410	330	310	310	230	210
	直径 D	203	203	178	178	178	187	156		146	146	156	108	121	121	95	105
	水眼 d	30	50	25	30	25	30	25		20	25	20	18	18	20	10	15
全长 L		1200	1200	1200	1100	900	980	980	800	1100	1000	1300	980	1050	766	980	1050
圆杆直径 D_1		146	149	120	122	108	130	115		92	95	103	65	75	80	55	68
打捞扣	外径 D_2	112	112	83	85	85	95	85		64	65	70	33	52	61	25	45
	长度 L_1	574	592	617	592	392	504	504	392	408	480	680	520	475	466	488	475
	锥度	1:16	1:16	1:16	1:16	1:16	1:16	1:16		1:16	1:16	1:16	1:16	1:20	1:24	1:16	1:20

续表

参数 mm	GZ168		GZ141		GZ139.7		GZ144 ~ 127		GZ114.3			GZ88.9			GZ73	
打捞落鱼	118 ~ 141	127 ~ 141	89 ~ 114	89 ~ 114	89 ~ 103	105 ~ 125	89 ~ 110	89 ~ 103	70 ~ 87	70 ~ 87	76 ~ 97	38 ~ 60	57 ~ 70	66 ~ 76	30 ~ 50	50 ~ 62
排屑槽数	5	5	5	5	5	5	5	5	5	5	5	5	5	5	5	4
钢材	20CrMo		20CrMo		20CrMo		40SiMnMoV SiMnMoV SiMnMoV	20CrMo	20CrMo			20CrMo		30 CrMo SiMnNoV	20CrMo	

（2）使用公锥的技术要求。

①选择公锥。公锥有带排屑槽和不带排屑槽两种，一般打捞应选不带排屑槽的公锥。带排屑槽的公锥，在鱼顶处不能很好地密封。

②硬度校验。公锥螺纹表面硬度必须大于落鱼钢材硬度。

③测量有关数据。

④公锥进入鱼头。公锥下至距鱼顶 0.5 ~ lm 处，开泵循环钻井液，循环一周后，下放公锥找鱼头。

⑤造扣。停泵，加压 10 ~ 40kN，间隙地慢转钻具，加钻压，记录转盘实际正转与倒车圈数，造扣以 3 ~ 4 圈为宜。上提钻具，若悬重增加，说明已经捞住落鱼，可开泵循环。

⑥起出落鱼。

⑦退出公锥。

2）母锥

（1）母锥的结构、性能与规范。母锥由高强度合金钢锻造、车制并经热处理制成。母锥的形状如图 16-2-22 所示，母锥的技术规格见表 16-2-15。

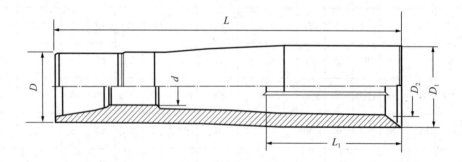

图 16-2-22 母锥结构

母锥分右旋螺纹与左旋螺纹两种，右旋螺纹母锥用于右旋螺纹钻杆打捞作业，左旋螺纹母锥用于左旋螺纹钻杆倒扣作业。

表 16-2-15 普通母锥技术规格

规格	接头螺纹	螺纹大端直径 D_2, mm	外径 D_1 mm	接头外径 D mm	打捞螺纹长度 L_1 mm	总长 L mm	可供打捞直径, mm
MZ/NC26	NC26	52	86	86	175	295	48 ~ 50
MZ/NC26	NC26	62	95	86	170	280	59 ~ 60
MZ/NC26	NC26	75	95	86	206	340	68 ~ 73
MZ/NC31	NC31	75	114	105	222	350	69 ~ 73
MZ/NC31	NC31	84	114	105	262	390	71 ~ 82
MZ/NC31	NC31	95	115	105	220	440	89 ~ 93
MZ/NC38	NC38	110	135	121	340	480	95 ~ 118
MZ/NC38	NC38	105	146	121	349	670	90
MZ/NC50	NC50	135	180	156	400	750	127
MZ/4^1/$_2$FH	4^1/$_2$FH	120	168	148	350	700	114
MZ/5^1/$_2$FH	5^1/$_2$FH	150	194	178	400	750	141
MZ 6^5/$_8$REG	6^5/$_8$REG	176	219	203	377	730	168

(2) 使用母锥的技术要求。

①选择母锥。母锥有带排屑槽与不带排屑槽两种, 尽量选用不带排屑槽的母锥。

②硬度校验。母锥螺纹硬度必须大于落鱼材质硬度。

③测量有关数据。

④母锥套进鱼头。下钻距鱼顶 0.5 ~ 1m, 开泵循环钻井液一周以上, 然后慢放钻具探鱼顶, 若在鱼顶方入遇阻, 可慢慢转动钻具, 将鱼头引入母锥, 待阻力消失, 可继续下放钻具; 若造扣方入遇阻, 且泵压上升, 证明鱼头已进入母锥, 可停泵造扣。

⑤造扣。一般加压 20 ~ 50kN, 造扣以 4 ~ 6 扣为宜。

⑥起出落鱼。

3) 卡瓦打捞筒

卡瓦打捞筒是从落鱼外径抓捞落鱼的一种工具, 能经受强力提拉、扭转和振动, 可以实现憋泵与循环。由于每套工具可以配备数种不同尺寸的卡瓦, 所以它打捞的适用范围较广, 钻铤、钻杆本体、钻杆接头、套管、油管及其接箍均可打捞。

(1) 卡瓦打捞筒的主体结构。如图 16-2-23 所示, 螺纹卡瓦打捞筒主要包括上接头、筒体、卡瓦、控制机构、密封机构和引鞋。

(2) 卡瓦打捞筒的附件。主要包括加长筒、壁钩式引鞋、大引鞋 (图 16-2-24)、内铣鞋和锁定环、D 型密封件总成。

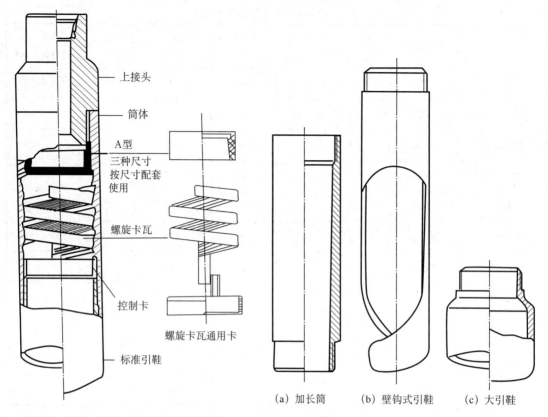

图 16-2-23　螺纹卡瓦打捞筒主体结构　　　　　图 16-2-24　卡瓦打捞筒的附件

（3）卡瓦打捞筒技术规格见表 16-2-16。

表 16-2-16　卡瓦打捞筒技术规格

型号	打捞筒外径 mm	接头螺纹	最大打捞尺寸，mm		抗拉屈服载荷，kN		
			螺旋卡瓦	篮状卡瓦	螺旋卡瓦	篮状卡瓦	
						无台肩	有台肩
LT/T89	89	NC26	60	47.5	450	450	400
LT/T92	92	NC26	76	66.5	568	470	450
LT/T95	95	NC26	77.5	68	700	500	450
LT/T105	105	NC31	82.5	70.5	960	740	60
LT/T117	117	NC31	92.9	79.4	1137	955	655
LT/T127	127	NC38	101	87	1274	1000	723
LT/T140	140	NC38	117.5	105	1290	1100	760
LT/T143	143	NC38	120.7	107.9	1340	1170	840
LT/T152	152	NC38	127	114.3	1370	1190	860
LT/T162	162	NC46	139.7	117.5	1530	1300	928

续表

型号	打捞筒外径 mm	接头螺纹	最大打捞尺寸，mm		抗拉屈服载荷，kN		
			螺旋卡瓦	篮状卡瓦	螺旋卡瓦	篮状卡瓦	
						无台肩	有台肩
LT/T168	168	NC50	146	127	1840	1501	1080
LT/T187	187	NC50	159	142.8	2140	2040	1290
LT/T194	194	NC50	159	141.3	2460	2170	1650
LT/T200	200	NC50	159	141.3	2690	2330	1720
LT/T206	206	NC50	178	161.9	2720	2420	1860
LT/T213	213	NC50	178	162	2790	2530	2030
LT/T219	219	NC50	178	165	2890	2600	2090
LT/T225	225	NC50	184	168	2890	2600	2090
LT/T232	232	NC50	190.5	171.5	2890	2600	2090
LT/T238	238	NC50	203.2	183	2950	2750	2340
LT/T241	241	NC50	206	190	2950	2750	2340
LT/T260	260	$6^5/_8$REG	219	203	2950	2750	2340
LT/T270	270	$6^5/_8$REG	228.6	290.5	3000	2530	2020
LT/T279	279	$6^5/_8$REG	237.5	218	3292	2746	2060
LT/T286	286	$6^5/_8$REG	244.5	225.5	3380	2940	2130
LT/T302	302	$6^5/_8$REG	254	235	3760	3380	2540

常用打捞筒的卡瓦配套情况列于表 16—2—17。

表 16—2—17　常用打捞筒的配套卡瓦　　　　单位：mm

规范	所配卡瓦内径							
	螺旋卡瓦			篮状卡瓦				
116	88.9	92.7	—	69.8	73.0	76.2	79.4	—
143	114.3	117.5	120.6	85.7	88.9	96.8	—	—
194	152.4	155.6	158.7	79.4	114.3	120.6	123.8	127.0
200	152.4	155.6	158.7	85.7	114.3	120.6	123.8	127.0
213	171.5	174.6	177.8	123.8	127.0	152.4	155.6	158.7
219	171.5	174.6	177.8	123.8	127.0	152.4	155.6	158.7

（4）工作原理。打捞筒的抓捞部件是卡瓦。有螺旋卡瓦和篮状卡瓦两种。卡瓦的外锯

齿左旋螺纹与筒体的内锯齿左旋螺纹相配合,能使卡瓦在筒体中一定的行程范围内胀大和缩小,当鱼头被引入捞筒后,施加一轴向压力,卡瓦在弹性力的作用下,紧紧抱住鱼头,当上提钻柱时,筒体与卡瓦配合之锯齿螺纹做相对运动,迫使卡瓦收缩,卡瓦牙将鱼头咬住,拉力越大,卡得越牢。

释放卡瓦,用钻柱下压或用震击器下击,使筒体与卡瓦产生相对运动,锯齿螺纹斜面松开,然后右旋管柱同时上提,每次上提1～2cm,使捞筒受拉力不大于10kN即可,直至捞筒脱离鱼头。

(5)卡瓦打捞筒的使用。

①打捞筒的选择。卡瓦内径应小于鱼头外径1～3mm;在裸眼中打捞,捞筒外径应小于井径20mm以上;在套管中打捞,捞筒外径应小于最小套管内径6mm以上;控制件和密封件与卡瓦的尺寸相一致。

②打捞钻柱组合。

a.一般打捞钻柱组合:卡瓦打捞筒+安全接头+下击器+钻具。

b.最优打捞钻柱组合:卡瓦打捞筒+安全接头+下击器+上击器+部分钻铤+加速器+钻具。

c.大井眼中打捞钻柱组合:壁钩式引鞋+卡瓦打捞筒+短钻杆(2～3m)+可变弯接头+钻具。

或者,卡瓦打捞筒+安全接头+弯钻杆×1根+下击器+上击器+钻具。

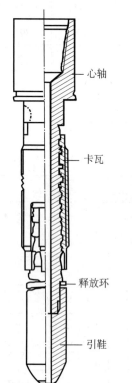

图16-2-25 卡瓦打捞矛结构

(6)打捞筒的操作步骤。

①选好打捞筒及各部零件,核查并丈量各部有关尺寸,依次安装,并涂好黄油,算好引鞋方入、控制环(卡)方入、卡瓦顶部方入及A型密封填料顶部方入几个关键数据。

②打捞筒下至距鱼顶0.5～1m处,开泵循环钻井液,冲洗鱼顶沉砂,并试探鱼顶,核对方入,同时记清泵压及开泵与停泵时的钻具悬重。

③打捞落鱼。慢转下放打捞,开泵与停泵均可。

④起出落鱼。充分洗井,将落鱼提离井底,猛放猛刹几次,证明落鱼确实抓牢,即可起钻,起钻时不能用转盘卸扣。

4)卡瓦打捞矛

打捞矛由高强度合金钢经机械加工和热处理而成,卡瓦打捞矛种类很多。

(1)LM型卡瓦打捞矛。

①结构与技术规格。LM型卡瓦打捞矛的结构如图16-2-25所示,由心轴、卡瓦、释放环及引鞋等组成。卡瓦下行时,外径胀大,可捞住落鱼,卡瓦上行时,两斜面脱离接触,卸去外挤力,可以从鱼头退出。技术规格见表16-2-16。

图中标注:心轴、卡瓦、释放环、引鞋

表 16-2-18 LM 型打捞矛技术规格

规格 mm	抗拉强度 kN	引鞋直径 mm	接头螺纹 （代号）	卡瓦外径 mm	可捞落鱼内径 mm	可捞落鱼规格及类型 mm
LM24 63.51	590	59	230	64	62	ϕ 73 （油管）
LM34 88.9	588	59	330	63.5	61.79	ϕ 73 （钻杆）
				67	66.09	ϕ 88.9 （钻杆）
				70	68.26	—
				72	70.9	ϕ 165.1 （钻铤）
				75.5	73.5	—
LM44 114.3	980	78	410	83	79.37	—
				86	82.55	—
				89	85.73	—
				92	90	ϕ 114.3 （钻杆）
				95.5	93.7	—
LM54 139.7	1470	102	410	111	108.6	ϕ 127 （钻杆）
				115	113	ϕ 127 （钻杆）
LM50 127	1470	102	410	117	114.1	ϕ 127 （套管）
				119	115.8	ϕ 127 （套管）
LM54 139.7	1470	102	410	121	118.6	ϕ 139.7 （钻杆）
				124	121.4	
				127	124.3	ϕ 139.7 （套管）
				128	125.7	
				130	127.3	
LM70 177.8	—	—	520	154	150.37	ϕ 177.8 （套管）
				156	152.5	
				158.5	154.79	
				160.5	157.07	
				163	159.41	
				165	161.7	
				167.5	163.98	
				169	166.07	
LM75 193.7	—	—	630	171.5	168.28	ϕ 193.7 （套管）
				174.5	171.83	
				177.5	174.61	
				180.5	177.01	
				182	178.44	

续表

规格 mm	抗拉强度 kN	引鞋直径 mm	接头螺纹 （代号）	卡瓦外径 mm	可捞落鱼内径 mm	可捞落鱼规格及类型 mm
LM85 219.08	—	—	630	194.5	190.78	φ219（套管）
				197.5	193.68	
				200	196.21	
				202.5	198.76	
				205	201.19	
				207.5	203.63	
				209.5	205.66	
LM95 244.48	—	—	730	220.5	216.8	φ244.5（套管）
				224.5	220.5	
				226.5	222.38	
				228.5	224.41	
				230.5	226.59	
				232.5	228.63	
LM106 273.05	—	—	730	242.5	240.03	φ273（套管）
				245	242.82	
				247.5	245.36	
				250	247.90	
				252.5	250.19	
				255	252.73	
				257.5	255.27	
LM116 298.45	—	—	—	273.5	—	φ298.45（套管）
LM116 298.45	—	—	—	276.5	273.61	φ298.45（套管）
				279	276.35	
				281	279.40	
LM133 339.7	—	—	—	313.5	—	φ339.7（套管）
				315	313.61	
				317.5	315.34	
				320	317.88	
				322.5	320.42	

②打捞钻具组合。

a. 在不易卡钻的情况下：打捞矛＋下击器＋钻杆。

b. 在容易卡钻或井下情况不明时：打捞矛＋安全接头＋下击器＋上击器＋加重钻杆＋

钻杆。

　　c. 打捞后需要憋泵与循环钻井液时：在打捞矛下接堵塞器，但要注意，打捞部位和密封部位的落鱼内径要一致，在内径有变化的地方，如钻杆的内加厚或内外加厚部位，堵塞器将不起作用。

　　d. 与内割刀配合使用时：内割刀 + 小钻具 + 打捞矛 + 钻具。

　　③卡瓦选配。打捞矛只须选择卡瓦外径与落鱼水眼的配合尺寸，每一种卡瓦的打捞范围小，一般的有效范围为 3mm，超过此范围，则不起作用。若落鱼的实际尺寸非表 16-2-17 所列，可按比实际尺寸大 1 ~ 3mm 的原则选配卡瓦。对于大尺寸的打捞矛，卡瓦外径还可以比落鱼实际水眼尺寸再适当的放大一些。

　　④打捞操作步骤。

　　a. 检查捞矛、心轴必须完好，绝不允许有任何损伤和裂纹。卡瓦外径必须大于鱼顶实际内径 1 ~ 3mm。

　　b. 计算好鱼顶方入、打捞方入和捞矛接头下台肩碰到鱼顶的方入，作为打捞时的参考。

　　c. 下捞矛至 0.5 ~ 1m 处，可开泵循环钻井液，冲洗鱼顶积砂，并维护上部井壁。

　　d. 下放捞矛探鱼，若在鱼顶方入位置遇阻（一般限力 5 ~ 20kN），遇阻后阻力继续增加而捞矛不下行，说明捞矛未进入鱼顶，可用转盘慢慢转动一下，将捞矛引入鱼头，再下放打捞。若在鱼顶位置遇阻并在此阻力下继续下行，说明捞矛进入鱼头，到达预计打捞深度，即可上提钻具，若悬重增加，说明已捞住落鱼。若上提时只有挂卡现象而捞不住落鱼，可能有两种情况，一则是卡瓦外径选小了，一则是卡瓦已坐在释放环上，卡瓦与心轴之间已不可能产生上下运动，卡瓦胀不开，在此种情况下，应下放卡瓦至打捞位置，左转钻柱 1 ~ 2 圈，使卡瓦在心轴上上移一段距离，离开释放环。若仍捞不住落鱼，只好起钻换打捞矛。如果捞住落鱼之后，证明落鱼已经被卡，可以加大力量上提，或用震击器震击，但上提拉力不应超过心轴抗拉屈服强度的 80%。

　　e. 退出捞矛。退捞矛时，首选用钻具重量向下顿击，或用下击器下击，松开卡瓦与矛杆宽锯齿螺纹的咬合，然后上提钻具，使其悬重大于捞矛以上钻具悬重 5 ~ 10kN，右旋钻具，从落鱼内孔起出。

　　(2) 分瓣捞矛。分瓣捞矛是打捞套管和油管接箍螺纹部位的一种工具，其结构如图 16-2-26 所示，由接头、锁紧螺母、胀管、分瓣矛爪、导向螺钉和冲砂管组成。接头上部与打捞管柱相接，并用螺母锁紧，下部与矛杆相接。分瓣矛爪套装在胀管上，受导向螺钉的限制，只能上下移动，不能转动。冲砂管起导向和冲砂作用，在使用方法上和 LM 型捞矛有如下的不同：

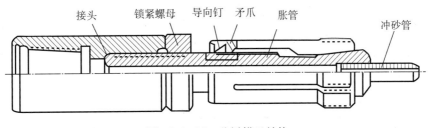

图 16-2-26　分瓣捞矛结构

①鱼顶必须是完整的接箍，应据接箍规范选择合适的矛爪。

②打捞时，下放工具使其进入鱼头，上提管柱，胀管的锥面将矛爪撑开，即可捞住落鱼。

③退出捞矛。用管柱或下击器下击，使矛爪与胀管锥面脱离，然后提到原悬重倒扣，边倒转边上提，直至退出落鱼为止。

2．辅助打捞工具及使用方法

在打捞作业中，还需要配合一些专用的辅助工具。

1）安全接头（AJ 型与 AJF 型安全接头）

AJ 型为右旋螺纹安全接头，AJF 型为左旋螺纹安全接头，除螺纹有左右之分外，其余结构相同。

（1）结构与规范。结构如图 16-2-27 所示，AJ 型安全接头由上部的外接头与下部的内接头和两组"O"形密封圈组成。外接头上部的内螺纹可与打捞钻柱连接，下部是锯齿形粗牙外螺纹，并有上下两道密封槽，用于安装"O"形密封圈。内接头下部是外螺纹，可与打捞工具连接，中间为特种锯齿形粗牙内螺纹，上下两端为密封面。AJ 型安全接头的技术规格见表 16-2-19。

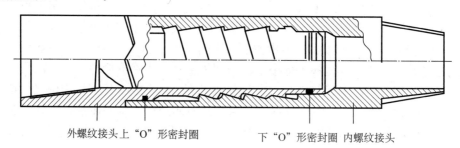

外螺纹接头上"O"形密封圈　　　下"O"形密封圈　内螺纹接头

图 16-2-27　AJ 型安全接头

表 16-2-19　AJ 型安全接头技术规格

型号	接头外径 mm	接头螺纹	水眼直径 mm	最大允许拉力 kN	最大允许扭矩 N·m
AJ-J86	86	NC26（$2^3/_8$IF）	41	1395	9200
AJ-J95	95	$2^3/_8$REG	32	1536	12100
AJ-J105	105	NC31（$2^7/_8$IF）	54	2205	17900
AJ-J121	121	NC38（3½IF）	62	2612	21500
AJ-J146	146	NC46（4IF）	83	3802	46200
AJ-J159	159	NC50（4½IF）	95	4938	60600
AJ-J178	178	5½FH	102	5568	76200
AJ-J203	203	$6^5/_8$REG	127	6445	100600
AJ-J229	229	$7^5/_8$REG	101	—	—
AJ-J254	254	$8^5/_8$REG	121	—	—

（2）使用方法。

①下井前检查。

②安全接头的装配位置。安全接头应直接接在打捞工具上面，在井下情况允许时，在安全接头上再接个下击器，便于解脱安全接头。

③井下退出安全接头。

a. 给安全接头施加一反扭矩（约 1.2 圈 /km），然后用下击器下击或用原钻具下顿，使安全接头解除自锁。

b. 上提钻具，使安全接头处保持 5 ～ 10kN 压力。

c. 反转退扣，反转时悬重下降，应及时上提。一直保持 5 ～ 10kN 的压力，直至安全接头完全退开为止。

④井下对安全接头。外接头下到内外螺纹对接面处，加压 3 ～ 6kN，慢慢转动钻具上扣，及时跟上压力。

2）可变弯接头

如井下有大井径而且鱼顶正好位于大井径井段，就有可能偏向一边，甚至藏在小井眼与大井眼变化处的瓶颈以下，形成藏鱼头，此时采用可变弯接头。

（1）结构特点和作用原理。结构如图 16-2-28 所示，可变弯接头由上接头、外筒、活塞、凸轮、接箍、定向接头、转向销子、下球座、调节垫圈和下接头等组成。

为了实现接头的可变功能，还有两个辅助零件，限流塞和打捞器。

KJ 型可变弯接头技术规格见表 16-2-20。与其配套的限流塞和打捞器技术规格见表 16-2-21。

表 16-2-20　KJ 型可变弯接头技术规格

型号	外径 mm	接头螺纹		水眼直径 mm	弯曲角度 (°)	屈服强度 kN	最大扭矩 kN·m
		上接头	下接头				
KJ102	102	NC31	NC31	35	7	1176	10.9
KJ108	108	NC31	NC31	40	7	1470	15.7
KJ120	120	NC31	NC31	50	7	1666	22.76
KJ146	146	NC38	NC38	65	7	1960	30.6
KJ165	165	NC50	NC50	70	7	2352	39.2
KJ184	184	5½FH	NC50	75	7	2744	49.4
KJ 190	190	5½FH	NC50	80	7	3136	60.3
KJ 200	200	5½FH	NC50	90	7	3430	63.7
KJ 210	210	5½FH	NC50	114	7	3920	81.5
KJ 222	222	5½FH	NC50	114	7	4312	101.1
KJ 244	244	NC70	NC70	140	7	4802	105.8

（2）使用方法。

①钻具组合。

a. 常规钻具组合：卡瓦打捞筒（或公锥、母锥）+ 可变弯接头 + 钻杆。

b. 打捞藏鱼头的钻具组合：壁钩 + 卡瓦打捞筒 + 可变弯接头 + 钻杆。

c.在大井径中打捞落鱼的钻具组合：卡瓦打捞筒 + 短钻杆（2 ~ 5m）+ 可变弯接头 + 钻杆。

d.井下落鱼有被卡的可能时：卡瓦打捞筒 + 可变弯接头 + 下击器 + 上击器 + 加重钻杆 + 钻杆。

表 16-2-21　限流塞与打捞筒技术规格

钻柱水眼直径，mm	限流塞，mm		打捞筒，mm		
	大端直径	打捞颈	外径	引鞋外径	引鞋内径
41.3 ~ 44.5	33×36	18	36	36	32
50.8 ~ 54.0	40×43			40	36
61.9 ~ 69.9	49×52			50	46
76.2 ~ 82.6	56×59	22	43	58	52
88.9 ~ 95.3	72×75			65	57
101.6 ~ 114.3	75×78	30	55	77	62
	89×92				
	114×117				

②打捞操作。

a.下钻至距鱼顶 0.5 ~ 1mm，开泵循环，冲洗鱼顶积砂，并试探鱼头。

b.停泵，将预先选好的限流塞投入钻杆水眼，开泵小排量送塞入座。

c.以小排量循环，憋压打捞，转动不同的方向，探测鱼顶。

d.捞住落鱼后，可将限流塞打捞出来，弯接头变成直接头，开大泵量循环，上下活动钻具。

3）壁钩

（1）结构。如图 16-2-29 所示，壁钩上部为内接头，和钻柱连接，下部为螺旋形钩头，其内径要比落鱼外径大一些。不允许用钻杆或套管来锻制壁钩。

（2）使用方法。壁钩可以直接接在钻柱上，也可以接在打捞工具下面，也可在可变弯接头或弯钻杆下面，如图 16-2-30 所示。下钻时下入深度视壁钩长度而定，若带有打捞工具，不能使打捞工具下端超过鱼头，然后转动钻具，观察转动情况，若没有蹩劲，说明钩头未碰到鱼身，若有蹩劲，则说明钩头已钩到鱼身，应在保持蹩劲的情况下锁住转盘，下放打捞工具对鱼。若下入的是长壁钩，未带打捞工具，则下入深度可以超过鱼顶多一点，但不能超过鱼顶下部的第一个钻杆接头，在转动钻具有蹩劲时，可以在保持蹩劲的情况下上提钻柱，蹩劲消失时的那个井深，就是鱼顶所在位置。如果发现蹩劲的方向有变化，表明有鱼头可能已被拨动，即可起钻换打捞工具，进行打捞。

4）铅模

当井下落物情况不明或鱼头变形情况不明时，无法决定下何种打捞工具，可用铅模来探测落鱼形状、尺寸和位置。

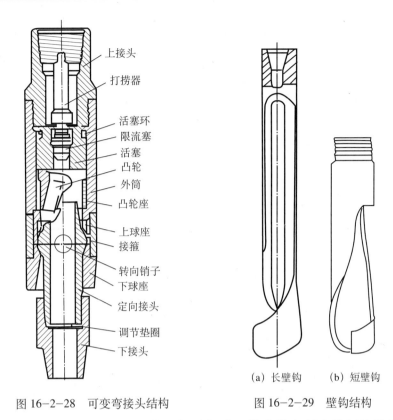

图 16-2-28　可变弯接头结构　　　　图 16-2-29　壁钩结构

（1）结构。铅模是由接头体和铅模两部分组成，接头体上部有钻杆连接螺纹，和钻柱连接，接头体下部浇铸铅模的部位车有多个环形槽，以便固定铅模，铅模中心有孔，可以循环钻井液。图 16-2-31（a）为平底铅模，用于探测平面形状；图 16-2-31（b）为锥形铅模，用于探测径向变形。平底铅模的技术规格见表 16-2-22。

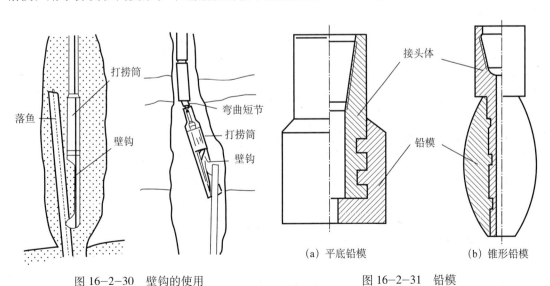

图 16-2-30　壁钩的使用　　　　　　图 16-2-31　铅模

表 16-2-22 平底铅模技术规格

规格, mm	接头		铅模水眼, mm	铅模长度, mm	总长, mm
	外径, mm	螺纹, mm			
100	89	$2^3/_8$REG	20	100	200
120	108	$2^7/_8$IF	20	100	200
170	121	$3^1/_2$IF	30	120	200
195	159	$4^1/_2$IF	30	120	250
225	159	$4^1/_2$IF	40	130	300
270	203	$6^5/_8$REG	40	150	350

（2）使用方法。

①根据井眼直径和探测目标，选择铅模的形状和尺寸，一般要求，其直径应小于井径的 10%。

②下井前，应将铅模的表面（包括底面及周围）整理平整，尽量不留残余印痕。

③井眼必须畅通无阻，如有遇阻，不许用转动铅模的办法消除阻力，应立即起钻。

④下至鱼顶附近 0.5～1m，开泵循环钻井液，将鱼头冲洗干净，绝不允许铅模接触鱼头。

⑤下放打印，打印压力根据鱼顶情况及铅模与鱼顶接触面积大小来决定。原则是，既要求把铅印打好，又不许把铅模压掉。

⑥一般情况下，铅模一接触鱼顶就必须打印，而且只能打印一次。如果认为第一次打印不理想，可以提起铅模，旋转 180°，再打印一次。

⑦锥形铅模打印套管损坏部位时，深度必须准确，遇阻不能硬压。

⑧铅模起出井口，应先清洗干净。卸下的铅模应底部朝上放置，便于观察分析。

5）套筒铣鞋

结构如图 16-2-32 所示，是在普通平底磨鞋外围加焊套筒。

使用套筒铣鞋时，必须注意以下事项：

（1）根据井径及鱼顶外径选择合适的套筒铣鞋，套筒外径应小于井径 6% 以上，套筒内径应大于鱼头外径 10mm 以上。

（2）转动时不能有憋劲，如有憋钻现象发生，则可能是套筒骑在鱼头上，很易使套筒变形，以后很难套入。

（3）套铣时加压不可过多，每英寸直径保持 2～5kN 即可。

（4）磨铣到预定深度后，减压至 1～5kN，再磨 0.5～1h，消除可能产生的毛刺。

（5）套筒磨铣的缺点是铁屑容易进入落鱼水眼，如进入的铁屑较多，有可能堵塞钻头水眼，而导致打捞落鱼后的循环失灵。

6）领眼磨鞋

如图 16-3-33 所示，它是由平底磨鞋和导向杆组成，导向杆的直径应根据鱼头内径来决定，应比鱼头内径小 10mm，长度以 150～200mm 为宜，顶部做成锥形或笔尖状。导向杆与磨鞋体之间一定要用螺纹连接，然后再用电焊焊牢。

7）扩孔铣锥

扩孔铣锥由三部分组成（图 16-2-34），上部为连接螺纹，可以和钻柱连接；中部为铣锥，其外径根据需要设计，由碳化钨块镶嵌于钢体制成，其长度应不小于打捞工具的需要量；下部为导向杆，其外径应小于落鱼内径 10～15mm，中心有循环孔，用于循环钻井液，整个工具有较好的同心度和垂直度。

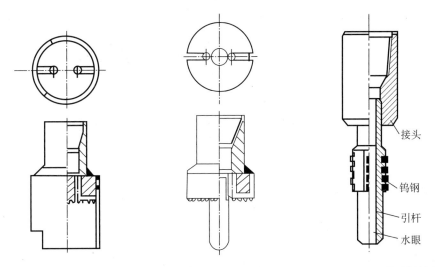

图 16-2-32 套筒铣鞋结构　图 16-2-33 领眼磨鞋结构　图 16-2-34 扩孔铣锥结构

8）梨形铣鞋

如图 16-2-35 所示，用来打通管内的堵塞物，铣鞋上有 4 个水眼和 4 道回水槽，锥体部分锥角为 60°，工作时由锥面和圆顶进行铣削。

9）锥形铣鞋

如图 16-2-36 所示。锥形铣鞋用于从管子内部磨铣椭圆、凹陷、内卷边或其他阻塞管子内径的障碍物。工具上有 4 个水眼和 4 个回水槽，锥体部分的锥角为 30°，铣鞋的切削部分是其外锥面。

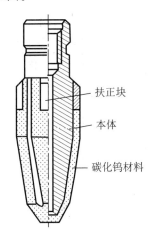

图 16-2-35 梨形铣鞋结构

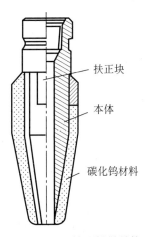

图 16-2-36 锥形铣鞋结构

3．不规则细碎物件的打捞工具

对于牙轮、刮刀片、钳牙、卡瓦牙及小型手工具等可用打捞器进行打捞。常用的打捞器有一把抓、随钻打捞杯、磁力打捞器、反循环打捞篮、反循环强磁打捞器及反循环一把抓打捞篮等。

1）一把抓

一把抓也称为指形打捞篮，牙高与牙数根据管子的直径决定，一般牙高为管子直径的3/4 或等于管子直径，牙数以 8 ～ 10 个为宜（图 16—2—37）。一把抓接在打捞钻柱下边下入井内，在距井底 0.5 ～ 1m 的位置，循环好钻井液，然后停泵慢转下放，把落物从井壁处拨向井眼中心，使一把抓容易套着落物。在抓齿接触井底以后，慢慢加压，并慢转，使一把抓齿向内收拢，包住落物。最大压力以每英寸管子直径不超过 10kN 为宜，转动总圈数以 6 ～ 8 圈为限。打捞过程不能循环钻井液，以免把落物冲向井壁。

图 16—2—37　一把抓

2）随钻打捞杯

随钻打捞杯是在钻进过程中用于打捞细碎落物如牙齿、滚柱及滚珠等小物件的工具，在磨铣井底落物的过程中，也用于打捞铣碎的铁块。

随钻打捞杯是由心轴、外筒、扶正块和下接头等组成，分 G 型打捞杯（图 16—2—38）和 H 型打捞杯（图 16—2—39）两种。G 型打捞杯较短小，使用方便，但容量较小。H 型打捞杯的外筒可卸下更换，也便于取出捞获的碎物，容量也较大，使用的效果比 G 型更好。打捞杯工作原理如图 16—2—40 所示。随钻打捞杯的技术规格见表 16—2—23。

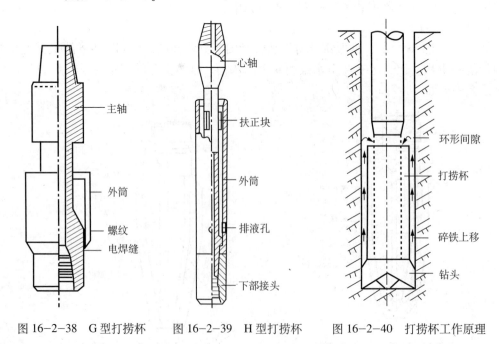

图 16—2—38　G 型打捞杯　　　图 16—2—39　H 型打捞杯　　　图 16—2—40　打捞杯工作原理

表 16-2-23　随钻打捞杯技术规格

型号	井眼尺寸 mm	连接螺纹	最大外径 mm	杯体内径 mm	接头外径 mm	水眼直径 mm	心轴外径 mm
LB-G-102 LB-H-102	117.5 ~ 123.8	$2^7/_8$REG	102	92	95	31.8	66.7
LB-G-114 LB-H-114	130.2 ~ 149.2	$3^1/_2$REG	114	106	108	38.5	79.0
LB-G-127 LB-H-127	152.4 ~ 161.9	$3^1/_2$REG	127	116	108	38.5	82.6
LB-G-140 LB-H-140	165.1 ~ 190.5	$3^1/_2$REG	140	124	108	38.5	82.6
LB-G-168 LB-H-168	193.7 ~ 215.9	$4^1/_2$REG	168	151	140	57	114.3
LB-G-178 LB-H-178	219.0 ~ 244.5	$4^1/_2$REG	178	160	140	57	114.3
LB-G-219 LB-H-219	244.5 ~ 288.9	$6^5/_8$REG	219	202	197	70	146.0
LB-G-245 LB-H-245	292.1 ~ 330.2	$6^5/_8$REG	245	217	197	70	146

3）磁力打捞器

磁力打捞器是打捞井内可被磁化的金属碎物的一种工具，按磁铁类型分有永磁式和充磁式两种，按循环方式分有正循环式和反循环式两种。

正循环磁力打捞器的结构如图 16-2-41 所示，由接头、外筒、橡皮垫、螺钉、压盖、绝缘筒、垫圈、磁铁、喷水头和铣鞋等组成。打捞器外筒由高导磁性材料制成，磁心上端的磁力线通过接头和外壳传导，组成磁力线通路，因此可以把外壳和引鞋看成是由磁性材料制成的磁铁外套，是磁铁的一个磁极；而永久磁心的下端为另一个磁极。在引鞋与磁心中间用非磁性材料（铜）隔开，防止短路。打捞时，铁磁落物将两磁极搭通，使之牢固地吸附在磁力打捞器底部。磁力打捞器技术规格见表 16-2-24。

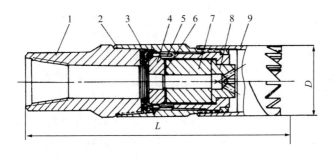

图 16-2-41　磁力打捞器结构

1—接头；2—外筒；3—橡皮垫；4—压盖；5—绝缘筒；6—垫圈；7—磁铁；8—喷水头；9—铣鞋

表 16−2−24　磁力打捞器技术规格

公称直径 mm	接头螺纹	适用井眼直径 mm	最大吸力，kN	
			A 型	B 型
86	NC26 ($2^{3}/_{4}$IF)	95 ～ 108	0.36	1.00
100		108 ～ 137	3.50	1.70
125	NC38 ($3^{1}/_{2}$IF)	137 ～ 149	9.50	2.20
140		149 ～ 184	1100	4.00
176	NC50 ($4^{1}/_{2}$IF)	184 ～ 216	18.00	5.00
190		209 ～ 229	21.00	6.20
200		216 ～ 241	23.00	6.80
225	$6^{5}/_{8}$ REG	241 ～ 279	28.00	9.80
255		279 ～ 311	38.00	13.00
290		311 ～ 375	42.00	14.00

4．光杆落物的打捞

对于有些细长杆状的仪器和工具，如测斜仪、电测仪及撬杠等落入井内，它既不能横卧于井底，又不能直立于井筒，而是斜靠于井壁，同时又没有可供抓捞的部位的情况需要有特殊的工具进行打捞。

1）卡板式打捞筒

卡板式打捞筒由接头、筒体、两副卡板和引鞋组成。引鞋是引导鱼头进入捞筒的工具，其基本型式有三种，如图 16−2−42（a）所示为加大引鞋，在井眼大捞筒小的情况下适用；如图 16−2−42（b）所示为半圆式引鞋，即沿周向将管壁的二分之一削去 0.3 ～ 0.4m，形成一个高差，有利判明井下打捞情况；图 16−2−42（c）所示为壁钩式引鞋，它可以拨动鱼头，改变鱼头在井内所处的位置，有利于引入。

打捞筒的使用方法如下。

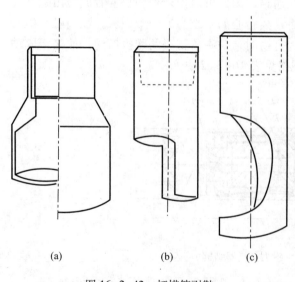

（a）　　　　（b）　　　　（c）

图 16−2−42　打捞筒引鞋

（1）工具的检查与丈量。引鞋的外径以小于井径 15 ～ 20mm 为宜，引鞋太小，碰到的可能是鱼身而不是鱼头。引鞋的高边与低边之差必须丈量清楚。上卡板至引鞋端部的距离必须小于落物长度，否则，上卡板将不起作用。铣鞋和捞筒内部不能有平台肩，以免对落物的进入形成障碍。

（2）打捞步骤。工具下入井中，充分循环钻井液，然后下放探鱼，遇阻时的钻压不允许超过 5kN，如果使用的是半圆式引鞋，其打捞步骤如下：下放探鱼，遇阻之后，记一个方入，如图 16−2−43（a）所示；提起钻柱，旋转 180°，再往下探，遇阻之后，再记一个方入，如图

16-2-43（b）所示；两个方入之差正好是引鞋的高差，此时选择方入多的那个位置即引鞋低边接触鱼头的那个位置下探，遇阻后，稍微上提一点（0.10～0.15mm），再旋转180°，其目的是让引鞋的高边把鱼头引入打捞筒，如图16-2-43（c）所示；再下放捞筒，若引鞋低边不遇阻，说明落鱼已引入捞筒，可下放打捞，使落鱼进入两副卡板之间，如图16-2-43（d）所示，即可起钻。如果旋转180°之后，引鞋低边仍然遇阻，可能是打捞筒旋转角度不足或已超过，或者是鱼头挪动了位置，此时再转动180°，再下探，直至顺利把鱼头引入捞筒为止。

（3）井底有积砂，可以循环钻井液冲洗，只要捞筒能下到井底，说明打捞是成功的。

（4）起钻时不允许用转盘卸扣。

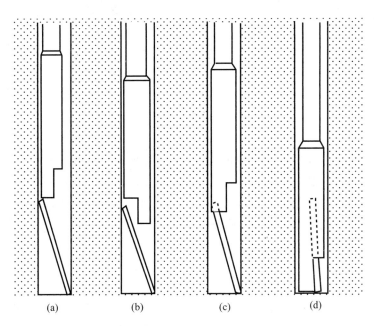

(a)　　　　(b)　　　　(c)　　　　(d)

图 16-2-43 光杆落物打捞步骤

2）卡簧式打捞筒

卡簧式打捞筒是用直径合适的套管制成的，在套管的适当位置沿圆周均匀分布割4个窗口，其下端与管体相连，其余三面与套管本体割离，形成一个舌状钢板，用火烤软，砸向管体中心，形成一个卡簧式打捞篮。上部大小头与钻柱连接，下部接引鞋（也可以直接割引鞋）引导鱼头入筒，筒体上有两排卡簧式抓捞篮，是为了可靠地将落物夹持住。其打捞方法与卡板式打捞相同。

七、注水泥侧钻

当井下事故难以处理或虽能处理但耗资巨大，在经济上难以承受时，往往采取侧钻的办法。

电测井径与井斜。选择侧钻点和侧钻方位。一般侧钻点距鱼头30～70m，地层易钻不易塌，侧钻方位为井眼方位的相反方向。

侧钻程序：

（1）下入光钻杆到侧钻点以下至少 30m，洗井，调整钻井液性能。

（2）注水泥塞，水泥塞有效长度自侧钻点以上 5m 到侧钻点以下至少 30m。注水泥塞后立即提钻，大排量洗井。

（3）候凝不少于 24h 后下钻，钻水泥塞，钻水泥塞结束后，应加压 20t 以上试水泥塞承压能力。

（4）起钻，换侧钻钻具组合入井：钻头 + 弯螺杆（或直螺杆 + 弯接头）+ 定向接头 + 非磁钻铤 ×1 根 + 钻铤 + 钻杆。

（5）下钻到井底后进行侧钻。钻进时送钻均匀，每钻进一立柱后先提出电缆，再接入下一立柱，重复上述过程。

（6）当测斜数据与返出岩屑表明已侧钻出去后提钻。换微增斜钻具继续钻进 30 ~ 50m，侧钻成功。

（7）如果侧钻地层较硬，或井温大于 110℃，应使用加砂水泥打水泥塞。水泥塞要有足够长度，以免侧不出去。

第三节 阻卡的预防与处理

在钻具下行或上行时，遇到地层的附加阻力，地面指示钻具所受负荷与正常钻具运动时负荷有明显差异则为遇阻，如果钻具向一个方向不能运动，或运动范围仅限在某一有限范围内则为遇卡。阻卡总是发生在钻进、起钻与下钻（或静止后进行这三个工况）三个不同的过程中。根据发生机理的不同，阻卡分为黏吸、坍塌、砂桥、缩径、键槽、泥包、干钻、落物和水泥固结等。

一、遇阻

遇阻是最常见的钻井复杂之一，遇阻处理不好常转化为卡钻，从而造成更大的损失。

1. 遇阻的原因

遇阻可以是黏吸、砂桥、缩径、键槽和泥包等引起，其发生原因与卡钻相同。预防与处理遇阻应正确分析遇阻的原因，采取针对性的措施，减少遇阻的发生，此外针对不同的遇阻还应当采取针对性处理措施，确保井下钻具安全，避免转为卡钻。

2. 遇阻的预防

预防各种卡钻的措施都可以预防遇阻的发生，对于一般钻井作业，应做好以下工作：

（1）保持钻井液性能适应地层情况，控制钻井液失水以及钻井液与地层压差，使井眼不扩大，不缩径，不出现厚滤饼。

（2）防止井眼出现严重井斜与方位的急剧变化，出现严重"狗腿"。

（3）控制起下钻速度，防止抽吸与激动压力过大，特别要防止下钻时钻头进入小井眼。

（4）充分利用录井仪和钻井参数仪严密监测钻井过程中悬重及扭矩变化情况，发现异常及时分析原因，及时处理。

（5）保持地面设备性能处于良好状态，保持钻井施工过程的连续性，减少钻具在裸眼时的等停，设计钻具组合等要留有足够的安全余量。

（6）钻井参数保持在设计范围内，特别是排量要达到推荐要求。

3．遇阻的处理

不同类型的遇阻处理方法参考相应的遇卡处理，一般性遇阻处理应遵循以下原则：

（1）遇阻应优先考虑进行循环，如果装备有顶驱，应直接开泵建立循环，如果是转盘驱动应在接头到达转盘附近时接方钻杆循环。

（2）下放钻具或下钻时遇阻应优先考虑上提，上提到正常井段后决定是否划眼下入。

（3）起钻或上提钻具遇阻应先下放，再接方钻杆，用方钻杆进行循环，再逐根钻杆起出。

（4）起钻遇阻的井段下钻时一定要进行充分划眼，直到划眼正常后方可下入，切忌盲目下入导致卡钻。

（5）井队不同岗位严格遵守操作权限，因为非专业操作人员不具备科学分析遇阻原因的知识水平，也没有承担恶化成事故的责任。

（6）在易卡井段应坚持短起下和划眼措施，依靠短起下与划眼修整井壁。

划眼技术措施：

（1）下钻注意控制速度，刹把要轻提慢放。下钻过程中有专人观察井口钻井液返出情况。发现漏涌等异常情况应及时报告，并及时采取相应技术措施。

（2）下钻过程中发现遇阻应接方钻杆划眼。

（3）划眼时严格控制钻压，控制划眼速度，均匀送钻。防止出现钻具事故。

（4）每划眼半个单根上提钻具一次，发现有阻卡现象应反复重划，防止卡钻。

二、黏吸卡钻

黏吸卡钻，也称压差卡钻，是钻井过程中最常见的卡钻事故（图16-3-1）。

1．黏吸卡钻的原因

井壁上钻井液滤饼的存在是造成黏吸卡钻的内在因素。钻井液液柱压力大于地层孔隙压力产生的压差，是形成黏吸卡钻的外在因素。

用水基钻井液钻井时，在渗透性层段井壁上滤饼是客观存在的。有时在井身结构设计中，同一裸眼井段中会存在有不同压力的地层，当钻柱接触到井壁时，井内钻井液柱压力与地层压力差把钻柱压向井壁并陷入到滤饼中，从而造成黏吸。

2．黏吸卡钻的特点与征兆

（1）黏吸卡钻是在钻柱静止的状态下发生的，卡钻前有一个静止过程。

（2）卡点位置一般是钻铤等与井壁的接触面积较大的部位。

（3）黏吸卡钻前后，钻井液循环正常，进出口流量平衡，泵压无变化。

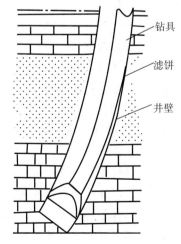

钻具

滤饼

井壁

图 16-3-1　黏吸卡钻示意图

（4）黏吸卡钻后，如活动不及时，卡点有可能上移，甚至一直移至套管鞋附近。

3．黏吸卡钻的预防

（1）钻井中尽量减小钻井液与地层之间的压差。

（2）要求井上设备必须正常运转，如果部分设备发生故障，不能转动时，要上下活动；不能上下活动的，要争取转动。

（3）使用优质钻井液，改善滤饼质量，减少虚滤饼，特别是要提高内滤饼质量，必要时要加入润滑剂、活性剂或塑料小球等以减少滤饼的摩阻系数。

（4）设计合理的钻柱结构，特别是下部钻柱结构。如使用螺旋式钻铤、欠尺寸稳定器和加重钻杆等。

（5）钻柱中要带随钻震击器，对于黏卡发生的最初阶段，震击解卡很有效。

（6）详细记录钻进还是起下钻过程中与钻头或稳定器相对应的高扭矩大摩阻的井段，并分析所在地层的岩性。

4．黏吸卡钻的处理

1）强力活动

发生黏吸卡钻后，随着时间的延长黏吸卡钻程度会越来越严重。发现黏吸卡钻的最初阶段，就应在设备（特别是井架和悬吊系统）和钻柱的安全负荷以内用最大的力量进行活动。上提不超过薄弱环节的安全负荷极限，下压不受限制，可以把全部钻柱的重量压上，也可以在施加正扭矩情况下上下活动。如果强力活动若干次（一般不超过 10 次）无效，应在适当的范围内活动未卡钻柱，上提拉力控制在自由钻柱悬重再附加 100～200kN 的重量，下压力量根据井型、井深及最内一层套管的下深而定。

2）震击解卡

（1）机械震击法。如果钻柱上带有随钻震击器，应立即启动上击器上击或启动下击器下击，以求解卡。如果未带随钻震击器，可先测卡点位置，用爆松倒扣法从卡点以上把钻具倒开，然后选择适当的震击器（如上击器、下击器、加速器等）下钻对扣。

具体钻具组合和震击解卡方法见本章第二节。

（2）爆炸震击解卡法。这种方法宜用在卡钻事故发生之后不太长的时间内，被卡钻的井段不能太长；或者在浸泡未见效之后，作为一种辅助手段。使用时应注意以下几个问题。

①炸弹爆炸段的条件是：压力小于 150MPa，温度低于 250℃。

②井下炸弹由导爆索组成。炸药量的选择，应以保证达到预期效果而又不损坏钻杆为原则。在温度很高的井中，应采用耐热导爆索。

③起"振动"作用的炸弹长度必须大于卡钻井段长度 5～10m，但是总长度不超过100m，炸弹用药量不应超过 5kg。如果卡钻井段超过 100m，那么"振动"就应分几段进行。

④炸弹下井之前先用测卡仪找出卡点位置，在装炸药和下炸弹过程中，井上其他工作均应停止，并锁住转盘和固定好井口滑轮，防止事故发生。

⑤炸弹下到卡钻井段后，以最大允许拉力上提钻柱或施加一定的扭矩后锁住转盘，然后进行爆炸并上下活动钻柱。

3) 浸泡解卡剂

浸泡解卡剂是解除黏吸卡钻的最常用最重要的办法。

(1) 解卡剂的配方。国内各油田研制了多种油基解卡剂和水基解卡剂，使用效果都不错，见表 16-3-1。

表 16-3-1　油基解卡剂配方

材料			配方比例，%				备注
名称	规格	功用	配方一	配方二	配方三	配方四	
柴油	0 号、-10 号	分散介质	100	100	100	70	体积比
原油	优质	分散介质，提高黏度	—	—	—	30	体积比
氧化沥青	细度 80 目，软化点大于 15℃	提高黏度、切力，降低滤失量	12	4.5	20	—	
石灰	细度 120 目	皂化油酸	3	—	4	3	
油酸	酸价 190-205，磺价 60-100	乳化剂，润化剂	1.8	6.2	2	2	
有机土	胶体率 90%，细度 80～100 目	提高黏度，切力，悬浮加重剂	1.6	—	3	5	
快 T	渗透力为标准品的（100±5）%	润湿、渗透、乳化	1.6	12.4	1.6	5	
PIPE-JAX	—	解卡剂	—	5.7	—	—	质量比
AS	—	洗涤剂	—	4.4	—	—	
烷基苯磺酸钠	—	乳化剂	—	—	2		
SPAN-80	—	乳化剂	—	2.6	0.5		
清水	淡水、盐水均可	分散相	5	—	—	5	
重晶石	密度 4.0g/cm³，细度 200 目以上	加重剂	按需	按需	按需	按需	

(2) 浸泡解卡剂的施工步骤。

① 测求卡点位置。最准确的办法是利用测卡仪测量，但现场常用的办法是根据钻柱在一定的拉力下的弹性伸长来计算。

$$L = K\Delta x/\Delta f \qquad (16-3-1)$$

式中　K——计算系数（$K = EA$）；

L——自由钻柱的长度，m；

Δf——自由钻柱所受的超过其自身悬重的两次拉力的差值，kN；

A——自由钻柱的横截面积，cm²；

Δx——自由钻柱在 Δf 力作用下的伸长，cm；

E——钢材的弹性系数，为 2.1×10^5 MPa。

如果井内用的是复合钻柱（图 16-3-2），则需根据钻具的外径和壁厚的不同，自上而下把钻柱分为若干段，每段的长度分别为 L_1、L_2、L_3，在一定的拉力 Δf（两次拉力之差）的作用下，每段自由管柱都有自己的伸长值 Δx_1、Δx_2、Δx_3，把式（16-3-1）稍加变换，

即可成为求 Δx_1、Δx_2、Δx_3 值的公式：

$$\Delta x = L\Delta f/K \tag{16-3-2}$$

②计算解卡剂用量。解卡剂总用量等于预计要浸泡的环空容量和钻柱内容量两部分。环空容量为钻头至卡点位置的环空容量，还要视具体情况增加一定的附加量，一般以20%为宜。

解卡剂总用量可用下式计算：

$$Q = Q_1 + Q_2 + Q_3 = 0.785KH\,(D^2 - d_1{}^2) + 0.785d_2{}^2H + Q_3 \tag{16-3-3}$$

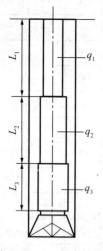

图 16-3-2　复合钻柱图

式中　Q——解卡剂总量，m^3；

　　　　Q_1——黏卡段环空容量，m^3；

　　　　Q_2——黏卡段管内容量，m^3；

　　　　Q_3——预留顶替量，m^3；

　　　　K——附加系数，一般取1.2；

　　　　H——黏卡段钻柱长度，m；

　　　　D——钻头直径，m；

　　　　d_1——钻铤或钻杆外径，m；

　　　　d_2——钻铤或钻杆内径，m。

如果使用的是复合钻柱，除阶梯式井眼，则应按不同的井径和不同的管柱内外径分段进行计算，累加后即可得总用量。

③计算注入井内时的最高泵压。可用下式求得：

$$p = p_1 + p_2 = p_1 + 0.01\,(\rho_1 - \rho_2)\,h \tag{16-3-4}$$

式中　p——最高泵压，MPa；

　　　p_1——循环泵压，MPa；

　　　p_2——解卡剂与钻井液的液柱压差，MPa；

　　　ρ_1——钻井液密度，g/cm^3；

　　　ρ_2——解卡剂密度，g/cm^3；

　　　h——解卡剂在钻柱内的液柱高度，m。

④安全校核。如果解卡剂与钻井液密度相近，或者井下没有较高压力层及浅气层，则不必进行安全校核。反之，必须进行安全校核。

4）套铣解卡

首先采用测卡爆炸松扣取出卡点以上的钻具，下钻头通井调整钻井液性能。根据井下落鱼结构和长度来确定所下套铣管的数量，井内落鱼过长或井下复杂时，可采用分段套铣分段打捞的方法。

5. 处理黏吸卡钻应注意的问题

（1）要根据各个地区的具体情况确定所需采用的解卡剂。

（2）注入解卡剂前，最好做一次钻井液循环周试验，确认钻具没有刺漏现象，方可注入。

（3）注入解卡剂前，特别是注入低密度解卡剂前，必须在钻柱上或方钻杆上接回压阀或旋塞。

（4）要保持钻头水眼和环空不被堵塞。

（5）如果一次浸泡，解卡剂用量过大，有引起井涌井喷的危险时，可以分段浸泡，先浸泡被卡钻柱的下部若干小时，然后一次性将解卡剂顶到卡点位置，浸泡被卡钻柱的上部。

（6）解卡剂在井内浸泡的时间，随地层特性和钻井液性能而异。浸泡和震击联合作用，效果会更好。不要轻易爆炸或倒扣。

（7）浸泡解卡后，要不断地活动钻柱，最好是转动，不活动钻具时将钻具压弯，以防卡点上移，浸泡期间应根据井内情况决定顶替时间间隔及顶替量，按时活动钻具。

（8）活动钻具的拉力范围应经常变换，以防长时间单区间活动造成应力集中而拉断钻具。

（9）对于复合卡钻，解卡剂浸泡只能使卡点降低，而不能彻底解卡。此时就需考虑震击和套铣等。

（10）钻具断落后，很容易形成黏卡。所以打捞时所下的工具应能密封鱼头部位。下公母锥打捞时不能用带退屑槽的公母锥，下捞矛时应带封堵器，下捞筒时应装有密封件，以便捞着后能循环钻井液，能注入解卡剂。

（11）解卡后立即开泵循环，同时转动钻具。排完解卡剂待岩屑减少后方可上下活动钻具，处理好钻井液后即可起钻。

三、坍塌卡钻

坍塌卡钻是由井壁失稳造成，是卡钻事故中性质最为恶劣的一种。

1．地层坍塌的原因

在钻井过程中造成井壁失稳主要有三方面因素影响：地质方面的原因、物理化学方面的原因和工艺方面的原因。

1）地质方面的原因

地层强度低，存在不均匀的地应力，或是地层破碎，存在较多微裂缝。

2）物理化学方面的原因

泥页岩地层含有蒙皂石、伊利石、高岭石和绿泥石等黏土矿物，遇水后表现也不尽相同。根据其遇水后的表现可分为易塌泥页岩、膨胀泥页岩、胶态泥页岩、塑性泥页岩、剥落泥页岩和脆碎泥页岩等。大量研究发现，泥页岩中黏土含量越高、含盐量越高及含水量越少则越易吸水；蒙皂石含量高的泥页岩易吸水后主要产生膨胀，绿泥石含量高的泥页岩吸水后主要产生裂解与剥落。在钻井过程中，钻井液滤液很容易侵入或被吸收到地层，含有黏土矿物的地层在吸水后，内部就会发生应力变化，从而削弱了地层的结构力，造成井壁失稳坍塌。

3）工艺技术方面的原因

如果对坍塌层的性质认识不清，工艺方面采取的措施不当，也会导致坍塌的发生。

（1）钻井液液柱压力不能平衡地层压力，主要表现在泥岩地层钻井液柱压力低于坍塌压力，或破碎性地层钻井液柱压力高于漏失压力。

（2）钻井液体系和流变性能与地层特性不相适应。

（3）井斜与方位的影响，在不均匀地应力情况下，井眼方向与井壁应力状态有关。

（4）钻具组合的影响。钻具组合中稳定器和钻铤等影响起下钻时的压力激动，导致井壁不稳。

（5）钻井液液面下降。

（6）压力激动。

（7）井喷引起井塌。

（8）气体钻井对井壁的支撑力最低，从井壁力学方面促使井壁不稳定，尤其是有水层和水敏性地层同时存在时易发生井眼不稳。

2．井壁坍塌的特征

如果是轻微的坍塌，则使钻井液性能不稳定，密度、黏度、切力及含砂量要升高，返出钻屑增多，可以发现许多棱角分明的片状岩屑。如果坍塌层是正钻地层，则钻进困难，泵压上升，扭矩增大，钻头提起后，泵压下降至正常值，但钻头放不到井底。如果坍塌层在正钻层以上，则泵压升高，甚至井口不返钻井液，钻头提离井底后，泵压不降，且上提遇阻，下放也遇阻，甚至井口返出流量减少或不返。坍塌卡钻发生时扭矩通常急剧增大。

坍塌后划眼时经常憋泵与蹩钻，钻头提起后放不到原来的位置，越划越浅，比正常钻进要困难得多。

3．井壁坍塌的预防

（1）采取适当的工艺措施：采用合理的井身结构与合理的钻井液密度，平衡地层压力，减少压力激动。

（2）使用具有防塌性能的钻井液：油基钻井液、油包水乳化钻井液、硅酸盐钻井液、钾基钻井液、低失水高矿化度钻井液、含有各种封堵剂的钻井液、阳离子和部分水解聚丙烯酰胺钻井液及混合多元醇盐水钻井液。

4．井塌问题的处理

（1）分析坍塌发生原因，在原因不明情况下切忌盲目提高钻井液密度，优先考虑提高钻井液的抑制封堵能力。

（2）根据井内返出岩屑状况判断坍塌性质，如果为长条片状，则是钻井液柱压力低于坍塌压力引起，应适当提高钻井液密度，同时提高钻井液抑制性。如果返出岩屑为不规则块状，则是地层破碎引起，应提高钻井液的封堵能力。

（3）起钻过程，如发现井口液面不降，或钻杆内反喷钻井液，这是井塌的征兆，应立即停止起钻，并开泵循环钻井液，待泵压正常，井下畅通无阻，管柱内外压力平衡后，再恢复起钻工作。

（4）无论任何时候，如发现有井塌现象，开泵时均须用小排量顶通，然后，逐渐增加排量，中间不可停泵。

（5）井塌后应低转速划眼，并严格控制下放速度。

如果已经发生井塌，循环钻井液时岩屑又带不出来，可采取如下办法：

(1) 使用高屈服值和高屈服值/塑性黏度比值的钻井液洗井，使环空保持平板层流状态。

(2) 使用高浓度携砂液洗井，携砂剂的主要成分是经过处理加工的温石棉再加一些添加剂制成，能提高钻井液黏度和切力，一般加量为3%～5%。

(3) 加大钻头水眼，提高钻井液排量，洗井时可加入一段高黏高切的稠钻井液（10～15m³），清扫井底和井筒。

(4) 起钻前，在坍塌井段注入一段高黏高切钻井液。

5. 坍塌卡钻的处理

坍塌卡钻以后，可能有两种情况：一种是可以小排量循环，一种是根本无法建立循环，如果能建立循环，应首先建立循环。

若能小排量循环的话，须控制进口流量与出口流量的基本平衡。在循环稳定之后，逐渐提高钻井液的黏度和切力，然后逐渐提高排量。如果增加排量发生漏失，返出量不增加，停泵后，钻井液外吐不止，此时必须采取倒扣。如果是石灰岩与白云岩坍塌形成的卡钻，同时坍塌井段不太长的话，可以考虑泵入抑制性盐酸来解卡。

若失去循环，必须采取套铣爆炸松扣。在没有测卡爆炸松扣设备的情况下，应该为少倒扣和容易倒扣创造条件。在发生严重井塌之后，不能循环但能转动，上下也有一定的活动距离，但活动距离越来越小，转动扭矩越来越大，说明砂子越挤越死。此时就不应以转动求解脱，要严格控制扭矩，为容易倒扣留余地。此时应分析塌卡的是钻具上部还是下部，如果塌卡的是钻具下部，最好把钻具提卡，立即进行测卡爆炸松扣，提出卡点以上的钻具。

坍塌卡钻部位往往是上部松软地层，下部钻具并未埋死，但钻具失去活动以后，就有黏卡的可能，形成上部塌卡与下部粘卡的复式卡钻，如图16-3-3所示，此时应及时采取测卡爆炸松扣，取出卡点以上的钻具，下套铣管套铣卡钻井段，套铣时出现放空现象时提出套铣管下钻对扣，如果上提不能解卡，再次进行测卡点判断是否下部钻铤发生黏卡，若测卡结果是钻铤卡，可以选择泡解卡剂等手段，若不见效最后采取套铣爆炸松扣分段取出井内落鱼，如果井内落鱼较长，套铣完水眼堵，无法进行爆炸松扣作业时，要采取水眼冲砂工艺技术为爆炸松扣创造条件。若井下有稳定器时，套铣至稳定器位置，下震击器进行震击。如果震击不能解卡，要下专用套铣稳定器铣鞋铣掉扶正条，待提出井内落鱼后，再磨铣打捞井底碎物。

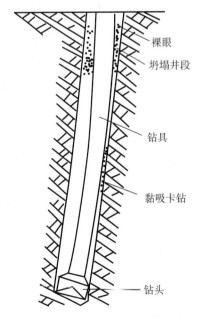

裸眼

坍塌井段

钻具

黏吸卡钻

钻头

图16-3-3　坍塌与黏吸复合卡钻

四、砂桥卡钻

砂桥卡钻也称沉砂卡钻，如图16-3-4所示，其性质和坍塌卡钻差不多，其危害较黏吸卡钻更甚。

1. 砂桥形成的原因

（1）在软地层中机械钻速快，钻屑多，钻井液携岩能力低，岩屑下沉快，一旦停止循环，极易形成砂桥。

（2）钻井液不能稳定井壁，井眼多次发生掉块或坍塌，形成井眼扩大，在井眼扩大处因钻井液返速低而形成砂桥。

（3）在钻井液中加入絮凝剂过量，细碎的砂粒和混入钻井液中的黏土絮凝成团，停止循环 3～5min，即形成网状结构，搭成砂桥。

（4）改变井内原有的钻井液体系，或急剧地改变钻井液性能时，破坏井内原已形成的平衡关系，会导致井壁滤饼的剥落和原已黏附在井壁上的岩屑的滑移而形成砂桥。

（5）井内钻井液长期静止之后，由于切力太小，钻屑向下滑落，岩屑浓度变得极大，若钻井液返不上来时或钻具下入过多，开泵过猛，就帮助岩屑挤压在一起，形成坚实的砂桥。加重钻井液中加重料在钻井液性能不稳时也会发生沉降而引起卡钻。

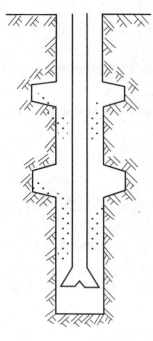

图 16-3-4　砂桥卡钻

（6）钻井液被盐水污染后，极易破坏井壁滤饼而形成砂桥。

（7）气体欠平衡钻井时，遇到地层水，会发生钻屑润湿与黏结，当湿钻屑填充了环空时，形成泥环，会切断气流，严重时会发生卡钻。

2. 形成砂桥的征兆

（1）起下钻时遇阻点固定，划眼时可通过，卡点井段多为泥岩地层。

（2）在砂桥未完全形成以前，下钻时可能不遇阻，或者阻力很小，而且随着钻具的继续深入，阻力逐渐增加，所以钻具的遇阻是软遇阻，没有固定的突发性遇阻点。有时会发生钻具下入而悬重不增加的现象。

（3）钻具进入砂桥后，在未开泵以前，上下活动与转动自如，如要开泵循环，则泵压升高，悬重下降，井口不返钻井液或返出很少。

（4）在钻进时，如钻井液排量小，或携砂能力不好，在开泵循环过程，钻具上下活动转动均无阻力，一旦停泵则钻具提不起来，特别是无固相钻井液，这种情况发生得较多。

（5）气体钻井时发现返出钻屑中有湿泥团，泵压上升，返出气体量减少甚至不返，起下钻具有阻力。

3. 砂桥卡钻的预防

（1）最好不用清水钻进。如用清水钻进时，高压循环系统（包括钻井泵水龙头在内）一定要进行高压试运转，并要备用一根 ϕ50mm 高压水龙带和与钻杆相配合的接头，另一端与高压管线上的 2in 高压阀门相连接，一旦水龙头或水龙带发生故障时，可用备用水龙带循环。

（2）优化钻井液设计，不仅要满足高压喷射钻进的需要，还要满足巩固井壁和携带岩屑的需要，维持钻井液体系和性能的稳定，控制井径扩大率在 10% ~ 15%。

（3）钻进时，要根据地层特性选用适当的泵量，既要能保持井眼清洁，又不能冲蚀井壁。

（4）在胶结不好的地层井段不要划眼，当起下钻与循环钻井液而钻头或稳定器处于该井段时不要转动钻具，以保护已经形成的滤饼。

（5）下钻时，发现井口不返钻井液或者钻杆水眼内反喷，应停止下钻。起钻时，如发现环空液面不降，或者钻杆水眼内反喷，应停止起钻。应立即接方钻杆开泵循环，开泵时应用小排量顶通，然后逐渐增加排量，待环形空间畅通，方可继续进行起下钻作业。

（6）在地层松软和机械钻速较快的时候，应适当地延长循环时间。

4. 砂桥卡钻的处理

砂桥卡钻的性质和处理方法与坍塌卡钻差不多，一旦发生就很难处理。但砂桥有时还有可用小排量进行循环至把循环通路打开。

如果开泵时，钻井液只进不出，钻具遇卡，无法活动时，就应测卡点位置，争取时间采用爆炸松扣提出卡点以上的钻具。

砂桥形成的位置，可能在上部，也可能在下部，但它的井段不会太长，不可能把落井钻具全部埋死。如果砂桥在上部，最好先下切割弹从下部钻铤位置炸开，测卡爆炸松扣、套铣作业即可把砂桥解除，再下钻具对扣，恢复循环。如果砂桥在下部，应利用爆炸松扣取出卡点以上的全部钻具，井内落鱼采用套铣爆炸松扣分段取出的办法来解除。

砂桥卡钻往往是在起下钻过程中发生的，钻头不在井底，因此在套铣过程中，落鱼有可能下沉到井底。出现这种情况时，套铣参数会发生变化，如泵压降低扭矩变小等，这时应及时提出套铣管下钻对扣提出井内落鱼。

如果钻柱上带有稳定器的话，砂桥往往在最上一个稳定器的上面，因此，套铣到稳定器以后，不必再扩眼去套铣稳定器，可以接震击器震击解卡。

五、缩径卡钻

1. 缩径卡钻的原因

（1）砂砾岩的缩径：砂岩、砾岩和砂砾混层如果胶结不好或甚至没有胶结物，在井眼形成之后，由于其滤失量大，在井壁上形成一层厚的滤饼，而缩小了原已形成的井眼。

（2）浅层泥页岩、未固结的黏土、在压力异常带的泥页岩，尤其是含水软泥岩易产生缩径。

（3）盐膏层，特别是深部沉积的石膏层易缩径。

（4）原已存在的小井眼：钻头使用后期，外径磨小，形成一段小井眼。如图 16-3-5 所示。如下钻不注意，或扩眼划眼过程中发生溜钻，也会造成卡钻。其性质和缩径卡钻一样。

（5）弯曲井眼：有些井由于下部钻具结构刚性不够，形成弯曲井眼。当下部钻具结构改变，刚性增强，或者下入外径较大长度较长的套铣工具或打捞工

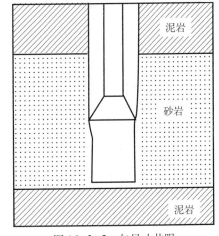

图 16-3-5　欠尺寸井眼

具时，在弯曲井眼处容易卡住。

（6）由于所钻地层有断层和节理存在，当钻井液滤液浸入断层面或节理面后，引起孔隙压力的升高，产生了沿断层面或节理面的滑动，造成井眼横向位移。

（7）钻井液性能发生了较大的变化：如钻遇石膏层、盐岩层或高压盐水层，滤失量增加，黏度和切力增加，滤饼增厚。或者为了堵漏，大幅度地调整钻井液性能，都很容易形成虚滤饼，使某些井段的井径缩小。

2．缩径卡钻的征兆

（1）阻卡点在固定井深位置。

（2）多数卡钻是在钻具运行中造成，而不是在钻具静止时造成，卡钻前扭矩与摩阻逐渐增大。只有少数卡钻是在钻进时造成，如钻遇蠕动的盐岩、含水软泥岩或沥青层就很容易在钻进过程中缩径卡钻。

（3）开泵循环钻井液时，泵压正常，进出口流量平衡，钻井液性能不会发生大的变化。但钻遇蠕动速率较大甚至是塑流状态的盐岩、沥青层及含水软泥岩时，泵压要逐渐升高，甚至会堵塞环空失去循环。

（4）离开遇阻点则上下活动与转动正常，阻力稍大则转动困难。

（5）下钻距井底不远遇阻，可能有两种情况，一种是沉砂引起遇阻，一种是钻头在使用后期直径磨小，形成了小井眼。

（6）如钻遇蠕变性的盐岩层、沥青层及含水软泥岩层，往往是机械钻速加快，转盘扭矩增大，并有蹩钻现象，提起钻头后，放不到原来井深，划眼比钻进还困难。若蠕变速率较大，可以发现泵压逐渐上升，直至憋泵。

（7）缩径卡钻的卡点是钻头或大直径工具，而不可能是钻杆和钻铤。

3．缩径卡钻的预防

1）一般缩径卡钻的预防

（1）下入直径较大的工具时，应仔细丈量其外径，不能把大于正常井眼的钻头或工具下入井内。使用打捞工具时，其外径应比井眼小 10 ~ 25mm。

（2）起出的旧钻头和稳定器，应检查其磨损程度，如发现外径磨小，肯定已钻成了一段欠尺寸井眼。下入新钻头时应提前划眼，不能一次下钻到底。划眼井段的多少依据实际情况来定。

（3）在用牙轮钻头钻进的井段，下入金刚石、PDC 及足尺寸的取心钻头时要特别小心，遇阻不许超过 50kN。

（4）取心井段必须用常规钻头扩眼或划眼，特别是连续取心的井段，软地层每 100m、硬地层每 50m 左右应用常规钻头扩划眼一次。

（5）改变下部钻具结构，增加钻具的刚性，如增加稳定器数量或加大钻铤外径以及下入外径较大的套铣工具和打捞工具时应控制速度慢下。

（6）下钻遇阻绝不可强压。一般的规律是遇阻后上提的力量要比下压的力量大。

（7）起钻遇阻绝不能硬提。

（8）控制钻井液滤失量及固相含量。使渗透层井段结成薄而韧的滤饼，减少滤饼缩径现象。

（9）如上提遇阻，倒划眼无效，倒出未卡钻具，下扩孔器至遇阻位置扩眼，消除阻卡后再捞出井内钻具。扩孔器类似于一般的螺旋稳定器，只是着重于在翼片上下两个斜肩面上加焊硬质合金，使其具有破坏地层的能力。

（10）如果井下情况比较复杂，可在钻铤顶部接一扩孔器，这样倒划眼的效果会更好一些。

（11）在钻柱中接随钻震击器，无论上提遇卡还是下放遇卡，都可以立即启动震击器，震击解卡。

（12）在起下钻过程中，要详细记录阻卡点，对于较复杂的井段，要主动地进行划眼，以消除阻卡现象。

2）盐膏层及软泥岩层缩径卡钻的预防

（1）采用合理的井身结构，技术套管应尽量下至盐膏层顶部。裸眼段地层漏失压力必须大于钻开复合盐层时所需的钻井液液柱平衡压力。如承压能力不够，必须堵漏，不能降低钻井液密度。

（2）钻遇盐膏层之前，必须认真检查钻具，用螺旋钻铤，简化钻具结构，不加稳定器，并进行探伤。

（3）钻遇盐岩层、沥青层及含水软泥岩层，必须提高钻井液密度，增大钻井液的液柱压力，以抗衡围岩的蠕动或塑流。确定控制盐层蠕变需要的钻井液密度所广泛采用的规则如图 16-3-6 所示，这些曲线是根据静态塑性原理应用有限元法得出的。

（4）对于易产生蠕变地层，可使用偏心 PDC 钻头，钻出较大的井眼。可以在钻头以上的适当部位接扩眼器，距离以近钻头一点为好。

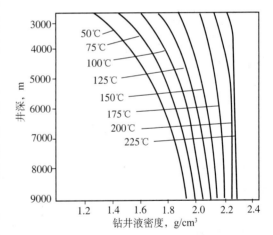

图 16-3-6　根据温度与压力确定钻盐岩层时的钻井液密度

（5）钻进时送钻要均匀，要勤放少压，及时上提划眼，密切注意转盘扭矩、泵压和返出岩屑变化，发现钻时加快、扭矩增大及泵压上升，应立即上提钻具，尽可能避免憋停。定期短起下钻具一次拉井壁，要起到盐膏层顶部以上。

（6）接单根时，方钻杆提出后，停泵，下放通井一次，若无阻卡现象，方可接单根，若有阻卡现象，应重新划眼，直到上下畅通。

（7）在盐膏层中钻进，应保持较大的排量和较高的返速，有利于清洗井底，冲刷井壁上吸附的虚滤饼。

（8）在盐膏层中起下钻应控制速度，遇阻不能超过 100kN，起钻遇阻以下放为主，放开后，倒划眼起出。下钻遇阻，以上提为主，减除阻卡后，然后划眼下放。

（9）钻具在裸眼井段，必须经常活动，上下活动要在 3m 以上，以无阻卡为限，转动以无倒车为限。

（10）加强设备管理，以地面保井下。

4．缩径卡钻的处理

（1）遇卡初期，应及时边循环边倒划眼或正划眼争取解卡。在下钻过程中遇卡，应在钻具和设备的安全负荷限度以内大吨位上提或进行震击，但绝不能下压。在起钻过程中遇卡，应大吨位下压，甚至将全部钻具的重量压上去，但绝不能多提。

（2）用震击器震击解卡。如果钻柱上未带随钻震击器，在提钻发生卡钻事故，可在井口接地面下击器进行下击，然后倒划眼通过缩径井段。若是下钻或钻头在井底时发生卡钻事故，最好采用测卡爆炸松扣取出卡点以上的钻具，然后下套铣管进行套铣井下落鱼解卡。

（3）如果发现是缩径与黏吸的复合式卡钻，那就应先浸泡解卡剂，然后再进行活动震击。

（4）如果缩径是盐层蠕动造成的，而且还能维持循环，可以泵入淡水或淡水钻井液至盐层缩径井段以溶化盐层，同时配合震击器震击。

（5）如果是泥页岩缩径造成的卡钻，可以泵入油类和清洗剂或润滑剂，并配合震击器进行震击。

（6）如果大力活动钻具与震击均无效，应采取测卡爆炸松扣工艺技术取出卡点以上的钻具，然后进行套铣打捞作业捞出井内落鱼。

六、键槽卡钻

1．键槽卡钻的特征

（1）键槽卡钻只会发生在起钻过程。

（2）如果钻铤外径大于钻杆接头，则钻铤顶部接触键槽下口时即遇阻遇卡。如钻铤外径小于钻杆接头，只有钻头或其他直径较大工具接触键槽下口时，才发生遇阻遇卡。

（3）在岩性均匀井径规则的地层中键槽向上下两端发展，如果井径规则，则每次起钻的遇阻点是向下移动的，而且移动的距离不多。如果岩性不均匀井径不规则，同时井斜方位变化较大，这种键槽的位置固定，遇阻点也是固定不变的。

（4）在键槽中遇阻，拉力稍大，转动转盘很困难，但只要下放钻柱，脱离键槽，则旋转自如。

（5）在键槽中遇阻遇卡，开泵循环钻井液时，泵压无变化，钻井液性能无变化，进出口流量平衡。

2．键槽卡钻的预防

（1）钻直井时，最好把井钻直，使井斜不要有忽大忽小的变化。在井斜超过 2°后，要控制方位不要有大的变化，减少产生狗腿度的可能。

（2）钻定向井时，在地质条件许可的情况下，尽量简化井身轨迹，多增斜，少降斜。

（3）用套管封掉易产生键槽的井段。

（4）每次起钻，都要详细记录遇阻点井深，阻力大小。

（5）起钻遇阻，无论何种原因引起，都不能强提，应反复上下活动，转动方向，以求解卡。如长期活动无效，则采取倒划眼。倒划眼时，提拉力不可稍多，稍多则转动困难或转动不了，如发现转动扭力过大，还可以把钻柱下放若干，再继续倒划，直至无阻卡为止。

（6）发现键槽后，应主动破除键槽，即在钻柱中间接键槽破坏器，键槽破坏器下接一段钻杆，其长度要大于预计的键槽长度，其下再接足够数量的钻铤，使其能产生足够的侧向力。同时要注意控制下划速度，不可操之过急。

（7）如井身质量不好，为防止键槽卡钻，可在钻铤顶部接一固定式键槽破坏器或滑套式键槽破坏器，如钻铤直径不大于钻杆接头，可把扩孔器接在近钻头的第一根钻铤上，这样在起钻遇阻时可以倒划眼破坏键槽。

3．键槽卡钻的处理

（1）用钻具自重下压。键槽遇阻遇卡时，如上提吨位不大，利用钻具的重量可以压开，此时就不要逐渐加压，而应一次将钻具重量全加上，直至解卡为止。如全压尚不能解卡，就应在全压的前提下，开泵循环钻井液，使钻具产生脉动现象，有助于解卡。

（2）用下击器下击。如钻柱上带有随钻震击器，应立即启动下击器。如未带随钻震击器，可接地面震击器进行下击。

（3）套铣解卡。如震击活动无效，用爆炸松扣取出卡点以上的钻具，然后下套铣管套铣解卡。

（4）如果能一次套铣到卡点位置，最好带上防掉套铣矛，防止铣开后落鱼掉入井底发生掉牙轮事故。如果一次套不到卡点位置，在井眼状况允许的前提下最好采用长筒套铣技术，一次性完成套铣作业，而不要轻易进行松扣作业。

（5）如果是在石灰岩和白云岩地层形成的键槽卡钻，可以用抑制性盐酸来浸泡解卡。

七、泥包卡钻

所谓泥包就是软泥、滤饼及钻屑黏附在钻头或稳定器周围，或填塞在牙轮或刀片间隙之间，或镶嵌在牙齿间隙之间，轻则降低机械钻速，重则把钻头或稳定器包成一个圆柱状活塞，使其在起钻过程遇阻遇卡，如图16-3-7所示。

1．产生泥包的原因

（1）钻遇松软而黏结性很强的泥岩时，岩层的水化力极强，切削物不成碎屑，而成泥团，并牢牢地黏附在钻头或稳定器周围。

（2）钻井液循环排量太小，不足以把岩屑携离井底，如果这些钻屑是水化力较强的泥岩，在重破碎的过程中，颗粒越变越细，吸水面积越变越大，最后水化而成泥团，黏附在钻头表面或镶嵌在牙齿间隙中。

（3）钻井液性能不好，黏度太大，滤失量太高，固相含量过大，在井壁上结成了松软的厚滤饼，在起钻过程中被稳定器或钻头刮削，越集越多，最后把稳定器或钻头周围间隙堵塞。

（4）钻具有刺漏现象，部分钻井液短路循环，到达钻

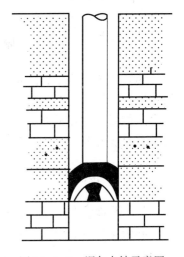

图16-3-7　泥包卡钻示意图

头的液量越来越少，钻屑带不上来，只好黏附在钻头上。

2．产生泥包的征兆

（1）钻进时，机械钻速逐渐降低，转盘扭矩逐渐增大，如因泥包而卡死牙轮，则有蹩钻现象发生。如钻头或稳定器周围泥包严重，减少了循环通道，泵压还会有所上升。

（2）上提钻头有阻力，阻力的大小随泥包的程度而定。

（3）起钻时，随着井径的不同，阻力有所变化，一般都是软遇阻，即在一定的阻力下一定的井段内，钻具可以上下运行，但阻力随着钻具的上起而增大，只有到小井径处才会遇卡。

（4）起钻时，井口环形空间的液面不降，或下降很慢，或随钻具的上起而外溢。钻杆内看不到液面。

3．泥包的预防

（1）要有足够的钻井液排量把松软地层的钻屑及时带走。

（2）在软地层中钻进时，要维持低黏度低切力的钻井液性能。

（3）在软地层中钻进，适当控制机械钻速，增加循环钻井液的时间，以降低岩屑浓度。

（4）在钻进时，要经常观察泵压和钻井液出口流量有无变化。如发现有泥包现象，应停止钻进，提起钻头，高速旋转，快速下放，利用钻头的离心力和液流的高速冲刷力将泥包物清除。如有条件，可增大排量，降低钻井液黏度，并添加清洗剂，再配合上述动作，效果更好。

（5）在发现有泥包现象后，而又不能有效地清除，起钻时就要特别注意，不能在连续遇阻或有抽吸作用的情况下起钻，应边循环钻井液边起钻，直至进入正常井段。

4．泥包卡钻的处理

（1）在井底发生泥包卡钻，应尽可能开大泵量，降低钻井液的黏度和切力，并添加清洗剂，以便增大钻井液的冲洗力，同时在钻井设备和钻具的安全负荷以内用最大的能力上提，或用上击器上击。

（2）在起钻中途遇卡，应用钻具的重量进行下压，或用井下震击器或地面震击器以进行下击。在条件许可时，应大排量循环钻井液，大幅度降低黏度和切力并加入清洗剂。

（3）如果震击无效，并考虑有黏吸卡钻的并发症，可以注入解卡剂，或者注入土酸浸泡。

（4）如果泥包卡钻，钻头或稳定器像活塞一样，循环无路，因时间较长又有黏吸卡钻的并发症，可采用测卡爆炸松扣提出卡点以上的钻具，然后下套铣管套铣至钻头位置打捞解卡。如果井内钻具带有稳定器，首先套铣至稳定器位置，然后下震击器进行震击作业，若震击不能解卡，下专用套铣稳定器铣鞋铣掉扶正条至钻头位置。

八、落物卡钻

1．落物卡钻的原因

井下落物各种各样，落物的来源也不同，有的从井口落入，如井口工具和手工具等。有的从井下落入，如钻头、牙轮、刮刀片及电测仪器等。有的从井壁落入，如砾石、岩块、水泥块及原来附在井壁上的其他落物。

落在井底的落物一般不会造成卡钻。能造成卡钻的是处于钻头或稳定器以上的落物。由于井眼与钻柱之间的环形空间有限，较大的落物会像楔铁一样嵌在钻具与井壁中间，较小的落物嵌在钻头、磨鞋或稳定器与井壁的中间，使钻具失去活动能力，造成卡钻。

2．落物卡钻的征兆

（1）在钻进中有落物落在环空会有蹩钻现象发生，上提钻具有阻力，小落物尚有可能提脱，大落物则越提越死。

（2）起钻过程突然遇阻，只要上提的力量不大，下放比较容易；若落物所处的位置固定，则阻卡点也固定；若落物随钻具上下移动，则钻具只能下放不能上提，阻卡点随钻头的下移而下移；在下放无阻力时钻具可以转动，而上提有阻力时则转动困难。落物卡钻的卡点一般在钻头或稳定器位置，较大的东西也可能卡在钻杆接头位置。

（3）落物造成的遇阻遇卡，开泵循环正常，泵压、排量和钻井液性能均无变化。

3．落物卡钻的预防

（1）定期检查所有的井口工具，尤其是大钳、卡瓦和吊卡。

（2）在起下钻及接单根时防止井口落物，钻具在井内，井口不使用撬杠或锤子等足以引起卡钻的大型工具，必须使用时一定要先把井口围盖好。

（3）尽量减少套管鞋以下的口袋长度，防止破碎的水泥块掉落。

（4）在悬重不正常或泵压不正常的情况下，不可从钻杆内投入测斜仪或钢球等物件。

4．落物卡钻的处理及注意事项

1）钻头在井底时发生的落物卡钻

（1）争取转动解卡。首先是用较大扭力正转，如正转不行则倒转。

（2）若转动不能解卡，因钻头在井底没有向下活动的余地，尽量用上提活动钻具，用震击器进行向上震击，在震击活动过程中也可能使钻头与落物一同上移，但注意不能转动转盘。一旦有了一段活动距离，就要上下反复活动钻具或震击，实现解卡。

（3）如果以上方法都不能解卡，采用测卡爆炸松扣及套铣打捞解除事故。

2）在起钻过程中发生落物卡钻

（1）向下活动钻具，可以把全部钻具的重量压上去。必要时可以多提100kN左右，然后快速下压，起到来回错动的作用。

（2）用震击器下击。如钻柱中带有随钻震击器，应立即启动下击器下击。如没有带，可接地面震击器下击，地面震击器的滑脱力要调至与井内钻具在钻井液中的重量相同。或者进行爆炸松扣后，将震击器接到距卡点最近的位置向下震击。

（3）倒转。如下压与震击均无效果，应立即用原钻具进行试倒转，倒转的圈数要控制好，防止倒转时上部钻具扣被倒开。

（4）如果是水泥块造成的卡钻，可考虑泵入抑制性盐酸来溶解水泥块，并配合震击器震击来破碎水泥块。

（5）爆炸松扣，倒出卡点以上钻具，再进行套铣。如果是地层塌块或水泥块造成的卡钻，套铣是很容易解卡的。如果是钢铁等碎物造成的卡钻，因环形井底不平，极易发生蹩钻，宜轻压慢铣。

（6）磨铣井底落物时，要定期提起钻具活动。

（7）在裸眼中磨铣用比钻头小 10～20mm 的磨鞋，在小套管内磨铣钢铁等物件，宜用大直径（比套管内径小 3～4mm）、小水槽（宽度小于 6mm，深度 5～6mm）和多水槽（6～8 个）的磨铣工具。

（8）落物没有落在井底，而是坐落在井眼中的大井径井段。有的横在井眼中，妨碍下钻，此时须采取磨铣或打捞。有的坐落在井壁台阶上，不妨碍下钻，但在井壁不稳定或在钻具的撞击下而滑落下来把钻具挤死，这种卡钻很难处理，大多只能采取侧钻解决。

第四节　钻具事故的预防与处理

钻具事故在钻井过程中是较常见的事故，特别是在转盘钻井中，钻具事故一般有钻杆和钻铤折断、滑扣、脱扣和黏扣几种，掉落井内的钻具俗称"落鱼"。

一、常见的钻具事故

1．钻杆与钻铤折断

当钻杆受到过大的拉力或扭力（如解卡）时，或钻杆体上有伤痕与腐蚀等缺陷而受到较大的力时容易发生折断。

钻铤的折断则多发生在粗扣处，这是因为钻铤体部的刚性大，螺纹部分相对薄弱，又受有压力、扭力及弯曲力等复合载荷。如果螺纹加工质量不好或操作不当都会发生在钻铤的粗扣处折断的事故。

2．钻柱滑扣与脱扣

滑扣指的是相连接的两部分螺纹受力后滑开，主要由于螺纹磨损严重或螺纹没有上紧，钻井液冲刺时间长而产生滑扣；或扣型不合乎标准，不易上紧等都容易造成滑扣。

脱扣是指螺纹并未损坏，而钻具在井下不正常地倒转而自动退开螺纹连接。

二、钻具事故发生原因及预防措施

造成钻具断落事故的原因包括疲劳破坏、腐蚀破坏、机械破坏及事故破坏，详见本手册第八章第五节。

三、钻具事故的井下情况判断

钻具断落的特征是：悬重下降；泵压下降；转盘负荷减轻；没有进尺或者放空。

从纵向上看，鱼头位置有以下几种可能：

（1）钻头在井底，落鱼鱼头只是一个断口。如果断口在中和点以上，断口以上钻具上移而断口以下钻具下移，形成一定的距离。如果断口在中和点以下，可能出现相反的情况。

（2）钻头虽在井底，但落鱼不是一个断面，同时断成了几截。如果断口处井径大于钻具接头直径的两倍，落鱼有可能穿插下行，此时鱼头已不是一个，实际鱼顶位置和计算鱼顶位置相差很大，应先探明最上一个鱼顶位置，打捞以后，再探下一个鱼顶位置。

（3）起下钻过程中遇阻遇卡时，提、压、扭转用力过大，或者由于钻具本身的缺陷，过早地破坏，此时断落的钻具可能在原位置，也可能下行，很难确定鱼顶的位置。

（4）顿钻造成的事故，钻具从井口脱落以后可能把钻具顿成几截，也可能使钻具严重弯曲，有几个鱼头和鱼头在什么位置很难预料，只有逐步试探。

（5）用电测的方法寻找鱼顶位置，由于钻具的自重伸长和电缆的自重伸长不一样，再加上丈量的误差，电测的鱼顶深度和用钻具计算的鱼顶深度也不一致。

从横向上看，裸眼井段并不规则，大多数泥页岩井段，形成的井径大于钻头直径，甚至超过钻头直径两倍以上。

（1）井眼直径小于钻具直径的两倍，如 ϕ215.9mm 井眼和 ϕ127mm 钻杆，一个井眼中容不下两套钻具，探鱼顶时必然会直接碰到鱼顶。

（2）井眼直径大于钻具接头直径的两倍，如 ϕ311.2mm 井眼和 ϕ127mm 钻杆，探鱼时有可能从鱼顶旁边插下去。若井眼直径小于钻头和钻具直径之和，则下钻头或与钻头相仿的工具探鱼时可以探到鱼顶。

（3）井眼直径大于钻头和钻具直径之和，有可能用钻头也探不到鱼顶，此时只好用弯钻杆或可变弯接头探鱼顶。

（4）如因顿钻而将钻具顿断，落鱼可能是两截或三截，如果断口正处于井径大的井段，落鱼有可能穿插下行，很难判断哪个是上鱼顶，哪个是下鱼顶。

（5）若上部井眼很规矩，而落鱼鱼头正处在井径突然变大处，形成藏头鱼。用可变弯接头打捞工具进行打捞，若使用可变弯接头带打捞工具仍抓不着鱼头，可以在打捞筒下接壁钩，或在壁钩内装公锥。如果用钻杆甚至用钻头都探不到鱼顶的话，就应该用电测的方法探测鱼顶位置及鱼顶上下井径大小，鱼顶以下不少于20m，鱼顶以上不少于100m。

四、钻具事故的处理

钻具事故处理一般程序：

（1）打捞钻具前最好先下铅模，搞清鱼头形状。

（2）如果钻具接头完好，落鱼未卡，可直接下入钻杆带与鱼头相同外螺纹进行对扣打捞。

（3）如果鱼头螺纹已破坏，常用的打捞方法有卡瓦打捞筒打捞、打捞矛打捞和公母锥打捞等方法，各种工具的具体用法见本章第二节。

第五节　井下落物事故的预防与处理

本节中指的井下落物是指碎小、不规则且没有打捞部位可与打捞工具连接的落物。常见的落物事故主要有：掉牙轮（包括牙轮、牙轮轴、断巴掌、掉弹子），断刀片（刮刀钻头），钻台工具如锤子、扳手、吊钳牙、卡瓦、吊钳销子或电缆等掉落井下。

一、落物事故发生原因

落物发生的原因主要有以下几点：产品质量有问题；使用参数不当；起下钻过程遇阻遇卡时操作不当，猛提猛压。除造成卡钻外，也容易使钻头受损、超时使用或顿钻造成钻头事故，以及从井口落入物件等。

二、井内有落物的表征

（1）井底有较大的落物时，钻头一接触落物就会发生蹩钻或跳钻，钻压越大，蹩跳越厉害，没有进尺。起出钻头检查，有明显的伤痕。

（2）井底有较小的落物时，有较轻的跳钻或蹩钻现象，没有一定的规律性。机械钻速相对较低。起出钻头检查，若是镶齿则有断齿或掉齿现象，若是铣齿则齿顶有被锤击的现象。

（3）钻具在井内，从环空中掉入落物，若掉在井径大的地方，则起下钻无妨碍；若掉在井径小的地方，则会对钻具的起下形成阻力，严重时会造成卡钻；若落物正好在钻头以上，往往是上提遇阻下放不遇阻，在没有阻力的情况下，可以转动钻具，但上提有阻力时，转动就相当困难。

（4）若有较大的落物落不到井底，而是横梗在井眼中部，则下钻会遇阻，转动有蹩劲，起出钻头或其他工具检查，会有明显的伤痕。

三、预防井内落物的措施

详见本章第三节，特别是牙轮钻头钻进时要防止掉牙轮。

四、井下落物的处理

（1）井壁埋藏法：对于井内落物较小（如弹子、销子、刀片等），井眼不深且地层较软，建井周期很短时，可不打捞，只需用废刮刀钻头或尖钻头将落物强行拨到井壁或挤压进井壁即可。对于大的落物、较硬的地层和井眼较深且裸眼段较长等条件下都不宜采用此法。

（2）打捞法：针对不同落物种类可采用磁铁打捞法、反循环打捞篮打捞及随钻打捞、一把抓打捞等打捞方法。

（3）平底铣（磨）鞋磨碎落物法：在井底落物不易打捞时，可下平底磨鞋将井底落物磨碎，使用时应加够一定钻压，用一挡转速，保持磨铣平稳，每磨 30min，上提划眼一次，以便将挤入井壁的碎块划下再磨。平底铣鞋可以和磁铁打捞器交替使用，在硬地层中磨鞋的效果较好。

第六节　井漏的预防与处理

井漏是钻井过程中常见的井下复杂之一。井漏对油气勘探、开发和钻井作业所带来的危害，可归纳为以下几个方面：

（1）损失大量的钻井液，甚至无法继续钻进；

（2）消耗大量的堵漏材料；

（3）损失大量的钻井时间；

（4）影响地质录井工作的正常进行；

（5）可能造成井塌、卡钻和井喷等其他井下复杂情况或事故；

（6）如在储层漏失造成严重储层伤害。

一、井漏的原因及机理

1．客观因素

大多数井漏是由于钻遇地层中的天然孔隙、裂缝和溶洞造成的。

（1）砂砾层漏失：在浅层中常存在胶结性差的砂砾层，孔隙度大，连通性好，渗透率高，钻进过程中极易发生漏失。

（2）碳酸盐层漏失：碳酸盐地层形成地下溶洞和暗河，而强烈的构造运动又会产生纵横交错的裂缝，其开口由几厘米到几十米不等。

（3）火山岩和变质岩层漏失：火山岩由于岩浆喷发、溢流及结晶构造运动如风化作用等因素，在熔岩内形成了十分发育的孔隙和裂缝，构成易发生漏失的通道。

（4）泥页岩漏失：一般来说，泥页岩井段不易发生井漏，但一些埋藏久远的硬脆性泥页岩，因受地壳构造运动而形成裂缝，因风能作用而形成溶孔及其他层间疏松孔道，易发生井漏。

2．人为因素

1）钻井工程因素

（1）下钻或接单根时，下放速度过快，造成过高的激动压力，压漏钻头以下的地层；

（2）钻井液柱压力大于地层漏失压力，黏度和切力过高，开泵过猛等造成开泵时过高的激动压力也会压漏地层；

（3）快速钻进时，岩屑浓度太大，造成环空液柱压力增大；

（4）环空堵塞，导致泵压升高，憋漏地层；

（5）加重不均匀或者过多，压漏裸眼井段中抗压强度薄弱的地层；

（6）井内钻井液静止时间过长，触变性大，下钻后开泵时憋漏地层。

2）后期作业因素

（1）油田注水开发之后，地层孔隙压力分布与原始状态完全不同，出现了纵向上压力系统的紊乱，形成多压力层系。

（2）由于注水开发，地层破裂压力发生变化，同一层位，上中下各部位破裂压力不同。在平面分布上，同一层位在平面的不同位置破裂压力梯度也不同。

二、井漏的分类

1．按照漏速分类

按照漏速分类，可把井漏分为5类，见表16-6-1。

表 16-6-1　按漏速的井漏分类

漏速，m³/h	≤ 5	5 ~ 15	15 ~ 30	30 ~ 60	≥ 60
井漏类型	微漏	小漏	中漏	大漏	严重漏失

2．按漏失通道形状分类

按漏失通道形状分类，可把井漏分为 4 类，见表 16-6-2。

表 16-6-2　按漏失通道形状的井漏分类

漏失通道形状	孔隙	裂缝	孔隙—裂缝	溶洞
井漏类型	孔隙性漏失	裂缝性漏失	孔隙—裂缝性漏失	溶洞性漏失

3．按引起井漏的原因分类

按引起井漏的原因，可把井漏分为 3 类，见表 16-6-3。

表 16-6-3　按引起井漏原因的井漏分类

井漏类型	压差性漏失	诱导性漏失	压裂性漏失
井漏原因及特点	钻遇天然孔隙或裂缝时引起的井漏，在有限压力作用下，漏失通道的开口尺寸及连通性不发生变化	在井筒钻井液压力的作用下，地层中不足以引起漏失的通道相互连通，并向地层深部延伸，形成更大的通道以引起井漏，漏失通道的开口尺寸及连通性随外部压力变化	地层中本身不存在漏失通道，只当井筒中作用于井壁地层的动压力大于地层的破裂压力时，造成地层被压裂，形成新的漏失通道而引起井漏

三、井漏的预防

（1）依据地质设计，根据地层孔隙压力梯度、破裂压力和漏失压力曲线，结合已钻邻井实钻情况，正确进行井身结构设计及钻井液密度设计，做到近平衡压力钻井。

（2）控制钻速，延长钻井液携砂时间，降低环空岩屑浓度。

（3）在易漏地层钻进，应简化钻具结构，控制合适的排量、钻速、起下钻速度及接单根时下放速度，减小压力激动。

（4）增强钻井液抑制性，防止井径缩小和环空堵塞而增加环空流动阻力，钻井液抑制性增强还可以降低地层坍塌压力，从而可以在保证安全前提下降低钻井液密度。

（5）先期堵漏，提高地层承压能力，扩大钻井液的安全密度窗口。

（6）在已开发区钻调整井，可以通过停止（加强）注水注汽等方法调整地层压力。

（7）加重钻井液时，坚持"连续、均匀、稳定"的原则，避免因钻井液密度不均造成井漏。

（8）在保证悬浮携岩的前提下，应尽可能降低钻井液的切力，以减少环空流动阻力。

（9）下钻时应分段循环，开泵时小排量后大排量，同时旋转钻具破坏钻井液结构力，防止把地层压漏。

（10）条件允许，可以用泡沫钻井液、充气钻井液甚至空气进行钻井。

（11）在钻穿漏失地层时，在钻井液中加入适当颗粒尺寸的堵漏剂封堵细小裂缝和孔洞。不要在已知漏层位置开泵。

（12）钻遇高压层发生溢流，要按照放喷规程，进行合理的套压控制，不能憋漏地层。

四、处理井漏的基本程序

一般而言，处理井漏的基本程序是：确定漏层位置，计算漏层压力，确定漏失通道的性质，判断漏层对压力的敏感程度，判断井漏严重度和复杂性，从而制定处理井漏的具体方案。

1．漏失层位的判断

1）钻井液密度没有增加时产生的漏失

（1）正常钻进中钻井液性能没有发生什么变化时发生井漏，漏失层即钻头刚钻达的位置。

（2）钻进中有放空现象，放空后即发生井漏，漏失层即放空层。

（3）下钻时钻头进入砂桥，或进入坍塌井段，开泵时泵压上升，地层憋漏，漏层即在砂桥处或在坍塌井段以下。

（4）下钻时观察钻井液返出动态，若没漏层，钻井液总是会返出来的。当钻具下入后，井口没有钻井液返出时，说明钻头已达到或穿过漏层。

（5）钻井过程中曾发生过漏失的层位，应该是首先考虑的敏感区。分析邻井的实钻数据，横向对比相同地层在本井的深度，此点发生漏失的可能性较大。

（6）根据地层压力和破裂压力的资料对比，最低压力点是首先要考虑的地方，特别是已钻过的油气水层及套管鞋附近。

（7）根据地质剖面图和岩性对比，漏层往往在裂缝发育的地方。

2）钻井液密度增加时产生的漏失

在加重钻井液时或者替加重钻井液过程中发生漏失，应分析本井已钻的地层剖面，哪里有断层，哪里有不整合面，哪里有生物灰岩和火成岩侵入体，哪里有高渗透的厚砂岩。一般来说，开放性的断层和不整合面在钻进时就容易发生漏失，待滤饼形成后，漏失的可能性减小。而高渗透性的厚砂岩、生物灰岩和火成岩侵入体发生漏失的可能性最大，埋藏越浅，漏失的可能性越大。

如果在提高钻井液密度的过程中发生井漏，则漏失层可能在任意裸眼井段，但最有可能的是技术套管鞋以下的第一个砂岩层。

2．漏层位置的测定

如果漏层一时确定不了，可以采用以下方法进行测定：

（1）螺旋流量计法：如图16-6-1所示，将流量计下到预计漏层附近，然后定点向上或向下进行测量，每次测量时，从井口灌入钻井液，如仪器处于漏层以下，钻井液静止不动，叶片不转；如仪器处于漏层以上，下行的钻井液冲动叶片，使之转动一定角度，上部的圆盘也随着转动，转动情况由照相装置记录下来，就可以确定漏层位置。

（2）井温测量法：首先确定正常的井温梯度，然后再泵入一定量的钻井液进行第二次

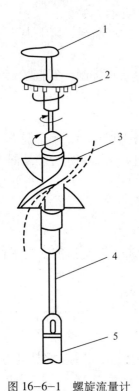

图 16-6-1　螺旋流量计

1—记录装置；2—圆盘；3—螺旋叶片；
4—钢丝绳；5—导向器

井温测量，对比两次测井温的曲线，发现有异常段即为漏失层。

（3）热电阻测量法：先将热电阻仪下入井内的预计漏失点，记录电阻值，再从井口灌入钻井液，此时观察电阻值，若有变化，则仪器在漏失层之上；若电阻值无变化，则仪器在漏失层之下。调整仪器在井内的位置，就会逐步逼近漏层。

（4）放射性测井：用伽马测井测出一条标准曲线，然后替入加了放射性示踪物质的钻井液，再次下入仪器进行放射性测井，根据放射性异常，即可找出漏层位置。

（5）RFT 测井法：先测一个微电极曲线，在曲线上找出各个渗透层的深度，再把 RFT 测试器下入井内，直接对准各渗透层逐一测定地层压力，这样，就可找到地层压力最低的井段，即漏失层。

（6）综合分析法：井漏之后，利用电测的 4 条曲线即微电极、自然电位、井径及声波时差进行综合分析，可以判断漏层位置。若某层漏入大量钻井液，则微梯度及微电位电极系的电阻率的差值缩小，自然电位的幅度变小，井径变小，而声波时差变大。

（7）声波测试法：在碳酸盐岩地层用声波测井法找漏层的效果较好。在漏失层段弹性波运行间隔时间 Δt_s 急剧增大，而纵向波幅度相对参数 A_P/A_{pmax} 则大大衰减甚至完全衰减，这是判断漏层的主要依据。

3. 漏层压力的计算

漏层压力指漏失停止后，漏层所能承受的静液柱压力。漏失停止后，井筒中的钻井液液面就静止在某一位置，根据静液面井深计算漏层压力。

已知漏层井深 (H_1)，如井漏时液面在井口，则漏层压力：

$$p_1 = 0.01\rho H_1 \qquad (16-6-1)$$

如漏失后液面不在井口，则应用回声仪或钻具测出静液面至井口的距离 H_s，则漏层压力：

$$p_1 = 0.01\rho(H_1 - H_s) \qquad (16-6-2)$$

式中　ρ——钻井液密度，g/cm³。

现场确定静液面的方法主要有仪器测试法、下钻探测及悬重变化计算等方法。

4．井漏的处理方法

处理井漏的基本思路有三条：一是封堵漏失通道，即堵漏；二是消除或降低井筒与漏层之间存在的正压差；三是提高钻井液在漏失通道中的流动阻力。

现场要根据井漏的不同情况，采取不同的办法进行处理。

1）封堵漏失通道

（1）小漏的处理办法。小漏指进多出少而未失去循环的渗透性漏失，遇到这种情况，应采取如下办法：

①起钻静止。停止钻进和循环，上提钻头至安全井段，让下部钻井液静止一段时间，待井口液面不再下降时，再下钻恢复钻进。

②如果漏失量不大，可继续钻进，穿过漏层，利用钻屑堵漏；如果继续漏失，钻头至安全位置，静止堵漏。

③调整钻井液性能，降低密度，提高黏度、切力和摩擦系数，以降低井筒液柱压力、循环压力和激动压力，以减少或停止漏失。

④在钻井液中加入小颗粒及纤维质物质如云母片、石棉灰、石灰粉或暂堵剂等堵漏材料进行堵漏。

（2）大漏的处理方法。大漏时钻井液只进不出，遇到这种情况，在没有井喷危险的情况下，首先应考虑的是钻具的安全，此时应立即停钻停泵，上提钻头至技术套管内，如未下技术套管，应一直提完。只要钻具未卡住，就可以从容处理井漏了。

①静止堵漏。有些漏失，虽然只进不出，但并非大的裂缝与溶洞所造成，是由于压差较大所造成。当钻井液漏入微细裂缝和孔隙之后，由于地层中黏土吸水膨胀和钻井液中固相颗粒的沉淀及漏失钻井液静切力的增加也会堵住漏层。

②随钻堵漏。随钻堵漏是把桥接堵漏材料加入到钻井液中进行边钻进边堵漏。对于微小裂缝和孔隙性地层引起的部分漏失或钻遇长段易漏破碎带时，若漏速小于 $30m^3/h$，一般可采用随钻堵漏。

③桥接堵漏。桥接堵漏主要是利用不同形状与尺寸的桥接材料，根据不同的井漏性质，以不同的组分与钻井液混合配成堵漏浆液直接注入漏层的一种堵漏方法。桥接堵漏主要是靠堵漏材料在漏失通道中"架桥"、充填及嵌入等作用，达到堵塞的目的。

④高炉矿渣—钻井液堵漏。在钻井过程中，在水基钻井液中加入少量的高炉矿渣，能在地层表面凝固，形成密封。如已发生漏失，可提高高炉矿渣的加量，控制稠化时间，让其漏入孔隙或裂缝后稠化凝固，起到堵漏作用。

⑤水泥浆堵漏。由于水泥在凝固前呈流态状，可以适应各种漏失通道的需要，同时水泥浆凝固后具有很高的承压能力和抗压强度，有很好的堵漏效果，对于大裂缝或溶洞引起的严重井漏及破碎带地层引起的诱导性井漏，如果不是储层，可考虑采用水泥浆堵漏。

此外，还有聚丙烯酰胺絮凝物和交联物堵漏，重晶石塞堵漏，石灰乳—钻井液堵漏，PMN 化学凝胶堵漏及树脂类堵剂堵漏等方法。

（3）大裂缝大溶洞的堵漏。溶洞大致可分为两类：一类是封闭性溶洞；另一类是连通性溶洞。在钻井过程中，钻具突然放空，一般都是遇到了溶洞或大裂缝。在地下水不太活动的情况下，可以用以下的一些办法处理：

①充填与堵剂复合堵漏。从井口投入碎石、粗砂或水泥球等至井底进行充填，形成大

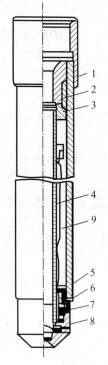

图 16-6-2　尼龙袋堵漏工具

1—壳体；2—活塞；3—螺钉；4—油管；5—止动
环；6—管鞋；7—螺钉；8—胶木塞；9—尼龙袋

的骨架，待能充填到溶洞或裂缝顶部以上时，再注入堵剂，充填于骨架之间，进行封堵。

②采用钻井液—胶质水泥浆和水泥浆配制的堵漏混合物堵漏。应尽可能多地包含各种填料，颗粒尺寸要和裂缝开度大小相适应。浓度质量分数 3% ~ 35%，使水泥混合物有很高的淤填能力。通过改变充填物浓度、颗粒组成和混合物填料的质量可以在很大范围内调节堵漏浆液的性能，因而能保证它沿着钻具到漏失层段的低温流动性。

③用水溶性密封袋堵漏。根据井漏情况，制作不同直径和不同长度的堵漏袋，可以单个使用，也可以串联使用。堵漏袋内材料有快干水泥、重晶石、黏土球及惰性堵漏材料等。对于深井及溶洞较大的漏层可将密封袋用尼龙绳连接起来投入。当密封袋下到漏层后，将堵住洞口，并相互楔住越堆越紧。容器与地层水接触，即开始溶解。溶解后堵漏材料被浸湿，发生膨胀和凝固，形成牢固的堵塞体。

④用尼龙袋堵漏。在有大裂缝和溶洞的地层中，存在着大段井壁缺失，且常有流动水，一般堵漏方法难以奏效，采用大型尼龙袋封闭，如图 16-6-2 所示的工具，可取得较好效果。

使用此工具时，井底不能超过漏层底界 1 ~ 1.5m，如果超过，应用水泥或砂石回填至这一深度。工具下入的深度正对漏层，长度一般为 5 ~ 6m，要超过漏层的上顶下底。循环畅通后，先注入 0.2 ~ 0.3m³ 水泥浆，然后投入胶木球，再注入设计数量的水泥浆，用钻井液顶替。当胶木球坐于套鞋座上，泵压达 3.5MPa 时，剪断上部螺钉，油管和布袋下行，从壳体内脱出。当活塞达到止动环位置时，泵压继续升高，达 6.5MPa 时，剪断下部螺钉，管鞋与布袋一同掉入井底。水泥浆通过敞开的油管通道注入布袋，布袋则随井眼的形状而变化，紧贴井壁，防止水泥浆的漏失。注完顶替液后，上提钻柱，固定布袋的绳子被拉断，装满水泥浆的布袋就留在井下了。

此外，还有网袋式堵漏工具堵漏，用管式封隔工具堵漏，清水强钻，下套管封隔堵漏等方法处理大裂缝或溶洞性漏失。

⑤采用精细控压钻井技术。在缝洞性地层钻进时漏失不仅难以堵住，即使堵住后，继续钻进还会井漏，造成频繁的漏失，难以安全钻进，此时可采用精细控压钻井技术，保持各种工况下井内液柱压力接近地层压力，从而防止井漏。

5. 常用堵漏材料和工具

1）堵漏材料

现有的堵漏材料按不同机理和功能主要可分为桥接堵漏材料、高失水堵漏材料、暂堵材料、化学堵漏材料、无机胶凝堵漏材料、软硬塞堵漏材料、高温堵漏材料及复合堵漏材料等。

（1）桥接堵漏材料。桥接类堵漏材料包括单一的惰性桥接堵漏材料和以各种惰性桥接材料与添加剂复配而生成的复合堵漏剂。其中颗粒状材料有：核桃壳、橡胶粒和硅藻土等；纤维状材料有：锯末、棉纤维和亚麻纤维等；片状材料有：云母片和谷壳末等。堵漏材料应按大小、软硬和粗细及纤维状与片状等结合原则配制。

（2）高失水堵漏材料。高失水堵漏剂的作用机理：堵漏浆液进入漏失井段后，在液柱压力和地层压力的压差作用下，迅速失水，固体物质留在孔道或缝隙内，形成堵塞物，继而压实，填塞漏失通道。同时，由于所形成的堵塞具有高渗透性的微孔结构和整体充填特性，钻井液在塞面上迅速失水形成滤饼，起到进一步封堵漏失通道的效果。此类堵漏剂主要由硅藻土、软质纤维和助滤剂等组成。

（3）暂堵材料。油气层段发生漏失，堵漏要考虑后期解堵。为充分保护油气层段，开发了暂堵材料。暂堵材料在储层浅部形成有效的屏蔽环，防止储层被进一步伤害，投产时解除堵塞，恢复地层渗透率，从而达到有效保护储层的目的。此类材料目前以酸溶性为主。

（4）化学堵漏材料。化学堵漏材料主要是指以聚合物和聚合物—无机胶凝物质为基础的堵漏处理剂。化学堵漏材料利用高聚物在接口上的静力、界面分子间作用力及化学键力，使聚合物在接口处形成粘接，并控制化学反应时间，在漏层处形成所需的堵漏材料。具体又可分为凝胶、树脂和膨胀聚合物三大类。

（5）无机胶凝堵漏材料。无机胶凝堵剂以水泥为主，包括各种特殊水泥和混合水泥稠浆等。近年来，各种快干水泥、触变性水泥和膨胀水泥等的研究成功以及各种高效的水泥速凝剂与缓凝剂等的出现，大大地拓宽了水泥的使用范围，保证了水泥的使用安全性，为进一步提高水泥浆堵漏的成功率奠定了基础。此外，还有纤维水泥浆也开始广泛应用。

（6）软硬塞堵漏材料。所谓"软—硬塞"是指由多种处理剂组成的，能在某种条件下形成可封堵漏层的物体。其中软堵塞主要是指不含水泥的混合材料，所形成的堵塞不固化，无强度，为不能流动的软黏稠物体，特别适用于诱导裂缝漏失。硬堵塞的组分中含有可固化材料，所形成的堵塞能固化，有强度，如水泥似的固体物质。

（7）高温堵漏材料。高温堵漏以桥堵为主，高温堵剂以云母、蛭石、石棉和贝壳等为主。目前已有高温改性树脂堵剂的研究。

（8）复合堵漏材料。复合堵漏材料主要用于处理复杂漏失，尤其是水层漏失、气层漏失和长段裸眼井漏失及大裂缝与大溶洞漏失。对严重井漏，采用复合堵漏材料大大提高了堵漏成功率。

2）堵漏工具

堵漏工具种类可分为堵漏浆液输送工具、堵漏浆液井下混合工具、堵漏浆液挤注工具和漏层封隔工具4类。

（1）堵漏浆液输送工具。最常用的一种堵漏浆液输送工具是钻杆，它可将堵漏浆液从地面输送到漏层。现在由套管（钻杆）配特制阀组成的简单的输送工具开始使用。管内分装不同性质的材料或浆液，如水泥浆—黏土—水玻璃，下至漏失井段，并灌满清水或钻井液，开泵加压剪断销钉，工具中的堵漏剂冲入井下混合成速凝堵漏浆液而堵塞漏失通道。这种方法对付表层恶性井漏比较有效。

（2）堵漏浆液井下混合工具。最简单的堵漏浆液井下混合工具是筛管式混合工具，将它与钻杆相接并送入漏失井段，通过管内和环空分别注入堵漏浆液，两种堵漏浆液在井下混合并挤入漏层。如管内注水玻璃，环空注水泥浆，井下混合后形成速凝堵漏水泥浆。

另外，还有井底喷射混合工具、双组分堵漏混合物注入工具和吸入式井下混合工具等。

（3）堵漏浆液挤注工具。简单的堵漏浆液挤注工具由可钻式短节、安全接头和封隔器组成。堵漏时，工具与钻杆连接下入井中，坐封封隔器并将环空灌满钻井液，钻杆内注堵漏水泥浆并顶替出去，待水泥浆接近初凝时，钻杆内灌满钻井液并挤注，以使形成的堵塞更有效。施工完成后，封隔器解封，若有可能则起出全部工具，若工具下部不能起出，则从安全短节处倒脱，钻水泥塞时，将下部工具和水泥塞一起钻掉。

（4）漏层封隔工具。

①堵漏波纹管。波纹管是将一定壁厚的金属板材制成凹槽断面的管型，其两端保持圆形断面，上端反扣拧上大小头，下端正扣拧上可钻式接头，根据需要，可焊接加长。波纹管下入到漏失井段后，通过憋压胀管和铣断等措施，使得波纹管与漏失井段的井壁紧紧贴合，达到堵漏的目的。

②袋式堵漏工具。为了解除大溶洞恶性井漏，防止注入地层的堵漏水泥浆被地层水稀释，在近井眼周围形成堵塞隔墙，采用帆布、粗布以及其他材料制成的袋子注入水泥浆。国内外已使用的袋式堵漏工具有三四种，下面介绍一种简单的袋式堵漏工具。

该袋式堵漏工具中心为一根带有多孔的筛管，两端有橡胶护箍，起扶正支撑作用，防止袋子入井破损。袋子一般长 3～9m，堵漏时袋子长度超过漏层顶部和底部各 1.5m。筛管上部接回压阀、反扣接头和钻杆，在注水泥浆后，倒扣起出全部钻杆，装水泥浆的袋子则留在漏层，待水泥浆凝固后，钻掉全部钻具和水泥塞。

第七节　固井事故的预防与处理

固井过程中与套管和水泥有联系的所有部分均可引起固井复杂，其原因与地层、井眼状况、下套管操作、固井设计和施工参数等多方面因素有关。

一、卡套管

1. 卡套管原因

根据造成卡套管的原因可分为三种：（1）黏吸卡；（2）井壁垮塌或砂桥卡；（3）硬卡，如套管扶正器遇卡或损坏，或套管刚性太大，在弯曲井眼中下不去。

2. 预防卡套管的措施

（1）下套管前要校正井口，使天车、转盘和井口在一条垂直线上。下套管前要进行通井，通井下钻到底后充分清洗井眼，循环时间不得少于两周。同时调整钻井液性能，做到低黏低切低失水，确保井下不漏不喷，必要时混入润滑剂，特别是定向井和水平井必须降低摩阻系数。保证井眼不阻不卡方可下套管。

（2）如果钻进时钻具刚性小于套管刚性，应在底部接 2～3 根套管通井。

（3）下套管时定时足额灌满钻井液，尽可能缩短套管上扣时间。

3．套管遇卡后的处理方法

下套管遇卡后，应优先考虑进行洗井，通过洗井清除扶正器刮下的滤饼和砂桥等，可以多压甚至全压但不能多提。

（1）黏卡。在能循环钻井液的情况下，注入解卡剂解卡。

（2）塌卡或砂卡，分以下情况进行处理：

①井内已形成砂桥，但尚有部分钻井液返出，应坚持小排量低泵速循环，提高钻井液黏度和切力，逐渐打开通路，恢复正常循环后再试下。

②在套管已下到井底的情况下，必须立即组织水泥固井，把水泥浆挤入。

③如果套管未下到井底，但距目的层不远，可先固井，然后钻通水泥塞和套管鞋，通井并循环到底，再下尾管固井。

二、套管下完后循环不通

1．回压阀堵死

套管内掉入落物，如内径规、棉纱、手套或螺纹脂刷子等，应立即下射孔枪在阻流环附近射孔，恢复循环，然后固井。固井时应多留水泥塞，防止替空。需要注意，胶塞会刮下套管上黏附的泥浆膜，胶塞前通常有一段混浆带。

2．井塌或砂堵

1）处理方法

（1）若漏层在上部松软地层，泵压不太高，又有较大的吸收量，可直接注水泥。若漏层在中硬地层，也可挤入水泥浆，适当延长稠化时间和初凝时间。

（2）若漏层就是生产层，那首先把井口固定好，在坍塌层段以下生产层以上的适当位置射孔，用小钻杆或油管带封隔器下入套管中，将封隔器坐封于射孔位置之下，如图16-7-1所示，循环畅通之后，再注入水泥浆封好生产层。

2）预防措施

（1）通井后尽快下套管。

（2）合理设计使用扶正器的数量，慎用刮泥器。

（3）下套管时，要观察井口，如发现井口不返钻井液，应立即接方钻杆循环，如开泵容易，循环正常后再下；如开泵困难，不可硬憋，应起出套管。

3．因井漏引起

1）处理方法

（1）已知油气层压力不高，漏层在油气层以上，并有可靠的井控设备，可以固井，注水泥碰压后，关防喷器并从环空间断地泵入钻井液，维持环空压力。

（2）如果不知漏层位置，而且油气层的压力较高，或者漏层就是油气层，应先堵漏后固井。将堵漏浆液替入环空，分段挤注，待井下恢复循环后，再关井挤进一

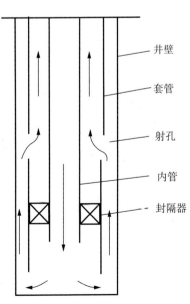

图16-7-1 射孔下封隔器注水泥

井壁
套管
射孔
内管
封隔器

部分堵漏浆液，静止一段时间后，再挤进一部分堵漏浆液，待地层承压能力符合固井要求时，循环好钻井液再固井。

（3）通井时不漏，下完套管后发生漏失，可先堵漏后固井。

2）预防措施

（1）通井时，进行承压堵漏，提高地层承压能力，确保固井时不漏。

（2）严格控制下套管速度，避免产生过高的激动压力压漏地层。

（3）下套管过程中，保持环空钻井液流动，下至设计井深后，先用小排量顶通，待井下钻井液结构强度完全破坏后，再逐渐恢复至正常排量循环，最大循环排量不得大于通井时的循环排量。

（4）控制注替排量，采用塞流顶替。

三、套管或回压阀挤毁

预防措施：

（1）以套管挤毁强度的一半控制掏空深度，按设计要求定时足额灌入钻井液。

（2）在有盐岩的蠕变性地层固井，应按蠕变层的蠕变应力设计套管的抗挤强度，采用厚壁套管，如正常地层段下入 ϕ244.5mm 套管，则盐层段下入 ϕ250mm 或 ϕ273mm 套管。如果没有高抗挤强度的套管，或者高抗挤强度套管的内径太小，影响下一阶段作业的话，可以在相应层段下入双层复合套管。两层套管之间用水泥浆填满，使之成为一体，抗挤强度应当大于两层套管之和。水泥浆最好返至蠕变地层以上。

（3）保证固井质量，在蠕变层段的套管固井，不能有窜槽现象发生。

（4）为补救固井质量的缺陷，需要下封隔器挤水泥时，封隔器要离射孔井段35m以上，避免给套管造成过大的挤压力。

（5）严格检查套管串组合。

（6）有腐蚀水层的井，水泥浆应返到腐蚀水层以上，高压气井和稠油热采井则要求各层套管的水泥都要返到井口。

四、注水泥过程中可能出现的问题

1．在注水泥过程中发生漏失

预防措施：

（1）用低密度水泥浆固井：①高水灰比水泥浆；②添加火山灰、硬沥青、粉煤灰、硅藻土及膨胀珍珠岩等低密度添加物；③微珠水泥浆；④泡沫水泥浆。

（2）气体平衡法固井：这种方法只能用于尾管固井。

（3）利用管外封隔器隔开漏层：当套管需要下到生产层以上或者下部有漏失层需要隔绝时，可使用管外封隔器。

（4）正反注水泥固井：如果要求封固漏层，且漏层较多时，可采取间歇式挤水泥方式补救，具体措施是先进行正常固井，封固最下部漏层以下井段，再从井口挤水泥，当水泥浆到达最上部漏层时静止10min左右，再挤水泥使水泥浆到达第二个漏层再静止，直到水泥浆到达最下部漏层。

（5）管外注水泥固井：在漏失严重的低压力带，如果环形空间足够大，可从环空下入小尺寸油管，注入水泥。

（6）反循环注水泥固井：考虑紊流注水泥可能压漏下部地层，同时井眼上部地层漏失性小或者有一层技术套管，可改变套管串的浮箍浮鞋结构，从井口环空注入水泥。

2．注水泥过程中突然憋泵

1）原因

原因主要有：管内堵塞；水泥浆闪凝；胶凝作用；桥堵作用；水泥浆失水过大。

2）预防措施

（1）严把入井套管质量关，所有套管必须用标准内径规通过。

（2）使用无污染的隔离液，并有一定的数量，提前做水泥浆、钻井液及前置液相溶性试验，防止提前稠化。

（3）控制好水泥浆失水，水泥浆中要加降失水剂和减阻剂，混配时保持密度。

（4）冲洗液和隔离液要适量。一般要求冲洗液与封固段井壁各点之间的接触时间不少于 10min，把井壁外滤饼冲刷干净。

3．替钻井液结束碰不起泵压

1）原因

（1）阻流环位置的连接螺纹旋接不紧。

（2）阻流环失效。

（3）未放胶塞或者胶塞不密封，或胶塞未正常下行。

（4）计量不准。

（5）套管有破损的地方。

2）预防措施

（1）入井套管必须按标准进行水力试压。

（2）套管串入井必须按规定扭矩紧扣。

（3）下套管过程，必须按技术规定灌好钻井液，防止挤毁回压阀。

（4）必须用质量合格的胶塞，胶塞置入必须有专人负责检查。

（5）要使用计量准确的流量计，使用前与泵的实际排量进行校对，施工时除用流量计计量外，还应结合泵冲和罐内液面等方法计量。

（6）替钻井液最后要慢速碰压，防止把阻流环碰掉。

4．水泥返高不够未能封住产层

处理方法：

（1）先行电测，确定水泥面位置，在水泥面以上射孔，争取能循环畅通，然后按正循环法补注水泥。

（2）如果水泥面就在漏层位置，可从环空直接注水泥，将水泥浆推至漏层位置。

（3）如果环空上部堵塞，在水泥面以上堵塞点以下有较长的环形空间，可以在水泥面以上及需要返高的位置两处射孔，将封隔器坐在两排孔眼之间，形成套管外局部循环，正注水泥，当水泥浆返至上排孔眼位置时，封隔器解封。将油管提至孔眼位置以上，关井，挤入部分水泥浆，然后开井，把多余的水泥浆循环出来。

(4) 挤水泥。

5. 封固段底部或主要产层严重窜空

预防措施：

(1) 在固井时应尽量减少环空静压力和环空流动阻力，控制激动压力。

(2) 经计算对比，如发现环空压力有可能接近或超过某些地层的漏失压力或破裂压力，但因受其他条件的限制（如有高压层存在）无法降低环空压力时，应先挤堵潜在的漏层，提高其承压程度，然后固井。

(3) 固井碰压后，控制一定的环空回压，使井底环空压力不小于固井施工中可能达到的最大环空压力。

(4) 在井底部分采用速凝水泥浆。

(5) 在开发区打井，应在一定区域和一定时间内停产停注。

6. 固井后发生井喷

预防措施：

(1) 在高压油气层固井，要用膨胀水泥或在水泥中添加防气窜剂和锁水剂，维持水泥凝结时体积不变，不给油气上窜留下通道。

(2) 控制水泥浆中自由水，降低水泥浆失水量。

(3) 采用分段凝固的办法，即把水泥浆环分为缓凝段、常凝段和催凝段。

(4) 采用分级注水泥的方法。

(5) 采用管外封隔器固井。

①正常情况。将封隔器接于套管串中，安放在油气层顶部井径小而规则的井段，当注水泥结束碰压时，胀开封隔器。

②下部有喷层上部有漏层的情况：把封隔器置于漏层下部，碰压时胀开封隔器。

③下部有漏层上部有喷层的情况：如下部漏层不是油气层，可用砂石回填，也可以把封隔器置于套管串尾部，下完套管后，先打开封隔器，然后打开循环孔，建立循环，用正常方法固井。

(6) 下套管前，要安装适合封闭套管外径的防喷器，固井结束碰压后，可从环空加压，以弥补水泥失重的影响。

(7) 在油气层未压稳的情况下，不能进行固井作业。

第八节 套管断裂和破损的预防与处理

套管损坏如套管腐蚀孔洞或破裂，套管发生径向凹陷、多点和弯曲变形以及套管错断和射孔井段套管的破损，轻者使油水气井带病工作，达不到预定生产水平，重者使井报废。更严重的后果是破坏正常的注采井网系统，油气井生产只能在不合理的状态下进行，从而造成油气资源的巨大浪费。

一、套管损坏的机理

1．物理损坏机理

（1）地层力对套管的破坏：

①泥岩吸水蠕变造成套管损坏。注入水窜入泥岩层，使泥岩发生蠕动变形，在井眼周围产生非均匀的应力分布。当套管的抗压强度低于外部载荷时，套管被挤压变形甚至错断。

②地质构造造成油水井的套损。断层两侧，构造高点及翼部地层倾角较大部位的油水井，当泥岩层存在一定的倾角时，在重力的作用下易出现地层滑移从而挤压损坏套管。

③断层活动。油层本身所处的构造位置会促使断层活动加剧，从而对套管造成严重损害。特别是地层被注入水侵蚀后，断层活动对套管的破坏作用更加严重，往往会导致成片套损区的产生。一个区块被多条断层切割，而且标准层和断层面都形成大范围的浸水域时，在区块压差的作用下，将导致成片套损井的出现。

（2）后期作业对套管的破坏：

①高压注水诱发岩层滑动引起套管损坏。在高压注水作用下，在开发区块间地层压力差的作用下，推动局部地层产生失稳滑移和蠕动，造成油水井套管损坏。

②频繁修井作业和施工不当也会引起套管损坏。

③整体压裂改造措施，压裂会使套管强度降低，导致油水井附近岩层受力不均，再者由于压裂裂缝的重新定向，注水进入其他层或泥岩层，使岩层受力遭到破坏，进而加快了套损。

④由于封隔器对套管的支撑胀力，使封隔器卡封位置易发生套管变形。

⑤射孔时产生的巨大冲击波作用在套管上，使套管在射孔井段中部或非射孔井段相交位置发生剧烈变形。

（3）地震等地质运动对套管的破坏：地震时，地层出现高频抖动的水平位移和上下剧烈的颠簸，可能产生新的构造断层和裂缝，会使套管遭受严重的剪切和挤压伸缩而损坏。

（4）油层出砂，套管外形成空洞，造成井塌挤坏套管。

2．化学损坏机理

常见井下套管腐蚀机理有4种类型：一是电化学腐蚀；二是化学腐蚀；三是细菌腐蚀；四是氢脆。而最普遍的就是电化学腐蚀。

3．套管损坏的人为因素

（1）井位部署不当，套管设计不当，套管质量存在问题，固井质量难以保证，都会带来套管的损坏的潜在危害。

（2）固井质量直接关系到套管完井的使用寿命和今后的注采关系。影响固井施工的因素较多，如井眼不规则、井斜、固井水泥不达标、顶替液不符合要求、钻井液密度过大或过小等。

（3）井位密，多目标井多，钻井施工难度大。如在钻井施工中定向绕障和井身轨迹中靶预测中稍有不慎，将可能发生钻头误伤套管。

二、套管损坏井的检测方法

1．超声彩色成像测试技术

用于判断套管损坏如错断、变形、破裂、孔洞和腐蚀等，由井下仪器和地面仪器两部分组成。利用超声波在井内介质中的传播和反射特性，对井下管壁进行扫描，发射和接收脉冲式超声波，对套管内壁的回波幅度和时间信息进行接收处理，对井壁的破损部位加以图像描绘。在油水井中应用时，井内应有液体介质（如油、水、钻井液，钻井液密度 ≤ 1.41g/cm³，黏度 ≤ 20mPa·s）；井内测试段不能有游离气；井眼直径为 95 ~ 254mm。

2．井下摄像地面检测测试系统

该系统通过探头端部的摄像头把光学信息转换成电信号，形成一系列套管内壁表面的图像，并对图像中套管表面缺陷进行分类识别，从而可自动地对套管的目前状况做出准确检测。

3．C-FER 技术

C-FER 是一项利用套管井数据描述变形井形状的多传感器——井径仪进行测井的一门新技术。仪器的每一根指针可显示套管内半径，可对内径高达 500mm 的套管进行测试。

4．鹰眼电视测试仪

鹰眼电视测井仪是美国研制的一种可见光井下电视测试系统。在后置灯光源的照明下，井下仪器的摄像头对套管内壁和井筒进行摄像，电子线路将图像信号转换成频率脉冲信号，通过单芯同轴电缆或多芯电缆将其送至地面接收器。地面接收器对其进行放大解码，产生与井下摄像一样的图像。该系统能在测井现场实时显示井下套管壁的井筒图像，并可通过调节摄像头焦距控制图像的清晰度。因此，在找漏及检查套管变形、错断及破裂等方面具有较高的检测精度。

三、套管破损的预防和处理

1．套管破损预防

(1) 合理部署井网。

(2) 合理的钻井工程设计。井身结构设计，优化井眼轨迹时，应考虑影响套管的各种外力（内外压、轴向力、弯曲）、套管的自身参数（材料、壁厚、椭圆度等）、井下环境（温度、孔隙压力、水泥性质等）及岩石各种性质对套管围压的影响，同时充分考虑套管投产后的工作环境以及采油、作业和增产措施对套管的影响等。应将岩体、井身、钻井过程和套管柱视为一个整体进行套管柱的设计。

(3) 选用优质套管，提高套管设计强度。一般采用含碳的碳—锰—钼系列低合金的热轧无缝钢管或高频直缝焊管，或含铬铁素不锈钢管。选用特殊螺纹来实现螺纹部分与腐蚀介质相隔绝，并保证螺纹连接处的强度超过管体强度。也可通过相应工艺处理，在套管表面形成一层具有控制腐蚀作用的覆盖层，直接将套管与腐蚀介质分离开来。在容易引起套损的井段，如射孔段、泥岩层段和断层附近，套管设计时选用高强度的厚壁套管，提高其抗挤毁能力；同时充分考虑套管投产后的工作环境以及采油、作业和增产措施对套管的影响。

(4) 提高固井质量。

(5) 阴极保护技术。阴极保护是目前国内外公认的经济有效的防腐蚀措施。阴极保护系统分外加电流与牺牲阳极两种。

（6）化学防腐。用化学方法除掉腐蚀介质或者改变环境性质可以达到防腐的目的，此类防腐方法包括使用杀菌剂、缓蚀剂和除氧剂等。套管内防腐最常应用的是环空保护液。在环形空间电解质中添加有效的缓蚀剂，可以很好地抑制油管与套管内壁的腐蚀。

（7）合理选择前期改造设计方案。开展射孔参数与套损井产能适应性研究，减少射孔对套管的影响。

针对压裂引起的套损，设计压裂方案时，要根据压裂层和盖层的岩性、厚度及力学参数，合理选择排量，防止裂缝延伸至盖层。

2. 套管破损井的修复

（1）机械整形。包括胀管器整形、磨铣整形和顿击器扩径整形等。机械整形只适用于变形量较小的情况，无法修复活动型错断井。常用的胀管器有：①偏心胀管器；②长圆锥形鼻状胀管器；③旋转震击式胀管器；④旋转凸轮式双作用胀管器；⑤ W 型套管滚子胀管器；⑥滚球套管胀管器。

（2）化学修复。主要有爆炸整形、爆轰补贴、燃气动力补贴技术、焊接扩径及化学堵漏等。

（3）波纹管补贴。波纹管补贴技术用于修复套管局部腐蚀、穿孔、误射孔和螺纹漏失等。

（4）悬挂小套管工艺。在原损坏套管内损坏段悬挂一段外径略小于油层套管内径的小套管，然后在其环空注入水泥固井的一种工艺方法。

（5）补接法。采用套管内割刀切割套管损伤处的上部，取出上部套管，下入磨鞋，磨铣下部套管损坏部分，直到完好为止，然后使用套管补接器进行补接。

四、套管断裂预防和处理

1. 套管断裂原因

1）与钻井有关的原因

（1）螺纹连接不好，特别是大直径套管容易错扣。

（2）含硫化氢的井，上部套管容易产生氢脆断落；含二氧化碳的井，下部套管容易产生腐蚀断裂。

（3）套管遇卡后，不适当的加大拉力活动，把套管从接箍中提脱。

（4）表层套管或技术套管底部水泥固结不良，甚至替空，套管未粘接或焊接，在钻具的撞击下脱落。在以后的钻井和起下钻过程中，由于钻柱的撞击，使底部套管脱落。

（5）钻定向井时绕障设计不周，新井眼轨迹控制不好，将老井套管钻穿。

（6）稠油热产井，水泥返不到井口，致使上部井段损坏。

2）与开发有关的原因

（1）油层出砂，使油层部位形成空洞，空洞部位的套管周围受到不均匀的挤压力，或者挤扁，或者断裂错位。尤其是稠油热采井，油层出砂，会在此处引起热应力集中，极易损坏套管。

（2）未用水泥封固的井段，长期处于悬空状态，使套管受拉、压和弯曲等各种力的影响，易产生疲劳破坏。

（3）在高温下，套管钢材的强度要降低。

（4）稠油热采井，套管受热要膨胀，若固井时未提拉预应力，温度升高，套管内产生压应力，超过材料的屈服极限时，套管就要断裂。此外，隔热管不居中，造成套管周围热应力增加不均，若水泥质量不好，套管容易产生弯曲变形，直至损坏。

（5）在压裂施工时，压力超过了套管的抗内压强度，将套管压裂。

2．套管断裂预防措施

（1）对于含有硫化氢的产层必须压死，并充分循环处理钻井液，清除混入钻井液中的硫化氢气体，才能下套管。含硫油气井的应采用防硫套管和井口装置。气体中的硫化氢分压大于 0.345kPa（绝），则必须选择抗硫材料制成的套管。

（2）含有酸性气体（CO_2）的井，温度越高，腐蚀越厉害。对 CO_2 防腐可供选择的抗腐蚀合金（CRA）套管。

（3）套管设计除满足一般生产需要外，还要考虑在以后生产过程中的特殊工艺需要，如酸化、压裂及更高的注水压力。

（4）保证固井质量，水泥尽量多返，以免套管悬空太长，受拉、压和弯曲等外力的影响，甚至会受到腐蚀性水的侵蚀。

（5）稠油热采井套管设计一定要考虑热应力的影响，必须提拉预应力，因此在选择套管钢材时，钢级与壁厚一定要满足热采井的要求。

（6）热采井也要选择套管螺纹和螺纹密封脂。为减少接箍处热应力，可使用橡胶保护环。装上保护环可以减少套管接箍与水泥环台肩的巨大推力。

（7）套管遇卡后，可以全压，但不许多提，上提拉力不许超过套管串中最薄弱套管抗拉强度或螺纹抗滑脱强度的 80%。

（8）表层套管鞋或技术套管鞋要坐在不易垮塌的地层中，表层套管水泥要返至地面，技术套管的水泥返高视情况而定，最好是返至地面或上层套管以内。

（9）采油时应采取早期防砂的办法，以免形成空洞。

（10）射孔时应防止振裂套管。

（11）注水压力应严格控制在地层破裂压力以内。

3．套管断裂的处理办法

（1）如上部套管从接箍中滑脱而接箍螺纹仍然完好的话，可以下入新套管对扣。

（2）如表层套管或技术套管从下部断落，可下入锥形引鞋扶正，并注水泥固定。

（3）如下部断落套管很短，或只是一只套管鞋，用锥形引鞋扶正，下磨鞋磨铣。

（4）如果表层套管或技术套管从中间断开而且端口错位的话，用小一级的钻头钻进，再下入一层套管，将断口隔开。如果铣锥也无法下入，则进行侧钻。

五、套管泄漏预防和处理

1．套管泄漏原因

（1）入井套管未进行试压，不合格的套管入井。

（2）上扣不紧，旋紧上扣后，未用大钳按规定扭矩紧扣。

（3）天然气井，用圆螺纹套管，密封性能不好。偏梯形螺纹套管虽然强度大，但密封性能也不好，也不宜采用。

（4）胶塞失灵，或未装胶塞，或者是碰压压力过高、试压时压力过高及关井时压力过高，都足以把套管从最薄弱处胀裂。

（5）钻具不断地磨损套管内壁，尤其在井斜较大或方位变化较大的井段，磨损严重。深井完井时，只在下部挂尾管，把上部的技术套管当油层套管用，存在明显的隐患。

2．预防方法

（1）凡入井套管应逐根进行试压，并进行探伤检查。有必要可将套管检测装置安装在井口，下套管时，直接对管体进行全面检查。

（2）螺纹脂用密封脂或黏合剂。

（3）天然气井套管要用气密封螺纹连接。

（4）采气井各层套管不但应用气密封螺纹连接，而且水泥浆均应返至地面。

（5）关井试压或井控作业时，关井压力不能超过最薄弱套管抗内压强度的80%。

（6）在技术套管内钻进，应在钻杆上接套管保护器以便保护套管。

（7）准备下入尾管的井，都必须用微井径仪测量上部套管的磨损情况，并进行试压，如发现磨损严重，且试不起压力，就不能下尾管，对于已下尾管的井，应将尾管回接至井口。

3．补救措施

（1）找准泄漏位置，用超细水泥挤堵套漏。

（2）如磨损的套管在表层或技术套管内，未曾用水泥固定，可用水力内割刀割断起出，换用新的套管下入，再与下部套管连接（打捞）或套合后用水泥固定。

第九节　测井事故的预防与处理

测井是钻井工程中不可缺少的一道工序。在测井过程中，由于井下情况的复杂或由于地面操作的失误，常常会造成一些事故，如卡仪器、卡电缆、掉仪器及断电缆等。

一、测井事故的预防

（1）测井前，要充分循环钻井液，并调整钻井液性能，使其具有一定的切力和良好的携砂能力。

（2）起钻时要连续灌入钻井液，在测井过程中上起电缆时也要灌入钻井液。

（3）连续测井时间不可过长，如在24h内测不完所有项目，应通井循环钻井液后再测。

（4）上提仪器遇阻，上提拉力不应超过电缆极限拉力，绝不允许将电缆拉断。

（5）确保测井工作在安全的环境下进行。

二、电缆事故的处理

1．完整电缆的解卡方法

1）钻杆穿心解卡法

所谓"穿心打捞"即在井口将电缆切断，两边装上快速接头，将电缆穿入钻具水眼内，钻杆带着打捞器沿电缆下井，这样可将黏附的电缆剥出来套入钻杆内解除电缆黏附卡。打捞器顺着电缆引导能顺利地套入遇卡的下井仪器中。这种打捞方法适用于电缆无扭结的情况下。

（1）工具结构。钻杆穿心打捞工具如图 16-9-1 所示，包括：仪器打捞筒、卡紧板、电缆卡、矛型头与打捞接头和开口承托板，另外还有辅助工具，如用于电缆导向的天地滑轮，指示电缆拉力的指重计，专门用来拆卸矛型头与打捞接头的钳子。

（2）操作方法。

①在穿心打捞时不允许转动钻具。

②下放钻具时要密切注意大钩指重表和电缆指重计，若钻具遇阻而电缆指重计无反应，说明仪器被砂埋，应循环钻井液下冲，并记录泵压。钻具遇阻的同时电缆拉力也上升，说明打捞筒已接触到仪器。此时上提钻具，如电缆拉力下降至原拉力后不再下降，说明仪器未被捞住，应重新下放钻具打捞。

③如确定仪器已经捞获，可用电缆绞车或钻机大钩上提电缆，每次增加 5 ~ 10kN，直至电缆从薄弱环节处拉脱，然后卸去上下电缆卡头，将电缆头直接嵌接起来，用电缆绞车起出。如还有怀疑，可开泵循环钻井液，此时泵压应比以前有所上升。

2）旁开式测井仪打捞筒

旁开式测井仪打捞筒是不需截断电缆而用钻具从电缆旁边下入打捞筒打捞被卡仪器的一种工具。

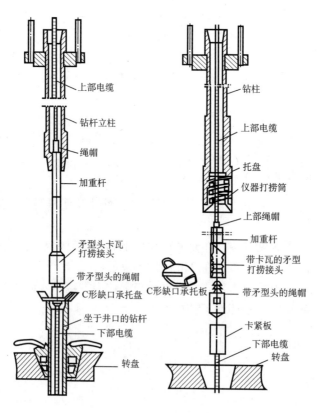

图 16-9-1　钻杆穿心打捞工具

（1）工具结构。旁开式打捞筒如图 16-9-2 所示由导向筒、滚轮、螺旋卡瓦、控制环、侧板及固定螺钉等组成。

（2）操作方法。

①用双吊卡下钻，使吊卡坐于转盘面上时从吊卡侧面能引出电缆。下钻时要锁住转盘和大钩，不让钻具转动，速度要慢，要严密监视大钩指重表和电缆指重计的变化。

②下钻中途，若钻具遇阻而电缆拉力不增加，可能是碰到砂桥，应循环钻井液，再慢慢下放。若钻具遇阻而电缆拉力也增加，则可能是电缆打结或电缆折曲所造成，应上提钻具，消除阻力，然后活动电缆，把电缆拉直，再慢放钻具，争取把打结的电缆部位套入打捞筒。

③仪器捞获后，或解卡后，可以同时上提钻柱和电缆，即每起一立柱钻杆，即上起 25～28m 电缆，待电缆拉力稍有增加时即停止上起。

④若上提钻具时，电缆仍然提不动，应打开仪器面板进行观察。如上提钻具时，仪器面板有显示，说明仪器随钻具而上移，电缆被井壁滤饼黏吸，只好继续起钻。如上提钻具时，仪器面板无反应，说明仪器未解卡，应再次下放打捞。

⑤起钻时，速度要慢，钻井队和测井队要严密配合，无论是钻杆或是井口工具都不能挤压井口电缆。转盘与大钩要锁好，不许钻具转动，更不许转盘转动。

⑥地面取出仪器时，应向下顿击，使卡瓦向上移动，然后右旋捞筒，即可退出仪器。

3）绳套式打捞方法

如图 16-9-3 所示，用一个钻杆短节，下部带一圆弧形接头。本体上割两个小孔，然后用钢丝绳套把电缆和钻杆短节套合在一起，这样在下钻时，钻杆一直沿着电缆下行。直到仪器顶部，转动数圈，即可把电缆捞出，甚至可以把仪器一同捞出。采用这种方法解卡时，注意以下几点：

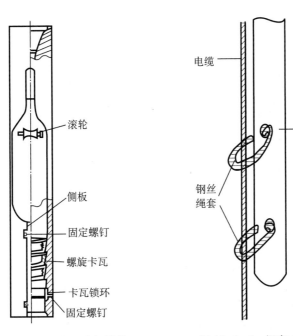

图 16-9-2　旁开式打捞筒　　　　　图 16-9-3　绳套式打捞法

（1）要确认电缆未打结，如电缆打结，不能用此法。

（2）下钻时不许转动钻具。

（3）下钻时一定要看钻具指重表和电缆指重计，若钻具遇阻，电缆拉力上升，这是电缆打结或黏附在井壁上的象征，应提紧电缆，上下活动钻具若干次，如果是黏卡，活动后可以下去，如果是打结，无论怎样活动也下不去，即应起出钻具。若钻具遇阻，而电缆张力不增加，可循环钻井液下放。

（4）下到仪器位置，拉直电缆，下压钻具，如电缆张力上升，说明仪器是活动的，可在保持电缆张力的情况下转动一下钻具，即改变仪器所在的方位，即可解卡上起。

（5）如果下压钻具，仪器不动，电缆无显示，说明仪器卡死，此时可以考虑起出钻具，再用别的方法打捞，也可以转动钻具，把电缆缠在钻杆上，起出电缆，再设法打捞仪器。有时可能连仪器一同捞上来了。

2. 电缆断落后的打捞方法

1）打捞电缆的工具

（1）内钩捞绳器（内捞矛），如图 16-9-4 所示，只有在井眼较大的情况下才能使用。

（2）外钩捞绳器（外捞矛），如图 16-9-5 所示。

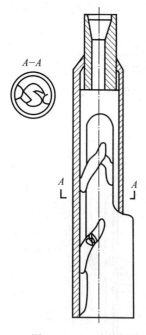

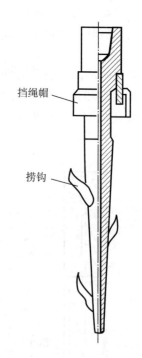

图 16-9-4　内钩捞绳器 ｜ 图 16-9-5　外钩捞绳器

2）打捞方法

（1）工具选择。根据套管内径或钻头直径选择工具，使用内钩捞绳器时，其外径与套管内径或井眼直径的间隙不得大于电缆直径。使用外钩捞绳器时，挡绳帽的外径与套管内径或井眼直径的间隙不得大于电缆直径。

（2）钻具结构。

①捞绳器 +1 根钻杆 + 安全接头 + 钻杆。

②捞绳器 +1 柱钻杆 + 安全接头 + 钻杆。

（3）在套管内打捞。若断落的电缆头在套管内，可用电缆接捞绳器直接打捞，但下捞绳器时不能一次下入过多，要逐步深入，观察电缆张力是否增加，如发现电缆张力增加，应立即上起。

（4）在裸眼内打捞。电缆拽断后，井内的电缆可通过电测井内液体的电阻值来确定，只要仪器碰到电缆，电阻回零或变小，即可确定电缆头的位置。下捞绳器入井，可在测量点或估算深度以下 50m 开始打捞，转动捞绳器 2～3 圈后上提，如未捞上电缆，可以从第一次打捞的深度开始，每下一立柱，转动 2～3 圈，再上起一立柱的距离，检查井下情况，最多下入深度不许超过 4 个立柱，必须起钻。如捞上电缆，应丈量其长度，估算井下电缆头的深度。

若电缆黏附于井壁上，就可把捞绳器一直下到仪器遇卡位置，打捞电缆的下端，把仪器和电缆提到井口后，再用电缆绞车把电缆起出来。如果发现上提有阻力，只要还能转动，就争取转动，先把钻具起出来。

三、落井仪器的打捞

1．测井仪器的种类和外形尺寸

测井仪器形状各异，不同用途的仪器其形状不同，相同用途而生产厂家不同的仪器其形状也不同，但总的来说，都是细长杆状，都需要用打捞筒进行打捞，见表 16-9-1。

表 16-9-1　常用测井仪器技术规格

仪器名称	型号	头部外径 mm	仪器外径 mm	长度 mm	质量 kg
综合测井仪	JZW-77	80	—	1720	70
感应测井仪	GY-74	70	102	4600	135
双感应八向测井仪	德莱赛	50.8	85.7	9665	145
声速仪	SS-75	65	92	2620	51
井斜仪	—	65	65	2300	50
同位素测井仪	—	38	38	2880	50
找水仪	78-B	60	80	3450	100
声幅仪	GJ75B	65	89	2400	65
声幅仪	CSG-681	75	102	2520	75
同位素测井仪	—		42	2850	50.5
小井径井温仪	JW-80	—	35	745	35
闪烁放射性仪	FC-751	86	102	1710	100
超深井闪烁测井仪	FCS-801	85	89	2360	150

仪器名称	型号	头部外径 mm	仪器外径 mm	长度 mm	质量 kg
小井径自然伽马仪	—	65	89	1570	80
补偿密度仪	—	50.8	105.6	4216	240
邻近侧向—微侧向—微电极	德莱赛	88.9	114.3	4300	185
声波和井径仪	德莱赛	50.8	114.3	9309.5	150
自然伽马和补偿中子仪	德莱赛	50.8	92.07	4368.8	150
地层倾角仪	德莱赛	—	102	7467.6	274
中子密度仪	—	—	102	3100	125
双侧向仪	胜利 79	—	102	6200	123
取心器	—	—	70	2650	103

2．打捞工具

无电缆仪器落物的打捞工具。

3．打捞方法

（1）准确计算仪器遇卡深度。打捞时，提前一个立柱，慢慢下放，探测鱼顶。

（2）电测仪器落井时，要在捞筒下面接铣鞋，把仪器顶部带的一截电缆铣碎之后，才能打捞。但在磨铣电缆时，仪器可能解卡下落，若不遇阻，可继续向下追寻。遇阻时，切不可多压，应慢慢拨动将仪器引入捞筒。

（3）如仪器被砂子掩埋，需要先行套铣，然后打捞。套铣时，仪器有可能下落，应继续向下追寻，直至不动为止，应记清确切的深度，便于下次打捞。

（4）如果仪器进不了捞筒，可用引鞋或铣鞋慢慢拨动，设法把它引入。对细杆状落鱼，建议采用打捞筒半圆式引鞋或壁钩式引鞋，但鱼头有电缆时不能用这种引鞋。

（5）仪器未进入捞筒之前，钻具可以自由转动，确定仪器进入捞筒之后，不能再转动钻具。确信捞获之后，即可起钻，但不许用转盘卸扣。

第十七章　钻井新技术

第一节　概　　述

钻井新技术不断产生与发展，一方面推动了钻井效率与钻井能力的提高，另一方面提高了勘探与开发效益，对于钻井技术进步也起到了非常重要的作用。近年来，中国的石油行业跟踪国际技术发展趋势，相继发展了套管钻井、连续管作业、膨胀管技术及精细控压钻井技术等新技术。

套管钻井技术使钻进与下套管同时进行，大幅度缩短了起下钻时间。中国石油发展了表层套管钻井技术，目前这一技术已成为了海上钻井的主体技术。采用这一技术大幅度缩短了表层钻井时间。

连续管最早用于井下作业，但其高效率使得在钻井中应用越来越广泛。目前国外大量应用连续管技术进行老井侧钻及欠平衡钻分支井等作业。

膨胀管技术可以在不缩小井眼直径情况下有效解决恶性漏失等复杂问题。该技术目前已发展到等井径井技术，应用这一技术可以实现在一个裸眼中多次重复应用膨胀管，解决多套复杂地层，从而扩展一层套管可以解决复杂地层的能力，使钻复杂深井能力不断增强。

控压钻井技术利用欠平衡等相关的技术和地面与井下装备，解决窄密度窗口钻井问题，对于复杂地层安全钻进、海上深水钻井及大位移井钻井都具有非常重要的意义。

以上这些技术在中国都属新发展的技术，并没有完全成熟，为推动这些技术发展与应用，本章对这些技术进行了介绍，供相关人员参考。由于这些技术目前并不十分成熟，可能其中的观点与描述并不完全正确，需在使用手册时注意。

第二节　套管钻井技术

套管钻井就是利用套管或尾管代替钻杆来完成钻井作业，边钻进边下套管，完钻后套管柱留在井内直接固井。套管钻井技术把钻井和下套管合并成一个作业过程，不再需要常规的起下钻作业，与钻杆钻井比较，套管钻井有比较明显的优势：

(1) 缩短建井周期：钻井过程与下套管同步完成，省去了起下钻杆时间。

(2) 减少井下事故：因井眼内地层膨胀和井壁坍塌等原因，易造成卡钻事故。套管钻井没有起下钻筒压力变化，因此大大减少了常见的地层膨胀、井壁坍塌、冲刷井壁及井筒键槽和台阶，可以大幅度地降低钻井卡钻事故，同时也提高了井控的安全性。

(3) 改善水力参数、环空上返速度和清洗井筒状况：由于套管的内径比钻杆大，沿程水力损失大为减小，从而减小了钻井泵的配备功率。环形空间的减小提高了钻井液上返速度，改善了携屑状况。

(4) 可以减小钻机尺寸，简化钻机结构及降低钻机费用：由于套管钻井只有单根操作，井架高度可以减小，底座的重量可以减轻，所用钻机比钻杆钻井所用钻机从结构上和重量上要简单得多。因此，钻机成本和钻机运行费用将大幅度减少。由于钻机更加轻便，易于搬迁和操作，人工劳动强度及费用都将减少。

（5）节省与钻杆和钻铤有关的采购、运输检验、维护和更换等过程有关的大量人力物力与费用。

一、国外套管钻井技术发展状况

国外套管钻井技术已经处于商业应用阶段，其应用范围广泛，包括定向井和欠平衡钻井等。其中，加拿大 Tesco 公司是套管钻井技术的创立者，随着多年的发展，该公司目前代表了套管钻井技术的最高水平。

套管钻井技术按照可否更换钻头分为单行程套管钻井技术和多行程套管钻井技术。单行程套管钻井技术，是指采用一只钻头钻完设计进尺，中途不进行起下钻和更换钻头作业的套管钻井技术，该技术适用于表层（技术套管）钻井及油层套管钻井，目前主要有基于特殊钻鞋的单行程套管钻井技术，以及油层套管钻井技术两种。

多行程套管钻井技术，是指在套管钻井过程中，不起套管，随时可以根据需要起下井下钻具，更换钻头。该技术突破了单行程套管钻井井深的限制，具有更大的适用范围。

Tesco 公司套管钻井是可更换钻头的多行程套管钻井系统，井下系统主要由 3 部分组成：一是下井与回收工具；二是底部钻具组合；三是连接在套管柱末端的坐底套管。进行套管钻进时，底部钻具组合锁定在坐底套管的锁定短节上，并通过钢丝绳与一部专门用于起下钻头的绞车相连接。当需要更换钻头时，将锁定装置松开，利用绞车通过专用工具将底部钻具组合起出，而不必将套管起出井眼；换上新钻头后，再用绞车通过专用工具将底部钻具组合送入，锁定在套管端部，十分快捷（图 17-2-1）。

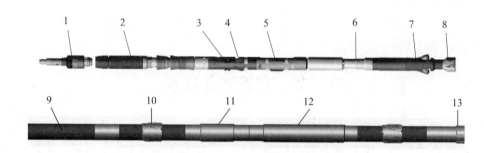

图 17-2-1　Tesco 公司套管钻井井下工具系统

1—井下和回收工具；2—密封器；3—轴向锁定器；4—止销；5—扭矩锁定器；6—钻井液马达；7—扩眼器；
8—钻头；9—套管；10—扶正器；11—套管锁定短节；12—套管扭矩短节；13—套管鞋

Weatherford 公司早期形成了一种单行程套管钻井系统，应用一种专门设计的可钻式钻头，直接连接在套管柱的底部，钻至设计井深后，通过水力作用，钻头刀翼伸入套管外，其余部分可以被常规钻头钻掉。其最大的特点是钻井井深受到一定的限制，即必须满足一只钻头钻至设计井深的应用条件（图 17-2-2）。

Baker Hughes 开发了一种尾管钻井系统，通过尾管悬挂系统用于下放井下钻具，连接尾管和上级套管，钻进到目的层后，尾管坐放到井底，尾管悬挂器与上层套管坐挂，通过脱开机构使内外管柱分离，可将内管柱、钻井液动力钻具和领眼钻头通过钻杆一同起出，而管底薄壁扩眼钻头与尾管柱一起留在井下进行完井（图17-2-3）。

图 17-2-2 Weatherford 公司可钻钻头

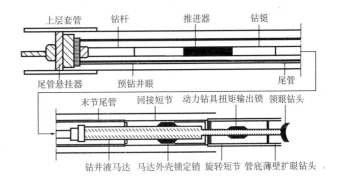

图 17-2-3 Baker Hughes 尾管钻井系统

二、套管钻井需解决的基本技术问题

套管钻井时，顶驱（方钻杆）下需要连接有套管夹持头，通过夹紧装置夹住套管，从而驱动套管柱旋转钻进。目前国外单行程套管钻井与多行程套管钻井都有适于顶驱的套管夹持器，中国石油集团钻井工程技术研究院和吉林油田分别开发了适用于方钻杆的套管夹持头和承扭保护器（图17-2-4～图17-2-6）。

图 17-2-4 Weatherford 公司套管夹持器

图 17-2-5 Tesco 公司套管夹持器

图 17-2-6　适于方钻杆的套管夹持头及承扭保护器

在套管钻井时，由于直接采用套管进行钻进，普通的套管螺纹无法承受如此大的扭矩，需要做必要的改进：一方面要使套管螺纹有较大的承扭能力，另一方面要保证不能因为螺纹的改进，而使套管的成本有较大的提高，否则，可能降低套管钻井技术的经济价值。目前主要采用两种方法：一是采用类似于宝钢集团有限公司（简称宝钢）生产的 BGC 梯型螺纹套管（图 17-2-7）；二是添加套管接箍承扭环（图 17-2-8）。套管接箍承扭环放在套管接箍内，两端面与套管本体端面相接触，当外加扭矩增加时，承扭环受压，增加了螺纹的抗扭性。现场应用结果表明，两种方法都能够满足现场使用要求。

图 17-2-7　宝钢 BGC 梯型螺纹套管　　　　　　图 17-2-8　承扭环

三、单行程套管钻井技术

1. 基于特殊钻鞋的单行程套管钻井技术

可钻式表层套管钻井技术采用一种专门设计的可钻掉钻头心部的钻头（图 17-2-9）。这种专用钻头直接连接在表层套管柱底部，通过旋转套管以常规方式进行钻井作业。专用钻头的独特之处就是可以被常规钻头完全钻掉心部，钻头内设有浮箍并作为套管柱的一部分一同入井，钻至要求井深后可以立即进行注水泥作业。把钻进与下套管合并为一个过程，节省钻井时间和作业成本。

可膨胀钻鞋是可钻钻头的一种（图 17-2-10），当钻井过程完成后，投球，利用钻井液的压力可将钻头体心部涨出，使钻头外部的较高硬度的切削齿扩张，然后采用特质胶塞实施固井工艺过程。下次开钻时可用普通钻头将井下可膨胀式钻头心部钻穿，且保证足够的通径。目前主要应用于中深地层。

复合钻鞋采用可捞钻头装置和扩孔钻鞋（图 17-2-11），在表层套管钻井完钻后，下入打捞工具，捞取表层套管内的井下钻具，随即进行固井。

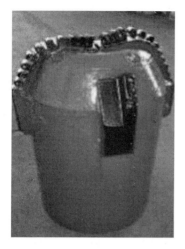

图 17-2-9　可钻钻头

图 17-2-10　可膨胀钻鞋

图 17-2-11　复合钻鞋

复合钻鞋的特点是：（1）有效解决表层钻井所遇见的各种复杂情况；（2）明显的缩短钻井周期，节省钻井成本；（3）操作简单，运行成本低。

2. 油层套管钻井技术

1）常规油层套管钻井技术

常规油层套管钻井就是套管柱上面通过承扭保护器（图 17-2-12）（套管夹持头）与方钻杆连接，套管柱下部与完井器（图 17-2-13）连接，完井连接器下接钻头，一只钻头打至完钻后，随即采用常规方式固井。该技术适合于浅层井的开发。

常规油层套管钻井的特点是：（1）可以缩短建井周期，降低钻井成本；（2）减少对储层的伤害，提高采收率。

图 17-2-12 承扭保护器　　　　图 17-2-13 完井器

2）可裸眼测井油层套管钻井技术

可裸眼测井油层套管钻井是在进行常规油层套管钻井时，通过钻头脱接装置（图 17-2-14），完钻后将钻头丢弃在井底，上提套管，裸露出主力油层，进行测井。该技术可为地质部门提供准确的测井资料。

3．单行程套管钻井技术应用

"十一五"期间，国内应用单行程套管钻井技术，累计推广应用了 40 余口井，现场推广应用结果表明：套管钻井的机械钻速与常规钻井相当，钻井成本平均降低 10%；同时套管钻井能够缩短完井周期，减少油层浸泡时间，在保护储层和提高单井产能方面展现出了良好的势头。

图 17-2-14 钻头脱接装置

四、多行程套管钻井技术

多行程套管钻井技术，是指采用特殊的起下装置及井下工具系统，达到更换钻头的目的。该技术可突破单行程套管钻井井深的限制，具有更大的适用范围。

1．井下工具系统

多行程套管钻井井下工具系统（图 17-2-15）主要由三部分组成：一是起下工具；二是井下锁定工具串（图 17-2-16）；三是坐底套管（图 17-2-17）。进行套管钻进时，井下锁定工具串锁定在坐底套管上，实现钻头与套管柱之间的锁定，完成钻井扭矩及钻压的传递；通过钢丝绳在套管内进行井下锁定工具串的起下，更换钻头，不需要起套管；在井下锁定工具串起下过程中，井口配备井口泵入短节及钢丝绳防喷器，能够保证起下过程中钻井液的正常循环。

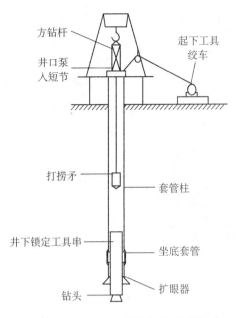

图 17-2-15 多行程套管钻井系统

图 17-2-16　井下锁定工具串

2. 地面装备与套管钻井钻机

Tesco 公司研制了套管钻井专用钻机（图 17-2-18）。与常规钻机相比，该钻机有了根本性变化，钻机高度降低，与同吨位的常规钻机相比重量下降 50%，还增加了以下几种设备：

图 17-2-17　坐底套管

（1）为了从套管内起下井下钻具，配备了一套小型绞车系统；

（2）天车和游车都是分体式配置，以确保钢丝绳处在套管的中心位置；

（3）在顶部驱动装置的上部配备了钢丝绳防喷器和密封装置，以实现对钢丝绳的密封。

（4）顶驱下配备了专用的套管夹持头，以用来夹持驱动套管柱进行钻进。

针对 Tesco 公司套管钻井钻机成本高的特点，中国石油集团钻井工程技术研究院开发了适用于转盘驱动常规钻机的多行程套管钻井技术，该系统无需对钻机进行改造，通过在地面配有起下工具绞车（图 17-2-19），利用钢丝绳在套管内完成井下钻具的起下，更换钻头。另外，该系统在井口配有井口泵入短节及钢丝绳防喷装置（图 17-2-20），能够保证井下钻具起下过程中钻井液的正常循环。

3. 多行程套管钻井技术的应用

从 2007 年开始，中国石油钻井工程技术研究院先后采用 ϕ 273mm 表层套管和 ϕ 139.7mm 油层套管进行了 6 井次的多行程套管钻井现场试验，成功实现了套管钻进过程中随时起下与更换钻头。

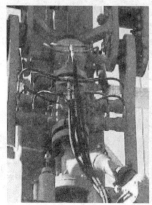

图 17-2-18　Tesco 公司套管钻井钻机

图 17-2-19　起下工具用绞车

五、尾管钻井技术

尾管钻井技术也称阶段套管钻井，是指用常规钻井工艺钻到一定井深后，用钻杆通过专用机构与尾管钻井系统连接，并通过该系统进行钻进，完钻后固井并将钻杆起出，而把套管留在井下的一种钻井技术。尾管钻井过程中尾管是钻柱的一部分，钻进和下尾管在同一个作业过程中完成。

尾管悬挂器主要由送入工具、悬挂器和固井附件等组成。完钻后，投球憋压，推动卡瓦坐挂到技术套管上，继续升压，送入工具与悬挂器解脱。将旋转机构和常规水泥头先后与方钻杆连接，注水泥浆。固井完成后，上提送入工具与悬挂器主体脱开，将钻杆与送入工具同时起出。

大庆钻探工程公司钻井工程技术研究院于 2008 年，进行了尾管悬挂器的基本动作和性能地面模拟试验，成功实现了先坐挂、后解脱、再固井。

图 17-2-20 井口泵入短节及钢丝绳密封装置

六、套管钻井技术应用领域的拓展

套管钻井技术的应用范围广阔，经过研究攻关，可以应用在包括以下各种地层构造中。

1．套管钻井在盐膏层段钻井中的应用

典型的套管钻井的钻具组合为：领眼钻头＋井下扩眼器＋回收机构或者领眼钻头＋回收机构＋套管鞋扩眼器，可以满足盐膏层钻井的要求，即边钻进边扩眼，防止瞬时快速蠕变的盐膏岩造成阻卡。套管钻井中套管柱上不加扶正器，对井斜的控制由 BHA（井底钻具组合）完成，不仅可以较好地控制井斜，而且由于井眼环空较小，在排量满足的情况下，其较高的返速可迅速清洗井底。在钻进过程中，由于套管始终处于旋转状态，采取常规钻盐膏层的技术要求，可保持井壁的相对稳定性，不会出现钻进过程中挤毁套管的事故。如果采用顶驱，在回收 BHA 时，可以进行循环，降低了危险性。

套管钻井如果能成功地应用于盐膏层钻井，则很可能是盐膏层钻井技术上的一次重大突破，其必然在提高钻井时效、降低成本方面做出巨大贡献。

2．套管钻井在易漏区钻井中的应用

井漏是钻井施工中遇到的又一项大难题，可能引起卡钻、井喷或井塌等一系列复杂情况，甚至导致井眼的报废，造成重大经济损失。而新型的套管钻井技术，可以说为以较低成本和较高有效性处理某些大型漏失井提供了一种较新的思路。套管钻井可极大地减少井漏的机会，可以将那些失返而无法继续钻进的井以较低成本钻进，尽管其防漏机理尚不完全清楚，但实际应用表明，可以尝试用套管钻井来解决。

3．套管钻井在老井区钻开发生产井中的应用

对于老井区，由于钻井数较多，对于地质情况有大量丰富的资料，因此不必依赖于完钻后的电测来确定油层的定位及套管的下入位置，而且老井区也积累了丰富的钻井资料，对钻井过程中可能会出现的故障及复杂情况也掌握的比较清楚。在此情况下，选用适宜的

钻具组合进行套管钻井，可大幅度提高钻井时效。

4. 利用套管钻井技术进行海洋钻井

利用套管钻井技术进行海上钻井，省略了繁杂的海上表层开钻的套管程序，以套管代替隔水管，简化了井身结构，简化了作业程序，提高了作业效率。随着套管钻井技术的不断成熟，必将为我国海洋钻井带来巨大利益。

5. 利用套管钻井技术进行空气钻井

套管钻井即使利用清水在负压状态下钻井也能保持井壁稳定，因此利用套管钻井系统进行空气钻井，这样可以解决套管的弯曲与磨损等问题，提高钻井速度。

按照 Shell 公司最近提出的思路，套管钻井未来发展趋势是开发一趟钻钻完井系统，即一趟钻完成钻进、测井、下套管及完井等作业。相信随着该技术的不断成熟，套管钻井会开辟越来越多的应用范围，而我国目前对套管钻井相关课题研究较少，应将研发套管钻井配套工具及工艺技术提上日程，进行攻关研究，实现以点带面的渐进式发展。

第三节 连续管钻井技术

一、连续管钻井系统构成与特点

连续管钻井系统主要由连续管钻机、循环系统、井控系统、辅助设备及井下钻具组合（BHA）等硬件系统和连续管钻井工艺与专用软件等软件系统构成。其中连续管钻机、循环系统、井控系统和辅助设备等构成了连续管钻井地面系统（图 17-3-1、图 17-3-2）。与常规钻井的地面系统相比，连续管钻井系统的钻井液循环与处理系统，井控系统及相关辅助设备并没有特别要求和显著区别，而标志性的特征差异则是连续管钻机。

连续管钻井技术的特点和适用范围一直备受关注。研究分析和应用实践表明，连续管钻井技术具有如下优点：(1) 井场占地面积小，适合于地面条件受限制的地区或海上平台钻井作业；(2) 不用接单根，减少了作业人数，节省了大量的起下钻时间，缩短了作业周期，对于部分需要频繁调整或更换井下钻具系统（BHA）的钻井作业，其优势更为突出；(3) 可以实现不停泵连续循环，带压作业，提高了起下钻速度和作业安全性，有效避免因接单根可能引起的井喷和卡钻事故；(4) 可以进行过油管钻井作业，因此能非常方便地实现老井加深和过油管侧钻；(5) 特别适合欠平衡钻井作业、气液多相钻井和空气钻井；(6) 可以采用电缆传输信号，实现测井数据的实时传输，有效地连续监测井下压力变化。

连续管钻井技术也存在不可回避的局限性：(1) 从完井与生产出发，希望选用管径和壁厚尽可能大的连续管（3in 以上管径），但连续管性能与运输条件等限制了连续管直径增大；(2) 频繁起下钻以更换或调整井下钻具组合，将导致连续管过早疲劳，从而降低使用寿命；(3) 无法实现旋转钻进，只能采用井下动力钻具或其他方式破岩钻进，也无法施加较大的钻压；(4) 井眼尺寸和泵速受到限制；(5) 实施连续管钻井之前，需要借助常规钻机或修井机对目标井进行钻前修井作业；若需要下套管，也必须依靠常规钻机或修井机完成。

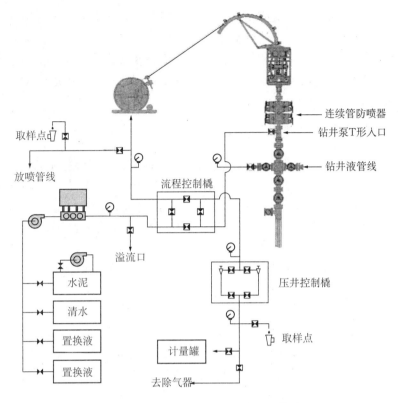

图 17-3-1　连续管钻井地面系统基本构成

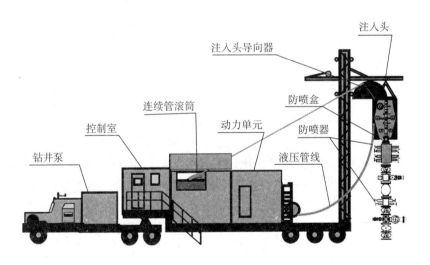

图 17-3-2　连续管钻井地面装备

　　总体而言，连续管钻井技术的应用可分为两个大的方面，即从地面开始新钻井眼至目的层（钻新井），或在老井中实施加深和侧钻（老井重入）。受技术水平和装备能力制约，目前完全采用连续管钻井技术和装备钻的新井钻深只有数百米（不超过 1000m），而且要求地层相对易钻且不易垮塌，此类应用主要集中在加拿大。若采取连续管钻井技术与常规钻井技术联合钻新井，其钻深可以达到数千米，但耗时更多，成本更大，必要性和经济性均受到质疑。连续管的无需接单根和无接箍特性，使得连续管钻井技术特别适合老井加深和过油管侧钻，特殊适合采用的钻井工艺是欠平衡钻井工艺技术，因此而成为应用钻井新技术提高油气采收率的典型代表。

二、国外连续管钻井技术发展状况

1991 年，美国 Oryx 能源公司首次在得克萨斯州采用连续管钻井（Coiled Tubing Drilling，CTD）技术成功地在一口老井（Howard Shelton 3 井）中完成侧钻水平井，成为连续管钻井技术步入实际工业应用的标志性开端。经过近 20 年的发展，连续管钻井技术的应用迅速拓展。截至 2008 年底，全球采用连续管钻井技术完钻的总钻井数约为 11000 口，从 2004 年开始，平均每年钻成 900 ~ 1000 口井。随着连续管钻井装备、井下工具和钻井用连续管的不断创新与持续改进，以及连续管钻井技术与欠平衡钻井、控压钻井及旋转导向钻井等技术的结合，使得连续管钻井技术的水平和应用领域得到了大幅度拓展和提升，创下多项令世人惊叹的连续管钻井"新纪录"。

（1）采用 $2^3/_8$in 连续管 + 牵引器 + 减阻器，完钻的最长裸眼水平段为 2880m；

（2）采用牵引技术完钻的最深水平井全长为 4572m（其中水平段长度为 1219m）；

（3）英国北海开窗侧钻 $3^7/_8$in 小井眼，下 $2^7/_8$in 尾管射孔完井，创下连续管老井开窗侧钻的最大窗口深度为 3862 ~ 3866m（该井总井深为 4137m）；

（4）印度尼西亚处理一口井喷事故井时，采用 $2^3/_8$in、壁厚为 0.156in 的连续管和 $6^1/_2$in 马达，重入事故井钻成 $12^1/_2$in 井眼，创下连续管钻井的最大井眼纪录。

伴随着连续钻井技术不断进步和应用日益广泛，这项技术的特殊适应性、快捷高效性、低成本经济性和低污染环境友好性等优势将更加突显，成为石油钻井新技术的重要发展方向。

三、连续管钻井装备

截至 2010 年 1 月，全球的连续管作业机拥有量已达到 1778 台套，连续管钻机的拥有量为 99 台套，这些钻机主要集中在加拿大服役。尽管连续管钻机的全球拥有量并不大，但其结构型式、技术参数和用途仍然多样化，继续保持和传承连续管装备（包括连续管作业机和钻机）的"个性化鲜明"特征。连续管钻机和连续管作业机的基本构成有着惊人的相似之处，主要有注入头、导向器、连续管滚筒、连续管、动力单元、控制单元及辅助单元等，但设备用途、技术水平和关键部件的能力等有着本质差异。

1. 自走式连续管钻机

如图 17-3-3 所示，连续管钻井装置所有部件均合理布置与安装在一台 4 桥重型自走底盘上，移运时放倒井架，钻机可方便在路上行驶。尾部装有两腿井架，工作时利用两个液缸将井架起升到工作位置，井架上装有一个悬吊与支撑注入头的横梁。注入头既可随横梁沿井架上下移动，还可在横梁下面水平移动，以便根据井口位置调整注入头方位。此外，横梁还具备提升井口装置、工具组合及其他部件功能，使用很方便。在驾驶室后的车台面上，依次安装了控制室、连续管滚筒、液压动力装置和软管滚筒等。其主要技术参数为：注入头拉力 907kN，滚筒外径 5.84m，滚筒底径 3.05m，滚筒宽度 2.03m。该机移运快捷，装卸方便，主要用于陆地钻井。

2. 拖车式连续管钻机

拖车式连续管钻机是连续管钻机的主要型式，分为自带井架、自带井架及钻台及不带井架和钻台等三种结构型式（图 17-3-4 ～ 图 17-3-6），根据钻井深度、连续管管径、道路条件和用户要求的不同，又分为一车装、二车装甚至三车装。生产拖车式连续管钻机主要有美

图 17-3-3　自走式连续管钻机

国 Hydra Rig 公司、Stewart & Stevenson 公司和 Foremost 公司，及加拿大 DRECO 能源服务有限公司、Schlumberger 公司、Xtreme 公司等。其中 Xtreme 公司在拖车式连续管钻机研制方面具有代表性，近年来先后研发了 XTC 200 ST、XTC 200 DT、XTC 300 和 XTC 400 等多种连续管钻井装置。ST 系列为一车装形式，DT 和 XT 系列为两车装形式，采用 $3\frac{1}{2}$in 或 4in 连续管，额定钻井深度为 2100 ~ 3000m，其主要参数如表 17-3-1 所示。

图 17-3-4　拖车式连续管钻机（自带井架）

图 17-3-5　拖车式连续管钻机（自带井架和钻台）

3. 混合式连续管钻机

采用连续管钻机钻新井，需要常规钻机配合完成下套管作业。对老井作业时，通常先用常规钻机或修井机完成钻前工作，然后用连续管钻机钻井，再用完井设备进行完井投产。为了提高效率，既能操作油管与套管，又能操作连续管的混合型连续管钻机系统（如图 17-3-7 所示）应运而生。混合连续管钻机系统（HCTS）有机地将连续管注入头、连续管

图 17-3-6 拖车式连续管钻机（不带井架和钻台）

滚筒、动力装置与可移动式井架结合在一起，具有较大的灵活性。Tuboscope's CT/PC 公司、Transocean Ensign Drilling 公司、贝克休斯公司及阿科公司都相继开发和使用了混合连续管钻机系统。典型技术参数为：注入头工作拉力为 80000lbf；注入力为 40000lbf；适用连续管的最大外径为 $3\frac{1}{2}$ in；井架的最大工作空间为 55ft；最大钩载为 120000lbf；当连续管直径 $3\frac{1}{2}$in 时，滚筒最大容量为 6800ft。

表 17-3-1 Xtreme 公司连续管系列钻机主要参数

主要参数	200ST	200DT	200DTPlus	XTC 300	XTC 400
连续管尺寸，in	$3\frac{1}{4}$	$3\frac{1}{2}$	$3\frac{1}{2}$	$3\frac{1}{2}$	$3\frac{1}{2}$
连续管长度，ft	7200	8200	10000	10000	10000
注入头最大拉力，lbf	120000	120000	200000	200000	200000
交流电动绞车拉力，lbf	200000	200000	200000	300000	400000
绞车功率，hp	600	600	600	600	1000
钻井泵的功率，hp	1000 (1~2 台)	1000 (1~2 台)	1000 (1~2 台)	1600 (2 台)	1600 (2 台)
钻机安装时间，h	2~4	2~4	2~4	8	18

4．滚筒上置式连续管钻机

如图 17-3-8 所示的滚筒上置式连续管钻机，将连续管滚筒坐放在注入头上方，不需要安装连续管导向装置，避免了通常在导向器处发生的连续管弯曲变形，可大大地降低连续管的疲劳损害。滚筒若安装在钻机底盘上，或以滚筒橇的形式固定在地基上。常规连续管钻机实施钻井作业时，连续管则从滚筒"飞出"，经过导向器和注入头下井，完成作业后，又经过注入头和导向器起出，回到滚筒"入巢"，在这个完整的起下周期中，连续管要历经 6 次弯曲变形；滚筒若直接上置在注入头上方，则只发生 2 次弯曲变形，理论上延长寿命达三倍之多。当然，滚筒上置给结构设计和设备移运带来了挑战。

5．钻塔式连续管钻机

如图 17-3-9 所示的钻塔式连续管钻井采用专用的塔式井架固定注入头，井架的三个侧面均有方便上下的扶梯，工作人员可进入塔架中间的工作台，维修注入头并根据需要更换夹持块。在连续管导向器的鹅颈管上有 5 个均匀分布的滚轮装置，每个滚轮装置处均有一个小工作台，供维修滚轮装置和更换易损件之用。橇装化连续管滚筒置于井架的前面。钻井泵和钻井液净化系统置于井架右侧，液压动力装置置于井架左侧。

6. 平台或驳船用连续管钻机

用于海洋或湖泊钻井的连续管钻机为橇装式（图 17-3-10），全套装置分为注入头、连续管滚筒、控制室、液压动力装置、钻井泵、高压管线和钻井液净化系统等 6 个模块，安装在海洋平台或钻井船上进行钻井作业。

图 17-3-7　混合式连续管钻机

图 17-3-8　滚筒上置式连续管钻机

图 17-3-9　钻塔式连续管钻机

图 17-3-10　平台或驳船用连续管钻机

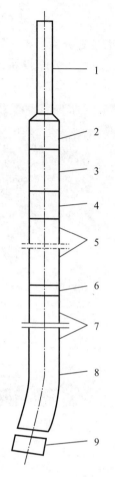

图 17-3-11 典型连续管钻井
用井下钻具组合

1—连续管；2—连续管变径接头；
3—断脱机构；4—定向工具；5—钻
铤；6—接头；7—容积式马达；
8—可调弯外壳；9—钻头

四、连续管钻井井下工具

井下钻具组合对连续管钻井的效率乃至成败至关重要，钻井工艺的不同，对井下钻具组合的要求也有所不同，一套完整而复杂的连续管钻井井下钻具组合往往需要 20 余个单元工具构成。典型的井下钻具组合如图 17-3-11 所示，包括钻头、正向驱动马达、测量仪、连续管接头、定向工具和紧急断开接头等连续管专用工具。其中连续管钻井用马达有高速小扭矩、中速中等扭矩和低速大扭矩等 3 种类型，低速大扭矩马达适合于 TSD 钻头和天然金刚石钻头，中速中等扭矩马达适合 PDC 钻头。

五、连续管钻井井控装置

连续管钻井对井控系统的配套要求主要取决于应用条件和钻井时所可能遇到的最差工况，根据不同的应用，井控系统配套可随作业工艺进行改变，下面是几种不同情况下的井控系统（BOP systems）配套要求，在多数连续管钻井中只要应用其中的一种或者几种就可以满足钻井作业操作：

（1）低压分流系统——用于钻表层井眼，此时最大的危害来自浅层气。

（2）钻头尺寸小于连续管防喷器通径——钻头尺寸小于 4in，可通过防喷器。在定向钻井中，通常使用 $3^{7}/_{8}$in 的钻头。

（3）钻头尺寸大于连续管防喷器通径——钻头尺寸大于 4in，不能通过防喷器。

（4）提/下混合操作——要求 BOP 能适应油管或套管操作。

（5）欠平衡 BHA 配置——要求特殊的 BOP 配套，以适应含气井的条件，并允许进行压力调节。

一般情况连续管钻井用井控系统与连续管修井作业用井控系统相似，如图 17-3-12 所示是一个典型的连续管钻井井控系统，在某些场合下，也可以改变某个部件以适用于不同的用途，关键部件主要包括：

（1）防喷盒——连续管钻井作业普遍采用侧开式，操作维护方便。

（2）防喷器——防喷器是连续管作业不可缺少的功能和安全设备，一般由液压进行控制和操作。连续管钻井作业的防喷器装置由全封闸板防喷器、剪切闸板防喷器、卡瓦式闸板防喷器和管子闸板防喷器组成。防喷器有四闸板防喷器、单/双闸板防喷器和环形防喷器等几种形式。当用连续管装备进行欠平衡钻井时，通常要安装两组防喷器，一组是连续管防喷器，另一组是井下钻具组合防喷器。

（3）其他设备——这些辅助设备包括防喷管、压井管线、节流管线、节流管汇、钻井液回流管汇、控制系统及仪表等，用来连接、监测或操作压力控制装备单元。

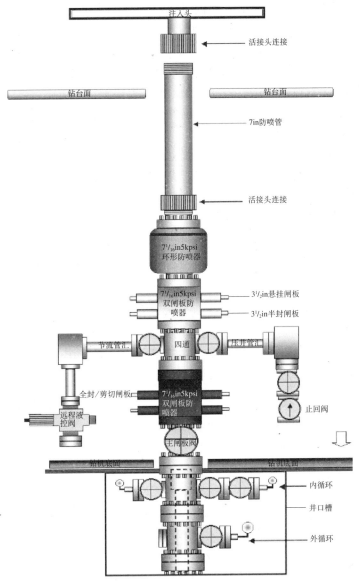

图 17-3-12 连续管钻井井控装置

六、连续管钻井工艺

连续管钻井全过程分为三个阶段，即钻前准备、钻井实施及钻后综合评估。钻前准备阶段的核心任务是，清晰界定此项连续管钻井工程项目的目标，基于信息收集和处理完成连续管钻井的可行性分析，明确项目实施计划、关键任务和里程碑事件，完成工程方案设计、设备购置或租用计划、工程费用估算及总体安全措施。钻井实施阶段的根本目的是，安全而成功地实施钻前设计的工程方案和项目计划，关键措施是，有效监控钻井全过程，实时采集、完整记录和准确理解各个环节的工程数据。钻后综合评估的根本目的是，全面分析和总结此项连续管钻井工程的计划安排、工艺设计、实际执行、数据和结果及经验与教训，为此后的其他连续管钻井工程项目的实施提供直接而科学的指导。具体而言，连续管钻井工艺工程主要包括如下基本步骤和程序：

(1) 研究分析目标井历史信息和井身状况等相关信息，论证采用连续管技术经济可行性。

(2) 识别采用连续管钻井的风险及规避措施，危险及防控措施。在连续管钻井装备到位之前，评估是否需要对目标井进行修井作业，若需要实施修井作业，则应形成作业文件。

(3) 形成连续管钻井设计，选择连续管钻井设备、辅助工具与其他装备，完成钻井液、测井与完井设计。

(4) 井场整理与准备，连续管钻井设备就位。

(5) 对所有的设备进行检测与维护，并形成相关记录文件。

(6) 按设计要求进行钻井、测井、下套管完井、固井及射孔等作业。

(7) 连续管钻机及相关设备撤离井场。

(8) 收集整理整个连续管钻井工程项目的全部数据，对项目或整个工程进行评估与总结。

1. 连续管新钻直井技术

连续管新钻直井一般应用于井深小于 1000m 的浅层油气藏开发，目前主要用于加拿大 Alberta 地区。大部分井均使用 ϕ73.0mm 连续管和 ϕ165.1mm 钻头钻井，采用 ϕ114.3mm 或 ϕ139.7mm 套管固井完井。由于连续管钻井速度快，连续管作业机灵活轻便，动迁性能好，该地区连续管新钻直井成本比常规钻井降低 1/3 左右。

2. 连续管重入钻井技术

重进入钻井就是在完成的垂直井中进行加深或开窗侧钻水平井，也可以是先打一口新的垂直井进行完井电测和下套管固井后，再开窗侧钻水平井，但国外大多数是在老直井上进行开窗侧钻的。重钻井的优越性在于：

(1) 节省费用：垂直井段用常规钻机完成，速度快，成本低，利用老井不再钻垂直井段和再配套地面注采设备，节约大量费用。

(2) 灵活方便：重钻井可以根据油层数量和注采情况多次重复侧钻水平井，可先钻单侧向，再钻双侧向以后再增加多侧向。

(3) 井眼稳定安全：重钻井的垂直井已下套管并固井，垂直井段的井眼稳定和安全性得到了保证，有利于采取各种措施保护和保证水平段的钻进。

连续管直径小可进行过油管侧钻，不需起下油管，从而显著地节约钻井成本，适应老井重入钻井这一潜在的大市场。1995 年第一口连续管侧钻水平井在 House Mountain 油田取得成功，该井使用 ϕ60.3mm 连续管钻井，井眼直径为 98.4mm，水平位移为 300m。从 1995—2004 年，阿拉斯加地区连续管侧钻井数量多达 500 余口，水平长度为 300 ~ 900m，井眼直径为 69.9 ~ 104.8mm，平均成本比常规钻井降低 1/2，取得了良好的经济效益和社会效益，获得了巨大的成功。

3. 欠平衡连续管钻井技术

欠平衡钻井是井筒内静液柱压力低于地层压力的情况下进行的钻井。连续管在起下和钻井过程中，不仅能实现完全动密封，而且承压高，可靠性好，为欠平衡钻井创造了安全可靠的条件。也为采用油基钻井液、气体钻井和泡沫钻井提供了安全保证。欠平衡钻井具有污染小，钻速快，易发现油气的优点。特别是水平井钻井，可实现边喷边钻，既有利于保护油气层不受伤害，又有利于用产出地层流体增大环空流量，更好地将水平段岩屑携带出来，提高机械钻速。

连续管不需要接单根，且井口压力控制可达 70MPa，能够实现真正的欠平衡作业。欠平衡连续管钻井对于压力递减储层、衰竭产层和酸性气体井最为理想有效，有着巨大的潜在市场。2003 年，BP 公司在阿联酋 Sajaa 气田取得了巨大的成功，通过欠平衡连续管侧钻水平分支井，大大提高了产量和采收率，在一些井中，产量提高了约 4 倍。同样在该气田，斯伦贝谢公司欠平衡连续管钻井单次进尺超过 2743m。斯伦贝谢公司通过在阿拉斯加、中东及委内瑞拉等地区的成功连续管钻井经验正在向全世界推广连续管钻井技术。

随着欠平衡连续管钻井的增加，促进了底部钻具组合的发展，目前已发展了一种新型的底部钻具组合，如图 17-3-13 所示。该钻具组合由连续管连接器、紧急分离工具、多路传输接头、定向器、助推器、循环阀、下部负载变送器、导向工具、马达及钻头组成。该钻具组合是通过使用综合水力压力和连续管内部的电子控制管缆来进行实时随钻测井和控制井底的钻具。

4. 小井眼钻井技术

小井眼钻井是指井径小于 120mm 的井眼。小井眼钻井的井眼尺寸小，套管尺寸小，井场占地面积小，钻井时设备数量少，钻井液用量少，材料消耗少，有利于降低钻井成本，保护自然环境。连续管尺寸小，强度高，用其进行小井眼钻井具有独特的优势。

连续管无接头，强度大，井下摩阻小，有利于缩小井眼尺寸，一般 $1\frac{1}{2}$in（38.10mm）连续管可钻 2in（50.8mm）小井眼，最大井深度达 3500m。国外实践表明，钻小井眼与钻常规井眼相比，岩石破碎量少 30%～40%，钻井液用量少 50%，套管用量少 35%，井场面积小 5～10 倍，钻井成本降低 1～2 倍。

5. 过油管侧钻技术

连续管进行过油管侧钻，不需起下油管，从而显著地节约钻井成本。连续管过油管侧钻技术包括水泥塞开窗侧钻技术、水泥环内置造斜器开窗侧钻技术和过油管造斜器开窗侧钻技术。其中，水泥塞开窗侧钻技术比较成熟，应用广泛。技术原理：首先是注开窗水泥塞，通过连续管钻机将加入纤维和乳胶的水钻井液注入开窗部位，在井底稠化时间约为5h；其次利用弯外壳钻井液马达在水泥塞中钻先导井眼至套管处；最后对套管磨铣开窗并直接进行侧钻作业，侧钻工艺与常规侧钻类似。

（1）井下工具：连续管开窗侧钻所用的主要井下工具有连续管接头、回压阀、液压短开接头、循环接头、非旋转接头、定向工具、随钻测量系统、井下马达、磨鞋和钻头等。连续管接头用于连接连续管和井下工具，并承受轴向载荷和扭转载荷，主要有卡瓦式和嵌压式两种结构，现场一般采用卡瓦式接头。

回压阀安装在连续管接头上方，用于限制流体流动方向，使钻井液从地面流向井底，阻止井液反向流动。阀的过流面积大，阻力小，反向密封可靠。

液压断开接头位于回压阀下方，在卡钻时用于分离液压断开接头上部井下工具和下部

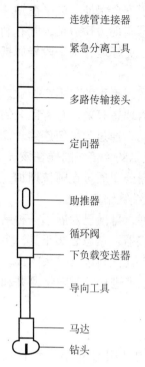

连续管连接器

紧急分离工具

多路传输接头

定向器

助推器

循环阀

下负载变送器

导向工具

马达

钻头

图 17-3-13　连续管欠平衡钻井
的井下钻具组合

井下工具，采用投球作用方式，分离后，井下落鱼用打捞工具打捞。

循环接头位于液压断开接头下方，投球循环至球座后发挥作用。在其打开时，液体在 MWD 和井下动力钻具上方通过侧空呈放射状分流。循环接头减少了通过 BHA（底部钻具组合）的压力损失和流速限制，从而允许增大流速，较高的流速可改善清岩效果。

非旋转接头，由于 BHA 的长度过大，常常要在井中将工具分成 2～3 段。当底部 BHA 进入井眼以后，由防喷器卡瓦卡持定位，此时管柱不可能再进行旋转，也不能再进行传统的螺纹连接。为了进行连接，需要使用一个花键非旋转型接头。两个连接滑卡在一起并通过内花键互锁防止旋转。为保护 BHA，在花键段以上接一螺纹钻铤。

定向工具用于调整井下工具的工具面，采用压差驱动方式。调整时，顺时针转动，可以预设调整量，一般每次调整 20°。产生的转动扭矩可达 678N·m，下部还可以加装喷射接头，以增大转动扭矩。

随钻测量系统可测量工具面、井斜角和方位角。脉冲发射器和涡轮系统安装在同一圆管中。位于井下动力钻具和圆管之间的方向探测器和伽马探测器安装在无磁蒙乃尔钻铤内。测量数据不停地传递到地面并在控制室中显示。随着新型传感器的出现，已经能够测量井底压力和井下温度等参数。

井下动力钻具采用螺杆钻具（单弯外壳或双弯外壳），在普鲁德霍湾油田，主要使用 1.5 级、73mm 和 88.9mm 两种规格的螺杆钻具，瓣比为 7∶8，外壳弯曲度为 1°～3°。

在连续管钻井中广泛采用 PDC 钻头，五翼结构，镶嵌粒径 8mm 的圆形和平底切削片。工作切削片的刃角为钝角，以便减小螺杆钻具失速和反扭矩。在砂岩中的钻速一般为 9～21m/h，在泥页岩地区的钻速一般为 3～6m/h。在穿过套管侧窗时，为避免对 PDC 钻头的切削齿造成损坏要降低泵速和下钻速度。

（2）专用 BHA 结构：按照各种工作的专门需要，BHA 可分为套管或衬管开窗用 BHA、增斜段用 BHA 和水平段用 BHA。

①套管或衬管开窗用 BHA：在套管或衬管上磨铣开窗前，先由连续管打水泥塞。从水泥顶部开始至要进行套管开窗的点钻一导引孔。钻导引孔时使用 1° 弯角的弯外壳螺杆钻具和抛物线状的金刚石速磨钻头。套管开窗常用 3° 弯外壳螺杆钻具，螺杆钻具上部还安装有 1.5° 弯接头。在磨铣穿过套管或衬管壁时使用短刃凹面金刚石速磨钻头。在磨铣导引孔和开窗时可使用传统的导向螺杆钻具，以节约费用。

②增斜段 BHA：钻增斜段不需使用钻铤，造斜使用无磁动力钻具和 PDC 钻头。钻井液马达的外壳弯角从 1°～2.75° 不等，根据整个增斜及方位扭转率而定。不使用 MWD 稳定器，为减少钻压传递问题，动力钻具的抗磨垫块限制在 3 mm 以内。

③水平段 BHA：钻水平段所用 BHA 结构与钻增斜段所用完全相同。为维持水平轨迹

并能小范围定向校正，使用弯度为 0.6°～1.0° 的弯外壳动力钻具。

（3）钻井液要求：磨铣开窗作业时会产生岩屑和金属碎末，因此，要求钻井液必须具有良好的铁屑携带能力和良好的剪切稀释性能以及悬浮能力，漏斗黏度一般在 70～100s 为宜，屈服值大于 25Pa，使塑性黏度与屈服值之比较小。有条件时可采用正电胶钻井液体系。

（4）固控要求：在磨铣过程中应做好钻井液的净化工作，返回的钻井液应通过一系列钻井液槽磁铁和一个线性振动筛，以防止返出的铁屑再次入井，堵塞磨铣工具喷嘴。

（5）开窗侧钻工艺：利用连续管进行开窗侧钻，目前较成熟和应用较广泛的是水泥塞开窗侧钻技术，它是在老井眼中开窗侧钻的可靠、经济和有效方法。截至 1995 年底，ARCO 公司在普鲁德霍湾油田利用连续管钻机钻的 40 余口井，大部分为水泥塞侧钻。

目前用于注水泥塞的水钻井液体系是 2039kg/m³ 的 G 级配方，添加 12.8kg/m³ 的尼龙纤维，水泥成批混合，通过连续管作业机注入开窗部位，在井底条件下有 5h 的稠化时间。使用尼龙加强材料可增加磨铣所形成的水泥斜面的耐久性。

在水泥塞上钻导引孔至开窗点，该点位于新老井眼交汇处。导引孔的形状确定了其他阶段的磨铣操作。钻导引孔采用常规的短抛物线形金钢石钻头，接着下 1° 弯外壳可定向的容积式马达。导引孔有近边导引、远边导引和曲线导引三种几何形状，大多数井中采用曲线导引，因其易于定向和可预测造斜，且从直井眼段经过平缓的导引曲率段到窗口的最高曲率处过渡平滑，减小了井下钻具组合穿过窗口的阻力。

开窗的最后一个步骤是磨铣窗口。导引孔钻至接触套管壁，使磨铣井下钻具组合保持在正确的方位上，水泥斜面从开始就支持着磨鞋和动力钻具弯外壳产生所需的切削力。开窗井下钻具组合为：钻铤 + 定向工具 +2°～3° 双弯外壳井下动力钻具 + 磨鞋，钻铤用于向磨鞋提供所需的钻压。

在开窗作业中，最重要的技术之一是吊打，吊打的关键是锁住注入头一段时间磨铣套管，从而使磨鞋磨进套管。吊打步骤完成以后，恢复定时钻井，如果磨鞋在 0.3 m 左右范围内开始获得钻压，表明磨鞋保径已经切入套管，可以加钻压磨铣窗口。随着起始磨鞋和导引孔的改进，吊打的时间已经大大缩短。

开窗完成后，首先钻造斜段和稳斜段，最后钻水平井段，侧钻工艺与常规侧钻类似。

6. 连续管微井眼钻井技术

微井眼技术是一项崭新并得到各方重视的油气开发技术，此项技术尚处在发展的初期。它是以连续管技术装备为中心发展起来的一套集钻井、测试和采油等功能装备和技术于一体的集成技术。

世界上已经运用连续管对水平井侧钻或修井作业以提高产量。美国 Los Alamos 国家实验室最早于 20 世纪 90 年代中期研发了微井眼钻机及微井眼工艺技术与连续管钻井技术。由 Los Alamos 国家实验室研发的微井眼钻机自动化程度高，整个系统的操作可以仅由两个人来完成，优越于常规钻机。20 世纪 90 年代末期，Los Alamos 国家实验室研发的微井眼连续管钻井工艺技术取得了从理论研究到实际钻成 3 口井的较大发展，其中包括 $1\frac{3}{4}$in 和 $2\frac{3}{8}$in 直径的井眼，钻深为 210m。

2003 年美国能源部委托独立的专业机构对此项工艺的综合效益和对油气工业发展的影

响做了调查，并由著名的 Los Alamos 国家实验室进行可行性研究，对运用现有及所需的工艺来发展微井眼技术的可能性进行了评估，得出的结论是：现有技术只能用连续管钻成305m 深的微井眼；若要面向美国已知油气资源的盆地的开发，目前工艺的发展目标定为微井眼钻深 1500m 以上。

美国能源部先期资助 6 个项目开展微井眼技术研发：连续管超小型钻机；用于 $2\frac{3}{8}$in 的小型地质导向工具；水平钻井的推拉机具；零排放钻井液系统；雷达导向系统；超小型电潜泵。

美国能源部现又资助 10 个项目来推动微井眼技术向商业化及美国石油与天然气工业广泛应用迈进。内容包括：新型合成材料的连续管钻井系统；新一代微井眼连续管钻机油田钻井试验；小型高压水力喷射钻井机械装备；提高用连续管水平钻进微井眼钻深；结合现有实时测录井技术推动低成本的连续管小井眼钻井；微井眼钻进无线导向系统；提高25% ~ 60% 的钻进速度，从而降低约 40% 的钻井成本；微井眼钻井的防砂问题。

国内在微井眼技术上的研究还是空白。开展的一些项目与之有一定关系，包括：连续管作业机及修井作业技术与工具，高压水射流增产作业，超短半径水平井技术，液力无杆采油技术等。需结合微井眼技术的要求来发展与突破这些常规技术。

第四节　膨胀管与等直径钻井技术

所谓膨胀管就是用特殊材料制成的金属圆管，其原始状态具有较好的延展性，在膨胀力的作用下，通过膨胀锥的挤压作用，使其内径和外径均得到膨胀并发生永久塑性变形，膨胀率可达到 15% ~ 30%。通过对膨胀管实施胀管，改变膨胀套管的组织结构和机械性能，其强度指标得到提高，而塑性指标下降。通过选择或调整膨胀套管材料，控制膨胀率等技术手段，使膨胀管获得与特定钢级套管相当的机械性能指标，从而满足石油工程的使用要求。

膨胀管一般用来解决复杂地层引起的各种问题，如封堵严重漏失地层，解决井眼垮塌问题等，也可以用于套管的补贴与修复。随着长井段膨胀管技术，以及膨胀管等内径搭接技术的成熟，等直径井概念被提出。等直径井是指从开钻到完井只下入一种直径的管子，通过不断延伸并等内径搭接的膨胀管解决各种压力系统与复杂地层问题。等直径井技术可以任意增加下入的套管次数，相当于扩展了套管层次，从而显著提升复杂深井的钻井能力。

一、膨胀管与等直径井技术发展概况

膨胀管技术（Expandable Tubular Technology）是 20 世纪 90 年代产生并发展起来的一项新技术，可应用于钻井、完井、采油和修井等作业过程，被誉为可带来变革性发展的新技术。1990 年初，Royal Dutch Shell 公司开始进行可行性研究，工作的重点主要集中在管材实现膨胀变形的可能性研究；1993 年在挪威的海牙进行了第一次概念性试验。

1993—1998 年，开始对该项技术进行深入系统的研究工作，工作重点主要集中在管材和连接方式的研究上。对管材提出的要求是，既满足胀管工艺要求，尽可能降低胀管压力，胀管后其性能又要符合 API 标准对套管的要求，以达到工程应用的水平。在完成了基础研究工作后，工作重点转向了应用工艺研究。1998 年 12 月 Shell Technology Ventures 公司和 Halliburton Energy Services 公司合资成立了一家专门致力于膨胀管技术的发展与商业化运作的合资公司——亿万奇公司。

1999年3月，亿万奇公司在美国休斯敦进行了模拟井下实验，11月进行了第一次现场应用试验。2004年，在美国休斯敦召开的海洋技术会议（OTC）上，WEATHERFUL公司公布了第二代石油钻井用旋转式膨胀管，这种膨胀管的最明显优点是不会出现第一代管的膨胀后管子长度缩短现象，可用于对膨胀层位有严格要求的复杂井段钻井，有堵水工艺要求的作业当中。2005年，贝克石油工具公司最新研制成功的LinEXX膨胀管系统采用了单行程下行扩管方法，在维持相同环空间隙的情况下来扩展膨胀管，使作业者可以用较大的井眼钻更深的探井。另外，该系统还可以作为隔离活化页岩、盐层和低破裂梯度地层的一种应急措施。该系统在不降低井眼尺寸的条件下可以提供最优的和经济有效的套管结构。TIW公司正在研制完井用XPAK膨胀管悬挂器，XPAK膨胀管悬挂器将是一种具有多级坐放工具和使用常规地面泵进行液压坐放的悬挂器。这是当今石油工业界额定承压能力最大的膨胀管悬挂器。这是继2TXPatch系统和XPAK斜向封隔器锚定系统之后，该公司开发的第三种膨胀管产品。

2006年，亿万奇公司和壳牌公司（Shell）联合宣称，他们成功地完成了等直径建井系统（一种建井方法）主要工具的改进与完善。配套工具的改进与完善使实现等直径建井工艺变得更加实际，下一步现场试验将进一步确定这些工具在等直径建井中的适用性。

2007年是等直径井技术发展具有里程碑意义的一年。贝克石油工具公司在俄克拉荷马州的一口生产井中顺利完成世界首个投入商业应用的等直径井膨胀系统的安装。该系统通过从顶部到底部的一次性扩管实现$9\frac{5}{8}$in套管的"延伸"。7月26日，亿万奇公司使用其最新等直径井技术，在俄克拉荷马州的现场评价井中成功地将3节尾管内径膨胀至10.4in，膨胀总长度达1750ft，使"等直径井"从概念变为现实。

迄今为止，膨胀管技术在套管系统、裸眼系统和膨胀尾管系统应用已经成熟，正在向着膨胀管技术最终发展趋势——实现"等直径钻井"的方向努力。等直径钻井技术被誉为"将带来钻井技术革命"的一项新技术，将带来钻井施工工艺的重大变革，将会逐渐发展成为钻井设计中考虑的技术手段之一。国外专业公司已于2002年开展了相应的基础研究工作，经历了充分论证和现场试验并逐步发展成为一项成熟技术。国外从事该项技术研究的主要有：Enventure Global Technology（亿万奇全球技术公司）、Weatherford、Shell和BP等公司，其中，亿万奇全球技术公司已对该技术进行了多次功能性试验，并于2007年完成了全球第一口工业性应用试验井，技术水平处于国际领先地位。

膨胀管技术的概念是从2000年引入国内的，国内各研究机构开展了该技术的研究工作，从一开始就以国内生产急需——套损井修复应用为研究目标。在膨胀管管材的研究方面，同时采取了两条技术路线：一是在国内现有管材中进行优选，以加快研究进程；二是与有关单位合作，研究开发膨胀管专用管材，以满足技术发展的需要。在工艺技术及关键工具的研究方面，遵循了自主开发的研究原则。在管柱结构和胀头表面强化技术等方面取得了突破性的进展。通过系统的地面模拟试验，形成了用于套损井修复的成套技术，并于2003年11月在大庆油田采油四厂成功地进行了两口井的工业性应用试验。试验的结果表明：研究开发的用膨胀管修复套损井配套技术，能满足现场使用的要求，各项技术指标达到了设计要求。该技术的成功应用，将为套损井修复施工提供一种新的技术手段。于2004年，完成膨胀管技术对老井加深的应用进行可行性分析及技术调研，对膨胀管材料学进行开发、研究和性能试验，螺纹密封设计研究。2005 年在华北油田京 708 井进行的长管段膨胀管的应用取得了圆满成功，标志着膨胀螺纹连接的研发成功，为膨胀管技术的发展奠定了坚实的基础。与此同时，膨胀管技术在膨胀尾管悬挂、裸眼可固井和等直径钻井等方面开展研究工作，膨胀尾管系统和裸眼系统完全达到现场工业应用条件，等直径钻井系统正准备进行相应的台架先导性试验。

二、膨胀管技术的应用

随着油气勘探与开发事业的发展，部分油层已经枯竭或有的井下复杂，已不能正常生产。这些油层下的新油层虽然丰度低，却是油田持续发展不可忽视的储量，具有较大的开采价值。同时在油田开发进入中后期，套损问题是我们较为常见的问题。其表现的形势多种多样，主要包括：套管腐蚀、变形与错断等，这都将严重影响生产的正常进行。特别是在钻井过程中，钻遇有问题的层段时，常常采用提前下套管的技术措施来解决问题。其结果是，由于受套管层次限制，引起一系列连带的技术问题，塔里木油田山前地层许多探井都是以小井眼完井，只能基本了解是否有油气存在，而受小井眼限制，许多测试工作都难以开展，有些井甚至影响到最终目的层的钻达。采用膨胀管技术，可有效地解决以上难题，一部分井可能一层套管下入数千米，只是解决很少的一段复杂地层，对于这类井膨胀管技术可以大幅度降低油田勘探与开发成本，而对于像塔里木油田山前等复杂地层，膨胀管可以在现有 6/7 层套管井身结构基础上，利用膨胀管技术解决部分复杂地层，从而大幅度提升复杂深井钻井能力。对于这项技术，国外的多家公司都投入了大量的人力物力进行研究，在套损补贴系统、膨胀尾管悬挂系统和裸眼系统三个应用领域都投入到工业实施，效果良好，有扩大规模应用的趋势。用于解决复杂地层钻井和海洋深水钻井等钻遇问题的等直径钻井技术，已进行了先导性工业应用试验。等直径钻井技术被誉为"将带来钻井技术革命"的一项新技术，将带来钻井施工工艺的重大变革，将会逐渐发展成为钻井设计中考虑的技术手段之一。

根据膨胀管技术的用途对其进行分类，可分为套管补贴系统、裸眼系统及膨胀尾管悬挂系统等几大技术体系。

套管补贴系统是针对油田开发进入中后期所遇到的常见套损问题而研发的新技术。目前所采用的套损井修复技术主要包括取换套技术、打通道技术、波纹管补贴技术及加固管加固技术等。其中，取换套技术是最彻底的修复技术，修复后仍能够保持原井眼通径，但费时费力；而采用其他的密封加固技术都是局部的修复技术，修复后将不可避免地导致井眼通径的缩小，但省时省力。采用膨胀管修复套损井技术可以兼顾两者的优点，采用膨胀管修复套损井工艺过程如图 17-4-1 所示。

首先，采用定径刮铣器对套损段及其上下两段完好套管段进行修整，以保证必要的井眼通径及完好套管段内壁清洁光滑。然后，下入用于修复套管的膨胀管管柱，两端专门设置了两段硫化橡胶的密封段，密封段分别位于套损段的上端及下端。当膨胀管管柱下到预定位置后，开始打压胀管。胀管过程完成后，下放管柱及胀头被起出，井内仅留下膨胀管及由可钻材料制成的下阀座，位于套损段上下两端的膨胀管密封段与原完好套管间形成了良好的密封及固定。而后，下入钻头或磨鞋等工具将下阀座钻（磨）掉并修整上端口后即可恢复生产。显而易见，采用膨胀管修复套损井，不但可获得良好的密封及固定效果；同时，由于修复后井眼通径仅仅缩小膨胀管两个壁厚的尺寸可获得最大的通径。

裸眼系统是指在钻井过程中，钻遇有问题的层段时，在原常用的套管系列间加入一段（或多段）膨胀管，其机械性能与原套管相当。常规情况下，施工采用提前下套管的技术措施来解决问题，其结果是由于打乱了原钻井设计所规定的套管序列，将引起一系列的连带技术问题，甚至影响到最终目的层的钻达。

采用裸眼系统技术可在原常用的套管系列间加入一段（或多段）膨胀管，其机械性能与原套管相当。利用加入的膨胀管并实施固井，施工过程完成后，井眼通径仅仅缩小两个膨胀管壁厚的尺寸，从而既达到了处理井下复杂情况的目的，又可保证后续钻井过程的正常进行。采用膨胀管裸眼系统工艺过程如图 17-4-2 所示。

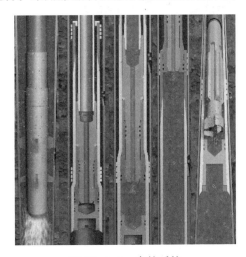

图 17-4-1　套管系统　　　　　　　　图 17-4-2　裸眼系统

首先采用双心钻头扩眼提供足够的井眼直径，既给膨胀管预留胀管空间，又保证水泥环有足够的厚度。而后，下入膨胀管管柱到预定位置后，首先进行注水泥固井，固井过程与常规固井没有本质的区别。当注水泥过程完成后，在水泥候凝阶段，顶替液就作为胀管液驱动胀头进行胀管，直至下放管柱与胀头一起被起出，井内仅留下膨胀管及由可钻材料制成的下阀座；同时，膨胀管上部与上一级套管间形成了牢固的悬挂及可靠的密封。待水泥凝固后，即可下入钻头将下阀座钻掉，恢复正常钻井。裸眼系统井眼通径仅仅缩小两个膨胀管壁厚的尺寸，既能达到了处理井下复杂情况的目的，又可保证后续钻井过程的正常进行。

膨胀尾管悬挂系统比常规尾管悬挂器和尾管上封隔器实现更有效的尾管悬挂与密封性能，特别对于解决高压气井井口带压具有非常重要的意义。膨胀时，其胀头不是让整个尾管膨胀，而仅仅膨胀一小段尾管（一般约 10m）来形成尾管悬挂器；同时，这一小段尾管有充当尾管上封隔器的功能。膨胀尾管悬挂系统集尾管悬挂和尾管上密封功能于一身，因而可最大限度地减少尾管顶部的挤水泥作业。与常规尾管悬挂器和尾管上封隔器相比，这种可膨胀尾管悬挂器系统能够彻底解决尾管重叠段的环空密封问题，避免卡瓦悬挂对上层套管造成损伤，在固井过程中可上下活动和旋转钻柱，能够提高顶替效率和固井质量。膨胀尾管悬挂器坐放好以后，环空剖面极小，可增大内部的有效流动面积。采用膨胀尾管悬挂系统工艺过程如图 17-4-3 所示。

图 17-4-3　悬挂系统

可膨胀防砂筛管是以原始状态下入到井中，当胀头穿过筛管时，防砂筛管能够膨胀开来直接紧贴在地层井壁上。由于研制了可膨胀连接，因而可将任意长度的筛管下入井中，膨胀后使其形成完整的防砂筛管。防砂筛管一般共有三层，内层是可膨胀割缝基管，中间用覆盖片状过滤材料缠绕，外层是可膨胀基管罩。由于膨胀后紧贴井壁，因而使筛管获得良好的支撑，同时由于筛管和井壁之间没有环空，减少了砂粒的移动、微粒的运移及与之相关的筛管堵塞问题。另外，还可最大限度减少砂粒撞击和冲蚀问题，最大限度地提高滤砂面积，且可对储层实施进一步的作业处理和控制。

随着油气勘探与开发事业的发展，在具有复杂地层深井超深井的传统钻井作业中，随着下入套管层数的不断增加，井眼直径将不断缩小，会导致最终无法钻达目的层或目的层井眼太小妨碍后续作业，但等直径钻井技术的诞生，有效地解决了这些问题。该技术利用特殊材质管材的弹塑性形变特点，通过膨胀锥挤压使管材进行塑性形变，实现全井井眼相同，从而获得较大通径，为后续作业提供足够的井眼通径，并顺利钻达目的层。传统钻井方案与等直径钻井方案井身结构对比如图 17-4-4 和图 17-4-5 所示。

三、膨胀管技术特点与工艺

1．膨胀管技术特点

1）膨胀管技术原理

膨胀管技术是利用膨胀管的可膨胀特性，通过对膨胀管进行径向的挤压，使其通过材料的弹性区达到屈服极限点，进入塑性变形区域发生塑性永久变形，从而使膨胀管的内外径扩大到设计尺寸，满足工程施工的需求。对于绝大多数的金属材料都遵循金属的应力—应变曲线，膨胀管的管材也遵循这样的变化规律。膨胀管胀管过程类似于金属塑性冷加工中的拉拔工艺，在膨胀锥作用下一次使管材通过弹性形变区达到屈服极限点，进入塑性变形区域发生塑性变形，当大于金属屈服极限的应力载荷撤销后，金属将会弹性回缩再反方

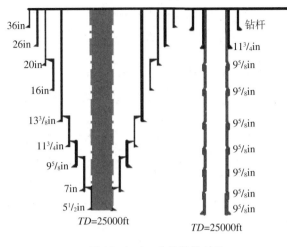

图 17-4-4　井身结构对比

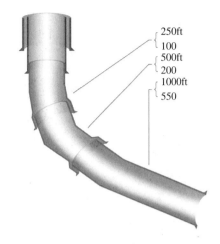

图 17-4-5　井身设计

向对金属施加应力，金属将会很快进入屈服状态，进入塑性区域发生永久变形。该技术依据的原理主要有：金属材料的弹塑性力学原理、液气压平衡原理、基础的运动学和固井工艺原理等，其中主要的是材料的弹塑性原理。

在理论上，由于膨胀管顶端固定，膨胀管尾部呈自由状态，胀头从上向下沿轴向实施膨胀作业，膨胀管内径增大，假设体积不变，则膨胀管将发生轴向收缩。膨胀管内金属将同时产生轴向位移和径向位移，即膨胀管内的金属同时发生轴向和径向流动行为。由于膨胀管内壁与胀头间的接触面上存在金属内外壁的轴向位移量不一样，同时，由金属冷塑性加工理论知，当接触面间的摩擦系数很小时，金属间的接触面增大，在很高的接触应力作用下，容易造成金属间的粘接。从这点来看，适当增加摩擦系数，有利于膨胀管的膨胀。在膨胀幅度一定的情况下，摩擦系数对金属的轴向和径向流动以及膨胀后的膨胀管壁厚都有影响。在摩擦系数一定的情况下，膨胀幅度对金属的轴向和径向流动有显著的影响。

由于接触压力的作用，膨胀管内壁单元受拉而拉伸，外壁单元受压而压缩。同时，在膨胀管的膨胀接触区域与已膨胀区域间也受到一高接触压力的作用，使膨胀管内壁单元受压而外壁单元受拉。所以在膨胀接触区域，膨胀管内壁单元先受拉伸再受压缩，而外壁单元则先被压缩再被拉伸。因此，在膨胀接触区域，膨胀管内外壁的金属流动很不规则，对膨胀管的连接部位的强度和密封产生破坏性影响。根据力学知识，胀头的接触面受力也不均匀，在胀头的接触面两端出现高接触压力，而在中部却受力很小，这为膨胀管和膨胀锥等的材料选择和结构设计提供了理论依据。

2）膨胀管技术关键

膨胀管技术主要牵涉到金属的变形机理、金属的弹塑性力学原理以及固井工艺原理，同时它还与具体的施工工具和环境有密切的关系。其中主要的技术关键包括膨胀管管材、膨胀管连接方式、施工配套工具及建井工艺过程等几个方面研究内容。

首先，通过膨胀管管材方面的技术研究，选择适合的膨胀管材料，并为膨胀管的选择提供筛选标准，同时为工程应用提供前提和理论依据。该方面研究主要包括膨胀管管材选择，膨胀管的加工及表面处理，及膨胀管胀管行为仿真研究等。

管材要满足膨胀过程中的应力—应变性能要求，具有足够的强度，良好的塑性变形能

图 17-4-6　搭接技术

力，一定的抗腐蚀能力。同时，要求管材的机械性能均一，应力集中尽可能的低，不同的管材分别达到 API 标准中的 J55 和 N80 要求或者更高标准。

其次，选择适合的膨胀管间连接方式以及膨胀管间搭接方式，确保连接部位的密封及悬挂的安全可靠性，主要包括连接螺纹的选择和搭接方式的选择等。

膨胀套管连接方式是实施膨胀管技术的重点和难点之一。膨胀管之间的连接螺纹一般采用不同于 API 螺纹的特殊螺纹，它要求这种螺纹在膨胀前后和膨胀过程中都能保持较好的密封性能和较高的连接强度，这对于一般的螺纹是很难做到的，必须是经过专门设计的特殊螺纹才能达到这一要求。另外，膨胀管管段间的悬挂、密封和锚定技术（搭接技术如图 17-4-6 所示），是确保膨胀后能获得相同井眼通径的关键，也是保证膨胀管的使用寿命及井下操作安全可靠性的关键。

建立等直径井施工工艺过程及配套工具是确保现场施工顺利进行的关键。通过该方面的研究，研发出适合的钻井工艺、完井工艺以及实现各工艺过程的配套工具，确保钻完井过程的安全可靠性。该方面研究主要包括选择可行的钻井施工工艺和完井施工工艺，研发满足工艺要求的可变径膨胀锥、固井机构及随钻扩眼器等配套工具。

2. 钻井膨胀管裸眼系统施工工艺

膨胀管裸眼系统可分为钻井应急套管系统和侧钻膨胀管完井系统。

钻井应急套管系统主要应用于当钻井过程中遇到下部地层漏失时，通过下入膨胀管并固井以作为应急套管，既不打乱原钻井设计所规定的套管序列，又保证了后续钻井施工的正常进行。钻井应急套管系统的施工工艺主要包括：（1）通径规通井，确保膨胀管管柱能够顺利下放至预定位置；（2）在漏失的裸眼井段下入膨胀管管柱至预定位置，该膨胀管管柱的尺寸预先设计好，确保膨胀管经过膨胀作业后能与上层套管形成可靠的搭接悬挂和锚定密封；（3）注水泥固井：启动水泥车，通过膨胀工具串注入固井水泥，并注入清水推动固井胶塞在浮鞋处碰压；（4）在水泥候凝阶段，在地面上连接好打压管线后，对膨胀管管柱进行打压胀管作业，将膨胀管膨胀至设计尺寸，与上层套管形成可靠的搭接悬挂和锚定密封；（5）胀管作业完成后，将膨胀工具串提出井口回收；（6）钻下底堵：水泥凝固并经测声幅和试压合格后，下入磨铣工具，将下底堵磨铣掉，恢复正常钻井施工。

侧钻膨胀管完井系统主要应用于老井侧钻，在老井的原井眼加深钻进后，通过下入膨胀管进行完井的方式，可以解决常规的老井侧钻后下小套管完井技术存在的固井质量难以保证和尾管通径较小给后期采油生产带来困难等问题。侧钻井膨胀管完井系统的施工工艺主要包括：（1）在老井侧钻完裸眼井段后，若需要固井完井，则首先对裸眼井段扩眼；若不需要固井完井，则直接用通径规通井，以确保膨胀管管柱能够顺利下放至预定位置；（2）在裸眼井段下入膨胀管管柱至预定位置，该膨胀管管柱的尺寸预先设计好，确保膨胀管膨胀后能与上层套管形成可靠的搭接悬挂和锚定密封；（3）若需要注水泥固井，则启动水泥车，通过膨胀工具串注入固井水泥，并注入顶替液推动固井胶塞在浮鞋处碰压；若不需要注水泥固井，则直接进行第（4）步工艺过程；（4）在地面上连接好打压管线后，对膨胀管管柱进行打压胀管作业，将膨胀管膨胀至设计尺寸，与上层套管形成可靠的搭接悬挂和锚定密封；若不需要固井完井，则在第（2）步工艺过程完成后，直接对膨胀管管柱进行打压胀管作业，将膨胀管膨胀至设计尺寸，与上层套管形成可靠的搭接悬挂和锚定密封；(5)胀管作业完成后，将膨胀工具串提出井口回收；(6)钻下底堵：若需要固井完井，则在水泥凝固与试压合格后，下入磨铣工具，将下底堵磨铣掉，恢复正常施工作业；若不需要固井完井，则在膨胀工具串回收后，直接下入磨铣工具，将下底堵磨铣掉，恢复正常施工作业。

3. 等直径井施工工艺

在国外，等直径钻井技术主要经历了多行程胀管和单行程胀管两种技术路线研究与优选，同时进行了相应的实验室台架试验和试验井先导性试验。两种技术路线拥有各自的技术特点，以下主要介绍一下各自的技术特点及两者的主要区别。

多行程胀管系统（图17-4-7）是指通过两次或多次起下钻来实现上下级套管等直径的技术体系。首先，利用常规膨胀管胀管方式将膨胀管柱下放到位进行膨胀作业使其与上一级套管形成悬挂锚定，随后，起钻将膨胀管柱上提井口更换管柱下放到位进行后续的施工，实现上下两级套管内径相同，如有需要还需进行必要的整形或剪切，确保不影响后续的正常钻进。在后续钻进过程中，当钻达一定深度或遇到问题层段后，重复进行上述施工操作，最终实现全井等直径。该系统的技术优点主要体现在采用成熟的膨胀技术进行悬挂锚定，井下工具串机构运动简单可靠，两次胀管膨胀锥尺寸固定不发生变径，因此，整个施工过程简单可靠，安全性能高。

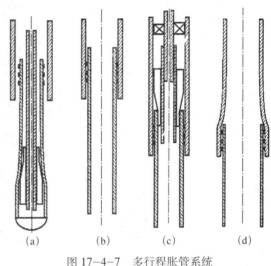

(a)　　(b)　　(c)　　(d)

图 17-4-7　多行程胀管系统

该系统的技术不足主要体现在完成单次等直径膨胀施工至少需要两次或更多次起下钻，膨胀压力比较高且管材进行二次膨胀，在进行二次膨胀时需要封井，全井充满高压液体为膨胀锥提供膨胀动力会降低套管的使用寿命，固井水泥候凝时间难以控制等，总之，采用多行程胀管实现等直径，确保了每次施工的安全可靠性和可操作性比较好，但整体施工工艺可行性差。

单行程胀管系统（图17-4-8）是指通过一次起下钻来完成上下级套管等直径的技术体系。首先，利用工具串将膨胀管柱下放到位，投球打压为膨胀锥提供足够的空间变径进行胀管（称之为一次变径），直到形成为下一级套管搭接喇叭口。随后，膨胀锥进行变径（称之为二次变径），继续打压，通过液压推动膨胀锥进行胀管，直至与上层套管形成悬挂密封，实现上下两级套管内径相同。在后续钻进过程中，当钻达一定深度或遇到问题层段后，重复进行上述施工操作，最终实现全井等直径。该系统的技术优点主要体现在完成整个等直径膨胀施工过程只需要一趟钻即可完成，两层套管搭接部分只需进行常规膨胀管的膨胀作业，膨胀管不需要进行二次膨胀，从而降低了对工具及管材的性能参数要求，提高了施工的经济性，降低了钻井成本。

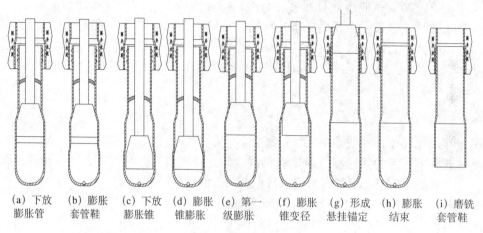

(a) 下放　(b) 膨胀　(c) 下放　(d) 膨胀　(e) 第一　(f) 膨胀　(g) 形成　(h) 膨胀　(i) 磨铣
膨胀管　套管鞋　膨胀锥　锥膨胀　级膨胀　锥变径　悬挂锚定　结束　套管鞋

图 17-4-8　单行程胀管系统

该系统的技术不足主要体现在井下工具串机构运动过于频繁与复杂，安全可靠性降低，膨胀锥要经过两次变径使机构设计复杂，并且需要密封杯形成压力腔提供膨胀动力。总之，采用单行程一趟钻胀管实现等直径，井下工具串动作复杂，安全可靠性和可操作性比较差，但整体施工工艺可行性好，一旦配套工具可靠性达到要求，可很好地实现等直径钻井工艺过程。

多行程胀管系统和单行程胀管系统技术路线的不同之处在于起下钻次数、膨胀锥是否变径以及膨胀管是否进行二次膨胀。

多行程胀管系统采用多次起下钻胀管实现等直径，井下工具结构简单，动作少，每次施工的安全可靠性和可操作性比较好，但膨胀管要进行二次膨胀，且整体施工工艺可行性差。

单行程胀管系统采用单行程一趟钻胀管实现等直径，井下工具串动作复杂，安全可靠性和可操作性差，但整体施工工艺可行性好，一旦配套工具可靠性达到要求，可很好地实现等直径钻井工艺过程。

多行程胀管系统和单行程胀管系统技术路线的相同之处在于实现等直径钻井过程的施工工艺均是可行的。

通过对国外主要研究企业单位的技术调研和资料的收集与研究，结合国内相关的勘探生产技术需求，提出适合油田开发应用的技术方案，即单行程膨胀锥一次变径施工工艺（图17-4-9），该工艺主要包括井眼准备、下放工具、注水泥固井作业、膨胀作业和回收工具等工序。等直径井眼的油气井成功应用依赖于多个关键技术的有机结合，其中主要包括膨胀管管材、膨胀管连接方式、施工工艺及配套工具等方面的研究。

等直径钻井技术是一项富有生命力的新兴技术，涉及研究内容繁多，是一项复杂的系统工程，其应用领域也日趋广泛。该技术在国内还只是处在研发阶段，正开展钻井、机械和钢材制造等领域的联合大攻关，力争尽快掌握该项技术，为海洋钻井、超深井钻井和复杂井钻井提供更多的技术手段和解决方法，缩短并赶上国外先进技术水平。

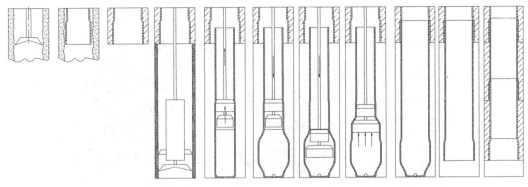

图 17-4-9　单行程一次变径

四、膨胀管裸眼系统与等直径钻井地面装备

根据钻井设计规范要求，配备等直径钻井施工过程中需要的钻机、转盘（或顶驱）、井口装备、固控系统、柴油机组及防喷器等，以此来确保钻井施工的顺利进展。除此之外，用于等直径钻井的专用工具需针对施工工艺进行设计研发，以确保钻进、膨胀和固井等工艺顺利实现，主要包括地面辅助装备和井口装备。其中，地面辅助装备主要包括车载打压泵、橇装钻井泵、高压软管和压力测试仪等；井口装备主要包括安全卡瓦、打压转换接头、专用提升短节、防护板、固井水泥头和快速卸压接头。下面通过施工工艺的简述，简要说明各地面装备的主要作用。

首先，钻进过程完成后，进行下放膨胀管管柱操作。在地面将膨胀管专用提升短节与第一根膨胀管上端螺纹连接，缓慢下井。当膨胀管上端距离井台到达规定距离时用安全卡瓦坐在井口上，拆除专用提升短节。随后，在地面将专用提升短节与第二根膨胀管上端螺纹连接，提升到井口，与第一根膨胀管螺纹连接，缓慢下井。卡瓦卡住膨胀管外圆，坐在井口上，直至全部管柱入井，拆除专用提升短节。

其次，将连接杆与钻杆连接，按顺序下入膨胀管中，直至连接杆与膨胀工具串锁紧连接。随后，使膨胀管柱下放到预定位置，连接好橇装钻井泵与固井水泥头并将固井胶塞事先放到预定位置；接好打压接头，通过高压软管将车载打压泵连接好，通过快速接头将打压泵和压力测试仪连接好。通过固控系统回路注入计算的固井水泥，启动橇装钻井泵利用顶替液将固井胶塞推行到位，启动打压泵站，开始打压胀管，并通过压力测试仪观察和记录压力变化情况。当膨胀工具胀出膨胀管时，打压泵压力会突降，表明胀管结束。卸压停泵，拆除打压接头与高压管线等，起出膨胀管柱（图 17-4-10 ~ 图 17-4-13）。

五、膨胀管裸眼系统与等直径钻井井下工具

确保施工顺利实现所配套的井下工具主要包括钻进工具、下放工具、膨胀工具和固井工具等几大部分（图 17-4-14 ~ 图 17-4-16）。

钻进工具主要用于钻进过程，提供实现等直径井眼所需要的足够裸眼井眼空间，主要包括领眼钻头的选型及扩眼器和扶正工具的研发等。领眼钻头主要选择双芯钻头，能够达到与上层套管内径基本相同裸眼段，为后续的扩眼器工作提供较大的井眼。扩眼器和扶正工具研发主要是随钻扩眼器研制，实现完井过程中套管外壁留有足够的环空，水泥环的厚

度满足固井要求。

图 17-4-10　打压泵

图 17-4-11　提升短节

图 17-4-12　高压管线

图 17-4-13　固井配件

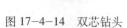

图 17-4-14　双芯钻头

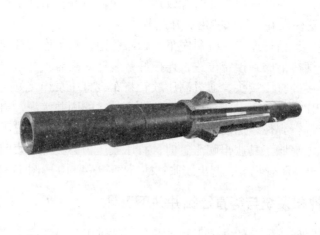

图 17-4-15　随钻扩眼器

图 17-4-16　膨胀工具

　　下放工具与膨胀工具主要用于膨胀管柱的下放以及下放到位后对其进行膨胀达到设计要求的套管内径，主要包括密封悬挂工具串、可变径膨胀锥和插接工具串等。密封悬挂工具串主要用于膨胀管管柱的下放到位，膨胀过程中形成密封的压力空间建立密闭的发射腔。

可变径膨胀锥是通过液压控制来实现膨胀锥直径的变化，从而实现膨胀后全井套管内径相同的目的。插接工具串是为了实现固井过程和膨胀过程不同液体通道的建立，主要是通过带有测向孔的连接杆来实现。固井工具主要用于固井水泥的注入，水泥胶塞的碰压并实现整个固井过程，主要包括固井水泥胶塞的研发，固井碰压底座以及防窜装置的研制等。

第五节　控压钻井技术

一、概述

随着复杂压力系统钻井以及对钻井安全的关注，控压钻井（Managed Pressure Drilling，简称 MPD）技术越来越受到重视，从而使该技术得到了快速发展。控压钻井技术于 2004 年 IADC/SPE 阿姆斯特丹钻井会议上提出，该技术主要是通过对井口回压、流体密度、流体流变性、环空液面高度、钻井液循环摩阻和井眼几何尺寸的综合控制，使整个井筒的压力得到有效的控制，减少井涌、井漏和卡钻等多种钻井复杂情况，非常适宜孔隙压力和破裂压力窗口较窄的地层作业。据报道，控压钻井对井眼的精确控制可解决 80% 的常规钻井问题，减少非生产时间 20% ~ 40%，从而降低钻井成本。

随着控压钻井技术的发展，国外逐渐形成了系统的工艺理论，形成了不同控压钻井的工艺技术和方法，如井底恒压的控压钻井技术、加压钻井液帽钻井技术、双梯度钻井技术及 HSE（健康、安全、环境）控压钻井技术等。目前，国外斯伦贝谢、哈里伯顿、威德福等石油服务公司已进行了相关的控压钻井技术研究和现场应用，取得了较好的应用效果，塔里木油田引进国外队伍在塔中地区进行了精细控压钻井作业。近年来，国内控压钻井技术和装备通过不断发展日趋完善，在我国塔里木、川渝、华北、冀东等地区成功开展了现场工业化应用与服务。

1. 控压钻井的定义

国际钻井承包商协会欠平衡和控制压力钻井委员会将 MPD 定义为："控压钻井（MPD）是用于精确控制整个井眼环空压力剖面的自适应钻井过程，其目的是确定井下压力环境界限，并以此控制井眼环空液压剖面"。控压钻井的意图是避免地层流体不断侵入至地面，作业中任何偶然的流入都将通过适当的方法安全地处理。

控压钻井技术具体描述为：

（1）设计环空液压剖面，将工具与技术相结合，通过钻进过程中的实时控制，可以减少在井眼环境条件限制的前提下与钻井有关的风险和投资；

（2）可以包括对井口回压、流体密度、流体流变性、环空液面、循环摩阻以及井眼几何尺寸进行综合分析并加以控制；

（3）可以快速校正并处理监测到的压力变化，它能够动态控制环空压力，从而能够更加经济地完成钻井作业。

2. 控压钻井的基本原理

控压钻井通过装备与工艺相结合，合理逻辑判断，提供井口回压保持井底压力稳定，使井底压力相对地层压力保持在一个微过、微欠和近平衡状态，实现环空压力动态自适应控制。控压钻井的核心就是对井底压力实现精确控制，保持井底压力在安全密度窗口之内。井底压力等于静液柱压力、环空循环压力损耗和井口回压三者之和。控压钻井基本原理如图 17-5-1 所示。

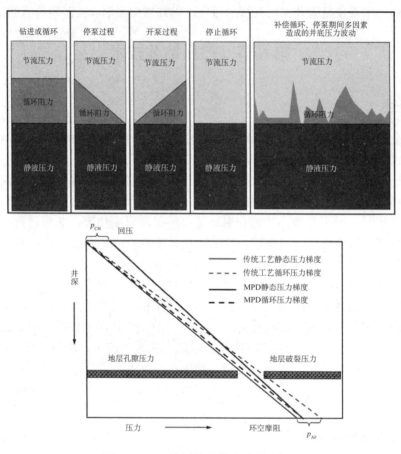

图 17-5-1　控压钻井基本原理示意图

在控压钻井设计计算中，既有单相流的计算，又有两相流的计算，正常情况下以单相流居多。其计算原理可以参考环空水力学计算模型中的钻杆流动模型和环空流动模型，就可以进行控压钻井的压力计算。如果在井口回压的计算中，只有一种流体密度，属于单相流的计算模型。通过令两相流模型中的含气率为零，就可以使用两相流的模型进行单相流的计算。

控压钻井（MPD）利用回压来控制井底压力是基于下面的公式：

$$p_b = p_m + p_a + p_t \tag{17-5-1}$$

式中　　p_b——井底压力，MPa；

　　　　p_m——钻井液静液柱压力，MPa；

　　　　p_a——环空压耗，MPa；

　　　　p_t——井口回压，MPa。

为了保持井底压力为一常量，实现控压钻井的途径可以是改变钻井液静液压力，也可以是改变井口回压，还可以改变循环压耗，由此产生了不同类型的控压钻井方法。

概括起来，控压钻井的压力控制的任务主要表现在两个方面：一方面，通过调节钻井液密度、井口回压和环空摩阻等方法使钻井在合适的井底压力与地层压力差下进行；另一方面，在地层流体侵入井眼过量后，通过合理的改变钻井液密度及用地面装置控制的方法，将侵入钻井液中的地层流体安全排出，并在井眼中建立新的压力平衡。

在常规钻井中，平衡井下流体的压力指的是钻井液柱的静水压力，实际上它受环空内钻井液流动或钻杆运动的影响。在钻井期间，为了使钻井液柱压力更加合理，常通过调整钻井液密度来实现。静液柱压力的改变常常导致井底压力的变化，有时难以控制。使用控压钻井技术，使井底压力有更大的调节空间，可以通过多种途径来改变井眼压力，以达到精确地控制井底压力的目的。

压力控制方法较多，但是归纳起来，主要有下面两种方法：一种方法是控制井口回压；另一种方法是改变环空静液压力和摩阻。

(1) 控制井口压力。当环空钻井液静液压力突然变化时，基本上都是通过旋转控制头和节流管汇调节井口回压来控制井眼压力。

(2) 改变环空循环压耗。

①在开泵循环时，通过改变钻井液流态、钻井液排量和环空间隙（通常是改变钻柱组合的外部直径和长度），可以改变环空循环压耗。

②改变钻井液密度。可以通过直接改变钻井液密度或者相关联的方式来实现。例如，采用双密度梯度钻井的方式；在套管外面附加寄生管，向寄生管内注入气体，减轻寄生管以上环空钻井液密度等。

③改变钻井液温度或者固相含量。通过改变钻井液温度或者固相含量来达到稳定井眼的目的，以有效地加宽地层孔隙压力和破裂压力之间的窗口，容易实现快速钻进。这种以保持井眼稳定为目的的方法是应用控压钻井技术的一种新形式。

3. 控压钻井的类型与应用范围

1) 控制压力钻井的类型

国际钻井承包商协会欠平衡作业协会的控压钻井子协会将控压钻井技术划分为两大类："被动型控压钻井"和"主动型控压钻井"。

(1) 被动型控压钻井（Reactive MPD）。采用常规钻井方法钻井，钻井设计中安装控压设备，钻井时能够迅速应对异常的压力变化。一旦有异常情况发生立即实行控压钻井。因此在钻井程序中至少需要装备有旋转控制装置（旋转防喷器或旋转控制头）、节流管汇、钻柱浮阀等，以使该技术能够更加安全有效地控制难以预测的井底压力环境，如孔隙压力或破裂压力高于或低于预测值。

(2) 主动型控压钻井（Proactive MPD）。设计确定安装控压钻井设备，钻井时能够主动利用控制环空压力剖面这一优势，对整个井眼实施更精确的环空压力剖面控制。

控压钻井技术是为了更好地控制井底压力，其压力控制的目标是无论是在钻进和循环钻井液，还是在接单根与起下钻等整个钻井作业过程中都能精确地控制井底压力，使其维持恒定。它有多种形式，根据技术的应用形式，控压钻井技术又可以分为以下几种常见的类型：

①井底恒压（CBHP）的控压钻井技术；

②加压钻井液帽钻井技术（PMCD）；

③双梯度钻井技术（DGD）；

④ HSE（健康、安全、环境）控压钻井技术。

根据控制压力钻井的定义和类型，为了加强技术研究和生产组织，并节约科研和生产资源配置，控压钻井技术可分为三大类，见表 17-5-1。

表 17-5-1　控压钻井技术分类

精细控压钻井技术	常规控压钻井技术	控压钻井相关配套技术
恒定井底压力的动态环空压力控制技术； 微流量控制钻井技术	简易导流控压钻井技术； 流量监测控压钻井技术； 手动节流控压钻井技术； 充气控压钻井技术； 双梯度控压钻井技术； 加压钻井液帽控压钻井技术； HSE 控压钻井技术； 井口连续循环钻井系统； 降 ECD 工具	井身结构优化技术； 膨胀管和波纹管技术； 环空压力测量装置； 地层压力测量装置； 优质钻井液技术； 化学方法提高承压能力技术； 高效防漏堵漏技术； 地层压力预测与分析技术； 井筒多相流分析技术； 控压钻井设计与分析软件； 实验室检测平台和评价方法

精细控压钻井技术就是可以达到微流量控制钻井系统及恒定井底压力的动态环空压力控制系统的效果和能力的控压钻井技术，目前技术水平是：微流量控压钻井可在涌入量小于 80L 时检测到溢流，并可在 2min 内控制溢流，使地层流体的总溢流体积小于 800L；恒定井底压力的动态环空压力控压钻井可以实现井口回压自动控制，并达到 0.35MPa 的控制精度。

常规控压钻井技术是指达不到精细控压钻井的控制精度能力和控压钻井效果，但是就目前技术水平而言，可以在现场应用，并达到控压钻井目的的控压钻井技术。任何一种常规控压钻井技术都是一种可以独立应用且具有控压钻井控压作业过程的专有技术。

控压钻井配套技术就是为精细控压钻井技术和常规控压钻井技术进行配套的特殊技术。

2）控制压力钻井的应用范围

随着海洋勘探开发规模的不断扩大，以及陆地上对更深更复杂地层的勘探开发活动的日益增多，控压钻井技术得到了越来越多的应用，被认为是一项经济上可行的，能提高复杂地层钻井能力的钻井技术。控压钻井技术可适用于：

（1）井眼不稳定及漏失层段。

（2）压力枯竭油田。

（3）小井眼井。

（4）孔洞性或裂缝性储层。

（5）大位移井。

（6）致密气等长水平段水平井。

（7）水平侧钻井。

（8）海洋深水钻井。

（9）高温高压深井。

（10）其他窄密度窗口钻井。

4．控压钻井的特点

控压钻井不同于常规的敞开式压力控制系统，而是采用封闭的循环系统，更精确地控制整个环空的压力剖面，通过调节井眼的环空压力来补偿钻井液循环而产生的附加摩擦压力。正常情况下，控压钻井是一种平衡和较常规近平衡钻井压力波动更小的钻井方式，不会诱导地层流体侵入，不同于常规钻井，它能消除很多常规钻井存在的风险。该技术具有以下几个特点：

（1）使用欠平衡井口设备及其他相关技术与装备；

（2）以较常规方式更精确地控制井筒剖面（或特定复杂地层）压力为目标，实现安全钻井；

（3）能有效解决井漏、井涌和井塌等井筒稳定性问题。

控压钻井技术的重要特征就是使用了封闭的钻井循环压力控制系统，可增加钻井液返出系统的钻井液压力，在钻井作业的过程中，保持适当环空压力剖面。防止了钻井液漏入地层，造成对地层的伤害。以"防出防漏"为主，这种控制压力变化的工艺有更好的井控能力，能更加精确地进行井眼压力控制，同时能保持对返出钻井液导流功能，保证钻井顺利，减少复杂情况。

5．控压钻井技术的优势

控压钻井技术是从欠平衡钻井技术的基础上发展起来的新技术，控压钻井的目标是解决一系列与钻井压力控制相关的问题，增强钻井作业的安全性可靠性，降低经济成本。在美国的陆上钻井程序中，使用闭合与承压的钻井液循环系统钻井已成为陆地钻井技术的一个发展方向。更少的钻井非生产时间，更低的成本和更强的井控能力已经成为陆上钻井程序的关键技术标准。减少非生产时间和钻井事故，对钻井地质情况不清楚的油气井，在钻进的过程中能够根据需要更精确地进行压力控制，增强井控能力，减少调整钻井液密度次数，使复杂井的作业变得更加容易。具体来讲，控压钻井技术主要有以下几个方面的优势：

（1）可以精确地控制整个井眼压力剖面，避免地层流体的侵入；

（2）使用封闭与承压的钻井液循环系统，能够控制和处理钻井过程中可能产生的任何形式的溢流；

（3）能解决裂缝性等复杂地层的漏失问题，减少易漏地层钻井液材料损失；

（4）能减少井底压力波动，延伸大位移井或长水平段水平井的水平位移，减少对储层的伤害；

（5）减少不稳定性地层失稳与垮塌问题，避免阻卡发生；

（6）在特定情况下可以减少套管层次；

（7）降低钻井成本。

控压钻井是一项具有精确维持井底常压，避免当量循环密度超过井眼破裂压力，减少发生井塌井漏等事故，降低钻井液成本，能更好通过窄压力窗口等优点的技术，必将成为海上与陆上钻井广泛应用的一种安全钻进技术。

6．控压钻井技术的分级

随着控压钻井及其相关工具与测量设备的不断发展，有一整套控压钻井设备可供选择，并且设备有多种组合方式，可以满足不同钻井条件的要求。根据不同的地层和压力范围，在控压钻井设计过程中需要对其做出进一步的筛选。在某些情况下，某些控压钻井的钻井设备与工具可能是不必要的，如果使用，将会增加钻井费用。相反，对于某些地层来讲，可能需要增加控压钻井一些特殊钻井设备，以提高压力控制的精确度。

钻井设计中选择哪一种设备的配套更为合适，对于施工的成功是非常关键的，但是某一种类型未必能充分控制所有必要的参数。设计者和作业者必须清楚地理解所钻井的复杂程度，然后选择合适的设备与钻井程序，以便有效地实施控压钻井作业。

1）基本 MPD（复杂等级 1）

最初级的是针对那些钻井压力窗口相对较宽，钻井安全性较高的地层。基本的控压钻井只需要一个旋转控制装置（RCD）和引导回流的连通管汇。其应用范围包括岩石强度高，渗透率低，导致机械钻速（ROP）较低的区域。由于降低了钻井液密度后钻进该地层，机械钻速得到解放。

在实际钻井液密度和当量孔隙压力之间窗口较窄的控压钻井作业期间，允许较低的溢流和起下钻余量是必要的。通常不需要连续环空压力监测，因为一般在旋转控制头下没有回压维持。如果发生溢流，依靠防喷器组的启用，钻台不会泄漏任何流体或有害气体。常规的井控方法通常是用来循环出溢流。

2）增强的溢流／漏失监测（复杂等级 2）

为了弥补由于孔隙压力与钻井液密度之间的窗口降低带来的风险，控压钻井设备增加了"回流监测"，在钻井液返回流上增加流量计以增强（早期）溢流和漏失监测的能力，并且能够确定流动异常，是否真的发生了溢流、漏失或其他现象。

3）手动节流 MPD（复杂等级 3）

"手动节流 MPD"在返出液流通道上使用流动节流阀作为附加的控制点，可选择采用或者不用增强的溢流／漏失监测。这就提供了一个易于控制的参数——地面回压，通过控制节流阀进行调节。

钻井过程中，手动节流增加了在环空中钻井液摩阻施加的静液压力。其目的就是保持井眼压力在最高的孔隙压力和最低的破裂压力之间。经常通过用小于平衡最高孔隙压力所需的静液梯度钻井来完成作业，它利用循环过程中产生的动态摩阻以及接单根与起下钻期间的地面回压来弥补井底压力与静液柱压力的差值。

手动节流进行压力控制的难点是在循环和停止循环之间过度维持平衡的同时，保持环空压力几乎恒定。通过手动在地面逐渐关闭回流管线上的节流阀（直到完全关闭）来截留压力，与此同时减小循环速度至 0（直到泵速慢慢停止）。

4）自动节流 MPD（复杂等级 4）

用自动控制系统来控制地面回压。采用控制软件，使用各种数据来自动操纵节流管汇使其保持在计算出的节流阀位置。软件与节流阀的逻辑控制器（PLC）交互，从而控制机械装置来调节节流阀。

设备中有更为复杂的系统监测、预测和保持环空压力所使用的水力学计算模型软件，及自动节流阀和地面连续循环系统，有时将其互相联合起来工作。基本的自动操作是，操作者输入所需的地面回压，计算机和 PLC 就会通过控制节流阀的位置以保持所需压力。随着所容许的压力窗口降低，可以使用实时水力学模拟器，该模拟器根据实际井眼和地面测量重新计算出的压力窗口做出调整，然后将结果传给节流阀控制算法。

二、精细控压钻井技术

1. 微流量控制钻井系统

微流量控制钻井系统（Microflux ™ Control System，MFC）是 Weatherford 公司开发的，2006 年首次应用该技术，取得了良好的效果，通过高精度流量计精确测量泵入和返回钻井液的质量和密度，判断溢流，若发现溢流及时控制节流管汇，增加井口回压至井底压力大于地层孔隙压力。该技术可控制气体溢流量小于 800L。微流量控制钻井系统 MFC 可在涌入量小于 80L 时检测到溢流，并可在 2min 内控制溢流，使地层流体的总溢流体积小于 800L。其控制原理如图 17-5-2 所示。

2. 动态环空压力控制系统

动态环空压力控制系统（Dynamic Annular Pressure Control，DAPC）是 Atbalance 公司开发的，主要由旋转控制装置、自动节流管汇、钻柱止回阀、压力溢流阀、钻井液四相分离器（可选）、回压泵、流量计、井下隔离阀及井下压力随钻测量装置等组成。主要用来解决窄压力窗口地层和高温高压地层所出现的钻井问题的一种控压钻井技术，曾获 2008 年《E&P》杂志评选的石油工程技术创新特别奖。

动态环空压力控制系统于 2003 年全尺寸设备试验成功。2005 年 Shell 公司将该技术用于了墨西哥湾 Mars TLP 区块的海洋钻井，解决钻井过程中的钻井液漏失和井眼失稳问题。其控制原理如图 17-5-3 所示。

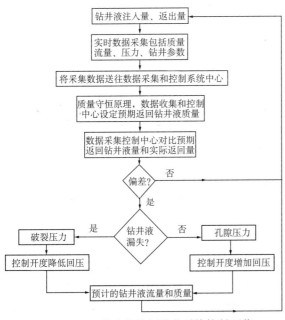

图 17-5-2　微流量控制钻井系统控制工艺

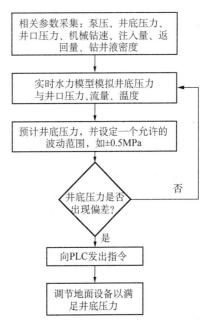

图 17-5-3　动态环空压力控制系统控制工艺

3. Halliburton 控压钻井系统

Halliburton MPD 技术是国际上比较先进的控压钻井技术，通过在井口施加连续回压，从而实现井底压力的恒定控制，达到安全钻井的目的。Halliburton 控压钻井系统原理和参数指标与 DAPC 系统相同，另外在回压泵上加上了一个入口流量计，在节流管汇中加了一个钻井液直流通道，并改变了安全溢流管线，但在微流量监测方面优于 DAPC 系统。该技术特别适用于解决窄密度窗口地层和裂缝发育的压力敏感地层钻井出现的"涌漏同层、喷漏同存"的钻井复杂工况问题。其工艺流程如图 17-5-4 所示。

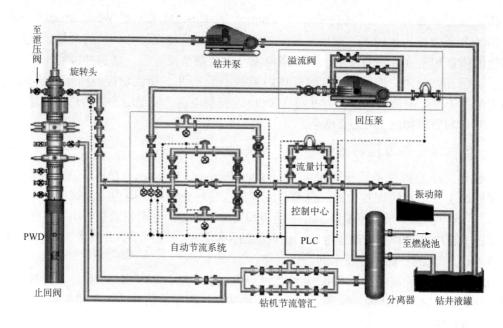

图 17-5-4　Halliburton 控压钻井的工艺流程图

三、常规控压钻井技术

1. 简易控压钻井系统

简易导流控压钻井技术装备成本低，易实现，适用于钻井压力窗口相对较宽及钻井安全性较高的地层。基本装备只需要一个旋转控制装置（RCD）和引导回流的连通管汇。在实际窄窗口钻井作业期间，允许较低的溢流和起下钻余量，但在旋转控制头下没有回压维持，如果发生溢流，依靠启用防喷器组。

流量监测控压钻井技术也属于简易控压钻井技术的一种，其特征是在钻井液出口管线上增加流量计，增强了早期溢流检测和漏失监测的能力。

2. 加压钻井液帽钻井技术

钻井液帽钻井技术（MCD）是一种"钻井液不返出地面"的较为成熟的钻井工艺，加压钻井液帽钻井（Pressurized mud cap drilling，PMCD）则是在钻井中因环空流体密度较小而需在井口施加一个正压，因此称为加压钻井液帽钻井（图 17-5-5），这也是与钻井液帽钻井的主要区别。加压钻井液帽钻井是一种控制严重井漏的钻井方法，适用于陆上和海洋油气井眼大裂缝及溶洞性漏失地层等严重漏失地层的钻进作业。

在大裂缝与溶洞性地层钻进时，尽管液柱压力可能与地层压力相平衡，但由于钻井流体密度与地层流体密度不一致，钻井流体可能进入大裂缝底部，从而将地层流体经裂缝顶部替出，这就是置换效应，这时对于钻井来说，可能一方面地层油气连续不断地侵入井筒，同时钻井液不断漏入地层。钻井液帽钻井和加压钻井液帽钻井都适用于钻严重漏失地层，但是，若储层压力低于静水压头，则应采用钻井液帽钻井工艺，在钻井液漏失过程中，向环空打入清水，一旦侵入井眼的气体被环空内的清水压回漏失层段，即可继续钻进。然而，当储层压力高于静水压头时，就必须采用加压钻井液帽钻井工艺，利用加重钻井液来平衡储层压力。

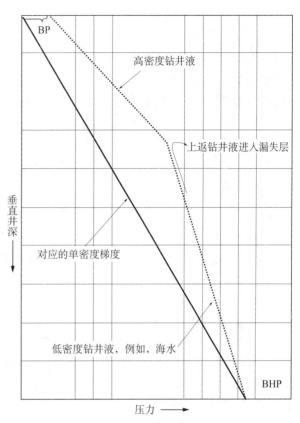

图 17-5-5　加压钻井液帽控压钻井的工艺原理

加压钻井液帽钻井过程中（图17-5-6），通过旋转控制头从地面向环空上部注入液态"钻井液帽"，通常，注入的钻井液已经过加重和增黏处理，注意高密度钻井液应缓慢注入环空，防止油气上窜进入环空，从而保持良好的井控状态。为了更好地携带钻屑，避免钻屑在钻头以上层段的孔洞或裂缝中沉积，在岩屑上返的同时，还需要向钻杆内注入一段"牺牲流体"，它是指注入井筒但不返出的低成本流体，通常是清水或盐水，携带岩屑漏失到地层裂缝与溶洞中。若所钻地层含腐蚀性物质，则应向清水或盐水中添加缓蚀剂。

从图17-5-6看出，加压钻井液帽钻井工艺是采用相对密度较小并且无害的钻井液来钻开压力衰竭地层，然后采

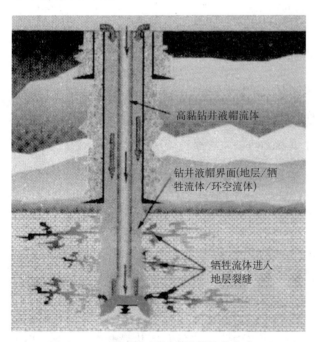

图 17-5-6　典型加压钻井液帽钻井方式

用高密度钻井液将低密度钻井液压入漏失层段，继续钻进，所有低密度钻井液和流入井眼的流体都被压入衰竭地层。采用这种方法，即使所有低密度钻井液都循环失返，侵入衰竭地层，也能够有效控制井眼。

加压钻井液帽钻井技术可以继续降低环空压力，使作业人员能够继续钻穿裂缝地层或断层钻达最终完井井深，减少发生井下复杂情况的时间，使钻井液漏失最小化。其结果是低密度钻井液不但提高了机械钻速（ROP），而且进入衰竭地层的钻井液费用远低于普通钻井液。应用常规钻井技术会发生完全漏失或接近完全漏失，应用该技术不但提高了井控能力，而且对储层伤害也比较小。该技术于1996年在塔里木油田解放128等井得到了应用，取得了较好的效果。

3. 双梯度控压钻井技术（DGD）

双梯度钻井（Dual Gradient Drilling，简称DGD）技术是控压钻井的一种形式，它利用井筒内两种不同的环空流体密度来限制井底的总静液压力，以避免其超过破裂压力梯度。该技术的基本原理是：隔水管内充满海水（或不使用隔水管），采用海底泵和小直径回流管线旁路回输钻井液；或在隔水管（套管外的寄生管）中注入低密度流体（空心微球、低密度流体、气体），降低隔水管（套管）内环空返回流体的密度，在整个钻井液返回回路中保持双密度钻井液体系，有效控制井眼环空压力与井底压力，使压力窗口维持在地层孔隙压力和破裂压力之间，克服破裂压力梯度较低的深水钻井中遇到的问题，实现安全经济的钻井。

（1）双梯度钻井原理。常规钻井在井眼环空中只有一个液柱梯度，即井底压力由水面到井底的钻井液柱压力来产生，井底压力表示为：

$$p_{CD} = 0.0098\,\rho_{CD}H_{TVD} \tag{17-5-2}$$

式中　　p_{CD}——常规钻井井底压力，MPa；

　　　　H_{TVD}——井总垂直深度，m；

　　　　ρ_{CD}——常规钻井液密度，g/cm^3。

而双梯度钻井钻井液返回回路中将产生两个液柱梯度，从水面到海底为海水或与海水密度相近的混合流体，而从海底到井底则为高密度的钻井液。井底压力表示为：

$$p_{DGD} = 0.0098\,\rho_W H_W + 0.0098\,\rho_{DGD}\,(H_{TVD}-H_W) \tag{17-5-3}$$

式中　　p_{DGD}——DGD井底压力，MPa；

　　　　H_W——水深，m；

　　　　ρ_W——海水密度，g/cm^3；

　　　　ρ_{DGD}——DGD钻井液密度，g/cm^3。

常规钻井技术与双梯度钻井技术原理对比如图17-5-7所示。

图17-5-8所示为常规钻井和双梯度钻井钻井液静水压力曲线图。由于深水海底疏松的沉积和海水柱作用，地层压力曲线和破裂压力曲线距离很近。常规钻井钻井液的静水压力曲线是从海面钻井船延伸的一条直线，该静水压力在很短的垂直距离上穿过钻井液密度窗口，所以很难将井眼环空压力维持在这两条曲线中间，容易发生井漏事故。因此，为了保证井身的质量需要下多层套管柱。而采用DGD方法可将海底环空压力降低至与周围海水

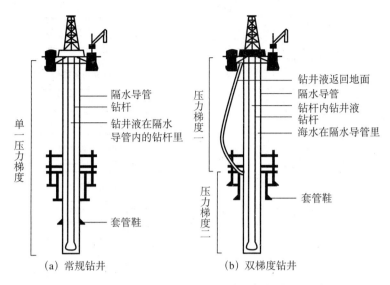

图 17-5-7　常规钻井技术与双梯度钻井技术原理对比

压力相当，DGD 钻井液静水压力曲线是从海底延伸的一条直线，直线的斜度大大减小，因此孔隙压力和破裂压力之间间隙就相对变宽，有一个相对较大的垂直距离用于钻井。这样一方面可以减小隔水管的余量，另一方面，海底以上隔水管内流体密度与海水密度相等，所有的压力以海底为参考点，从而可以减少套管柱使用数量，使用小的钻井船，降低钻井费用。

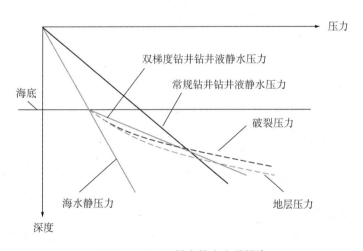

图 17-5-8　双梯度静水力学梯度

（2）双梯度钻井实现方法。目前，实现双梯度钻井的方法主要分为无隔水管钻井、海底泵举升钻井液和双密度钻井三类（图 17-5-9）。其中，海底泵举升钻井液方法中使用的海底泵按类型和动力可以分为三种，即海水驱动隔膜泵、电力驱动离心泵和电潜泵。双密度钻井按照注入流体的不同又分为注空心微球、注气和注低密度流体三种方法。在海底泵举升钻井液双梯度钻井中可以使用隔水管也可以不使用隔水管。而双密度钻井方法需要隔水管，无需使用海底泵，大大减少海底装置的数量。另外根据需要，以上方法可联合使用。

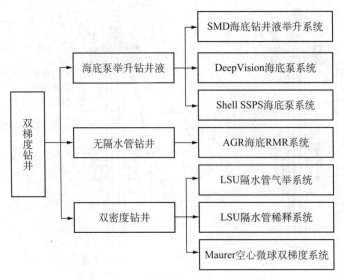

图 17-5-9　双梯度钻井方法的分类

基于上述方法目前已发展了多个双梯度钻井系统：康纳和石油公司（Conoco）领导的工业联合项目组（Joint Industry Project，简称 JIP）研究的海底钻井液举升钻井（Subsea Mudlift Drilling，简称 SMD）系统，美国贝克休斯公司（Baker Hughes）和 Transocean Sedco Fore5 公司研究的 DeepVision 双梯度钻井海底泵系统，壳牌石油公司（Shell）的海底泵系统（Subsea Pumping System，简称 SSPS），莫尔技术公司（Maurer Technology Inc.，简称 MTI）的空心微球（Hollow Glass Spheres，简称 HGS）双梯度钻井系统，AGR Subsea 公司的无隔水管钻井液回收系统（Riserless Mud Recovery System，简称 RMR），路易斯安那大学（Louisiana State University，简称 LSU）的隔水管气举与稀释双梯度钻井系统等。

4. HSE（健康、安全、环境）控压钻井技术

HSE 控压钻井或称回流控制钻井是出于健康、安全与环保的目的将钻井液返回到钻台上的一项控压钻井技术，是 IADC 所列举的 MPD 形式之一。使用与大气敞开的回流系统时，如果使用有害的钻井液或地层中含有高浓度的有毒气体（比如硫化氢或二氧化碳），就会增加健康、安全与环保的相关问题。通过采用密闭的钻井液循环系统，可以减小钻井、地层流体以及井控事故对人员与设备和环境造成的风险。一般在发生危险而被迫停钻或因此影响开采时应用该技术。闭合式钻井液循环系统可防止任何气体从钻台溢出，尤其是硫化氢。钻井过程中如果有流体侵入，或是起下钻或接单根过程中有一些气体溢出至钻台，此时连接到振动筛的回流管线将被关闭，这些回流会立即导流至钻台的节流管汇，这样侵入流体就能够被安全控制并循环出井眼。使用旋转控制装置（RCD）可以避免关闭防喷器，将碳氢化合物释放至钻台的可能性降至最低，且在循环出侵入流体或在处理气侵钻井液过程中允许活动钻柱。

5. 手动节流控压钻井技术和充气控压钻井技术

手动节流控压钻井技术和充气控压钻井技术其工艺流程和设备配套与常规欠平衡钻井技术基本相同，只是其引入了控压钻井技术的理念，目的与欠平衡钻井技术不同，是为了解决窄窗口等钻井技术问题。

6．其他控压钻井技术

国外在近几年还试验了井口连续循环钻井系统（CCS）与井底降压工具等新技术。

其中井底连续循环系统通过特殊设计的井口装置实现在接单根时的连续循环，从而保持井底压力基本恒定，另一种连续循环装置是利用特殊设计的三通阀实现接单根时的连续循环，与前一装置相比，该装置相对简单。样机于 2003 年研制成功，并在 2005 年进行了试验。

降 ECD 工具采用钻井液驱动涡轮，涡轮将钻井液的液动能转换成旋转机械能，涡轮下部与泵相连，泵产生向上的推力，推力作用于工具安装位置以上的流体的重力和环空压耗，从而实现在循环时工具下部 ECD 降低，该工具于 2004 年与 2006 年分别进行了现场试验，但工具的效率较低是制约规模应用的障碍。

四、控压钻井相关配套技术

1．膨胀管和波纹管技术

开展膨胀管和波纹管治理钻井恶性井漏，可以弥补井身结构的不足，解决窄窗口地层的恶性漏失和垮塌等复杂情况。

2．钻井液技术和高效防漏堵漏技术

进行扩大窄窗口和降低环空摩阻的优质钻井液体系研制，高效防漏堵漏工艺与技术研究。可以通过研制高性能钻井液抑制水化作用，从而达到降低坍塌压力的效果；通过化学或工具的手段将漏失压力或承压能力提高到安全范围之内。

3．地层压力预测与实时分析技术

地层压力预测与定量确定技术作为一个钻前预测与实时监测手段，是开展窄窗口钻井的必要的分析手段。

4．井筒多相流分析技术

对窄窗口钻井中循环摩阻问题，进行了环空动态压力响应与不同工况下井筒多相流动规律研究，为环空压耗的计算与控制提供理论依据。

5．控压钻井设计与工艺分析软件

控压钻井相关的设计、工艺分析和装备控制专用软件研发，可以为钻井设计和施工提供指导、计算和必要的手段。

6．试验检测平台和评价方法

中国石油集团钻井工程技术研究院建设的控压钻井实验室是目前国内唯一能够进行控压钻井各种工况全尺寸模拟实验和设备测试的实验室。能够对现场各种工况工艺进行模拟实验，可以进行单元测试和整机性能测试与评价，形成一套控压钻井实验评价方法，从而为控压钻井技术培育、装备研发、整机检修及新的整机上井前检测提供必要的手段和条件。

五、控压钻井装备

控压钻井技术尽管有多种不同的作业形式，但要保证该技术成功应用，一般要满足三

个条件：一套封闭承压的钻井液循环系统与控压钻井装置相连；钻前水力学优化设计；训练有素且熟悉该技术的工程技术人员。其中配套的技术装备是应用控压钻井技术的基础，控压钻井系统一般包括旋转控制装置（RCD）、自动节流管汇系统、回压泵系统、井下压力测量仪、钻井液多相分离装置以及其他已开发并应用的专用设备等。通常自动节流系统和回压泵系统提供井口回压，液气控制系统实现控压钻井的手动/自动的本地/远程操作，自动控制软件则类似控压钻井的大脑，实现远程自动操作，通过装备与工艺的结合，围绕井筒压力控制，实现循环钻进、起下钻和接单根等不同工况的平稳衔接。

目前，国外最常用的控压钻井系统主要有斯伦贝谢公司的 DAPC 系统、哈里伯顿公司的 MPD 系统及威德福公司的 MFC 系统。国内控压钻井技术起步较晚，针对窄窗口钻井所面临的钻井工程技术难题，先后在塔里木等地开展技术引进和自主创新研究。2008 年随着国家科技重大专项立项，控压钻井技术成为热点并得到迅速发展。目前，中国石油集团钻井工程技术研究院自主研制的 PCDS-I 精细控压钻井系统历经 1000 余次室内试验和多口井现场试验验证，可以满足复杂地质条件下的精细控压钻井作业要求。下面以 PCDS-I 精细控压钻井系统为例，介绍控压钻井系统装备的基本构成，如图 17-5-10 所示。

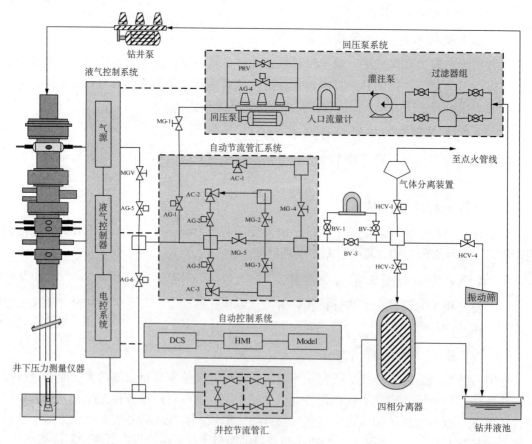

图 17-5-10　控压钻井系统装备构成示意图

1. 旋转防喷器（RCD）及其控制系统

参见本手册第七章相关内容。

2．自动节流管汇及其控制系统

控压钻井自动节流管汇由各种阀件、主节流管汇和辅助节流管汇组成（图17-5-11），包括三个节流阀，两个并列式备用主节流阀（A阀和B阀）和一个辅助的节流阀（C阀）。一般有三个节流通道，是控压钻井设备中的一个重要组成部分，具备自动节流、冗余节流切换、安全报警及出口流量监测等功能。它通过产生可调的节流来控制井口压力，从而可以在静态和动态条件下保持井底压力的相对稳定。

理想情况下，当节流阀全开时回压很小或者没有回压，但这取决于管汇的规格及钻井液和管路的布局等。当节流阀完全关闭时没有流动；在正常情况下，只有当没有流动时节流阀才能关闭。在综合压力控制系统（Integrated Pressure Manager，IPM）的控制下，通过操纵节流阀开启与关闭之间的位置，节流阀对回压变化迅速做出调整。IPM利用装在节流管汇上的压力传感器监测回压，使它保持在水力模型实时计算得出的范围内。如果检测到压力异常，IPM对节流管汇发出指令，节流管汇迅速做出适当调整以保持回压，使井底压力维持在规定的操作窗口内。

自动节流管汇管线口径大，配有备用阀具有自动切换功能，可保证钻井液流动畅通。有两个大通径的节流阀，供正常钻井时大排量时使用。一旦工作的节流阀无响应或堵塞，IPM会自动开大节流阀，泄压并清除岩屑。如果节流阀置于最大位置仍不能泄压，IPM会自动切换到备用阀，并报警。还有一个辅助节流阀，通径较小，在钻井泵停止循环时，由回压泵启动后节流加回压用。

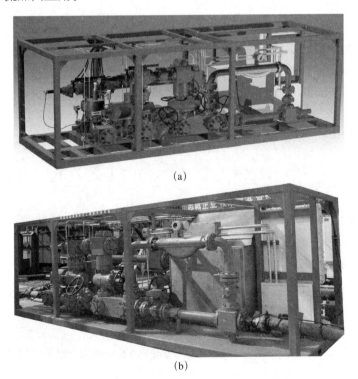

(a)

(b)

图17-5-11　自动节流管汇系统

自动节流管汇系统还配备有科里奥利流量计（Coriolis Mass Flowmeters），是控压钻井

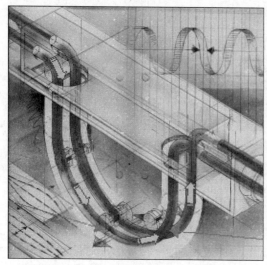

图 17-5-12 科里奥利流量计内的双
平行 "U" 形管

作业中一个重要的辅助工具。它安装在节流管汇压力较低的一侧，可以精确计量钻井出口流量，以判断井下溢漏情况，同时为水力模型提供实时数据，及时调整回压。科里奥利流量计是基于一个流量弯曲管（图 17-5-12）。它是测量钻井液的一种非常精确的方法，因为钻井液中包含的钻屑对其他类型的流量计会产生干扰。该流量计可以测量和计算几个参数：质量流量、体积流量、密度和温度等。

钻井过程中必须保持压力稳定，当每完成一次接单根作业，钻井泵开关时，尽量消除或减小井底压力波动。压力波动峰值大多是司钻操作引起的。在准备任何的控压钻井作业时，要将压力窗口告知司钻，使他们做到平稳开关钻井泵，以控制井底压力的剧烈波动。

控压钻井自动节流管汇中采用的辅助节流阀的主要作用是在停止循环时进行压力补偿，在停止循环、回压泵工作及钻井泵开泵的过程中，一般排量较小，相应节流阀的尺寸也较小，在这个期间它用作维持压力的稳定。

在控压钻井操作中，进行接单根作业前，一定要做到以下几项工作以避免井底压力峰值的出现：

（1）司钻上提钻头离开井底并开始减小泵速。

（2）开启回压泵并开始关闭现用的节流阀以响应钻井泵速的变化。对手动或半自动系统来讲，必须手动关闭节流阀。

（3）在钻井泵从开启到关闭的压力过渡期间，应连续控制节流阀的开度，以便保持回压和井底压力的稳定，使其处于规定的窗口内。

（4）节流管汇中安装的压力传感器提供系统进行连续控压所需要的数据。

（5）在手动系统中，节流阀操作人员一定要读出压力表的示数，并随着压力的变化进行调节。

在从开泵到停泵或者从停泵到开泵的过渡期间，其主要目标就是维持井底压力在规定的窗口之内。安全窗口越小，对操作人员来说维持压力的恒定就越难。

3．回压泵系统

回压泵系统采用与其他各不相同的节流管汇，在其能力范围内控制和产生回压。只要有足够体积的钻井液流过部分开启的节流阀，就会产生回压。当钻井液流速减慢时，节流阀必须关闭以保持同样水平的回压。如果钻井液流动完全停止，那么节流阀必须完全关闭以保持井口的回压。其回压值取决于操作者或者控制系统能够响应流速变化的快慢程度。回压泵系统如图 17-5-13 所示。

回压泵是一个与节流管汇相连的小排量的三缸泵组，由系统进行自动控制。无论什么时候压力控制器检测出井内的流动不足以维持所需回压（比如，在接单根和起下钻期间），它会自动开启回压泵。回压泵系统采用自动控制的回压泵，能做到快速响应，它使用系统动态过程控制技术，当工况需要时有自动产生回压的功能。

回压泵系统中回压泵的主要作用是流量补偿。它能够在循环或停泵的作业过程中进行流量补偿，提供节流阀工作的必要的流量。它也能在整个工作期间，排量过小时，对系统进行流量补偿，维持井口节流所需要的流量。其目的是维持节流阀有效的节流功能。

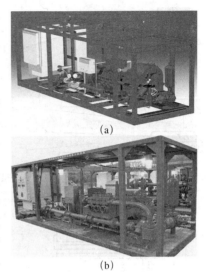

(a)

(b)

图 17-5-13　回压泵系统

（1）回压泵的工作原理。回压泵在 IPM 控制下工作，它直接连到节流管汇，其主要作用就是在控压钻井过程中在需要时以恒定排量提供钻井液，钻井液流经主节流阀，IPM 通过调整节流阀位置，控制回压。正常钻井时，节流管汇由钻井泵供钻井液，控制回压。当钻井泵流速下降（如接单根时），IPM 自动启动回压泵，回压泵向节流管汇供钻井液，保持回压，维持井底压力在安全窗口内；另外，回压泵也可以通过旋转控制头供钻井液。为了安全起见，回压泵装了泄压与检测阀，防止压力过高和井口回流。

（2）回压泵的性能参数。回压泵性能的两个主要参数为排量和压力。排量以每分钟排出若干升计算，它与井眼直径及所要求的钻井液自井底上返速度有关，回压泵的压力大小取决于所需补偿的环空压力的大小等。井越深，流动阻力越大，所需要的压力越高。随着井眼直径与深度的变化，要求泵的排量也能随时加以调节。在泵的机构中设有变速箱或以液压马达调节其速度，以达到改变排量的目的。为了准确掌握泵的压力和排量的变化，回压泵上要安装流量计和压力表，随时使工作人员了解泵的运转情况，同时通过压力变化判别井内状况是否正常以预防发生井内事故。

4. 自动控制系统

自动控制系统由硬件和软件两部分构成。系统硬件主要由地面压力与温度传感器、泵冲传感器、流量计、PWD 井下仪器和录井传感器等构成。采用现场装置—控制器—上位计算机控制的三层递阶控制结构。硬件系统示意图如图 17-5-14 所示。系统软件主要由参数采集与监测、实时水力学计算及远程自动控制软件等构成。

（1）参数采集与监测。实时采集并向钻井参数监测系统发送套管压力、节流管汇出口流量、节流管汇闸板阀工作状态、节流阀开度指示、回压泵流量、回压泵压力及回压泵工作状态等参数，同时接收工况、目标套压和入口钻井液流量等参数。

（2）实时水力学计算。根据输入井身结构、下部钻具组合、井眼轨迹及钻井液性能等非实时基础数据以及钻井参数监测系统得到的相关钻井参数，进行实时水力计算，达到压力控制的目标（目标井口回压），同时将目标井口回压传输给远程自动控制软件。

（3）远程自动控制软件。远程自动控制系统根据井下 PWD、钻井参数采集与监测系统及实时水力学计算信息进行合理分析与逻辑判断，实现实时决策的功能。该软件的主要功能是完成与其他系统之间的通信及数据交互，负责向液气控制系统发出相应的调整指令，

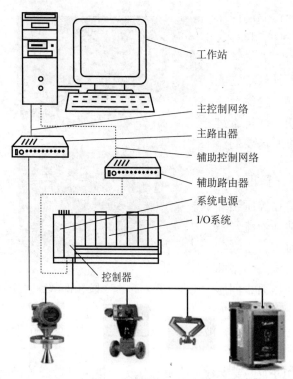

图 17-5-14 自动控制系统硬件示意图

工作站

主控制网络

主路由器

辅助控制网络

辅助路由器

系统电源

I/O系统

控制器

并监控指令的执行情况。可以实现阀开关顺序逻辑控制、节流阀闭环控制、各工序无扰动切换、安全保护系统设计、数据库功能和人机界面操作等功能。

5. 井下压力测量仪（PWD）

井下压力测量仪器（PWD）是控压钻井系统中一个重要的组成部分。在直井、定向井、水平井及大位移井的钻井过程中，由于地层压力预测不准确，经常导致出现钻井液漏失、地层流体侵入、井壁坍塌、压差卡钻及井眼不清洁等井下复杂情况，这些情况又常常导致钻井作业时间延长及钻井成本的大量增加。因此，钻井成功的关键，就是要使钻井液密度和当量循环密度保持在地层孔隙压力、坍塌压力和破裂压力的安全作业极限以内。PWD可以随钻测量井下压力并传输给实时水力计算软件，从而校正控压钻井系统的水力计算模型。

目前，国外的随钻井下压力测量工具，最具代表性的是 Schlumberger 公司推出的 Stetho Scope 系统、Halliburton 公司的 Geo-Tap 系统以及 Baker Hughes 公司（Inteq）的 TesTrak 系统，国内的中国石油集团钻井工程技术研究院、大庆钻探公司钻井研究院、川庆钻探公司钻采研究院及西部钻探公司钻井研究院等分别开展了技术攻关并研发了自己的随钻井下压力测量仪器。这些仪器可以提供实时井下压力数据，使钻井工艺得到优化，还可以早期检测高压地层，确定地层压力梯度和流体界面，实时调整钻井液密度，使钻井作业、下套管和完井作业得到优化。井下压力测量的主要作用有三个方面：优化钻井作业、实时数据用于现场决策及准确数据改善地层评价。

国外典型的井下压力测量仪见表 17-5-2。

表 17-5-2 国外典型井下测量仪

仪器名称	技术特点
Schlumberger 公司 Stetho Scope 系统	（1）作业灵活可靠。 （2）优化预测试设计。 （3）实时的高质量数据。 （4）多种作业模式
Halliburton 公司 Geo-Tap 系统	（1）精确测量多种压力。 （2）高精度压力测量传感器。 （3）灵活的数据存储及传输系统
Baker Hughes 公司（Inteq）TesTrak 系统	（1）测试类型分为基本测试和优化测试。 （2）通过钻井泵脉冲发送指令，传输井下测量数据，实现地面与井下的双向通信

附　录

附录一　常用法定单位与非法定单位

一、国际单位制（SI）

	量的名称	国际单位制（米千克秒安制）			分数单位（厘米克秒制）		
		量纲式	单位名称	单位符号	单位名称	单位符号	SI 制等值
基本单位	长度	L	米	m	厘米	cm	10^{-2}m
	质量	M	千克（公斤）	kg	克	g	10^{-3}kg
	时间	T	秒	s	秒	s	s
	电流	I	安培	A			
	温度	Q	开尔文	K			
	物质的量	N	摩尔	mol			
	发光强度（照度）	J	坎德拉	cd			
辅助单位	平面角		弧度	rad			
	立体角		立体弧度	sr			
导出单位	面积	L^2	米^2	m^2	厘米^2	cm^2	$10^{-4}m^2$
	体积	L^3	米^3	m^3	厘米^3	cm^3	$10^{-6}m^3$
	力	MLT^{-2}	牛顿	N	达因	dyn	10^{-5}N
	能，功，热	ML^2T^{-2}	焦耳	J	尔格	erg	10^{-7}J
	功率	ML^2T^{-3}	瓦特	W	尔格/秒	erg/s	10^{-7}W
	速度	LT^{-1}	米/秒	m/s	厘米/秒	cm/s	10^{-2}m/s
	加速度	LT^{-2}	米/秒^2	m/s^2	伽	cm/s^2	$10^{-2}m/s^2$
	压力应力	$ML^{-1}T^{-2}$	帕	Pa	微巴	dyn/cm^2	10^{-1}Pa
	动力黏度	$ML^{-1}T^{-1}$	帕秒	Pa·s	泊	P	10^{-1}Pa·s
	运动黏度	L^2T^{-1}	米^2/秒	m^2/s	沲	St	$10^{-4}m^2/s$

二、单位的十进倍数和小数单位词头

1. 单位的十进倍数

单位的倍数	单位的前缀（词头名称）	单位前的符号（词头符号）
10^{12}=1 000 000 000 000	太（拉）	T
10^9=1 000 000 000	吉（咖）	G
10^6=1 000 000	兆	M
10^3=1 000	千	k
10^2=100	百	h
10^1= 10	十	da

2. 单位的小数

单位的小数	单位的前缀（词头名称）	单位前的符号（词头符号）
$10^{-1}=0.1$	分	d
$10^{-2}=0.01$	厘	c
$10^{-3}=0.001$	毫	m
$10^{-6}=0.000\ 001$	微	μ
$10^{-9}=0.000\ 000\ 001$	纳（诺）	n
$10^{-12}=0.000\ 000\ 000\ 001$	皮（可）	p
$10^{-15}=0.000\ 000\ 000\ 000\ 001$	飞（母托）	f
$10^{-18}=0.000\ 000\ 000\ 000\ 000\ 001$	阿（托）	a

三、常用法定计量单位及换算表

量的名称	法定计量单位		非法定计量单位		换算因素
	名称	符号	单位	符号	
长度	米	m			SI 基本单位
	分米	dm			$1dm=10^{-1}m$
	厘米	cm			$1cm=10^{-2}m$
	毫米	mm			$1mm=10^{-3}m$
	微米	μm			$1\mu m=10^{-6}m$
	千米	km			$1km=1000m$
	海里（国际）	n mile			1 海里（国际）=1852m（只用于航程）
			英寸	in	$1in=25.4mm=2.54cm=0.0254m$
			英尺	ft	$1ft=12in=304.8mm=30.48\ cm=0.3048m$
			码	yd	$1yd=3ft=914.4mm=91.44\ cm=0.9144m$
			英里	mile	$1mile=5280ft=1609.344\ m$
			海里	n mile	$1n\ mile=1853148mm=185314.8cm=1853.148m$
			[市]里		$1[市]里=150\ 丈=500m$
			丈		$1\ 丈=(10/3)\ m≈3.33m$
			尺		$1\ 尺=(1/3)\ m≈0.33m$
			寸		$1\ 寸=(1/30)\ m≈0.033m$
面积	平方米	m^2			SI 导出单位
	公顷	ha			$1ha=10^4m^2$
	平方千米	km^2			$1km^2=10^6m^2$
	平方分米	dm^2			$1dm^2=10^{-2}m^2$
	平方厘米	cm^2			$1cm^2=10^{-4}m^2$
	平方毫米	mm^2			$1mm^2=10^{-6}m^2$
	平方微米	μm^2			$1\mu m^2=10^{-12}m^2$
			平方英寸	in^2	$1in^2=645.16mm^2$
			平方英尺	ft^2	$1ft^2=0.09290304m^2$

量的名称	法定计量单位		非法定计量单位		换算因素
	名称	符号	单位	符号	
面积			平方码	yd²	1yd²=0.83612736m²
			平方英里	mile²	1mile²=2.589988km²
			亩		1 亩 ≈ 666.6m²
			公亩		1 公亩 =100m²
			公顷		1 公顷 =10000m²
			[市]分		1[市]分 ≈ 66.6m²
			[市]厘		1[市]厘 ≈ 6.6m²
			英亩		1 英亩 =4046.86m²
体积（容积）	立方米	m³			SI 导出单位
	升	L			1L=10⁻³m³=1dm³
	立方分米	dm³			1dm³=10⁻³m³
	立方厘米	cm³			1cm³=10⁻⁶m³=1cc=10⁻³L
	立方毫米	mm³			1mm³=10⁻⁹m³
	毫升	mL			1mL=10⁻⁶m³=1cm³
			立方英寸	in³	1in³=16.387064 cm³=16.3871 × 10⁻³L
			立方英尺	ft³	1ft³=28.31685dm³=2.832 × 10⁻²m³=28.32L
			立方码	yd³	1yd³=0.7645549m³=764.55L
			加仑	gal（UK）	1gal（UK）=4.5461 × 10⁻³m³=4.546L
				gal（US）	1gal（US）=3.7854 × 10⁻³m³=3.785L
			桶	bbl（UK）	1bbl（UK）=163.654dm³=163.654L=36gal（UK）
			桶	bbl（oil）	1bbl（oil）=158.9873dm³=158.9873L=42gal（US）
			立方[市]尺		1 立方[市]尺 =0.037m³=37.037L
时间	秒	s			SI 基本单位
	天（日）	d			1d=24h=1440min=86400s
	小时	h			1h=60min=36 × 10²s
	分	min			1min=60s
	毫秒	ms			1ms=10⁻³s
力	牛[顿]	N			SI 导出单位　1N=1kgf · m/s²
	兆牛[顿]	MN			1MN=10⁶N
	千牛[顿]	kN			1kN=10³N

量的名称	法定计量单位		非法定计量单位		换算因素
	名称	符号	单位	符号	
力	毫牛[顿]	mN			$1mN=10^{-3}N$
	微牛[顿]	μN			$1\mu N=10^{-6}N$
			达因	dyn	$1dyn=10^{-5}N$
			磅力	lbf	$1lbf=4.448222N$
			千克力	kgf	$1kgf=9.80665N$
			吨力	tf	$1tf=9964.02N=9.96402kN$
压力(压强应力)	帕[斯卡]	Pa			SI导出单位 石油工业常用 MPa $1Pa=10^{-6}MPa$
	兆帕[斯卡]	MPa			$1MPa=10^{6}Pa$
	千帕[斯卡]	kPa			$1kPa=10^{3}Pa$
	毫帕[斯卡]	mPa			$1mPa=10^{-3}Pa$
			磅力每平方英寸	lbf/in²	$1lbf/in^2=6894.757Pa$
			磅力每平方英尺	lbf/ft²	$1lbf/ft^2=47.8803Pa$
			达因每平方厘米	dyn/cm²	$1dyn/cm^2=0.1Pa$
			英寸汞柱高	inHg	$1inHg=3386.39Pa$
			英尺水柱高	ftH₂O	$1ftH_2O=2989.07Pa$
			千克力每平方米	kgf/m²	$1kgf/m^2=9.80665Pa=9.80665\times10^{-6}MPa$
			千克力每平方厘米	kgf/cm²	$1kgf/cm^2=9.80665\times10^{4}Pa=0.0980665MPa$
			千克力每平方毫米	kgf/mm²	$1kgf/mm^2=9.80665\times10^{6}Pa=9.80665MPa$
			巴	bar	$1bar=100kPa=10^{5}Pa=0.1MPa$
			标准大气压	atm	$1atm=101325Pa=0.101325MPa$
			工程大气压	at	$1at=1kgf/cm^2=0.0980665MPa$
			约定毫米汞柱	mmHg	$1mmHg=13.5951mmH_2O=133.3224Pa$
			约定毫米水柱	mmH₂O	$1mmH_2O=10^{-4}at=9.80665Pa$
质量	千克	kg			SI基本单位
	克	g			$1g=10^{-3}kg$
	吨	t			$1t=1000kg$
	兆克	Mg			$1Mg=10^{6}g=10^{3}kg$
	毫克	mg			$1mg=10^{-3}g=10^{-6}kg$
			磅	lb	$1lb=0.45359237kg$
			英担	cwt	1(UK)cwt=112lb=50.80235kg
			美担	cwt	1(US)cwt=100lb=45.359237kg
			长吨	long ton(UK)	1long ton(UK)=2240lb=1016.047kg
			短吨	sh ton(US)	1sh ton(US)=2000lb=907.1847kg

续表

量的名称	法定计量单位		非法定计量单位		换算因素
	名称	符号	单位	符号	
质量			盎司（常衡）	oz	1oz=1/16lb=28.34952g
			[米制]克拉		1[米制]克拉=200mg
			斤		1斤=500g=0.5kg
			[市]担		1[市]担=50kg
			[公]担		1[公]担=100kg
密度	千克每立方米	kg/m³			SI 导出单位
	吨每立方米	t/m³			$1t/m^3=10^3kg/m^3=1g/cm^3$
	千克每升	kg/L			$1kg/L=10^3kg/m^3=1g/cm^3$
	千克每立方分米	kg/dm³			$1kg/dm^3=10^3kg/m^3$
	克每立方厘米	g/cm³			$1g/cm^3=10^3kg/m^3$
	克每升	g/L			$1g/L=1kg/m^3$
	毫克每升	mg/L			$1mg/L=10^{-3}kg/m^3$
			磅每立方英寸	lb/in³	$1\ lb/in^3 \approx 27679.9kg/m^3$
			磅每立方英尺	lb/ft³	$1\ lb/ft^3 \approx 16.01846kg/m^3$
			磅每立方英码	lb/yd³	$1\ lb/yd^3 \approx 0.59328kg/m^3$
质量流量	千克每秒	kg/s			SI 导出单位
	克每分	g/min			$1\ g/min =1.666667 \times 10^{-5}\ kg/s$
	千克每天	kg/d			$1\ kg/d \approx 1.157407 \times 10^{-5}\ kg/s$
	千克每小时	kg/h			$1\ kg/h \approx 2.777778 \times 10^{-4}\ kg/s$
	吨每天	t/d			$1t/d \approx 1.157407 \times 10^{-2}\ kg/s$
	吨每小时	t/h			$1t/h \approx 0.277778kg/s$
	吨每分	t/min			$1t/min \approx 16.666667\ kg/s$
			磅每小时	lb/h	$1\ lb/h \approx 1.259979 \times 10^{-4}\ kg/s$
			磅每分	lb/min	$1\ lb/min \approx 7.559873 \times 10^{-3}\ kg/s$
			磅每秒	lb/s	$1\ lb/s \approx 0.45359237\ kg/s$
			英吨每天	ton/d	$1\ ton/d \approx 1.175980 \times 10^{-2}\ kg/s$
			英吨每小时	ton/h	$1\ ton/h \approx 0.288235\ kg/s$
			美吨每天	sh ton/d	$1\ sh\ ton/d \approx 1.049982\ kg/s$
			美吨每小时	sh ton/h	$1\ sh\ ton/h \approx 0.251996\ kg/s$
体积流量	立方米每秒	m³/s			SI 导出单位
	升每天	L/d			$1L/d \approx 1.15407 \times 10^{-8}\ m^3/s$
	升每小时	L/h			$1L/h \approx 2.777778 \times 10^{-7}\ m^3/s$

量的名称	法定计量单位		非法定计量单位		换算因素
	名称	符号	单位	符号	
体积流量	升每分	L/min			$1L/min \approx 1.666667 \times 10^{-5}$ m³/s
	升每秒	L/s			$1L/s = 10^{-3}$ m³/s
	立方米每天	m³/d			1 m³/d $\approx 1.157047 \times 10^{-5}$ m³/s
	立方米每小时	m³/h			1 m³/h $\approx 2.777778 \times 10^{-2}$ m³/s
	立方米每分	m³/min			1m³/min $\approx 1.666667 \times 10^{-2}$ m³/s
			石油桶每天	bbl/d	1 bbl/d $\approx 1.804130728 \times 10^{-6}$ m³/s
			石油桶每小时	bbl/h	1 bbl/h $\approx 4.416313748 \times 10^{-5}$ m³/s
			石油桶每分	bbl/min	1 bbl/min $\approx 2.6497882488 \times 10^{-3}$ m³/s
			石油桶每秒	bbl/s	1 bbl/s ≈ 0.158987294928 m³/s
			英加仑每天	(UK) gal/d	1 ukgal/d $\approx 5.261680414 \times 10^{-8}$ m³/s
			英加仑每小时	(UK) gal/h	1 ukgal/h $\approx 1.2628033 \times 10^{-6}$ m³/s
			英加仑每分	(UK) gal/min	1 ukgal/min $\approx 7.586819797 \times 10^{-5}$ m³/s
			英加仑每秒	(UK) gal/s	1 ukgal/s $\approx 4.54091878 \times 10^{-3}$ m³/s
			美加仑每天	(US) gal/d	1 usgal/d $\approx 4.381263639 \times 10^{-8}$ m³/s
			美加仑每小时	(US) gal/h	1 usgal/h $\approx 1.051503273 \times 10^{-6}$ m³/s
			美加仑每分	(US) gal/min	1 usgal/min $\approx 6.30901964 \times 10^{-5}$ m³/s
			美加仑每秒	(US) gal/s	1 usgal/s $\approx 3.785411784 \times 10^{-3}$ m³/s
			立方英尺每天	ft³/d	1 ft³/d $\approx 3.2774128 \times 10^{-7}$ m³/s
			立方英码每天	yd³/d	1yd³/d $\approx 8.849014558 \times 10^{-6}$ m³/s
能（功/热）	焦 [耳]	J			SI 导出单位
	瓦 [特] 小时	W·h			1 W·h $= 3.6 \times 10^{3}$J $= 3.6$kJ
	电子伏 [特]	eV			1 eV $\approx 1.60217733 \times 10^{-19}$J
	兆焦 [耳]	MJ			1MJ $= 10^{6}$J
	千焦 [耳]	kJ			1kJ $= 10^{3}$J
	毫焦 [耳]	mJ			1mJ $= 10^{-3}$J
	千瓦 [特] 小时	kW·h			1kW·h $= 3.6$MJ
	兆瓦 [特] 小时	MW·h			1MW·h $= 3.6 \times 10^{3}$MJ
	千电子伏 [特]	keV			1 keV $= 1.60217733 \times 10^{-6}$J
	兆电子伏 [特]	MeV			1MeV $= 1.60217733 \times 10^{-3}$J
			尔格	erg	1erg $= 10^{-7}$J
			英尺磅力	ft·lbf	1ft·lbf $= 1.3558179483314$J
			千克力米	kgf·m	1kgf·m $= 9.80665$J
			国际蒸气表卡	cal_{IT}	1 $cal_{IT} = 4.1868$J, 1 McaliT $= 1.163$kW·h
			热化学卡	cal_{th}	1 $cal_{th} = 4.184$J
			平均卡	$\overline{cal}$	1 $\overline{cal} = 4.1897$J
功率	瓦 [特]	W			SI 导出单位，J/s
	兆瓦 [特]	MW			1MW $= 10^{6}$W
	千瓦 [特]	kW			1kW $= 10^{3}$W $= 1.36$hp

续表

量的名称	法定计量单位		非法定计量单位		换算因素
	名称	符号	单位	符号	
功率	毫瓦［特］	mW			$1mW=10^{-3}W$
			英尺磅力每秒	ft·lbf/s	$1ft·lbf/s \approx 1.355818W$
			千克力米每秒	kgf·m/s	$1kgf·m/s \approx 9.80665W$
			［米制］马力	hp	$1［米制］hp=75kgf·m/s=735.49875W$
			英制热单位小时	Btu/h	$1Btu/h \approx 0.2930711W$
			［英制］马力	hp	$1hp=745.700W$
			尔格每秒	erg/s	$1erg/s=10^{-7}W$
			（水）马力		$1（水）马力=746.043W$
			（电工）马力		$1（电工）马力=746.0000W$
			卡每秒	cal/s	$1cal/s=4.1868W$
动力黏度	帕［斯卡］·秒	Pa·s			SI 导出单位
	毫帕［斯卡］·秒	mPa·s			$1mPa·s=10^{-3}Pa·s$
			泊	P	$1P=0.1Pa·s$，石油工程常用 mPa·s
			厘泊	cP	$1cP=1mPa·s=10^{-3}Pa·s$
			千克力秒每平方米	kgf·s/m²	$1kgf·s/m^2=9.80665Pa·s$
			磅力秒每平方英尺	lbf·s/ft²	$1lbf·s/ft^2=47.88026Pa·s$
运动黏度	二次方米每秒	m²/s			SI 导出单位
	二次方毫米每秒	mm²/s			$1mm^2/s=10^{-6}m^2/s$
			斯［托克斯］	st	$1st=10^{-4}m^2/s$
			二次方英寸每秒	in²/s	$1in^2/s=6.4516 \times 10^{-4}m^2/s$
			二次方英尺每秒	ft²/s	$1ft^2/s=9.2934 \times 10^{-2}m^2/s$
温度	开（尔文）	K			SI 基本单位
	摄氏度	℃			$1℃=1K$（对温度间隔和温差而言）
			兰氏度	ºR	$1ºR=\frac{5}{9}K$
			华氏度		$1F=（K-273.15） \times \frac{9}{5}+32$
速度（流速风速）	米每秒	m/s			SI 导出单位
	千米每小时	km/h			$1km/h=0.2778m/s$
	节	kn			$1kn=1nmile/h$
			in/s		$1in/s=0.0254m/s$
			英尺每秒	ft/s	$1ft/s=0.3048m/s$
			码每小时	yd/h	$1yd/h=0.9144 m/h=0.254 \times 10^{-3}m/s$
			英里每小时	nmile/h	$1nmile/h=0.51444m/s$
			英节	ukkont	$1ukkont=1.00064kn=0.514773m/s$
加速度	米每二次方秒	m/s²			SI 导出单位
	重力加速度	g			$1 标准重力加速度=9.80665m/s^2$
			伽	cal	$1cal=0.01m/s^2=1cm/s^2$
			英尺每二次方秒	ft/s²	$1ft/s^2=0.3048m/s^2$

续表

量的名称	法定计量单位		非法定计量单位		换算因素
	名称	符号	单位	符号	
平面角	弧度	rad			SI 辅助单位
	度	(°)			SI 的法定单位 1°=60′=（π/180）rad
	[角]分	(′)			SI 的法定单位 1′=60″=（π/10800）rad
	[角]秒	(″)			SI 的法定单位 1″=（π/64800）rad
力矩	牛[顿]·米	N·m			SI 导出单位，石油工程常用单位为千牛[顿]·米 1N·m=10⁻³kN·m
			磅英尺	lb·ft	1lb·ft=0.138257kg·m=1.355838N·m=1.355838×10⁻³kN·m
渗透率	二次方米	m²			SI 导出单位，石油工程常用μm²
	二次方微米	μm²			
			达西	D	1D=1μm²=10³mD（毫达西）
			毫达西	mD	1mD=10⁻³D=10⁻³μm²
密度	千克每立方米	kg/m³			SI 导出单位
	克每立方厘米	g/cm³			为石油工程习惯用法 1t/m³=1000kg/m³=1g/cm³
			磅每立方英尺	lb/ft³	1lb/ft³=0.01602g/cm³
			磅每立方英寸	lb/in³	1lb/in³=27.6803g/cm³
			磅每（美）加仑	lb/USgal	1lb/USgal=0.119826g/cm³
			磅每（英）加仑	lb/UKgal	1lb/UKgal=0.0997763g/cm³
			磅（美）石油桶	lb/USbbl	1lb/USbbl=0.00285301g/cm³
			磅（英）石油桶	lb/UKbbl	1lb/UKbbl=0.002771654g/cm³
角速度	弧度每秒	rad/s			1rad/s=57.2958（°）/s
表面张力	牛[顿]每米	N/m			
旋转速度	转每分	r/min			1r/min=（1/60）s⁻¹
频率	赫[兹]	Hz			
旋转频率	每秒（负一次方秒）	s⁻¹			
电流	安（培）	A			
电压	伏（特）	V			
电阻	欧（姆）	Ω			
热导率（导热系数）	瓦[特]每米开[尔文]	W/(m·K)			
传热系数	瓦[特]每平方米开[尔文]	W/(m²·K)			
物质浓度	摩（尔）每立方米	mol/m³			
	摩（尔）每升	mol/L			SI 基本单位
			体积摩（尔）浓度	M	1M=1mol/L=1000mol/m³

附录二　常用计量单位间换算系数表

一、长度单位换算表

单位	米，m	厘米，cm	毫米，mm	英里，mile	英尺，ft	英寸，in	海里，n mile	码，yd
米，m	1	100	1000	6.214×10^{-4}	3.281	39.369	5.399×10^{-4}	1.094
厘米，cm	0.01	1	10	6.214×10^{-6}	3.281×10^{-2}	0.394	5.399×10^{-6}	1.094×10^{-2}
毫米，mm	0.001	0.1	1	6.214×10^{-7}	3.281×10^{-3}	0.0394	5.399×10^{-7}	1.094×10^{-3}
英里，mile	1609.344	1.609×10^{5}	1.609×10^{6}	1	5280	63358.264	0.8689	1760.622
英尺，ft	0.3048	30.48	304.8	1.894×10^{-4}	1	12	1.665×10^{-4}	0.3335
英寸，in	0.0254	2.54	25.4	1.578×10^{-5}	8.334×10^{-2}	1	1.37×10^{-5}	2.779×10^{-2}
海里，n mile	1852	1.852×10^{5}	1.852×10^{6}	1.1516	6076.412	72911.388	1	2026.088
码，yd	0.9144	91.44	914.4	5.682×10^{-4}	3	35.999	4.937×10^{-4}	1

二、质量单位换算表

单位	吨，t	千克，kg	英吨，UKton	磅，lb	盎司，oz	短吨，sh·ton	长吨，long ton
吨，t	1	1000	0.9842	2205	3.527×10^{4}	1.102	0.984
千克，kg	0.001	1	9.842×10^{-4}	2.205	35.27	1.1×10^{-3}	9.8×10^{-4}
英吨，UKton	1.0161	1016.1	1	2240.5	3.584×10^{4}	1.12	1
磅，lb	4.535×10^{-4}	0.454	4.463×10^{-4}	1	15.995	5.0×10^{-4}	4.462×10^{-4}
盎司，oz	2.835×10^{-5}	0.02835	2.79×10^{-5}	6.251×10^{-2}	1	3.124×10^{-5}	2.79×10^{-5}
短吨，sh ton	0.907	907	0.893	2000	3.2×10^{4}	1	0.892
长吨，long ton	1.016	1016	1	2240.28	3.583×10^{4}	1.12	1

三、密度与 API 重度对照表（在 15.56℃时，与在 15.56℃和 760mmHg 时的水比较）

密度 g/cm³	API 重度	密度 g/cm³	API 重度	密度 g/cm³	API 重度	密度 g/cm³	API 重度	密度 g/cm³	API 重度	密度 g/cm³	API 重度	密度 g/cm³	API 重度	密度 g/cm³	API 重度	密度 g/cm³	API 重度
0.600	104.3	0.650	86.2	0.700	70.6	0.750	57.2	0.800	45.4	0.850	35.0	0.900	25.7	0.950	17.5	1.000	10.0
0.602	103.5	0.652	85.5	0.702	70.1	0.752	56.7	0.802	44.9	0.852	34.6	0.902	25.4	0.952	17.1	1.002	9.7
0.604	102.8	0.654	84.9	0.704	69.5	0.754	56.2	0.804	44.5	0.854	34.2	0.904	25.0	0.954	16.8	1.004	9.4
0.606	102.0	0.656	84.2	0.706	68.9	0.756	55.7	0.806	44.1	0.856	33.8	0.906	24.7	0.956	16.5	1.006	9.2
0.608	101.2	0.658	83.6	0.708	68.4	0.758	55.2	0.808	43.6	0.858	33.4	0.908	24.3	0.958	16.2	1.008	8.9
0.610	100.5	0.660	82.9	0.710	67.8	0.760	54.7	0.810	43.2	0.860	33.0	0.910	24.0	0.960	15.9	1.010	8.6
0.612	99.7	0.662	82.2	0.712	67.2	0.762	54.2	0.812	42.8	0.862	32.7	0.912	23.7	0.962	15.6	1.012	8.3
0.614	99.0	0.664	81.6	0.714	66.7	0.764	53.7	0.814	42.3	0.864	32.3	0.914	23.3	0.964	15.3	1.014	8.1
0.616	98.2	0.666	81.0	0.716	66.1	0.766	53.2	0.816	41.9	0.866	31.9	0.916	23.0	0.966	15.0	1.016	7.8
0.618	97.5	0.668	80.3	0.718	65.6	0.768	52.7	0.818	41.5	0.868	31.5	0.918	22.6	0.968	14.7	1.018	7.5
0.620	96.7	0.670	79.7	0.720	65.0	0.770	52.3	0.820	41.1	0.870	31.1	0.920	22.3	0.970	14.4	1.020	7.2
0.622	96.0	0.672	79.1	0.722	64.5	0.772	51.8	0.822	40.6	0.872	30.8	0.922	22.0	0.972	14.1	1.022	7.0
0.624	95.3	0.674	78.4	0.724	63.9	0.774	51.3	0.824	40.2	0.874	30.4	0.924	21.6	0.974	13.8	1.024	6.7
0.626	94.5	0.676	77.8	0.726	63.4	0.776	50.9	0.826	39.8	0.876	30.0	0.926	21.3	0.976	13.5	1.026	6.4
0.628	93.8	0.678	77.2	0.728	62.9	0.778	50.4	0.828	39.4	0.878	29.7	0.928	21.0	0.978	13.2	1.028	6.2
0.630	93.1	0.680	76.6	0.730	62.3	0.780	49.9	0.830	39.0	0.880	29.3	0.930	20.7	0.980	12.9	1.030	5.9
0.632	92.4	0.682	76.0	0.732	61.8	0.782	49.5	0.832	38.6	0.882	28.9	0.932	20.3	0.982	12.6	1.032	5.6
0.634	91.7	0.684	75.4	0.734	61.3	0.784	49.0	0.834	38.2	0.884	28.6	0.934	20.0	0.984	12.3	1.034	5.4
0.636	91.0	0.686	74.8	0.736	60.8	0.786	48.5	0.836	37.8	0.886	28.2	0.936	19.7	0.986	12.0	1.036	5.1
0.638	90.3	0.688	74.2	0.738	60.2	0.788	48.1	0.838	37.4	0.888	27.9	0.938	19.4	0.988	11.7	1.038	4.8
0.640	89.6	0.690	73.6	0.740	59.7	0.790	47.6	0.840	37.0	0.890	27.5	0.940	19.0	0.990	11.4	1.040	4.6
0.642	88.9	0.692	73.0	0.742	59.2	0.792	47.2	0.842	36.6	0.892	27.1	0.942	18.7	0.992	11.1	1.042	4.3
0.644	88.2	0.694	72.4	0.744	58.7	0.794	46.7	0.844	36.2	0.894	26.8	0.944	18.4	0.994	10.9	1.044	4.0
0.646	87.5	0.696	71.8	0.746	58.2	0.796	46.3	0.846	35.8	0.896	26.4	0.946	18.1	0.996	10.6	1.046	3.8
0.648	86.9	0.698	71.2	0.748	57.7	0.798	45.8	0.848	35.4	0.898	26.0	0.948	17.8	0.998	10.3	1.048	3.5

注：API 重度是美国石油学会用来表示油品重度的一种约定尺度。换算公式：API=141.5/ρ−131.5

原油分轻质、中质和重质（light, medium, heavy）三类，分类的标准就是 API 重度。API 重度高于 31.1 的原油是轻质原油，API 重度介于 22.3 到 31.1 之间的原油是中质原油，API 重度在 22.3 之下的原油是重质原油。还有一种原油 API 重度很低，甚至低于 10（比水重，混合后会沉于水底），叫超重油。

四、体积单位换算表

单位	立方米 m³	升 L(dm³)	立方厘米 cm³(mL)	立方英尺 ft³	立方英寸 in³	英加仑 UK gal	美加仑 US gal	美油桶 US bbl
立方米，m³	1	10³	10⁶	35.3147	6.10237 ×10⁴	2.19969 ×10²	2.64172 ×10³	6.28994
升，L (dm³)	10⁻³	1	10	3.53147 ×10⁻²	61.0237	2.19969 ×10⁻¹	2.64172 ×10⁻¹	6.28994 ×10⁻³
立方厘米 cm³ (mL)	10⁻⁶	10⁻³	1	3.53147 ×10⁻⁵	6.10237 ×10⁻²	2.19969 ×10⁻⁴	2.64172 ×10⁻⁴	6.28994 ×10⁻⁶
立方英尺，ft³	2.83168 ×10⁻²	28.3168	2.83168 ×10⁴	1	1728	6.22883	7.48052	1.78109 ×10⁻¹
立方英寸，in³	1.63871 ×10⁻⁵	1.63871 ×10⁻²	16.3871	5.78704 ×10⁻⁴	1	3.60466 ×10⁻³	4.32901 ×10⁻³	1.0307 ×10⁻⁴
英加仑，UK gal	4.54609 ×10⁻³	4.54609	4.54609 ×10³	1.60544 ×10⁻¹	2.7742 ×10²	1	1.20095	2.85942 ×10⁻²
美加仑，US gal	3.78541 ×10⁻³	3.78541	3.78541 ×10³	1.33681 ×10⁻¹	2.31 ×10²	8.32674 ×10⁻¹	1	2.38097 ×10⁻²
美油桶，US bbl	1.58984 ×10⁻¹	1.58984 ×10²	1.58984 ×10⁵	5.61447	9.701794 ×10³	34.97156	41.99913	1

注：1964年国际计量委员会第十二届国际计量大会决议声明，"升"词作为立方分米的专门名称，因此，"升"与立方分米不再有数量差别。

五、压力单位换算表

单位	帕斯卡 Pa	公斤力/米² kgf/m²	公斤力/厘米² kgf/cm²	巴，bar	标准大气压 atm	毫米水柱 4℃，mmH₂O	毫米水银柱 0℃ mmHg	磅/英寸² lb/in²(psi)
帕斯卡 Pa	1	0.101972	10.1972 ×10⁻⁶	10⁻⁵	0.986923 ×10⁻⁵	0.101972	7.50062 ×10⁻³	145.038 ×10⁻⁶
公斤力/米² kgf/m²	9.80665	1	10⁻⁴	9.80665 ×10⁻⁵	9.67841 ×10⁻⁵	1	0.0735559	0.00142233
公斤力/厘米² kgf/cm²	98.0665 ×10³	10⁴	1	0.980665	0.967841	10⁴	735.559	14.2233
巴，bar	10⁵	10197.2	1.01972	1	0.986923	10.1972 ×10³	750.061	14.5038
标准大气压，atm	1.01325 ×10⁵	10332.3	1.03323	1.01325	1	10.3323 ×10³	160	14.6959
毫米水柱4℃ mmH₂O	9.80661	1	10⁻⁴	9.80665 ×10⁻⁵	9.67841 ×10⁻⁵	1	73.5559 ×10³	1.42233 ×10³
毫米水银柱0℃ mmHg	133.322	13.5951	0.00135951	0.00133322	0.00131579	13.5951	1	0.0193368
磅/英寸² lb/in²(psi)	6.89476 ×10³	703.072	0.0703072	0.0689476	0.0680462	703.072	51.7151	1

注：(1) 1工程大气压（at）= 1公斤力/厘米²。
(2) 用水柱表示的压力，是以纯水在4℃时的密度值为标准的。

六、温度单位换算表

单位	摄氏温度，℃	热力学温度，K	华氏温度，℉
摄氏温度，℃	1	t (K) -273.15	$5/9$ (t (℉) -32)
热力学温度，K	t (℃) $+273.15$	1	$5/9$ (t (℉) $+459.67$)
华氏温度，℉	$9/5t$ (℃) $+32$	$9/5t$ (K) -459.67	1

注：1℉= (5/9) ℃ = (5/9) K

附录三　常用材料密度表

材料名称	密度，g/cm³	材料名称	密度，g/cm³	材料名称	密度，g/cm³
水	1.00	生石灰	1.15 ~ 1.25	焦炭	1.25 ~ 1.4
海水	1.026	水泥	3.15	石棉	2.1 ~ 2.8
酒精	0.79	木材	0.4 ~ 1.05	钢	7.85
石油	0.85 ~ 0.89	橡胶	1.3 ~ 1.8	铸铁	7.15
汽油	0.70 ~ 0.75	毛毡	0.24 ~ 0.38	熟铁	7.69
柴油	0.86 ~ 0.87	有机玻璃	1.18	铝	2.77
煤油	0.78 ~ 0.82	普通玻璃	2.5 ~ 2.7	黄铜	8.4 ~ 8.86
机油	0.90 ~ 0.91	软木	0.25 ~ 0.45	紫铜	8.89
甘油	1.26	干砂	1.4 ~ 1.6	铅	11.34
水银	13.559	泥岩	1.5 ~ 2.0	黄金	19.361
沥青	1.10 ~ 1.50	页岩	1.9 ~ 2.6	银	10.5
硫酸（100%）	1.89	砂岩	2.0 ~ 2.7	锰	7.44
硝酸（100%）	1.513	灰岩	2.6 ~ 2.8	锌	6.872
盐酸（40%）	1.20	砾石	1.75	赤铁矿	4.9
氢氟酸（40%）	1.11 ~ 1.13	干黏土	1.8	褐铁矿	4.60 ~ 4.70
重晶石	4 ~ 4.5	结晶石膏	2.17 ~ 2.31	菱铁矿	3.8
单宁	1.69	石膏	2.96	黄铁矿	2.0
烧碱	3.40 ~ 3.90	卵石	1.8 ~ 2	钛铁矿	4.70
纯碱	2.53	金刚石	3.4 ~ 3.6	石墨	1.8 ~ 2.35
芒硝	1.4 ~ 1.5	褐煤	1.2 ~ 1.4	高岭土	2.2
氯化钙	2.50	烟煤	1.27	混凝土	1.8 ~ 2.5
氯化钠	2.16	无烟煤	1.5	松香	1.07
黏土	2.50 ~ 2.70	海泡石土	1.80 ~ 1.90	氧化铁	4.30 ~ 5.00
凝析油	0.68 ~ 0.79	空气	0.00129	膨润土	2.30 ~ 2.70
硫化氢	0.0011906	水玻璃	2.0 ~ 2.4	天然气	0.000603
石灰岩	2.60 ~ 2.80				

附录四　中国区域年代地层（地质年代）表

宇（宙）	界（代）	系（纪）	统（世）	距今时间（百万年）
显生宇（宙）PH	新生界（代）Cz	第四系（纪）Q	全新统（世）Qh	0.01
			更新统（世）Qp	2.60
		新近系（纪）N	上新统（世）N_2	5.3
			中新统（世）N_1	23.3
		古近系（纪）E	渐新统（世）E_3	32
			始新统（世）E_2	56.5
			古新统（世）E_1	65
	中生界（代）Mz	白垩系（纪）K	上（晚）白垩统（世）K_2	96
			下（早）白垩统（世）K_1	137
		侏罗系（纪）J	上（晚）侏罗统（世）J_3	
			中侏罗统（世）J_2	
			下（早）侏罗统（世）J_1	205
		三叠系（纪）T	上（晚）三叠统（世）T_3	227
			中三叠统（世）T_2	241
			下（早）三叠统（世）T_1	250
	古生界（代）Pz	二叠系（纪）P	上（晚）二叠统（世）P_3	257
			中二叠统（世）P_2	277
			下（早）二叠统（世）P_1	295
		石炭系（纪）C	上（晚）石炭统（世）C_2	320
			下（早）石炭统（世）C_1	354
		泥盆系（纪）D	上（晚）泥盆统（世）D_3	372
			中泥盆统（世）D_2	386
			下（早）泥盆统（世）D_1	410
		志留系（纪）S	上（晚）志留统（世）S_3	
			中志留统（世）S_2	
			下（早）志留统（世）S_1	438
		奥陶系（纪）O	上（晚）奥陶统（世）O_3	
			中奥陶统（世）O_2	
			下（早）奥陶统（世）O_1	490
		寒武系（纪）∈	上（晚）寒武统（世）$\in_3$	500
			中寒武统（世）$\in_2$	513
			下（早）寒武统（世）$\in_1$	543

宇（宙）	界（代）	系（纪）	统（世）	距今时间（百万年）
元古宇（宙）PT	新元古界（代）Pt$_3$	震旦系（纪）Z	上（晚）震旦统（世）Z$_2$	630
			下（早）震旦统（世）Z$_1$	680
	中元古界（代）Pt$_2$			1000
	古元古界（代）Pt$_1$			1800
太古宇（宙）AR	新太古界（代）Ar$_3$			2500
	中太古界（代）Ar$_2$			2800
	古太古界（代）Ar$_1$			3200
	始太古界（代）Ar$_0$			3600